and Detection Technology

国家出版基金项目
NATIONAL PUBLICATION FOUNDATION

红外材料与探测技术

主编　苏君红

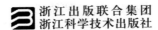

浙江出版联合集团
浙江科学技术出版社

图书在版编目(CIP)数据

红外材料与探测技术/苏君红主编. —杭州:浙江科学
技术出版社,2015.10
ISBN 978-7-5341-6939-7

Ⅰ.①红… Ⅱ.①苏… Ⅲ.①红外材料—探测技
术 Ⅳ.①TN213

中国版本图书馆 CIP 数据核字(2015)第 246235 号

书　　名	红外材料与探测技术
主　　编	苏君红

出版发行	**浙江科学技术出版社** 杭州市体育场路 347 号　邮政编码:310006 办公室电话:0571-85176593 销售部电话:0571-85176040 网址:www.zkpress.com
排　　版	杭州大漠照排印刷有限公司
印　　刷	浙江新华数码印务有限公司
经　　销	全国各地新华书店

开　　本	787×1092　1/16	印　张	39.25
字　　数	880 000		
版　　次	2015 年 10 月第 1 版		2015 年 10 月第 1 次印刷
书　　号	ISBN 978-7-5341-6939-7	定　价	190.00 元

责任编辑	莫亚元	责任校对	张　宁
装帧设计	孙　菁	责任印务	崔文红

编　委

前　言

　　现代高技术战争的突出特点之一就是信息化贯穿于整个战争的始终,依靠信息系统将参战各类兵种的作战力量有机地集成起来,形成强大的立体作战模式。武器装备信息化则是形成这种作战能力的基础,而武器装备信息化的首要环节便是对敌方目标的探测和图像的获取。实现这一目标的主要手段,目前有可见光探测与成像系统、雷达探测与成像系统和红外探测与成像系统。红外探测与成像系统在光电子技术领域属于一种无源探测技术,不需要光源照射目标,靠目标自身的红外辐射来探测。与雷达探测与成像系统相比,其设备结构简单、体积小、质量轻、分辨率高、隐藏性好、抗干扰能力强。与可见光探测与成像系统相比,红外探测与成像系统穿透烟、尘、雾、霾能力强,具有昼夜和在较复杂气候条件下工作的能力。总之,红外探测技术的发展使得在黑暗中观测和监视存在热辐射的物体,及探测与跟踪机动目标成为轻而易举的事。红外探测技术在武器装备(包括军兵武器、坦克、导弹飞机、舰艇、卫星等)上的应用,可显著地提高武器装备和信息水平,在夜间作战、侦察监视、火力控制、精确制导、毁伤评估、预警探测、电子战和光电对抗中发挥不可替代的作用。

　　为了普及红外材料与探测技术的基本知识，宣传推广红外材料与探测技术近年来的研究发展及应用成果，我们组织编写了《红外材料与探测技术》一书。全书共 9 章 32 节，较为系统地介绍了红外探测器的设计与发展、碲镉汞材料与红外探测技术、量子阱材料与红外探测技术、超晶格材料与红外探测技术、量子点材料与红外探测技术、双色或多色红外探测技术、高温超导材料与红外探测技术、非制冷探测材料与红外探测技术等内容，是本行业材料研究、产品设计、制造、管理、销售、教学人员必读必备之书。

　　本书突出实用性、先进性、前瞻性和可操作性，理论部分从简，侧重用数据和实例证明问题，全书结构严谨、语言精练、数据翔实可靠、信息量大。若本书出版后，对我国的红外材料和探测技术的发展有良好的推动作用，作者将感到十分欣慰。

　　由于水平有限，文中不足在所难免，敬请批评指教。

苏君红

2015.4

目　录

第 1 章
概　述

1.1　基础知识

1.1.1　基本概念与特点

1. 红外探测技术

红外探测技术是伴随着军事需求而快速发展起来的,在电子技术领域,属于一种无源探测技术,不需要光源照射目标,靠目标自身的红外辐射来探测。与雷达电磁波探测相比,红外探测具有设备结构简单、体积小、质量轻、分辨率高、隐蔽性好、抗干扰能力强等优点;与可见光探测相比,红外探测具有透烟、雾、霾能力强及可昼夜工作等特点。

2. 红外探测器

红外探测器是用来检测红外辐射存在的器件,它能把接收到的红外辐射转换成体积、压力、电流等容易测量的物理量,是红外探测技术的核心部件,也是红外探测技术的先导。真正有实用价值的红外探测器还必须满足以下两个条件:一是灵敏度高,能探测到微弱的红外辐射;二是物理量的变化形式与受到的辐射量能成某种比例关系,以便定量测量红外辐射。在军事上,红外探测波段主要有三个大气窗户,即 $0.76\sim3\mu m$、$3\sim5\mu m$、$8\sim14\mu m$ 波段。

3. 红外材料

红外材料是指与红外线的辐射、吸收、透射和探测等相关的一些材料。本书主要介绍红外探测材料。红外探测材料是用于制备探测器的材料,是发展红外探测器和红外探测技术的基础。它的发展与红外探测器的发展相辅相成。目前最常用的有碲镉汞、量子阱、超晶格、量子点等用于制备制冷式探测器的材料,以及电铁陶瓷、热释电晶体和热敏电阻材料等用于制备非制冷式探测器的材料。

1.1.2　分类

红外探测技术分类方法较多,为了叙述方便,本书仅介绍红外探测器的分类。

按红外探测器分类法,可将红外探测器分为制冷型红外探测器和非制冷型红外探测器两类。

制冷型红外探测器主要包括由碲镉汞、量子阱、超晶格、量子点和高温超导等探测材料制备的红外探测器。

非制冷型红外探测器主要包括由电铁陶瓷、热释电晶体和热敏电阻材料制成的红外探测器。

按红外探测器工作原理分类,可将其分为热敏型红外探测器和光子型红外探测器(又称光电探测器)两大类。

热敏型红外探测器主要包括:温差电型探测器、气动探测器、热敏电阻探测器和热释电探测器等。

光子型红外探测器主要包括:光电探测器(属光敏电阻型)、光伏探测器、光磁探测器等。

1.1.3　红外探测技术基础知识

1.1.3.1　红外辐射

1. 红外线与电磁波

早在 1800 年,英国天文学家 F. W. 赫歇尔在研究太阳光谱的热效应时,首先发现红外线。由于这种光线处在红光以外的光谱区,很自然地就称之为红外线。同时,红外线又属于电磁频谱的一个部分,因此也被称为红外辐射。它位于可见光与微波之间,属不可见光线,和其他电磁波一样具有光波的性质,在真空中以光速沿直线传播,遵守同样的反射、折射、衍射、干涉、偏振定律,区别只是波长(频率)不同而已。现已测得其波长范围为 $0.76 \sim 1\,000\,\mu m$,频率为 $3 \times 10^{11} \sim 4 \times 10^{14}\,Hz$,如图 1-1 所示。同时也已证明,自然界中的一切物体,只要它的温度高于热力学零度(-273℃)就会不断地向外界发射红外线。

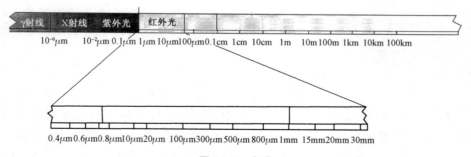

图 1-1　光谱

2. 红外线的传播

红外线的传播和可见光相似,在传播过程中遇到障碍物会被反射(散射)、吸收和透射。在大气中传播时,吸收是影响红外线传播的主要因素,如水蒸气、CO_2、NO、NO_2 等物质都对红外线具有强烈的吸收,但是这些物质都有其相对应的特征吸收谱线,对某些波长的红外线吸收比较强烈,使其传播的能量受到损失,而对另外一些波长的红外线却几乎不产生吸收,透过率很高。大气对红外线吸收比较少的波段,也就是透过率比较高的波段,被形象地称为"大气窗口"。红外波段根据大气窗口不同,可分为短红外波段 $0.76 \sim 3\mu m$、中红外波段 $3 \sim 5\mu m$ 和长红外波段 $8 \sim 14\mu m$。图 1-2 所示为红外线在大气中传播的透射曲线。

红外辐射在大气中传输时能量会衰减,影响最大的是水蒸气、二氧化碳和气溶胶。气溶胶由尘埃、烟、水、盐类与其他有机物的微粒构成。水蒸气和气溶胶在低高度下对红外辐射的衰减更加突出,如在海平面高度的水平方向,大气对红外辐射有最大的衰减,尤其当水蒸气与气溶胶浓度很大时,会严重影响红外系统的应用效果。定性地讲,水蒸气对 $8 \sim 14\mu m$ 波段的红外线吸收比对 $3 \sim 5\mu m$ 波段严重;气溶胶对 $3 \sim 5\mu m$ 波段的红外线吸收与散射比对 $8 \sim 14\mu m$ 波段严重。

3. 红外辐射与红外吸收

任何物体能辐射红外线,也能吸收红外线。辐射和吸收都是能量转换的过程。假若物体能够吸收外来的全部电磁辐射,且没有任何反射和透射,这种物体就称为黑体。黑体能 100% 吸收入射到表面的全部辐射,它的吸收系数是 1。很显然,当物体温度恒定时,它的吸收和辐射应当相等,它的吸收系数和辐射系数也应当相等,所以黑体的辐射系数也是 1。黑体是最好的吸收体,也是最好的辐射体。但是,实际物体达不到 100% 吸收,将实际物体的吸收与相同温度黑体的吸收之比称为物体的吸收率。当物体温度恒定时,吸收率与辐射率相等。物体辐射红外线的强弱是由其温度和辐射率决定的。

为了研究和比较不同大小和形状物体的辐射特性,不直接用总能量,而是规定 $1cm^2$ 面积上 1s 内辐射到半球空间的能量的大小称为辐射通量密度。辐射通量密度随着辐射的波长不同而变化。单位波长间隔内的辐射通量密度称为光谱辐射通量密度,其大小应与温度、辐射率和波长有关。光谱辐射通量密度的最大值与温度的 4 次方成正比。物体辐射的峰值波长与其所处的温度成反比,即

$$\lambda_m T = 常数 = 2\ 897.9\mu m \cdot K \approx 2\ 898\mu m \cdot K$$

此关系称为维恩位移定律。图 1-3 所示为黑体的温度、光谱辐射通量密度和辐射的波长之间的关系。

从上述关系中可以看到,黑体的热辐射非常强烈地依赖于温度,温度高的黑体,热辐射很强,其峰值波长较短。实际物体的辐射特性与黑体相似,只不过与材料种类和表面特性(辐射率)有关。物体的温度与辐射峰值波长的关系见表 1-1。从表中可以看出,武器装备和军事方面感兴趣的目标辐射的红外线,大多在 $1 \sim 10\mu m$。所以,前面介绍的短红外波段、中红外波段和长红外波段三个大气窗口,在军事应用上最为重要。

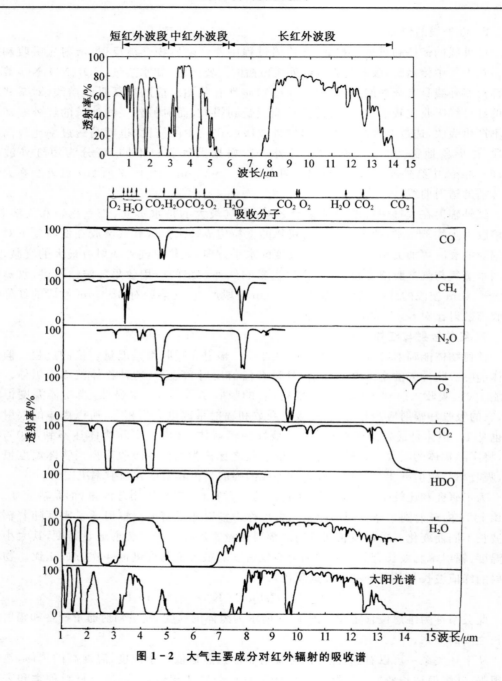

图 1-2　大气主要成分对红外辐射的吸收谱

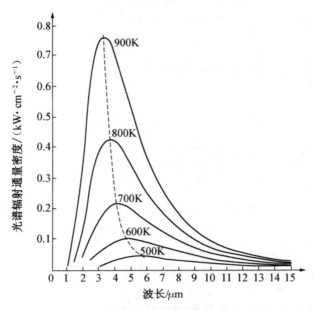

图 1－3　黑体的温度、光谱辐射通量密度和辐射的波长间的关系

表 1－1　物体的温度与辐射峰值波长的关系

物体名称	温度/K	辐射峰值波长 $\lambda_m/\mu m$	物体名称	温度/K	辐射峰值波长 $\lambda_m/\mu m$
太　阳	5 900	0.49	F－16 飞机蒙皮	333	8.70
钨丝灯	3 000	0.97	人体(37℃)	310	9.66
	2 000	1.45	冰水(0℃)	273	10.6
波音 707 发动机喷嘴	890	3.62	液态氮	77	37.6
M－46 坦克尾部	473	6.13			

4. 目标特性和背景特性

在应用中对红外探测的要求是具有高灵敏度和强识别功能,能在复杂的背景中分辨出目标,因此了解目标和背景的辐射特性对于设计红外整机而言是至关重要的。

(1) 目标特性。目标的红外辐射特性是系统选择红外波段的主要依据。选择波段首先要和目标的温度相匹配。表 1-2 列出了目标特性与典型温差及对噪声等效温度的最低要求的关系。

对略高于 300K 温度的目标,其最大辐射值对应的波长为 9～10μm,就是说选择 8～14μm 这一大气窗口是恰当的;对略高于 600K 温度的目标,其最大辐射值对应的波长在 4～5μm,同时考虑到背景如云层、海面以及沙滩对阳光强烈反射带来的干扰,选择 3～5μm 是非常合适的。红外制导的空对空导弹所用探测器已经从 0.76～3μm 改为 3～5μm,减少阳光的干扰就是重要原因之一。因此红外系统对波段的选择需要综合权衡,在对目标特性的分析中,不但要了解其温度、辐射系数,还要进一步分析、测试其光谱特征,因为光谱特征是目标识别与光电对抗的重要依据之一。

表 1 - 2　　目标特性与典型温差及对噪声等效温度的最低要求的关系

功能	目　　标	典型温差/K	对噪声等效温度的最低要求/K
侦察	人的皮肤	8	1.5
侦察	穿衣服的人	2	0.4
侦察	飞行器	10	2.0
侦察	车辆	5	1.0
侦察	船舶	2	0.4
医疗诊断	皮肤温度、血液循环温度	0.2~0.5	0.05~0.1
天文学	行星、宇宙尘埃、气体云团等	尽可能小	—

（2）背景特性。在红外系统的军事应用中，目标的探测和识别是首要的。背景的影响可以从两个方面来加以考虑：首先是目标对背景的对比度，这里的对比度是指亮度或温度对比度。假定目标周围的背景是均匀的，对目标探测与识别的必要条件是目标对背景有足够高的对比度。只要知道地表（包括海洋等水体）的温度，就可以定量地估算系统对特定目标的探测与识别距离，然而在白天，特别是晴天，阳光的反射辐射则是一复杂变化的因素，因为对不同波段阳光在地面产生的照度相差很大。其次是背景形成杂波干扰，当需要从背景中探测和识别目标时，如果目标对背景的对比度不够高，背景就会同目标混淆。现代的红外系统大多需要进行目标的自动探测与识别，自动化处理器要时时处理成像传感器送来的视频信号，和目标混在一起的背景信号就形成了杂波，它会严重干扰红外系统的功能。为此，必须研究基于各种应用目的的图像和信号处理技术，开发对所感兴趣目标的特征提取与识别技术，包括物理数学模型、相应的元件和硬件技术。热像仪夜间拍摄的热图像，它是景物的热图，不受有无阳光照射的影响。

1.1.3.2　辐射度学与光度学

在辐射单位体系中，辐射通量或者辐射能是基本量，是只与辐射客体有关的量，其基本单位是瓦（W）或者焦（J）。辐射度学适用于整个电磁波段。光度单位体系是一套反映视觉亮暗特性的光辐射计量单位，被选作基本量的不是光通量而是发光强度，其基本单位是坎（cd），光度学只适用于可见光波段。

以上两类单位体系中的物理量在物理概念上是不同的，但所用的物理符号是相互对应的，为了区别起见，以下角标 e 表示辐射度学物理量，下角标 v 表示光度学物理量。

1. 辐射度学物理量

（1）辐射能。辐射能是以辐射形式发射或传输的电磁波（主要指紫外、可见光、红外辐射）能量。辐射能一般用符号 Q_e 表示，单位为 J。

（2）辐射能通量。辐射能通量 Φ_e 又称为辐射功率，定义为单位时间内通过某一截面的辐射能量，即 $\Phi_e = dQ_e/dt$，单位为 W 或 J/s。

（3）辐射出射度。辐射出射度 M_e 是用来反映物体辐射能力的物理量，定义为从辐射源单位面积发射出的辐射通量，即 $M_e = d\Phi_e/dA$，单位为 W/m^2。

（4）辐射强度。辐射强度 I_e 定义为点辐射源在给定方向上单位立体角内的传送辐射通量,用 I_e 表示,即 $I_e=\mathrm{d}\Phi_e/\mathrm{d}\Omega$,单位为 W/sr。

(5)辐射亮度。辐射亮度 L_e 定义为面辐射源上某点在某一给定方向上的辐射通量,即 $L_e=\mathrm{d}I_e/(\mathrm{d}S\cos\theta)=\mathrm{d}^2\Phi_e/(\mathrm{d}\Omega\mathrm{d}S\cos\theta)$,其中 θ 为给定方向和辐射源面元法线间的夹角,单位为 $\mathrm{W}/(\mathrm{sr}\cdot\mathrm{m}^2)$。

(6)辐射照度。在辐射接收面上的辐射照度 E_e 定义为照射在面元 $\mathrm{d}A$ 的辐射通量与该面元面积之比,即 $E_e=\mathrm{d}\Phi_e/\mathrm{d}A$,单位为 W/m^2。

(7)单色辐射度量。对于单色辐射,同样可以采用上述物理量表示,只不过均定义为单位波长间隔内对应的辐射度量,并且对所有辐射量 X_e 来说,单色辐射度量与辐射度量之间均满足 $X_e=\int_0^\infty X_e(\lambda)\mathrm{d}\lambda$。

2. 常用辐射度学物理量与光度学物理量之间的对应关系

常用辐射度学物理量与光度学物理量之间的对应关系见表 1-3。

表 1-3　常用辐射度学物理量与光度学物理量之间的对应关系

物理量名称	符号	定义或定义式	单位	物理量名称	符号	定义或定义式	单位
辐射能	Q_e	基本量	J	光量	Q_v	$Q_v=\int\Phi_v\mathrm{d}t$	lm·s
辐射能通量	Φ_e	$\Phi_e=\mathrm{d}Q_e/\mathrm{d}t$	W	光通量	Φ_v	$\Phi_v=\int I_v\mathrm{d}\Omega$	lm
辐射出射度	M_e	$M_e=\mathrm{d}\Phi_e/\mathrm{d}A$	W/m^2	光出射度	M_v	$M_v=\mathrm{d}\Phi_v/\mathrm{d}A$	lm/m^2
辐射强度	I_e	$I_e=\mathrm{d}\Phi_e/\mathrm{d}\Omega$	W/sr	发光强度	I_v	基本量	cd
辐射亮度	L_e	$L_e=\mathrm{d}I_e/(\mathrm{d}S\cos\theta)$	$\mathrm{W}/(\mathrm{sr}\cdot\mathrm{m}^2)$	光亮度	L_v	$L_v=\mathrm{d}I_v/(\mathrm{d}S\cos\theta)$	cd/m^2
辐射照度	E_e	$E_e=\mathrm{d}\Phi_e/\mathrm{d}A$	W/m^2	光照度	E_v	$E_v=\mathrm{d}\Phi_v/\mathrm{d}A$	lx

3. 辐射度学与光度学的基本定律

辐射照度的余弦定律:任一表面上的辐射照度随该表面法线和辐射能传输方向之间夹角的余弦而变化。

朗伯余弦定律:朗伯辐射表面在某方向上的辐射强度随该方向和表面法线之间夹角的余弦而变化(朗伯辐射表面:指一个对入射辐射提供均匀漫射的表面,从不同角度观察该表面,其明暗程度是一样的)。

距离平方反比定律:一定的立体角内,所张的立体角所截的面积与球半径平方成正比。若无损失,点光源在此空间发出的辐射通量不变。因此,点光源在传输方向上的某点的辐射照度和该点到点光源的距离平方成反比。

亮度守恒定律:光辐射能在传播介质中没有损失时辐射亮度是恒定的。

1.1.3.3　黑体辐射及其相关定律、公式

任何温度在 0K 以上的物体都会发射各种波长的电磁波,这种由于物体中的分子、原子受到热激发而发射电磁波的现象称为热辐射。热辐射具有连续的辐射谱,波长自远红外区到紫外区,并且辐射能按波长的分布主要决定于物体的温度。

1．单色吸收比和单色反射比

任何物体向周围发射电磁波的同时，也在吸收周围物体发射的辐射能。当某一辐射入射到不透明的物体表面上时，一部分能量被吸收，另一部分能量从表面反射（如果物体是透明的，则还有一部分能量透射）。

（1）吸收比。被物体吸收的能量与入射的能量之比称为该物体的吸收比。在波长 $\lambda \sim (\lambda + d\lambda)$ 范围内的吸收比称为单色吸收比，用 $\alpha\lambda(T)$ 表示。

（2）反射比。被物体反射的能量与入射的能量之比称为该物体的反射比。在波长 $\lambda \sim (\lambda + d\lambda)$ 范围内的反射比称为单色反射比，用 $\rho\lambda(T)$ 表示。

对于不透明的物体，单色吸收比和单色反射比之和等于 1，即 $\alpha\lambda(T) + \rho\lambda(T) = 1$；若物体在任何温度下，对任何波长的辐射能的吸收比都等于 1，即 $\alpha\lambda(T) = 1$，则称该物体为绝对黑体，简称黑体。

2．基尔霍夫辐射定律

在同样温度下，各种不同物体对相同波长的单色辐射出射度与单色吸收比之比值都相等，并等于该温度下黑体对同一波长的单色辐射出射度。

3．普朗克公式

黑体处于温度 T 时，在波长 λ 处的单色辐射出射度 M 由普朗克公式可得

$$M = \frac{2\pi h c^2}{\lambda^5}(\mathrm{e}^{\frac{hc}{\lambda k T}} - 1)^{-1}$$

式中，h——普朗克常数；

c——真空中的光速；

k——玻尔兹曼常数。

令 $c_1 = 2\pi h c^2$，$c_2 = hc/k$，则上式改写为 $M = c_1 / [\lambda^5(\mathrm{e}^{\frac{c_2}{\lambda T}} - 1)]$，于是 $c_1 = (3.741\ 775 \pm 0.000\ 002) \times 10^{-12}\ \mathrm{W \cdot cm^2}$（第一辐射常量）；$C_2 = (1.438\ 769 \pm 0.000\ 012) \times 10^4\ \mu\mathrm{m \cdot K}$（第二辐射常量）。

4．瑞利—琼斯公式

当 λT 很大时，$\mathrm{e}^{\frac{c_2}{\lambda T}} \approx 1 + c_2/\lambda T$ 可以得到适合于长波区的瑞利—琼斯公式，即

$$M = \frac{c_1}{c_2}\lambda^{-4}T$$

在 $\lambda T > 7.7 \times 10^5\ \mu\mathrm{m \cdot K}$ 时，该公式与普朗克公式的误差小于 1%。

5．维恩位移定律

利用普朗克公式中的 M 对 λ 微分，并令其等于零，则单色辐射出射度最大值对应的波长 λ_m 的关系式为 $\lambda_\mathrm{m}T = 2\ 897.9\ \mu\mathrm{m \cdot K}$。

6．斯忒藩—玻耳兹曼定律

斯忒藩—玻耳兹曼定律表述为

$$M = \delta T^4$$

式中，$\delta = 5.670 \times 10^{-8}\ \mathrm{W/(m^2 \cdot K^4)}$，为斯忒藩—玻耳兹曼常数，该定律表明黑体的辐射出射度只与黑体的温度有关，而与黑体的其他性质无关。

1.1.4　探测材料(半导体)基础知识

1.1.4.1　载流子与 PN 结

1. 载流子

本征半导体中共价键电子所受束缚力较小,它会因为受到热激发而越过禁带,占据价带上面的能带。电子从价带跃迁到导带后,导带中的电子成为自由电子;价带中电子跃迁到导带后,价带中出现电子的空缺成为自由空穴。导带中的自由电子和价带中的自由空穴统称为载流子。

2. 载流子的扩散和漂移

材料的局部位置受到光照时,材料吸收光子产生光生载流子,在这局部位置的载流子浓度就比平均浓度高,电子将从浓度高的地方向浓度低的地方运动,这种现象称为扩散。扩散电流密度正比于光生载流子的浓度梯度。载流子在外电场作用下,电子向正电极方向运动,称为漂移。在弱电场作用下,半导体中载流子漂移运动服从欧姆定律。本征半导体:就是完全纯净的半导体,没有任何杂质,如硅晶体。

3. N 型半导体

在本征半导体硅(或锗)中掺入微量的 5 价元素,如磷,则磷原子就取代了硅晶体中的少量硅原子所占据的晶格上某些位置。磷原子最外层有 5 个价电子,其中 4 个价电子分别与邻近 4 个硅原子形成共价键结构,多余的 1 个价电子在共价键之外,只受到磷原子对它微弱的束缚,因此在室温下,即可获得挣脱束缚所需要的能量而成为自由电子,游离于晶格之间,而失去电子的磷原子则成为不能移动的正离子。磷原子由于可以释放 1 个电子而被称为施主原子,又称为施主杂质。在本征半导体中,每掺入 1 个磷原子,就可产生 1 个自由电子,而本征激发产生的空穴数目不变,这样在掺入磷的半导体中,自由电子的数目就远远超过了空穴数目,称为多数载流子(简称多子),空穴则成为少数载流子(简称少子)。显然,参与导电的主要是电子,故这种半导体称为电子型半导体,简称 N 型半导体。

4. P 型半导体

在本征半导体硅(或锗)中掺入微量的 3 价元素,如硼,则硼原子就取代了硅晶体中少量硅原子所占据的晶格上某些位置。硼原子的 3 个价电子分别与邻近 3 个硅原子形成完整的共价键,而与其相邻的另一个硅原子的共价键中则缺少 1 个电子,出现了 1 个空穴。这个空穴被附近硅原子中的价电子填充后,使 3 价的硼原子获得了 1 个电子而变成负离子,同时邻近共价键上出现了 1 个空穴。由于硼原子起着接受电子的作用,故被称为受主原子,又称为受主杂质。在本征半导体中,每掺入 1 个硼原子,就可以提供 1 个空穴,当掺入一定数量的硼原子时,就可以使半导体中空穴的数目远大于本征激发产生的电子数目,成为多数载流子,而电子则成为少数载流子。显然,参与导电的主要是空穴,故这种半导体称为空穴型半导体,简称 P 型半导体。

1.1.4.2　半导体的光电效应

光电效应分为内光电效应和外光电效应,其中内光电效应又可分为光电导效应和光生伏特效应(简称光伏效应)。

1. 光电导效应

光照变化引起半导体材料电导变化的现象称为光电导效应。当光照射到半导体材料时,材料吸收光子的能量,使非传导态电子变为传导态电子,引起载流子浓度增大,因而导致材料电导率增大。

光电导材料从光照开始到获得稳定的电流是要经过一定时间的;同样,光照停止后光电流也将逐渐消失。这些现象称为弛豫过程或惰性。

2. PN 结光伏效应

PN 结光伏效应是一种内光电效应,指的是在光照射到近表层的 PN 结时,将在其上产生电动势的现象。这种效应是基于两种材料相接触形成内建势垒,光子激发的光生载流子被内建电场扫向势垒两边,从而形成了发光电动势。

(1) PN 结的形成。制作 PN 结的材料,可以是同一种半导体(同质结),也可以是由两种不同的半导体材料或金属与半导体的结合(异质结)。"结合"指一个单晶体内部根据杂质的种类和量的不同而形成的接触区域,严格来说是指其中的过渡区。例如,一块单晶中存在紧密相邻的 P 区和 N 区结构,或者在一种导电类型(P 型或 N 型)半导体上用合金、扩散、外延生长等方法得到另一种导电类型的薄层,这个离子薄层形成的空间电荷区称为 PN 结。

同质结可用一块半导体经掺杂形成 P 区和 N 区。由于杂质的激活能量 ΔE 很小,在室温下杂质差不多都被电离成受主离子和施主离子。在 PN 区交界面处因存在载流子的浓度差,故彼此要向对方扩散。在结形成的一瞬间,在 N 区的电子为多子,在 P 区的电子为少子,使电子由 N 区流向 P 区,电子与空穴相遇时要发生复合,这样在原来是 N 区的结面附近电子变得很少,剩下未经中和的施主离子形成正的空间电荷。同样,空穴由 P 区扩散到 N 区后,由不能运动的受主离子形成负的空间电荷。在 P 区与 N 区界面两侧产生不能移动的离子区(也称耗尽层、空间电荷区、阻挡区),形成内建电场(也称内电场)。此电场对两区多子的扩散有抵制作用,而对少子的漂移有帮助作用,直到扩散电流等于漂流电流时达到平衡,在界面两侧建立起稳定的内建电场。

(2) PN 结光电效应。PN 结受光照产生载流子,使 PN 结两端产生光生电动势。N 区产生的光生电子和 P 区产生的光生空穴属多子,被势垒阻挡而不能过结,只有 N 区的光生空穴、P 区的光生电子和结区的电子空穴对(少子)扩散到结电场附近时能在内建电场作用下漂移过结区,即为光电流。

在浓度差的作用下,电子从 N 区向 P 区扩散,空穴从 P 区向 N 区扩散;在交界面两侧产生不能移动的离子区,形成内建电场:PN 结一方面阻碍多子的扩散,另一方面加强少子的漂移运动。

3. 光电发射效应(外光电效应)

金属或半导体受光照时,如果入射的光子能量 $h\nu$ 足够大,它和物质中的电子相互作用,使电子从材料表面逸出的现象,称为光电发射效应,也称为外光电效应。外光电效应有两个基本定律。

(1) 光电发射第一定律——斯托列托夫定律。当照射到阴极上的入射光频率或频谱

成分不变时,饱和光电流(即单位时间内发射的光电子数目)与入射辐射通量成正比,即

$$I = k\Phi$$

式中,I——饱和光电流;

Φ——入射辐射通量;

k——光电发射灵敏度系数。

(2) 光电发射第二定律——爱因斯坦定律。光电子的最大动能与入射光的频率成正比,而与入射光强度无关,即

$$E_{max} = 1/2 m_e v_{max}^2 = h\nu - W$$

式中,m_e——光电子的质量;

v_{max}——出射光电子的最大速度;

h——普朗克常数;

W——发射体材料的溢出功;

ν——光电子的波数。

光电发射大致可分为三个过程:光射入物体后,物体中的电子吸收光子能量,从基态跃迁到能量高于真空能级的激发态;受激电子从受激地点出发,在向表面运动过程中免不了要同其他电子或晶格发生碰撞而失去一部分能量;到达表面的电子,如果仍有足够的能量克服表面势垒对电子的束缚(即逸出功)时,即可从表面逸出,形成光电子。

由此可见,好的光电发射材料应该具备以下特性:

① 对光子的吸收系数大,以便产生较多的受激电子。

② 受激电子最好发生在表面附近,这样向表面运动过程中损失的能量就少。

③ 材料的逸出功要小,使到达真空界面的电子能够比较容易地逸出。

④ 另外,作为光电阴极,其材料还要有一定的电导率,以便能够通过外电源来补充因光电发射所失去的电子。

从常规的夜间红外瞄准具到空间的卫星拦截器都使用了红外技术,红外武器装备已经成为各军兵种必备的现代武器装备。典型的红外应用包括红外夜视、前视红外、侦察、告警、火控、跟踪、定位、精确制导和光电对抗等,这些技术对取得战场的主动权发挥了突出作用。

1.2　红外探测器

1.2.1　简介

红外探测器是红外技术的核心部件,也是红外技术发展的先导。红外探测器的研制和发展必然要受到军事技术需要的驱使和引导,其发展历程也确实是如此。

军事应用的红外辐射波段,主要有以下三个"大气窗口":$0.76 \sim 3\mu m$,$3 \sim 5\mu m$,$8 \sim 14\mu m$。

到 20 世纪 60 年代初,已经有了三种高质量的红外探测器,即 PbS、InSb 及 GeHg 红外探测器,分别用于这三个大气窗口的探测。当时发展成熟的还有锗掺杂的长红外波段

探测器及热敏电阻红外探测器。

$8\sim14\mu m$ 的红外辐射波段对军事应用特别重要。GeHg 红外探测器的工作温度太低,使用不便,因而出现寻找更合适的 $8\sim14\mu m$ 红外探测器的材料的大量研究工作,这就导致 HgCdTe 红外探测器的出现。20 世纪 80 年代出现的红外探测器还有硅掺杂型红外探测器和热释电探测器。

1.2.2　红外探测器原理

简单地说,用来检测红外辐射存在的器件称为红外探测器,它能把接收到的红外辐射转变成体积、压力、电流等容易测量的物理量。然而真正有实用意义的红外探测器,还必须满足两个条件:一是灵敏度高,对微弱的红外辐射也能探测到;二是物理量的变化形式与受到的辐射成某种比例,以便定量测量红外辐射。现代红外探测器大多以电信号的形式输出,所以也可以说红外探测器的作用就是把接收到的红外辐射能转变为电信号输出,它是实现光电转换功能的灵敏器件。

1.2.3　红外探测器主要品种与分类

根据工作原理不同,红外探测器可以分为两大类,一类是热敏型红外探测器,另一类是光子型红外探测器。

热敏型红外探测器接收到红外辐射后,先引起接收灵敏元的温度变化,温度变化引起电信号(或其他物理量变化再转换成电信号)输出,输出的电信号与温度变化成比例。温度变化是因为吸收热辐射能量引起的,与吸收红外辐射的波长没有关系,即对红外辐射吸收没有波长选择性。

光子型红外探测器接收红外辐射后,由于红外光子直接把材料的束缚态电子激发成传导电子,所以引起电信号输出,电信号大小与吸收的光子数成比例。这些红外光子能量的大小,必须能达到足以激发束缚态电子到激发态,低于电子激发能的辐射不能被吸收转变成电信号。所以,光子型红外探测器吸收的红外光子必须满足一定的能量要求,即有一定波长限制,超过能量限制的波长不能被吸收,对红外辐射的吸收具有波长选择性。

红外探测器具体分类如图 1-4 所示。

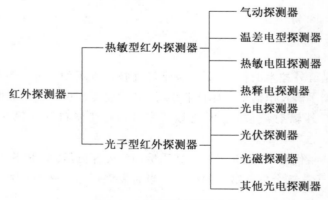

图 1-4　红外探测器的分类

1.2.3.1　热敏型红外探测器

1. 气动探测器

气动探测器是利用充气容器接受热辐射后温度升高气体体积膨胀的原理,测量其容器壁的变化来确定红外辐射的强度。这是一种比较老式的探测器,但在 1947 年经高莱改进以后,用光电管测量容器壁的微小变化,使灵敏度大大提高,所以这种气动探测器又称高莱元件。

2. 温差电型探测器

两种不同材料的导体两头分别相接时,如果两个接头处于不同的温度,电路内就会产生一个电动势,连接外电路就会有电信号输出,这就是热电偶(也称温差电偶)。几个热电偶组合在一起,构成一个响应元件,就成为热电堆(也称温差电堆)。热电偶和热电堆常用来测量温度,应用很广泛。常用热电偶有铂—铑热电偶、铜—康铜热电偶、铁—镍热电偶等。热电偶输出电压所代表的温度可通过查表或校准曲线标出。如果热电偶的一个接头受到红外线照射,就会因吸收辐射功率而温度升高,该接头与电偶的另一未受到照射的接头之间就会产生温度差,于是温度不同的两个接头间就会产生电动势。此电动势大小反映出入射的红外辐射功率大小,这就是温差电型探测器。为了测量准确,未受红外线照射的一端放入冰水混合液中保持 0℃ 恒温,或采用温度补偿修正的方法。

3. 热敏电阻探测器

利用具有高电阻温度系数的热敏电阻制作的探测器称为热敏电阻探测器。热敏电阻受热辐射后,温度变化引起阻值变化,在固定偏压下电流就会随之变化,用来检测受到红外辐射的强度。

4. 热释电探测器

热释电探测器是利用热电效应(也称热释电效应)的探测器,是由一类处于极化状态的材料构成的。在通常情况下,极化强度被表面杂散电荷抵消,不显出电性;当极化后的材料受到红外辐射时,温度升高,材料极化强度随之发生变化,杂散电荷跟不上极化强度的变化,于是表面呈现出电位差,连接外电路,就会有电信号产生。在各种热敏型红外探测器中,热释电探测器灵敏度高,使用方便。常用制作热释电探测器的材料主要有硫酸三甘肽、钽酸锂、铌酸锂、铌酸锶钡、钛酸铅、锆钛酸铅和钛酸钡等,还有聚氟乙烯、聚二氟乙烯等塑料薄膜。热释电探测器是目前开发研究较多的一种热敏型红外探测器。

由于热释电探测器在常温下工作,所以结构比较简单。为了提高探测器灵敏度,应尽可能减小探测器的热容。其办法是把芯片尺寸缩小,厚度减薄,采取绝热措施。芯片的装架可以是四周固定、中间悬空的悬空式结构;也可以用绝热性能好的材料做衬底,制成刚性较好的带衬底的结构。探测器外壳采用金属材料,可以屏蔽电磁干扰,外壳内抽真空或充惰性气体,窗口采用透红外材料。虽然热释电探测器是宽光谱响应,但真正应用时也只用在一定波长范围内,窗口材料的透射率与工作波段应该相一致。

1.2.3.2　光子型红外探测器

1. 常用光子型红外探测器

(1)光电探测器。其工作原理为:受红外线激发,探测器芯片传导电子增加,因而电导率增加,在外加偏压下,引起电流增加,增加的电流大小与光子数成正比。光电探测器俗称光敏电阻。光电导又分本征型激发和非本征型(杂质型)激发两种。本征型激发是指红外光子把电子从价带激发至导带,产生电子—空穴对,即导带中增加电子,价带中增加空穴。杂质型激发是指红外光子把杂质能级的束缚电子(或空穴)激发至导带(或价带),使导带中增加电子(或价带中增加空穴)。应用最多的制作本征型激发光电探测器的材料有硫化铅、硒化铅、锑化铟、碲镉汞等;制作杂质型激发光电探测器的材料主要有锗掺汞、硅掺镓等。

(2)光伏探测器。其工作原理为:在半导体材料中,使导电类型不同的两种材料相接触,制成 PN 结,形成势垒区。红外线激发的电子和空穴在 PN 结势垒区被分开,积累在势垒区的两边,形成光生电动势,连接外电路,就会有电信号输出。光伏探测器也称光电二极管。常用制作光伏探测器的主要材料有锑化铟、碲镉汞、碲锡铅等。还有一种称为肖特基势垒型探测器,它是由某些金属与半导体接触,形成肖特基势垒,该势垒与 PN 结势垒相似,红外线激发的载流子通过内光电发射产生电信号,实现光电探测。常用制作肖特基势垒型探测器的材料有硅化铂、硅化铱等。

(3)光磁探测器。其工作原理为:由红外线激发的电子和空穴,在材料内部扩散运动过程中,受到外加磁场的作用,就会使正、负电荷分开,分别偏向相反的一侧,电荷在材料侧面积累。若连接外电路,就会有电信号产生。光磁探测器主要有锑化铟、碲镉汞探测器等。由于光磁探测器要在探测器芯片上加磁场,结构比较复杂,所以现在很少使用。

2. 光子型红外探测器的特点

光谱响应具有选择性,只对短于某一特定波长的红外辐射有响应,这一特定波长称为截止波长(指在长波端)。一般光电探测器响应速度快,比热敏型红外探测器要高几个数量级,响应时间在微秒级;光伏探测器的响应时间在纳秒级或更快,且探测灵敏度高,与热敏型红外探测器相比,大约高出两个数量级。探测器灵敏度与工作温度有关,工作温度降低,探测器的灵敏度就能提高。有的光子型红外探测器只能在低温下工作,需要制冷条件。光子型红外探测器大多由化合物半导体材料制成,材料生长难度大,器件制造技术要求高,所以价格也比较贵。

3. 光子型红外探测器的结构

光子型红外探测器工作温度的一般范围为 4～300K。为了保证低温工作条件,探测器结构非常重要,必须注意与制冷器配合、密封性能和组件标准化设计等问题。

(1)常温工作的探测器结构。在常温下工作的探测器,结构比较简单,只要提供保护外壳、引出电极和透红外窗口就可以了。如硫化铅、硒化铅探测器,一般采用 TO—5 型晶体管外壳,前面加透红外窗口。

(2)带半导体制冷器的结构。当探测器工作温度在 195～300K 时,采用半导体制冷形式最为方便。制冷器冷端上安装探测器芯片,热端与外壳底座相连,并加散热器散热。一般采用真空密封结构,把半导体制冷器和探测器芯片均封装在真空腔中,以保持其制冷效果。

(3)低温杜瓦结构。低温工作的探测器大多工作在 100K 以下,以 77K 工作为主,有些锗、硅掺杂光电导器件工作在 4～60K 之间。低温工作的探测器的芯片需要封装在真空杜瓦中。假若工作温度 77K,环境温度为常温 300K,就必须采取绝热措施,真空杜瓦是绝热的好办法。若杜瓦真空度降低,绝热性能变坏,传导散热使消耗的冷量增加,因此就需要更大的制冷功率。制冷器的冷量通过传导会使杜瓦外壳温度降低,空气中的水分就会凝结在杜瓦外壁和窗口上,轻则呈霜状,重则有水滴,称为杜瓦"结霜"或"出汗"。一旦出现"结霜"或"出汗",便会影响红外线透射,所以高真空杜瓦结构是探测器正常工作的必要条件。除杜瓦必须保持高真空度以外,透红外窗口还要满足探测器工作波段要求。

1.2.4 红外探测器的研究与发展

1.2.4.1 发展特点

红外探测器研究从第一代开始至今已有 40 余年历史,按照其特点可分为三代。第一代(1970～1980 年)主要是以单元、多元器件进行光机串/并扫描成像,以及以 4×288 像元为代表的时间延迟积分类扫描型红外焦平面阵列。单元、多元探测器扫描成像需要复杂笨重的二维、一维扫描系统结构,且灵敏度低。第二代红外探测器是小、中规格的凝视型红外焦平面阵列。$M \times N$ 像元凝视型红外焦平面阵列探测元数从 1 像元、N 像元变成 $M \times N$ 像元,灵敏度也分别从 1 与 $N^{1/2}$ 增长 $(M \times N)^{1/2}$ 和 $M^{1/2}$ 倍,而且大规模凝视焦平面阵列,不再需要光机扫描,大大简化整机系统。

目前,正在发展第三代红外探测器。第三代红外探测器具有大面阵、小型化、低成本、双色与多色、智能型系统级灵巧芯片等特点,并集成有高性能数字信号处理功能,可实现单片多波段融合高分辨率探测与识别。

1.2.4.2 三代探测器的材料体系与发展现状

红外探测器的材料有很多,但真正适于发展三代红外探测器,即响应波段灵活可调的双色与多色红外焦平面阵列器件的材料则很少。目前,主要有传统的 HgCdTe 和 QWIP,以及新型的 Ⅱ 类 SL 和 QDIP,共四个材料体系。长红外波段探测材料的主要特性见表 1－4。下面对三代红外探测器的四个材料体系及其各自的发展现状进行简单地介绍。

表 1－4 长红外波段探测材料的主要特性

参　　数	HgCdTe	QWIP	Ⅱ类 SL
探测机理	光伏型	光电型	光伏型
吸收模式	直接正入射	光栅耦合	直接正入射
光谱响应	宽谱	窄带	宽谱
量子效率	$\geqslant 70\%$	$\leqslant 10\%$	$50\% \sim 60\%$
增　　益	1	0.2(30～50 阱)	1
热产生寿命/μs	≈ 1	≈ 0.01	≈ 0.1
$R_0\lambda$ 值($\lambda_c = 10\mu m$)/($\Omega \cdot cm$)	300	104	100
探测率($\lambda_c = 10\mu m$)/cm $\cdot$ Hz$^{1/2} \cdot$ W^{-1}	2×10^{12}	10^{10}	10^{11}

1. HgCdTe 材料及其三代红外探测器

HgCdTe 红外探测器现已广泛应用于预警卫星、侦察、制导、遥感和天文等领域。由于 HgCdTe 外延薄膜的生长技术已趋于成熟,用分子束外延(MBE)或金属有机化合物气相沉积(MOVPE)等技术可以制备多层或更加复杂的器件结构,能获得适用于三代双色、多色红外光电探测器发展需要的 HgCdTe 多层异质结材料。

国际上知名的研究机构有美国 DRS、Raytheon、法国 Sofradir、英国 SELEX 和德国 AIM 等公司,已研制、生产的高水平商用碲镉汞红外焦平面探测器有:长波 640×480 像元、中波 2 048×2 048 像元、短波 4 096×4 096 像元、双色/双波段 1 280×720 像元。表1-5 是美国 Raytheon、法国 Sofradir 和英国 SELEX 等公司报道的双色红外焦平面探测器性能情况。

表 1-5 双色 HgCdTe 红外焦平面探测器性能表

公　司	波段/μm	规模/像元	像元尺寸/μm	材料	工作模式	技术参数
美国 Raytheon 公司	MWIR/LWIR (5.5/10.5)	640×480	20	MBE Si(CZT)基 HgCdTe 薄膜	顺序积分,同时读出	有效像元率大于 98,帧频大于 60Hz。T_{NETD} 分别为 18mK 与 26.8mK
		1 280×720	20			
法国 Sofradir 公司	MWIR/MWIR 3.4~4.2/ 4.4~4.8	640×480	24	MBE CZT 基 HgCdTe 薄膜	时间同步,空间错位半个像元	光谱串音小于 1.5%,T_{NETD} 小于 20mK(100 Hz),>99%
	MWIR/LWIR 3~5/8~10	640×480	24			光谱串音小于 1%,T_{NETD} 小于 30mK(100 Hz),>99%
英国 SELEX 公司	MWIR/LWIR 3~5/8~10	640×512	24	MOVPE 外延的 GaAs 基 HgCdTe 薄膜	顺序积分,同时读出	T_{NETD}:中波 14mK、长波 23mK

2004 年,英国 SELEX 公司报道了 Si 基 HgCdTe 双色探测器和 GaAs 基 HgCdTe 三色红外探测器的研究进展。Si 基 HgCdTe 双色探测器规模为 320×256 像元,中波与长波截止波长为 5.0μm,9.5μm;噪声等效温差分别为 16.6mK,32.8mK;有效像元率分别为 99.4%,98.2%。三色红外探测器是由采用 MOVPE 技术在 GaAs 衬底上生长的 N—P—P—P—N 型多层异质结 HgCdTe 薄膜材料,通过微台面阵列隔离、表面钝化与金属化层制作以及铟柱阵列制备来获得的。三色红外探测器是在两个背靠背光电二极管的双色红外探测器的中间势垒区增加了一个响应居中波段(IM)的有源区。当电子势垒

在短波光电二极管大反偏下被降低时,IM 有源区光生少数载流子能从 IM 有源区注入到短波光电二极管,从而实现居中波段工作,进而实现红外探测器的三色探测。HgCdTe 三色红外探测器的性能,与两个背靠背光电二极管中间势垒区的掺杂浓度水平,以及势垒和短波光电二极管结之间相对位置有密切的关系。目前,MOVPE、MBE 技术可精确控制纵向的组分变化、原位掺杂浓度以及各种过渡区相对位置,能实现三色、四色探测的 HgCdTe 多层异质结材料生长。

2. 量子阱材料及其三代红外探测器

量子阱红外探测器(QWIP)利用量子阱中能级电子跃迁原理实现目标的红外辐射探测,其探测波长可覆盖 $6\sim20\mu m$。由于材料和器件工艺成熟、产量高、成本低,经过十几年的快速发展,已成为长波制冷型红外焦平面器件的两大主要分支之一。基于"能带工程"获得的量子阱材料,能级结构可"柔性裁减"的 QWIP 非常适合于发展双色、多色的红外焦平面阵列器件。

1999 年,美国和英、法、德、瑞典等欧洲发达国家已研制出全电视制式的 640×512 像元(包含 640×480 像元)长波红外焦平面器件和中等规模的 320×240 像元(包含 256×256 像元、384×288 像元)双色器件产品。美国 NASA/ARL 联合研制出大面阵 $1\,024\times1\,024$ 像元长波红外焦平面器件,NASA/JPL 研制出 $1\,024\times1\,024$ 像元双色、640×512 像元四色红外焦平面器件。

2009 年,美国国家航空航天局下属的喷气推进实验室,报道了 $1\,024\times1\,024$ 像元规格、$30\mu m$ 像元尺寸的长波双色红外焦平面器件的性能,技术参数是在 68K 制冷 $f/2$ 视场角和 300 K 背景下获得的。MWIR 和 LWIR 的响应波段分别为 $3.5\sim5.5\mu m$ 和 $6.5\sim9.0\mu m$,噪声等效温差分别为 27mK 和 40mK,有效像元率分别为 99% 和 97.5%。2002 年,喷气推进实验室研制出 640×512 像元四色焦平面器件,探测波段分别位于 $4\sim6\mu m$、$8.5\sim10\mu m$、$10\sim12\mu m$ 和 $13\sim15\mu m$。每个像元内的四色探测在空间上是横向错位排列的。四个波段背景温度分别为 40K、50K、60K、120K($f/5$ 视场角、300K 背景),噪声等效温差分别为 21.4mK、45.2mK、13.5mK、44.6mK(40K)。

3. Ⅱ类 SL 材料及其三代红外探测器

InAs/GaSb Ⅱ类 SL 红外探测器具有一些独特的优点,是 HgCdTe 和 GaAs/AlGaAs 量子阱探测器之外的新一代红外探测器,也是近年来颇受关注的面向第三代焦平面器件技术的发展方向之一。首先,通过调节Ⅱ类 SL 中 InAs 势阱的宽度或采用 GaInSb 势垒能控制Ⅱ类 SL 结构的有效带隙,红外探测器响应波长能覆盖 $3\sim20\mu m$ 范围。其次,InAs/GaSb Ⅱ类 SL 红外探测器对红外辐射的吸收是基于重空穴子带至电子子带的跃迁,即带间子带跃迁。探测器无需光栅耦合就能工作,大大降低了器件制备的难度,同时又提高了探测器的量子效率,并且带间子带跃迁也决定了 InAs/GaSb Ⅱ类 SL 红外光电材料可制备光伏探测器,无需外加大的偏压。通过降低 InAs/GaSb Ⅱ类 SL 红外探测器的暗电流,可提高探测器的工作温度和灵敏度,同时可以利用Ⅲ-Ⅴ族半导体材料较为成熟的材料技术和器件工艺,降低红外探测器的制造成本。Ⅱ类 SL 探测材料具有响应波长可调节的优点,非常适合于发展双色、多色的红外焦平面器件。

采用Ⅱ类 SL 材料制备的红外探测器具有很高的量子效率,可以减少积分时间。例如,德国 Fraunhofer 应用物理研究所研制的 256×256 像元中波Ⅱ类 SL 红外探测器,5ms 积分时间时噪声等效温度为 11.1mK,而积分时间为 1ms 时噪声等效温度也能达到 25mK。320×256 像元规格、$30\mu m$ 像元尺寸的长波Ⅱ类 SL 红外探测器,0.23 ms 积分时间时噪声等效温度为 33mK($f/2$ 视场角、300K 背景)。这些技术参数性能基本达到 HgCdTe 的水平。

2009 年,报道了 384×288 像元规格、$40\mu m$ 像元尺寸的 InAs/GaSbⅡ类 SL 双色红外焦平面探测器,在 73K 制冷、2.8ms 积分时间、$f/2$ 视场角和 300K 背景下,其两个波段噪声等效温度分别为 29.5mK($3.4 \sim 4.1\mu m$)和 16.5mK($4.1 \sim 5.1\mu m$)。

4．量子点材料及其第三代红外探测器

量子点又称"人造原子",目前量子点作为提高电子与光电子器件性能的一种手段,已经被广泛应用。量子点的尺寸很小,通常只有 10nm,因此其具有独特的三维光学限制特性。与量子阱红外探测器相比,量子点红外探测器(QDIP)具有无需制作表面光栅就能响应垂直入射的红外光照射,以及工作温度更高等特点。

量子点红外探测器的研究主要集中于在量子阱中嵌入量子点(DWELL,dot-in-a-well)的异质结构。因此,采用 DWELL 异质结构制备的红外探测器兼备了传统采用 QWIP 和 QDIP 制备的红外探测器的特点。一方面,与量子点红外探测器一样,在正入射时不需要光栅或光耦合,并具有较高的工作温度;另一方面,可以通过共同控制 QDs 尺寸、形状、应变和材料组分,以及 QWs 尺寸来灵活调节 DWELL 异质结构红外探测器的响应波长。QDIP 器件的光谱响应波段具有偏压选择特性,可在中红外波段、长红外波段以及甚长红外波段($>14\mu m$)的光谱范围内实现双色、多色探测,非常适合于发展第三代以及未来新一代红外探测器。

2007 年,报道了 640×512 像元规格、$8.1\mu m$ 截止波长的 DWELL 结构光电探测器,其噪声等效温度为 40mK(60K 工作温度,$V_B = -350mV$,$f/2$ 视场角,30Hz 帧频和 300K 背景)。在第三代红外探测器方面,Varley 等人实现了 320×256 像元规格 DWELL 结构的 MWIR/LWIR 双色红外光电探测器,其 MW 和 LW 的噪声等效温度分别为 55mK 和 70mK。

1.2.4.3 红外探测器的发展趋势

1．未来红外探测材料的选择

HgCdTe 材料存在制备困难、均匀性差、器件工艺特殊和稳定性差等缺点,致使 HgCdTe 红外探测器的成品率低。但是,在量子效率、工作温度、响应速度和多光谱探测等综合性能上,迄今还没有一种新材料能同时具有等同或超过 HgCdTe 材料的优点。所以,为满足未来军事、天文和航天应用更高的性能要求,HgCdTe 材料在未来相当长的一个时间段内仍然是第三代、第四代红外探测器的首选。与此同时,HgCdTe 红外探测器自身也在进行降低成本、拓展波长等追求,以提高竞争力。

QWIP 以 GaAs 为基材料,在本身材料与器件工艺方面具有稳定性高、成本低的优势,相对 HgCdTe 探测器而言,在均匀性、成本方面具有明显的优势。但是,QWIP 的量

子效率比 HgCdTe 探测器低约 1 个数量级,同时工作温度要求要低约 $10\sim30K$。QWIP 技术将重点在甚长波红外波段和超大规模方面拓展自身的优势。

InAs/GaSb Ⅱ 类 SL 红外探测器是新一代红外探测器材料。由于 InAs 和 GaSb 的最优生长温度并不相同,以及 InAs/GaSb 界面有两种类型,即类 InSb 和类 GaAs 界面,致使高质量 InAs/GaSb 超晶格材料的外延生长是获得 SL 红外探测器的关键。在器件制备技术上,InAs/GaSb 超晶格探测器需要有效抑制台面侧壁的表面漏电。在解决了材料生长与器件制备工艺后,Ⅱ 类 SL 红外探测器将是第三代、未来第四代红外光电器件技术的重要发展方向之一。

与 QWIP 相比,QDIP 具有直接响应垂直入射红外光照射以及工作温度更高等优势。然而,目前阻碍 QDIP 性能提高的技术瓶颈主要来自组装量子点尺寸均匀性较差和量子点密度较低方面。

2. 红外探测器的新概念

所有成像探测技术的发展都有三个阶段:①探测信号的强度,得到目标的“黑白照片”,这是初级阶段;②探测信号的强度和波长,得到目标的“彩色照片”,达到中级阶段;③探测信号强度、波长、相位以及偏振状态,得到目标的“全息照片”,这才达到成像探测技术的高级阶段。目前,因军事、民用和天文的快速发展,驱使红外成像技术从初级阶段的“黑白照片”向中级阶段的“彩色照片”过渡,其标志是美国、法国、英国和德国等研制出了双(多)色、多波段的第三代红外探测器。为追求更高阶段的成像探测技术,未来还将继续发展甚长波、双色与多色和主被动双模,以及探索在目标辐射入射方向上原位集成像素级分光和像素级偏振选择等功能结构的红外焦平面探测器。

(1)甚长波红外焦平面探测器。甚长波红外波段具有最高的大气窗口目标辐射能量,是红外探测技术中最为重要的波段。这一波段的红外焦平面器件能提高探测系统的探测距离、缩短探测时间和精确探测目标温度等,具有十分重要的需求背景。空间大气垂直探测和弹道导弹预警探测都迫切需求甚长波红外焦平面探测器。因具有更高的量子效率和更高的工作温度,HgCdTe 光伏探测器将继续向 $14\mu m$、$16\mu m$ 和 $20\mu m$ 红外波段拓展探测能力。美国、法国先后报道了 $16\mu m$ HgCdTe 红外焦平面探测器的实验室成像情况。具有较好均匀性的量子阱光电探测器在甚长波和大规模红外焦平面器件方面,将与 HgCdTe 光伏探测器技术形成互补。为提高大气层温度与湿度、深空冷目标的探测性能,甚长波红外焦平面探测器还将是红外光电器件研究领域的热点。

(2)双色与多色红外探测器。随着材料、器件和系统技术的进步,探测器将向更多的光谱波段发展,以获得目标的“彩色”热图像,更丰富、更精确、更可靠地得到目标的信息。双色与多色红外探测器通过在深度方向上垂直集成两个、多个波段的探测结构,不仅能实现两个波段的探测在空间上完全同步,为准确地获取目标信息提供了一个真正意义上的新自由度,可极大地提高目标的识别能力。这对存在模糊背景或者目标特性不断发生变化的目标探测而言,具有非常重要的意义。可以预见,发展大列阵规格、小像元尺寸的双色和多色工作的红外焦平面探测器将是 2020 年前世界各国发展的重点。

(3)主被动双模器件。红外主被动三维双模成像探测器是采用单一器件,实现对激光返回信号以及热红外信号进行同时集成探测的成像器件,是针对军事需求而提出的新概念。在像素级水平上对微弱光信号进行放大和信号时间的精确测量,可实现对红外辐射信号以及激光返回信号的高灵敏度、高速探测和成像,为目标探测和识别提供新的自由度。该技术的优势是基于红外被动和主动探测的互补,可提高红外探测系统在复杂战场环境下的目标识别能力(红外像、轮廓像和距离像)。

(4)多光谱红外焦平面探测器。高级的红外成像系统要求光谱分辨率越来越高,并将经历多光谱、高光谱和超光谱的发展过程。21世纪初,国际上通常都采用在红外光学系统上通过棱镜、光栅等对红外辐射进行分光,以实现红外多光谱、高光谱成像。新型的多光谱成像技术是基于微机械系统结构阵列的像素级分光型红外焦平面探测器来实现的。该类红外焦平面探测器的每个像元在各自目标辐射入射方向上都对应一个分立的微机械系统结构,并通过红外焦平面探测器读出电路给像素级微机械系统结构提供输入电压来控制每个像元上入射红外辐射的波段。这种基于像素级分光功能的红外焦平面探测器可有效简化多光谱成像的光学系统,其高的光谱选择灵活性和分光精确性会推动多光谱成像技术的深入发展。

(5)偏振选择红外焦平面探测器。红外偏振成像技术可以很好地解决普通红外探测技术常遇到的背景杂乱问题,比传统的红外成像技术在目标感知、认知和识别上有着明显的优势。为有效利用目标的反射辐射和自发辐射中包含的偏振信息,国外早在20世纪90年代就已经开展了相关的偏振选择红外焦平面探测器和红外偏振成像技术的研究。偏振红外探测器是在红外焦平面探测器的前视光场上集成具有起偏功能的像素级金属网格光栅阵列或光子晶体等,以实现某一波长内的S光、P光分离,即实现偏振。通过新增一个获取目标偏振信息的维度,偏振红外探测器可提高目标识别的准确性、有效性,对未来的红外成像系统可发挥重要的作用。

总之,为简化红外成像系统结构并提高探测的可靠性与探测性能,红外焦平面探测器的复杂度和集成度会越来越高,捕获的信息必然会越来越丰富。换言之,未来在红外探测技术从初级阶段向中级阶段、高级阶段发展的驱使下,红外探测器将主要依托多层材料的精密生长技术、智能处理的读出电路技术和微纳米结构的精细加工技术,不断探索新型材料、新颖结构和光机电集成一体化等的集成与耦合技术,以提升未来红外光电系统的应用价值。

1.3　红外探测材料

1.3.1　简介

红外探测材料是发展红外探测器以及热成像技术的基础,它和红外探测器的发展相辅相成。

虽然早在19世纪就有了红外探测器,而且在第一次世界大战期间 Ti_2S 红外探测器已用于军事目的,但直到第二次世界大战期间有了 PbS 探测器后,红外探测技术才受到了人们广泛的重视并得到了迅速的发展。新的红外探测材料不断被研制出来,探测器的响应波段很快就覆盖了 3 个大气窗口。与此同时,随着探测器材料质量的不断改善,探测器的性能也不断提高,有的达到了背景限,促进了红外技术的全面发展。目前,主要发展的红外探测材料有碲镉汞红外探测材料、量子阱红外探测材料以及非制冷型红外探测材料。

1.3.2　碲镉汞红外探测材料

碲镉汞($Hg_{1-x}Cd_xTe$)是直接带隙半导体,在制备过程中适当地控制组分的 x 值,就可使其带隙在 $0\sim1.45eV$ 间变化,理论上可以探测 $1\mu m$ 以上所有波长的红外辐射,具有波长灵活性和多色能力。而且,碲镉汞的有效质量小、电子迁移率高、少子寿命长,能够达到 80% 左右的极高量子效率。这些优点使其成为红外探测器中应用最广泛、最重要的材料。

早期的碲镉汞材料使用体单晶技术制备,自 20 世纪 80 年代国外已开始把碲镉汞材料的生长重点由体材料转向了外延薄膜材料。20 世纪 90 年代,随着分子束外延技术的迅速发展,碲镉汞薄膜材料也取得了较大的进展,主要体现在大规格以硅、锗为衬底的碲镉汞薄膜材料以及多色异质外延碲镉汞薄膜材料技术的进展。未来红外焦平面器件对材料的大面积、均匀、高性能、多色的要求,是当前红外探测材料技术研究的重点和热点。

1. 以硅、锗为衬底的大规格碲镉汞薄膜材料

传统的碲锌镉衬底无法实现大面积(晶片直径最大约 62mm),而且碲锌镉衬底与硅读出集成电路的热膨胀系数不匹配,无法满足第三代红外探测器的应用要求。因此,在 20 世纪 90 年代,以新型的硅、锗衬底替换碲锌镉衬底,制备大规格碲镉汞薄膜材料技术成为研究热点,并取得显著的成果。

在硅衬底碲镉汞薄膜材料技术研究方面,美国处于前列,主要研究中波红外材料和长波红外材料两种材料系统,重点发展分子束外延(MBE)生长技术。目前,美国已利用 MBE 技术在 76mm 和 101mm 直径硅衬底上生长出中波红外碲镉汞薄膜材料。其中,76mm 硅衬底碲镉汞薄膜材料性能优良,载流子浓度在 $10^{14}\sim10^{15}\ cm^{-3}$ 之间,200K 时载流子寿命约为 $7.2\mu s$,80K 时载流子寿命约为 $2\mu s$,80K 时的截止波长为 $5\mu m$。由这种材料制造的探测器性能优异,非常接近理论极限。101mm 直径硅衬底碲镉汞薄膜材料的性能与在碲锌镉衬底上采用液相外延技术生长的碲镉汞材料相当。

美国陆军研究实验室与洛克韦尔公司合作在复合衬底上生长出了长波红外碲镉汞材料。该材料厚度约 $10\mu m$,78K 时载流子浓度约为 $10^{15}\ cm^{-3}$,少数载流子寿命约为 $1\mu s$。这些值与在大面积碲锌镉衬底上生长的材料层的值相当。研究人员已利用这种长波红外材料制造出像素间距 $40\mu m$ 的 256×256 像元规格阵列,噪声等效温差达到 33mK。这说明,利用以硅为衬底的碲镉汞薄膜材料可以制造出更加经济耐用的第三代红外焦平面阵列。但是,由于长波碲镉汞禁带窄,对材料中的缺陷更敏感,因此如何控制材料中的缺陷,是硅衬底长波碲镉汞薄膜材料未来的研究重点。

在锗衬底碲镉汞薄膜材料研究方面,法国的技术比较先进,已经在 76mm 和 101mm

直径的锗衬底上采用分子束外延技术生长出了碲镉汞薄膜材料。目前 76mm 直径锗衬底碲镉汞薄膜材料的生长工艺比较成熟,已达到每天生长 3 层材料的能力。101mm 直径锗衬底碲镉汞薄膜材料的性能与利用传统液相外延技术生长的材料层的性能相当,尺寸大于 $1\mu m$ 的缺陷密度为 $200\sim300cm^{-2}$,点缺陷密度较高,为 $10^6\ cm^{-2}$,所以如何减小点缺陷密度成为下一步研究的重点。法国科学家已经利用在锗衬底上生长的碲镉汞薄膜材料制造出像素间距 $15\mu m$ 的 $1\ 280\times1\ 024$ 像元大规格中波红外焦平面阵列,并用于最新的探测器产品中。

2. 多色异质外延碲镉汞薄膜材料

多色(多波段)碲镉汞材料为采用分子束外延生长技术的掺杂型多层异质外延薄膜材料,20 世纪 90 年代以来受到美国科学家和法国科学家的高度重视并取得较大进展。目前已有碲镉汞双色材料及其红外探测器,正在积极开发多色材料和多色红外焦平面阵列。例如,法国科学家研制的双色红外探测材料是利用分子束外延技术生长的具有 4 层异质结构的碲镉汞红外探测材料,如图 1-5 所示。这种结构依靠施加到二极管上的偏置电压可对 $3\mu m$ 和 $5\mu m$ 波长辐射按顺序进行探测。截止波长为 $5\mu m$ 的结通过离子注入方法获得,截止波长为 $3\mu m$ 的结在生长时通过掺铟形成。P 型掺杂通过对汞空位的热退火控制而获得。利用这种双色材料制造的探测器性能非常理想,类似于缺陷密度低的单色焦平面材料。

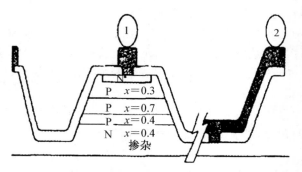

图 1-5　法国科学家研制的双色碲镉汞红外探测材料

美国 Raytheon 公司研制出长波/长波双色 N-P-N 结构异质结材料,其中的 2 个 N 型吸收层共用一个 P 型层,控制 2 个 N 型层中碲镉汞的合金成分,可精确控制双波段的截止波长。采用这种材料可以制造像素间距 $40\mu m$ 的 128×128 像元规格的双色焦平面阵列。美国洛克韦尔公司也采用双色碲镉汞材料研制出 128×128 像元规格长波/短波、中波/中波探测器,以及像素尺寸 $30\mu m$ 的 256×256 像元规格探测器,量子效率达到 60%;已开发出像素尺寸 $20\mu m$ 的 640×480 像元以及 $1\ 280\times720$ 像元规格探测器。

在双色材料基础上,美国陆军空间和导弹防御局采用分子束外延技术制备出多色碲镉汞探测器材料,并且能利用多种原位分析方法对材料生长进行监控,如反射高能电子衍射(RHEED)、光谱椭圆光度法(SE)以及反射光谱技术(RA 和 RDS)等。此外,美国也计划利用碲镉汞材料研制三色红外焦平面阵列。

1.3.3　量子阱红外探测材料

与传统探测器的探测机理不同,量子阱焦平面探测器是靠量子阱结构中光子和电子之间的量子力学相互作用来完成探测的。这种探测器使用带隙比较宽(GaAs 为 1.43 eV)的Ⅲ－Ⅴ族材料,主要有光导型量子阱材料(GaAs/AlGaAs)和光伏型量子阱材料(InAs/ InGaSb、InAs/InAsSb)两种类型。其中 GaAs/AlGaAs 材料体系发展得最为成熟,覆盖了从中波红外到甚长波红外区域。采用这个材料体系制作量子阱红外探测器时,以 GaAs 作为量子阱材料,AlGaAs 作为量子势垒材料,通过选择合适的量子阱厚度和势垒材料组分,可使量子阱红外探测器的响应波长满足 $8\sim14\mu m$ 长红外波段的要求。

与碲镉汞相比,量子阱红外探测材料的优点是可提供更好的黏合强度、化学稳定性、掺杂能力以及热稳定性,加上 GaAs/AlGaAs 材料体系的材料生长技术比较成熟,所以量子阱红外探测材料得到了迅速发展。重点发展长波量子阱材料和多色量子阱材料技术,其中以美国喷气实验室的产品为世界最高水平。如美国喷气推进实验室设计的长波多量子阱周期结构包括 4.5×10^{-6} mm 的 GaAs 阱($n=4\times10^{17}$ cm^{-3})和 5×10^{-5} mm 的 Al$_{0.3}$Ga$_{0.7}$As 阻挡层,多量子阱结构夹在 $0.5\mu m$ 的 GaAs 顶部和底部(掺杂浓度 $n=5\times10^{17}$ cm^{-3})接触层间。由这种量子阱材料制成的探测器在偏置电压为 -3 V 时,响应峰值位于 $8.5\mu m$,峰值响应率为 $300mA/W$,光谱宽度 $\Delta\lambda/\lambda=10\%$,截止波长为 $8.9\mu m$ 。

美国喷气推进实验室设计的三色量子阱结构由 3 个多量子阱区组成,中间由 GaAs接触层隔开。每个多量子阱结构大约有 30 个周期,每个周期包括一层厚度为 5×10^{-5} mm 的 Al$_x$Ga$_{1-x}$As 势垒层和一层 GaAs 势阱层。势垒层中铝组分的 x 值和势阱中的几何深度根据所需的光谱响应选择。

此外,美国喷气推进实验室以 InGaAs/GaAs/AlGaAs 材料体系为基础研制出 640×512 像元规格的四色焦平面器件,其性能为:300 K 背景温度下,f 数为 2,工作温度 45K,各探测器的探测率均大于 10^{11} cm · Hz$^{1/2}$ · W^{-1} ,可在 $4\sim5.5\mu m$ 、$8.5\sim10\mu m$ 、$10\sim12\mu m$ 和 $13\sim15.5\mu m$ 波段响应。美国量子阱红外光电探测器技术公司也在加紧发展 GaAs/AlGaAs 四色焦平面阵列,阵列规模达到 1 024×1 024 像元,波长覆盖可见光和长红外波段,其中有两色为中红外波段。

1.3.4　非制冷型红外探测材料

非制冷型红外探测材料能够工作在室温状态,并具有稳定性好、成本低、功耗小、能大幅降低系统尺寸等优点,制造的焦平面阵列的像素尺寸已达到 $25\mu m$ 以下,且具有高灵敏度和高分辨率等优点,是未来小型低成本热像仪的主流材料。从目前的发展水平来看,基于这种材料的非制冷型红外热成像系统将主要装备单兵、小型无人机、无人车或作为遥控监视传感器。

国外研究的非制冷型红外探测材料主要有热释电材料和微测辐射热计材料。其中,氧化物晶体钽酸锂、铌酸锶钡和陶瓷材料钛酸铅、锆钛酸铅镧以及铁电材料钛酸锶钡等热释电材料因具有化学性质稳定、容易加工等优点已被用于制作红外探测器,并在激光探测、红外报警和夜视仪等方面得到应用。例如,国外 BST 铁电材料探测器已达到实用化程度,已研制出 SBN 焦平面探测器和 192×128 像元的 $PbTiO_3$ 焦平面探测器和热像仪的样机,未来还将研制噪声等效温差优于 0.1K 的 328×244 像元热释电焦平面探测器。

国外研究、应用的微测辐射热计材料主要有氧化钒(VO_x)和非晶硅($\alpha-Si$),其中氧化钒材料技术发展较成熟,已达到生产水平。例如,美国、法国、日本、以色列等国都能生产 160×120 像元至 640×480 像元氧化钒非制冷型红外探测器,像素中心距达到 25μm,噪声等效温差为 20～100mK。但是,氧化钒目前仍存在不能与标准硅集成电路工艺兼容、大型阵列制造困难等问题,有待进一步研究、发展。

非晶硅的电阻温度系数(4%/K)与氧化钒相当,可以在低温下通过成熟的沉积和蚀刻技术集成到硅衬底上,与标准硅工艺完全兼容,可制作较大规格的阵列,大幅降低系统尺寸和成本。法国自 20 世纪 90 年代起就一直从事非晶硅微测辐射热计的开发,21 世纪初实验室水平的噪声等效温差已接近 30mK,而且已经开始进行 45μm 间距的 320×240 像元非晶硅微测辐射热计工业化生产。此外,美国国防高级研究计划局(DARPA)也在投资研究非晶硅,目的是把像素尺寸缩小到约 15μm,噪声等效温差达到 10mK,而成本降至现有产品的 1/10,使小型无人机也能安装 1 024×1 024 像元探测器。

1.3.5　发展趋势

红外探测材料技术是红外技术发展的核心和基础。随着固态技术的发展和半导体材料提纯和生长工艺的进步,红外探测器材料技术有了巨大的进展。这其中,多色、硅或锗衬底碲镉汞异质外延薄膜材料易于实现大尺寸、低成本,能提高探测器识别目标的能力,增强其抗干扰能力与带宽,是第三代红外探测器发展的关键材料之一,代表了红外探测材料技术发展的重要方向。

量子阱红外探测材料自 21 世纪初以来发展迅速,长波阵列的性能已与碲镉汞阵列的性能相当。它具有独特的结构特点,更易于实现大规格和多色探测能力,也是红外探测材料技术的一个重要发展方向。

非制冷型红外探测材料具有低成本、低功耗、高可靠性等优势,能满足第三代红外探测器的高工作温度要求,是未来小型低成本热像仪的主流材料。未来的发展方向是继续缩小像素尺寸,改善温度灵敏度和空间分辨力,缩短响应时间和降低成本。

第 2 章
红外探测器的设计与发展

红外探测器是一种辐射能转换器,主要用于将接收到的红外辐射能转换为便于测量或观察的电能、热能等其他形式的能量。根据能量转换方式,红外探测器可分为热敏型红外探测器和光子型红外探测器两大类。

热敏型红外探测器的工作机理是基于入射辐射的热效应引起探测器某一电特性的变化,而光子型红外探测器是基于入射光子流与探测材料相互作用产生的光电效应,具体表现为探测器响应元自由载流子(即电子或空穴)数目的变化。由于这种变化是由入射光子数的变化引起的,光子探测器的响应与吸收的光子数成正比,而热探测器的响应与所吸收的能量成正比。

热敏型红外探测器的换能过程包括:热阻效应、热伏效应、热气动效应和热释电效应。光子型红外探测器的换能过程包括:光生伏特效应、光电导效应、光电磁效应和光发射效应。

各种光子型红外探测器、热敏型红外探测器的作用机理虽然各有不同,但其基本特性都可用等效噪声功率或探测率、响应率、光谱响应、响应时间等参数来描述。

2.1 红外探测器特性参数与设计

2.1.1 特性参数

2.1.1.1 等效噪声功率和探测率

将探测器输出信号等于探测器噪声时,入射到探测器上的辐射功率定义为等效噪声功率,单位为 W。由于信噪比为 1 时功率测量不太方便,可以在高信号电平下进行测量,然后再根据下式计算

$$P_{NE} = \frac{HA_d}{V_s/V_n} \tag{2-1}$$

式中，H——辐射照度（W/cm^2）；

　　　A_d——探测器光敏面面积（cm^2）；

　　　V_s——信号电压基波的均方根值（V）；

　　　V_n——噪声电压均方根值（V）。

由于探测器响应与辐射的调制频率有关，测量等效噪声功率时，黑体辐射源发出的辐射经调制盘调制后，照射到探测器光敏面上，辐射强度按固定频率做正弦变化。探测器输出信号滤除高次谐波后，用均方根电压表测量基波的有效值。

必须指出：等效噪声功率可以反映探测器的探测能力，但不等于系统无法探测到强度弱于等效噪声功率的辐射信号。如果采取相关接收技术，即使入射功率小于等效噪声功率，由于信号是相关的，噪声是不相关的，也可以将信号检测出来，但是这种检测增加了检测时间。另外，强度等于等效噪声功率的辐射信号，系统并不能可靠地探测到。在设计系统时通常要求最小可探测功率数倍于等效噪声功率，以保证探测系统有较高的探测概率和较低的虚警率。辐射测量系统由于有较高的测量精度要求，对弱信号也要求有一定的信噪比。

等效噪声功率被用来度量探测器的探测能力，但是等效噪声功率最小的探测器的探测能力却是最好的，虽然很多人不习惯这样的表示方法。Jones 建议用等效噪声功率的倒数表示探测能力，称为探测率。因此，探测率可表示为

$$D = \frac{1}{P_{NE}} \tag{2-2}$$

探测器的探测率与测量条件有关，包括：入射辐射波长、探测器工作温度、调制频率、探测器偏流、探测器面积、探测器噪声电路的带宽、光学视场外热背景。

广泛的理论和实验研究表明，有理由假定探测器输出的信噪比与探测器面积的平方根成正比，即认为探测率与探测器面积的平方根成反比。探测器输出噪声包含各种频率成分，显然，噪声电压是测量电路带宽的函数。由于探测器总噪声功率谱在中频段较为平坦，可认为测得的噪声电压只与测量电路带宽的平方根成正比，即探测率与测量电路带宽的平方根成反比。因此，可定义

$$D^* = D(A_d \Delta f)^{1/2} = \frac{(A_d \Delta f)^{1/2}}{P_{NE}} \tag{2-3}$$

D^* 的物理意义可理解为 1W 辐射功率入射到光敏面积 $1cm^2$ 的探测器上，并用带宽为 1Hz 电路测量所得的信噪比。D^* 是归一化的探测率，称为比探测率。用 D^* 来比较两个探测器的优劣，可避免探测器面积或测量带宽不同对测量结果的影响。比探测率和前面介绍的探测率定义上是有区别的，但由于探测率未对面积、带宽归一化，确实也没有多大实用意义，一般文献报告中都不把 D^* 称之为"比探测率"，而称为"探测率"，这只是一种约定俗成的做法。

2.1.1.2　单色探测率和 D^{**}

1. 黑体探测率和单色探测率

测量 D^* 时如采用黑体辐射源,测得的 D^* 称为黑体 D^*,有时写作 D_{bb}^*。为了进一步明确测量条件,黑体 D^* 后面括号中要注明黑体温度和调制频率,如 $D_{bb}^*(500\mathrm{K},800\mathrm{Hz})$ 表示是对 500K 黑体、调制频率为 800Hz 时所测得的 D^* 值。

测量时如果用单色辐射源,测得的探测率为单色探测率,写作 D_λ^*。

2. D^{**}

背景辐射对红外探测器至关重要,为了减少光学视场外热背景(如腔体)无规则辐射在探测器上产生的噪声,往往在探测器外加一个冷屏。从探测器中心向冷屏孔的张角叫探测器视角。设置冷屏能有效地减少背景光子通量,增加探测率。这并不是探测器本身性能的提高,而是探测器视角的减小,影响了光学系统的聚光能力。

对探测器视角进行归一化处理,可定义 D^{**} 为

$$D^{**} = \left(\frac{\Omega}{\pi}\right)^{1/2} D^* \tag{2-4}$$

式中,Ω——探测器通过冷屏所观察到的立体角(Sr);

　　π——半球立体角;

　　D^*——探测率($\mathrm{cm \cdot Hz^{1/2} \cdot W^{-1}}$)。

未加冷屏时,探测器在整个半球接收光子,$\Omega=\pi$,D^{**} 等于 D^*。D^{**} 实际上是将测得的探测率折算为半球背景下的探测率,这样可真实反映探测器本身的探测性能。D^{**} 对红外探测器研制者有指导意义,但在工程中不常使用。制造商提供的红外探测器的探测率通常是指含冷屏的探测器组件的探测率,使用者只须注意探测器的视角是否会限制光学系统的孔径角,以及冷屏的屏蔽效率。

2.1.1.3　背景噪声对探测率的限制

对于光电探测器,D_λ^* 的理论极大值为

$$D_\lambda^* = \frac{\lambda}{2hc}\left(\frac{\eta}{Q_b}\right)^{1/2} = 2.52 \times 10^{18}\lambda\left(\frac{\eta}{Q_b}\right)^{1/2} \tag{2-5}$$

式中,h——普朗克常数;

　　c——光速;

　　λ——波长(μm);

　　η——量子效率;

　　Q_b——入射到探测器上的半球背景光子辐射发射量。

对于光伏探测器,由于没有复合噪声,上式应乘 $\sqrt{2}$,即

$$D_\lambda^* = 3.56 \times 10^{18}\lambda\left(\frac{\eta}{Q_b}\right)^{1/2} \tag{2-6}$$

光子型红外探测器已有不少接近背景限。

对于热敏型红外探测器,背景辐射的起伏将引起探测器温度的起伏,并且探测器本身辐射也将引起统计性温度起伏。如果信号辐射引起的温度变化低于这两种温度起伏,就探测不到信号辐射。

2.1.1.4　响应率

响应率等于单位辐射功率入射到探测器上产生的信号输出。响应率一般以电压形式表示。对于以电流方式输出的探测器,如输出短路电流的光伏探测器,也可用电流形式表示。

电压响应率为
$$R_V = \frac{V_s}{HA_d} = \frac{V_s}{P} \qquad (2-7)$$

电流响应率为
$$R_I = \frac{I_s}{HA_d} = \frac{I_s}{P} \qquad (2-8)$$

因为测量响应率时是不管噪声大小的,可不注明只与噪声有关的电路带宽。响应率与探测器的响应速度有关,光子探测器的频率响应特性如同一个低通滤波器,在低频段响应较为平坦,超过转角频率后响应明显下降。一般均在低频下测量响应率,以消除调制频率的影响。

表面上看,只要探测率足够高,探测器输出有足够的信噪比,信号较弱是可以用电路放大的方法弥补的。实际上响应率过低,就必须提高前置放大器的放大倍率,高倍率的前置放大器会引入更多噪声,如选用探测率较低但响应率高的探测器,系统的探测性能可能更好一些。

2.1.1.5　光谱响应

探测器的光谱响应是指探测器受不同波长的光照射时,其 R、D^* 随波长变化的情况。设照射的是波长为 λ 的单色光,测得的 R、D^* 可用 R_λ、D_λ^* 表示,称为单色响应率和单色探测率,或称为光谱响应率和光谱探测率。

如果在某一波长 λ_p 处探测器的响应率达到峰值,则 λ_p 称为峰值波长,而 R_λ、D_λ^* 分别称为峰值响应率和峰值探测率。此时的 D^* 可记做 $D^*(\lambda_p, f)$,括号里注明的是峰值波长和调制频率,而黑体探测率为 $D^*(T_{bb}, f)$,括号里注明的是黑体温度和调制频率。

如图 2-1 所示,以横坐标表示波长,纵坐标为光谱响应率,则光谱响应曲线表示每单位波长间隔内恒定辐射功率产生的信号电压,有时纵坐标也可表示为对峰值响应归一化的相对响应。

光子型红外探测器和热敏型红外探测器的光谱响应曲线是不同的,理想情况如图 2-1所示。热敏型红外探测器的响应只与吸收的辐射功率有关,而与波长无关,因为其温度的变化只取决于吸收的能量。

对于光子型红外探测器,仅当入射光子的能量大于某一极小值 $h\nu_c$ 时才能产生光电效应。也就是说,探测器仅对波长小于 λ_c,或者频率大于 ν_c 的光子才有响应。光子型红外探测器的光谱响应正比于入射的光子数,由于光子能量与波长 λ 成反比,在单位波长间隔内辐射功率不变的前提下,入射光子数同样与波长成正比。因此,光子型红外探测器的响应随波长 λ 线性上升,到某一截止波长 λ_c 后,突然下降为零。

理想情况下,光子探测器的探测率 D_λ^* 可写成

$$
\begin{aligned}
&\text{当}\ \lambda \leqslant \lambda_c \qquad D_\lambda^* = \frac{\lambda}{\lambda_c} D_{\lambda c}^* \\
&\text{当}\ \lambda > \lambda_c \qquad D_\lambda^* = 0
\end{aligned}
\qquad (2-9)
$$

　　理想情况下,截止波长 λ_c 即峰值波长 λ_p,实际曲线稍有偏离。例如,光子探测器实际光谱响应在峰值波长附近迅速下降,一般将响应下降到峰值响应的 50% 处的波长称为截止波长 λ_c。

　　系统的工作波段通常是根据目标辐射光谱特性和应用需求而设定的,选用的探测器就应该在此波段中有较高的光谱响应。因为光子型红外探测器响应截止的斜率很陡,不少探测器的窗口并不镀成带通滤光片,而是镀成前截止滤光片,同样可起到抑制背景的效果。

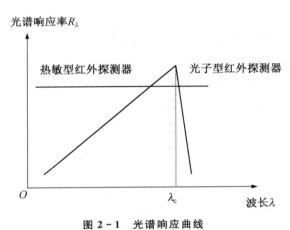

图 2 - 1　光谱响应曲线

2.1.1.6　响应时间

　　当一定功率的辐射突然照射到探测器上时,探测器输出信号要经过一定时间才能上升到与这一辐射功率相对应的稳定值。当辐射突然去除时,输出信号也要经过一定时间才能下降到辐照之前的值。这种上升或下降所需的时间叫探测器的响应时间,或时间常数。

　　响应时间直接反映探测器的频率响应特性,其低通频率响应特性可表示为

$$R_f = \frac{R_0}{(1 + 4\pi^2 f^2 \tau^2)^{1/2}} \tag{2-10}$$

式中,R_f——调制频率为 f 时的响应率;

　　　R_0——调制频率为零时的响应率;

　　　f——调制频率;

　　　τ——探测器响应时间。

　　当 f 远小于 $1/(2\pi\tau)$ 时,响应率就与频率无关;当 f 远大于 $1/(2\pi\tau)$ 时,响应率和频率成反比。

　　系统设计时,应保证探测器在系统带宽范围内响应率与频率无关。由于光子型红外探测器的时间常数可达数十纳秒至微秒,所以在一个很宽的频率范围内,频率响应是平坦的。热敏型红外探测器的时间常数较大,如热敏电阻探测器的时间常数为数毫秒至数十毫秒,因此频率响应平坦的范围仅几十赫兹。

　　在设计光机扫描型系统时,探测器的时间常数应当选择得比探测器在瞬时视场上的

驻留时间短,否则探测器的响应速度将跟不上扫描速度。当对突发的辐射信号进行检测时,则应根据入射辐射的时频特性,选择响应速度较快的探测器。如果激光功率计在检测连续波激光时,探头的探测器可以用响应较慢的热电堆;如果检测脉冲激光时则必须用响应速度较快的热释电探测器;如果激光脉宽很窄时,需要用光伏探测器。

2.1.2　探测器噪声和低噪声电子设计

2.1.2.1　噪声

研究噪声的目的是为了了解红外系统所受的限制,这里所说的噪声是指探测器、电路元件产生的随机电起伏。本质上讲,大多数物理量都是不连续的或颗粒状的。例如,电流是由电子流组成的,每一个电子都带有一份独立的电荷。电子通过电路中某一点的速率的随机起伏,就表现为电噪声。随机噪声的记录如图 2-2 所示。

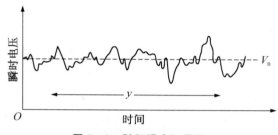

图 2-2　随机噪声记录图

电噪声是一种随机变量,在任一瞬间,随机噪声的幅度和该瞬时前后出现的幅度完全无关,只能用统计的方法去表示某一幅值出现的概率。我们可以用一定时间间隔内,电压(或电流)的均方根差来表示噪声电压(或噪声电流),即

$$v_n^2 = \overline{(v - v_{平均})^2} = \frac{1}{T}\int_0^T (v - v_{平均})^2 \mathrm{d}t$$

$$i_n^2 = \overline{(i - i_{平均})^2} = \frac{1}{T}\int_0^T (i - i_{平均})^2 \mathrm{d}t$$

$$(2-11)$$

更确切地,可称之为均方根噪声电压或均方根噪声电流。

如果电路中存在两个或更多独立的噪声源,其总效果可将各个噪声源的噪声功率相加,也就是将噪声电压(或噪声电流)的平方相加得到。噪声电压或噪声电流是不可以直接相加的。

不同类型噪声的功率频谱也不尽相同,可用谱密度来表示。谱密度可表示为单位带宽的噪声功率(噪声电压平方),也可表示为单位根号带宽内的噪声电压,即 $\dfrac{v_n^2(f)}{\Delta f}$ 或 $\dfrac{v_n(f)}{\sqrt{\Delta f}}$。

2.1.2.2　探测器噪声的类型

不仅响应率会随辐射频率变化,探测率也会随辐射频率变化。因为

$$D^* = \frac{(A_d\Delta f)^{1/2}}{P_{NE}} = \frac{V_s\,(A_d\Delta f)^{1/2}}{V_n P} = \frac{R}{V_n}(A_d\Delta f)^{1/2} \qquad (2-12)$$

D^* 与 f 的关系与探测器噪声的类型有关。对于受白噪声(噪声大小与频率无关)限制的探测器,D^* 与 f 的关系和 R 与 f 的关系有相同的形式。对于受其他形式噪声限制的探测器,D^* 与 f 的关系往往和 R 与 f 的关系不同。光导体中总噪声随频率变化的曲线如图 2-3 所示。

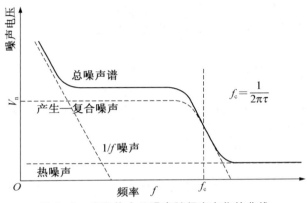

图 2-3　光导体中总噪声随频率变化的曲线

探测器噪声从机理上区分大致有以下几类:

1. 热噪声

热噪声也称约翰逊噪声,存在于所有探测器。一个电阻器就是一个热噪声发生器。热平衡时,电阻元件中的电荷载流子的随机运动在元件两端产生随机电压,当电阻温度上升时,电荷载流子的平均动能增加,则噪声电压增加。热噪声电压可表达为

$$V_n = (4kT_d R_d\Delta f)^{1/2} \qquad (2-13)$$

热噪声的谱密度为

$$\frac{V_n^2}{\Delta f} = 4kT_d R_d \qquad (2-14)$$

在给定温度下,热噪声的噪声电压只与电阻有关,如果噪声源是一个阻抗,则噪声电压只取决于阻抗的电阻部分,而与电容、电感部分无关。噪声电压与带宽的平方根成正比,而与频率高低无关,即热噪声的谱密度与频率无关,故称之为白噪声。

2. 温度噪声

由于热敏型红外探测器敏感元件跟周围的辐射交换或与散热片之间的传导交换,使敏感元件的温度发生随机起伏,引起信号电压的随机起伏,这种噪声称为温度噪声。温度噪声仅在热敏型红外探测器中能观察到,热敏型红外探测器性能的理论极限就是根据温度噪声计算的。

3. $1/f$ 噪声

$1/f$ 噪声也称调制噪声或闪烁噪声,产生的物理机理尚不清楚。$1/f$ 噪声对低频段影响较大,可用 $1/f^n$ 来表征其功率谱,n 取 $0.8\sim2$。

4．产生—复合噪声

产生—复合噪声是敏感元件电荷载流子的产生率和复合率的统计起伏产生的噪声。这种起伏可以由载流子与光子相互作用或背景光子到达率的随机性而引起。如果背景光子起伏对产生—复合噪声的起伏起主要贡献，那么这种噪声也称为光子噪声、辐射噪声或背景噪声。

5．散粒噪声

散粒噪声是由于流过 PN 结的自由电子和空穴的起伏产生的，表现为微电流脉冲，在外电路中表现为随机噪声或电压。散粒噪声电压可表达为

$$V_n = R_d (2eI\Delta f)^{1/2} \tag{2-15}$$

散粒噪声通常存在于光伏探测器和薄膜探测器中，光导探测器由于没有 PN 结，所以不存在散粒噪声。

探测器的总噪声是以上各种噪声的均方根，不同类型的探测器，在不同频率段，其主导作用的噪声也是不同的。

2.1.2.3　低噪声电子设计

1．噪声系数

噪声系数也叫噪声因素。如果一个放大电路的增益为 G，则它的噪声系数定义为

$$F = \frac{\text{折算至输入端的等效噪声功率}}{\text{源噪声功率}} = \frac{N_0/G}{N_i} \tag{2-16}$$

由于 $G = \dfrac{S_0}{S_i}$，代入上式得

$$F = \frac{\text{输入端信噪比}}{\text{输出端信噪比}} = \frac{N_i/S_i}{N_0/S_0}$$

因为噪声系数是功率比，所以也可用分贝表示，称为对数噪声系数，即

$$F_N = 10\lg F \tag{2-17}$$

噪声系数是放大器引起的信噪比恶化程度的量度。一个好的放大器是在源噪声基础上不增加噪声的放大器，其噪声系数 $F=1$，或者说对数噪声系数 $F_N=0$。低噪声电子设计的目的是使实际放大器的噪声系数接近这种理想的状态。

设有两级功率增益分别为 G_1 和 G_2 的放大器级联，它们单独使用时噪声系数分别为 F_1 和 F_2，即

$$F_1 = \frac{N_{01}}{G_1 N_1}，F_2 = \frac{N_{02}}{G_1 N_1} \tag{2-18}$$

| 第一级 G_1 | 第二级 G_2 |

N_{i1}　　　　　$N_{i1}=N_{i2}$　　　　　N_{OUT}

级联后第一级的输出噪声（即第二级输入噪声）为

$$N_{01} = N_{i2} = N_{i1}G_1F_1 \tag{2-19}$$

级联后总输出噪声 N_{OUT} 可认为由两部分组成,第一部分是第一级输出噪声放大 G_2 倍后形成的噪声,即

$$F_2 N_{i2} = G_2 (N_{i1} G_1 F_1) \tag{2-20}$$

第二部分则是第二级放大器增加的噪声。按 F_2 的定义,当第二级输入噪声为 N_{i1} 时输出噪声为 $F_2 G_2 N_{i1}$,由于其中的 $G_2 N_{i1}$ 并不是增加的噪声,必须从 $F_2 G_2 N_{i1}$ 中扣除,才是第二级放大器增加的额外噪声。因此,级联后总输出噪声为上述两部分噪声之和,即

$$N_{\mathrm{OUT}} = G_2 (N_{i1} G_1 F_1) + G_2 (F_2 - 1) N_{i1} = (F_1 G_1 G_2 + F_2 G_2 - G_2) N_{i1} \tag{2-21}$$

两级级联电路的噪声系数为

$$F_{12} = \frac{N_{\mathrm{OUT}}}{G_1 G_2 N_{i1}} = F_1 + \frac{F_2 - 1}{G_1} \tag{2-22}$$

同样,我们也可导出三级级联电路的噪声系数为

$$F_{123} = \frac{N_{\mathrm{OUT}}}{G_1 G_2 G_3 N_{i1}} = F_1 + \frac{F_2 - 1}{G_1} + \frac{F_3 - 1}{G_1 G_2} \tag{2-23}$$

可得出的结论是:如果第一级增益高时,级联网络的噪声系数主要受第一级噪声的影响。探测器信号放大电路的第一级通常为高增益的低噪声放大器,称为前置放大器,后级主放大器增益较低,对低噪声的要求也较低。

2. 最佳源电阻

前置放大电路用于对探测器输出微弱电流或电压信号的放大,通常要求前置放大器的噪声系数接近 1,即前置放大器输出的信噪比尽量接近探测器输出的信噪比。这样,即使前置放大器在放大过程中引入的噪声,相对于探测器噪声而言可以忽略。

为研究前置放大器对探测器输出信噪比的影响,可以建立放大器的噪声模型,即将它等效为一个无噪声放大器,在输入端串联一个零阻抗的噪声电压源 E_n 和并联一个阻抗无穷大的噪声电流源 I_n。探测器可视为一个电压源 V_s,其源电阻为 R_s,产生的热噪声用噪声电压源 E_t 表示,如图 2-4 所示,则

$$E_t = \sqrt{4kTR_s \Delta f}$$

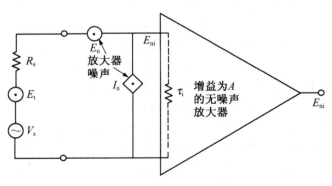

图 2 - 4　放大器的噪声模型

这三个噪声源又可用等效输入噪声 E_{ni} 表示,即用位于 V_s 的一个噪声源代替所有的系统噪声源。如果 E_{ni}、E_t、E_n 和 I_n 都是均方根值,不相关的噪声源叠加可将它们的噪声

功率简单相加,即

$$E_{ni}^2 = E_t^2 + E_n^2 + I_n^2 R_s^2 \tag{2-24}$$

这里 E_{ni} 是接上探测器后放大器输出噪声折算至输入端的等效噪声,E_{ni} 与探测器噪声 E_t 之比即为放大器的噪声系数。低噪声设计目的是使 E_{ni} 尽量接近 E_t。

放大器噪声系数与源电阻的关系如图 2-5 所示。从图中可以看出:放大器噪声系数与源电阻有关,E_{ni} 中的放大器噪声在源电阻较小时主要表现为电压噪声;当源电阻较大时,主要由电流噪声起作用。

当 $R_s = R_{opt} = E_n / I_n$ 时,总等效输入噪声最靠近热噪声曲线。此时,放大器在探测器热噪声的基础上增加的噪声最小,噪声系数最小。R_{opt} 称为最佳源电阻。最佳源电阻不是功率传输最大时的电阻,它和放大器的输入阻抗没有直接关系,是由放大器的噪声机构决定的。

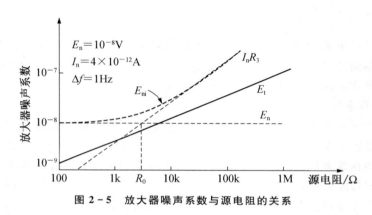

图 2-5　放大器噪声系数与源电阻的关系

3．晶体管噪声

如果不能忽略下一级噪声,前置放大器应提供足够的增益,以抑制下一级噪声的贡献。在这种情况下,输入晶体管是影响读出电路噪声的主要因素。用于低噪声放大的晶体管有双极晶体管(BJT)、结型场效应管(JFET)和金属氧化物半导体场效应管(MOSFET)。MOSFET 的工作温度范围、功率和噪声特性较好,许多现代读出集成电路都是由用 CMOS 工艺制造的 MOSFET 和其他组件组成(图 2-6)。

N 型沟道的 MOSFET 是由注入形成的 N 型漏区和源区组成,引出漏极和源极。源区、漏区之间由 P 掺杂硅衬底相隔离。在源区和漏区之间的半导体表面上,有绝缘的介质薄层(通常为 SiO_2)引出电极为栅极。正的栅极电压在半导体表面产生电场,如果栅极电压超过特定阈值,电场将排斥多数载流子空穴,吸引电子,在半导体表面形成很薄的 N 型导电沟道。P 型沟道的 MOSFET 工作原理基本相同,只是采用相反的掺杂和电压。

MOSFET 和 JFET 的导电机构有所不同,结型的 JFET 是利用导电沟道之间耗尽区的大小来控制漏极电流,而绝缘栅的 MOSFET 则是利用感应电荷的多少来改变导电沟道的性质,基本上是没有栅流产生的。前置放大器的输入参考噪声通常由输入晶体管驱动,MOSFET 和 JFET 的 i_n 值较低,而 BJT 的 e_n 也较低(图 2-7)。

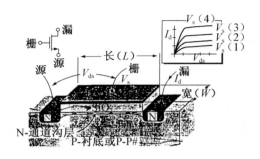

图 2-6　多数读出集成电路采用 MOSFET 作放大器
和开关,漏电流由栅源电压控制

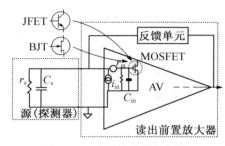

图 2-7　前置放大器示意图

　　一个有噪声的晶体管放大器同样可以等效为输入端串联了一个噪声电压源和并联了一个噪声电流源的无噪声放大器。图 2-8 所示给出了共发射极或共源极 BJT、JFET 和 MOSFET 放大器噪声电压和噪声电流的频谱。从图 2-9 可以看出,它们的最佳源电阻不同,BJT 最低,JFET 次之,MOSFET 最高。最佳源电阻不同,与之匹配的探测器源电阻的范围也有所不同。

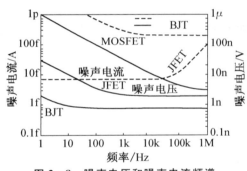

图 2-8　噪声电压和噪声电流频谱

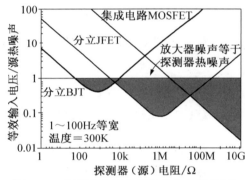

图 2-9　探测器电阻与等效输入电压/源热
噪声关系

　　按阻抗不同可把探测器分为两类:其一为低阻抗探测器(低于 $10\text{k}\Omega$),如长波红外碲镉汞光导探测器;其二为高阻抗探测器(大于 $10\text{k}\Omega$),如光伏、非本征硅及硅化铂探测器。

　　对于通常具有 $10\text{M}\Omega$ 以上阻抗的光伏探测器,MOSFET 的噪声比探测器热噪声小。然而,对阻抗低于 $100\text{k}\Omega$ 的探测器,如低电阻的光导探测器,MOSFET 并不是最佳选择。在这种情况下,最好选择双极晶体管。

　　JFET 常用于分立元件的放大器中,接小于 $100\text{M}\Omega$ 的探测器,即使在室温下,也比 MOSFET 有更好的性能,并且因散粒噪声引起的输入偏置电流随温度降低明显地减小。低温 JFET 具有较好的低噪声性能,可匹配阻抗大于 $100\text{M}\Omega$ 的探测器。

4. 常用前置放大器的噪声

　　前置放大器通常采用电压放大和电流电压放大(互阻抗)两种形式。

　　根据线性网络叠加原理,电压放大器的等效输入噪声电压 e_{in} 为

$$e_{\mathrm{in}} \approx \left[\left(\frac{e_{\mathrm{n}} r_{\mathrm{in}}}{r_{\mathrm{in}} + r_{\mathrm{s}}}\right)^2 + (i_{\mathrm{n}} r_{\mathrm{in}} \parallel r_{\mathrm{s}})^2\right]^{1/2} \tag{2-25}$$

式中，$r_{\mathrm{in}} \parallel r_{\mathrm{s}}$ 是放大器输入电阻和探测器电阻（源电阻）的并联。

可以看出，放大器噪声电流的影响随源电阻增大而增大，而放大器噪声电压的影响随源电阻增大而减小。因此，设计低噪声电压放大器时，如果探测器阻抗较低，应选用噪声电压较低的运算放大器；如果探测器阻抗较高，则应选用噪声电流较低的运算放大器。

电流电压放大器的噪声性能一般用等效输入噪声电流 i_{in} 来表示。这仅是表达方式不同，上面的结论依然成立，即

$$i_{\mathrm{in}} \approx \left[\left(\frac{e_{\mathrm{n}}}{r_{\mathrm{in}} + r_{\mathrm{s}}}\right)^2 + \left(\frac{i_{\mathrm{n}} r_{\mathrm{s}}}{r_{\mathrm{in}} + r_{\mathrm{s}}}\right)^2\right]^{1/2} \tag{2-26}$$

在有用的系统带宽内，e_{n} 和 i_{n} 可能不是白噪声，e_{in} 自然是频率的函数。因此，前置放大器输出的均方根电压噪声应表达为积分形式。

对于电压放大器有　　　$V_{\mathrm{out}}^2(e_{\mathrm{n}}) = \int A_V^2(f) e_{\mathrm{in}}^2(f) \mathrm{d}f \tag{2-27}$

式中，A_V ——放大器的电压增益。

对于电流电压放大器有　$V_{\mathrm{out}}^2(i_{\mathrm{n}}) = \int Z_t^2(f) i_{\mathrm{in}}^2(f) \mathrm{d}f \tag{2-28}$

式中，Z_t ——放大器的跨阻。

对于探测器、放大器组件，总的均方根噪声功率是放大器噪声、探测器噪声和光子噪声功率等之和，即

$$V_{\mathrm{out}} = \left[V_{\mathrm{out}}^2(i_{\mathrm{n}}) + V_{\mathrm{out}}^2(i_{\mathrm{det}}) + V_{\mathrm{out}}^2(i_{\mathrm{ph}}) + \cdots\right]^{1/2} \tag{2-29}$$

2.1.3　系统探测灵敏度设计

2.1.3.1　系统等效噪声带宽

1. 电子学等效噪声带宽

如果电子学电路是一阶低通滤波电路（图 2-9），其频率影响为 $H_{\mathrm{e}}(f)$，特征频率为 f_0，则

$$f_0 = \frac{1}{2\pi RC} = \frac{1}{2\pi\tau}$$

式中，$\tau = RC$ 为电路时间常数。 　　　　　　　　　　　　　　　　　　 (2-30)

特征频率定义的带宽为 3dB 带宽，由于大于特征频率的噪声对系统性能还是有影响的，故低通电路的等效噪声带宽为

$$\Delta f = \int_0^\infty D(f) H_{\mathrm{e}}^2(f) \mathrm{d}f \tag{2-31}$$

其中

$$H_{\mathrm{e}}^2(f) = \frac{1}{1 + (f/f_0)^2}$$

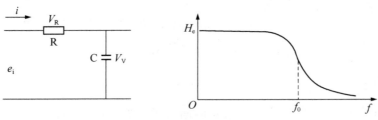

图 2 - 9　一阶低通滤波电路

$D(f)$是探测器归一化的噪声功率谱,探测器噪声为白噪声时,$D(f)=1$,代入(2 - 31)式计算可得

$$\Delta f = \frac{\pi}{2} f_0 = \frac{\pi}{2} \cdot \frac{1}{2\pi RC} = \frac{1}{4RC} \tag{2 - 32}$$

低通电路的等效噪声带宽约为 3dB 带宽的 1.5 倍,在计算系统信噪比时,噪声带宽应按等效噪声带宽计。

2. 扫描成像系统的等效噪声带宽

扫描成像系统(图 2 - 10)和凝视成像系统成像过程的传递环节不尽相同,系统等效噪声带宽的取法也不同。

图 2 - 10　扫描成像系统

对扫描成像系统,当视轴扫过景物时,物方瞬时视场对景物空间采样,可以认为是一个空间低通滤波的过程。设计时,选择的探测器通常有足够快的响应速度,电子学处理系统也可以设计有足够的带宽,此时的系统带宽主要取决于空间低通滤波的带宽。

假设景物由辐射强弱相间、大小等于成像系统物方瞬时视场的许多单元组成,当瞬时视场扫过一对景物单元时,探测器将产生一个三角波信号,如图 2 - 11 所示。

当 t 等于探测元在一个景物单元上的驻留时间 τ_d 时,信号应达到峰值 A。

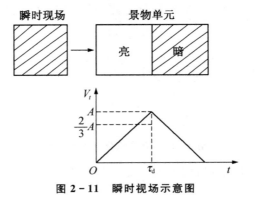

图 2 - 11　瞬时视场示意图

如果电子频带不够宽,检测到的信号必定小于峰值,检测值与峰值 A 之比即为信号过程因子。解微分方程,求得上述三角波信号通过 RC 低通网络后的输出为

$$V_0(t) = \frac{A}{\tau_d}t - \frac{ARC}{\tau_d}(1 - e^{\frac{t}{RC}}) \qquad (2-33)$$

则信号过程因子

$$\delta = \frac{V_0(\tau_d)}{A} = 1 - \frac{RC}{\tau_d}(1 - e^{\frac{\tau_d}{RC}}) \qquad (2-34)$$

如果电路的时间常数 RC 比像元驻留时间 τ_d 小,忽略含指数的项,得

$$\delta = \frac{\tau_d - RC}{\tau_d} = \frac{4\tau_d \Delta f - 1}{4\tau_d \Delta f} \qquad (2-35)$$

系统等效噪声灵敏度均与 $\frac{\sqrt{\Delta f}}{\delta}$ 成正比。过程因子过小,采集到的信号远小于峰值;过程因子过大,又增加噪声带宽,因此可以求出一个最佳值。一般过程因子可取 2/3,代入上式,可得系统信号噪声带宽为

$$\Delta f = \frac{3}{4\tau_d} \qquad (\delta = 2/3) \qquad (2-36)$$

而电路 3dB 带宽为

$$f_0 = \frac{2}{\pi}\Delta f = \frac{3}{\pi} \cdot \frac{1}{2\tau_d} \approx \frac{1}{2\tau_d} \qquad (2-37)$$

由上式确定的系统等效噪声带宽可用于系统信噪比计算。电子学 3dB 带宽取 $\frac{1}{2\tau_d}$,即等于空间采样的奈奎斯特频率。

3. 凝视成像系统的等效噪声带宽

对选用焦平面器件的凝视成像系统(图 2-12),通过片上积分电路已对探测器输出低通滤波,此时的系统带宽主要由器件的积分时间决定。

图 2-12　凝视成像系统

复位积分电路(图 2-13)为大多数焦平面探测器所采用。探测器的电流 $x(t)$ 被电容 C_{int} 积分,输出锯齿状电压 $y(t)$。复位积分电路对脉冲电流的响应为宽度等于积分周期 t_{int} 的矩形波,用 $h(t)$ 表示。

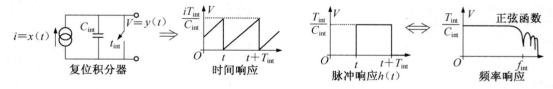

图 2-13　复位积分电路示意图

脉冲响应在积分前和积分后均为零。复位积分电路的频率响应 $H(f)$ 应是脉冲响应 $h(t)$ 的拉普拉斯变换,即

$$Y(f) = X(f)H(f) \tag{2-38}$$

式中，$H(f) = \dfrac{T_{\text{int}}}{C_{\text{int}}} \cdot \dfrac{\sin(\pi ft)}{\pi ft}$。

如果认为积分时间近似等于帧时，噪声频率大于奈奎斯特频率（1/2 帧频）便开始衰减，当噪声频率大于帧频时，噪声影响可以忽略，如图 2-14 所示。

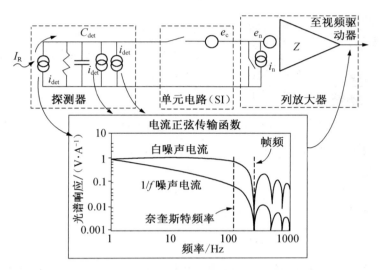

图 2-14　自积分器的简单积分器提供采样噪声的基本模型，积分电流信号与噪声源都有正弦传输函数

2.1.3.2　系统探测概率和虚警率

系统的噪声等效功率可以表示系统的探测能力，但信噪比为 1 将无法保证探测系统的高探测概率和低虚警率。无论探测系统还是辐射测量系统，均要求一定的系统信噪比。现以扫描搜索系统（图 2-15）为例，予以说明。

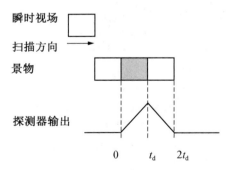

图 2-15　扫描搜索系统示意图

设探测器瞬时视场驻留时间为 t_{d}，目标的宽度正好为一个瞬时视场，则探测器可视作带宽为 Δf 匹配滤波器，对混杂了噪声的信号进行低通滤波。

目标探测可以认为是对埋入白噪声中的脉冲峰值的检测。i_{s} 是峰值信号电流，i_{n} 是均方根噪声电流,当滤波器的输出电流($i_s + i_n$)大于阈值电流 i_t 时,判为有告警目标存在,如图 2-16 所示。输出的均方根噪声电流为

$$i_n = (W \cdot \Delta f)^{1/2} = \left(\frac{W}{2t_d}\right)^{1/2} \tag{2-39}$$

式中,W——输入白噪声的功率谱密度。

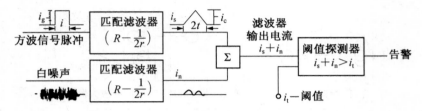

图 2-16　阈值探测过程的描述

平均虚警率的经典表达式为

$$\overline{F}_{AR} = \frac{1}{2\sqrt{3}t_d} e^{\left(-\frac{i_t^2}{2i_n^2}\right)} \tag{2-40}$$

探测概率近似为

$$P_d \approx \frac{1}{2}\left[1 + \text{erf}\left(\frac{i_s - i_t}{\sqrt{2}i_n}\right)\right] = \frac{1}{2}\left[1 + \text{erf}\left(\frac{i_s}{i_n} - \frac{i_t}{i_n}\right)\right] \tag{2-41}$$

　　白噪声电流或电压符合高斯正态分布(图 2-17),从中可看出探测概率、虚警率和阈值门限的关系。根据虚警率可确定阈值门限,一般大于 3 倍均方根噪声为有较高探测率,信噪比为 5~7。

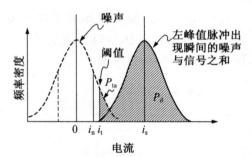

图 2-17　探测概率 P_d、虚警率 P_{ta} 和电流门限
i_t 的图示关系(其中 i_n 和 i_s 分别为噪
声电流和信号电流)

　　将以上计算画成曲线(图 2-18),可供查找。如要求 $P_d = 0.99$,$\overline{F}_{AR} = 10^{-5}$,查得 $i_s/i_n = 7$。

　　如将系统探测灵敏度定义为系统能可靠地探测到的最小辐射功率或功率密度,则系统灵敏度除与 D^* 有关外,还与光敏元面积、电子带宽、光学增益有关,为保证系统有较高探测概率、较低虚警率,还应有信噪比要求。

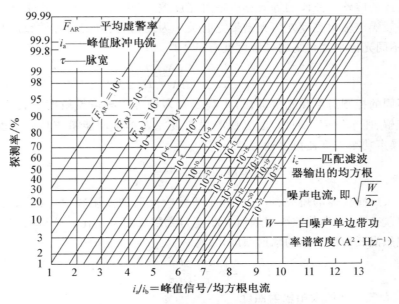

图 2 - 18　白噪声中方波脉冲的探测概率

2.1.3.3　系统等效噪声灵敏度

1. 系统等效噪声功率

系统探测灵敏度有两大类定义方法,一类是从等效噪声功率角度导出的,如遥感仪器长波、中波红外通道的灵敏度是用等效噪声温差 T_{NETD}、等效噪声辐射亮度差(辐射率差)ΔN_{NE} 表示;另一类如短波、可见通道的灵敏度则用等效噪声反射率差 $\Delta\rho_N$ 表示。表示方式虽不同,但它们都是从系统的等效噪声功率衍生出来的,只要将探测器等效噪声功率表达式中的带宽视作系统带宽,并考虑光学效率,就可导出系统等效噪声功率。

探测器等效噪声功率为

$$P_{NEd} = \frac{1}{D} = \frac{1}{D^* / (A_d \Delta f)^{1/2}} = \frac{(A_d \Delta f)^{1/2}}{D^*} \qquad (2-42)$$

式中,Δf ——系统带宽。

系统等效噪声功率为

$$P_{NE} = \frac{P_{NEd}}{\tau_0} = \frac{(A_d \Delta f)^{1/2}}{\tau_0 D^*} \qquad (2-43)$$

式中,τ_0 ——系统光学效率。

2. 等效噪声辐射亮度差和等效噪声反射率差

系统的等效噪声辐射亮度差为

$$\Delta L_N = \frac{P_{NE}}{\Omega A_0} = \frac{(A_d \Delta f)^{1/2}}{\Omega A_0 \tau_0 D^*} \qquad (2-44)$$

式中,A_0 ——入瞳面积;

　　　　Ω ——瞬时视场立体角。

上式表述的应该是波段的等效噪声辐射亮度差,式中的 D^* 也是波段的平均 D^*,按此定义的等效噪声辐射亮度差与光谱带宽有关。为此,我们可定义等效噪声光谱辐射亮度差,这样不同光谱带宽系统的灵敏度就有可比性,即

$$\Delta L_{N\lambda} = \frac{\Delta L_N}{\Delta \lambda} = \frac{(A_d \Delta f)^{1/2}}{\Omega A_0 \tau_0 D^* \Delta \lambda} \tag{2-45}$$

针对不同的探测对象和光谱波段,工程上有多种等效噪声灵敏度的表达方式,目的都是易于理解、便于检测。例如,激光探测灵敏度就以单脉冲能量或功率密度的形式给出,则等效噪声功率密度便可表达为

$$等效噪声功率密度 = \frac{P_{NE}}{A_0} \tag{2-46}$$

由于航天遥感仪器的短波、可见波段主要接收反射的太阳辐射,其灵敏度可用等效噪声反射率差来表示,即等效噪声辐射亮度差与太阳反照率之比。这里太阳反照率是指太阳辐射理想漫反射后产生的辐射照度,故有

$$\Delta \rho_N = \frac{\Delta L_N}{E/\pi} \tag{2-47}$$

式中,E——大气顶部的太阳辐射照度。

显然,如此定义的等效噪声反射率差能更确切地反映在轨运行时的系统探测灵敏度。

系统探测灵敏度既可用等效噪声辐射亮度差表达,也可给定工作波段内的辐射亮度,限定最小信噪比。这两种方法并无实质差别,也很容易换算,对使用者来说,后者更为直观。

3. 等效噪声温差

等效噪声温差通常用来表示红外系统在长波或中波波段的探测灵敏度。物体温度、比辐射率的变化都能引起辐射的变化。定义等效噪声温差时,假设目标、背景都是黑体,如两者温差等于等效噪声温差时,系统所接收到的辐射亮度差等于系统的噪声等效辐射亮度差,或者说,探测器输出的温差信号的信噪比为 1。

工作波段 (λ_1, λ_2) 的微分辐射亮度为

$$\frac{\partial N(T)}{\partial T} = \int_{\lambda_1}^{\lambda_2} \frac{\partial N_\lambda(T)}{\partial T} d\lambda \tag{2-48}$$

据定义应有

$$\frac{\partial N(T)}{\partial T} \cdot T_{NETD} \cdot \tau_a = \Delta L_N \tag{2-49}$$

则

$$T_{NETD} = \frac{\Delta L_N}{\tau_a \cdot \frac{\partial N(T)}{\partial T}} = \frac{\sqrt{A_d \Delta f}/(\Omega A_0 \tau_0 D^*)}{\tau_a \cdot \int_{\lambda_1}^{\lambda_2} \frac{\partial N_\lambda(T)}{\partial T} d\lambda} \tag{2-50}$$

将 $A_0 = \frac{\pi}{4} D_0^2$ 和 $\int_{\lambda_1}^{\lambda_2} \frac{\partial N_\lambda(T)}{\partial T} d\lambda = \frac{1}{\pi} \int_{\lambda_1}^{\lambda_2} \frac{\partial W_\lambda(T)}{\partial T} d\lambda$ 　代入,可得

$$T_{NETD} = \frac{4\sqrt{A_d \Delta f}}{\Omega \tau_a \tau_0 D_0^2 D^* \int_{\lambda_1}^{\lambda_2} \frac{\partial W_\lambda(T)}{\partial T} d\lambda} \tag{2-51}$$

由于 $\Omega = \dfrac{A_{\rm d}}{f^2}$（$f$ 为焦距）和 $F = \dfrac{f}{D_0}$，代入上式并整理，可得

$$T_{\rm NETD} = \frac{4F\sqrt{\Delta f}}{\tau_{\rm a}\tau_0 D_0^2 D^* \sqrt{\Omega} \displaystyle\int_{\lambda_1}^{\lambda_2} \frac{\partial W_\lambda(T)}{\partial T}\,{\rm d}\lambda} \qquad (2-52)$$

推导未考虑信号过程因子，公式中 D^* 是波段平均值。

红外前视仪或热像仪，都是用于实时观察的仪器，需要建立目标—仪器—人眼之间的联系，以一个整体来评价系统性能。$T_{\rm NETD}$ 只反映探测器噪声大小，没有把热像仪的温度分辨率和空间分辨率联系起来。实际上，当目标的空间频率变化时，使系统信噪比等于 1 的温差是不一样的。为了评定人们利用热像仪对不同空间频率进行实时观察时系统的热灵敏度，需要引入最小可分辨温差的概念。

2.1.3.4　作用距离方程

从噪声等效功率角度，我们可用 $T_{\rm NETD}$、$\Delta L_{\rm N}$、$\Delta \rho_{\rm N}$ 等来表征系统的探测灵敏度。除此之外，系统的探测灵敏度也可直接用对特定目标的探测能力来表示，如红外搜索系统可用对给定目标的最小探测距离（即作用距离）来表示它的灵敏度。这种表示方法与系统等效噪声灵敏度的定义方法有所不同。首先，必须规定目标的辐射强度；其次，当目标距离等于系统作用距离时，探测器输出有一定的信噪比，这样可保证系统较高的探测概率和较低的虚警率。搜索告警系统一般用于对远距离目标的探测，故可按点源计算。现推导作用距离方程，为表述简洁起见，所有辐射量都是指系统工作波段内的波段量。

到达系统的辐照度为
$$E = \frac{J\tau_{\rm a}}{l^2} \qquad (2-53)$$

到达探测器的功率为
$$P = EA_0\tau_0 = E\tau_0\,\frac{\pi D_0^2}{4} \qquad (2-54)$$

扫描成像系统应考虑信号过程因子，探测器产生的信号电压为
$$V_{\rm s} = \frac{J\pi D_0^2}{4l^2} \cdot \delta\tau_{\rm a}\tau_0 R \qquad (2-55)$$

由于响应率 $R_V = \dfrac{V_{\rm n}}{P_{\rm NE}} = \dfrac{V_{\rm n}D^*}{\sqrt{A_{\rm d}\Delta f}}$，代入上式，则探测器输出的信噪比为

$$V_{\rm s}/V_{\rm n} = \frac{\pi\delta D_0^2 \tau_{\rm a}\tau_0 D^* J}{4l^2 \sqrt{A_{\rm d}\Delta f}} \qquad (2-56)$$

则作用距离为
$$l = \left(\frac{\pi\delta\tau_{\rm a}\tau_0 D_0^2 D^* J}{4\sqrt{A_{\rm d}\Delta f}\,V_{\rm s}/V_{\rm n}}\right)^{1/2} \qquad (2-57)$$

将 $A_{\rm d} = \Omega f^2 = \Omega F^2 D_0^2$ 代入 $(2-57)$ 式整理，得作用距离方程为

$$l = \left(\frac{\pi\delta\tau_{\rm a}\tau_0 D_0^2 D^* J}{4\sqrt{A_{\rm d}\Delta f}\,V_{\rm s}/V_{\rm n}}\right)^{1/2} = \left(\frac{\pi\delta\tau_{\rm a}\tau_0 D_0 D^* J}{4F\sqrt{\Omega\Delta f}\,V_{\rm s}/V_{\rm n}}\right)^{1/2} \qquad (2-58)$$

2.2　红外探测器组件与制冷方式

2.2.1　组件和结构

红外探测器常用组件如下：

灵敏元芯片：是探测器的核心，实现光电转换功能。

真空杜瓦：提供真空条件，当探测器芯片被制冷时，探测器外壳保持常温。

微型制冷器：提供低温工作条件，用于对探测器制冷，使其达到工作温度。

光学元件：包括透红外线窗口、滤光片和场镜等。

前置放大器：用作探测器输出电信号的第一级低噪声放大。

其中，灵敏元芯片和真空杜瓦组成低温工作的探测器结构整体，是无法分开的。后面三个组件可以单独选配。

红外探测器的功能是进行光—电转换，它通常需要制冷和低噪声前置放大等一些比较特殊的工作条件，因此选配好制冷器、前置放大器、光学元件等配套件对于保证探测器发挥应有的性能非常重要。通常将探测器和制冷器、前置放大器、光学元件等组装在一起，构成一个结构紧凑的组合件，简称为探测器组件。

探测器组件是探测器和其工作必须的配套件组合在一起的一个完整功能部件，它可以作为整体维修或更换。这些配套件都是为了充分发挥探测器性能潜力而配调配装的，因此进行探测器配套件的配调时，必须熟悉探测器的性能和特点，进行一对一的装调。经过多年实践，探测器的使用者和制造厂家都有一个共同的认识：由探测器生产厂家配好杜瓦、光学元件、前置放大器和制冷器，以一个完整功能组件形式提供给用户，给使用者提供极大方便，便于推广使用和维修更换。国外早已从 20 世纪 70 年代开始，作为标准产品，以"通用组件"提供给用户使用。

这里仅以低温工作的光电探测器为例加以介绍，其主要组成部分和功能如下。

2.2.2　微型制冷器

微型制冷器的出现和发展，与军用红外技术的需求有着十分密切的关系，目前已经成为现代制冷技术研究的一个重要分支。微型制冷器的特点是结构微型化、功耗低、制冷效率高等，适合于要求特殊制冷环境的武器装备使用。

用于红外探测器制冷的制冷器已有许多成熟的产品，其中有气体节流制冷器、微型斯特林制冷机、辐射制冷器和半导体温差电制冷器等。

2.2.2.1　气体节流制冷器

它是基于气体的焦耳—汤姆逊效应（J－T 效应）而获得低温的制冷器，即利用高压气体通过小孔节流，绝热降压膨胀时变冷的效应而制成的一种制冷器。利用不同的高压气体作为制冷工质，可以实现不同的制冷温度。从制冷器的一端通入常温高压气体，其另一端就会出现低温液体。例如,高压氮气经过节流制冷器后就会变成液态氮,高压空气通过节流制冷器后就会变成液态空气。

气体节流制冷器的优点是体积小、重量轻、冷却速度快、工作可靠,特别适合于安装在空间很小而且制冷时间较短的导弹寻的头中的红外探测器中。它所需要的气源由高压气瓶供给,或用小压缩机直接供应高压气体。它们对工质的纯度要求很高,气体中不允许含有水汽或杂质,因为水汽或杂质随工质经节流后温度降低,会因冻结而堵塞节流孔,使节流制冷器无法工作。目前,红外探测器所用的节流制冷器主要有自调式和快启动式两种。

2.2.2.2　微型斯特林制冷机

微型斯特林制冷机工作原理类似家用电冰箱,但它以氦气(或空气)为工质,通过闭合压缩—膨胀循环原理实现制冷。斯特林制冷机是一个闭合密封系统,氦气在机内循环。其结构紧凑,质量为 1～3kg,启动时间为 2～10min,制冷功率为 0.2～1.5W,输入功率为 30～80W。这种制冷机只要通电就能制冷工作,不需要更多的后勤保障,使用方便,是军用红外整机中最受重视的一种制冷机。用于红外探测器制冷的斯特林制冷机有两种结构:一种是整体式斯特林制冷机,探测器芯片直接装配耦合到制冷机的冷指,真空杜瓦的封装将冷指与探测器同时密封,其结构非常紧凑,体积很小,缺点是由于运动部件的振动会引起探测噪声,使用这种制冷机时应采取预防探测器振动的措施;另一种是分置式斯特林制冷机,压缩机和制冷部分分开一定距离(一般为 30～50cm),中间由一条柔性管道连接,把压缩机的振动隔开,降低振动对探测器性能的影响,同时两部分可以分开放置,最适合随动系统使用。斯特林制冷机的制冷温度可以控制,一般可达 77K。军用斯特林制冷机的工作寿命要求大于 5 000h。

2.2.2.3　辐射制冷器

这种制冷器专为在宇宙空间工作的人造卫星或宇宙飞船上的红外探测器制冷。宇宙空间是超低温和超高真空环境,相当于一个温度约 4K 的黑体。辐射制冷器是根据宇宙空间的这一特殊环境,利用辐射传热原理来制冷。辐射制冷器的主体称为辐射器,形状像喇叭。喇叭筒(或棱锥)外壁加绝热层,内壁加工成镜面,抛光镀金,呈向外倾斜的几何体。锥顶为一冷片,探测器装在冷片上。辐射器把宇宙空间的冷量反射聚集到冷片上,对探测器制冷。

辐射制冷器是一种不需要任何动力、无振动、高可靠、长寿命的被动制冷器。它对卫星上红外探测器制冷应用非常重要,唯一需要注意的是不能使辐射器对着太阳等热源,所以卫星必须有姿态控制装置。辐射制冷器制冷温度可以达到 100～200K,制冷功率为几毫瓦至几十毫瓦。

2.2.2.4　半导体制冷器(也称温差电制冷器)

它是利用温差发电的逆效应原理制成的。当电流通过不同半导体构成的回路时,除产生不可逆的焦耳热外,在不同导体的接头处随着电流方向的不同会分别出现吸热、放热现象,称为珀耳帖(Peltier)效应。这种现象于 1834 年由珀耳帖发现,但真正把它作为微型制冷器用于红外器件制冷则是 20 世纪 40 年代。其制冷量的大小,取决于所用的半导体材料和所通电流的大小。半导体制冷器的制冷效果用冷端与热端的温差来衡量。为了取得好的制冷效果,对制冷器热端采取散热措施是必要的。半导体制冷器有单级和多级结构,适合于给在195～300K之间工作的探测器制冷。

此外,探测器还可采用把液态制冷工质,如液态氮或液态空气直接灌入杜瓦内进行制冷。这种制冷方式简单易行,制冷温度稳定,无振动,不会引起探测器的附加噪声。用它可以把大多数常用的红外探测器冷却到所需的工作温度。另有一种灌液式制冷器是把液体制冷工质(如液氮)储存在单独容器中,靠双向传输原理,用一根软管把液体制冷工质不断注入探测器杜瓦中实现探测器制冷。这种制冷方式必须要有液态工质供应源。

2.2.3　光学元件

2.2.3.1　探测器窗口
它是一种在探测器外壳前方起保护作用并能透过红外线的光学材料。为了增加透射率,表面要镀抗反射膜(或称增透膜),一般窗口透射率在85%以上。根据工作波段不同,采用不同材料制作探测器窗口:对0.76～3μm短红外波段,采用光学玻璃、熔融石英制作;对3～5μm中红外波段,采用蓝宝石、氟化钙制作;对8～14μm长红外波段,采用锗、硅、硫化锌、硒化锌等制作。

2.2.3.2　滤光片
它是一种限制一定波长的光通过的光学元件。在透光材料上,用镀多层介质膜的方法,按波长不同,使需要的光透过90%以上,不需要的光截止(透过小于10%)。滤光片有窄带、宽带、带通、单边截止(高通或低通)、双色等多种。探测器的滤光片往往安装在探测器杜瓦内部、敏感芯片的前方,在芯片制冷的同时,把滤光片也制冷,这样给探测器提供一个冷背景条件,可以提高探测器性能。

2.2.3.3　光锥
一般为一圆锥状的空腔,加工成具有高反射率的内壁,借助内壁的连续反射,把进入接收端的光收集到另一端的探测器芯片上,其效果相当于放大了探测器的面积。

2.2.3.4　场镜
它是一种光学透镜,它的作用是把视场边缘的发散光折向光轴,把光会聚到探测器芯片上。

2.2.3.5　浸没透镜
一般做成半球状或超半球状的透镜,将探测器芯片黏接在透镜的平面上。透镜将接收的光折射到探测器芯片上,扩大探测器受光视场。

2.2.4　前置放大器

红外探测器属探测微弱信号的低噪声器件,选配好低噪声前置放大器很重要。
2.2.4.1　对前置放大器的噪声要求
以长波光电导型碲镉汞探测器为例,探测器阻值为50～100Ω,噪声电压一般为

$2 \times 10^{-9} \mathrm{V} \cdot \mathrm{Hz}^{-1/2}$。假若要求信噪比为 5 的条件下系统能正常工作,此时输出信号只有 $1 \times 10^{-8} \mathrm{V}$。经过前置放大器后,要保持探测器输出的信噪比基本不变,或不会严重降低,那么前置放大器的等效输出噪声水平应该在 $1 \times 10^{-9} \mathrm{V} \cdot \mathrm{Hz}^{-1/2}$ 以下为宜。另外,前置放大器自身的噪声系数是引起信噪比恶化的重要因素,因此前置放大器噪声系数应小于 2dB,这个要求是很高的。

2.2.4.2　前置放大器典型参数

仍以碲镉汞光电导型探测器为例,前置放大器的典型参数如下。最佳输入源阻抗:约 50Ω;放大倍数:大于或等于 5×10^3;等效输入噪声:大于或等于 $1 \times 10^{-9} \mathrm{V} \cdot \mathrm{Hz}^{-1/2}$;输出阻抗:小于或等于 100Ω;放大器带宽:低频为 3.5Hz,高频大于 20kHz;前置放大器噪声系数:小于或等于 2dB;输出动态范围:大于或等于 60dB。

2.2.4.3　针对探测器参数进行选配前置放大器

由于各种不同探测器的性能参数范围很宽,不可能以通用前置放大器的形式适用不同类型的探测器,必须根据探测器参数进行选配。

(1) 对低阻(约 100Ω)红外探测器,采用低源阻抗的双极型低噪声器件作为前置放大器第一级,并采用电压放大形式。工程用前置放大器噪声系数小于 3dB。

(2) 对高阻(约 $10\mathrm{M}\Omega$)红外探测器,采用 MOS 型低噪声场效应管作为前置放大器第一级,并采用电流放大形式。工程用前置放大器噪声系数小于 3dB。

因为各种探测器性能有很大差别,同一种探测器性能也有一定的离散性,在工程整机研制中,要针对探测器参数进行前置放大器设计,对器件进行一对一的调试,以取得最佳效果。对多元探测器,还要在前置放大器设计中对器件不均匀性采取补偿措施。为了减小探测器的体积和质量,前置放大器多采取二次集成的方式,特别对于多元探测器,在一个管壳中可封装多个前置放大器,或者多个前置放大器混合集成在一起。

2.2.5　红外探测器制冷方式

大多数光子探测器只有在低温下才有较高的信噪比和探测率、较长的响应波长和较短的响应时间,因此介绍一下各类制冷器的原理和适用范围是十分必要的。

2.2.5.1　利用相变原理

把制冷剂(如液态空气、液氮、固体甲烷、固体氩和干冰等)装在绝热良好的杜瓦瓶中,当有热负载时,制冷剂由液相变为气相或由固相升华为气相而排掉。利用这种原理制成的制冷器有杜瓦瓶和固体制冷器。液氮杜瓦瓶可将探测器制冷至 77K。在这类制冷器中,不再收集并重新利用自负载吸收热量后的制冷剂。

2.2.5.2　利用高压气体节流效应

根据焦耳—汤姆逊效应,当高压气体低于本身的转换温度并通过一个很小的孔节流膨胀变成低压时,节流后的气体就产生温度降。低压回气经逆流式热交换器预冷进来的气体,离开节流阀时被液化。节流制冷工作原理如图 2-19 所示。

节流式制冷器也称焦耳—汤姆逊制冷器,分开循环和闭循环两种。开循环由高压钢瓶进气,并把回气放空。闭循环是由压缩机供给高压进气,低压回气再送至压缩机形成

图 2 - 19　节流制冷工作原理图

闭合系统。开式只适合短时间使用,如导弹寻的头中的探测器制冷。

　　节流式制冷器可以是一级的(使用一种气体),也可以是双级的(使用两种气体)。用室温氮气作工质的一级节流制冷器可达 77K 低温。用第一级氮气节流后的冷量冷却第二级的进气——氖气的双级节流制冷器可达 30K 低温。

　　2.2.5.3　压缩气体等熵绝热膨胀做外功来制冷

　　属于这一类的制冷器有 ST 制冷器、G—M 制冷器、VM 制冷器、BR(或 RR)制冷器。

　　(1) ST 制冷器:ST 制冷器是闭循环机械式制冷系统,由压缩器、膨胀器和电子装置等主要部件组成,工作介质为氦气。ST 制冷器由于有活塞高速运动,振动噪声较大。ST 制冷器有分置式的,压缩器和膨胀器用直线电机驱动,冷却工质用金属细管与装有探测器的杜瓦相连,制冷量可达 1W。分置的好处是避免冷端振动,工作寿命约 5 000h。为了使结构紧凑,也有将制冷器和杜瓦做成一体的,由旋转式电机驱动,机械噪声较大,工作寿命约 3 000h。

　　(2) G—M 制冷器:G—M 制冷器的特点是将压缩和膨胀部分分开,然后用管道和阀门连接起来成为一个闭合系统。这样,振动噪声小,寿命长(5 000h 以上),但体积较大。

　　(3) VM 制冷器:VM 制冷器的原理与 ST 制冷器相似,但是 ST 制冷器是利用机械方式通过活塞运动取得循环过程中的压力变化,而 VM 制冷器是通过加热一部分处于热空间的工质取得循环过程中的压力变化,也就是说,用热压缩来代替机械压缩。因此,VM 制冷器的寿命比 ST 制冷器大一个数量级,可达几年,适用于要求制冷时间长的卫星中使用的红外探测器。由于不用机械压缩,简单可靠,振动噪声小,可用太阳能、核能、化学能、电能等作热能输入,其体积、重量、温度、冷量等都比其他同类制冷器好。

　　(4) BR(或 RR)制冷器:BR 制冷器采用空气轴承,可减少摩擦,提高寿命,增加转速,通常转速可达 5×10^5 r/min。RR 制冷器的工作原理仍为 BR 循环,但采用旋转和往复混合的结构。

　　2.2.5.4　利用辐射热交换来制冷

　　这是红外探测器应用于宇宙空间这个特殊环境所形成的一种制冷方法。在太空环境下,一个热物体可以同 3K 左右的深冷空间进行辐射热交换而使热物体逐渐冷却。辐射制冷器是一种被动式的制冷器,它不需要外加能源,无运动部件,寿命长,功耗低。辐射制冷器的制冷量较小,约为 10~100mW,一级辐射制冷器只能达到 100K 以上温度。辐射制冷器的热负荷中,探测器的热负荷只占 1/10,其余为光、机、电的热负荷,因此减少光、机、电的热负荷十分重要。另外,设计辐射制冷器时,既要使冷片的热量辐射到太空中去,又要防止太阳、地球等热源进入辐射制冷器的视场。

　　2.2.5.5　温差电制冷

　　由物理学中的 Peltier 效应可知:如果把两种导体连结成电偶对,当有直流电通过电偶对时,将在电偶对的两端产生温差。改变电流的方向,可产生加热效应或者制冷响应。一般导体的 Peltier 效应是不显著的,如果用两块 N 型和 P 型的半导体作电偶对,就会产生十分显著的温差效应,因此温差电制冷又叫半导体制冷或热电制冷。半导体制冷器就是利用这一原理制成的。一级半导体制冷可获得大约 60K 温差。为了达到更低的温度,可把几个热电偶串联起来,即把一个热电偶的热结与下一个热电偶的冷结串联构成良好的热接触。半导体制冷尽管制冷温度欠低,但其结构简单,控制方便,制冷效率较高,在许多非制冷探测器中有广泛应用,对提高探测率、减少非制冷焦平面器件响应元之间的热串扰起着重要作用。

2.3　红外焦平面探测器

现以第三代红外探测器红外焦平面探测器为例,介绍红外探测器设计与制备。

2.3.1　红外焦平面探测器

2.3.1.1　简介

1. 特点

红外焦平面探测器是新一代红外探测器,它在单元和多元红外探测器的基础上,结合了微电子芯片工艺技术,发展为元数多、规模大、功能强、集成化的红外探测器,已经成为现代军用红外成像系统的首选器件。红外焦平面探测器的出现,有力地促进了红外技术应用的发展。它可以使红外整机结构简化、性能提高、可靠性提高,使红外武器装备的性能大幅度地提升,已经在红外热成像、侦察夜视、精确制导、搜索跟踪、监视预警和光电对抗等军用系统中得到广泛应用,成为先进光电武器装备的关键组成部分。红外焦平面阵列代表了红外探测器的发展方向,是各技术先进国家争相发展的一项关键技术。

单元和多元红外探测器均属分立元件形式,要取出每个探测元件的光电信号,必须有两条信号引出线。对于多元探测器,可以共用一条“地线”,而另一条信号线则必须从各个分立的元件单独引出。如果探测器元数增多,信号引出线也相应增多。对于军用上使用最多的高性能光子探测器,为保证制冷到低温工作,探测器芯片被封装在高真空杜瓦中,信号引出线通过杜瓦外壳引出,同时又要保证杜瓦的高真空密封。例如,一只 120 像元的探测器,至少要有 121 条(通常 126~132 条)引出线。这么多线从杜瓦外壳中引出,要保证杜瓦真空密封性,难度很大。与信号引出线相对应,每根信号线都要配一个低噪声前置放大器,信号放大后才便于后续处理,因此使用非常不便,功耗也大。

使用分立形式的多元红外探测器,一般都在 200 像元以下。像元数再多,困难更大,很难保证其可靠性。20 世纪 70 年代到 80 年代美国发展了以 60 像元、120 像元、180 像元碲镉汞光电导探测器为典型代表的通用组件,称为第一代红外探测器,适应当时技术水平,得到了广泛应用。利用微电子工艺和集成电路技术,使红外探测器在焦平面上完成光电转换和信息处理功能,组成几千个甚至几十万个高密度的探测器阵列成为可能,所以,把这种在探测器芯片上既完成光电转换又实现信号处理功能的多元红外焦平面探测器又称为红外焦平面阵列。

（1）焦平面结构（图2-20）。红外探测器有单元、线列（有 TDI 多列和无 TDI 单列器件）和二维阵列（面阵）等种类。对于扫描成像系统，整帧图像的获取可以用单元探测器二维扫描，如用线列器件，只需一维扫描即可获取二维图像，帧频较单元扫描高。二维阵列器件主要用于凝视成像系统。

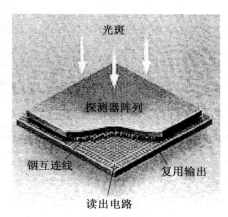

图2-20　焦平面结构示意图

多数线列或二维阵列都是通过透明衬底背面光照的，焦平面结构有以下几种：

① 直接混成。直接混成是将探测器通过铟柱直接连接到前置放大器阵列。直接混成有较好的可生产性，高密度的凝视或扫描成像阵列探测器通常都用直接混成的焦平面结构。直接混成需要在每个探测器下为前置放大器和相应电路留出足够的单元面积，因此功能受到较大限制。

② 间接混成。间接混成是用一块电路板把一个或多个探测器连接到一个或多个前置放大集成电路上。因为电路尺寸不再受探测器下部有限空间的限制，尺寸较大、功能更完善的前置放大器和信号处理电路可以在间接读出电路的较大单元中制造。间接混成也可以减小探测器与前置放大集成电路材料间的热失配引起的应力。通常大线列用间接混成结构。

③ 单片结构。单片结构是把探测器和读出电路集成在一起，信号处理电路装在探测器周围。由于探测器光敏面积受到周围读出电路限制，探测器的占空因子较小。

④ Z 技术。从结构上看，每一像元的信号处理区域在垂直方向上大大延伸了，极薄的读出芯片叠堆并黏结在一起，探测器阵列用铟柱连到端面上。这种结构对增加焦平面器件的信号处理功能很有好处，但是 Z 技术尚未成熟。

⑤ 环孔技术。环孔技术把探测器材料黏结到硅读出芯片，再将探测器材料减薄。探测单元通常是二极管或 MIS 器件，它们通过环孔与底层的读出电路连接。

（2）红外焦平面阵列的优点。红外焦平面阵列突破了分立式多元探测器发展的障碍，展现了红外探测器发展的广阔前景。然而，红外焦平面阵列制造涉及大面积均匀材料生长技术、高密度高均匀大规模探测器芯片制造技术、能够在低温下工作的微电子信号处理电路芯片设计制造技术、探测器与信号处理电路芯片互联耦合技术、大冷量微型制冷技术和焦平面的检测评价技术等,制造技术和工艺难度极大地增加。红外焦平面阵列的制造涉及许多新技术领域,应用了许多新技术成果,所以红外焦平面阵列从制造、检测到性能都发生了质的变化。与分立式多元探测器相比,红外焦平面阵列有以下优点:

① 一个红外系统的主要部件包括光学系统、红外探测器、信号处理电路和输出显示等部分。为了充分利用光学系统接收的信号能量,红外探测器芯片通常放置在系统的光学焦平面上。放在光学系统焦平面上的探测器芯片,不但实现了光电转换和信号处理功能,而且在驱动电路信号驱动下,在积分时间内,将各元件的光电信号多路传输至一条或几条输出线,以行转移或帧转移视频信号的形式输出,为后续处理带来极大方便。

② 红外焦平面阵列的像元数可以扩展到材料和工艺技术允许的规模,探测器的像元数可以提高几个数量级。目前以 4×240 像元、4×480 像元、256×256 像元和 320×240 像元等为代表的第二代红外探测器,已经应用并有大量需求,成为红外系统的新宠。

③ 探测器结构大大简化,上述规模的红外焦平面阵列,其电源、驱动电路和信号输出等全部引出线大约有 40 条,可靠性得到提高。

④ 大规模二维阵列红外焦平面阵列成像可以不用光机扫描而直接凝视成像,用电采样方式取出各元件信号,大大简化了红外系统的结构,也大大降低了功耗。

⑤ 红外焦平面阵列像元数增多,使红外成像系统分辨率和灵敏度得以大幅提高,使红外系统性能大幅度提升,系统功能极大增强。

（3）红外焦平面阵列的种类。红外焦平面阵列可以从不同的角度进行分类。根据在使用中的主要特征,可按工作温度、光电信号与处理电路的耦合方式、光学系统的扫描方式和探测器像元数及排列形式进行分类,如图 2 - 21 所示。

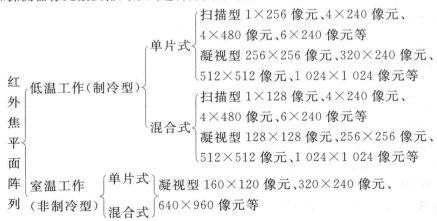

图 2 - 21　红外焦平面阵列类型

制冷是高性能光子型红外探测器的主要工作条件。非制冷型红外探测器主要有热敏型红外探测器,均为凝视型工作模式。单片式红外焦平面阵列,使用的只有肖特基势垒型探测器和部分热探测器,探测器材料和工作波段与分立式探测器是一样的。

（4）扫描型红外焦平面阵列（IRFPA）。扫描型 IRFPA 的光敏元通常由 1 排、4（或6）排多元线列组成,并在焦平面上带有信号处理和读出功能,成像须有一维光机扫描,并同时完成在 4(或 6)排方向的串联扫描,实现信号延时积分。它是当前已广泛应用的一种 IRFPA,其典型产品为 4N 系列,如 4×288 像元、4×480 像元、4×960 像元的碲镉汞红外焦平面阵列,在焦平面上有 4 排 288(或 480、960)个光伏型碲镉汞探测器线列和带有 TDI 功能的硅信号处理电路通过铟柱互联而成,成像采用一维光机扫描,视频场为 288(或 480、960)行,相当于 288(或 480、960)元的线列扫描体制,在扫描方向对 4 个元件进行串联扫描,要求扫描速度与 4 个元件的电荷转移速度同步,4 个元件中每个探测器顺次扫过同一景物,依次输出同一像素信号。在探测器均匀和增益相同情况下,输出信号通过 TDI 相加增强,为单个探测器的 4 倍,而噪声则是非相关的,只增大到 4/2 倍,即 2 倍。因此,总的信噪比提高为原来的 2 倍。同时,4 个元件信号叠加后改善了并排信号有效均匀性。例如,并排的各元件性能有可能有高有低,经过上述方法扫描叠加后,只要 4 个元件信号叠加后和其他 4 个元件信号叠加后性能相近,就达到了输出信号均匀化的效果。

4N 系列 IRFPA 的主要优点是:工艺相对比较简单,易于实现;信噪比比线列结构提高 1 倍,线列均匀性有较大改善。

(5)凝视型红外焦平面阵列(IRFPA)。凝视型 IRFPA 是一种成像无需光机扫描的焦平面阵列探测器,其光敏元充满了整个视场,一个探测元对应景物的一个点,在采样周期内景物信号在全视场每个探测元中积分。一帧时间后,由信号处理电路依次采样读出该视场各像素信号,接着再对下一场进行积分和信号读出。采用凝视型 IRFPA 的红外系统可大大简化整机设计,使整个系统趋于小型化。

凝视型 IRFPA 为了达到最佳的性能与最大的信噪比,需要尽可能长的有效积分时间。增加积分时间,就可以增加系统灵敏度。例如,典型的扫描型导弹寻的器的积分时间为 $120\mu s$,其信噪比为 30。如果在同样的视场大小情况下,凝视型阵列积分时间增加到 10ms,则信噪比可达 300。另外,通过积分时间的变化也能改变光学系统的 f 数。例如,积分时间 $120\mu s$ 的 $f/1$ 光学系统与积分时间分别为 2ms 和 30ms 的 $f/2$ 和 $f/4$ 光学系统可获得相同的灵敏度。第二代凝视型 IRFPA 规模已经出现 160×120 像元、128×128 像元、256×256 像元、640×480 像元;中波红外集成规模已经有 $1\,024\times1\,024$ 像元,短波红外集成规模已有 $2\,048\times2\,048$ 像元;小规模的凝视型 IRFPA 探测器,在 64×64 像元至 128×128 像元或 256×256 像元之间,适合于一次性使用,如使用在精确制导武器上。

2.3.1.2 红外焦平面阵列结构

IRFPA 主要分为单片式和混合式两种结构,其区别涉及芯片制造工艺技术。对于应用来说,通常结构上的区别并不十分重要,而重要的问题是性能的高低和可生产性问题。不同的应用选择不同的结构,这取决于技术、成本和进度要求。焦平面阵列结构示意图如图 2-22 所示。

1. 单片式焦平面阵列结构

通常 IRFPA 的设计必须考虑光子探测、电荷存储和多路传输读出等几种主要功能。单片式 IRFPA 是将探测器阵列与信号处理、读出电路集成在同一块芯片上,在同一块芯片上完成所有功能。全单片式或部分单片式的 IRFPA 结构正在发展中。第一种为 PtSi

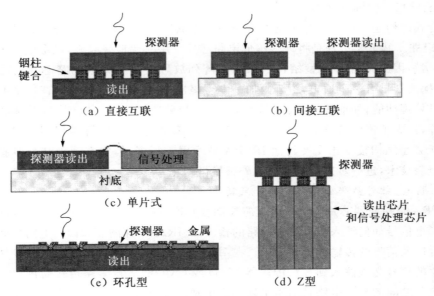

图 2 - 22　焦平面阵列结构示意图

肖特基势垒全单片式 IRFPA,其设计与 CCD 兼容,因为采用了硅衬底,因此可将探测器和信号存储与多路传输器制作在同一硅基片上;第二种是将窄带隙半导体材料(或热敏材料)用外延方法生长在含有多路传输器的硅衬底上,在窄带隙半导体材料(或热敏材料)上制备各种光电(或热敏)探测器,这种方法是将相对成熟的硅集成电路技术和成熟的窄带隙半导体(或热敏)器件技术的优点结合起来的一种单片式设计。实现这种外延生长技术困难较大,但正在取得进展。另外,还可采用砷化镓代替硅来做衬底,以进行更高速的多路传输。

2. 混合式焦平面阵列结构

混合式焦平面阵列结构是红外探测器和硅信息处理电路两部分分别制备,再通过镶嵌技术把两者互连在一起。由于它们的制造工艺相对比较成熟,因此可使它们分别处于最佳状态。在探测器阵列和硅多路传输器上分别预先做上铟柱,然后将其中一块芯片倒扣在另一块芯片上,通过两边的铟柱对接将探测器阵列的每个探测元和多路传输器一对一地对准配接起来,这种互连技术称为铟柱倒装焊。采用这种结构时,探测器阵列的正面被夹在中间,红外光只有透过芯片才能被探测器接收。

混合式焦平面阵列的另一种结构是环孔型结构。探测器芯片(如 HgCdTe)和多路传输器芯片(如 Si−CMOS 电路)胶接在一起,通过离子注入在探测器芯片上制作光伏型探测器,用离子铣穿孔形成环孔,或者先生成环孔使 P 型材料在环孔周围变形,形成 PN结,再通过环孔沉淀金属使探测器与多路传输器电路互连,形成混合式结构。环孔 L 型互连比倒装焊互连有更好的机械稳定性和热特性。如果探测器芯片是以薄膜的形式外延生长在多路传输电路芯片上的,再制作探测器并与电路互连,就成了单片结构的第二种形式,所以也有人把环孔型结构划为单片式结构。

3．三维焦平面阵列结构

混合式结构还可以用同样类型的背光照射探测器阵列制成 Z 型结构，它是一种三维 IRFPA 组件。其工艺过程是将许多集成电路芯片一层一层地叠起来，以形成一个三维的"电子楼房"，因此命名为 Z 型结构。探测器阵列放置于层叠集成电路芯片的底面或侧面，每个探测器具有一个通道，由于附加了许多集成电路芯片，所以可以在焦平面上完成许多信号处理功能，如前置放大、带通滤波、增益和偏压修正、模数转换以及某些图像处理功能等，扩大了器件自身的信号处理功能，可更有效地缩小整机体积，并提高灵敏度。虽然发展 Z 型结构技术比发展其他 IRFPA 技术困难得多，但它有利于结合厚膜电路技术和微组装技术，进一步发展有望使红外整机微型化。

2.3.1.3　红外焦平面阵列的信号采集

IRFPA 是探测器芯片与信号处理芯片耦合互连后的整体，其中十分突出的问题是探测器的光电信号如何注入信号处理电路的输入级、IRFPA 探测器和读出电路之间如何实现电耦合以及信号的传输处理和输出。在 IRFPA 中的每个探测器将入射光子转换成电荷后产生的信号必须注入到多路传输器（CCD 或 CMOS）进行多路传输后读出。探测器与读出电路之间的输入电路必须满足许多要求和约束条件，才能尽可能减小注入信号的损失。多路传输器的噪声、耦合过程与传输过程的噪声应低于探测器噪声，才不致降低探测器的信噪比。由于 IRFPA 中每个探测元的信号都要单独且一一对应地进入信号处理电路，而高密度的探测器分布给设计信号输入电路所限定的空间太小，且无法容纳更多的电路元件，因此必须设计专用的输入、传输处理和输出电路。它应既要满足性能指标的要求，又要在线路复杂程度与元件数量相同的条件下仅占有很小的有效面积。此外，IRFPA 探测器专用集成电路的难点还在于，这些模拟电路的设计性能还必须能在低温制冷条件下工作，并达到所要求的性能。

探测器与 CCD 或 CMOS 之间已经发展了多种输入、输出电路，其中输入电路有直接注入（DI）、缓冲直接注入（BDI）和栅调制（GM）等。在 CMOS 中还采用每个探测器配一元跟随器（SFD）和电容互阻抗放大器（CTIA）等方法。输出电路应用最广的、最通用的读出电路类型有 CCD、MOSFET 开关，信号处理可分为焦平面上处理和焦平面外处理两类。

1．IRFPA 常用输入电路

（1）直接注入输入电路。直接注入输入电路中的 S、G1 与 G3 分别等同于 MOS 场效应管（MOSFET）的源极、栅极和漏极。输入栅 G1 为积分栅，其作用是对红外探测器与耦合二极管（输入扩散区 S）加反向偏压，在一个积分周期 Δt 中 G1 保持固定偏置，使扩散区附近被耗尽。G3 为存储栅，对它加上更大的正偏压（对 N 沟器件），其下产生深势阱，这时光生电荷从源扩散区注入并存储在 G3 下的势阱中，而存储电荷为一个积分周期内对光电流的积分。输入栅 G1 和存储栅 G3 上所加的电压通过公共偏置线路同时加到所有单元上，因此每个探测器上的确切偏置取决于公共偏置电压以及 G1 特定的阈值电压。被耦合的探测器与输入电路的工作点可由探测器和输入 MOSFET 的伏安特性所构成的负载来得到。直接注入红外 CCD 的一个关键参数是注入效率 η，其定义为注入 CCD

内的电流与探测器产生的总电流之比。为了得到高的注入效率(最好达到或接近 1,即将探测器产生的电流全部注入 CCD 中),要求探测器阻抗和 MOSFET 跨导的乘积远大于 1。

(2) 缓冲直接注入输入电路。改进直接注入电流的一个方法是利用反馈,将探测器连接到输入扩散区和一个简单的放大器的输入端上,这个放大器的输出被用来控制输入栅电位。在这种结构中,输入栅 G1 的电位不再是一个常数,而是与探测器的光生电流成比例的变量。对这种电路的分析表明,MOSFET 的跨导为直接注入的$(1+A)$倍,其中 A 是放大器增益。有效跨导的改进增加了电路的注入效率,提高了响应频率。此外,如果在缓冲直接注入电路中提高放大器的增益,则其噪声性能与直接注入电路相比可以得到改进,但要保证反馈放大器的噪声很低。缓冲直接输入电路以增加电路的复杂性为代价,达到了注入效率改善、响应频率提高和噪声降低的目的。

(3) 栅调制输入电路。在那些光子通量密度很高,会产生有效存储势阱饱和电路中,将探测器的输出直接耦合到输入栅 G1,这样可以调制流入存储势阱的电流,使之与信号的交流成分成比例。这个电路基本上抑制了直流背景电流,良好的交流信号注入效率要求具有较大的探测器阻抗 R_D,而且为使注入效率最大和附加噪声最小,负载电阻应远大于 R_D。与直接注入相比,栅调制输入电路的另一个问题是,各元件输入端 MOSFET 阈值的不均匀会使整个 IRFPA 上的响应严重不均匀,而且响应的线性也较差,但这种电路具有抑制高红外背景的能力。

2. 常见焦平面阵列的读出电路

(1) CCD 读出电路。CCD 读出电路已被广泛地应用于可见光至红外的摄像系统,同时也被用于单片式和混合式 IRFPA 信号传输。CCD 读出电路由金属\绝缘体\半导体(MIS)栅组成,这些 MIS 栅可使模拟电荷包按顺序转移至输出电路。CCD 的优点是线性度好、响应均匀、噪声低、功耗小。

(2) MOSFET 读出电路。图 2-23 所示为 MOSFET 开关读出电路的基本结构示意图。每一个探测器的阳极接至公共地线,阴极通过 MOS 开关耦合到输出视频线。在垂直方向上的一列 MOSFET 开关的控制栅连接在一起,水平扫描寄存器一次选通一列二极管,垂直扫描寄存器选通水平方向某一行总线。用这种方法可以按顺序对每一像素分别寻址。由各个像素输出的信号电荷被转移到多路传输器读出,形成视频信号。在读出周期结束时,每一探测器由复位开关 MOSFET 复位。视频线路连接到以读出前置放大器 MOSFET 为源极的输出电路,以低输出阻抗将视频输出与外电路接通。模拟电路包括选择开关、复位开关和前置放大器,它们都集成在同一硅芯片上。这样 MOSFET 读出电路的密度可以做得很高,这就为电荷存储腾出了较多的空间。另外,硅工艺技术对 MOSFET 的设计是高度标准化的,因此可以实现高成品率和低成本。此外,某些时序和开关电路可以做在硅芯片上,这样对读出电路的接口电路要求简单,减少了从杜瓦引出的时钟信号的数目。

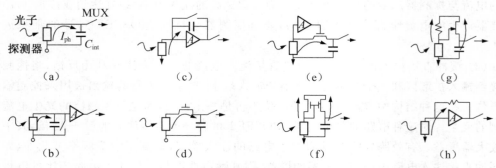

图 2-23　MOSFET 读出电路结构示意图

3. 读出集成电路

读出集成电路(ROIC)是把焦平面的各种功能集成在单一的半导体芯片中的高集成度电路。其基本功能是进行红外探测器信号的转换、放大以及多路传输,即将数据从许多探测器端依次传输到最少的输出端。ROIC 的每个单元有特定的探测器、放大器和多路开关。ROIC 通常用一般的硅集成工艺制造,最常用的是 COMS(互补金属氧化物硅)工艺,可使目前传感器达到较高的分辨率和灵敏度。大阵列探测器与 ROIC 连接后,形成传感器芯片组件(SCA)。

大多数 ROIC 的前置放大器都是在一定的积分时间内对探测器的光生电流进行电荷积累。电荷可以储存在积分电容中或 CCD 的"桶"(势阱)中,形成信号。此信号被周期性地采样,经前置放大后多路传输出去。然后,积分电容复位,再开始下一次积分。以下为常用的几种读出电路结构:

(1) 自积分电路(SI)。自积分形式的电路最简单,即在给定的一帧时间内,光生电荷直接在探测器两端的电容上积分,然后通过多路传输器周期性地传出单元电路。每帧结束,多路传输器对积分电容复位。

(2) 加缓冲放大的自积分电路(SFD)。可在 SI 上加缓冲放大器,通常在每个探测器后加一个 MOSFET 源跟随器。当探测器电流在输入端积分时,SI 和 SFD 中的探测器偏置电压将发生变化。由于大多数探测器的信号特性随偏置变化,因此探测器偏置的变化将引起非线性的信号输出。此外,在 SI 和 SFD 的单元电路内都不提供信号增益。

(3) 电容反馈跨阻抗放大器(CTIA)。在高增益放大器的反相端引入电容反馈,使探测器电荷在反馈电容上积分,而不是在探测器两端的电容上积分,这样可使探测器偏置稳定,进而可得到线性更好的信号传递函数。因为其增益是通过反馈电容而不是探测器两端的杂散电容来实现的,CTIA 可在多路传输前进行信号放大。其缺点是 CTIA 比 SI、SFD 所占的面积大。

(4) 直接注入电路。通过 MOSFET 的源极提供一个低阻抗的探测器接口,使探测器偏置恒定。光生电荷在 MOSFET 的漏极电容上积分。DI 不适合用于低光子通量的情况,因为探测器电流较低时,输入阻抗增加,导致偏置不稳。另外,每一积分周期后 DI 的输出端无复位,前一帧的电荷会被下一帧积分,从而使频率响应降低。

（5）反馈增强 DI 电路（FEDI）。与 DI 电路的差别是在探测器一端和 MOSFET 栅极间引入一反相放大器，进一步降低输入阻抗。

（6）电流镜像电路（CM）。

（7）电阻负载电路（RL）。

（8）电阻反馈跨阻放大器（RTIA）。可产生与探测器电流成正比的连续输出电压。为了提供可与 CTIA 相比的增益，需要较大反馈电阻。大电阻需要相应单元面积，同时会引起高的 $1/f$ 噪声和漂移。

4. 读出集成电路前置放大器

（1）电阻反馈跨阻抗放大器（RTIA）。RTIA 对探测器信号进行放大，通常由分立元件构成，而不是采用集成电路结构，在探测单元较少的系统中很有用。RTIA 常用于光伏探测器，它不对信号电荷积分，而是连续输出与输入（光子）电流成正比的信号，送至采样/保持和多路传输电路。

设计 RTIA 时，首先应适当选择反馈电阻。电阻的大小既要为系统提供适当增益，也应使其热噪声的贡献最小。

反馈电阻注入输入节点的噪声电流为 $i_{R_{\text{fb}}} \approx \sqrt{\dfrac{4kT\Delta f}{R_{\text{fb}}}}$ （2-59）

如果探测器热噪声是主要噪声源，要求反馈电阻噪声小于探测器的热噪声，即

$$R_{\text{fb}} > R_0 \frac{T_{R_{\text{fb}}}}{T_{\text{det}}}$$ （2-60）

如果光生噪声大于探测器热噪声，应要求反馈电阻的噪声电流小于光生噪声电流。

由于 $$i_{\text{ph}} = (2qI_{\text{ph}}\Delta f)^{1/2}$$ （2-61）

要求 $R_{\text{fb}} > \dfrac{2kT_{R_{\text{fb}}}}{qI_{\text{ph}}}$ 。

在选定 RTIA 的反馈电阻后，设计的重点是选择低噪声差分放大器。放大器的主要噪声源包括光子噪声、探测器噪声、反馈电阻噪声和晶体管噪声等。放大器的总输入噪声电流可表达为

$$i_{\text{in}} = \sqrt{i_{\text{ph}}^2 + i_{\text{det}}^2 + i_{\text{n}}^2 + i_{\text{en}}^2}$$ （2-62）

放大器散粒噪声取决于输入晶体管的输入偏置电流，它的计算与光生噪声的计算相同。当输入偏置电流远小于光电流时，散粒噪声并不重要。

将晶体管输入噪声电压 e_n 除以反馈电阻和探测器电阻的并联可以得到 i_{en}，即等效折算后的噪声电流。

（2）电容反馈跨阻抗放大器（CTIA）。如图 2-24 所示，CTIA 采用与反馈电容耦合的高增益反向放大器以得到高增益线性动态范围，能提供稳定的探测器偏置、高光电流注入效率、高增益和低噪声，总体性能超过大多数跨阻放大器。而且，CTIA 容易被集成到硅集成电路中，并具有优于大多数其他复位积分器的高频响应和高调制传递函数。

由于放大器的开环增益高达数百至数万，光生电荷在差分放大器的输入差模节点只引起微小的变化。在积分结束时，输出电压被采样，并被多路传输到输出视频驱动电路，

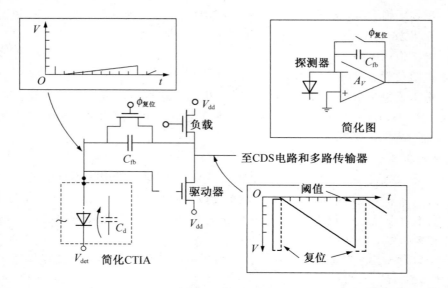

图 2 - 24　CTIA 采用与反馈电容耦合的高增益反向放大器以得到高增益线性动态范围

反馈电容两端周期性关闭,以达到复位目的。

假设放大器增益很大,则

$$\Delta V_{in} \doteq \frac{I_{det} T_{int}}{C_{fb}(1 + A_V)} \approx 0 \qquad (2-63)$$

较为合理的开环增益可为探测器提供一个稳定的偏压,进而提供一个高线性的放大器输出,即

$$V_{out} = \frac{A_V I_{det} t_{int}}{C_{fb}(1 + A_V)} \approx \frac{I_{det} t_{int}}{C_{fb}} \qquad (2-64)$$

大多数 CTIA 都采用集成在单元电路中的相关双采样电路(CDS),以减少 $1/f$ 低频噪声和漂移,并消除由反馈电容复位引起的热噪声。而且,常常用采样保持电路存储 CDS 电路在积分结束时的值,在下一帧数据积分期间,这些存储值被连续地多路传输至视频驱动电路。

(3)直接注入电路。直接注入电路被用作 CCD 的输入已有许多年了,这种读出结构在单元电路中只需很小面积。与自积分电路相比,这也许是第二种简单的电路。自积分电路的光生电荷在单元中的杂散电容上积分。此电容主要由探测器电容形成,但也包括互连和 MOSFET 开关的杂散电容。

自积分的主要缺点是:如果积分时间较长,随着光生电荷在探测器中的分流,探测器将正向偏置,从而导致非线性响应和附加的探测器散粒噪声。而直接注入电路的光电流通过输入晶体管的源极被注入积分电容之中,此电容在一帧图像积分之前被复位。直接注入和 CTIA 的增益都由积分电容设定,此电容相当小,且不取决于探测器电容。积分电容可用源极跟随器缓冲,以提供电压模式输出。在采用 CCD 的情况下,所积累的光电荷被时钟驱动到 CCD 的感应栅或浮置扩散端,感应栅或浮置扩散端的电容决定了增益

大小。

为了减小探测器噪声,对所有探测元一致维持近似零电压偏置是很重要的,而在长波探测器反偏时暗电流却很大。直接注入的电路结构为探测器提供了低阻抗通道,这样就提供了一个稳定的探测器偏置和较高的光电流注入效率。如果直接注入的输入阻抗太高,探测器的一部分光电流将被分流,不能注入 MOSFET,信噪比就会损失。

图 2-25 所示为直接注入电路用于 CCD 和常规多路传输器的设计,图中 FEDI 为有附加倒相器的直接注入。

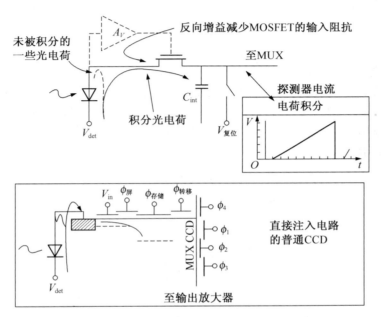

图 2-25　直接注入电路用于 CCD 和常规多路传输器的设计

2.3.1.4　焦平面阵列的信号处理

对于 IRFPA 系统来说,信号处理包括非均匀校正、增益控制、用于点或边缘增强的空间滤波、阈值控制、运动探测和图像分割等。

(1)焦平面上的信息处理。IRFPA 通常在焦平面上完成某些信号处理功能。例如,利用 CCD 作为信号处理和读出电路时,由于 CCD 电荷处理容量的限制,在高背景、低对比度特性的红外景物中产生的信号,很容易超过其最大的处理容量。为了减小它的影响,试用各种形式的增益控制,如背景抑制和电荷撇取等。

(2)背景抑制。通过控制栅电荷以使存储势阱内的积分电荷能有一部分转移到 CCD 读出,能够撇取的最大电荷量受各个像素间不均匀性和场景内变化的动态范围所限制。

探测信号与背景以电荷包形式存储在势阱 US 下,U 分割在信号积分期间是导通的,但在一个积分周期结束时则关闭,这样把电荷分成 W 和 W' 两部分,电荷按照栅的面积来分配,在撇取电极 S 上加电压形成一定高度的势垒。W' 中高出势垒部分转移到 CCD 主沟道中去,剩下的全部电荷由 RSD 排放掉,起到了抗光晕电荷的作用。

(3) 在焦平面外的信号处理。在焦平面外可完成多种信号处理功能,这里介绍最重要的一种信号处理功能是非均匀性校正。因为大型红外探测器阵列无法做到完全均匀,通常均匀性最好的肖特基势垒 IRFPA 的不均匀性为 0.2%~0.5%,而本征光子探测器不均匀性约为 10%,因此必须进行均匀性校正才能发挥它性能的潜在优势。修正方法有单点、二点和多点修正法。一般均匀性较好的肖特基势垒 IRFPA 可采用单点修正。如果阵列响应是光通量的非线性函数,则对于高灵敏度阵列就需要进行复杂的多点修正。

芯片上进行信号处理的地方可在单元电路内,或在视频输出前的多路传输器内。最常用的信号处理是频带限制电路(由复位积分电路放大器提供)、采样与保持电路和时间—延迟积分系统。

1. 采样与保持电路

传感器的所有探测元经常是同时积分的,采用采样与保持电路可以在一帧结束时采集前一帧的图像信号,并暂时存储起来,用于随后多路传输器的读出。采样与保持电路最简单的组成形式是 MOSFET 采样开关、保持电容和缓冲放大器。图 2-26 所示为采样与保持电路中 SFD 单元电路示意图。

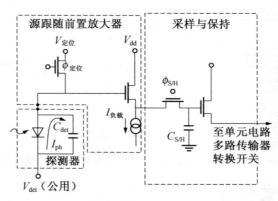

图 2-26　采样与保持电路中 SFD 单元电路示意图

采样与保持电路的设计关键是保持时间和噪声。保持时间由保持电容的充电和放电时间决定,输出缓冲器必须能驱动多路传输器的总线电容。采样与保持电路的噪声主要由保持电容的热噪声决定。一般电容热噪声要小于前置放大器的输出噪声,因此采样与保持电路增加的噪声非常小。

2. 相关双采样电路

漂移和 $1/f$ 噪声常常是读出前置放大器的主要噪声来源。为了达到更低的噪声和更高的绝对精度,在复位积分器开始积分时可用相关双采样周期性地重校放大器电路或重复调零电路。

在探测器复位后,光电荷积分开始前,由于漂移等原因,前置放大器会有初始电压输出。箝位开关和电容的作用可将输出箝位至固定电平,这种箝位不影响光电荷积分的最终结果。然而,开始积分时的补偿电压或漂移都从最终结果中去除了。

相关双采样电路(CDS)实际上对每个像素进行了两次采样,一次在每帧图像的开始,另一次在每帧图像的结束并得到差值。这种处理可以在集成芯片的单元电路中完成,也可以在焦平面外的数字处理中完成。在单元电路中具有箝位和采样与保持电路的相关双取样电路如图 2-27 所示。

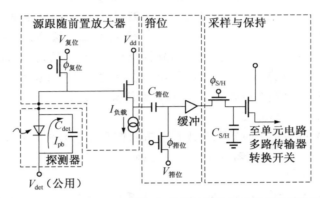

图 2-27　在单元电路中具有箝位和采样与保持电路的相关双取样电路

应该指出:相关双取样电路减少或消除了低频噪声,但是高频噪声却增加了。这是因为初始采样和最终采样中都含有直流补偿、低频漂移和高频噪声。由于两次采样在很短时间内进行,采的补偿和漂移部分没有很大变化,所以在相减处理中被消除。高频噪声在两次采样中变化很大,且互不相似或不相关,所以最后结果是这两个互不相关的高频分量相加。

3. 时间—延迟积分系统(图 2-28)

单元探测器或线列探测器用于成像系统时,均是从视场的一边扫描到另一边,以产生一幅完整的图像。决定探测器响应的曝光时间受到像元驻留时间的限制,或者说探测元看到景象中某点的等效时间的限制。如果需要的扫描时间短,景象分辨率高,或扫描视场大,则单个探测元的曝光时间将趋于减小。

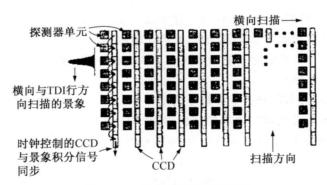

图 2-28　时间—延迟积分系统

如果一个线列探测器由 N 列组成,各列依次扫过同一个空间线视场,如将第一列图像延迟后与第二列图像逐元相加,然后再延迟与其后的各列图像逐元相加,N 列叠加的

结果可产生 N 倍的信号电平,而噪声仅增加 $\sqrt{N}$ 倍,这样系统的信噪比可增加 $\sqrt{N}$ 倍。时间—延迟积分系统(TDI)通过 N 元串扫,可以增加积分时间,但不损失空间分辨率,使系统信噪比得到改善。

　　TDI 可以在焦平面外或读出集成电路上实现。就芯片上的 TDI 而言,每一列都需要临时帧存储,还需要一个用来传输信号的多路传输器,最普遍的办法是用一个 CCD。

　　CCD 将 TDI 中的一个探测元的信号电荷传输到下一个探测元,并和第二个探测元的电荷积累在一起。两个探测元之间的传输时间提供了必要的延迟,以便和下一个探测元的信号同步。信号经视频放大器缓冲后输出,在此之前,CCD 积累了所有 TDI 探测元的信号电荷。这里 CCD 同时提供了 TDI 和多路传输功能。

2.3.1.5　数据多路传输器

　　多路传输器(MUX)将来自数十至成百上千的探测元信号依次传输到读出电路的单个输出端。最常用的多路传输器形式有以下几种:

1. CCD 多路传输器

　　CCD 的输入电路包括自积分、直接注入等电荷放大电路。通过 CCD 末端的扩散区,可使 CCD 的输出电荷转移到源极跟随器的栅极上。源极跟随器的栅极必须在下一个信号到达之前复位。

　　CCD 的基础是提供电荷存储和沿半导体表面的转移。光生电荷被载流子吸引力控制,移到 MOSFET 的栅极和半导体衬底之间建立的电场中。如果栅压大于阈值,则在栅下区域产生存储少数载流子电荷的势阱。栅下存储势阱被认为是"桶",当栅压撤消时,电荷存储势阱消失,就像桶被倒空一样。光生电荷通过相邻扩散区或栅结构注入 CCD 中。

　　以三相 CCD 多路传输器为例,电荷(对 P 型半导体,少数载流子为电子)趋于流向最高表面电势,此时表面电势由正栅偏置电压 ϕ 控制,实际上电荷被存储在靠近半导体表面的薄层中,用图解方式表示为一个"桶"。增加 ϕ_2 的电势,以吸引第一栅极下的电荷。将 ϕ_1 的电压减小到零,强迫靠近半导体表面的电荷流入 ϕ_2 下的势阱。这一过程在 ϕ_2 和 ϕ_3 之间重复,实现信号电荷包的转移。在转移过程中,CCD 必须提供信号电荷包之间的隔离。

　　电荷转移效率是指电荷从 CCD 的一个单元转移到下一个单元的比率,是 CCD 的一个重要参数。不完全转移引起的电荷损失会导致信号下降,或者因为被损失的电荷出现在下一个电荷包中而导致串音。

2. 场效应(MOSFET)开关型多路传输器

　　对于连接电压模式前置放大器的读出电路,MOSFET 开关型多路传输器比以电荷方式工作的 CCD 多路传输器更为简单,如凝视型阵列可用两个多路开关,一个用于行多路传输,另一个用于列多路传输。输出顺序为:第一行的第一个像素到第一行的最后一个像素,接着是第二行的第一个像素到第二行的最后一个像素,以此类推。

　　多路开关的寻址方式可以直接寻址,也可扫描寻址。直接寻址的多路传输器需要多条地址线,可以随机寻访焦平面中的任意一元。扫描寻址只需要引入复位、采样与保持和时钟等信号,由芯片内部地址计数,顺序接通各个单元。扫描多路传输器易于集成到读出电路,大焦平面所需的输入、输出线已减少到 10 条以下。

2.3.1.6　焦平面器件的灵敏度参数

衡量读出灵敏度最常用的参数有噪声等效电荷(N_{EC}),即一帧时间内(或数据采样过程中)积累的噪声电子数。对于用积分电容积累电荷的读出电路,N_{EC} 是积分电容器上的噪声等效电荷。因此,N_{EC} 需要标明帧速。D^* 可以用来衡量探测器工艺的好坏,但并不适合用来表征传感器芯片组件的性能。

表示传感器芯片组件灵敏度的最常用的参数还有噪声等效辐照度 E_N、噪声等效温差 T_{NETD}。

E_N 多用于辐射计和光子计数器,单位为:$ph \cdot cm^{-2} \cdot s^{-1}$。$T_{NETD}$ 则用于热成像系统,单位为 K。E_N 与 N_{EC} 的换算关系为

$$E_N = \frac{N_{EC}}{\eta A_{det} t_{int}} \qquad (2-65)$$

式中,η ——探测器量子效率;

A_{det} ——探测器光敏面面积;

t_{int} ——光电荷积累所用的积分时间。

N_{EC} 主要取决于噪声电流和积分时间,即

$$N_{EC} = \frac{i_{det} t_{int}}{q} \qquad (2-66)$$

光伏探测器在反偏状态下工作,探测器主要噪声为散粒噪声,可有

$$i_{det} = (2qI_d \Delta f)^{1/2} \approx \left(\frac{qI_d}{t_{int}}\right)^{1/2} \qquad (2-67)$$

式中,q ——电子电荷量;

I_d ——探测器反偏的暗电流;

Δf ——测量带宽。

对于近零偏压下工作的探测器,可忽略暗电流,探测器主要噪声为热噪声,有

$$i_{det} = \left(\frac{4kT_{det}\Delta f}{R_0}\right)^{1/2} \approx \left(\frac{2kT_{det}}{R_0 t_{int}}\right)^{1/2} \qquad (2-68)$$

式中,T_{det} ——探测器工作温度;

R_0 ——零偏压时小信号探测器电阻。

带读出电路后组件的 E_N 是由探测器、读出电路两部分组成的,即

$$E_{N\,sys}^2 = E_{N\,det}^2 + E_{N\,ro}^2 \qquad (2-69)$$

对于固定的积分时间,可按同样方法计算读出电路的 $E_{N\,ro}$,但必须注意:读出电路的输出噪声电流应包括放大器噪声电流和放大器噪声电压的贡献,即

$$I_{ro} = \left[i_n^2 + \left(\frac{e_n}{r_{det} \parallel r_{in}}\right)^2 \right]^{1/2} \qquad (2-70)$$

2.3.1.7　焦平面器件动态范围

动态范围通常定义为最大非饱和光通量除以最小特定背景下的测量值,即

$$D_R = \frac{Q_{sat}}{E_N} \qquad (2-71)$$

动态范围也可用 dB 表示。

计算焦平面的典型动态范围可用最大输出电压除以基准输出噪声,通常动态范围为 60~80dB。要获得大的动态范围,必须增加信号的饱和值,减小基准噪声。对于给定的读出集成电路,最大输出电压主要受限于积分电路本身,可以通过采用自动增益开关、减少积分时间等方法增大信号。基准噪声包含外部电磁干扰噪声、前置放大器噪声、多路传输噪声和输出驱动电路噪声等。

输出噪声与多路数据传输速率有关,因为对于白噪声,均方根噪声值与带宽的平方根成正比,高数据率的多路传输需要较大的带宽。因此,一种增加动态范围的技术是通过减少多路传输到单个信号输出端的元数,然后增加读出端的总数以减少相应带宽,因而也就减少了每个输出端的噪声。

输出噪声与多路传输带宽之间的一般趋势如图 2-29 所示。在 1MHz 数据率时,焦平面的分辨率降至 12~13Bits;在 5MHz 数据率时,焦平面的分辨率降至 10~11Bits。

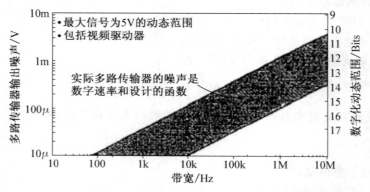

图 2-29   输出噪声与多路传输带宽之间的一般趋势

2.3.1.8   红外焦平面阵列的质量评价

包含了成千上万个探测器的 IRFPA,给探测器特性的描述带来了新的情况与要求,如何描述焦平面阵列的特性对研究器件和使用器件来说都是极其重要的。用通常描述单元探测器特性的参数来描述焦平面阵列是远远不够的,因为还必须要有能反映出它的平面特性的参数。不仅应测定像元的响应率、探测率,而且还需要测定它们的平均值与不均匀情况,瞬态噪声、空间噪声和焦平面噪声,要了解探测元之间的串扰情况、占空因子、无效像元或死像元的占有率等。由于在焦平面上的各像元的信号不能直接读出,必须经过多路传输器或 CCD 传输后由读出电路读出。焦平面上的光敏元将光电信号以"电荷包"形式注入传输器,在传输器输出端将信号电荷再转换成信号电压或信号电流后读出,所以涉及注入效率、传输效率和转换率等因子。成千上万的探测元的性能客观上存在不一致性,也就是存在一个均匀性问题。通常在参数测量前,在片外需先进行非均匀性校正。面对由不同材料、不同读出电路和不同功能构成的焦平面阵列,其性能评价是件极其复杂的工作。表 2-1 列出了红外焦平面阵列的主要评价参数。

表 2 - 1　红外焦平面阵列的主要评价参数

特　性	参数或类型	定义或说明
探测器元数与结构	线列	探测元排成多排长列形式,如 4×288 像元、4×480 像元等
	面阵	探测元排成二维面阵形式,如 320×240 像元等
探测材料	中波、长波、非制冷	制备不同工作波段或工作温度 IRPFA 所用功能材料,如 HgCdTe、PtSi、InSb、$\alpha-Si$、VO_x
制冷形式	斯特林制冷	工作温度可低于 77K
	节流制冷	工作温度 77K、80K 等
	非 制 冷	室温
光电转换特性	响 应 率	探测器接收单位辐射功率所产生的电压或电流信号
	平均响应率	焦平面上各有效像元响应率的平均值
	平均探测率	焦平面上各有效像元探测率的平均值
	占空因子	焦平面上各有效像元的光敏面积的总和与光敏芯片的总面积之比
响应均匀性	响应率不均匀性	各像元响应率均方根差与平均响应率之比
	死 像 元	响应率超出平均响应率某一范围的像元
	过热像元	噪声电压超出焦平面平均噪声电压某一范围的像元
	盲 元	死像元和过热像元的总和
	空间噪声	响应率不均匀性与平均响应信号电压的乘积
频率特性	积分时间	像元累积辐照信号产生信号电荷的时间
	帧 周 期	相邻帧间隔时间(最长积分时间)
噪声特性	焦平面噪声电压	平均瞬态噪声电压与空间噪声电压的平方和的根
	噪声等效温度	噪声电压与目标温度产生的电压相等时,目标与背景的温度之差称为噪声等效温度
动态特性	动态范围	表征焦平面阵列能探测辐射信号大小的相对范围
空间分辨特性	串 音	焦平面阵列某一像元被激活时,阵列中其他像元出现不需要的信号称为串音。通常以该信号与被激活像元信号的比值百分数表示
光谱特性	相对光谱响应	探测器的响应波长范围

2.3.2　红外焦平面探测器实例分析

2.3.2.1　光伏型红外焦平面探测器

1. 性能

法国 Sofradir 公司的 TL003(长波)、TM003(中波)是以碲镉汞材料制作的红外焦平面器件,探测器通过铟柱连接至硅读出电路,与一个制冷量为 0.4W 的斯特林微型制冷机一起封装在金属杜瓦内。

长波器件 TL003 和中波器件 TM003 的主要技术参数见表 2 - 2。

表 2-2　法国 Sofradir 公司 288×4 像元器件主要技术参数

项　目	长波器件 TL003	中波器件 TM003
波段/μm	7.7~10.3	3.7~4.8
冷屏 F 数	1	1
平均峰值 D^*/(cm·Hz$^{1/2}$·W^{-1})	9×10^{10}	3.7×10^{11}
最低峰值 D^*/(cm·Hz$^{1/2}$·W^{-1})	3×10^{10}	1.8×10^{11}
平均 T_{NETD}/mK	25	40
预冷时间/min	6	4
工作温度/K	90	130
制冷量/W	0.4	0.4
重量/g	650	650
功耗/W	11	11

2. 焦平面结构和读出电路

探测器阵列为二维 288×4 像元结构,如图 2-30 所示。每个探测元(像元)均有独立的输入级的光伏二极管,即垂直于扫描方向有 288 个通道,奇数通道和偶数通道分别为 144 个,每个通道在沿扫描方向有 4 个像元,通过读出电路实现时间延时积分(TDI)。

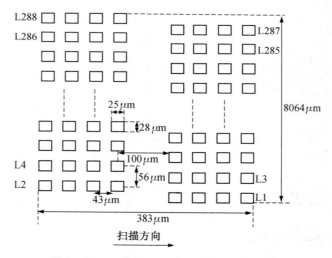

图 2-30　二维 288×4 像元器件结构示意图

同一通道的 TDI 功能和多个通道信号的多路开关切换是由读出电路采用 CCD 技术实现的。图 2-31 所示为读出电路示意图。

每个通道的四个像元依次扫过同一个目标点时,产生的信号电荷可通过一个 4 相 11 级的 CCD 传输并累加,从而实现 TDI 功能。每 18 个通道的 TDI 输出经 CCD 多路开关切换成一路模拟输出。通道数据的输出速率受到 CCD 传输速度的限制。所以,采用多路并行输出的办法,该器件共有 16 路模拟输出,其中奇数通道、偶数通道各有 8 路输出。

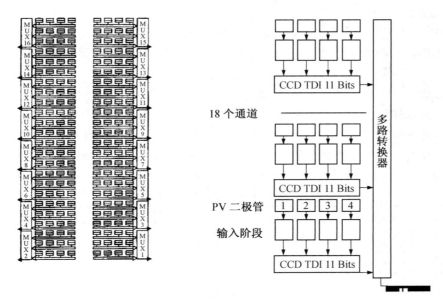

图 2 - 31　读出电路示意图

3. 运行模式

由于光伏型红外焦平面探测器探测像元的光生电荷是直接注入至 CCD 势阱的,容易引起信号饱和,这就产生了器件探测灵敏度和动态范围的矛盾。为此,读出电路允许用户改变积分时间,并选择运行模式。改变积分时间即改变注入 CCD 势阱的电荷量。改变 CCD 两个控制栅的电平,器件可处于不同运行模式,对注入的总电荷进行比例分配,比例分配加撤除后取部分电荷输出,或不作变动全部输出。

图 2 - 32 所示偏置栅 GPOL 为所有光伏二极管提供偏压,栅极 C1、C2 可控制输入信号电荷的存储,C1、C2 的电平决定了势阱的深度。势阱也可形象地理解为电荷的存储池,势阱深度即存储池的深度。PHI PART 栅极相当于在 C1、C2 存储池之间设置了隔

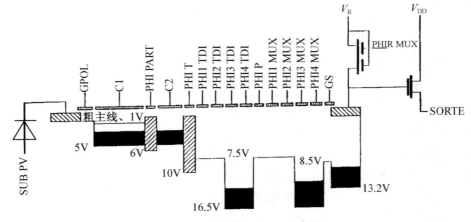

图 2 - 32　偏置栅 GPOL 示意图

板,在积分时间内,PHI PART 的控制脉冲为高电平时,隔板打开,电荷存于 C1、C2 存储池中;PHI PART 脉冲为低电平时,隔板关闭,积分周期结束,将 C2 的电荷传输至 TDI 级。PHI PART 高电平脉冲脉宽越宽,隔板打开时间越长,C2 存储的电荷就越多。因此,PHI PART 高电平脉冲的脉宽即为积分时间。

传输栅 PHI T 的原理与此相仿,积分周期结束时,PHI T 脉冲为高电平,C2 与 PHI1 TDI 之间隔板打开,电荷传输至第一级 TDI 的势阱中。因此,改变 C1、C2 控制电平的相对大小可对注入的总电荷进行比例分配、比例分配加撤除等运算,或不作任何运算(无比例分配无撤除),共有三种运行模式。这三种模式运行时,非饱和的最大可存储电荷量各不相同,见表 2-3。输入存储示意图如图 2-33 所示。

表 2-3　非饱和的最大可存储电荷量

模式	C1 端电压/V	C2 端电压/V	功能	最大可存储电荷量/pC
1	5	5	比例分配	1.3
2	5~9.5	5	比例分配加撤除	2.4
3	2.5	6.5	无比例分配/无撤除	0.4

C1、C2 所加的电平决定了它的势阱深度。模式 1 中,C1、C2 加同样电平,势阱深度相等,但 C1 电容约为 C2 的 3 倍,输出电荷与输入总电荷按 1:4 的比例分配。模式 2 中,C1 势阱比 C2 深,输出电荷为总电荷撤除部分后再按比例分配,故这种模式电荷存储量最大。模式 3 中,C2 势阱比 C1 深,电荷几乎全部存储在 C2 的势阱中,既无撤除又无比例分配,它的电荷存储量最少。

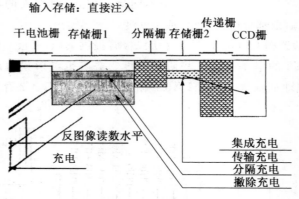

图 2-33　输入存储示意图

4. TDI 技术

TDI 读出电路(图 2-34)有一个 4 相 11 级的 CCD,可用于传输并累加光生电荷。在一个积分周期(一帧时间)结束时,每个通道的 4 个像元的输入级分别向 TDI 的第 1 级、第 4 级、第 7 级、第 10 级注入上一帧的光生电荷后,各自开始下一帧的积分。第 1 帧结束时,各级电荷均向第 11 级(输出级)方向移动了 1 级,输出级的电荷则转移至多路开关 MUX 的输入级。

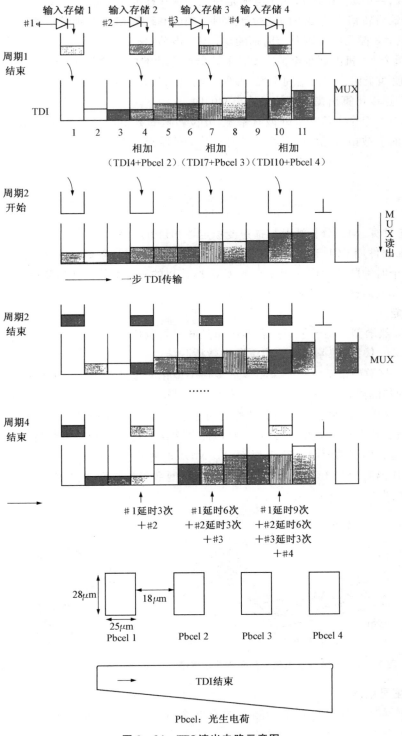

图 2-34　TDI 读出电路示意图

第4级、第7级、第10级光生电荷是在上一帧转移电荷基础上注入的,是一种电荷的累加。因此,最后转移到输出级的电荷是延时9帧的♯1像元电荷、延时6帧的♯2像元电荷、延时3帧的♯3像元电荷以及当前帧的♯4像元电荷。

对TDI器件,机电同步至关重要。TDI器件像元的中心距为$43\mu m$,TDI方向的尺寸为$25\mu m$。为使四个像元数据空间配准,即保证输出信号是空间同一点数据的叠加,根据系统光机扫描的速度可算出焦平面信号读出的帧时。

例如,有一个全方位的红外搜索系统,方位转速80r/min,系统焦距75mm,为满足机电同步,焦平面上被扫目标的像点在3帧时间移动的距离应等于像元的中心距$43\mu m$,即

$$d = \frac{2\pi n}{60} \times 3T_{\text{frame}} \times f \tag{2-72}$$

$$T_{\text{frame}} = \frac{10d}{\pi nf} = \frac{10 \times 43 \times 10^{-3}}{3.14 \times 80 \times 75} = 22.8 \times 10^{-6}\,\text{s} \tag{2-73}$$

上述为静态计算,动态分析涉及扫描速度稳定性和目标移动。

焦平面器件用CCD读出,数据率高,运行方式灵活,但是需要提供5个模拟低纹波偏置电源和13个时钟脉冲时序。相比之下,CMOS读出的焦平面器件使用简单,方便很多。

2.3.2.2 热敏型室温焦平面探测器

1. 性能

ML073热敏型室温焦平面探测器用非晶硅材料制成,工作波段为$8 \sim 14\mu m$,焦平面阵列为320×240像元,探测器与读出电路用微桥联结。

ML073热敏型室温焦平面探测器封装在小型化的金属壳体内,中间抽成真空,保持光敏元之间的热隔离状态,不会出现可见光CCD面阵那样的"光晕"现象,即亮点的能量向四周扩散形成亮斑。通常也把室温器件称之为非制冷器件,非制冷器件并不意味着不需要制冷器。为减少热串扰、热敏面阵或者热释电面阵都需要用热电制冷来保持探测器运行温度的恒定,只是它们不需要制冷至低温而已。ML073热敏型焦平面阵列使用了一级热电制冷,建议工作温度为30℃。图2-35所示为热敏型室温焦平面探测器示意图,其小型化金属壳外形如图2-36所示。

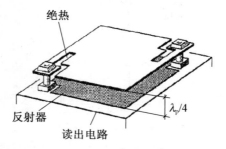

图2-35　热敏型室温焦平面探测器示意图　　图2-36　小型化金属壳外形

2. 温度灵敏度

热探测器的探测率与光子探测器约有2个数量级之差,可从两个方面提高温度灵敏度。

(1) 尽量延伸器件光谱响应的长波限。低温工作的光子探测器长波限较短,如碲镉汞面阵(77K)的长波限不超过 $9.5\mu m$。长波限达 $11\mu m$ 的碲镉汞面阵需要制冷至 70K,制冷功率较大。从原理上讲,热探测器应当有相当宽的光谱响应范围,延伸至 $14\mu m$ 以上并无困难,主要困难在于光敏材料在长波段的吸收率。ML073 热敏型焦平面探测器光敏材料为非晶硅,在热红外波段吸收率并不高,因此在光敏元与 $R=100\%$ 反射器之间设置了 $\lambda/4$ 的间隔,起到抗反射效果。设计的间隔可保证对 $12\mu m$ 长波辐射的反射损失小于 3%,在 $8\sim 14\mu m$ 波段有较均匀的高吸收率。由于干涉效应,小于 $4\mu m$ 波段的光谱响应起伏很大(图 2 - 37)。器件窗口已镀短波截止滤光膜,可滤除小于 $8\mu m$ 的辐射。

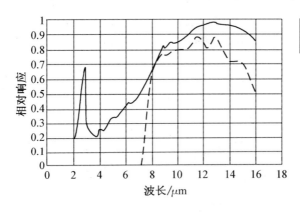

——微型测辐射热仪IRFPA响应
--- 探测器响应（器件窗口）

图 2 - 37　光谱响应范围曲线图

(2) 选用低 F 数的光学系统。为减少背景噪声,光子探测器都需要设置冷屏。受到杜瓦尺寸限制,接收孔径角不能很大,因此系统 F 数都比较大。室温焦平面探测器无此类限制,目前商用系统配 $F/0.8$ 红外镜头,T_{NETD} 约 $80\sim 100mK$,虽然与制冷光探测器阵列的热像仪 T_{NETD} 达 $25\sim 40mK$ 相比,温度灵敏度较低,但室温焦平面探测器具有价格低、可靠性高、功耗省等优点,这些都是低温工作的光子探测器所不具备的。

3. 焦平面结构和读出电路(图 2 - 38)

ML073 热敏型焦平面探测器采用 CMOS 多路开关读出方式,输出的数据帧按行的顺序依次排列,共 240 行,每行有 320 个像元数据;按列的顺序排列,由列多路开关切换。

像元的输入级是由非晶硅热敏电阻、场效应管构成的电流源,场效应管栅极加偏置电压 FID,调节 FID 可改变电流输出,即改变信号动态范围的幅度。同列的 240 个像元分时共用一个电容反馈的电流电压放大器 TIA。TIA 对信号电流进行积分,最大积分时间近似等于行周期,行周期结束时采样并保持积分结果,积分结果逐行更新。调节 V_{EB},可给放大器 TIA 输入不同偏流,使动态范围做上下移动。

这种读出方式称为行波式读出,即电扫描至第 N 行时,第 N 行像元的信号电流被积分,与此同时,输出第$(N-1)$行像元的积分结果,依次类推。不同列的像元信号同时积分,但是同一列像元信号并不同时积分,任何一个像元的最大积分时间都小于行周期。这一特点在计算系统信噪比时应予以注意。另外,用行波式读出的面阵器件检测瞬态目标时,很容易出现漏检。

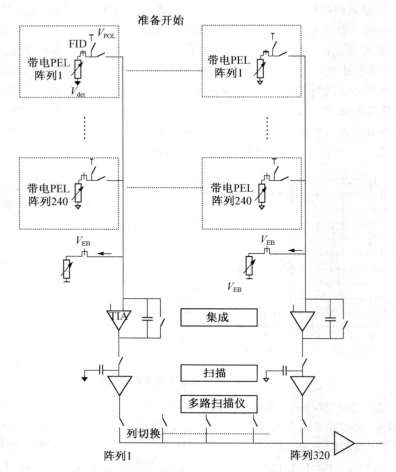

图 2 - 38　焦平面结构与读出电路示意图

2.3.3　红外焦平面技术发展现状

2.3.3.1　超高集成度的焦平面探测器像元

像可见光 CCD 之类的摄像阵列一样,要提高系统成像的分辨率和目标识别能力,大幅度提高系统焦平面红外探测像元的集成度是一种重要的途径。国内外各有关公司、厂家都在尽力增加焦平面阵列的像元数,发展各种格式的大型或特大型红外焦平面阵列。

在短波红外焦平面阵列方面,由于多年来的军用都集中在中波红外和长波红外焦平面阵列,因而短波红外焦平面阵列技术的发展受到忽略,但这个波段的许多应用是中波红外和长波红外焦平面阵列应用达不到的,因而近年来加快了对短波红外焦平面阵列技术的发展步伐,目前的阵列规模已达到 2 048×2 048 像元(400 万像元)。

(1) InGaAs 红外焦平面阵列实现了短波红外热成像低温冷却工作要求,但是 HgCdTe 衬底失配率高,暗电流也高,唯有 $In_{0.53}Ga_{0.47}As$ 的晶格常数与 InP 相同,暗电流密度低达 3×

$10^{-8} \mathrm{A/cm^2}$，$R_0A > 2 \times 10^6 \Omega \cdot \mathrm{cm}^2$，$D^* > 10^{13} \mathrm{cm \cdot Hz^{1/2} \cdot W^{-1}}$（室温下）。其光响应峰值为 $0.9 \sim 1.7 \mu m$，可实现非制冷工作的高性能红外焦平面阵列。多年的光纤通信工业应用，使其具有大批量生产的能力，因而日益受到重视。

（2）由于军事应用对 HgCdTe 阵列的需求，过去这种材料的焦平面阵列技术的发展主要集中于中波和长波红外焦平面阵列技术，但洛克韦尔国际科学中心却一直在发展短波波段工作的 HgCdTe 焦平面阵列技术，其主要目的是应用在天文领域低背景场合。该中心在 20 世纪 90 年代中期已制出 HOWA Ⅱ—1 型 1 024×1 024 像元阵列，2003 年又研制成功世界上最大的 HOWA Ⅱ—2 型 2 048×2 048 像元的阵列。该中心正在研制 4 096×4 096 像元的特大型阵列。

在中波红外焦平面阵列方面，中波红外焦平面阵列技术的发展一直是红外焦平面阵列技术中最快的，主要有 PtSi、InSb 和 HgCdTe 3 种阵列，其阵列规模已达到 2 048×2 048 像元（400 万像元）。

（3）PtSi 阵列已形成大批量生产能力，典型阵列有 640×480 像元、801×512 像元、1 024×1 024 像元、1 040×1 040 像元。柯达公司 2004 年推出的产品 1 968×1 968 像元，其阵列规模已接近 400 万像元。

（4）HgCdTe 中波焦平面阵列是所有焦平面中波工作阵列中集成度较高，最引人注目的焦平面阵列。洛克韦尔国际科学中心在这方面的发展处于世界领先地位，除了研制出在天文学上应用的 640×480 像元和 1 024×1 024 像元阵列外，还向用户提供 2 048×2 048 像元阵列，并正采用拼接技术研制 4 096×4 096 像元阵列，但工作温度低于 77K。

（5）InSb 阵列是这个波段应用中深受重视的器件，主要应用于低背景天文场合，规格达 1 920×1 536 像元。典型阵列还有 640×480 像元、640×512 像元和 1 024×1 024 像元。

（6）在长波红外焦平面阵列方面，主要集中于 HgCdTe、GaAlAs/GaAs 多量子阱阵列、GeSi 异质结构阵列和非制冷红外焦平面阵列 4 种。HgCdTe 焦平面阵列的发展一直较为缓慢，阵列规模仅为 256×256 像元。长波红外焦平面阵列主要集中在 GaAlAs/GaAs 多量子阱阵列和非制冷工作的红外焦平面阵列技术的研究，阵列规模已达到 1 024×768 像元和 1 024×1 024 像元。

（7）GeSi/Si 异质结构红外焦平面阵列的工作机理类似于 PtSi 阵列。分子束外延（MBE）技术的发展，为 GeSi/Si、InSb 和 InGaAs、GaAlAs、HgCdTe 等高性能大型阵列发展提供了先进的制作技术。麻省理工学院和林肯实验室已制作了 320×240 像元和 400×400 像元的阵列，而日本三菱电机公司的阵列规模已达到 512×512 像元，只是 GeSi/Si 阵列工作温度明显低于 77K。

由于非制冷红外焦平面阵列取得的突破性进展，使器件和整机系统应用技术得以迅速发展。该阵列主要用于 $8 \sim 14 \mu m$ 的长波红外波段探测。美国霍尼韦尔、得克萨斯仪器、洛克希德马丁、雷声先进红外中心、因迪哥系统、萨尔诺夫和波特兰前视红外系统公司、日本三菱电机公司、英国 CEC—马可尼公司和瑞典、加拿大等国的公司都竞相发展这种技术，竞争几乎遍及全球，发展甚为迅猛。常用商用阵列为 320×240 像元、640×480

像元和 1 024×1 024 像元。

2.3.3.2 高性能红外焦平面探测器

由于采用诸如 MBE、MOCVD 这样的高精度控制制作工艺、微机械加工技术和 CMOS 这样的大型或特大型集成多路传输器，不但实现了如 1 024×1 024 像元、2 048×2 048 像元的大型二维凝视型红外焦平面阵列的高速大容量的信号处理，而且获得了高度均匀的焦平面阵列响应特性，从而进一步提高了阵列的性能。

短波红外焦平面阵列现已实现商用化。美国新泽西州传感器无限公司的 128×128 像元和 320×240 像元 InGaAs 焦平面阵列 $D^* > 10^{13} \text{ cm} \cdot \text{Hz}^{1/2} \cdot \text{W}^{-1}$（室温下），如冷却到 250K 工作时，$D^* > 10^{14} \text{ cm} \cdot \text{Hz}^{1/2} \cdot \text{W}^{-1}$，$1.3 \sim 1.6 \mu\text{m}$ 的量子效率接近 90%。洛克韦尔国际科学中心的 PACE－1 型 1 024×1 024 像元阵列和 HOWAII－2 型 2 048×2 048 像元阵列，平均量子效率为 65.4%，光响应不均匀性为 4.3%。

在中波红外焦平面阵列器件中，PtSi 阵列经过多年的发展与改进，性能得到了大幅度提高，噪声等效温差已优于 0.1℃。三菱公司研制的 512×512 像元 IRCSD 的 T_{NETD} 已达到 $0.07 \sim 0.033\text{K}$，801×512 像元阵列填充因子达 61%，T_{NETD} 为 0.076℃，最小可分辨温差为 0.17℃（尼奎斯特）；萨尔诺夫公司研制的 640×480 像元阵列 T_{NETD} 为 0.18K，最小可分辨温差为 T_{NETD} 小于 0.04K（300K，积分时间 33ms）；三菱公司研制的 1 040×1 040 像元 PtSi 阵列不均匀性为 ±2%；圣巴巴拉研究中心公司研制的 InSb 640×512 像元阵列的 T_{NETD} 优于 20mK，1 024×1 024 像元天文应用的 InSb 阵列量子效率达 85%（$0.9 \sim 5\mu\text{m}$）；洛克韦尔国际科学中心研制的 PGM600－003 640×480 像元 HgCdTe 阵列 77K 量子效率达 68%，T_{NETD} 平均值为 0.013K，该中心研制的 1 024×1 024 像元和 2 048×2 048 像元阵列也都具有良好的性能。

长波红外焦平面阵列中，HgCdTe 阵列发展时间最长，阵列尺寸不大，但性能非常好。如法国 LETI－GEA Grenoble 公司研制的 256×256 像元阵列工作温度在 $77 \sim 88\text{K}$，填充系数为 100%，量子效率达 $70\% \sim 75\%$，T_{NETD} 为 13mK；NEC 公司用 MBE 技术在衬底上制作的 256×256 像元阵列 $T_{\text{NETD}} < 0.1\text{K}$，双波段工作阵列量子效率为 60%。GaAlAs/GaAs 量子阱红外焦平面阵列凭借先进而成熟的 MOCVD 和 MBE 外延技术的支撑，不但在阵列集成度上迅速地发展到了 640×480 像元的特大型阵列，而且工作性能显著得到改进，工作温度已接近或达到 77K，截止波长长达 $14 \sim 16\mu\text{m}$。美国加州理工学院喷气式推进实验室研制的 640×480 像元 $\text{GaAs}/\text{Al}_x\text{Ga}_{1-x}\text{As}$ 阵列，工作温度为 70K，T_{NETD} 为 43mK，T_{NETD} 不均匀性为 1.4%，相关改进后为 0.1%。美国加州洛克韦尔科学中心的 256×256 像元长波量子阱阵列的光响应截止波长为 $11.2 \sim 16.2\mu\text{m}$，内量子效率分别 20.5% 和 25.4%，$11.2\mu\text{m}$ 阵列 D^* 为 $2.6 \times 10^{11} \text{ cm} \cdot \text{Hz}^{1/2} \cdot \text{W}^{-1}$，$T_{\text{NETD}}$ 为 42mK（63K），$16.2\mu\text{m}$ 阵列 T_{NETD} 为 88mK（42K）。以色列 EL－OP 公司研制的 320×256 像元阵列工作温度为 77K，峰值波长为 $8.8\mu\text{m}$，填充系数为 82%。这种阵列的工作温度仍需提高到 77K 以上方可获得大量应用。GeSi/Si 异质结构红外焦平面阵列的工作机理类同于 PtSi 阵列，美国林肯实验室、麻省理工学院和日本三菱电机公司在发展 GeSi 焦平面阵列方面取得了显著的进展。三菱电机公司研制的阵列为 512×512 像元，工作波长为 8～

$12\mu m$,填充因子为 59%,T_{NETD} 为 $0.08K(f/2.0)$,响应不均匀性为 2.2%,但工作温度太低,为 43K。非制冷的红外焦平面阵列技术是长波红外焦平面阵列技术发展的重要方向之一。其主要材料有 V_xO、Ti 金属、硅、多晶硅、非晶硅、热释电和热释电—铁电材料,有热敏电阻微测辐射热计和薄膜热释电与热电堆几种阵列。已进入系统应用的阵列有 320×240 像元阵列等。其 T_{NETD} 通常优于 0.1K,最佳性能为 $0.005\sim0.01K$(即 $5\sim10mK$)。美国雷声公司研制的 SB—151 型 320×240 像元测辐射热计阵列,其 T_{NETD} 优于 25mK。圣巴巴拉研究中心研制的这种阵列的 T_{NETD} 为 0.16K,未经校正的不均匀性 $<4\%$。波音电子系统导弹防御和因迪哥电子系统公司的 U4000 型 320×240 像元阵列产品的 T_{NETD} 为 $0.02\sim0.015K$。洛克希德马丁红外摄像系统公司设计的 LTC 650 型 640×480 像元阵列摄像机的 T_{NETD} 为 100mK,设计的第二代摄像机的 T_{NETD} 优于 50mK。萨尔洛夫公司采用 Si_3N_4 做绝缘层的阵列设计,研制的红外探测器的 T_{NETD} 可达 0.005K。

2.3.3.3　高密度小像元尺寸红外焦平面探测器

大型或特大型高密度集成,特别是 100 万像元和 100 万像元以上探测器像元集成焦平面阵列要求具备高精度的超大规模集成电路加工技术(如亚微米)和微机械加工技术。焦平面阵列技术的发展在很大程度上取决于超大规模集成电路的进展。红外焦平面阵列由于采用亚微米加工技术,像元尺寸大为缩小,实现了小像元高密度的红外焦平面集成的进一步发展。由于微细加工技术的发展,PtSi 阵列的像元尺寸很小,达 $20\mu m\times20\mu m$ 和 $17\mu m\times17\mu m$,如柯达公司的 KIR —3900 的 $1\,968\times1\,968$ 像元阵列和日本三菱公司的 $1\,040\times1\,040$ 像元阵列。HgCdTe 阵列已很小,达 $18\mu m\times18\mu m$;洛克韦尔科学中心研制的 HOWAⅡ—2 型 $2\,048\times2\,048$ 像元阵列,其设计规格为 $0.8\mu m$;洛克希德马丁红外摄像公司研制的 640×480 像元非制冷红外焦平面阵列的像元尺寸缩小为 $28\mu m\times28\mu m$;雷声先进红外中心和喷气式推进实验室研制的 $8\sim9\mu m$ 和 $14\sim15\mu m$ 波段工作的双色 GaAlAs/GaAs 量子阱阵列像元尺寸为 $25\mu m\times25\mu m$。

2.3.3.4　双色或多色红外焦平面探测器

随着红外焦平面阵列制作技术的迅速进展和实际应用的需求,双色或多色红外焦平面阵列技术的发展取得了显著进展。美国加州理工学院喷气式推进实验室空间微电子中心、空军研究实验室等研制的 $8\sim9\mu m$ 和 $14\sim15\mu m$ 的双色 640×486 像元 GaAs/AlGaAs 量子阱红外焦平面阵列及其摄像机;美国 NASAGooddard 航天飞行中心和洛克韦尔科学中心等共同研制了 $11.2\mu m$ 和 $16.2\mu m$ 截止波长的 256×256 像元 GaAs/GaAlAs 量子阱红外焦平面阵列,这些机构均加紧发展这种双色和多色焦平面阵列,并在原来单色焦平面阵列取得极大进展的基础上迅速地研制出了这种双色阵列。

2.3.4　红外焦平面探测器发展趋势

目前国内红外焦平面阵列技术已实现从第二代向第三代的过渡。国内外各有关公司、研究机构正着眼于市场需求,加紧确定第三代红外焦平面阵列技术的概念,现已把注意力转向第三代红外焦平面探测器的研制上。

第三代红外焦平面阵列技术要满足以下几种要求:

（1）焦平面上探测器像元集成度大于 10^6 像元，阵列格式大于 $1k \times 1k$ 像元，至少双色工作。

（2）工作温度高，以便实现低功耗和小型轻量化的系统应用。

（3）非制冷工作红外焦平面阵列传感器的性能达到或接近第二代制冷工作红外焦平面阵列传感器的水平。

（4）必须是极低成本的微型传感器，甚至是一次性应用的传感器。

第三代红外焦平面阵列传感器主要有下列 3 种：

（1）高性能多色制冷传感器。大型多色高温工作的红外焦平面阵列，探测器像元集成度大于 10^6 像元，阵列格式 $1\,000 \times 1\,000$ 像元、$1\,000 \times 2\,000$ 像元和 $4\,096 \times 4\,096$ 像元，像元尺寸 $18\mu m \times 18\mu m$，芯片尺寸 $22mm \times 22mm$。芯片量子效率高，并能存储和利用探测器转换所有的光电子，自适应帧速（480Hz），双色或多色工作，使用斯特林或热电温差电制冷器，工作在 $120 \sim 180K$，光响应不均匀不大于 0.05%，$T_{NETD} \leqslant 50mK$（$f/1.8$），结构上单片或混合集成，可以是三维的。

（2）高性能非制冷传感器。非制冷红外焦平面阵列无须温度稳定或制冷，可用于分布孔径设计。其重量仅 28g，功率为 30mW，焦平面探测器像元集成度大于 10^6 像元，阵列格式 $1\,000 \times 1\,000$ 像元，像元尺寸为 $25\mu m \times 25\mu m$，$T_{NETD} < 10mK$（$f/1$）或 $60mK$（$f/2.5$），成本低、功耗低、性能中等，用于分布孔径设计中获取实用信息。

（3）非制冷微型传感器。非制冷工作的微型传感器，焦平面探测器像元集成度仅 (160×120) 像元 $\sim (320 \times 240)$ 像元，像元尺寸 $(25\mu m \times 25\mu m) \sim (50\mu m \times 50\mu m)$，$T_{NETD} < 50mK$（$f/1.8$），输入功率 10mW 以下，重量 28g，成本低。

第三代红外焦平面探测器是极低成本的微型传感器，其主要应用于无人操作的一次性应用传感器，如微型无人驾驶航空飞行器、头盔安装式红外摄像机和微型机器人等。表2-4列出了第三代红外焦平面阵列传感器的特点。

表 2 - 4　第三代红外焦平面阵列特点

项目	高性能多色制冷传感器	高性能非制冷传感器	非制冷微型传感器
焦平面阵列格式（像元）	$1\,000 \times 1\,000$ $1\,000 \times 2\,200$ $2\,000 \times 2\,000$ $4\,096 \times 4\,096$	$1\,000 \times 1\,000$	160×120 320×240
像元尺寸	$\leqslant 18\mu m \times 18\mu m$	$\leqslant 0.025\,4mm \times 0.025\,4mm$	$\leqslant 0.050\,8mm \times 0.050\,8mm$
工作波段	双色或多色	$8 \sim 14\mu m$	$8 \sim 14\mu m$
封装真空	高真空	中等真空	中等真空
制冷器	机械或热电温差制冷	非制冷	非制冷
工作温度	$120 \sim 180K$	室温（无需温度稳定）	室温（无需温度稳定）
目标	最大作用距离、最大杂波抵制	低成本、低功耗、中等性能	一次性使用（10mW 功率）

第 3 章
碲镉汞材料与红外探测技术

3.1 基础知识

3.1.1 简介

Hg$_{1-x}$Cd$_x$Te 三元系晶体至今仍是红外探测器的最好材料,因为它的物理特性能较好满足红外探测器的要求。

(1) 只要改变组分 x 值,就可制作各种响应波段的红外探测器。

(2) 它具有单能谷直接跃迁的能带结构,电子有效质量小,因而与相等能隙的其他材料相比,载流子浓度较低,可得到较大的响应率。

(3) 电子与空穴迁移率相差很大,因而光电导型的光电增益因子很大。

(4) 它的表面可制作稳定的氧化物,可得到界面态较低的界面。

(5) 它的热膨胀系数接近 Si 的热膨胀系数,这对于以 Si 集成器件作处理电路的 FPA 是一个有利因素。

由于利用 HgCdTe 材料已制作出多种性能优良的单元及线列探测器,并有一定的生产经验,因而 HgCdTe 已经成为 FPA 探测器的重要材料。

但是 HgCdTe 材料具有的一些物理化学性质,使材料制备及器件的生产工艺变得很困难。

(1) HgCdTe 属三元合金,由于 Hg 的蒸气压高,Cd 和 Te 易于分凝,很难制备出无宏观缺陷、光学和电学性质均匀的大面积单晶。

(2) 晶体中 Hg—Te 的键合力弱,在不太高的温度时就离解,形成 Hg 空位及点间 Hg,两者都易流动。Hg 原子流动到表面就可挥发到体外,损害晶体的稳定性,同时还使它与金属或绝缘体的界面形成出现一些困难。

　　此外，器件制造的操作温度必须低于 100℃才能与材料的这一特性相容。HgCdTe 材料器件的这些特性，使红外探测器技术性能受到限制。

　　$Hg_{1-x}Cd_xTe$ 系列材料的一些物理现象仍然是目前基础研究的重要课题。下面讲述几个重要问题：

3.1.1.1　材料制备

　　从熔体生长的 HgCdTe 晶体，其晶片的线度一般在 20mm 以内，曾用作 200 像元以内的线列探测器的生产，这也是这类制造方法的最高限度了。要生长均匀性更好、面积又大的单晶，只有采用生长温度低的液相外延、分子束外延或金属有机物化学淀积技术。后两者能在长晶过程中实行监控，可获得更好效果。衬底的选择是外延生长技术中的一个重要问题。CdTe 是最先使用的衬底，但完整的大面积的 CdTe 晶片很难得到。用适当组分的 $Zn_{1-x}Cd_xTe$ 作衬底，能得到更好的晶格匹配。用 GaAs 为衬底的技术得到发展，因为优质的 GaAs 晶片容易得到，但它与 HgCdTe 的晶格常数相差较大。从 FPA 考虑，用 Si 作衬底，能直接与 Si 处理电路接合，但仍有许多困难需要解决。

3.1.1.2　杂质问题

　　除去在一般半导体中所研究的杂质问题——如杂质对材料性能的影响、杂质互作用及分布等问题外，在 HgCdTe 中还有一个杂质与点缺陷的互作用问题。一般情况下，HgCdTe 的物理性质取决于它本身的点缺陷，易受外界影响。以掺 Au 的 $Hg_{0.778}Cd_{0.222}Te$ 与未特意掺杂的相同材料相比，前者的 N^+/P 结的反向电流要比后者的小得多。如果掺杂能改进器件的性能，则用掺杂来掩盖缺陷的作用，就是一个值得探究的问题。

3.1.1.3　HgCdTe—金属界面

　　这是制作欧姆电极及肖脱基势垒器件必须解决的问题。根据现有理论推测及实践经验：对于 $x \leqslant 0.4$ 的 N 型 $Hg_{1-x}Cd_xTe$，常用各种金属与 N—HgCdTe 接触形成欧姆接触。对于 P 型材料，欧姆接触比较难得。但在 N^+/P 光伏器件制造中，必须解决 P 型基层的面接触欧姆电极，Au 与 P—HgCdTe 有可能做成很好的欧姆接触。实验表明：Au 与 P—HgCdTe 之间必须有一层 Te、O 原子层才能成为欧姆接触，没有这一层，Au—P—HgCdTe 都是整流接触。

　　金属与 HgCdTe 界面处的物理过程与化学反应是一个复杂的问题。有些金属（如 Al、In）与 Te 的形成热大于 Hg—Te 的形成热，很易与 Te 化合而释放 Hg。这些 Hg 原子向外扩散进入金属。如果 Hg（或 Cd）在这些金属中的溶解度低，而扩散系数大，则 Hg 向外挥发，以致金属与 HgCdTe 的化学反应继续进行，最终使电极破裂。从 Hg（或 Cd）在金属中的溶解度和扩散系数来考虑，Hg 在稀土金属 Yb 或 Sm 中的溶解度很大而扩散系数很小。如在覆盖金属电极之前，先蒸发几个原子层的 Yb（或 Sm），从 HgCdTe 扩散出来的 Hg 原子先溶于 Yb（或 Sm）层中，就不容易再向外扩散，在此形成高浓度的 Hg 层，将阻止 Hg 继续从 HgCdTe 中扩散出来，使电极不至于破裂，这可能是解决金属与 HgCdTe 接触的好办法。

3.1.1.4　HgCdTe—绝缘体界面

　　在 HgCdTe 表面上制作绝缘层必须解决器件钝化和 MIS 结构的问题。一般的做法是先在 HgCdTe 表面生长一层它本身的氧化物，然后覆盖一层 ZnS（或 SiO_2）。双层结构可使绝缘层满足器件所提出的要求,也可用硫化或氟化来代替氧化。

不论氧化还是硫化或氟化,都遇到一些困难。以氧化法为例,HgCdTe 表面生成的氧化物有 $CdTeO_3$、CdO、TeO_2、$HgTeO_3$ 和 HgO 等几种。只有第一、第二两种氧化物是稳定的化合物,其余几种都会与 HgCdTe 发生化学作用,其产物中都有 HgTe 和 Te,因而这类化学反应将继续进行,导致界面不稳定。硫化法和氟化法的情况相似,硫化物中只有 CdS、氟化物中只有 CdF_2 是稳定的化合物,其他产物都继续与 HgCdTe 发生化学作用,导致界面不稳定。

要是能在紧接 HgCdTe 的表面形成一层 $CdTeO_3$(或 CdS、CdF_2),并排除其中的 HgTe 和 Te,就可得到稳定可靠的绝缘层。实践中有时可得到在相当长时间内且温度达到 100℃ 时仍是稳定的钝化层。

HgCdTe 与氧化层的界面态密度和绝缘层中的固定电荷密度都比较低的。可能的解释是:$CdTeO_3$ 与 HgCdTe 的原子数密度相仿,接合密切,就相当于在 Si—SiO_2 情况中断裂键少的情况,因而界面态密度低。氧化层中 O 空位是固定电荷,在 $CdTeO_3$ 层上观察到 HgTe 粒子,限制了 O 空位的形成,因而固定电荷密度低。

3.1.2　碲镉汞晶体探测材料

3.1.2.1　简介

碲镉汞($Hg_{1-x}Cd_xTe$,简写为 HgCdTe 或 MCT)是一种Ⅱ—Ⅵ族化合物半导体晶体,是由 W. D. Lawsori 等人于 1959 年首先报道的,并很快成为制造红外探测器的最重要材料。MCT 有三个重要的特性:①根据需要改变 CdTe 和 HgTe 的配比,即改变 x 值,精确调节 MCT 材料的能隙(E_g),使制成的探测器光谱响应在所需的大气窗口;②它是一种本征激发材料,有高的吸收系数和量子效率,因而探测器具有高的探测率;③探测器有相对高的工作温度,在 77K 就可达到背景限。MCT 的能隙(即禁带宽度 E_g)决定探测器的截止波长 λ_c,即

$$\lambda_c = \frac{h\nu}{E_g} \approx \frac{1.24}{E_g} \tag{3-1}$$

E_g 和 λ_c 随组分 x 的变化如图 3-1 所示。

表 3-1 列出了 MCT、硫化铅(PbS)和锑化铟(InSb)的物理性质,将 MCT 与硫化铅和锑化铟的物理性质作比较。MCT 的晶体结构属闪锌矿型,即由面心立方格子套构而成的复式格子,面心立方的四条空间对角线的 1/4 处各有一个原子(Te 原子),每个 Te 原子与周围的四个另类原子(Cd 原子或 Hg 原子)共价。Cd 原子、Hg 原子的多寡由组分 x 确定,如图 3-2 所示。

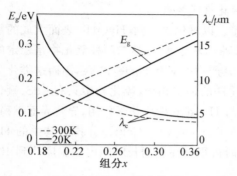

图 3-1　MCT 的能隙 E_g、截止波长 λ_c 与组分 x 的关系

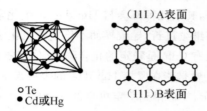

○ Te
● Cd或Hg

图 3-2　MCT 的闪锌矿晶体结构图

表 3-1　MCT、硫化铅和锑化铟的物理性质

性　质		T/K	PbS	InSb	$Hg_{0.8}Cd_{0.2}Te$
晶体结构		—	面心立方	闪锌矿	闪锌矿
晶格常数($a/10^{-10}$ m)		300	5.935 6	6.478 77	6.464 5
热胀系数 $\alpha/(10^{-6}K^{-1})$		300	20.3	5.04	4.3
密度 $\rho/(g \cdot cm^{-3})$		300	7.596	5.775 1	7.63
熔点 T_m/K		—	1 400	798	940(S)、105 0(L)
禁带宽度(E_g/eV)		300	0.42	0.180	0.165
		77	0.31	0.414	0.09
有效质量	m_e^*/m	77	—	0.041 5(4.2K)	0.005
	m_h^*/m	77	—	—	0.2～0.6
迁移率 $\mu_e/(cm^2 \cdot V^{-1} \cdot s^{-1})$		77	1.5×10^4	$\approx 10^6$	2.5×10^5
迁移率 $\mu_h/(cm^2 \cdot V^{-1} \cdot s^{-1})$		77	1.5×10^4	10^4	7×10^2
本征载流子浓度 n/cm^{-3}		300	—	1.6×10^{16}	3×10^{16}
		77	3×10^7	1.5×10^9	8×10^{13}

　　简化了的 MCT 能带结构图如图 3-3 所示。图中表示了布里渊区(Brillomn zone)中心点的能带结构,简言之,它由导带(Γ_6)、轻空穴带(Γ_8)、重空穴带(Γ_8)和自旋轨道劈裂能带(Γ_7)组成。MCT 的 E_g 与组分和温度的关系如图 3-4 所示,也可以通过一些经验表达式进行计算,即

　　(1) $E_g = -0.25 + 1.59x + 5.233 \times 10^{-4} \times (1 - 2.08x) + 0.327x^3$ 　　　　(3-2)

　　(2) $E_g = -0.302 + 1.93x - 0.81x^2 + 0.832x^3 + 5.35 \times (1 - 2x) \times 10^{-4} T$ 　　(3-3)

　　(3) $E_g = -0.302 + 1.93x - 0.81x^2 + 0.832x^3 + 5.35 \times (1 - 2x) \times 10^{-4}$

　　　　　　$\times [(-1 822 + T^3)/(255.2 + T^2)]$ 　　　　　　　　　　　　　　(3-4)

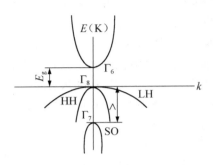

图 3 - 3　简化了的 MCT 能带结构图

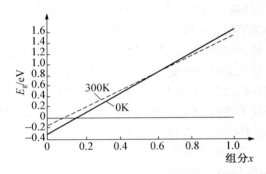

图 3 - 4　$Hg_{1-x}Cd_xTe$ 的 E_g 与组分 x 和温度的关系

3.1.2.2　碲镉汞晶体的制备技术

晶体生长的主要环节是控制相变过程。按相变类别的不同,可分为以下 3 类:

(1) 固相生长,指由固相向固相转变的固—固过程。

(2) 液相生长,指由液相向固相转变的液—固过程。

(3) 气相生长,指由气相向固相转变的气—固过程。

MCT 的相图是生长 MCT 晶体工艺的基本依据。图 3 - 5 所示为 $Hg_{1-x}Cd_xTe$ 准二元相图。由图可知,当某一成分的 MCT 从熔融状态(液相线以上温度)缓慢降温到固相线温度时,CdTe相对于 HgTe 产生严重的分凝。另外,Hg 在MCT 熔点以上温度时,有很高的蒸气压。上述MCT 的冶金学特性导致要生长组分均匀、结构较完整的优质晶体十分困难。为了克服这些困难,科技工作者设计出了各种各样的生长方法。归纳起来,MCT 晶体的生长技术主要有下列几种:

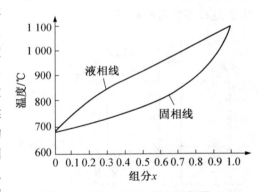

图 3 - 5　$Hg_{1-x}Cd_xTe$ 准二元相图

固—固生长:铸锭(淬火)—再结晶—退火法;增量淬火—再结晶—退火法;半熔(Slush)法。

液—固生长:传统的布里奇曼法;加磁场的布里奇曼法;加速坩埚旋转的布里奇曼法;碲溶剂法;垂直区熔法;移动加热器法;高压回流法。

国内主要采用布里奇曼法、固态再结晶法和碲溶剂法,三种方法有各自的特点。

(1) 布里奇曼法。布里奇曼法是一种古老的晶体生长方法,也是最早用于生长 MCT 晶体的方法,即按设定组分配料并在液相线以上温度合成好的晶锭,在特别设计的炉温分布中通过控制生长界面的冷度而获得单晶的方法。生长装置示意图如图 3 - 6 所示。采用布里奇曼法生长时,拉晶速度很慢,晶体生长是在准热力学平衡条件下进行的,CdTe 相对于HgTe 会产生严重的组分分凝,这就使得用布里奇曼法生长的 MCT 晶体组分均匀性差。为了克服这一缺点,人们把加速坩埚旋转技术(ACRT)引入 MCT 的布里奇曼法生长过程。ACRT 的工艺特点是:在晶体生长时,使坩埚以预先设计的速度旋转和停转。由于这种不断转、停的作用,在 MCT 熔体中造成三种液流,即流体在圆柱底部的 Ekman 层流、流体在内部的螺旋剪切液流和紧贴容器壁液层中的 Couette 液流。这三种液流增强了生长界面附近熔体的混合,从而大大改善了晶体的组分均匀性。由于布里奇曼法生长在准热力学平衡的条件下进行,所以长出的晶体结构较完整。同时,由于生长过程中的杂质分凝效应,使长出的晶体纯度提高,因而具有较低的载流子浓度和较长的载流子寿命。

　　(2)固态再结晶法。MCT 晶体的固态再结晶法,也被称为淬火—退火法、淬火—再结晶法、铸造—再结晶—退火法等。该方法采用 CRT 技术铸锭,其示意图如图 3-7 所示。这种方法主要包括合成、淬火、退火三个过程,先将碲、镉、汞三种元素按组分配料,并在液相线以上温度进行合成,然后进行淬火。淬火的目的是使合成后的熔体快速定向凝固,以便得到宏观组分均匀的成枝蔓状结构的晶锭,从而克服组分分凝。由于多晶体比单晶体有更高的界面能,处于热力学上的不稳定状态,所以在一定条件下,多晶体能够通过晶界迁移而长大,甚至长成单晶。在接近熔点的温度进行退火的目的就是为晶界迁移提供激活能,促使晶粒长大,同时也可减少或消除淬火时产生的热应力、第二相和微观组分梯度等。该法的优点是制备工艺及设备简单,工艺重复性好,成本低,获得的晶体单晶大,组分均匀;缺点是生长过程不能对材料提纯。

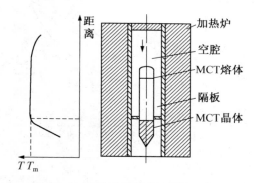

图 3-6　布里奇曼法生长装置示意图

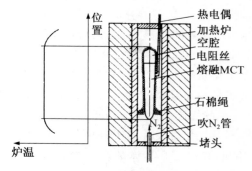

图 3-7　CRT 技术铸锭示意图

　　(3)碲溶剂法。碲溶剂法是一种用碲作溶剂,在垂直区熔炉内生长 MCT 晶体的方法,其生长装置示意图如图 3-8 所示。按组分配料并合成好晶锭,用作碲溶剂生长的源锭。在进行长晶以前必须先把合成后的多晶锭(源锭)重新封入另一根内径与之匹配的生长管中,重要的是,此时在源锭的头部加入适量的 Te 作为溶剂,以降低 HgCdTe 的熔点,达到降低生长温度的目的。Te 含量对 $Hg_{1-x}Cd_xTe$ 熔点温度的影响如图 3-9 所示。长晶时,Te 和源锭的头部先通过垂直区熔炉的狭窄高温区,Te 首先熔化并作为溶剂,不断吸纳处在熔区的 MCT 源锭熔化的 MCT。当熔区缓慢移动时,熔区的上部不断有熔化的源锭进入而熔区的下部有等量的 MCT 结晶,控制整个生长过程保持这种平衡。当熔区移至源锭的尾部时,便完成了组分均匀晶锭的整个生长过程。由于 Te 熔剂的作用降低了熔区的温度,使生长界面变得平坦,也提高了晶锭径向组分的均匀性,同时整个生长过程还有提纯作用。因此,用碲溶剂法生长的 MCT 晶体载流子浓度低,迁移率高,组分均匀性也比较好,但是 Te 的夹杂和沉积相难以完全避免。

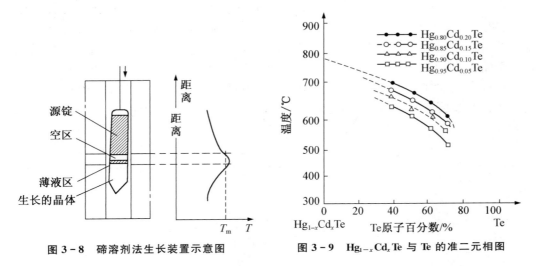

图 3-8　碲溶剂法生长装置示意图　　　　　图 3-9　$Hg_{1-x}Cd_xTe$ 与 Te 的准二元相图

采用上述方法生长的 MCT 晶体晶锭和晶片是一种缺陷半导体,它的电学性质由偏离化学配比所形成的点缺陷决定。原生 MCT 晶体的电学性质不能达到制作探测器的要求,需要通过改变晶体中间隙 Hg 和 Hg 空位的浓度来调整电学性质。对 MCT 在一定汞压下进行热处理就可以达到这一目的。表 3-2 和表 3-3 就是经调整电学性质的热处理后达到的电学参数。

表 3-2　N 型碲镉汞晶片电学参数(77K)

波长/μm	1～3	3～5	8～14
载流子浓度/cm^{-3}	$\leqslant 4.0 \times 10^{14}$	$\leqslant 4.0 \times 10^{14}$	$\leqslant 4.0 \times 10^{14}$
载流子迁移率/$(cm^2 \cdot V^{-1} \cdot s^{-1})$	$\geqslant 5.0 \times 10^3$	$\geqslant 5.0 \times 10^4$	$\geqslant 1.0 \times 10^5$
载流子寿命/μs	$\geqslant 5$	$\geqslant 3$	$\geqslant 1$

表 3-3　P 型碲镉汞晶片电学参数(77K)

波长/μm	3～5	8～14
空穴浓度/cm^{-3}	$\leqslant 3.0 \times 10^{16}$	$\leqslant 3.0 \times 10^{16}$
空穴迁移率/$(cm^2 \cdot V^{-1} \cdot s^{-1})$	$\geqslant 300$	$\geqslant 300$

3.1.2.3　碲镉汞薄膜

碲镉汞晶体材料的最大缺点是均匀性差,用它制造第一代热成像技术用的单元或多元线列光导型探测器时,材料的非均匀性矛盾并不十分突出,如 32、60、120 和 180 像元线列 MCT 光导探测器、Sprite 探测器等。但是随着红外技术的发展,MCT 晶体受面积和组分均匀性等的限制,已不能满足第二代红外探测器的红外焦平面阵列的制造。为此,早在 20 世纪 70 年代开始科学家就着手研究碲镉汞薄膜的生长技术,主要研究的技术有三种,即液相外延(LPE)、分子束外延(MBE)和金属有机(物)气相外延(MOVPE)或称金属有机(物)化学气相沉积(MOCVD)。下面介绍这三种方法的优缺点。

(1) 液相外延(LPE)。这是目前最成熟的碲镉汞薄膜外延技术。它可分为:水平推舟式、浸渍式、倾斜式和电流控制式等。由于该技术研究时间最长,工艺最为成熟,加之设备相对简单,成为目前碲镉汞薄膜生产的主流工艺。它的主要优点是:具有低温生长的特点,薄膜质量较好;可以生长较大面积薄膜(达 10cm² 以上),且组分均匀,$\Delta x \leqslant 0.001\,5molCdTe$;生长周期短,易于向工业生产推广等;主要缺点是:大面积(>30cm²)薄膜制备困难,不易实现有意掺杂及多层膜生长;不易实现实时监控;材料损耗大等,因此会限制它进一步的发展。液相外延生长碲镉汞薄膜的参数见表 3-4。

表 3-4　液相外延(LPE)生长碲镉汞薄膜的主要参数

截止波长(77K)/μm	8~12	3~5
衬　　底	CdZnTe	CdZnTe
空穴浓度(77K)/cm^{-3}	$5 \times 10^{15} \sim 6 \times 10^{16}$	$1 \times 10^{15} \sim 6 \times 10^{16}$
空穴迁移率(77K)/(cm²·V^{-1}·s^{-1})	>300~600	300~500
薄膜厚度/μm	10~30	10~30
红外透射比/%	>45	>45
规格尺寸/(mm×mm)	20×20、30×40、40×40	20×20、30×40、40×40

(2) 金属有机(物)气相外延(MOVPE)。金属有机(物)气相外延碲镉汞薄膜是从 20 世纪 80 年代发展起来的一种技术,采用常压开管方式进行。Hg 源采用单质 Hg 蒸气,Te 源多采用二异丙基碲,Cd 多采用二甲基镉,用多层互扩散工艺完成。这种方法的优点是易于实现多层膜生长,易于实现生长中的实时监控,特别是易于实现掺杂;缺点是外延薄膜缺陷较高,外延成本也较高。

(3) 分子束外延(MBE)。分子束外延技术应用于碲镉汞薄膜生长的研究始于 20 世纪 80 年代初期,国外多家单位纷纷报道已用这种技术实现了高质量碲镉汞薄膜外延,并在 Si 基衬底生长碲镉汞薄膜、碲镉汞薄膜的原位掺杂、多层膜制备等方面取得突破性进展。许多研究者认为,这是未来最有可能取代 LPE 技术而成为外延碲镉汞薄膜的外延工艺。这种技术的最大缺点是设备昂贵,运行费用也很高。另外,该方法可以用于生长若干原子层厚度的薄膜,因此必将成为制备量子阱红外光电探测器的主流技术。

3.1.2.4　碲镉汞晶体的性能表征

(1) 结构性能。有几个参数可以表征材料结晶质量的优劣:一是样品腐蚀坑密度,把腐蚀坑密度视为在被测表面露头的位错密度,即对样品进行适当的腐蚀,在显微镜下测量单位面积上蚀坑的个数;二是用 X 射线双晶衍射仪测量样品的双晶回摆曲线的全半宽度和 X 射线兰氏形貌相和扫描反射形貌相。利用红外显微镜则可检测 CdZnTe 晶片中沉积相的大小、分布和数量。

(2) 光学性能。用傅立叶红外光谱仪测量经过精心制备的 MCT 样品的红外透射比,根据透射比曲线计算出它的组分 x 及其均匀性,并可测出样品中 x 的分布。如果被测样品是薄膜,则还可以计算出薄膜的厚度等。

(3) 电学性能。一般是用范德堡法测量任意形状的平面样品在 300K 和 77K 时的霍耳系数,再算出载流子浓度和迁移率,从霍耳系数的符号确定样品的导电类型(N 型或 P 型),也可测出样品的电阻率等。另一个重要的电学性能参数是少数载流子寿命,典型的测量方法是将样品制成一个光电导器件,并安装在一个可以充灌液氮的杜瓦制冷器上,在一个由脉冲光源和示波器等组成的测量系统中,用光电导衰减法测出少数载流子寿命。

3.1.2.5　碲镉汞红外探测器应用

红外探测器是将不可见的红外辐射转换成某种可测量的物理量,从而得到信号的一种转换器件。它的工作原理是基于红外辐射与材料相互作用所产生的热效应和光量子效应。MCT 是一种本征型的光电探测器材料,如前所述,改变 x 值可以使 MCT 探测器工作在三个大气透射窗口。MCT 价带中的电子吸收足够能量的光子后,可越过禁带跃迁到导带,它在价带留下空穴,引起电导增加。利用这一物理现象可制成本征光导探测器,利用 P—N 结直接产生光生电压的特点,可制成光伏型探测器。

红外探测器是热像仪的核心部件。第一代热像仪是采用 MCT 晶体做的单元或多元线列探测器;第二代热像仪则是采用 MCT 薄膜做的焦平面探测器。

兵器工业第 211 研究所已经有能力制备出批量的红外探测器通用组件,这些通用组件有以下几种:

(1) 32 像元探测器。工程化配节流制冷器的 32 像元探测器具有体积小、使用方便的特点,可广泛应用于机(车)载、单人手持进行热成像、监测和控制等领域。

(2) 碲镉汞 32 像元红外探测器(配斯特林制冷机)。工程化配斯特林制冷机的碲镉汞 32 像元红外探测器具有性能适中、性价比高的特点,可广泛应用于固定场所及车辆进行红外热成像、监测、控制。

(3) 碲镉汞 64 像元红外探测器。工程化 64 像元探测器较 32 像元探测器组件性能高,可以应用于对性能要求较高的领域。

(4) 扫积型 Sprite 红外探测器(配斯特林制冷机)。工程化配斯特林制冷机 Sprite 探测器具有高性能、使用方便等特点,相当于约 $100\sim120$ 像元多元光导探测器的性能水平。

3.1.3　碲锌镉汞探测材料

3.1.3.1　简介

碲镉汞是目前用来制作光子型红外探测器的最重要的本征半导体材料,在航天和防务等高新技术的红外探测方面有着广泛的应用,是继硅和砷化镓之后位居第三的半导体材料。然而,尽管在材料制备质量和器件性能方面有了很大进步,HgCdTe 的晶体生长以及器件制作仍然存在着很多困难和局限性。例如,由于晶格、表面和界面的不稳定性,在晶体生长和器件工艺中容易引入各种缺陷;通常需要将探测器制冷到近液氮温度才能发挥其优良的性能,并且容易在较高的温度环境下变得不稳定;均匀性和成品率也是一个比较突出的问题。

众多研究表明,CdTe 的存在使已经较弱的 HgTe 键变得更加不稳定,而 ZnTe 加入到

CdTe 和 HgTe 中能够增强这些合金中较弱的化学键并稳定其物理性能,因此 HgZnTe 曾经被建议作为 HgCdTe 的替换材料用于制作红外探测器件而受到了一系列的研究。同样,研究表明,加入少量 ZnTe 到 HgCdTe 中可以强化晶格并减少位错密度,这表明四元合金 $Hg_{1-x-y}Cd_xZn_yTe$(HgCdZnTe 或 MCZT)可能是 HgCdTe 的另一种替换材料,用该材料制作红外探测器有望改善探测器的稳定性和可靠性,实现探测器更高的工作温度以及更长的工作寿命。另外,理论研究进一步表明,具有较低 Zn 组分的 $Hg_{1-x-y}Cd_xZn_yTe$ 的电子输运性能与 $Hg_{1-x}Cd_xTe$ 非常相似,同时,通过改变 CdTe 和 ZnTe 的摩尔分数可以调制半导体的禁带宽度,从而控制探测器的响应波长,因此四元固溶体 HgCdZnTe 是一种具有应用潜力和研究价值的新型红外探测器材料。

3.1.3.2　$Hg_{1-x-y}Cd_xZn_yTe$ 材料的基本性质

四元合金材料研究的主要困难一直是缺乏有关物理参数(如禁带宽度)与合金组分、温度之间关系的近似分析。一般可以利用用于 A^3B^5 半导体系列中众所周知的惯例来评价四元固溶体的上述物理参数。根据该方法,四元固溶体的物理参数 $\Omega(x,y)$ 可以使用相应的三种三元固溶体的 Ω_i 的组合进行计算,对于 $Hg_{1-x-y}Cd_xZn_yTe$,得到

$$\Omega(x,y) = \frac{xy\Omega(Cd_uZn_{1-u}Te) + yz\Omega(Hg_{1-v}Zn_vTe) + xz\Omega(Hg_{1-\omega}Cd_\omega Te)}{xy + yz + zx} \quad (3-5)$$

其中,$u = 0.5(1-y+x)$;$v = 0.5(1-z+y)$;$\omega = 0.5(1-z+x)$;$x+y+z=1$。

因此,为了得到 $Hg_{1-x-y}Cd_xZn_yTe$ 某一组分(x,y)、某一温度(T)的禁带宽度 $E_g(x,y,T)$,可以把这三种三元固溶体的禁带宽度与组分、温度的常用经验公式与上式结合起来进行计算。表 3-5 为根据该方法得到的 HgCdZnTe 禁带宽度的计算值与实验值进行比较的一些数据。从表中可以看出,实验值和计算值之间的误差小于 2%。

表 3-5　$Hg_{1-x-y}Cd_xZn_yTe$ 的禁带宽度

样品	x	y	T/K	E_g/eV 理论值	E_g/eV 实验值
A205	0.17	0.07	95	0.332	0.328
A207	0.20	0.07	95	0.382	0.383
A210	0.18	0.12	95	0.416	0.409

对于 $Hg_{1-x-y}Cd_xZn_yTe$ 的本征载流子浓度 n_i,为了推导出它与合金组成、温度之间的近似表达式,Bazhenov 等利用 Kane 模型的 k·p 理论,对 n_i 值进行计算并选择合适的表达式以减少拟合误差,最终得到了 n_i 的近似表达式

$$n_i = [5.62 - 6.62x - 4.35y + 1.053 \times 10^3 T(1+x+y)]$$
$$\times 10^{14} T^{3/2} E_g^{3/4} e^{-\frac{E_g}{2k_B T}} \quad (3-6)$$

其相对拟合误差小于 3.5%。

关于晶格常数,对于四元合金 HgCdZnTe,一般可以根据 Vegard 定律通过下式进行估算

$$a_{HgCdZnTe} = (1-x-y)a_{HgTe} + xa_{CdTe} + ya_{ZnTe} \quad (3-7)$$

式中,二元合金 HgTe、CdTe 和 ZnTe 的室温晶格常数分别为 6.461 5Å($1Å = 10^{-10}$ m)、

6.481 5Å、6.100 4Å。

3.1.3.3　$Hg_{1-x-y}Cd_xZn_yTe$ 材料生长技术

与 HgCdTe 相似,用于 HgCdZnTe 材料生长的最为普遍的外延生长技术是液相外延法,LPE 工艺采用的装置比较简单,很容易进行材料生长,所以成本较低。它是一种接近平衡的热力学过程,生长的材料晶体缺陷和杂质较少,可以提供具有较好结构完整性的生长薄膜。它的缺点是不能生长突变结,并且可能出现非均匀生长,以及熔融夹带和形成台阶等。同样,与 HgCdTe 相似,为了减少衬底与生长层之间的晶格失配,从而减少或消除生长界面上的失配位错以及潜在的扩展位错,一般采用 CdZnTe 或 CdTeSe 作为其衬底材料。可以在富碲或富汞条件下进行该材料的液相外延生长,生长原理和工艺步骤也与 HgCdTe 相似。

气相外延法基于蒸发—互扩散的机理,因此也是用来生长外延薄膜的相对简单和低成本的方法,并且可以用来成批生产薄膜。采用该工艺可以获得厚度和组分非常均匀的外延薄膜,合金组分可以灵活控制,如可以生长组分缓变的材料。一般采用半闭式的开管等温气相外延(ISOVPE)方法生长 HgCdZnTe 材料,HgTe 与 CdTe 以一定的比例混合作为 ISOVPE 的生长源,$Cd_{1-x}Zn_yTe$ 作为 GaAs 衬底上的缓冲层材料,并在系统中以一定的流速通入高纯的 H_2。同样,为了缓解较大的晶格失配并防止杂质从衬底向外扩散,从而改善生长外延层的结构性能,一般采用晶格匹配的 $Cd_{1-x}Zn_yTe$(具有合适的 y 值)作为衬底材料。因此,ISOVPE 工艺是 Hg 和 Te 从生长源到衬底的气相迁移过程以及各组分在生长层中的互扩散过程的一个结合。由于 ISOVPE 的生长机理不同于其他的外延方法,CdZnTe 衬底的厚度在高质量外延层的 ISOVPE 生长中是一个非常重要的因素,只有在具有合适厚度的衬底上才能生长出高质量的外延层。此外,由于 ISOVPE 外延层从衬底的表面向内生长,因此 ISOVPE 外延层的晶体质量更多地依赖于衬底表面而不是界面。

分子束外延法是一种更为灵活的气相生长技术,生长环境清洁,可以生长单原子层,生长的薄膜厚度、组分和掺杂浓度可以精确控制,并且具有极好的均匀性,可以在较低的温度下进行材料生长。在 HgCdZnTe 的 MBE 法生长工艺中,一般采用 CdTe 和 ZnTe 随同 Te 和 Hg 作为生长源,(112)CdZnTe 作为衬底材料,并采用 In 和 As 分别进行 N 型和 P 型的原位掺杂。

3.1.3.4　$Hg_{1-x-y}Cd_xZn_yTe$ 材料的性能

1. 结构特性

红外探测器件应用的不断发展要求材料在结构上比较稳定,能够承受不断变化的操作条件。如前所述,HgCdZnTe 较之 HgCdTe 比较突出的优势是 Zn 的加入对晶体结构稳定性的有效作用,国外研究学者通过一系列的实验研究和理论分析得出了这个结果。首先,Colombo 发现加少量 Zn 到 HgCdTe 中可以强化晶格并减少位错密度;Qadri 观察到 HgCdTe 中加入 Zn 可以增加材料的弹性模量。CdTe 使原本已经较弱的 HgTe 键变得更加不稳定(减弱程度约为 15%～18%),而 ZnTe 可以使它稳定,在 Zn 与 Cd 之间的这种差别是因为在 Cd 的情况下,从 Cd 到 Hg 有一个净电子迁移,而在 Zn 的情况下,没有这样的迁移。由于 HgTe 上的键合态已经满了,这些额外的迁移电子必须占据反键合态,实际结果(包括其他的能态迁移)使 HgTe 变得不稳定,因此 HgCdZnTe 的晶体结构稳定性优于 HgCdTe。Sher 等还对合金的位错能和硬度进行了计算,结果表明,单位长度的位错能与 d^{-9} 成正比(d 表示键长),而硬度与 $d^{-5} \sim d^{-11}$ 成正比,并且硬度与位错交互作用的能量有关。可见,合金的位错能和硬度与合金各成分的键长之间呈较高的负幂级变化,ZnTe 的键长(2.406Å)比 HgTe(2.797Å)和 CdTe(2.804Å)短约 14%,所以,加入较短的 ZnTe 键可以增加位错能和硬度,从而改善 HgTe 和 CdTe 的结构性能。此外,Ekpenuma 和 Myles 结合了固溶体强化模型、临界应力与组分的依赖关系以及临界应力与显微硬度之间的经验关系后进一步对 HgCdTe 与 HgCdZnTe 的显微硬度进行了计算,计算结果表明,HgCdZnTe 的显微硬度比 HgCdTe 要高很多。例如,对于 $Hg_{0.8-y}Cd_{0.2}Zn_yTe$,当 y 为 0.01 与 0.1(设定 $x=0.2$)时,该四元合金显微硬度分别为 38kg/mm^2 和 63kg/mm^2,而 $Hg_{0.8}Cd_{0.2}Te$ 的显微硬度约为 34kg/mm^2,这说明了 HgCdZnTe 在结构稳定性和完整性上优于 HgCdTe。

　　采用 ISOVPE 方法在(100) $Cd_{1-y}Zn_yTe$/GaAs 衬底上生长 $Hg_{1-x-y}Cd_xZn_yTe$ 外延层,并通过与 $Hg_{1-x}Cd_xTe$ 进行比较,研究了 Zn 的加入对合金硬度和 X 射线摇摆曲线半峰宽的影响,实验结果分别如图 3-10 和图 3-11 所示。为了方便比较,图中将 HgCdZnTe 表示为 $Hg_{1-x}(Cd_{1-y}Zn_y)_xTe$,可见,合金的硬度随 x 的增大而增加,而 HgCdZnTe 的硬度随 x 的增加幅度比 HgCdTe 大很多,因此 Zn 的加入使合金的硬度有了较大程度的增加,并与 Zn 的含量比例成正比,这与前面的理论结果是一致的。HgCdZnTe 的半峰宽为 36~72arcsec,比 HgCdTe 小很多,可见 Zn 的加入使合金的结构完整性和结晶性有了较大程度的改善。

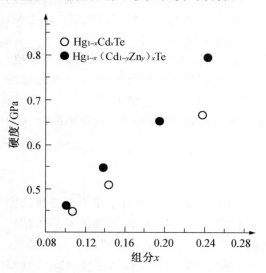

图 3-10　$Hg_{1-x}(Cd_{1-y}Zn_y)_xTe$ 和 $Hg_{1-x}Cd_xTe$ 的硬度与组分 x 的关系

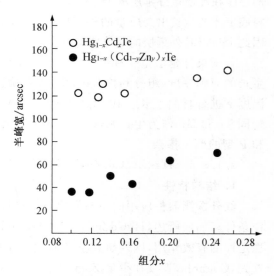

图 3-11　$Hg_{1-x}(Cd_{1-y}Zn_y)_xTe$ 和 $Hg_{1-x}Cd_xTe$ 的半峰宽与组分 x 的关系

　　综上所述,众多的理论研究和实验结果表明,Zn 在 HgCdTe 中的加入不但可以稳定 HgTe 键,而且可以增加位错能和硬度,从而改善合金的结构稳定性、完整性以及结晶性。

可以认为,四元合金 HgCdZnTe 的结构性能优于 HgCdTe。

2. 电学性能

Ekpenuma 等还对 $Hg_{1-x-y}Cd_xZn_yTe$ 的电子结构以及 Zn 对电子和空穴有效质量的影响进行了研究。他将 ZnTe 作为一个附加的合金成分,并采用虚拟晶体近似(VCA)和相干势近似(CPA)对该四元合金进行建模。结果表明,电子和空穴有效质量本质上与 y 值($y<0.15$)无关。这说明在 $Hg_{1-x}Cd_xTe$ 晶格中加入一部分的 Zn 不会明显改变合金的电子或空穴迁移率,一系列的实验研究证实了该理论结果。图 3-12 所示为用 ISOVPE 生长的 HgCdZnTe 与 HgCdTe 的霍耳电子迁移率的比较,可见两者之间没有明显的差别,约为$(0.43\sim1.86)\times10^4 cm^2 \cdot V^{-1} \cdot s^{-1}$。因此,可以认为,具有较低 Zn 组分的 $Hg_{1-x-y}Cd_xZn_yTe$ 的电子输运性能与 $Hg_{1-x}Cd_xTe$ 比较相似。

3. 组分均匀性

对 HgCdZnTe 的组分均匀性进行了研究,并将之与 HgCdTe 进行比较,HgCdZnTe 和 HgCdTe 外延层均采用富汞液相外延方法在(110)CdTe 衬底上制成,典型的纵向组分分布分别如图 3-13(a)和图 3-13(b)所示。可见,对于 HgCdZnTe,除了外延层和衬底之间的界面外,在外延层生长方向组分比较均匀。EPMA 测试同样显示了生长平面上的组分分布比较均匀。相比之下,HgCdTe 样品在生长方向上的组分变化较大。结果表明,HgCdZnTe 样品的组分均匀性通过在 Hg 溶液中加入 Zn 而得到改善,这可能是由于 Zn 的共存引起了生长动力学的变化。另外,HgCdZnTe 的生长速度比 HgCdTe 慢十几倍,也是两者在组分均匀性上的差别的一个可能原因。

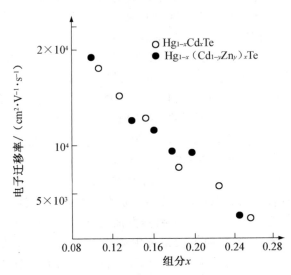

图 3-12　$Hg_{1-x}(Cd_{1-y}Zn_y)_xTe$ 和 $Hg_{1-x}Cd_xTe$ 的霍耳电子迁移率 (300K)与组分的关系

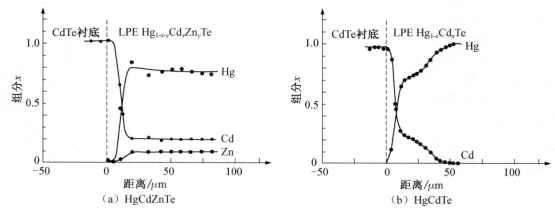

图 3 - 13　外延层的纵向组分分布

3.1.3.5　探测器研究

为了灵敏地探测红外辐射量的微弱变化,红外光电探测器一般都需要制冷到近液氮温度才能发挥其优良性能,因而带来了器件封装与使用上的诸多不便,在应用方面也受到了很多限制。如果探测器能在室温下工作,不需要真空杜瓦瓶低温制冷系统和制冷电源,就可以大大减轻系统的重量和功耗,在军事上和国民经济各领域乃至人们的日常生活中均可得到广泛的应用。目前,室温工作的红外器件通常采用热敏探测器,由于利用热效应原理进行探测,其响应速度便远远低于光子型器件。因此,随着各方面需求的增加,室温或近室温工作的光子型红外探测器已成为研究的热门课题。

由于 HgCdZnTe 相对于 HgCdTe 在结构性能尤其是稳定性上的优势,围绕该四元合金进行了大量的器件研制工作,尤其是室温或近室温红外探测器件的研究。在研究的早期阶段,Kaiser 和 Becla 利用 HgCdZnTe 外延层制作了高质量的 P—N 结。HgCdZnTe 材料采用 ISOVPE 技术在 CdZnTe 衬底上制成,并通过将原生 P 型样品在305℃ Hg 饱和蒸气中退火 0.5～1h 形成 P—N 结,对制成的光电二极管进行了器件性能测试,包括台面结在不同温度下的 $I-V$ 特性、R_0A 值以及探测率 D^* 等。结果表明,标准二极管方程 $I=I_s\left[e^{\frac{qV}{\beta kT}}-1\right]$,其中的系数 β 在 63～193K 的温度范围内从 1.6 变化到 1.9。77K 时截止波长为 2.2μm 的光电二极管在 77K 和 300K 的最大探测率分别约为 10^{12} cm · Hz$^{1/2}$ · W^{-1}和 6×10^{10} cm · Hz$^{1/2}$ · W^{-1},二极管的视场角为 60°,$f=12$Hz,$T_B=300$K。可见,该光电二极管的性能可以与高质量的 HgCdTe 光电二极管的性能相媲美。

在 HgCdZnTe 室温或近室温红外探测器方面的研制最具代表性的是波兰的 VIGO System 公司,它们在计算机控制的生长系统中采用 ISOVPE 技术在 CdZnTe 衬底上生长 HgCdZnTe 薄膜,然后进行器件制作。为了提高探测率,大部分器件使用了浸没透镜技术,即采用超声波加工和传统的机械加工技术直接在透明($n=2.7$)衬底上形成浸没透镜。其研制生产的 HgCdZnTe 探测器包括光电导型、光伏型、光扩散型以及光电磁型等,典型的探测器性能见表 3 - 6。可见,室温和近室温(热电制冷)最佳探测波长(λ_{op})分别可以延伸到 10.6μm 和 12μm,二级热电制冷中波光伏型探测器的最高探测率达到 1×10^{11} cm · Hz$^{1/2}$ · W^{-1};二级热电制冷 10.6μm 光电导型探测器的探测率最高水平为 3×10^9

$cm \cdot Hz^{1/2} \cdot W^{-1}$，其 $10.6\mu m$ 处的探测率为 $1 \times 10^9 \, cm \cdot Hz^{1/2} \cdot W^{-1}$；室温长波（$10.6\mu m$）光电导型探测器的探测率最高水平为 $3 \times 10^8 \, cm \cdot Hz^{1/2} \cdot W^{-1}$，$10.6\mu m$ 处的探测率为 $1 \times 10^8 \, cm \cdot Hz^{1/2} \cdot W^{-1}$，响应时间为 $1 \sim 20ns$。

表 3 - 6   VIGO System 公司研制的 HgCdZnTe 光电探测器的性能

探测器系统＼产品型号		PDI－2TE－4	PDI－2TE－8	PDI－2TE－10.6	PCI－L－2TE－3	PCI－L－3	PCI－2TE－12
探测器类型		PV	PV	PV	PC	PC	PC
$\lambda_{op}/\mu m$		4	8	10.6	10.6(2～12)	10.6(2～12)	12
工作温度/K		220～240	220～240	220～240	230	环境温度	220～230
λ_{op}、λ_p 处探测率/（$cm \cdot Hz^{1/2} \cdot W^{-1}$）	λ_p	$\geqslant 1 \times 10^{11}$	$\geqslant 3 \times 10^9$	$\geqslant 6 \times 10^8$	$\geqslant 3 \times 10^9$	$\geqslant 3 \times 10^8$	$\geqslant 1 \times 10^9$
	λ_{op}	$\geqslant 4 \times 10^{10}$	$\geqslant 1 \times 10^9$	$\geqslant 2 \times 10^8$	$\geqslant 1 \times 10^9$	$\geqslant 1 \times 10^8$	$\geqslant 1 \times 10^8$
响应率/（$V \cdot W^{-1}$）		$\geqslant 900$	$\geqslant 7$	$\geqslant 1$	$\geqslant 30$	$\geqslant 1$	$\geqslant 10$
响应时间/ns		$\geqslant 20$	$\leqslant 7$	$\leqslant 3$	$\leqslant 10$	$\leqslant 1$	$\leqslant 10$

此外，对于 HgCdZnTe 合金在 HgCdTe 多层和多色器件结构中的应用也引起了研究者的重视。在 HgCdTe 多层和多色器件结构中，各层 HgCdTe 具有不同的 x 值，从而具有不同的晶格参数，亦即存在晶格失配。可见，随着 HgCdTe 多层或多色结构的波段数量和复杂性的增加，减少器件结构内生长界面上的晶格失配至最小是非常重要的。由于 HgCdZnTe 具有独立可调的晶格常数和禁带宽度，因此可以与 HgCdTe 结合形成各层之间晶格匹配的多层或多色探测器结构。例如 Johnson 等利用 HgCdZnTe 材料制作了晶格匹配的双色三层探测器，采用的是 N—P—N MWIR/LWIR 双色三层异质结构，用以研究宽禁带的 P 型 HgCdZnTe 吸收层与 HgCdTe MWIR 和 LWIR 吸收层之间的晶格匹配效果，并与未采用四元合金的结构进行比较。初步研究结果表明，通过在 MBE 生长中添加少量 Zn（$y < 0.015$）到 HgCdTe 中，使器件结构的晶格匹配。

3.1.4 碲锌镉探测材料

3.1.4.1 简介

碲锌镉（Cd、Zn、Te）材料虽然不是红外敏感材料，由于其与碲镉汞同属于 Ⅱ－Ⅳ 族化合物，其物理、化学、热学、力学性能等与碲镉汞相近，通过调整 Zn 的含量可达到与碲镉汞完美的晶格匹配，一直是外延碲镉汞薄膜的首选衬底材料。此外，碲锌镉还是一种重要的 γ 射线探测器材料，在军事、航天、医学、安检等方面有广阔的应用前景。

3.1.4.2 制备方法

碲锌镉晶体材料生长方法与碲镉汞晶体材料生长方法相类似，主流工艺是布里奇曼法。国内大多采用垂直布里奇曼法，其基本原理与前面介绍的碲镉汞布里奇曼法相近。生长的主要难点在于：生长温度高（1 150℃左右），热缺陷多；Te、Cd、Zn 蒸气压相差较大，容易产生 Te 沉积相、Cd 沉积相；生长过程容易出现孪晶，难以得到大单晶。

MCT 的薄膜生长需要有性质与之匹配的材料作为衬底，否则也要先在不匹配的衬底上先生长一层适当厚度的称为过渡层的匹配材料后才能用来生长 MCT 薄膜。选择衬底材料时应该考虑以下几点：与外延的 $Hg_{1-x}Cd_xTe$ 的晶格常数相同或相近，即匹配性好，以减少失配位错；与 MCT 的热膨胀系数相近，以便减少薄膜承受的应力，提高薄膜的结晶质量；衬底组分向外延层的扩散尽可能小，避免电活性组分恶化 MCT 薄膜的电学性质；生长温度稳定；在探测器工作的红外波段要求透明。

3.1.4.3　性能

作为外延碲镉汞薄膜用衬底的碲锌镉材料主要参数有：

（1）红外透射比：大于等于 60%。

（2）腐蚀坑密度：小于 $5.0\times10^4/cm^2$。

（3）沉积相（夹杂）：粒径大于 $3\mu m$，小于 10 000 $/cm^2$。

3.1.4.4　评价

$Hg_{1-x}Zn_xTe$ 是从化学稳定性考虑提出来希望它替代 HgCdTe 的新材料。HgZnTe 的物理性质与 HgCdTe 非常相似，用与 HgCdTe 器件相同的工艺，已能做出性能与 HgCdTe 器件相近的 HgZnTe 红外探测器。HgZnTe 的化学稳定性肯定优于 HgCdTe，但是对制作红外探测器来说，它也有一些不利因素。以 HgZnTe 与 HgCdTe 相比，禁带宽度与组分依赖关系较强，汞气压更高，分凝现象也更严重，因而对组分均匀性的控制要求更严格。Zn 在 Te 中的溶解度较低，Hg 在固溶体中的扩散系数比较低，因而在外延生长技术上遇到较大困难。此外 HgZnTe 的热膨胀系数比 HgCdTe 的热膨胀系数大十多倍，在 FPA 中与 Si 器件的接合没有 HgCdTe 那么容易。因此，虽然 HgZnTe 被认为是最可能替代 HgCdTe 的材料，而且也正在向这一方向发展，但目前对它的研究还处在材料与器件发展的初始阶段。

3.1.5　碲镉汞材料的制膜技术

MCT 薄膜的外延制备技术主要有 3 种：液相外延法、分子束外延法和金属有机（物）气相外延法或称金属有机物化学气相淀积法。

发达国家的 LPE－MCT 薄膜的研制始于 20 世纪 70 年代，经过长期的发展和技术积累，法国的 Sofradir 在 20 世纪 90 年代初首先取得技术突破和实用化的进展，用富 Te 水平推舟技术生长的 MCT 薄膜已可用来大量制造中波和长波 IRFPAS 研制的需要，是现今生长 MCT 薄膜的主流技术，目前生产和研制的阵列有 288×1 像元、288×4 像元、128×128 像元、256×256 像元、320×320 像元和 480×640 像元等，D^* 达到 10^{11} cm · $Hz^{1/2}$ · W^{-1}。

20 世纪 80 年代初，诞生了外延 MCT 薄膜的 MBE 和 MOVPE 技术，发展十分迅速。虽然 MBE 是物理气相外延，而 MOVPE 是化学气相外延，但它们的共同特点是生长技术灵活，工艺调整方便，生长程序可以精确控制和监控，重复性好，是高产额技术，尤其是可以方便地进行原位掺杂和直接生长双波段（双色）器件结构的薄膜，使这两种技术具有强劲的生命力。早在 1990 年前后，采用 MBE 和 MOVPE 方法均能生长出高质量的非掺杂 MCT 薄膜，制成高性能的中波和长波阵列，如美国 Rockwell 国际科学中心 1991 年报道,用 GaAs/Si 衬底采用 MOVPE 方法生长的中波 MCT 薄膜制成 256×256 像元阵列,平均 D^* 达到 $1.35×10^{11}$ cm · $Hz^{1/2}$ · W^{-1}(图 3-14),1993 年美国 Hughes 用 MBE 方法生长的薄膜做出了高性能的 64×64 像元 IRFPAS,并与 Si 读出电路互连,制成了高性能长波相机。

　　采用 MBE 和 MOVPE 方法生长 MCT 薄膜的研究重点已转移到原位掺杂成结研究,如 P. Mitra 等人采用 MOVPE 技术,以碘烷作 N 型掺杂剂,二甲基氨基砷作 P 型掺杂剂,在 CZT 衬底上生长的 P—ON—N 异质结制成了长波线列探测器,在 77K 截止波长为 $10.1\mu m$ 和 $11.1\mu m$,R_0A 分别为 434Ω · cm^2 和 130Ω · cm^2。通过掺杂生长了厚度为 $28\ \mu m$ 的 P—N—N—P 双波段薄膜,长波 P—ON—N 异质结生长在中波 N—ON—P 异质结上,制成了混合型双波段 64×64 像元 IRFPA,在 78K 中波和长波探测器的平均量子效率分别达到 79% 和 67%,中值 D^* 分别为 $4.8×10^{11}$ cm · $Hz^{1/2}$ · W^{-1} 和 $7.1×10^{10}$ cm · $Hz^{1/2}$ · W^{-1}。图 3-15 所示为通过掺碘和掺 As 获得的 P—N—N—P 双波段 MCT 薄膜沿厚度方向 Cd、As 和 I 的 SIMS 分析结果,这些结果说明采用 MBE 和 MOVPE 方法生长的 MCT 薄膜已在实用化方面取得很大进展。

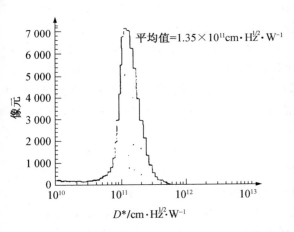

图 3-14　256×256 像元 MCT 中波阵列的探测率

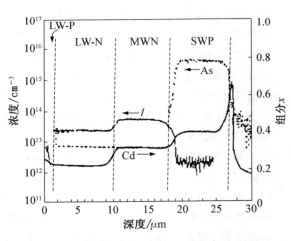

图 3-15　双波段 MCT 薄膜沿厚度方向 Cd、As 和 I 的 SIMS 分析结果

3.1.6　碲镉汞 PN 结制备技术

　　碲镉汞红外探测器发展至今可以划分为三代:一代 MCT 探测器主要包括光导线列器件;二维光伏探测器阵列属二代器件;虽然三代器件的定义尚有待明晰,但一般认为双色或多色探测器、雪崩光电二极管以及超光谱阵列等属三代器件。三代器件的基础仍是 PN 结。

　　3.1.6.1　MCT PN 结的材料与结构

　　MCT PN 结的结构大体可分为平面、台面及环孔等形式,至于具体选择何种形式,则取决于可获得的工艺条件和材料技术。MCT 材料中的缺陷可以很容易地使一个甚至多个二极管性能衰减而形成盲元。环孔工艺构成的圆柱形结与线位错的交叉最小。环孔技术在发展多色器件方面有其独到之处,随着探测波段的增加,其工艺难度并没有质的变化。

PN 结有同质结和异质结之分。组分值 x 不同的 MCT 材料构成的 PN 结也归于异质结。从概念上说,PN 结的制备首先要获得 N—ON—P 或 P—ON—N 等结构形式的材料,然后经过刻蚀等工艺加工,制备出单元、线列或面阵形式的 N—P、N^+—N—P、P—N、N^+—P 同质结或异质结(N—P 表示在较厚的 P 型材料层上覆盖一层较薄的 N 型材料构成的 PN 结;+表示重掺杂)。其中又以 N^+—P 结使用较多,这是因为从理论上说,P 型材料中少数载流子扩散长度明显较大;在载流子浓度相近的条件下,P 型材料实现较长少数载流子寿命的概率要大于 N 型材料。

MCT 的材料生长主要可分为体材料生长、外延生长,如液相外延、金属有机气相沉积和分子束外延法等。早期的 MCT PN 结源自 MCT 体晶材料,近年来主要取自各种外延薄膜。体晶材料生长目前已是一种成熟工艺,主要用于 N 型单元光导探测器、Sprite 探测器和线列器件等一代产品。MCT 体晶材料的电学性能通常优于外延薄膜,但是 MCT 体晶材料具有:液线和固线相图分离大,分凝引起径向、纵向组分不均匀;Hg 的高压使大直径晶体生长困难,晶格结构完整性差;重复生产成品率低;受到尺寸规格、结构缺陷等因素的限制,无法实施能带工程等缺点。LPE 从 20 世纪 70 年代初期开始用于在 CdTe 衬底上生长 MCT 薄膜。至 20 世纪 90 年代,LPE 已非常成熟,一代和二代探测器制备中的体晶生长工艺已逐渐被 LPE 取代,但是 LPE 不能满足结构复杂的三代探测器制备的需要。LPE 的这种局限性可由 20 世纪 80 年代出现的气相外延技术 MBE 和 MOCVD 弥补。

MCT 器件有短波(SWIR,$0.76\sim3\mu m$)、中波(MWIR,$3\sim5\mu m$)和长波(LWIR,$8\sim14\mu m$)之分。有一种观点认为,波长较长的器件要比中波和短波器件更难制作。甚长波(VLWIR,$14\sim25\mu m$)MCT 探测器是近年来的一个发展趋势。VLWIR 探测器对于空间红外系统的研发具有关键作用。在导弹预警侦察等战略应用中,背景经常是温度非常低的冷太空,背景噪声只有地面场景的千分之一到万分之一。这时,为了从远距离冷弱目标中接收更多的光子,需要将探测器的截止波长扩展到 VLWIR 波段。

公式(3-3)给出了 MCT 组分 x 与 E_g 之间的关系,公式(3-1)给出了截止波长 λ_c 与禁带宽度 E_g 之间的关系,将式(3-3)代入式(3-1),可得

$$\lambda_c = 1/[-0.244+1.556x+4.31\times10^{-4}(1-2x)T-0.65x^2+0.671x^3]$$

$$(3-8)$$

从式(3-7)可以看出,组分值 x 与截止波长 λ_c 大体成反比,x 越小,λ_c 越长。例如,当 $T=77K$,λ_c 为 18、20、25μm 时,用 MATLAB 求解式(3-7)构成的一元三次方程,可以求出有物理意义的组分值 x 分别为 0.191 7、0.187 5 和 0.179 9。用 LPE 生长的 Au 掺杂 MCT($x=0.206\ 7$)可制备 VLWIR 探测器,77K 时的截止波长为 13.2μm。将 $T=77K$,$x=0.206\ 7$ 代入式(3-3)和(3-1),计算得到的结果是 $\lambda_c\approx13.289\ 5\mu m$。而 320× 256 像元 VLWIR MCT 探测器的像元中心间距为 30μm,$\lambda_c=18\mu m$,内量子效率高

于 50%。

将式(3-7)对 x 做微分,可得

$$\Delta\lambda_c = \lambda_c{}^2(1.556 - 8.62 \times 10^{-4}T - 1.3x + 2.013x^2)\Delta x$$

(3-8)式给出了组分值 x 的变化量与截止波长 λ_c 的变化量之间的联系。当 $T = 77\text{K}$ 时,若 $x = 0.196(\lambda_c = 14\mu m)$, $\Delta x = 2\%$,则有 $\Delta\lambda_c = 0.51\mu m$,可见在 VLWIR 波段,组分不均匀性将会产生较大的响应不均匀性,并且这种响应不均匀性不能用两点或三点校正完全解决。利用光电二极管的伏安特性可以监测组分值 x 或截止波长 λ_c 的变化。

MCT 的晶格常数与组分 x 的关系可以表示为 $6.461 + 0.020x$,由于 x 取值为 0~1,可以认为 MCT 的晶格常数几乎为定值,这一点有利于用 MBE 生长组分 x 变化的外延层,其好处是可以降低串联电阻,提高 R_0A 乘积和探测率 D^*。根据式(3-1)和(3-3),x 的变化将带来 E_g 和截止波长 λ_c 的变化,利用这一点生长组分 x 不同的 MCT 材料层,可以构成异质结器件,实现某些 MCT 同质结无法具有的功能,如双色或多色探测,这是第三代 MCT 探测器发展的方向之一。事实上,在 MBE、MOCVD 生长过程中通过调节组分 x 和掺杂,已可制备几乎理想设计的 MCT 多层异质结,如双层异质结、三层异质结等。

3.1.6.2　MCT PN 结制备中的掺杂方法

LPE 生长的 MCT 材料多为强 P 型(器件应用要求其为弱 P 型),MBE 生长的 MCT 材料一般为 N 型。MCT PN 结制备技术的核心就是如何实现 MCT 材料导电类型的转换或反型,反型成功也就意味着成结实现。以 LPE 和 MBE 生长的 MCT 材料为例,从方法论的角度来看,MCT PN 结制备是杂质工程和能带工程融为一体的过程,如图 3-16 所示。

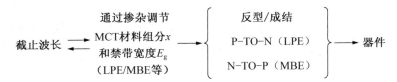

图 3-16　MCT PN 结制备是杂质工程和能带工程融为一体的过程

杂质工程主要是利用半导体的掺杂效应。对于 MCT 来说,掺杂主要用于对 MCT 材料的导电类型的控制。根据半导体理论,材料做受主掺杂即可获得 P 型半导体,做施主掺杂即可获得 N 型半导体。换言之,反型可以通过受主掺杂或施主掺杂实现。具体到 MCT,这两个术语更进一步细化为空位掺杂和背景掺杂。空位是实际晶体中由于某些特定晶格处的原子缺失而形成的缺陷。大多数 II-VI 族化合物的熔点都比较高,并且两个组成元素的蒸气压往往不相等,使得化合物材料偏离化学计量比,晶体中形成高浓度的空位。在 MCT 中就是 Hg 空位,其作用类似于受主。此外,还存在着作用相当于施主的背景杂质。

现代半导体生长技术已经可以生长出只有几个原子层厚度的掺杂层,这就是所谓 δ 掺杂。利用 δ 掺杂可以获得低掺杂 MCT 层。低掺杂有助于提高量子效率,降低热噪声。在低组分材料中实现重掺杂则要困难得多。对于室温或近室温工作的 MCT 器件,获得中等以上浓度的施主掺杂和受主掺杂十分重要,空位掺杂和背景掺杂并不足以满足这一点。

名义上未掺杂 MCT 的电学性质由 Hg 空位浓度和未被控制的背景杂质浓度决定。当 Hg 空位浓度在 $10^{16} \sim 10^{17}$ cm^{-3} 时,MCT 呈 P 型导电。通过调控 Hg 空位浓度实现反型的方法称为空位掺杂成结。空位掺杂成结需要一个 Hg 源,它可以是 Hg 蒸气,或者是通过离子注入或离子束研磨(IBM)造成的损伤从自身晶格中释放出来的 Hg 原子。以注入为例,注入过程中的高能(100~300 keV)离子束轰击使晶格受到损伤,产生一个 N 型损伤区;同时,使 Hg 进入到晶格间隙位置形成 Hg 间隙原子。Hg 间隙原子扩散进入晶体,使得 Hg 空位湮灭,从而形成 PN 结。MCT 离子注入过程中 Hg 间隙原子的形成强烈依赖于注入元素择优取向的晶格位置。与位于间隙处或阴离子亚晶格处的元素相比,位于阳离子亚晶格处的替位元素可生成明显较多的间隙。特别是,与Ⅵ族元素 S 和 Se 相比,注入的Ⅱ族元素 Mg 和 Zn 可以产生较多的间隙浓度。对于主要以间隙存在的 B 注入,它产生的 Hg 间隙浓度在Ⅱ族元素离子和Ⅵ族元素离子之间。更显著的 Hg 间隙原子产生机制出现在退火处理中,这时注入的离子替位进入晶格。

N 型 MCT 的 N-TO-P 反型可以使用故意掺杂的施主杂质,或者利用材料本身所具有的背景施主杂质。利用 IBM 可以实现获得 N 型区所需的最小施主浓度。在没有故意非本征施主掺杂的情况下,高质量材料中的背景施主浓度一般在低至 10^{14} cm^{-3} 的量值范围。当 N 区浓度在约 10^{14} cm^{-3} 的量值范围,让 Hg 内扩散进入原生浓度为 10^{17} cm^{-3} 的 MCT,可以使形成的结耗尽区较宽,结电容较低。为了改进过程控制,一些生长技术引入 In 作为背景 N 型施主杂质,其浓度范围在 $5 \times 10^{14} \sim 5 \times 10^{15}$ cm^{-3}。

P 型 MCT 的 P-TO-N 反型除了空位掺杂外,还可以通过施主掺杂实现。例如,As 掺杂 P 型 MCT 做 RIE,As 掺杂或 Sb 掺杂 P 型 MCT 做 IBM,可以实现 P-TO-N 反型。掺 As 工艺的优点是 As 占据在 Te 亚晶格的位置,并且不受成结过程中 Hg 间隙原子流的影响。

3.1.6.3 MCT PN 结制备工艺

离子注入工艺可以满足浅结、低温和精确控制结深的要求,是使用最多的一种成结工艺。在空位掺杂的 P 型 MCT 材料中形成 N 型区,可以选择注入 Al、B、Be、Hg、Mg、Zn、In 等元素,其中以轻材料(通常是 B 和 Be)使用较多。对空位掺杂的 P 型 MCT 材料以 200 keV、1×10^{14} cm^{-3} 的 Be 注入,然后在 150℃ 的氮气氛中进行不同时间的退火,实现了 P-TO-N 反型。B 在硅工艺中是一种标准的注入工艺,其优势在于质量轻,造成的应力和损伤最小,故 B 用得最多。利用 B 注入和异质结外延工艺的优点,衍生了平面离子注入隔离型异质结(PI$_3$H)工艺。在这种工艺中,首先生长双层异质结构,在表面沉积 CdTe 钝化层后再进行热处理,最后利用离子注入和光刻将异质结层隔离出分离的二极管。利用 PI$_3$H 工艺,制备了热电制冷的 640×512 像元近红外焦平面器件和 320×256 像元 MCT SWIR 焦平面器件。测试结果表明,当温度在 130~300 K 时,PI$_3$H 器件的性能优于异质结台面结构和离子注入工艺制备的探测器。此外,通过小面积注入,每个探测器光敏元可以包含若干个光电二极管,从而形成所谓多结结构,这些光电二极管之间的间距在少数载流子扩散长度的量值范围,彼此通过欧姆接触并联起来。借助这种设计和制备方法生产制备的器件,光敏面积可以比电接触面积大一个数量级,从而降低暗电流,提高电阻,减小电容。

MCT 具有较低的键合能量以及开放的晶格结构,使得表面的自由 Hg 原子释放,这种情形一方面有利于离子注入,另一方面也使实际结深要比期望值大。在空位掺杂 P 型 MCT 中,Hg 间隙原子的有效扩散系数决定了反型层即 PN 结的深度。一种经过改进的空位掺杂 MCT N−ON−P 结深的解析计算方法,可以从 MCT 的 LBIC 测试数据中提取出结深信息。在相同的 IBM 条件下,SWIR MCT($x=0.48$)的结深大约只有 MWIR MCT 结深的 1/3。当 Hg 空位浓度或 As 浓度保持不变时,结深与 IBM 去除的表面量成线性关系。在常规工艺基础上,可以省去离子注入步骤,从而获得用于隔离出平面 P−ON−N 异质结光电二极管的可控且较大的结深。这种平面结显著简化了光电二极管的制备流程,可用于二维阵列的制备。

等离子体诱导反型克服了离子注入成结工艺中钝化层有损伤的弊病,且工艺相对简单,成为新一代成结技术。离子束诱导转型成结可分为两类,一类是反应离子刻蚀(RIE),另一类是离子束研磨(IBM)。RIE 使用的等离子体有 H_2、H_2/CH_4、$H_2/CH_4/Ar$ 等。对空位掺杂 P 型 MCT 进行 RIE,反型深度或结深度可在 $2\sim20\,\mu m$ 之间调节。研究了 P 型 MCT 在 H_2/CH_4 等离子体辐照下的 P−TO−N 反型机理,认为成结是 RIE 造成的损伤、Hg 间隙原子的形成以及受主在氢诱导下的中性化共同作用的结果。IBM 一般使用 Ar 离子,在室温下完成以及不需要激活退火是其优势。严格地说,IBM 是一个力学过程,刻蚀物与刻蚀对象之间没有化学反应,有时又称之为喷砂的微力学模拟。其方向可控是 IBM 的一个显著优点。

MCT 器件的发展趋势是减小光敏元尺寸和中心间距,增加探测器数量。一代 MCT 器件的几何尺寸在 $50\sim60\,\mu m$,可用湿法化学刻蚀方法制备,但是湿法工艺难以满足小尺寸、高密度器件制备的需要。二代和三代 MCT 器件要求隔离沟道较深,纵横比较大(典型尺寸深为 $10\sim15\,\mu m$,宽为 $2\sim5\,\mu m$,间距为 $20\sim30\,\mu m$),干法工艺特别是高密度(如 $10^{11}\sim10^{12}\,cm^{-3}$)等离子体(HDP)刻蚀可以减小这些器件所需要的中心间距,显著提高填充因子。HDP 所用等离子体源包括电感耦合等离子体(ICP)。此类源的一个优点是不用电子灯丝,故降低了源受热,减少了沾污,相应地提高了系统及器件的可靠性。与 RIE 相比,其对衬底造成的损伤较小,缺点是系统的成本和复杂度增加,并且还需要大型昂贵的抽真空系统。采用先进光刻工艺与 ICP 刻蚀制备台面结构,获得了光敏元大小为 $20\,\mu m$ 的 640×480 像元和 $1\,280\times720$ 像元双色 MCT 焦平面器件。

3.1.6.4 MCT PN 结制备中的退火与钝化

半导体材料经离子注入掺杂后,必须经过适当温度和时间的热处理退火或激光退火才能起到掺杂的作用。退火还可以修复某些注入损伤,同时导致对成结及其稳定有益的扩散出现。有研究认为,注入后退火可以改善 LWIR 光电二极管的性能,但是在剂量 $10^{12}\sim10^{15}\,cm^{-3}$、能量 $30\sim200\,keV$ 的注入条件下,并没有发现退火是获得高性能器件所必需的,特别是对于较低的剂量以及对于 SWIR 和 MWIR 器件。注入造成的辐照损伤具有温度依赖性,并且随着注入物质及注入/退火条件而变化。

用 200 fs 激光脉冲在 MCT 上打孔时,可以在空位掺杂 P 型 MCT 上打出具有 PN 结特征的微孔,表明激光打孔有潜力成为制备 MCT 光电二极管阵列器件的一种新途径。

钝化是 MCT 光伏器件制备过程中的一个重要步骤。平面结结构由于其结界面被掩埋在下面,故对于表面钝化的要求较少。台面异质结可以有效降低小尺寸光电二极管中的热漏电流,但台面结的侧壁钝化较为困难,这种情况如未经优化可能产生反偏漏电流和均匀性问题。作为一种标准的钝化膜,ZnS 也可以用于 MCT 光伏器件。对 ZnS 做氢化处理可以降低固定界面电荷密度。

MCT 光电二极管的性能可以用 R_0A 或漏电流来描述。为了用铟柱互连实现与硅读出电路的连接,最合适的 R_0A 值约为 $10\Omega \cdot cm^2$ 左右。现有工艺技术已可稳定成熟地制备 R_0A 值在 $10\sim100\Omega \cdot cm^2$ 之间的 LWIR 器件。通过氢化处理可以使渐变掺杂的 LWIR 光电二极管的 R_0A 提高 30 倍。

用 RIE 制备的 LWIR 光电二极管的平均 R_0A 值约为 $50\Omega \cdot cm^2$。在空位掺杂 P 型 MCT 中使用 H_2/CH_4 等离子体,可以观察到 RIE 诱导的反型和成结,结深度可在 $2\sim20\mu m$ 调节。通过氢化可以使 MBE 生长的 Si 基 LWIR MCT 材料的多数载流子输运性质及少数载流子寿命得到改善,可以提高电子迁移率和少数载流子寿命,使 N 型 MCT 外延层的电阻率改善两个数量级。

3.1.7　第三代探测器用碲镉汞材料技术

3.1.7.1　简介

第三代红外探测器的主要特点包括更多的像素、更高的帧频、更好的温度分辨率、双色甚至多色探测以及其他(芯)片上信号处理功能。尽管面临着其他材料,如相近的汞合金 HgZnTe 和 HgMnTe、硅测辐射热计、热释电探测器、SiGe 异质结、GaAs/AlGaAs 多量子阱、InAs/GaInSb 应变层超晶格、高温超导体等的有力竞争,碲镉汞(MCT)仍然是制备第三代红外光子探测器最重要的材料。在基本性质方面,其他材料仍然难与碲镉汞相竞争。

3.1.7.2　MCT 异质结技术

红外探测所用的 MCT 器件大体可分为光导器件和光伏器件两类。因 PN 结的光伏器件和 HgTe 之间的晶格失配导致外延材料位错密度增殖的问题尚未完全解决,因此使用较多的是 LPE 法和 MBE 法。

LPE 法可以采用 Hg 溶液、富 Te 溶液或富 HgCd 溶液,其中以富 Te 溶液生长较为普遍。MCT 晶片的表面平坦度对于使用倒装焊工艺制备大规格器件十分重要。由于温度难以精确控制,LPE 法生长的 MCT 表面会出现固有波纹,使得表面不平整,需要做表面平坦化处理。用溴甲醇腐蚀容易去除 MCT 表面平坦化处理中出现的反型缺陷层;经过单点金刚石打磨(SPDT)方法处理后,LPE 法生产的 MCT 晶片的表面粗糙度显著降低,320×256 像元 IRFPA 的倒装焊效率从 89.43% 提高到 99.99%。用电子显微镜与其他表征方法,如原位椭偏仪、FFT 红外光谱仪、空穴测量等结合,可以进一步改善 MCT

外延层质量,满足制作大面积器件的要求。

材料晶片减薄是器件制备过程中的一个重要环节。在许多半导体器件中,真正的器件功能其实只用到芯片表面数十微米甚至不足 $1\mu m$ 的薄层。对于 MCT 器件,该薄层的厚度约在 $5\sim30\mu m$,一般需要将 MCT 材料减薄到 $10\sim15\mu m$。减薄的方法有锯、激光、化学腐蚀、离子研磨等,其中离子研磨技术可使晶片做得更薄,并且表面损伤小,有益于提高探测器性能。

MCT 经减薄形成功能层后,需要通过光刻和刻蚀工艺勾画出探测器的轮廓。腐蚀坑密度可用于描述晶体质量。国外研究了在 CdZnTe 衬底上生长的化学腐蚀的 MCT 外延层,并研究了化学腐蚀及原位电化学腐蚀对 MCT 表面形貌的影响;介绍了电感耦合等离子体反应离子束刻蚀(ICPRIE)在 MCT 材料反型中的应用;同时,研究了飞秒脉冲激光对 MCT 表面的辐照作用,分析测量了 MCT 晶体表面的激光损伤阈值及形貌变化,根据受热模型计算出来的损伤阈值与测试数据吻合良好。用纳米印压研究了 MCT($x=0.3$)的弹塑性特征,其弹性模量约为 $50GPa$,硬度约为 $0.66GPa$。在低载荷下,MCT 对于纳米印压的反应为纯粹的弹性反核心。结两边用同一种半导体材料构成的 PN 结称为“同质结”,结两边用两种不同材料构成的 PN 结称为“异质结”。两种材料禁带宽度以及其他特性的不同,使得基于异质结的器件可以实现某些同质结无法具有的功能。MCT 的晶格常数与组分 x 的关系可以表示为 $6.461+0.020x$,由于 x 取值为 $0\sim1$,可以认为 MCT 的晶格常数几乎为定值,这一点对于以异质结为基础的新器件研发十分重要。以对材料禁带宽度 E_g 和晶格常数进行柔性剪裁的半导体能带工程为基础,衍生出了多结的概念。MCT 异质结探测器的波长覆盖了从中波到甚长波(VLWIR, $12\sim25\mu m$)的范围,并且具有在这些波段内实现多色探测能力。甚长波红外探测器对于空间红外系统的研发具有关键作用。

3.1.7.3　材料生长技术

MCT 可大致分为体材料和薄膜材料。利用两步工艺和压力布里奇曼方法,在 $680\sim720℃$ 的温度下,生长了直径为 $40mm$ 且沿生长方向组分均匀的 MCT($x=0.214$)大晶锭。由于晶体尺寸及空间均匀性等因素的限制,体材料较难用于制备大面阵焦平面器件。

LPE 法、MBE 法和 MOCVD 法均可用于 MCT 材料的外延生长。高质量的 MCT 外延层生长需要详细了解和控制形成缺陷的各种因素。可以观察到的缺陷类型包括位错、孪晶以及堆垛层错、表面丘包、表面凹坑、沉淀物以及制备方法引入的寄生效应所形成的缺陷等。有关文献介绍了用 MBE 法生长的 MCT 外延层中的 V 形缺陷的性质,根据第一性原理,计算了富 Te 条件下 MBE 法生长的 MCT 中 As 团簇的缺陷形成能。通过调节生长条件,如衬底生长温度、Hg 束流、生长速率和组分等可以控制缺陷密度。当衬底和外延层中的位错密度小于 $1\times10^5 cm^{-2}$ 时,已可满足高质量焦平面器件制备的需要。

3.1.7.4　掺杂技术

LPE 法生长的 MCT 材料多为强 P 型,器件应用要求其为弱 P 型;MBE 法生长的

MCT 材料一般为 N 型。为了制作 PN 结等光电器件,需要通过掺杂或退火等方法控制或转变 MCT 材料的电学特性。In、I 等元素是常用的 N 型掺杂材料;常用的 P 型掺杂元素有 As、Sb 等。

MBE 法一般选用 As 注入方法实现掺杂。以往有关研究一般集中在束源炉的使用上,通过寻找最佳生长条件来提高掺入效率。由于裂解炉在优化的生长条件下,具有较高的 As 掺入效率,成为一种使用较多的 MCT 掺杂方法。研究了裂解炉温度、衬底温度等生长条件对 As 掺入量的影响,As 具有两性掺杂行为,当占据阳离子 Hg 或 Cd 的格点时表现为施主;当占据阴离子 Te 的格点时表现为受主。在富 Te 生长条件下,As 有很大的概率进入阳离子位置处。为了避免这种情况的发生,可以采用超晶格结构。

杂质的掺入在禁带中产生浅能级和深能级电子态。在了解杂质缺陷导电性的基础上,确定杂质缺陷的电离能就是一个重要问题。采用 PL 方法,As 掺杂 MCT 的浅能级,得到 As_{Te}、As_{Hg} 和 $As_{Hg}-V_{Hg}$ 复合体浅能级的电离能分别为 11.0meV、8.5meV 和 33.5 meV,$As_{Hg}-V_{Hg}$ 复合体的形成能约为 10.5 meV。

Hg 元素比 Cd、Te 元素容易挥发,当温度达到 50℃时,Hg 即会扩散逸出,随之产生 Hg 空位缺陷。在生长或退火过程中容易生成 Hg 空位缺陷是 MCT 材料的特征之一。一方面,Hg 空位缺陷可以作为非故意掺杂的 P 型半导体的受主而实现导电类型的转换;另一方面,Hg 空位缺陷又易于与其他杂质原子或离子形成复合体,或被其他杂质原子占据,构成捕获电子,影响载流子寿命的深能级杂质。在缺 Hg 条件下退火可使 N 型 MCT 反型为 P 型 MCT。退火对于材料中的杂质激活有影响,具有接近 100% 激活的有效 As 掺杂需要在接近饱和的 Hg 蒸气中做离位退火。

3.1.7.5 衬底技术

衬底类型、衬底晶向、生长期间的衬底温度等因素对于薄膜形貌有着显著影响。常用的衬底材料有 CdZnTe、CdMnTe、Si、GaAs 以及 CdTe/GaAs 复合衬底等。在适当条件下,CdZnTe 衬底的(211)B 面台阶密度高、生长速率快,还能抑制孪晶和微缺陷的产生,是 MCT 较为理想的 MBE 法生长晶面取向。生长在非平坦衬底上的 MCT 外延层,其表面粗糙且不完整,呈现很多凹坑。在衬底上先外延生长一层缓冲层,可以降低缺陷密度。例如,在 CdZnTe(211)B 面衬底上引入 HgTe/CdTe 超晶格界面层,可平滑衬底表面粗糙度,抑制线位错从衬底延伸进入 MCT 外延层,实现 MCT 在 CdZnTe 上的高质量生长。

在用 MBE 法生长 MCT 时,将 CdZnTe 作为缓冲层沉积在 GaAs 衬底上。在 GaAs 衬底上外延生长 MCT 的关键阶段是 CdTe 成核。在成核前用原位椭偏仪研究衬底,发现在成核前的椭偏仪信号与表面形貌之间存在着某种关联,提出了一种能较好地反映衬底表面物理特征的模型。

在 Si 衬底制备 MCT 器件,以利用标准的 Si 工艺和设备,实现量产,降低成本。以 Si 衬底上生长的 MCT 制备的 FPA 器件与在 GaAs 衬底上制备的器件性能相当。采用 MOVPE 法在 Si(100)衬底上制备的长波 MCT 异质结构材料,制备了均匀性很好的阵列器件。

衬底性质对于 MCT 的稳定性具有显著作用,用 MBE 法在 GaAs 衬底上生长的 MCT 薄膜经超声处理参数仍然保持稳定,而用 LPE 法在 CdZnTe 衬底上生长的 MCT 薄膜经超声处理则出现了导电类型转变。

3.1.7.6　均匀性技术

外延层的均匀性对于长波红外和甚长波红外 MCT 焦平面器件质量有着重要影响。均匀性包括材料组分、外延层厚度及光学吸收的均匀性。作为 LPE 法的一种替代方法,气相外延(VPE)法的生长温度较低(如 200℃),有利于控制组分。在 CdZnTe 衬底上引入超晶格界面层,可以获得非常高的组分均匀性和厚度均匀性。一种用于 MBE 法生长速率原位测量的集成式分析控制系统,可将组分 x 的变化范围控制在 ±0.000 5。一种基于红外显微镜和透射率曲线自动拟合,可以测量 MCT 外延层组分和厚度分布,还可利用红外光谱仪研究 MCT 外延层光学吸收的均匀性。

吸收边附近的吸收系数为

$$\alpha(h\nu) = \frac{1}{d}\ln\frac{1-R(h\nu)}{T(h\nu)} \tag{3-9}$$

式中,T——透射率;

　　　R——反射率;

　　　d——薄膜厚度。

$\alpha(h\nu)$ 在低能量一侧呈现带尾状,称为 Urbach 带尾或 Urbach 能量,其出现的主要原因是缺陷和掺杂引起的结构无序。离子注入和高温退火对 MCT 薄膜造成的晶格无序,可以从吸收带尾中反映出来。引入 Urbach 带尾贡献的 MCT 吸收模型,可以平滑地拟合从 Urbach 带尾区域到能隙上方 300 meV 的本征吸收区域的实验吸收系数曲线。不管是对于大面积(大至 20 mm×20 mm)衬底还是小面积(小至 200μm×200μm)衬底,与结构无序相关的 Urbach 能量都是不均匀的。

组分 x 与禁带宽度 E_g 之间的关系可以通过双光子吸收(TPA)方法获得。在窄禁带材料中,双光子吸收 TPA 系数对于光生载流子浓度有明显的依赖性。半导体在电场中的光吸收问题,常称为 Franz－Keldysh 效应。利用引入 Franz－Keldysh 效应的 PN 结模型可以很好地解释双光子吸收 TPA 系数与 PN 结内建电场的依赖性。

禁带宽度 E_g 处在本征吸收带开始、吸收边终止的能量位置。要得到这一位置,必须测量包括本征吸收区、指数吸收区、自由载流子吸收区以及声子吸收区等在内的完整的吸收光谱,其中又以本征吸收尤为重要。当半导体由于载流子浓度增加而引起费米能级移入导带后,本征光吸收边就会向短波方向移动(即蓝移),这种现象称为 Burstein－Moss 效应。

在用离子研磨工艺形成的 N－ON－P 反型区的 PL 谱中,可以观察到 Burstein－Moss 效应。在用 H 离子体等诱导反型的 MCT 样品中,也观察到这种现象,甚至在退火后还观察到蓝移。只要 Hg 空位存在,特别是当温度高于 77K 时,通常所用的从吸收光谱中确定 E_g 的方式不是十分精确。

3.1.7.7 电学性质实现技术

红外探测应用要求 MCT 材料的迁移率尽量高。在 200 keV 离子能量和 $1×10^{14}$ cm^{-3} 的离子束流条件下,对空位掺杂 P 型 MCT 晶体材料做 Be 离子注入,然后在 150℃ 的氮气氛中做时间不同的退火,可形成具有较好电子迁移率的 N 型区。

实际的 MCT 探测器中,除了表面电子和体电子外,还存在其他的多种载流子,如轻空穴、重空穴。由于 MCT 材料本身的不均匀性,每种载流子的迁移率不尽相同,而且具有一定的展宽效应,所以使用数值迁移率谱分析技术,可分离出样品中各种载流子。还有人研究了 N 型 MCT 光导探测器中,多数载流子重积累产生的表面电场对表面迁移率的影响。此外,还研究了横向电场对表面迁移率的影响。氢化处理可增加电子迁移率等。另外还有人介绍了一种可以精确计算迁移率的数值分析方法,研究了载流子迁移率起伏对于噪声的影响。

噪声是信号上附加的无规则起伏,有一种基于输运方程的噪声产生机制数值分析方法,其中考虑到温度起伏、背景辐照度起伏、热产生—复合起伏(包括俄歇、辐射及 S—R 机制)以及电子和空穴迁移率起伏等的光谱密度。数值模型的分析结果显示了所测器件的总噪声、各种起伏源的空间分布和相对分布。用蒙特卡罗方法对 MCT($x=0.2$)的扩散系数、噪声谱密度及噪声温度做了一阶动态计算,指出碰撞电离产生的过噪声具有重要影响。在 MCT 光导探测器的噪声模型中,需要引入在 MCT/阳极氧化界面的积累层构成的等效并联电阻。

表面钝化一直是器件工艺中备受关注的问题之一,它可以控制隧道漏电和结漏电,防止合金组分随时间变化。研究人员研究突变 CdTe/HgCdTe 钝化异质界面对于暗电流的影响,钝化层可以是原生氧化物、原生氟化物、SiO_2、Al_2O_3、ZnS 等。在制备基于 MCT 的肖特基二极管时,在金属—半导体界面上生长一个厚度小到允许自由载流子隧穿的钝化层,可以减小或者消除费米能级钉扎效应,而钝化前的表面处理具有重要作用。大部分用于 MCT 光导探测器的钝化工艺都会形成具有较高电导率的表面重积累层,使得器件本征电阻减小,器件性能降低。

在高纯情况下,MCT 材料的电学参数完全取决于偏离化学计量比所形成的点缺陷浓度等因素,而氢化处理是一种较新的钝化方法。暗电流是影响 MCT 光伏器件性能的关键之一。当反偏电压大于 30mV 时,隧穿效应是主要的漏电流。

3.1.7.8 MCT 数值模型

MCT 数值模型的核心是求解定态薛定谔电子波动方程

$$\nabla^2 \phi(\boldsymbol{r}) + \frac{2m}{\hbar^2}[E - V(\boldsymbol{r})]\phi(\boldsymbol{r}) = 0 \qquad (3-10)$$

式中,∇^2——拉普拉斯算子;

$\phi(\boldsymbol{r})$——自由电子的波函数;

$\boldsymbol{r}$——位置矢量;

m——自由电子的质量;

$\hbar$——约化普朗克常数;

E——能量。

在绝大多数情况下,半导体器件所涉及的电子运动只是集中在能量极值附近很小的范围之内(导带底和价带顶)。在这样一个很小的能量范围内,能量 E 与波数矢量 k 之间通常具有抛物性关系。对于 MCT 材料,随着 k 的增大,就要考虑能带的非抛物性。

对于窄带的 N 型 MCT,载流子简并及能带非抛物性的影响不能忽略。忽略载流子简并和能带非抛物性会给 MCT 器件的仿真带来较大的误差,特别是对于重掺杂的 LWIR 器件。薛定谔电子波动方程本身只有几种简单的情况易于求解,引入非抛物性后则更为复杂,对算法选择和程序设计均有较高要求。各种算法大体可以分为两类,一类是纯粹的计算数学方法,如有限差分法、有限元法、变分法、蒙特卡罗法等;另一类是有一定物理背景的方法,如 WKB 近似方法、准自由电子近似方法、紧束缚电子近似方法等。

3.2　碲镉汞探测器(组)件

3.2.1　MCT 器件制备工艺

3.2.1.1　简介

MCT 器件制备工艺可分为刻蚀工艺和离子注入,刻蚀工艺可分为化学湿法刻蚀和干法刻蚀(见图 3 - 17)。离子注入主要用于光伏器件中 PN 结的成结。刻蚀是 MCT 探测器制备的关键工序之一,MCT 探测层形成后,要通过光刻和刻蚀勾画出探测器单元的轮廓,并将其与周围材料隔离开。

化学湿法刻蚀(以下简称"湿法刻蚀")使用液体刻蚀剂,晶片通常浸没在刻蚀溶液中,化学反应是湿法刻蚀的主要机制。干法刻蚀则将化学反应与物理过程融为一体,它利用的是等离子体中的气体刻蚀剂,包括射频平行板刻蚀(RF)、高密度等离子体刻蚀(HDPE)、反应离子刻蚀(RIE)等,离子束辅助刻蚀包括离子束研磨(IBM)、反应离子束等。根据所用等离子体源的不同,HDPE 又可以进一步分为电子回旋共振刻蚀(ECR)、电感耦合等离子体刻蚀(ICP)、低能电子增强刻蚀(LE4)等。根据有关工艺特点和刻蚀性质,图 3 - 18 所示为不同刻蚀体系的变化趋势。不同干法刻蚀腔体的压力范围如图 3 - 19 所示。

一代 MCT 器件的几何尺寸为 $50\sim60\mu m$,可用湿法化学刻蚀方法制备。与干法刻蚀相比,湿法刻蚀的优点在于它对晶片造成的结构损伤和电学损伤最小。溴/乙二醇溶液刻蚀 MCT 的表面质量,去离子水可以将新刻蚀的 MCT 表面有效地保持几个小时,其原因可归于浸没在去离子水中的刻蚀 MCT 样品表面的氧化生长被阻止。湿法刻蚀剂分为两类:在第一类刻蚀剂中,溴是刻蚀溶液中的直接反应剂;在第二类刻蚀剂中,溴是不同反应剂中生成的副产物。在用第二类刻蚀剂处理的 N 型 MCT 样品中,少数载流子寿命降低,表面复合速率增加。探测器成型后要通过金属化形成探测器的电极接触,对于二极管接触刻蚀来说,湿法刻蚀和干法刻蚀结合使用可以显著提高二极管产量。湿法工艺处理的器件在响应率、探测率和噪声等方面要优于干法等离子体刻蚀工艺处理的器件，但是湿法工艺难以满足小尺寸、高密度器件制备的需要。

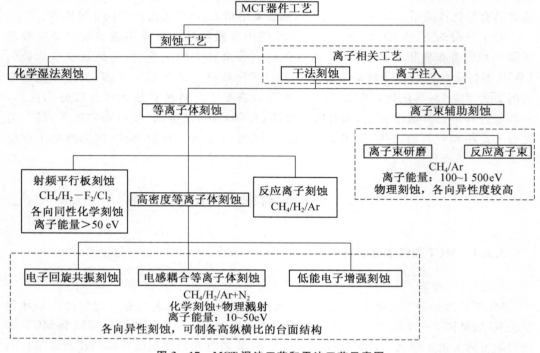

图 3 - 17　MCT 湿法工艺和干法工艺示意图

图 3 - 18　不同刻蚀体系的变化趋势

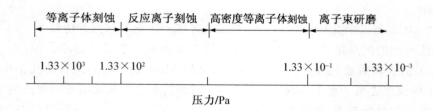

压力/Pa

1Torr＝133.32Pa
图 3 - 19　不同干法刻蚀腔体的压力范围

干法工艺在Ⅳ族和Ⅲ－Ⅴ族半导体器件中的应用已十分成熟。这些工艺移植应用

于 MCT 始于 20 世纪 80 年代末 90 年代初,它具有下列优点:

(1) 可以通过离子注入、IBM 和 RIE、ECR/RIE 等工艺,制备 N−ON−P 或 P−ON−N 结。

(2) 可以通过研磨成孔制备高密度垂直集成的光电二极管(HDVIP)和雪崩二极管(APD)。

(3) 利用 IBM 或 RIE 实现 N−TO−N$^+$ 的表面导电性质变换。

(4) 利用 RIE、IBM、ECR、ICP、LE4 等实现高密度探测器阵列成型所需要的台面刻蚀。

(5) 可用微波/射频等离子体或甚低能 Ar 离子研磨清洗表面和电极。

3.2.1.2　离子注入

如果在晶体点阵的间隙位置挤进一个同类的原子,则形成一个间隙原子,MCT 离子注入过程中 Hg 间隙原子的形成强烈依赖于注入元素择优取向的晶格位置。事实上,离子注入是使用最多的 PN 结成结工艺,它可以满足浅结、低温和精确控制结深的要求,是制备 N−ON−P 型 MCT 光伏器件的成熟方法。通常情况下离子注入可以在室温下进行,这是其最主要的优点,其中退火(加热半导体)是离子注入工艺中的一个环节,它具有消除晶格损伤、激活掺杂杂质的作用。例如,为了实现 P 型掺杂,As 杂质必须在 Te 的位置,这就要求在富阳离子条件下以较高温度退火,在空位掺杂的 P 型材料中注入 Al、Be、In 和 B 离子,可以形成 N 型区。将类受主的 Hg 空位密度控制在 $10^{16} \sim 10^{17}$ cm^{-3} 的载流子浓度范围内,可以获得期望的 P 型能级。对空位掺杂的 P 型 MCT 材料以 200 keV、1×10^{14} cm^{-3} 的 Be 注入,然后在 150℃ 的氮气氛中进行不同时间的退火,实现了 P−TO−N 反型。

离子注入对 MCT 造成的辐照损伤具有温度依赖性,并且随着注入物质及注入/退火条件而变化。卢瑟福背散射谱(RRS)和透射电镜(TEM)观察显示,损伤分布呈现双峰;在大剂量离子注入下,缺陷呈现双区分布,在第一个区主要是空位位错环和位错线,在第二个区主要是小位错环。

3.2.1.3　刻蚀工艺性能

刻蚀速率,指单位时间内去除材料的厚度。在实际生产过程中,通常希望有较高的刻蚀速率,但是刻蚀速率越高,工艺控制的难度也越大。一般期望的刻蚀速率为每分钟数百至数千埃。ECR 刻蚀工艺中产生的 N 原子与 H 原子反应形成 NH$_3$,使 H 的比例降低,刻蚀速率增加所需要的甲基自由基浓度提高。在某些形成挥发性刻蚀产物的气体—固体体系中,同步正离子轰击可以极大地提高刻蚀速率。ICP 刻蚀工艺可以获得 200nm/min 的刻蚀速率。

刻蚀速率依赖于入射在晶片单位面积上的离子能量大小,一方面离子能量不能太大,另一方面又要保持合理的刻蚀速率。解决这一矛盾的途径就是增加离子束流量,即使用高密度(如 $10^{11} \sim 10^{12}$ cm^{-3})等离子体系统,如 ECR、ICP、LE4 等刻蚀工艺。高密度 Ar/H 等离子体组合刻蚀可以获得排列有序、接近化学计量比的表面。

对于批量刻蚀来说,不同晶片刻蚀速率变化的百分比称为刻蚀速率均匀性。在 6in

(1in＝2.54cm)直径的面积上,ICP 工艺的刻蚀均匀性提高 5％,但刻蚀速率的非均匀性使湿法刻蚀的控制较为困难,难以满足二代器件可控刻蚀的要求。湿法刻蚀主要用于 MCT 表面处理。

　　与刻蚀均匀性相关的另一类问题是负荷效应,其中又可以进一步分为宏(观)负荷效应和微(观)负荷效应,宏负荷效应是指腔室内晶片较多或者晶片上待刻蚀的区域较大时,导致的刻蚀速率降低的现象;微负荷效应是指刻蚀速率在晶片表面小距离内变化的现象。用 ECR 工艺刻蚀 Ⅱ—Ⅳ 族材料时的负荷效应可能是光刻胶性能变坏的主要原因。

　　刻蚀方向性是指不同方向(通常指垂直方向和水平方向或者纵向和横向)相对刻蚀速率的量度。与横向刻蚀速率直接相关的一个参数是从光刻胶掩膜开口下方算起,在水平方向上去除刻蚀量的大小,称为膜下横向刻蚀距离,或者称为刻蚀偏离,如图 3－20(a)所示。其中,d 为刻蚀厚度或深度,b 为刻蚀偏离。刻蚀偏离量的大小可以用各向异性度 A_{aniso} 来描述。A_{aniso} 定义为

$$A_{aniso} = 1 - \frac{b}{d} = 1 - \frac{v_L t}{v_v t} = 1 - \frac{v_L}{v_v} \tag{3-11}$$

式中,v_L——横向刻蚀速率;

　　　v_v——纵向刻蚀速率;

　　　t——刻蚀时间。

　　当 $A_{aniso}＝0$ 表明是各向同性刻蚀,这时 $v_L＝v_v$,横向刻蚀距离与纵向刻蚀距离相等,掩膜下的刻蚀断面趋近于一个 1/4 圆周形状,如图 3－20(a)所示;当横向刻蚀速率 $v_L＝0$ 时,$A_{aniso}＝1$,为完全各向异性刻蚀的情况,如图 3－20(c)所示,这时没有横向刻蚀发生;当 $0＜A_{aniso}＜1$,属一般情况下的各向异性刻蚀,如图 3－20(b)所示,其中 $v_L＜v_v$ 有方向性的离子轰击与反应离子结合,可以刻蚀出各向异性度很高的细小结构特征。

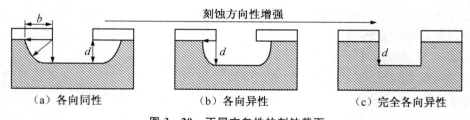

图 3－20　不同方向性的刻蚀截面

　　刻蚀选择性是刻蚀过程中不同材料的刻蚀速率的比值,如掩膜和下部衬底的刻蚀速率接近于零,而膜层的刻蚀速率较高,那么膜层相对于掩膜和衬底的刻蚀选择性就较大。如果掩膜或衬底的刻蚀速率较显著,那么刻蚀选择性就较差。刻蚀选择性或刻蚀速率之比的合理取值通常为 25～50。要同时获得较好的选择性和方向性有时很困难。刻蚀方向性通常与刻蚀的物理效应,如离子轰击和溅射等有关。一般而言,如果一个刻蚀过程中物理机制起主导作用,那么刻蚀方向性将较强,而选择性较弱;反之,如果化学机制占主导作用,则选择性较强,方向性较弱。沟道纵横比 A_r 定义为

$$A_r = \frac{D}{W_e} \tag{3-12}$$

式中，W_e——刻蚀沟道上端宽度；

D——刻蚀沟道深度。

对于给定时间，刻蚀深度 D 是宽度 W_e 的函数。

在空位掺杂 P 型 MCT 中使用 RIE 工艺（H_2/CH_4），刻蚀深度是 H_2 和 CH_4 分压的函数。对于 ECR 刻蚀工艺来说，光刻胶特征（如侧壁角度、厚度）、ECR 刻蚀工艺化学作用、刻蚀滞后对于沟道纵横比都有影响。离子角度分布也影响 ECR 刻蚀工艺的沟道宽度和纵横比。其中，光刻胶的刻蚀受益于低能量、大角度的离子束，而 MCT 的刻蚀受益于高能量、小角度的离子束。用先进光刻和 ECR 刻蚀工艺结合而成的制备高纵横比隔断沟道的方法可制备纵横比大于 3、宽度小于 $3\mu m$、深度超过 $15\mu m$ 的沟道。

3.2.1.4　MCT 干法刻蚀工艺

1. 反应离子刻蚀

RIE 是融化学刻蚀与离子轰击为一体的工艺，其中所用的离子能量大于 50 eV，可以制备尺寸在 $2\sim40\mu m$ 的台面结构，已成为在光伏和光导器件中形成台面隔离的一种方法。RIE 的主要应用之一是非本征掺杂 MCT 和空位掺杂 MCT 的反型。对于 LPE 空位掺杂和 Au 掺杂的 MCT（$x=0.3$）P 型外延层，经过短时 RIE 处理，其表面可形成 $2\mu m$ 厚的 N 型层。在 CdZnTe 衬底和蓝宝石衬底上用 LPE 生长的 MCT 外延层以及在 CdZnTe 衬底上用 MBE 生长的 MCT 外延层中，用 RIE 制备了 N－ON－P MWIR 光电二极管。用 RIE 实现的 P－TO－N 反型制备了小规格 LWIR MCT 阵列器件。测试二极管的直径为 $50\sim600\mu m$，其中 8×8 阵列的器件尺寸为 $50\mu m\times50\mu m$，间距为 $100\mu m$，测试结果表明具有非常好的均匀性，但应注意以下事项：

（1）RIE 处理的表面粗糙度可能高达 200 nm。这一粗糙度可以归于一系列原因，如对 HgTe 的择优刻蚀产生的富 Cd 表面、等离子体中的 CH_4 含量较高时造成的聚合物沉积，以及较大的射频功率导入的直流偏压，使得离子能量较高等，均可造成离子诱导损伤。

（2）因为 RIE 起离子辅助作用，对半导体的物理和电学损伤可能出现 P－TO－N 转型，使得表面附近的化学计量比发生变化。

（3）当 CH_4 与 H_2 的比例小于 1∶3 时，聚合物薄膜形成的概率增加，这可能是刻蚀停止的机理。通过优化工艺参数，如 CH_4 与 H_2 的比例、总压力、温度和入射离子能量，可以控制 RIE 过程中的反型、化学计量比成分的变化、表面变粗糙以及聚合物沉积。

事实上，由于上述因素的影响，RIE 多用于 P－TO－N 转型以及用于在器件中引入化学计量比变化，在刻蚀和结构成形方面的应用反而退居其次。减小离子导入的损伤对于 MCT 器件的刻蚀十分重要。某些类型的等离子体刻蚀对于 PN 结性能有衰减作用，衰减的程度不仅依赖于刻蚀工艺，还与 PN 结的类型及结深有关。

2. 电子回旋共振刻蚀

ECR 是在低压下，通过将一个微波场的频率与电子在一个固定磁场中的回旋共振频率匹配来产生高密度低能等离子体。与射频平行板反应器相比,ECR 系统具有较高的电离能比例和较低的离子能量。ECR 所用的气体组合有 CH_4/H_2、$CH_4/H_2/Ar$、$CH_4/H_2/Ar/N_2$、Ar/H_2 等。在用 ECR 处理 MCT 时,降低压力可以大幅减小氢电离。ECR 工艺发展中需要解决:

(1) 刻蚀表面及侧面要有较低的粗糙度。

(2) 刻蚀表面的化学计量比和光电性质应保持不变。

(3) 应避免过量的聚合物沉积以及刻蚀残余物的再沉积,ECR 减少聚合物沉积的一种方法是 N_2 引入 H_2 和 Ar 的混合物。

(4) 刻蚀表面的反型。

对上述问题有影响的工艺参数包括等离子体气相组分、总压力、输入微波功率、入射离子能量、衬底偏压及温度等。

3. 低能电子增强刻蚀

另外一种使用与 ECR 相似系统结构的工艺是低能电子增强刻蚀。LE4 可以视为反应电子激励解吸附(ESD)。ESD 是由于外来电子能量从束缚态到受激态的激励所引起的,因此 LE4 所需要的最大电子能量阈值就是原子所具有的最大表面束缚能。LE4 所用的电子能量为 $1\sim15$ eV,反应物粒子处于热速度。与其他工艺相比,电子传递到刻蚀表面的动量可以忽略,故对 MCT 造成的损伤也最小,用氩、甲烷、氢、氮混合物对 MCT 所做的 LE4 刻蚀的特点如下:

(1) 可以刻蚀出具有良好各向异性度的 MCT 图形。

(2) 刻蚀表面及侧壁平滑。

(3) 聚合物余量与甲烷浓度之间的关系可用经验公式描述。

(4) 在非常低的 CH_4 浓度下,也可以获得合适的刻蚀速率。

(5) 表面上的 Cd 集聚减少。

4. 电感耦合等离子体刻蚀

ICP 是另一种高密度等离子体刻蚀工艺,其工艺参数的改变对于 P−TO−N MCT 反型层载流子输运性质的影响中,N 型反型层载流子输运性质和深度对于等离子体处理的压力和温度最为敏感。

在 N−P$^+$−N 三层异质结材料上,用先进光刻工艺和 ICP 刻蚀制备了中心间距为 $20\mu m$ 的高性能单元双色探测器。性能测试结果表明,这种方法可制备用于三代成像系统的 640×480 像元和 $1\,280\times720$ 像元双色 FPA 器件。ICP 处理大尺寸晶片时的均匀性要好于 ECR 处理的均匀性。ICP 可用于光敏元成型、刻蚀通路、清洗表面,提高 MCT 的可制造性,甚至可取代 MCT 的湿法处理工艺。与 RIE 相比,ICP 对衬底造成的损伤较小。其缺点是系统的成本和复杂度增加,并且还需要大型昂贵的抽真空系统。尽管如此,ICP 处理已成为 MCT 及其他 Ⅱ~Ⅵ族化合物的工业处理标准。

5. 离子束研磨

离子束研磨不需要注入任何特定的类施主原子。IBM 主要用于在 MBE/LPE 法生长的 MCT 材料上制备 PN 结及各种小尺寸 MCT 阵列。严格地说,IBM 是一个力学过程,刻蚀物与刻蚀对象之间没有化学反应,有时又称之为喷砂的微力学模拟。方向可控是离子研磨的一个显著优点。IBM 的另一个优点是不用电子灯丝,故减少了离子源受热,降低了沾污,相应地提高了系统及器件的可靠性。

IBM 使用能量为 200~1 500 eV 的离子(通常是 Ar 离子)轰击。离子轰击能量使表面附近的 Hg 间隙原子被释放,表面 Hg 间隙原子浓度增加。这些 Hg 间隙原子扩散进入体内与 Hg 空位复合,形成 N 型区。Hg 间隙原子的作用、位错的影响和成结过程中离子轰击机制复杂,尚有待于深入研究。IBM 可使 MCT 出现 P−TO−N 反型。空位掺杂 P−MCT 反型到 N−MCT 的速率受限于掺杂剂量。结深 d 的计算公式如下:

$$d = \frac{kGt}{N_a A} \tag{3-13}$$

式中,k——与轰击离子能量弱相关的常数;

　　　G——单位时间内落在 MCT 晶片上的离子数;

　　　t——时间;

　　　N_a——Hg 空位初始浓度;

　　　A——轰击面积。

湿法工艺已不能满足新一代 MCT 器件制备的需要,二代和三代器件如光电二极管二维器件、高性能焦平面器件、超晶格结构、双色探测器、雪崩光电探测器、超光谱器件等,要求隔离沟道较深,纵横比较大(典型尺寸深为 $10 \sim 15 \mu m$,宽为 $3.5 \mu m$,间距为 $20 \mu m$),表面平滑,均匀性高;量子线、量子点、中波红外激光器、长波红外激光器等纳米尺度器件的制备,也需要以很高的各向异性度以及最小的结构损伤和电学损伤实现具有高纵横比图案的转移。为此,要求精确控制刻蚀速率、各向异性、横截面及尺寸,不能对探测器的光敏面造成损伤,这些需求推动了干法工艺的发展。

3.2.2　碲镉汞中波红外探测芯片

3.2.2.1　简介

红外焦平面探测器是一种集红外信息获取和信息处理于一体的先进的成像传感器。与量子阱红外光探测的光电探测器相比,HgCdTe 光伏中波红外焦平面探测器具有更高的量子效率和工作温度,因而 HgCdTe 仍然是新一代中波红外探测器的首选材料。

常规的 HgCdTe 中波 N^+−ON−P 平面型光伏红外探测芯片是基于采用分子束外延技术生长的 P 型 HgCdTe 材料,并通过注入阻挡层的生长、离子注入区的光刻、形成 P−N 结的 B^+ 注入、硫化锌(ZnS)或 CdTe/ZnS 钝化膜生长、金属化和铟柱阵列的制备等工艺获得的。其中,表面钝化的质量与光敏感元二极管的光电特性直接相关。表面钝化层不仅要起到绝缘的效果,而且还要使探测芯片的能带在表面处尽可能接近平带。因此,HgCdTe 红外焦平面光伏探测器的表面钝化是制备 HgCdTe 红外探测芯片的关键工艺。

作为 HgCdTe 红外焦平面探测器常用的钝化方法,ZnS 或 CdTe 介质膜可在 HgCdTe 红外探测芯片表面起到绝缘的效果。但是,常规的 HgCdTe 探测芯片工艺难免在钝化界面还会存在一些未被中和的界面悬挂键,以及快态、慢态的界面电荷,这使常规钝化的 HgCdTe 红外焦平面探测器光敏感元阵列芯片钝化界面不可能真正处于平带,从而影响红外焦平面探测性能。

3.2.2.2 钝化界面植氢的方法与设备

1. 钝化界面植氢的方法

钝化界面植氢优化是在 N^+-ON-P 型 HgCdTe 中波红外探测芯片的制备过程中,采用高密度、低能量的氢等离子体对 HgCdTe 中波红外探测芯片与 ZnS 钝化介质膜之间的界面进行植氢处理的芯片加工工艺。图 3-21 所示为 HgCdTe 中波探测芯片光电二极管的钝化介质膜生长与钝化界面植氢优化的示意图。钝化界面植氢优化是直接将经过热蒸发沉积钝化膜的 N^+-ON-P 型 HgCdTe 中波红外探测芯片暴露于低能量、高密度的氢等离子体中来实现的。

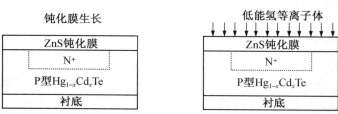

(a) ZnS钝化膜的热蒸发沉积　(b) HgCdTe探测芯片ZnS钝化界面的植氢优化

图 3-21　HgCdTe 中波探测芯片光电二极管的钝化介质膜生长与钝化界面植氢优化示意图

2. 钝化界面植氢的设备

N^+-ON-P 型 HgCdTe 中波红外探测芯片的钝化界面植氢是在诱导耦合等离子体(ICP)增强反应离子刻蚀设备上实现的。图 3-22 所示为钝化界面植氢工艺采用的 ICP 增强型 RIE 设备结构简图。ICP 等离子体源是继 ECR 源后发展起来的一种新技术,

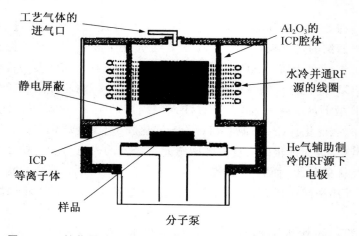

图 3-22　钝化界面植氢工艺采用的 ICP 增强型 RIE 设备结构简图

与 ECR 源相比,其结构简单、工作稳定,等离子体的均匀性也更好。ICP-RIE 技术采用两个独立的 RF 源来分别控制产生等离子体的密度和体刻蚀能量,能满足 HgCdTe 中波红外探测芯片钝化界面植氢优化的高等离子体密度、低刻蚀能量和高均匀性等特殊要求。

3.2.2.3　制备与测试

基于由 MBE 技术生长的同一批 HgCdTe 材料和相同的芯片工艺加工平台,制备经过和未经过钝化界面植氢的两类中波红外探测芯片,以对比研究 HgCdTe 中波红外探测芯片的钝化界面植氢优化的效果,中波红外探测芯片的光敏元尺寸为 $30\mu m \times 30\mu m$,B^+ 注入窗口大小都设计为 $22\mu m \times 22\mu m$,N 区金属化窗口的大小设计为 $8\mu m \times 8\mu m$。

制备两类中波红外探测芯片的 HgCdTe 材料是相同的,它们都是采用 MBE 技术生长的厚度为 $10.3\mu m$、Hg 空位掺杂浓度为 9.27×10^{15} cm^{-3} 和组分 $x = 0.295$ 的中波 $Hg_{1-x}Cd_x Te$ 薄膜材料。同时,两类中波红外探测芯片的离子注入阻挡层及其厚度、B^+ 注入工艺、钝化介质膜生长工艺及其厚度,以及金属化电极的制作工艺也都是相同的,而且是同一批次完成的。两类探测芯片制作工艺的最大区别是在芯片制作过程中,钝化界面植氢的 HgCdTe 中波红外探测芯片在 B^+ 注入形成的 N^+-ON-P 光电二极管阵列后,增加了将 HgCdTe 中波红外探测芯片放置于 ICP 增强型 RIE 设备产生的低能量、高密度氢等离子体进行处理的芯片加工工艺。中波红外探测芯片使用液氮进行制冷,制冷温度为 78K,$I-V$ 特性曲线采用电压触发同时测量电压和电流的方法来获得,电流测量的准确率达到 100pA,分辨率高于 20pA。

3.2.2.4　性能分析

图 3-23 所示为经过和未经过钝化界面植氢的两类 HgCdTe 中波红外探测芯片光电二极管阵列在温度为 78K 时的 $I-V$ 特性曲线,以及由 $I-V$ 特性曲线微分求倒数得到的 $R-V$ 特性曲线。HgCdTe 探测芯片光电二极管阵列的响应光谱实验获得探测芯片的截止波长为 $5.3\mu m$(以峰值响应的 50% 计算)。图中,经过钝化界面植氢优化的 HgCdTe 中波红外探测芯片光电二极管的开启电压比未经过植氢处理的增加了 50mV

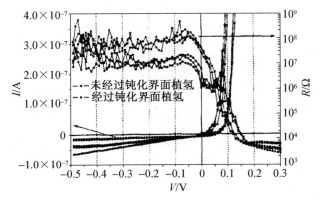

图 3-23　经过和未经过钝化界面植氢的两类 HgCdTe 中波
红外探测芯片的 $I-V$ 和 $R-V$ 特性曲线

左右,而且钝化界面植氢优化的 HgCdTe 中波红外探测芯片的光电二极管零偏与反偏动态阻抗比未经过植氢处理的提高了 10 倍,并在大的正向偏压下钝化界面植氢优化的 HgCdTe 中波红外探测芯片的光电二极管动态阻抗也明显减小,这表明钝化界面等离子体植氢可以抑制 HgCdTe 中波光电二极管的暗电流和优化探测芯片的欧姆接触,从而能提高中波红外焦平面探测器的探测性能。

3.2.2.5　效果

基于由采用 MBE 技术生长的 HgCdTe 薄膜材料,通过阻挡层的生长、注入窗口的光刻、B^+ 注入、低能氢等离子体植氢、金属化和铟柱阵列的制备等工艺,得到了钝化界面植氢的 HgCdTe 中波红外探测芯片。实验发现,经过钝化界面植氢处理的 HgCdTe 中波红外探测芯片的光电二极管开启电压比未经过植氢处理的增加了 50mV 左右,零偏及反偏动态阻抗提高了 10 倍,且正向串联电阻也明显减小。这表明经过钝化界面等离子体植氢处理可以抑制 HgCdTe 中波光电二极管的暗电流和优化探测芯片的欧姆接触,从而能提高中波红外焦平面探测器的探测性能。

3.2.3　中波 2 048 像元长线列碲镉汞焦平面杜瓦组件

3.2.3.1　简介

2 048 像元碲镉汞焦平面由 8 个中波 256×1 像元芯片和 8 个光伏信号硅读出电路模块交错排列组成,与 8 个微型滤光片以桥式结构直接耦合后封装在全金属微型杜瓦内,形成了中波 2 048 像元长线列碲镉汞红外探测器组件。2 048 像元焦平面杜瓦组件基本解决高均匀性和一致性的焦平面模块技术、高精度的拼接技术、高可靠性的模块及其封装技术。对降低背景辐射和光串、降低组件的寄生热负载、提高组件的可靠性等方面,采取了一系列措施,使研制的组件获得了良好的性能,并进行了一系列空间适应性实验,实验前后的组件性能未发生明显变化,满足工程化应用要求。

3.2.3.2　设计

1. 器件设计

中波 2 048 像元长线列碲镉汞焦平面器件因受器件工艺条件限制,故采用 8 个性能相近的 256×1 像元线列焦平面子模块在同一块拼接基板上拼接而成。每个 256 像元焦平面子模块采用间接倒装焊互连模式将碲镉汞光敏元阵列和读出电路连接。256 像元焦平面子模块的光敏元采用"品"字形布局,像元尺寸为 $28\mu m \times 28\mu m$,中心距为 $28\mu m \times 56\mu m$。8 个 256 像元焦平面子模块在长线列方向依次排开,奇数子模块与偶数子模块成 180°旋转对称,256 像元焦平面子模块垂直于长线列方向的中心距为 2 800μm,相连两个 256 像元焦平面子模块的光敏元首尾相接,实现长线列方向无间隔盲元。光敏元阵列布局如图 3-24 所示。它的各子模块规格统一,可选择性能一致的模块进行拼接,以提高整个长线列红外焦平面探测器的响应率和均匀性。

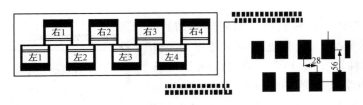

图 3-24　光敏元阵列布局图

2. 低温滤光片安装结构设计

为了抑制红外背景辐射或限定特定的红外通光波段,需要在红外焦平面探测器的探测入射光路上安装低温滤光片,使红外探测器对感兴趣的波段进行探测,同时抑制背景辐射,以提高探测器的动态范围和探测灵敏度。长线列红外焦平面探测器的横向线度很长,采用通常的单片滤光片安装方式,在技术上非常困难。以 2 000 像元长线列焦平面为例,每个子模块长约 9mm,拼接完成后约为 72 mm,这就意味着采用通常的单片滤光片,必须制备 75mm 以上。对于如此大的滤光片,要求中心波长、滤光片带宽、峰值透过率等参数指标均匀,技术上很难实现。另外,如此大尺寸的滤光片安装在低温下,其基体与安装架的热膨胀系数差异会引起内应力,内应力的大小与长度成正比,即内应力的作用会造成滤光片变形,影响光学校准精度,降低成像质量。因此,根据优化设计,采用子模块分别桥式安装滤光片的方法,在子模块的两端空隙处放置与滤光片基体材料相同的桥墩,这样可以降低滤光片的尺寸,大大降低内应力。

3. 组件内引线设计

中波 2 048 像元长线列碲镉汞焦平面器件由 8 个性能相近的 256×1 像元线列焦平面子模块在同一块拼接基板上拼接而成。每个 256×1 像元线列焦平面子模块有几十根功能线,如果将它们都引出,会增加微型杜瓦的热负载,使装载面电极制备工艺的难度增加,可靠性下降。在保证探测器各模块之间无干扰和故障排除的可操作性的前提下,对 2 048像元红外焦平面探测器的引出线进行优化,将 152 根引出线减少到 44 根。电极基板的制备工艺有氧化铝陶瓷、蓝宝石和氮化铝 3 种。陶瓷电极制备工艺多用 95 瓷和厚膜工艺。95 瓷含杂质较多,真空出气速度比 99 瓷高出近一个数量级,在热导率方面也比 99 瓷差,且 95 瓷多采用厚膜工艺,影响了引线密度,更重要的是 95 瓷采用厚膜工艺形成的电极在深低温冲击下容易开裂。以蓝宝石为单晶,与多晶的氧化铝和氮化铝陶瓷相比具有较低的真空出气率,导热率也比氧化铝陶瓷好。因此,选用蓝宝石作单晶,采用光刻和离子束溅射的方法依次溅射铬层和金层,然后用腐蚀的方法形成电极。

4. 低温冷平台支撑结构设计

装载面支撑结构的设计要综合考虑力学、热学和芯片尺寸。传统的杜瓦装载面支撑结构一般采用细长薄壁圆柱结构,当装载面负载较重时,为了达到一定的力学强度,通常是增加支撑柱的截面积,但截面积变大又会导致支撑结构漏热增加。当受到 x、y 方向力作用时,装载面的扰度和倾斜角相对较大,难以保证探测器始终位于光学系统焦面的允许误差范围内。长线列红外焦平面杜瓦的装载面有较重的负载,因此这个问题显得更加突出。

　　为此专门设计了一种斜拉式球副连接的杜瓦支撑结构(图 3 - 25)。杜瓦支撑柱是壁厚为 0.15 mm 的薄壁圆柱。又设计了 4 根斜拉细金属丝。设计时,根据力学强度要求选择金属丝的直径,通过改变斜拉丝来增加金属丝的长度,从而降低支撑结构的漏热。此结构克服了传统杜瓦装载支撑结构在力学上的弊端,所采用的金属丝斜拉结构有相对较小的表面积,即有较少的放气量,这对杜瓦的真空寿命极为有利。

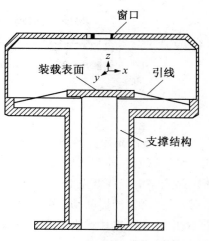

图 3 - 25　改进后的杜瓦结构

3.2.3.3　性能指标

　　2 048 像元焦平面杜瓦组件的主要关键技术已基本解决,即高均匀性和一致性的焦平面模块技术、高精度的拼接技术、高可靠性的模块及其封装技术。获得了性能优异的中波 2 048 像元焦平面杜瓦组件,其主要性能指标见表 3 - 7,并进行了环境力学实验验证,实验前后的组件性能未发生明显变化,满足工程化应用要求。

表 3 - 7　2 048 像元焦平面杜瓦组件主要性能指标

项　目	数　值	项　目	数　值
温度/K	80	可用像素率	99.5%
波带/μm	3～4.8	响应不均匀性	10%
固定件数	2 048×1	接合冷却器	专　用
固定尺寸/μm	28×28	热负载/(m·W)	600
固定中心距/μm	28	最大尺寸/mm	ϕ85×95
探测率/(cm·Hz$^{1/2}$·W^{-1})	28×10^{11}	包　装	真空包装
响应率/(V·W^{-1})	1×10^7	组件质量/g	800

3.2.4　长波光导 60 像元碲镉汞红外探测器组件

3.2.4.1　简介

　　长波光导碲镉汞线列探测器通用组件被第一代军用热像仪广泛采用,该组件系列为 60 像元、120 像元和 180 像元。60 像元碲镉汞探测器是该系列通用组件的基础。这不仅是因为探测像元数相对较少,使与其配套的杜瓦瓶、前置放大器、制冷器等较为容易制造,而且还由于探测像元数适中,能满足轻型、便携式热像仪的要求。就一般而言,选用 60 像元碲镉汞探测器通用组件的轻型热像仪的需求量占热像仪总需求量的 2/5 以上。

3.2.4.2　探测器组件的制备

　　60 像元碲镉汞探测器组件的制备过程如下:

1．碲镉汞晶片的测量和筛选

优质碲镉汞晶片是制备高性能探测器芯片的基础。将 ϕ 10～15mm 的碲镉汞晶体切成 0.8mm 厚的晶片,在汞气氛中进行热处理就得到 N 型材料。经密度法、红外透射光谱、Vander Pauw 法和 X 射线 Laue 形貌术等方法测量,选择满足如下条件的晶片:

组分:　　　　　　　　　　　0.200～0.216
液氮温度的热平衡电子浓度:　$\leqslant 5 \times 10^{14}$ cm^{-3}
液氮温度的电子迁移率:　　　$\geqslant 1 \times 10^5$ cm$^2 \cdot$ V$^{-1} \cdot$ s^{-1}
少数载流子寿命:　　　　　　$\geqslant 0.5$ μs
晶体的结构完整性:　　　　　形貌相对较完整,边缘清晰,衬度较均匀

2．碲镉汞晶片的减薄和表面处理

碲镉汞晶体的屈服应力很小,而残留应力又较大,因此要低损伤地把厚度约 0.8mm 的材料减薄至 10μm 以下是相当困难的。在粘片、研磨、抛光等过程中都需要精心操作,尽可能地减少应力损伤,特别是要同时控制好研磨中造成的平均损伤和最大损伤。现已能以相当好的重复性且低损伤地将碲镉汞晶片减薄到 8±0.5μm。

3．碲镉汞晶片的表面钝化

碲镉汞晶片的表面处理是探测器的关键工艺之一。为降低材料的表面复合速度,提高材料的稳定性和探测器的性能,良好的表面钝化是必不可少的。抽测样品的表面复合速度在 500cm/s 以下。

4．碲镉汞探测器芯片的精密成型

器件芯片的精密成型工艺,包括光刻、离子刻蚀和化学腐蚀等。当碲镉汞晶片很薄时,在这些加工过程中,材料中的残留应力和工艺应力都可能造成芯片的晶格损伤。研究发现,在良好的器件工艺条件下,材料中的残留应力起主要作用;反之,对低应力的碲镉汞材料,如果器件工艺应力超过材料的屈服应力时同样会造成晶格损伤。

5．碲镉汞探测器芯片的电极制备

在器件芯片中采用合理的延伸电极结构,用溅射技术制备 CrAu 电极,再用超声波压焊方法将探测器芯片和杜瓦的引出电极可靠地连接起来。

6．碲镉汞探测器芯片的中测和筛选

在液氮温度下测量有关器件参数,挑选出满足技术要求的探测器芯片。研究表明,碲镉汞探测器的电阻—温度特性与其性能有对应关系。这样,在大多数情况下,简单地用室温电阻和液氮温度电阻的关系就能判断探测元的性能。

7．杜瓦制备

杜瓦制备是探测器组件工程化的关键。为满足整机的尺寸要求,并保证探测器的可靠性,杜瓦外壳采用金属结构,内壁采用玻璃,保证埋入式的引出电极有很高的绝缘度,组装好的探测器组件的重量不超过 170g。

8．制冷器

探测器现采用 J－T 制冷器,但也可以配装斯特林制冷机。在组件中,主要解决了高制冷效率、低耗气量和良好的热耦合等问题,制冷器的工作稳定可靠。

9.温度传感器的测量、标定和筛选

探测器中采用硅二极管作为 77～300K 的测温元件,研制了专用的多路测温二极管标定系统,筛选出线性好、测温精度优于 0.3K 的二极管器件供总装使用。

10.碲镉汞探测器组件相关零件制备

除以上涉及的器件外,在探测器组件中,还使用了锗窗口、滤光片、冷屏套、高强度的信号引出线、引线插头、黏结胶等多达 20 余个(种)的零配件和材料。

11.碲镉汞探测器组件的精密组装

在超净间中,将上述准备好的各种元器件用特殊的工装夹具,在大型工具显微镜上按一定的程序和要求精心组装成一个整体。

12.碲镉汞探测器组件真空封装

利用高真空机组对总装好的探测器组件进行长时间排气,在达到 5×10^{-7}Pa 的高真空时冷封。

3.2.4.3　探测器组件的性能

探测器组件性能见表 3-8。

表 3-8　探测器组件性能

组　件	数　值	组　件	数　值
探测器结构和像元数	双排、2～30 像元	杜瓦尺寸	最大 77mm×50mm
盲元数	0	组件重量	≤170g
探测元光敏面尺寸	$50\mu m \times 50\mu m$	制冷方式	J－T 制冷
光谱响应	$8～14\mu m$	工作温度	80～82K
黑体探测率	$\geqslant 1.7 \times 10^{10}$ cm·Hz$^{1/2}$·W^{-1}	温度传感器	测温二极管
黑体响应率	$\geqslant 1.6 \times 10^{4}$ V·W^{-1}	测温范围和精度	77～300K,±0.3K
探测元阻抗	$\approx 50\Omega$	使用环境	满足 GJB1788—93 规定的高低温储存、温度循环、冲击、振动条件
杜瓦结构	带锗窗口的金属杜瓦		

总结分析典型探测器组件的黑体探测率、黑体响应率、阻抗等主要参数和其他器件的测量结果,研制的 60 像元碲镉汞探测器组件有以下四个特点:

(1)器件的探测率高,响应率高,均匀性高,探测器无盲元。

(2)探测器组件达到整机所要求的有关标准化、通用化、组件化的产品要求,探测器组件的可靠性高,基本满足在恶劣环境条件下工作的要求。

(3)因为所有器件的全部探测元在同一个偏置条件下就能达到高性能,所以不同器件有比较好的互换性。

(4)由于碲镉汞材料和探测器制备工艺的稳定可靠,器件性能稳定,60 像元碲镉汞探测器芯片的成品率达到两位数。

由于有了比较成熟的光导 60 像元碲镉汞探测器的工艺基础,能够进一步研制更密集更复杂的高性能碲镉汞线列探测器,以满足各类红外系统的需求。

3.2.5　长波多元线列光导碲镉汞红外探测器实用化组件

下面主要介绍 75W/80K 分置式斯特林制冷机和大动态、低频、低噪音、低源阻集成前置放大器组成的全国产化工程化 160 像元双排线列光导碲镉汞红外探测器组件和分置式斯特林制冷机制冷的 120 像元单排线列光导碲镉汞红外探测器组件的性能;简述组件芯片制造工艺,组件中探测器芯片、微杜瓦、网络电阻排、吸气剂、测温二极管和微型连接器间的组装技术;介绍组件机械耦合技术和总体联调技术。

3.2.5.1　芯片制造工艺

1. 芯片结构

160 像元组件芯片的灵敏元面积为 $60\mu m \times 50\mu m$(精区 32 像元)和 $60\mu m \times 100\mu m$(粗区 128 像元),精区元件间隔为 $35\mu m$,粗区元件间隔为 $70\mu m$,双排线列,分 5 个区、10 个组、20 个段,每段 8 个元件共用一根地线,结构复杂,全长 12mm。120 像元组件芯片的灵敏元为 $60\mu m \times 40\mu m$,中心间距为 $100\mu m$,单排线列。

2. 碲镉汞晶体选择

碲镉汞晶体的性能是影响器件性能的关键因素之一。实验中,对原材料进一步提纯,采用了引晶技术;改进长晶结构、温场和温度梯度,从而拉平固—液界面,控制了生长速率,加上采用长时间低温热处理方法等技术措施,最终获得优质晶体。表 3-9 为碲镉汞晶体的典型电学性能。

表 3-9　碲镉汞晶体典型电学性能(77K)

晶体编号	载流子浓度/cm^{-3}	电子迁移率/(cm $\cdot$ V^{-1} $\cdot$ s^{-1})	电阻率/($\Omega \cdot$ cm^{-1})	x 值	透过率/%	备注
9137	4.8×10^{14}	2.1×10^{5}	6.2×10^{-2}	0.206	24	$\delta = 0.6mm$
9111	3.42×10^{14}	1.81×10^{5}	9.6×10^{-2}	0.203	32	$\delta = 0.6mm$
9262	2.46×10^{14}	1.91×10^{5}	1.33×10^{-1}	0.210	23	$\delta = 0.6mm$
9022	1.7×10^{14}	1.71×10^{5}	2.14×10^{-1}	0.210		

3. 芯片工艺流程

实验中,对组件芯片工艺开展了深入研制,主要进行版图结构设计、大尺寸碲镉汞晶片减薄工艺、表面处理、采用钝化工艺和成型工艺,包括掩膜工艺、离子刻蚀和延伸电极制作工艺,以及拼接技术和组装技术等。实验发现,对于 160 像元器件这样复杂结构的元件排列,版图结构设计要仔细考虑。为了提高响应率,必须提高元件阻抗,减少扫出效应的影响。为此,在元件结构图案设计上采取刻槽工艺,使元件光敏面上有一条足够细的槽。其次是几个元件共用一根地线。这样做既使组件引线数目增加不多,又由于共用地线使元件数目增多而元件干扰等无法解决的问题得到妥善处理。通过计算认为,对于 160 像元双排线列组件采用 8 个元件共用一根地线,而对于 120 像元单排线列组件采用 5 个元件共用一根地线是合适的。碲镉汞晶片减薄工艺是芯片工艺流程中另一个重要问题。光导碲镉汞探测器的理论认为,在其他条件一定情况下,元件探测率与元件厚度成反比。也就是说,元件厚度越薄越好,但也不能无限薄。因为减薄工艺是通过研磨和抛光等磨料加工来实现的,而磨料是微米量级直径的金刚砂细粉粒,因此必然会对被加工晶体表面造成损伤和应力,即所谓缺陷。在光导探测器中,光生载流子多半是通过表面流动到达对方电极而产生信号输出,当表面存在缺陷时,这些缺陷就是其陷阱,起到复合中心作用,因此器件表面复合速度很大,会使少数载流子的寿命由表面复合寿命来决定,而不是由晶体的体寿命决定。这种情况是绝对不允许的。实验认为,$10\mu m$ 厚度较合适。要使 0.6mm 厚度的晶片逐渐减薄到 $10\mu m$,其中在研磨、抛光、清洗和腐蚀等工序制作中必须仔细地把损伤层逐渐递降到晶体表面在 X 射线电子衍射下出现单晶斑点和菊池线的程度。为了保证在环境恶化条件下元件的性能变化在允许范围内,实验中对元件表面除生长一层原生膜外,还蒸镀了一层硫化锌薄膜,从而在元件表面构成复合钝化膜。同时,硫化锌薄膜还起着增透作用。

3.2.5.2　微型杜瓦

为了适应制冷机制冷的要求,实验中设计制造了特殊的微型杜瓦。由于考虑到机械耦合对杜瓦的特殊要求,经过多次实验、分析和比较后确定采用全金属结构杜瓦。其芯柱内径为 $\phi 17.2mm$、深度为 4.5mm,与制冷机配合的法兰均能与进口机兼容。杜瓦共有184 条引线(160 像元)或 148 条引线(120 像元),不含吸气剂引线,内装 2 个测温二极管和 2 个吸气剂、160 像元网络电阻排和 5 个 54 芯微型连接器。窗口材料为镀硫化锌的锗,直径为 $\phi 27mm$。杜瓦真空保持时间 1 年,允许激活吸气剂一次,寿命至少为 5 年。

3.2.5.3　微组装技术

微组装技术是探测器/杜瓦组件研制中关键技术之一。它是将探测器芯片、微杜瓦、网络电阻排、测温二极管、吸气剂和矩形连接器采用多种技术措施通过手工精细安装技术集成在一起的,具有集成空间小、引线布局巧妙而复杂、焊点多、间距小、线径细、绝缘性能好和可靠性高等特点。实验中所用的技术措施有:贴装技术、聚四氟乙烯材料制备的具有严格分度精度的引线定位框架进行型位定位技术、多次超声热压焊、多次钎焊和保证可靠性而采取的包括硅橡胶在内的多种胶在不同处进行固封技术等。

3.2.5.4　耦合技术

耦合技术是将探测器/微杜瓦组件和分置式斯特林制冷器进行热耦合和减振的技术,起到减振、补偿因冷脂冲击和振动及低温下气缸与杜瓦材料收缩差异和安装尺寸公差所造成的尺寸收缩差值,以及传递冷量的作用。该项技术在国内红外探测器研制领域中还是一项前沿技术。据调查,耦合器采用波纹管结构较合适。实验中采用圆柱弹簧加软铜丝结构同样可以解决耦合技术问题。实验发现,大的传热面积和短的传热距离对减少传热温差是相当有利的。提高耦合器端面形位公差光洁度和选用低温导热脂对减少安装介面的热阻是有利的。在满足耦合器刚度情况下应尽量提高耦合器的可压缩量。在安装耦合器时应保持各接触端面的洁净,没有湿气和水分,以免增加耦合器的固有热阻,降低耦合效果。为了比较进口的波纹管结构和自制的圆柱弹簧加软铜丝结构两种耦合器的耦合效果,我们将两种结构耦合器依次装在制冷机上对相同的探测器/微杜瓦组件进行制冷和减振效果实验,发现基本相同。

3.2.5.5　联调技术

联试中遇到的主要问题是组件系统对探测器元件的干扰问题,其表现形式是探测元件的噪声在固有噪声电平上叠加上干扰噪声,使元件整体噪声电平增高,影响元件探测率。据分析,干扰源主要来自 50Hz 电源、制冷机、偏置电源、测温二极管供电电源等。实验中,对制冷机分置传输管采取特殊结构加上屏蔽、滤波和接地措施,组件系统干扰问题有较大改善。此外,对于以双活塞对动方式工作的压机构成的分置式制冷器来说,膨胀机热端的热量只有散掉才能使其冷脂的温度降下来,从而起到冷源作用。实验中曾用过传导自然散热和强迫风冷散热,发现设计一种既能把热量导走又能使热端的温度保持在制冷机能正常工作状态的结构尺寸合适的散热器较为合适。

3.2.5.6　探测器组件性能

1. 黑体性能

120 像元、160 像元实用化 MCT 组件性能见表 3-10。

表 3-10　120 像元、160 像元实用化 MCT 组件性能

组件类型	$\overline{D^*_{bb}}$	D^*_{bbmin}	$\overline{R_{bb}}$	R_{bbmin}
	cm·Hz$^{1/2}$·W^{-1}	cm·Hz$^{1/2}$·W^{-1}	V·W^{-1}	V·W^{-1}
120 像元	1.92×10^{10}	1.4×10^{10}	4.9×10^4	1.4×10^4
160 像元	1.93×10^{10}	8.9×10^8	3.5×10^4	1.36×10^4

2. 光谱性能

组件的光谱性能如图 3-26 所示。探测器组件已在热像仪上使用,性能稳定,图像清晰。

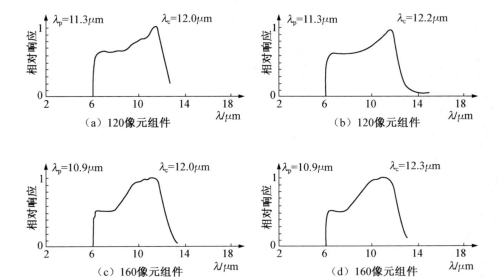

图 3-26　组件的光谱曲线图

3.2.6　小型多元光导碲镉汞线列红外探测器组件

3.2.6.1　原理

碲镉汞是一种对红外辐射敏感的三元化合物半导体材料。这种化合物单晶根据组分中汞含量的不同,导致不同的截止波长。实际的长波碲镉汞光导探测器是由一层厚度约 $8 \sim 15 \mu m$ 的碲镉汞单晶材料两端沉积出两个引伸电极,并限制出光敏面而制成的(图 3-27),大于禁带宽度能量的红外辐射光子入射到光敏面上,使碲镉汞材料价带内的电子激发到导带上,产生一对电子—空穴对。电子—空穴对在外加电场的作用下,电子和空穴各自向相反的方向移动,使探测器的电导发生变化,这就是光电导效应。为了探测和感应这种光电导的变化,须在探测器两端施加外部偏流或电压,通常探测器被制造成正方形或长方形的灵敏面,以保证外部偏流在光敏面上分布的均匀性。

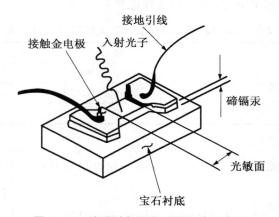

图 3-27　光导碲镉汞探测器构造示意图

高性能的长波碲镉汞光导探测器通常都必须在低温下进行工作,因此需将探测器芯片封装于杜瓦瓶中,然后用液氮或制冷器进行制冷,并根据用户需要在一个芯片上同时制造出许多分立的线列光导碲镉汞。

3.2.6.2　技术指标

以 60 像元小型实用化光导碲镉汞线列红外探测器组件为典型代表,介绍长波光导碲镉汞组件的性能。60 像元小型实用化光导碲镉汞红外探测器组件的主要技术性能如下:

响应波段:$8 \sim 12 \mu m$;

探测器材料:HgCdTe(PC);

光敏元数:60 像元(单片单线列);

光敏元尺寸:$40 \mu m \times 60 \mu m$;

光敏元中心间距:$100 \mu m$;

工作温度:$80K \pm 5K$;

典型单元阻抗:$80 \sim 200 \Omega$;

最小黑体探测率：$D_{bbmin} \geq 1.05 \times 10^{10}$ cm · Hz$^{1/2}$ · W^{-1}；

最小黑体响应率：$R_{bbmin} \geq 1.03 \times 10^4$ V · W^{-1}；

视场角：30°；

平均偏流：$\leq$3mA；

串　　音：$\leq$−26dB；

盲 元 数：$\leq$2 个；

制冷方式：自调式节流制冷；

耗 气 量：<2L/min；

制冷起动时间：<2min；

封装形式：微型杜瓦瓶封装；

微型杜瓦功耗：<120mW；

平均无故障工作时间：>1 年；

重　　量：250g；

储存温度：−62～70℃；

工作环境温度：−54～71℃。

3.2.6.3　研制技术

长波光导碲镉汞线列红外探测器组件由芯片、微型杜瓦瓶、制冷器三大部件组成。60 像元组件的研制是一个中心环节,它的研制成功为 30 像元、60 像元、120 像元、180 像元光导碲镉汞组件系列产品奠定了技术基础。60 像元组件在光敏元数和结构尺寸上的相应压缩或扩大,就得到了 30 像元、120 像元或 180 像元组件;60 像元拼接,将得到 120 像元或 180 像元。

光导碲镉汞线列红外探测器采用微型杜瓦封装,是以节流制冷器制冷或斯特林制冷器制冷的新一代红外探测器标准组件,如英国 Mullard 公司手持式热像仪用光导碲镉汞组件采用节流制冷方式工作,美国 AEG 公司生产的 60 像元、120 像元组件采用斯特林制冷器制冷方式工作,而以色列 SCD 公司生产的 120 像元组件,既可选配节流制冷器制冷,也可选配斯特林制冷器制冷。

微型杜瓦瓶与同类型的液氮制冷杜瓦瓶相比,在体积和重量上只有液氮制冷杜瓦瓶的 1/5 或更小,但结构却更紧凑、可靠,引出线短,振动干扰噪声小。这些优点使红外探测器系统向小型化、便携式、高可靠性方面发展成为可能。

自调式节流制冷器具有体积小、无振动干扰、无制冷工作噪声、便于维护等优点,但它需用高压氮气钢瓶供气工作。斯特林制冷器的优点是直接用电制冷工作,供应方便。由于它是用直流电机循环制冷工作,给探测器带来一定的振动,对红外系统成像质量会带来一定影响。此外,斯特林制冷器有一定的噪声,对工作掩蔽性也有一定影响。根据上述的技术,在 60 像元组件中采用了自调式节流制冷的方式,发展了全国产化的小型实用化光导碲镉汞线列探测器组件系列。

小型实用化光导碲镉汞线列红外探测器组件一面世,就受到关注,很快就出现了与之相对应的红外热成像产品。60 像元组件的静态电学性能已全面达到了美军 60 像元组件的指标,正在进行和完善动态可靠性实验。60 像元光导碲镉汞芯片的成品率已较高。除此之外,这类组件还能根据用户要求匹配上集成前置放大器和 CCD 信号处理器。

3.2.7　红外探测传感器与读出电路的耦合

3.2.7.1　简介

红外焦平面探测器是采用集成电路方法制作的大规模红外探测器阵列,通过读出电路完成所有探测器信号的焦平面传输和处理。在结构上,可分为单片式、准单片式、平面混合式及 Z 型混合式。用于红外焦平面阵列中的红外探测器材料有很多,如 InSb、HgCdTe、硅化物、Ⅲ－Ⅴ族化合物、Ⅱ－Ⅵ族化合物等。不管用什么材料,其目的都是使探测器具有高量子效率、大动态范围和均匀性好等。对于混合式红外焦平面阵列,除了选用好的探测传感器之外,探测传感器和读出电路的耦合是一个很重要的问题。然而无论是倒装式结构还是 Z 平面结构,常规的探测传感器与多路传输器的互连采用的都是会带来许多问题的铟凸点技术。图 3－28 所示为红外焦平面阵列光电信号的传输过程。

二维光信号——|探测器阵列|——→|输入电路|——→|读出电路|——焦平面输出电信号

图 3－28　红外焦平面阵列光电信号的传输过程

3.2.7.2　焦平面输入电路

从焦平面信号传输过程和现有焦平面结构类型看,输入电路可以分成 4 种类型(表 3－11),图3－29所示为四种输入电路的常用结构。

表 3－11　输入电路分类

类型	直接注入	栅调制	缓冲注入	缓冲直接注入(前置放大)
特点	(1) 简单直接注入 (2) 带有滑动机制的直接注入 (3) 电荷分配 (4) 独立充和溢	(1) 简单栅调制 (2) 充和溢 (3) 直接电容耦合 (4) CHIMPS	(1) MOS 负载缓冲电路 (2) 自动增益控制 (3) 电阻负载 (4) 滤波电路 (5) 开关电容	(1) 电流放大器 (2) 电压放大器 (3) 互阻抗放大器 (4) 可变增益

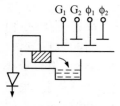 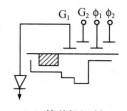 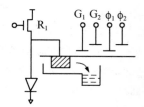 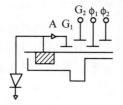

(a) 简单直接注入　　(b) 简单栅调制　　(c) MOS负载缓冲注入　　(d) 缓冲直接注入

图 3－29　四种输入电路常用结构

3.2.7.3　读出电路与红外焦平面阵列

从红外焦平面阵列的信号传输过程看,读出电路担负着红外图像信号的时空转换任务,它将按平面位置分布的二维电信号转换为按时间分布的一维电信号,这是读出电路必须完成的基本任务。按照读出电路在应用中的性能不同,人们常把焦平面读出电路分成 4 类:使用硅材料的低温读出电路,如 CCD、CID、CIM、MOSFET 开关读出电路;使用 II－V 族材料和低温超导材料的低温读出电路,如 GaAs、铌基超导读出电路;在常规和辐射环境温度都较高(>40K)的情况下工作的读出电路,如埋沟 CCD 读出电路;把各种信号处理电路集成在焦平面上的读出电路,如 CMOS/CCD。

随着先进 CMOS 工艺过程的出现,高密度、多功能 CMOS 多路传输器已设计出来。这种多路传输器能够执行稠密的线阵和面阵红外焦平面阵列的信号积分、传输、处理和扫描。CMOS 多路传输器不但可以作为中波红外器件的信号处理器件,还可以作为长波红外焦平面阵列的红外信号处理器件。使用 CMOS 多路传输器读出装置的红外焦平面阵列的红外系统,能够做成体积更小、质量更轻、功耗更低、性能优良的红外整机系统。

3.2.7.4　探测传感器与读出电路耦合方法研究

红外焦平面阵列是在硅 CCD 技术和红外探测器技术的基础上发展起来的器件,采用输入电路完成红外探测传感器和读出电路之间的耦合。每种输入电路都有自己的特点及使用范围。简单栅调制输入电路由于输入是加在 G_1 的 MOS 型,最适合于高阻抗探测器(如光电二极管和低温非本征光电导)。若探测器阻抗越大,交流信号注入效率就越好,因而最适合于缓和高阻抗背景条件下的探测器所采用。简单直接注入的优点是结构简单(面积小)、功耗低、注入效率高,最适合于光电二极管阵列(如光伏 InSb 和 HgCdTe),在使 CCD 势阱很少饱和的低背景通量条件下工作得很好。缓冲直接注入是利用反馈的方法改进直流注入电流,若放大器的增益高,则其噪声性能与直接注入电路比可得到改进(但要保证反馈放大器的噪声很低),工作电压可以控制,使加在探测传感器上的反偏电压有一定的调整余地。

焦平面读出电路是红外焦平面探测器组成的一部分,它不直接参加红外辐射信号的探测,但它参加红外探测信号的传输过程。满足红外探测信号的准确传输是读出电路设计的基本要求。读出电路作为 IRFPA 与热像仪外部电路的接口部分,在热像仪整体性能的提高上担负着重要的作用。虽然混合式红外焦平面阵列的输入电路必须满足许多要求和约束条件,但它们的噪声低于探测传感器噪声。从焦平面信号传输过程看,输入电路对探测传感器探测信号电荷的注入效率、直流背景电信号抑制、探测传感器噪声抑制等均有影响。选择合适的输入电路完成探测传感器和读出电路之间的耦合,将使红外整机系统具有更低的功耗及优良的性能。

综上所述,红外焦平面阵列是获取、处理和利用信息的重要光电器件,因而研制了许多高性能的焦平面器件,如 HgCdTe、InSb、多量子阱探测器等。

对混合式红外焦平面阵列,探测器与读出电路的耦合是非常重要的问题,它是通过输入电路完成的。红外焦平面探测器的红外图像特性探测性能与红外探测器的每一个部件密切相连,在红外焦平面器件的研究中必须从获取最大红外图像信息传输量的角度去进行器件整体工作方式和工艺参数的设计。结合焦平面器件的具体使用环境条件,利用焦平面器件输入电路方式的合理选择,优化器件的研制应该成为器件优化设计的内容。

3.3　碲镉汞探测器

3.3.1　碲镉汞探测器特点

碲镉汞晶体材料是由 HgTe 和 CdTe 按一定比例合成后,在高温炉中提拉生长成的。其组成分子式为 $Hg_{1-x}Cd_xTe$,x 表示摩尔组分,调整组分 x 值,可以连续改变探测器的响应波长,从 $1\mu m$ 到大约 $30\mu m$,如图 3-30 所示。实际应用中,三个大气窗口都有碲镉汞红外探测器应用。

在 $0.76\sim3\mu m$ 波段,它的响应速度快,比在此波段工作的硫化铅器件的响应速度提高 3 个数量级以上;在 $3\sim5\mu m$ 波段,它可以任意调整响应峰值波长,选择探测目标最合适的波长与锑化铟形成竞争;在 $8\sim14\mu m$ 波段,它是目前最成熟、应用最广、最受重视的长波红外探测器。光电导型碲镉汞探测器有 30 像元、60 像元、120 像元、180 像元等系列化产品,光伏型碲镉汞探测器有 64 像元、128 像元、256 像元等,高频器件工作带宽可达 1GHz 以上,广泛用于热成像、跟踪、制导、告警等领域。

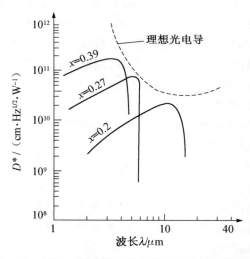

图 3-30　不同 x 值碲镉汞光电导探测器的光谱探测率

HgCdTe 材料有较宽的光谱覆盖范围,其光谱适应性直接与它能生长的合金组分范围有关,这样可对某特定波长的响应最优化。光伏型 HgCdTe 器件的波长一般小于 $12\mu m$,对于 $3\sim5\mu m$ 中波红外应用,可以在 $175\sim220K$ 温度下工作,这样可以采用热电制冷。对于短波红外应用,可以在更高的温度下工作,甚至室温或室温以上。光伏型 HgCdTe 器件量子效率较高,一般不加抗反射镀层的量子效率已超过 65%。

已制成的光伏型 HgCdTe 阵列有线列(240 像元,288 像元,480 像元和 960 像元),带有 TDI 功能的二维扫描阵列和二维凝视阵列(从 32×32 像元到 480×640 像元)。器件采用直接混成或间接混成结构,即用铟柱实现探测器与读出电路直接或间接软金属互连。光伏型 HgCdTe 器件采用液相外延材料,器件表面镀抗反射膜,在技术上已日趋成熟,形成了较完整的产品系列。

光导型 HgCdTe 器件在 80K 下可将响应延伸到 $25\mu m$,但是探测率还不能像 80K 工作的短波器件那样达到背景限。提高光导器件的增益有利于减小偏置功率和提高噪声电平,这样在成像系统的电路中,前置放大器的噪声就不再是一个关键的因素。提高增益的另一个好处是大大减少了 $1/f$ 噪声。一般光导型 HgCdTe 器件的 $1/f$ 噪声的拐点通常在 $1\,000Hz$,而在高增益情况下,$1/f$ 噪声的拐点只有几百赫兹,甚至更低。目前光导型 HgCdTe 器件仍限于线列,每个探测元的信号都通过杜瓦瓶连接到前置放大器或多路开关。

3.3.2　长波 160 像元探测器

3.3.2.1　长波 160 像元探测器简介

长波 160 像元光导碲镉汞红外探测器是灵敏元面积为 $60\mu m \times 50\mu m$(精区 32 像元)和 $60\mu m \times 100\mu m$(粗区 128 像元)的双排线列非标准红外探测器。它是长波红外成像跟踪系统的心脏部件,是武器系统跟踪制导站的关键技术之一。要对距离大于 10km、飞行高度小于 15m、截面积为 $0.1m^2$ 的来袭飞航式导弹目标实行探测跟踪,同时对我方导弹目标实行跟踪制导,其跟踪的距离在很大程度上取决于探测器的灵敏度。

长波 160 像元光导碲镉汞探测器虽然是瞄准 160 像元长波红外成像系统来研制的,是一种特殊器件,但是其基本工艺技术是完全适合 $1 \sim 200$ 像元器件的研制。因此,160 像元器件的研制成功,标志着国内光导碲镉汞系列器件的突破。

长波 160 像元光导碲镉汞器件除用于红外成像跟踪外,还可以用于侦察、制导、遥感、通信、医疗和探矿等领域。

3.3.2.2　160 像元探测器研制工艺

光导器件的性能在一定程度上取决于晶体材料的性能。因此,在实验中,一方面对材料研制采取了许多技术措施。例如,对原材料进一步提纯;改进长晶方法;改进长晶炉结构、温场和炉温梯度,从而拉平了固—液界面;采用长时间低温热处理和启用减振台等,从而获得了 x 值均匀性好、载流子浓度低和迁移率高、寿命长的优质碲镉汞材料,保证了 160 像元器件顺利研制。另一方面,对器件的研制工艺开展了深入的研究,主要有版图的设计和改进;大尺寸碲镉汞晶片减薄工艺;碲镉汞芯片的表面处理和钝化工艺;芯片成型工艺,包括掩膜工艺、离子刻蚀工艺和延伸电极;芯片拼接技术;组装技术等,从而获得了高性能器件。图 3 - 31 所示为 160 像元探测器芯片制备的工艺流程图。

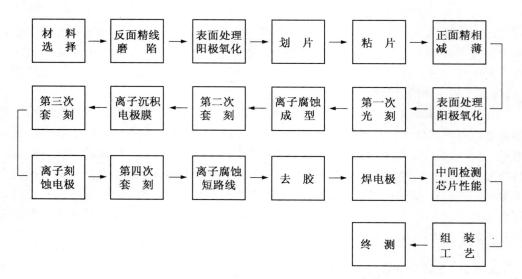

图 3-31　160 像元探测器芯片制备的工艺流程图

3.3.2.3　长波 160 像元探测器性能

长波 160 像元探测器的性能指标见表 3-12。

表 3-12　长波 160 像元探测器性能指标

器件编号	MED9306		MED9307
精区 32 像元灵敏元面积 $3 \times 10^{-5} \mathrm{cm}^2$			
$\overline{D}_{\mathrm{bb}}^{*}$	$1.2 \times 10^{10} \mathrm{cm} \cdot \mathrm{Hz}^{1/2} \cdot \mathrm{W}^{-1}$	$\overline{D}_{\mathrm{bb}}^{*}$	$2.23 \times 10^{10} \mathrm{cm} \cdot \mathrm{H}^{1/2} \cdot \mathrm{W}^{-1}$
D_{bbmin}^{*}	$9.5 \times 10^{9} \mathrm{cm} \cdot \mathrm{Hz}^{1/2} \cdot \mathrm{W}^{-1}$	D_{bbmin}^{*}	$1.03 \times 10^{10} \mathrm{cm} \cdot \mathrm{Hz}^{1/2} \cdot \mathrm{W}^{-1}$
$\overline{R}_{\mathrm{bb}}$	$1.37 \times 10^{4} \mathrm{V/W}$	$\overline{R}_{\mathrm{bb}}$	$2.72 \times 10^{4} \mathrm{V/W}$
R_{bbmin}	$1.2 \times 10^{4} \mathrm{V/W}$	R_{bbmin}	$1.1 \times 10^{4} \mathrm{V/W}$
粗区 128 元灵敏元面积 $6 \times 10^{-5} \mathrm{cm}^2$			
$\overline{D}_{\mathrm{bb}}^{*}$	$1.48 \times 10^{10} \mathrm{cm} \cdot \mathrm{Hz}^{1/2} \cdot \mathrm{W}^{-1}$	$\overline{D}_{\mathrm{bb}}^{*}$	$1.6 \times 10^{10} \mathrm{cm} \cdot \mathrm{Hz}^{1/2} \cdot \mathrm{W}^{-1}$
D_{bbmin}^{*}	$7.48 \times 10^{9} \mathrm{cm} \cdot \mathrm{Hz}^{1/2} \cdot \mathrm{W}^{-1}$	D_{bbmin}^{*}	$9.1 \times 10^{9} \mathrm{cm} \cdot \mathrm{Hz}^{1/2} \cdot \mathrm{W}^{-1}$
$\overline{R}_{\mathrm{bb}}$	$1.98 \times 10^{4} \mathrm{V/W}$	$\overline{R}_{\mathrm{bb}}$	$2.0 \times 10^{4} \mathrm{V/W}$
R_{bbmin}	$8.1 \times 10^{3} \mathrm{V/W}$	R_{bbmin}	$4.5 \times 10^{3} \mathrm{V/W}$
160 像元器件性能			
$\overline{D}_{\mathrm{bb}}^{*}$	$1.46 \times 10^{10} \mathrm{cm} \cdot \mathrm{Hz}^{1/2} \cdot \mathrm{W}^{-1}$	$\overline{D}_{\mathrm{bb}}^{*}$	$1.72 \times 10^{10} \mathrm{cm} \cdot \mathrm{Hz}^{1/2} \cdot \mathrm{W}^{-1}$
D_{bbmin}^{*}	$7.48 \times 10^{9} \mathrm{cm} \cdot \mathrm{Hz}^{1/2} \cdot \mathrm{W}^{-1}$	D_{bbmin}^{*}	$9.1 \times 10^{9} \mathrm{cm} \cdot \mathrm{Hz}^{1/2} \cdot \mathrm{W}^{-1}$
$\overline{R}_{\mathrm{bb}}$	$1.85 \times 10^{4} \mathrm{V/W}$	$\overline{R}_{\mathrm{bb}}$	$2.2 \times 10^{4} \mathrm{V/W}$
R_{bbmin}	$8.1 \times 10^{3} \mathrm{V/W}$	R_{bbmin}	$4.5 \times 10^{3} \mathrm{V/W}$
$\overline{I}$	$< 2.3 \mathrm{mA}$	$\overline{I}$	$< 2.3 \mathrm{mA}$
盲元数	0	盲元数	$6(含 \overline{D}_{\mathrm{bb}}^{*} < 8.5 \times 10^{9} \mathrm{cm} \cdot \mathrm{Hz}^{1/2} \cdot \mathrm{W}^{-1})$

器件编号	MED9306		MED9307	
160 像元器件性能				
视场角	60°	视场角	60°	
电串	−26dB	电串	−26dB	

为了适应海背景的要求,实验中试制了 2 种截止波长的探测器,不同截止波长器件光谱响应图如图 3-32 所示。

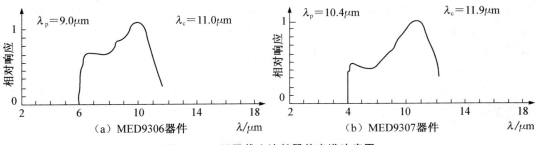

图 3-32　不同截止波长器件光谱响应图

3.3.2.4　长波 160 像元探测器应用

长波 160 像元光导碲镉汞探测器随 160 像元长波红外成像跟踪器对飞机进行跟踪试验,共进行了上百架次,采集了大量数据,其中跟踪飞机达 10^3 km 距离。

3.3.3　双波段红外探测器

3.3.3.1　简介

24 像元双色红外组件是由 4 像元锑化铟和 20 像元光导碲镉汞器件在同一个衬底平面上拼成十字形式而构成。十字的直径为 $\phi 12$ mm。$+x$ 方向、$+y$ 方向为锑化铟器件；$-y$ 方向、$-x$ 方向为光导碲镉汞器件。4 像元锑化铟器件尺寸分别为 0.25mm×2.8mm、0.25mm×3.5mm、0.25mm×2.7mm 和 0.25mm×2.5mm,20 像元光导碲镉汞器件尺寸分别为 0.2mm×0.4mm(8 像元)、0.2mm×0.6mm(2 像元)、0.2mm×0.44mm(20 像元)。

24 像元双色组件的特点是面积大、性能高,它是根据光电跟踪器的要求进行研制的。该光电跟踪器装于某舰上层建筑的左右两舷,是舰副炮系统的主要设备之一。24 像元双波段组件是光电跟踪器的心脏部件,其主要用途是捕获、跟踪低空、超低空临近飞机和掠海导弹。

24 像元组件在主控计算机控制下,对进入其视场内的目标能自动完成捕获并转入稳定跟踪。稳定跟踪后,跟踪器能自动地以数字量的形式输出与角位置误差相对应的误差信号,该误差信号经计算机馈入伺服系统驱动指示器,完成自动跟踪任务。

3.3.3.2　双波段红外探测器研制工艺

为了满足跟踪距离的要求,整机系统对锑化铟和光导碲镉汞器件都提出更高、更严格的性能要求。对锑化铟器件要求长条形光敏区响应的均匀性、扫描脉宽的一致性以及脉冲波形精确、无杂波等波形畸变;对光导碲镉汞器件,除上述要求外,还要求比通常工艺所能承受的器件探测率和响应率大幅度提高。实验中,锑化铟器件开展了优化设计、浅洁扩散、浅台面腐蚀控制、表面钝化、金属栅光栏、电极引出等方面多项专题研究;对光导碲镉汞器件开展了材料优化选择、大尺寸碲镉汞晶片减薄工艺、表面处理和钝化工艺、掩膜工艺、离子刻蚀工艺、延伸电极工艺和组装技术等多项专题研究,使锑化铟和光导碲镉汞器件的工艺水平在原来的基础上有大幅度提高,从而保证了特高性能的双色组件研制成功,实现了整机系统对组件性能的特殊要求。

实验发现,用来组装锑化铟和光导碲镉汞器件的衬底材料对器件有很大影响。开始时,采用厚为 1mm 黄铜底座,虽然导热性能较好,能保证器件有足够的制冷温度,但由于锑化铟材料和黄铜的热膨胀系数不匹配,常常引起锑化铟器件失效或损坏。后来,采用厚度为 0.2~0.3mm 微晶玻璃做衬底,问题得到解决。

3.3.3.3　双波段红外探测器性能

双波段红外探测器的 4 像元锑化铟器件性能见表 3-13,20 像元光导碲镉汞器件性能见表 3-14。

表 3-13　4 像元锑化铟器件性能

波　段	$3\sim5\mu m$	
灵敏元面积	$6.25\times10^{-3}\sim8.7\times10^{-3}cm^2$	
器件编号	052-3	052-8
开路电压	100mV	100mV
源阻抗	$4.1\times10^3\sim5.1\times10^3k\Omega$	$10.8\times10^2\sim7.8\times10^3k\Omega$
$\overline{D}_{bb}^*$	$2.15\times10^{10}cm\cdot Hz^{1/2}\cdot W^{-1}$	$3\times10^{10}cm\cdot Hz^{1/2}\cdot W^{-1}$
D_{bbmin}^*	$1.61\times10^{10}cm\cdot Hz^{1/2}\cdot W^{-1}$	$2.78\times10^{10}cm\cdot Hz^{1/2}\cdot W^{-1}$
$\overline{R}_{bb}$	$6.3\times10^5V/W$	$6.9\times10^5V/W$
R_{bbmin}	$3.7\times10^5V/W$	$4.1\times10^5V/W$

表 3-14　20 像元光导碲镉汞器件性能

波　段	$8\sim12\mu m$	
灵敏面积	$8\times10^{-4}\sim12\times10^{-4}cm^2$	
器件编号	052-3	052-8
$\overline{D}_{bb}^*$	$1.73\times10^{10}cm\cdot Hz^{1/2}\cdot W^{-1}$	$2.21\times10^{10}cm\cdot Hz^{1/2}\cdot W^{-1}$
D_{bbmin}^*	$1.15\times10^{10}cm\cdot Hz^{1/2}\cdot W^{-1}$	$1.5\sim\cdot10^{10}cm\cdot Hz^{1/2}\cdot W^{-1}$
$\overline{R}_{bb}$	$8.9\times10^3V/W$	$1.4\times10^4V/W$
R_{bbmin}	$4.8\times10^3V/W$	$8\times10^3V/W$
$\overline{I}$	$\leqslant5.4mA$	$\leqslant5.5mA$
电串	$-26dB$	$-26dB$
视场角	$60°$	$60°$

20 像元光导碲镉汞探测器 D_{bb}^* 分布如图 3 - 33 所示，052—3 器件光谱响应示意图如图 3 - 34 所示。

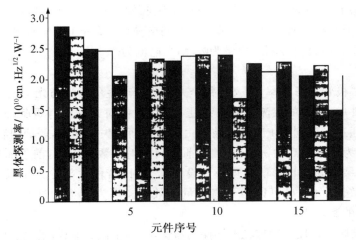

图 3 - 33　20 像元光导碲镉汞探测器 D_{bb}^* 分布图（平均黑体探测率 2.21×10¹⁰ cm · Hz^{1/2} · W⁻¹）

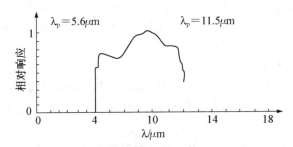

图 3 - 34　052—3 器件光谱响应示意图

探测器实测平均噪声等效通量密度指标如下：

器件编号	噪声等效通量密度/（W · cm⁻¹）
052—1	4.3×10^{-13}
052—3	4.79×10^{-13}
052—5	5.87×10^{-13}
052—8	3.4×10^{-13}

3.3.4　碲镉汞光伏探测器

3.3.4.1　光伏探测器简介

光伏探测器是主要利用光生伏特效应的光电器件。如果固体内部存在一个电场，而且条件适当，则本征光吸收所产生的电子—空穴对将会被电场分离，电子趋向固体的一部分，空穴趋向另一部分，两部分之间存在电势差，这就是光生伏特效应。若接通外电路，就可以输出电流。

　　光伏探测器的基本部分是一个 PN 结光二极管,波长比截止波长短的红外辐射被光电二极管吸收后产生电子—空穴对,如果吸收发生在空间电荷区,电子和空穴就会立刻被强电场分开并在外电路中产生光电流;如果吸收发生在 N 区或 P 区到结的扩散长度内,那么光生电子—空穴对就必定先扩散到空间电荷区,然后在那里被电场分开,并对外电路贡献光电流。假设信号辐射通量为 ϕ_s,则光电流为

$$I = \eta q \phi_s \tag{3-14}$$

式中,η——光二极管量子效率,定义为每个入射光子产生的贡献与光电流的数目。

　　在光伏器件中,激发的载流子只有穿过 PN 结才能对光电流有贡献。少数载流子在准中性区域中通过扩散到达 PN 结之前会由于复合而损失一部分,表面也存在复合,因此 η 通常小于 1。为了得到高的 η 值,探测器前表面反射系数应该低,前表面复合速度也要小。一般来说,结深 d 应比扩散长度小。设计器件时,若使大部分光生载流子产生于衬底部分结的扩散长度内,也可以得到高的量子效率。因为产生的过剩载流子离前表面远,对表面复合的影响小。

　　光伏探测器响应速度一般较光电导探测器快,有利于做高速检测。它既可用于直接探测,也可用于外差接收。光伏器件结构有利于排列成两维面阵。高灵敏度红外系统采用的混成焦平面阵列(有数千乃至数万个探测元件按二维镶嵌结构排列,再与硅 CCD 芯片相连构成)则完全采用光伏探测器,它无需偏置,因此其焦平面无功耗。另外光伏器件具有比较高的阻抗,可以直接与硅 CCD 的输入级匹配。

　　光伏探测器的性能参数:

　　(1) 响应率 $R_\lambda = I_s / \Phi$。其中,I_s 为光伏探测器的输出电流,Φ 为辐射功率。

　　(2) 噪声。这是指由器件内在的物理过程本身引起的噪声,它不包括因测量设备处理不当引起的噪声或由外来干扰引起的噪声。

　　(3) 噪声等效功率 $P_{NE} = V_n / (R V_n)$ 为探测器的噪声,R 为等效电阻。

　　(4) 探测率 D^*。这是用来表征红外探测器工作性能的优值,归一化到单位面积和单位带宽,因而可以比较不同探测器的优劣。

　　碲镉汞焦平面阵列器件在短波、中波、长波和甚长波各个波段取得了全面进展。在短波范围,高性能 1 024×1 024 像元焦平面器件已经应用,2 048×2 048 像元器件已研制出来。在中波范围,高性能 640×480 像元焦平面器件已经应用,256×256 像元焦平面器件早已大量生产。在长波范围,多家公司研制了 640×480 像元器件,高性能 256×256 像元器件已投入应用。在对战略和空间应用很重要的甚长波范围,截止波长为 15.7 μm 的 128×128 像元焦平面器件也已面世。在线阵列方面,长波 480×4(6)TDI 像元扫描焦平面已被大量生产和装备,空间应用的中波和长波 1 500 像元高性能器件业已研制成功。

　　3.3.4.2　光伏探测器的暗电流和光电流

　　光伏探测器的性能在很大程度上取决于它的 PN 结特性。PN 结特性决定了探测器的动态电阻和热噪声,决定了探测器的性能。零偏压电阻面积乘积 $R_0 A$ 是衡量探测器性能的重要指标,而决定结特性好坏和 $R_0 A$ 值大小的是 PN 结的暗电流。实际应用对 $R_0 A$ 值要求非常高。一方面,$R_0 A$ 决定了探测器的热噪声,而热噪声成为限制探测器性能的

主要因素;另一方面,为了改善光伏探测器与 Si 信号处理电路之间的耦合,要求 R_0A 值足够大,以提高信号转移效率。

在现有材料和器件工艺水平下,HgCdTe 光电二极管的性能会受过量暗电流的限制,且对材料性质和器件制备工艺极为敏感。因此,研究光伏器件的暗电流,对我们研制和制备光伏探测器有极其重要的意义。

在无光照的情况下,通过 PN 结的电流称为暗电流。这种电流主要有以下来源:

(1) N 区和 P 区的扩散电流。

(2) 空间电荷区的产生—复合电流。

(3) 直接隧道电流。

(4) 通过深能级的间接隧道电流。

(5) 表面漏电流。

(6) 其他的欧姆或非欧姆接触电流。

1. 扩散电流

扩散电流主要产生于空间电荷区两侧自由产生的热电子—空穴对在少子扩散长度内的产生与复合,可以表达为

$$J_{diff} = J_{Odiff}\left[e^{\frac{qv}{kT}} - 1\right] \tag{3-15}$$

其中

$$J_{Odiff} = \frac{qn_i}{N_A}\left[\frac{kTV_e}{q\tau_e}\right] \tag{3-16}$$

计算扩散电流比较简单,因为它不像产生—复合电流或隧道电流那样对空间电荷区的细节很敏感。在较高温度下,扩散电流是 HgCdTe 光电二极管暗电流的主要部分。

2. 空间电荷区的产生—复合电流

位于空间电荷区的杂质或缺陷可作为 Shockley—Read 的产生复合中心,从而产生结电流。尽管空间电荷区的宽度比少子扩散长度小很多,但是在低温下,这种电流会变得十分重要。这是因为扩散电流和产生—复合电流都会随温度的下降而下降,但是产生—复合电流下降得慢。当温度降到一定程度时,产生—复合电流就会超过扩散电流,因此必须考虑产生—复合电流。空间电荷区的产生—复合电流可以表示为

$$J_{gr} = J_{Ogr}\frac{\sin\frac{qV}{2kT}}{(1-\frac{V}{V_{bi}})} \tag{3-17}$$

式中,V_{bi}——PN 结的内建势;

V_{bi}——零偏压下 N 边和 P 边的费米能级的差。

当外加偏压小于 V_{bi} 时,这个公式有效。公式 $f(b)$ 为

$$f(b) = \int_0^\infty \frac{du}{u^2 + 2bu + 1} \tag{3-18}$$

其中

$$b = e^{\frac{-qv}{2kT}}\cosh\left[\frac{E_t - E_i}{kT} + \frac{1}{2}\ln(\frac{\tau_{po}}{\tau_{no}})\right] \tag{3-19}$$

式中,E_t——产生复合中心的能级;

E_i——固有能级。

τ_{po},τ_{no}是电子和空穴的寿命,产生复合,对暗电流的贡献包括体内复合和表面复合两部分,表达如下:

$$J_{Ogr} = J_{Ogrb} + J_{Ogrs} \tag{3-20}$$

前一项为体内复合部分,后一项为表面复合的贡献。

3. 直接隧道电流

当 PN 结的费米能级在结的两侧都进入能带内时,电子可以借助隧道效应,从价带直接进入导带,形成通过 PN 结的直接隧道电流。这种电流与禁带 E_g 有强烈的依赖关系,禁带愈小,隧道电流愈大。因而对窄禁带半导体的 PN 结电流,必须考虑隧道电流。隧道电流可以表示为

$$J_{tdir} = \frac{q^3 (2m^*)^{1/2} E(V_{bi} - V)}{4\pi^3 (h/2\pi)^2 E_g^{1/2}} e^{-\frac{\pi(m^*/2)^{1/2} E_g^{3/2}}{2qE(h/2\pi)}} \tag{3-21}$$

式中,m^*——导带边缘和轻空穴带的电子有效质量;

h——普朗克常数;

E——空间电荷区的电场强度;

E_g——禁带宽度。

4. 间接隧道电流

在直接隧道电流不能发生的情况下,由于在结区能带和 Shockley－Read 陷阱之间有交叠,导带电子也可以借助隧道效应进入深能级缺陷中心,即首先跃迁到结区的一些陷阱中,然后由热激发进入价带,形成通过 PN 结的陷阱辅助隧道电流,价带的空穴也有类似的过程。间接隧道电流可以表示为

$$J_{ts\tau} = \frac{\pi^2 q^2 m^* W_c^2 N_t (V_{bi} - V)}{h^3 (E_g - E_t)} e^{-\frac{3E_g^2}{2PE}} f(\partial) \tag{3-22}$$

其中　　　　$f(\partial) = \pi/2 + \sin^{-1}(1 - 2\partial) + 2(1 - 2\partial)\partial(1 - \partial) \tag{3-23}$

式中,$\partial = E_t/E_g$;

N_t——空间电荷区的缺陷浓度;

P——Kane 矩阵元;

W_c——从缺陷能级到导带的跃迁矩阵元;

E_t——缺陷能级。

5. 表面漏电流

为了提高器件的稳定性和可靠性,制备光伏探测器必须考虑表面漏电流。对于一个栅控 P(＋)、N(－)结,当改变栅压时,P 型衬底表面可以处于积累、平带、耗尽和反型四种状态,相应的表面漏电流大致可以分为三种,即表面产生—复合电流、表面隧道电流和表面沟道电流。

(1) 表面产生—复合电流。表面产生—复合电流又可分为两部分:一部分为表面态的产生—复合电流;另一部分为表面空间电荷区中的体的产生—复合电流。

① 在平带时($V_g = V_{fb}$),PN 结耗尽区与表面交界处的表面态起表面产生—复合中心的作用。此时的表面产生—复合电流为

$$I = \frac{1}{2} q s_o w_{pj} n_i \left[e^{\frac{qV}{2kT}} - 1 \right]$$

式中, s_o——复合速度;

　　w_{pj}——结区面积;

　　n_i——表面态密度。

② 耗尽时($V_g > V_{fb}$)。体的产生—复合电流为

$$I_{s,b,g-r} = \frac{1}{2} \frac{q X_d A_G n_i}{\tau_o} \left[e^{\frac{qV}{2kT}} - 1 \right] \tag{3-24}$$

式中, A_G——耗尽区面积;

　　X_d——耗尽区宽度。

表面态的产生—复合电流为

$$I_{s,s,g-f} = \frac{1}{2} q s_o A_G n_i \left[e^{\frac{qV}{2kT}} - 1 \right] \tag{3-25}$$

总的表面产生—复合电流为 $I_{s,g-r} = I_{s,b,g-r} + I_{s,s,g-r}$。

③ 反型时,在结偏压 V 作用下,表面强反型的条件是

$$\varphi_s(inv) = \varphi_s^{inv} - V \tag{3-26}$$

式中, φ_s^{inv} 为平衡态下表面强反型时的表面势。表面强反型时,表面耗尽区宽度的最大值为

$$X_{dmax} = \left[\frac{2\varepsilon_0 \varepsilon_s (\varphi_s^{inv} - V)}{q N_A} \right]^{1/2} \tag{3-27}$$

这时,若继续增大 V_g,则 P 区表面将产生 N 型沟道,形成场感应结。

场感应结中的产生—复合电流只是体产生—复合中心的作用,即

$$I_{s,b,g-r} = \frac{q X_{dmax} A_G n_i}{2\tau_o} \left[e^{\frac{qV}{2kT}} - 1 \right] \tag{3-28}$$

(2) 表面隧道电流。对一个金属栅覆盖在结两侧的栅控 N(+)、P(-)结,当 $V_g < V_{fb}$时,由于 N(+)、P(-) HgCdTe 为重掺杂强简并,因此在 N(+)表面一般不会反型,而只是弱耗尽,P 区表面则积累。结果是,P 区表面的空穴的"堆积"使得 PN 结耗尽区在表面处被压窄,表面处耗尽区宽度明显减小,造成该处局部电场很强;同时,P 区表面由非简并变为弱简并甚至简并。因此,隧道跃迁很容易发生,相当于在表面处感应出一个 N(+)P(+)隧道结。这时的 PN 结特性将受到表面隧道电流的限制,在小偏压甚至零偏压附近就可能发生表面隧道击穿,相应地就会产生表面隧道电流。表面隧道电流计算公式如下

$$I_{s,t} = P_J \int_{w_j}^{w_s} \frac{J_t(W)}{dw/dx} dw \tag{3-29}$$

式中, $J_t(W)$为结宽 W 处的隧道电流密度,计算方法与体内隧道电流完全一致。

(3) 表面沟道电流。在正栅压作用下,可以使衬底表面反型,导致在 N 型沟道和 P 型衬底之间形成一个与 N(+)P(-)结并联的场感应 NP 结,这个场感应结有它自己的击穿电压。由于离子注入形成的 N(+)P(-)结介于突变结和线性缓变结之间,而场感应突变结更接近于理想的单边突变结,故场感应结与离子注入结相比,耗尽区宽度小,电

场强,而击穿电压低。当反向偏压达到场感应结的击穿电压时,场感应结将首先被击穿而使大的反向电流流过,这个电流沿着反型层沟道穿过场感应结到达衬底,电流通过时将沿沟道形成电压降。这就是表面沟道电流的形成过程。

光伏探测器的暗电流受偏压、温度、掺杂等外部因素的影响,因而变得相当复杂,要全部考虑清楚各种暗电流的影响非常困难。因此,在不同的外部条件下,可以只考虑主要暗电流,而忽略掉次要暗电流。一般来说,在正向偏压处,扩散电流起主要作用;在反向中偏压附近,由直接隧道电流、间接隧道电流、产生—复合电流共同起作用;在反向偏压处,主要由直接隧道电流起作用。

3.3.4.3　光电二极管建模

在当前的电子系统设计(硅工艺)以及集成电路的设计中,以电子计算机辅助设计(CAD)为基础的电子设计自动化(EDA)技术已成为必不可少的工具之一。一般来说,一个能完成较为复杂的超大规模集成电路设计的 EDA 系统应该包括 10~20 个 CAD 工具:从高层次的数字电路的自动综合、数字系统仿真、模拟电路仿真,到各种不同层次的版图级的设计和校验工具。它们可以完成自顶向下以及自底向上的设计的各个环节和全部过程。可以看出,计算机辅助设计对现在的电子系统设计是非常重要的。同样,随着集成光电子学的不断前进,光电集成回路(OEIC)计算机辅助设计也必将成为推动OEIC 加速发展的重要手段,它在缩短设计周期、减少资源耗费、提高器件性能、加速开发进程等方面将发挥重要的作用。

常用的计算机辅助设计工具有 PSPICE、PROTEL、Electronics Workbench 等。不管什么样的模拟工具都必须有一个庞大的模型库,模型的多少决定了模拟工具所能模拟的电路的多少。随着新兴器件的不断出现,模型库的更新速度将无法满足用户的需要。为此,每一种模拟工具都提供了建模功能,利用此功能,用户可以为自己的新型器件建立模型,然后放到库中进行模拟。因此,要想模拟光电子器件,必须建立每个器件的模型并放到模型库中,然后才能模拟集成光电回路。由此可知,建立器件模型是模拟的关键。

光电集成回路和微电子集成回路是不同的,因为在光电集成回路中,不仅有微电子器件,而且有光电子器件,不仅有电学信息,而且有光学信息。众所周知,电学量一般以"流"的概念来处理,而光学量一般采用"波"的方法来处理。因此,要模拟光电子器件,必须要构造光电子器件的电路模型。电路模拟方法的本质是求解关于时间的一阶微分方程,如果光电子器件的性能可以用关于时间的一阶微分方程(组)来描述,那么光电子器件一定可以写成一个等效电路,据此就可以建立器件的模型。

建模的步骤包括:建立器件的等效电路模型;把电路模型描述成 PSPICE 子电路形式;利用 PSPICE 提供的功能创建器件模型。

(1) 建立器件的等效电路模型(以碲镉汞光伏探测器为例)。建立模型的方法如下:

①采用已有的二极管模型并联反向的恒流源,调整模型参数使得零偏阻抗、开路电压及反向电流接近碲镉汞二极管,以恒流源作为光电流,如图 3 - 35 所示。

就模型库里的二极管而言,电流特性是扩散电流加反向击穿的隧道电流,而碲镉汞二极管反向电流主要是产生—复合电流,而产生—复合电流为积分函数,很难用简单函数来表达。

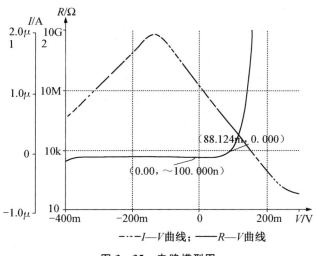

图 3 - 35　电路模型图

②采用多项式模型。用多项式模拟实际的二极管特性,这种办法在零偏附近差异较大。

③采用表格模型。将实际的 $I-V$ 特性数据直接代入。这种模型最直接,但也有局限性,一是数据有限,只能代入 50 对数据;二是只能一事一议,不具备普遍性。

④根据上面谈到的碲镉汞光伏探测器的电流机理和载流子输运方程,可以得到它的一阶微分方程组,根据方程组就可以构造等效电路模型。这种方法建立的模型精确度比较高,而且通用性也比较好,可以随时从库中调出进行各种各样的器件性能模拟,但是难度比较大。

对建立模型来说,对器件的原理了解得越清楚,考虑的因素越多,建立的模型就越精确,模拟的结果也就越接近实际器件(见图 3 - 36)。

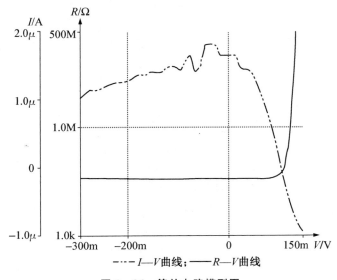

图 3 - 36　等效电路模型图

（2）把电路模型描述成 PSPICE 子电路形式。PSPICE 提供了强大的电路描述手段，利用这些手段可以把几乎任何一种新兴器件电路模型描述成 PSPICE 子电路形式。具体步骤如下：

① 用参数定义语句定义所有模型参数，以便用户编辑修改模型参数。

② 用函数描述语句描述模型中涉及到的函数关系。

③ 按照电路的拓扑关系，借助 E 器件或 G 器件描述电路。

（3）利用 PSPICE 提供的功能创建器件模型并放入库中。

① 创建器件等效电路对应符号。

② 画等效电路的符号。

③ 设置器件的属性。

④ 将器件放入库中

3.3.5　大面积光伏碲镉汞四象限探测器

1. 参数设计

该探测器的参数较多，设计时应根据其使用特点抓住主要参数来考虑。制导系统使用的探测器不仅需要高的灵敏度和信号响应，还需要快的响应速度，而它们对某些材料参数和工艺的要求是相互矛盾的，只有对它们进行折中考虑，才能实现器件参数的优化设计。

（1）尺寸与结构。从尽可能提高主要参数指标的角度出发，选取满足最低要求的光敏面总尺寸，即把光敏面直径设计为 2mm。考虑到光刻精度和横向腐蚀等工艺因素的影响，把象限十字分割间距设计为 0.08mm，由此可计算出每个象限的单元面积 $A \approx 0.71mm^2$。

光伏型探测器的探测率和响应率均与器件优值 R_0A 成正比，与截止频率与结电容成反比，因为注入结比扩散结具有更高的 R_0A 值，台面结比平面结具有更小的结电容，所以我们确定了以 P 型 MCT 体晶材料为衬底进行硼离子注入，制备台面结构 N（＋）P（－）结的工艺方案。

（2）响应率与探测率。在理想情况下，光电二极管的电流电压特性为

$$I = I_s[e^{\frac{qV}{kT}} - 1] - \eta q \Phi_B A \qquad (3-30)$$

式中，Φ_B——背景辐射通量密度；

I_s——反向饱和电流。

在零偏压条件下（光伏器件通常工作于零偏压附近），由上式得出零偏结阻抗为

$$R_H = kT/qI_s \qquad (3-31)$$

这时，电压响应率可表示为

$$R_V = (\lambda/hc)q\eta R_0 \qquad (3-32)$$

在光伏探测器中，散粒噪声是基本的噪声机制，$1/f$ 噪声在零偏压条件下可以忽略，器件总的噪声电流由下式给出

$$i_r^2 = 4kT\Delta f/R_0 + 2q^2\eta \Phi_B A\Delta f \qquad (3-33)$$

由此推出探测率的表达式

$$D^* = \frac{\eta \lambda q}{hc} \left[\frac{4kT}{R_0 A} + 2\eta q^2 \Phi_B \right]^{-1/2} \tag{3-34}$$

对于热噪声极限(即在忽略背景辐射条件下),上式变为

$$D^* = \frac{\eta \lambda q}{hc} \left[\frac{R_0 A}{4kT} \right]^{1/2} \tag{3-35}$$

可见 R_V 和 D^* 均与量子效率 η 和 $R_0 A$(或 R_0)成正比例,要获得高的 R_V 和 D^* 必须提高 η 和 $R_0 A$ 值。对于体晶材料制备的 N(+)P(一)型二极管,减少表面反射,改善表面层对光吸收的程度是提高 η 的有效途径,而 $R_0 A$ 值则主要取决于材料的电学参数,其关系表达式为

$$R_0 A = \frac{kT}{q I_s} A = \frac{kT}{q^2} \cdot \frac{N_A}{n^2} \cdot \frac{\tau_n}{L_n} \tag{3-36}$$

从中可以看出,选用高 P 型浓度 N_A 的衬底材料,对提高 $R_0 A$ 值有利。

(3)截止频率。对于中等频率响应的光伏 MCT 探测器,限制其响应速度的主要因素是 RC 时间常数,由它确定的截止频率为

$$f_c = 1/(2\pi RC) \tag{3-37}$$

式中,R、C 分别为等效电路的电阻和电容,截止频率主要由负载电阻和器件的结电容决定。在负载电阻一定时,减小结电容是提高探测器响应频率的关键。$N^+ P^-$ 型二极管的结电容由下式给出

$$C_j = A \left[\frac{q \varepsilon_t \varepsilon_n N_A}{2(V_D - V_B)} \right]^{1/2} \tag{3-38}$$

式中,V_D 是光电二极管的接触电势差,V_B 是偏置电压。增大反向偏压,虽然可使 C_j 减小,但要受到 PN 结击穿电压的限制,所以从器件设计与制作的角度出发,减小 C_j 只能依靠降低 N_A 来实现,这与提高 $R_0 A$ 对 N_A 的要求是相互矛盾的。通过分析和计算,我们确定出 P 型衬底掺杂浓度 N_A 的最佳选择范围为$(0.5\sim1.5)\times 10^{11}\,\mathrm{cm}^{-3}$。此时 D^*、R_V 和 f_c 的估算值与合同规定的技术指标相比,均保证有 3~5 倍的设计余量。

2. 制备技术

MCT 材料采用固态再结晶法制备,其配比组分为 0.210~0.214mol。原始晶片先要进行表面处理和热处理,以获得浓度符合设计要求的 P 型衬底材料,对衬底进行硼离子注入形成 N(+)P(一)结,通过光刻和腐蚀工艺制成台面结构的四象限探测器芯片,经组装排气后对器件的性能参数进行全面测试。

3. 性能

表 3-15 列出了 5 个四象限探测器的性能参数,探测率的测试条件为:500K 黑体辐射源、980Hz 的调制频率和 1Hz 的噪声带宽。测试结果表明:器件参数全面达到了设计指标要求,器件工艺和参数设计是合理的、正确的,而较大的电压响应率偏差,则表明器件芯片工艺中存在不稳定因素,通过改进工艺,探测器性能可获得进一步提高。

表 3-15　四象限探测器的性能参数

参　数	94Q38	94Q37	94Q32	94Q20	94Q44
光敏面直径/mm	φ2	φ2	φ2	φ2	φ2
$\lambda_p/\mu m$	10.2~10.4	11.0~11.1	10.0~10.2	10.4	10.1~10.6
$\lambda_c/\mu m$	11.1~11.4	11.9	11.0~11.4	10.9~11.0	11.2~11.4
D_c^* 均值/$(cm \cdot Hz^{1/2} \cdot W^{-1})$	1.41×10^{10}	1.12×10^{10}	1.36×10^{10}	1.05×10^{10}	1.15×10^{10}
R_V 均值/(V/W)	214	103	185	348	135
R_V 偏差/%	-23~17	-7.4~7.5	-27~20	-16~19	-12~11
f_c/MHz	>30	>30	>30	>30	>30

　　图 3-37 所示为 94Q44 探测器每个像元室温背景下的伏安特性曲线以及结阻抗与偏压的关系,四个光电二极管的零偏电阻、开路电压和短路电流等参数以及伏安特性的差别都很小,其反向特性较为平直,测试范围内没有软击穿现象。由测试给出的零偏电阻可以算出,该探测器的 R_0A 约为 0.36 Ω·cm²。

　　图 3-38 所示为 94Q38 探测器的等能量相对光谱响应曲线,四条曲线非常相似,表明经过热处理的材料在大面积范围内具有较高的组分均匀性,该器件光谱响应的长波段截止很快,峰值波长为 10.2~10.4μm,50%截止点为 11.1~11.4μm,两者相差仅为 1μm 左右。

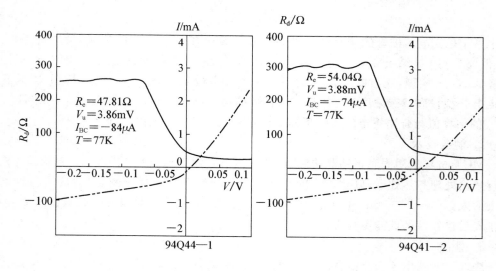

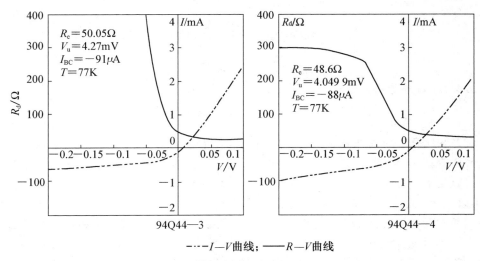

----I—V曲线；——R—V曲线

图 3 - 37　94Q44 探测器的伏安特性曲线以及结阻抗与偏压的关系

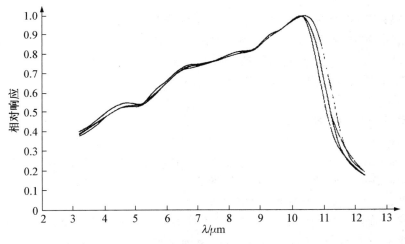

图 3 - 38　94Q38 探测器的等能量相对光谱响应曲线

4．效果

通过探测器性能参数的优化设计确定了台面结构离子注入 N（＋）P（－）结的工艺方案，计算得出了 P 型衬底浓度的最佳选择范围为 $0.5 \times 10^{16} \sim 1.5 \times 10^{16}$ cm^{-3}。采用组分 $x = 0.210 \sim 0.214$ 的体晶材料研制出的光伏 HgCdTe 四象限探测器，各项性能参数均达到了设计指标要求，峰值探测率超过 1×10^{10} cm · Hz$^{1/2}$ · W^{-1}，R_0A 达 0.36Ω · cm^2。如果配上可提供适当反偏的低噪声前置放大器，探测灵敏度还可以进一步提高。

该探测器具有灵敏度高、响应速度快、稳定性好等特点，可以很好地满足 CO_2 激光制导系统的使用需要。

3.4　碲镉汞红外焦平面探测器

3.4.1　红外焦平面器件

3.4.1.1　简介

红外焦平面器件是采用集成电路的方法制作大规模的红外探测器阵列,通过读出电路完成所有探测器信号的焦平面传输和处理,将所有探测器信号转换成为后续信号处理模块可直接处理的有序图像信号。因而,一块焦平面阵列芯片上所有探测器的输出信号,可以只用一根信号线就可依序传输至后续的信号处理模块,而目前第一代热像仪中所采用的多元线列探测器在工作时,每一个探测器都必须有一根信号线和一个前置放大器来进行信号的传输和预处理,因而探测器的元数受到热负载、噪声、信号处理的复杂程度和空间尺寸等因数的限制。红外焦平面阵列与现有红外探测器系统相比具有以下明显优点:

(1) 能够把红外探测器有效地、高密度地封装在焦平面上,提高系统的空间分辨率。

(2) 采用多路传输技术,大幅度地减少了杜瓦瓶的信号引线数目和信号预处理电路的数目,有效地简化了系统结构,提高了系统设计的灵活性和工作的可靠性。

(3) 若以凝视方式工作,可以除去光机扫描机构,减小系统的体积和重量,降低功耗和费用,提高工作的可靠性。

目前已研制出的红外焦平面有三类:

(1) 高性能扫描阵列,适用于红外搜索与跟踪装置和前视红外系统。

(2) 高性能凝视阵列,适用于导弹寻的头、导弹报警系统和空间监视系统。

(3) 非制冷凝视阵列,适用于地面瞄准装置、导弹寻的头和驾驶员夜间观测仪。

3.4.1.2　焦平面器件研制的关键基础技术

红外焦平面器件研制的难点在于制造大规模、高均匀性、高性能的红外探测器阵列,这一探测器阵列制造的关键技术在很多国家已基本突破,但在提高成品率、降低成本方面仍具有很大难度。有效的红外探测器制造技术现仅有为数不多的几家红外专业公司掌握。

从热像仪的发展进程看,我们在研制第一代热像仪的同时,也开展了以焦平面探测器为基础的二代热像仪所需关键技术的研究,展开了从材料、器件、杜瓦瓶、微型制冷器、电子学处理技术和读出电路研制技术的全面技术攻关。在第一代热像仪实现实用化、工程化并逐步转入小批量生产,研制重点逐步转到以红外焦平面器件为基本的工程化第二代热像仪研制时,更显出这些关键基础技术的重要性。

1. 材料技术

材料是红外焦平面器件研制的基础,可称为重中之重。有了高质量的材料才可能有高性能的器件,而大面积、高均匀性、高载流子迁移率、低位错密度是焦平面器件研制对材料提出的要求。

多元光导探测器以体材料为主。经过多年的攻关,在 HgCdTe 组分均匀性方面已取得较大的进展,特别是在提高 HgCdTe 材料载流子寿命方面取得重大进展。

采用 CdZnTe 和 CdTe/GaAs 为衬底的 HgCdTe 薄膜材料是国内外焦平面器件研制中广泛使用的材料。薄膜的生长采用液相外延或气相外延方法,通常的气相外延方法有 MBE 和 MOCVD。由于 HgCdTe 薄膜技术日趋成熟,以及 HgCdTe 材料的高量子效应和禁带宽度可调等原因,使得 HgCdTe 薄膜材料成为红外焦平面器件研制最主要的材料。

在 $3\sim5\mu m$ 波段,InSb 是一种重要的红外材料。它不仅有较高的量子效率,而且有比 HgCdTe 更稳定的物理和电学性质,较容易拉制出大直径、低位错密度的单晶体,这样就可用 InSb 体材料实现探测和信号处理双重功能。基于这种目的,出现了 InSb CID 技术,研制出了以电荷注入方式工作的 InSb 面阵凝视型器件。InSb 大规模凝视器件的另一途径是采用 InSb 薄膜材料的光伏型阵列。国内 InSb 薄膜材料技术正在起步,该技术的进步无疑将对大规模凝视型 InSb 焦平面器件的研制起到极大的推动作用。

2. 工程化杜瓦瓶的研制

杜瓦瓶是探测器的载体,它的设计须符合整机结构的要求,满足探测器工作的需要。杜瓦瓶引线的可靠性和引线数目是对杜瓦瓶的最基本要求。多元光导探测器的每一探测元至少需要一根信号引出线,故引线数目随着探测器像元数的增加而增加,60 像元的光导探测器需要 80 根以上的引线,120 像元的光导探测器需要 150 根以上的引线,180 像元的光导探测器则至少需要 220 根以上的引线。但以多路传输为基础的焦平面器件所需的杜瓦瓶引线数目可大为减少,一般情况,探测器像元数在千像元以上的扫描型阵列和像元数在几万像元以上的凝视型阵列,所需的杜瓦瓶引线数都不会超过 40 根。引线数目的减少有利于实现杜瓦瓶的工程化,这是焦平面技术的一大优点。

真空保持时间是杜瓦瓶的重要指标。由于 HgCdTe 器件不宜采用高温处理,所以 HgCdTe 探测器/杜瓦瓶不能直接采用传统的高温除气法抽真空,这增加了杜瓦瓶被长期保持良好真空的难度。在探测器使用中要求杜瓦瓶有较长的真空度保持时间,通常希望真空保持时间大于 5 年。经过良好真空排气处理的组件已能满足这一要求。

3. 制冷器研制

J—T 制冷是一种成熟的制冷技术。目前国内红外系统使用的探测器组件大多采用这种制冷方式。随着应用领域对红外系统小型化不断提出新的要求,采用斯特林制冷器的优点就越来越突出。大制冷量、低振动噪声、长寿命的斯特林制冷器的研制已成为制冷技术研究的一个重要方面。目前国内研制的斯特林制冷器 80K 时的制冷量可达 0.7W,与国内研制的同种类型的制冷器相比,体积最小,重量最轻,其性能已完全满足军用热像仪的要求。

4. 读出电路的研制

随着微电子学的进步,以硅为基础的集成电路技术正在迅猛发展。$0.8\mu m$ 的集成电路工艺已进入大规模生产阶段,研究工作的重点已集中在深亚微米领域。整个集成电路的发展正朝着其物理极限——$0.1\mu m$ 特征线宽、10 亿只晶体管集成度的方向推进。

　　读出电路研制早已成熟,因用于红外焦平面的读出电路需求量与用于其他信息处理的集成电路相比是微乎其微的,使得红外焦平面读出电路的生产仅局限于少数公司,而且批量小、成本偏高。

3.4.1.3　焦平面器件研制的技术衔接

　　充分利用和借鉴在发展第一代热像仪探测器过程中所开发的技术和积累的经验,将能促进焦平面器件的研制进程。128×4 像元 HgCdTe 焦平面器件不仅可以延用第一代热像仪所采用的已经工程化的高性能杜瓦瓶和制冷器,而且整个的研制过程也可以借鉴第一代热像仪工程化过程中所积累的一切有用经验。另外,扫积型 28×4 像元 HgCdTe焦平面器件在性能上可以取代第一代热像仪所采用的 120 像元、180 像元 HgCdTe 光导探测器,在探测距离上也略优于 120 像元、180 像元光导探测器。焦平面器件采用了多路传输技术,使热像仪的电子处理部分大为简化,这对提高系统的可靠性,实现系统的小型化创造了有利条件。而且,经过焦平面多路传输处理后输出的信号已经不是纳伏级(10^{-9} V)的微小信号,而是在毫伏级(10^{-3} V)的量级,使得信号的易处理性和抗干扰能力都大为增强。因此,以 128×4 像元长波 HgCdTe 焦平面器件为基础的第二代热像仪可以在小型化、工程化和可靠性方面比以 120 像元光导探测器为基础的第一代热像仪有进一步的提高,这对提高热像仪的工作稳定性和抗干扰能力起到积极的作用,更好地满足军队需求。

3.4.1.4　高性能焦平面器件的研制

　　用 128×4 像元 HgCdTe 焦平面器件的第二代热像仪,在识别距离上只是略优于以120 像元、180 像元光导器件的第一代热像仪,而第二代热像仪研制的目标是在体积更小、重量更轻、可靠性更高的基础上使热像仪的作用距离比目前实用的第一代热像仪提高 1.4～2 倍。128×4 像元 HgCdTe 焦平面器件的研制是我们朝二代热像仪迈出的第一步,目的是使采用 Sprite 探测器的第一代热像仪与采用焦平面的第二代热像仪的研制在技术上良好衔接,以便在第二代热像仪的研制中能充分借鉴和利用第一代热像仪研制的成功经验和关键技术的攻关成果,使第二代热像仪在较短时间内达到实用化和工程化水平。

1. 扫描型 HgCdTe 焦平面器件

　　以 256×4 像元 HgCdTe 为基础的第二代热像仪,作用距离是 120 像元为基础的第一代热像仪的 1.4 倍。第一代热像仪对地面目标(坦克)的识别距离约为 2～2.5km,对空中目标的识别距离约为 20 km,而以 256×4 像元焦平面为基础的第二代热像仪,对地面识别距离可提高到约 3km,对空识别距离将增加到约 30km。

　　256×4 像元 HgCdTe 阵列在规模和性能上相当于 240×4 像元或 288×4 像元HgCdTe 阵列,从实用性和可生产性而言,256×4 像元 HgCdTe 焦平面器件已被认为是一种首选的扫描型长波阵列。发达国家的多家制造商都选择了 240×4 像元阵列作为第二代前视红外装置和红外搜索跟踪装置的基础部件。

　　由于 256×4 像元 HgCdTe 焦平面具有较好的可实现性,以它为基础的热像仪与第一代热像仪相比又具有较明显的优越性,256×4 像元 HgCdTe 焦平面组件的实用化和工程化,标志着以高性能扫描型红外焦平面器件为基础的第二代热像仪开始进入实用阶段。

以 1 024×4 像元 HgCdTe 焦平面为基础的第二代热像仪的作用距离是第一代热像仪作用距离的 1.7 倍左右,对地面目标的识别距离可以从现在的 2.5km 提高到 4km 左右,对空中目标的识别距离从 20～30 km 提高到 40 km。采用 1 024×4 像元 HgCdTe 焦平面器件的第二代热像仪能更好地满足部队对高精度、高分辨率热像仪的需求。

2.凝视型 HgCdTe 焦平面器件

凝视型红外焦平面在导弹寻的头、导弹报警系统和空间监视系统中有着重要的应用,因而也是兵器红外焦平面研究和发展的一个重要方面。从应用角度来看,无论是在地—地、地—空和空—空交战中,部队都希望成像装置具有很好的目标识别能力,成像寻的头具有在作用距离范围内搜索和发现目标的能力,可以发射后自行跟踪目标。根据国内外研究状况和应用效果表明,64×64 像元及 64×64 像元以上规模的 HgCdTe 焦平面器件能较好地满足这一应用领域的要求。

国外将 64×64 像元长波 HgCdTe 焦平面凝视阵列作为较为理想的反坦克导弹的热瞄具和未来寻的头的基础。64×64 像元长波 HgCdTe 焦平面的研制可以延用已经开发的实用化、工程化的杜瓦瓶和制冷技术,这样可大大加速整个研制的实用化和工程化进程。

64×64 像元、128×128 像元、256×256 像元凝视型 HgCdTe 焦平面器件在军事上有很高的实用价值,它们的应用会给以精确打击为目的的制导武器系统带来革命性的变革。

3.InSb 焦平面器件

InSb 焦平面器件工作在 3～5μm 波段,广泛用于对空目标的监视、搜索、跟踪系统。在对空导弹应用方面,128×128 像元、256×256 像元 InSb 焦平面是很有实用价值的红外焦平面器件。国外已将其用于空对空导弹上,并将其作为中波段工作的导弹寻的头的基础。

4.非制冷型红外焦平面器件

非制冷型红外热像仪,特别是工作在 8～12μm 波段的红外热像仪的研制,也是国内外热成像技术关注的一个重要方面。热释电探测器具有工作频谱宽的特点,制成凝视焦平面器件后可以有效地弥补其室温工作灵敏度低的不足,因此美、英等国都很重视热释电焦平面的研制。

能在常温下工作的红外探测器有多种,但可以满足单兵武器热瞄具使用的主要是热释电探测器。采用热释电焦平面器件研制的步枪热瞄镜,可满足夜间观、瞄 1km 左右远目标的要求,该作用距离与一般单兵武器的有效射程基本相适应。由于热释电探测无需制冷,热瞄具的重量和体积可较小,对单兵武器性能的改进和提高十分有利,所以具有广阔的应用前景。

5.多量子阱探测器

在 8～12μm 波长工作的红外探测器以 HgCdTe 为主要材料,在 3～5μm 工作的红外探测器以 HgCdTe、InSb、PtSi 为主要材料，随着新材料、新技术的不断涌现，新型红外探测器将会不断出现。

由于超晶格材料生长技术的进步，多量子阱探测器的研制也取得明显进展。20 世纪90 年代以来，国内许多研究机构开始对 GaAs 系列的量子阱红外传感器进行研究，目的是改变量子阱的结构，以形成小能带和二维阵列，形成表面光栅，实现垂直入射。虽然量子阱红外传感器的量子效率较低，但它具有很高的均匀性、大的动态范围和低的 $1/f$ 噪声，被认为是一种有前途的红外传感器。

3.4.2　长波红外 2 048 像元线列碲镉汞焦平面器件

3.4.2.1　布局结构

对于光敏元中心距为 $28\mu m$ 的 2 048 像元线列器件，其总长度近 60mm，在现有技术条件下，采用拼接技术实现。长波红外 2 048 像元线列 HgCdTe 焦平面器件采用了 8 个256 像元线列焦平面模块交错拼接而成，每个 256 像元焦平面模块由 256 像元 HgCdTe光伏器件和 256 像元线列读出电路通过间接倒焊形成，如图 3-39 所示。

图 3-39　2 048 像元焦平面器件的拼接结构

图 3-40 所示为光敏元的分布图，光敏元尺寸为 $28\mu m\times28\mu m$，沿线列方向的中心距为 $28\mu m$，采用交错排列的方式，垂直线列方向的间隔为 $1400\mu m$。

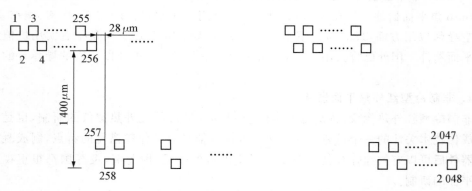

图 3-40　2 048 像元焦平面器件光敏元分布图

3.4.2.2　制备方法

采用液相外延和分子束外延两种材料制备方法生长长波碲镉汞薄膜材料，其中液相外延采用碲锌镉（CdZnTe）作为衬底，分子束外延采用砷化镓（GaAs）作为衬底，碲镉汞材料的组分为 $0.22\sim0.23$，材料通过退火后形成 P 型。

光敏元采用平面 PNxfk 技术，在 P 型材料上通过选择性离子注入形成 PN 结，表面加以钝化，电极金属化采用双离子束溅射技术。

　　读出电路采用运放积分(CTIA)模式,这种输入方式能够使光敏元比较稳定地处于零偏置状态,PN 结的漏电流较小,噪声也较小,可以获得较好的性能。光敏元与读出电路的互联采用间接倒装焊技术,即光敏元列阵和读出电路分别通过铟柱和一个公共衬底(一般为宝石片)相连,两者之间通过高密度引线实现电学连接,如图 3-41 所示。

　　256 像元光敏元阵列与读出电路互联后形成了 256 像元的焦平面模块,采用了高精度定位和高倍率模板套准等技术,8 个焦平面模块通过交叉排列的方式拼接在一个较厚的柯线衬底上,如图 3-41 所示,这样的结构有利于降低碲镉汞的热失配应力。

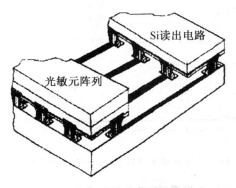

图 3-41　间接互联示意图

　　由于长波碲镉汞 PN 结的阻抗相对较低,所以光敏元和读出电路间的接触电阻需要特别关注,尽管采用运算放大积分输入结构,较大的接触电阻仍可能使光敏元的工作点处于正偏,减小了响应电流,从而降低焦平面器件的响应率,并会导致不均匀性的增加,因此在工艺上要尽可能地降低接触电阻。

3.4.2.3　性能

　　图 3-42 所示为典型的长波探测器光谱响应特性,在一个 256 线列光敏元中抽测了十多个元,平均截止波长为 9.9μm,从图中可以看出光谱响应具有较好的一致性。

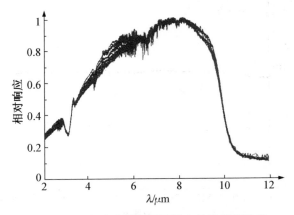

图 3-42　长波碲镉汞探测器光敏元光谱响应

图 3-43 所示为上述长波探测器在液氮温度下的 $I-V$ 和 $R-V$ 特性曲线,零偏平均阻抗 R_0 约为 $1.2M\Omega$,R_0A 为 $10\Omega \cdot cm^2$,零偏电流也比较均匀。表 3-16 为液氮温度下测量到的长波红外 2 048 像元线列碲镉汞焦平面器件的性能参数。

图 3-44 所示为长波红外 2 048 像元碲镉汞焦平面器件的响应率分布图。

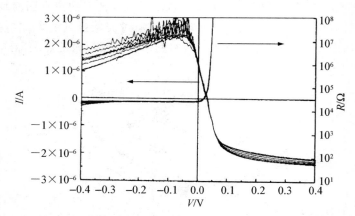

图 3-43　长波碲镉汞光敏元的 $I-V$ 和 $R-V$ 特性曲线

表 3-16　长波探测器在液氮温度下测量到的性能参数

光敏元尺寸	$28\mu m \times 28\mu m$		
探测器元数	2 048	有效光敏元率	99.5%
平均峰值探测率	$9.3 \times 10^{10} cm \cdot Hz^{1/2} \cdot W^{-1}$	工作温度	77K
平均峰值响应率	$8.3 \times 10^7 V/W$	动态范围	70dB
响应率不均匀性	8%	积分电容	6pF

注:测量积分时间为 $70\mu s$。

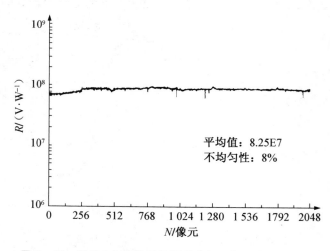

图 3-44　长波 2 048 像元碲镉汞焦平面器件响应率分布

3.4.2.4　效果

长波红外 2 048 像元线列 HgCdTe 焦平面器件采用 8 个 256 像元线列焦平面模块交错拼接构成,256 像元线列碲镉汞芯片由长波碲镉汞薄膜材料和 N－ON－P 离子注入平面结工艺制备而成,并采用间接倒焊技术实现光敏元芯片和读出电路互联,形成 256 像元焦平面模块。探测器具有较好的光谱响应和均匀性,截止波长达到 9.9μm,在 512 像元线列扫描系统上实现了成像演示,为后续发展奠定了技术基础。

3.4.3　典型的红外焦平面阵列探测器

碲镉汞材料是目前最重要的红外探测器材料,通常碲镉汞 IRFPA 是由碲镉汞光伏探测器阵列和 CCD 或 CMOS 读出电路通过铟柱互连而组成混合式结构。1 024×1 024 像元短波碲镉汞 IRFPA,640×480 像元的中波碲镉汞 IRFPA 和长波碲镉汞 IRFPA 是典型的红外探测器组件。4N 系列 4×240 像元、4×480 像元、4×960 像元扫描型和 64×64 像元、128×128 像元、256×256 像元、320×240 像元、640×480 像元凝视型的碲镉汞 IRFPA 已可批量生产,成为广泛应用的第二代探测器的核心产品。

1. 凝视型短波碲镉汞 IRFPA

凝视型短波碲镉汞 IRFPA 的典型产品有美国 Rockwell 公司研制的 PACE－1 型短波 IRFPA。其短波碲镉汞 IRFPA 有两种类型:一种适用于天文观察,在低背景条件下工作,需要长积分时间和低的读出噪声;另一种适用于背景光子通量密度大于 1 013 光子/(cm² • s)的战术应用,并以电视帧工作。

2. 凝视型中波碲镉汞 IRFPA

凝视型中波碲镉汞 IRFPA 常用在 77K 温度下工作,截止波长分别为 4.4μm 和 4.8μm,采用硅 CMOS 读出电路。中波碲镉汞 IRFPA 与锑化铟 IRFPA 相比优点是:它的响应波长可以调节;可在 200K 下工作,可采用半导体制冷器制冷。表 3－17 列出了 BAE 系统公司的中波碲镉汞 IRFPA 基本参数。

表 3－17　中波碲镉汞 IRFPA 基本参数(BAE 系统公司产品)

阵列格式/像元	384×288	失效像元/%	<1	最大工作电压/V	7
像元尺寸/(μm×μm)	20×20	工作温度/K	<120	芯片功耗/W	60
芯片有效面积/(mm×mm)	7.68×5.76	制冷方式	斯特林制冷机	探测器制冷器组件功耗/W	<5(稳定状态)
工作波段/μm	3~5	阵列固有 MUX 噪声/μV	<100	工作环境温度/℃	−45~+70
信号处理电路技术	CMOS	采样格式	闪视	组件质量/g	约 600
噪声等效温差/mK	14(中等)	输出速率/MHz	5		

3. 长波碲镉汞 IRFPA

发达国家已经大量将长波碲镉汞 IRFPA 用作第二代探测器组件,根据不同的应用要求发展多种模式的 IRFPA。另外,以一种基本阵列类型进行多样化,适应各种不同战术应用成为趋势。表 3 – 18 列出了 4N 系列中凝视型长波碲镉汞 IRFPA 的基本参数。

表 3 – 18　长波碲镉汞 IRFPA 基本参数(BAE 系统公司产品)

阵列格式/像元	320×256	失效像元/%	<1	最大工作电压/V	7
像元尺寸/(μm×μm)	30×30	工作温度/K	70	芯片功耗/W	50
芯片有效面积/(mm×mm)	9.6×7.68	制冷方式	斯特林制冷机	探测器制冷器组件功耗/W	<10(稳定状态)
工作波段/μm	8~10	阵列固有 MUX 噪声/μV	<100	工作环境温度/℃	−45~+70
信号处理电路技术	CMOS	采样格式	闪视	组件质量/g	约 600
噪声等效温差/mK	20(中等)	输出速率/MHz	5		

第 4 章
量子阱材料与红外探测技术

4.1 基础知识

4.1.1 简介

4.1.1.1 量子阱的基本概念

两种半导体 S_1 和 S_2 组成异质结,在异质结的 S_1 一侧再连接上一层 S_2,就组成一个 S_2—S_1—S_2 型的三层结构。如果中间的 S_1 层厚度小到量子尺度,而且 $E_{g_1} < E_{g_2}$,该体系的量子阱能带图如图 4-1 所示。显然,对于载流子来说,S_1 区犹如一口"阱",处于其中的载流子如同掉进阱里,无论向左还是向右离开 S_1 进入 S_2 都必须越过一个势垒。由于有关尺寸是量子尺度,故这样的体系称为量子阱(简记为 QW)。在量子阱中,载流子的运动在平行于阱壁的方向上不受势垒的限制,可视为"自由"的,但在

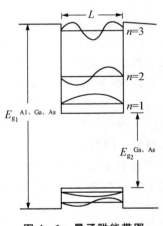

图 4-1 量子阱能带图

垂直于阱壁的方向上受势垒限制,阱宽为量子尺度,载流子在该方向上的运动表现出量子受限行为。或者说,该体系中的载流子只是在二维空间中可自由运动。这是一种二维体系。

量子阱在一个方向上限制了载流子的运动,产生了许多新的量子效应,并具有许多新的应用,因而人们就想用各种方法在其他两个方向上也限制电子的运动,使之产生更强的量子约束效应,于是产生了量子线和量子点。

4.1.1.2 特点

在量子力学中,能形成离散量子能级的原子、分子的势场就相当于一个量子阱(QW),半导体量子阱材料的显著特征如下:

(1) 由于电子沿量子阱生长方向的运动受到约束,会形成一系列离散量子能级。不同量子能级所形成子带的贡献,使其电子态密度呈台阶状。

(2) 在量子阱中激子具有二维特性,它的束缚能是三维激子束缚能的 4 倍,因此不容易离解。

(3) 二维激子的电子空穴相对运动半径(有效玻尔半径)比三维激子的要小,因此它的振子强度很大。

这三个特性决定了量子阱材料在量子阱激光器、微腔激光器、量子阱级联红外激光器、光调制器和光双稳器件等光电器件中有广泛的应用前景。用该材料制作的激光器具有阈值电流低(<1mA)、调制速率和频率响应高、谱线宽度窄、光增益大以及温度特性好等优点。由窄势垒宽度和低势垒高度形成的超晶格所具有的共振隧穿特性,可以设计制作共振隧穿量子效应器件。用它制作的红外探测器具有以下优点:响应速度快,探测率与 HgCaTe 探测器相近,探测波长可通过改变量子阱参数加以调谐,容易做成大面积的探测器阵列。

4.1.2 量子阱材料制备方法

4.1.2.1 GaAs/AlGaAs 多量子阱

GaAs/AlGaAs 多量子阱适于制作快速响应和长寿命的光折射器件。一般来说,低温生长该材料时会由于过量 As 的引入而使其缺陷增加,从而导致载流子寿命的降低,故适当控制低温生长材料中的载流子浓度和缺陷,对制备用于光折射器件的 GaAs/AlGaAs 多量子阱材料来说是非常重要的。采用MBE 法,在 580℃ 温度下 GaAs(100) 衬底上依次生长厚度为 $1\mu m$ 的 GaAs 缓冲层、厚度为 200nm 的 $Al_{0.3}Ga_{0.7}As$ 覆

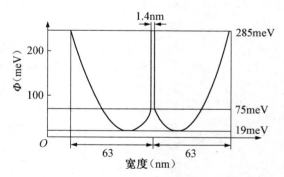

图 4 - 2 GaAs/Al₀.₃Ga₀.₇As 双抛物线量子阱的势能剖面图

盖层、100 周期 GaAs/$Al_{0.3}Ga_{0.7}$As 多量子阱结构、厚度为 200nm 的 $Al_{0.3}Ga_{0.7}$As 顶层。AlGaAs 势垒层和 GaAs 阱层厚度分别为 4nm 和 7nm。将样品在 500～800℃ 下快速退火,以降低其缺陷密度。有人采用 MBE 法制作出 GaAs/$Al_{0.3}Ga_{0.7}$As 双抛物线量子阱(DPQW)。该材料的特点是在两个 GaAs(100) 单抛物线量子阱(SPQW)之间生长宽度为 1.4nm 的 $Al_{0.3}Ga_{0.7}$As 隧道势垒,单抛物线量子阱的宽度为 63nm。GaAs/$Al_{0.3}Ga_{0.7}$As 双抛物线量子阱的势能剖面图如图 4 - 2 所示。也有人采用 GaAs/AlGaAs 量子阱材料制作出波长为 7～12μm 的量子阱级联激光器(QCL)。

4.1.2.2　InGaAs/GaAs 量子阱

采用 MBE 法在半绝缘 GaAs(100) 衬底上生长用于制作量子阱红外探测器(QWIP)的 InGaAs/GaAs 量子阱材料。该量子阱结构由 50 周期、宽度为 4nm 的 $In_{0.3}Ga_{0.7}As$ 阱层和厚度为 30nm 的非掺杂 GaAs 势垒层组成。在阱层中，Si 的掺杂浓度为 $2 \times 10^{18}/cm^3$。为了实现欧姆接触，在多量子阱的顶部生长厚度为 $0.5\mu m$ 的 N^+ 型 GaAs，在其底部生长厚度为 $1\mu m$ 的缓冲层。有人研究了用电子束蒸发 SiO_2 密封的快速热退火对高应变 InGaAs/GaAs 量子阱红外探测器的光学和电学性能的影响，将该材料在 850℃ 温度下退火 5s 和 10s，发现其光荧光谱的吸收峰波长从 $10.2\mu m$ 分别扩展到 $10.5\mu m$ 和 $11.2\mu m$，即显示出向红光转移。采用 MBE 法和固体 In、Ga 源，在掺 Si 的 GaAs(111)B 衬底上制作出 $In_xGa_{1-x}As/GaAs$ 量子阱，$In_xGa_{1-x}As$ 阱和 GaAs 势垒的厚度分别为 10nm 和 20nm，阱的数量为 10 个，In 含量为 12%～30%。在该量子阱结构中，本征区长度为 $0.48\mu m$，用该材料制作出波长为 $1.1～1.3\mu m$ 的光电器件。采用低压 MOVPE 法，以三乙基镓(TEGa)、三甲基铟(TMIn) 和三甲基铝(TMAl) 作为 III 族源，以 AH_3 或三丁基砷(TBAs) 作为 V 族源，在 GaAs(100) 衬底上生长出发射波长为 $1.2\mu m$ 的 InGaAs/GaAs 量子阱。

4.1.3　长波量子阱红外探测器

在远红外波段的探测器中，目前以 $Hg_xCd_{1-x}Te$ 为主，但它无法和 Si 器件集成，而将来可以与之竞争的便是长波量子阱红外探测器(QWIP)。其工作原理不是利用光激发电子从价带到导带的跃迁，而是在导带中不同子带间的跃迁。由于子能带的位置受量子阱参数的影响而改变，因而改变阱宽、垒宽和阱深等，可以使探测器的峰值响应在5～100μm 这样一个很宽的波长范围内调节。该探测器的另一个特点是窄带特性，典型线宽在 $10\mu m$ 处约为 10meV。其缺点是子能带的跃迁只能靠垂直于量子阱平面(平行于生长方向)的电矢量来激发。

QWIP 目前主要用 GaAs/AlGaAs 的 QW 来制造。其工作原理如下：设量子阱中有两个子能带，基态为 E_1，第一激发态为 E_2，利用掺杂使基态上具有一定的二维电子气密度。在外加偏压作用下，能带结构倾斜，此时入射红外光子照射到器件接收面上，基态电子被激发至第一激发态，并隧穿过因倾斜而使穿透概率变大的势垒，形成的具有相当大自由程的热电子被有效地收集起来，在匹配的外电路中形成和入射光强成正比的电信号。这类子能带间跃迁的探测器，要求入射光的偏振方向必须有垂直于 QW 生长平面的电场矢量。因此，探测器采用具有 45° 倾斜角背向入射光束或衍射光栅，使入射光有足够的垂直分量。

当施加直流偏压且电场不断增强时，发光强度锐减，甚至几乎消失。一般认为，在电场偏压下，能带倾斜。偏压越大，倾斜越严重，载流子逸漏出阱外越多。QW 材料的这种电场效应对光发射不利；反之，却正好有利于光的吸收，用于制作光探测器。

如果在 QW 两端加上足够的电场，当 QW 接受红外光照射，电子从基态激发到第一激发态，由于能带的倾斜，激发态已经接近连续态，隧穿概率相当大，逸出电子数目足够多,那么可以接收到较大的电流信号,从而实现制作红外探测器的目的。

4.1.4　量子阱和碲镉汞红外探测器性能的对比

4.1.4.1　量子效率和响应率

碲镉汞探测器(MCT)是一种应用带间跃迁的本征红外探测器。它具有较大的红外吸收值及宽的吸收带。MCT 的量子效率非常高,约为 70%。当 MCT 工作在光伏模式时,其光学增益为 1,其响应率与器件的量子效率成正比。单元 MCT 器件及扫描阵列都需要高的量子效率。然而对于背景辐射,目前凝视成像阵列的性能很大程度上受到读出电路的电荷处理容量和光学系统的限制,在保持一定信噪比的前提下,有时希望能做到量子效率可调,以适应积分时间的变化。

N(一)型 QWIPS 利用导带中子带间的跃迁,使能量处于基态和激发态之间,在这一能量间隙的红外光子便会被吸收。采用二维光栅,其吸收量子效率比较小,约为 25%。虽然其光谱响应带宽可调,但总的来说,其带宽比 MCT 窄得多。因量子选择定则限制了其垂直入射吸收,虽然观察到无光栅对垂直入射的吸收,但其吸收值相当小,并且目前尚不清楚这种吸收的物理机制。由于 QWIP 属于光电导探测器范畴,其响应率正比于转换效率,而转换效率等于吸收量子效率与光学增益的乘积。光学增益的定义是光电子寿命与输运时间之比。QWIP 的光学增益从 0.2 到 1 不等。

常规 QWIP 阵列的转换效率值小于 6%。然而,为了使这种探测器在战术上得到应用,可优化结构设计和掺杂以提高其工作温度,使其与读出电荷处理容量相匹配。减少量子阱数目和采用束缚态—连续态的 QWIP 结构可以提高其光学增益,改善探测器低温应用性能。稍微增加掺杂浓度,三阱结构的 QWIP(S—QWIP)具有较高的性能,其转换效率可达 29%。通过优化器件结构、量子阱的数量、掺杂浓度和光栅结构,能够提高QWIP 的转换效率。在特殊的应用场合,可以对 QWIP 的转换效率及暗电流进行裁剪以便与积分时间相匹配。然而,由于子带间吸收的特性,QWIP 的量子效率若想达到 MCT的水平仍非常困难。

4.1.4.2　暗电流和 R_0A

在评价器件性能时,暗电流和 R_0A 是两个重要的参数。它们反映了材料的质量及器件设计。对于光伏探测器,R_0A 定义为零偏压时的动态电阻。QWIP 属于光电导探测器,阻抗 R_0,即 V/I 常被用来评价器件的质量以及它与读出电路的匹配能力。在特定的偏压 V 和暗电流密度 J_0 条件下,$R_0A=V/J_0$ 可用于与 MCT 进行比较。暗电流的影响主要是:首先,它产生噪声会降低信噪比;其次,它填满了读出电路的积分电容。

光电二极管的暗电流包括扩散电流、产生—复合电流、隧穿电流以及表面漏电流。在 PN 结的光电二极管中,扩散电流是产生暗电流的主要机制。这种扩散电流是由于在离耗尽区边沿一个少数载流子扩散长度的范围内电子—空穴对的随机热激发产生和复合引起的。产生—复合电流出现在耗尽区,此区域的俄歇效应是影响器件性能的唯一因素。产生—复合电流的其他机制,如 Shockley—Reed—Hall(SRH)效应,不属于本质性问题并且随着更纯净和更高质量材料的应用产生—复合噪声可以减小。隧穿电流可以由下列两种机制引起:电子穿过结由价带到导带所产生的直接隧穿;缺陷辅助的间接隧穿。实际上,PN 结通常存在于表面有关的附加暗电流,尤其在低温下。在决定光伏探测器的性能方面,表面现象起着重要的作用。为防止器件表面产生化学变化和由热引起的变化,控制表面的复合、漏电流及与此有关的噪声,所以器件表面需要进行钝化处理。

　　MCT 二极管的暗电流主要来自以下几个方面:扩散电流、产生—复合电流、能带间的隧穿电流、陷阱辅助隧穿电流以及由于位错、沉积物、表面和界面的不稳定而引起的漏电流。暗电流可由衬底和顶盖层产生,也可由耗尽层、表面及接触层产生。根据 Rogalski 的研究成果,人们对光电二极管暗电流的主要来源有了一些认识。对 MCT 来说,俄歇效应决定高温载流子寿命,而 SRH 效应则决定低温载流子寿命。产生—复合电流随温度的变化表现为随 n_i 的变化,且变化不如扩散电流快,扩散电流随 n_i^2 变化,此处 n_i 是本征载流子浓度。因而最终达到这样一个温度,在该温度下上述两种电流差不多相同,低于该温度时产生—复合电流起主要作用。在低温情况下(如 40K),观察到局部缺陷有关的隧穿电流所产生的 R_0A 分布的展宽是很大的。隧穿机制仍未得到很好的理解,而且随着二极管的不同而异。

　　单元 MCT 器件工作在零偏压的条件下,R_0A 通常作为衡量器件质量的品质因子。性能非常好的 MCT 二极管,其 R_0A 值近于理论极限。比如,在零偏压,一个 $10\mu m$ 截止波长的 MCT 二极管在 77K 温度下,其 $R_0A=665\Omega\cdot cm^2$。这个值位于我们预测值的 2 倍以内。实际上,除一些特殊的情况,如接近室温应用的器件和质量最好的 LWIR(80K)及 MWIR(200K)器件,目前 MCT 光电二极管的暗电流中非本质因素产生的占主要部分。R_0A 是截止波长的函数,Wu 给出了 77K 下 R_0A 的一些典型值。从 LPE 和 MBE 两种方式生长的材料典型数值中,可以看出 $10\mu m$ 处 R_0A 的平均值约为 $300\Omega\cdot cm^2$,且在 $12\mu m$ 处降至 $30\Omega\cdot cm^2$。40K 时,R_0A 值在 $10^3\sim10^6\Omega\cdot cm^2$ 之间变化。对于 MCT 焦平面阵列(FPA),需要加上一定的偏压以保证 FPA 上每一个器件响应率均匀。有人认为加上一个小的负偏压 R_0A 会增加,然而实际的 FPA 却表现出较大的漏电流和较小的 R_0A 值。某研究中心用 MBE 系统生长的截止波长为 $9.92\mu m$ 的材料制作的 128×128 像元高质量 FPA,在 80K 时的 R_0A 为 $220\Omega\cdot cm^2$。Santa Barbara Center 用 LPE 生长的材料给出了类似结果。Rockwell International 的 MBE 系统制备的截止波长为 $10.1\mu m$ 的 LWIR 128×128 像元 FPA,80K 时的 R_0A 值是 $83\Omega\cdot cm^2$。双色 MCT LWIR 的 R_0A 通常低于单色 LWIR 的 R_0A,表明用 MCT 制作的双色器件质量差。例如,Hugber Research Center 用 MBE 系统开发的 LWIR 双色探测器的 R_0A 为 $100\Omega\cdot cm^2$。Lockheed Martin 公司用 MOCVD 生长的材料制作的 LWIR 双色 MCT 结构在 80K 时的 R_0A 值为 $16\Omega\cdot cm^2$,其截止波长为 $10.5\mu m$。这种双色 LWIR 探测器 77K 时的暗电流大约为 10nA,对面积为 $75\mu m\times75\mu m$ 的器件,其暗电流密度是 $2\times10^{-4}A\cdot cm^{-2}$。这个值与 77K 时 QWIP 的数据相近。

　　QWIP 的暗电流机理已有较好的理解。如图 4-3 所示,有三种产生暗电流的机制,虽然在所有温度区间这三个因素均不是同等地起作用,但在一个温度区段通常有一种机制起主要作用。低温区($T<40K$,截止波长 $10\mu m$),暗电流主要是由与缺陷有关的直接

隧穿电流(DT)产生,对于高质量的Ⅲ－Ⅴ族材料生长和加工处理,这种暗电流是很小的。40K 温度下,LWIR QWIP 典型的隧穿电流密度为 10^{-7} A·cm^{-2},对面积为 $24\mu m\times 24\mu m$ 的器件其暗电流小于 1pA。在中等工作温度区($T=40\sim 70K$,截止波长 $10\mu m$),暗电流主要由热辅助隧穿电流(TAT)产生。电子首先被激发,然后借助缺陷的帮助隧穿通过势垒或隧穿通过在大偏压下所形成的三角形势垒区。在高温区($T>70K$,截止波长 $10\mu m$),通过热离子发射(TE)激发的电子在势垒上方运动。通过采用不同的器件结构、不同的掺杂浓度和不同的偏压,可以调节暗电流的数值。针对 TE 机理导致的暗电流,电子具有能量,故其输运机理类似于光电子。在不减少光电子的前提下,要抑制暗电流是非常困难的。在 77K 时,典型的 LWIR QWIP 暗电流密度大约是 10^{-4}A·cm^{-2},对于面积为 $24\mu m\times 24\mu m$ 器件的暗电流为 nA 的数量级。QWIP 属于工作在偏压为 $1\sim 3V$ 范围内的光导型红外探测器,其工作电压取决于材料的结构和量子阱的周期。分别工作在 40K 和 70K 的 QWIP,其 $R_0 A$ 值通常分别大于 $10^7\Omega$·cm^2 和 $10^4\Omega$·cm^2,说明 QWIP 的阻抗是非常高的。

　　由于 QWIP 子带间跃迁的特征,其热激发电子的寿命极短($<100ps$),故与 MCT 相比,QWIP 会产生较大的热激发电流。Kinch 和 Yariv 对 QWIP 的暗电流做了一个评估,在 77K 时,QWIP 的暗电流比 MCT 高 5 个数量级。若改进材料生长方式、器件设计和优化掺杂使得 QWIP 的暗电流大大降低,在

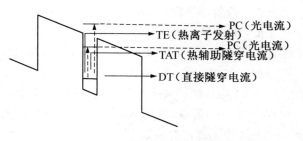

图 4-3　量子阱探测器的三种暗电流机理

77K 时仅为 MCT 的 10 倍。因此,高质量的 MCT 二极管 77K 时的暗电流将是 QWIP 的 1/10。在相对高的温度区域($>80K$),MCT 的暗电流受扩散电流的限制且是相当均匀的。对于质量非常高的 MCT 而言,这个温度可降到 65K。MCT 内部热激发电子固有的长寿命决定了它的暗电流要远远小于 QWIP。当 $T>80K$ 时,QWIP 的暗电流可进一步得到抑制以满足系统设计的要求,但是在这个温度范围内 QWIP 难以和 MCT 竞争。在低温工作时,QWIP 热激发的暗电流呈指数规律减小,直到 40K 都仍可保持非常好的均匀性。

4.1.4.3　噪声

　　探测器的噪声可分为两类:辐射噪声和探测器的固有噪声。辐射噪声包含信号涨落噪声和背景涨落噪声。探测器的固有噪声来源十分广泛,如散粒噪声、Johnson 噪声、产生—复合噪声、$1/f$ 噪声和图像噪声。零偏压时,Johnson 噪声是最小的固有噪声。通常,散粒噪声为光电二极管的主要噪声来源,而光导型红外探测器噪声则由产生—复合噪声和 Johnson 噪声组成。由于 MCT 的 $R_0 A$ 值较低以及材料缺陷,它有相当大的 Johnson 噪声及产生—复合噪声。对 FPA 而言,低温工作时阵列性能受图像干扰噪声所限。固定噪声来源于暗电流、光电响应和截止波长的局部涨落。

在 QWIP 中,暗电流是产生噪声的主要原因。在大多数情况下,Johnson 噪声可被忽略,尤其是在工作温度较高而暗电流较大的情况下。当工作温度降低且探测器尺寸变小,Johnson 噪声可与暗电流相比时,计算噪声应将其考虑在内。对于 QWIP 阵列,固定噪声也是限制其性能的一个因素。由于 QWIP 的材料质量和截止波长控制都比 MCT 好,因此其固定噪声比 MCT 的小得多。QWIP 表面性质稳定,因此其 $1/f$ 噪声极小。

4.1.4.4　背景限探测温度

背景限探测(BLIP)温度,指在给定视场(FOV)及背景温度条件下,探测器暗电流与背景光响应电流相等时的背景温度。BLIP 是我们所希望的,但在低背景条件下要实现 BLIP 是很困难的。对一个高质量的 MCT 光电二极管,77K 时其暗电流为 QWIP 的 1/10,而其量子效率是 QWIP 的 10 倍。当背景温度降低时,必须减小暗电流以达到背景限探测的条件。从 77K 到 40K,QWIP 暗电流均匀地减少了 3 个数量级,而 MCT 暗电流受 SRH 效应和隧穿电流限制,且其值因二极管的不同而异。所以,在低背景较低工作温度条件下,QWIP 有望比 MCT 表现得更优秀。

对单元红外探测器,探测率是衡量探测器的一个重要性能指标。它反映在给定温度、单位噪声带宽和单位探测器面积的探测器信号—噪声比。在背景限探测条件下,背景限探测的探测率由量子效率和背景辐射通量确定。在背景限探测工作状态下,在 300K,由于其较高的量子效率,单元 MCT 器件的探测率通常大于 QWIP。当工作温度降低,MCT 中隧穿电流起主要作用,此时 QWIP 的探测率优于 MCT 且更为均匀。在 77K 时,LWIR QWIP 的探测率大约为 $10^{10}\,\mathrm{cm}\cdot\mathrm{Hz}^{1/2}\cdot\mathrm{W}^{-1}$,这样高的探测率可以产生良好的热图像,其热成像的噪声等效温差为 15mK。当探测率达到一定数时,增加探测率不能进一步提高阵列的性能,其性能是受本身均匀性限制的。

4.1.5　理论设计

4.1.5.1　量子阱设计

量子阱红外探测器的峰值探测波长可由以下方程得到

$$\lambda_{\mathrm{p}} = \frac{hc}{E_2 - E_1} \tag{4-1}$$

式中,h——普朗克常数;

　　c——光速;

　　E_1——阱中基态能级;

　　E_2——激发态能级。

能级的计算基于有限深方势阱模型和有效质量近似理论,图 4-4 所示的量子阱结构能带图中,a 表示阱宽。对于 BTC 模式的 QWIP,阱中只有一个束缚态能级,即基态能级,被激发的载流子直接进入势垒上的连续态,从而形成光电流,因此激发态能级应视为阱口位置。

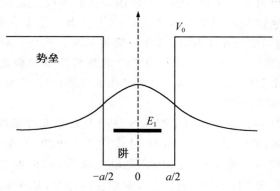

图 4 - 4　单量子阱结构能带图

阱中运动的电子服从薛定谔方程

$$\left[-\frac{\hbar^2}{2m^*}\nabla^2+V_0\right]\varphi = E\varphi \tag{4-2}$$

求(4-2)式得到势阱内波函数通解为

$$\varphi(x) = A\cos(kx) \tag{4-3}$$

势阱外波函数通解为:

$$\varphi(x) = \begin{cases} Be^{-k'x} & (x>a/2) \\ Be^{k'x} & (x<-a/2) \end{cases} \tag{4-4}$$

式中,E——阱中电子能级;

$k = \sqrt{2m_{\mathrm{w}}^* E/\hbar^2}$;

$k' = \sqrt{2m_{\mathrm{b}}^* (V_0 - E)/\hbar^2}$;

m_{w}^*——GaAs 阱中电子有效质量;

m_{b}^*——AlGaAs 势垒中电子有效质量。

利用边界条件:$x=a/2$ 处,波函数对数的微商连续即可求得阱中能级的位置,从而确定量子阱结构对应的响应峰值波长。整个求解过程用 Matlab 工具软件实现。其中 Γ 能谷势垒高度取 $V_0 = \Delta E_c = 0.67\Delta E_g$,电子有效质量 $m_{\mathrm{w}}^* = 0.067m_0$,$m_{\mathrm{b}}^* = (0.067 + 0.083x)m_0$,$m_0$ 为电子静止质量。

由探测波长及实验研究的需要,根据计算设计两组量子阱结构如下:样品 A#,阱宽 4.1 nm,垒厚 43 nm,Al 组分 $x_{\mathrm{Al}} = 0.3$,GaAs 阱中 Si 的掺杂浓度为 1×10^{18} cm^{-3},此结构对应的峰值探测波长为 8.4 μm;样品 C#,阱宽 4.3 nm,垒厚 43 nm,Al 组分 $x_{\mathrm{Al}} = 0.27$,GaAs 阱中 Si 的掺杂浓度 1×10^{18} cm^{-3},此结构对应的峰值探测波长为 9.4 μm。

4.1.5.2　模型设计

1. 结构设计

如图 4-5 所示,为方便起见,假设 P 区完全耗尽,而且假定 P 区是均匀掺杂的,掺杂浓度为 N_{A},N 区也是均匀掺杂的,浓度为 N_{D}。由于在实际生长过程中有补偿现象发生,因此 N_{A} 和 N_{D} 都是 x 的函数或者更一般的假设杂质分布为 $N(x)$(由于这是数值计算,所以不会因此而带来附加困难,以上所做的假设纯粹是为了方便起见)。N 区包括阱区和耗尽区,由于无法将这二者分开,所以必须一块加以考虑。为了方便,可以按照表达式:$\varepsilon_p N_A d_n / \varepsilon_n N_D$ 来定义表观耗尽层宽度(耗尽层宽度)。本模型引进了电子—电子相互作用势能 $V_{ee}(x)$。由 Hartree 近似给出,即 $V_{ee}(x)$ 由(4-1)式得到

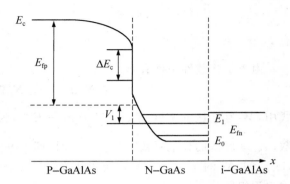

图 4-5　新型量子阱红外探测器导带底结构示意图(单个周期)

$$\frac{\mathrm{d}^2 V_{ee}(x)}{\mathrm{d}x^2} = -\frac{eN_s}{\varepsilon_0 \varepsilon_p} |\varphi(x)|^2 \tag{4-5}$$

其中,N_s 为电子面密度,$\varphi(x)$ 是波函数。这个公式表示:单个电子受到的作用是由其他电子建立的平均势场引起的。

2. 基本方程

整个结构可以看成沿结构生长方向的一维结构,x 为沿结构的生长方向的坐标,以 PN 结的接触点为零点,N 区为正,P 区为负。

Possion 方程:

P 区

$$\frac{\mathrm{d}^2 V_p}{\mathrm{d}x^2} = -\frac{eN_A}{\varepsilon_0 \varepsilon_p} \tag{4-6}$$

N 区

$$\frac{\mathrm{d}^2 V_N}{\mathrm{d}x^2} = \frac{eN_D}{\varepsilon_0 \varepsilon_n} \tag{4-7}$$

$$\frac{\mathrm{d}^2 V_{ee}}{\mathrm{d}x^2} = -\frac{eN(x)}{\varepsilon_0 \varepsilon_n} \tag{4-8}$$

其中 $N(x)$ 是电子的密度分布(以下的讨论均以电子仅占据基态为例),即

$$N(x) = \frac{m^*}{\pi \hbar^2}(E_{fn} - E_0) |\varphi(x)|^2 \tag{4-9}$$

E_0 和 E_{fn} 为基态能级和费米能级,$\varphi(x)$ 是基态波函数。由 Schrodinger 方程给出

$$-\frac{\hbar^2}{2m^*}\frac{\mathrm{d}^2 \varphi}{\mathrm{d}x^2} + V = E\varphi(x) \tag{4-10}$$

式中,V 由 V_n、V_p、V_{ee} 给出,是整个区域的势能分布,即导带底。此外,由图 4-5 所示可以看出电子的分布(由 $|\varphi(x)|^2$ 决定)并不进入 P 区。

由图 4-5 所示还可看出下面的公式是成立的:

$$E_{fn} + eV_r + E_{fp} = eV_{ee}(0) + eV_n(0) + eV_p(-d_p) + \Delta E_c \tag{4-11}$$

式中,V_r——降落在 PN 结处的外加反向偏压;

ΔE_c——P-GaAlAs 相对于 N-GaAs 的导带边的偏移;

d_p ——P 区耗尽层宽度。

有
$$V_p(-d_p) = \frac{e^2 N_A}{2\varepsilon_0 \varepsilon_p} d_p^2$$

由电场连续性条件有

$$\varepsilon_p N_A d_p = \varepsilon_n (N_D W - N_s) \tag{4-12}$$

式中，W 为 N 区的宽度；$N_s = \frac{m^*}{2\hbar^2}(E_{fn} - E_0)$，为阱区的电子面密度；$\varepsilon_p$ 为 P 区的介电系数；ε_n 为 N 区的介电系数(当 $\varepsilon_p = \varepsilon_n$ 时，即为电中性条件。由于在下面的计算中取 P 型 $Ga_{1-x}Al_xAs$ 的 $x = 0.12$，所以可以认为 $\varepsilon_p = \varepsilon_n$)。(4-2)～(4-8)式构成了本模型的基本方程组。

3. 计算结果分析

符号说明：

N_A：P 区掺杂浓度，单位 cm^{-3}。

N_D：N 区掺杂浓度，单位 cm^{-3}。

W：N 区宽度，单位 nm。

x：i 区 GaAlAs 中 Al 的含量，无量纲，变化范围 0～1。

E_0：基态能级，单位 meV。

E_1：第一激发态能级，单位 meV。

E_2：第二激发态能级，单位 meV。

E_{fn}：N 区费米能级，单位 meV。

吸收峰：$E_1 - E_0$，单位 μm。

影响该结构的几个参数如下：N_A、N_D、W、x、V_r。下面将详细讨论这 5 个参数是如何影响器件特性的，而 P 区 GaAlAs 中 Al 的含量对器件结构几乎无任何影响，取为 0.12。首先讨论 $V_r = 0$ 时，其余 4 个参数对器件特性的影响，然后固定其中 3 个参数，讨论器件特性只随另外一个参数的变化；最后固定这 4 个参数，讨论 V_r 对器件特性的影响。

图 4-6 所示为阱中能级和费米能级随着 P 区的掺杂浓度 N_A 的变化图。当 N_A 增大时，N 区的耗尽层变宽，因而阱变窄，此时 E_0 及 E_1 升高，而耗尽区的展宽，使得阱内电子数减少，因而 E_{fn} 降低。另外，E_0 随 N_A 的变化比 E_1 随 N_A 的变化要小。

图 4-7 所示为阱中能级和费米能级随着 N 区的掺杂浓度 N_D 的变化图。当 N_D 增大时，N 区的耗尽层变窄，因而阱变宽，此时 E_0 及 E_1 下降，而耗尽区变窄以及掺杂浓度的增加，使得阱内的电子数增加，E_{fn} 上升。

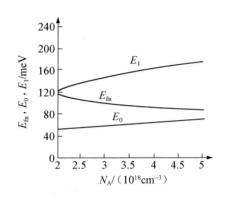

图 4-6　阱中能级及费米能级随着 P 区
　　　的掺杂浓度 N_A 的变化,其他
　　　参数:$N_D = 3 \times 10^{18}$ cm^{-3},$W =$
　　　23 nm,$x = 0.33$

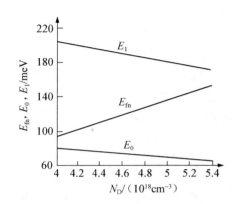

图 4-7　随着 N 区的掺杂浓度 N_D 的不
　　　同,阱中能级和费米能级的变
　　　化,其他参数:$N_A = 5 \times 10^{18}$
　　　cm^{-3},$W = 18.5$nm,$x = 0.33$

　　图 4-8 所示为阱中能级和费米能级随着阱的宽度 W 的变化图。由于阱变宽,因而 E_0、E_1 下移,但是由于阱变宽,电子的面密度增大,从而费米能级上升。另外,E_1 的变化比 E_0 要快。

　　图 4-9 所示为阱中能级和费米能级随着势垒高度的变化曲线。由于垒变高,因而 E_0 及 E_1 也上升。电子的面密度变化不大,因此费米能级应像 E_0 一样变化,也应随 x 值的增大而上升。另外,图 4-9 所示为 E_0 的变化较 E_1 要慢。总的来说,势垒高度的变化对量子阱的影响不大。

　　图 4-10 所示为阱中能级和费米能级随着外加偏压的变化曲线。当 V_{fn} 增大时,N 区的耗尽层变宽,因而阱变窄,E_0 及 E_1 上升;而耗尽区的展宽,使得阱内电子数减少,E_{fn} 降低。另外,E_0 随 V_r 的变化比 E_1 随 V_r 的变化小。

　　吸收峰随着外加偏压而变化是这种结构的一个引入注目的特点,利用这一特性可以制成电压调节波长的红外探测器。图 4-10 的吸收峰的变化大致为 $11.5 \sim 13.5 \mu$m,而适当选取其参数,可以使得吸收峰的变化为 $9 \sim 13 \mu$m(图 4-11,$N_A = 1 \times 10^{19}$ cm^{-3},$N_D = 5 \times 10^{18}$ cm^{-3},$W = 240$nm,$x = 0.33$)。只需调整 V_r 就可以使器件适用于整个 $8 \sim 14 \mu$m 的大气窗口的范围。然而,实际情况并非如此简单,要得到好的特性,必须综合考虑暗特性和光响应特性。

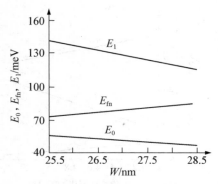

图 4-8　随着阱的宽度 W 的不同，阱中能级和费米能级的变化，其他参数：$N_A = 2 \times 10^{18}\ cm^{-3}$，$N_D = 2 \times 10^{18}\ cm^{-3}$，$x = 0.33$

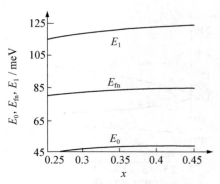

图 4-9　阱中能级和费米能级随着势垒高度的变化曲线，其他参数：$N_A = 2 \times 10^{18}\ cm^{-3}$，$N_D = 2 \times 10^{18}\ cm^{-3}$，$W = 28nm$

由上面的讨论可知，N_A、N_D、W、x、V_r 对该结构都有影响，其中 x 的影响比较小，而其他参数的影响都比较大。因此，在设计器件时要精确地计算出这几个参数的值，而且在生长过程中也要严格控制。可以看出这种结构 5 个参数对 E_0 的影响比较小，而对 E_1 的影响比较大，因此吸收峰的变化与 E_1 的变化一致。

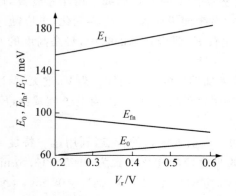

图 4-10　外加偏压对阱中能级和费米能级的影响，其他参数：$N_A = 6 \times 10^{18}\ cm^{-3}$，$N_D = 3 \times 10^{18}\ cm^{-3}$，$W = 27nm$，$x = 0.33$

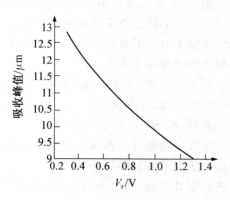

图 4-11　吸收峰随外加偏压的变化，其他参数：$N_A = 1 \times 10^{19}\ cm^{-3}$，$N_D = 5 \times 10^{18}\ cm^{-3}$，$W = 24nm$，$x = 0.33$

4.2　GaAs/GaAlAs 量子阱材料与探测器

4.2.1　简介

4.2.1.1　发展情况

尽管 HgCdTe 红外探测器一直是红外探测领域的热点,并且国外二代 HgCdTe 红外焦平面探测器已经形成批量化生产的能力,但由于 HgCdTe 材料中 Hg—Te 键的脆弱,导致了长波 HgCdTe 红外焦平面光伏探测器阵列依然不容易制备。量子阱红外探测器(QWIP)通过改变势阱宽度和势垒高度对带隙宽度进行人工裁剪,可以方便地获得 $3 \sim 18 \mu m$ 以至更长波段的光谱响应,并且以其材料生长和制备工艺成熟、易于大面阵集成、稳定性好、器件均匀性好、可操作像元数高、产量高、成本低、探测器光谱响应带宽窄、不同波段之间光学串音小、容易实现双色或多色焦平面器件、抗辐射、器件工艺大部分可以和 HgCdTe 红外焦平面探测器兼容等优点,成为近年来红外探测器领域研究的热点。

自从贝尔实验室研制出第一个 GaAlAs/GaAs 量子阱红外探测器以来,其技术得到了迅速发展。目前国内外大面阵单色 QWIP 已经趋于成熟,其中国外报道的中等规模的 256×256 像元、384×288 像元、640×512 像元等规格的单色焦平面器件及相关热成像系统在美国、德国、法国等先进国家已经商品化。

美国空气推进实验室(JPL)研制出 $4\,096 \times 4\,096$ 像元长波焦平面阵列。中国科学院上海技术物理所报道了 256×1 像元甚长波多量子阱红外探测器线列和 64×64 像元量子阱长波红外焦平面探测器。中国科学院半导体研究所纳米光电子实验室与中国电子科技集团第十一研究所合作研制了 128×160 像元 GaAs/Al—GaAs 多量子阱长波红外焦平面探测器阵列。中国兵器集团昆明物理研究所报道的 320×256 像元量子阱红外焦平面探测器,像元中心距为 $2 \mu m$,峰值波长为 $9 \mu m$,平均峰值探测率为 $1.6 \times 10^{10} cm \cdot Hz^{1/2} \cdot W^{-1}$。

双(多)色 QWIP 焦平面器件方面,欧美等发达国家也开展了广泛的研究。美国空气推进实验室研制出 640×512 像元四色量子阱红外探测器,响应波段为 $4 \sim 5.5 \mu m$、$8.5 \sim 10 \mu m$、$10 \sim 12 \mu m$、$13 \sim 15.5 \mu m$。其研究的 $1\,024 \times 1\,024$ 像元双色量子阱红外探测器,相应波段为 $4.4 \sim 5.1 \mu m$、$7.8 \sim 8.8 \mu m$。国内方面,中国电子科技集团第十三研究所报道了 $500 \mu m \times 500 \mu m$ 大面积的双色器件,其峰值响应波长分别为 $5.2 \mu m$ 和 $7.8 \mu m$。

4.2.1.2　制备技术

1. QWIP 材料的结构及表征

QWIP 材料多为采用分子束外延或金属氧化物化学气相沉积法等技术生长的多层膜结构。对于单色 QWIP 材料而言,首先在半绝缘的(100)晶向的 GaAs 衬底上生长一层 $Al_x Ga_{1-x} As$ 缓冲层,然后生长一层 N 型重掺杂的下电极欧姆接触层,再周期生长 GaAs/$Al_x Ga_{1-x} As$ 多量子阱层,最后再生长一层 N 型重掺杂的上电极欧姆接触层。通常上电极欧姆接触层和下电极欧姆接触层的掺杂浓度相同。QWIP 材料典型能带结构如图 4-12 所示，QWIP 材料典型结构见表 4-1 所示。

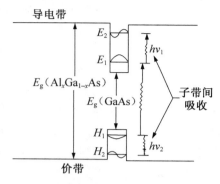

图 4-12　量子阱材料的能带结构示意图

表 4-1　典型的量子阱材料生长结构

	盖帽层 $1.75\mu m$，N^+—GaAs(Si：4×10^{17}/cm^3)	
	60nm，$x=0.15$，i—Al$_x$Ga$_{1-x}$AsQW 垒	
50×		0.5nm i—GaAs
		6nm，N—GaAs(Si：2.5×10^{17}/cm^3)QW 阱
		0.5nm i—GaAs
	60nm，$x=0.15$，i—Al$_x$Ga$_{1-x}$AsQW 垒	
	$1.0\mu m$，N^+—GaAs(Si：4×10^{17}/cm^3)	
	$0.2\mu m$ 缓冲层	
	Si—GaAs 衬底，(100)晶向，晶片厚度 0.5mm	

　　双（多）色 QWIP 材料结构与单色 QWIP 材料相似，其主要区别在于：在周期生长完一个波段的多量子阱层后，在其的上电极欧姆接触层上继续周期生长另一波段的多量子阱层，最后再生长一层欧姆接触层作为整个 QWIP 材料的上电极欧姆接触层，而中间的电极欧姆接触层作为上部多量子阱层的下电极欧姆接触层，并作为下部多量子阱层的上电极欧姆接触层。

　　QWIP 材料的均匀性和晶格质量可通过 X 射线双晶衍射测试来表征，通过拟合计算可以得出量子阱材料的垒宽和阱宽参数，以及 GaAs/Al$_x$Ga$_{1-x}$As 多量子阱层中 Al 组分的 x 值。典型的测试结果如图 4-13 所示。

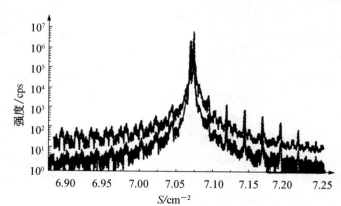

图 4-13　X 射线双晶衍射仪测试结果与拟合曲线

2. QWIP 器件的暗电流机制

QWIP 器件的暗电流特性是量子阱红外探测器的一个极为重要的特性参数，对器件噪声和工作温度都有很大的影响，进而直接影响器件的探测率。QWIP 器件的暗电流包含 3 个部分，如图 4 - 14 所示。

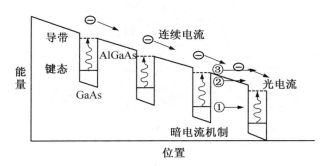

图 4 - 14　QWIP 器件的三种暗电流机制
①基态隧穿；②热辅助隧穿；③热激发

（1）基态隧穿。基态隧穿指处于量子阱底的基态电子，通过量子隧穿效应直接穿过势垒形成电流。这种隧穿机制在材料处于低于 30K 温度下起主导作用。

（2）热辅助隧穿。热辅助隧穿指量子阱处于热激发态的电子，电子的能级虽然没有高于势垒能级，但其达到了势垒上端，通过量子隧穿效应穿过较窄的势垒上端而形成连续的能级。这种隧穿机制在材料处于 30～45K 温度时起主导作用。

（3）热激发。热激发指在更高的温度下，热激发的电子可以直接越过势垒形成电流。

3. QWIP 器件结构的工艺过程

由于 P 型掺杂 QWIP 器件的载流子迁移率低，目前常用的 QWIP 焦平面器件为 N 型掺杂光导型器件，其典型 QWIP 器件的单元结构示意图如图 4 - 15、图 4 - 16 所示。

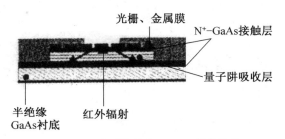

图 4 - 15　典型的单色 QWIP 器件结构

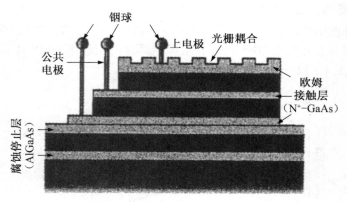

图 4 - 16　典型的双色 QWIP 器件结构

QWIP 器件典型工艺过程如下：

（1）光耦合。QWIP 器件光栅工艺是 QWIP 器件制备工艺的一项关键环节，其工艺过程通过光栅光刻和光栅化学腐蚀或干法刻蚀来实现。

由于 N 型 QWIP 对红外光子的吸收属于电子在导带中的子带间的跃迁，而子带间跃迁密切依赖于光的极化场方向，而从 QWIP 材料正面垂直入射的红外光沿电子跃迁方向的电极化矢量为零，所以 QWIP 材料对垂直入射的红外光不吸收，必须进行光耦合。

QWIP 光耦合方式通常有边耦合、光栅耦合、随机反射耦合和波纹耦合几种。

① 边耦合。最简单的光耦合方式为边耦合，即将 QWIP 器件的衬底斜磨 45°，使入射光线与 QWIP 吸收层成 45°角入射，达到 QWIP 器件选择吸收红外光的要求，如图 4 - 17(a)所示。这种结构多用于单元 QWIP 器件的制备并作为比较的标准。

② 光栅耦合。对于单色面阵型 QWIP 器件通常采用二维周期光栅的光耦合方式，其结构如图 4 - 17(b)所示。其设计思想为：在 QWIP 材料的上接触层上用光刻和刻蚀的方法制备二维光栅，通过优化光栅周期和刻蚀深度，可以提高光耦合效率。研究表明，光栅台面上光阑和非光阑面积近似相等时，耦合效率最高。

图 4 - 17　边耦合和光栅耦合

③ 随机反射耦合。根据不同的探测波长，设计所需要的随机反射单元，通过光刻技术在 GaAs 上接触层随机刻蚀出反射单元，形成粗糙的反射面，垂直于衬底入射的光束遇到反射单元发生大角度反射，这些角度大部分符合全反射条件，光束就这样被捕获在量子阱区域内，如图 4 - 18(a)所示。

④ 波纹耦合。波纹耦合方式的结构如图 4 - 18(b)所示。其设计思想为：通过化学

方法,在量子阱区域刻蚀出 V 形槽,刻蚀深度到达 GaAs 下接触层,在器件表面就形成一些三角线组成的波纹。此种耦合方式尤其适用于面积小于 $50\mu m \times 50\mu m$ 的光敏元,探测波长覆盖 $3\sim17\mu m$,器件的暗电流低、量子效率高、制备简单。此种耦合方式特别适用于多色 QWIP 器件。

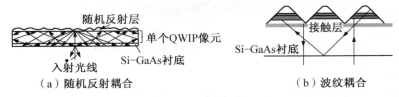

图 4 - 18　随机反射耦合和波纹耦合

(2) 光敏元台面制备。此工艺与 HgCdTe 焦平面红外探测器阵列兼容,可通过台面光刻和台面刻蚀等工艺优化反应气体压力、流量、功率等参数,获得较好的刻蚀侧壁。

(3) 电极制备。此工艺通过光刻、蒸发电极和合金等工艺完成。此工艺主要是对下电极进行光刻和刻蚀,制作出下电极图形,用电子束蒸发 AuGeNi/Au 金属膜作为上下电极层,通过适当的合金温度形成欧姆接触,沉积 Si_3N_4 或 SiO_2 作为钝化层;同时,上电极表面的 AuGeNi/Au 金属膜作为反射层再次光刻后,刻蚀出键合用的引线孔,通过电镀加厚引线孔电极以保证键合互连。

(4) 铟柱生长、倒装互连。铟柱生长可与 HgCdTe 焦平面红外探测器阵列兼容。铟柱和倒装互连工艺的质量高低直接影响到 QWIP 器件的盲元率和成像质量,因此必须保证铟柱的均匀性、完整性和图形的几何性。目前成熟的铟柱生长工艺有两种:直接长柱法和回流成球法。为增强铟柱与芯片上电极的黏附性,要在芯片与铟柱之间先蒸发两层过渡金属 Ti 和 Au。

(5) 衬底减薄。对 GaAs 衬底进行减薄能有效地缓解因与读出电路晶格常数不匹配导致的应变和应力,并能有效地减小器件串联电阻,降低器件串音,同时可以让进入量子阱材料的红外光由薄膜多次反射而增强吸收。

(6) 封装测试。QWIP 器件必须在低温下工作,其最佳工作点温度低于 77K,而且 QWIP 器件对温度的敏感性远高于 HgCdTe 红外探测器,因此必须将其封装在杜瓦中,并加装冷屏和红外滤光片。

以上介绍的工艺主要是针对单色 QWIP 器件,对于双(多)色 QWIP 器件往往要经过多次制版,多次光刻,多次刻蚀,其工艺要相对复杂。典型的双色 QWIP 器件的单元示意图如图 4 - 19 所示。

4.2.1.3　QWIP 器件的发展

尽管 QWIP 器件在诸多方面对于 HgCdTe 器件有比较多的优势,并获得了较大的发展,但其自身也存在着诸多不足,主要表现在以下方面:

(1) N 型 QWIP 器件对于正入射光不吸收,必须进行光耦合,而 P 型 QWIP 器件载流子迁移率低,目前还达不到实用化的要求。

(2) 量子效率低,对于光导型 QWIP 器件,其量子效率≤10%,而 HgCdTe 器件的量

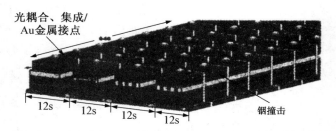

图 4-19　美国空气推进实验室 640×512 像元四色 QWIP 器件

子效率≥70%。

(3) 光增益小,对于 30～50 周期量子阱吸收层的 QWIP 器件而言,其光增益为 0.2,小于 1。

(4) QWIP 器件比 HgCdTe 器件的探测率低 2 个数量级。

基于以上不足,QWIP 器件还有许多需要完善的理论和工艺工作:

① 提高量子效率,降低暗电流。如何提高 QWIP 器件的量子效率、降低暗电流,充分发挥 QWIP 焦平面器件的优势是未来 QWIP 焦平面实用化的主要问题。其根本途径在于完善 QWIP 器件的光耦合机制,改善 QWIP 器件的结构(如大力发展光伏型 QWIP 器件),提高 QWIP 器件的制备工艺水平。

②发展更大规模的 QWIP 焦平面器件和双(多)色 QWIP 器件。由于 QWIP 材料生长工艺成熟稳定,相较于 HgCdTe 焦平面红外探测器以及多色 HgCdTe 焦平面红外探测器而言,具有明显的比较优势,因而应充分发挥其在这方面的潜质。

③发展波长为甚长波至太赫兹波段的 QWIP 焦平面器件。基于 HgCdTe 红外焦平面探测器在走向甚长波红外器件的过程中遇到了极大障碍,而 QWIP 探测器的相应波段已经从 3μm 扩展到了 18μm 甚至更长波段,完全可以覆盖 14～16μm 这一重要的空间遥感波段的探测,而且 QWIP 器件在太空中的辐照效应下,其性能比 HgCdTe 红外焦平面探测器表现出很好的优势,因此 QWIP 器件更容易在这个方面发挥其优势。

④发展更低维结构(量子点或量子线)的红外探测器件。由于量子点(线)红外探测器件不受跃迁定则的限制,可以吸收垂直入射的红外光子,具有更低的暗电流、更高的光电增益、响应率和探测率,已经引起广大研究者的极大兴趣。

量子阱红外探测器件探测波段覆盖 3～18μm 以至更长波段,基于其自身工艺和物理机制的优越性,通过充分克服其存在的问题,必将在军事、民用、警用等方面发挥更大的作用。

4.2.2　探测器的制备技术

4.2.2.1　材料的制备与性能

1. 材料制备

(1) 结构计算及设计。采用阱内 N 型掺杂的矩形 GaAs/AlGaAs 多量子阱结构作为探测器材料,根据探测波长的需要,用 Kronig-Penney 模型计算出相应的阱宽及势垒高度,从而确定 GaAs 层厚度及 AlGaAs 层组分。典型的量子阱结构如图 4 - 20 所示,它由 50 个周期组成,GaAs 阱宽为 57Å($1Å=10^{-10}$m),$Al_{0.3}Ga_{0.7}As$ 垒厚为 300Å,GaAs 阱中 Si 掺杂($n=1\times10^{18}cm^{-3}$),衬底为半绝缘 GaAs,其中多量子阱的顶部和底部分别生长 0.5μm 和 1.0μm 的 Si 掺杂($n=3\times10^{18}cm^{-3}$)的 GaAs 接触层作电极用。

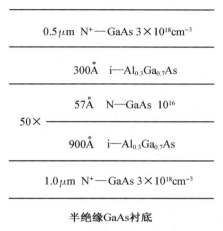

图 4 - 20　GaAs/AlGaAs 多量子阱结构示意图

　　(2)分子束外延生长。使用英国 VGV80H 分子束外延系统进行多量子阱材料的生长。为了降低材料本底杂质含量,采用所能得到的最高纯度 Al(6N)、Ga(7N)、As(7N)源并进行严格的真空系统烘烤程序,生长室的本底真空度保证在 6.7×10^{-12}Pa 以下,半绝缘 GaAs 衬底材料经过严格挑选和清洗。为了制成大面积焦平面阵列,进行了生长大面积均匀外延片的努力,通过合理配置坩埚,精确控制炉位等,已成功地生长出了无铟 2in(1in=0.025 4m)多量子阱外延材料,生长时衬底温度为 600~630℃。其中,炉子的热平衡与生长质量有很大关系。

　　对部分束源进行了调整和改进,从而明显地改善了生长速率的稳定性并显著降低了表面缺陷密度。具体生长 $GaAs/Al_xGa_{1-x}As$ 红外探测器材料时有两个关键:一要严格控制阱宽,这需要保证快门的可靠性;二要严格控制组分 x,这需要准确定标。另外,为了防止阱中掺杂向势垒扩散,只在阱中心进行掺杂,在两边各留一个单层的本征 GaAs。满足这些环节的要求,得到了高质量的外延片。

2．性能

(1)MBE 外延层性能。表 4 - 2 列出了 MBE 外延层材料部分性能。

表 4 - 2　MBE 外延层材料部分性能

本征 GaAs 外延材料		
参数	数据	
测量温度/K	300	77
体密度(D 型)/cm^{-1}	1.2×10^{10}	1.7×10^{10}
迁移率/($cm^3\cdot V^{-1}\cdot s^{-1}$)	6 850	92 000

2in 外延均匀性及缺陷密度

参数	数据
膜厚 $\Delta\tau_{max}/\tau$	$\pm 3.0\%$
$Al_xGa_{1-x}As$ 组分 $\Delta x_{max}/s$	$\pm 3.4\%$
掺杂 $\Delta\pi_{max}/\pi$	$\pm 3.0\%$
椭圆缺陷/cm^{-1}	$\leqslant 300$

（2）暗电流分析。表征探测器性能的一个重要参数是探测率 D^*，$D^* = R\sqrt{A\Delta f}/i_n$，其中 i_n 为噪声电流，由此可知探测器性能的提高很大程度上取决于对噪声的抑制。为了降低探测器的噪声，需要使暗电流降到尽量低的水平。在阱中 N 型掺杂的多量子阱结构中，在较低电场下，暗电流的形成可主要归结为共振隧穿电流（I_{st}）、热离化激发电流（I_{th}）和声子辅助隧穿电流（I_{ps}），其中 I_{ps} 只在 $T=120K$ 附近很小范围起作用，这里不考虑它。I_{st} 和 I_{th} 为

$$I_{st} = \frac{eA}{\hbar d^2}D_0 KT\ln\left(\frac{1+e^{E_F/KT}}{1+e^{(E_F-e\Delta_1)/KT}}\right) \tag{4-13}$$

$$I_{th} = \frac{e^2 m^*}{\pi\hbar^2}\frac{A\bar{v}_D}{d}\Delta_1 e^{\frac{-(H-e\Delta_2-E_F-E_1)}{KT}} \tag{4-14}$$

式中，A——探测元面积；

　　d——阱宽；

　　D_0——隧穿系数；

　　Δ_1——一个势垒上的电势降；

　　E_F——与温度 T 相关的费米能级；

　　m^*——GaAs 有效质量；

　　$\bar{v}_D$——势垒顶部的有效迁移率；

　　Δ_2——一个阱中的电势降；

　　H——势垒高度；

　　E_1——基态能量。

隧穿系数可表示为

$$D_0 = e^{\frac{-4L_b}{3e\hbar\Delta_1}(2m_b^*)^{1/2}\left[(H-e\Delta_2-E_1)^{3/2}-(H-eV_p-E_1)^{3/2}\right]} \tag{4-15}$$

式中，L_b——垒厚；

　　m_b^*——垒中电子有效质量；

　　V_p——每周期上的电势降（为 $\Delta_1+\Delta_2$）。

由式（4-13）及式（4-15）可以看出共振隧穿电流（I_{st}）与势垒厚度（L_b）成负指数关系，所以通过增加 L_b 可以大幅度降低 I_{st} 对暗电流的贡献，但 L_b 的增加却会影响光电子的输运，我们将第二子带设计在阱口处，这样既可以抑制暗电流，又易于电子输运。由式（4-14）可知降低热离化激发电流则需提高势垒高度，降低基态及费米能量，而这些参

量的改变需与光电子输运的难易及探测器的量子效率进行综合考虑。①提高势垒及降低基态能级的同时必须考虑激发态子带在阱中的相对位置,如果使激发态子带落入阱中较深的位置,将造成激发后的电子输运困难(因为它需要穿越势垒),导致探测器响应率降低;②降低掺杂量可降低基态上的电子填充,从而降低热激发电流。但子带跃迁量子效率正比于阱中基态上的电子密度,所以降低阱中的掺杂量也会同时降低探测器的量子效率,同样也会导致探测器响应率降低。考虑以上各因素,在加厚势垒($L_b \geqslant 3 \times 10^{-8}$ m)的同时将激发态子带放置在阱口处,并将阱中掺杂量控制在不高于 1×10^{18} cm^{-3} 的水平。表 4 - 3 给出了一组实验结果,它表明势垒厚度 L_b 确为控制暗电流的一个主要因素。

表 4 - 3　势垒厚度对暗电流的影响(77K)

样　品	$L_b/10^{-10}$ m	V/V	I/μA	V/V	I/μA
G097	150	3	0.18	4	0.42
G122	300	3	0.003 5	4	0.009

(3)红外吸收光谱。对材料的测试除上述性能外,最主要的就是进行红外吸收光谱的实验,它是对结构设计的合理性及质量可靠性的检验之一,也是决定探测器的探测性能的因素之一。

将多量子阱外延片用机械方法研磨、抛光成长度为 4mm、两端面为 45°斜面的波导式样品,光沿斜面射入,图 4 - 21 所示为 G236 号样品的红外吸收谱。

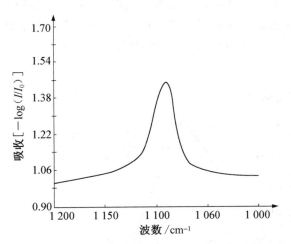

图 4 - 21　室温下 G236 号多量子阱材料的红外吸收谱

从图中可以看到明显的子带跃迁现象,峰值位置为 1 092cm^{-1}(9.1μm),吸收峰的半高全宽为 36cm^{-1},是个窄带吸收。表 4 - 4 为一组样品的吸收峰值,可以看出理论与实验基本吻合,它表明结构的理论设计是合理的,生长控制是成功的。

表 4 - 4　峰值波长的比较

样　品	G094	G122	G123	G236	G237
$\lambda_{理论}/\mu m$	6.97	8.06	8.17	10.16	10.04
$\lambda_{实验}/\mu m$	6.9	6.9	6.9	9.1	9.2

利用简单的量子理论设计出 GaAs/AlGaAs 多量子阱结构,并采用分子束外延系统进行生长,通过各步骤的准确控制成功地生长出大面积均匀的外延材料,并通过加厚势垒,准确设计子带结构,得到了暗电流低、电子输运容易的性能良好的红外探测器材料。

4.2.2.2　器件的制备与测试

1. GaAs/AlGaAs 量子阱红外探测器件的制备

采用的 GaAs/AlGaAs 多量子阱材料的结构为 50 周期的多量子阱,阱中的 Si 掺杂浓度为 $1\times10^{18}\,cm^{-3}$,阱宽为 5nm,势垒为成分 $x=0.3$ 的 $Al_xGa_{1-x}As$ 层,垒宽为 50nm。量子阱层的上下有两层电极层,层厚分别为 $2\mu m$ 和 $1\mu m$,Si 的掺杂浓度为 $2\times10^{18}\,cm^{-3}$。材料使用分子束外延方法生长。

对材料进行量子阱器件的标准工艺,即经历了清洗、台面光刻、台面腐蚀、电极光刻、蒸发电极、合金化、切单元、背面磨 45°角和抛光后,用杜瓦瓶封装,红外辐射以 45°角背入射至器件,用锁相测得红外辐射下的光电导变化引起的信号电压变化,进而获得器件的响应率、探测率等重要的特性参数。

测量条件为黑体出射孔面积 $A_s=0.3cm^2$,探测器响应元面积 $A_a=200\mu m\times280\mu m$,黑体出射光阑孔到探测器响应元中心点距离 $d=30cm$,黑体源温度 $T_{bb}=490.4K$,调制盘温度 $T_0=300K$,调制频率为 977.5 Hz,噪声带宽为 300~1 000 Hz。两光敏元的响应率—偏压特性如图 4 - 22 所示。

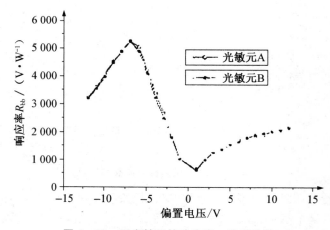

图 4 - 22　两光敏元的响应率—偏压特性

2．测试——I—V 曲线自动测试系统

QWIP 器件的 I—V 曲线反映了器件在不同偏压下的载流子输运特性。如果采用手动方式进行测试不但繁琐，而且不易有较好的精度。同时，人工读数带有不可避免的主观误差，数据处理也过于繁琐，因此采用编程进行自动控制是必要的。

采用微机进行测试工作，利用 GPIB 软件和 IEEE—488 电缆线将 QWIP 器件、电压源、数字电压表和微机相连，编制控制程序，通过微机控制测量和进行数据处理并自动绘制出 I—V 微机曲线。由于采用了自动测量的方式，系统的测量精度得到提高，数据存取和分析方便、迅速。

（1）系统的硬件配置。在具体仪器的选择上，对于电压输出仪器，我们利用 SR830 DSP 锁相放大器的辅助信号输出功能，可输出从 $-10.5 \sim 10.5$ V 的恒定电压，输出精度为 1mV。

数字电压表使用 7150 Plus 数字万用电表，该表同样支持 GPIB 并口通讯，电流测量采用六位半时灵敏度为 1μA，基本满足测量要求。

本系统所用微机为 Pentium 166。为了实现 GPIB 接口，选择 National Instruments 公司的 GPIB PCI 接口卡（PCI—GPIB），加插于微机主板的 PCI 插槽，实现接口通讯，其编程符合标准 IEEE—488 标准，便于移植。

系统通过 GPIB 总线将 1 台数字电表和 1 台锁相放大器与微机连接。安装有 PCI—GPIB 接口卡的微机作为测试系统的控制者，它的任务是通过控制程序协调总线上各设备的操作，对设备发送控制信息，从总线上接收数据并对其进行采集、处理。图 4-23 所示为 I—V 曲线自动测试方框图。

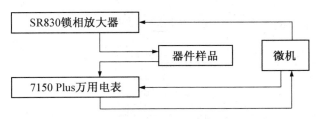

图 4-23　I—V 曲线自动测试方框图

（2）测量程序设计。选择 LABVIEW 和 LABWINDOWS/CVI 两种开发工具实现自动控制的软件设计。LABVIEW 即实验室虚拟仪器工程平台，是一种基于图形化编程语言 G 的开发环境。

为了实现与仪器操作一致，方便用户操作，设计的图形控制面板基本与 SR830 和 7150 的前面板一致，用户通过鼠标点击控制面板上相应的控制和选项按钮，对测量进行控制，而测量结果输出同样类似实际仪器的数字显示。同时，利用微机的图形化优势，测量 I—V 曲线的同时进行数据处理，以图表的方式输出至显示器，有利于试验时的结果分析。测量结束后，可将测量数据存储为文件形式，以便以后分析。控制面板示意图如图4-24所示。

LABVIEW 的编程虽然简单直观，然而由于其是一个纯 32bit 开发环境，导致其可移植性较差。同时,LABVIEW 对底层操作一手包办的做法也降低了编程的灵活性,使得程序员难以对程序进行特定的优化,对以后的移植也不利。另外,过高的 CPU 和内存占有率也成为影响系统功能的瓶颈,更不用说将其应用于单片机控制系统。

针对这一要求,用 LABWINDOWS/CVI 再次对整个测量进行了代码优化。LABWINDOWS/CVI 兼有图形用户接口的优点,程序流程和控制面板与前文类似。

程序流程图如图 4 - 25 所示。

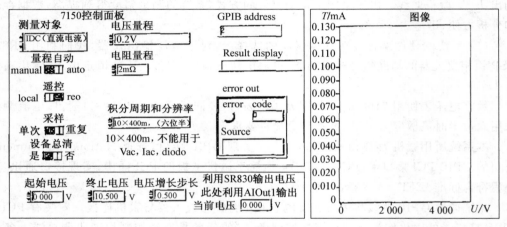

图 4 - 24　控制面板示意图

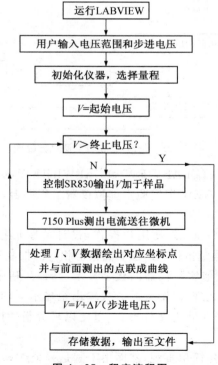

图 4 - 25　程序流程图

3．测试与效果

测试时的操作顺序如图 4－25 所示程序流程图,通过微机控制仪器,自动采集和处理数据并绘制出 $I-V$ 曲线。

所测样品为前文所制备的 GaAs/AlGaAs 量子阱红外探测器件的 3 个光敏元,测得的曲线如图 4－26 所示。可见,该光敏元在 0～3V 段 $I-V$ 曲线呈线性,－3V 后则开始饱和,3V 之后开始击穿。该正反向偏压 $I-V$ 曲线的非对称性由材料生长过程中势垒畸变所致。

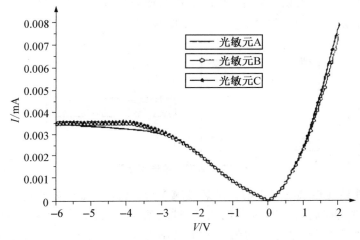

图 4－26　QWIP 光敏元的 $I-V$ 曲线图

QWIP 器件的 $I-V$ 曲线测试加入微机后,该系统的测量精度大大提高,操作方便,能存取数据并能对数据进行有效处理。

如果要测量 QWIP 器件的温度特性,只需对程序进行适当修改即可满足测试要求,具有良好的扩展前景。同时,该系统可轻易移植到单片机系统,使应用更为灵活。

4.2.2.3　探测器衬底减薄工艺技术

在量子阱红外焦平面阵列器件制备过程中,器件需以铟柱倒装在 Si 读出电路上,且需要对倒装后的 GaAs 衬底进行减薄,以降低衬底对入射光的吸收和单元器件间的串扰。因此,GaAs 衬底减薄工艺成为焦平面阵列器件工艺过程中重要的一步。经过多次实验,在不倒装的情况下成功对 GaAs 衬底进行了减薄,使材料达到 $29\pm2\mu m$,减薄均匀性和抛光质量均能满足器件的要求,为进一步除去衬底创造了条件。同时,还对减薄材料进行了光响应的测试,分析了实验结果,讨论了垂直入射引起器件光吸收的主要原因。

1．器件结构生长

样品结构采用分子束外延系统进行生长。其具体结构为:以[100]方向 GaAs 为衬底生长 $0.7\mu m$ 厚的 N 型 GaAs 下接触层;之后生长 50 个周期 GaAs/AlGaAs 多量子阱结构,其中阱宽为 4.6nm、垒厚为 40nm、阱中 Si 掺杂浓度为 $10^{17}\sim10^{18}\ cm^{-3}$、势垒层不掺杂;最后生长 $0.7\mu m$ 厚的 N 型 GaAs 上接触层,上下接触层掺杂浓度均为 $5\times10^{17}\ cm^{-3}$。

2. 衬底减薄工艺

通常 5.08cm(2in)GaAs 衬底的厚度为 $625\mu m$，而多量子阱红外探测器外延层只有 $4\mu m$ 左右，为了不影响器件的性能，在衬底与外延层间没有设计腐蚀顶层，这就增加了衬底减薄的工艺难度。为了保证减薄衬底的均匀性，采用手工减薄，之后再以机器抛光方式实现衬底的去除。

手工减薄过程具体步骤如下：

（1）减薄玻璃支架的准备。在方形玻璃片上选取光滑的一面，将 4 个等高的 GaAs 衬底小片分别粘在方形玻璃片四角，其目的是保证玻璃片在减薄过程中不会倾斜，从而保证减薄材料的平整度和均匀性。加工后的玻璃支架如图 4-27 所示。

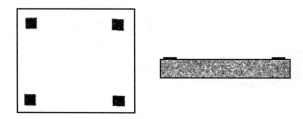

图 4-27　加工后玻璃支架图形

（2）将器件粘在玻璃支架中心。加热玻璃支架，使涂于玻璃支架中心部位的蜡熔化，利用熔蜡将器件粘在玻璃支架的中心，器件衬底朝上。在此过程中，应尽量保持器件与玻璃支架表面的平行，使蜡分布均匀。采用蜡作为黏结剂有温度低、黏结强度较大和取片、清洗工艺简单等优势。粘好器件的玻璃支架如图 4-28 所示。

（3）手工减薄。减薄过程中，采用筛洗后的金刚砂作为研磨料，并保持施力均匀。减薄中应尽量将材料的平整度控制在 $20\mu m$ 以下。当外延材料衬底厚度减薄至 $100\mu m$ 左右时，应减慢减薄速度，使平整度控制在 $10\mu m$ 以下。

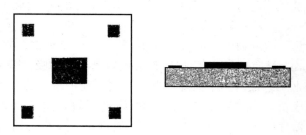

图 4-28　粘好器件后的玻璃支架

（4）机器抛光。常规器件抛光方法主要分为两类：①手工抛光，采用 LOGITECH 抛光液，对器件衬底进行手工抛光，其抛光时间短，但平整度控制较难；②机器抛光，采用白刚玉微粉进行机器抛光。

采用机器抛光方式成功地将器件厚度降为 $29\pm2\mu m$。

（5）取下外延材料。将玻璃支架加热，取下外延材料，经过清洗处理后，就可进行下一步的工作。

3. 器件性能

实验中,由于器件已经减薄到 $29\pm2\mu m$,因此器件没有磨斜角,而是采用垂直背入射方式进行测量。图 4-29 所示为样品在无光照条件下测量得到的器件室温和低温条件下的 $I-V$ 特性。

低温下,器件在 4V 偏压下的暗电流为 $0.33\mu A$。器件样品在 500 K 黑体下平均黑体探测率达到 $D_b^*=2.5\times10^8$ cm • $Hz^{1/2}$ • W^{-1}。

用傅立叶变换红外光谱仪对 GaAs/AlGaAs 多量子阱红外探测器进行光谱测量,器件在 77K 下的光电流响应如图 4-30 所示,样品的峰值响应波长在 $9.5\mu m$。

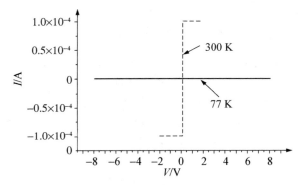

图 4-29　样品的室温和低温 $I-V$ 特性

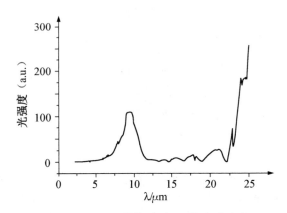

图 4-30　探测器在 77 K 下的光谱响应

图 4-31 所示为样品在液氮无光照条件下,输出的信号、噪声及信噪比与偏置电压的关系曲线。图中 V_s 代表信号电压,V_n 代表噪声电压,R_{SN} 为信噪比。

对于 GaAs/AlGaAs 多量子阱材料来说,由于多量子阱的带内子带跃迁选择定则,只有电矢量垂直于多量子阱生长面的入射光才能被子带中的电子吸收,实现量子阱的基态到激发态的跃迁,并在偏置条件下产生光电流,进而导致电导率的变化。因此,通常情况下为了得到光响应,器件必须采用斜入射(器件磨 45°角),或者在器件上制作光栅。通过实验观察发现,在减薄后的器件中存在光响应,并且器件的探测率达到 10^8 cm • $Hz^{1/2}$ • W^{-1}。

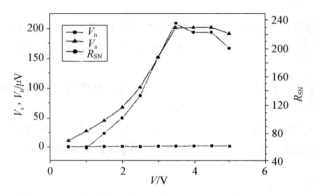

图 4 - 31　在液氮无光照条件下器件的特性曲线

利用显微镜对器件进行观察,在 1 000 倍显微镜下拍摄的台面照片上,可以清楚地看到,由于 GaAs 材料的各向异性,湿法腐蚀会使器件台面形成正梯形和倒梯形结构,其作用等同于器件磨 45°角,因此在垂直入射时器件也会有光电流产生。此外,在衬底进行减薄抛光过程中,抛光后衬底会有很小的起伏,也可能引起光耦合,从而产生光电流。

4.2.2.4　GaAs/AlGaAs 量子阱红外探测器光谱特性

1. 样品制备

实验样品采用 MBE 方法在半绝缘 GaAs 衬底上生长。由于量子阱上下覆盖层通常为高浓度 Si 掺杂且较厚以致光谱(PL)测试结果将无法真实地反映量子阱的能级结构。为了进行 PL 谱实验分析掺杂是否会对量子阱能级产生影响,首先生长了与 A# 和 C# 两样品结构参数相同的参考结构,再生长 B# 和 D# 两参考结构作对比。其中,B# 与 A# 的结构参数相同,但 B# 阱中没有进行 Si 掺杂;D# 与 C# 的结构参数相同,但 D# 的阱中没有进行 Si 掺杂。四个参考结构的量子阱周期数均为 10,GaAs 覆盖层减薄为 $0.01\mu m$,掺杂浓度为 $1.8\times10^{18}\ cm^{-3}$。随后,在相同生长条件和生长环境下生长了 A# 和 C# 两量子阱材料,周期数为 50,GaAs 上下覆盖层 Si 掺杂浓度为 $1.8\times10^{18}\ cm^{-3}$,厚度为 $1\mu m$。生长这两个实验样品是为了进行器件特性的研究。

2. XRD 测试

对生长好的四个参考结构进行 X 射线双晶衍射摇摆曲线测试;借助于计算机对测试结果进行动力学模拟,从而可确定生长材料的薄层厚度、组分等实际结构参数。相应测试曲线及模拟情况如图 4 - 32 所示。图中两条曲线为模拟曲线,一条为测试曲线。四个样品的测试结果列于表 4 - 5,表中,a 为阱宽;d 为垒宽;x_{Al} 为 Al 组分;N 为阱中掺杂浓度。由表中数据可以看出,生长样品的实际结构参数与设计值的偏差很小,均在 $\pm1.5\%$ 以内,说明生长材料的一致性和批次间重复性很好。实验可知,在相同生长条件下,参考结构的实验测试结果能够准确地反映实验样品的特性。对实验结果的理论分析将以实际测试的结构参数为依据。

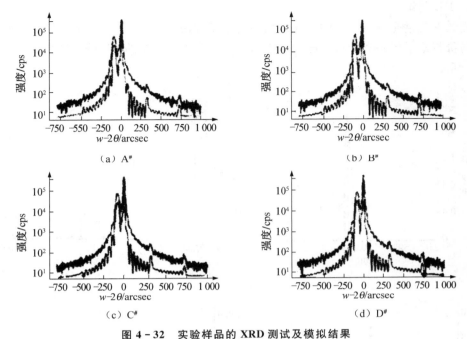

（a）A#　　　　　　　　　（b）B#

（c）C#　　　　　　　　　（d）D#

图 4 - 32　实验样品的 XRD 测试及模拟结果

表 4 - 5　GaAs/AlGaAs QWIP 材料结构参数

样品编号	a/nm	d/nm	x_{Al}	N/cm^{-3}
A#	4.08	42.53	0.299	1×10^{18}
B#	4.08	42.53	0.299	—
C#	4.31	42.37	0.268	1×10^{18}
D#	4.31	42.37	0.268	—

3. 光电流谱测试

　　将生长好的两个实验样品 A# 和 C# 分别利用刻蚀技术制成 $200 \mu m \times 200 \mu m$ 的台面，制备欧姆接触，装入杜瓦瓶，在 80 K 温度下测得的光电流谱测试曲线如图 4 - 33 所示。由图可见，样品 A# 和 C# 的光电流谱的峰位分别为 $7.4 \mu m$ 和 $8.4 \mu m$。

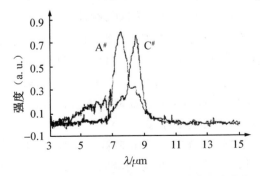

图 4 - 33　样品 A# 和 C# 的光电流谱测试曲线

4. PL 测试

光致发光谱是分析量子阱中能级结构的常用方法,峰值波长反映了导带量子阱基态能级与价带量子阱基态能级的能量间距情况。四个参考结构的 PL 谱室温测试结果如图 4 - 34 所示。

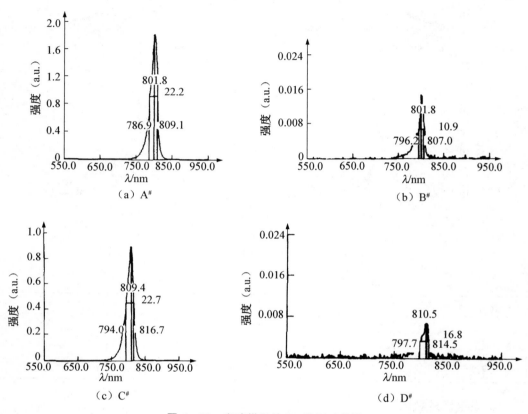

图 4 - 34　实验样品的 PL 谱测试曲线

5. 性能分析

由 XRD 测试确定的材料结构参数计算得出:$A^{\#}$ 样品,基态能级 $E_1 = 103.6$ meV,激发态能级 $E_2 = 249.8$ meV,基态到激发态之间的跃迁能量 $\Delta E = 146.2$ meV,对应的峰值响应波长为 8.48 μm;$C^{\#}$ 样品,基态能级 $E_1 = 92.7$ meV,激发态能级 $E_2 = 224$ meV,基态到激发态之间的跃迁能量 $\Delta E = 131.3$ meV,对应的峰值响应波长为 9.44 μm。实验测试结果:$A^{\#}$ 样品峰值响应波长为 7.4 μm(167.5 meV),$C^{\#}$ 样品峰值响应波长为 8.4 μm(147.6 meV)。相比较可以发现,两实验样品峰值响应波长的实验测试结果相对于理论计算值都向高能(即短波)方向发生了漂移。

以前已有研究者发现了这种光响应谱峰向高能方向移动的现象。S. V. Bandara 等人认为,GaAs 阱中 Si 的掺杂是造成光响应谱峰向高能方向发生漂移的原因。因为 Si 掺杂导致的电子交换相互作用,将使得阱中基态能级下移,当掺杂浓度为 1×10^{18} cm^{-3} 时,基态能级相对于理论计算值下移 20 meV。然而,经过研究发现,当阱中掺杂浓度为 1×10^{18} cm^{-3} 时,掺杂不会对量子阱能级造成如此明显的影响。具体的理论推导过程如下:基态能级波函数在势垒中按指数衰减,也就是说虽然绝大部分电子限制在阱中,仍有少量电子跑到势垒中,而阱中则留下多余的正电荷,因此掺杂对量子阱的影响将主要表现为正负电荷之间的作用。受此作用的影响,势垒将变高,量子阱变深,变化量为 qV,V 为势垒中负电荷和阱中多余正电荷产生的总电势差。阱中波函数的求解过程前面已经给出,在此不再赘述。

量子阱中电子数守恒关系式为

$$\int_{-\infty}^{-a/2} |Be^{k's}|^2 \mathrm{d}x + \int_{-a/2}^{a/2} |A\cos(kx)|^2 \mathrm{d}x + \int_{a/2}^{+\infty} |Be^{-k's}|^2 \mathrm{d}x = N_s \qquad (4-16)$$

式中,N_s 为掺杂量子阱中电子的面密度。

由方程(4-16)及势阱内波函数与势阱外波函数在边界处连续的条件,可求得方程(4-16)中的 A 和 B 两个参数。

泊松方程为

$$\frac{\mathrm{d}^2 V}{\mathrm{d}x^2} = -\frac{\rho(x)}{\varepsilon} \qquad (4-17)$$

式中,ε 为介电常数。

对于势阱外($x < -\frac{a}{2}$)有

$$\rho(x) = -qB^2 e^{2k'x} \qquad (4-18)$$

对于势阱内($-\frac{a}{2} < x < 0$)有

$$\rho(x) = q\left[(n_0 - \frac{A^2}{2}) - \frac{A^2}{2}\cos(2kx)\right] \qquad (4-19)$$

将方程(4-18)和(4-19)分别代入泊松方程(4-17),利用边界条件:x 趋于无穷时电场为零、电位移矢量在边界处连续,即可求得总电势差 V。其中,n_0 为阱中 Si 的掺杂浓度,AlGaAs 的介电常数为 $11\varepsilon_0$,GaAs 的介电常数为 $13.18\,\varepsilon_0$,ε_0 为真空介电常数。

通过计算发现,该量子阱结构当阱中掺杂浓度为 1×10^{18} cm^{-3} 时,Si 掺杂对量子阱结构产生的影响均在 1 meV 左右,所以对应于阱中基态能级则几乎不会受到影响。

由 PL 谱测试结果可以看到,样品 B$^{\#}$ 和 D$^{\#}$ 相对于样品 A$^{\#}$ 和 C$^{\#}$ 的 PL 谱发光峰强度较弱,这是由于 B$^{\#}$ 和 D$^{\#}$ 两个样品阱中没有掺杂造成的。样品 A$^{\#}$ 与样品 B$^{\#}$ 的 PL 谱主峰对应相同的波长 801.8 nm(1.546 eV),样品 C$^{\#}$ 的主峰位于 809.4 nm(1.531 eV),样品 D$^{\#}$ 的主峰位于 810.5 nm(1.530 eV),偏差只有 1 meV。由于样品 A$^{\#}$ 与样品 B$^{\#}$ 的结构参数相同,样品 C$^{\#}$ 与样品 D$^{\#}$ 的结构参数相同,区别只在于阱中是否进行了掺杂,由以上实验分析可以看出,量子阱的能级结构几乎没有受到掺杂的影响。因此,认为阱中掺杂没有对量子阱中能级产生影响,它不是造成光响应谱峰向高能方向移动的原因。

对于 BTC 模式的 QWIP,为了满足阱中只有一个能级的需要,GaAs/AlGaAs 周期量子阱结构中 GaAs 阱的宽度比较窄,因此应力的作用比较明显。由于应力的作用,能带变为非抛物线形。能带的非抛物线性使得电子有效质量增加,电子态密度增加,有效质量的变化必然使得电子能级发生相应的变化,光响应谱峰值波长也将随之发生改变。

为此将计算方法进行了修正,考虑了能带非抛物线性的影响。

若不考虑能带的非抛物线性,导带的能量色散关系式为

$$E(k) = E_c + \frac{\hbar^2 k^2}{2m^*} \qquad (4-20)$$

式中,E_c 为导带带边能量。

考虑导带的非抛物线性,能量色散关系式变为

$$E(k) = E_c + \frac{\hbar^2 k^2}{2m^*}(1 - \gamma k^2) \qquad (4-21)$$

式中,γ 为非抛物线形参数,与势垒中 Al 的组分存在依赖关系。

γ 与 m^* 的关系式为

$$\gamma = \hbar^2 / (2m^* E_g) \qquad (4-22)$$

式中,E_g 为对应半导体材料的禁带宽度。

取非抛物线形参数 $\gamma = (2.7 \pm 0.05) \times 10^{-15} \, \mathrm{cm}^2$,将修正后的计算结果列于表 4-6,表中 $E^\#$、$F^\#$ 和 $G^\#$ 为已报道的材料结构参数及对应的峰值响应波长测试值,$\lambda_{p,cal}$ 表示理论计算的峰值响应波长,$\lambda_{p,exp}$ 表示实验观测到的峰值响应波长。

表 4-6　GaAs/Al$_x$Ga$_{1-x}$As 量子阱红外探测器材料结构与峰值探测波长对照表

样品号	a/nm	x_{Al}	$\lambda_{p,cal}/\mu m$	$\lambda_{p,exp}/\mu m$	相对误差/%
A$^\#$	4.08	0.299	7.43	7.4	0.4
C$^\#$	4.31	0.268	8.4	8.4	0.0
E$^\#$	4.00	0.260	9.08	9.0	0.9
F$^\#$	4.00	0.250	9.68	9.7	0.2
G$^\#$	6.00	0.150	14.80	15.0	1.3

从表 4-6 可见,考虑能带的非抛物线性影响后,理论计算的器件峰值响应波长与实验值完全符合。因此可以得出,光响应谱峰向高能方向发生漂移应主要由能带的非抛物线性引起。对于 GaAs/Al$_x$Ga$_{1-x}$As 量子阱红外探测器,影响峰值探测波长的两个重要材料参数为 Al 的摩尔组分和 GaAs 量子阱的宽度。图 4-35 所示为针对束缚态到连续

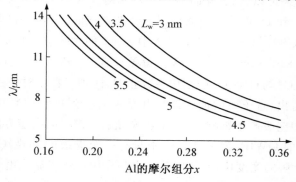

图 4-35　GaAs/Al$_x$Ga$_{1-x}$As QWIP 结构参数与峰值探测波长的关系曲线

态跃迁方式的量子阱红外探测器的结构参数与峰值探测波长的关系曲线。

由图可以发现,当 Al 组分相同时,GaAs 阱越窄,对应的峰值探测波长越大;当 GaAs 阱宽一定时,Al 组分越大,对应的峰值探测波长越小。

4.2.2.5　AlGaAs/GaAs 多量子阱红外探测器暗电流特性

1. 器件结构、制作工艺与暗电流测试

AlGaAs/GaAs QWIP 外延材料用 Aixtron 2000 MOCVD 系统在 GaAs(100) 半绝缘衬底上生长,外延层结构包括 50 个周期的 AlGaAs/GaAs 多量子阱结构,垒高为 45 nm,阱宽为 5 nm,阱中掺杂浓度为 2×10^{17} cm^{-3},上、下 N 型欧姆接触层厚度分别为 0.8 μm 和 1.0 μm,掺杂浓度为 2×10^{18} cm^{-3}。

QWIP 测试器件制作过程如下:首先用光刻胶掩蔽通过湿法化学腐蚀工艺制作有源区台面,尺寸为 300μm $\times 300\mu$m,腐蚀液采用 H_3PO_4 : H_2O_2 : H_2O 溶液;然后光刻上下电极图像,电子束蒸发 Au/Ge/Ni/Au 并剥离,450℃温度合金形成台面上下欧姆接触电极,通过电镀工艺对器件电极进行加厚;最后采用 SiO_2 钝化。将 QWIP 器件烧结到导热良好的 AlN 载体上,键合引出电极,然后装入液氮杜瓦中,其中 QWIP 上电极接偏压的正极,下电极接地;通过温控系统在 4.2～100 K 温度范围内进行温度调节,利用 Keithley 4200 半导体参数测试仪对 QWIP 室温背景下低温暗电流特性进行测试。完成的 QWIP 单管芯片样品照片如图 4 - 36 所示。

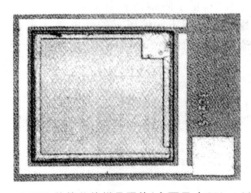

图 4 - 36　QWIP 单管芯片样品照片(台面尺寸 300μm $\times 300\mu$m)

2. 特性分析

提高 AlGaAs/GaAs QWIP 的探测率一直是 QWIP 技术研究的难题。提高探测率的有效方法之一是通过降低器件暗电流来抑制器件噪声。所谓暗电流,是指没有光源辐照时,探测器在一定偏压下测试显示的电流。QWIP 暗电流一般由两部分构成:表面漏电流和本征暗电流。

表面漏电流是在 QWIP 制作工艺中形成的,与器件台面表面存在的界面态有关,可通过优化器件表面钝化工艺来降低,与温度关系不大。本征暗电流则主要是由基态电子热激发到连续态而形成的,与 QWIP 的量子阱结构参量有关,如掺杂浓度、Al 组分浓度、阱宽和垒高等。

本征暗电流主要有三种形成机制:与温度有关的热辅助隧穿、热电子发射和与温度无关的场辅助隧穿。其中,热辅助隧穿和热电子发射是形成器件暗电流的主要构成机制。QWIP 在正常工作时暗电流是产生器件噪声的主要因素,是影响器件性能的关键指标。QWIP 本征暗电流与器件参数的关系可用以下公式表示:

$$I_d = KA_d v_d n_t \qquad (4-23)$$

式中,A_d——器件面积;

　　　n_t——可动载流子浓度;

　　　v_d——可动载流子的平均漂移速度。

从公式可知,QWIP 本征暗电流与器件面积、材料可动载流子浓度及相应的平均漂移速度成正比,而 v_d 与量子阱周期长度成反比。对于给定尺寸的器件来说,降低阱中掺杂浓度、增加垒高和降低工作温度是抑制 QWIP 暗电流的主要途径。

(1) QWIP 暗电流与偏压关系。图 4-37 所示为 QWIP 测试器件在 77 K 下不同偏压与暗电流密度曲线,可以看出,QWIP 暗电流随着偏压的增加而变大。在低偏压、暗电流形成过程中,因为量子阱中的电子必须穿过势垒的整个宽度才能形成暗电流,所以 QWIP 的暗电流较小;随着偏压的增加,量子阱中的电子仅需穿越一个三角势垒区,比低偏压下的势垒宽度小得多,所以在高偏压下表现出较大的暗电流。此外,在正偏压下的暗电流高于对应负偏压的绝对值,即暗电流在器件采用正负偏压情况下是不对称的,而理论上在相同的正向和反向偏压下所对应的暗电流应该是等同的。产生这一差异的主要因素是在材料生长的过程中,量子阱结构界面不对称分布及掺杂元素向材料外延方向扩散引起的。这种非对称程度可用不同偏压下的暗电流比来表示,即正偏压下的暗电流与对应负偏压下的暗电流的比值,如图 4-38 所示。

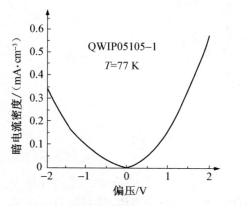

图 4-37　QWIP 暗电流密度与偏压关系

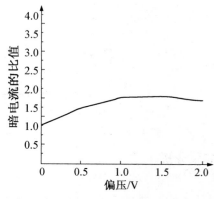

图 4-38　QWIP 暗电流与正、负偏压特性的非对称性比较

(2) QWIP 暗电流与温度关系。当温度大于 40 K 时,QWIP 暗电流随温度变化十分明显,表现为暗电流与温度有很强的依赖关系,这主要是因为随着温度的升高,热电子发射增加,此时与温度有关的热辅助隧穿和热电子发射机制是本征暗电流形成的主导因素;当温度小于 40 K 时,热辅助隧穿和热电子发射机制不再是形成本征暗电流的主导因素,而与温度无关的场辅助隧穿占据主导地位,所以在低温下 QWIP 暗电流随温度变化不明显。

3. 效果

分析了 AlGaAs/GaAs 量子阱红外探测器暗电流的构成、形成机制和影响因素,基于湿法化学腐蚀工艺制作了 $300\mu m \times 300\mu m$ 台面单元器件,并用变温液氮杜瓦测试系统在不同温度和偏压下对红外探测器暗电流进行了测试并分析:QWIP 暗电流随着偏压的增加而变大,正负偏压时呈现明显的不对称性;当温度大于 40 K 时,QWIP 暗电流随温度变化十分明显,而当温度小于 40 K 时,QWIP 暗电流随温度变化不明显,主要与不同温度下本征暗电流的形成机制不同有关。

4.2.2.6　128×1 像元 AlGaAs/GaAs 多量子阱红外探测器

1. 多量子阱红外探测器组件结构

多量子阱红外探测器组件主要由两部分组成:读出电路和 128×1 像元多量子阱红外探测器。

(1)读出电路。在实验中采用的是 EG&G RETICON 商品化的 MB 系列 128 像元放大—多路传输 CMOS 阵列芯片(以下简称读出电路)。它具有噪声小、数据存储及相关双采样技术、输入偏流少的特点,同时具备一组光电二极管阵列以检测读出电路的性能,此读出电路漏电流极低且积分时间可调至数分钟之久。读出电路的控制时序如图 4-39、图 4-40 所示。

(2)128×1 像元多量子阱探测器线阵。128×1 像元多量子阱探测器线阵是我国研制的,其结构如图 4-41 所示。

最上面一层是厚度为 $0.5\mu m$ 掺杂的 GaAs 缓冲层,掺杂浓度为 $2.5 \times 10^{18} cm^{-3}$;第二层是 450Å 的 $Al_{0.28}Ga_{0.72}As$ 层;第三层是周期为 50 的 50Å 的 GaAs 阱层以及 450Å 的 $Al_{0.28}Ga_{0.72}As$ 垒层的量子阱层(灵敏结构);最后一层是生长于半绝缘 GaAs 衬底上厚为 $1\mu m$、掺杂浓度为 $2.5 \times 10^{18} cm^{-3}$ 的缓冲层,灵敏结构中 GaAs 的 δ 掺杂浓度为 2.5×10^{18} cm^{-3}。

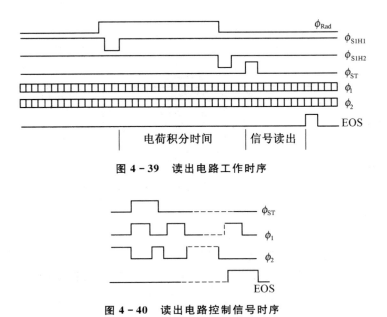

图 4-39　读出电路工作时序

图 4-40　读出电路控制信号时序

（3）器件的制备。应用光刻技术，把所要求的图形复制于外延片上面，曝光、显影。按磷酸：甲醇：酒精等于 4∶1∶1（体积比）配制腐蚀液，将芯片置于腐蚀液中均匀地搅拌，使腐蚀尽量均匀，冲洗后，测试以确定腐蚀速率，以便正确地腐蚀至量子阱的下层，即半绝缘 GaAs 衬底上面的 N^+—GaAs 缓冲层；在保护腐蚀后台阶的周边上下两个 N^+—GaAs 缓冲层上先蒸发上 AuGeNi 合金，然后蒸发纯金（Au），置于合金炉中通以保护性气体 N_2 和 H_2，450℃保温 1min（合金炉是由 Bio—RAD

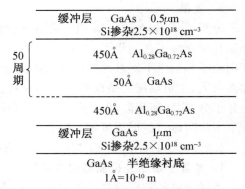

图 4-41　128×1 像元量子阱探测器线阵结构

公司所产）取出。单个探测单元结构如图 4-42 所示，器件的入射方式采取 45°斜角入射。

表 4-7 是抽样测试的几个单个测试单元的 D^*。测试条件：黑体温度为 500 K，单元尺寸为 $70\mu m \times 70\mu m$，光栏孔大小为 1.524 cm，光栏孔与器件的距离为 32 cm，偏压为 5V。

表 4-7　单个测试单元的探测率

器件编号	$D^*/(cm \cdot Hz^{1/2} \cdot W^{-1})$
1#	1.19×10^9
2#	1.2×10^9
3#	1.15×10^9
4#	1.18×10^9
5#	1.16×10^9

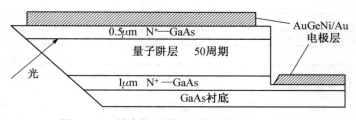

图 4-42　单个探测单元结构示意图及入射方式

从上述数据，我们可以预测这个 128×1 像元红外量子阱探测器是比较均匀的。

（4）多量子阱红外探测器线阵与读出电路的对接。128×1 像元红外量子阱探测器读出电路有 16 根控制线引出电极及 128 根信号线引出电极。焊接材料使用的是硅铝丝，为保证每一根引线有效，必须每一根线的拉力大于 5g。对接结构示意图如图 4-43 所示。

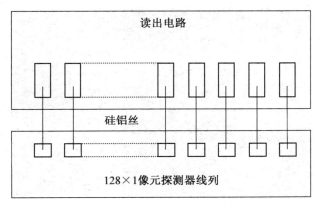

图 4 - 43　对接结构示意图

2. 性能

（1）读出电路的检测。实验的目的是：与红外量子阱探测器线阵对接之前，需预先测试读出电路光电二极管对可见光的敏感性，以及光电信号经过读出电路以后该二极管阵列的输出是否均匀，这样就可以在测试红外量子阱探测器线阵时将读出电路的影响排除，所得的结果才是量子阱红外探测器性能的直接表现。实验条件：$V_{det} = 0V$、$V_{bb} = 6V$，$f = 1MHz$，$V_{ref} = 0V$；示波器为每格 2V、每格 0.5ms。读出电路上光电二极管在无光照时和有光照时（40W 白炽灯于 30 cm 红外照射）读出电路的输出为：在无光照射时，背景的响应均为 1.9V，比较平坦，均匀性较好；光照后，响应跳跃至 4.3～4.4V，均匀性虽不如前，但仍比较好。可以得出结论：经过读出电路内部的一系列传输以后，该电路内部给光电二极管带来的不均匀性影响很小，因而从另一个角度说明内部产生的低频及开关噪声很少。

（2）128×1 像元红外量子阱线阵探测器的信号读出。在第一项实验的基础上，可以放心地测试红外量子阱线阵探测器的响应信号，也就是研究红外量子阱线阵探测器的信号读出。实验条件如下：$V_{det} = 0V$，$V_{bb} = 6V$，V_{bian} 通过 $100k\Omega$ 电阻接地，$f = 1MHz$，示波器为每格 2.0V、每格 0.5ms，$T = 77K$，发光物体是一只 200W 内热式电烙铁，通过 V_{ref} 来改变探测器的偏压。从图 4 - 44 所示可以观察到低偏压的情形下的背景及响应，图 4 - 45 所示为高偏压下的背景及响应。两者比较，低偏压的均匀性劣于高偏压。这是因为在一定的工作电压下，偏压较高产生较多的隧穿电流（包括背景），在没有光照的情况下更接近隧穿电流（包括背景）的饱和值，从而使背景的均匀性得到弥补。另外，由于偏压低，背景基准电压低，在电烙铁靠得很近时，响应达到饱和，因而偏压低时达到饱和的响应就大。在适当偏压下，均匀性较好的器件有好的前途。

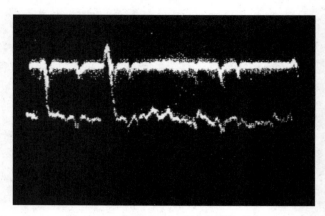

图 4 - 44　偏压为 1V 时的背景及响应

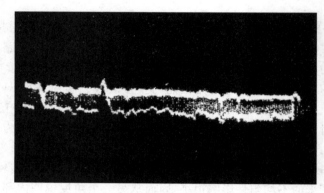

图 4 - 45　偏压为 3V 时的背景及响应

4.2.2.7　GaAs/AlGaAs 多量子阱器件的均匀性

1. 简介

从工程的角度看,探测器只要光谱响应正确,有一定的探测性能,单元探测器不存在均匀性的问题即可。对于焦平面阵列探测器,由于它要与多路读出电路相连接且须经一系列信号处理,所以对其光谱及电性能上的均匀性要求较高,否则信号处理和均匀性修正将会很困难。国际上 1 024×1 024 像元的 GaAs/AlGaAs 焦平面阵列修正前的不均匀性小于 1%。相比之下,国内的差距较大,达到不均匀性小于 5% 的目标有很大的难度。对于与读出电路连接前的 GaAs 多量子阱焦平面探测器,影响其均匀性的主要有以下几个因素:

（1）原材料本身固有的不均匀性。

（2）器件尺寸不同产生的不均匀性。

（3）器件工艺过程产生的不均匀性。

（4）光谱响应的不均匀性。

（5）偏置电压的不同。

（6）杜瓦结构上热沉温度的变化造成同一器件上不同位置的温度不同。

2. 器件的制备及光的入射公式

GaAs 器件工艺是比较成熟的半导体器件工艺之一,主要的工艺流程包括清洗、光刻、腐蚀、套刻、蒸发电极、合金化等工序,即在材料上光刻至底部高掺杂的 GaAs 层,在底部及顶部的 N^+ —GaAs 层上蒸发电极,然后合金化,再安装至杜瓦瓶之热沉上,待测量。

样品参数:$Al_xGa_{1-x}As$ 势垒厚为 35 nm,中心的 δ 掺杂为 $5.0\times10^{11}\,cm^{-2}$,50 周期量子阱层顶部及底部的接触层掺杂均为 $1.5\times10^{16}\,cm^{-1}$,且厚度分别为 $0.4\mu m$ 及 $0.8\mu m$,阱宽为 7.1nm,垒宽为 35nm,铝组分 x 为 0.19。

多元探测器具体结构如图 4 - 46 所示,台阶尺寸(光敏面积)为 $70\mu m\times70\mu m$(阴影部分为金电极,空白部分为 128×1 像元探测器)。图 4 - 47 所示为光耦合方式。

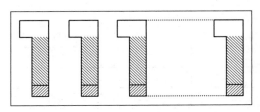

图 4 - 46　多元探测器结构示意图

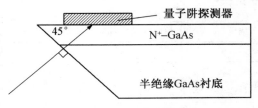

图 4 - 47　光耦合方式

3. 测试与性能

测试条件:黑体温度 500K,光栏孔直径 $2r=0.06in$,光栏孔至探测器间的距离 $d=29$ cm,窗口透过率为 65%,调制频率为 800 Hz,锁相放大器型号为 EG&G 所产的 MODEL 5210,制冷后器件温度大致为 80 K。

测试量子阱器件在不同偏压下的响应电压及包括背景辐射的噪声电压,测试原理线路如图 4 - 48 所示,其中 V_g 为偏压,R_L 为负载电阻,R_D 为量子阱探测器单元。

在不同偏压下的响应电压及噪声电压见表 4 - 8。

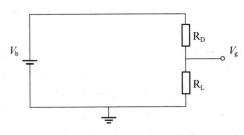

图 4 - 48　测试原理线路图

随机选择具有一定代表性的 4 个器件,可以看到,随着外加偏压的增加,响应电压普遍增加。这是因为偏压增加,隧穿电流增加,故反应在负载电阻上的信号电压增加,这与理论是一致的;同时,在同一偏压的情况下,各个器件间的响应电压及噪声电压不一致,这反映了各个器件的不均匀性,可以认为这是由材料及器件制备所产生的。此外,探测元在零偏压下均有响应信号,这是在材料生长过程中无意掺杂的隔离作用,产生了一个小的内建电场,因而在零偏压下发生光响应。

表 4 − 8　　在不同偏压下的响应电压及噪声电压

器件编号:803qw1−18			器件编号:803qw1−20		
偏压 V_b/V	响应电压 V_s/μV	噪声电压 V_n/μV	偏压 V_b/V	响应电压 V_s/μV	噪声电压 V_n/μV
0	75	0.30	0	90	0.50
1	130	0.40	1	150	0.60
2	265	0.53	2	235	0.79
3	489	1.02	3	470	1.54
4	497	1.89	4	750	1.96
5	1 010	1.89	5	1000	1.24
器件编号:803qw1−22			器件编号:803qw1−23		
偏压 V_b/V	响应电压 V_s/μV	噪声电压 V_n/μV	偏压 V_b/V	响应电压 V_s/μV	噪声电压 V_n/μV
0	150	0.40	0	150	0.40
1	200	0.50	1	200	0.50
2	370	1.31	2	224	0.60
3	613	0.70	3	434	0.42
4	880	0.70	4	661	0.43
5	980	0.95	5	870	0.30

　　从光谱响应的测试结果来看,主吸收峰值的设计是比较准确的,但其强度变化幅度较大,这就解释了其信号电压的不均匀性。$4.3\mu m$、$7.0\mu m$ 及 $9.1\mu m$ 的次吸收峰交替出现在 4 个探测器吸收曲线上,强度各不相同且不能被忽略,说明这 3 个次吸收峰是材料固有的,因而影响到光谱的均匀性,而量子阱结构参数的涨落及掺杂水平的变化是产生这种现象的原因。

4.2.2.8　GaAs/AlGaAs 量子阱红外探测器特性的非对称性

1. 简介

　　与其他红外技术相比,QWIP 具有大面积均匀、低噪声等效温差、高分辨率、高产出、低造价等优点,并且还具有通过电压调节具有进行多色探测的能力。GaAs/AlGaAs 量子阱红外探测器是利用掺杂量子阱的导带中形成的子带间跃迁,并将从基态激发到第一激发态的电子通过电场作用形成光电流这一物理过程,实现对红外辐射的探测。在这些量子阱结构中,量子阱子带输运的激发态被设计在势垒的边缘或稍低于势垒顶,以便获得最优化的探测灵敏度,并使子带间距适合于探测 $8\sim10\mu m$ 大气窗口。

　　目前的 GaAs/AlGaAs 量子阱结构大多采用分子束外延法在(100)半绝缘衬底上依次生长 N^+−GaAs 下电极层,50 个周期 5nm 厚的 GaAs 和 50nm 厚的 $Al_xGa_{1-x}As$ 组成的量子阱区和 N^+−GaAs 上电极层。势阱中硅的掺杂浓度为 $5\times10^{17}cm^{-3}$,势垒中 Al 含量为 0.3,用于探测器结构的上下电极层 N^+−GaAs 的厚度是 $1\mu m$,Si 掺杂浓度为 1×10^{18} cm^{-3}。上述结构参数,如阱宽和 Al 含量等决定了量子阱中基态和激发态的位置,从而确定了探测峰值波长在 $8\mu m$ 附近。

在理论设计中,假设 GaAs/AlGaAs 量子阱为矩形势阱、异质结界面为理想界面以及上述量子阱结构是对称的,但在实际生长过程中,由于生长控制精度的局限,除阱宽、垒厚等结构参数有偏差外,还有因异质结生长前后不同而使量子阱两边的势垒不对称,因此造成实际能带尤其是激发态的波函数与根据矩形量子阱模型计算的结果有一定的差异。

2. MBE 量子阱材料生长及相应量子阱能级结构

GaAs/AlGaAs 量子阱材料是在分子束外延设备上制备的,衬底为 2in(100)GaAs,生长时衬底温度为 600℃,生长过程中 Ga、Al、As 束流强度保持不变,生长速率约为 1μm/h。由于 QWIP 材料是在较高温度下生长的,生长过程中存在 Ga 的解吸附现象,并且 Ga 的解吸附速率与生长过程中 V/Ⅲ族元素束流比有关,生长 GaAs 时 As、Ga 的束流比为 30,而生长 AlGaAs 时 As、(Ga+Al) 的束流比为 30/(1+0.33)。由于在 GaAs 层上生长 AlGaAs 势垒层时 V/Ⅲ元素束流比减小,Al 源快门刚开启时 Ga 的解吸附速率急剧上升,然后减小到 AlGaAs 的稳定值,这使得界面处的 Al 组分增大,而在 AlGaAs 层上生长 GaAs 阱层时情况正好相反,关闭 Al 源后,V/Ⅲ束流比增加,Ga 的解吸附率下降,因此 GaAs 两边的异质结生长结构的不对称,引起量子阱势垒不对称,如图 4-49 所示。

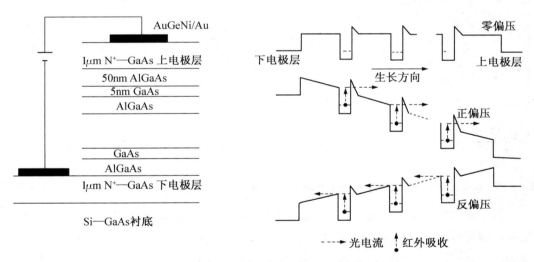

图 4-49　量子阱红外探测器生长结构及能级结构示意图

在量子阱中心掺杂厚为 3nm、浓度为 $5 \times 10^{17} cm^{-3}$ 的硅,是为了提供光激发载流子。由于衬底温度较高,掺杂硅向生长方向扩散,甚至进入势垒层,使得硅在量子阱中心的分布不完全对称,这将对 GaAs 阱中子带的位置和电子费米能级产生影响。正是以上两种量子阱结构不对称因素,导致在正反方向外电场作用下的光致激发载流子的输运条件不同,使得器件的性能参数相对于正反偏压不对称。

3. QWIP 器件性能参数的不对称性

将 MBE 生长出的 GaAs/AlGaAs 量子阱材料,用湿法刻蚀出面积为 $250\mu m \times 250\mu m$ 台面,以 AuGeNi/Au 层作上下电极的欧姆接触层,制成单元红外探测器器件。在台面制作工艺前刻蚀出光栅结构或侧面45°抛光以实现光学耦合,用金丝球焊引出电极引线后,装入77K液氮制冷杜瓦。给器件加偏压,直接获得的电流信号为器件的暗电流。将杜瓦放入傅立叶光谱仪的样品室中,用前置放大器放大光电流信号并传输到光谱仪的数据处理系统,选择适当的测试条件进行测量,可得到器件的光响应谱。如以500K黑体为红外辐射光源,经锁相放大器测得响应电压信号,则可获得器件的绝对黑体响应率。以上测试均以电源正极接上电极层为正向偏压。

图4-50所示为QWIP器件的光响应谱在正反偏压下峰值响应波长的移动。在正向偏压下峰值响应波长较短,说明量子阱中子带间距与反向偏压时相比大1.4meV。结合图4-49所示可看出,这是由于存在高于正常势垒的阻挡层,加正向偏压时,激发态偏高。由图4-51所示可发现绝对黑体响应率随正反偏压有明显的不对称。当给器件加反向偏压时,响应率随偏压的增加持续上升,偏压到-3.8V时,响应率达到最大值;当正向偏压<2V时,量子阱探测器的光响应信号很小,逐渐增加偏压至4.2V时,响应率上升并饱和,这说明光生载流子需更强的正向电场作用才能越过阻挡层。

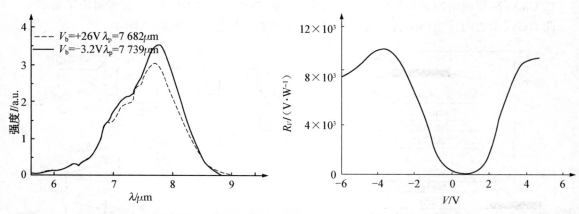

图4-50　77K正反偏压下QWIP的光电流谱　　图4-51　77K QWIP的绝对黑体响应率与偏压的关系

量子阱红外探测器的暗电流主要由两部分组成,即隧穿电流和阱中基态电子热激发电流。由于目前采用的量子阱结构中,势垒较厚(>300nm),隧穿电流对暗电流的贡献可忽略不计,因此在无光照时,器件暗电流主要由逃逸出量子阱进入连续态的热激发电子组成,有效电子个数如下式表示

$$n(V) = \left[\frac{m^*}{\pi\hbar^2 L_p}\right]\int_{E_0}^{E_F} f(E)T(E,V)\mathrm{d}E \tag{4-24}$$

式中,m^*——有效质量;

　　L_P——量子阱周期;

　　$f(E)$——费米因子,$f(E) = (1 + e^{\frac{E-E_0-E_F}{kT}})^{-1}$,$E_0$为基态能级,$E_F$为费米能级;

　　$T(E,V)$——与偏压相关的隧穿电流因子。热激发电流的大小不仅与阱深和垒厚有关,也与阱中掺杂的多少和分布有关。

图4-52(a)所示为可以明显发现暗电流相对正反偏压是不对称的,在相同偏压下,

正向电流大于反向电流,可以用正反向电流比($+I_d / -I_d$)对这种不对称性进行评价[图 4-52(b)]。随着偏压的增加,不对称性加强,反映了阱中的掺杂硅向势垒的扩散程度。

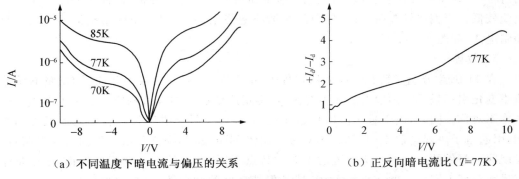

（a）不同温度下暗电流与偏压的关系　　　　　　（b）正反向暗电流比(T=77K)

图 4-52　量子阱红外探测器 $I-V$ 特性的非对称性

4. 不同生长方法的不对称性比较

以往对 GaAs/AlGaAs 量子阱材料和器件的研究是以分子束外延法生长的材料为基础,这种方法在材料生长的均匀性、精细结构的控制和实时监控等方面都有较大的优越性。金属有机物化学气相沉积法也是一种广泛应用的材料生长方法,在激光器、量子点、量子线等材料及器件的研究中起着重要的作用。一般情况下,MBE 生长的材料采用固体为生长源,而 MOCVD 则以气体为生长源,这是两者的基本区别。在 MOCVD 生长 GaAs 和 AlGaAs 层过程中,反应炉通入含有 10% AsH_3 的氢气作为 As 源、三甲基镓(TMGa)为 Ga 源、三甲基铝(TMAl)为 Al 源,Si 掺杂用的气源为 SiH_4,红外加热使反应炉温度升至 800℃。用两种方法生长同样的 QWIP 结构,虽然响应峰值波长基本相同,响应率和暗电流在同一数量级,但相对于正反偏压的不对称方式有明显不同,如图 4-53 所示。

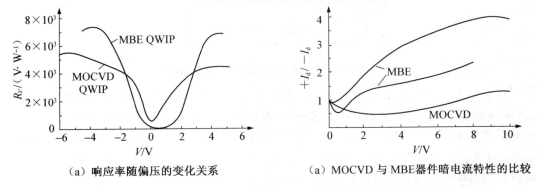

（a）响应率随偏压的变化关系　　　　　（a）MOCVD 与 MBE 器件暗电流特性的比较

图 4-53　MOCVD 和 MBE 方法生长 QWIP 的响应率及暗电流特性的比较

MOCVD 样品相对于 MBE 样品的非对称性较小,正反向暗电流比在 1 附近。虽然气源的开启和关闭以及掺杂的扩散也会引起不对称,但 MOCVD 样品的不对称主要是由于 MOCVD 法的生长温度较高,GaAs/AlGaAs 异质结之间存在界面扩散,而且相互扩散的程度不同,引起量子阱两边的界面粗糙程度不对称。一般情况是在 GaAs 上生长 AlGaAs 的界面比在 AlGaAs 上生长 GaAs 更为光滑,光生载流子在沿着生长方向扩散 的过程中,在粗糙界面发生散射,造成迁移率和热电子寿命的降低,因此正向响应率和暗 电流较低。当偏压较高时,阱中掺杂的扩散将起更主要的作用,正向暗电流逐渐大于反 向暗电流,如图 4-53(b)所示。

5. 效果

在 MBE 生长量子阱红外探测器过程中,由于在 Al 源开启或关闭前后 Ga 的解吸附 速率变化引起量子阱两边的势垒不对称,使得正反偏压下的峰值响应波长和绝对黑体响 应率不对称。同时,由于量子阱阱中掺杂的 Si 杂质在量子阱生长过程中向生长方向扩 散,引起量子阱探测器 $I-V$ 特性不对称。比较 MBE 和 MOCVD 法生长的 QWIP 特性, 发现两种器件的响应率和暗电流的不对称特点不同,后者的不对称程度较低,是由量子 阱界面条件不同造成的。要使 MBE 器件保持良好的对称性,可在生长过程中降低生长 温度和生长速度,防止掺杂元素扩散和 Al 源开关前后束流比变化引起 Al 含量较大的差 别,使生长工艺完善,提高量子阱红外探测器的性能,并达到实用要求。

4.2.3 量子阱红外探测器光耦合模式与效果

1. 边耦合(EDGE)

边耦合器件的量子效率与光敏元的大小及探测波长无关,并且容易获得衡量器件性 能好坏的参数(响应率、探测率及量子效率等)。因此,当比较光耦合模式的性能时,边耦 合常被作为比较的"标准"。边耦合探测器的结构如图 4-54 所示。

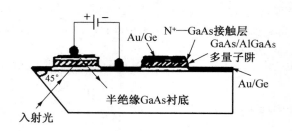

图 4-54　边耦合探测器的结构示意图

用分子束外延技术在半绝缘 GaAs 衬底上依次生长 N$^+$ —GaAs 底接触层、GaAs/ AlGaAs 多量子阱层、N$^+$ —GaAs 顶接触层,再在顶层覆盖 Au/Ge 形成欧姆接触,然后在 衬底一侧抛光,形成与阱层成 45°夹角的小斜面。辐射光线垂直于抛光面入射,经过 GaAs 衬底进入量子阱区,与垂直于衬底平面入射的情况相比,耦合效率提高很多,这一 点可从两者的响应率曲线(图 4-55)得到证实。

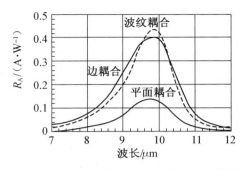

图 4 - 55 边耦合与平面耦合器件的响应率随波长的变化曲线

当然边耦合也有局限性,它只适用于单元器件或线阵列,对于二维焦平面阵列却无法用它实现。这就促使其他光耦合模式的发展,比较常见的是光栅耦合。

2. 带有波导的二维光栅耦合(CGW)

从 20 世纪 80 年代中期以来,光栅耦合不断发展,从一维光栅(反射式、透射式或带有波导的)到二维光栅,光耦合效率不断提高。这里主要介绍性能优良的带有波导的二维光栅耦合,其结构如图 4 - 56 所示。

二维光栅耦合器件的制备与边耦合器件相似,但为形成波导,在衬底和底部接触层之间生长 AlGaAs 覆盖层,利用光刻技术在顶层刻蚀所需的二维光栅,光栅形状如图 4 - 56(b)所示。这样,光栅、量子阱以及 AlGaAs 覆盖层限制了波导,光耦合效率有很大提高。为使顶层有高反射率、高电导率及优良的欧姆接触,在台面中心 10% 的面积上蒸镀 AuGe/Ni 合金,然后在整个台面上溅射 Au 层。在温度为 77K 时,对器件的性能进行测试。样品的各种参数如下:AlGaAs 覆盖层厚为 $3\mu m$;上下 GaAs 接触层分别厚为 $1.3\mu m$ 和 $3\mu m$,掺杂浓度 $n = 7 \times 10^{17}$ cm^3;50 个周期的 GaAs/AlGaAs,$L_w = 5.2nm$,$L_{barr} = 34.8nm$;光栅深度 $h = 0.75\mu m$,光栅常数 $D = 2.8\mu m$,光栅宽度 $d = 1.6\mu m$。为便于比较,把测得的带有波导的二维光栅耦合器件以及相应的边耦合、一维光栅耦合(LG)、二维光栅耦合(CGW)器件的性能参数列于表 4 - 9。

由表 4 - 9 看出,带有波导的二维光栅耦合优于边耦合,同时其性能也比一维光栅和无波导的二维光栅好,而且随着光敏元台面面积的扩大,它的主要性能参数增加,这意味着光耦合效率不断提高。光栅理论表明,光栅耦合器件的性能不仅与光栅的厚度、周期、宽度有关,还与光栅空腔的形状和对称度等参数有关。为制作性能优良的光栅,除了根据需要设计出光栅参数外,光刻的工艺也是关键。虽然光栅耦合明显好于边耦合,但它也有不足之处:首先,光栅耦合的依据是集合的衍射效应,光敏元台面大小对器件的量子效率及探测率等参数有较大影响,台面面积越大,其性能参数越好,但要提高器件的分辨率,必须减小台面的尺寸,这样做势必影响性能参数;其次,由光栅耦合的固有特性决定,它对探测的辐射波长有选择性,这就阻止了光栅耦合技术在宽带探测或多色探测方面的应用。

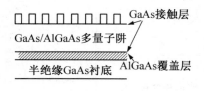

（a）带有波导二维光栅耦合器件的剖面图

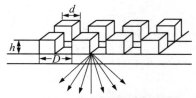

（b）二维光栅的结构示意图

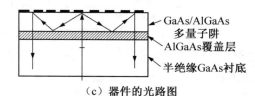

（c）器件的光路图

图 4 - 56　带波导的二维光栅耦合结构

表 4 - 9　四种光耦合模式器件的性能参数

光耦合模式	光敏元台面面积[覆盖 Au 层面积]/ μm^2	峰值电流响应 R_p/ （A · W^{-1}）	峰值探测率 D^*/ （cm · Hz$^{1/2}$ · W^{-1}）	峰值量子效率 η/%	积分量子效率 η_{int}/%
CGW	500×150[494^2]	0.71	14×10^{10}	53	43
CGW	150×150[144^2]	0.63	13×10^{10}	49	46
CGW	45×45[40.5^2]	0.42	8.0×10^{10}	32	36
CG	150×150[144^2]	0.62	6.0×10^{10}	23	23
LG	150×150[144^2]	0.17	1.8×10^{10}	7.1	8.6
EDGE	150×150[144^2]	0.14	1.0×10^{10}	7.4	11

3. 随机反射耦合（Random reflector coupling）

如图 4 - 56(c)所示,在衍射出衬底前,红外光束在二维光栅耦合探测器的量子阱层中只经历了一次衍射、两次反射过程,即通过两次可吸收路径,从而使光栅耦合效率不是很理想。从增加可吸收路径次数的角度出发,贝尔实验室设计了一种新颖的光耦合模式——随机反射耦合,其结构如图 4 - 57 所示。

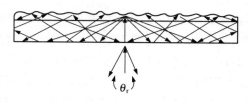

图 4 - 57　一个随机反射耦合光敏元的光路示意图

所谓随机反射耦合,就是针对不同的探测波长设计所需要的随机反射单元,通过光刻技术在顶层 GaAs 接触层上随机刻蚀出反射单元,形成粗糙的反射面,垂直于衬底入射的光束遇到反射单元发生大角度反射,这些角度大部分符合全反射条件,光束就这样被捕获在量子阱区域,只有在晶体反射锥形角 θ_c($\sin\theta_c = 1/n$,在 GaAs 中 $\theta_c = 18°$)内的小部分辐射逃逸。反射单元的设计基于两种考虑:一是避免散射中心的相互交叠;二是使垂直于反射单元的辐射产生相消干涉,逃逸的辐射能量较小。如图 4 - 58 所示,反射单元的边长为 U,由三个正方形的刻蚀层组成:

(1)单元里面的小正方形,刻蚀深度为 $\lambda_p/2$(λ_p 是辐射光束在量子阱中的峰值波长),面积为 $U^2/4$。

(2)中间区域刻蚀深度是 $\lambda_p/4$,面积为 $U^2/2$。

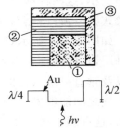

图 4 - 58　反射单元的示意图

(3)最外边未刻蚀层的面积为 $U^2/4$。中间正方形可随机地位于反射单元的任何一个角落,而里面小正方形又可随机地位于中间正方形的四个角落之一,两者组合构成 16 种随机的反射单元。

图 4 - 58 所示是其中的一种。

若 GaAs/Al$_x$Ga$_{1-x}$As 量子阱有 50 个周期,GaAs 阱宽 $L_w = 7.2$nm,Al$_x$Ga$_{1-x}$As 势垒宽 $L_b = 60.0$nm,$x = 0.11$,光敏元台面面积 $S_{sema} = 500\mu m \times 500\mu m$,衬底厚 t 为 $100\mu m$、$650\mu m$,最顶层用 Au 覆盖。器件对于正入射的峰值波长为 $\lambda_p = 16.4\mu m$ 的响应率 R_p 与反射单元边长变化曲线如图 4 - 59 所示。

从图可知,随机反射耦合的特点主要有两个:第一,在其他参数相同的条件下,衬底厚度不同的器件对应的响应率不一样,厚度越小,响应率越大,器件性能越好,这也说明对随机反射来说,可采取减薄衬底厚度的办法提高光耦合效率;第二,对于厚度为 $650\mu m$ 的衬底,若取 $U = 5.7\mu m$,$R_{pmax} = 1.1$A/W,该值是边耦合的 4 倍,是光栅耦合的 2 倍。另外,随机散射还有一个重要特点,即具有不同散射单元边长的器件,其响应率随波长变化的曲线形状相同,尤其是响应率的光谱宽度与边耦合对应的光谱宽度相同,这一点与光栅耦合有显著的差异(由于光栅耦合效率与探测波长有密切关系,因此光谱宽度比边耦合的窄)。

由于光刻工艺的问题,如果光敏元台面面积较小,在其上光刻反射单元就比较困难,刻蚀出的反射单元的棱角模糊,光耦合效率较低。因此,随机反射耦合不适用于小面积的光敏元。

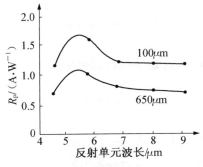

图 4 - 59　两种衬底厚度下,器件对峰值波长的响应率与反射单元边长的关系曲线

4．波纹耦合（Corrugated coupling）

如上所述，采用光栅或随机散射耦合的量子阱红外探测器，它的光耦合效率的确比边耦合的高得多，然而它们有各自的适用范围。在高分辨率的探测器阵列中，光敏元的面积变小，这两种耦合模式就不再适用了。普林斯顿大学的科学家们提出一种新的光耦合模式——波纹耦合，并且制造出波纹耦合的量子阱红外探测器（C−QWIP）。

如图 4−60 所示，通过化学方法在量子阱区域刻蚀出 V 形槽，刻蚀深度达底层 GaAs 接触层，这样器件表面就由一些三角线组成（类似波纹）。图 4−60 所示就是器件的剖面图以及垂直衬底入射的光束在器件中的光路图，由该图可知，波纹耦合模式利用 AlGaAs 和空气之间能够发生全反射的原理，入射光束在量子阱区的路径几乎平行于量子阱的生长面，这有利于量子阱对辐射的吸收，提高了器件的量子效率。波纹耦合的量子阱红外探测器较之现有的光耦合模式有许多优点，主要表现在以下几个方面：

（1）与光栅耦合比较，全反射与三角线的数目无关，即光耦合效率与三角线的数目没关系，而与光栅的周期有关。波形耦合更适用于面积小于 $50\mu m \times 50\mu m$ 的光敏元。

（2）考虑到全反射与探测波长无关，波纹耦合不像光栅耦合那样存在光谱带宽变窄的情况，探测波长范围可在 $3 \sim 17\mu m$。因此，对于宽带探测和多色探测来说，波纹耦合是近乎理想的光耦合模式。而且，波纹耦合与光敏元台面的大小无关。

（3）在波纹耦合中，近一半的量子阱区域被化学刻蚀掉，这样器件的暗电流自然会降低。

（4）器件制作过程简单。

波纹耦合比边耦合的光耦合效率高。研究表明，如果把衬底减薄，波纹耦合的量子效率还会增加，达到边耦合的 1.45 倍。

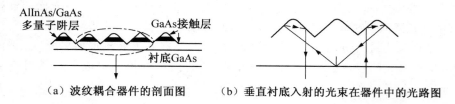

（a）波纹耦合器件的剖面图　　　（b）垂直衬底入射的光束在器件中的光路图

图 4−60　波纹耦合

4.2.4　典型的 GaAs/AlGaAs 量子阱探测器举例

4.2.4.1　320×256 像元 GaAs/AlGaAs 量子阱红外探测器

1．探测器芯片制备

量子阱探测器材料为常规的 N 型 GaAs/AlGaAs 量子阱材料，生长设备为 MBE VG100。GaAs 势阱设计宽度 $L_w = 4.5$ nm，采用传统的 Si 源进行势阱掺杂，掺杂浓度为 $7 \times 10^{17} cm^{-3}$。$Al_x Ga_{1-x} As$ 组分为 $x = 0.27$，势垒宽度 $L_b = 40$ nm，重复周期 50。上下电极接触层为 $1 \times 10^{18} cm^{-3}$ 的 Si 掺杂 GaAs 材料。

图 4-61 所示为计算得到的光电流谱和测试得到的光电流谱的比较图,光电流谱是采用傅立叶红外光谱测试设备(FTIR)在 77 K 温度下测试获得的。从图中可见,两者吻合很好,峰值波长为 9.7μm,截止波长为 10.7μm。

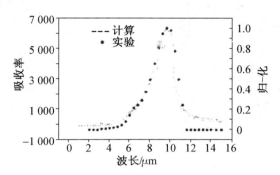

图 4-61　测试得到的光电流谱和计算得到的吸收光谱的比较图

2. 量子阱焦平面探测器的制备

量子阱焦平面探测器为 320×256 像元,像元中心距为 30μm,像元光敏面为 28μm×28μm,两像元台面间距为 2μm,采用反应离子刻蚀设备进行台面刻蚀。探测器采用传统的光导工作模式,为了完成垂直方向光的耦合吸收,在上电极接触层上制备反射式光栅,光栅采用接触式光刻机进行光刻。欧姆接触金属为传统的 Ni/GeAu/Au 合金体系,在完成光栅、台面刻蚀、上下电极制备、反射金属后进行连接金属的生长,通过铟柱生长、倒装互连与自行研制的读出电路完成量子阱焦平面探测器的电学互连。在两个 320×256 像元阵列之间设计有像元光敏面面积 200μm×200μm 的单元探测器陪管区,可用于检测探测器芯片的性能。

在量子阱焦平面探测器研制过程中遇到的几个主要技术难点如下:

(1) 光栅的设计和制备。光栅是目前国际上量子阱焦平面探测器采用最多的光耦合方式,但对光栅的耦合理论研究目前尚未形成定论,对光栅的设计存在很高的近似,因此对光栅的理论设计还待光栅耦合理论的进一步完善。另外,按照现有的经验公式计算,设计了周期 $l=2.8\mu$m,$s=1.6\mu$m×1.6μm 的二维光栅,要求达到的光刻精度约 1μm,已达到了目前接触式曝光光刻设备的光刻极限,使光栅的制备条件比较苛刻,同时也一定程度上影响了期望的耦合效率。经实验摸索,成功制备了均匀、外形尺寸符合设计值的光栅,图 4-62 所示为扫描电镜测试得到的光栅形貌图。

(2) 间距 2μm 的台面刻蚀。图 4-63 所示为部分探测器芯片阵列扫描电镜测试图,台面间距为 2μm,中心部分为上电极欧姆接触。根据设计的材料结构,台面刻蚀深度为 4μm。对于这种宽深比接近 2 的窄槽刻蚀,难点在于对刻蚀剖面及刻蚀深度的严格控制。需要较好地平衡反应离子刻蚀中的物理、化学刻蚀作用,优化反应气体、压力、流量、功率等参数,以获得垂直性较好的刻蚀侧壁。通过对以上参数的优化组合,成功地进行不同剖面的刻蚀。

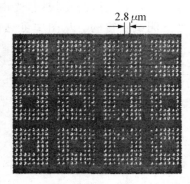

图 4-62　扫描电镜测试得到的光栅形貌图

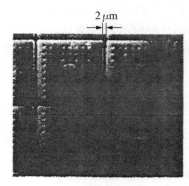

图 4-63　局部探测器芯片阵列

（3）背减薄的实现。彻底地去除 GaAs 衬底或对 GaAs 衬底进行减薄，能有效地缓解因为与读出电路晶格常数不匹配导致的应变和应力，同时有效减小器件串联电阻，降低器件串音。预去除的衬底厚度因不同的衬底尺寸而不同，市售的 4in GaAs 衬底厚度为 $625\pm25\mu m$。背减薄的技术难点在于一方面不同减薄方法必然带来衬底厚度的不均匀以及相当的厚度差，另一方面减薄必须准确地停止在设计的刻蚀停层上，同时器件性能不能下降或被破坏。在目前的焦平面探测器研制工艺中，对探测器芯片完成了 $200\sim300\ \mu m$ 的背减，进一步的背减薄处理将安排在完成读出电路和量子阱焦平面探测器芯片互连后进行。

3. 性能

320×256 像元量子阱焦平面探测器周边设计的陪管区，为跟踪检测探测器芯片性能提供了可能。像元面积为 $200\ \mu m\times200\ \mu m$，通过常规的 $45°$ 磨斜角完成单元探测器光电特性的检测。

图 4-64 所示为在液氮温度下装在测试杜瓦里测试得到的单元探测器 $I-V$ 曲线，杜瓦里无冷屏。从器件 $I-V$ 特性曲线来看，平均值约 $0.5\ \mu A$、$2\ V$，与国外报道的同类器件的暗电流大小很相近，表明器件的 $I-V$ 特性正常，没有大的工艺漏电问题。

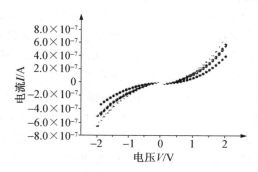

图 4-64　在液氮温度下单元探测器的 $I-V$ 曲线

对单元探测器测试了光响应信号和噪声信号，计算得到了探测率、光电流响应率，见表 4-10。测量条件为：黑体温度为 $500\ K$，光阑孔直径为 $5.08\ mm$，$d=20\ cm$，负载电阻为 1 MΩ,外加偏置为 1.5 V。值得注意的是,由于测试杜瓦锗窗的光谱透过率只有 70%,因此实际的光响应信号需要进行 70% 的修正。修正后的响应率和探测率见表中的修正项。

表 4 - 10　单元探测器的探测率和光电流响应率

探测器编号	$V_s/$ μV	$V_n/$ μV	$D^*/$ $(cm \cdot Hz^{1/2} \cdot W^{-1})$	$R_t/$ $(A \cdot W^{-1})$	修正后	
					$D^*/$ $(cm \cdot Hz^{1/2} \cdot W^{-1})$	$R_t/$ $(A \cdot W^{-1})$
7	240.0	4.3	8.3×10^8	60.2×10^{-3}	11.9×10^8	86.0×10^{-3}
9	260.0	3.1	12.5×10^8	65.3×10^{-3}	17.9×10^8	93.2×10^{-3}
10	250.0	2.9	12.9×10^8	62.7×10^{-3}	18.4×10^8	89.6×10^{-3}
11	240.0	3.5	10.3×10^8	60.2×10^{-3}	14.6×10^8	86.0×10^{-3}
13	250.0	2.8	13.4×10^8	62.7×10^{-3}	19.1×10^8	89.6×10^{-3}
15	240.0	2.9	12.4×10^8	60.2×10^{-3}	17.7×10^8	86.0×10^{-3}
16	260.0	3.3	11.8×10^8	65.3×10^{-3}	16.8×10^8	93.2×10^{-3}
18	260.0	3.4	11.4×10^8	65.3×10^{-3}	16.3×10^8	93.2×10^{-3}

从表 4 - 8 的测试结果来看,修正后的单元探测器平均黑体探测率为 1.66×10^9 cm · $Hz^{1/2}$ · W^{-1},响应率为 89.6 mA/W,与国外报道的同类器件相比,文中的器件黑体响应率与报道的较好水平 380 mA/W 相比差不到一个数量级,而黑体探测率差一个数量级。其主要原因是测试得到的器件噪声大,这与测试过程中杜瓦中没有用冷屏降噪、器件波长偏长、测试温度高有关。

4. 评价

成功研制了像元面积为 $28\mu m \times 28\mu m$、中心距为 $30\mu m$ 的 320×256 像元 GaAs/AlGaAs 量子阱探测器。通过对测试陪管的性能检测,探测器峰值波长为 $9.7\mu m$,截止波长为 $10.7\mu m$,平均黑体探测率为 1.66×10^9 cm · $Hz^{1/2}$ · W^{-1},响应率为 89.6 mA/W。进一步的工作是降低探测器的噪声,提高焦平面探测器的性能,同时与读出电路互连,尽快实现高质量 320×256 像元量子阱焦平面探测器的热成像。

4.2.4.2　7μmGaAs/AlGaAs 多量子阱红外探测器

1. 制备方法

所用的 GaAs/AlGaAs 多量子阱结构材料是在 VG80H MBE 系统上生长的,在半绝缘 GaAs(001) 衬底上生长厚度为 $1.5\mu m$,掺 Si 浓度为 3.0×10^{18} cm^{-3} 的 N$^+$—GaAs 层,作为器件的一个欧姆接触层;其上交替生长 50 周期、厚度分别为 51Å(1Å=10^{-10} m) 和 200Å 的掺 Si GaAs 势阱层和非掺杂的 AlGaAs 层,Si 的掺杂浓度为 1.0×10^{18} cm^{-3};表面层是厚度为 $1.0\mu m$,掺 Si 浓度为 3.0×10^{18} cm^{-3} 的 N$^-$—GaAs 层,作为另一个欧姆接触层。

2. 测试与性能

用 Bruker 113V 傅立叶红外光谱仪测量了室温下多量子阱结构的红外吸收谱。为了增强吸收,把样品做成 8mm 的 45° 波导结构,入射光方向垂直于 45° 斜面,满足量子阱导带内子带间跃迁的选择定则。图 4-65 所示为 GaAs(51 Å)/Al$_{0.36}$Ga$_{0.64}$As(200 Å)多量子阱结构的红外吸收谱,吸收峰位于 1 444cm^{-1},吸收峰的半高宽为 116.7cm^{-1}(等于14.5meV)。用包络函数方法计算了量子阱中限制的基态与第一激发态之间的能量差Δe_{12}。计算中取 $\Delta E_e/\Delta E_g = 0.6$, $\Delta E_g = 1.247x$。Δe_{12} 的计算值为 1 430cm^{-1}(等于177meV),与实验值符合。

　　用通常的光刻和腐蚀等工艺把量子阱探测器做成台面结构,台面直径为 320μm,在上、下 N$^+$-GaAs 层表面蒸镀 AuGeNi 合金,合金化之后焊上电极引线,在衬底一侧磨抛出 45°斜面,作为红外辐射的入射面,其上没有蒸镀增透膜。器件置于 APD 循环制冷系统的杜瓦瓶内,温度可在 10~300K 范围变化。用斩波器对 500K 黑体和正弦调制,调制频率为 792Hz。用 Keithley 220 电流源对器件提供恒定的偏置电流。器件两端的交变电压信号由锁相放大器检测,其输入阻抗为 100MΩ,等效噪声带宽为 79.2Hz。

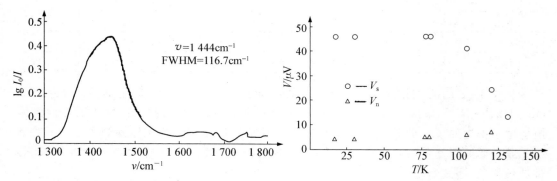

图 4-65　室温下 GaAs(51Å)/Al$_{0.36}$Ga$_{0.64}$As(200Å)多量子阱的红外吸收谱

图 4-66　GaAs(51 Å)/Al$_{0.36}$Ga$_{0.64}$As(200Å)多量子阱红外探测器的信号电压和噪声电压对温度的依赖关系

　　图 4-66 所示为 GaAs(51Å)/Al$_{0.36}$Ga$_{0.64}$As(200Å)多量子阱红外探测器的信号电压和噪声电压随温度的变化,偏置电流 $I_b = 1\mu$A,在此偏流、12K 温度条件下测得器件的偏置电压为 8V。由图 4-66 所示可见,在 80K 以下,信号电压基本不随温度变化;在80K 以上,则随温度升高而迅速下降,在 130K 附近完全被噪声电压所淹没。探测器的电压响应率 R_t 和探测率 D^* 由计算方法如下:

$$R_t = \Gamma R_{500K} \tag{4-25}$$
$$D^* = \Gamma D^*_{500K} \tag{4-26}$$

其中,R_{500K} 和 D^*_{500K} 是量子阱探测器对 500K 黑体的电压响应率和探测率,修正因子Γ 为:

$$\Gamma = \int_0^\infty W(500K,x)dx / \int_0^x W(500K,x)\beta(x)dx \tag{4-27}$$

式(4-27)中 $W(500K,x)$ 由黑体辐射的普朗克公式决定;$\beta(x)$ 是图 4-65 所示的吸收曲线,并且 $\beta(x_0) = 1$,x_0 是吸收峰的能量位置。图 4-67、图 4-68 所示分别是 GaAs(51Å)/Al$_{0.36}$Ga$_{0.64}$As(200Å)多量子阱红外探测器的 R_v 和 D^* 随温度的变化,$\Gamma=15.9$。

量子阱探测器的暗电流主要是阱间共振隧穿电流以及热激发载流子形成的电流,在低温下主要由隧穿电流起作用,随着温度升高,热激发电流的贡献会越来越大,并占据主导地位。由图 4-67 和图 4-68 所示可见,R_V 和 D^* 随温度的变化与上述定性趋势分析吻合。

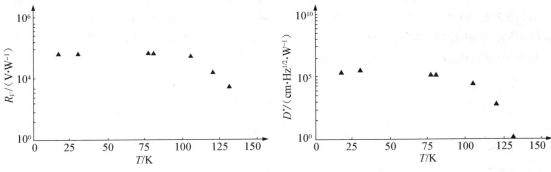

图 4-67　GaAs(51Å)/Al$_{0.36}$Ga$_{0.64}$As(200 Å)多量子阱红外探测器的 R_V 对温度的依赖关系

图 4-68　GaAs(51Å)/Al$_{0.36}$Ga$_{0.64}$As(200 Å)多量子阱红外探测器的 D^* 对温度的依赖关系

3. 效果

利用 GaAs(51Å)/Al$_{0.36}$Ga$_{0.64}$As(200 Å)多量子阱结构实现了对黑体辐射的响应,峰值波长为 $7\mu m$,在 77K 温度下 $D^* = 1.09 \times 10^9\,cm \cdot Hz^{1/2} \cdot W^{-1}$,电压响应率 $R_V = 2.5 \times 10^4\,V \cdot W^{-1}$。通过优化结构参数,改进器件工艺,量子阱探测器的性能将会进一步提高。

4.2.4.3　10μm GaAs/AlGaAs 多量子阱红外探测器

1. 制备技术

用于器件的多量子阱结构具有 50 周期的 40 Å GaAs 阱(中间 28Å 掺硅,$n = 2 \times 10^{18}$ cm^{-3})和 290Å Ga$_{0.75}$Al$_{0.25}$As 势垒,用 MBE 技术生长在 GaAs(100)半绝缘衬底上。MQW 结构夹在顶层(0.5μm)和底层(1μm)重掺硅 GaAs($n = 4 \times 10^{18}$ cm^{-3})欧姆接触层之间。利用光刻技术将探测器基片刻成 $200\mu m^2$ 的台面,并在上下接触层制作相应的 AuGeNi 欧姆接触电极。器件采用了两种光耦合方式:① 45°耦合式,即将器件的一个侧边磨制并抛光成 45°角,入射辐射从 45°斜面进入器件光敏面;② 光栅耦合式,即在器件顶层用光刻法制作 4μm 槽深 3500Å,在中心波长闪耀的光栅,在其周边制作上接触电极,中间留出约 $150\mu m^2$ 的通光孔,使入射光可直接正入射到光栅面上。两种耦合方式都能使入射辐射产生较大的垂直于 MQW 晶面的电场分量,从而激发导带中电子的 B—E 跃迁,在导带连续态中形成有一定自由程的热电子,在外加偏压场的收集下,在匹配电路中形成与光场成正比的光电流(或电压)信号,从而探测入射场。

2. 测试与性能

用 AQS—20 傅立叶变换红外光谱仪测量了器件 MQW 材料 B—E 跃迁的红外吸收光谱,如图 4-69 实线所示,其峰值相对吸收为 0.7×10^{-2}。以可调谐连续 CO$_2$ 激光器为光源,用斩波($f = 1\,000$Hz)和锁相技术测量了探测器的光电流响应光谱和响应率与偏压的关系,在偏压 $V_b = 3.2V$ 时观测到响应率的饱和(图4-70),暗电流随偏压的变化如图 4-71所示。当 $V_b = 2V$ 时, $I_D = 55\mu A$ 。在调制频率 $f = 1\,000Hz$ 、带宽 $\Delta f = 200\ Hz$ 、偏 压 $V_b = 2.5V$ 、 $T = 77\ K$ 条件下,测得器件单位等效噪声电压 $V_n = 55nV/Hz$, $P_{NE} = 1.167 \times 10^{-9}W$,在入射光 $\lambda = 10.2\mu m$ 时,探测率 $D_\lambda^* = 2.5 \times 10^2 cm \cdot Hz^{1/2} \cdot W^{-1}$ 。最 后,用无氦 TEA CO_2 激光器作为脉冲光源,检测了器件的时间响应性能。图4-72(a)和 (b)所示分别用45°耦合、光栅耦合 MQW 探测器所测得的 CO_2 激光脉冲波形。其半宽度 约80ns,脉冲前沿上升时间小于10ns。

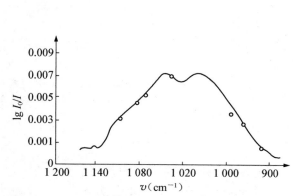

图4-69　归一化的红外吸收光谱(实线)和光电流谱(圆圈)

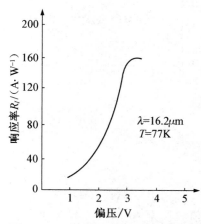

图4-70　响应率与偏压的依赖关系

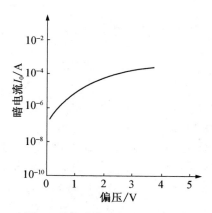

图4-71　暗电流随偏压的变化

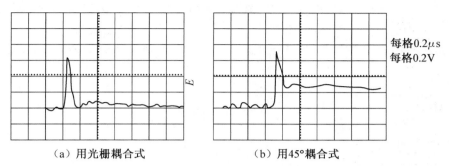

　　　　（a）用光栅耦合式　　　　　　　　（b）用45°耦合式

图 4 - 72　不同耦合方式 MQW 探测器测出的 TEA CO$_2$ 激光脉冲波形

3．效果

　　从测得的光吸收可算得器件的 MQW 结构的吸收系数 $\alpha = 326\text{cm}^{-1}$（300K 下），器件的量子效率 $\eta = 10\%$。器件的响应率 R 可以用量子效率 η 和光增益 g 表示为

$$R = (\text{e}/\hbar\nu)\eta g \tag{4-28}$$

而

$$g = \tau_L/\tau_T = L/l \tag{4-29}$$

式中，τ_L——表示热电子的寿命；

　　　τ_T——表示跃迁时间；

　　　L——热电子的平均自由程。

　　利用 R 的测量值，当 $V_b = 3V$ 时，可求得 $g = 0.2$，$L = gl = 3\,270\text{Å}$，不到 10 个 MQW 周期。光增益还可以表示为：

$$g = \mu\tau_L V_b/l^2 \tag{4-30}$$

式中，μ 为热电子迁移率。对于 10^{18}cm^{-3} 掺杂浓度的 GaAs 体系 MQW，通常 μ 可以估计在 $500\sim1\,000\text{cm}^2/(\text{V}\cdot\text{s})$。按照式（4 - 30），当 $V_b = 3V$ 时，可以有 $\mu\tau_L = 1.83 \times 10^{-8}\text{cm}^2/\text{V}$。如果设 $\mu = 500\text{cm}^2/(\text{V}\cdot\text{s})$，则该器件热电子的寿命 $\tau_L = 3.7\text{ ps}$。C. G. Bethea 等人所发表的同类器件，$D_\lambda^* = 2\times10^{10}\text{cm}\cdot\text{Hz}^{1/2}\cdot\text{W}^{-1}$，峰值 $g = 0.82$，其热电子寿命长达 $\tau_L = 21\text{ps}$，而热电子自由程 $L = 2.2\mu\text{m}$，几乎贯穿整个 MQW 结构（$l = 2.7\mu\text{m}$）。从以上数据分析可知，提高器件性能的途径除了优化器件结构和实施工艺水平外，还在于减少材料生长过程中引入的各种缺陷和复合中心，以提高热电子的寿命和自由程。其中，GaAs 衬底的质量和抛光工艺又直接影响 MQW 结构的生长质量。

4.2.5　GaAs/AlGaAs 量子阱红外焦平面阵列探测器

4.2.5.1　$2\mu\text{m}$ 像元间距 GaAs/AlGaAs 量子阱红外焦平面探测器

1. 320×256 像元量子阱焦平面探测器的制备

　　（1）材料结构。量子阱探测器材料为常规的 N 型 GaAs/AlGaAs 量子阱材料，在 10.16 cm（4in）（100）GaAs 衬底上进行量子阱薄膜材料的生长，生长设备为 MBE VG100。材料参数的选择首先要满足器件响应波段的需求，且满足器件的暗电流最小。通过对量子阱内能级分布及对器件暗电流的计算，优化设计出材料的参数：GaAs 势阱设

计宽度 $L_w = 4.6$ nm,采用传统的 Si 源进行势阱掺杂,掺杂浓度为 5×10^{17} cm^{-3}。$Al_xGa_{1-x}As$ 组分 x 为 0.28,势垒宽度为 $L_b = 50$nm,重复周期为 50。上下电极接触层为重掺杂 Si 掺杂 GaAs 材料。材料结构及计算得到的材料吸收光谱如图 4-73、图 4-74 所示。

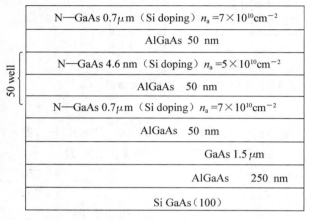

图 4-73　生长的量子阱材料结构

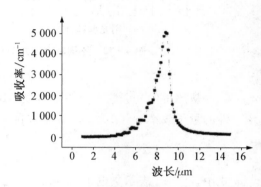

图 4-74　计算得到的材料吸收光谱

(2) QWIP 焦平面制备技术。将 10.16cm(4in)量子阱材料样品划分为若干个 20mm×25mm 的芯片,每个芯片含两个大小为 9.68mm×7.68mm 的阵列。器件工艺在 20mm×25mm 的芯片上进行,包括上下电极制备、光栅耦合、台面制备、反射金属制备、二氧化硅钝化以及焊接金属制备。器件加工完成后,划片为两个管芯,将其减薄至 $300 \sim 400 \mu m$,通过铟柱与硅 CMOS 读出电路互连,再对量子阱材料进行无损减薄至约 $100 \mu m$。焦平面入射光表面没有进行任何背增透处理。320×256 像元探测器芯片与读出电路铟柱互连后封装到 0.5W 集成式杜瓦制冷机里。

量子阱焦平面中心距为 $30 \mu m$,像元间距为 $2 \mu m$,具有较高的占空比。通过调节反应气体、压力和功率,采用反应离子刻蚀设备获得了超过 85°的接近垂直的各向异性刻蚀,使占空比达到 87.1%。制备的 320×256 像元阵列 QWIP 部分像元图如图 4-75 所示。另外,为了使 N 型探测器吸收垂直光,采用二维光栅作为光耦合器。经过近似计算,对于峰值为 $8.5 \mu m$ 的探测器,光栅常数为 $2.8 \mu m$。光栅同样也采用了反应离子刻蚀方法,为了保证达到期望的刻蚀深度,光栅层下设计并生长了刻蚀停层。

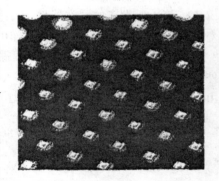

图 4-75　320×256 像元阵列 QWIP 部分像元图

2. 测试与性能

(1) 单元器件的光电特性。焦平面探测器制备完成后需要对单元探测器进行检测,能否准确地反映器件的工艺状态,关键是要检测出探测器芯片是否与读出电路互连。然而,由于探测器像元非常小,很难通过常规的引线焊接方式将信号读出。因此,在焦平面芯片上设计了几种不同的测试陪管,用于及时准确地反馈焦平面探测器的性能。其中,一种面积为 $200\mu m \times 200\mu m$ 的大光敏面面积的单元器件,可用来测试单元探测器的响应率、暗电流、噪声等器件性能,并通过面积转化获得焦平面中小面积像元的性能。图 4 - 76 所示为 77K 温度下测试得到的暗电流,外加偏置在 $-1V$ 时,4 像元探测器电流密度平均为 $3.0 \times 10^{-4} A/cm^2$,这与国外公开报道的测试结果 $(1.0 \times 10^{-3} \sim 1.0 \times 10^{-5}) A/cm^2$ 相比,暗电流数值接近。另外,暗电流测试得到的均匀性达到 99%,揭示了材料优越的性能和器件工艺的稳定性。

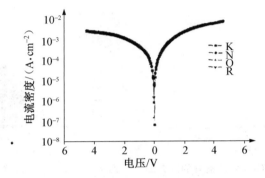

图 4 - 76 77K 温度下得到的暗电流

(2) 焦平面探测器性能。焦平面探测器封装在 0.5W 的集成式杜瓦制冷机内,使焦平面工作温度可调,可以制冷到 65K。此时采用棱镜分光的方法对焦平面中 10×10 阵列进行响应波长的测试,测试结果如图 4 - 77 所示。其截止波长为 $9.5\mu m$,峰值为 $9.0\mu m$,比设计值约长 $0.3\mu m$,这主要是由于生长的 50 个阱和势垒偏差积累的结果。因此,为了准确得到预期的设计值,在设计状态时必须考虑该差异值并加以补偿。

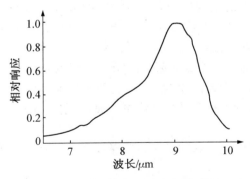

图 4 - 77 320×256 像元量子阱焦平面探测器像元光谱响应

确定材料结构后,器件暗电流的减少主要依赖于降低工作温度。当器件工作在 77 K 时,读出电路特别容易饱和,且外加偏压小、信号弱;当降温到 65 K 时,暗电流减小,工作电压增加,信号增强。对于第一个样管,在 $F^{\#} = 1.5$、积分时间为 6ms、帧频为 10Hz、工作偏置在 0.8V 时,对于 15°温差的信号平均为 388mV,对应着 25.9mV/K 的响应。噪声等效温度平均为 33.2mK,接近国外同类探测器的 T_{NETD} 指标。T_{NETD} 以及信号的直方图如图 4-78、图 4-79 所示,信号测试过程为:分别测试黑体温度为 20°、35°时的光响应,相减之后即获得 FPA 的信号响应,平均峰值探测率为 1.6×10^{10} cm · $Hz^{1/2}$ · W^{-1},黑体响应率不均匀性为 8.9%,T_{NETD} 大于 100mK 的像元 1 030 个,面阵总盲元率为 1%。只有一个团簇存在,原因有两个:一是由探测器自身的坏元造成的;二是由于读出电路和倒装互连产生的其他坏元造成的。

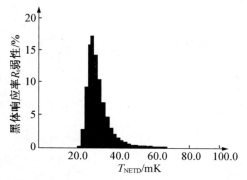
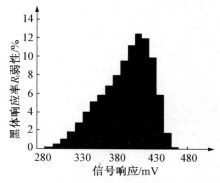

图 4-78　320×256 像元 T_{NETD} 以及信号的直方图　　图 4-79　320×256 像元阵列信号响应直方图

　　(3)焦平面热成像效果。晚上 9:30～10:00 时段对距离 1km 的建筑和 4.2km 处烟囱成像的效果为:两者的成像条件都是在 70K 温度下,$F^{\#}$ 为 1.5,积分时间为 6ms,图像没有进行任何后处理,1km 处的建筑物细节清晰可见,4.2km 处的烟囱图中烟囱在冒烟,而且前面的建筑物以及后面山上的层次都非常清晰。

3. 效果

　　GaAs/AlGaAs 8～12m 波段 320×256 像元量子阱红外焦平面探测器,获得了清晰的成像效果。65K 温度下的平均响应信号为 25.87mV/mK,平均峰值探测率为 1.6×10^{10} cm · $Hz^{1/2}$ · W^{-1},响应率不均匀性小于 9%,总盲元率为 1%,T_{NETD} 平均值为 33.2mK,达到了目前国际上报道的长波量子阱焦平面探测器 T_{NETD}(10～40 mK),只有一个因探测器工艺产生的团簇存在,显示了 GaAs 优越的材料性能和成熟的器件工艺。该器件具有较高的占空比,像元间距为 $2\mu m$,达到了目前国际上红外焦平面探测器研制的最小像元间距,在此基础上很容易扩展到更大面阵,包括 640×512 像元、1 024×1 024像元焦平面的制备。

　　4.2.5.2　64×64 像元 GaAs/AlGaAs 多量子阱长波红外焦平面探测器

1. 制备过程

　　研制的探测器量子阱结构采用分子束外延系统生长在半绝缘 GaAs(100)衬底上的50 个周期的 GaAs/AlGaAs 多量子阱,垒宽为 45nm,阱宽为 5nm,阱中的 Si 掺杂浓度约为 1×10^{17} cm^{-3},量子阱的上下电极层厚分别为 $2\mu m$ 和 $1\mu m$,掺杂浓度为 1×10^{18} cm^{-3}。

　　探测器的光敏元设计成 64×64 像元的两维面阵结构,单元面积为 $50\mu m \times 50\mu m$,单元间距为 $20\mu m$。根据子带间的跃迁定则,只有电矢量垂直于多量子阱生长面的入射光,

即 $E\neq0$ 才能被子带中的电子吸收,故在光敏元上采用二维衍射光栅进行光耦合,考虑响应波长的实际工艺条件,光栅周期定为 $8\mu m$。光栅和台面均采用湿法腐蚀,上下电极蒸发 AuGeNi 合金后形成欧姆接触,再通过铟柱与直接注入模式的 ST-CMOS 读出电路相混成互连后,放入 77K 杜瓦瓶中,采用冷屏及滤光片以抑制背景辐射。面阵器件结构如图 4-80 所示。图 4-80(a)所示为带光栅的光敏元,图 4-80(b)所示为生长铟柱准备互连的光敏元。

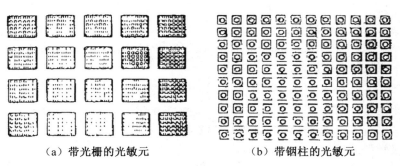

（a）带光栅的光敏元　　　　　　　（b）带铟柱的光敏元

图 4-80　器件结构示意图

2. 基本特性

用傅立叶变换红外光谱仪对 GaAs/AlGaAs 多量子阱红外焦平面进行光电流谱测量,器件的光电流图谱如图 4-81 所示,其峰值波长 $\lambda=8.2\mu m$。将封装在杜瓦瓶中的器件放在焦平面测试系统中进行测量,视场角为 $60°$,采样帧数为 32,器件在 50mK 黑体时的平均响应率 R_t 为 7.24×10^7 V/W,平均黑体探测率 $D^*=5.40\times10^8$ cm·Hz$^{1/2}$·W^{-1},器件响应率不均匀性为 15%,探测率不均匀性为 19%。这些测量结果均未考虑各种光学表面带来的红外辐射能损耗的修正,器件自身未加增透膜。

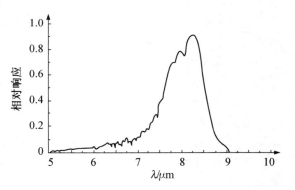

图 4-81　探测器在 77K 下的光电流图谱

3. 红外成像结果

混成焦平面的响应信号经前置放大信号处理转换成物体的热像图,用上述的 64×64 像元 GaAs/AlGaAs 多量子阱凝视红外焦平面获得了电烙铁、茶壶和人手的热像图。热像图通过颜色变化显示了物体不同温度区域的差别,图像质量是量子阱探测器阵列和读出电路质量的综合体现,因此均匀性和响应性能的提高也将与两方面的优化设计和工艺完善密切相关。

4. 效果

研制了具有室温物体热成像能力的 64×64 像元量子阱面阵焦平面组件,这是在突破若干项关键技术的基础上取得的,包括大面积低表面缺陷密度和低深能级中心浓度的

MBE 外延材料的生长工艺;与 GaAs/AlGaAs 量子阱红外探测器可匹配的 64×64 像元读出电路初步研制成功;有良好光电耦合的 64×64 像元 GaAs/AlGaAs 量子阱红外光敏元的制备工艺,特别是较大规模的光敏元与光电耦合光栅基元的均匀刻蚀工艺;64×64 像元铟柱生长工艺;64×64 像元焦平面混成互连工艺以及 64×64 像元焦平面测试技术等。相对于工件在该波段的 HgCdTe 而言,GaAs/AlGaAs 多量子阱红外探测器由于其在材料生长和器件工艺方面成熟,具有大面积均匀性好、成品率高、材料和器件中关键参数可控性好等优点,随着材料质量、器件结构和工艺的改进,探测器件将得到进一步提高,可能实现高灵敏度、低价格的红外相机。

4.2.5.3　128×160 像元 GaAs/AlGaAs 多量子阱长波红外焦平面阵列

1. 器件的材料生长结构

在半绝缘的 GaAs(100)衬底上生长 $1.0\mu m$ 的下接触层,然后生长 50 个周期的 GaAs/Al$_{0.3}$Ga$_{0.7}$As 多量子阱,其中阱宽为 4.5nm,垒宽为 50nm。为了提供激发跃迁的光电子,阱区进行 N 型掺杂,阱中的 Si 掺杂浓度为 5×10^{17} cm^{-3},最后生长 $0.7\mu m$ 的上接触层,上下接触层的掺杂浓度均为 1×10^{18} cm^{-3}。

2. 128×160 像元面阵的制作

在上接触层上用光刻和干法刻蚀的方法制备二维光栅,光栅周期为 $3\mu m$。然后在上接触层处真空蒸镀 AuGeNi/Au 作为上电极层和反射层,再用干法刻蚀的方法刻蚀材料穿过 GaAs/Al$_{0.3}$Ga$_{0.7}$As 多量子阱层,直到重掺杂的下接触层形成面阵。在下接触层上真空蒸镀 AuGeNi/Au 作为下电极层。生长钝化层后,腐蚀出倒装焊用的引线孔。

将探测器光敏元设计成 128×160 像元的两维面阵结构,单元尺寸为 $30\mu m\times30\mu m$,光敏元的中心距为 $60\mu m$。在一个 50mm 的 GaAs 片上制作了 16 个 128×160 像元面阵。

通过复杂的互连技术将面阵与读出电路相连,图 4-82 所示为互连示意图。通过铟柱把 Si 读出电路与面阵相连。为了保证互连的可靠性,在工艺上要求生长的铟柱具有合适的高度和适当的形状,且高度均匀并无氧化。互连后进行背面减薄,抛光到约 $20\mu m$,最后把芯片装入 77K 杜瓦中进行测试,加冷屏以抑制背景辐射,杜瓦中的芯片如图 4-83 所示。

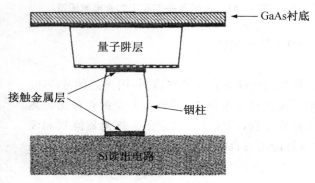

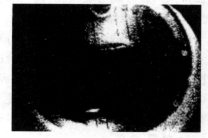

图 4-82　探测器面阵的一个像元与 Si 读出
　　　　　电路互连示意图

图 4-83　与读出电路倒装连接之后的 128×160
　　　　　像元量子阱红外探测器焦平面阵列

3. 性能

采用双面源黑体对封装在 77K 杜瓦瓶中的焦平面探测器进行测试,采集器件的响应电压,平均黑体探测率的计算公式如下

$$D_b^* = \frac{1}{n}\sum_{i=1}^n \frac{V_s(i)}{V_n(i)\Delta I_{PFBB}\Omega(i)A_d}\sqrt{A_d\Delta f} \qquad (4-31)$$

其中

$$\Delta I_{PFBB} = \frac{1}{\pi}\sigma(\varepsilon_2 T_2^4 - \varepsilon_1 T_1^4)$$

式中,ΔI_{PFBB}——面源黑体在低温 T_1(20℃)和高温 T_2(35℃)时辐射功率变化量;

ε_1、ε_2——对应的低温面源黑体和高温面源黑体的黑体辐射率;

$\delta = 5.67\times10^{-12}\,W\cdot cm^{-2}\cdot K^{-4}$;

$\Omega(i)$——探测器所张的立体角;

n——有效像元个数;

A_d——探测器接收面积;

Δf——带宽。

得出器件的平均黑体探测率 $D_b^* = 0.95\times10^9\,cm\cdot Hz^{1/2}\cdot W^{-1}$,平均黑体响应率为 $R_V = 2.81\times10^7\,V/W$,所测面阵的盲元率为 1.22%。以上测试中,器件本身并未加增透膜。

用红外光谱仪对 GaAs/AlGaAs 多量子阱红外焦平面进行相对光谱响应测试,如图 4-84 所示。器件的响应峰值波长为 $\lambda_p = 8.1\mu m$,截止波长为 $\lambda_c = 8.47\mu m$。通过光谱可计算出平均峰值探测率 D_λ^* 与平均黑体探测率 D_b^* 之间的转换因子,进而可得出平均峰值探测率。器件平均峰值探测率 $D_\lambda^* = 1.28\times10^{10}\,cm\cdot Hz^{1/2}\cdot W^{-1}$。从测试结果看出,器件的响应波段位于长波红外大气窗口,而且具有很好的整体均匀性和良好的性能。

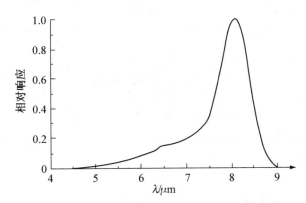

图 4-84　焦平面阵列在 77K 下的相对光谱响应

同时,还对衬底厚度分别为 $100\mu m$ 和 $20\mu m$ 的面阵性能进行了测试,发现把衬底厚度从 $100\mu m$ 减薄到 $20\mu m$,器件的性能大大改善,黑体平均探测率 D_b^* 从 $0.3\times10^9\,cm\cdot Hz^{1/2}\cdot W^{-1}$ 提高到 $0.95\times10^9\,cm\cdot Hz^{1/2}\cdot W^{-1}$,这主要是由于衬底减薄后,GaAs 和空气的折射率差形成波导的缘故。

4．效果

所研制的 128×160 像元 GaAs/AlGaAs 多量子阱红外焦平面阵列是在突破了很多关键技术的基础上取得的，包括大面积低缺陷密度的材料生长工艺；周期 3μm 的光栅制作工艺；大面积光敏元与耦合光栅的均匀刻蚀；高质量铟柱的生长互连工艺；背面减薄工艺等。此焦平面阵列在 77K 时器件的平均黑体响应率为 $R_V = 2.81 \times 10^7$ V/W，平均峰值探测率为 $D_\lambda^* = 1.28 \times 10^{10}$ cm·Hz$^{1/2}$·W^{-1}，峰值波长为 $\lambda_p = 8.1 \mu m$，器件的盲元率达到了 1.22%。这一低盲元率充分体现了 GaAs/AlGaAs 材料在制作大面阵量子阱红外探测器方面的优势和潜力。随着材料生长、制作工艺、测试电路等方面的改进，探测器性能将会有进一步的提高。

4.2.5.4　长波 640×512 像元 GaAs/AlGaAs 量子阱红外焦平面探测器

1．长波 640×512 像元量子阱红外焦平面探测器的制备

（1）材料生长。探测器材料为 GaAs/AlGaAs 多量子阱结构，采用 DCA P600 MBE 外延系统生长。衬底材料为 4in 半绝缘 GaAs 衬底，多量子阱材料的势阱材料为 GaAs，厚度为 5 nm，采用 Si 掺杂，掺杂浓度为 2×10^{18} cm^{-3}；势垒材料 Al$_x$Ga$_{1-x}$As 的厚度为 50 nm，组分 x 为 0.28，重复 50 个周期；多量子阱材料区上下分别生长 Si 掺杂的 GaAs 作为电极接触层，掺杂浓度为 1×10^{18} cm^{-3}。具体材料的结构以及生长的长波量子阱材料的透射电镜（TEM）图如图 4-85 所示。

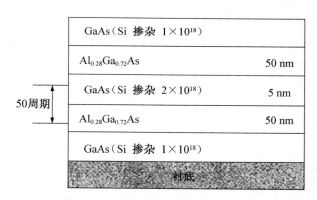

图 4-85　生长的长波量子阱材料结构

（2）量子阱探测器芯片制备技术。对于 $A = A_0 e^{-i\omega t}$ 的入射光辐射，电子和光子之间的相互作用为 $\dfrac{e\hbar A \cdot \nabla}{m^*}$，电子跃迁矩阵单元表述为

$$< \psi_{j\hbar} \left| \frac{e\hbar}{m^*} A \cdot \nabla \right| \psi_{0q} > = \delta_{k,q} \frac{e\hbar}{m^*} A_z < \psi_j \left| \frac{\partial}{\partial z} \right| \psi_0 > \qquad (4-32)$$

在光跃迁的过程中，由于沿 xy 平面上的动量守恒，跃迁发生在 z 方向的包络函数之间，由于垂直样品表面的入射光辐射的电磁场矢量在 z 方向的分量 A_z 为零，该方向的光子辐射与电子之间没有耦合。因此，要求入射到 QWIP 的光的偏振必须有垂直量子阱平面的电场偏振分量，需要通过光耦合结构来实现光的偏振方向的偏转。

采用二维周期性衍射光栅来实现红外辐射的光耦合，利用光刻和干法刻蚀工艺在量

子阱材料上刻蚀出二维周期性光栅,光栅孔大小为 $1.5\mu m \times 1.5\mu m$,光栅周期长度为 $3.0\mu m$,刻蚀的二维周期性光栅的 SEM 图片如图 4-86 所示。在刻蚀完光栅孔的材料上生长 Ni/AuGe 电极层作为上电极接触引出,然后通过光刻和干法刻蚀工艺将材料刻蚀出 640×512 像元阵列,像元尺寸为 $20\mu m \times 20\mu m$,像元中心间距为 $25\mu m$,刻蚀至下电极接触层,在下电极接触层上生长 Ni/AuGe 电极层作为地线电极引出。生长钝化层后,刻蚀钝化孔并生长用于倒装互连所用的金属焊盘。

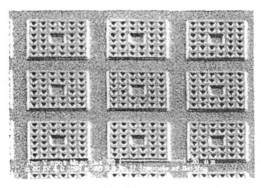

图 4-86 二维周期性光栅的 SEM 图片

(3) 读出电路设计。读出电路输入级设计采用直接注入型的结构:列处理电路采用乒乓形式的电荷—电压转换电路,工作方式采用奇偶行交替转换、交替读出,降低了对列电荷放大器的速度要求,同时能够减少行与行之间的串扰;输出级采用带有电阻—电容补偿的单级结构,能够提供足够的负载驱动能力。读出电路的流片采用 $0.35\mu m$ 标准 CMOS 工艺,加工后的读出电路通过制备铟柱后与探测器进行互连。

(4) 探测器互连与背面减薄。量子阱红外探测器采用的是台面工艺,上电极引出点和地线引出点不在同一个平面上,高度差异约为 $3 \sim 4\mu m$。这种高度差异对器件互连的影响很大,特别是对于 640×512 像元 $25\mu m$ 量子阱红外探测器来说,由于像元中心间距

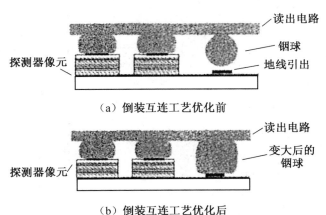

(a) 倒装互连工艺优化前

(b) 倒装互连工艺优化后

图 4-87 倒装互连工艺优化前后的对比

小,导致铟柱起球高度更低,这种影响可能会更大,会导致上电极引出点焊接时地线引出点根本无法连接上,具体示意图如图4-87(a)所示。为了解决此问题,我们增加了地线引出铟柱的高度,来弥补上电极引出点和地线引出点的高度差,保证上电极引出和地线引出都能和读出电路连通。图4-87(b)所示为改进后的互连工艺示意图。

为了降低串扰以及减少读出电路与探测器之间的热失配,互连后的探测器芯片经灌胶填充,采用机械磨抛和化学机械抛光相结合的办法将器件衬底减薄至$10\mu m$以内,图4-88所示为减薄后的长波640×512像元量子阱焦平面探测器照片。

图4-88　背面减薄后的长波640×512像元量子阱焦平面探测器

2. 性能

(1)探测器芯片的暗电流特性。为了准确测出探测器像元的暗电流,我们对探测器阵列正式像元以及地线进行了电学引出,利用HP4156C半导体参数分析测试仪对引出点的$I-V$特性进行测试,单个像元77K下测试得到的暗电流曲线如图4-89所示。外加偏压为2V时,像元的电流平均密度为$8\times10^{-4}\,\mathrm{A/cm^2}$,与国外报道的长波暗电流结果$4\times10^{-4}$ $\mathrm{A/cm^2}$相当。

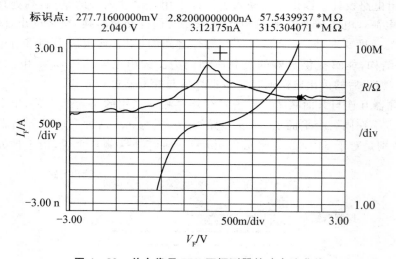

图4-89　单个像元77K下探测器的暗电流曲线

(2)焦平面探测器的性能。采用红外焦平面测试系统对封装在液氮杜瓦中的长波640×512像元量子阱红外焦平面探测器进行测试,进行了响应率、平均黑体探测率、失效元、非均匀性的测试。其中,平均黑体探测率的定义为:

$$D_b^* = \frac{1}{m\times n - \Delta_i}\sum_{i,j=1}^{m,n}\sqrt{\frac{A_d}{2t_{\mathrm{int}}}}\cdot\frac{R_V(i,j)}{V_n(i,j)} \qquad (4-33)$$

式中,i,j——像元计数;

$m \times n$——总像元数；

$\triangle$——无效元，即盲元；

A_d——探测器像元面积；

t_{int}——积分时间；

$V_n(i,j)$——像元噪声；

$R_V(i,j)$——像元响应率。

通过对探测器的测试，得出器件的平均黑体探测率 D_b^* 为 7.39×10^8 cm·$Hz^{1/2}$·W^{-1}，平均黑体响应率为 1.4×10^7 V/W，盲元率为 0.87%，响应率不均匀性为 5.8%。

利用红外光谱仪对长波 640×512 像元量子阱红外焦平面探测器进行了光谱响应测试，77K 下测得的光谱响应如图 4-90 所示，器件的响应截止波长为 $8.15\mu m$，通过光谱计算出转换因子，进而得到探测器的平均峰值探测率 D_λ^* 为 6.2×10^9 cm·$Hz^{1/2}$·W^{-1}。

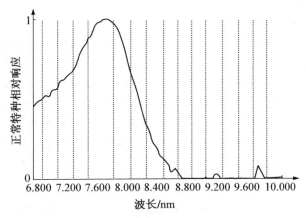

图 4-90　77K 下测得的探测器光谱响应

对研制的长波 640×512 像元量子阱红外焦平面探测器进行了实验室成像演示。从测试结果以及成像图像来看，该探测器均匀性非常好，盲元点也很少，这显示出了量子阱材料在制备大面阵探测器件上的优势和潜力，但器件的黑体探测率比国外报道的水平要低约一个数量级。下一步的工作将主要针对读出电路进行优化设计，降低噪声；优化光栅设计和器件制备工艺，提高器件的占空比。另外，将对探测器的波长进行进一步优化和调整，尽快制备出性能更优的长波 640×512 像元量子阱探测器微杜瓦组件。

3. 效果

通过突破材料外延、器件制备工艺、读出电路设计以及倒装互连等关键工艺技术，研制出了长波 640×512 像元 GaAs/AlGaAs 量子阱红外焦平面探测器样品。77K 下测出该探测器件的平均黑体响应率为 1.4×10^7 V/W，平均峰值探测率 D_λ^* 为 6.2×10^9 cm·$Hz^{1/2}$·W^{-1}，响应率不均匀性为 5.8%，盲元率为 0.87%，充分体现了量子阱材料在制备大面阵探测器芯片上的优势。

4.2.5.5 基于 MOCVD 技术的长波 AlGaAs/GaAs 量子阱红外焦平面探测器

1. 材料结构设计和生长

采用 N 型掺杂 AlGaAs/GaAs 量子阱结构,材料外延层包括 N 型重掺杂上下欧姆接触层和 AlGaAs/GaAs 多量子阱吸收层。考虑到 QWIP 量子效率较低,一般吸收层量子阱结构采用 30~50 周期的 $Al_xGa_{1-x}As/GaAs$ 多量子阱层叠。因 QWIP 光谱响应特性与量子阱结构参量和子能级间的跃迁方式有关,所设计的 $Al_xGa_{1-x}As(x=0.23\sim0.27)$ 垒层和 GaAs 阱层厚度分别在 30~50nm 和 4~6nm 范围。因量子阱掺杂浓度与量子效率和暗电流特性有关,同时还可以调整 QWIP 器件的阻抗,一般设计 GaAs 阱层掺 Si 浓度约 $5\times10^{17}\,cm^{-3}$;吸收层上下分别是 1 000nm 和 1 500nm 的 N 型重掺杂 GaAs,Si 掺杂浓度为 $1.5\times10^{18}\,m^{-3}$。实验所用材料结构是用 MOCVD 系统在 5.08 cm(2in)半绝缘 (100)面 GaAs 衬底上生长的,QWIP 外延材料的均匀性和晶格质量通过光荧光谱测试和 X 射线双晶衍射测试来表征。

2. 器件结构和制造工艺

结合外延材料设计和生长实验,设计并制作了大面积红外探测器单元测试器件,通过测试单元器件来评估响应光谱、暗电流和探测率等性能,根据测试结果修正材料结构和生长工艺参数及优化器件制作工艺等。测试器件台面尺寸为 $300\mu m\times300\mu m$,考虑到 QWIP 材料对垂直于芯片表面入射的红外光不敏感特点,在像元的表面设计了二维周期性衍射光栅阵列结构以实现入射红外光耦合。对于中心波长为 $8.5\mu m$ 左右的器件,衍射光栅阵列采用 $2\mu m\times2\mu m$ 周期排列方孔,中心距为 $4\mu m$,孔深为 $0.75\mu m$。在此基础上,针对倒装焊结构,设计制作了 128×128 像元、128×160 像元与 256×256 像元焦平面红外探测器阵列,其结构参数见表 4-11。

表 4-11 几种 QWIP 焦平面红外探测器阵列结构参数

像　元	参　数		
	像元尺寸/ (μm)	中心距/ (μm)	芯片尺寸/ (mm)
128×128	45×45	50	6.9×6.9
128×160	25×25	30	5.7×4.7
256×256	30×30	35	10×10

QWIP 器件制作在实验室 5.08~7.62cm(2~3in)GaAs 集成电路工艺线上完成,主要工艺包括光栅刻蚀、台面刻蚀、上下欧姆接触电极和切片。考虑到湿法化学腐蚀工艺,由于侧向腐蚀不容易控制,光栅和台面制作采用电感耦合等离子刻蚀技术,利用 Cl_2 为反应气体,通过优化工艺条件,实现了侧壁陡直光滑的台阶刻蚀效果。欧姆接触电极采用常规的 N 型 GaAs 欧姆接触多层金属结构 AuGeNi/Au,通过剥离和快速热退火形成欧姆接触合金。由于焦平面阵列红外探测器芯片还要与 CMOS 读出电路芯片倒装焊,在完成 QWIP 芯片工艺后,在像元表面用蒸发剥离工艺制作铟柱。图 4-91 所示为 ICP 刻蚀光栅像元照片。

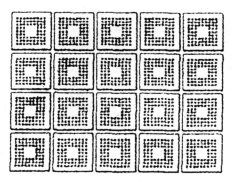

图 4 - 91　表面有二维光栅阵列的光栅 QWIP 像元照片

3. 单元 QWIP 器件的特性

用自制的简易液氮低温探针台和 Keithley 4200 半导体参数测试仪搭建 QWIP 器件的低温暗电流在片测试系统,图 4 - 92(a)所示为台面尺寸 $300\mu m \times 300\mu m$ 的 QWIP 单元器件在 77K 温度下的暗电流密度与偏压的关系曲线。QWIP 器件的上电极正偏对应图中横坐标轴的正电压,可以看出 QWIP 器件的 $J-V$ 特性在器件正偏和反偏时呈现出不对称性,主要是因材料外延过程中材料生长方向掺杂分布的变化形成的量子阱结构不对称所致。

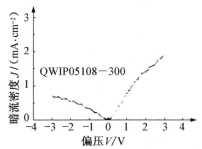

(a) $300\mu m \times 300\mu m$ 器件在 77K 条件下暗电流

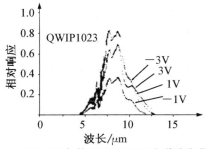

(b) 80K 条件下 QWIP1023 光谱响应曲线

图 4 - 92　QWIP 单元器件暗电流和 FTIP 光谱响应特性

将划片后的测试器件装在测试载体上,置入液氮杜瓦后测量光谱响应和探测率等特性。由于芯片通过载体与液氮之间存在温度梯度,芯片实际温度约为80K。用 Nicolet 5700 傅立叶红外光谱仪测试 QWIP 样品的响应光谱特性。图 4-92(b)所示的光谱响应随器件偏置电压的变化而变化。由光谱响应曲线可以得到峰值响应波长 λ_p 分别为 $8.7\mu m$、$10.4\mu m$、$8.5\mu m$,截止波长 λ_c 分别为 $9.1\mu m$、$10.9\mu m$、$9\mu m$,光谱宽度 $\Delta\lambda$ 分别为 $2.5\mu m$、$0.9\mu m$、$1.7\mu m$,相对响应光谱宽度 $\Delta\lambda/\lambda$ 分别为 28%、8.6% 和 20%。由 $\Delta\lambda/\lambda$ 可以大致估计器件量子阱内子带跃迁模式。材料 WF1023-2 和 05108 GaAs 阱层厚度和 AlGaAs 垒层 Al 组分含量分别为 5 nm 和 0.27nm,而材料 MT0604-1 GaAs 阱层厚度和 AlGaAs 垒层 Al 组分含量分别为 6 nm 和 0.23 nm。此外,阱宽和阱掺杂方式也有所差别,这使得其光谱特性与前面两种差异显著,截止波长向长波偏移到 $10.9\mu m$,同时相对谱宽减小到 8.6%。在傅立叶响应光谱测量时还发现,对于表面没有光栅的器件,从正面入射同样可以测到红外响应,只是相对较弱一些。笔者认为,这是由于 MOCVD 工艺控制界面不精确而使实际生长量子阱结构偏离理论上矩形阱结构造成的。

单元器件的探测率 D^* 测试通过 500 K 黑体源、斩波器和锁相放大器组成的测试系统测定,用 45°斜面耦合和正面光栅耦合方法测试了不同的器件样品,得到黑体探测率 D_b^* 在 $3.95\times10^8\sim2.6\times10^9$ cm·$Hz^{1/2}$·W^{-1} 范围。

4. QWIP 焦平面阵列组件的成像实验

将 128×128 像元 QWIP 焦平面阵列芯片与自行设计的 CMOS 读出电路(ROIC)芯片通过铟柱实现倒装焊互连,形成 128×128 像元 QWIP 红外焦平面探测器组件。为了减小串扰,对 QWIP 红外焦平面阵列芯片背面进行减薄和抛光至 $200\mu m$。将 QWIP 组件装在测试载体上,然后置入带红外锗镜头的液氮杜瓦中,与自行设计搭建的图像采集和处理系统连接,通过计算机进行成像实验,采集了室温环境下静态和动态目标的热像视频。

5. 效果

采用 N 型掺杂背面入射 AlGaAs/GaAs 量子阱材料结构,用 MOCVD 外延生长和 GaAs 集成电路工艺,设计制作了大面积 AlGaAs/GaAs 量子阱红外探测器单元测试器件和 128×128 像元、128×160 像元、256×256 像元 AlGaAs/GaAs QWIP 焦平面探测器阵列。用液氮温度下的暗电流和傅立叶红外响应光谱对单元器件进行了测试和评估,针对不同材料结构,实现了 $9\mu m$ 和 $10.9\mu m$ 的截止波长;黑体探测率最高达 2.6×10^9 cm·$Hz^{1/2}$·W^{-1}。在此基础上,将 128×128 像元 AlGaAs/GaAs QWIP 阵列芯片与 Si CMOS读出电路芯片倒装焊互连,成功演示了室温环境下目标的红外热成像。通过进一步优化 QWIP 材料结构、减薄 GaAs 衬底和降低工作温度,有望改善其成像质量。

4.2.5.6　量子阱红外焦平面阵列成像技术及其应用

1. 量子阱红外探测器

图 4-93 所示为简化了的量子阱红外探测器层结构示意图。最上面一层是 1 000Å ($1Å=10^{-10}$ m) GaAs 缓冲层,N 掺杂,浓度为 4×10^{17} cm^{-3};第二层为 500 Å 的 $Al_{0.3}Ga_{0.7}As$ 势垒层,不掺杂;第三层为 45 Å 的 GaAs 阱层,N 掺杂,浓度为 4×10^{17} cm^{-3};接着以同样形式顺序生长势垒层和阱层,共 51 个势垒层和 50 个阱层;最后一层为在半绝缘 GaAs 衬

底上生长 $0.5\mu m$ 厚的 GaAs 缓冲层,掺杂浓度为 $4\times10^{17}\,cm^{-3}$。50 个周期的层结构用于更多的光子吸收,因为 GaAs 阱的掺杂是在探测器内提供足够的基态电子来吸收红外辐射。通过改变阱宽和掺杂浓度,可以很容易控制工作波长,波长可扩展到 $14\mu m$,甚至达到 $25\mu m$。

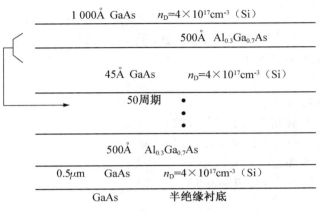

图 4-93　QWIP 器件的层结构

2. QWIP FPA 的读出

多量子阱红外光电探测器焦平面阵列信号的读出有两种方式:一种是用电子扫描体系结构的缓冲器直接注入(ESBDI),另一种是用常规的凝视体系结构的高容量直接注入。

图 4-94 所示为直接注入读出原理框图,由输出移位寄存器、水平移位寄存器及单元阵列组成。阵列与探测器单元阵列一一对应。每个单元由三个场效应晶体管和集成电容组成。探测器的光电流直接注入处于源调制的 P 沟道 FET 的漏极电容上,这就是光积分。输出移位寄存器产生垂直移位(列位移)时钟脉冲,水平移位寄存器产生水平移位时钟脉冲,当水平移位时钟脉冲选通阵列中的某一行时,该行各单元电容上的光电信号由源跟随器输出

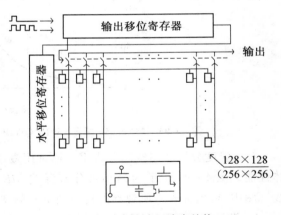

图 4-94　直接注入读出结构

至列总线,由列移位脉冲依次选通输出开关,从而顺序输出一行信号。在电容器上的信号电压读出的同时,电容器也被复位。在一行的各单元信号逐个读出后,水平移位寄存器输出的一个移位脉冲又选通第二行,再由列移位时钟依次读第二行各列的信号。

3. 主要性能

(1)光谱响应。图 4-95 所示为 256×256 像元 LWIR QWIP FPA 的光谱响应曲线。峰值响应率 $R_p=168\ mA/W$,峰值波长 $\lambda_p=8.4\mu m$,截止波长 $\lambda_c=8.9\mu m$。图中的

曲线是偏压 $V_B = -2V$ 时测得的。实验中发现,当 $V_B = 0 \sim 0.5V$ 时,探测器的绝对峰值响应率很小;当 $V_B < -0.5V$ 时,峰值响应率随 V_B 减小而线性增加;当 $V_B = -5V$ 时,达到 $R_p = 365$ mA/W,但是,探测率 D^* 却下降了。

(2)噪声等效温差。关于 QWIP FPA 的噪声等效温差的理论计算式,不同的文献也不尽相同,一般用下式表示

$$T_{NETD} = \frac{\sqrt{AB}}{D_B^* \, (dP_B/dT) \, \sin^2(\theta/2)} \qquad (4-34)$$

式中,A——探测器的有效面积;

　　　B——带宽;

　　　D_B^*——黑体的探测率;

　　　dP_B/dT——黑体功率对温度的导数;

　　　θ——视场角,$\sin^2(\theta/2) = (4f^2+1)^{-1}$;

　　　f——镜头的光圈数。

T_{NETD} 的典型值为 10mK($T = 60K$)。

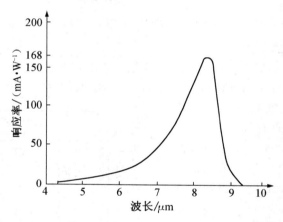

图 4 - 95　256×256 像元 LWIR QWIP FPA 的光谱响应曲线($T = 77K$)

(3)温度分辨率与空间分辨率。通常用最小可分辨温差来评价红外热成像系统的总体性能。图 4 - 96 所示为最小可分辨温差 $MRTD$ 与目标的空间分辨率之间的关系曲线。图中,横坐标表示所观察的目标的空间频率,通常用单位毫弧度中的周期数表示(c/mrad);纵坐标表示 $MRTD$,通常以开氏温度表示。这条曲线反映了长波长 QWIP FPA 摄像机的最好性能。

4. 应用

基于量子阱红外光电检测器 QWIP 的 FPA 在许多应用中都能满足下述要求:长波长,大格式,均匀,可重复性,低成本,低 $1/f$ 噪声和低功耗。在许多空间应用中,要求工作在长波长红外区域($12 \sim 18\mu m$)的红外成像系统,如在民用方面,监视全球的大气温度分布、相对湿度分布、云层的特点、大气中各组成成分的分布。因为许多气体分子,如臭氧、水、一氧化碳、二氧化碳的吸收范围都出现在 $3 \sim 18\mu m$ 的长波长区域。因此,长波红

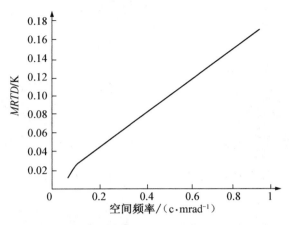

图 4 - 96　*MRTD* 与空间频率之间的关系

外成像在气象、天文、地球观察等领域内有着广泛的应用前景。在军事方面,弹道导弹中段、火箭发动机还没有燃烧时,大多数辐射峰值都在 $8\sim15\mu m$ 的红外区域。因此,在夜视、导航、飞行控制、早期预警系统等众多的应用领域,致使人们对长波 QWIP FPA 产生了极大的兴趣。研究表明,有可能制造大格式、均匀的 QWIP FPA,工作波长可达 $6\sim25\mu m$。

4.3　甚长波量子阱红外探测器

4.3.1　甚长波量子阱 QWIP 材料与器件

甚长波 QWIP 材料是应用 MBE 技术在半绝缘 GaAs(100)衬底上交替生长 50 个周期的 $GaAs/Al_{0.15}Ga_{0.85}As$ 层构成的,GaAs 量子阱宽为 6.5nm,掺杂浓度为 $10^{17}cm^{-3}$ 左右,$Al_{0.15}Ga_{0.85}As$ 势垒厚为 60nm,带间跃迁响应波长设计值为 $15\mu m$,N 型量子阱掺杂浓度为 $2.5\times10^{17}cm^{-3}$,50 个周期的多量子阱被夹在 $1.75\mu m$ GaAs 上电极和 $1.2\mu m$ 下电极层之间,两电极层 N 型掺杂,浓度为 $4\times10^{17}cm^{-3}$。QWIP 线列采用常规 GaAs 器件工艺进行光刻,电感耦合等离子体—反应离子刻蚀(ICP－RIE),分别得到光敏元台面和二维光栅,再通过光刻、蒸发 $0.5\sim1\mu m$ AuGeNi/Au,合金化形成上下欧姆接触电极。

图 4 - 97 所示为光敏元面积 $A_D=200\mu m\times280\mu m$,通过机械研磨抛光得到 45° 边耦合 QWIP 结构测试示意图。图 4 - 98 所示为光栅耦合 QWIP 结构测试图,光敏元面积 $A_D=250\mu m\times500\mu m$,其中 $250\mu m\times250\mu m$ 是二维光栅,光栅周期 $D=4.6\mu m$,栅孔深度 $h=1.45\mu m$,d(栅孔)/D(周期)的设计值是 0.707。光栅耦合 QWIP 测试结构的另一半 $250\mu m\times250\mu m$ 蒸发 AuGeNi/Au,合金化形成欧姆接触,再通过超声键压引出电极。图 4 - 99 所示为通过干法刻蚀工艺得到的二维周期光栅的扫描电镜照片,图 4 - 99(a)所示为反应离子刻蚀得到的光栅剖面 SEM 照片,可以看到光栅的底部不平整,并且存在毛

刺;图 4 - 99(b)所示为加上电感耦合等离子体后干法刻蚀光栅的剖面 SEM 照片,可以看到干法刻蚀条件的变化造成光栅侧壁不平直。

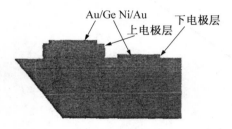

图 4 - 97　45°边耦合 QWIP 结构测试示意图

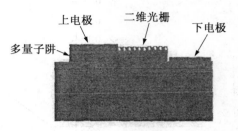

图 4 - 98　光栅耦合 QWIP 结构测试示意图

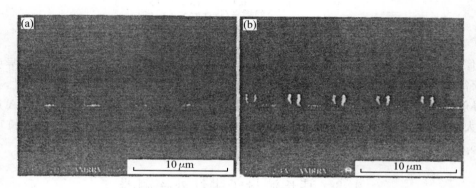

图 4 - 99　周期 $D = 4.6\mu m$ 光栅扫描电镜照片

4.3.2　电流响应率与探测率

探测器被封装进制冷杜瓦瓶,用 500K 黑体测定器件的电流响应率和探测率。黑体的孔径为 5.08mm,探测器与黑体辐射孔径的距离为 30cm,斩波器对黑体辐射进行正弦调制,频率为 181Hz。经过调制的黑体辐射入射到探测器转变为正弦电信号,然后用带宽低于 1Hz 的锁相放大器测量电信号的大小,最后用计算机进行数据采集和计算。近似考虑器件表面反射损失和窗口透过率,电流响应率 R 为:

$$R = \frac{I_{pc}}{\varphi_s \left[1 - \left(\frac{n-1}{n+1}\right)^2\right] \times 0.7} = \frac{I_{pc}}{\varphi_s \times 0.5} \tag{4-35}$$

式中,n——GaAs 在 40K 时的折射率;

φ_s——入射辐射功率的基频功率均方根值。

响应电流 I_{pc} 与响应电压 V_s 的换算关系为:

$$I_{pc} = 2\sqrt{2} V_s \left(\frac{\mathrm{d}I}{\mathrm{d}V} + \frac{1}{R_L}\right) \tag{4-36}$$

$$\varphi_s = \frac{\sigma(T_b^4 - T_D^4) A_b A_D}{2\sqrt{2}\pi L^2} \tag{4-37}$$

式中,σ——斯忒潘—玻耳兹曼定律常数;

　　T_D——探测器温度;

　　T_b——黑体温度;

　　A_D——探测器光敏元面积;

　　A_b——黑体辐射出射孔径面积;

　　L——黑体出射孔与探测器距离。

探测器的均方根电流噪声 i_{ndark} 为

$$i_{ndark} = \sqrt{4eg_{noise}I_{dark}\Delta f} = \sqrt{4 \times 1.6 \times 10^{-19} \times 0.2 \times 1 \times I_{dark}} = \sqrt{1.28 \times 10^{-9} I_{dark}}$$

$$(4-38)$$

其中,I_{dark} 为包括背景噪声的探测器暗电流。

探测器黑体探测率为

$$D^* = \frac{R}{N} = \frac{R_i \sqrt{A_D}}{i_{ndark}}$$

$$(4-39)$$

　　图 4-100 所示为测试得到的一个 QWIP 样品的响应光谱,峰值波长 $\lambda_p = 14.9\mu m$,截止波长为 $16.3\mu m$,响应带宽大于 $2.6\mu m$,在 $14.97\mu m$ 处可以看到明显的 CO_2 吸收,说明在该探测波段确实可以敏感地反映出对 CO_2 的吸收。表 4-10 是一组相同材料、不同光耦合模式在同一测试条件下获得的实验数据,可以看到各组计算得到的响应率与探测率差别基本在 2 倍以内。图 4-101 所示为在不同光刻和干法刻蚀条件下,表 4-10 中 A 和 B 两组光栅耦合 QWIP 样品分别各自取测试单元,在 77K 与 300K 背景条件下测得的暗电流变化曲线。A 样品是采用反应离子刻蚀(RIE),d(栅孔)$/D$(周期)近似为 0.5;B 样品是采用电感耦合等离子体刻蚀(ICP),d(栅孔)$/D$(周期)近似为 0.9,两者的刻蚀深度都在 $1.45\mu m$ 左右。图 4-101 表明,随着背景温度从 77K 变化至 300K,入射到样品的背景辐射强度变大了,由背景光导致的 QWIP 响应电流相应变大。在 4.8V 偏压下,A 样品的电流变化了 1.4×10^{-4}A 和 8.4×10^{-5}A,B 样品的电流变化了 3.08×10^{-5}A 和 3.89×10^{-5}A。A 样品的电流变化率要比 B 样品大一倍以上,与表 4-12 的测试计算结果对应得很好,说明尽管光栅周期都是 $4.6\mu m$,刻蚀深度也差不多,因光刻和刻蚀条件的改变,造成光栅的占空比不同,对 QWIP 光响应性能会产生一定影响。

　　另外,Ribet-Mohamed 等人对光栅耦合光敏单元进行一系列测试,认为入射辐射的角度差别也会造成响应电流的差别。图 4-101 所示,A、B 两样品各自所取的两个单元测得的光电流变化都没有完全重合,正是实验条件带来的不同角度背景辐射造成的。

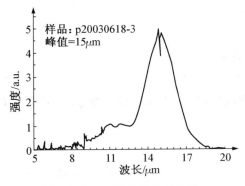

图 4-100　QWIP 的响应光谱

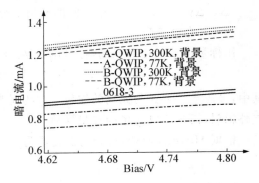

图 4-101　光栅耦合 QWIP 结构在不同背景温度下的暗电流变化曲线

表 4 - 12　不同衍射光耦合模式对比

样品编号 0618-3	45°磨角边耦合	结构 A(正入射)	50μm×50μm(背入射)	结构 B(正入射)
40K, V_d(器件偏压)/V	3	3	3	3
V_s(响应电压)/μV	47(200μm×280μm)	51(250μm×250μm)	4.8(50μm×50μm)	48(250μm×250μm)
R_L(匹配电阻)/MΩ	15	25	95	25
$dI/dV(1/R_d)$/(A·V^{-1})	$1.164×10^{-7}$	$1.545×10^{-7}$	$5.41×10^{-9}$	$7.389×10^{-8}$
I_{pc}(响应电流)/A	$2.43×10^{-11}$	$2.81×10^{-11}$	$6.17×10^{-13}$	$1.55×10^{-11}$
R(黑体电流响应率) /(V·W^{-1})	$1.11×10^{-2}$	$1.15×10^{-2}$	$6.3×10^{-3}$	$6.32×10^{-3}$
i_n(均方根电流噪声)/A	$2.07×10^{-13}$	$2.44×10^{-13}$	$4.54×10^{-14}$	$1.68×10^{-13}$
D^*(黑体探测率) /(cm·Hz$^{-1/2}$·W^{-1})	$1.27×10^9$	$1.18×10^9$	$6.94×10^8$	$9.41×10^8$
D_λ^*(黑体单色探测率) /(cm·Hz$^{-1/2}$·W)	$8.68×10^9$	$8.06×10^9$	$4.74×10^9$	$6.43×10^9$

4.3.3　理论分析

采用有限时域差分法(FDTD)分析表 4-11 中 QWIP 的衍射光耦合表面近场效应。根据麦克斯韦方程组

$$\nabla \times E = -\mu \frac{\partial H}{\partial t}$$

$$\nabla \times H = \sigma E + \varepsilon \frac{\partial E}{\partial t} \qquad (4-40)$$

用 FDTD 方法将方程转换为 Yee's 单元,求解得到 z 方向电场矢量的叠加为

$$E_z^{n+1}(i,j,k+\frac{1}{2}) = E_z^n(i,j,k+1/2) + \frac{\Delta t}{\varepsilon_{i,j,k}\Delta x}[H_y^{n+1/2}(i+1/2,j,k+1/2)$$

$$- H_y^{n+1/2}(i-1/2,k+1/2)] + \frac{\Delta t}{\varepsilon_{i,j,k}\Delta y}[H_x^{n+1/2}(i,j-1/2)$$

$$- H_x^{n+1/2}(i,j+1/2,k+1/2)] \qquad (4-41)$$

式中, i, j 和 k——Yee's 单元的标号;

$\Delta x, \Delta y$ 和 Δz——三维空间的网格划分;

ε——介电常数。

用标量图表示衍射光场,标量函数 $\psi(r)$ 满足波动方程

$$\nabla^2 \psi_{ph} + 4\pi^2 k^2 \psi_{ph} = 0 \qquad (4-42)$$

其中, $2\pi k = \sqrt{\varepsilon\mu}\omega$ 为光场的波数。因为是弹性衍射,仅考虑标量函数 $\psi(r)$ 对非偏转的红外辐射,而忽略电磁场的矢量性质。

根据 Huygen 原理,得到衍射光场为

$$\psi_{ph}(x,y,R) = \iint q(X,Y)\frac{e^{-i2\pi r}}{r} \times [(\frac{1}{r}+i2\pi k)\cos\theta - i2\pi k]dXdY \qquad (4-43)$$

为(4-42)式中的 Δt 是时间网格单元,其表达式为

$$\Delta t = \frac{1}{c\sqrt{\dfrac{1}{\Delta x^2}+\dfrac{1}{\Delta y^2}+\dfrac{1}{\Delta z^2}}} \qquad (4-44)$$

为了计算精确,Δt 要尽可能小。图 4-102 所示为 $\Delta x = \Delta y = \Delta z = \lambda/10 = 1.5\mu m$,计算获得的两种光耦合条件衍射光场对应不同波矢分量的振幅效果。图 4-102(a)所示为光敏元面积 $A_d = 250\mu m \times 500\mu m$,周期 $D = 4.6\mu m$,栅孔宽度 $d = 3.25\mu m$,栅孔深度 $h = 1.45\mu m$,响应波长为 $14.5\mu m$,观测平面到衍射平面距离 $R = 2\mu m$,光栅覆盖整个光敏元的计算结果。可以看到,二维光栅的存在使得波矢 $\boldsymbol{k}$ 空间的光场分布表现出明显的周期性,边缘也有较强的光场分布。图 4-102(b)所示为 45°边耦合,光敏元面积 $A_d = 200\mu m \times 280\mu m$,响应波长为 $14.5\mu m$,$R = 2\mu m$ 的计算结果。同样看到,45°边耦合使得波矢 $\boldsymbol{k}$ 空间的光场分布在中间部位具有很强的光场分布。对照测试计算结果,进一步说明这两种衍射光耦合的衍射光场对应波矢分量的振幅 t_k 都比较大,所以都获得较好的器件性能。另外,由于光栅耦合依据集合的衍射效应,光敏元台面大小对器件的量子效率及探测率等参数有比较大的影响,台面面积越大,其性能参数越好。

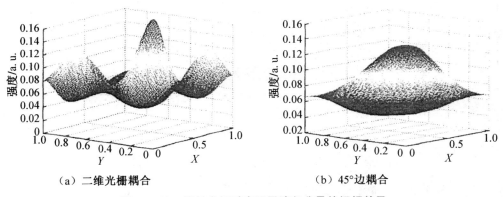

(a) 二维光栅耦合　　　　　　　　　　　(b) 45°边耦合

图 4-102　衍射光场对应不同波矢分量的振幅效果

光耦合效率是评价衍射光栅性能的主要参数,二维矩形周期光栅的结构通常由光栅深度 h、光栅周期 D、栅孔宽度 d 三个参数定义,则光栅耦合效率由这三个参数决定。应用传统的模式扩展(MEM)理论以及其他一些基本的电磁场理论,并且考虑计算中所有可能的高次衍射波 (p,q),光栅耦合效率只与光栅的结构参数有关,与量子阱其他参数无关。

(1) 定义 QWIP 的光栅耦合效率表达式为

$$\eta_g = \sum_{p,q} I_{pq} \cos^2 \theta_{pq} \qquad (4-45)$$

(2) 对于垂直入射时的光响应,量子阱活动区域的光学近场效应会产生一个瞬息波,将导致沿量子阱生长方向产生电场分量,从而观察到光响应特性。计算中考虑这种瞬息波的影响。

图 4-103 所示为根据光栅尺寸 $D = 4.6\mu m$,$d = 2.3\mu m$,$h = 1.45\mu m$ 时的计算结果,

可以看到随着"毛刺"数目的增长,耦合效率先出现一个峰值,略有下降后再次升高。分析认为第一个峰值是无序光栅效应,而耦合效率的再次升高是"毛刺"稀疏、有效光栅深度增加的结果。图 4 - 104 所示为根据图 4 - 101 所示光栅尺寸 $D = 4.6\mu m$,上底为 $3.8\mu m$,下底为 $4.1\mu m$,$h = 1.4\mu m$,倾斜部分的深度 $h_x = 0.7\mu m$ 的计算结果。可以看到,光栅内部空间形状越不规则,其耦合效率越低。上述的模拟计算与表 4 - 12 中实验、测试计算结果和图 4 - 104 所示的测量结果吻合得相当好。图 4 - 101 所示的光栅孔穴内尽管有毛刺,但并没有降低光栅的光耦合效率。图 4 - 101 所示的光栅孔穴内部空间形状不规则,侧壁不平直,因此降低了光栅对光的耦合效率。另外,干法刻蚀中容易出现的过宽刻蚀,使得矩形栅孔的四角变得圆滑,与图 4 - 101 所示类似,因圆柱形光栅存在着一个最佳半径,它对光的耦合效率总是略小于矩形光栅。

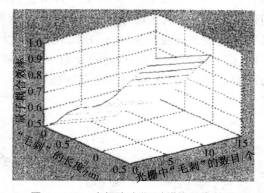

图 4 - 103　光栅中有"毛刺"的耦合效率

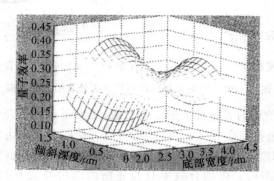

图 4 - 104　"梯形"光栅的耦合效率

通过运用有限时域差分法和传统的模式扩展理论,研究甚长波量子阱红外探测器不同衍射光耦合的表面近场效应和光耦合效率,重点考察 45°磨角边耦合 QWIP、二维周期光栅耦合 QWIP 的工艺条件、光栅尺寸等变化对 QWIP 相关性能的影响。经过实验、测试和计算多方面比较,证明二维光栅的设计尺寸是合理的,工艺条件的变化会给 QWIP 对光的耦合效率带来一定影响。运用 FDTD 分析 QWIP 衍射光耦合,可以清晰、形象地看到光场分布和强度,而传统的 MEM 理论则可以更加精准地反映 QWIP 衍射光耦合的效果。

4.3.4　甚长波量子阱红外探测器暗电流特性研究

4.3.4.1　理论模型

图 4 - 105 所示为甚长波多量子阱器件的导带能带结构及其暗电流机理示意图。当每个量子阱中的基态电子处于平衡态时,它们通过直接的势垒隧穿、热发射、热辅助隧穿而传输到其他区间,这三个效应即形成了多量子阱器件的暗电流,其中热发射和热辅助隧穿本质上都跟热激发密切相关,故有文献将其归并为热激发。

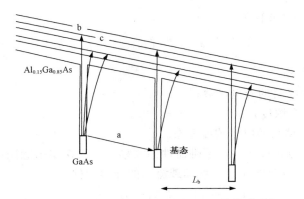

a. 直接的势垒隧穿　b. 热发射　c. 热辅助隧穿

图 4 - 105　甚长波量子阱红外探测器导带结构及其暗电流机理示意图

甚长波量子阱器件的电流表达为

$$I_i = J_i A_D = e v_i n_i A_D \tag{4-46}$$

式中,J_i——电流密度;

A_D——量子阱器件的横截面积;

e——电子电荷;

v_i——载流子的平均漂移速度。

v_i 定义为

$$v_i = \mu F_{i+1} \left[1 + \left(\frac{\mu F_{i+1}}{v_s} \right)^2 \right]^{-1/2} \tag{4-47}$$

式中,v_s——载流子的饱和漂移速度,取值在 0.1×10^6 和 $5.0 \times 10^6 \, \text{cm/s}$ 之间;

μ——弱场下载流子的迁移率,对 N 型的 GaAs/AlGaAs 的量子阱红外探测器而言,其值为 $2\,000 \, \text{cm}^2/(\text{V} \cdot \text{s})$;

F_{i+1}——势垒$(i+1)$的电场强度。

n_i 为势阱 i 对应的可动载流子,可由下式得到

$$n_i = \frac{1}{L_p} \sum_n \int \frac{2\mathrm{d}\boldsymbol{k}}{(2\pi)^2} \cdot t_i(E_n, E_k, F_{i+1}) \times f(E_n, E_k, E_{fi}) \tag{4-48}$$

式中,L_p——器件的一个周期长度(阱宽 L_w+垒宽 L_b);

$\boldsymbol{k}$——xy 平面内的波矢;

n——量子阱区的子能级的标号(包括局域态的能级以及连续态的能级);

$t_i(E_n, E_k, F_{i+1})$——依赖于势垒电场强度的透射系数;

$f(E_n, E_k, E_{fi})$——费米—狄拉克分布,其中 E_{fi} 为势阱 i 的准费米能级。

发射极和集电极的可动载流子浓度则由下式确定

$$n_0 = \int \frac{\mathrm{d}\boldsymbol{k}}{2\pi} \int \frac{2\mathrm{d}\boldsymbol{k}}{(2\pi)^2} t(E_k, E_k) f(E_k, E_k, E_{fe}) \tag{4-49}$$

式中,$f(E_h, E_k, E_{fe})$——对应的三维体材料的费米积分;

$\boldsymbol{k}$——z 方向上的波矢。

甚长波器件的泊松方程为:

$$\frac{\mathrm{d}^2 \varphi(z)}{\mathrm{d}z^2} = -\frac{e}{\varepsilon(z)} [N_d(z) - n(z)] \tag{4-50}$$

式中,$\varphi(z)$——静电势;

$\varepsilon(z)$——器件材料的介电函数;

$N_d(z)$——施主浓度;

$n(z)$——器件体系的电子浓度分布。

图 4-106 所示为甚长波多量子阱器件的漂移—扩散模型示意图所示,考虑量子阱 i 对可动载流子的俘获以及电流连续性和载流子的守恒条件:

$$I_{i+2} = (1 - \beta_i)I_i + I_{i+2, i+4}$$
$$e \cdot A_D \cdot \frac{\mathrm{d}S_{i+2}}{\mathrm{d}t} = \beta_i I_i - I_{i+2, i+4} \tag{4-51}$$

式中,S_{i+2}——量子阱$(i+2)$的二维载流子浓度;

β_i——量子阱 i 的载流子俘获概率。

在稳态时 $\frac{\mathrm{d}S_{i+2}}{\mathrm{d}t} = 0$,由此得 $I_{i+2} = I_i$,即器件的暗电流。

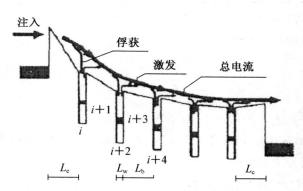

图 4-106　甚长波多量子阱器件的漂移—扩散模型示意图

4.3.4.2　实验结果与性能

实验用的甚长波量子阱器件材料是在 MBE 系统上生长的,结构为 50 周期的 GaAs (6.0nm)/AlGaAs(60nm)的多量子阱结构,其中势阱的 Si 掺杂浓度 $n^+ = 2.0 \times 10^{17}\,\mathrm{cm}^{-3}$,势垒中 Al 的摩尔组分的标称值为 0.15，根据器件材料的荧光光谱计算值为 0.147；上电极层的厚度为 1.25μm，下电极层的厚度为 1.75μm，Si 掺杂浓度 $n^+ = 1.0 \times 10^{18}\,\text{cm}^{-3}$，将材料光刻制作成 240$\mu$m×240$\mu$m 的线列台面，同时光刻和蒸镀直径为 150$\mu$m 的圆形上电极和边长为 300$\mu$m 的方形下电极，经过合金化和 In 球熔焊等工艺，制备出 256×1 像元线列探测器并安装到液氮制冷机中。用 Keithley 源表测量 30～60K 温度下的暗电流实验曲线如图 4-107 所示。

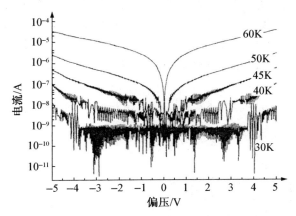

图 4-107　甚长波量子阱红外探测器在不同工作温度下的暗电流特性曲线

由于整个器件体系在 xy 平面内的平移对称性，势阱 i 的波函数可由下列薛定谔方程和泊松方程决定

$$\phi_n(\boldsymbol{k}) = \phi_n(z)u(\boldsymbol{r})\mathrm{e}^{j\boldsymbol{k}\cdot\rho}$$

$$\left[\frac{-\hbar^2}{2m^*}\cdot\frac{\partial^2}{\partial z^2} + V(z)\right]\phi_n(z) = E_n\,\phi_n(z)$$

$$(4-52)$$

式中，$\boldsymbol{k}=(k_x,k_y)$ 和 ρ——xy 平面内的坐标和波矢；

　　　$u(\boldsymbol{r})$——布洛赫函数。

通过求解上述薛定谔方程，我们确定量子阱中只存在一个束缚态，器件在 40 K 工作温度下为 55.5 meV（取 GaAs 导带边为零势能面），可见所设计的甚长波量子阱器件结构属于束缚态—连续态（B－T－C）跃迁类型，而区别于以前设计的束缚态—束缚态（B－T－B）类型。这种结构的主要优点是在外加偏压下光生载流子直接从基态跃迁到连续态而最大限度地减少激发态电子的势垒隧穿，从而减小器件的暗电流。同时，通过增大势垒（达 60nm）来进一步抑制基态电子的隧穿。从实验结果看，制备的甚长波器件在 40K 温度下暗电流达到 10^{-8} A，比同波段 B－T－B 类型的量子阱器件的暗电流低 3 个数量级。

为深入理解甚长波量子阱器件的 I－V 特性和实验结果，先采用量子波输运理论对实际器件的输运性质进行研究。由于电子从发射极到第一个量子阱的输运以及从量子阱 i 到下一个势阱 $i+2$（中间为势垒 $i+1$）的输运均为量子波输运。设发射电子波的量子阱（或者发射极）i 的波函数为 $\mathrm{e}^{jq_{i,i+2}z} + r_{i,i+2}\mathrm{e}^{-jq_{i,i+2}z}$，而收集输运波的势阱 $i+2$ 的波函数

为 $t_{i,i+2}e^{iq_{i,i+2}z}$,相应的电流密度可由下式计算

$$J_{i,i+2} = e\int \frac{2\mathrm{d}\boldsymbol{k}}{(2\pi)^2}t_{i,i+2}\frac{\hbar q_{i,i+2}}{m^*}f_i - t_{i,i+2}\frac{\hbar q_{i,i+2}}{m^*}f_{i+2} \qquad (4-53)$$

式中,$t_{i,i+2}$——电子从量子阱 i 到量子阱 $i+2$ 的输运波的透射系数;

　　　f_i——量子阱 i 的费米分布函数,由量子阱 i 的费米能级 E_f 决定。

　　依据上述理论,先计算零偏、40K 温度下从器件发射极到第一个量子阱的输运概率,计算结果如图 4-108 所示。我们看到,当入射电子能量高于势垒时传输概率将接近于 1,但是相应的这些态的电子占据却很低。甚长波器件的势垒很厚,发射极费米能级附近的电子很难透射到第一个量子阱。可见,在甚长波量子阱红外探测器中,电流密度一般很低,暗电流主要来源于能量高于势垒边的热激发电子。

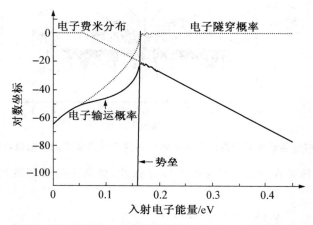

图 4-108　电子从发射极到第一个量子阱的输运概率以及相应电子态的占据概率

　　甚长波量子阱器件的上下电极层的掺杂浓度均为 $1.0\times10^{18}\,\mathrm{cm}^{-3}$,在 40 K 工作温度下电极层的费米能级为 54.4 meV(相对于 GaAs 导带边)。根据前面求出的 40K 温度下量子阱的基态子能级,由下式可求出量子阱 i 中的准费米能级 $E_{f,i}$:

$$S_i = \frac{m^* k_\mathrm{B} T}{\pi\hbar^2}\ln(1 + e^{\frac{E_{f,i}-E_i}{k_B T}}) \qquad (4-54)$$

　　将泊松方程和薛定谔方程联合来进行自洽求解,得到整个甚长波量子阱器件的能带结构(图 4-109)及相应的载流子浓度分布(图 4-110)。可以看到,电场在整个器件体系上分布不均匀,靠近发射极区的电场分布强,占所加偏压的相当部分。在小偏压下靠近发射极的势垒倾斜得尤为厉害,而远离电极层的势垒上的电场强度比较小,且比较均匀。随着偏压的加大,电场才加到远离电极层的势垒上,如图 4-109 所示的 6V 偏压的情形。如前所述,在稳态时,量子阱区连续态上的漂移电流最初由发射极注入,而发射极电流的注入受发射极区势垒电场的控制。为了保证电流守恒,电场在器件体系上重新分布。电子在各量子阱分布的变化导致电场强度在整个器件结构上的非均匀分布。靠近发射极层的势垒承载较强的电场,对应的量子阱的电子几乎耗尽,这种情形在小的偏压下尤为显著,如图 4-109 所示,在 0.1V 偏压的情形下,靠近发射极的第一个势垒承担的电压达

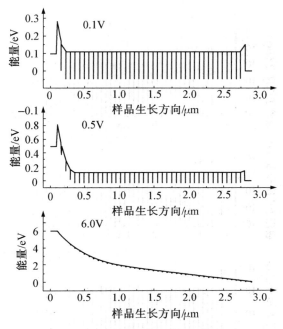

图 4 - 109　在 0.1V、0.5V 及 6V 偏压、50K 工作温度下甚长波器件的能带图

到 0.13V；在 0.5V 偏压下，第一个势垒承担的电压达 0.28V。Liu 等人曾在实验中观察到这种外加偏压下电子浓度在各量子阱重新分布的效应。作为比较，图 4 - 111 同时给出器件在平带模型（假定电子浓度在各量子阱均匀分布，电压在整个器件体系上按均匀分布）下理论计算的暗电流。从图中可见，平带模型下的甚长波器件的理论计算值比实验值偏低，在小偏压下偏离更远。由于发射极电流的注入受发射极区势垒电场的控制，在平带模型下对于 50 个周期的甚长波器件，电压均匀分布在每个势垒边上，离发射极区势垒承担的电压占所加电压的 1/51，大大低于自洽计算值。此时发射极注入的电子也会低于实际情况。随着偏压的增大，加在发射极区势垒上的电压占所加偏压的比例有所减小，平带模型的理论计算值跟实验值的差距也随之减小。可见，通过薛定谔方程和泊松方程以及电流的连续性方程的自洽求解，可以更好地解释甚长波量子阱红外探测器的暗电流特性。

4.3.4.3　效果

采用量子波输运理论研究了甚长波器件的载流子的输运性质，计算的结果表明，在甚长波量子阱红外探测器中，电流密度一般很低，暗电流主要来源于能量高于势垒边的热激发电子。通过薛定谔方程和泊松方程以及电流的连续性方程的自洽计算，发现外加偏压下电子浓度在各量子阱的分布发生变化，电场强度在整个器件结构上呈非均匀分布，靠近发射极层的势垒分布的电场较强，这种情形在小偏压下尤为明显。平带模型假定电子在各量子阱中均匀分布，导致小偏压下的理论计算值跟实验值相差较远。通过自洽计算获得电子浓度及电场强度在整个器件结构上的重新分布，由此得到的暗电流跟实验结果符合得很好。

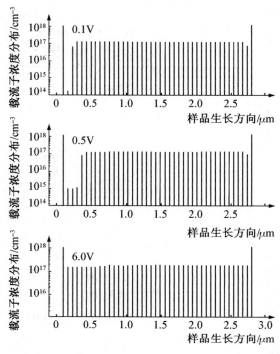

图 4 - 110　在 0.1V、0.5V 及 6V 偏压、50 K 工作温度下甚长波器件体系的载流子浓度分布图

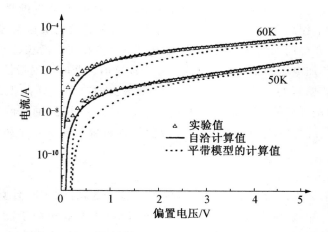

图 4 - 111　器件在平带模型下的暗电流（实线为自洽计算的甚长波器件的暗电流,点线为平带模型下计算的器件暗电流,三角点为实测的暗电流）

4.4　其他量子阱材料与探测器

4.4.1　8~12μmGaAs 量子阱红外探测器及线阵列

1. 材料生长及能带结构

为获得高性能器件,材料的最佳能带结构设计和高质量生长是两个重要环节。MQW 材料导带中最低子能带 E_0 与第一激发态(或扩展态)E_1 的能量差(E_1-E_0)决定了探测器的中心响应波长。而与吸收特性有关的费米能级位置以及 E_0、E_1 的位置,则与材料的生长参数如阱宽、垒宽、掺杂浓度和 Al 组分等密切相关。不同的生长参数导致不同的能带结构,将材料能带结构设计为导带阱中仅含一个最低束缚态,即利用电子从这唯一束缚态到位于导带连续的扩展态之间的光跃迁(BE 跃迁),这明显改善了 MQW 探测器的性能。因为唯一束缚态上的电子在受到光激发后直接跃迁到阱外的最低扩展态上,没有隧穿过程,所以可大大增加势垒宽度($\geqslant 300Å$,$1Å=10^{-10}$ m),从而降低器件暗电流。在光照下电子直接由迁移率较低的束缚态激发到高迁移率的扩展态,因而光电流易于被外场有效收集,在很低的偏压下就能工作,偏压与器件响应率之间具有良好的线性关系,响应带宽也较宽。

对 Kroning-Penney 模型新形式进行能带设计及相应参数的计算,然后在国产 MBE-Ⅳ 型系统上利用微机控制外延生长,材料的典型结构是在 GaAs(100)半绝缘衬底上顺次外延:GaAs 下欧姆接触层(掺 Si,$n=2\times10^{11}$ cm^{-3},1μm)、50 周期 MQW 结构、GaAs 上欧姆接触层(掺 Si,$n=2\times10^{10}$ cm^{-3},0.5μm),其中 50 周期的 GaAs/AlGaAs MQW 结构的阱宽、垒宽及 Al 含量 x 按不同响应波长而有所调节。

2. 光吸收谱特性

采用 Analect AGS-20 型傅立叶变换红外光谱仪(分辨率 2cm^{-1}),入射光相对于 MQW 样品生长面法线成布儒斯特角 $\theta_B=73°$,使光场具有一定的垂直于 MQW 生长面的分量以满足带间跃迁对激发光的偏振选择性。图 4-112 所示分别示出样品 BE11(阱宽 38Å、垒宽 480Å,Al 含量 $x=0.3$)和样品 BE12(阱宽 45Å、垒宽 500Å,Al 含量 $x=0.25$)的室温红外吸收谱。其吸收峰分别位于 8.73μm(1 145cm^{-1})和 10.81μm(925cm^{-1}),半高宽分别是 $\Delta\nu=140$cm^{-1}(12% 中心频率)和 160cm^{-1}(17% 中心频率)。图 4-112 所示的峰值吸收分别为 8.1×10^{-3} 和 8.6×10^{-3},相应的峰值净吸收系数分别为 $\alpha=569$cm^{-1}($\lambda_p=8.73\mu$m)和 $\alpha=579$cm^{-1}($\lambda_p=10.81\mu$m)。在 $T=77$K 下,吸收系数应比室温下增高 30%,因而分别为 740cm^{-1} 和 753cm^{-1}。相应的非偏振化量子效率 η 可表示为 $\eta=(1-e^{-al})/2$,因此样品 BE11 和 BE12 的量子效率 η 分别为 16% 和 16.7%。此外,用于光栅耦合器件的样品 BE12,其室温吸收峰位于 9.8μm,相应的 $\alpha=984$cm^{-1}(77K),$\eta=14$%。

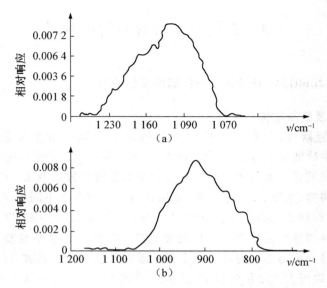

图 4-112　MQW 样品 BE11 和 BEl2 的红外吸收谱(θ_B =73°,T=300K

3. 器件结构

采用常规的 GaAs 器件光刻和腐蚀工艺,将探测器片基刻成 $200\mu m^2$ 的台面,并在上下重掺杂接触层制作相应的 AuGeNi 欧姆接触电极。两种光耦合方式的器件:图 4-112(a)所示为 45°耦合式,即将器件的一个侧边磨制并抛光成 45°,入射辐射从 45°斜面垂直进入器件光敏面,制成后器件的有效光敏面为 $3.1\times10^{-4}cm^2$。图 4-112(b)所示为光栅耦合式,即在器件顶层用光刻法制作周期为 $4\mu m$、槽深 3 500~4 000Å 的光栅,其周边制作上接触电极、中间留出 $110\mu m^2$ 的通光孔,待测光可直接正入射到光栅面上。两种耦合方式都能使入射辐射产生较大的垂直于 MQW 晶面的光场分量,从而激发导带中电子的 BE 跃迁,在导带连续态中形成有一定自由程的热电子,经外加偏压场和匹配电路的收集而形成与入射光场成正比的光电流(或电压)信号。45°结构由于受到入射面尺寸的限制,只能适用于单元或有限元的线阵研制,而光栅耦合式则显然很适合于大面积面阵的研制。

4. 性能

表征红外探测器性能的综合指标是归一化探测率 D^*。影响器件性能的因素很多,如 MQW 材料的生长质量、材料能带结构的合理设计、器件工艺水平等。这些影响最终都以器件的暗电流、光谱响应率和响应速度等主要特征参量表现出来。下面分别给出我们研制的各类 MQW 红外探测器的性能测试结果。

(1)伏安特性。采用 HP4145A 型半导体参数测量仪,在 77K 下测量了器件的伏安特性。$V-I$ 曲线主要表征器件暗电流随偏压的变化。图 4-113 所示分别为 45°光耦合四元器件 BE11 的 $V-I$ 曲线(图中 5,6,7,8):偏压 $V_b=2.0V$ 时,其最大暗电流 $I_d=0.023\mu A$;45°光耦合三元器件 BE12 的 $V-I$ 曲线(图中 9,10,11):偏压 $V_b=3.0V$ 时,其

最大暗电流 $I_d = 5\mu A$；光栅耦合单元器件 BE2：$V_b = 2.0V$ 时，$I_d = 0.65\mu A$。

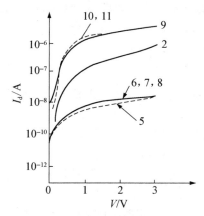

图 4 - 113　8.3μm 四元器件 BE11，9.1μm 单元器件 BE2 和 10.67μm 三元器件 BE12 的暗电流与偏压的关系曲线

　　（2）光谱响应率 $R_V(\lambda)$ 和单色探测率 D_λ^*。通常的 GaAs/AlGaAs MQW 红外探测器光谱响应宽度较窄，而且在工作温度 77K 和偏压作用下红外吸收峰增高并出现峰位蓝移，因此对器件的光谱响应特性和 D_λ^* 进行测量是很重要的。以硅碳棒为光源，采用单色仪和锁相放大技术，用校准的热释电探测器和小孔对入射光能量进行标定。在 $T = 77K$、斩波频率 $f = 1kHz$、带宽 $\Delta f = 1Hz$、光谱分辨率 $0.1\mu m$ 条件下，测量了器件的 $R_V(\lambda)$ 和 D_λ^*。这里 $R_V(\lambda) = V_s/P_s$；$D_\lambda^* = \sqrt{A\Delta f}/P_{NE}$；等效噪声功率 $P_{NE} = V_n/R_V$，其中 V_s 和 V_n 分别是信号和噪声的均方根电压，A 是器件有效光敏面积，P_s 是入射到器件上的有效光功率。图 4 - 114 所示给出了四元器件 BE11、三元器件 BE12 和单元器件 BE2 分别在偏压 V_b 为 2.0V、3.0V 和 2.25V 时的光谱响应率 $R_V(\lambda)$，其中心响应波长分别位于 8.3μm、10.67μm 和 9.1μm，与室温吸收谱相比均有不同程度的蓝移。其相应的峰值 D_λ^* 分别为 1.12×10^{11}、3.3×10^{10} 和 2.3×10^{10} cm·Hz$^{1/2}$·W^{-1}。

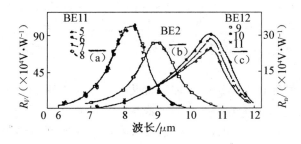

图 4 - 114　三种探测器分别在偏压 $V_b = 2.25V，2.0V$ 和 3.0V 时的光谱响率 $R_V(\lambda)$
　　(a)四元器件($\lambda = 8.3\mu m；\lambda = 8.85\mu m；\Delta\lambda = 1.35\mu m$)，(b)单元器件($\lambda = 9.1\mu m；\lambda = 9.8\mu m；\Delta\lambda = 1.6\mu m$)，(c)三元器件($\lambda = 10.67\mu m；\lambda = 11.4\mu m；\Delta\lambda = 1.83\mu m$)

　　（3）黑体探测率 D_B^*。用 500K 黑体辐射源、锁相放大器，在 $T = 77K$、$f = 1kHz$、$\Delta f = 100Hz$ 的条件下，测量了在不同偏压下三种探测器的均方根信号电压 V_s 和均方根

噪声电压 V_n ,由此计算出相应的黑体响应率 $R_B(V) = V_s/P_B$ 和黑体探测 $D_B^* = (V_s/V_n)$ $(A\Delta f)^{1/2}/P_B$,其中 P_B 是耦合到器件光敏面 A 上的黑体辐射功率,即

$$P_B = \sigma(T_B^4 - T_0^4)A_B(AF)/(2\sqrt{2}\pi L^2) \qquad (4-55)$$

式中,F——器件的光学耦合因子;

　　σ——斯蒂芬常数;

　　T_B——黑体温度(500K);

　　T_0——300K;

　　A_B——黑体出射孔面积;

　　L——出射孔与探测器间的距离。

对中心波长为 8.3,9.1 和 10.67μm 的三种器件,测得的 D_B^* 分别为 7×10^9、1.4×10^9 和 1.8×10^9cm · Hz$^{1/2}$ · W^{-1} 。

(4)噪声等效温差 T_{NETD} 。对探测器线阵,尤其对大面积面阵而言,最重要的品质因素是噪声等效温差。它定义为当信噪比为 1 时,探测元之间的温度差,主要受到材料均匀性的限制。$T_{NETD} = (A\Delta f)^{1/2}/D_B^*(\mathrm{d}P_B/\mathrm{d}T)$,这里 $\mathrm{d}P_B/\mathrm{d}T$ 是在探测器谱区入射黑体功率随温度的变化。根据所测得的 D_B^* 和计算的 $\mathrm{d}P_B/\mathrm{d}T$ 数值(在 $f/2$ 光学条件下),四元器件 BE11 的 $T_{NETD} = 50$mK。此外,从光谱响应率 $R_V(\lambda)$ 和 D_λ^* 的测量可知,该器件的均匀性优于 $\pm5\%$ 。

(5)时间响应性能。用 TEACO$_2$ 激光器作为脉冲光源,首次测量了 GaAs/AlGaAs MQW红外探测器在 10μm 波段的时间响应性能。从器件的时间响应示波器图形可见,测得 CO$_2$ 激光脉冲波形,脉冲宽度约 80ns,脉冲前沿上升时间小于 10ns(受限于脉冲 CO$_2$ 激光波形)。

5. 效果

中心波长为 8.3μm、9.1μm 和 10.67μm 的三种器件在 77K 下的峰值探测率分别为 1.12×10^{11}cm · Hz$^{1/2}$ · W^{-1}、2.3×10^{10}cm · Hz$^{1/2}$ · W^{-1} 和 3.3×10^{10}cm · Hz$^{1/2}$ · W^{-1} ; 响应带宽 $\Delta\lambda$ 分别为 1.3μm、1.6μm 和 1.8μm;500K 黑体探测率分别为 7×10^9cm · Hz$^{1/2}$ · W^{-1}、1.4×10^9cm · Hz$^{1/2}$ · W^{-1} 和 1.8×10^9cm · Hz$^{1/2}$ · W^{-1};在无任何补偿的情况下四元线列器件的探测率均匀性优于 $\pm5\%$,$T_{NETD} < 50$mK,D_λ^* 和 T_{NETD} 所显示的高性能指标,充分说明 GaAs/AlGaAs MQW 长波红外探测器在进一步研制大面积阵列成像系统上的潜力与优势。

应该指出,器件性能还可以进一步加以优化。影响 MQW 红外探测器 D^* 的主要几个特征参量是暗电流 I_d 、量子效率 η 和表征输运特性的热电子寿命 τ_1 。对 MQW 红外探测器,在 55K 以上,产生暗电流的主要机制是热离化发射电流和热协助隧穿电流。分析指出,增加势垒宽度和适当降低阱中 Si 掺杂的浓度,将会明显降低 I_d 。因此,三种器件的垒宽均在 480~500Å;阱中 Si 浓度则控制在 1×10^{18}~1.2×10^{18}cm^{-3} ,从而使 I_d 普遍降低 1 个量级以上。但是研究表明,I_d 还有一个可能的来源是势垒的缺陷,所以 I_d 的进一步降低,除了器件结构上的改进外,提高 MQW 生长质量以减少 AlGaAs 垒区的缺陷则是很重要的。

MQW 红外探测器的峰值响应率 $R_p = (e/h\nu)\eta g$，直接与量子效率 η 和光增益 g 成正比。由于子带跃迁选择性的限制，目前器件的 η 仅为 $15\%\sim20\%$。已证明采用二维耦合光栅与波导层相结合的结构，可将 η 提高至 92%。光学增益 $g = \tau_1/\tau_T = L/l$，其中 τ_T 表示电子渡越时间，l 表示 MQW 激活区长度，L 表示热电子平均自由程。可见，决定器件光学增益的关键物理量是热电子寿命 τ_1，τ_1 越长，则 L 越长，从而才会使光电流得到有效收集并导致高的响应率和探测率。从实测数据可以算出目前器件的 $g = 0.25$，$L = 0.65\mu m$。提高的主要途径除适当减少 MQW 激活长度 L 外，更重要的是提高 MQW 的生长质量，减少各种缺陷和势垒区的各种复合中心，并改善层间平面度以减少各种散射，从而增加 τ_1，有效收集光电流。进一步优化后，预期在 $10\mu m$ 波段、77K 条件下，可达到 D^* 约为 $10^{11} \text{cm} \cdot \text{Hz}^{1/2} \cdot \text{W}^{-1}$。

4.4.2 宽带 3～5μm 量子阱红外探测器

1. 原理及设计

量子阱红外探测器是利用半导体导带（价带）量子阱中子带间的红外吸收跃迁的原理制成的，当入射红外光子能量刚好等于量子阱中两个子能级间（基态和第一激发态）的能量差时，基态上的电子就可以吸收光子，跃迁到第一激发态，并在外电场作用下做垂直量子阱方向的运动，形成光电流。根据有效质量近似，其跃迁矩阵元与入射光电场矢量方向有关，只有当入射光具有与量子阱平面方向垂直的电场分量时，跃迁才会发生。这是因为在有效质量近似下，$\alpha \propto \cos^2\varphi$，其中 α 为光吸收系数，φ 为入射光电场矢量与量子阱平面的夹角。垂直入射时，$\cos\varphi = 0$，无光吸收，所以量子阱红外探测器多采用斜入射或光栅耦合方式。

要实现双色红外探测，探测范围必须覆盖 $3\sim5\mu m$ 和 $8\sim12\mu m$ 两个大气窗口。对 $8\sim12\mu m$ 来说，GaAs/AlGaAs 体系的量子阱红外探测器刚好落在这个范围内。GaAs/AlGaAs 体系失配极小，材料生长及器件工艺都很成熟，实现起来比较容易。对 $3\sim5\mu m$ 波段来说，这个体系不合适，因为过高的 Al 组分在生长时会引入较多的 DX 中心，大大降低了材料的性能。为了实现对 $3\sim5\mu m$ 波段的探测，同时又便于与 GaAs/AlGaAs 体系集成，仍采用了 GaAs 衬底上以 GaAs/AlGaAs 为主体的结构，把 GaAs 量子阱部分用禁带宽度更窄的 $In_yGa_{1-y}As$ 材料代替。适当调节 In 组分及 $In_yGa_{1-y}As$ 层厚度，把应变控制在一定范围内，这样就可以实现 $3\sim5\mu m$ 红外光的探测，同时又可以保证较好的材料生长质量及探测器性能。

设计的 $3\sim5\mu m$ 探测器的基本结构如图 4-115 所示，势垒为 450nm 的 $Al_xGa_{1-x}As$，Al 组分 $x = 0.38$，势阱为多层结构，中间是 2.5nm 的 $In_yGa_{1-y}As$，In 组分 $y = 0.35$，$In_yGa_{1-y}As$ 层的两边各是大约 0.7nm 的 GaAs 层，其中 $In_yGa_{1-y}As$ 层为重掺杂层。

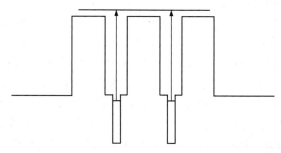

图 4 - 115　QWIP 结构示意图

2. 材料生长与器件制作

材料是用分子束外延方法在 V80H 型分子束外延设备上生长的,采用 GaAs(100)向 (111)A 面偏 $4^{\#}$ 的衬底,先生长 1μm 厚的 Si 掺杂 GaAs 层作下电极,然后再生长探测器 $Al_xGa_{1-x}As/GaAs/In_yGa_{1-y}As/GaAs$ 多量子阱结构,共生长 30 个周期。再盖一层 450nm 厚的 $Al_xGa_{1-x}As$ 势垒。最后是 0.5μm 厚的 Si 掺杂 GaAs 上电极,电极层掺杂浓度为 1.0×10^{18} cm^{-3}。势阱中的 $In_yGa_{1-y}As$ 为重掺杂层,掺杂浓度为 6.0×10^{11} cm^{-1}。在 MBE 生长过程中,$Al_xGa_{1-x}As$ 和 $In_yGa_{1-y}As$ 所要求的衬底温度相差较大(约 100℃),为了获得晶体质量较好的材料,在分子束外延生长中采用了中断变温的方法。在中断生长时改变衬底温度,使 $Al_xGa_{1-x}As$ 和 $In_yGa_{1-y}As$ 分别在其最佳生长温度下生长,这样可保证 $Al_xGa_{1-x}As$ 势垒和 $In_yGa_{1-y}As$ 势阱都具有较好的质量及性能。在生长过程中,中断生长会使界面吸附一些杂质,适当控制中断时间是非常重要的,因为量子阱区厚度很小,生长时间短,如果中断时间过短或不采用中断方法,在衬底温度降低到适合生长 $In_yGa_{1-y}As$ 之前,整个量子阱区已生长完毕。对 $Al_xGa_{1-x}As$ 势垒区来说,若存在过厚的低温生长层,也会引入较多深能级而降低材料质量性能。适当的中断时间既能达到升高衬底温度的要求,又不会引入过多的杂质缺陷。在实验中采用的中断时间为 30~40s。对没有采用中断的样品,整个生长过程衬底温度一直保持不变,最后测量结果表明探测器的响应率和探测率都比较差,这是因为阱区和垒区都没有在最佳生长温度下生长,质量较差。

在生长过程中 In 组分的控制与调节是生长出波长范围合适、晶体质量好的材料的关键。In 组分过低,波长很难达到 $3\sim5\mu$m 范围,这时要求采用高 Al 组分的势垒层,但 Al 组分太高对生长不利,容易引入较多 DX 中心。In 组分很高时,应变较大,容易产生失配位错,影响材料光电性能,且高 In 组分下,量子阱宽度较小,使生长时厚度控制相对误差较大,波长容易偏离。在实验中,$In_yGa_{1-y}As$ 层中 In 的组分为 0.35,$In_yGa_{1-y}As$ 层的厚度为 2.4nm。

生长的结构中,$In_yGa_{1-y}As$ 为重掺杂层,掺杂浓度达 6.0×10^{18} cm^{-3},这是因为在可实现 $3\sim5\mu$m 范围光探测的量子阱结构中,量子阱深度较大,处在量子阱中基态的电子热激发跳出阱外的概率较小。在这种情况下,可适当提高 Si 掺杂浓度,增加基态电子数以提高光响应而不会对暗电流噪声产生影响。同时,适当的 Si 掺杂可调节器件的电阻特性,使之与外读出电路相匹配。材料生长完成后,用光刻—湿法腐蚀刻出 $350\mu m \times 350\mu m$ 光响应台面,上下电极层同时光刻蒸发 AuGeNi/Au,去胶后合金退火作为欧姆接触电极。采用 45°斜入射方式,台面附近侧面磨 45°并抛光,最后压焊电极(图 4-116)装入杜瓦瓶就可以测试了。

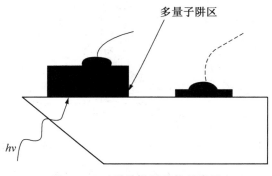

图 4-116　器件单元结构示意图

为了确保探测器材料质量,对生长的材料做了光致发光和 X 射线的测试。光致发光谱有较强的积分强度,显示了材料有较好的光学性能。X 射线摇摆曲线有较多的卫星峰,如图 4-117 所示(可达 14 级),线宽较小,所有这些反映了:① 材料晶体质量好,应变控制适当,没有出现大量位错;② 30 个周期多量子阱结构的重复性好,生长条件稳定。

对器件在液氮温度下做了红外响应率 R 的测试,测试条件为:黑体温度 $T_b = 500K$,探测器温度 $T = 80K$,调制频率为 $f = 1\,000Hz$,调制带宽为 $\Delta f = 1Hz$。图 4-118 所示给出了样品在 500K 下的黑体响应率 R 随外偏压 V 变化的响应曲线,可看出探测器的最佳响应偏压为 $V_b = 4.53V$。曲线在正负偏压下的增长规律不同,主要是由于生长过程中存在 In 表面偏析,使由垒区到阱区和由阱区到垒区的界面处 In 组分不同,势阱两边的势垒高度有差异,造成电子易于向一个方向运动。

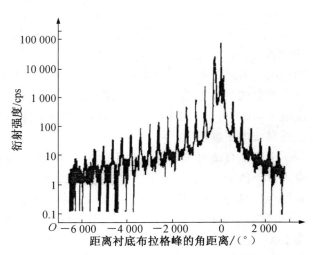

图 4-117　QWIP 样品的 X 射线摇摆曲线

图 4-119 所示给出了样品在一定偏压下的波长 λ 响应曲线 $R(\lambda)$,峰值响应波长为 $\lambda_p = 4.2\mu m$,截止波长 $\lambda_c = 3.1\mu m$,响应线宽较宽,$\Delta\lambda/\lambda = 50\%$,这说明第二个子带已落在阱口附近的连续区,这与设计十分符合。

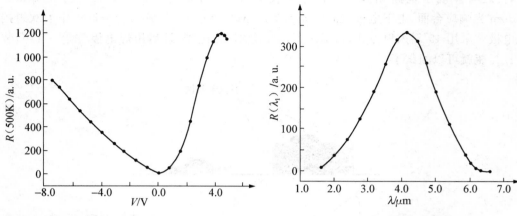

图 4 - 118　探测器 500K 黑体下的电压响应曲线　　　　图 4 - 119　探测器波长响应曲线

在 500K 黑体响应的测试中,暗电流噪声很小,器件信噪比可达 2.8×10^4,最后器件的 500K 黑体探测器 D_{bb}^* 可达 $1.7 \times 10^{10}\ cm \cdot Hz^{1/2} \cdot W^{-1}$。这一结果完全达到了国际同类器件水平。

4.4.3　P 型 GaMnAs/AlGaAs 量子阱红外探测器

1. 简介

自旋电子学是近几年发展起来的涉及凝聚态物理、电子学、信息学及新材料等诸多领域的一门新型交叉学科,与之相关的自旋电子器件的实现将会推动信息科学等高科技领域的发展。与传统电子器件相比,自旋电子器件具有非挥发性、数据处理速度快、功耗低以及集成度高等优点。目前国际上自旋电子学共同关注的研究热点集中在半导体自旋电子学,希望利用半导体中电子和空穴的电荷和自旋两个自由度共同作为信息载体来实现自旋电子器件。

半导体自旋电子器件是利用磁性半导体/半导体或铁磁性半导体复合材料,将磁性引入半导体中,包括半导体内自旋极化电流的产生、输运、控制和检测等。研究主要围绕着器件材料、高自旋注入效率、自旋的控制和室温工作等问题展开,并且已取得了很大进展。目前,半导体自旋电子器件所用的材料主要指铁磁性半导体,如 GaMnAs、GaMnN 和 InMnAs 等。但将铁磁性半导体引入探测器中来设计自旋量子阱红外探测器还未见报道。现设计了一种基于铁磁性半导体的 P 型 GaMnAs/AlGaAs 量子阱红外探测器,经分析,其器件性能可能得到提高。

2. P 型量子阱中空穴子带间跃迁原理

N 型量子阱红外探测器利用导带阱内基态载流子吸收红外辐射能量跃迁到高能态,并在外电场作用下输运,形成与入射光强成正比的光电流,实现对红外辐射的探测。在 P 型掺杂的多量子阱材料中,同样可以产生空穴子带间的跃迁吸收,引起相应的红外吸收。由于量子阱势导致的轻空穴态和重空穴态的强烈混合作用,价带子带间光跃迁要比导带子带间光跃迁复杂得多。价带子带间光跃迁与导带子带间光跃迁的一个重要差别是,对于垂直入射光,空穴仍可以发生子带间跃迁而产生光吸收,而电子子带间光跃迁则不能发生,因此在器件制备方面 P 型量子阱可以无需考虑制备光栅,这样就大大简化了器件制备工艺。空穴子带间跃迁的基本原理如图 4－120 所示。

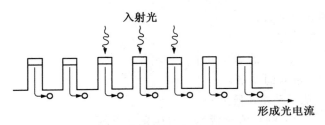

图 4－120　空穴子带间跃迁

3. 器件的设计

利用分子束外延技术生长 GaMnAs/AlGaAs 量子阱并进行大量的实验及理论研究。另外,在 P－(In,Mn)As/GaSb 异质结中,入射光被 GaSb 层吸收,产生电子—空穴对,它们被内部电场分离,使空穴在(In,Mn)As 的表面积累,从而光生空穴诱导出铁磁性。这两者的研究发现,为利用 GaMnAs/AlGaAs 量子阱来设计红外探测器提供了可能。GaAs/AlGaAs 量子阱红外探测器是目前较为成熟的,其最基本的结构是一个量子阱层和一个势垒层交替而成,通常形成若干个周期以增强对光的吸收。本文所设计的 P 型GaMnAs/AlGaAs 量子阱红外探测器器件结构如图 4－121 所示。从底部到顶端依次为:半绝缘 GaAs(100)衬底,AlAs 波导层,其作用是用来反射在量子阱结构中传播的红外辐射以增强吸收;N^+－GaAs 下欧姆电极接触层,50 周期 P－GaMnAs/AlGaAs 量子阱结构,AlGaAs 缓冲层,N^+－GaAs 上欧姆电极接触层,在上、下接触层上分别是电极。

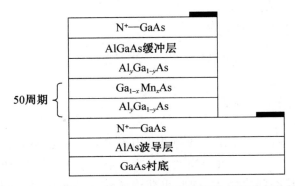

图 4－121　P 型 GaMnAs/AlGaAs 量子阱红外探测器器件结构

4. P 型 GaMnAs/AlGaAs 量子阱红外探测器的光谱响应计算

当红外光入射到 P 型量子阱中,空穴吸收红外光子从一个价带子带跃迁到另一子带时,其 P 型量子阱的光吸收系数为

$$\alpha_{nn'}(\omega) = \frac{4\pi^2 e^2}{\varepsilon^{1/2} m_0^2 \omega c} \times \sum_{k_{//}} \left[f_n(k_{//}) - f_{n'}(k_{//}) \right] \left| \hat{\varepsilon} \cdot p_{nn'}(k_{//}) \right|^2$$
$$\times \frac{\hbar \Gamma_{nn'}(k_{//})/\pi}{\left[\Delta_{nn'}(k_{//}) - \hbar\omega \right]^2 + \left[\hbar \Gamma_{nn'}(k_{//}) \right]^2} \tag{4-56}$$

式中，$\Delta_{nn'}(k_{//}) = \left| E_{n'}(k_{//}) - E_n(k_{//}) \right|$；

ε——材料的介电常数；

m_0——自由电子质量；

$\hat{\varepsilon}$——入射电磁场矢势的单位矢量；

$E_n(k_{//})$——子带 n 的能量；

$p_{nn'}(k_{//})$——跃迁动量矩阵元；

$f_n(k_{//})$——子带 n 的载流子费米-狄拉克分布函数；

$\Gamma_{nn'}(k_{//})$——空穴态 $|n, k_{//} \rangle$ 和 $|n', k_{//} \rangle$ 之间的平均散射率。

价带子带间跃迁矩阵元 $p_{nn'}(k_{//})$ 为

$$\hat{\varepsilon} p_{nn'} = \hbar \, \hat{\varepsilon} \sum_{v, v'} (p_{vv'} o_{vv'}^{nn'} + Q_{vv'} D_{vv'}^{nn'}) \tag{4-57}$$

其中，$\hat{\varepsilon} p_{vv'}$ 和 $\hat{\varepsilon} Q_{vv'}$ 是 4×4 矩阵 $\hat{\varepsilon} \cdot p$ 和 $\hat{\varepsilon} \cdot Q$ 的矩阵元。上式中 $o_{vv'}^{nn'}$ 和 $D_{vv'}^{nn'}$ 定义为

$$o_{vv'}^{nn'} = \int F_v^*(n, k_{//}, z) F_{v'}(n', k_{//}, z) \mathrm{d}z \tag{4-58}$$

$$D_{vv'}^{nn'} = \int F_v^*(n, k_{//}, z) \frac{\partial}{\partial z} F_{v'}(n', k_{//}, z) \mathrm{d}z \tag{4-59}$$

在 P 型量子阱中，入射光正入射进器件时，被衬底和器件表面多次反射，但前两次的吸收为主要贡献，因此器件的量子效率 $\eta(\omega)$ 可表示为：

$$\eta(\omega) = (1 - r)(1 - \mathrm{e}^{-2\alpha(\omega)l}) \tag{4-60}$$

式中，r——GaMnAs 的反射系数；

l——量子阱的总厚度。

器件的光电流响应谱可表示为

$$J_\omega = e\eta(\omega)\mu F_z \left[1 + \left(\frac{\mu F_z}{v_s}\right)^2 \right]^{-1/2} \tag{4-61}$$

式中，v_s——饱和迁移率；

μ——低场载流子迁移率；

F_z——电场强度。

从以上计算定性分析可知，由于这种设计引入了 GaMnAs 材料，在光照射时，产生了大量的多余空穴，诱导出了铁磁性。当铁磁性发生后，又产生了自旋极化的空穴，增加了载流子的浓度，其迁移率随之增大，同时也获得了较大的吸收系数，提高了探测的光电流，从而增强了光电响应特性。对于其响应峰值波长和响应波长范围，可以通过改变阱宽和势垒高度有效地调节，并且响应峰值波长和响应波长范围还与 Mn 的组分 x 和 Al 的组分 y 有关，尤其是与前者有很大的关系。由于缺乏更深入的理论研究和实验的证实，还在进一步的探讨中。

5. 效果

提出了一种基于 GaMnAs/AlGaAs 量子阱的铁磁性半导体红外探测器,分析了其器件的性能,这对于制备新型量子阱红外探测器将具有一定的应用潜力。半导体自旋电子器件有着广阔的应用前景,该领域发展非常迅速,但是要实现器件的商品化还有大量的问题有待于解决。半导体自旋电子器件的实现将推动信息时代的进一步发展。

4.4.4　GaN 基量子阱红外探测器

1. GaN 基材料及器件

GaN 基半导体具有宽禁带、直接带隙、高电子饱和速度、高击穿电压、小介电常数等优点。优越的物理化学稳定性,使其可以在苛刻的条件下工作,适合制备多种器件。其中,四元混晶 InAlGaN 的带隙,随着各组成组分的调整可在 $0.7 \sim 6.2 \text{ eV}$ 范围连续变化。

不同于其他的 Ⅲ-Ⅴ 族化合物半导体材料,如六角立方结构的氮化物半导体材料,在没有外电场存在的情况下存在着很强的内建极化场。GaN 基半导体材料总的宏观极化场是平衡结构的自发极化场与由于应力引起的压电极化场之和。其中,压电极化来源于材料中由于晶格失配而导致的应力,自发极化则来源于晶格中阳离子和阴离子的非对称性。由于极化电场的存在,材料中形成了电荷的积累,使得半导体材料的能带产生了弯曲,形成锯齿状的能带结构。

目前,常用的 GaN 基器件主要包括蓝、绿光发光二极管(LED)器件和 GaN 基高电子迁移率晶体管(HEMT)器件。在蓝、绿光 LED 器件中,通常利用 GaN/InGaN/GaN 多量子阱结构作为有源发光层,而在 GaN 基 HEMT 器件中利用 AlGaN/GaN 异质结来形成导电沟道。极化效应在不同的器件中起到了不同的作用,在蓝、绿光 LED 器件中,锯齿状的能带弯曲抑制了载流子的输运,降低了器件的效率;在 GaN 基 HEMT 器件中,可以利用 AlGaN/GaN 异质结极化场所产生的极化电荷作为导电沟道中的载流子,从而提高了器件的性能。

2. GaN 基量子阱红外探测器设计

与以 GaAs/AlGaAs 为代表的传统量子阱红外探测器相比,GaN 基量子阱红外探测器具有如下优点:

(1)更简单的系统结构。由于 GaN 基材料本身是宽禁带材料,对可见光无响应,不需要滤波装置。

(2)高稳定性和宽适用范围。由于 GaN 基材料的物理、化学性质稳定,暗电流低,抗辐射性能强,适用于恶劣环境。

(3)更快的响应速度。由于激子和声子的相互作用,GaN 基极性半导体中的光学过程很大程度上受到 LO 声子的影响,因此子带电子的弛豫过程非常快(寿命大概是 $140 \sim 400 \ \mu s$),可以用于 Tb/s 的数据通信。

贝尔实验室在 2000 年第一个实现了 GaN/AlGaN 量子阱中的子带间跃迁,使 GaN 基材料在红外量子阱探测器的研究引起人们的关注,并成为目前红外探测器研究的一个新热点。当今国际上知名的几个研究机构,如贝尔实验室、东芝公司等,都投入了大量的人力、物力来研究这个材料体系中的红外光吸收特性。主要研究了如何利用 GaN 基材料中的自发极化和压电极化的互补作用,以此形成极化匹配的量子阱红外探测器结构,避免了极化现象对器件性能的不利影响,提高了器件的效率。

图 4 - 122 所示给出了生长在 GaN 基板上的三元混晶 AlGaN 和 InGaN 随着成分变化而导致的自发极化和压电极化电荷密度变化情况。从图中可以看出,对于 InGaN 材料来说,压电极化电荷和自发极化电荷的符号是相反的。另外,相比于 InGaN 材料的压电极化电荷密度,AlGaN 材料的压电极化电荷密度和自发极化电荷密度都小很多。因此,如果选取适当的 InAlGaN 四元混晶材料,就可以设计出极化匹配的 GaN 基量子阱红外探测器。

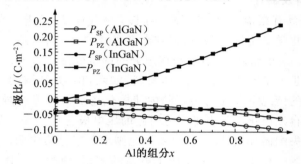

图 4 - 122　生长于 GaN 基板上的三元混晶的极化电荷密度随成分的变化情况

在此,使用了自洽的薛定谔—泊松方法进行量子阱能带结构的理论模拟,理论模拟中所使用的氮化物半导体 GaN、InN 和 AlN 的材料参数,除了带隙参数外,四元混晶 InAlGaN 的材料参数使用插值公式。由 GaN、InN 和 AlN 的材料参数得到

$$P(Al_x In_y Ga_{1-x-y}N) = P(AlN)x + P(InN)y + P(GaN)(1-x-y) \quad (4-62)$$

InAlGaN 材料的带隙参数由文献中介绍的方法得到。

首先对 $In_{0.1}Ga_{0.9}N/In_{0.226}Al_{0.25}Ga_{0.524}N$ 多量子阱结构进行了理论模拟,发现该结构的极化电荷不能抵消,其能带结构的研究结果如图 4 - 123 所示。从图中可以看出,在该材料体系中,由于极化电荷的存在,导致了多量子阱能带结构的改变,形成了锯齿形的能带结构。在这种情况下,由于导带量子阱对电子限制作用的削弱,对于设计基于电子子带间吸收的量子阱红外探测器来说变得更加困难。

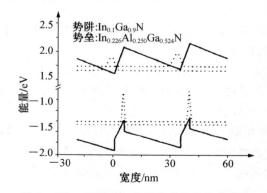

图 4 - 123　GaN 基多量子阱结构的能带结构

通过逐步调节量子阱势垒的组分,最终发现 $In_{0.1}Ga_{0.9}N/In_{0.25}Al_{0.25}Ga_{0.5}N$ 多量子阱结构中的极化电荷基本可以抵消,也就是说做到了极化匹配。极化匹配的 GaN 基多量子阱结构的能带结构如图 4 - 124 所示。

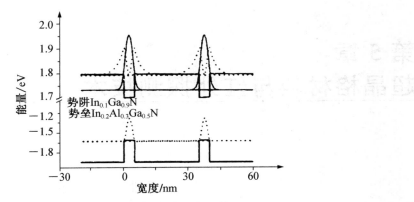

图 4 - 124　极化匹配的 GaN 基多量子阱结构的能带结构

从图中可以看出,在极化匹配的情况下,GaN 基量子阱结构与传统的 GaAs 基或 InP 基量子阱类似,在没有外加电场时,都是矩形势阱结构。在这样的能带结构下,通过改变势阱的厚度,可以设计不同探测波长的量子阱红外探测器。另外,通过改变势垒和势阱的成分,并在这个过程中保持极化匹配,将来还可以设计出不同深度的量子阱结构,实现不同探测波段的量子阱红外探测器。

3. 效果

利用自发极化和压电极化的相互抵消作用,通过对 GaN 基多量子阱结构的能带结构进行研究,找到了可以极化匹配的 GaN 基多量子阱结构,完成了 GaN 基量子阱红外探测器的设计,为下一步实现 GaN 基量子阱红外探测器做好了准备。

第 5 章
超晶格材料与红外探测技术

5.1 基础知识

5.1.1 简介

1. 窄带隙概念

根据半导体理论,半导体材料的截止波长 λ_c 与禁带宽(厚)度或带隙 E_g 之间的关系为:

$$\lambda_c = \frac{1.24}{E_g} \qquad (5-1)$$

其中,$E_g = E_c - E_v$,E_c 为导带底,E_v 为价带顶,单位为 eV;λ_c 的单位为 μm。根据式(5-1)算出的部分结果见表 5-1。关于窄禁带的定义不尽相同,简单地将表 5-1 所列的各红外波段对应的半导体称为窄禁带半导体。

表 5-1   部分红外波段截止波长与半导体材料带隙的关系

λ_c/μm	1	3	5	8
$E_g/$eV	1.24	0.413 3	0.248 0	0.155 0
λ_c/μm	12	14	25	30
$E_g/$eV	0.103 3	0.088 6	0.049 6	0.041 3

对于窄禁带半导体制成的红外探测器来说,其光生载流子的产生机理是带间吸收激发跃迁引起的本征光电导,如图 5-1 所示。从表 5-1 可以看出,必须选择可使能量小于 90 meV 的光子产生光跃迁的窄禁带材料,才有可能实现 VLWIR 探测。Ⅲ－Ⅴ族半导体 InAs、GaSb 和 AlSb 的带隙分别是 0.41 eV、0.8 eV 和 1.70 eV,均大于 VLWIR 探测所要求的带隙,但是它们的合成材料可能具有窄带隙,这类合成材料

就是超晶格。

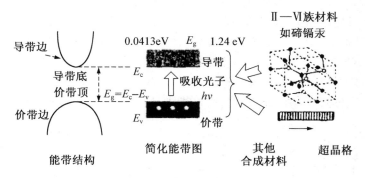

图 5 - 1　本征半导体红外探测器材料必须满足窄带隙的要求

2. 超晶格概念

根据固体物理理论,原子通过原子间的相互作用力结合成固体,其中原子规则排列的固体称为晶体。如果不考虑原子的影响,把晶体中各原子用一个几何点来代替,就得到一个与晶体几何性质相同的点的集合,该集合即称为晶格。有些晶体原子规则排列的形式相同,只是原子间的距离不同,则称之具有相同的晶格结构。据此定义,因为 InAs、GaSb 和 AlSb 均为闪锌矿结构,应可认为它们的晶格结构相同。晶体中最小的周期性单元称为原胞,原胞的边长称为晶格常数。一般将组成材料的晶格常数失配度小于 0.5% 的搭配称为晶格匹配,失配度大于 0.5% 时则为晶格失配。InAs、GaSb 和 AlSb 的晶格常数分别为 6.058 3 Å、6.095 93 Å 和 6.135 5 Å,因此又被称为 6.1Å 系材料,它们具有晶格匹配较好的特点。例如,InAs/GaSb 的晶格失配约为 0.6%,虽然略大于晶格匹配要求的失配度大小,但仍然可以视为晶格匹配的两种材料。

超晶格是由两种不同的半导体材料以很薄的厚度(通常只有晶格常数的几倍到几十倍)交替生长而构成的一种人造周期性结构,但整个结构仍然保持自然晶格的连续性。换言之,超晶格是逐层堆砌原子而成的半导体材料,故从操控手段上说,需要分子束外延(MBE)等高精尖设备。超晶格的厚度以原子层来计算,文献中常以单层(ML)来表示。考虑到不同物质原子大小的不同,可以看出 ML 是一个相对量。

组成超晶格的两种材料一般应具有相近的能带结构和晶格常数。Ⅲ－Ⅴ族半导体 InAs、GaSb 和 AlSb 即满足这一要求。

3. 调节能带形成势阱

不同的半导体材料具有不同的势能或位势。通常把两个均匀的势能不相等的势能分区构成的势能结构称为方形位势。利用方形位势可以构造粒子的势阱,如图 5 - 2 所示。电子势阱和空穴势阱是超晶格理论中要用到的两

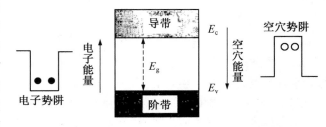

图 5 - 2　电子势阱和空穴势阱

个重要概念。

　　设想将图 5-3 所示的能带结构以 $BAB\cdots\cdots$ 的周期形式切割为若干等分段，A 段和 B 段的长度分别为 a 和 b。固定 B 段对应的能带，分别移动 A 段对应的导带和价带，移动后构成的结构可以有多种形式。例如，在图 5-3(b)所示中，将线段 LM 向下平移到 $L'M'$，将线段 RS 向下平移到 $R'S'$，于是原来连续的能带被打断。如果 A 段的长度 a 小于电子的平均自由程（约 100 nm），则 $LL'M'M$ 为电子势阱；类似地，如果 B 段的长度 b 小于空穴的平均自由程，则 $S'STT'$ 为空穴势阱，这样的体系称为 II 类体系。

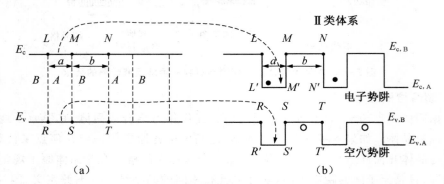

图 5-3　　通过能带调节形成电子势阱和空穴势阱

5.1.2　SL 材料的分类和特点

　　(1) 组分超晶格。利用异质结结构的超晶格，如研制新型量子阱红外探测器的 GaAs/AlGaAs 的超晶格(SL)，其能带结构如图 5-4 所示。

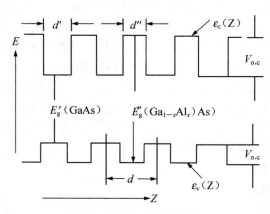

图 5-4　　SL 的能带结构

　　(2) 掺杂超晶格。凡是利用分子束外延技术周期交替掺入 N 型和 P 型杂质生成的均匀半导体为掺杂超晶格，如图 5-5 所示呈正弦形式。其鲜明的电子特性是电子只能聚集于 N 区，而空穴集中在 P 区，是一种典型的间接能隙半导体。

　　半导体的导电过程取决于自由载流子的数目及其迁移率。掺杂后，由于载流子受到电离杂质影响,离子散射作用加强,迁移率下降,其导电性能不能有效提高,而超晶格中的调制掺杂根本性地解决了此问题。

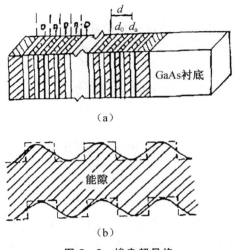

（a）

（b）

图 5 - 5　掺杂超晶格

这里的关键是使载流子和杂质母体在空间上分开。例如,在 AlGaAs 层中掺入高浓度的 N 型杂质,在界面处电子跌落到 GaAs 的势阱中,形成 GaAs 中很高的载流子浓度,而电离杂质都留在 AlGaAs 层中,对电子运动不起散射作用。这样,电子的迁移可大幅度提高。实际上,引入本征 AlGaAs 层起到隔离屏障作用。目前,GaAs 中二维电子的低温迁移率已经可以做到 $2.1 \times 10^8 \, cm^2 \cdot V^{-1} \cdot s^{-1}$。

（3）形变超晶格。晶格匹配的要求大大限制了异质结结构的组分范围,失配的晶格会引入大量的位错,使超晶格质量变坏。但是,如果失配层厚度足够薄,将产生形变,使其晶格常数和衬底取得一致。

这些薄层能使自己产生相干形变,避免位错。为满足晶格匹配要求所形成的足够薄的渐变层从而构成的超晶格称为形变超晶格（SL）。形变超晶格为 SL 材料的选择提供了更多的自由度。图 5 - 6 所示给出了一个典型的形变超晶格示意图,薄层交替地压缩和伸张,这是因为一个个形变层的平面晶格常数必须相等之故。

图中的另一个重要特性是沿生长方向的形变,超晶格薄层不再是立方体形的,而变成四方形结构。因为一般超晶格的平面晶格常数不匹配,所以往往首先在衬底上长若干渐变层,给形变超晶格提供具有预计平面晶格常数的模板,失配位错一般发生在这样的渐变缓冲层中。虽然在晶格生长过程中,这些位错企图

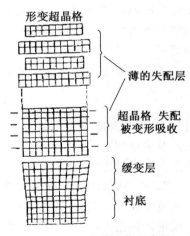

图 5 - 6　形变超晶格示意图

通过该层向上传播,但是形变超晶格像势垒一样阻挡着位错的传播。

5.1.3　SL 材料性能特点

1. GaAs/AlGaAs 的 SL 的能态密度与能量的关系

SL 和 QW 的一些重要现象恰来自于这种特别的能态密度。能态密度是指在能量 E 附近单位能量间隔内电子态的数目。

三维自由电子气的能态密度为抛物线形,即

$$D(E) = 4\pi \left(\frac{m^*}{h^2}\right)^{3/2} \sqrt{E} \tag{5-2}$$

二维情况下,若取一维无限深势阱模型,那么阱中电子的能量出现分立,即能量量子化,能级表达为

$$E_n = \frac{\pi^2 h^2}{\alpha m^*} \left(\frac{n}{L_z}\right)^2 + \frac{h^2}{\alpha m^*}(K_x^2 + K_y^2), n = 1,2\cdots \tag{5-3}$$

L_z 为阱宽。可见,二维电子只能取这些分立的能级,并且其能级位置要随 L_z 的不同而不同。对应于 E 的方向的第 n 个能级,电子从基态开始,已经可以依次填充 n 个子能带,其态密度可以是这 n 个能级的态密度的叠加,即

$$D(E_n) = nm^*/(\pi h^2), n = 1,2,3\cdots \tag{5-4}$$

$D(E_n)$ 是第 n 个能级的电子态密度,m^4 为电子有效质量。可见,二维电子气的能态密度呈阶梯状分布,如图 5-7 所示。只有在平台上的能量才有电子占据,其他能量带上无电子占据,电子在这些子能带上的跃迁所对应的波长取决于它们之间的能级间隔。一般来说,子能带间的跃迁比价带、导带间的跃迁的能带低得多,因此其响应波长可以做得更长。

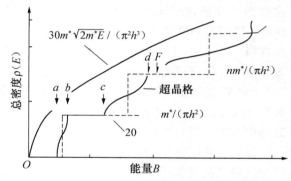

图 5-7　超晶格中的态密度同一个三维(3D)和二维(2D)电子体系的比较

第一激发态与基态的能量差为

$$\Delta E_z = \frac{\alpha \pi^2 h^2}{\alpha m^4} \left(\frac{1}{L_E}\right)^2 = \frac{hc}{\lambda} \tag{5-5}$$

可见,能量差与阱宽有密切关系。因此,我们可以通过在材料生长时控制 SL 材料的阱宽来调节能量间的差值,达到人工调节材料响应波长的意图。这就是 SL 红外探测器能得到重视的基础之一。

2. 布洛赫(Bloch)振荡和负阻效应

电子在外场的作用下,在第一布里渊区内做周期性振荡,即 Bloch 振荡。这样,在第一布里渊区边界处电子即时速度为零,应呈现出负的微分电阻。对于 SL 材料,布里渊区边界距中心要近得多,容易实现 Bloch 振荡和负阻效应。图 5-8(a)所示为一个超晶格的伏安特性曲线,几乎和图 5-8(b)所示的理论曲线取得了极大的接近。

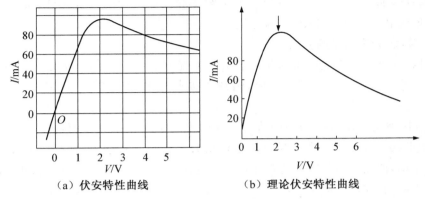

（a）伏安特性曲线　　　（b）理论伏安特性曲线

图 5 - 8　超晶格的伏安特性

3．布区折叠和声子谱效应

　　晶体中的原子围绕其平衡位置做微小的振动,这些振动在原子间的传递便形成了机械波,其能量是量子化的,也就是说存在一个最小的能量。

　　这个最小的能量单位在晶格振动场合称为声子。在晶体的第一布区包含了许多 SL 的微型布区,其色散曲线出现交叉点。根据微扰理论,在这些点处能级分立又形成了子能带,即布区折叠。这里的晶格振动也是量子化的,因此晶格振动的声子谱出现折叠。图 5 - 9 所示为布区折叠及声子谱效应的示意图。

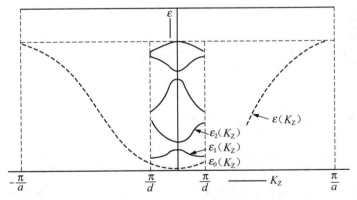

图 5 - 9　布区折叠效应示意图

4．量子霍耳效应

　　二维电子(或空穴)体系在足够强的磁场和低温下,相邻子能级间有小交叠;当磁场使费米能级处于扩展态之间的定域态中时,电阻的平行分量 $R_x = 0$,Hall 电阻 R_{xy} 趋于一个平台值,通过精确测量该电阻率,可以精度很高地确定量子力学和量子电动力学中最重要的常数之一—h/e^2。

5．拉曼散射

　　在 GaAs/AlGaAs 的 SL 材料中观察到入射光子能量在接近电子共扼时有 Ramanr

截面场强,这种非弹性光散射可以给出单个粒子和集体激发的各自光谱,从而确定 QW 中的电子能级和电子在子能带间的跃迁。

6. 光吸收、光发射的特点

SL 材料的电子和空穴的阶梯状能态分布对光吸收和发射的影响是直接的,它显然可使谱线变窄。另外,由于尺寸效应,谱线的波长比体材料缩短,随阱宽的变化波长可调。

图 5-10 所示给出 SL 结构中价带和导带电子能态密度分布图,不过它可以表明, GaAs 体吸收边主要来自于激子吸收。当阱宽为 210 Å(1Å=10^{-8} m)和 140 Å 时,图形出现附加结构,两条谱线的第一峰都比体材料的能量高一些,并随阱宽的减小,相应的峰向高能方向移动,如图 5-11 所示。

图 5-10 所示的是光吸收和光发射的机理。由于 SL 结构中价带和导带中电子态密度都呈现阶梯状态,可以推测,电子的跃迁将会出现类似阶梯状的形式。实验结果证实了这一点。

图 5-11 表明各个峰的位置比预言的态密度要低,说明所涉及的吸收是激子吸收,量子阱中激子的束缚能比体材料大大提高,阱宽对于激子束缚有较大的影响,一般阱宽减小,束缚能提高,吸收峰向高能移动。

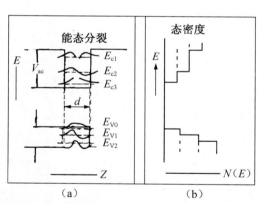

图 5-10　SL 结构中价带和导带电子能态密度分布图

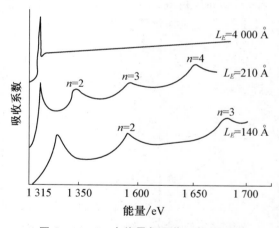

图 5-11　SL 中能量与吸收系数关系图

当 L_E=4 000 Å 时,谱线只有一个峰是典型的 GaAs 体吸收峰,看不到量子效应的出现。

5.1.4　InAs/GaSb/TSL

5.1.4.1　从带隙工程看 InAs/GaSb/T2SL

由两种不同的半导体材料构成的Ⅱ类体系即称为Ⅱ类超晶格(T2SL)。从另外一种角度来说,两种不同的半导体材料其接触面构成异质结,而多个异质结形成的体系称为异质结构,如图 5-12 所示。

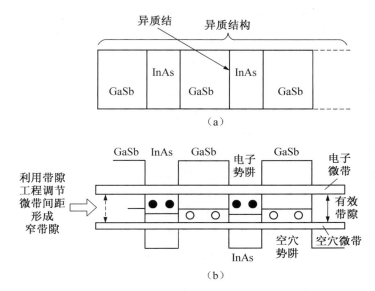

图 5-12　InAs/GaSb/T2SL 能带结构,利用带隙工程调节电子微带与
　　　　　空穴微带之间的距离形成特定红外探测波段所要求的窄
　　　　　带隙

　　T2SL 通常由两种Ⅲ－Ⅴ族半导体材料构成,其中常见的组合之一是 InAs/GaSb,如
图 5-12(a)所示,其中 InAs 层为电子势阱,GaSb 层为空穴势阱。T2SL 单层厚度的典型
值约为 10 ML,这样的厚度导致各势阱中的粒子由于隧道共振效应隧穿势垒,波函数互
相耦合,势阱中分立的粒子能级形成具有一定宽度的微带,如图 5-12(b)所示。

　　T2SL 的电子微带与空穴微带之间的距离称为有效带隙(以下不加区别地简称为带
隙)。通过调节半导体材料层的厚度,可以使 InAs/GaSb/T2SL 的带隙在 40～400 meV
(3～30 μm)之间变化,这就是带隙工程的概念。带隙对于 InAs 层厚度变化最为敏感。
用于 VLWIR 的 InAs 层厚度较大(典型的为 10～20ML)。当 InAs 层变厚时,T2SL 的
电子微带降低,带隙减小。例如,如果 GaSb 层厚固定在 10 ML,当 InAs 的厚度为 8 ML
时,带隙约为 250 meV;InAs 的厚度为 16 ML 时,带隙约为 100 meV。

　　几种工作温度为 10 K、截止波长在 15～25.8 μm 的 VLWIR 光电二极管,其中多数
基于 InAs/GaSb/T2SL。InAs/GaSb 光电二极管,GaSb 层厚度为 40 Å,通过改变 InAs
层厚度来调节带隙。对于 54 Å 的 InAs 层厚度,带隙为 73 meV;对于 66 Å 的 InAs 层厚
度,带隙为 50 meV,对应的截止波长分别为 16 μm 和 22 μm。

　　在 InAs/GaSb/T2SL 中,电子和空穴在空间上是分离的,因此光学吸收在空间上是
间接的,此类跃迁的光学矩阵元相对较小。光学吸收需要电子波函数和空穴波函数的显
著重叠。窄带隙的实现需要薄层厚度较大,从而使波函数重叠降低,吸收系数减小,所以
具有足够厚度的高质量的 T2SL 结构是这一技术成功的关键。此外,随着超晶格周期的
增加,波函数的重叠减少明显,这一点不利于 VLWIR 应用。

5.1.4.2　从能带结构工程看 InAs/GaInSb/T2SL

由上述可见,InAs/GaSb/T2SL 通过控制薄层厚度来调节带隙,而红外探测器材料要同时满足窄带隙和大光学吸收系数的要求。在 GaSb 层中掺入 In 可以改善吸收系数,由此形成了另一种常用的 T2SL 材料体系 InAs/Ga$_{1-x}$In$_x$Sb(x 为 In 组分,以下简记为 GaInSb)。

当异质结中的晶格失配达到一定程度就会产生应变,InAs/GaInSb 即属于这种情况。In 的引入将增加 GaInSb 薄层中的晶格常数,由于各层材料中阳离子和阴离子的变化,InAs/GaInSb 界面处的晶格失配约有 7%,从而引起层间应变,使价带分裂成重空穴微带和轻空穴微带,并且重空穴态成为价带的基态,如图 5-13 所示。InAs 中的双轴张力使电子微带降低,而 GaInSb 中的双轴压力使重空穴微带上升,因此对于固定的薄层厚度来说,应变使 T2SL 带隙减小;反之,增加 In 组分来降低达到给定带隙所需的薄层厚度,由此增加红外吸收的光学矩阵元,这样通过使用 2 个独立的变量即组分 x 和薄层厚度,设计空间扩大到可以同时调节带隙和光学吸收系数,并且可以在 VLWIR 波段获得较大的光学吸收系数。对于一个给定的截止波长,可能的最大吸收系数出现在两个薄层厚度不相等的时候。提高吸收系数的另一种方法是在(111)晶向的 GaSb 衬底上生长 T2SL。标准的方法是使用(100)晶向,但是由于(111)晶向较难实现高质量的 MBE 生长,故少受关注。

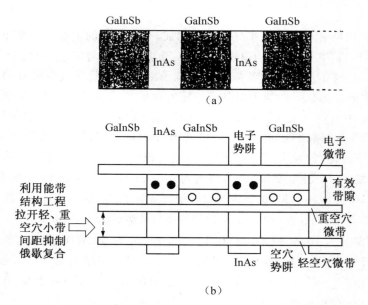

图 5-13　InAs/GaInSb/T2SL 能带结构,利用能带结构调节重空穴微带与轻空穴微带之间的距离抑制俄歇复合

如果将重空穴微带与轻空穴微带之间的距离拉开到一定程度,可以抑制俄歇复合,提高载流子寿命,这就是能带结构工程的概念。此外,虽然可以通过调节超晶格的小带间距减少俄歇复合率,但是俄歇过程不能完全消除。在 N 型超晶格中,可以通过增加

GaInSb 厚度,使最低导带变平,限制可供俄歇跃迁的相空间来抑制俄歇复合率。但是,这种效果远不如在价带中调节能带结构好。重空穴微带与轻空穴微带之间必须有足够的间距以抑制俄歇效应。

由于应变平衡上的困难,$Ga_{1-x}In_xSb$ 中 In 的组分 x 一般不超过 30%。严格的界面控制是保持应变平衡的关键。$Ga_{1-x}In_xSb$/T2SL 对于组分 x 变化不太敏感,如对于按照 $x=0.25$,$E_g=62$ meV($\lambda_c=20\ \mu m$)设计的 T2SL,若 λ_c 改变 2 μm,需要合金变化 3%。对于按照 $\lambda_c=20\ \mu m$ 设计的 InAs/ $Ga_{0.75}In_{0.25}Sb$/T2SL,InAs 层的单层起伏将使截止波长产生 ±3 μm 的变化。计算表明,对于 InAs(42Å)/$Ga_{0.77}In_{0.23}Sb$(20 Å)/T2SL,1ML 的厚度(约 3Å)变化可以导致截止波长发生 1 μm 的移动,而组分 1% 的变化可以导致截止波长发生大于 0.5 μm 的移动。MBE 具有将厚度及组分均匀性控制在 1% 以内的能力,这意味着将截止波长的均匀性控制在 0.1 μm 量级应是可以实现的。文献中没有看到截止波长 λ_c 与薄层厚度和组分 x 两者同时相关的函数表达式。

应变导入的能带分裂沿着生长轴引起较大的能量色散,故 InAs/InGaSb 可以获得较大的有效电子质量,这一点有助于降低带间隧穿暗电流。较大的有效电子质量加上重空穴与轻空穴的分离,可使 T2SL 在低背景下以较高的工作温度实现 BLIP,或者比同样性能的 MCT 器件具有较高工作温度。对于同样的截止波长,理论计算表明,T2SL 的工作温度要比 LWIR/MCT 高 30K,比 MWIR/MCT 高 10K。另外,随着温度的增加,T2SL 带隙往低能端移动,当温度高于 80K 时,移动速率是 0.2meV/K;当温度低于 80K 时,移动速率更慢。

5.1.4.3　优化设计

电子能带结构决定着半导体的电学、光学性质。就半导体材料设计而言,关键是如何巧妙、有效地控制电子能带结构,这一点同样适用于 T2SL 的优化设计。由于材料参数选项及受其影响的性能参数较多,故在材料设计中有较大自由度。例如,通过改变各薄层厚度,超晶格的构造形式理论上可有数千种之多,优化设计就是要从中选出满足器件性能要求的参数组合。在此过程中,理论建模具有关键作用,需要数值模型来为超晶格材料的设计提供本质上的指导。

超晶格电子态的计算要比一般体材料的计算复杂得多,主要原因是由于它在生长方向上的周期有几个或几十个原子层,所涉及的原子数远多于体材料。各种计算方法可以分为两大类,即经验方法和非经验方法,如图 5 - 14 所示。非经验方法包括第一性原理、从头计算等,其基本思想是:将多原子构成的体系理解为电子和原子核组成的多粒子系统,并根据量子力学的基本原理最大限度地对问题进行"非经验性"处理。基于详细原子排列的超晶格电子结构的非经验方法尚不实用。各种经验方法包括 k·p 模型、经验紧束缚模型(ETBM)、赝势模型、包络函数近似(EFA)、转移矩阵法等。

Kroning - Penney 模型精度较低,基本上是一个工程模型。它可以看成是一种简单的 k·p 方法,可以作为一个快捷工具去指导超晶格材料生长和器件制备。

超晶格电子结构理论又被称为"带边理论",这是因为人们最感兴趣的超晶格状态主要是能量位于带边的电子态。在研究半导体材料时,k·p 方法用于描述导带边和价带边附近的状态特别有效,因此人们很自然地将这一理论引入 T2SL 带边状态的研究,在此

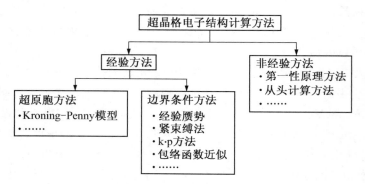

图 5 - 14　超晶格电子结构计算方法的分类

基础上形成了超晶格 k·p 方法,用于解释 T2SL 的光电性质,特别是在俄歇复合及载流子寿命方面。k·p 哈密尔顿算子中包括的能带数量从简单的 4 能带模型一直到 14 能带模型。对于布里渊区中心导带与价带之间跃迁能量的准确预测来说,可用简单的 4 能带模型;对于超晶格完整的光学响应计算来说,需要掌握整个布里渊区的电子结构,在这种情况下,需要 8 能带甚至更多能带的模型。有限元方法也被用于 8 能带 k·p 计算以预测吸收谱及能带结构,界面效应和扩散也被引入 8 能带和 14 能带模型。虽然 k·p 模型典型地用于准确决定超晶格中的小带束缚能量,但是它是较为耗时的一项工作。

与其他方法相比,ETBM 可以计算整个布里渊区的能带结构,准确描述构成超晶格的各原子层的性状,研究超晶格界面组分的影响。ETBM 不需要大量复杂的数值计算,计算值与实验值吻合得相当好。

EFA 是一种较为流行的计算超晶格电子结构方法,其计算量独立于体系中的原子数量。EFA 可与 k·p 方法结合使用,利用该模型计算得到的设计参数去制备超晶格。测试数据表明,该模型在预测 VLWIR 超晶格的带隙和光学吸收谱方面非常成功。

正如固体能带的计算一样,超晶格能带的计算也没有一种"绝对"的方法,需要根据具体情况选择合适的模型进行计算。不管选用何种理论方法,均希望计算结果准确性较高。总体上来看,各种模型的计算均呈现不同程度的复杂性,而用商用软件包或自编软件能否使超晶格能带计算较为简单易行是一个值得探讨的问题。

5.1.4.4　T2SL 器件

T2SL 能带结构和光学吸收系数确定后,即可利用常规的光伏或光导结构来设计 T2SL 探测器。易于制备构成大面阵 FPA 器件是 T2SL 的一个显著优点,故实际研究较多的是用 T2SL 制作光伏器件。

FPA 的质量主要依赖于两个参数,一个是量子效率,另一个是暗电流。前者应尽量高,后者应尽量小。理论预测 T2SL 量子效率可与 MCT 相比,但起初量子效率的实际值只能做到 25% 左右。增加吸收区中的超晶格周期数可将量子效率提高到 75%,加入抗反射膜应可以将量子效率提高到 90% 以上。在保持较高量子效率的同时使探测器串音最小,这一点对于中心间距较小的器件特别重要。高质量的 Ⅲ－Ⅴ 族材料可实现 1～2 Å 的晶片表面粗糙度。厚度大于 6μm 的 T2SL 结构,量子效率高于 75%。

当 T2SL 器件移向较长的截止波长时,量子效率可以或多或少地保持在同一水平,但由于热致电流呈指数形式增加,R_0A 可以降低几个数量级,因此对于 VLWIR 器件来说,R_0A 的优化变得更为重要。暗电流大将使 R_0A 变小。较低的 R_0A 值将使 FPA 的暗电流噪声较高,还使得与现有的大多数读出电路难以做到阻抗匹配。基于三元 GaInSb 层或 AlSb 层,可以引入更复杂的超晶格结构形式,如 M 结构、W 结构等。例如,通过引入适当的 M 结构,可以调节电子微带和空穴微带的相对位置,降低 PN 结电场,使暗电流减小一个数量级。

光伏器件的核心是 PN 结,其制备同时需要 P 型材料和 N 型材料。使用Ⅲ－Ⅴ族超晶格材料制备光电二极管的一个优点是在器件的 P 型层和 N 型层中的受主掺杂和施主掺杂相对容易。晶体掺入杂质后,杂质原子可能占据正常的晶格格点,这种情况称为替位杂质。对于Ⅲ－Ⅴ族材料的外延生长来说,可供选用且性状良好的替位杂质较多,Si、GaTe 以及 Be(铍)等可用于 N 型和 P 型掺杂。在 InAs 层掺 Si、GaSb 层掺 Be,较易实现 1×10^{18} cm^{-3} 的掺杂浓度。较高的有意掺杂产生的隧穿是 T2SL 主要的噪声源之一,故高度期望降低背景而非有意掺杂。基于 InAs/GaInSb/T2SL 材料,可以制备多种形式的 P－i－N 光电二极管。

5.1.4.5　评价

虽然 T2SL 在 VLWIR 波段具有一些独特优势,但是由于该类器件主要是基于空间平台的特种应用,没有多少商业市场,故比较之下,VLWIR/T2SL 的研发进展不如 MWIR/T2SL 显著。

调节带隙及能带结构是 T2SL/NLWIR 器件设计和优化的主要思路。T2SL 本质上是少数载流子主导的本征半导体材料。目前,超晶格材料的少数载流子寿命仍然是一个谜,需要对少数载流子寿命有更深入的理解,并且掌握提高少数载流子寿命的方法。在超晶格材料生长、器件设计与建模、器件工艺等方面需要进一步改进,以使 T2SL 器件达到理论预测值。需要进一步降低暗电流噪声,具体来说,以 R_0A 表示的暗电流噪声应再降低 2 个数量级。

与 T2SL 相关的问题还有表面漏电流。因为这是一种窄带隙材料,故它对于表面态非常敏感。表面漏电流主要由电子隧穿引起,当器件的带隙移向较长波长时,表面漏电流呈指数增加。除了表面漏电流的抑制外,将超晶格单元光电二极管转化为可实用器件的一个最重要的前提条件是有效钝化。适宜于量产的钝化层必须耐受在整个生产及装配流程中的各种处理,且应用于空间环境中的 VLIR/FPA,还需要解决抗辐射的问题。

5.2　InAs/GaSb 超晶格材料与红外探测器

5.2.1　InAs/GaSb 超晶格材料技术

5.2.1.1　锑化物半导体材料与特点

1. 基本特点

锑化物半导体(ABCS)主要是指以 Ga、In、Al 等Ⅲ族元素与 Sb、As 等Ⅴ族元素化合形成的二元、三元和四元化合物半导体材料，如 GaSb、InSb、AlGaSb、InAsSb、AlGaAsSb、InGaAsSb 等，它们的晶格常数一般都在 $0.61\mu m$ 左右，在国际上与 InAs 基材料一起被习惯性称之为"0.61nm Ⅲ－Ⅴ族材料"。锑化物半导体材料以窄带隙为基本特征，在与 GaSb、InAs 和 InP 等常用衬底材料的晶格几乎相匹配或应变匹配的条件下，其禁带宽度可在较宽的范围内调节，相对应的波长可覆盖从近红外 $0.78\mu m$（AlSb）到远红外 $12\mu m$（InAsSb）光谱区域。由它们之间形成的异质结还具有十分丰富的Ⅰ型、Ⅱ类错位排列型和Ⅱ类破隙型三种不同对准类型的异质结能带结构。ABCS 系材料独特的能带结构、优异的物理性能为开展材料的能带剪切和结构设计提供了很大的自由度和灵活性，对研究和制造各种新型的高性能微电子、光电子器件和集成电路创造了广阔的发展空间，在相阵控雷达、卫星通信、超高速超低功耗集成电路、便携式移动装置、气体环境监测、化学物品探测、生物医学诊断、药物分析等领域中都有十分重要的应用前景。

2．ABCS 材料的物理特性和制备工艺

表 5－2 给出了半导体材料在室温下重要物理性能的对比结果。从表中可以看出，ABCS 具有十分优异的物理特性，以 InSb 为代表的锑化物材料具有Ⅲ－Ⅴ族化合物半导体材料中最小的带隙、最小的载流子有效质量、最大的电子饱和漂移速度 v 和迁移率 μ_n 等指标。图 5－15 所示是半导体材料的晶格常数与禁带宽度和对应光谱波长的关系，图中也同时标出了 HEMT 和 HBT 集成电路技术发展的趋势。图 5－16 所示是 ABCS 的禁带宽度与能带偏移量相对位置的关系。

表 5－2　半导体材料在室温下重要物理性能的对比

性　　质		InSb	GaSb	AlSb	InAs	GaAs	InP	GaN（六方相）
禁带宽度 E_g/eV		0.18	0.70	1.63	0.36	1.42	1.35	3.39
迁移率 $\mu_n/(cm^2 \cdot V^{-1} \cdot s^{-1})$		8×10^4	5 000	200	3×10^4	8 500	5 400	900
饱和漂移速度 $v/(\times10^7 cm \cdot s^{-1})$		4.0	—	—	4.0	1.0	1.0	2.7
电子弹道平均自由程/nm		226	—	—	194	80	—	—
有效质量/m_0	电子	0.014	0.042	0.12	0.024	0.067	0.077	0.2
	空穴	0.018（轻）0.4（重）	0.4	0.98	0.025（轻）0.37（重）	0.082（轻）	0.12（轻）0.55（重）	0.6
热导率 $k/(W \cdot cm^{-1} \cdot K^{-1})$		0.15	0.4	0.7	0.27	0.5	0.7	1.3
相对介电常数		17.9	15.7	12.04	15.1	12.8	12.5	9

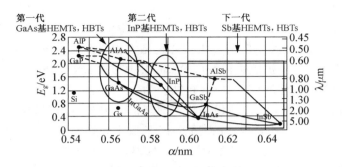

图 5 - 15　晶格常数与禁带宽度和对应光谱波长的关系

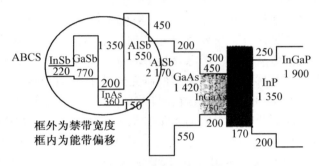

框外为禁带宽度
框内为能带偏移

图 5 - 16　禁带宽度与能带偏移量相对位置的关系

　　锑化物半导体材料一般可以分为体单晶和薄膜材料两大类。最常用的体单晶材料有 GaSb、InSb 和 InAs 三种。因 GaSb 和 InSb 的熔点分别为 712℃ 和 525℃,都比较低,且在熔点温度附近不发生离解,饱和蒸气压又很小,它们都可采用与生长 Ge 单晶相类似的区熔水平 Bridgman 生长法或垂直拉制 VP 法来制备。InAs(熔点 943℃)体单晶需采用与生长 GaAs 单晶相类似的液体覆盖 Czochralski(LEC)拉制法或垂直梯度凝固(VGF)法制备。因它们禁带宽度小,室温下激发的本征载流子浓度较高,因此难以获得高电阻的半绝缘体单晶衬底材料,严重阻碍了 ABCS 在微电子器件领域中的应用。目前,制备超高纯 InSb 单晶载流子浓度可小于 $10^{13}\,cm^{-3}$,GaSb 单晶的剩余空穴浓度约 $2\times 10^{16}\,cm^{-3}$。其他三元、四元锑化物体单晶材料受其生长工艺不成熟和多元锑化物中普遍存在不互溶隙的限制而极少采用。

　　制备锑化物薄膜材料的常用方法有:液相外延法、分子束外延法和金属有机物化学气相沉积法。LPE 法工艺相对简单,外延设备不太昂贵,源材料利用率高,外延薄膜的晶体质量高,生长速度快,特别适合于厚膜材料的制备。LPE 属一种近热力学平衡的生长技术,因而不能用于生长其组分位于不互溶隙中处于亚稳态的三元、四元锑化物材料的制备,其生长速度一般高于 MOCVD 或 MBF,因衬底晶相的不同而差别很大,典型值为 100nm/min 到每分钟几微米。

　　LPE 的弱点是它不能对非常薄的纳米级薄膜进行精确的可控生长,即不太适用于超晶格或量子阱器件等复杂微结构材料的制备。另外,LPE 生长材料的表面形貌一般也不如 MOCVD 或 MBE 的好。国外开发了一种很有市场潜力的，将 LPE 与 Zn 扩散技术相结合用于低成本制造高效 GaSb 基 InGaAsSb 同质 PN 结热光伏电池（TPV）的方法，即在掺 Te 的 N 型 GaSb 衬底上用 LPE 生长与之晶格相匹配的 N－$In_{0.15}Ga_{0.85}As_{0.17}Sb_{0.83}$（0.55eV）外延层，再用 Zn 扩散法在 InGaAsSb 层中形成 PN 同质结，该 TPV 在 $2\mu m$ 辐射波长的外量子效率高达 90%，响应截止波长为 $2.3\mu m$，接近于 MOCVD 或 MBE 所制备材料的技术指标。此外，LPE 还用于中红外 InGaAsSb、InSb 基红外探测器、LED 和 LD 材料的生长，它是一种比较成熟的、高效率、低成本和易于实现产业化的生长技术。

　　MOCVD 和 MBE 都属于非热力学平衡的低温外延生长技术，可以生长几乎所有组分配比的多元锑化物薄膜材料，包括位于不互溶隙中处于亚稳状态的三元、四元和五元化合物。它们都可用于超薄层复杂微结构材料的生长，非常适合于各种新型光电器件和电路的研制。MOCVD 适合于批量化生产器件结构相对成熟的外延材料，并易于扩大外延规模和产能，而 MBE 更适合于研发具有超精细复杂结构的外延材料。尽管已研制出了生产型的 MBE 设备，但从成本上考虑，用 MBE 搞批量化生产不经济。

　　用 MOCVD 外延生长锑化物薄膜材料的研究始于 1969 年 Manasevit 和 Simpson 用 TMGa 和 SbH₃ 源外延 GaSb 薄膜的报道。与 MBE 采用单一元素的源材料不同，金属有机物种类的选择对 MOCVD 外延材料的质量有至关重要的影响。用 MOCVD 外延锑化物材料常用的 Ⅲ 族金属有机源有三甲基化合物和三乙基化合物，如 TMGa、TMIn、TMAl、TEGa、TEIn 等，V 族源常用的有 TMSb、AsH₃、PH₃、TMBi 和 RF－N₂ 等。锑化物材料的熔点普遍较低，外延衬底的温度一般在 500℃ 左右，除 TMIn 分解温度（250～300℃）较低外，包括 TMSb 在内的绝大多数 Ⅲ 族金属的三甲基或三乙基有机源在 500℃ 下都不能完全分解。因此，对于熔点仅为 525℃ 的 InSb 材料就必须采用分解温度更低的新型有机源材料。目前，国外用 MOCVD 外延锑化物材料已获成功应用的新有机源有：TDMASb（分解温度＜300℃）、TBDMSb、TASb、TMAA、TTBAl、EDMAA 等。另外，由于缺乏室温下化学稳定的锑氢化物（SbH₃），采用 MOCVD 外延含 Al 的锑化物材料（如 AlSb、AlGaSb、AlGaAsSb 等）时易于出现严重的 C 污染和 O 污染的问题，该现象可能与外延材料表面缺乏活性氢原子有关。其中，C 污染一般表现为 P 型掺杂，即使合金中 Al 含量仅为 20%。

　　在外延膜中，C 和 O 的掺杂浓度也能达到 $1\times10^{18}cm^{-3}$ 以上，这对含 Al 锑化物薄膜的 N 型掺杂造成了一定困难。外延含 AlSb 的多元材料中高浓度 O 杂质的存在将使材料呈半绝缘性能而难于测量其电学性能。其中 O 杂质的来源很复杂，既与金属有机源的纯度有关，也与外延环境和工艺条件密切相关。上述 TMAA、TTBAl、EDMAA 等新型有机铝源的开发使用，正是为了抑制其严重的 C 污染问题。因此，用 MOCVD 外延 AlSb 及其多元合金材料是所有 Ⅲ－Ⅴ 族材料外延技术中最富有挑战性的工作。

　　用 MBE 外延锑化物材料的研究起始于美国 IBM 公司 L. L. Chang 和 L. Esak 关于 InAs/GaSb 外延材料的报道。与 MOCVD 工艺显著不同的是，MBE 采用超高真空工作环境，以单一元素材料为分子束源，易于实现原子层外延和原位实时监控生长等优点，使其避免了 MOCVD 外延含 Al 锑化物材料的 C 污染问题，也大大降低了 O 掺杂的浓度。

实验证实,采用 GaSb(100)2°偏向(110)或(100)6°偏向(111)B 衬底时,可外延生长出更高晶体质量的 InGaAsSb 和 AlGaAsSb 外延层。为克服锑化物材料没有半绝缘衬底的难题,采用 GaAs、Si 等异质衬底材料外延 ABCS 薄膜的研究引起了广泛关注。H. Toyota 等人报道了在 Si(001)衬底上用 MBE 外延 5 nm AlSb 形核层和 $0.5 \sim 2.0 \mu m$ GaSb 缓冲层后,生长出了高质量的 GaSb/AlGaSb 多量子阱结构材料样品,PL 测试发现该样品能发射约 $1.55 \mu m$ 波长的荧光。在 SiO_2 条形掩膜的 GaAs(001)衬底上,用 MOCVD 低温横向过生长技术也制备出了低位错密度的高质量 GaSb 外延膜。

除了由 Al、Ga、In、As、Sb 构成常见的二元、三元和四元锑化物外,为了延展锑化物材料在远红外波段($>5 \mu m$)的应用,通过调节材料的晶格常数以便与 GaSb、InAs 等衬底材料的晶格相匹配和开发新功能材料,近来一些含 N($<2\%$)、P、Bi($<2\%$)的三元、四元锑化物和 AlGaInAsSb、GaInNAsSb 等五元锑化物材料亦引起了人们的关注和研究兴趣。T. Ashley 等人发现在 GaSb、InSb 和 GaInSb 材料中添加少量($<2\%$)的 N 元素,将明显改变对应材料的能带结构,其带隙将变小,非常有利于多波段红外探测器件的开发。

5.2.1.2　从 HgCdTe 到超晶格

在红外探测领域,HgCdTe 红外探测器是目前最常用的探测器,已经研制出多种响应波段、性能优良的单元和多元阵列 HgCdTe 红外探测器产品,波长范围涵盖短波红外(SWIR)、中波红外(MWIR)和长波红外(LWIR)。但是,HgCdTe 材料也存在一些难以克服的缺点,其材料稳定性、抗辐射特性和均匀性都相对较差,在工艺上精确控制材料的组分比较困难,大面积应用时面临着较大的技术困难。另外,它还具有高的俄歇复合速率,隧道电流和暗电流都较大。为了改善器件特性,必须使 HgCdTe 探测器在低温下工作,这使得器件在实现小型化、低成本和便携性方面具有很大困难。

在研制 HgCdTe 替代材料方面人们已经做了大量的研究工作,并逐渐集中于具有优越材料性能和成熟器件工艺的Ⅲ－Ⅴ族化合物半导体材料上。通过利用量子阱中束缚能级到导带的跃迁或Ⅱ型超晶格中相邻层之间的带间跃迁,使一些禁带较宽的Ⅲ－Ⅴ族材料也可用于红外探测器的研制,如 GaAs/Al－GaAs、InAs/GaSb 等。由于Ⅲ－Ⅴ族材料的外延生长技术十分成熟,其量子阱或超晶格材料的晶体质量很高,大尺寸均匀性很好,并易于调制量子阱或超晶格材料的吸收波长。

1977 年 Sai－Halasz 和 Esaki 首次提出了 InAs/GaSb Ⅱ型超晶格可作为红外探测器材料,1987 年 Smith 和 Mailhiot 提出了 InAs/InGaSb Ⅱ型超晶格红外探测器。由于Ⅱ型超晶格特殊的能带结构,通过采用 InGaSb 三元合金和能带剪裁工程可使红外探测器的截止波长扩展到 $25 \mu m$ 以上的长波红外波段(LWIR)。与体半导体材料不同,InAs/InGaSb Ⅱ型超晶格中电子的有效质量并不依赖于禁带宽度,其固有的较大的电子有效质量和价带中重空穴与轻空穴子带的较大分离可以有效抑制俄歇复合和减少隧穿电流。上述特性使 InAs/InGaSb Ⅱ型超晶格材料在实现高温下工作的高性能红外探测器研制方面很有吸引力,并作为 HgCdTe 红外材料的替代者而引起人们的广泛关注。

表 5－3 为 HgCdTe、量子阱长波、InAs/InGaSb Ⅱ型超晶格三类红外探测器的性能比较。可以看出,量子阱长波红外探测器的主要缺点是不能吸收正入射光、量子效率很

低、积分时间较长（一般为 5～10ms）及在探测器表面需要制作复杂的光栅结构，增加了器件工艺的复杂性。InAs/InGaSb Ⅱ类超晶格探测器的优点是能够吸收正入射光、量子效率较高、允许短的积分时间（1～2ms）和高的帧频速率。此外，它还可以在光伏模式下工作，无需偏压电源，十分有利于信号读出电路的简化。与光导型探测器相比，它具有响应速度快和功率消耗低的优点，其理论背景极限探测率也更高。

表 5 - 3　HgCdTe、InAs/InGaSb Ⅱ型超晶格及量子阱长波红外探测器的性能比较(77K)

参　数	HgCdTe	QWIP(N—)	InAs/GaInSb Ⅱ
IR 吸收	正常入射	正常入射，无吸收	正常入射
量子效率	≥70%	≤10%	30%～40%
灵敏变	宽带	窄带($FWHM=1\sim2\mu m$)	宽带
光学增益	1	0.2(30～50wells)	1
热寿命	≈$1\mu s$	≈10ps	≈$0.1\mu s$
R_0A 乘积($\lambda_c=10\mu m$)	300$\Omega \cdot cm^2$	$10^4\Omega \cdot cm^2$	20$\Omega \cdot cm^2$
探测率($\lambda=10\mu m$)/(cm $\cdot$ Hz$^{1/2} \cdot$ W^{-1})	2×10^{12}	2×10^{10}	5×10^{11}

　　InAs/InGaSb Ⅱ类超晶格探测器具有与 HgCdTe 探测器相近似的吸收系数、截止波长，都可以从近红外（SWIR）到远红外（LWIR）连续可调，并都允许在光伏模式下操作。InAs/InGaSb Ⅱ类超晶格探测器的优势在于明显降低了俄歇复合和漏电流，提高了红外探测器的综合性能，工作温度有望获得提高。图 5 - 17 比较了 InAs/InGaSb Ⅱ 和 HgCdTe 探测器的理论预测和实验测量的探测率与波长和温度的关系。可以看出，在相同工作条件下，InAs/InGaSb Ⅱ类超晶格探测器的性能要高于 HgCdTe 探测器。尽管从当前的研究水平上看，前者的探测率仍略低于后者，但它具有更大的发展空间。

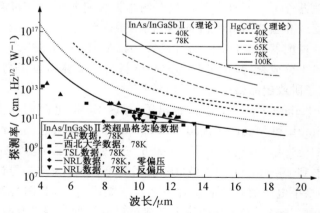

图 5 - 17　InAs/InGaSb Ⅱ 类超晶格和 HgCdTe 探测器的理论和实测探测率与温度和波长的关系

5.2.1.3　InAs/InGaSb 超晶格结构

InAs/InGaSb 超晶格具有 Ⅱ 型异质结的能带结构（图 5 - 18），其中 InAs 层的导带能级低于 In－GaSb 层的价带能级。通过调节超晶格中 InGaSb 和 InAs 层的厚度以及 InGaSb 层中的 In 组分,可以改变超晶格中电子子带和空穴子带的能级位置,从而实现 Ⅱ 类超晶格能带结构和能带隙的调制,使其能带隙可在 0～0.5eV 之间连续变化,对应于吸收波长 2～30μm 之间红外波段范围。在 InAs/InGaSb 超晶格中电子主要位于 InAs 层中,而空穴则被限制在 InGaSb 层中,从而提高了载流子的寿命,抑制了俄歇复合机制。

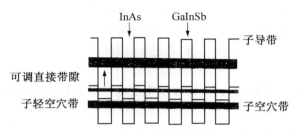

图 5－18　InAs/GaInSb 应变超晶格的能带结构图

5.2.1.4　制备方法

1. 简介

InAs/InGaSb 超晶格一般采用分子束外延技术在 P 型 GaSb(100)衬底上制备,也有在 Si 或 GaAs 衬底上生长该材料的结果报道,其中在 GaSb 衬底上外延生长时的晶格失配最小,生长晶体的质量最好。实验用 As 和 Sb 源炉一般使用阀控裂解源炉,用裂解产生 As$_2$ 和 Sb$_2$ 束流参与薄膜的外延生长,典型的裂解温度为 800～900℃。实验中不需要改变该源炉的温度就可以对 As$_2$ 或 Sb$_2$ 的束流大小进行快速切换控制,保证了很短的束流变化开关时间,有利于生长出陡峭的异质结界面和减少交叉污染,制备出符合设计要求的超晶格结构材料。

Ⅴ－Ⅲ束流比、衬底生长温度、生长速率等工艺参数的优化对 InAs/InGaSb 超晶格材料的生长也十分重要。Ⅴ－Ⅲ束流比(BEP)的选择与外延材料的种类和所用的 MBE 设备密切相关,没有一致化的 BEP 参数。如 Wei Y 等报道生长 InAs 层的 BEP 比为 4、GaSb 层的 BEP 比为 1.2,而 Fuchs F. 等报道生长 InAs 层的 BEP 比为 6、GaInSb 层的 BEP 比为 2～4.5。衬底生长温度一般采用 390±10℃,这是在界面粗糙度(温度越高,界面越光滑)和剩余背景载流子浓度(温度越低,背景载流子浓度越低)之间采取折衷处理的结果。由于衬底温度 390℃并不是 InAs 和 GaSb 的最佳生长温度,一些研究人员采用在高的 As 流下进行 10～15min 450℃原位退火来除去层内的点缺陷。由于超晶格中各层的厚度都非常薄(几纳米),每层厚度的控制误差在 1(或 1/2)ML 内,低的生长速率是十分必要的。典型生长速率是每秒小于一个单分子层。较低的生长速率将有利于保证超晶格复杂周期性结构的精密控制生长。

在 InAs/InGaSb 超晶格的层与层之间过渡时,可能出现 Ga－As 界面或 In－Sb 界面这两种不同的界面类型。研究表明,采用表面迁移增强外延法(MEE),可以精确控制界面类型的种类和厚度。在红外探测应用中具有 InSb 界面类型的 InAs/InGaSb 超晶格红外探测器的性能将更优越。界面类型对界面粗糙度也有影响,InSb 界面要比 GaAs 界面更平滑。红外探测器用超晶格结构材料一般需要生长到几个微米厚,为避免晶格弛豫而形成的位错,超晶格层相对于衬底的剩余晶格失配度必须小于 $\pm 5 \times 10^{-3}$,也有一些超晶格结构采用 GaAs 界面和 InSb 界面的组合,以达到减少或消除应变的目的。

　　此外,在外延生长 InAs/InGaSb 超晶格过程中还存在两个技术难题需要解决。首先是 InAs 层中的富 Sb 问题。由于先于 InAs 层生长的 GaSb 表面常有剩余的 Sb 原子,Sb 很容易偏析扩散到 InAs 层中造成 InAs 层中富 Sb,即使改变生长条件,Sb 偏析的问题也较难解决。其次是过高的背景掺杂浓度对于窄带隙材料需要被控制在 $1 \times 10^{15}\,cm^{-3}$ 左右,以避免在耗尽区产生有害的高场隧穿电流,而目前在超晶格中背景掺杂浓度的典型值为 $5 \times 10^{15}\,cm^{-3}$(无论 N 型或 P 型)。

2. GaAs 基 GaSb 体材料与 InAs/GaSb 超晶格材料的制备与效果

　　(1)制备。首先在 GaAs(100)衬底上生长了 GaSb 体材料,采用的设备为 VG80H MKⅡ MBE 系统。Sb_4 和 As_4 是由传统的 K - cells 提供的。外延过程包括:在 580℃下,先生长厚度为 500nm 的 GaAs 缓冲层,然后生长 $1\mu m$ 厚的 GaSb 层。对比了不同的生长温度:400℃、450℃和 500℃,及不同的生长速率:$0.15\mu m/h$,$0.25\mu m/h$、$0.5\mu m/h$ 和 $1\mu m/h$,Sb_4 和 Ga 的束流比在 3.3～11 之间变化。生长过程中表面形貌由反射式高能电子衍射(RHEED)进行原位监测,然后在 GaSb 缓冲层上进行了 InAs/GaSbⅡ型超晶格的生长,其中 InAs 层的厚度分别为 2ML 和 4ML,GaSb 层厚度为 8ML,生长温度为 400℃。InAs 的生长速率为 $0.1\mu m/h$,GaSb 的生长速率为 $0.25\mu m/h$。

　　(2)效果。首先对比了不同 Sb_4 和 Ga 的Ⅴ/Ⅲ束流比和衬底生长温度对 GaSb 材料最小表面粗糙度和最大 Hall 迁移率等质量特征的影响,表 5 - 4 为生长速率为 $1\mu m/h$ 时,在三种温度下所获得的最小表面粗糙度、最大 Hall 迁移率样品的参数表。可以看出,在衬底温度为 500℃时,GaSb 材料的均方根表面粗糙度最小,仅为 0.563nm($10\mu m \times 10\mu m$);Hall 迁移率最大,为 $626cm^2 \cdot V^{-1} \cdot s^{-1}$。固定这个最佳的温度和Ⅴ/Ⅲ束流比,可以进一步对比生长速率对材料表面粗糙度的影响。采用 $0.15\mu m/h$、$0.25\mu m/h$、$0.5\mu m/h$ 和 $1\mu m/h$ 不同的生长速率,经 AFM 测试发现:以 $0.25\mu m/h$ 的生长速率生长的样品其表面粗糙度最小,为 0.1nm($2\mu m \times \mu m$),原子台阶清晰可见,表面平整,没有螺位错。更低的生长速率($0.15\mu m/h$)得到的样品表面粗糙度比高速率($0.25\mu m/h$)的大,这是因为生长速率足够低时,Ga 原子的迁移长度很大,有足够的时间到达自由能最低的晶格位置,即由大的晶格失配引入的缺陷位置。原子不断地在缺陷位置周围聚集形成岛,故而使表面粗糙度变大。测试结果表明,采用较高的衬底温度(500℃)、适当的Ⅴ/Ⅲ比和较低的生长速率($0.25\mu m/h$)有助于提高表面平整度,在此 GaSb 缓冲层上可以生长出不同周期高质量的 InAs/GaSb 超晶格,其 10K 温度下 PL 谱峰值波长达到 2.0～2.6μm。这种 GaAs 基 GaSb 体材料和 InAs/GaSb 超晶格是制造下一代高效热光伏电池、第三代大面阵红外探测器的重要材料。

表 5 - 4　不同衬底温度下制备样品的表面粗糙度(10μm×10μm)和室温空穴迁移率

样 品	表面粗糙度 /nm	Hall 迁移率 /(cm² · V⁻¹ · s⁻¹)	衬底温度 /℃
Vg051204	0.569	572	400
Vg060402	0.60	618	450
Vg051109	0.563	626	500

3. InAs/GaSb 超晶格中波焦平面材料的制备与效果

(1) 制备。InAs/GaSb 超晶格材料生长是在法国 RIBER 公司的 Compact 21 分子束外延设备上进行的,超晶格材料的 As 源和 Sb 源分别由 As 带阈的裂解炉和 Sb 带阈的裂解炉提供的 As₂ 和 Sb₂,In 源和 Ga 源分别是 7N 的高纯金属 In 和 Ga。实验采用(100)晶向的 GaSb 衬底,衬底表面脱氧过程由在线的反射式高能电子衍射(RHEED)花样监控,材料外延生长的速率由 RHEED 强度振荡曲线获得,In/As 和 Ga/Sb 的束流比由在线的离子规测量得到,衬底温度由红外测温仪监控。设计了两组实验研究生长工艺对材料性能的影响,第一组实验研究衬底温度对外延层表面质量的影响,衬底温度范围在 400~500℃之间。由于 InAs/GaSb 超晶格材料的生长温度窗口很窄,因此合适的生长温度是获得高质量超晶格材料的一大关键。第二组实验研究了超晶格界面层对材料质量的影响,由于 InAs 和 GaSb 之间没有共有原子,因此在 InAs 和 GaSb 的界面处会出现两种界面类型,即 InSb 型界面和 GaAs 型界面。由于 InAs 的晶格常数小于 GaSb,所以引入晶格常数较大的 InSb 型界面,可以平衡超晶格材料的内部应变,提高外延材料的质量。在实验中分别设计了 3 种不同 InSb 型界面的快门开关顺序,通过 X 射线双晶衍射,研究材料性能随界面性质的变化。

(2) 效果。在 GaSb 衬底上分子束外延中波 InAs/GaSb(9ML/12 ML)超晶格材料,最优生长温度为 450℃时,生长的外延材料表面平整,粗糙度最小可达 1Å。DCXRD 结果显示,通过改变界面层来调整衬底和外延材料的失配,超晶格晶体质量完好。吸收光谱测试表明,样品 50% 吸收截止波长在 4.85μm。

5.2.2　InAs/GaSb 超晶格红外探测器

5.2.2.1　简介

自 1970 年江崎等人提出半导体超晶格、量子阱结构以来,由于其奇特的电学和光学特性及在光电器件等方面的广泛应用,半导体量子阱结构的研究越来越受到人们的重视。1977 年,Sai - Halasz 和 Esaki 首次提出了 InAs/GaSb Ⅱ类超晶格红外探测。这类超晶格与以 GaAs/AlGaAs 为代表的 B 类超晶格不同,材料组合 InAs/GaSb 中的 InAs 材料导带在 GaSb 材料价带之下,能带结构彼此错开,也称之为"错开型"超晶格,如图 5 - 19 所示。在这种超晶格中,通过调节 InAs/Ga(In)Sb 层厚及其相应的组分,形成了贯穿整个超晶格材料的导带和价带结构,其位置可调。在光辐照的作用下,价带中的电子跃迁到导带中形成光电流,属于带间跃迁。超晶格不但具有带隙可调的独特性,而且能带结构也可调。通过调节 InAs/InGaSb 层厚及其相应的组分,可调节 InAs/GaSb Ⅱ类超晶格的能带结构和带隙,使其工作在 $3\sim30\mu m$ 之间的任意波段范围。另外,通过材料设计可抑制俄歇复合及有关的暗电流,提高焦平面工作温度,从而使得超晶格材料可以制作室温条件下长波红外探测器。1999 年,H. Mohseni 报道了工作在室温,相应波段在 $8\sim12\mu m$ 的 InAs/GaSb 红外探测器,其峰值探测率为 $1.2\times10^{8}\,\mathrm{cm\cdot Hz^{1/2}\cdot W^{-1}}$。

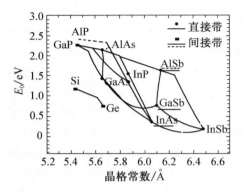 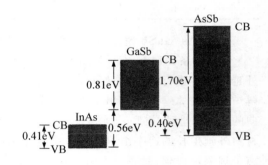

图 5 - 19   InAs/GaSb Ⅱ类超晶格材料晶格常数和能带结构

归纳起来,InAs/GaSb Ⅱ类超晶格的优点主要有以下几点:

(1)量子效率高,带间跃迁,可以吸收正入射,缩短了焦平面探测器的积分时间,响应时间快。

(2)暗电流小,通过调节应变及其能带结构,使重、轻空穴分离大,降低了俄歇复合及有关的暗电流,焦平面工作温度提高。

(3)电子有效质量大,是碲镉汞的 3 倍($m_e=0.03m_0$,MCT $m_e=0.01m_0$),隧穿电流小,可获得高的探测率,尤其在超长波。

(4)带隙可调,响应波长从 $3\mu m$ 到 $30\mu m$ 可调,可制备中波、长波、超长波、双色及多色器件。对于双色器件,双色超晶格器件全部外延层的厚度不到双色 MCT 器件的三分之一,这给材料生长和器件工艺带来许多好处,具有更好的光谱调节能力和像元均匀性。

(5)基于Ⅲ-Ⅴ材料生长技术,均匀性好,便宜。利用 MBE 进行材料生长,具有很高的设计自由度,掺杂容易控制,没有合金涨落、簇状缺陷,焦平面探测器均匀性好。

相比常规量子阱探测器,InAs/GaSb Ⅱ类超晶格的优点在于能够吸收正入射,具有高的量子效率,允许短的积分时间($1\sim2ms$)和高的帧频操作,降低了俄歇复合及漏电流,提高了探测器性能,工作温度高。常规量子阱探测器积分时间为 $5\sim10ms$。相比于碲镉汞探测器,它们的共同点在于相近的吸收系数,截止波段从短波到超长波连续可调,允许光伏器件模式操作。理论计算表明,由焦耳热限制的探测率 InAs/GaSb Ⅱ类超晶格比碲镉汞高,在截止波长 $9\mu m$ 处、温度 78K 下探测率大于 $1\times10^{11}\,\mathrm{cm\cdot Hz^{1/2}\cdot W^{-1}}$。

5.2.2.2   材料设计

InAs/GaSb Ⅱ类超晶格材料不仅禁带宽度可调,能带结构也可调,可允许采用不同的材料组合获得相同的能带宽度,即采用最佳性能的材料设计获得相同波段的探测。目前材料设计基于经验紧束缚的方法(ETBM)、$8\times8k\cdot p$ 包络函数近似等进行能带计算,除了常规的 InAs/GaSb 超晶格结构,在理论上还设计出具有较高量子效率和动态 R_0A 的 W 型、M 型材料结构,能带形状形如英文字母"W"和"M",如图 5 - 20 和图 5 - 21 所示。

1995 年,Meyer 等人首次提出 W 型结构的中波红外器件。2006 年 E. H. Aife 设计了 W 型结构的 LWIR Ⅱ 类超晶格红外探测器,2007 年理论计算了这种结构制备 LWIR/VLWIR 双色 Ⅱ 类超晶格红外探测器的可能性,结果显示没有抗反射条件下的量子效率超过 30%,动态 R_0A 接近于碲镉汞红外探测器水平。

2007 年美国西北大学 B - M. Nguyen、M. Razeghi 等采用经验紧束缚的方法 (ETBM)进行能带计算,提出了 M 型结构的超晶格结构,该结构将 AlSb 势垒加到二元超晶格 InAs/GaSb 的 GaSb 中间(图 5 - 21)。通过理论计算,该结构也具有较高的量子效率和 R_0A。

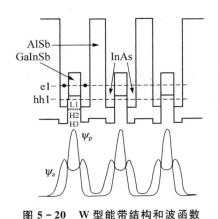

图 5 - 20　W 型能带结构和波函数

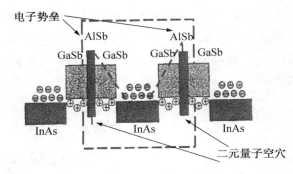

图 5 - 21　M 型能带结构

5.2.2.3　结构设计

1. 器件结构

在 InAs/GaSb Ⅱ 类超晶格的研究初期是光导型器件,之后又提出了光伏型器件,目前主要为 N－i－P 型。德国 AIM 采用的是 N－i－P 光伏型结构(图 5 - 22),美国的研究机构主要采用的是 P－i－N 光伏型结构,P 型掺杂采用 Be,N 型掺杂采用 Te 或 Si。

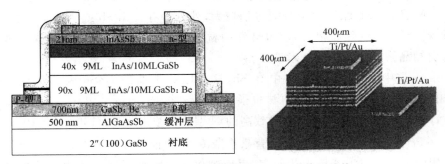

图 5 - 22　德国 AIM 采用的 N－i－P 光伏型结构

2005 年美国海军实验室 E. H. Aifer 等人研制出了第一个双波段 LWIR/VLWIR Ⅱ类超晶格光电探测器，截止波长分别为 11.4μm 和 17μm，采用 P—N—P 器件结构，即两个 P—i—N 结构背对背，如图 5 - 23 所示。有源区为"W"型能带结构，提高了波段选择性。

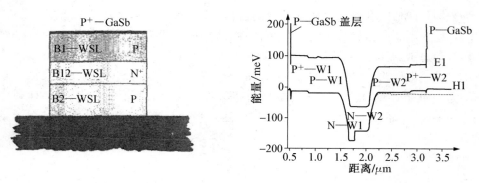

图 5 - 23　P—N—P 型双波段 LWIR/VLWIR Ⅱ类超晶格光电探测器材料及能带结构

德国 IAF 和 AIM 则是采用两个背对背 N—i—P 结构，公共电极为 P 型区，研制出 288×384 像元 MWIR(3~4μm、4~5μm)双色Ⅱ类超晶格焦平面，结构示意图如图 5 - 24 所示。

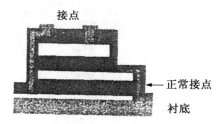

图 5 - 24　德国 IAF 和 AIM 采用的 N—i—P 双色探测器结构

目前在材料及器件工艺中还存在以下几个难点问题：

(1) 应变补偿。由于 InAs (6.058 3Å) 和 GaSb(6.095 93Å) 之间存在晶格突变，晶格失配 $\Delta a/a = 0.62\%$，InAs 晶格常数小，GaSb 衬底上的 InAs/GaSb SLs 处于张应变。另外，In—As、Ga—Sb 原子间结合能差别较大，外延中存在 InSb 或 GaAs 界面，因此如何进行材料设计，控制界面生长，获得良好的材料质量，降低暗电流，成为高性能 InAs/GaSb Ⅱ类超晶格器件的首要技术难点。

(2)InAs 层中富集 Sb。InAs 中有 Sb，这是因为下面的 GaSb 表面富集 Sb，生长 InAs 层中引入了 Sb，且通过生长方法也很难去掉。

(3)背景掺杂。由于本征缺陷，导致高的 N 型掺杂浓度为 $5\times10^{15} \sim 1\times10^{16}\,\text{cm}^{-3}$，由此降低了少子寿命。通过退火可降低背景掺杂浓度，目前最好水平为 $5\times10^{14}\,\text{cm}^{-3}$。

(4)侧面钝化。对于器件工艺而言，表面钝化是一个关系器件性能的重要因素。由于台面隔离暴露了有源区，暴露出的台面侧壁被认为是暗电流的主要贡献者。对于侧壁钝化,目前采用了不同的清洁、化学处理、介电层 SiO_2、Si_3N_4 覆盖、硫化铵钝化、浅腐蚀台面隔离(SEMI)、二次外延 AlGaAsSb(对长波)等方法,但降低表面漏电仍然是目前各波段器件工艺有待进一步完善的技术问题。

2. 探测器结构

(1) 基本结构形式。InAs/InGaSb Ⅱ类超晶格红外探测器在研究初期为光导型探测器,之后提出了光伏型探测器,目前主要是采用 P—i—N 器件结构的光伏型探测器。由于轻掺杂的 P 型超晶格中少数载流子具有更长的俄歇寿命和优良的输运特性,N—ON—P 结构设计的器件(N 型盖层在 P 型吸收区之上)更适合用于红外探测器。

对工作于中波红外(MWIR)和长波红外(LWIR)的超晶格探测器,仅用 InAs/GaSb 超晶格结构就可满足设计要求,而无需采用 GaInSb 三元合金层结构,但对于截止波长在 $8\sim12\mu m$ 以上的超晶格红外探测器则需要采用 InAs/GaInSb 超晶格结构。图 5-25 所示为 Robert Rehm 等人研制的截止波长 $10\mu m$ 的 InAs/GaInSb 超晶格红外探测器的结构示意图。在 P 型 GaSb 衬底上首先用 MBE 生长 $500nm Al_{0.5}Ga_{0.5}As_{0.04}Sb_{0.96}$ 晶格匹配的缓冲层,然后生长 700nm GaSb:Be($3\times10^{18} cm^{-3}$)的 P 型接触层。有源区为 190 个周期的 8.6 ML InAs/5.0 ML $Ga_{0.75}In_{0.25}Sb$ 超晶格结构,其中下面 90 个周期的超晶格为 P 型掺杂(在每个周期的 $Ga_{0.75}In_{0.25}Sb$ 层中掺 Be:$1\times10^{17} cm^{-3}$),接着是 40 个周期的非故意掺杂层,然后是 60 个周期的 N 型掺杂超晶格层(在每个周期的 InAs 层中掺 Si:$1\times10^{17} cm^{-3}$),最后在有源区的上方生长 30nm GaSb 盖层结构。

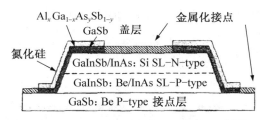

图 5-25　P—i—N InAs/GaInSb 超晶格探测器的结构示意图

(2) 探测器结构的改进。通常的超晶格红外探测器都是采用传统的 P—i—N 结构,其结构的优化设计、外延材料晶体质量和性能的不断提高仍有很大的发展空间,超晶格红外探测器的性能还将得到进一步的提高。

对于 W 型结构的超晶格红外探测器,2006 年 E. H. Aifer 等人研制成功了 W 型能带结构的Ⅱ类超晶格长波红外探测器(WSL-LWIR)。WSL-LWIR 使用了渐变能带的 P—i—N结构设计,通过采用 W 型的能带结构抑制了隧穿电流和复合电流的产生,使器件的暗电流降低了一个数量级。该红外探测器的 R_0A 值与 HgCdTe 红外探测器的水平相当,在 80K 下的截止波长为 $11.3\mu m$,在 $8.6\mu m$ 时的外量子效率达到了 34%。实验测定该探测器中少数载流子的电子扩散长度为 $3.5\mu m$,与高质量的 HgCdTe 光电探测器相比这个值要小很多。

对于 M 型结构的超晶格红外探测器,2007 年 Binh-Minh Nguyen 等人报道了 M 型结构的Ⅱ类超晶格红外探测器。该器件结构使用了 M 型结构的势垒,将 AlSb 势垒层加到二元超晶格 InAs/GaSb 的 GaSb 中间。M 型结构的超晶格有更大的载流子有效质量和能带不连续性,有效减弱了耗尽区的扩散和隧穿特性,显著降低了器件的暗电流,但对器件的光学特性并无显著影响。在 77K 下,该器件的截止波长为 $10.5\mu m$,$R_0A = 200\ \Omega \cdot cm^2$,量子效率超过了 30%。

为了有效降低或消除器件的表面电流,Maimon S 等人提出了 NBN 型结构的红外探测器结构设计。2008 年 Bishop G 等报道了基于 InAs/GaSb 超晶格的 NBN 型结构的探测器,在 250K 下的截止波长为 $4.8\mu m$,与常规的红外探测器相比,由于消除了表面电流,使得器件的低温暗电流减少了两个数量级。在 $4.0\mu m$ 波长时最大的电流响应率和量子效率分别达到 0.74 A/W 和 23%,77K 时最大探测率为 $2.8 \times 10^{11}\ cm \cdot Hz^{1/2} \cdot W^{-1}$。此外,Binh - Minh Nguyen 等还报道了一种 $P^+ - \pi - M - N^+$ 结构的 InAs/GaSb 超晶格红外探测器,通过采用厚的有源区(约 $6.5\mu m$)和 N-ON-P 结构,在 77K 温度下、$8.0\mu m$ 波长时的量子效率达到了 50%。通过双异质结构设计和采用聚酰亚胺进行器件表面的钝化处理,有效降低了表面的泄漏电流,1% 截止波长为 $10.52\mu m$,$R_0A = 416\ \Omega \cdot cm^2$,探测率达到了 $8.1 \times 10^{11}\ cm \cdot Hz^{1/2} \cdot W^{-1}$。

5.2.3　InAs/GaSb 红外探测器实例

5.2.3.1　GaAs 基短周期 InAs/GaSb 超晶格红外探测器

1. 工作机理

InAs/GaSb Ⅱ 型超晶格具有不同寻常的能带结构,即 InAs 导带最小值比 GaSb 的价带最大值还要低,如图 5-26 所示。

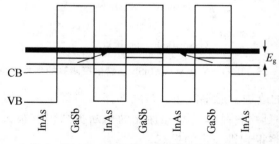

图 5-26　InAs/GaSb Ⅱ 型超晶格的能带图

从图中可见,电子的导带量子阱和空穴的价带量子阱在空间是不同的,即电子和空穴分别控制在 InAs 和 GaSb 层中(图中灰区,箭头表示载流子的跃迁方式),且 SL 的禁带宽度可小于组成超晶格材料的禁带宽度。控制超晶格各层的厚度和周期可实现对带隙和能带结构的裁剪,实现重、轻空穴带的能量分离大于禁带宽度,达到有效抑制 Auger 复合,提高载流子寿命,实现器件室温工作的目的。

图 5-27 所示为 D. L. Smith 等人通过计算获得的在相同 InAs 和 GaSb 层厚时 [111] 超晶格的禁带宽度随厚度的变化,其中厚度以单层 ML 为单位。由于载流子跃迁是在带间进行的,因此该材料做成的探测器对波长探测范围比采用子带间跃迁的探测器宽。

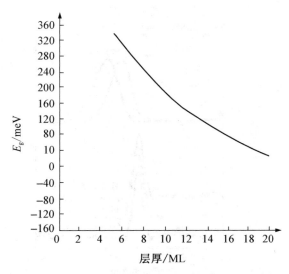

图 5 - 27　InAs、GaSb[111]SL 的禁带宽度随层厚的变化关系

2.理论设计

美国、法国和英国等发达国家利用 InAs/GaSb Ⅱ 型超晶格能带结构的特殊性广泛开展对其材料和器件的研究,已采用 MBE 技术制备出了不同工作波长的红外探测器。

H. J. Haugan 等人对工作波长为 $4\mu m$ 的 InAs/GaSb 探测器进行了理论设计和实验研究,获得的结果见表 5 - 5。

由表中看到,随着 SL 各层厚度的变化,禁带宽度也发生变化,但变化的幅值不是很大,表明不同厚度的 InAs 和 GaSb 组合可得到相同的禁带宽度。表中的测量周期是通过 Phillips 高分辨 X 射线衍射(HRXRD)仪获得的。

表 5 - 5　具有 InSb 界面的不同 InAs/GaSb SL 设计的理论值和实验值

结构	预计		实测		
InAs/GaSb/Å	层厚/Å	E_g/meV	层厚/Å	E_g/meV	$FWHM$/meV
21.7/28.2	50.2	306.6	50.6	339.6	5.0±0.14
20.2/23.7	44.2	304.2	44.5	339.5	5.2±0.10
15.7/15.7	31.7	309.2	31.4	340.1	5.2±0.28
12.7/11.2	24.2	308.0	24.2	331.6	9.8±0.16
11.2/9.7	21.2	313.8	21.2	324.8	11.2±0.24
9.7/6.7	16.7	300.2	16.9	—	—

注:$1Å=10^{-10}m$

图 5 - 28 所示为表 5 - 5 各种结构的低温光荧光(PL)谱。其中结构 1—3 对应 $3.65\mu m$[(340 +0.2)meV]峰值,PL 峰的 $FWHM$ 大约是 5.0meV,即不同的材料结构获得了大致相同的工作波长。

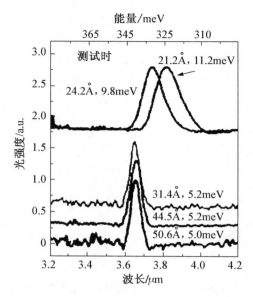

图 5 - 28　不同超晶格设计的低温荧光谱

2005 年,G. J. Sullivan 等人报道了研制的截止波长为 $11\mu m$ P-i-N 型超晶格探测器,图 5 - 29 所示为其材料结构。

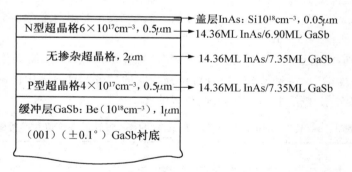

图 5 - 29　P-i-N 型超晶格探测器的材料结构

图 5 - 30 所示为用上述材料结构制备的直径 $400\mu m$ 超晶格光电二极管在 40K 时的光谱响应。由在峰值附近响应率对波长微分极值确定的探测器截止波长是 $11.1\mu m$,与由峰值(取 $8\mu m$)响应率 50% 提供的波长 $10.9\mu m$ 相近。测得的外量子效率是 25%,考虑顶层 InAs 面的反射率为 30%,且单程传输,得到内量子效率为 36%。$2.5\mu m$、$4\mu m$ 和 $5\sim7\mu m$ 处的特征是由于大气吸收的结果。

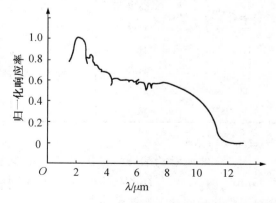

图 5 - 30　直径 $400\mu m$ 超晶格光二极管在 40K 时的光谱响应

M. Razeghi 等人在 2002 年报道制备的 II 型 InAs/GaSb 超晶格光伏探测器 50% 的截止波长为 18.8μm, 超晶格每一周期都是由 17 个 InAs 单层和 7 个 GaSb 单层组成, 材料结构如图 5-31 所示。80K 时的峰值电流响应率为 4A/W。在反向偏压 110mV, 测量温度 80K 下获得峰值探测率为 4.53×10^{10} cm·$Hz^{1/2}$·W^{-1}。80K 时的产生—复合寿命为 0.4ns, 且截止波长随温度的增加而增加是缓慢的, 当温度在 20～80K 之间变化时, 波长净变化仅为 1.2μm, 优于 HgCdTe 探测器。

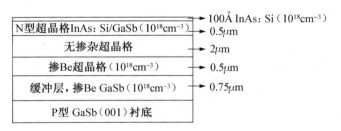

図 5-31　截止波长为 18.8μm 的超晶格探测器的材料结构

3. 探测器芯片制备

(1) 材料设计与生长。InAs/GaSb II 型超晶格禁带宽度可调, 能带位置也可调, 可以采用不同的材料设计获得相同的能带宽度。目前, 用于能带计算的理论方法或模型主要有: k·p 包络函数近似方法 (EFA)、经验紧束缚方法 (ETBM) 和赝势平面波近似方法等, Dente 和 Tilton 采用赝势平面波近似方法预测 InAs/GaSb (8ML/8ML) 超晶格的截止波长在 4.27μm 处, 对超短周期 InAs/GaSb (2ML/8ML) 超晶格进行了模拟计算但没有报道, 测出其 PL 谱峰值位置在 2.1μm 处。

InAs/GaSb 超晶格一般采用晶格匹配的 GaSb 衬底, 但 GaSb 无半绝缘衬底, 且不同厂商的产品差别大, 因此在 GaAs 衬底上制备出高质量的 GaSb 体材料是国际上 InAs/GaSb 超晶格生长的新途径。由于 GaAs 与 GaSb 的 7% 晶格失配会产生大量失配位错, 因此首先要在 GaAs 衬底上生长出低位错密度的 GaSb 缓冲层, 才能进一步生长出 InAs/GaSb 超晶格。采用优化的 MBE 生长条件制备出低位错的 GaSb 外延层, 2μm×2μm 范围原子台阶清晰可见, 没有任何螺位错, 表面均方根粗糙度只有 0.1nm。在此 GaSb 缓冲层上, 外延生长 20 周期 AlSb(50Å)/GaSb(50Å) 超晶格缓冲层, 用于阻挡 InAs/GaSb 超晶格内光生载流子与衬底的复合。其后有 GaSb 层, 然后外延生长 200 周期两种超晶格: InAs/GaSb(2ML/8ML) 和 InAs/GaSb(8ML/8ML), 超晶格表面为 GaSb 盖层。整个生长过程在 VG80HMK II 型分子束外延系统内完成, 其中 Sb4 和 As4 由 K-cells 提供, 生长过程中表面形貌由反射式高能电子衍射 (RHEED) 进行原位监测。InAs 与 GaSb 被控制在较低的生长速率, 分别为 0.3 Å/s 和 0.7 Å/s, 通过控制快门顺序形成 InSb 界面调节应力。

(2) 探测器制备。单元光导探测器采用标准光刻工艺和酒石酸腐蚀液将超晶格制作成台面结构, 光敏元面积为 800μm×800μm, 采用磁控溅射方法生长电极为 Ti(500Å)/Au(2 000Å), 剥离成条状, 形成欧姆接触, 无钝化层和抗反射膜, 装入液氮杜瓦瓶内。

4. 性能

图 5 - 32 所示为两个超晶格样品的 HRXRD 扫描图,以 GaSb(004)为衍射面,采用 omiga/2theta 联动方式对称扫描,布拉格角等于 30.36°,对应图中零坐标,除 GaAs、GaSb、InAs 峰外,每个图中都有两组超晶格卫星峰,分别对应 AlSb/GaSb 和 InAs/GaSb。采用 Bede Rads 软件对超晶格 XRD 结果进行模拟,为方便比较,模拟中没有考虑缓冲层 AlSb/GaSb 超晶格,只有 InAs/GaSb 超晶格。可以观察到,InAs/GaSb(2ML/

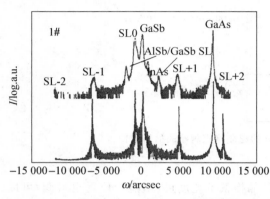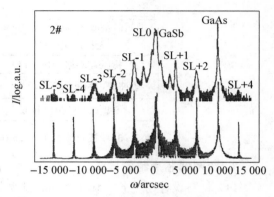

图 5 - 32　InAs/GaSb 超晶格 HRXRD 图谱(1♯:2ML/8ML,2♯8ML/8ML)

8ML)超晶格出现两级卫星峰,拟合周期为 31.2Å,与设计的 31.5Å 基本吻合。零级峰半峰宽为 200arcsec,超晶格零级峰与 GaSb 缓冲层的晶格失配 $\Delta a/a = 7.8 \times 10^{-3}$。InAs(8ML)/GaSb(8ML)超晶格的卫星峰达到五级,拟合周期为 57.3Å,相比设计 50Å 要大些。原因是由于 Sb、As 为非裂解源,关闭快门时仍有残留气体分子继续生长造成周期厚度大于设计值。但零级峰半峰宽与失配都较小,$\Delta a/a = 2.0 \times 10^{-3}$,与在 GaSb 衬底上生长的超晶格相比结果相当。说明在不匹配 GaAs 衬底上可以生长出结构完整的 InAs/GaSb 超晶格,但是原子在界面发生的聚集、互溶、替代等对超晶格结构影响十分显著,导致超晶格卫星峰展宽和应力。界面的起伏也会使超晶格表面粗糙度增大,表面起伏较大,均方根粗糙度约为 5nm。

为了研究超晶格材料的禁带宽度,将 GaAs 衬底进行减薄、抛光后,采用傅立叶转换红外光谱仪对两种结构超晶格材料进行了室温光谱透过实验,所得结果经换算得到吸收曲线,如图 5 - 33 所示。从图中看出,InAs/GaSb(2ML/8ML)和 InAs/GaSb(8ML/8ML)超晶格在 2.1μm 和 5.0μm 处有明显的吸收,对应超晶格中由于电子波函数和空穴波函数交叠后产生的导带和重空穴带的带间跃迁,整个吸收边并不陡直。原因是超晶格结构不完整产生的缺陷能级以及空穴带分离后引起的其他较高能带间跃迁。

单元器件光敏面面积为 0.006 4cm²,在 77K 和 300K 下,短波器件电阻分别为 5.45kΩ、1.34kΩ,中波器件电阻分别为 2.88kΩ 和 246Ω。采用恒流源在 7~10V 偏压下对器件进行正入射响应光谱测试,信号经自制前置放大器放大,采用傅立叶转换红外光谱仪得到两个器件在 77K 和 300K 的响应光谱曲线,如图 5 - 34 所示。从图中可以看出,在 77K 时,两个器件 50% 截止波长分别为 2.1μm 和 5.0μm,InAs/GaSb(2ML/8ML)短

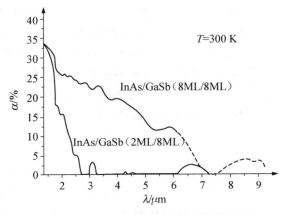

图 5 - 33　InAs/GaSb 超晶格的吸收曲线

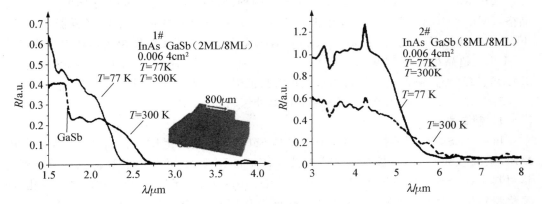

图 5 - 34　77K 和 300K 下 InAs/GaSb 超晶格响应光谱(1♯:2ML/8ML,2♯:8ML/8ML),内图为光导探测器结构

波器件中,1.7μm 处是 GaSb 缓冲层的响应。在超晶格响应处朝短波方向增强,原因是由于器件吸收层厚度仅有 0.6μm,小于吸收深度,导致量子效率比较低,在这样的厚度下,短波处吸收系数大,造成低于 2.1μm 的响应更强,同时也有超晶格其他子带间的跃迁贡献。InAs/ GaSb(8ML/8ML)中波器件所测结果与理论预测得到的 4.27μm 有偏离,原因可能是超晶格结构周期与设计值的偏差的影响,正如 HRXRD 中分析,GaSb 与 InAs 实际厚度变大。

300K 下,光电流强度变弱,同时截止边向长波方向移动(红移),短、中波探测器禁带宽度分别减少约 50meV 和 30meV。采用 ETBM 方法计算认为,温度变化导致各层材料晶格常数的变化并不会引起超晶格禁带宽度发生较大改变。

黑体(短波器件 900K,中波器件 500K)响应率和探测率也是采用自制前置放大器经 1 000Hz 光斩波器调制输入信号分析仪得到。为消除 GaSb 缓冲层在探测器中的响应,将一滤光片(截止波长在 1.7μm)置于样品前对黑体辐射进行滤光。短、中波器件 77K 响应率分别为 3×10^3 V/W 和 1.8×10^3 V/W,短波器件 300K 响应率为 25V/W。在 77K

下,对器件进行噪声测试后,计算得出短、中波器件黑体探测率分别为 $5\times10^8\,cm\cdot Hz^{1/2}\cdot W^{-1}$ 和 $2\times10^8\,cm\cdot Hz^{1/2}\cdot W^{-1}$;在 300K 下,短波器件黑体探测率超过 $1\times10^8\,cm\cdot Hz^{1/2}\cdot W^{-1}$,已达到 InGaAsSb PIN 探测器的水平,但与 InGaAs 短波探测器相比仍有差距。其主要有两方面原因:一是受 MBE 设备影响,材料生长仍然没有最优化;二是目前的光导探测器在厚度、载流子浓度钝化等方面没有优化,因此量子效率及噪声随着器件结构改善仍会有较大提高。但是,InAs/GaSb 超晶格具有在匹配衬底上从短波到甚长波范围工作的特点。

5. 效果

InAs/GaSb Ⅱ型超晶格是制备红外探测器的理想材料,在材料设计中可利用禁带宽度随层厚和周期变化的特性实现对探测器波长的控制,材料制备和波长控制较使用 HgCdTe 材料容易,优化材料结构能达到抑制 Auger 复合、提高器件性能的目的。

采用 MBE 方法,在 GaAs 衬底上生长了两种晶体结构完整的短周期 InAs/GaSb 超晶格:2ML/8ML 和 8ML/8ML,并相应制备了短波和中波的单元光导探测器,在 77K 下,50%截止波长分别为 $2.1\mu m$ 和 $5.0\mu m$,响应率及 D^* 等实验结果为国内开展 InAs/GaSb Ⅱ型超晶格红外探测器的研究提供了依据。其中,超短周期 InAs/GaSb(2ML/8ML)短波红外探测器使该材料体系截止波长范围延伸至 $2\mu m$。

5.2.3.2 $2\sim5\mu m$ InAs/GaSb 超晶格红外探测器

1. 制备方法

InAs/GaSb 超晶格材料均在 GaAs 和 GaSb(100)衬底上生长。采用的设备为VG80H MBE 系统。Sb_2 和 As_2 是由裂解炉提供的,Ga 和 In 源由 SUMO 源炉提供。所有超晶格材料中,GaSb 子层厚度固定在 8 单原子层(ML),InAs 子层在 $2\sim8ML$ 之间变化,超晶格材料生长温度为 420℃,GaSb 生长速度为 0.5ML/s,InAs 生长速度为 0.1ML/s。

$5\mu m$ GaSb 基 InAs/GaSb 中红外超晶格探测器结构包括:500nm GaSb(Be 掺杂)P型缓冲层,60 周期的 P 型 InAs/GaSb(Be 掺杂)超晶格,200 周期未掺杂的超晶格层,60 周期 N 型 InAs(Si 掺杂)/GaSb 超晶格层以及 20nm 的 Si 掺杂 InAs 接触层。

2. 性能分析

图 5-35 所示为 10K 和 300K 温度下测得的 PL 谱。10K 温度下的 PL 谱峰值波长为 $2.03\mu m$,峰值半宽(FWHM)为 25meV;300K 温度下的 PL 谱峰值波长为 $2.2\mu m$,FWHM 为 60meV。随着测量温度的升高,荧光峰发生了明显的红移,这是因为超晶格的禁带宽度随温度升高而减小的缘故,FWHM 变大。

利用上述材料制造了超晶格近红外光电导探测器,图 5-36 所示为 InAs

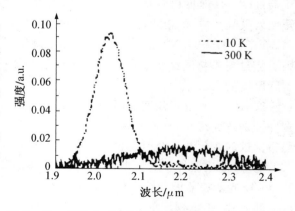

图 5-35 10K 和 300K 温度下测得的 InAs(2ML)/GaSb(8ML)超晶格的 PL 谱

(2ML)/GaSb(8ML)超晶格近红外探测器的 77K 和室温光电响应谱。图中同时给出了 GaAs 基超晶格近红外光电导探测器结构。随着测量温度从 77K 升高到 300K,探测器的吸收带边从 2.48μm 延伸到了 2.68μm。探测器在 77K 温度时探测率为 4×10^9 cm・$Hz^{1/2}$・W^{-1},在 300K 时温度探测率为 2×10^8 cm・$Hz^{1/2}$・W^{-1}。

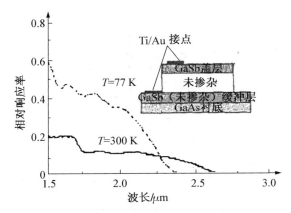

图 5 - 36　77K 和 300K 时 InAs(2ML)/GaSb(8ML)超晶格探测器光电响应谱

图 5 - 37 所示为该超晶格材料的 X 射线衍射测试结果及理论模拟曲线。为更好地观察超晶格材料与衬底之间的应变,图中插图特别放大了超晶格零级峰与衬底峰的图像。根据测试结果计算得到超晶格外延材料与衬底之间的应变为 0.063%,可以说外延的超晶格材料与衬底完全匹配。

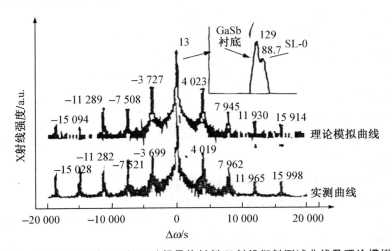

图 5 - 37　InAs(8ML)/GaSb(8ML)超晶格材料 X 射线衍射测试曲线及理论模拟曲线

通过实验,获得了 5μm InAs/ GaSb 超晶格红外探测器,其为 P-i-N 光伏型探测器结构。其中,超晶格材料最初的和最后的 60 个周期为 P 型和 N 型掺杂,中间 200 周期超晶格材料未故意掺杂,超晶格生长前后采用 P 型掺杂的 GaSb 缓冲层和 N 型掺杂的 InAs 盖层作为 P 型和 N 型接触层(图 5 - 38 内图)。图 5 - 38 所示为该器件的光电响应谱,

77K 时截止波长为 $5\mu m$。经 ZnS 钝化后,该探测器 77K 时的探测率为 1.6×10^{10} cm · $Hz^{1/2} \cdot W^{-1}$。

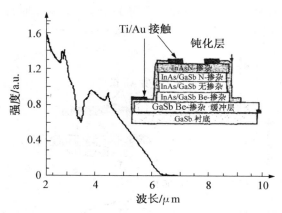

图 5 – 38　InAs(8ML)/GaSb(8ML)超晶格探测器光电响应谱

3. 效果

采用分子束外延方法在 GaAs 和 GaSb 衬底上外延得到了高质量的不同周期厚度的 InAs/GaSb 超晶格材料,在此材料基础上分别得到了 $2\mu m$ 和 $5\mu m$ 波段红外探测器。其中,GaAs 基 $2\mu m$ 波段超晶格光电导探测器在 77K 时的探测率为 4×10^9 cm · $Hz^{1/2}$ · W^{-1},GaSb 基 $5\mu m$ 波段超晶格光伏探测器在该温度下的探测率为 1.6×10^{10} cm · $Hz^{1/2}$ · W^{-1}。这说明,现有的 InAs/GaSb 超晶格探测器可以用于红外探测器的制造。

5.2.3.3　InAs/GaInSb 超晶格焦平面探测器

InAs/GaInSb 的发展主要经过了三个阶段:①20 世纪 80 年代后期到 90 年代早期,想法的提出以及材料能带结构基本参数的理论计算和实验验证;②90 年代中后期,材料生长技术的研究和材料质量的提高,获得了具有器件质量的外延材料;③ 从 2000 年开始,陆续出现焦平面探测器的报道。目前,一些先进的实验室已经用 InAs/GaSb 超晶格焦平面探测器实现成像演示。

1987 年,美国 Los Alamos 国家实验室的 Smith 和 Xerox 公司的 Maihiot 提出了 InAs/GaSb 超晶格红外探测材料的设想,揭示了超晶格材料具有的优越性:①超晶格红外材料的截止波长比体材料有较小的组分依赖性,因此其性能受材料组分变化的影响较小;②超晶格材料有较大的电子有效质量,有助于抑制扩散电流;③超晶格材料有较小的带—带隧穿电流。与碲镉汞材料相比,尽管 InAs/GaInSb 材料的矩阵元仍旧较小,但它具有较大的联合态密度,因此两者有相似的吸收系数。

Smith 也研究了超晶格材料中的 Auger 复合,证明可以通过优化能带结构来分离重空穴带和轻空穴带,抑制 Auger 复合并获得较大的电子有效质量。1992 年,哈佛大学的 Grein、Young 和 Ehrenreich 从理论上计算了对于 $11\mu m$ 截止波长且在 77K 温度下,InAs/GaInSb 超晶格的 Auger 寿命要比碲镉汞体材料大 3～5 个数量级。

20 世纪 90 年代中后期,很多国际著名的研究机构相继开展了 InAs/GaInSb 超晶格

探测器研究,如美国西北大学、空军实验室、海军实验室、新墨西哥州大学,德国
Fraunhofer 固态电子研究所,法国 Montpellier 大学等。美国加州大学圣特芭芭拉分校
在 1996 年首次报道 InAs/GaInSb 超晶格探测器,在 78K 温度下,响应波长达到
$10.6\mu m$,峰值探测率(波长 $8.8\mu m$ 处)达到 $1\times10^{10}\ cm\cdot Hz^{1/2}\cdot W^{-1}$。

　　超晶格探测器一般采用 P-i-N 结构,不掺杂的 InAs/GaInSb 超晶格为光吸收层。
P 型接触层一般为 P-GaSb,N 型接触层大多采用 N-InAs。如前所述,决定响应波长
的主要材料参数是 InAs 层和 GaInSb 层的厚度以及 GaInSb 层中 In 的组分。器件制备
主要包括半导体刻蚀形成台面、金属蒸镀制作 P 型和 N 型电极以及器件表面钝化保护。
超晶格探测器结构设计和制备中一个重要的内容是暗电流的抑制,包括体暗电流(产
生—复合电流和隧穿电流)和表面漏电流。由于 InAs/GaSb 探测器基于较为成熟的Ⅲ-Ⅴ
族化合物材料技术之上,可以设计较为复杂的探测器结构,提高器件性能。下面简单介
绍两种较为成功的探测器结构,即"M"结构和"NBN"结构。

　　美国西北大学发展了"M"型的超晶格探测器结构,如图 5-39 所示。其中,图 5-39
(a)所示为 P-π-M-N InAs/GaSb 超晶格探测器结构示意图,图 5-39(b)所示为 M
型超晶格结构的能带结构图,图 5-39(c)所示为一般Ⅱ类超晶格结构的能带示意图。该
结构利用宽禁带的 AlSb 层来阻挡长波探测器中的电子和空穴暗电流。AlSb 层夹在
InAs/GaSb 超晶格中 GaSb 层的中间,形成所谓的"M"结构。"M"结构置于吸收层和 N
型的接触层之间,以抑制长波探测器的隧穿电流。美国西北大学报道的探测器的截止波
长为 $9.6\mu m$,在 $8\mu m$ 波长处量子效率为 42%,在 77K 和 $-50mV$ 条件下探测器的暗电流
密度为 $2.5\times10^{-7}A/cm^2$,77K 温度下器件的 R_0A 达到 $250\Omega\cdot cm^2$。

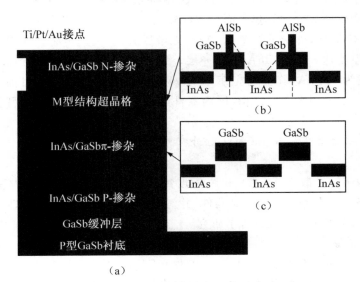

图 5-39　"M"型超晶格探测器结构示意图

　　美国新墨西哥州大学采用宽势垒层结构(NBN)来抑制表面复合电流。NBN 由较窄
禁带宽度的光吸收层和较宽禁带的势垒层组成。势垒层与光吸收层之间有较大的导带

偏移,而价带偏移很小或为零。因此,势垒层有效地阻挡了多数载流子(电子)的输运,而对少数载流子(空穴)基本没有影响。探测器的光吸收层是 8ML InAs/8ML GaSb 超晶格(2.4μm 厚),势垒层为 100 nm 厚的 $Al_{0.2}$GaSb。器件的探测截止波长为 4.2μm,在 77K 温度和 0.7V 偏压下器件的暗电流密度为 1×10^{-7} A/cm^2,在 3.8μm 波长处探测器的量子效率高达 52%,峰值探测率为 6.7×10^{11} cm·$Hz^{1/2}$·W^{-1}。

5.3　其他超晶格红外探测器

5.3.1　InGaAs 材料及其红外探测器

5.3.1.1　InGaAs 材料

由 HgCdTe、InAs 与 InSb 制作的探测器都需要低温制冷以抑制热噪声的影响,使得红外探测系统复杂,成本偏高。InGaAs 探测器可在室温工作,或者只需要热电制冷即可获得很高的性能,在仪器的小型化、降低系统成本等方面具有很大的竞争力。此外,InGaAs 材料为直接带隙,电子迁移率高,由它制作的探测器量子效率高,灵敏度高。通过调整 In_xGa_{1-x}As 中 In 的组分,其禁带宽度在 0.35~1.43 eV 范围内变化,可覆盖 1~3μm 的近红外波段。

与 InP 材料晶格匹配的 $In_{0.53}Ga_{0.47}$As 探测器的长波截止波长为 1.67μm,但实际应用中,需要探测器的截止波长延长,如探测农产品水分需要 1.9μm 的探测器。L. Zimmermann 等采用厚度为 5μm 的 InAlAs 缓冲层在 GaAs 衬底上生长出 In 含量为 78% 的 InGaAs 256×320 像元焦平面短波红外探测器,其响应波段为 1.35~2.35μm,峰值响应率达 0.68A/W,外量子效率达 55%(无增透膜)。美国传感器无限公司在 InP 衬底上通过引入厚度达 8μm 的 InAsP 缓冲层,将器件的截止波长扩展至 2.6μm,在 -1V 时,器件暗电流为 0.9μA,峰值响应率为 1A/W,量子效率达 70%。目前,国外 InGaAs 长波延伸器件一般采用平面型结构,国内器件则以台面型为主,对平面型长波延伸器件的研究较少。

5.3.1.2　平面型 2.6μm InGaAs 红外探测器

1. 简介

通过 Zn 的闭管扩散方式,在晶格失配度约 2% 的 N-i-N 型 $InP/In_{0.82}Ga_{0.18}$As/InP 材料上制备了单元及八元平面型器件,并对器件的变温光谱响应特性、变温 I—V 特性以及探测率的温度响应特性进行了研究。

2. 器件的制备

器件制备所用的外延材料为 N-i-N 型 $InP/In_{0.82}Ga_{0.18}$As/InP 结构,外延材料的生长利用 MOCVD 方式,采用两步生长法以解决衬底与外延材料的晶格失配问题。首先在厚度为 340μm、S 掺杂的 N 型 InP 衬底上低温生长一层 $In_{0.82}Ga_{0.18}$As 材料,再高温生长一层 $In_{0.82}Ga_{0.18}$As 用作吸收层,材料的厚度为 2.8μm,然后在吸收层材料上生长厚度为 0.8μm 的 N 型 InP 盖层材料。由于外延材料的吸收层与盖层材料之间无晶格渐变层,这样 $In_{0.82}Ga_{0.18}As$ 与 InP 材料之间存在约 2% 的晶格失配度,会产生位错,从而影响器件的性能。

外延片经过清洗、扩散阻挡层生长、闭管扩散、器件表面钝化、P 电极生长、背面抛光及背面 N 电极生长,从而获得平面型器件。

实验所制备的单元器件光敏面尺寸约 $400\mu m \times 400\mu m$,八元平面器件光敏面设计约 $105\mu m \times 105\mu m$。

3. 变温光谱响应特性

$In_xGa_{1-x}As$ 材料的禁带宽度随温度及组分变化的关系式为:

$$E_g(x,T) = E_g^{InAs}(0) - \alpha^{InAs}T^2/(T+\beta^{InAs}) + [E_g^{GaAs}(0) - \alpha^{GaAs}T^2/(T+\beta^{GaAs}) -$$
$$E_g^{InAs}(0) + \alpha^{InAs}T^2/(T+\beta^{InAs})]x - 0.475x(1-x) \qquad (5-6)$$

由图 5 - 40 所示可知,器件在 300K、86K 温度下的截止波长分别为 $2.55\mu m$、$2.35\mu m$,对应材料 In 组分的理论值分别为 $x=0.81$、$x=0.828$,这与实验所用材料的 In 组分 $x=0.82$ 是一致的。

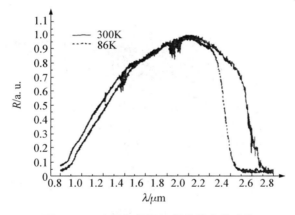

图 5 - 40　室温与低温下器件的光谱响应

4. 器件变温 I—V 特性

将制备好的器件封装在真空杜瓦瓶中,抽真空后充入液氮,待器件温度降低至液氮温度(约 77K)将液氮倒出,让器件自然升温,在升温过程中对器件进行变温 I—V 测试。测试系统采用由计算机控制的 Keithley 236 源测量仪,测试过程中将封有器件的杜瓦放置在暗的金属屏蔽盒中,以减少外界对器件的干扰。

(1)正向电流。一般来说,器件的正向电流的主要成分为扩散电流、产生—复合电流,即

$$J = J_{diff} + J_{g-r} \approx (qn_t^2/N_D)\sqrt{D_p/\tau_p}e^{\frac{qV}{kT}} + (qn_tW/\tau_{eff})e^{\frac{qV}{2kT}} \qquad (5-7)$$
$$n_t(x,T) = 4.8327 \times 10^{15}[(0.41+0.09x)^{3/2} + (0.027+0.047x)^{3/2}]^{1/2} \times$$
$$(0.025+0.043x)^{3/4} \times \{T^{3/2}e^{-E_g/2k_BT}[1+3.75/(E_g/k_BT) +$$
$$3.2812/(E_g/k_BT)2 - 2.4609/(E_g/k_BT)^3]^{1/2}\} \qquad (5-8)$$

式中,D_p——空穴的扩散常数;

τ_p ——空穴寿命；

N_D ——受主浓度；

$\tau_{\text{eff}} = \sigma_t v_{\text{th}} N_t e^{\frac{E_t - E_i}{k_B T}}$ ——带电载流子寿命；

σ_t ——俘获截面；

n_t ——缺陷态密度。

由式(5-7)可知,产生—复合电流与缺陷态密度有很大的关系。

由图 5-41 所示可知,降温能够明显抑制器件的暗电流,改善器件的性能。通过对器件的正向电流进行拟合发现,在不同温度下,器件的正向电流以产生—复合电流为主。分析其原因,由于晶格失配,使得外延材料存在许多位错,在材料内部存在大量缺陷,这些缺陷在器件中则表现为产生—复合中心,增大了产生—复合电流,使其成为器件正向电流的主要成分。另外,随着正向偏压的增大,器件的电流有饱和的趋势,这是因为器件的串联电阻较大,在器件的电流较大时,串联电阻表现出很明显的分压作用,延缓器件开启速度,降低器件响应。

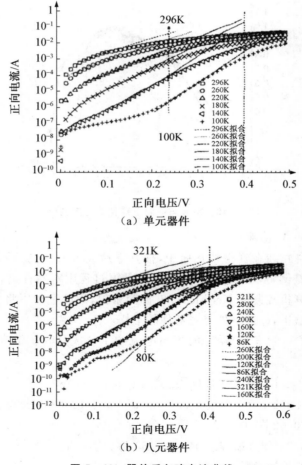

（a）单元器件

（b）八元器件

图 5-41　器件反向暗电流曲线

（2）反向电流。一般来说，器件的反向电流的主要成分为扩散电流、产生—复合电流及隧道电流。其中，隧穿电流表达式为

$$J_{\mathrm{tun}} = (q^3 F_{\mathrm{m}} V_{\mathrm{bias}} / h^2) \sqrt{2m_{\mathrm{e}}/E_{\mathrm{g}}} \, \mathrm{e}^{-\frac{8\pi}{3qF_{\mathrm{m}}h}\sqrt{2m_{\mathrm{e}}E_{\mathrm{g}}^3}} \qquad (5-9)$$

由式（5-9）可知，隧穿电流与温度只有微弱关系（通过 E_{g}），而与器件偏压成正比。

图 5-42 所示为平面型单元与八元器件的反向暗电流随温度及偏压的变化曲线。器件的反向电流分布明显分为三个区域，在区域"Ⅰ"，即近室温，不同偏压下，器件的反向电流变化不大，此时器件暗电流的主要成分为扩散电流及产生—复合电流；在区域"Ⅱ"，随着温度的降低，本征载流子浓度下降迅速，由 250 K 时的约 $10^{12}\mathrm{cm}^{-3}$ 下降至 150K 时的约 $10^8\mathrm{cm}^{-3}$，使得扩散电流与产生—复合电流急剧下降。此时，由缺陷引起的隧穿电流开始起作用，使得不同偏压下，器件的暗电流开始发生分离。在区域"Ⅲ"，当温度低于150K 时，器件暗电流随温度的变化已经很小，接近一个恒定的值，扩散电流与产生—复合电流已经可以忽略，此时器件的暗电流只与所加偏压有关，主要暗电流机制为隧穿电流。

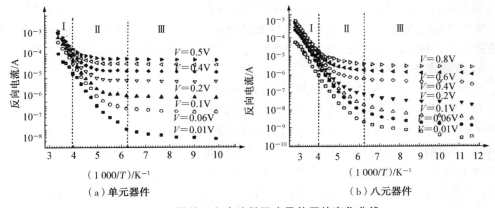

图 5-42　器件反向电流随温度及偏压的变化曲线

（3）优值因子 $R_0 A$。$R_0 A$ 是探测器的一个重要参数，与探测器的探测率 $D_{\lambda_{\mathrm{p}}}^*$ 密切相关，因此 $R_0 A$ 的分析对探测器在低噪声、高灵敏度的应用中有重要的意义。关于 MCT 光伏探测器 $R_0 A$ 的研究比较多，$R_0 A$ 由探测器零偏压下结电流产生的各种噪声机制决定，一般认为对 $R_0 A$ 影响较大的电流机制主要包括：少数载流子的热扩散、耗尽区载流子的产生—复合、缺陷隧道效应、带间隧道效应以及欧姆电流等。图 5-43 所示为单元及八元器件 $R_0 A$ 值随温度的变化曲线，图中可以很明显地看到两个区域：温度＞158K 时，$R_0 A$ 与温度的倒数成指数关系，此时 $R_0 A$ 主要受耗尽区载流子的产生—复合电流影响。当温度继续降低时，$R_0 A$ 趋于一个定值，该区域的暗电流机制还未明确，一般认为 $R_0 A$ 主要受缺陷辅助隧穿效应影响。

一般认为产生—复合电流对 $R_0 A$ 的影响由下式表示

$$R_{\mathrm{gr0}} A_{\mathrm{j}} = 2kT\tau_{\mathrm{gr}} / (q^2 n_{\mathrm{t}} W) \qquad (5-10)$$

式中，W——耗尽层宽度；

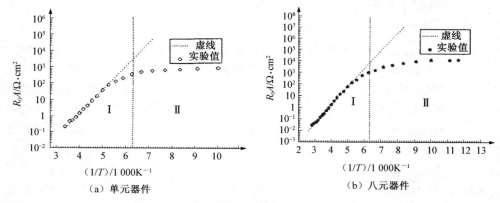

图 5 - 43　单元及八元器件 R_0A 随温度的变化

τ_{gr} ——产生—复合少数载流子寿命；

A_j ——结区面积。

利用式(5 - 10)对 200～300K 的 R_0A 特性进行拟合,如图 5 - 43 所示的虚线部分所示,二者吻合良好。降温可以极大地提高器件 R_0A 值,但室温下,R_0A 约在 0.1 Ω · cm^2 的水平。这主要是由于材料缺陷导致大的产生—复合电流所致,与国外器件相比还有很大的差距。

5. 探测率的温度响应特性

室温下,单元器件黑体探测率为 6.5×10^7 cm · Hz$^{1/2}$ · W^{-1},峰值探测率为 5.9×10^8 cm · Hz$^{1/2}$ · W^{-1};八元器件黑体探测率为 4.2×10^8 cm · Hz$^{1/2}$ · W^{-1},峰值探测率为 3.8×10^9 cm · Hz$^{1/2}$ · W^{-1},随温度降低,器件探测率会出现一个先增大后减小的过程。当 $T=210K$ 时,出现拐点,在此温度下,单元器件黑体探测率为 1.7×10^8 cm · Hz$^{1/2}$ · W^{-1},峰值探测率为 1.7×10^9 cm · Hz$^{1/2}$ · W^{-1};八元器件黑体探测率为 9.4×10^8 cm · Hz$^{1/2}$ · W^{-1},峰值探测率为 9.4×10^9 cm · Hz$^{1/2}$ · W^{-1},如图 5 - 44 所示。通过适当降温可以在一定程度上提高器件的探测率,但还处于一个较低的水平。这可以由器件的 LBIC 测试来解释,器件光敏元对光信号的响应非常不均匀,且由于材料缺陷较多,在远离电极的区域光生载流子未到达电极即被复合,这减小了器件的信号,同时也增大了器件的噪声,导致器件的信噪比较低,S/N 约为 100,从而使得器件的探测率较低。

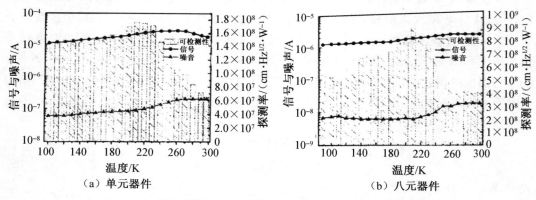

图 5 - 44　单元器件及八元器件信号、噪声及探测率随温度的变化

6．效果

通过对器件的变温电流、电压特性分析发现，通过降低温度可以有效地抑制器件暗电流，提高器件性能。不同温度下，在较低偏压下，器件的正向暗电流主要成分为源于材料缺陷的产生—复合电流，随电压增大，器件电流将会受到串联电阻的限制而趋于饱和。在近室温下，器件的反向电流主要以扩散电流和产生—复合电流为主，随着温度降低（< 158K），与偏压成正比的隧道电流将占优势。温度大于 158K 时，器件的 R_0A 值主要受产生—复合机制影响；温度小于 158K 时，R_0A 值则受隧道机制限制。室温下，单元器件峰值探测率为 5.9×10^8 cm · $Hz^{1/2}$ · W^{-1}，八元器件峰值探测率为 3.8×10^9 cm · $Hz^{1/2}$ · W^{-1}。随温度降低，器件峰值探测率在 210K 达到峰值，此时单元器件峰值探测率为 1.7×10^9 cm · $Hz^{1/2}$ · W^{-1}，八元器件峰值探测率为 9.4×10^9 cm · $Hz^{1/2}$ · W^{-1}，还处于一个较低的水平。这是由于器件的缺陷较多，造成器件信号小且噪声大，使得器件信噪比较小，因而器件探测率也很低。

5.3.1.3　延伸波长 InGaAs 红外探测器

1．器件与测试

器件所采用的外延材料参数见表 5-6，其中缓冲层采用了 $In_{1-x}Al_xAs$，窗口层采用了宽禁带的 $In_{0.8}Al_{0.2}As$。制备得到背照型与正照型两种线列器件，采用湿法腐蚀台面成型工艺，钝化层采用 SiN_x 薄膜。背照型器件采用 In 柱倒装方式将光敏芯片和过渡电极板进行互连以便测试。

表 5-6　外延材料参数

$In_{0.8}Al_{0.2}As$ 盖层 P(+)$\geqslant 2 \times 10^{18}$ cm^{-3}	0.6μm	$In_{1-x}Al_xAs$ 梯度缓冲层 N(+)$\geqslant 2 \times 10^{18}$ cm^{-3}	1.35 ～1.4μm
$In_{0.8}Ga_{0.2}As$ 吸收层 N(-)3×10^{16} cm^{-3}	1.5μm	S. I. InP 衬底	(350±20) μm

将封装有器件的杜瓦置于辐照室内，通过屏蔽引线与控制室内的电流—电压（$I-V$）测试仪 Keithley 6430 型源表相连接，如图 5-45 所示，测试环境与器件均处于室温下。辐照开始前对器件的 $I-V$ 特性进行测试，然后开始固定剂量率（30 rad/s）的 γ 辐照。随着辐照时间的延长，器件的辐照剂量也逐渐增大，辐照剂量通过剂量率与辐照时间的乘积得到。辐照过程中对 $I-V$ 特性进行实时测试并作记录。

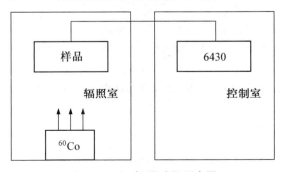

图 5-45　γ 辐照过程示意图

对器件的低频噪声测试采用安捷伦的动态信号分析仪35670A进行。低频噪声测试系统如图5-46所示,通过电流前置放大器将器件的噪声信号放大输入到动态信号分析仪中,经过FFT分析得到噪声的功率谱密度图。电流前置放大器采用的是低噪声前置电流放大器DL1211,可以给输入端提供±5V的偏压。所有测量均在避光和电屏蔽的条件下进行。

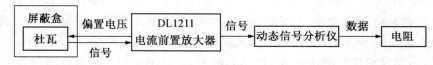

图 5-46 低频噪声测试系统框图

2. 性能分析

(1)实时 $I-V$ 特性。$I-V$ 特性测试是 InGaAs 探测器性能表征的重要手段之一,通过 $I-V$ 测试可以获取器件在不同偏压下的暗电流特性、器件的动态零偏电阻,确定器件的优值因子 R_0A,可以反映出探测器的性能优劣。

对背照 8# 器件的实时 $I-V$ 特性测试的结果如图5-47所示。可见,在实时测试中,辐照剂量从0逐步增大到 55×10^4 rad,器件的 $I-V$ 曲线基本重合,暗电流并没有明显变大。图5-48所示为8# 器件的 R_0 值随着辐照剂量的增大而变化的曲线图。可见,随着辐照剂量的增大,R_0 逐渐变小,但变化的幅度不大,最多变小了1.69%。

对正照 6# 器件的实时 $I-V$ 特性测试的结果和8# 器件一致,辐照剂量增大,器件的 $I-V$ 曲线基本重合,暗电流没有明显变化。图5-49所示为正照 6# 器件的 R_0 值随着辐照剂量的增大而变化的曲线图,随着辐照剂量的增大,R_0 稍变大,但变化的幅度不大,最多变大了2.03%。

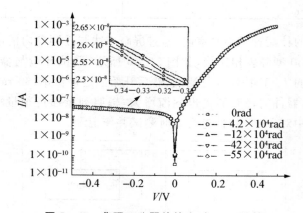

图 5-47 背照 8# 器件的实时 $I-V$ 特性

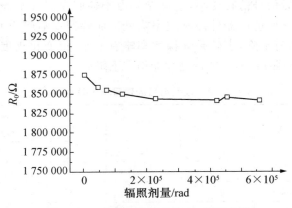

图 5 - 48　背照 8♯器件的 R_0 变化曲线

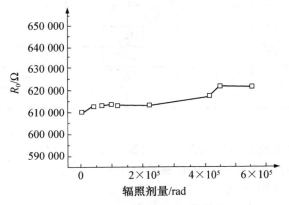

图 5 - 49　正照 6♯器件的 R_0 变化曲线

γ 辐照对器件产生影响主要在半导体材料中产生位移效应和电离效应。电离效应导致载流子的浓度增加,位移效应则会在半导体中产生位移损伤,产生点缺陷或缺陷团,引入处于禁带中央附近的深能级,会导致产生—复合电流增大,使暗电流变大。此外,辐照还可能会产生表面效应,增大表面复合速度和引入表面态,使得表面漏电流变大。在研究 γ 辐照对 $In_{0.53}Ga_{0.47}As$ 探测器的影响时就发现随着辐照剂量的增大器件暗电流是逐步增大的。实验中 8♯、6♯器件的暗电流并没有明显变化,这一方面可能是因为辐照剂量相对变化不太大,效应未明显表现出来;另一方面是与器件的结构有关,延伸波长器件中吸收层 $In_{0.8}Ga_{0.2}As$ 与衬底的晶格失配较大,器件中的位错等缺陷密度较大,使得器件暗电流中的产生—复合电流成分本来就较大,在辐照剂量变化不太大时,辐照额外引入的暗电流不能明显表现出来,因此器件的暗电流没有明显的规律性变化,R_0 值的变化也非常小,甚至略有增大(6♯器件)。

(2)信号与噪声。在辐照前后对正照与背照器件的信号与噪声按照常规的黑体测试方法进行了测试,黑体温度 900K、孔径 5mm、测试距离 16cm、调制频率 800Hz、带宽 80Hz、信号与噪声测试时电流前置放大器均采用 $10^{-8}A/V$ 的放大倍数,测试结果见表

5-7。可见,辐照前后信号稍有变小,这可能是由于辐照在器件中产生的缺陷能级可以复合掉光生载流子,从而造成器件的响应率降低。而辐照前后噪声基本无变化,所以辐照后器件的信噪比稍有下降,也就是其探测率略有变小,但变化程度较小。这说明在受到 55×10^4 rad 的 γ 辐照后,器件的探测性能稍有下降。

表 5-7　辐照前后的信号与噪声对比

器件编号		辐照前信号/mV	辐照后信号/mV	变化率/%	辐照前噪声/μV	辐照后噪声/μV	变化率/%
背照	A1	9.5	9	−5.26	80	80	0
	A2	9.5	8.8	−7.37	80	75	−6.25
	A3	9.5	9.2	−3.16	82	80	−2.44
	A4	9.7	8.9	−8.25	80	80	0
	A5	10.5	10.2	−2.86	80	80	0
正照	A1	92	81	−11.96	125	130	4.00
	A2	90	83	−7.78	130	140	7.69
	A3	96	87	−9.38	130	135	3.85
	A4	96	85	−11.46	130	130	0
	A5	98	90	−8.16	130	130	0

3. 低频噪声

用低频噪声测试系统对器件辐照前后的低频噪声进行测试,其结果如图 5-50、图 5-51所示。可见,器件在辐照前后的低频噪声基本无变化,说明不仅仅是常规噪声测试得到的噪声数值前后无变化,整个低频区的噪声都没有明显的改变,表明 $0 \sim 55 \times 10^4$ rad 的 γ 辐照对器件的低频噪声无明显影响。

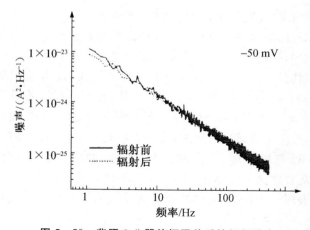

图 5-50　背照 8♯器件辐照前后的低频噪声

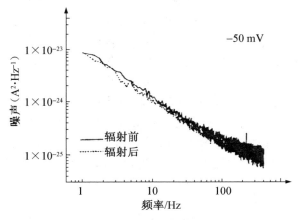

图 5 - 51　正照 6 ♯ 器件辐照前后的低频噪声

4. 效果

实时测试了延伸波长 InGaAs 红外探测器在 γ 辐照下的 $I-V$ 特性,结果发现:在辐照剂量 $55\times10^4\,rad$ 下,正照与背照器件的暗电流均没有明显变化;随着辐照剂量的增大,器件的零偏电阻稍有变化,但变化的幅度很小。对器件辐照前后的性能进行了测试,发现在辐照后器件的信噪比稍有下降,说明在受到 $55\times10^4\,rad$ 的辐照后,器件的探测性能稍有下降。对器件在辐照前后的低频噪声进行了测试,发现整个低频区的噪声都没有明显的改变。这些结果均表明 $55\times10^4\,rad$ 的 γ 辐照对延伸波长 InGaAs 器件没有明显的影响。

5.3.2　InSb 材料与红外探测器

5.3.2.1　InSb 材料

InSb 是理想的中波($3\sim5\,\mu m$)红外材料,它的量子效率至少可达 60%,已成熟的 InSb 焦平面阵列有 128×128 像元和 256×256 像元,正在开发的有 512×512 像元和 $1\,024\times1\,024$ 像元阵列。由于 InSb 具有工艺成熟、均匀性好等优点,就中短波红外探测器应用而言,已成为 $Hg_{1-x}Cd_xTe$ 的有力竞争对手。英国下一代对空导弹 ASRAMM 就采用休斯公司制作的 128×128 像元中短波红外 InSb 焦平面阵列。

国外在 GaAs(或 Si)上用分子束外延技术异质生长 InSb 的研究兴趣越来越浓,主要原因在于采用高性能、半绝缘 GaAs(或 Si)衬底使得外延层 Hall 测量非常方便,无需像同质外延(InSb/InSb)那样要除去衬底,而且 GaAs(或 Si)上 InSb MBE 研究促进了单片集成光电器件的发展,即红外探测器制作在外延层中,而信号读出电路制作在 GaAs(或 Si)衬底上。国外对 MBE InSb 生长工艺及外延层特性评价的报道不少,广泛采用的衬底为用于同质外延的 InSb 及异质外延的 InP、GaAs 和 Si 等。InSb MBE 异质生长的主要缺点在于外延层与衬底之间的晶格失配较大,InSb 与 InP、GaAs 和 Si 的晶格失配分别为 11%、14% 和 18%,易产生高的位错密度。为降低位错密度,提高外延层质量,采用了多种 MBE 生长工艺和外延层结构,如常规生长 InSb/GaAs、低温加常规生长 InSb/InSb/GaAs、原子层外延(ALE)加常规生长 InSb/InSb/GaAs、其他化合物过渡层加常规生长 InSb/AlSb/GaAs 等。对 InSb 外延层中 Si、Be 元素的 MBE 原位掺杂也作了较多的研究,Be 为受主杂质,Be 掺杂样品的空穴浓度高达 $2 \times 10^{19} \text{cm}^{-3}$;Si 是两性的,依生长条件而定,低生长温度($T_s$ 约 340℃)条件下,Si 起施主作用,可产生 $3 \times 10^{18} \text{cm}^{-3}$ 的电子浓度。已应用多种方法对 MBE 生长的 InSb 外延层材料特性进行测试,其中包括:反射高能电子衍射、Hall 电特性测试、双晶 X 射线衍射测试、Normaski 相衬显微镜测试、透射电子显微镜、二次离子质谱、红外透射谱、沟道 Rutherford 背散射、俄歇电子谱、光致发光谱和拉曼光谱等。MBE 生长的 InSb 薄膜喷量已达到较高水平,已使用 InSb MBE 外延层制作了光伏红外探测器。

5.3.2.2　InSb 红外探测器

1. 基本理论

(1) 本征光电导简化模型。光导型红外探测器,简单地说,就是对红外辐射敏感的电阻。如图 5-52 所示,对本征光电导而言,当能量大于其禁带宽度的光子被吸收后,使价带中的电子激发至导带,在其体内产生电子—空穴对,引起材料的电导率变化。当电子—空穴对在外电场的作用下定向移动时,产生光电流。

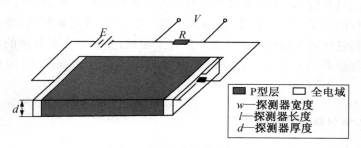

图 5-52　光电导基本模型

在 Zitter 模型的基础上,对本征型光电导而言,光激发的过剩电子和空穴浓度相同,其光谱响应率公式为

$$R_\lambda = \frac{q\lambda\mu_n\tau_{pc}(1+1/b)\rho E}{hcwd} \tag{5-11}$$

式中,q——电子电荷;

　　　λ——入射光波长;

　　　h——普朗克常数;

　　　c——光速;

　　　μ_n——电子迁移率;

　　　τ_{pc}——光电导响应时间;

　　　ρ——材料电阻率;

　　　b——电子迁移率与空穴迁移率之比;

　　　w、d——探测器宽度、厚度;

E——外加电场强度。

由式(5-11)可以看出,在工作条件一定、材料电学参数一定、探测器形状一定的条件下,探测器响应率决定于器件的光电导响应时间。因此,光电导响应时间的确定,对光电导器件材料的选择、工作温度的确定具有重要意义。

光电导响应时间决定于载流子寿命,由文献给出的表达式为

$$\tau_{pi} = \frac{\tau_n + \tau_p/b}{1 + 1/b} \qquad (5-12)$$

式中,τ_n、τ_p 分别为电子、空穴寿命。

(2) 低温 77K 条件下,锑化铟材料的复合机理不仅决定了其载流子寿命,进而决定其光电导响应时间,而且决定了器件的噪声,因此对材料复合机理的研究是设计光电导器件的核心问题。

低温 77K 条件下,P 型锑化铟的复合类型虽然是肖克莱—里德型,但属陷阱复合。P 型材料中存在大量的陷阱能级,且其浓度大于多子浓度。由于陷阱能级对电子和空穴的俘获系数不同,造成电子和空穴寿命不同,同时由于陷阱能级的存在,载流子存在再激发过程,延长了光电导响应时间。

光电导响应时间为

$$\tau_{pc} \approx \frac{10^9}{bP_0} \qquad (5-13)$$

式中,P_0 为载流子浓度。选择合适的 P 型材料,77K 条件下光电导响应时间可控制在 $10^{-5} \sim 10^{-6}$ s 之间。

由式(5-12)、(5-13)可以看出,要提高器件响应率,必须选用低载流子浓度的材料。

(3) 噪声机构和光谱探测率。光导型探测器噪声主要有三种:$1/f$ 噪声、热噪声、产生—复合噪声。一般认为热噪声、产生—复合噪声是限制噪声。

热噪声(V_{th}):由材料中载流子的无规则热运动引起。其计算公式为

$$V_{th} = (4kTR\Delta f)^{1/2} \qquad (5-14)$$

式中,R——探测器阻值(Ω);

　　k——波耳兹曼常数;

　　T——探测器工作温度(K);

　　Δf——等效噪声带宽(Hz)。

产生—复合噪声(V_{g-r}):由背景光子流无规则到达和样品内晶格振动引起的载流子密度起伏而产生,其计算公式由材料的复合机理决定。77K 条件下,P 型锑化铟的适用公式为单一类型复合中心,用单一类型载流子激发和复合公式为

$$V_{g-r} = 2V_b \left(\frac{\tau_p \Delta f}{P_0 Lwd} \right)^{1/2} \qquad (5-15)$$

式中,V_b——偏压。

把探测器的实际工作参数和材料参数代入式(5-14)、(5-15)就可以大致估算其数值。V_{th}:10^{-7} V 量级;V_{g-r}:10^{-5} V 量级。可见,$V_{g-r} \gg V_{th}$。所以,该探测器中起限制作用的是产生—复合噪声。

此条件下的光谱探测率公式为

$$D_{\lambda}^{*} = \frac{\lambda}{2hcP_0} \cdot (\frac{\Delta}{d})^{1/2} \qquad (5-16)$$

式中,Δ——实验常数,为$(0.4\sim1.5)\times10^9 \, cm^{-3} \cdot s$。

由式(5-13)、(5-16)可知,载流子浓度及器件厚度对低温光导锑化铟探测器性能的影响。下面将在前面理论分析基础上,对该探测器的一些重要工艺参量进行分析和估算。

2. 工艺参量设计

(1)材料选择。根据前面的理论分析,选用载流子浓度范围在$2.0\times10^{14}\sim6.0\times10^{14}$ cm^{-3}之间的 P 型材料。

(2)厚度确定。为了保证对入射光子的充分吸收,光电导器件的厚度必须首先满足:$d > \frac{1}{\alpha}$,α 为材料的吸收系数。对锑化铟而言,α 处于 $10^4 \, cm^{-1}$ 量级,光电导锑化铟探测器的厚度 $d > 1\mu m$。

实际情况是取消无限吸收、表面复合速率为零的假设,并考虑器件前后表面之间的反射等实际情况,厚度与性能之间的关系变得十分复杂,并存在一个最佳值。最佳厚度与材料的浓度、吸收系数、载流子寿命、双极扩散长度及器件的功耗和光敏面的表面复合速率有关。

实际工作中,还要考虑工艺的可实现性。大致估算了探测器最佳厚度范围,然后由实验确定其最佳厚度范围为 $20\sim30\mu m$。

(3)表面处理。表面态的存在降低了载流子的寿命,因而芯片表面质量对器件性能影响很大。

如果前、后表面采取相同的处理方式,即其前、后表面复合速率相同时载流子有效寿命为

$$\tau_{dl} = \frac{\tau}{1 + 2S\tau/d} \qquad (5-17)$$

式中,τ_{dl}——载流子有效寿命;

τ——体内载流子寿命;

S——光敏面表面复合速率;

d——器件厚度。

由式(5-17)可知,为了提高载流子的有效寿命,要求器件的表面复合速率

$$S \ll \frac{d}{2\tau} \qquad (5-18)$$

把探测器相应参数代入式(5-18),可计算出其表面复合速率必须控制在 $10^4 \, cm/s$ 以内。根据实际情况,选择化学腐蚀的方法,腐蚀液选用 CP_4。

(4)芯片结构设计。芯片结构设计不仅可以优化探测器性能,而且可以按照一定的目的调整探测器性能。

根据使用要求,光敏面采用 $300\mu m \times 60\mu m$ 的长方形状,蒸发铬—金作为其欧姆

电极。

采用传统的光导工艺,工艺流程如下:

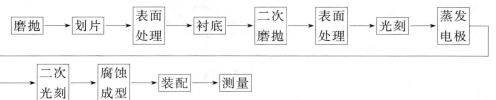

3. 探测器

目前,已研制成功高响应率的探测器芯片,性能见表 5-8。

表 5-8　芯片的性能

器件编号	室温阻抗/Ω	低温阻抗/kΩ	黑体探测率 D_{bb}^* / $(10^{10}\,\mathrm{cm \cdot Hz^{1/2} \cdot W^{-1}})$	黑体响应率 R_{bb} / $(10^4\,\mathrm{V \cdot W^{-1}})$
1-20-3-1	2.1	7.81	1.77	11.6
1-20-3-2	1.9	6.0	1.08	5.7
1-20-3-3	1.9	6.5	1.74	12.5
1-20-3-5	1.6	5.38	1.36	8.88
1-20-3-6	1.8	5.22	3.75	18.6

在黑体测试的基础上,测试了典型器件的噪声频谱和工作偏流曲线。

图 5-53 所示为 1-20-3-3 号器件在 $200\mu\mathrm{A}$ 偏流下的噪声频谱,器件的 $1/f$ 噪声的拐点频率 $<150\mathrm{Hz}$。

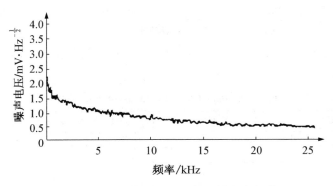

图 5-53　低温光导 InSb 探测器噪声频谱

由于器件低温阻抗较高,采用近恒流源为其提供工作偏置。低温光导 InSb 探测器偏流特性如图 5-54 所示。由实验确定其最佳偏流范围为 $170\sim260\mu\mathrm{A}$,结合使用要求确定前置放大器的偏流为 $220\mu\mathrm{A}$。

虽然探测器性能较高,但探测器组件在具体应用中还涉及结构及制冷器互配等问题,要达到小批量生产能力,还需解决成品率、稳定性等问题。

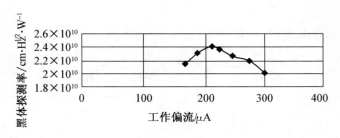

图 5 - 54　低温光导 InSb 探测器偏流特性图

5.3.2.3　多元 InSb MBE 光导探测器

1. 制备方法

制备设备用国产Ⅳ型双生长室 MBE 系统。InSb 外延层 MBE 生长研究是在Ⅲ－Ⅴ族生长室中进行的,6 个分立的束源炉分别装有 6 种生长用的高纯元素材料:Ga、As、In、Sb、Be、Si 等,衬底是半绝缘的(100)GaAs。在放入 MBE 系统之前,GaAs 衬底要经过常规的工艺清洗(去油、腐蚀、去离子水冲洗、吹干等),然后用熔化的 In 将 GaAs 衬底粘在钼块上。

InSb/GaAs 的 MBE 生长:

(1) GaAs 衬底除气。

(2) GaAs 衬底脱膜。

(3) GaAs 过渡层的生长。

(4) InSb 非晶过渡层的低温生长。

(5) InSb 非晶过渡层的退火。

(6) InSb 外延层的常规生长。

InSb/GaAs 外延层结构见表 5 - 9。整个生长过程在 14keV 和 0.8mA 的电子束沿(110)或(110)轴向表面掠反射的条件下,观察衬底及外延层的 RHEED 图样,以监测生长过程和表面情况。

表 5 - 9　InSb/GaAs(100)MBE 外延层结构

5μm InSb 外延层	生长温度为 420℃	0.5μmGaAs 过渡层	生长温度为 580℃
30nm InSb 过渡层	生长温度<200℃ 退水温度>420℃	GaAs(100)衬底	除气温度为 400℃ 脱膜温度为 580℃

2. 性能分析

(1) InSb 外延层的电学特性。Hall 测试表明,样品的导电类型为 N 型。表 5 - 10 列出了样品的电子浓度 N 和迁移率 μ 的数值,其中 d 为 InSb 外延层厚度。

表 5 - 10　InSb/GaAs MBE 外延层电学特性

电学参数 样品	$d/\mu m$	n/cm^{-3} 300K	$\mu/(cm^2 \cdot V^{-1} \cdot s^{-1})$ 300K	n/cm^{-3} 77K	$\mu/(cm^2 \cdot V^{-1} \cdot s^{-1})$ 77K
InSb	5	2.0×10^{16}	4.1×10^4	2.4×10^{15}	5.1×10^4

由表 5－10 可以看出,随着温度的降低,样品的载流子浓度下降而迁移率升高,显示了正常的变化趋势。国外有些文章中报道,InSb MBE 外延层的迁移率大多随温度的下降而反常地降低,原因在于背景受主深度较高,随着温度的降低,空穴补偿效应越来越显著。位错散射也是产生电子迁移率随温度反常变化的原因之一,随着温度的降低,自由载流子的屏蔽效应减弱,位错散射增强,当位错密度高时,位错散射对外延层的输运特性起主要作用。因此可以认为,InSb MBE 外延膜是本征的,非补偿的;背景受主浓度较低,且位错密度较小。

(2) InSb 外延层的结构特性。图 5－55 所示为样品的 X 射线双晶衍射回摆曲线。样品的回摆曲线半峰宽($FWHM$)为 198″。InSb 外延层 $FWHM$ 值的大小与 MBE 生长条件的选取及控制有关。用 MBE 生长的最好的 InSb 外延层的 $FWHM$ 值为 148″。

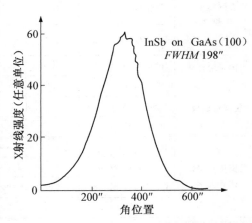

图 5－55　InSb 外延层 X 射线双晶衍射回摆曲线

(3) InSb 外延层的表面形貌。从样品的 Normaski 相衬表面形貌可见样品表面缺陷较少,呈较明显的橘皮状。X 射线能量色散谱研究表明:表面 In 偏离化学计量比为 1.4%。这可能是产生橘皮状特征形貌的原因。InSb 外延层表面肉眼观察为光亮平滑的镜面。

(4) InSb/GaAs 的界面特性。从样品的纵截面透射电镜形貌(CTEM)可清楚地看到,界面附近约 $0.3\mu m$ 厚区域内位错密度较外延层内其他区域高得多,外延层内的穿孔位错极少,表明了界面处的位错随外延层的生长迅速减少的机理。其一是由于位错间的相互作用,导致位错的合并或湮灭,如图 5－56 所示;其二是位错的水平弯曲及位错对的结合,形成半圆形的定位位错。在常规的 MBE 生长 InSb 之前,先低温慢速生长一薄层 InSb 非晶过渡层,再退火,目的在于将失配应力以水平位错的形式释放,使大部分位错定域于该层,从而提高常规 MBE 生长的 InSb 外延层的性能。

(5) InSb 外延层的光学特性。图 5－56 所示为样品的红外透射谱。图中,清晰的吸收边表明 InSb 外延层质量好。在能量低于吸收边($\lambda > 8\mu m$)的区域,可观察到明显的 Fabry—Perot 干涉环,它是由 InSb/GaAs 复合结构中 InSb 外延层与 GaAs 衬底间的介电失配产生的。

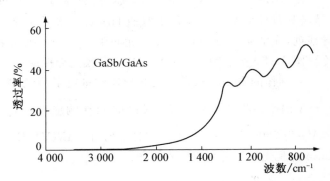

图 5－56　InSb/GaAs MBE 外延层的室温红外透射谱

　　表 5－11 为 InSb MBE 外延层基本特性。由表可见,应用 MBE 方法,在 GaAs 衬底上生长的 InSb 外延层的材料特性已基本达到目前国外同类研究水平。

表 5－11　InSb MBE 外延层基本特性

研究单位	结　构	$d/\mu m$	$FWHM$ /arcsec	$n(300K)$ /cm^{-3}	$\mu(300K)/$ $(cm^2 \cdot V^{-1}$ $\cdot s^{-1})$	$n(77K)$ /cm^{-3}	$\mu(77K)/$ $(cm^2 \cdot V^{-1}$ $\cdot s^{-1})$	备注
美国海军实验室	InSb/GaAs	5	160～250	2.1×10^{16}	5.51×10^4	2.6×10^{16}	3.83×10^4	常规生长
	InSb/GaAs	5	164	—	—	3.6×10^{15}	9.84×10^4	常规＋低温生长
	InSb/GaAs	5	173	—	—	3.4×10^{15}	1.05×10^5	常规＋原子层外延生长
美国哥伦比亚大学	InSb/GaAs	3	190		5.5×10^4			
	InSb/AlSb/Si	3	230		5.5×10^4			
美国密歇根大学	InSb/GaAs	2.5	—	1.75×10^{16}	5.3×10^4	4.95×10^{15}	5.5×10^4	
	InSb/InP	10				3.0×10^{15}	1.10×10^5	
美国伊利诺伊州立大学	InSb/GaAs	5		1.6×10^{16}	5.7×10^4		1.0×10^4	
	InSb/GaAs/Si	3.2	575	2.2×10^{16}	4.8×10^4	5.8×10^{15}	3.7×10^3	(100)偏(110)4°
	InSb/GaAs/Si	8	410	2.0×10^{16}	5.5×10^4	6.0×10^{15}	1.7×10^3	
	InSb/Si	3.2	510	2.7×10^{16}	3.9×10^4	2.4×10^{16}	7.0×10^2	
英国皇家信号与雷达公司	InSb/GaAs	10	78.6			2×10^{15}	6.9×10^3	P型外延层
英国帝国医学和科学技术大学	InSb/GaAs	1.6	—		5.3×10^4	6.5×10^{15}	1.97×10^4	
瑞典查尔姆斯理工大学	InSb/GaAs	2		2×10^{16}	5.5×10^4	9×10^{15}	2.8×10^3	
	InSb/GaAs	8	—				5.65×10^4	
中国航天工业总公司三院八三五八所	InSb/GaAs	5	198	2.0×10^{16}	4.1×10^4	2.4×10^{15}	5.12×10^4	
	InSb/GaAs	5	149	—	—			掺Be(P－N结)

5.3.2.4　多元 InSb MBE 光导探测器(3～5μm)

　　用 MBE 生长了 N 型 InSb 薄膜(n_{77K} 约 2.5×10^{15} cm^{-3},μ_{77K} 约 5.1×10^4 $cm^2 \cdot V^{-1} \cdot s^{-1}$,$FWHM < 200"$)。采用现有的 HgCdTe 多元光导器件工艺,制作了 18 像元 InSb 光导线列,光敏元为 $75\mu m \times 75\mu m$,元间距为 $15\mu m$,采用金属杜瓦瓶真空封装,77K 液氮制冷。图 5－57 所示为多元 InSb MBE 薄膜光导探测器结构原理图。

　　对制作的 InSb MBE 多元光导器件进行了测试,测试条件:500K 黑体,180°视场角,10mA 偏流。测试结果表明,器件的光导响应明显,$\overline{V}_s = 230\mu V$;电压响应率较大,$\overline{R(V)}$ 为 7800V/W;器件的均匀性非常好,$\Delta R(V)/\overline{R(V)} < 7\%$。图 5－58 所示为多元 InSb 薄膜光导器件响应率直框图。

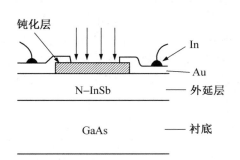

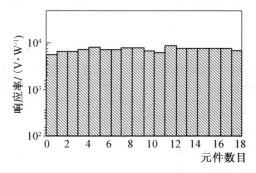

图 5 - 57　MBE 薄膜光导探测器结构原理图　　图 5 - 58　多元 InSb 薄膜光导器件响应率直框图

InSb 是理想的中波（3～5μm）红外探测器材料，在 GaAs（或 Si）衬底上 InSb 外延层的 MBE 生长会愈来愈受到人们的重视。采用含有 InSb 非晶过渡层的两步 MBE 生长法（低温＋常规生长），在 GaAs（100）衬底上生长了本征 N 型 InSb 外延层，77K 时，N 型 InSb 外延层的载流子浓度和迁移率分别为：n 约为 2.4×10^{15} cm^{-3}；μ 约为 5.1×10^4 cm^2 · V^{-1} · s^{-1}。最好的 MBE 外延层的 X 射线双晶半峰宽（$FWHM$）$<150''$，基本达到目前国外同类研究水平。首次使用 InSb MBE 外延层制作了多元线列光导器件（3～5μm），器件的电压响应率较高，$\overline{R}(V)$ 约为 7800V/W，均匀性 $\Delta R(V)/\overline{R}(V) < 7\%$，相当好。MBE 生长的 InSb 薄膜展示了良好的红外探测器应用前景。

5.3.3　Ge$_x$Si$_{1-x}$/Si 超晶格探测器与焦平面阵列

5.3.3.1　红外探测器

由于分子束外延和金属有机化学气相沉积工艺技术的发展，为半导体物理的研究开辟了一个新的领域。目前，人们已能够制造出高质量的超晶格和量子阱结构。这些结构在生长方向的尺寸与德布罗意波长（电子波长）或电子平均自由程相当，从而可以在人为设计半导体材料中获得期望的能带结构。这种人为控制生长材料能带结构的技术称为"能带工程"。

Ge$_x$Si$_{1-x}$/Si 异质结构量子阱超晶格材料的问世，使硅材料技术进入原子级领域，开辟人工设计硅材料新纪元，开辟硅材料器件的"异质结构"、"能带工程"时代，被认为是 20 世纪 90 年代新型光电子、微电子材料的第二代材料。

近年来，Ge$_x$Si$_{1-x}$/Si 异质结构的生长、材料物理性质研究以及器件应用方面的发展十分迅速，这是因为 Ge$_x$Si$_{1-x}$/Si 异质结比Ⅲ－Ⅴ族等异质结材料生长更简便。因此，在硅基片上外延生长 Ge$_x$Si$_{1-x}$异质结（或超晶格）已引起人们的极大重视，目前国际上已形成 Ge$_x$Si$_{1-x}$/Si 超晶格的研究热潮，许多先进的工业国家和许多国际著名的研究单位，如美国的 AT&T 贝尔实验室和麻省理工学院林肯实验室、日本的 NEC 的 MRL 实验室等都投入了大量人力、物力开展 Ge$_x$Si$_{1-x}$/Si 应变层超晶格研究。Ge$_x$Si$_{1-x}$/Si 超晶格材料技术采用组分缓变 GeSi 超晶格的反常应力弛豫，可以获得无应变或部分应变无位错、厚度可大于临界厚度、高组分的 Ge$_x$Si$_{1-x}$异质结构。利用 Ge$_x$Si$_{1-x}$材料制备应变层超晶格、量子阱和调制掺杂异质结势垒长波红外探测器已经引起国内外的重视。美国麻省理工学院林肯实验室研制的 Ge_xSi_{1-x}/Si 异质结内光电发射（HIP）红外探测器，具有长波红外响应，并且量子效率也比较高。该器件的探测机理和吸收机理以及制备技术已由 T. Lin 等人作了详细介绍。Ge_xSi_{1-x}/Si 异质结器件制备的工艺与成熟的硅大规模集成电路工艺兼容，易于集成，成本低廉。由于 Ge_xSi_{1-x} 层带隙宽度随着 Ge 的组分 x 及应变层而变化，利用这一现象可由人工调制能带结构，从而设计出人们所需要的各种光电器件和高速器件。

美国喷气推进实验室报道了 $Ge_xSi_{1-x}/P-Si$ 异质结势垒内光电发射长波红外探测器，其性能见表 5－12。

表 5－12　$Ge_xSi_{1-x}/P-Si$ 异质结势垒内光电发射长波红外探测器

$Ge_xSi_{1-x}Si$	$q\Phi_L/eV$	$\lambda_c/\mu m$	T/K
$Ge_{0.4}Si_{0.6}/Si$	0.25	5	—
$Ge_{0.44}Si_{0.56}/Si$	0.14	9.3	53
$Ge_{0.42}Si_{0.58}/Si$	0.125	10	50
$Ge_{0.33}Si_{0.67}/Si$	0.095	13.1	40
$Ge_{0.22}Si_{0.78}/Si$	0.078	15.9	30
$Ge_{0.1}Si_{0.9}/Si$	0.057	22	—

注：表中，$\lambda_c = 1.2\xi/q\Phi_B(eV)$，$\mu m$，为截止波长；$q\Phi_B = \Delta E_v - (E_v - E_F)$，$eV$，为 Ge_xSi_{1-x}/Si 异质结势垒高度；ΔE_v 为 Ge_xSi_{1-x} 和 Si 之间价带位移，eV；E_F 为简单掺杂 Ge_xSi_{1-x} 层上费米能级，eV。

美国麻省理工学院林肯实验室以硅为衬底通过 MBE 在硅上生长一层 $150\sim400nm$ 的 $Ge_xSi_{1-x}/Si(x=0.44)$ 异质结构，并且在外延生长的同时，以 HBO_2（亚硼酸）为硼（B）源进行简单掺杂，掺杂浓度在 $10^{10}\,cm^{-3}$ 左右，这样形成 $P^+-Ge_xSi_{1-x}$ 层。该层具有强烈的红外吸收和光响应，提高了量子效率（一般大于 1%，目前最好水平为 3%～5%），通过改变 Ge 的组分 x 值，可以定制红外响应波长（λ_c），并使其光谱响应波长延伸到 $8\sim12\mu m$ 范围。美国麻省理工学院林肯实验室研制出 $\lambda=16\mu m$，暗电流特性良好的异质结 Ge_xSi_{1-x}/Si 内光电发射长波红外探测器。当 x 为 0.42、0.33 和 0.22 时，则可测得有效异质结势垒高度分别为 $0.125eV$、$0.095eV$ 和 $0.078eV$，其对应的截止波长（λ_c）为 $9.9\mu m$、$13.1\mu m$ 和 $15.9\mu m$。将具有光腔结构的 Ge_xSi_{1-x}/Si 异质结势垒内光电发射长波红外探测器与埋沟 CCD 多路传输器同时集成在同一硅衬底上构成了 400×400 像元 Ge_xSi_{1-x}/Si 异质结红外焦平面阵列，该器件的制作工艺与 PtSi 肖特基势垒红外焦平面阵列的制备工艺相同，不同之处是用 GeSi 层代替了 PtSi 层。为了进行比较，图 5－59 所示为这两种器件的单个像元结构图。Ge_xSi_{1-x} 是一种很有发展前途的新型半导体材料。日本电气公司正在进行这方面的研究工作，初步的结果表明，这种材料的截止波长已达 $8.3\mu m$，并且有可能超过 $10\mu m$。

美国加利福尼亚大学电子工程系采用 Ge_xSi_{1-x}/Si 材料首次制作出 Ge_xSi_{1-x}/Si 超晶格多量子阱长波红外探测器，这种探测器的光谱响应范围是 $6\sim12\mu m$，峰值响应波长

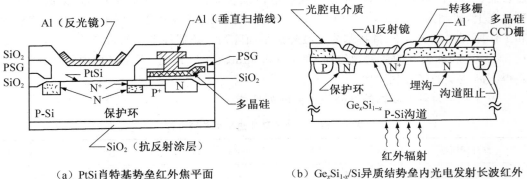

(a) PtSi肖特基势垒红外焦平面
阵列单个像元截面图

(b) Ge$_x$Si$_{1-x}$/Si异质结势垒内光电发射长波红外
探测器焦平面阵列单像元结构

图 5 - 59　PtSi 和 Ge$_x$Si$_{1-x}$/Si 红外焦平面阵列结构图

为 9 μm，峰值响应率大约为 0.3 A/W。77K 时，探测率 $D^* = 1 \times 10^9$ cm · Hz$^{1/2}$ · W^{-1}（λ_c = 9.5 μm）。这种探测器可以与具有信号处理功能的电路集成制备成单片式 Ge$_x$Si$_{1-x}$/Si 超晶格多量子阱红外探测器焦平面阵列。

各种典型超晶格量子阱红外探测器的性能见表 5 - 13。

表 5 - 13　各种典型超晶格量子阱红外探测器的性能

发表年	探测器	T_c/K	λ_c/μm	探测率/(cm · H$^{1/2}$ · W^{-1})	公司
1987	AlGaAs/GaAs	77	8.2	—	AT&T 贝尔实验室
1987	AlGaAs/GaAs	77	10.8	1×10^{10}	AT&T 贝尔实验室
1987	InAsSb/InAs	77	8~12.5	1×10^{10}	AT&T 贝尔实验室
1988	GaAlAs/GaAs	77	8.3	1×10^{10}	AT&T 贝尔实验室
1989	AlGaAs/GaAs	50	8.2	1×10^{10}	AT&T 贝尔实验室
1990	InAsSb/InSb	77	≤10	≥1×10^{10}	圣地亚国家实验室
1989	AlGaAs/GaAs	77	10.2	1×10^{10}	AT&T 贝尔实验室
1991	InAsSb/InSb	77	8~15	>1×10^{10}	圣地亚国家实验室
1991	AlGaAs/GaAs	77	10.7	2×10^{10}	AT&T 贝尔实验室
1991	AlGaAs/GaAs	77	1.0	1×10^{10}	瑞典微电子所
1991	GeSi/Si	77	9.5	1×10^{10}	Device Research 实验室
1992	InGaAsP/InP	50	13.2	1.3×10^9	佛罗里达大学电子工业系
1992	InGaAs/GaAs/AlGaAs	63	10.5	2.1×10^{10}	佛罗里达大学电子工程系
1991	InGaAsP/InP	77	7.5	9×10^{10}	AT&T 贝尔实验室

5.3.3.2　红外焦平面阵列

美国麻省理工学院林肯实验室已示范了 Ge$_x$Si$_{1-x}$/Si 异质结势垒内光电发射长波红外探测器阵列，这种器件是林肯实验室用分子束外延技术在 P 型硅(100)的衬底上生长 40nm 厚的 Ge$_x$Si$_{1-x}$层($x=0.42$)制备了具有光腔结构的 Ge$_{0.42}$Si$_{0.58}$异质结势垒内光电发射长波($9.3\mu m$)红外探测器,并且与埋沟电荷耦合器件(BCCD)多路传输器集成在同一硅衬底上,研制出了 400×400 像元 $Ge_{0.42}Si_{0.58}/Si$ 异质结势垒红外焦平面阵列。其结构和工作原理类似于 PtSi 肖特基势垒红外焦平面阵列。该器件有高的量子效率(最好情况达 $3\%\sim5\%$)和极好的像素均匀性,在 $\lambda_c=9.3\mu m$、$T=53K$ 时,不需进行均匀性补偿,已获得了高质量的红外热图像。

表 5-14 为各种新颖的红外焦平面阵列性能。

表 5-14　新颖的红外焦平面阵列性能

红外探测器	Ge_xSi_{1-x}/Si,HWIRD	AlGaAs/GaAs,MQWIRD	AlGaAs/GaAs,QWIRD
红外信号处理器件	BCCD	CMOS	—
像元数	400×400	128×128	128×128
像元尺寸/μm	28×28	60×60	50×50
工作温度/K	53	78	77
工作波长/μm	9.3	7.7	8
暗电流密度/(A·cm^{-1})	$1.6\times(10^{-7}\sim10^{-8})$	2.6×10^{-4}	—
T_{NETD}	0.2K	0.03K	0.01K
D^*/(cm·Hz$^{1/2}$·W^{-1})	—	5.76×10^9	$>10^{10}$
互连方式	单片集成	铟柱互连	—
动态范围/dB	—	—85	—
量子效率(%)	$3\sim5$	6.5	20
焦平面阵列结构	单片式	混合式	混合式
公司	麻省理工学院林肯实验室	洛克韦尔国际科学中心	AT&T 贝尔实验室

第6章
量子点材料与红外探测技术

6.1 基础知识

6.1.1 简介

6.1.1.1 基本概念与范畴

半导体量子点材料是一种尺寸大小为 $1 \sim 100nm$ 的团簇。这种零维体系的物理行为与原子极为相似,所以被称为"人造原子"。其电子在其中的能量状态呈类似原子的分立能级结构。由于这种由有限原子组成的量子点材料的电子(或空穴)在三维方向上受到限制,被束缚在一个相对小的区域内,因而使电子(或空穴)之间的库仑作用极其显著,填充一个电子(或空穴)就要克服量子点中已有电子(或空穴)的排斥作用。量子点的分立能级结构和库仑电荷效应是其基本的物理性质。

除半导体量子点外,还有金属和其他物质的量子点。量子点也被称为团簇或纳米团簇。根据材料不同,其生长方式和制备方法也多种多样。

量子点是纳米科技的重要研究对象。自从扫描隧道显微镜(STM)发明后,世界上便诞生了以 $0.1 \sim 100nm$ 尺度(约 10^6 个原子构成的量子点)为研究对象的新科技,这就是纳米科技。纳米科技就是通过操纵原子、分子或原子团和分子团,使其重新排列组合,形成新的物质,制造出具有新功能的器件和仪器。微电子器件中的信号是百万个电子运动的结果,而纳米电子器件(也称纳电子器件)中的信号是由1个电子运动产生的。纳米电子器件将取代现在的微电子器件,纳米科技将使人类生活的方方面面发生巨大变化。

6.1.1.2　制备技术

1. 生长机理

量子点的自组织生长的条件是所生长的材料应与衬底有较大的晶格失配度。这样,在薄膜形成时会首先以层状方式进行生长,当薄膜厚度超过某一临界值时,其成膜过程便不是二维的均匀生长,而是呈现非均匀的三维岛状生长。

用分子束外延自组织生长了 InAs/InP 量子点,用扫描隧道电镜来观察外延生长的初始阶段。从 InAs/InP 生长过程中可看到明显的自组织过程:在 2D/3D 生长模式转变过程中出现宽度均匀的纳米线结构,而后才是 3D 的"粗化"。这种纳米线结构的自发形成是由 Tersoff 在应力岛生长的理论研究中提出的。初期的层状生长引起了台阶边缘的生长,3D 岛的成核位置便在这些台阶边缘处。研究指出,3D 的"粗化"伴随着台阶的形成,导致了表面自由能的增加,这又有抑制表面"粗化"的作用;台阶边缘弹性形变的弛豫又能减少自由能,当减少的自由能超过由于台阶形成的自由能时,这种抑制作用得以消除。这种增加的表面能和由于弛豫而减少的弹性应变能的竞争作用使得生长模式从二维向三维转变。因此,量子点的自组织生长过程是表面应变能和表面自由能的热力学动态平衡过程。同时有人指出,拉应力和压应力对台阶形成能的依赖关系不同,拉应力能降低台阶形成能,从而有利于生长初期 3D 的"粗化"过程;在压应力情况下,在 3D 岛形成前必须克服一个阻挡位势,能更清楚地体现出二维向三维的转变过程。

研究多层量子点结构的生长,发现经过多层生长后,量子点的尺寸和间隔逐渐趋于一致。于是,研究者提出了一个模型(以在 Si 衬底上生长 Ge 量子点为例),在 Si 衬底上生长一层任意尺度分布的 Ge 岛,再在其上外延一层厚度为 L 的 Si 隔离层。这一层晶格完整,表面接近平整,但在 Ge 球附近存在应变力,当在这一外延层表面再生长 Ge 时,它们在应变最小处优先成核并形成小球。如果 Si 层下面埋入的 Ge 岛稀疏时,那么就会在相应的 Ge 岛正上方应力最小点处以及相邻之间的其他应力极小点处优先成核,所形成的新一层 Ge 岛较原先变密。如果原 Ge 岛比较密集,这时在 Si 层表面将不会形成与原 Ge 岛上下一一对应的应力最小点,而是由两三个 Ge 岛的综合效应在其上某个位置形成一个应力最小点,这样新形成的一层 Ge 岛较原先变疏。这一过程反复多次,直至生长出非常均匀的量子点结构。这一模型同样适合于其他量子点系统,量子点的相关参数可通过控制逐层生长层的厚度来决定。根据这种思想,生长了 19 层 30nm Si/5.5nm Ge 的多层膜结构,在最顶层得到了尺寸均匀性较好的 Ge 量子点。自组织生长确实能生长出尺寸均匀的量子点结构,并且其参数可控,这证明了量子点结构在半导体器件中的潜在应用。当然,这只是一个简单理论模型,如把量子点看成一个各向异性、具有弹性的小球,量子点的尺寸比它们的间距要小得多。

2. 半导体量子点材料的制备技术

高质量量子点材料的制备是量子器件和电路应用的基础,如何实现对无缺陷量子点的形状、尺寸、面密度、体密度和空间分布有序性等的可控生长,一直是材料科学家追求的目标和关注的热点。经过多年的努力,现已发展了多种制备半导体量子点的技术。归纳起来,不外乎所谓的"自上而下"和"自下而上"以及这两种方法相结合的制备技术。下面对此给予简单的介绍：

（1）应变自组装技术。应变自组装方法属于典型的"自下而上"制备技术，它利用了 Stranski - Krastanow（S - K）生长模式，适合于晶格失配较大但表面、界面能不是很大的异质结材料体系。实验上可采用分子束外延、金属有机物化学气相沉积和原子层外延等技术制备。在 S - K 生长模式中，外延层和衬底间的晶格失配较大，但是在外延的初始阶段，外延材料可以通过弹性形变适应晶格失配，以二维层状模式生长，称之为浸润层。随着浸润层厚度的增加，应变能不断积累，当浸润层厚度达到某一个临界值 t_c 时，弹性形变二维层状生长不再是最低能量状态，应变能通过在浸润层上形成三维岛而得到释放。形成三维岛后，应变能减少，表面能增加，但系统总的能量降低。三维岛生长初期形成的纳米量级尺寸小岛周围是无位错的，若用禁带宽度较大的材料将其包围起来，小岛中的载流子将受到三维限制。小岛的直径一般为几十纳米，高约几纳米到十几纳米，通常称为量子点。

通过应变自组装方法可以制备Ⅲ－Ⅴ族、Ⅱ－Ⅵ族和Ⅳ－Ⅳ族的半导体量子点。目前已经成功地在 GaAs、InP、SiC、ZnSe、Al_2O_3 和 Si 等衬底上制备了 InAs、In（Ga，Al）As、GaN、CdSe、ZnO、Ge 和 GeSi 等量子点结构。量子点的形状视生长条件不同，可以是菱形、方形、金字塔形、球形、椭圆形和三角形等。通过对应变异质结构材料体系应变分布的设计（如晶向、晶格失配度的合理选择等）、生长动力学的控制和生长工艺优化等，原则上可制备出尺寸和分布比较均匀的无缺陷量子点材料。

应变自组装技术不仅无需诸如高空间分辨的电子束曝光和刻蚀等复杂的工艺技术，方法简单，而且还不会引入杂质污染和形成自由表面缺陷，是目前制备量子点材料最常用、最有效的方法。由于量子点在浸润层上的成核是无序的，故其尺度、形状、分布均匀性难以控制，量子点的定位生长就更加困难。为解决这个问题，人们进行了广泛的尝试。例如，在高指数晶面上自组装制备的量子点的均匀性可得到改善，这是由于高指数面具有高的表面能。在外延生长过程中，高指数面将分解成具有较低表面能和特定周期结构的邻近小平面，以降低其表面能，达到稳定的表面结构。故在高指数面上生长量子点（线）是改善量子点（线）结构和性能的有效方法之一。加入埋层或种子层，还可以明显地改善量子点的密度。又如，在 GaAs 和具有 InGaAs 缓冲层的 InP 衬底上生长 In（Ga）As 量子点（线）超晶格时，若隔离层不太厚，被间隔层嵌埋的量子点（线）将在其上方的间隔层内产生张应力，当下一层量子点开始生长时，这个张应力区将诱导新量子点优先成核，以减小整体失配，这种过程的复制将导致生长方向上的量子点超晶格的有序排列，InAs/GaAs 和 InAs/InGaAs 量子点（线）超晶格都是典型的垂直对准结构。对缓冲层为 InAlAs 的 InP 衬底上制备的 InAs 量子线超晶格而言，由于 In 和 Al 原子的迁移速度不同，InAlAs 合金空间隔层将会出现富 In 和富 Al 的横向组分周期性被调制的现象，即在下层量子点（线）间上方的间隔层中形成富 In 区（张应力区），且择优取向为[1$\bar{1}$0]，从而使上层的量子线优先在下层两个相邻的量子线的中间成核，导致了量子线的隔层对准排列，也称为斜对准。

通过在衬底和量子点（线）层间引入埋层或种子层，也可用来有效地调节上层量子点

（线）的几何参数。因为特殊设计埋层的应变场会延伸至隔离层表面，从而影响上层量子点（线）的初始成核，如在（100）GaAs 面上引入 InAlGaAs 种子层量子点后，InGaAs 量子点则沿［01$\bar{1}$］方向拉长，而无种子层的单层 InGaAs 点则为圆形。在（511）B 面上，没有 InAlGaAs 量子点埋层时，InGaAs 量子点分布没有什么规律，大小也明显不均匀；当引入 InAlGaAs 后，InGaAs 量子点大致在与［011］成 45°的方向优先排列。

（2）微结构生长与微细加工相结合方法。由于受到微细加工技术空间分辨率的限制，早期的微结构生长和微细加工技术相结合制备出的量子点的尺寸较大，难以满足量子尺寸限制的需要，但随着微细加工水平的不断提高，这种微结构生长与微细加工相结合的方法再次引起人们的关注。虽然实际加工中产生的表面、界面损伤和杂质污染等仍然常使器件性能与理论预言值存在差异，但是这种方法的突出优点是量子点的形状、尺寸、密度和空间分布的有序性可控。按照微结构生长和微细加工的先后顺序，这种方法可以分为两类：

① 微结构生长后进行微细加工制备技术。首先用 MBE 或 MOCVD 等技术生长制备低维结构材料，如 GaAs/AlGaAs 二维电子气等超晶格、量子阱材料，然后用高分辨电子束曝光直写和湿法或干法刻蚀，或者通过聚焦离子束注入使材料内部某些区域的组分等发生变化，从而隔离制备量子点（线）。这种方法也就是常说的所谓"自上而下"的制备技术。原则上它可以制备最小特征宽度为 10nm 的结构，而且图形的几何形状和密度可控，常用来制备二维点阵和纳米分离器件，但是难用于三维点阵结构的制备。此外，加工过程带来的损伤和杂质污染会使量子点的电学和光学性质退化，这是在这种技术实用化的过程中必须解决的难题。

利用分裂门技术在二维电子气基础上形成量子点，是开展量子点物理研究中的一个重要方面。当两个导体之间的距离等于或小于电子的弹性散射程时，被称为量子点接触，此时单电子输运过程中将显示电导率量子振荡行为。在 GaAs－AlGaAs 异质结中的二维电子气的费米波长为数十纳米，比金属的长得多，因此在这类系统中容易实现量子点接触。图 6-1 所示为分裂门二维电子气结构，GaAs－AlGaAs 异质结上形成二维电子气。在 AlGaAs 上面制备门电极，使其中间形成纳米隙，称为分裂门结构。当分裂门电极上加负电压时，便在源—漏极之间形成纳米尺寸的电子气通道。随着门电压的不同，通道的尺寸在改变。当电子气通道达到纳米尺寸时，可以测到量子电导行为。利用量子点接触中的电子输运特性，可以制成量子开关、逻辑电路、量子相干、衍射等器件。缺点是这个量子电导对温度敏感，温度高时，由于热噪声的存在，台阶行为将变弱。

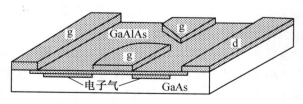

图 6-1　分裂门二维电子气结构

②微细加工后再进行微结构生长技术。首先利用物理或化学方法在衬底上进行微细加工,制造择优成核位置,然后进行外延生长,实现对量子点生长位置的控制。例如:使用刻蚀方法在衬底上制备"V"形槽、"T"形台,使衬底表面出现不同取向晶面,利用不同取向晶面上吸附原子的迁移距离、黏附系数和生长速度等不同,在某些晶面上制备量子点(线)结构;其次在衬底上生长 SiO_2 等掩膜层,利用刻蚀技术在掩膜层上开窗口,或者直接将开有窗口的模板放置到衬底上,然后利用外延材料在衬底和掩膜层或模板材料间黏附系数的差异,在未被掩蔽的衬底部分进行选择性外延;最后将衬底局部毛化,如通过电子束直写或者使用原子力显微镜的探针在衬底上刻孔,通过孔内高密度的台阶影响吸附原子的迁移,从而限制量子点只在孔内成核,或者用离子束等对具有掩膜的衬底的暴露部分进行轰击,毛化了的部分成为外延生长的择优成核位置,从而实现对量子点生长位置的控制。

这些方法的优点是可以通过人为设计优化成核位置的尺寸和排列,从而控制量子点的生长。刻蚀等微细加工工艺的水平对其制备效果有很大影响,如果这些工艺的水平能够进一步提高的话,此方法将成为量子点有序生长与定位生长的有效制备方法。

此外,可以将多孔硅作为衬底,直接生长制备 Ge 量子点。将 SiN_x 或阳极氧化铝多孔膜等放置在衬底上,或者以碳纳米管和沸石等作框架,然后通过物理或化学反应在它们的孔道中限位生长量子点(线)。这种方法得到的量子点(线)原则上可严格地按照模板的图形排列,但实践中也存在很多问题,如沸石笼子或者碳纳米管的孔道被阻塞,则原子向笼子或纳米管内沉积,这将影响量子点(线)的质量。

(3)表面活性剂法。一般来说.生长前沿外延层和衬底之间的表面能与界面能的关系决定外延生长的模式。如果满足 $\sigma_s > \sigma_f + \sigma_i$,$\sigma_s$ 为衬底的表面能,σ_f 为外延层的表面能,σ_i 为界面能,则外延层可浸润衬底,外延生长以二维层状模式进行;如果 $\sigma_s < \sigma_f + \sigma_i$,则表明系统开始三维生长。如果将第三种成分(表面活性剂),如 As、Sb 或者 Sn 引入到衬底上,则可以通过改变衬底的表面自由能来改变不等式的符号,从而影响外延结构的形态。例如,应用 MOCVD 技术在 $Al_xGa_{1-x}N$(x 为 0~0.2)表面上生长 GaN 时,通常为二维层状生长。如果在生长 GaN 之前,将四乙基硅烷作为表面活性剂喷射到衬底上,则四乙基硅烷会降低衬底的表面自由能,GaN 则以量子点的形式出现。然而,对于 Ga/Si体系则正好相反,作为表面活性剂的 V 族元素会通过调节表面自由能在表面上迁移,从而抑制岛的形成。

(4)纳米结构的气—液—固相(VLS)生长模式。VLS 生长模式的原理是:首先采用物理或化学方法,在特定的衬底表面上制备空间有序排列的金属液滴(包括金属催化剂等),在反应容器或生长装置内,由分子束炉向衬底表面喷射金属原子或通入气体分子,并使其与液滴反应生成所需的纳米结构。应用这种方法已成功地制备了 GaN/AlGaN/SiC、GaN/6H—SiC(0001)、Si/SiO_2、ZnO、SnO_2、InAs/InP 和 InAs/GaAs 等多种量子点(线)。

(5)离子注入法。离子注入是 20 世纪 30 年代发展起来的材料表面改性技术,它是通过离子束与衬底材料中的原子或分子发生一系列物理和化学相互作用,使入射离子逐渐损失能量,最后停留在材料中,从而引起材料表面成分、结构和性能发生变化。将离子注入晶体中会引起非晶化,再经过退火,可以使非晶部分重新结晶。利用这种原理也可以实现量子点的制备。例如,首先用热氧化方法在 Si 衬底上制备一层 SiO_2,然后在大约为 100kV 的加速电压下进行 Si 离子注入。注入的 Si 离子将破坏 SiO_2 的 $Si-O$ 键,同时改变 SiO_2 中的 Si 与 O 的化学配比,形成 SiO_x($x<2$)。最后将其在 N_2 气氛下退火,则在富 Si 的氧化硅区形成纳米硅颗粒,即 Si 量子点。

除了通过退火使非晶硅重新结晶形成量子点外,还可以借助低温生长与高温退火的方法获得量子点。例如,利用 MOCVD 技术,先在蓝宝石($a-Al_2O_3$)衬底上低温沉积一薄层 GaN,然后进行高温退火,可制备出浓度为 $5\times10^8\sim6\times10^9\,cm^{-3}$、直径约 40nm 的 GaN 量子点。GaN 量子点的密度和大小可由制备工艺的温度和时间来控制。GaN 量子点仅在高温退火后才能生成的原因可能是:由于最初低温沉积层中的应变能无法释放成为具有较高能量的中间亚稳态相,通过高温退火形成 GaN 量子点,从而使应变能得到释放。

上面介绍的主要是基于物理的方法,而利用化学方法也可合成半导体纳米晶态胶体量子点。常用的化学方法有溶胶—凝胶法、苯热法、溶液法和自组装聚合体法等。用上述方法已成功地制备出大量的单质和合金纳米粉体材料以及 GaN、ZnO、TiO_2、SiC、Cu_2O、CdS 和 CdSe 等半导体纳米晶材料,其光学和电学性质引人注目。化学方法的优点是:量子点尺寸可以小至 $2\sim10nm$,平均尺寸分布在 5%～10% 范围内,量子点的组分易于控制,可获得高密度的量子点阵列,并且制备价格低廉。但由化学方法制备纳米粉体材料的团聚、稳定性以及如何实现空间的有序排列等问题,还有待进一步解决。

6.1.1.3　量子点的结构与性能

1. 量子点的微结构

量子点有各种类型,按其几何形状,可分为箱形量子点、球形量子点、四面体量子点、圆柱形量子点和外场(电场和磁场)诱导量子点;按其电子与空穴的量子封闭作用,可分为 I 型量子点和 II 型量子点;按其材料组成,又可分为元素半导体量子点、化合物半导体量子点和半导体异质结量子点。另外,胶体颗粒、纳米微晶、超微粒子、原子及分子团簇以及多孔硅等也都属于量子点范畴。

关于这类量子点微结构的制备方法大体有两种,一种是物理控制的分裂栅技术,另一种是工艺控制的选择生长和精细束加工技术。采用第一种方法已制备了具有双层栅和平面栅的量子点晶体管。所谓双层栅,是指晶体管的栅极结构由上、下两层组成,其中下层的栅极中间有一约数十纳米的裂缝,称为分裂栅。当上层栅加正电压和下层栅加负电压时,仅有窄缝下面的半导体表面会产生电子反型层,以形成一个很窄的导电沟道。所谓平面栅,是指晶体管的栅极结构在同一平面上组成,即纳米点栅与分裂栅位于同一平面上,且点栅处于分裂栅中间,在平面栅的下层是半导体异质结。器件在工作时,点栅加正偏压,以在异质结界面诱导零维和一维电子气;分裂栅加负偏压,以控制和改变量子点中的电子数的多寡和量子封闭性的强弱。另外,若将一量子阱结构放置在磁场中,使磁场垂直于量子阱平面,这样由磁场造成的二维量子限制和量子阱本来的一维量子限制就构成了具有三维量子限制的量子点。

　　物理控制方法的局限性在于它不能在各类衬底表面形成形状各异的量子点及其阵列结构,而近年迅速发展起来的超薄层选择区域外延和精细束加工选择生长技术弥补了这一不足。超薄层选择区域外延生长技术是在具有掩膜图形或非平面的单晶衬底上,采用分子束外延、金属有机化学气相沉积、化学束外延和原子层外延等具有原子级生长和掺杂精度的外延技术,在衬底表面的预定部位生长超薄层外延膜,在严格控制衬底温度、反应剂气压等工艺条件下,使生长膜层按确定方向生长,以形成各种量子点及其阵列结构。迄今采用这种方法已生长了箱形量子点、圆柱形量子点以及四面体量子点等。精细束加工选择生长技术是利用具有一定能量的聚焦电子束、离子束和光子束,在真空条件下作用于衬底表面,选择蚀刻后在微区以原位方式再生长所需膜层,以形成量子点及其阵列。

2. 量子点的量子化效应

　　以往在考虑固体中的电子行为时,一般是按牛顿定律将电子作为粒子进行处理的,同时还考虑了电子在运动过程中受杂质和声子散射的情况。由于量子点是一种小尺寸量子系统,电子的波动行为显而易见,因此会产生各种量子效应,此时经典理论不再适宜描述量子点中的电子性质,而需用量子力学理论加以讨论。其中的量子效应大体上可分为下面三种:

　　(1) 量子尺寸效应。半导体量子点是能带工程在半导体材料方面最成功的应用。通过控制量子点的形状、结构与尺寸,就可以调节其能隙、激子的束缚能以及激子的能量蓝移等电子状态。量子尺寸效应所描述的物理事实是,当半导体材料从体相减小至某一临界尺寸时,如电子的德布罗意波长、电子的非弹性散射平均自由程和体相激子的玻尔半径等,其中的电子、空穴和激子等载流子的运动将受到强量子封闭性的限制,同时导致其能量的增加。与此相应,电子结构也将从体相的连续能带结构变成类似于分子的准分裂能级,并且由于能量的增加,使原来的能隙增加,即光吸收谱向短波长方向移动,呈现谱峰蓝移现象。量子点尺寸越小,蓝移现象越显著,量子点的发光强度也就进一步增加。迄今为止,人们已从固体能带理论和量子力学理论出发,采用各种模型和方法,对箱形量子点、球形量子点、Ⅱ型量子点和磁场中的量子点的电子结构进行了尝试性研究,从而深刻揭示了量子点所具有的量子尺寸效应。在实验方面,人们已利用共振光散射、远红外激发和磁阻振荡等方法对量子尺寸效应进行了实验验证。

　　(2) 量子隧穿效应。在量子阱结构中,隧穿与势垒密切相关。对于由两种不同半导体材料组成的超晶格异质结,如果第一种材料中的电子能量低于第二种材料中的电子能量,那么第二种材料就成了阻挡电子运动的势垒。但是,当势垒层较薄时,电子的量子力学波动性开始起作用,它会以隧穿方式通过这个势垒而构成隧道电流,这就是量子隧穿效应。

　　量子点结构中亦有明显的量子隧穿效应。强烈的三维量子封闭作用,使得电子能级的值在各个方向上都是量子化的,且每个能级上都可以积累一定数目的电子。如果相邻两个量子点之间距离很近,以至于能够使得量子隧穿过程发生,那么在外加电压的作用下,电子就可以在相邻量子点的能级间进行跃迁。利用量子点的这种可积蓄或可转送电子的原理,可以构想大容量存储器或并行运算处理器。对于多耦合 InAs/GaAs 量子点,利用光激发载流子隧穿量子点时的能量弛豫过程,可以观测到室温下在 $1.3\mu m$ 波长附近所实现的强烈的光致发光。

如果改变外加电压,使电子所具有的能量恰与量子点中一个电子能级所具有的能量值相等,则电子就将隧穿到量子点中并发生共振。这种现象仅发生在某一特定电压下,而在其他电压下量子能级中间的能量区域不能发生共振。利用这种共振隧穿,可以精确控制半导体器件的开关状态。

(3)库仑阻塞效应。库仑阻塞效应是量子点结构中所特有的量子化效应,它已成为低维物理中的一个重要研究方向。库仑阻塞与单电子隧穿是紧密联系在一起的,它表现为体系的静电能量对电子隧穿过程的影响。

库仑阻塞效应最初是在金属微小隧道结中发现的。在这种纳米结构中,由结电容所确定的静电能量在低温下与热能为同一数量级。当电子通过隧道结时,会使隧道势垒两端的电位差发生变化。如果结面积很小,由一个电子隧穿所引起的电位差变化可达数毫伏左右。如果此时静电能量的变化比热能还要大,则由一个电子隧穿引起的电位变化会对下一个电子的隧穿产生阻止作用,这就是所谓的库仑阻塞效应。

库仑阻塞效应在半导体量子点结构中普遍存在,由于它对这种超微结构中的单电子输运过程起着至关重要的作用,因此引起了人们的普遍关注。对具有隧道谐振势垒的三个耦合量子点的低温隧穿测量表明,随着耦合作用的增加,其库仑阻塞电导峰将分裂成三个峰。对于一个单量子点接触,在强隧穿条件下会产生库仑阻塞振荡现象;对于一个方形量子点结构,它所具有的自旋阻塞效应直接影响量子点中电子的低温输运特性,在非线性区域它将产生负微分电导,在线性区域它将影响电导峰的高度;对于一个具有台面蚀刻栅的新型量子点结构,单电子的隧穿输运会导致漏电流的量子化,即在漏电流—源漏电压的关系曲线上出现了一系列平台。

3. 量子点的光学性质

半导体量子点结构对其中的载流子(如电子、空穴和激子)具有强三维量子限制作用,从而使其光学性质发生很大的变化。通过控制量子点的形状、结构与尺寸,就可以方便地调节其能隙宽度、激子束缚能的大小和激子的能量蓝移等电子状态。

(1)光学各向异性。既然自组织生长的量子点与基体存在晶格失配,那么存在的应力和基体结构的不对称性将影响量子点的能级,从而引起量子点的光学各向异性。有人研究了 InP/GaInP/GaAs 量子点系统 PL 谱和微 PL 谱,通过比较不同温度生长的样品,发现量子点的光学各向异性与量子点的形状无关,而是来源于它们微观结构的各向异性,这与立方基胞在侧向应力作用下对称性降低相符。在微 PL 谱中还观察到量子点中激子态的双峰结构,这种双峰结构是由于不对称结构中电子、空穴交错相互作用引起的。

(2)红外吸收。由于量子点结构的载流子的三维限制和态密度的峰化,在长波红外区有着吸引人的性质。量子点结构的带内跃迁使得正在入射受激情况下的激发成为可能。Ge/Si 量子点表现较大的能带不连续性,在中红外光谱范围内观察到了较大的带内吸收以及对应量子点从基态到连续态的跃迁,这使得 Si 基量子点光探测器的研制成为可能。

6.1.2 量子点红外探测器的研究

6.1.2.1 基本情况

量子点红外光电探测器是一种新型红外探测器,它是在半导体超晶格、量子阱基础上发展起来的,属于低维限制系统,是当前研究的新热点。

在量子点微观结构中,由于受到三个维度的束缚,电子能量在三个维度上都是量子化的,并且随着量子点尺寸的减小,其分裂的能级间距也会变大。通过控制量子点几何形状和尺寸可改变其电子态结构,实现对量子点器件的电学和光学性质的“剪裁”。

目前,红外系统多采用 HgCdTe、InSb、QWIP 以及 VO_x 非制冷红外探测器,但它们存在一些不尽如人意的地方:碲镉汞、InSb 红外探测器虽然有高的探测灵敏度,但必须在低温制冷的条件下工作;量子阱红外探测器不能吸收正入射的红外辐射光,因而效率低;非制冷红外探测器的优点是不需要制冷器,可在室温下工作,但是就目前的水平而言,其探测率还处于较低的状况,只能应用于中低端红外系统中。量子点红外探测器(QDIP)克服了量子阱红外探测器的缺点,具有可有效吸收垂直入射的红外光提高探测器性能、可能实现室温工作而不需要制冷器等优点。目前的研究中,QDIP 工作波段主要是中波红外和远红外,由于其自身具有的优点,未来量子点红外探测器将与 HgCdTe、QWIP 和非制冷微测辐射热计等探测器展开竞争。

目前,普遍采用自组织 In(Ga)As/Ga(Al)As 作为量子点红外探测器的有源层,已制成了 640×512 像元焦平面阵列,而且用于热成像。近几年,研究主要集中在:

(1)采用了新型结构即双势垒谐振隧道滤波器的 T−QDIP,以进一步降低暗电流。实验表明,在 300K 时,QDIP 的暗电流低达 $1A/cm^2$。

(2)研究采用量子阱中量子点(DWELL)红外探测器结构,DWELL 设计特点是把 InAs 量子点有源区埋置在 InGaAs 量子阱中。DWELL 探测器在中波红外、长波红外和甚长波红外可以偏压,可调谐,并且可多色工作。美国喷气推进实验室已研制成 LWIR 640×512 像元 DWELL QDIP FPA,其中在半绝缘 GaAs 衬底上生长 30 叠层 InAs/InGaAs LWIR DWELL QDIP 材料。这种 DWELL 采用反射光栅改进探测器灵敏度,像元间距为 $25\mu m$,有效像元尺寸为 $23\mu m \times 23\mu m$,采用标准的铟柱倒装焊与 640×512 像元 CMOS 读出集成电路(ROIC)进行混合集成。该 FPA 已经显示出极好的图像质量,其像元合格率大于 99%。在工作温度 60K 和偏压 −350mV 下,测得 FPA 的噪声等效温度 T_{NETD} 为 40mK,其中背景温度为 300K,采用 $f/2$ 光学装置,这与理论预计的 T_{NETD} 为 25mK 十分接近。

(3)研究 Si 基 QDIP,这样可以用完全成熟的 Si 超大规模集成技术把光学和电子器件集成在 Si 基底上,这是降低成本普遍采用的途径。

(4)利用 Ge QD 制作 QDIP 也取得重大的进展,其中有中波红外 P−i−P Ge QDIP、中红外和远红外 N−i−N Ge QDIP 以及近红外($1.31 \sim 1.55\mu m$)P−i−N Ge QDIP。这些探测器是为不同应用目的而设计的,而且在不同程度上都获得了相关器件性能,显示出 QDIP 的特性,但从总体上说,Ge QDIP 器件技术远不如 InAs/GaAs QDIP 成熟。

6.1.2.2　QDIP 理论上的优势

一般来讲,量子点红外探测器从结构和原理上都类似于量子阱红外探测器。如图 6-2 所示,电子从发射极被激发出来,可能被量子点所俘获,或者漂移到集电极,当红外辐射光子激发之后,发射出的电子在外加偏压形成的电场作用下向集电极漂移,形成光电流。

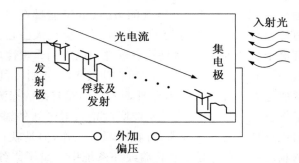

图 6-2　量子点红外探测器光电流收集原理示意图

与量子阱红外探测器相比,量子点红外探测器由于具有更长的载流子俘获和弛豫时间,应具有更低的暗电流和更高的光电响应。理论预言,量子点红外探测器具有下述优点:

(1) 对垂直入射光敏感。在量子点中,三维限制效应导致其态密度函数非常特殊,为 δ 函数形式。这种态密度函数接近于原子,并由此会引起光电性质的强烈改变,其中最重要的一点就是量子点红外探测器对垂直入射光的响应。由于量子点中的三维限制效应,任何偏振的红外光都可以诱导子带间跃迁的发生。

(2) 可达到更宽的光谱响应。自组织量子点一般尺寸、组分、应力都具有不均匀性,这使得量子点红外探测器有一个更大的响应范围。由于分立的态密度函数,依据量子点存在的能态,电子将遵守一系列的可能跃迁。这些跃迁对探测产生影响并导致一个更大的均匀展宽,在很多情况下与响应带宽直接成比例的整个波长响应也应该会更大。可以改变生长条件以控制探测器的探测范围。例如,改变生长温度可用于调整点的大小和形状,改变应变材料淀积厚度可以用于控制量子点的密度,势垒材料、高度、厚度的选择也可以结合量子点尺寸的改变以设置探测波段。

(3) 长的激发电子寿命。当载流子被激发出来后,可能有多种俘获和弛豫机制发生作用,但在量子点中,如果能级间距大于声子能量时(即出现"声子瓶颈"效应),不仅电子—空穴散射很大程度上被抑制,声子散射也应被禁戒,电子—电子散射将成为主要的弛豫过程。由于电子弛豫足够慢,可预期达到更长的载流子寿命,在 PN 结激光器的测试中得到的量子点中载流子的弛豫时间约为 30~50ps,比量子阱的 1~10ps 要长。考虑到 QDIP 中空穴数量远远小于电子数量,激发载流子的寿命应超过 1ns。所以,如果理论预言的声子瓶颈效应能在量子点红外探测器中充分地实现,长的激发电子寿命将直接导致更高的工作温度、更低的暗电流和更高的探测率。

（4）更低的暗电流。暗电流可以表示为

$$i_{\text{dark}} = ev n_{3\text{D}} \qquad (6-1)$$

式中，v——漂移速度；

　　$n_{3\text{D}}(\propto e^{-\frac{E_a}{E_b T}})$——连续态的电子密度；

　　E_a——激发能量，等于势垒顶部到量子点内费米能级的能距。

暗电流的组成包括热激发电流、隧道电流和热辅助隧道电流等，与量子阱探测器类似。量子点红外探测器中暗电流最主要的产生机制仍然是量子点中的受限电子的热发射。载流子寿命的增加，使电子热发射得到抑制，使暗电流处于较低的数量级。通过降低掺杂浓度及使用异质结势垒作为接触层等手段，暗电流有望进一步降低。

（5）更高的光电导增益。在探测器中，增益可认为是激发载流子寿命与载流子迁移时间的比值或者所有收集的载流子与所有激发的载流子之比值。量子点中起主导作用的光电导增益 g 可以表示为

$$g = \frac{1 - \dfrac{1}{2} p_c}{PN p_c} \qquad (6-2)$$

式中，p_c——激发载流子的俘获概率；

　　N——量子点层数。

量子点阵列的垂直入射响应带来了发射极通过量子点阵列到集电极的额外电子发射，由于激发载流子寿命的增加，其俘获概率大大降低，这些都使 QDIP 的光电导增益可以显著地增加。

（6）更高的响应率。对于红外探测器而言，峰值响应率是非常重要的指标，表示为

$$R_{\text{peak}} = \eta g \frac{e\lambda}{hc} \qquad (6-3)$$

式中，η——吸收量子效率，即光激发载流子从量子点中逃逸出来的概率；

　　hc/λ——峰值波长的能量，乘以有效光子辐照得到的有效辐照，单位是 W。

理想情况下，由于无表面反射，认为 QDIP 中每个光子都得到吸收，此时 $\eta=1$，而 QWIP 由于无法探测正入射光，可认为 $\eta=0.5$，所以理论上量子点探测器应具有比量子阱探测器更高的峰值响应，加之增益 g 的增大，量子点系统的红外响应率将随之上升。

（7）更高的探测率。探测器的另一个重要指标是探测率 D^*，表示为

$$D^* = \frac{R \sqrt{A \Delta f}}{I_n} \qquad (6-4)$$

式中，R——探测器的响应率；

　　A——探测器的表面积；

　　Δf——测量带宽；

　　I_n——产生复合的噪声电流，$I_n^2 = 4eIg\Delta f(1 - p_c/2)$。

随着 R 的增加和 I_n 的降低，探测器的探测率将会变得更高。

6.1.3　探测器结构设计与研究

一般而言,量子点红外探测器包括两种基本的器件结构,即垂直输运结构和横向输运结构。垂直型量子点红外探测器[图 6-3(a)]通过载流子在顶部接触层和底部接触层之间的垂直输运来收集光电流,而横向型量子点红外探测器[图 6-3(b)]中,载流子在两个顶部的欧姆接触之间的高迁移率通道中输运收集光电流。

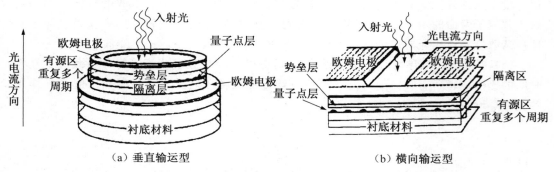

（a）垂直输运型　　　　　　　　　　（b）横向输运型

图 6-3　量子点红外探测器两种基本结构示意图

基于上述的基本结构,人们提出了各种设计方式,以控制探测器的相应范围,提高了器件性能。

1. 包含电流阻塞层的红外探测器

研究人员利用 AlGaAs 势垒以阻塞暗电流的结构设计,在有源区结构中引入了一层薄的 AlGaAs 电流阻塞层(图 6-4),认为 GaAs 优良的输运性质会诱导大的暗电流。在点之间的空间可为载流子提供良好的输运通道。引入一层 $Al_xGa_{1-x}As$ 薄层,目的是降低载流子的输运能力。通过控制 AlGaAs 层的厚度,暗电流可以降低将近 1 000 倍,同时保持高的响应率和增益。

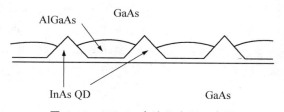

图 6-4　AlGaAs 电流阻塞层示意图

另外,还研究了使用 InGaP 作为电流阻塞层的结构,也得到了非常好的结果。设计的量子点结构在 77K 温度下达到了非常低的暗电流密度(-0.5V 偏压下为 10^{-10} A/cm^2,0.5V 偏压下为 10^{-11} A/cm^2)。

2. 有源区不掺杂的量子点结构

大多数 QDIP 都是在两个接触层之间对量子点进行 N 型掺杂,研究小组设计了一种有源区使用不掺杂多层量子点结构的 QDIP。根据实验结果,有源区不掺杂的 InAs/

GaAs QDIP 比起那些直接掺杂的样品具有更低的暗电流。

在该项研究中,期望光响应显示出与偏压强烈的响应关系,以及与 N 型掺杂结构相比更低的暗电流,结合 AlGaAs 阻塞层,样品峰值波长($6.2\mu m$)在 $-0.7V$ 偏压、77K 温度下达到了约 $10^{10}\,cm\cdot Hz^{1/2}\cdot W^{-1}$ 的探测率。特别值得关注的是,其暗电流密度比直接掺杂量子点结构显著降低了(77K 下,从 $1A/cm^2$ 降至 $10^{-6}A/cm^2$)。

3. DWELL 结构

研究人员设计了一种在量子阱中生长量子点的结构。图 6-5 所示为其示意图,量子点中的载流子被光激发至调制掺杂的势垒层与阱层之间的 AlGaAs/GaAs 二维通道中,在外加电场的作用下进行横向输运。这种结构的特点是能够获得具有较高面密度的量子点材料,因而提高了探测器的光子采集效率。同时还研究了光激发载流子的寿命,发现这一寿命与异质界面通道和量子点层之间的距离成指数变化关系,77K 温度下当载流子寿命在 $0.1\sim1ms$ 量级时,观察到非常大的光增益($10^5\sim10^6$)。

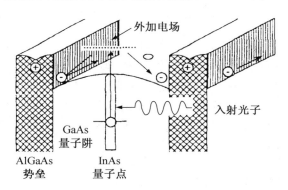

图 6-5　量子阱中量子点结构载流子激发和输运示意图

4. QDIP 新材料系统

目前研究最多的 QDIP 是使用生长于 GaAs 衬底上的自组织 In(Ga)As 量子点材料。最近有几个小组研究了用其他材料系统制作 QDIP,例如 Ge/Si 量子点。在红外响应谱测量中,他们设计的 QDIP 具有非常宽且偏压可调的谱线范围($1.6\sim20\mu m$),这一谱线特征对于某些应用,如热成像探测是非常有用的。另外,该器件的最大单波长探测率约 $2.1\times10^{10}\,cm\cdot Hz^{1/2}\cdot W^{-1}$(30K 温度、0.2V 偏压、$6\mu m$ 峰值波长)。他们还研究了材料的 $I-V$ 特性,显示出由于 Si 阻塞层的存在而使暗电流得到有效抑制。

除了 Ge/Si 材料外,生长于 InP 衬底上的 InAs/InAlAs 多层量子点也被用作红外探测器的有源区,并且达到了较好的器件指标。

5. 高温度探测器

由于 HgCdTe 探测器和量子阱探测器都需要工作在极低温度下,而较高温度甚至是常温探测又具有非常重要的意义,因此量子点红外探测器被人们寄予厚望。Chakrabarti 等人报道了工作于 $150\sim175K$ 的探测器结构,并且达到了 0.34A/W 的较高峰值响应率;Jiang 等人设计了探测范围在 $6.7\sim11.5\mu m$ 的多层量子点结构,该器件可以工作于 260K 温度;Kim 等人报道了工作于室温下的 InAs/GaAs 量子点探测器,显示出了令人振奋的应用前景。图 6-6 所示为 InAs/GaAs 量子点材料在 300K 下的红外吸收谱。

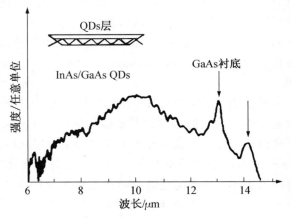

图 6-6　300K 下 InAs/GaAs 量子点材料的红外吸收谱

目前报道的最高响应率是利用横向输运结构量子点红外探测器所达到的,载流子输运转移到具有高电子迁移率的邻近通道中。Lee 等人最先报道了 10K 温度、9V 偏压下 4.7A/W 的高响应率;Chu 等人使用 InGaAs 通道层达到了 11A/W 的共振光响应;Le 等人设计的 LWIR 阱中量子点结构在 -2.4V 偏压下响应率达到了 12.4A/W。从上述数据可见,横向输运量子点探测器显示出极高的响应率,但这种结构的缺点是它与焦平面阵列体系的兼容性较低。

6.1.4　现存问题和改进办法

尽管 QDIP 具有很多潜在的优点并已得到了广泛研究,但目前现有的器件水平还未完全显示出理论预言的优势,至少还有以下几方面需要得到重视并进一步提高。

1. 对掺杂控制的研究

为了在量子点中分配电子,掺杂是量子点红外探测器设计中非常关键的一步,但是问题也随之出现:如果直接在量子点层进行掺杂,电子的随机分布可能导致显著的波动;如果在势垒中掺杂(调制掺杂),电离的掺杂电子的随机分布会泄漏到电流路径中,造成暗电流增加。目前已有对不同层掺杂效果进行比较的报道,但不可否认,关于掺杂的位置选择有必要得到更深入的研究。

此外,掺杂浓度对量子点的形成也十分重要。当掺杂浓度比较低时,掺杂的 Si 或 Be 原子可以释放相邻原子内的应力,从而起到量子点形成过程中成核中心的作用,这有利于形成形状密度均匀的量子点;反之,当掺杂浓度较高时,会降低量子点的均匀性。此外,高的掺杂浓度可能引起对器件性能不利的高暗电流。

2. 控制量子点的尺寸和密度

几乎所有以量子点材料作为有源区的光电器件都希望获得高密度、均匀性好的量子点,而点的尺寸、密度、均匀性对量子点红外探测器又具有特别重要的意义。

首先,大多数自组织生长的量子点都有较大的横向尺寸(约几十纳米),但在生长方向上通常比较小(约几纳米),这种接近"量子盘"的形状使点在生长方向的限制作用非常强,而水平方向的限制作用就相对弱得多,这也直接导致了量子点中多个能级的存在。如果跃迁是基于束缚态之间的,载流子必须穿过势垒才能形成光电流,也就是说,只有部分光生载流子对光电流有贡献。这通常被认为是量子点阵列正入射响应比较弱的最主要原因。

所以,如果期望有强的垂直入射吸收,我们应控制量子点的尺寸足够小,以使点内只存在一个束缚态,或者第一激发态非常接近势垒边缘。这是因为如果激发态离势垒导带太远,光电流很难被激发,器件可能需要工作于相当高的偏压下。反之,如果想要得到更宽的响应谱,应当使点内有两个或两个以上的束缚态。一个典型的例子是 Wang 等人报道的,他们通过改变量子点的生长温度设计了一种三色探测器,其正入射响应谱如图6-7所示。

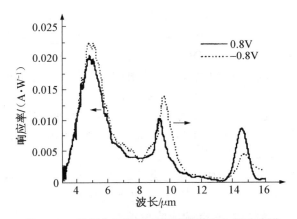

图 6-7　量子点红外三色探测器的正入射响应谱

要得到好的探测器特性,也要争取达到高的点密度和均匀性,以提高吸收量子效率。因为每一个量子点都可能对光产生有效吸收,而吸收量子效应的提高对于器件获得高响应率和探测率非常关键。另一个需要克服的障碍是量子点尺寸的不均匀性。量子点能级的不均匀展宽,非常明显地使探测器性能降低一个甚至几个数量级。实验测得的 QDIP 的量子效率约 1%,不仅远远小于理论计算值,甚至比量子阱探测器的量子效率(约 20%)还要低很多,这些都充分说明进一步提高量子点密度和均匀性的重要性。

3. 对浸润层和隔离层的研究

在 S-K 生长模式中,需要生长多层量子点以获得更高的点密度,达到足够大的光电流,但超晶格多层堆垛产生的应变积累是一个大的问题,因为它导致失配位错的出现,从而降低器件性能。对于量子点红外探测器而言,直接的后果就是易产生热辅助隧道暗电流,因此控制各层量子点间隔离层的厚度非常重要。目前器件结构中通常使用较厚的 GaAs 隔离层,一方面是防止失配位错的产生,另一方面也是为了避免热发射和隧穿效应的产生。为了得到多层无位错的高质量量子点,进一步实验摸索最佳的隔离层材料组分和厚度是研究人员的重要任务之一。

此外,在三维岛状结构产生之前,衬底上首先生成的是浸润层,在一定程度上二维浸润层结构类似于量子阱,它会使自组织量子点的理论能级位置降低,并且还可能成为激发载流子的一条理想输运通道。因此,浸润层对量子点吸收的影响是显而易见的。然而在多数研究中,浸润层的作用却被忽略了,这也是今后需要扩展的一个研究点。

6.1.5　国外量子点红外探测器的研究进展

1. N-i-N InAs QDIP

N-i-N InAs QDIP 采用不是故意掺杂的有源区,利用不同的量子点盖层材料(GaAs,InGaAs,Al-GaAs)调谐工作波长,并改进 QDIP 性能。已演示中波红外($3\sim5\mu m$)和长波红外($8\sim12\mu m$)波段垂直入射工作,具有高的探测率,还演示了多色工作的潜在能力。

N-i-N QDIP 的特点:一是加偏压时,电子注入就增强,在光照下主要对光电流有贡献,因此暗电流保持极低;二是采用低温($<350℃$)表面迁移增强外延(MEE)技术,而不是高温(约 $500℃$)MBE 技术生长 QD 盖层。QD 生长所用材料是在半绝缘 GaAs(001)衬底上原位淀积二元 InAs,所用的生长技术是固体源 MBE。为了产生不同类型 QDIP 结构,每一种类型都要加四种不同盖层材料中的一种,即 GaAs、AlGaAs、InGaAs 和 InGaAlAs。通过势垒层化学组分和基底—小岛—盖层失配来感应三维应力分布,调节三维量子约束势,控制 QD 最可能的尺寸和处理 QD 电子结构的盖层材料,这样就能进而设计 QDIP 的工作波长和其他性能。

(1)带有 GaAs 阻挡层的 QDIP。在这类 QDIP 中,所用的吸收区由 5 层的点状小岛生长的 InAs QD 组成,并盖有 GaAs 层。根据光致发光激励(PLE)、光致发光(PL)和傅立叶变换红外(FTIR)光谱测量,光电响应峰值波长出现在 $7.2\mu m$(约 174meV)、峰值波长光谱宽度约为 $0.99\mu m$,因此 $\Delta\lambda/\lambda=14\%$。对波长 $7.2\mu m$ 响应包括了从基束缚态到较高束缚态的带内跃迁。用室温黑体测量了器件的响应率,在 77K 温度下 0V 偏压时为 $1.3mA/W$,而 0.7V 偏压时为 $4.11A/W$,约增加了 3 个数量级。随着偏压和温度的增加,暗电流明显增加。对于偏压 $<0.7V$ 和温度 $T>100K$ 的情况,暗电流随温度指数地增加,因此认为在这温度范围内,暗电流起源于热离子发射。在温度低于 100K 时,相继的谐振隧穿和声子辅助隧穿是暗电流的主要分量。

可以利用响应率和噪声测量计算探测率 D^*。在温度 77K 和 0.1V 偏压下,获得了最好的性能,其中峰值探测率是 $1.4\times10^9 cm\cdot Hz^{1/2}\cdot W^{-1}$,相应的响应率为 $12mA/W$,背景限(BLIP)温度是 60K。随着温度增加到 100K 时,在 0.1V 偏压下的峰值探测率降低到 $1\times10^8 cm\cdot Hz^{1/2}\cdot W^{-1}$,这是由于响应率下降和噪声电流增加所致。

(2)带有 AlGaAs 阻挡层的 QDIP。利用 GaAs 阻挡层的 QDIP 暗电流较大,其原因是:GaAs 中不均匀掺杂分布、本底杂质。现已证明,有效利用阻挡层的 AlGaAs 层可以降低暗电流和提高 D^*。在 InAs/GaAs QD 层一边上加单层 AlGaAs 阻挡层做成 QDIP,还有在 InAs QD 之间引入一层薄的 AlGaAs 势垒层做成 QDIP。这种阻挡层填充量子点之间的空间,而留 QD 顶部不覆盖。这里所用的方法是,把 AlGaAs 约束层用在 QD 层之下和 GaAs 盖层顶上,这样立刻使 GaAs 盖层有效地转向 InAs 小岛四周进入量子阱,因此 InAs 小岛就是量子阱中的量子点。

与 GaAs 阻挡层 QDIP 相比,AlGaAs 阻挡层的光谱响应曲线向短波偏移,对所有光电响应峰值都出现在 $6.2\mu m$,而 GaAs 阻挡层的峰值波长大于 $7\mu m$。但是,AlGaAs 阻挡层 QDIP 的 BLIP 温度增加到 110K,而 GaAs 阻挡层 QDIP 的 BLIP 温度为 60K。测得 AlGaAs 阻挡层 QDIP 噪声电流要比不用 AlGaAs 阻挡层的 QDIP 低得多。在温度 77K 和偏压 $-0.7V$ 下获得了最好的性能,其中峰值探测率为 $10^{10}\ cm \cdot Hz^{1/2} \cdot W^{-1}$,而相应的响应率为 14mA/W。随着温度增加到 300K,在 0.5V 偏压下,峰值探测率也随之降到 $1.1 \times 10^9\ cm \cdot Hz^{1/2} \cdot W^{-1}$。

(3) 采用 InGaAs 阻挡层和应变减缓层的 QDIP。采用 InGaAs 阻挡层可使工作波长延伸至 $8 \sim 12\mu m$ 大气窗口。在 GaAs 盖层中加 In,通过下列两个效应改变 QD 约束势:①In 的化学效应降低了能带边,因此能带不连续性限定了约束势;②InAs 小岛材料和 InGaAs 盖层之间伴随着晶格失配的减小,减小了应变,因此降低了能带边不连续性。应变减缓效应允许生长更多的自组装量子点(SAQD)层,而仍然使缺陷密度保持可接受的程度。

例如,对 2ML InAs/InGaAs×10 QDIP 的暗电流、峰值响应率和噪声电流密度测量表明,在温度 78K 和偏压 $-2.2V$ 下获得最高探测率为 $2 \times 10^9\ cm \cdot Hz^{1/2} \cdot W^{-1}$。

(4) 双色 QDIP。在这里首先引入一种大的 InAs QD 概念。其中,在 500℃ 温度下以 0.054ML/s 较慢生长速度淀积 2.5ML InAs 并加盖层 30ML $In_{0.15}Ga_{0.85}As$,接着淀积 170ML GaAs 填充层,从而构成大的 QD,对其构成的 QDIP 称之为 2.5ML QDIP。由 2.5ML InAs/InGaAs QD×5 制成 QDIP,与 InAs/GaAs QDIP 相比,在 N-i-N 结相似情况下,其 80K 温度时的暗电流约低 100 倍,其主要原因是采用了较厚的填充层。

2. 高温隧道 InAs 量子点红外探测器(T—QDIP)

与 QWIP 不同,QDIP 中自组织 In(Ga)As/GaAs 量子点的态密度对电子和空穴基态和激发态用展宽 δ 函数表示,即使低能态的态密度是分立的,但在高能量时,它趋向于变成类三维连续态。因为在温度 150K 以上时,激发态电子占据是主要的,这是在上述一般 N-i-N QDIP 设计中面临的最大问题。在目前许多变异质结构设计中,都是为了降低暗电流,但也降低了光电流和响应率。

为了进一步降低暗电流,而且更重要的是暗电流要从光电流中分离出来,最近已研制出一种新型 QDIP 异质结构,其中在吸收区采用双势垒谐振隧道滤波器加入到每个量子点层中。当能量与峰值探测波长一致时,电子隧穿概率增加,而当能量偏离最佳值时,隧穿概率明显减小。因此,对暗电流有贡献的载流子输运在高温下具有宽的能量分布,而在这时被阻止,从而会降低暗电流。现已证明,T—QDIP 是一种十分通用的器件,可以用在若干波段内高温焦平面阵列中。

为了与普通 QDIP 比较,T—QDIP 采用的每个 QD 周期总厚度是相同的,所以有源区在加相同偏压下其电场是基本相同的,并从理论上计算了两种器件暗电流密度在

150K 和 200K 温度下与偏压的关系。与普通 QDIP 相比,预计 T－QDIP 暗电流可降低 2 个数量级。计算的 T－QDIP 暗电流密度起伏是由于量子谐振隧穿造成的,但在实际器件中,多谐振双势垒通过散射可平滑暗电流起伏。

(1) 中波红外和远红外 T－QDIP。理论分析表明,双势垒隧道异质结构可以大幅度降低 QDIP 中暗电流。在最后设计中,QD 隧道势垒另一边加上一层 $Al_{0.1}Ga_{0.9}As$ 势垒,就能产生一个量子阱,并且认为从量子点光激发电子产生准束缚最后态。把这些态设计成与双势垒异质结构中隧道态谐振,而且改变 $Al_{0.1}Ga_{0.9}As$ 势垒离量子点层的距离,可以调节量子阱内态的能量位置,因此提供了吸收峰值波长的可调性。

T－QDIP 异质结构是用 MBE 在(001)半绝缘 GaAs 衬底上生长的,并用标准三步光刻、湿式蚀刻和接触金属化工艺,制作垂直 N－i－N 台面型 QDIP。对器件的暗电流测量表明,在＋1V 偏压下,暗电流密度在温度 80K、160K 和 300K 下分别为 1.61×10^{-8} A/cm^2、$1.01\times10^{-3}A/cm^2$ 和 $1.55A/cm^2$。对于 QDIP 来说,这些值极低。

(2) 太赫兹波 T－QDIP。对于探测太赫兹辐射,量子点中的约束态和量子阱中准束缚态之间的能量间隔只得小于 10meV。为此,在器件有源区生长了 $In_{0.6}Al_{0.4}As/GaAs$ 代替普通的 InAs 量子点。例如,采用 MBE 在 GaAs(001)衬底上生长的太赫兹 T－QDIP 完整异质结构。

把制成的器件置于 $10\sim80\mu m$ 波长透明窗的氦杜瓦中进行性能测量,在 1V 偏压下,测得器件的暗电流密度在温度 4.2K、80K 和 150K 下分别为 $4.77\times10^{-8}A/cm^2$、$2.03\times10^{-2}A/cm^2$ 和 $4.09A/cm^2$。这些值与其他太赫兹探测器相比是极低的,这是由于双势垒隧道异质结构存在所致。在温度 4.6K 和偏压 1V 下测得峰值响应率为 0.4A/W,峰值波长在 $50\mu m$ 附近,这与计算的 QD 束缚态和量子阱内准束缚态之间能量差 24.6meV ($50.4\mu m$)一致,截止波长约为 $75\mu m$,相当于约 4.0THz。在 1V 偏压下,测得峰值探测率 D^* 在 4.6K 和 80K 下分别为 $1.64\times10^8 cm\cdot Hz^{1/2}\cdot W^{-1}$ 和 $4.98\times10^7 cm\cdot Hz^{1/2}\cdot W^{-1}$。

3. InAs 量子点红外焦平面阵列

在过去 10 年中已对自组织量子点子带间跃迁红外探测器进行了广泛研究,而最近两年中,世界上至少有 4 个研究小组分别演示了 QD 焦平面阵列。在这里介绍以量子阱中量子点(DWELL)结构中子带间跃迁为基础的 QDIP。DWELL 探测器代表了普通 QWIP 和最近 QDIP 之间的优点集成。DWELL 结构除了暗电流低之外,还能更好地控制工作波和跃迁性质。美国喷气推进实验室已利用 DWELL 结构做出了 640×512 像元热像仪。

(1) 量子阱中量子点红外探测器。目前有两种类型 DWELL 结构:第一种是埋在 InGaAs 衬底中的 InAs 量子点并由 GaAs 势垒包围,称之为 InGaAs DWELL;第二种是埋在 GaAs 衬底中的 InAs(或 InGaAs)量子点并由 AlGaAs 势垒包围,称之为 AlGaAs DWELL。第二种结构的优点是异质结构中唯一应变是由 InAs QD 产生的,因此可以生长更多数量的 DWELL 堆。目前,由新墨西哥大学(UNM)生长的 InGaAs DWELL 包括 15 堆 DWELL 异质结构,它在两层 N^+ 掺杂 GaAs 接触层之间;由 JPL 生长的 AlGaAs DWELL 包括 30 堆 DWELL 异质结构。采用标准接触光刻、等离子刻蚀和金属化工艺制成单元台面型 N—i—N DWELL 探测器,并测量了单元 InGaAs DWELL 探测器光谱响应特性,把底部 InGaAs 量子阱宽度从 1nm 改变到 6nm,探测器的工作波长就从 $7.2\mu m$ 改变到 $11\mu m$。用标准黑体测量表明,15 堆 DWELL 探测器 D^* 在 77K 温度下为 7×10^{10} cm·$Hz^{1/2}$·W^{-1}。同时观察 DWELL 探测器多色响应,这些探测器具有 MWIR($3\sim$ $6\mu m$)、LWIR($8\sim11\mu m$)和 VLWIR(约 $25\mu m$)的光电响应。其中,$10\mu m$ 波长处峰值(124meV$<\Delta E_c$)可能是量子点中束缚态至量子阱中束缚态的跃迁;在 $5\mu m$ 波长附近峰值(250meV$>\Delta E_c$)可能是从一个量子点中的束缚态到接近量子阱顶的准束缚态跃迁,以波长 $25\mu m$ 为中心的 VLWIR 峰值可能是量子点中两个态之间的跃迁,因为计算的量子点能级之间能量间隔是 $50\sim60$meV($20\sim25\mu m$)。

(2) DWELL FPA 的发展。曾利用 30 堆 InAs/GaAs QD 有源区的 256×256 像元 MWIR FPA 获得了 135K 温度下烙铁的图像,因此可以预计这种技术有希望用来开发高温工作的 FPA。1 年之后,采用 30 堆 InAs/GaAs/Al—GaAs DWELL 异质结构研制成 640×512 像元 LWIR(λ 约 $8\mu m$)热像仪。在 60K 温度下获得高质量图像,而 T_{NETD} 为 40mK。而后,利用异质结构中不同量子约束跃迁的 DWELL FPA 也实现了双色成像,即在 MWIR(λ 约 $4.5\mu m$)和 LWIR(λ 约 $8.5\mu m$)获得双色成像,而且可以进行搭配,改变偏压可以改变 MWIR 和 LWIR 产生的电子比。QDIP 快速进展在很大程度上是由于它建立在 QWIP 产业发展起来的成熟 GaAs 技术基础上。

JPL 研制了 640×512 像元 LWIR DWELL QDIP FPA,在 3in(1in=2.54cm)半绝缘 GaAs 衬底上用 MBE 生长 30 堆 InAs/InGaAs LWIR DWELL QDIP 材料,并加工成 640×512 像元 FPA。采用反射光栅改进探测灵敏度。这种 FPA 像元间距为 $25\mu m$,有效像元面积为 $23\mu m\times23\mu m$。一个 3in GaAs 片子可加工成 12 个 FPA。选用了 7 个 FPA 与 640×512 像元直接注入 CMOS 读出集成电路(ROIC)进行混合集成,其像元合格率达 99%,说明这种 GaAs 基技术具有很好的产品合格率。在 60K 温度下和 -350mV 偏压下,测得 FPA 的噪声等效温度 T_{NETD} 为 40mK,其中背景温度为 300K,并采用 $f/2$ 光学装置。实验测得 FPA 的吸收量子效率是 5.0%,与没有光栅耦合探测器相比增加 1.8 倍。

4. Ge/Si 自组织量子点红外探测器

自组织 Ge 量子点是在 Si 衬底上生长而成,因此有可能用现今的 Si 基工艺进行单片集成。目前,已制作成长波远红外($8\sim12\mu m$)P—i—P 和 N—i—N Ge QDIP 以及 $1.3\sim$ $1.55\mu m$ 光通信用 P—i—N QDIP。现已证明,Ge QD 具有电致发光特性。因此,Ge QD 材料有望用于长波红外($8\sim12\mu m$)探测器和光纤通信用光电子器件。

(1) Ge 量子点材料制备。用 MBE 和 CVD 生长 Ge 自组装量子点(SAQD),是获得纯 Ge 淀积而不存在高位错密度的方法。通常采用 SK 生长方式在 Si 上生长 SAQD,并在 Si 上制作新型器件。然而,SK SAQD 长期存在 QD 尺寸和位置难以控制的问题,最近几年为此采用了许多新的方法解决上述问题。通常的选择性生长技术即用加图案辅助生长 QD(PAQD)就能获得尺寸均匀和位置可控的 QD。另外,还根据 QD 的垂直相关性生长出多层量子点(MLQD)。

(2) 中波红外 P—i—P Ge QDIP。中波红外 Ge QDIP 制作取得重大的进展。例如,在双面抛光 Si(100) 晶片上制作的中波红外光电二极管结构,其中掺硼浓度为 1×10^{19} cm^{-3},有源区被埋在两层 P^+ Si 层之间(200nm),而每个边上有 100nm 的 Si 本征间隔层。有源区包括 20 周期的掺硼 Ge QD 层,并由 20nm 或 50nm Si 势垒隔离。对 Ge 各层采用不同的掺杂浓度,从 $0.6 \times 10^{18} cm^{-3}$ 至 $6 \times 10^{18} cm^{-3}$,标称 Ge 淀积厚度是 15nm,用标准光刻工艺加工成尺寸为 $250\mu m \times 250\mu m$ 和 $500\mu m \times 500\mu m$ 的台面。

(3) 中波红外和远红外 N—i—N Ge QDIP。对于高响应率应用,具有 N 型有源区的光电探测器更有利,因为 P 型器件通常有很短的载流子寿命,这是由于在 Si 和 Ge 中有效质量大和价带结构复杂。由于在 Si(100) 衬底上生长的 Ge QD 中存在非消逝对角线外质量张量,N 型探测器可以进行垂直入射探测。另外,在 QDIP 中由于量子约束,可以增加载流子寿命。

用固体源 MBE 在 N 型 Si(100) 衬底上生长出符合器件结构要求的 N—i—N Ge QDIP,并用标准工艺加工成 $500\mu m \times 500\mu m$ 台面型二极管。

(4) 近红外($1.31 \sim 1.55\mu m$)P—i—N Ge QDIP。P—i—N Ge QDIP 结构取其 II 类配准能带结构中带间跃迁的优点,而且与现代 Si 工艺完全兼容。通过适当控制生长参数,使 Ge QD 适应于 $1.31 \sim 1.55\mu m$ 光通信应用。

现已表明,在 Si(001) 衬底上加纳米图案选择性生长 Ge PAQD,其横向尺寸小至 30nm、高度约为 5nm,而且利用自组装双模共聚物方法获得纳米级图案,这样很有希望实现有序化生长 Ge QD。已成功地研制出中波红外($2.4 \sim 4.8\mu m$)P—i—P Ge QDIP、中波红外至远红外的 N—i—P Ge QDIP 和光通信用($1.31 \sim 1.55\mu m$)P—i—N Ge QDIP。目前,Ge/Si QDIP 研究的规模和器件性能以及成熟程度远不如 InAs/GaAs QDIP,但由于 Ge 和 Si 工艺的成熟程度和实现单片集成的优点吸引更多的研究人员参与开发,今后会得到迅速发展。

6.1.6　发展趋势与规划研究

QDIP 技术发展很快,面临着主要技术问题如何变成成熟的商业化技术。当前 QDIP 技术要考虑两个方向:

方向一,市场上低成本、大批量和中等性能(较低速度和合理的信噪比)热像仪,是应用于民用的,如救火、工业监控、安全监视等;还有是应用于军用的,如单兵热像仪、瞄准具、无人值守监视系统等。这个市场目前主要被微测辐射热计占领,因为它们在室温下具有极好的成像质量,但是帧速较低。为了满足这种应用的需求,QDIP 工作温度能增加到 $200 \sim 250$ K 范围内,就能用低成本热电制冷器代替贵重的斯特林机械制冷器,就能大幅度减小成像系统的尺寸和成本。低成本和快速光探测器相结合,这对于热探测器在低成本市场是一个直接竞争者。

方向二,低产量和高性能红外热像仪的应用,如车载、机载和远程监视系统所需要的。这方面市场在 MWIR 波段中主要是 InSb FPA,而在 LWIR 波段中主要是 HgCdTe FPA。对于 QDIP 要进入此市场中,它们需要在热像仪(最好在像元级)中采用功能增强技术。

下面介绍几种增强功能的可能方法：

1. 利用光子晶体的多光谱/超光谱像元

探索在探测器中限定光子晶体腔（微腔）的可能性。在现有光子晶体设计中，其 Q 因子可以做得很大，约 10^5。这样可以放大光谱响应，增加响应率和灵敏度，而且使光谱响应变窄，从而实现多光谱/超光谱探测。

2. 具有相继或准同时寄存的并置多色传感器

可以用量子约束斯塔克效应（QCSE）实现光谱自适应传感器，其中利用 DWELL 异质结构中 QCSE 实现偏压可调谐波长。一种快速的方法是，利用 DWELL 结构中的多种跃迁，从而利用同一个有源区获得并置的双色探测器，如 MWIR/MWIR、LWIR/LWIR 或 MWIR/LWIR 双色探测器。

3. 利用电压可调 MEMS 反射镜的光谱捷变传感器

国外下一代光谱捷变传感器研究工作做得很多，其中在像元级上把红外传感器与微机电系统（MEMS）滤光片结合起来，不仅可以利用加到可调滤光片上的偏压连续调谐 FPA 中子集像元，而且可以利用谐振腔增强探测器的信噪比。

4. 利用雪崩光电二极管增强增益

利用探测器增益的量子点器件，称之为量子点雪崩光电二极管（QDAP），预计其性能比普通 QDIP 要高。在 QDAP 中，子带间量子点探测器通过隧道势垒与雪崩光电二极管（APD）耦合，隧道势垒降低了暗电流，而 APD 提供所需的光电流增益，以提高信噪比。

6.2　InAs 量子点材料与红外探测器

6.2.1　InAs 量子点探测材料

6.2.1.1　简介

量子阱红外探测器克服了 HgCdTe 材料的缺点，得到了广泛的关注。量子阱红外探测器的探测原理是基于导带内电子的子带跃迁，量子阱将电子限制在可以与电子的德布罗意波长和平均自由程大小相比拟的势阱中，改变量子阱的参数，可以方便地调节探测器的探测波长。但是，量子阱探测器也有其局限性。由于跃迁选择定则的限制，使其不能直接探测垂直入射光，必须使用介质或耦合光栅才能吸收垂直入射光，这样就加大了制作成本，而且其在红外波段只有较窄的光谱响应。结构形式和工作原理与量子阱红外探测器相似的量子点红外探测器由于具有垂直入射光响应，更低的暗电流，更高的光电增益、响应率和探测率高的特点，引起了研究者的极大兴趣。20 世纪 90 年代中期以来，由于采用应变自组织生长模式得到的高密度、尺寸均匀、大小可调节的量子点结构，促进了量子点红外探测器的快速发展。GaAs 衬底上生长的 InAs 量子点，可以通过覆盖不同组分的 InGaAs 层调节量子点的能带结构，得到中红外波长的探测器件。在量子点红外探测器结构中插入的 In 组分渐变的 InGaAs 层，能更好地释放量子点所受的应力，提高外延层的材料质量，调节探测器的红外响应波长，优化器件的性能。

6.2.1.2　制备技术

采用 VG 公司的 V100 MBE 系统,在半绝缘 GaAs(001)衬底上外延生长 InAs 量子点探测器材料,整个生长过程由反射高能电子衍射仪(RHEED)原位监测。生长过程如下:半绝缘 GaAs(001)衬底,在 As 气氛的保护下加热到 580℃脱掉衬底表面的氧化膜,然后生长 500nm 的 GaAs 缓冲层以获得平整表面。生长 1μm 的 Si—GaAs 作为器件的下电极,中间为 10 个周期的量子点区,最后是 300 nm 的 Si—GaAs 用来制作上电极,掺杂浓度为 $1.2 \times 10^{18} \, cm^{-3}$。10 个周期的量子点区的生长条件如下:衬底降温到 490℃生长 InAs 量子点和 InGaAs 插入层,当 InAs 生长到 1.7 个原子层(ML)时,观察到 RHEED 衍射图样由线状变化为点状,对应于生长模式由二维转化为三维,表明此时量子点开始形成。控制生长时间得到 InAs 量子点的厚度为 2.5ML,适当地中断生长时间,以便 In 原子在表面能充分迁移,得到尺寸合适且大小均匀的量子点。如此生长 10 个周期,然后生长 InGaAs 盖帽层,最后将衬底温度升到 580℃生长 40nm 的 GaAs。

共生长两组样品,第一组的两个样品是为了研究优化量子点的生长条件,在不同的条件下生长的量子点的尺寸和密度对 PL 光谱的影响,分别标记为 A 和 B;第二组样品是利用了前面的优化条件生长了不同 QDs 探测器的样品分别标记为 1# 和 2#,其基本结构如图 6-8 所示。两组样品的区别在于量子点区的不同,1# 号样品的 InAs 量子点上方无 InGaAs 盖帽层,主要目的是和有 InGaAs 渐变结构的样品进行对比。2# 号样品插入 In 组分渐变结构的 InGaAs 盖帽层,In 组分从 0.18 变化到 0.08,厚度为 2nm。为了表征量子点的密度和表面形貌,同样的条件下在样品的表面生长了没有盖层的 InAs 量子点。

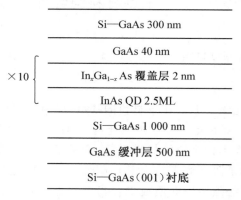

图 6-8　外延层的基本结构示意图

6.2.1.3　性能

量子点的尺寸、密度和均匀性对量子点红外探测器有着至关重要的影响。自组织生长的量子点的横向尺寸一般为 20nm 左右,在生长方向尺寸较小(一般为几纳米),水平方向上限制作用较弱,导致了量子点多个能级的存在。如果跃迁基于束缚态之间,载流子必须隧穿势垒才能形成光电流,只有部分载流子对光电流有贡献,影响了器件的响应。因此,我们要控制量子点的大小和密度,使量子点中的基态能级和第一激发态能级的差值满足对应的红外光谱的能量要求。量子点的均匀性也严重影响器件,因此要调控生长条件,使量子点的大小尽量保持一致。

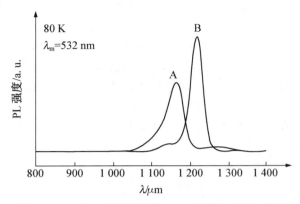

图 6 - 9　不同生长条件下的 InAs 量子点的 PL 光谱

生长了不同 QDs 密度的样品 A 和 B,图 6 - 9 所示为生长在器件完整结构的表面的 InAs 量子点的原子力显微镜图像。样品 A 中量子点的密度为 $2.2 \times 10^9 \, cm^{-2}$,平均高度为 5.34nm,平均直径为 27nm,高宽比为 1:5,低温 80K 下 PL 谱的半峰宽为 45meV。样品 B 中量子点的大小和分布更为均匀、密度更大,密度为 $4.7 \times 10^{10} \, cm^{-2}$,平均高度为 7.38nm,平均直径为 21.3nm,高宽比为 1:2.9,80K 下 PL 谱的半峰宽为 32meV。如图 6 - 9 所示,优化后的量子点的密度和高宽比明显变好,使得 PL 谱半峰宽变窄,强度增强。

图 6 - 10 所示为样品 1# 和 2# 在低温 80K 下的 PL 谱(荧光测量采用相同条件)。由图可以看到,样品 1# 的发光峰值为 1 123nm,半峰宽为 36meV;样品 2# 的发光峰值为 1 213nm,半峰宽 32meV,两个样品的发光峰均来源于量子点中基态激子复合发光。

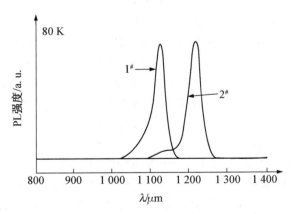

图 6 - 10　两个样品在低温 80K 下的 PL 谱

样品 2# 的发光主峰较样品 1# 发生了明显的红移。这是因为在样品 2# 中 InAs 量子点上方插入生长了 InGaAs 渐变缓冲层:一方面 InGaAs 的插入减少了 In/Ga 原子的相互作用,有效地抑制 In 偏析,保持了量子点中 In 的组分及其形状,使量子点形成较大的尺寸,量子点发光较 GaAs 盖层发生红移;另一方面 InGaAs 的插入有效地释放了 InAs

量子点所受的应力,其厚度和组分能够改变势垒的高度,从而影响 InAs 量子点基态能级的位置,调谐量子点的发光波长。因插入生长的 InGaAs 层的 In 组分较小,避免了高 In组分非复合中心的大量产生,减小了对量子点发光的影响。由于 InGaAs 的晶格常数大于 GaAs,随着 In 组分的减小,晶格常数逐渐趋近于 GaAs。In 组分渐变的 InGaAs 层,由晶格失配引起的缺陷比较少,材料质量就更好,使得带有 InGaAs 覆盖层的 InAs 量子点的发光半峰宽和发光强度更好一些。通过插入的 InGaAs 的盖帽层,降低了量子点的基态能级的位置,使得 PL 光谱向长波移动,满足了设计要求。

　　用上述两个样品制成量子点红外探测器器件,测得在常温及冷背景下的 $I-V$ 特性曲线如图 6-11 所示。

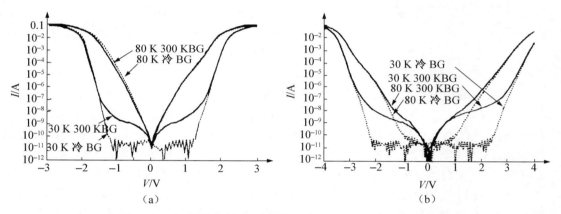

图 6-11　两个器件在 300K 背景和冷背景下的 $I-V$ 测试曲线

　　从图中可以看出,在 80 K 偏压为 -1V 时,器件 $1^{\#}$ 的暗电流为 2.1×10^{-5}A,器件 $2^{\#}$的暗电流为 2.3×10^{-9}A,远远小于器件 $1^{\#}$,而且器件 $2^{\#}$ 的阻抗也明显小于器件 $1^{\#}$。在温度较高时器件 $1^{\#}$ 响应较差,而器件 $2^{\#}$ 在高工作温度特性明显要好。渐变 InGaAs 层的插入,释放了 InAs 量子点所受的应力,减小了由应变产生的缺陷,提高了外延层的质量,使得器件的暗电流不论在低温还是室温下明显小于 GaAs 盖层的器件。

　　图 6-12、图 6-13 所示为各个器件的导带结构简易图及 30K 下的光电流(PC)谱,图 6-12 所示的(a)和(b)代表不同大小量子点的基态能级。器件 $1^{\#}$ 的红外吸收源于量子点基态到激发态之间的跃迁,如图 6-13(a),且激发态能级靠近 GaAs 势垒边缘,同时由于量子点尺寸的不均匀性,使得 PC 谱展宽,这种结构的量子点材料的响应波长基本在$5\sim7\mu m$。由于 InGaAs 渐变层的插入,改变了 InAs 量子点的势垒高度,如图 6-13(b)所示,势垒由突变变为连续增加,使得势阱宽度变大,势垒降低直接影响了量子点导带的子能级位置的分布,使激发态能量减小,低于 GaAs 势垒,响应波长向长波区展宽。相同的测试条件下,器件 $2^{\#}$ 的光电流强度明显好于器件 $1^{\#}$,$6\mu m$ 处大约是器件 $1^{\#}$ 的 6 倍。

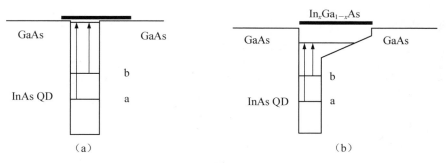

图 6 - 12　两个器件的导带结构简易图

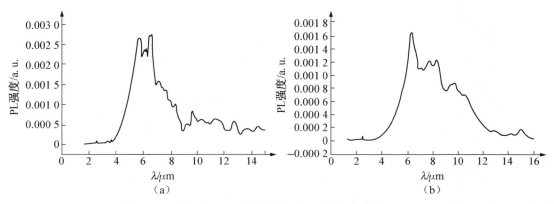

图 6 - 13　两个器件在 30K 下的光电流谱

6.2.1.4　效果

利用分子束外延技术生长了 In 组分渐变 InGaAs 盖层的量子点结构,并制备了量子点红外探测器器件。实验结果表明,渐变 InGaAs 层的插入有效地提高了外延层的材料质量,调节了探测器的红外响应波长,优化了器件的光电性能。

6.2.2　InAs 量子点红外探测器

6.2.2.1　QDIP 的工作原理

一般来讲,量子点红外探测器从结构和原理上都类似于量子阱红外探测器,只是量子阱被量子点取代,并且在全部空间方向上都有尺寸的限制。量子点红外探测器的工作原理正是利用了量子点的三维量子限制效应。当量子点束缚态内的电子受到光激发后,如果光子的能量比电子从束缚态跃迁到激发态或连续态所需能量(E_g)大时,在外加偏压形成的电场作用下,电子将被收集形成光电流,如图 6 - 14 所示。

6.2.2.2　QDIP 的优点

量子点红外探测器具有以下一些优点:

1. 对垂直入射光敏感

量子点具有三维限制效应,电子能量在三个维度上都是量子化的,任何偏振的红外光都可以诱导子带间跃迁的发生。因此，QDIP 没有垂直入射光的吸收限制，从而省去了表面光栅的制作，降低器件工艺的复杂性和成本。

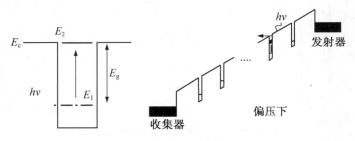

图 6 - 14　量子点红外探测器工作原理

2．载流子寿命长

在量子点中，纵向光学声子对载流子的散射得到抑制，即所谓的"声子瓶颈"效应，而电子—电子散射成为主要的弛豫过程。由于电子弛豫足够慢，载流子的有效寿命更长。

3．暗电流小

QDIP 暗电流的主要机制是热电子发射，热电子发射和光激发都是在同一条通道上的，它们相互竞争，并且光激发要比热电子发射快，从而导致暗电流小。另外，量子点中只有 1～2 个量子化的能级，电子跃出量子点所需热激活能大。

4．工作温度高

QDIP 的暗电流小，导致具有更高的响应率和探测率时工作温度高，可以采用普通制冷装置代替贵重的斯特林制冷机，不仅能降低成本，而且使用也比较方便。

6.2.2.3　主要结构形式与特性

量子点红外探测器包括两种基本的器件结构。①垂直型：通过载流子在顶部接触层和底部接触层之间的垂直输运来收集光电流；②横向型：载流子在两个顶部的欧姆接触之间高迁移率通道中的输运收集光电流，其原理与场效应晶体管类似。

垂直输运型 QDIP 如图 6 - 14(a)所示，由于其与 Si 读出电路兼容，容易制成 FPA，目前大部分 QDIP 的研究都是围绕着怎样提高垂直输运型 QDIP 的性能。横向输运型 QDIP 如图 6 - 14(b)所示，它的工作电压比较高，而且要想精确控制量子点中载流子数目需要引入栅极，其主要缺点是与读出电路的兼容性较低，难以制成 FPA。

基于以上结构，量子点红外探测器经过多年的发展，先后出现了普通量子点红外探测器、隧穿量子点红外探测器(T－QDIP)、阱中量子点红外探测器(DWELL－QDIP)、二维小孔阵列量子点红外探测器(2DHA－QDIP)和 QDIP 焦平面阵列红外探测器(QDIP FPA)。

1．普通量子点红外探测器

普通 QDIP 一般采用垂直 N－i－N 结构，N 型 InAs(或 InGaAs)做量子点材料，GaAs(或 InP)做衬底，顶部接触层和底部接触层均为 N 型材料，隔离层为本征材料，利用不同的量子点覆盖层材料(GaAS、InGaAs、AlGaAs)调谐响应波长，改善 QDIP 性能，实现了对垂直入射中波红外($3\sim5\mu m$)、长波红外($8\sim12\mu m$)和多色的探测，并具有较高的探测率。

（1）不带阻挡层的 QDIP。不带阻挡层的 QDIP 是早期量子点探测器研究所采用的结构。Phillips 等人研究了简单的 InAs/GaAs QDIP 能实现 $6\sim18\mu m$ 波长探测，但暗电流大，响应率为 $10\sim100 mA/W$，40 K 探测率为 $1\times10^9\sim10\times10^9 cm\cdot Hz^{1/2}\cdot W^{-1}$，比较低。

（2）带阻挡层的 QDIP。为进一步减小器件暗电流，改善器件性能，在结构中加入了 $Al_{0.3}Ga_{0.7}As$ 阻挡层，暗电流大大减小（$I_{dark}=1.7 pA$，100K），峰值探测率（$3.72\mu m$）在 100K 时达 $2.94\times10^9 cm\cdot Hz^{1/2}\cdot W^{-1}$，最高工作温度达 150K，器件性能得到了改善。此结构中光电流和暗电流的电子跃迁通道完全相同，$Al_{0.3}Ga_{0.7}As$ 限制势垒层在减小暗电流的同时也减小了光电流，使器件的响应率降低。将 $In_{0.4}Ga_{0.6}As/GaAs$ 量子点有源区的层数增加到 20 层，器件实现了三色（$3.5\mu m$、$7.5\mu m$、$22\mu m$）探测，最高探测率达到了 $4.8\times10^{10} cm\cdot Hz^{1/2}\cdot W^{-1}$（80K）。

2．阱中量子点红外探测器

报道的 DWELL－QDIP，将量子点埋于量子阱中，呈现一种常规量子阱红外探测器与量子点红外探测器的混合体（DWELL）。除了暗电流低外，其还能更好地控制工作波长和跃迁性质，提高工作温度。目前有两种类型 DWELL 结构：第一种是 InAs 量子点埋在被 GaAs 势垒包围的 InGaAs 矩阵中（InGaAs－DWELL），器件结构如图 6-15 所示；第二种是 InAs（或 InGaAs）量子点埋入被 AlGaAs 势垒包围的 GaAs 矩阵中（AlGaAs－DWELL）。第二种结构的优点是，异质结构中的唯一应变是由 InAs QDs 产生的，因此可以生长更多数量的 DWELL 堆。

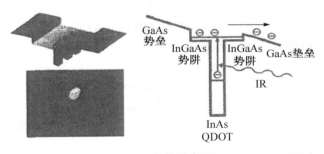

图 6-15　DWELL－QDIP 结构示意图（InGaAs－DWELL）

在普通 DWELL 的基础上设计了共振腔，即 RC－DWELL，以增强 DWELL 峰值波长附近光场的灵敏度，从而使探测器的量子效率提高，77K 时 $D^*=1.4\times10^{10} cm\cdot Hz^{1/2}\cdot W^{-1}$。

3．隧穿量子点红外探测器

设计了共振隧穿型 QDIP。此结构中光激发电子在一定外电场作用下通过共振隧穿被收集形成光电流，而热激发电子的是随机的，很大部分会被高的双势垒（DB）阻止，因此其光电流和暗电流的通道是分开的，如图 6-16 所示。它是一种新型的 QDIP，用 MBE 生长 InGaAs/GaAs 量子点，D^* 在 80K 时达到 $2.4\times10^{10} cm\cdot Hz^{1/2}\cdot W^{-1}$。

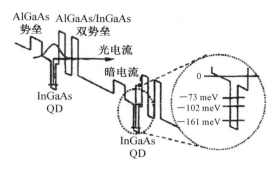

图 6-16　T-QDIP 结构示意图

改进上述结构,在量子点的两边用不同厚度的双势垒层,器件在正反偏压和工作温度 80K 下实现了三色探测($4.5\pm0.05\mu m$、$9.5\pm0.05\mu m$ 和 $16.9\pm0.1\mu m$),在 50K 工作温度下峰值探测率在 $(1\sim6)\times10^{12}$ cm·$Hz^{1/2}$·W^{-1} 范围内。与普通的 QDIP 相比,T-QDIP 的暗电流可以降低 2 个数量级,是一种有望适合在近室温或室温工作的双色和多色红外探测器。

4. 二维小孔阵列量子点红外探测器

美国伦斯勒理工学院开发出一种基于纳米技术的新型量子点红外探测器,即二维小孔阵列量子点红外探测器。它通过在传统量子点红外探测器元件上增加金纳米薄膜和小孔结构的方式,可将现有量子点红外探测器的灵敏度提高 2 倍。使用了一个厚度为 50nm、具有延展性的金属薄膜,在其上设置大量直径 $1.6\mu m$、深 $1\mu m$ 的小孔,并在孔内填充具有独特光学性能的半导体材料以形成量子点,利用金属表面等离子体技术(SP),纳米尺度上的金属薄膜可将光线"挤进"小孔并聚焦到嵌入的量子点上。

5. QDIP 焦平面阵列红外探测器

量子点焦平面阵列的研制也取得了很大进展,所报道的 QDIP FPA 都已成功地获得了热成像,代表了当今 QDIP FPA 的最好水平。

美国西北大学量子器件中心用 LP-MOCVD 生长 InGaAs/InGaP QDIP,工作温度 95K,$D^*=3.6\times10^{10}$ cm·$Hz^{1/2}$·W^{-1},并首先研制出 256×256 像元中波红外焦平面阵列。

新墨西哥大学用 MBE 生长方式,包括 15 堆 DWELL 异质结构,在两层 N^+ GaAs 接触层之间实现了双色探测($5.5\mu m$ 和 $8\sim10\mu m$)的 320×256 像元 FPA,并在 80K 时获得了烙铁的热成像。美国喷气推进实验室研制成 LWIR640×512 像元 QDIP FPA,在绝缘 GaAs 衬底上生长 30 堆 InAs/InGaAs DWELL。这种结构的器件对 45°和正入射的光都能吸收,量子效率得到提高。77K 温度下,器件峰值响应波长为 $8.1\mu m$,峰值探测率达到 1×10^{10} cm·$Hz^{1/2}$·W^{-1}。在工作温度 60K 和偏压 -350mV 下,测得 FPA 的噪声等效温度 T_{NETD} 为 40mK,其中背景温度为 300K,采用 $f/2$ 光学装置,显示出极好的图像质量。日本国防部技术研究与发展研究所电子系统研究中心通过与富氏实验室有限公司等单位合作,在 GaAs 衬底上用 MBE 的方法生长自组织 In(Ga)As 量子点多层膜,研制成高

性能 256×256 像元长波量子点红外焦平面阵列获得的热成像图。该红外焦平面阵列的像元间距为 $40 \mu m$,读出电路采用直接注入输入结构,积分时间为 8ms,帧速为 120Hz,工作温度为 80K,峰值响应波长为 $10.3 \mu m$,噪声等效温度为 80mK。

6.2.3　现存主要问题

1. 对垂直入射光的吸收较小

QDIP 在 $45°$ 入射光时有更大的光吸收,而 QDIP 一个很大的优势是对垂直入射光敏感。事实上,目前所生长的量子点近似"盘子"形状,在面内方向比较宽(约 20nm),在生长方向比较窄(约 3nm)。在生长方向上束缚比较强,但在面内方向束缚比较弱,导致量子点在面内方向会存在多个能级。这样,在面内方向,电子从基态到束缚态的跃迁导致了电子到终态或连续态的跃迁减少,也就是说只有部分光生载流子对光电流有贡献,这通常被认为是 QDIP 对垂直光照射光响应比较弱的主要原因。

2. 量子效率较低

目前 QDIP 量子效率低于 MCT,这是制约其性能的主要因素。用 S-K 模式生长的自组织量子点的尺寸均匀性比较差,另外由于量子点在生长过程中会引入应力,如果量子点层数过多,会在材料中形成缺陷,同时可以生长的有价值的量子点层数会大大减少,使探测器性能降低。

3. 吸收系数小

由于量子点红外探测器中量子点的密度和均匀性与其峰值吸收系数和光电流密度密切相关,而自组织生长的量子点密度较低(一般小于 $10^{11} cm^{-2}$),均匀性不理想,这极大地限制了量子点红外探测器探测率的提高。

6.2.4　技术发展趋势

量子点红外探测技术发展迅速,为制备高质量的 QDIP,应考虑以下几个方面:

(1) 控制量子点的尺寸和形状。通过采用先进的材料生长技术和选择合适的生长条件,从而获得尺寸足够小和形状理想(球形或对称)的量子点,使得量子点中只有 $1 \sim 2$ 个量子化的能级。

(2) 提高量子点的均匀性和密度。在量子点上覆盖帽层和采用不同取向晶面选择生长技术、图形化衬底以及对生长工艺进行优化,可在一定程度上改善量子点的均匀性和密度,从而提高光吸收系数和电子输运。

(3) 优化量子点器件结构。在现有的器件结构基础上进一步优化或设计新型的结构,从而获得更低的暗电流,提高工作温度和控制响应波长。

(4) 采用功能增强技术。①利用光子晶体的多光谱/超光谱像元;②具有相继或准同时寄存的并置多色传感器;③利用电压可调 MEMS 反射镜光谱捷变传感器;④利用雪崩光电二极管(APD)增强增益;⑤利用表面等离子体波技术(SPWs)提高增益。

6.3　PbS量子点材料与红外探测器

6.3.1　PbS量子点探测材料

6.3.1.1　简介

PbS探测器是工作于近红外波段的一种典型红外探测器。常见的PbS探测器是光电导型器件,作为最早期发展的红外探测器,PbS薄膜光电响应特性研究历史悠久。20世纪40年代,德国的E. W. Kutzscher就发现PbS薄膜存在光导特性,光响应波长可达$3\mu m$。1944年,第一个光电转换器件由美国西北大学公布。尽管PbS探测器有着七十多年的发展历史,且随着薄膜技术的进步,新型红外探测器如量子阱结构器件发展迅速,但PbS探测器仍以其制备工艺简单、阻值适中、响应率高、可室温工作、使用方便、价格低廉等诸多优点,在红外测温、光谱分析、导弹制导、红外预警、红外天文观测等军民两用领域有着广泛运用。

6.3.1.2　化学沉淀PbS光导薄膜的制备技术

现使用的PbS光导探测器绝大多数是采用化学沉淀法制备的PbS多晶薄膜。此方法的优点是易于操作,可大面积沉淀,制备装置简单。然而也正是由于化学沉淀的特点,使得此方法存在沉淀过程难于精确控制、重复性差、薄膜均匀性不高的缺点。从某种程度上说,PbS多晶光导薄膜的化学沉淀,与其说是一门科学,不如说是一门艺术。

然而,依然存在着对大光敏面积(尺度约25mm)探测器的需求。在多元线列光导探测器(如军用卫星上的需求)和面阵成像探测器方面,也对大面积、高光电响应均匀性的PbS光导薄膜提出要求,同时也有对大面积多元PbS探测器均匀度进行研究,都归结于PbS薄膜厚度的不均匀和薄膜中不同位置S含量不同的问题,但未给出控制不均匀性的方法。

1. 化学沉淀PbS光导薄膜的反应过程

化学沉淀PbS多晶薄膜通常采用硫脲NH_2CSNH_2掺入S^{2-},铅盐掺入Pb^{2+},在碱性溶液环境中进行。仅当在反应过程中加入氧化剂或对沉淀所得的薄膜进行后期氧化,PbS多晶薄膜才具有光敏特性。碱性溶液可以采用强碱,如NaOH或易于生成络合物的联氨N_2H_4。对以碱性溶液采用联氨、铅盐采用醋酸铅、敏化温度采用中温($100\sim150℃$)的联氨法而言,其化学沉淀原理为:

碱性条件下,NH_2CSNH_2水解

$$NH_2CSNH_2 + 2H_2O \xrightarrow{N_2HHN_2} 2NH_3\uparrow + H_2S + CO_2\uparrow$$

H_2S电离生成S^{2-}

$$H_2S \rightarrow 2H^+ + S^{2-}$$

$Pb(AC)_2$电离生成Pb^{2+}

$$Pb(AC)_2 \rightarrow 2AC^- + Pb^{2+}$$

PbS 沉淀形成

$$S^{2-} + Pb^{2+} \rightarrow PbS \downarrow$$

敏化过程是使 PbS 具有光敏特性的关键步骤,纯的 PbS 光电特性很差,仅当杂质离子掺入后,PbS 的光电导率得到显著增强。常见的杂质离子是 O^{2-}。当用氧化过程敏化时,发生的化学反应为

$$PbS + 2O_2 \rightarrow PbSO_4$$
$$2PbS + 3O_2 \rightarrow 2PbO + 2SO_2 \uparrow$$

通常认为 O^{2-} 作为受主俘获光生电子,由多晶 PbS 中光激发出的空穴在光电导中起输运作用。敏化后的 PbS 多晶薄膜呈 P 型。

2. 沉淀及敏化过程的优化

通常的沉淀工艺是在静态溶液中进行的,经预结籽晶和晶粒生长过程,在基片上淀积得到 PbS 多晶薄膜。通过控制反应母液浓度、配比、反应温度,实现所需晶粒大小、膜层厚度满足要求的 PbS 薄膜。此工艺方法存在的不足是获得的薄膜表面常有大小不等的网状图样,特别是制备大面积芯片时问题尤为突出,且薄膜敏化后易出现针孔。用其制备的探测器由于针孔及网状图样导致薄膜响应不均匀,使得长线列器件及成像用探测器成品率较低。

通常的敏化工艺采用的是相对小流量氧气敏化(氧气流量 ≤ 0.25ml · min^{-1} · cm^{-2})。在敏化炉中送入纯氧,通过控制氧流量、敏化炉温度以实现使 PbS 多晶薄膜呈现满足所要求的光电特性。此工艺方法存在的不足是由于所送氧气流量小,敏化炉中氧分子分布在常压下相对难以均匀,且易受背景大气的影响。

针对沉淀和敏化过程,采用的优化方法为:

(1) 沉淀过程改静态为动态。选用多段、适当升温速率组合,在相应阶段分别伴以不同速率的机械或磁力搅拌,使沉淀在相对更均匀的母液环境下进行。

(2) 敏化过程改原小流量氧气敏化(氧气流量 ≤ 0.25ml · min^{-1} · cm^{-2})为大流量氮氧混合气敏化(氮氧混合气流量 ≥ 16ml · min^{-1} · cm^{-2})。敏化过程经精确地控制氮氧气的混合比,驱赶敏化炉中的背景气体,在外界气压影响小和保证整个片子在均匀组分敏化气体中得以敏化,特别当光敏面较大时,大流量氮氧混合气敏化克服了氧气浓度在整个片子上梯度分布的特点,更有利于敏化的均匀。

经优化沉淀、敏化工艺后制备的 PbS 薄膜,从表面形貌看,薄膜的均匀性得到明显改善。

3. 光电响应均匀性的改进

利用改进后的化学沉淀 PbS 光导薄膜制备了 42 元线列探测器。探测器单元面积为 0.42mm × 25mm,相邻光敏元间距为 20μm。

用 500K 黑体,光阑孔取 0.4cm,芯片与光阑孔距离为 35cm,在 90V 偏压、800Hz 调制频率、带宽 230Hz 下,对该芯片进行了黑体探测度 D^* 测试。测试结果如图 6 - 17 所示。相对光谱响应测试表明,光谱响应范围为 1.0~2.9μm,峰值位置为 2.55μm。

为了表征多元 PbS 探测器芯片的光电响应均匀性,定义了芯片不均匀度 η:

设第 i 元探测度为 D_i^* ,则 $\overline{D^*} = \sum_i D_i^* / i$,

有　　　　　　　　　　　　$\eta_i = (D_i^* - \overline{D^*}) / \overline{D^*}$ 　　　　　　　　　　　(6-5)

可以用 η_i 表征多元芯片上不同探测器单元的响应一致性。$\text{Max} |\eta_i|$ 的值越小,反映芯片的均匀性越好。

图 6-17 所示表明,单个芯片上,探测器单元的探测度在 $4.5 \times 10^8 \text{cm} \cdot \text{Hz}^{1/2} \cdot \text{W}^{-1}$ 以上,不同探测单元间的不均匀度在 $\pm 11\%$ 以内。

用小光点测试仪检测了单个光敏元上光电响应的分布,光斑直径为 $100\mu\text{m}$。由探测器单元的一端为起始点,以间距 $500\mu\text{m}$ 为步长进行扫描测量。类似地,可以定义单个探测器单元上不同空间位置的光电响应均匀性。

光电响应分布曲线如图 6-18 所示。由图中可以看出,沉淀薄膜均匀性的改善决定了器件光电性能参数一致性的提高。首先,薄膜沉淀工艺的改善,提高了薄膜成分在光敏面上分布的一致性;敏化工艺的改善,提高了 O^{2-} 在 PbS 晶粒表面分布的均匀性,结果使得由改善后工艺制备的 PbS 薄膜,在 25mm 范围内,光电响应的均匀性由改善前的大于 $\pm 50\%$ 变为小于 $\pm 25\%$。

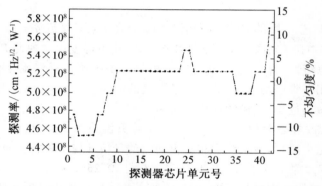

图 6-17　42 像元 PbS 光敏芯片上各光敏单元的黑体探测度及不均匀度

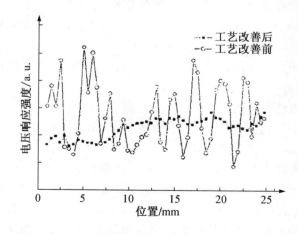

图 6-18　工艺改善前后 PbS 光敏薄膜 25mm 范围内光电响应分布曲线(光斑直径:100μm)

6.3.1.3　化学溶液制备方法与效果

1. 制备过程

先将硫代苯甲酸和乙酸铅分别溶解在无水乙醇中,让两个反应物浓度都得到稀释。用磁力搅拌器对乙酸铅的乙醇溶液进行搅拌,然后将滴管口插入乙酸铅乙醇溶液的液面下慢慢挤入硫代苯甲酸的无水乙醇溶液,在室温下反应合成硫代苯甲酸铅。实验表明:分别将硫代苯甲酸和乙酸铅进行稀释可有效避免因反应物局部过浓而导致棕黑色副产物的产生。PbS 量子点的合成是在 Zhang 制备 PbS 量子点技术基础上,在室温下通过引入反应溶剂和反应添加剂,控制反应时间,从而达到 PbS 量子点的制备及其尺寸和表面形貌的控制。其中反应溶剂的作用是让两个反应物溶解,让反应在液相中进行,硫代苯甲酸铅的溶剂可为 N,N -二甲基甲酰胺,正辛胺的溶剂可为无水乙醇、乙二醇等。反应添加剂可为乙二醇或丙三醇,其目的是起介质阻隔作用。

2. 硫代苯甲酸铅前驱体的合成

硫代苯甲酸铅前驱体的合成反应方程式如图 6 - 19 所示,一个乙酸铅分子中的铅原子取代了两个硫代苯甲酸中的氢原子,生成产物硫代苯甲酸铅以及副产物乙酸。

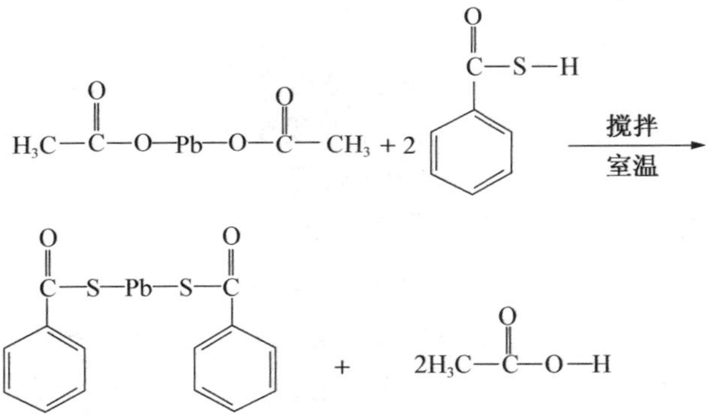

图 6 - 19　硫代苯甲酸铅的合成反应示意图

3. PbS 量子点的制备

制备 PbS 量子点的方法一,直接将油胺或二辛胺与硫代苯甲酸铅在室温下反应。其存在的不足是:反应速度过快,量子点的形貌和尺寸不易控制。

制备 PbS 量子点的方法二,指硫代苯甲酸铅与油胺或二辛胺的直接合成法,现多以硫代苯甲酸铅和二辛胺为反应物,在一定的溶剂和添加剂中于室温下反应,制备 PbS 量子点。随着前驱物溶解、产物的增多、PbS 量子点的长大,反应体系颜色会发生由浅至深的变化。用乙醇和丙酮对固体进行清洗,然后在室温下干燥。PbS 量子点制备过程中使用了反应溶剂和反应添加剂,其目的是使量子点的形貌、尺寸大小及分散性易于控制。

4. 效果

对制备 PbS 量子点的方法进行改进,于室温、常压下合成了 PbS 量子点。该技术具有量子点尺寸和形貌可控性强等突出优点,可通过选择不同的溶剂、不同的添加剂、不同的反应物浓度以及不同的反应时间来控制量子点的表面形貌和尺寸。化学法制备的量子点材料在量子点红外探测器、生物标签、有机/无机复合材料等材料与器件等领域有巨大的潜在应用价值。

6.3.2　硫化铅红外探测器

6.3.2.1　可靠性研究

硫化铅红外探测器是可探测 $1\sim3\mu m$ 波长微弱红外辐射的光敏器件,目前仍广泛用于航空航天、军事装备和科学研究等高科技领域。传统工艺制造的平面型光敏器件,无光照时暗电阻随环境温度变化而变化,引起光电参数变化;在高频振动、强冲击作用下会引起产品失效,影响整机使用。硫化铅红外探测器使用环境复杂,受温度、振动、冲击影响大,需根据整机要求,在产品设计、试制、生产、试验整个过程中首先考虑和解决性能稳定性和可靠性问题。

1. 光敏元设计与工艺改进

硫化铅光敏元是制造红外探测器的基础,其性能及稳定性直接影响探测器性能的优劣。要研制出高灵敏度的探测器,首先必须在硫化铅化学制膜、敏化和老化方面进行研究。光敏元的优化及稳定性分析:

(1)光敏元的工艺优化。硫化铅光敏元是由高纯醋酸铅、高纯硫脲和联氨按一定比例配比混合后,在规定的温度范围内,按升温曲线要求进行化学反应,在石英衬底上化学沉淀约 $1\mu m$ 厚的硫化铅薄膜,经敏化和老化处理,在表面涂敷保护胶进行保护后形成。

在硫化铅制膜过程中,主要发生的化学反应为:

$$S^{2-} + Pb^{2+} \xrightarrow{OH^-} PbS\downarrow$$

反应液的配比和原材料纯度、杂质离子含量及精确控制化学制膜升温过程等均是影响硫化铅膜层质量的重要因素。通过反复工艺试验,适当调整制膜材料配方比例,并采用化学制膜微机自动升温系统,使化学沉淀控温精度达到 $\pm1\text{℃}$,反应液温升控制在 $0.5\text{℃}/s$ 内。另外,通过改进敏化温度和时间,以及增强老化处理等措施,使硫化铅光敏元的光电参数达到使用要求。

(2)双层介质保护工艺研究。化学沉淀的硫化铅光敏薄膜是一种多晶薄膜,与空气中的水汽及其他外界杂质离子作用,性能将发生变化。采取保护措施,使硫化铅薄膜与外界隔绝,可有效地改善其性能稳定性。对平面型器件,传统的工艺方法是采用 AX 类有机胶在硫化铅薄膜表面进行涂敷保护,可起到一定的保护作用。其缺点是有机胶配制工艺复杂,含有害微量杂质多,不容易固化,遇热发粘,分子结构不致密,水汽分子可渗透于硫化铅中,仍会影响产品的阻值和光电性能变化。

从表 6-1 可以看出,用传统工艺制作的产品经 50℃、48h 高温试验后,产品平均阻值变化 65%。说明传统工艺方法不能有效地保护硫化铅光敏元在高温条件下的阻值稳定,会引起产品光电性能变劣,影响其稳定性和可靠性。

为了有效地防止水汽分子渗透和有机杂质对硫化铅光敏面的影响,可采用无机介质物质对硫化铅表面进行保护,但无机介质暴露在空气中易氧化,需在其表面再涂敷一层

AX 类有机胶,有可能减少在高温条件下的阻值变化率。由此理念,采用高真空镀介质方法,先在硫化铅光敏表面蒸镀一层约 $1\mu m$ 厚的 EX 类无机多组分介质,再涂敷一层 AX 类有机胶(要求所涂敷和蒸镀的介质需有良好的红外波段透过率),然后做 50℃、48h 高温试验,结果表明硫化铅光敏元阻值和光电性能变化率减少。

表 6-1　用传统工艺制作的产品经 50℃、48h 高温试验前后阻值变化数据

样品编号	1	2	3	4	5	6	7	8	9	10	平均值
$R_1/M\Omega$	1.0	0.52	0.71	0.75	0.65	1.02	0.65	0.8	0.5	0.65	0.73
$R_2/M\Omega$	0.24	0.16	0.23	0.21	0.17	0.57	0.23	0.23	0.19	0.24	0.25
$\Delta R/R_1$	0.76	0.68	0.72	0.72	0.74	0.44	0.65	0.51	0.62	0.63	0.65

注:表中 R_1 为硫化铅表面涂 AX 保护胶产品封装后的阻值;R_2 为产品经 50℃、48h 高温试验后的阻值(测试环境条件:温度 20±1℃,湿度 55%RH,产品恒温 1h 后测量)。

表 6-2 为采用双层保护工艺制作的产品经 50℃、48h 高温试验前后阻值变化数据。

表 6-2　采用双层保护工艺制作的产品经 50℃、48h 试验前后的阻值变化

样品编号	1	2	3	4	5	6	7	8	9	10	平均值
$R_1/M\Omega$	0.95	1.05	1.1	2.8	0.63	0.86	2.6	0.44	0.8	0.4	1.16
$R_2/M\Omega$	1.15	1.25	1.3	3.0	0.68	1.03	2.7	0.47	0.9	0.48	1.30
$\Delta R/R_1$	0.21	0.19	0.18	0.07	0.08	0.20	0.04	0.07	0.13	0.2	0.14

注:表中 R_1 为硫化铅表面双层保护后产品的阻值;R_2 为产品经 50℃、48h 高温试验后的阻值(测试环境条件:温度 20±1℃,湿度 55%RH,产品恒温 1h 后测量)。

从表 6-2 可以看出,经 50℃、48h 高温试验后,产品平均阻值变化 14%。说明此种工艺方法能有效地保护硫化铅光敏元在高温条件下的阻值稳定,产品的光电性能变化减少,产品阻值和光电性能稳定性和可靠性得到了提高。

经反复工艺试验后,采用双层介质保护工艺,有效地提高了产品的阻值和光电性能稳定性和可靠性。

2. 探测器红外滤光片及结构设计

硫化铅红外探测器在某些特殊领域,要求具有灵敏稳定的火焰探测性能、产品失效自检功能以及可防止宇宙射线粒子辐射的自保护功能。在结构方面,要求产品能承受 1 000 g/0.5 ms 的冲击,在 55~2 000Hz 频率范围内承受 $0.4g^2/Hz$ 功率谱密度的振动。根据产品的具体要求,在产品结构方面主要进行了以下研究工作:

(1)红外滤光片设计。为了使红外探测器窗口具有良好的透光率和可防止宇宙射线粒子辐射的自保护功能,选用了锗材料滤光片。在 $1.8~3\mu m$ 红外波段,锗材料滤光片仅有约 50% 的透过率,达不到产品的使用要求,需在滤光片镜面镀增透膜以提高红外光透过率。红外单层增透膜一般用 ZnS 或 SiO,它能使元件的透过率在较窄的波长范围内得到较大的提高,峰值透过波长位置可以按要求移动。类金刚石增透膜耐摩擦、抗风沙、耐潮湿、抗腐蚀,对提高系统的稳定性和耐环境能力有着十分重要的意义。经反复工艺试

验后,确定真空镀 SiO 增透膜,最终使锗滤光片红外光透过率达 80% 以上。锗材料滤光片还能有效地吸收各种宇宙射线,保护硫化铅光敏元在太空中不受辐射损坏。

（2）红外探测器结构设计。合理的产品结构设计是研制高稳定性、高可靠性红外探测器的关键。根据使用要求,经分析论证,对晶体管平面封装式结构的硫化铅红外探测器,合理地设计光敏元与滤光片安装位置,可有效保证探测器对目标探测的视场角和灵敏度响应。通过精心设计和工艺试验认为,光敏元距滤光片 3mm 处可达到 120° 视场角和最佳探测灵敏度。在产品自检保护方面,采用片式小型砷化镓发光二极管。系统使用前,为了自检红外探测器是否损坏,由砷化镓二极管发光,经滤光片反射后由硫化铅光敏元接收,监测输出信号以达到自检功能。

为了保证产品在强冲击、高频振动条件下不受损坏,在产品封装方面采取了以下相应措施:

① 对晶体管帽采用特殊设计及工艺,使锗滤光片可嵌入管帽上部的凹槽内,再用高强度、多组分环氧树脂胶粘结;对光敏元、砷化镓发光二极管电极与晶体管管脚之间的金属引线周围粘结固化,以确保产品在强冲击、高频振动条件下不受损坏。

② 对于一般的民用晶体管平面封装式结构的硫化铅红外探测器,传统的封装工艺是晶体管管帽和管座之间采用环氧树脂胶粘结,其缺点是不能有效地全密封,往往造成漏气,使产品在长期存放和使用过程中仍受外界环境和水汽影响,光电性能逐渐变劣。为了解决此问题,经反复工艺试验,在封装产品时,采用充氮碰焊密封工艺,确保了光敏元在氮气保护下性能稳定,产品质量稳定可靠。

3. 效果

硫化铅红外探测器的可靠性与产品设计和制造工艺有密切的关系,通过改进光敏元保护工艺和红外探测器装配工艺等措施,解决了器件在特殊环境下使用的性能稳定性和可靠性问题。根据对产品工艺研究可以得出下列结论:

（1）适当调整制膜材料配方比例,精确控制化学沉淀制膜温度,可改善硫化铅光敏元的光电参数。

（2）采用双介质保护工艺,可减少外界气氛影响,能有效地提高红外探测器性能的稳定性和可靠性。

（3）选用锗材料滤光片,可有效地防止各种宇宙射线对探测器的干扰;滤光片镜面镀 SiO 增透膜,能有效地提高红外光透过率。

（4）合理的产品结构设计,以及在产品装配过程中采取加固措施,可提高红外探测器耐冲击和振动性能。采用充氮碰焊密封工艺,对提高系统的稳定性和耐环境能力有着十分重要的意义。

6.3.2.2 低频噪声特性的研究

1. 光导探测器的低频噪声

光导探测器的低频噪声包括:$1/f$ 噪声,g—r（产生—复合）噪声和热噪声。

光导探测器中的 $1/f$ 噪声包括两部分:一部分是由表面载流子数多少引起的（非基本 $1/f$ 噪声）,它可以通过改善器件的表面状况来消除;另一部分是由迁移率多少引起的

（基本 $1/f$ 噪声）。对于表面质量好的器件，迁移率多少模型是 $1/f$ 噪声产生的主要机制。Hooge 根据迁移率多少模型给出了胡格经验公式

$$\frac{S_I(f)}{I^2} = \frac{S_R(f)}{R^2} = \frac{S_V(f)}{V^2} = \frac{\alpha_H}{fN} \tag{6-6}$$

式中，$S_I(f)$、$S_R(f)$、$S_V(f)$ ——分别为噪声电流、电阻和电压功率谱密度；

　　I、R、V——分别为器件的电流、电阻和偏压；

　　N——载流子数；

　　f——频率；

　　α_H——胡格系数，是衡量器件 $1/f$ 噪声水平的一个参数。

　　g—r 噪声主要来源于禁带中部附近的深能级产生—复合中心和陷阱中心，表达式为

$$S_I(f) = \sum_{i=1}^{m} \frac{C_i \tau_i}{1 + (2\pi f \tau_i)^2} \tag{6-7}$$

式中，$S_I(f)$ ——噪声电流功率谱密度；

　　m——深能级的个数；

　　τ_i ——g—r 噪声的特征时间常数；

　　C_i ——时间常数为 τ_i 的 g—r 噪声分量的幅值；

　　f——频率。

　　τ_i 是与温度有关的，可表示为

$$\frac{1}{\tau} = AT^2 e^{-\frac{E_a}{kT}} \tag{6-8}$$

式中，A——与温度无关的一个常数；

　　T——温度；

　　k——玻耳兹曼常数；

　　E_a——深能级杂质的激活能。

　　热噪声是由于在绝对零度以上温度条件下，载流子的无规则热运动叠加在载流子的有规则运动之上引起的电流偏离平均值的起伏。电流的起伏必将在电阻的两端引起电压的起伏，其表达式为

$$S_V(f) = 4kTR \tag{6-9}$$

式中，$S_V(f)$ ——噪声电压功率谱密度；

　　T——温度；

　　k——玻耳兹曼常数；

　　R——器件电阻。

2. PbS 红外探测器的低频噪声测量

（1）PbS 红外探测器的低频噪声测量原理。低频噪声的测量，指测量其噪声电压功率谱密度，测试原理如图 6-20 所示。

图中的数据采集卡主要通过内部的模/数转换来实现对时域信号的数字化采集，其功率谱密度通过噪声采集软件对信号进行傅立叶变换得到。

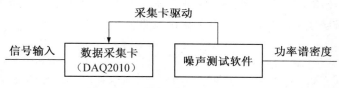

图 6 - 20　噪声采集与分析原理

（2）测量方法与系统组成。采用基于虚拟仪器的测量方法，由数据采集卡和噪声测试软件组成噪声测试系统，实现噪声信号时域与频域的采集与分析，测量系统结构如图 6 - 21 所示。

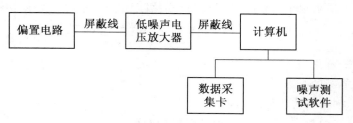

图 6 - 21　噪声测量系统

图 6 - 21 中的低噪声电压放大器背底噪声要比器件噪声小得多，采用的是国外 PAC113 放大器。噪声测试软件主要利用图形编程语言 labview 软件来编写，该软件具有可视化的面板，其设计可以由用户来定义。

（3）测试电路。测试电路设计的基本思想为：尽量降低电路中其他元件对被测器件噪声的影响，图 6 - 22 给出了测试电路原理图。

图中隔离电阻为 400kΩ 的低噪声绕线电阻，电压源是由电池组成的可调直流电压源。

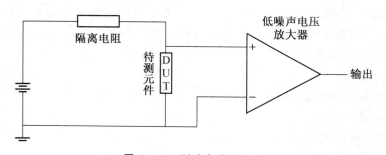

图 6 - 22　测试电路原理图

3．测量结果

电阻为 440kΩ 的 PbS 红外探测器在室温、无光和不同偏压下的噪声电压功率谱密度如图 6 - 23 所示。

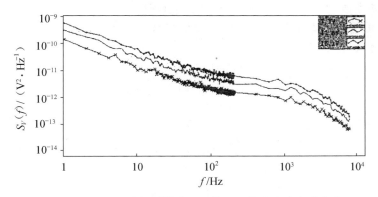

图 6 - 23　PbS 红外探测器在不同偏压下的噪声功率谱密度

电流为 $0.047mA$ 的 PbS 红外探测器在无光和不同温度下的噪声功率谱密度,如图 6 - 24所示。

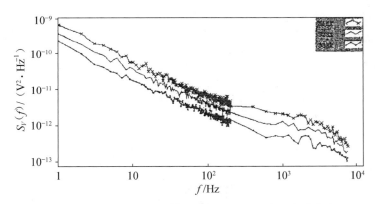

图 6 - 24　PbS 红外探测器不同温度下的噪声功率谱密度

4. PbS 红外探测器的低频噪声产生机理

(1) $1/f$ 噪声产生机理。根据测量结果和公式计算得胡格系数为 $10^{-2} \sim 10^{-1}$,此系数要比胡格给出的系数 2×10^{-3} 大得多,由此可以判定该器件的 $1/f$ 噪声是由表面载流子数大小引起的。其产生机理包括两方面:一是由于制备过程中 Pb 的浓度高于 S 的浓度(Pb 原子填隙)引入了点缺陷,缺陷会俘获载流子,引起表面载流子数的变化;二是由于载流子的隧穿引起载流子数的变化。

(2) g—r 噪声产生机理。PbS 红外探测器的 g—r 噪声产生机理可能有以下两种:一是由于在晶体生长过程中进行了热敏化,从而氧被掺入晶体中,氧为受主杂质,形成陷阱,对电子进行俘获,引起载流子的变化,由此而产生噪声;二是由于位错在运动过程中产生或复合空位,引起载流子的变化,由此而产生噪声。从实际测量中证实了 g—r 噪声产生的机理是由于氧的掺入引起。

5. PbS 红外探测器低频噪声特性分析

(1) 偏压特性分析。$1/f$ 噪声电压谱密度随着偏压的增加而增加,其原因为:①偏压增加,晶粒间的势垒降低,载流子的隧穿加强,从而使载流子数变化加强,噪声增加;②由于 Pb 原子填隙引入的点缺陷随着偏压的增加对载流子的俘获加强,从而使其载流子数的变化加强,噪声增加。

　　g—r 噪声电压谱密度随着偏压的增加而增加,但到达一定偏压后其噪声增加就比较缓慢。其原因为:随着偏压的增加,深能级陷阱对载流子的产生—复合加强,但偏压达到一定值后其产生—复合率趋于平缓,从而使载流子数的变化先加强后减弱,因此一定偏压后,g—r 噪声随偏压的增加会缓慢甚至不变。

　　(2)温度特性分析。噪声电压谱密度随温度的升高而减小,其原因为:温度升高,点缺陷和深能级陷阱对载流子的俘获减弱,使载流子数的变化减弱,从而噪声电压减小。

　　变化原因为:$V = I \times R$,$\delta V = I \times \delta R + R \times \delta I$;电流恒定时,$\delta I$ 变化为 0,δR 的变化随温度升高而减小,其 δV 的变化也减小,从而噪声减小。

　　对图 6-25 所示曲线进行求导,发现 $\delta R / \delta T$ 在减小,这一变化与上述理论相符。

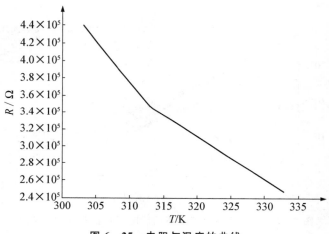

图 6-25　电阻与温度的曲线

6. 效果

　　通过对 PbS 红外探测器的低频噪声特性分析,得出以下结论:第一,PbS 红外探测器中的 $1/f$ 噪声是由表面载流子数变化引起的,这表明该器件的表面质量不是很好,需要进行表面处理,从而降低其噪声;第二,噪声电压和电阻随着温度的升高而减小,也就是说,电阻小的器件其噪声电压小,这与文献中提到的一致,这一现象主要是由于缺陷和陷阱对载流子的俘获引起的;第三,由器件噪声功率谱密度的温度特性分析中得到该器件的深能级杂质激活能为 0.2eV,从而为确定杂质能级的分布奠定了基础。

　　另外,在 0.7～1.0eV 观察到的强度较弱的宽吸收峰,其发光机理可能是:激发光在 Si 的 X 谷处激发产生电子,然后电子被 α—Sn 量子点的 L 态俘获,接着进行了声子辅助的间接带间激子复合。这与理论计算的间接带隙结果符合。

6.3.3　效果与评价

金刚石结构的 α－Sn 半导体量子点有望用来制作红外发射器和探测器,并且波长可以调节;四方结构的 β－Sn 金属量子点可以用来制作高密度存储器和单电子器件。但是,在它们得到实用化以前必须解决下列关键问题:

（1）生长方面。对于 α－Sn 量子点,必须得到排列有序、尺寸均匀的量子点阵列才可以制作成红外发射器和探测器;对于 β－Sn 量子点而言,需要进一步减小它的尺寸,从而能在室温下观察到库仑阻塞效应,才能用它来制作室温工作的高密度存储器和单电子器件。

（2）光学性质。对于 α－Sn 量子点,傅立叶转换红外吸收光谱和光致发光谱所观察到的实验现象不一致,因此还不能确定 0.27eV 附近是否为 α－Sn 量子点的带隙,这个问题对 α－Sn 半导体量子点的应用非常关键;对于金属性的 β－Sn 量子点,只有当它的尺寸接近 1nm 左右时才能发生量子限制效应及能带分裂,这样才观察到强度较高的带间跃迁峰。

（3）电学性质。α－Sn 量子点已经在低温 $I-V$ 曲线上观察到 β－Sn 量子点的库仑阻塞效应,但若要在室温下观察到库仑阻塞效应,还需要进一步减小它的尺寸,同时减少量子点周围的漏电流。

（4）理论计算。数值计算的结果预测,应变的 α－Sn 量子点由体态的近零直接带隙（0.08eV）转变为间接带隙（0.4～0.8eV）,但是这些结论还没有实验结果的支持,而固相外延技术生长的大晶格失配自组装 Sn 量子点样品适合用来验证这些理论计算结果。

综上所述,虽然国外对 α－Sn 和 β－Sn 量子点已经进行了一些实验和理论方面的研究,但还存在大量关键问题尚未解决,仍有广阔的研究空间,可作为下一步研究的重点。

第 7 章
双色或多色红外探测技术

7.1 基础知识

7.1.1 需求

如果一个系统能同时在两个波段获取目标信息,就可对复杂的背景进行抑制,提高对各种温度目标的探测效果,从而在预警、搜索和跟踪系统中能明显地降低虚警率,显著地提高热成像系统的性能和在各种武器平台上的通用性,满足各军种,特别是空军、海军对热成像系统的需求。一般两波段热成像系统可以有两种方式构成:一是两个分别响应不同波段的探测器组件共用一个光学系统构成;二是用一个能响应两个波段的双色红外探测器(以下简称双色探测器)共用一个光学系统构成。前者的特点是探测器简单,但系统的光学机构比较复杂,后者则正好相反。由于绝大多数军用战术热成像系统都在 $3\sim5\mu m$、$8\sim12\mu m$ 这两个大气窗口工作,所以国内外研制的双色探测器多数都工作在这两个波段。

双色探测器可应用于:导弹预警,机载前视红外系统和红外侦察系统,武装直升机和舰载机目标指示系统,中、低空地空导弹的光电火控系统,精确制导武器的红外成像制导导引头,水面舰船的预警、火控和近程反导系统,双波段热像仪等等。

7.1.2 双色探测器选用的材料及研究进展

用于预警、搜索、目标识别、跟踪等光电系统的双色探测器要求有高的探测率和响应率,这样双色探测器就以量子效应工作为佳。探测战术目标的探测器都在 300K 的高背景光子通量的条件下工作,综合考虑制冷的代价和操作的方便性等因素后,以探测器工作在液氮温度比较好,因此高性能的双色探测器都选用本征型探测器。

从可供选择的探测器材料看,用于 $3\sim5\mu m$ 器件的半导体材料有 HgCdTe、InSb、PbSe 等,用于 $8\sim12\mu m$ 器件的材料主要有 HgCdTe,此外近年来发展的 GaAs/GaAlAs 等量子阱材料也可用于制备双色探测器。典型的探测器材料组合为:

① $PbSe + Hg_{0.80}Cd_{0.20}Te$。

② $InSb + Hg_{0.80}Cd_{0.20}Te$。

③ $Hg_{0.73}Cd_{0.27}Te + Hg_{0.80}Cd_{0.20}Te$。

④ GaAs/GaAlAs。

⑤ InGaAs/AlGaAs。

⑥ GaInSb/InAs。

由 GaAs/GaAlAs 等量子阱/超晶格材料制备的红外探测器在工作温度、波长范围、器件性能等方面还有待提高,因此目前采用较多的材料组合方案是前三种。

HgCdTe 光二极管和 QWIP 都有能在 MWIR(以下缩写为 MW)和 LWIR(以下缩写为 LW)范围内提供双色或多色的能力,但各有优缺点。QWIP 技术基于非常成熟的 A3B5 的材料体系,在军事和商业方面已有很坚实的工业基础,能达到高产量、高一致性和低成本的要求。HgCdTe 材料体系仅作为探测应用,在工业化基础和大批量生产方面远远不如 QWIP 技术。HgCdTe 红外焦平面阵列有高的量子效应、更高的工作温度和潜在的更好的性能,如 HgCdTe 光二极管,在工作温度大于 70 K 时,其性能是 QWIP 无法比拟的。所以,目前报道的集成双色焦平面探测器既有基于 HgCdTe 材料的,也有基于 QWIP 的,且它们都得到了非常迅速的发展。

美国、法国是第三代碲镉汞红外焦平面器件研制实力较强的国家,美国的雷声夜视公司、洛克韦尔、DRS 和 Lockheed(现属 BAE)等著名公司参与了研制工作,法国的 LETI 也已获得了 HgCdTe 红外双色焦平面成像器件,RVS、DRS 和 LETI 已报道了他们所研制的 HgCdTe 红外双色焦平面器件的性能参数和成像情况,其单色探测器的各项指标已接近二代焦平面的性能参数。法国的 LETI 和 Sofradir 联手成立了一个部门专门从事第三代碲镉汞红外焦平面器件的研发工作。除此之外,德国的 AIM 和英国的 BAE 也在研发第三代碲镉汞红外焦平面器件。

当前,基于 HgCdTe 材料且规模最大的是雷声夜视公司报道的 640×480 像元和 $1\,280\times720$ 像元叠层红外双色焦平面器件。只要人手持一张能透过 MW 但吸收 LW 的薄塑料,两个波段的成像效果非常明显。

基于 QWIP 材料体系,美国的喷气推进实验室报道了规模达 640×480 像元的红外双色焦平面器件,还报道了规模为 640×512 像元的红外四色焦平面。表 7-1 是目前报道的双色/多色红外焦平面器件的性能情况。

表 7 - 1　集成双色多色红外焦平面器件的性能

公司	波带	材料	波带结合方式	性能指标	像素对/ $\mu m \times \mu m$	波带/ μm	T_{NETD}/ mK	利用率	温度/K
RVS	双色	HgCdTe	MW/LW	640×480	20×20	5.5	20.6	98.8%	77
						10.5	21.8	96.6%	
DRS	双色	HgCdTe	MW/LW	320×240	50×50	5.2	9	97.1%	77
						10.2	23	96.3%	
LETI	双色	HgCdTe	MW/LW	256×256	50×50	3.1	27.6	99.8%	77
						5.2	9.6	99.8%	
JPL	双色	QWIP	LW/VLW	640×480	25×25	9.1	29	99.7%	40
						15	74	98%	
JPL	双色	QWIP	MW/LW1/ LW2/VLW	640×512	25×25	10.2	20	>99%	43

7.1.3　双色红外探测器的结构与特点

1. 双色探测器的结构

从探测器光敏面的相对位置分类,双色探测器主要有以下三种形式:

(1) 叠层式:不同波段的探测器光敏元上下重叠。

(2) 镶嵌式:不同波段的探测器光敏元互相镶嵌。

(3) 并排式:不同波段的探测器光敏元平行排列或稍有错开。

三种器件的排列方式相比,以第一种最为优越。将响应 $3\sim5\mu m$ 的探测元布置在 $8\sim12\mu m$ 的探测元之上,$3\sim5\mu m$ 的探测器材料就自然形成了 $8\sim12\mu m$ 探测器的滤光片,既简化了探测器组件滤光片的研制,降低了背景对长波探测器性能的影响,又有探测器位置精确的共轴,有利于系统的光学设计。用不同的材料拼接,则以第三个方案较为有利,如长波红外光在穿透中波探测器和长波探测器之间黏结胶的能量损失及在黏结中波探测器时对长波探测器表面的损伤均可不考虑,且可减少单位面积器件电极的数量,中波探测器和长波探测器可在同一轮工艺中制成等等。

2. 双色红外焦平面探测器结构类型和特点

(1) 背入射结构的双色红外探测器。背入射的双色红外探测器,其探测芯片有基于 HgCdTe 多层异质材料,经过微台面阵列隔离与加工后获得的,也有基于 QWIP 材料体系通过制备高精度光栅和微台面阵列隔离获得的。

图 7 - 1 所示为背入射的 HgCdTe 红外双色探测器的单元剖面结构示意图。图 7 - 1 (a)所示为原 HRL 研究室报道的基于 MBE 技术的 N－P⁺－N 型顺序模式双色探测器,实际上是由两个背靠背的光电二极管组成。由于其每个单元仅有一个 In 柱,所以只能由偏压来选择工作的光电二极管。当探测器偏压大于零时,MW 光电二极管反偏,SW 的光电二极管正偏,回路电流主要是 MW 光电流决定,这时 MW 光电二极管工作;偏压小于零时正好相反。这种单极探测结构有高的空间读出特性和接近百分之百的占空比,并

使每单元小于 $20\mu m$,易于满足大面阵和小型化的发展需求。图 7-1(b)所示为原 HRL 研究室报道的基于 MBE 技术的 N－P$^+$－N 型同时模式双色探测器,能克服顺序模式的双色探测器不能满足两个光电二极管同时选择各自最佳工作偏压和存在大的 MW 光谱串音等缺点。但每个单元上需要制备两个接触电极与焊接 In 柱,还要增加一些读出结构以实现 MW、SW 光信号电流分离与同时读出,这使探测器的芯片技术和 ROIC 的设计变得更富有挑战性。图 7-1(c)所示为 Lockheed Martin 公司报道的基于 MOCVD 技术的 P－N－N－N－P 型同时模式双色探测器,在两个光电二极管之间,合理地引入了组分壁垒 N－N－N 结构,这能阻挡各波段的少数载流子空穴的互扩散,从而减少 MW 光谱串音。图 7-1(d)所示为法国 LETI/LIR 报道的异质结 N－P－P－P－N 型同时模式红外双色探测器,它的 MW 光电二极管为注入平面结,而 SW 光电二极管为原位台面结。这种结构量子效率高、光谱串音小和占空比高。图 7-1(e)所示为 SUMIT 型同时模式红外双色探测器,实际上是由 N－N－N 型异质材料经两次 As 离子注入而得到的两个纵向

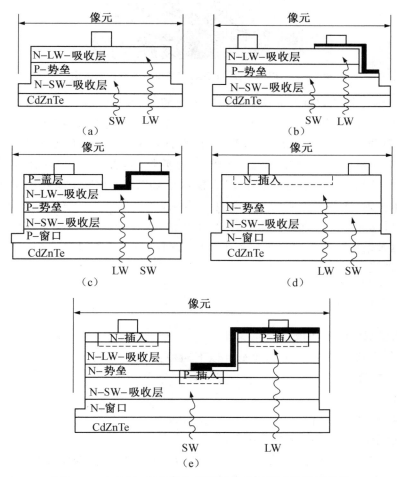

图 7-1　HgCdTe 红外双色探测器的单元剖面结构示意图

集成 P$^+$－ON－N 平面二极管。由于两个波段的光电二极管是同方向的,其两个光信号不需要分离,只要在每个读出单元内包含两个分立的单波段注入读出结构,就能实现同时的工作模式,所以它的硅读出电路(ROIC)结构相对简单,且器件性能较好。

基于 QWIP 材料体系的双色探测器,由于红外辐射只有经光栅反射后才能被 QWIP 响应,所以同为背入射的结构方式,响应 LW 红外辐射的 QWIP 更靠近衬底,而响应 MW 红外辐射的 QWIP 则远离衬底。图 7－2 所示为 QWIP 集成双色红外焦平面探测器的结构示意图,每个单元需要两个电极引出双色响应信号。

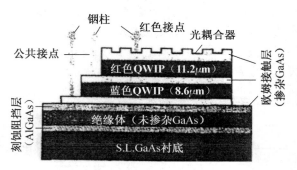

图 7－2　QWIP 集成双色红外探测器的结构示意图

（2）正入射结构的双色红外探测器。正入射的双色红外探测器的报道比较少,目前只有美国 DRS 公司报道的 HgCdTe 同时模式红外双色探测器,其探测方式是 SW 探测在上,MW 探测在下。它是由纵向上两个单波段的 HgCdTe 单色焦平面芯片与双色的 Si 读出电路粘合而成的(SW 光电流通过 MW 二极管层的隔离通道与 Si 的 ROIC 相连)。两个波段的单色探测芯片都是由采用 LPE 技术在 CdZnTe 衬底上生长的 P 型 HgCdTe 材料,经离子注入、通孔刻蚀和爬坡金属化而得到,并具有产生—复合电流较小的特点。它的两个波段的光电二极管也是同方向的,比其他几种背入射结构的 ROIC 结构要简单很多,而且这种结构的双色探测芯片各个波段的探测与单色红外焦平面完全一样,所以具有较好的性能。

7.1.4　工作模式

1. 双色探测器的工作模式

从双色探测器的工作原理看,可分为以下四种:

（1）光电导效应。

（2）光伏效应。

（3）双峰效应。

（4）子能带间的共振吸收隧穿效应。

本征吸收的光导、光伏效应量子效率高,是双色探测器的首选模式;双峰效应是通过偏置电压改变 PN 结耗尽区宽度,以收集另一波长的光生载流子,利用这一效应必须使用外延方法生长的双层异质结薄膜材料;子能带间的共振吸收隧穿效应则只能选用量子阱超晶格材料。受杜瓦电极引线数量和制冷机(器)的限制,一般光导模式的多元双色探测器的最大探测元数为 90×2,因此用于周视全景搜索、跟踪等系统中的长线列或大阵列双色探测器则不能以光导模式工作。

另外,还有一种特殊的双色探测器方案:在系统设计上,通过在光路上插入相应的滤光片,用一个 8~14μm 的 HgCdTe FPA 分别响应两个波段的红外信号。如果类似的滤光膜是设置在探测器的光敏元上,那么同样能达到在一个杜瓦中用两个长波探测器芯片分别响应中波和长波红外之目的。

2. 双色 MCT 红外焦平面探测器工作方式

一般双色 MCT 探测器有两种探测模式:顺序探测模式和同时探测模式。

(1) 顺序探测模式。探测器开关时间可以很短,在微秒量级,通过在短波和长波方式之间的快速开关可以进行缓慢变化目标的探测。其优点如下:

① 像单色混合 FPA 一样,只有一个铟柱和每个单元相连。

② 与现有硅读出电路(ROIC)芯片兼容,适于常规的背照射工作。

③ 每个单元只需一个读出模块,可以为高性能的读出提供空间。

④ 简单的结构可以使单元更小(< 40μm)、阵列更大。

⑤ 在两个波段可以得到近乎 100% 的填充因子。

顺序探测模式的缺点如下:它的结构形式不允许对每个光电二极管单独优选偏压值,在长波探测器中实际上有较大的短波串扰(所以器件形成的关键步骤是保证原位 P 型砷掺杂层有好的结构和电学性能,以防止内部增益产生光谱串扰)。

顺序探测模式截面图如图 7-3 所示。

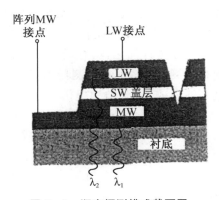

图 7-3　顺序探测模式截面图

(2) 同时探测模式。同时探测模式截面图如图 7-4 所示。

同时探测模式的优点如下:

① 可以对双波段实现在时间上和在空间上同步探测。

② 如果不考虑器件设计和材料生长,只考虑能带的话,那么对每个二极管选取适当的偏压,内部增益就会被有效抑制。

③ 由于一般长波红外辐射比在中波(如 10~12μm 和 3~5μm)强度高,长波积分时

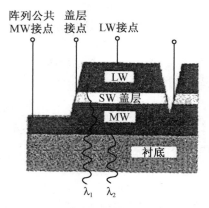

图 7 - 4　同时探测模式截面图

间也只能很短,这样信号积分的同时性就不可能真正发生,这时长波小的填充因子就对背景产生的电荷减少有利,也利于信号积分的同时性。

同时探测模式的缺点如下:

① 这种台面结构为了进行金属连接而变得更复杂。

② 每个单元需加一个读出电路模块,造成 ROIC 设计更加复杂。

③ 为了给下面埋层提供电学接触而使结面积减少,这样长波填充因子会减少。

7.1.5　双色 MCT 红外焦平面探测器的性能

二代 MCT 探测器阵列技术在 20 世纪 70 年代后期开始发展起来,在以后的 10 年里达到了量产的阶段。第一个混成结构的演示是在 70 年代中期,探测器与 ROIC 通过铟柱互连,可以对探测器和 ROIC 单独进行优化,具有近乎 100% 的填充因子的优点;混成结构也可用环孔工艺制造,即在探测器制造前把探测器和 ROIC 芯片互连在一起形成一个独立芯片,环孔是由离子铣刻蚀而成,这种结构提供了比倒装互连混成结构更加稳固的机械和热学特性。

在以上两种单色混成结构基础上,发展出了不同的双色探测器结构。由于单片式双色红外焦平面探测器可以避免使用分立阵列而存在的空间对准和时间寄存现象,同时大大简化了光学设计,减少了尺寸、质量和功耗,并且降低了成本,欧美很多公司和研究机构对此作了大量的研究工作。

下面介绍几种比较典型的双色红外焦平面探测器阵列结构。

美国 DRS 公司在高密度垂直集成光电二极管(HDVIP)结构基础上发展了有自己特色的双色结构(图 7 - 5),是由纵向上两个单波段的 HgCdTe 单色焦平面芯片与双色 Si ROIC 互连而成。同 ROIC 的接触是通过 MCT 刻蚀到硅上的一些通路而实现的,二极管的 N^+/N^- 区是通过刻蚀过程本身和随后的离子注入工艺形成。已制作出间距为 $50\mu m$ 的 MW/MW 和 MW/LW 红外 320×240 像元焦平面阵列,由 480×640 像元读出集成电路同时读出。这种结构的双色探测器芯片各个波段的探测与单色红外焦平面完全一样,所以具有较好的性能。

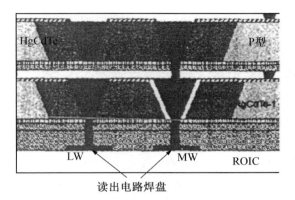

图 7-5　美国 DRS 公司用 HDVIP 工艺制备的双色
MCT IRFPA 示意图

　　美国雷声公司利用液相外延或气相外延技术在碲锌镉衬底上生长 N－P－N 三层掺杂碲镉汞薄膜材料,发展出各向异性干法刻蚀技术制造微台面,刻蚀深度达到 $12\mu m$,先后研制出了 MW/MW、MW/LW 和 LW/LW 三种双色器件,阵列规模有 $256×256$ 像元、$640×480$ 像元、$1\,280×720$ 像元,像元尺寸为 $20\mu m$。首次演示最简单的双色碲镉汞红外探测器如图 7-6 所示,它是由两个 N－P－N 背靠背二极管组成,表面只有一个电极,通过改变偏置电压的极性来改变探测波段。在光敏元上再加一个电极,就可以同时探测两个波段光信号(图 7-7)。1998 年美国雷声公司 Rajavel 报道了这种双色探测器,当时像元尺寸为 $50\mu m$,截止波长为 $4.0\mu m$ 和 $4.5\mu m$。2005 年报道的阵列规模为 $1\,280×720$ 像元叠层红外双色焦平面器件是当前最大规模 MCT 双色器件,已用于美国陆军第三代战术红外系统。

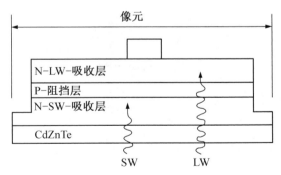

图 7-6　美国雷声公司制备的双色 MCT IRFPA 截面
示意图

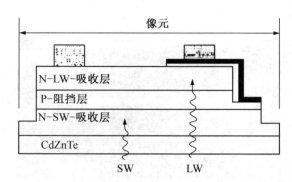

图 7-7　美国雷声公司制备的双色 MCT IRFPA 截面
　　　　示意图

美国洛克韦尔公司把单色用的双层异质结 DLPH 平面技术推广到双色结构 SUMIT。SUMIT 结构是用 MBE 生长 5 层 MCT 外延层,用湿法腐蚀实现漏出下层短波碲镉汞薄膜材料,然后用等离子刻蚀工艺进行像素之间的光学隔离,以减少串音,器件的核心基于 P—ON—N 结构,P 型区采用 As 离子注入制备,这样在不同层材料上制备出 PN 结(图 7-8)。这种结构由于两个波段的光电二极管是同方向的,其两个光信号不需要分离,只要在每个读出单元内包含两个分立的单波段注入读出结构,所以它的读出电路结构相对简单。

制备出的 MW/MW 双色 128×128 像元凝视型碲镉汞红外焦平面探测器,其波长偏短层组分为 0.45,厚度为 8~10μm;阻挡层组分为 0.55,厚度为 1.3μm;波长偏长层组分为 0.32,厚度为 3.5~4μm;盖层组分为 0.38,厚度为 0.3μm,像元尺寸为 40μm,截止波长为 3.9μm 和 5.9μm。

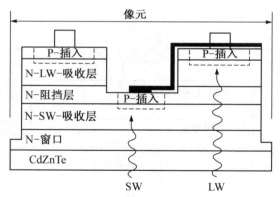

图 7-8　美国洛克韦尔公司制备的双色 MCT IRFPA
　　　　截面示意图

法国 LETI LIR 实验室 2000 年采用分子束外延和台面技术,设计和制造了 N—P—P—P—N 型结构的碲镉汞 MW/MW 双色 128×128 像元红外焦平面探测器(图 7-9),截止波长为 3.1μm 和 5.00μm,中心距为 50μm,其中波光电二极管为注入平面结,而较短波长光电二极管为原位台面结,这种结构具有高的量子效率、小的光谱串音和高的占空比。最近从 LETI 和 Sofradir 联合实验室的报道得知,他们的双色技术有了更新的进展,发展出了两种类型的双色探测器结构,如图 7-10、图 7-11 所示。图 7-11 所示的结构已经制备出了 256×256 像元(中心距 $25\mu m$)、320×256 像元(中心距 $30\mu m$)两种阵列规格双色探测器。图 7-11 所示的这种伪平面工艺最大的优点在于不用进行难度很大的深槽刻蚀隔离,只要刻蚀 $3\sim6\mu m$ 深即可,所用刻蚀手段是 ICP 刻蚀结合轻微湿法腐蚀,能避免这种深槽刻蚀对于长波材料来说会有很大的优势。这种结构已发展出了 MW/LW256×256 像元阵列规格的双色探测器,截止波长为 $4.9\mu m$ 和 $10.0\mu m$,中心距为 $30\mu m$。

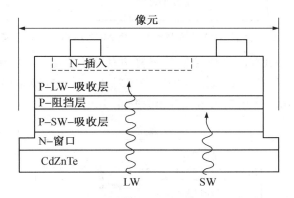

图 7-9　法国 Sofradir 公司制备的双色 MCT IRFPA 截面示意图

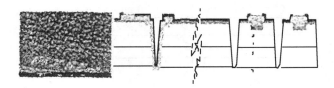

图 7-10　每个双能带像元有一个铟柱平面和截面图

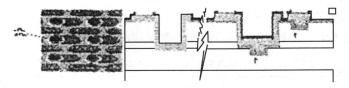

图 7-11　伪平面双能带像元平面和截面图

德国 AIM 公司利用 MCT 液相外延技术,研制出了一种双色焦平面阵列探测器组件,这也说明了利用 AIM 公司确立的 MCT 液相外延技术来制作这种双色器件是可行的。德国 AIM 公司在三层碲镉汞液相外延薄膜材料上,利用台面刻蚀工艺技术,将上层碲镉汞薄膜材料隔离成岛,露出下层碲镉汞薄膜材料,采用离子注入成结工艺,在两层材料上同时制备出 PN 结(图 7-12),再进行电极引出和倒装互连,研制出 MW/MW 双色

192×192 像元探测器。由于液相外延技术存在的一些技术难点,德国 AIM 公司将双色探测器研制重点放在了量子阱和超晶格的研制上。

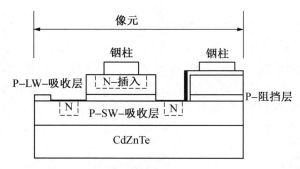

图 7-12　德国 AIM 公司制备的双色 MCT IRFPA 截面示意图

BAE 公司采用 MOCVD 多层碲镉汞外延方法,利用微台面技术,设计和制造了图 7-13所示的 P—N—N—N—P 型结构的双色 64×64 像元凝视型碲镉汞红外焦平面探测器,像元尺寸为 $75\mu m$,截止波长为 $4.3\mu m$ 和 $10.3\mu m$。

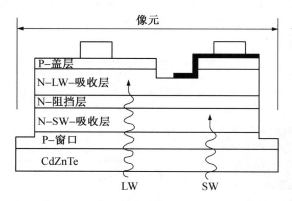

图 7-13　英国 BAE 公司制备的双色 MCT IRFPA 截面示意图

英国 Selex 公司的双色探测器以 MW/LW640×512 像元、SW/MW320×256 像元器件为主,已经成为货架产品向外提供。

各公司双色 MCT IRFPA 探测器性能参数见表 7-2。

表 7-2　各公司双色 MCT IRFPA 探测器性能参数表

公司	探测波段	光敏元数	像元尺寸/$\mu m \times \mu m$	截止波段/μm	T_{NETD}/mK	有效像元/%	器件工作温度/K
Sofradir/LETI	MW/MW	320×256	间距 30×30	3.2/5.2	15	>99.9	77
	SW/MW			1.0/3.0			
AIM	MW/MW	192×192	间距 56×56	3.4/4.0	<30	—	—
				4.2/5.0	<25		

公司	探测波段	光敏元数	像元尺寸/$\mu m \times \mu m$	截止波段/μm	T_{NETD}/mK	有效像元/%	器件工作温度/K
RVS	MW/LW	640×480	20×20	5.5/10.5	20 <25	>98 >97	78
	MW/LW	1 280×720	20×20	—	—	—	—
DRS	MW/LW	320×240	间距 50×50	5.2/10.2	9 23	97.1 96.3	77
	MW/MW	320×240	间距 50×50	4.2/5.2	18.1 8	99.4 99.6	
Rockwell	MW/MW	128×128	40×40	3.9/5.9	—	—	—
BAE	MW/LW	64×64	间距 75×75	4.3/10.3	—	—	—
Selex	MW/LW	640×512	间距 24×24	5.0/10.0	29.6	>99	80
	SW/MW	320×256		1.65/4.05	<22		90

7.1.6　双色 MCT 红外焦平面探测器关键制备技术

1. 双色 MCT 红外焦平面探测器材料生长技术

最开始是用体晶生长技术来制备探测器材料,20 世纪 70 年代初期发展起来的液相外延(LPE)技术经过 20 多年才发展成熟,至 90 年代初替代了体晶生长技术成为 MCT 探测器制备的关键技术之一,用于一代和二代探测器大规模生产。但是 LPE 技术由于自身的一些特点(如工艺温度高等)不适合三代探测器所需各种先进结构的要求,这些都为分子束外延(MBE)和金属有机物化合物气相沉积(MOCVD)技术的发展提供了更大的舞台。这两种技术在 80 年代初期发展起来,由于 MBE 的 Hg 源特殊设计成功地克服了 MOCVD 在生长时 Hg 的低黏附系数,而且 MBE 的生长温度不到 200℃,而 MOCVD 的生长温度高达 350℃,在这种高温下,Hg 空位的形成使得其 P 型层的掺杂非常难于控制,因此目前 MBE 技术成为多色红外探测器结构多层材料生长的首选技术。

在 MBE 外延 MCT 衬底的选择上,主要有 CdZnTe、Si、Ge、GaAs、Sapphire、InSb 等几种。CdZnTe 与 MCT 有好的晶格匹配,但是也存在不足,如面积小、成本高、与硅 ROIC 之间大的热失配等,因此在超大规格 FPA 材料制备上 CdZnTe 就不适合作为衬底材料;Ge 作为一种可供选择的衬底材料,主要是因为 Si 材料在外延前对氧化层的处理不易,其与硅有着近似的优点,才选择 Ge 作为衬底;Si 与 MCT 晶格失配达到 19%,所以在 Si 上外延 MCT 前要先外延 CdTe 等材料的复合衬底结构。尽管如此,但在 FPA 技术上 Si 衬底仍具有非常大的吸引力,这不仅是因为其成本低,而是因为与硅 ROIC 不存在热失配,这样可以制备更大规格的焦平面芯片,这种结构将具有很好的长时间热循环可靠性。综合来看,在更大规格 FPA 制备中,Si 是目前 MCT 外延首选的衬底材料。

2. 双色 MCT 红外焦平面探测器深台面蚀刻技术

双色 MCT 红外焦平面探测器是由多层外延膜构成的台面叠层结构,要实现双色探测,就必须对每个像元进行台面隔离。这种像元台面隔离是由蚀刻工艺完成的,台面隔

离深度一般要大于 $10\mu m$，蚀刻工艺难度很大，不但要求高的深宽比，而且损伤要降到最低，因此台面蚀刻就成了双色探测器制备的关键工艺技术。

现有的台面蚀刻有三种方式：湿法腐蚀、干法刻蚀、干法与湿法结合蚀刻的工艺。湿法腐蚀虽有利于表面损伤的减少，但是这种各向同性蚀刻方法会严重降低 FPA 的填充因子。与传统的湿法腐蚀相比，干法等离子刻蚀对台面的形成有很多优点，可以制备出高填充因子光滑台面且均匀性好。众所周知，这种工艺容易造成材料损伤，需要后续热处理工艺来消除这种影响。现在发展出了微波电子回旋共振（ECR）和电感耦合等离子（ICP）两种各向异性干法刻蚀工艺，在今天来看，ICP 是在 MCT 外延层上获得材料低损伤和深槽的最佳方法。图 7-14 所示为 Sofradir 公司做的蚀刻工艺 SEM 图对比情况。

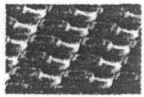  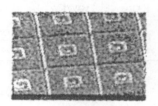

（a）湿法腐蚀　　　　　（b）干、湿法结合蚀刻　　　　（c）等离子体刻蚀

图 7-14　50μm 中心距光电二极管阵列台面蚀刻 SEM 图

3. 双色 MCT 红外焦平面探测器读出电路设计技术

双色探测器读出电路的设计一般分为两种情况：串行设计和并行设计。

（1）串行设计。在一个帧周期内，只对一个波段的信号积分、读出，而在下一个帧周期内，对另一个波段的信号进行积分、读出。两个波段的探测延迟为一个帧周期。一般情况下，可以通过改变探测器的偏置使探测器工作在串行模式。

（2）并行设计。可以同时对两个波段的信号进行积分探测，但双色探测器和 ROIC 要有两个铟柱互联，这样使得像素的大小和成本都高于串行设计的方式。

鉴于并行设计需要两个铟柱互联，因此一般将并行设计和串行设计结合起来进行电路设计，即串行积分并行读出。

另一种设计是采用 TDM 方法，雷声公司就采用了这种设计结构。其特点是，减小并行设计的复杂性，同时减小了像素单元的尺寸。

双色读出电路设计的难点主要在时序设计、双色信号之间的串扰和信号读出的质量等方面，这些方面需在双色读出电路设计中着重考虑。

7.1.7　双色探测器技术现状

双色探测器既受单波段器件发展水平和对两波段热像系统需求的限制，又有从器件制备到系统应用等多方面的困难，因此其总体发展水平远低于单波段同类型的探测器。例如，1958 年单波段的热像仪就研制成功了，而最早的 HgCdTe 双色探测器 1972 年才研制出来，是用体材料制备、用胶粘接的叠层式光导器件。目前单波段 HgCdTe 探测器面阵已达 640×480 像元，而用多层异质结 HgCdTe 薄膜材料制备的、集成式的双色探测器

仅达到 64×64 像元。尽管如此,$3 \sim 5 \mu m$ 和 $8 \sim 14 \mu m$ 的两波段热像系统在欧美国家已得到比较普遍的使用。例如,美国海军航母上的舰载战斗机 F—14D 装备了两波段 FLIR 系统,其研制的轻型舰用红外警戒系统采用了能响应 $3 \sim 5 \mu m$ 和 $8 \sim 14 \mu m$ 波段的 480×4 像元的 HgCdTe FPA 器件。英国则研制成功了双色 SPRITE 探测器,并在 TICM II 的基础上,研制出两波段的热像仪。另外,英国也在研制舰用两波段红外警戒系统。法国对舰用红外警戒系统的研制非常重视,于 1977 年率先研制出实用化的两波段搜索、跟踪系统 VAMPIR,并装备在两艘导弹驱逐舰上。早期的系统采用分置多元 InSb 探测器和 HgCdTe 探测器,改进型采用 288×4 像元的 HgCdTe FPA 等等。随外延生长技术的进步,国外现已能生长高质量的 P—N—N—P HgCdTe 多层异质结薄膜,这为研制更大规格的双色 HgCdTe FPA 提供了良好的条件。为简化系统结构,双色探测器的发展趋势是集成式的。现将国外研制的具有代表性的集成式 HgCdTe 双色探测器的技术水平和指标简介如下:

Santa Barbara 研究中心 HgCdTe 材料:用 LPE 方法生长的 LM/SW/MW/CZT 三层异质结 HgCdTe 薄膜

器件结构:叠层式、两个背靠背的二极管、台面结、铟柱互连

光敏元尺寸:$61 \mu m \times 61 \mu m$

规　　　格:64×64 像元

性 能 参 数:

	MW	LW
$\lambda_\tau / \mu m$	5	9.4
$R_0 A /(\Omega \cdot cm^{-2})$	2.4×10^6	
$R_r A /(\Omega \cdot cm^{-2})$		41
η	0.80	0.61

备注:1995 年,64×64 像元集成式双色探测器可有两种模式工作,同时响应中波和长波或分别响应中波和长波,但长波器件工作在反偏状态时,有利于提高其结阻抗,已用演示系统成像。

Loral HgCdTe 材料:用 MOVPE 方法生长的 P—LW/N—LW/N—MW/P—MW/CZT 四层异质结 HgCdTe 薄膜

器件结构:叠层式、两个背靠背的二极管、台面结、铟柱互连

光敏元尺寸:$100 \mu m \times 100 \mu m$

规　　　格:8×8 像元

性 能 参 数:

	MW	LM
$\lambda_\tau / \mu m$	5.1	11.0
$R_r A /(\Omega \cdot cm^{-2})$	3.8×10^4	15
η	0.42	0.47

备注:8×8 像元的集成式双色探测器可以同时响应中波和长波。由于两种器件的界

面是个高低结,所以在电学上两者完全是独立的。

Royal Signals and Radar Estabishment HgCdT 材料:N 型 HgCdTe 体材料

器件结构:并排式、两个并排的 8 条 Sprite 探测器

性能参数:

	MW	LW
$D_{bb}^*/(\mathrm{cm \cdot Hz^{1/2} \cdot W^{-1}})$	约 1.0×10^{11}	约 1.1×10^{11}
$R_{bb}/(\mathrm{V \cdot W^{-1}})$	约 6×10^4	$4 \times 10^4 \sim 7 \times 10^4$

备注:已用于 TICM Ⅱ 成像。

国内三家从事红外探测器的专业研究所也进行了双色探测器的研制,都取得一定的结果。1991 年,我国昆明物理研究所(KIP)研制出多种双色红外探测器,其中有能同时响应中波和长波的叠层式 HgCdTe 光导探测器,探测器的光敏面为 0.050cm×0.050cm,用于精确制导。1992 年,上海技术物理研究所(SITP)利用镶嵌技术,研制成功用于航空遥感红外扫描辐射计的双色 HgCdTe 光导探测器,探测元面积均为 0.24mm×0.24mm,呈"品"字形排列,该探测器上组装有微型滤光片以保证波段的分离度。1994 年,华北光电技术研究所(NCRIOE)利用镶嵌技术,研制成功 24 像元的双色探测器。该器件由 4 像元 InSb 光伏器件和 20 像元 HgCdTe 光导器件呈"十"字形拼在一 ϕ 12 mm 的微晶玻璃衬底上,InSb 探测元的宽度均为 0.25mm,但长度分别为 2.8nm、3.5nm、2.7nm 和 2.5mm。HgCdTe 探测元的尺寸分别为 0.2mm×0.4mm(8 像元)、0.2mm×0.6mm(2 像元)、0.2mm×0.44mm(10 像元),用于舰载近程点防御系统的光电火控。国内研制 HgCdTe 双色探测器参数的典型值列于表 7-3,由于测量条件、器件的工作条件不尽相同,列出的数据仅供参考。

表 7-3　国内研制的 HgCdTe 双色探测器参数的典型值

单　位	探测器	3~5μm		8~14μm	
		$D_{\lambda_p}^*/(\mathrm{cm \cdot Hz^{1/2} \cdot W^{-1}})$	$R_{\lambda_p}/(\mathrm{V \cdot W^{-1}})$	$D_{\lambda_p}^*/(\mathrm{cm \cdot Hz^{1/2} \cdot W^{-1}})$	$R_{\lambda_p}/(\mathrm{V \cdot W^{-1}})$
KIP	MCT	5.9×10^{10}	1.3×10^4	2.3×10^{10}	3.7×10^2
SITP	MCT	1.1×10^{11}	3.4×10^{11}	5.4×10^{10}	1.4×10^4
		$D_{bb}^*/(\mathrm{cm \cdot Hz^{1/2} \cdot W^{-1}})$	$R_{bb}/(\mathrm{V \cdot W^{-1}})$	$D_{bb}^*/(\mathrm{cm \cdot Hz^{1/2} \cdot W^{-1}})$	$R_{bb}/(\mathrm{V \cdot W^{-1}})$
NCRIEO	InSb/MCT	3.0×10^{10}	6.9×10^5	2.2×10^{10}	1.4×10^4

7.1.8　双色探测器的发展趋势

双色探测器将随单波段探测器及其配套技术的成熟和市场需求的增加而加快发展,器件的发展趋势将集中在以下五个方面:

(1) 集成式。集成化的双色探测器有利于简化系统结构,能充分利用半导体材料制备技术的最新成果,便于器件焦平面化,其中 HgCdTe 合金系和各种量子阱/超晶格材料系统将得到重点发展。

（2）焦平面。采用焦平面器件，能更好地满足系统的要求，同时也有利于简化系统结构。

（3）大阵列。为明显地提高系统性能，双色探测器将向大面阵和长线列发展。

（4）小型化。双波段系统将克服在光学设计和加工、信号处理和显示等方面的困难，缩小体积、减轻重量，以便扩大其应用范围。

（5）多色化。随材料、器件和系统技术的进步，双色探测器将向更多的光谱波段发展，既包括拓宽光谱波段，也包括将光谱波段划分成更为细致的波段，以获得目标的"彩色"热图像，使得到的目标信息更丰富、更精确、更可靠。

7.2　双色或多色碲镉汞红外探测器

7.2.1　器件的设计与特性

7.2.1.1　简介

双色红外探测器能同时记录光谱和空间的信息，而不必使用光束分离或光学色散系统，因此能使通道数较多的特定系统简化，减少多光谱遥感系统光学部件的复杂性。由于双色探测器自身固有的优点，作为精确制导技术的关键器件，可用以提高系统对假目标的识别能力，提高系统的抗干扰能力。同时，双色器件在工农业、森林防火、地球资源勘查和海洋、环境的感测等方面也有重要的应用。

20 世纪 70 年代初，美国就已开展双色单元及多元器件的研制工作，迄今已研制成功多种双色及多色器件。文献中介绍了国外双色探测器的研究发展状况、采用的结构形式、制备方法及已达到的性能水平，简述了双色红外探测器在军事、工农业等方面的应用。目前，美国的双色红外探测器制备工艺已趋成熟，巴恩斯工程公司在 1980 年已有 InSb/PbSnTe($1 \sim 5 \mu m/5 \sim 12 \mu m$)、InSb/HgCdTe($1 \sim 5 \mu m/5 \sim 15 \mu m$)两种双色红外探测器商品出售；采用 CdS/InSb($0.3 \sim 0.5 \mu m/3 \sim 5 \mu m$)双色探测器的"尾刺"改进型地—空导弹已于 1986 年装备部队。

双色器件的研制工作国内开展较晚，在 20 世纪 80 年代，先后研制出 CdS/$Hg_{0.71}Cd_{0.29}Te$、Si/InSb、Si/$Hg_{0.71}Cd_{0.29}Te$、$Hg_{0.71}Cd_{0.29}Te$/LiTaO$_3$、$Hg_{0.71}Cd_{0.29}Te$/$Hg_{0.8}Cd_{0.2}Te$ 等多种双色器件。

7.2.1.2　双色器件的结构设计

双色器件工作波段的选择主要由系统设计决定。原则上说，两种不同波段响应的探测器材料经加工后都可以构成双色探测器，而 $Hg_{1-x}Cd_xTe$ 材料因它的波长选择灵活更具优越性。

双色探测器是基于不同半导体材料具有不同的禁带宽度 E_g，因而截止波长 λ_c 也不同。当入射光辐照到本征半导体上时，只有那些能量大于材料禁带宽度，即波长小于 λ_c 的光子才能在半导体中激发电子—空穴对，而波长大于 λ_c 的光子能透过该材料，因而可以制成各种双色器件。

图 7-15 所示为双色器件采用的几种基本结构形式。无论光导型器件或光伏型器件都已成功地用来进行两个或更多波段辐射的探测。图 7-15(c)、(d)所示是采用外延生长技术,相继淀积设定组分的材料来制备双色探测器,如 PbTe/PbSnTe 双色器件,只需在 P 型 $Pb_{0.8}Sn_{0.2}Te$ 上外延一层 N 型 PbTe,形成响应波长大于 $6\mu m$ 的异质结,再用扩散工艺在 PbTe 上形成响应波长小于 $6\mu m$ 的同质结。图 7-15(a)、(b)所示为两个或多个不易紧密结合在一起的光导、光伏、光导/光伏等双色探测器结构设计,如在 N 型 Si 片上生长 SiO_2,光刻形成 $\phi 1mm$ 的窗口,经扩散形成 PN 结,再蒸镀电极,以制成上元件。同时选用 $x=0.29$ 的 N 型 $Hg_{1-x}Cd_xTe$ 晶片,研磨抛光后,用环氧胶固定在白宝石衬底上,抛光至需要厚度,机械抛光后用化学方法腐蚀,去掉机械加工引起的损伤层,再经光刻、阳极氧化、蒸镀电极,以制成下元件。Si 对于小于 $1.15\mu m$ 的辐射敏感,对于大于 $1.15\mu m$ 的辐射则透过 Si 照射在光导 HgCdTe 器件上。

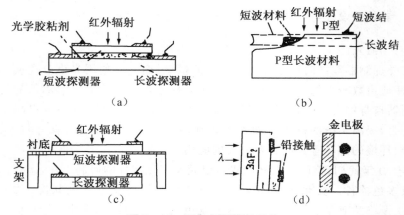

图 7-15　双色探测器的结构

在 300K 工作的 $Si/Hg_{0.71}Cd_{0.29}Te$、$Si/InSb$、$CdS/Hg_{0.71}Cd_{0.29}Te$ 器件均采用这种结构。

在 300K 工作的 $Hg_{0.71}Cd_{0.29}Te/LiTaO_3$($3\sim5\mu m/8\sim14\mu m$)双色探测器与图 7-15(b)所示结构类似,不同之处在于热释电探测器的内阻非常高(约 $10^8\Omega$),所以在探测器壳体中加入了低噪声阻抗变换器,以便和前置放大器匹配,如图 7-16 所示。

$Hg_{0.71}Cd_{0.29}Te/Hg_{0.8}Cd_{0.2}Te$($3\sim5\mu m/8\sim14\mu m$)双色探测器采用图 7-15(a)结构。双色 $Hg_{1-x}Cd_xTe$ 探测器是利用 $Hg_{1-x}Cd_xTe$ 材料的禁带宽度 E_0 随 Cd 的组分 x 的变化而变化,从而可以根据不同的组分制备出 $1\sim3\mu m$、$3\sim5\mu m$、$8\sim14\mu m$ 等不同波段响应的探测器。$Hg_{1-x}Cd_xTe$ 是一种直接跃迁能带结构的半导体,有比较陡的吸收边缘,因而能理想地透过较探测器截止波长更长的辐射,如图 7-17 所示。由于不同响应波长的 $Hg_{1-x}Cd_xTe$ 材料的机械性能较为接近,因此设计成叠层式的同光轴器件组合时困难较少。

在图 7-15(a)、(b)两种结构中,要求黏结胶在元件响应的光谱范围内具有良好的透射比和低温特性,选择使用的几种黏结胶的透射比如图 7-18 所示。

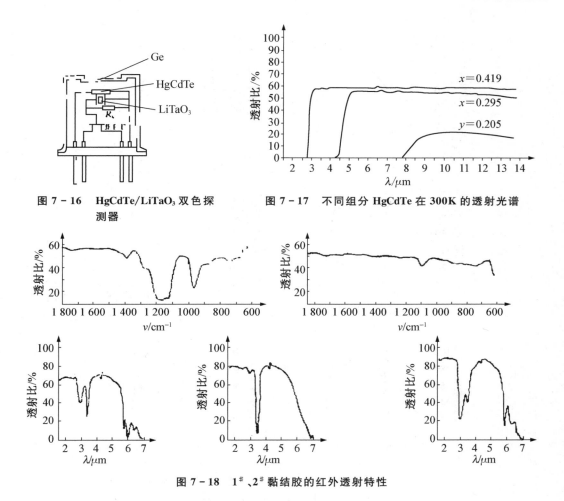

图 7 - 16　HgCdTe/LiTaO₃ 双色探
　　　　　测器

图 7 - 17　不同组分 HgCdTe 在 300K 的透射光谱

图 7 - 18　1#、2# 黏结胶的红外透射特性

7.2.1.3　双色器件的性能

采用常用的光电器件制备工艺研制出各单色元件,选择中测性能较好的,按上述结构装配成双色器件,再经中测性能满意后进行最后封装,并测试光电性能。

几种典型器件的性能列于表 7 - 4,器件的光谱响应测量结果如图 7 - 19 所示。由图 7 - 19 所示看出,双色器件的响应波段明显分开,边界清晰。这里较短波段的响应起始波长由上元件材料决定,而下元件的起始波长则与上元件的截止波长有关,当然也与窗口、材料的选择有关。

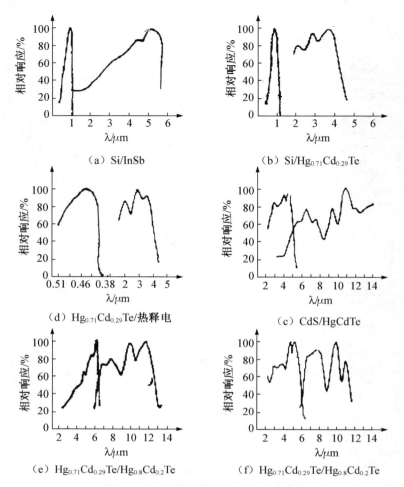

（a）Si/InSb　　　　　　　　　　（b）Si/Hg$_{0.71}$Cd$_{0.29}$Te

（d）Hg$_{0.71}$Cd$_{0.29}$Te/热释电　　　　　（c）CdS/HgCdTe

（e）Hg$_{0.71}$Cd$_{0.29}$Te/Hg$_{0.8}$Cd$_{0.2}$Te　　　（f）Hg$_{0.71}$Cd$_{0.29}$Te/Hg$_{0.8}$Cd$_{0.2}$Te

图 7-19　双色器件的相对光谱响应

表 7-4　双色探测器参数测试结果

编号	元件	位置	检测条件						检测参数									
			光敏面	工作温度	T	J	f	Δf	V_{OG}	I_{SC}	R/Ω		最佳偏流	D^*_{bb}	$D^*_{\lambda P}$	$R_{\lambda P}$	λ_P	λ
			cm²	K	K	W/cm²	Hz	Hz	mV	μA	300K	77K	μA	cm·Hz$^{1/2}$·W^{-1}		V/W	μm	μm
1	Si	上层	0.007 8	77	871x	1.37×10^{-5}	920	9.2	290	1.2	—	—	—	1.2×10^{11}	—	0.45A	0.82	1.05
	InSb	下层	0.03	77	500	3.3×10^{-6}	980	9.8	23	30	—	—	—	3.7×10^{9}	1.9×10^{10}	3.4×10^{5}	5.0	5.5
2	Si	上层	0.007 8	300	871x	1.37×10^{-5}	920	9.2	314	1.3	—	—	—	2.6×10^{11}	—	0.45A	0.82	1.05
	Hg$_{0.71}$Cd$_{0.29}$Te	下层	0.002 5	300	500	8.96×10^{-6}	20 000	314	—	—	346	—	5 000	2.6×10^{9}	2×10^{10}	28.9	3.7	4.3
3	CJS	上层	0.028	300	871x	1×10^{-7}	920	9.2	27.6	1.8	25 000	—	—	4.3×10^{11}	—	5×10^{4}	0.48	0.52
	Hg$_{0.71}$Cd$_{0.29}$Te	下层	0.002 5	300	500	8.96×10^{-8}	20 000	314	—	—	291	—	500	6×10^{8}	8.9×10^{3}	278	2.8	4.1

续表

编号	元件	位置	检测条件						检测参数								
			光敏面	工作温度	T	J	f	Δf	V_{OG}	I_{SC}	R/Ω		最佳偏流	D_{bb}^*	$D_{\lambda P}^*$	$R_{\lambda P}$	λ_P	λ
			cm^2	K	K	W/cm^2	Hz	Hz	mV	μA	300K	77K	μA	$cm\cdot Hz^{1/2}\cdot W^{-1}$		V/W	μm	μm
4	$Hg_{0.71}Cd_{0.29}Te$	上层	0.002 5	300	500	8.96×10^{-6}	980	9.8	—	—	107	—	1 500	2.2×10^8	1.8×10^{10}	114	4.5	5.0
	热释电	下层	0.007 8	300	500	—	125		—	—	—	—		1.2×10^8	2.4×10^8	367	10.8	—
5	$Hg_{0.71}Cd_{0.29}Te$	上层	0.002 5	77	500	8.96×10^{-6}	980	9.8	41.3	199			1 000	2.3×10^9	1.3×10^{10}	1.6×10^3	6.0	6.3
	$Hg_{0.8}Cd_{0.2}Te$	下层	0.002 5	77	500	8.96×10^{-6}	980	9.8	35.5	442			3 000	3.7×10^9	7.5×10^9	227	11.5	12.6
6	$Hg_{0.71}Cd_{0.29}Te$	上层	0.002 5	77	500	8.96×10^{-6}	980	9.8	46.7	270			3 500	4.3×10^9	2.1×10^{10}	1.3×10^4	5.1	5.9
	$Hg_{0.8}Cd_{0.2}Te$	下层	0.025	77	500	8.96×10^{-6}	980	9.8	31.4	47.1			4 000	3.5×10^9	8.1×10^9	373	9.8	11.4

在图 7-19(e)、(f)所示光谱响应图中的上元件用 $x=0.29$ 的同一 $Hg_{1-x}Cd_xTe$ 晶片制作的,下元件用 $x=0.205$ 的同一晶片制作的,但其光谱响应的差异却十分明显。这一结果说明,同一 $Hg_{1-x}Cd_xTe$ 晶片的组分均匀性尚不理想,将给器件的设计、制作带来较大困难。

双色探测器由于入射辐射要透过上元件,因上元件反射损失减少了到达下元件的入射辐射量,因而限制了器件的性能,如 Si/InSb 和 Si/HgCdTe 元件,Si 光电二极管透射比仅约 60%。为了提高器件性能,应对上元件蒸镀优质抗反射膜,也应对窗口和下元件蒸镀抗反射膜。

由于器件对黏结剂的要求十分苛刻,特别是在 77K 工作的器件,要求黏结胶透过波段宽、透射比高、耐低温、黏结力强、绝缘性能好,故需要加强对黏结胶的研究测试。

7.2.1.4　效果

为适应遥感、遥测及精确制导技术的发展,现已研制出一定性能的 CdS/HgCdTe($0.3\sim0.5\mu m/3\sim5\mu m$)、Si/InSb($0.3\sim1.05\mu m/3\sim5\mu m$)、Si/HgCdTe($0.3\sim1.05\mu m/3\sim5\mu m$)、HgCdTe/LiTaO$_3$($3\sim5\mu m/8\sim14\mu m$)、HgCdTe/HgCdTe($3\sim5\mu m/8\sim14\mu m$)等多种双色红外探测器。其中 HgCdTe/HgCdTe($3\sim5\mu m/8\sim14\mu m$)光导双色探测器的峰值探测率 $D^*(5.1,980,1)=2.1\times10^{10}\ cm\cdot Hz^{1/2}\cdot W^{-1}$,$D^*(9.8,980,1)=8.1\times10^9\ cm\cdot Hz^{1/2}\cdot W^{-1}$,峰值响应率 $R(5.1,980,1)=1.3\times10^4\ V/W$,$R(9.8,980,1)=373V/W$。

7.2.2　128×128 像元短波/中波双色红外焦平面的探测器件

7.2.2.1　面阵 SW/MW 双色探测器的结构设计

图 7-21 所示为 HgCdTe 双色红外焦平面探测器单元结构的剖面图,它实际上是纵向并置的两个背靠背的光电二极管,能对目标辐射的两个波段产生响应。当红外辐射从背面入射到双色探测器上时,穿过透明衬底后,SW 辐射在第一个结的吸收区先被吸收,光生载流子被 SW 光电二极管的 PN 结分开,而 MW 辐射继续前进,到达 MW 吸收层被吸收,光生载流子被 MW 光电二极管的 PN 结分开。双色焦平面探测器两个波段的工作

顺序是通过单元电极与公共电极之间所加电压的极性来选择的(图 7 - 20),当单元电极与公共电极间为正偏时,MW 光电二极管工作;而在反偏时,则为 SW 光电二极管工作。

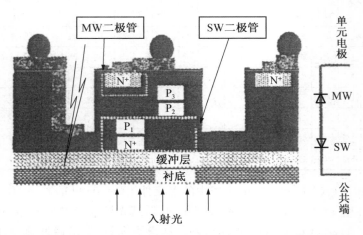

图 7 - 20　SW/MW 面阵 HgCdTe 双色探测器的单元结构剖面图

　　SW/MW 面阵双色探测器单位光敏元采用单个电极接触的结构模式,具有光敏元列阵的芯片工艺相对简单并有很好的扩展性,可以使双色探测器两个波段各自光电二极管的工作点得到单独优化,以及能平衡它们相互间的性能关系。这种单位光敏元的单个电极的结构模式已经是面阵双色红外焦平面探测器的研究热点。2006 年,雷声夜视公司报道的 1 280×720 像元双色红外焦平面探测器就是采用同样的结构。

　　128×128 像元面阵 SW/MW 双色碲镉汞红外光敏感探测芯片,必须由微台面阵列分离技术来完成光敏感元微台面阵列的隔离。这不仅要求双色微台面光敏感元列阵之间的原位掺杂 $P_1 N^+$ 结完全被深沟槽隔断,又要确保光敏感元微台面阵列的公共基区 N^+ 层仍然保持连通,以形成分离的光敏感元阵列与公共电极之间的电学接触,同时隔离沟槽还必须要求有较大的深宽比,以确保双色微台面光敏元有较大的占空比。所以,双色微台面阵列隔离技术必须要达到隔离沟槽深度可控、均匀性好、深宽比高和无电学与物理损伤等工艺要求。

7.2.2.2　HgCdTe 双色探测器件制备

　　P−P−P−N 型 $Hg_{1-x}Cd_x Te$ 多层异质结的双色材料是采用分子束外延(MBE)和原位掺杂技术生长的,先生长响应 SW 辐射的 P−on−N 异质结光电二极管,N 层为仅有 $4\mu m$、禁带宽度大的 SW 响应前截止窗口,$6\mu m$ 厚的 P 型区是双色探测器 SW 吸收层;然后生长少数载流子(电子)的势垒阻挡层,以减少光谱串音;最后生长 $6\mu m$ 厚 P 型 MW 辐射的吸收层。其中,3 层 P−P−P 材料是同型异质结,它们之间的界面是欧姆接触的,且在中间很薄的 P 区可形成电子的势垒阻挡层。

　　由上述的 P−P−P−N 型 $Hg_{1-x}Cd_x Te$ 多层异质结材料进行选择性的 B^+ 注入,形成 N−ON−P 响应 MW 辐射的光电二极管,然后进行双色微台面阵列隔离的湿化学腐蚀,隔离沟槽大约为 $14\mu m$,最后经生长复合介质膜的钝化层、欧姆接触的爬坡金属化层、互连 In 柱列阵和混成互连等工艺,得到 128 像元×128 像元面阵 SW/MW 双色碲镉汞红外焦平面探测器。将单元注入的 N 区生长单元接触电极,而整个器件的公共电极是与通过最靠近衬底的 N 层相连的。

虽然碲镉汞湿化学腐蚀是各向同性的,很难达到双色微台面光敏元阵列高占空比的要求,但是用湿化学腐蚀方法获得的双色微台面阵列,具有无刻蚀工艺引起的电学损伤和腐蚀表面光滑的优点,所以文中展开了用以面阵双色微台面阵列隔离的湿化学腐蚀方法的优化研究。通过腐蚀方法的改进,将光敏元尺寸为 $50\mu m×50\mu m$ 的双色微台面阵列的占空比提高了 1 倍。图 7-21 和图 7-22 所示分别为优化前、后的湿化学腐蚀方法获得的碲镉汞微台面阵列激光共聚焦形貌图,在湿化学腐蚀方法优化前,双色微台面阵列隔离沟槽的深宽比只有 0.4,而在优化后深宽比提高到 0.85,这能满足中心距为 $50\mu m$ 的双色微台面阵列隔离的要求,而且优化后的湿化学腐蚀方法仍然操作比较简单,可重复性和腐蚀深度均匀性都比较好。

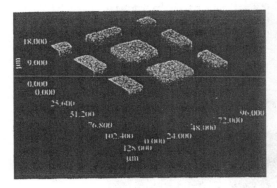

图 7-21　常规湿化学腐蚀方法获得的微台面阵列　　图 7-22　优化提高的湿化学腐蚀方法获得的微台面阵列

7.2.2.3　双色红外焦平面的光电特性与成像

128×128 面阵 SW/MW 双色焦平面探测器是采用双色探测芯片与电容反馈跨阻抗放大器(CTIA)型输入级结构的 ROIC 混成互连的,由于 CTIA 型输入级的 ROIC 具有双向性,可改变双色红外焦平面探测器单元电极与公共电极间的偏压方向,从而实现双色焦平面探测器两个工作波段之间的选择。

采用常规的红外焦平面的测试方法,并通过 CTIA 读出电路改变双色红外焦平面探测器单元电极偏压,完成了 128×128 像元面阵 SW/MW 双色红外焦平面探测器的测试和演示成像。双色红外焦平面探测器的测试性能见表 7-5,面阵红外双色焦平面探测器具有较好的均匀性和正常的光电性能。图 7-23 所示为该双色红外焦平面探测器两个波段的响应光谱,图 7-24 所示为两个波段的演示成像和它们的融合图像。

表 7 - 5　128×128 像元面阵 SW/MW 双色红外焦平面探测器的测试性能

技术参数	测试结果	技术参数	测试结果
中心距/μm	50	响应不均匀性(%)	SW:11.73;MW:26.37
截止波长/μm	SW:2.7;MW:4.9	盲元率(%)	SW:1.30;MW:13.60
平均峰值探测率/ (cm·Hz$^{1/2}$·W^{-1})	SW:1.42×10^{11} MW:2.15×10^{11}		

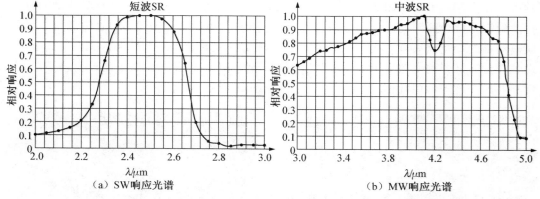

（a）SW响应光谱　　　　　　（b）MW响应光谱

图 7 - 23　SW/MW 双色红外焦平面探测器的响应光谱

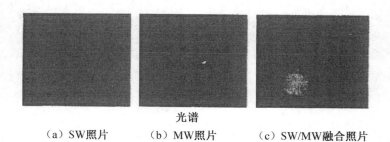

光谱

（a）SW照片　　（b）MW照片　　（c）SW/MW融合照片

图 7 - 24　128×128 像元面阵 SW/MW 双色焦平面器件的演示成像

　　128×128 像元面阵 SW/MW 双色焦平面器件 SW 响应的不均匀性为 11.73%,其均匀性相当好,见表 7 - 5。由于 SW 光电二极管位于 MW 光电二极管的下方,可说明双色微台面探测器的隔离深度均匀性非常好,而 MW 响应的不均匀性为 26.37%,其均匀性较差可能是由形成双色微台面光敏元 MW 光电二极管的离子注入工艺的均匀性较差导致的。

　　128×128 像元面阵 SW/MW 双色焦平面器件的 SW 峰值探测率比 MW 的还要低,这可能与 SW 光电二极管的钝化效果比较差有关。改进后湿化学腐蚀方法获得的双色微台面阵列隔离沟槽的深宽比较大,导致在双色微台面探测器复合介质钝化膜生长时,因阴影效应而不能有效覆盖 SW 光电二极管侧壁暴露的结区,从而影响 SW 光电二极管的钝化性能;MW 光电二极管位于双色微台面阵列的顶部,阴影效应对钝化膜生长的影响非常小,因此 MW 具有较高的峰值探测率。

7.2.2.4　效果

基于由采用分子束外延(MBE)和原位掺杂技术生长的 P－P－P－N 型碲镉汞($Hg_{1-x}Cd_xTe$)多层异质结材料,通过 B^+ 注入、台面腐蚀、台面侧向钝化和爬坡金属化,以及双色探测芯片与读出电路混成互连等工艺,得到了 128×128 像元面阵双色焦平面探测器。通过湿化学腐蚀方法的优化,将光敏元尺寸为 $50\mu m \times 50\mu m$ 的双色微台面探测器的占空比提高了 1 倍。该面阵双色红外焦平面探测器具有较好的均匀性和正常的光电特性;在液氮温度下,两个波段的光电二极管截止波长 λ_c 分别为 $2.7\mu m$ 和 $4.9\mu m$,对应的峰值探测率 $D^*_{\lambda_p}$ 分别为 $1.42\times10^{11}\,cm\cdot Hz^{1/2}\cdot W^{-1}$ 和 $2.15\times10^{11}\,cm\cdot Hz^{1/2}\cdot W^{-1}$。

7.2.3　MW 双色光伏型碲镉汞红外探测器件的仿真技术

7.2.3.1　理论方法及数值模型

半导体器件的数值模拟一般是根据边界条件联立自洽求解泊松方程、电子与空穴的连续性方程以及电流输运方程,另外在光照条件下按照载流子产生率直接加入方程,如果需要考虑隧穿效应(如带间直接隧穿、穿过势垒的隧穿等),还应该加入与这些隧穿效应相关的方程自洽求解。这些耦合的非线性偏微分方程,可根据有限元方法在器件界定区域离散化形成非线性方程组,然后用牛顿法等方法进行求解。

图 7－25 所示为中波 N－P－P－P－N $Hg_{1-x}Cd_xTe$ 双色探测器单元剖面结构示意图,由两个背靠背 PN 结二极管组成,中间用高组分阻挡层分开,被探测红外辐射通过衬底入射,其中波长较短的中波部分(MW1 波段,中波 1)由最先遇到的 MW1 异质结吸收并产生光电流,信号由电极①和阵列公共电极③输出;波长较长的中波部分(MW2 波段,中波 2)在 MW1 中不吸收,透过 MW1 后,被 MW2 同质结吸收,产生的光电流信号由电极①和电极②输出。这样,两个波段的信号可经过电极①和电极②输出,其中电极②输出 MW2 信号,电极①输出 MW1 和 MW2 信号之和(通过减法可得到 MW1 信号)。电极③是整个阵列的公共电极,中间高组分势垒层的作用是防止 MW1 产生的光生载流子扩散到 MW2 区域形成信号串音。由于图中的电极结构分布,对器件的模拟已无法采用一维模型,为此采用二维模型。

器件制备时先在衬底上生长 P－ON－N 型异质结 MW1,P 区较厚作为吸收层,随后生长很薄的高组分 P 型势垒阻挡层,然后生长 P 型低组分 MW2 吸收层,并用离子注入法在部分区域形成 MW2 N 区,完成 MW2 PN 结,最后刻蚀分离探测单元,钝化并制备欧姆电极,通过互连工艺得到探测器。通过上述方法制备的双色探测器,MW1 占空比接近100%,MW2 占空比降低,考虑到实际制备工艺,计算中 MW2 占空比取 75%。图 7－26 所示为器件沿厚度方向组分、禁带宽度及对应截止波长的变化关系,设计目标是实现MW1($3.0\sim4.0\mu m$)/MW2($4.4\sim5.0\mu m$)双波段探测。

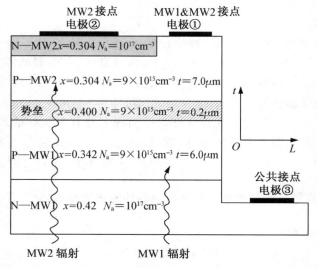

图 7-25　N－P－P－P－N $Hg_{1-x}Cd_xTe$ 双色探测器结构

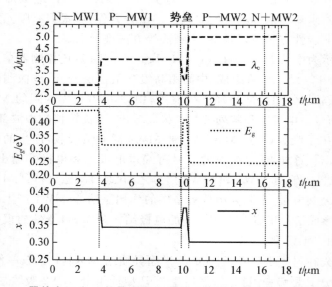

图 7-26　器件中组分 x、禁带宽度 E_g 及截止波长 λ_c 的变化(工作温度 77K)

　　计算中假定辐照度 $0.02W/m^2$ 的红外辐射从背面(衬底)入射,选用典型的掺杂浓度: P 区受主浓度为 $9\times10^{15}\ cm^{-3}$,N 区施主浓度为 $10^{17}\ cm^{-3}$,电子 Shockley－Read－ Hall(SRH)复合寿命为 5ns,空穴 SRH 复合寿命为 $25\mu s$,工作温度为 77K,计算结果按 照 $60\mu m\times60\mu m$ 探测单元面积给出(不包括公共电极面积)。$Hg_{1-x}Cd_xTe$ 材料参数是组 分 x 和温度 T 的函数,根据文献作了仔细设置和更新。计算中考虑了辐射、俄歇、SRH 三种复合过程,以及带间直接隧穿效应,HgCdTe 导带有效态密度低,N 型材料容易处于 简并状态,因此载流子浓度采用费米—狄拉克分布。考虑到器件中组分、掺杂浓度以及电场变化剧烈的区域对器件性能影响较大,特别注意了这些区域的有限元分割,以保证数值模型能充分反映器件的物理特性。

7.2.3.2　计算结果及分析

1. 光谱响应

图 7 - 27 所示为计算得到的光谱响应和量子效率。对于实际器件,衬底可能选取不同的材料,也可以采取增透措施减小辐射在入射面的反射损失,因此衬底入射面透过率随制备工艺和后处理过程而有所差别。为了使计算结果具有通用性,不考虑辐射在衬底入射面的反射损失,认为辐射全部入射至 HgCdTe 层,而根据实际器件的衬底透过率,容易对此进行校正。图 7 - 27 所示为二极管有较为平坦的响应峰,响应边缘比较陡峭,MW1 和 MW2 光响应 50% 对应的截止波长分别为 4.09 μm、5.14 μm(稍大于图 7 - 26 所示的各自吸收区禁带宽度对应的波长),达到预先设计目的。光谱响应在等辐照度条件,而量子效率在等光子流通量条件,在相同辐照度下波长越长光子流通量越大,因此图 7 - 27(a)、(b)曲线形状有一定差别。MW2 量子效率低于 MW1 的主要原因是 MW2 PN 结占空比(75%)低于 MW1 PN 结(100%)。另外,辐射沿厚度方向不是均匀吸收的,而是按指数函数下降的,MW1 对辐射吸收的主要区域更靠近结区,光生载流子输运效率高;相比之下,MW2 对辐射吸收的主要区域远离结区,光生载流子输运效率较低。基于上述两方面原因,MW2 量子效率低于 MW1。

在截止波长 4.0 μm、5.0 μm 附近,量子效率迅速降低是由于吸收系数下降引起的(带边吸收)。在 2～3 μm 的短波区域,MW1 量子效率随波长变短快速下降,这与波长变短吸收系数增大,量子效率应该增加的趋势相反。实际上,光伏器件量子效率与少子扩散长度直接相关,MW1 异质结 N 区组分比 P 区高,禁带宽度对应的波长为 2.86 μm(图 7 - 27),2～3 μm 辐射照射时,大部分被 MW1 N 区吸收并产生光生载流子,进入 P 区的辐射较少;而 N 区少子为空穴,扩散长度很小(图 7 - 28),大部分光生空穴在到达 MW1 结区时已经复合,因此量子效率较低。随着波长增大,透过 MW1 N 区而被 P 区吸收的辐射比例增加,在 P 区产生的光生载流子增多,而 P 区少子为电子,扩散长度长,大多数光生

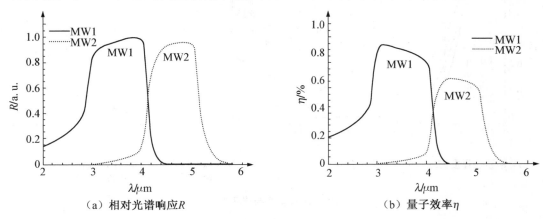

（a）相对光谱响应 R　　　　　　　　　　（b）量子效率 η

图 7 - 27　双色探测器光谱响应

电子可以到达结区,因此量子效率增高。

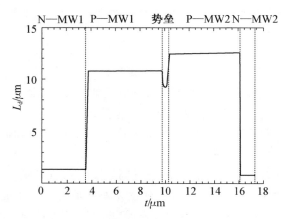

图 7-28　双色器件中少子扩散长度 L

2. 串音

MW1 对 MW2 具有滤波和窗口作用,从衬底照射的红外辐射先经过 MW1 区吸收,未被吸收的剩余部分再在 MW2 区吸收,因此器件沿厚度方向辐射能量分布不均匀,图 7-29(a)所示为这种相对能量分布。根据辐射波长长短和各区域组分高低,波长短于 $4\mu m$ 的辐射主要在 MW1 区吸收,形成 MW1 响应峰;少量未被吸收而透过 MW1 的辐射,入射至 MW2 区被吸收,形成图中 MW2 在波长短于 $4\mu m$ 波段的响应,后者对前者的比值就是 MW1 波段对 MW2 波段的信号串音。波长大于 $4\mu m$ 的辐射在 MW1 区只有少部分被吸收(带边吸收),形成 MW1 对较长波段的光响应;大多数未被吸收而透过,入射至 MW2 区被吸收,形成 MW2 响应峰。同样,前者对后者的比值就是 MW2 波段对 MW1 波段的信号串音。

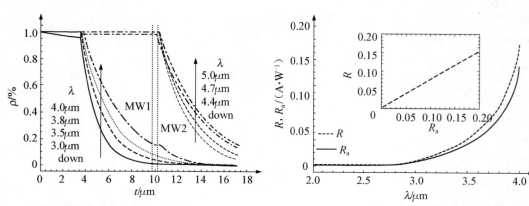

(a) 沿器件厚度方向辐射能量密度的相对分布P　　(b) MW1对MW2的信号串音R与辐射在MW2和MW1区域吸收之比R_a的关系

图 7-29　信号串音与光吸收的关系

根据设计目标,只关心波段 $3.0\sim4.0\mu m/4.4\sim5.0\mu m$ 内的信号串音。从图 7-29

(b)中可以看出，在 $4.4\sim5.0\mu m$ 范围内，MW2 对 MW1 的串音很小，可以不予考虑。相比之下，$3.0\sim4.0\mu m$ 的 MW1 波段对 MW2 的串音比较显著，影响器件性能，设计时必须予以考虑。根据上面的讨论，MW1 波段对 MW2 的串音，与辐射被 MW2 区域吸收的比例有关，比例越高，串音越严重。图 7-29(b)所示为串音与吸收比之间的关系，二者随波长的变化关系基本一致。进一步分析显示，串音近似正比于吸收比，比例系数大约为0.8，这与 MW2/MW1 在响应波段内量子效率比值，以及二者 PN 结面积比值(0.75)都相当接近。吸收的辐射产生光生载流子，经过输运过程才能转化为有效信号，总的转化效率就是量子效率，不难理解这些系数之间的内在联系。因此，根据双色器件两区域对辐射能量的吸收比和量子效率比，即可以估算串音。该结论提供了一种简便有效、较为准确的串音大小预估方法。

如果假定 MW2 区对 MW1 辐射不吸收，重新计算光电流，结果显示 MW1 对 MW2 的串音非常小，这对于实际应用完全可以忽略不计，这再次证明上述串音原因的分析是正确的。既然串音只与辐射吸收有关，减少串音也只能从吸收方面考虑。增加 P—MW1 区的厚度可增加对 MW1 的吸收而减少透射的比例，是可以考虑的措施之一。

图 7-30(a)、(b)所示为以 $3.5\mu m$、$4.7\mu m$ 辐射为 MW1、MW2 波段的代表，给出不同辐射照射时器件中的光电流分布，图中清楚地显示了光电流在 3 个电极之间的分配关系。

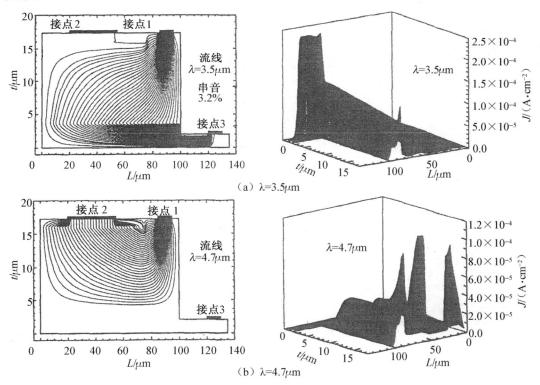

（a）$\lambda=3.5\mu m$

（b）$\lambda=4.7\mu m$

图 7-30　器件中的光电流分布

3. 势垒阻挡层的作用

根据上面的讨论,信号串音是由于本该在某一区域吸收的辐射却在另一区域被吸收引起的,如果没有这种吸收,则没有串音。得出该结论需要一个重要前提条件:在 MW1 区和 MW2 区之间有分隔二者的高组分阻挡层。从双色器件工作的物理过程分析,除了上面已讨论的辐射吸收外,载流子扩散同样可以引起信号串音。根据双色器件结构图 7-25 所示,被 P—MW1 区吸收的 MW1 辐射产生电子—空穴对,在其附近有 MW1、MW2 两个 PN 结,少子(电子)既有可能向 MW1 结区扩散,最终被电极①收集形成光电流信号;也有可能向 MW2 结区扩散,最后被电极①收集形成光电流,这一部分就是串音信号。但根据前面的计算结果,这种载流子扩散引起的串音很小,可以忽略不计,这得益于器件中间的高组分阻挡层。图 7-31 所示为器件平衡能带图,阻挡层在导带形成势垒,电子从 P—MW1 区向 P—MW2 区的扩散受到阻挡,使得绝大多数电子只能向 MW1 结区扩散,抑制了信号串音;由于 P—MW2 区导带位置比 P—MW1 区低,如果没有势垒层阻挡,电子很容易从 P—MW1 区向 P—MW2 区扩散,最终到达 MW2 结区,形成串音信号。图 7-32 所示为去掉阻挡层的器件在 $3.5\,\mu m$ 辐射照射时光电流分布图,电极①有明显光电流输出,串音高达 31.2%,与照射波长相同但有高组分阻挡层相比,串音增大 10 倍。在 MW1 波段的其他波长处,串音变化情况类似。由于厚度很薄(大约 $0.2\,\mu m$),去掉高组分阻挡层对辐射吸收几乎没有影响,所以串音增加的部分只能是由载流子(电子)扩散引起的。由此可见,高组分势垒层对 MW1、对 MW2 的串音有显著抑制作用,如果没有阻挡层,载流子扩散引起的串音将十分明显,甚至是串音的主导因素。

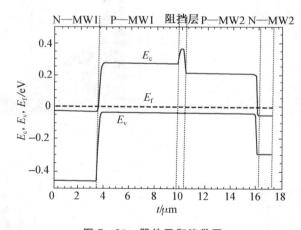

图 7-31　器件平衡能带图

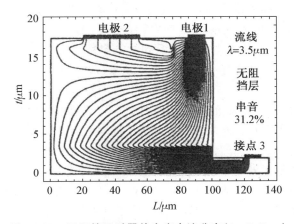

图 7 - 32　无阻挡层时器件中光电流分布 ($\lambda = 3.5\mu m$)

如图 7 - 31 所示,器件 P—MW1 区与 P—MW2 区之间价带只有微小的突变起伏,基本是平坦的,对多子空穴的输运没有影响。

4. $R_0 A$ 积及器件电容

器件的暗电流或 $R_0 A$ 积反映了载流子各种复合过程的快慢,与噪声大小和探测率直接相关。图 7 - 33 所示为 MW2 PN 结的暗电流特性, $R_0 A$ 积大约为 $1.7 \times 10^7 \Omega \cdot cm^2$。关于 MW1 PN 结,由于暗电流很小,准确计算较为困难。从较高温度下的暗电流推算, $R_0 A$ 积应远在 $10^7 \Omega \cdot cm^2$ 之上,而组分相近的 PN 结 $R_0 A$ 积实验测量结果分散范围较大,MW2 PN 结在 $1 \times 10^5 \sim 1 \times 10^7 \Omega \cdot cm^2$,MW1 PN 结在 $1 \times 10^7 \sim 1 \times 10^8 \Omega \cdot cm^2$。可见,模拟计算值接近实验报道中的较高值,这可能是由于实际器件有不同的陷阱密度,以及表面复合等因素引起的。

实用的双色器件,读出电路必不可少,器件的电容是读出电路必须考虑的参数。基于小信号原理,计算了 MW1 和 MW2 结电容,二者大致相同,分别为 1.77pF/像元、1.75pF/像元。组分相近的单个异质结,实验测得其结电容在 2pF/像元左右,可见计算结果与实验测量基本一致。从电路设计的角度分析,双色器件有 3 个电极需要考虑。计

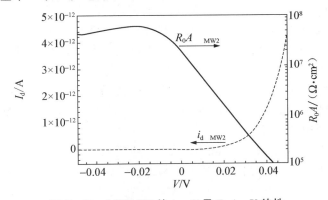

图 7 - 33　MW2 PN 结 i_d —V 及 $R_0 A$ —V 特性

算显示各电极之间的关联程度有所不同,电极②主要与电极①关联,与公共电极③关联很小,在电极②上看到的电容基本就是 MW2 结电容,为 1.75pF/像元;电极①与电极②和公共电极③同时相关,因此在电极①上看到的电容是 MW2、MW1 结电容之和,大约为 3.52pF/像元。在 1MHz 以内有平坦的电容—频率特性。

7.2.3.3 效果

通过建立二维数值模型,对光伏型中波 HgCdTe 双色红外探测器作了模拟计算。模型考虑了辐射、俄歇、SRH 三种复合机制,以及带间直接隧穿效应,载流子浓度采用费米—狄拉克分布,器件采用 N−P−P−P−N 结构、同时工作模式、背照射方式,计算了双色器件的光谱响应及量子效率,重点分析了两个波段间信号串音形成的物理机理,以及高组分阻挡层的作用。模拟结果显示,N−MW1 区少子扩散长度短是 MW1 短波方向量子效率降低的主要原因,占空比对 MW2 量子效率有直接影响;高组分势垒层对信号串音有显著的抑制作用,有势垒层时,MW1 对 MW2 的串音是由于 MW1 辐射透过 MW1 区在 MW2 区吸收引起的,串音与辐射在两个区域的吸收比近似成正比关系,而载流子扩散效应可以忽略不计。如果没有势垒层,载流子扩散引起的串音将大大增加,甚至成为串音的主导因素。对于实用器件,高组分阻挡层必不可少,模拟所得 MW2 PN 结 R_0A 积大约为 $1.7 \times 10^7 \Omega \cdot cm^2$,接近于文献报道中较高的实验结果。MW1、MW2 PN 结电容大约为 1.75pF/像元,与组分相近的异质结实验测量结果基本一致。

7.3　双色或多色量子阱红外探测器

7.3.1　MW/LW 双色量子阱红外探测器

1. 器件基本工作原理

量子阱红外探测器是以两种带隙宽度不同的材料(如 $Al_xGa_{1-x}As/GaAs$ 或 $Al_xGa_{1-x}As/In_xGa_{1-x}As$ 等)形成多量子阱结构有源区,利用量子阱中的子带间吸收原理,由基态电子受一定能量的红外光激发跃迁到第一激发态,从而在外加电场的作用下形成光电流。对于 $8 \sim 12\mu m$ 长波红外来说,通常采用 $Al_xGa_{1-x}As/GaAs$ 量子阱结构,通过调整 Al 组分含量 x 和阱宽可以方便地调整红外吸收波长。随着 Al 组分增加,势垒增高,红外吸收波长减小,但 Al 组分增大到一定程度会增加材料生长的难度。故对于 $3 \sim 5\mu m$ 中波红外来说,采用 $Al_xGa_{1-x}As/In_xGa_{1-x}As$ 量子阱结构,即用带隙更小的 $In_xGa_{1-x}As$ 材料代替 GaAs 材料作为阱,适当调节 In 组分及 $In_xGa_{1-x}As$ 层厚度,实现 $3 \sim 5\mu m$ 红外光的探测,从而解决了高 Al 组分的 $Al_xGa_{1-x}As$ 材料的生长难题。

2. 器件材料结构与生长

采用的 MW/LW 双色量子阱红外探测器外延层结构(图 7−34),由 MW 吸收 $Al_xGa_{1-x}As/In_xGa_{1-x}As$ 量子阱有源区和 LW 吸收 $Al_xGa_{1-x}As/GaAs$ 量子阱有源区层叠形成。实验所用材料是用 Aixtron2000 MOCVD 系统在 5cm(100) 面半绝缘 GaAs 衬底上生长的:首先生长 $1.5\mu m$ 的 $Al_xGa_{1-x}As$ 腐蚀停止层和 $1.0\mu m$ N 型掺杂的下电极欧姆接触层；然后生长 30 个周期的 $In_xGa_{1-x}As/Al_xGa_{1-x}As$（厚度 3.0nm/40nm）中波红外（MW）多量子阱，阱中 Si 掺杂浓度为 2×10^{18} cm^{-3}；再生长 $0.5\mu m$ N 型掺杂的 MW QWIP 的上电极层，同时该层也作为 LW QWIP 的下电极层；再生长 50 个周期的 $GaAs/Al_xGa_{1-x}As$（厚度 4.5nm/43nm）长波红外（LW）多量子阱，阱区 Si 掺杂浓度为 7×10^{17} cm^{-3}；最后生长 $0.5\mu m$ 的 LW QWIP 上电极层，上、中、下电极欧姆接触层的 Si 掺杂浓度均为 2×10^{18} cm^{-3}。QWIP 外延材料的均匀性和晶格质量通过光荧光谱测试和 X 射线双晶衍射测试来表征。

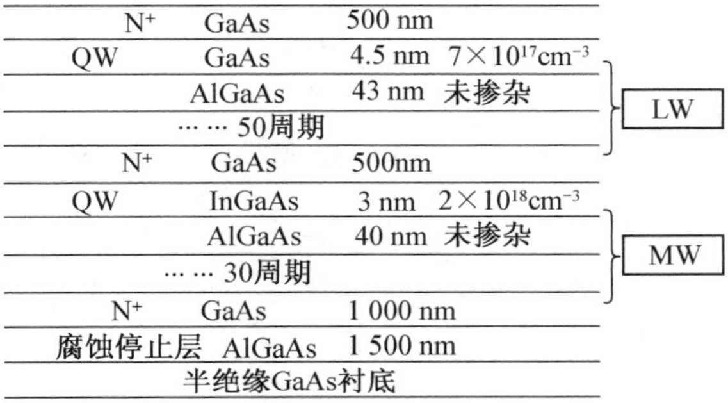

N$^+$	GaAs	500 nm	
QW	GaAs	4.5 nm 7×10^{17}cm^{-3}	LW
	AlGaAs	43 nm 未掺杂	
	…… 50周期		
N$^+$	GaAs	500nm	
QW	InGaAs	3 nm 2×10^{18}cm^{-3}	MW
	AlGaAs	40 nm 未掺杂	
	…… 30周期		
N$^+$	GaAs	1 000 nm	
腐蚀停止层	AlGaAs	1 500 nm	
半绝缘GaAs衬底			

图 7 - 34　MW/LW QWIP 外延材料结构

3．器件结构设计与制作

双色量子阱红外探测器的器件结构为台面阶梯结构，上、中电极实现 LW 红外探测器控制，中、下电极实现 MW 红外探测控制（图 7 - 35）。量子阱红外探测器属于非本征光电导机制，电子在量子阱中子带间实现光跃迁，它对垂直于阱层面的入射光不吸收，只有电矢量垂直于多量子阱生长面的入射光才能被吸收，因此改变入射光方向的光耦合技术是实现高性能 QWIP 器件的关键技术之一。

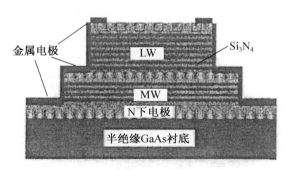

图 7 - 35　双色量子阱红外探测器结构示意图

量子阱红外探测器光耦合的主要方式有 45°边耦合、光栅耦合、随机反射耦合和波纹耦合等。由于光栅耦合技术在设计和制作上较容易实现，适用于焦平面阵列，因此普遍采用光栅耦合方式。为了提高耦合效率，采用了二维阵列光栅进行光耦合，并对光栅的周期、宽度和深度等参数进行了设计。对于给定峰值波长的量子阱红外探测器，波长与二维光栅周期之比为 0.7 时，吸收效率最高；光栅台面上光阑部分和非光阑部分的面积之比为1∶1时,耦合效率达到最大,而且具有高耦合效率的光栅深度可变范围也大,无须对干法刻蚀光栅的深度作精确要求,从而降低了工艺难度。根据上述设计原则及探测器的峰值响应波长,依据加工工艺水平各种因素折中考虑后,确定了光栅周期为 $4\mu m$、宽度为 $2\mu m$、深度为 $450nm$。厂家设计了不同面积和结构的双色 QWIP 器件及工艺监控图形,主要用于器件的暗电流、光谱、探测率等性能测试对比,以实现对材料及工艺水平的评估。

　　器件的工艺过程为:首先在材料上接触层采用薄胶光刻工艺制作光栅图形,应用感应耦合等离子(ICP)干法刻蚀方法制备二维光栅;再用常规的光刻、ICP 干法刻蚀与湿法化学腐蚀工艺相结合制作出中、下电极图形;用电子束蒸发 AuGeNi 金属薄膜作为上、中、下电极层,通过适当的温度合金形成欧姆接触,淀积 Si_3N_4 作为钝化层,光刻后刻蚀出键合用的引线孔,最后通过电镀加厚引线孔电极以保证键合互连工艺。

4. 器件性能

　　为了测试双色 QWIP 的暗电流、响应光谱、探测率等性能,设计制作了 $500\mu m \times 500\mu m$ 大面积的双色 QWIP 器件(图 7 - 36)。首先利用液氮探针台和 Keithley 4200 半导体参数测试仪分别对 LW QWIP 和 MW QWIP 暗电流特性在 77K 工作温度、300 K 背景下进行在片测试,其中探针正极接 LW QWIP 的上电极,探针负极接它的下电极,在 $-3V$ 下 LW QWIP 的暗电流密度为 $0.6 \ mA/cm^2$;再将探针正极接 MW QWIP 的上电极,探针负极接它的下电极,在 $-3V$ 下 MW QWIP 的暗电流密度为 $0.02 mA/cm^2$(图7-37)。从图 7-37 所示中可以看出,QWIP 暗电流随着偏压的增加而变大。在低偏压下,量子阱中的电子必须穿过势垒的整个宽度才能形成暗电流,所以 QWIP 的暗电流较小,而随着偏压的增加,量子阱中的电子仅须穿越一个三角势垒区,比低偏压下势垒宽度小得多,所以在高偏压下表现出较大的暗电流。QWIP 暗电流在正负偏压下具有明显不对称性,产生这种差异的主要因素是在材料生长的过程中,量子阱结构界面不对称分布及掺杂元素向材料外延方向扩散引起的。在相同的温度和偏压下,LW QWIP 的暗电流比 MW 高出一个数量级,主要原因是在同样的环境条件下,LW 器件量子阱中的电子与 MW 器件量子阱中的电子相比穿越势垒区高度较短,在外加电场的作用下,LW 器件量子阱中的电子更容易穿越势垒区。另外,LW 与 MW 器件呈垂直结构,LW 在上面,裸露出的有源区表面

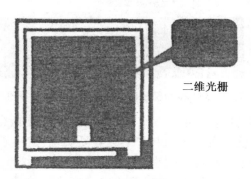

二维光栅

图 7 - 36　$500\mu m \times 500\mu m$ 双色 QWIP 芯片

相对较多,它的表面漏电流也较 MW 大一些,所以 LW QWIP 呈现出更大的暗电流。

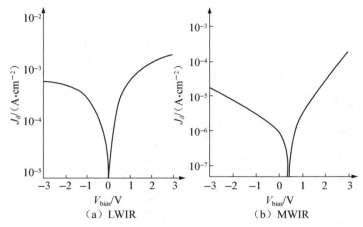

图 7-37　77K 温度、300K 背景下 LW 和 MW 器件暗电流(J_d)与偏压(V_{bias})的关系

将 $500\mu m \times 500\mu m$ 带光栅的双色 QWIP 器件装在 AlN 测试载体上,通过键合把双色 QWIP 的上、中、下电极分别压焊到对应的管脚上,将其装入液氮测试杜瓦中,利用 Nicolet 5700 傅立叶红外光谱仪对 LW 和 MW 器件的光谱响应特性进行测试,LW 器件在 80K、$-3V$ 偏压下峰值波长为 $7.8\mu m$、截止波长为 $8.3\mu m$;在同样测试条件下,MW 器件峰值波长为 $5.2\mu m$、截止波长为 $5.4\mu m$,如图 7-38 所示。相对于通常所说的中波($3 \sim 5\mu m$)和长波($8 \sim 12\mu m$)来说,LW 峰值波长略微偏短,MW 峰值波长略微偏长。这可能是由于在 MOCVD 材料生长过程中,工艺控制产生偏差引起的。因为量子阱材料的势阱宽度、势垒高度决定了探测器的响应波长,尤其是势阱宽度仅有 $4 \sim 5\mu m$,而阱宽微小的偏差和 $Al_xGa_{1-x}As$ 与 $In_xGa_{1-x}As$ 中 Al 组分和 In 组分微小的偏差都将影响器件最终的响应波长与设计偏差。需进一步优化 MOCVD 生长工艺,同时结合实际 MOCVD 工艺控制,优化调整量子阱材料结构参数,以修正在 MW 和 LW 的响应波长。LW QWIP 和 MW QWIP 的探测率是委托中科院上海技术物理所测试的,在 2V 偏压、65K 下,LW 和 MW 器件的峰值探测率分别为 1.4×10^{11} cm・$Hz^{1/2}$・W^{-1} 和 6×10^{10} cm・$Hz^{1/2}$・W^{-1}。

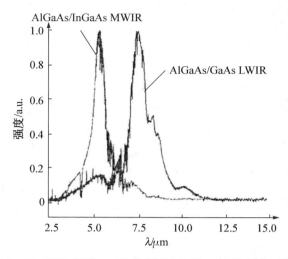

图 7 - 38　80K 温度、一3V 偏压下 MW 和 LW 器件响应光谱

5. 效果

以金属有机物化学气相淀积(MOCVD)材料生长技术为基础,制作了 MW/LW 双色量子阱红外探测器,对器件的暗电流、响应光谱和探测率等参数进行了测试和分析。在 77K、— 3V 偏压下,LW 和 MW QWIP 暗电流密度分别为 6×10^{-1} mA/cm²、2×10^{-2} mA/cm²,LW 器件在 80K、—3V 偏压下峰值波长为 $7.8 \mu m$,MW 器件峰值波长为 $5.2 \mu m$;在 2V 偏压、65K 条件下,LW 和 MW 的峰值探测率分别为 1.4×10^{11} cm · $Hz^{1/2}$ · W^{-1}、6×10^{10} cm · $Hz^{1/2}$ · W^{-1}。可以看出,目前峰值响应光谱实验结果距离通常所说的 LW($8 \sim 12 \mu m$)和 MW($3 \sim 5 \mu m$)光谱范围略有偏差,需进一步优化 MOCVD 生长工艺,同时结合实际 MOCVD 工艺控制优化调整量子阱材料结构参数,以使峰值响应波长满足要求。该工作对进一步开展基于 MOCVD 材料生长技术、设计和制作 MW/LW 双色量子阱红外焦平面阵列探测器打下了技术基础。

7.3.2　LW 双色 GaAs/Al$_x$Ga$_{1-x}$As 量子阱红外探测器

1. 外延材料结构及能级分析

所用的 GaAs/AlGaAs LW 双色 QWIP 外延层材料结构如图 7 - 39 所示。它是用 VG100 分子束外延系统在 GaAs(100)半绝缘衬底上生长完成的,自下而上顺次生长: GaAs 下欧姆接触层(掺 Si,$n=4 \times 10^{17}$ cm^{-3},厚度 $1.0 \mu m$)、30 周期 Al$_{0.2}$Ga$_{0.8}$As 多量子阱(MQW2)结构;GaAs 中间欧姆接触层(掺 Si,$n=4 \times 10^{17}$ cm^{-3},厚度 $1.2 \mu m$)、30 周期 Al$_{0.2}$Ga$_{0.8}$As 多量子阱(MQW1)结构;GaAs 上欧姆接触层(掺 Si,$n=4 \times 10^{17}$ cm^{-3},厚度 $1.2 \mu m$)。其中 MQW2 周期结构为 Al$_{0.2}$Ga$_{0.8}$As(60 nm)/GaAs(5.5nm,掺 Si,$n=4 \times 10^{17}$ cm^{-3}),MQW1 周期结构为 Al$_{0.2}$Ga$_{0.8}$As(60 nm)/GaAs(6.0nm,掺 Si,$n=4 \times 10^{17}$ cm^{-3})。

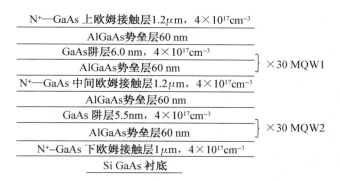

图 7-39　GaAs/AlGaAs 双色量子阱红外探测器材料结构

2. 器件结构及制备

采用的双色量子阱红外探测器结构如图 7-40 所示,在一个垂直结构上响应两个波段,上面的多量子阱区(QW1)峰值响应波长为 $11.6\mu m$,下面的多量子阱区(QW2)峰值响应波长为 $10.8\mu m$。考虑到 QWIP 材料对垂直于芯片表面入射的红外光不敏感特性,以及下一步双色 QWIP 焦平面阵列制作的要求,采用二维周期光栅实现入射红外光的耦合。为使两个波段的光耦合效率都达到最佳,光栅设计采用双周期光栅结构,左半边光栅周期为 $3.7\mu m$,栅孔宽度为 $2.6\mu m$;右半边光栅周期为 $3.3\mu m$,栅孔宽度为 $2.3\mu m$,分别使峰值波长为 $11.6\mu m$、$10.8\mu m$ 的红外光耦合效率最大。在上电极欧姆接触层用精细光刻和干法刻蚀的方法制备双周期二维光栅,然后用常规的光刻和感应耦合等离子刻蚀工艺刻蚀出台面 1(QW1)和台面 2(QW2),再经过 SiO_2 淀积、金属光刻、SiO_2 刻蚀、金属蒸发、剥离、合金等步骤制作出单元测试器件,欧姆接触金属采用常规 AuGeNiAu 结构。图 7-41 所示为单元双色量子阱红外探测器芯片照片。

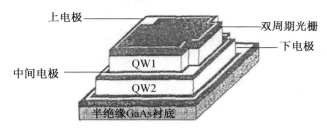

图 7-40　双色量子阱红外探测器结构

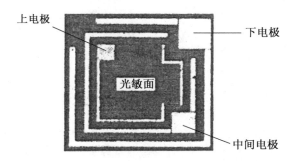

图 7-41　单元双色量子阱红外探测器芯片照片

3. 性能

将双色量子阱红外探测器单元器件装在陶瓷载体上,置入变温测试杜瓦中,对其暗电流进行变温测试。图 7 - 42 所示为台面尺寸 $300\mu m \times 300\mu m$ 的双色 QWIP 单元器件在不同温度下的暗电流与偏压的关系曲线。

采用 500K 黑体作为辐射源对装在杜瓦中的双色量子阱红外探测器单元器件进行变温测试,测定单元器件在不同工作温度下的黑体响应率和探测率。测试条件为:黑体温度 $T_b = 500K$,黑体孔径为 5.08mm,探测器和黑体辐射孔之间的距离为 30cm,用斩波器对黑体辐射进行正弦调制,调制频率为 165Hz。图 7 - 43、图 7 - 44 所示分别给出了 65K 温度下,探测器单元在不同偏压下的探测率及响应率。从图中可以看出,探测器对两个波段的探测率和响应率不同,中间电极和下电极之间的多量子阱区光响应较强。

用 Nicolet 5700 傅立叶变换红外光谱议在 30K 温度下对 GaAs/AlGaAs 多量子阱红外探测器单元器件进行光电流谱测量,器件的光电流谱如图 7 - 45 所示。由图中的光谱响应曲线可以得到,上电极和中间电极的多量子阱区(QW1)的峰值响应波长约为 $11.6\mu m$,中间电极和下电极间的多量子阱区(QW2)的峰值响应波长约为 $10.8\mu m$。

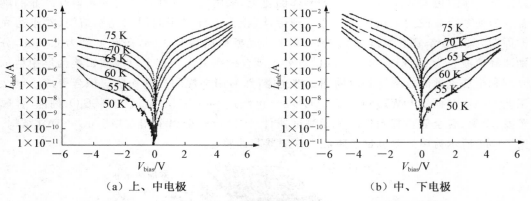

（a）上、中电极　　　　　　　　　　　（b）中、下电极

图 7 - 42　双色 QWIP 单元器件不同温度下的暗电流与偏压的关系

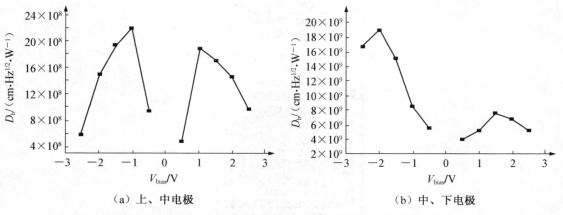

（a）上、中电极　　　　　　　　　　　（b）中、下电极

图 7 - 43　双色量子阱红外探测器黑体探测率 D_b 随电压的变化

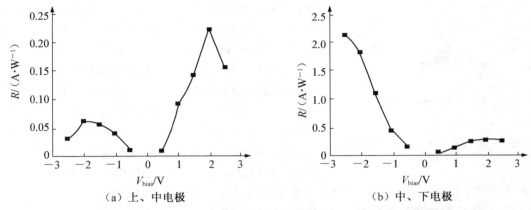

（a）上、中电极　　　　　　　　　　　　（b）中、下电极

图 7 - 44　双色量子阱红外探测器黑体响应率 R 随电压变化

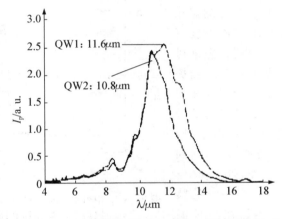

图 7 - 45　30K 温度下双色量子阱红外探测器的光电流谱特性

4. 效果

制作的 AlGaAs/GaAs 多量子阱长波双色红外探测器单元器件,用变温测试系统对双色单元测试器件的暗电流、探测率和响应率进行了评估:在 30 K 温度下其光吸收峰值波长分别为 $11.6\mu m$、$10.8\mu m$;采用垂直入射光耦合的工作模式,温度 65K、2V 偏压下,两个多量子阱区的暗电流分别为 4.23×10^{-6} A、4.19×10^{-6} A,黑体探测率分别为 1.5×10^{9} cm · $Hz^{1/2}$ · W^{-1}、6.7×10^{9} cm · $Hz^{1/2}$ · W^{-1},黑体响应率分别为 0.063A/W、0.282A/W。从响应光谱来看,上下两个有源区 QW1、QW2,特别是 QW2 对应的响应光谱较宽,导致在短波方向响应光谱出现重叠,需要进一步优化器件材料外延层结构和材料生长工艺,以改善器件的响应光谱特性。

7.3.3　GaAs/GaAlAs 双色量子阱红外探测器

1. 器件制备

对量子阱的结构设计、材料生长、器件研制和电学光学测量等进行全过程研究。量子

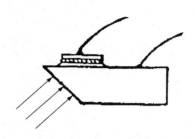

图 7-46　量子阱红外探测器剖面
示意图

阱结构的材料是用分子束外延系统在半绝缘 GaAs 衬底上生长 30 周期的阱内掺杂 GaAs/GaAlAs 矩形多量子阱（8～12μm 波段）和 GaAs/GaAlAs 双势垒多量子阱结构（3～5μm 波段），双色探测器是由这两部分串接而成。

单元器材中红外探测器和双色探测器直径均为 200μm 的台面形式，台面采用通常光刻和湿法腐蚀工艺制成，在台面顶部和底部的 N⁺ 型 GaAs 层上蒸以 AuGe/Ni，通过合金形成良好的欧姆接触。基于量子阱子带间红外吸收跃迁的选择定则，我们采用 45°斜角入射方式（图 7-46），此斜面是在外延衬底上进行机械研磨和抛光制成的。

2. 器件特性和结果分析

图 7-47 和图 7-48 所示分别为 GaAs/GaAlAs 量子阱中红外探测器和量子阱双色红外探测器在 80K 温度下不同偏压状态的光电响应谱。先来讨论中红外量子阱探测器的行为。当探测器的上电极施加正偏压（相对探测器的衬底电极），随着偏压增大，光电信号减少，在零偏压时有较大的光电信号；反向偏压增加时，信号增加很小，达到了饱和。很明显，中红外 GaAs/GaAlAs 量子阱探测器具有明显的整流特性，这一点从该探测器在 80K 温度下的伏安特性上即可看出来，十分类

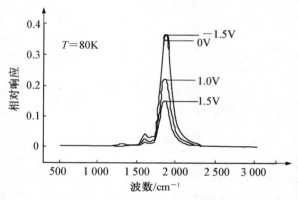

图 7-47　中红外 GaAs/GaAlAs 量子阱探测器在 80K 温度下不同偏压状态的光电响应谱

似于 PN 结二极管的伏安特性，探测器的上电极对应于 P 端，下电极对应于 N 端。因此，该探测器的有源区存在内建电场，这种中红外量子阱探测器是一种典型的光伏型器件。

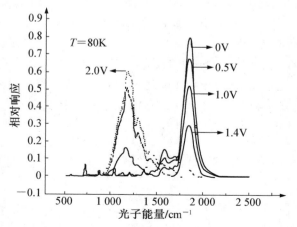

图 7-48　GaAs/GaAlAs 双色量子阱探测器在 80K 温度下不同偏压状态的光电响应谱

　　整个中红外探测器只存在 N 型区,为什么会出现类似于 PN 结二极管的整流特性呢?关键在于中红外探测器的有源区存在能带或掺杂分布的不对称性。尽管在设计其能带结构时,采用对称的矩形 GaAlAs/GaAs 量子阱结构,但是 MBE 的生长过程总会引入不对称性。实验表明,GaAlAs/GaAs 的异质结界面电子的迁移率通常低于 GaAlAs/GaAs 异质结界面电子的迁移率。通过二次离子质谱分析,GaAlAs/GaAs 界面的氧含量远远高于 AlGaAs/GaAs 异质界面,这样氧的杂质在界面形成电子的陷阱中心俘获电子,一旦这些陷阱中心被填满电子,在这个 GaAlAs/GaAs 界面就形成一层很薄的负空间电荷区,会导致这个界面的有效势垒高度增加,在零偏压下就会出现量子阱左右方势垒高度不对称。由于靠近衬底端量子阱边能带抬高,阻止电子流向衬底,类似于 PN 结内建电场阻止电子流向 P 区,所以衬底端类似于 PN 结的 P 区,上电极端类似于 N 区。这样,就容易理解中红外探测器的暗电流的整流特性。另外,在实验中发现,在一定的偏压范围内,光电流方向不随外偏压的极性变化,总是朝一个方向。给衬底加正偏压,光电流增加很小,直至饱和;给衬底端加负偏压,光电流急剧减小,这很类似于 PN 结中光电流的行为。

　　中红外探测器在开路状态下,有源区的净暗电流为零,也就是说流向左边的暗电流与流向右边的暗电流相等。稳态时量子阱中的空间电荷会重新分布,使得量子阱中电势差主要降落在 GaAlAs 势垒层上。通过估算知道,GaAlAs 层的电场强度可达到 10^4 V/cm(因为使光电流反向须加的偏压约为 2.0 V,此偏压几乎全部用来抵消总厚度约为 0.5μm 的 GaAlAs 势垒层上的电场),此时电子的漂移速度已达到饱和。因此,增加反向偏压尽管能增加 GaAlAs 层的电场强度,但是由于电子的漂移速度已经达到饱和,光电流不会有明显的增加。如果给该器件加正向偏压,则 GaAlAs 层上的电压降减小,电场强度会急剧减小,因而光电流会减小,但是光电流的方向仍然保持不变。只有当外加正向偏压所产生的电场超过 GaAlAs 层内建电场强度时,光电流才会反向,这就解释了红外 GaAlAs/GaAs 红外探测器的光电响应具有典型的光伏特性。

　　如图 7 - 48 所示,GaAlAs/GaAs 双色量子阱红外探测器在不同偏压下的光电响应谱在零偏压时只有 $3\sim5\mu$m 波段存在光电响应,当偏压增加到接近 2V 时 $3\sim5\mu$m 波段响应峰完全消失,而 $8\sim12\mu$m 波段的光电响应峰则增加,达到与零偏压状态时 $3\sim5\mu$m 波段响应峰同样的高度。这样就能通过偏压控制来实现两个大气窗口的分别探测。

　　测量了 80K 温度下 GaAlAs/GaAs 双色量子阱红外探测器的红外吸收谱,发现 $3\sim5\mu$m 波段的红外吸收峰与探测器的光谱响应峰值相对应,而 $8\sim12\mu$m 波段的红外吸收峰比探测器的光谱响应峰值低大约 200cm^{-1}。这表明,对长红外吸收峰的贡献主要来自于束缚态子带之间的跃迁,而光电响应的主要贡献来自于束缚态到连续态的跃迁。同时,在开路状态下,在两个波段都出现红外吸收峰,这表明双色探测器的响应波长受偏压控制主要是由于光生电子的输运状态受偏压的影响造成的。在零偏压下仅出现 $3\sim5\mu$m 波段的光电响应峰,是由于分子束外延生长过程引入的不对称在有源区中形成了内建电场,与中红外量子阱探测器一样,外加偏压会抑制这个内建电场,使 $3\sim5\mu$m 波段的光谱响应消失,而能增加 $8\sim12\mu$m 波段的光电导。因此,这种双色 GaAlAs/GaAs 量子阱红外探测器在 3～5μm 波段的响应具有光伏特征,而在 8～12μm 波段的响应具有光电导特性。

3. 效果

GaAlAs/GaAs 中红外量子阱探测器 80K 温度下的 500K 黑体探测率为 3.0×10^9 cm·$Hz^{1/2}$·W^{-1},峰值探测率达到 5×10^{11} cm·$Hz^{1/2}$·W^{-1}。GaAlAs/GaAs 双色量子阱红外探测器在零偏压、80K 温度下的 500K 黑体探测率为 3.0×10^9 cm·$Hz^{1/2}$·W^{-1};当偏压为 2V 时,该探测器的响应切换到 8～12μm 波段,80K 温度下的黑体探测率为 1.0×10^9 cm·$Hz^{1/2}$·W^{-1}。

7.3.4　双色多量子阱红外焦平面阵列(MQWIR FPA)

在美国陆军研究实验室的领导下,美国 BAE 系统公司在研制双色 MQWIR FPA 方面居世界领先水平。该公司是在直径为 7.62cm(3in) 的 GaAs 衬底上,用 MBE 技术制造 320×240 像元双色 MQWIR FPA。实际结构包括两个 MQW 区域,由重掺杂欧姆接触层把它们分隔开,320×240 像元长波(LW)MQWIR FPA 在上层,320×240 像元中波(MW)MQWIR FPA 在下层。实际制作时,在未掺杂的 GaAs 衬底上依次外延重掺杂 Si 的 GaAs 欧姆层作为 MW MQWIR FPA 的引出线;MW MQWIR FPA 重掺杂 Si 的 GaAs 欧姆层作为 2 个探测器阵列共用引出线;LW MQWIR FPA 重掺杂 Si 的 GaAs 欧姆层作为 LW MQWIR FPA 的引出线。

LW MQWIR FPA 区域是 20 个周期的 GaAs/AlGaAs 多量子阱结构。MW MQWIR FPA 区域是 20 个周期的 InGaAs/AlGaAs 多量子阱结构,其中 InGaAs 为势阱,AlGaAs 为势垒。两个区域中的 GaAs 势阱和 InGaAs 势阱都掺 Si,用作势垒的 AlGaAs 未掺杂,厚度为 550～600Å。

最后把两个单色探测器与一个 640×480 像元 CMOS 读出电路结合在一起构成混合结构。640×480 像元 CMOS 读出电路是由洛克希德·马丁公司研制的。按照设计,这个双色 MQWIR FPA 的 MW 响应峰值位于波长为 4.7μm 处,LW 响应峰值位于波长为 8.6μm 处。

图 7-49 所示为给出测量得到的 320×240 像元双色 MQWIR FPA 的光谱响应曲线。从图中可见,MW 响应峰值所处的波长位置比设计预计的波长要大些,这使得 MW 响应有相当部分处于 3～5μm 大气传输窗口之外。下一步,BAE 系统公司将采用 InP 代替 GaAs 作为衬底,并采取其他有关措施,可以解决这个问题。

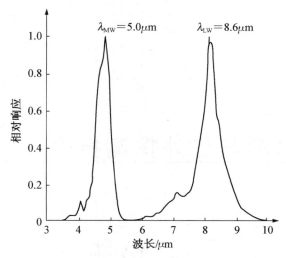

图 7 - 49　双色 MQWIR FPA 的归一化响应率曲线

双色 MQWIR FPA 的 LW 探测器的工作温度最好不超过 65K，MW 探测器的工作温度最好不超过 95K。在工作温度低于 65K 的情况下，两个波段探测器的 T_{NETD} 值相近，在 30mK 和 40mK 之间。工作温度只要不超过 95K，MW 探测器的 T_{NETD} 值仍然维持在这个范围之内。

第 8 章
高温超导材料与红外探测技术

8.1 基础知识

8.1.1 简介

从 1986 年年底高温($T_c > 77$K)超导材料问世以来,高温超导薄膜制作技术日臻成熟,加上现有的 Si 微结构工艺可以直接引用,使超导探测技术成为红外科学的一个新发展方向。1989 年以后,竞相报道的高温超导探测器性能已超过现有的热探测器水平,单元器件的噪声等效功率(P_{NE})国内已达到 10^{-11} W · Hz$^{-1/2}$,国外达到 10^{-12} W · Hz$^{-1/2}$;多元阵列器件已有 64×1 像元线阵和 32×2 像元与 8×8 像元面阵,国内也制成了 8×1 像元线阵。从现有的工艺水平看,制成大面积焦平面凝视阵列是完全可行的(如 128×128 像元)。目前,研究者的注意力已集中在快速、高性能探测上,预计光谱响应在 $25 \sim 85 \mu$m 范围,响应时间为纳秒级的新型器件不久将问世,其中超导体与半导体的混成探测器颇具有吸引力。此外,超导探测机理的研究也相当活跃。由于高温超导探测器的宽光谱响应和高带宽特性,特别是在大于 20μm 波段的探测优良性能,使其在成像技术中受到重视。预计这一技术将在天文观测、光谱研究、远红外激光接收、等离子参数测量以及通讯等方面得到广泛应用。

8.1.2 探测原理

在超导红外探测技术中,实际上多是沿袭深冷(20K 以下)研究工作的物理概念,从探测机制上讲,可归纳为如下四种方法:①测辐射热型;②非平衡光电效应,或称特斯塔迪效应;③光助隧道效应;④光磁量子效应。如果按照红外技术中的传统分法,也可归纳成热敏型(1)和量子型(2～4)两大类。尽管目前有多种高温材料报道,但研究者主要还是用 $YBa_2Cu_3O_7$(YBCO)和有关的铜酸盐材料(如 DyBaCuO、TlBaCaCuO 和 BiSrCaCuO 等)研究这些效应,现分述如下:

1. 测辐射热型

测辐射热的概念是 1946 年由 Milton 等人提出来的,属热敏型红外探测方法。它是利用超导体从正常态转变到超导态电阻急剧变化的特性来检测红外辐射的,如图 8-1 所示。从图中看出,当保持在转变中点(T_{CM})或中点附近的超导体吸收入射的红外辐射而稍稍提高它的温度时,其电阻则急剧增加。如果灵敏元电阻为 R_e、热容为 C,当入射辐射功率为 P_0 时,其响应率 R 为

$$R = \frac{I_b \alpha R_c \eta}{G(1+\omega^2\tau^2)^{\frac{1}{2}}} \tag{8-1}$$

式中,I_b —— 偏置电流;

　　η —— 光学吸收效率;

　　α —— 电阻温度系数,$\alpha = \frac{1}{R_e} \cdot \frac{dR_e}{dT}$,通常 α 可达 0.20/K,而金属为 0.002/K,半导体为 0.010/K,比后者分别高 100 倍和 20 倍;

　　G —— 灵敏元与周围环境的热导率;

　　τ —— 响应时间,$\tau = C/G$;

　　ω —— 入射角频。

式 8-1 表明在低频下 R 与 ω 无关,在高频下有偏离。对于测辐射热计的探测率 D^*,还取决于其噪声机制,这种电阻性材料器件主要受 Johnson 噪声和温度起伏噪声的影响,其 D^* 定义为

$$D^* = \left(\frac{\eta^2 A_d}{4kT_d^2 G}\right)^{\frac{1}{2}} \tag{8-2}$$

在器件有良好绝热情况下,有效热导 $G_e = 4\eta A_d \sigma T_b^3$ 成为主要贡献,所以有

$$D_b^* = \left[\frac{\eta}{8k\sigma(T_d^5 + T_b^5)}\right]^{\frac{1}{2}} \tag{8-3}$$

上两式中,A_d —— 灵敏元面积;

　　k —— 玻尔兹曼常数;

　　T_d —— 工作温度;

　　T_b —— 环境温度;

　　σ —— 斯特藩—玻尔兹曼常数。

通常 $T_b \gg T_d$,若 T_b 取 295 K,则 $D^* \approx 1.89 \times 10^{10}$ cm · $Hz^{1/2}$ · W^{-1},这是背景限数据,加光锥可达 $D^* \approx 10^{11}$ cm · $Hz^{1/2}$ · W^{-1}。

2. 非平衡光电效应

在 1971 年,L. R. Testardi 用 Ar^+ 激光照射 Pb 超导膜时,感应出电阻现象,即超导电性消失,称这种现象为非平衡光电效应或特斯塔迪效应。特斯塔迪认为这是借助于光子

破坏了超导库柏电子对而产生准粒子,准粒子的存在使超导能隙下降,从而破坏了超导电性。随后,不少学者研究这种现象,Owen 和 Scalapino 建立了过剩准粒子与压缩超导能隙之间关系的定理模型:

$$\left(\frac{\Delta}{\Delta_0}\right)^3 = \left\{\left[\left(\frac{\Delta}{\Delta_0}\right)^2 + n^2\right]^{\frac{1}{2}} - n\right\}^2 \tag{8-4}$$

式中,$2\Delta_0$——无照射时的超导能隙;

2Δ——有照射时的能隙;

n——$4N(0)\Delta_0$单元中过剩准粒子密度,这里的 $N(0)$ 是单自旋态密度。

在 n 小的情况下,式(8-4)可简化为:

$$\frac{\Delta}{\Delta_0} = 1 - 2n \tag{8-5}$$

这样,在低照射下过剩准粒子密度与能隙下降呈线性关系。如今,已在 Sn、Pb 及其氧化物、BaPbBiO 和 YBCO 等超导材料中观察到这种现象。实验表明,其光子响应速度优于微秒级(10^{-6} s)。

3. 光助隧道效应

1962 年英国物理学家约瑟夫逊在理论上预言,若在两个超导体中间夹上一层很薄(约几纳米)的绝缘介质,这时小到几十微安到几十毫安的电流也能无电阻地穿过绝缘层。不久,这一预言被贝尔实验室的 Andson 从实验中予以证实,把这种物理现象称为约瑟夫逊效应,把具有超导体—绝缘体—超导体(S—I—S)结构叫做约瑟夫逊结,习惯上叫三明治结。实际上,约瑟夫逊效应所包含的物理内容非常丰富。实验表明,如果对这种隧道结施加恒定电压 V 时,结区会产生高频电流,并向外辐射或吸收高频电磁波,其频率 ν 与电压有如下关系:$\nu = \frac{2e}{h}V$。可以说,光子能量 $h\nu$ 可以引起超导隧道结的 $I-V$ 特性发生变化。根据这个原理可以制成性能优良的红外探测器,其理论上的 P_{NE} 可达 10^{-21} W · $Hz^{-1/2}$,τ 约为 10^{-10} s,光谱响应可到微波范围。

4. 光磁量子效应

光磁量子效应是从相位滑移物理概念发展起来的,到 1990 年形成光磁量子红外探测的新型机理。它还只是一个定性模型。在超导体条的宽度<超导相干长度时,在临界电流 I_c 下,其超导电性破坏要经过局部形成相位滑移中心,也就是说,超导能隙局部压缩为零,超导相位重复地滑移 2π。对于二维超导体来说,这个滑移过程就连接成圈,形成如图 8-1 所示的涡旋—反涡旋对,在两个涡旋中产生横向的洛伦磁力,彼此排斥而分开。这种情况一出现,就有一个积累幅度为 $\phi_0 = h/2e$ 的电压脉冲。如果为三维超导体,就成为涡旋环。当有入射辐射时,一个光子在超导膜上有 $\phi_0 N/s$ 个光子在膜中产生的净直流平均电压 $V = \phi_0/h\nu$,即有一个电压响应率

$$R_V = \phi_0/h\nu = 1/(2ef) \tag{8-6}$$

在 1986 年 Enomoto 等人用 $BaPb_{0.7}Bi_{0.8}O_3$ 粒子膜在 $1\mu m$ 入射辐射下测得电压响应率 R_V 为 10 000V/W。此后,在增加入射辐射波长(如 $1.3\mu m$)时,测得 $R_V = 13\ 000$V/W,探测器的响应时间优于 1ns。1990 年 Kadin 等人使用 NbN 膜测得 R_V 值为 6 000V/W。

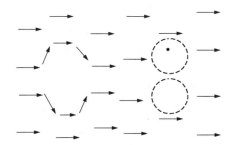

图 8 - 1　在临界电流 I_c 下，超导相位滑移 2π 形成涡旋—反涡旋对

8.1.3　特性参数

决定一个红外探测器性能的主要特性参数有以下几个：

1. 响应度 R_V

它是输出与输入之比。设探测器的热容量为 C，通过热导 G 与热库相连，则在热辐射 $\Phi = \Phi_0 e^{i\omega t}$ 作用下，探测器的温度变化为：

$$\Delta T = \frac{2\Phi_0}{G\,(1 + \omega^2 C^2/G^2)^{\frac{1}{2}}} \tag{8-7}$$

式中，Φ_0——入射到探测器上的辐射功率振幅。

由此式可定义热时间参数 $t = C/G$，如器件偏置电流为 I，则

$$\Delta V = I\mathrm{d}R = \frac{2I\Phi_0\alpha R}{G\,(1 + \omega^2 C^2/G^2)^{\frac{1}{2}}} \tag{8-8}$$

式中，$\mathrm{d}R$——热辐射引起的电阻变化量；

α——电阻温度系数（$\alpha = \dfrac{1}{R} \cdot \dfrac{\mathrm{d}R}{\mathrm{d}T}$）。

由上式可知，要获得一个高响应度的热探测器必须要：①高的电阻温度系数 α 值及高响应速度；②高的探测器电阻 R；③高的红外吸收系数；④低的热容量；⑤合适的热导，即不大不小的热导最佳值。

通过对上述各物理参数的调整控制，可获得最大的光电转换信号。

2. 噪声等效功率 P_{NE}

与热敏红外探测器相关的噪声大致可以分为三类：①黑体源的辐射噪声、背景辐射噪声；②探测器噪声，包括 $\dfrac{1}{f}$ 噪声、热噪声、琼生噪声等；③电子读测系统的噪声。

P_{NE} 是入射在探测器上产生的信号输出等于均方根噪声输出时所需的功率，用噪声等效功率 P_{NE} 描述探测器的噪声性能。换言之，P_{NE} 是信噪比为 1 的信号电平，当信噪比为 1 时，P_{NE} 就是入射功率。P_{NE} 值是在相同条件下对同类型探测器进行比较的一个实用参量，可用下式表达

$$P_{\mathrm{NE}} = \varphi \frac{1}{S/N} \cdot \frac{1}{(\Delta f)^{\frac{1}{2}}} \tag{8-9}$$

式中，φ——红外辐射功率；

$\quad S$——信号；

$\quad N$——噪声；

$\quad \Delta f$——带宽。

对于超导红外探测器，可以推证得出

$$P_{\mathrm{NE}} = \left\{ \frac{4K_{\mathrm{B}}^2 T_{\mathrm{B}}^2}{h^3 c^2} \int \frac{t^4 \mathrm{e}^4}{(\mathrm{e}^t - 1)^2} \mathrm{d}t + 4K_{\mathrm{B}} T_{\mathrm{C}}^2 G + \frac{4K_{\mathrm{B}} T_{\mathrm{B}} R}{R_V^2} + \frac{AV^2}{fR_V^2} + \frac{4K_{\mathrm{B}} T_{\mathrm{N}} R}{R_V^2} \right\}^{\frac{1}{2}}$$

$$(8-10)$$

式中，K_{B}——波尔兹曼常数；

$\quad T_{\mathrm{B}}$——黑体温度；

$\quad R$——探测器电阻；

$\quad R_V$——探测器响应度；

$\quad A$——由实验测定的常数；

$\quad f$——调制频率；

$\quad T_{\mathrm{N}}$——读出系统的噪声温度；

$\quad t$——积分因子。

第一项为辐射噪声，$4K_{\mathrm{B}} T_{\mathrm{B}}^2 G$ 为器件热噪声，$\frac{4K_{\mathrm{B}} T_{\mathrm{B}} R}{R_V^2}$ 是琼生噪声，$\frac{AV^2}{fR_V^2}$ 表示 $\frac{1}{f}$ 噪声，最后一项为测试系统噪声。

由上式进行理论计算热效应超导红外探测器的噪声等效功率 P_{NE} 值在 $1 \times 10^{-12} \sim 2 \times 10^{-11}\ \mathrm{W \cdot Hz^{-1/2}}$ 量级。降低系统的噪声是提高探测器信噪比的关键，获得高的信噪比，才能保证探测器有足够的灵敏度。

3. 探测度 D 及归一化探测度 D^*

D 是噪声等效功率的倒数，是探测器灵敏度的标志，符合"越大越好"的说法。

$$D = \frac{1}{P_{\mathrm{NE}}} \qquad (8-11)$$

更为实用的特性参数是归一化探测率 D^*，它是用探测器的面积 A 和测量带宽 Δf 来进行归一化的，便于对同类探测器在不同尺寸及不同频带宽度条件下进行性能比较。实质上 D^* 是当带宽为 $1\mathrm{Hz}$、$1\mathrm{W}$ 的辐射功率入射到 $1\mathrm{cm}^2$ 的探测器面积上时探测器的信噪比，单位为 $\mathrm{cm \cdot Hz^{1/2} \cdot W^{-1}}$。

$$D^* = D\sqrt{A\Delta f} = \frac{\sqrt{A\Delta f}}{P_{\mathrm{NE}}} \qquad (8-12)$$

4. 响应时间 τ

基于热效应的探测器，一般响应时间较长，大多在毫秒量级。超导薄膜红外探测器的响应时间除了与包含衬底在内的整个器件的热容量和热导有关外，还在很大程度上依赖于超导膜和衬底之间的界面电阻和热阻。从目前情况来看，热效应式的超导 Bolometer 对这一部题尚未解决，响应时间均在毫秒量级。超导红外探测器的响应时间可以用下面两个方法来确定：

响应度与调制频率的关系为

$$R_V(f) = \frac{R_0}{(1 + 4\pi^2 f^2 \tau^2)^{\frac{1}{2}}} \tag{8-13}$$

选择不同的调制频率 f_1 和 f_2，分别测出 $R_V(f_1)$ 和 $R_V(f_2)$，根据上式即可算出响应时间（R_0 为常数）。

另一方法是在阶跃光辐照下：$R_V(t) = R_{V0}(1 - e^{-t/\tau})$，当 $t = \tau$ 时，$R_V(\tau)/R_V = 0.63$，即可用示波器测出 τ 值。

在器件结构上作进一步的改进，如附加天线，或采用边缘结结构，有可能改善探测器的响应速度。

8.1.4　器件设计

在理论分析中给出的几个主要特性参数，并不能包括设计探测器时所需要考虑的全部因素，而且上述分析的几个主要量在器件设计时，也存在着相互制约的问题。例如，假设其他因素不变，减少探测器的辐照面积 A，P_{NE} 值将会降低，但同时也使得信号幅度下降，响应度减小。为降低探测器的热容，选用合适的衬底，或者将衬底尽可能地减薄以提高探测器的灵敏度是非常必要的。

综合考虑各种因素，在器件设计上着重考虑了以下几点：

（1）采用高转变温度 T_C（$\geqslant 90K$）、高临界电流密度 J_C（$1 \times 10^6 A/cm^2$）和窄转变宽度 ΔT（$<2K$）、大正常态电阻（$>5k\Omega$）、厚度较薄（$200 \sim 400nm$）的优质 $GdBa_2Cu_3O_{7-x}$ 薄膜制作器件。衬底采用 $Zr(Y)O_2$ 和 $SrTiO_3$ 两种。

（2）适当缩小辐照面积，控制噪声，使其尽可能地接近理论计算值。

（3）减薄衬底并背面抛光，贴银箔或铝箔形成反射面，提高器件灵敏度。

（4）探测器的尺寸：辐射面直径为 $0.8mm$，线条宽为 $10\mu m$，间隔为 $10\mu m$，电极面积为 $5mm \times 2mm$。

8.2　高温超导材料与红外探测器制备技术

8.2.1　探测器结构及工艺水平

1986 年以后，经过两年对高温超导材料本身特性研究及制膜工艺摸索，很快转入器件的制造。又经过 3 年，热敏型的超导探测器已较成熟地进入实用阶段，而光子型的器件虽处在实验阶段，但喜人的结果也不断涌现。现将超导探测器件研制状况按器件结构工艺、制膜和衬底材料三个方面分述如下：

8.2.1.1　器件结构工艺

1. 热敏型探测器

热敏型探测器结构主要有曲折线、微桥和与平面天线耦合结构三种形式，以曲折线形式居多。图 8-2 所示为典型的灵敏元曲折状示意图。超导材料为 YBCO 薄膜，厚度

为 $200\sim400\mathrm{nm}$，衬底为 $SrTiO_3$。由于超导材料在超导转变中占温度 T_{CM} 附近的电阻率很低，故采用光刻法将 YBCO 膜制成曲折状，折线宽可几微米到几十微米，总长度约为 $50\mathrm{mm}$，以提高灵敏元电阻率，有利于信号放大测量。在 T_{CM} 附近电阻为几千欧姆至几十千欧姆，灵敏元面积从几平方微米到几平方毫米。放置灵敏元的杜瓦瓶采用液氮制冷，用精密控温仪控制温度，窗口可选用 ZnSe 或 KRS－5 玻璃等。为了提高灵敏元性能，可在其上方放置光锥，其光学增益约为 6 倍以上。期间，控制 YBCO 膜的工作温度是个关键。

天线耦合型结构的探测器可获得更好的性能。它是用超导微型灵敏元与平面集成天线耦合的结构，这是 Neikirk 于 1984 年首先提出的。这种结构必须执行三个功能：吸收来自天线的功率，即要提供负载与天线阻抗的匹配；对吸收辐射引起的温度变化敏感；加偏压时超导体转变温度有变化。因此，器件最简单的结构要求超导薄膜起到负载和探测器双重作用，1989 年由 Hu 等人研制的探测器的 P_{NE} 已达到 $2.5\times10^{-12}\mathrm{W\cdot Hz^{1/2}}$。这种耦合天线结构的一个矛盾是超导薄膜电阻率太低，与天线匹配困难，如一个 $4\mu\mathrm{m}\times4\mu\mathrm{m}$、$1\,000\mathrm{nm}$ 厚的 YBCO 膜，在 T_C 附近约为 20Ω，而典型的平面天线阻抗为 $100\sim300\Omega$。1990 年又提出一种双槽天线组合的探测器结构，天线阻抗可低到 5Ω，如图 8-3 所示。从图中看出，这种天线匹配是通过器件加热负载实现的，也可利用天线对灵敏元加直流偏压，但带来的问题是加热器温度变化也影响灵敏元，所以中间的 SiO_2 绝缘层要适当，对于 $4\mu\mathrm{m}\times4\mu\mathrm{m}$ 灵敏元分离层的厚约 $1\,000\mathrm{nm}$。这种探测器的一个优点是整个衬底可以冷到 T_C 以下，通过加热器施加偏压电流使灵敏元工作，更为重要的是组合天线结构有利于制造多元阵列探测器。

现在看来，微小灵敏元与耦合天线的设计将是获得高性能红外探测器的重要技术方面。Nahum 等人用 $6\mu\mathrm{m}\times13\mu\mathrm{m}$ 面积的 YBCO 膜与平面光刻成对数周期或对数螺旋天线耦合制成的超导探测器，其 P_{NE} 为 $4.5\times10^{12}\mathrm{W\cdot Hz^{-1/2}}$，在 $550\mu\mathrm{A}$ 偏流下响应率为 $478\mathrm{V/W}$。如今已制出一种新型天线耦合低 T_C 器件，它是用平面自补偿天线收集辐射，灵敏元面积为 $2\mu\mathrm{m}\times2\mu\mathrm{m}$，$P_{NE}=10^{-18}\mathrm{W\cdot Hz^{-1/2}}$，$r=10^{-6}\mathrm{s}$，响应率达 $10^2\mathrm{V/W}$。天线耦合结构探测器具有低噪声、快响应、高电压响应、光谱响应宽（远红外区性能更好）的特点。

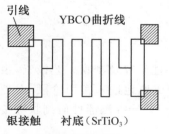

图 8-2　探测器灵敏元曲折状示意图

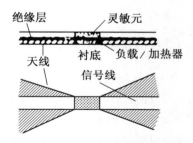

图 8-3　天线耦合结构灵敏元简图

对于微桥结构的探测器，适合制作多元阵列，但性能一般，不作赘述。下面再介绍一种前面接收辐射、背面引线的探测器，如图 8-4 所示。在 $5\mathrm{Hz}$ 调制频率下，D^* 为 $1.5\sim10^8\mathrm{cm\cdot Hz^{-1/2}\cdot W^{-1}}$。

为清楚起见,表 8 - 1 列出几种热敏型探测器性能。从表中和前面介绍知道,目前制造高温超导探测器的材料都是选用铜酸盐,这是因为 YBCO 和铜酸盐材料都具有稳定的高 T_C、低反射光、良好的光吸收性、热导率优于半导体以及可制成高电阻率器件的缘故。从表中还可以看出,加州大学的器件水平最高。最后一栏列出低 T_C 器件的 $\tau = 10^{-6}$ s 和 $P_{NE} = 10^{-18}$ W · $Hz^{-1/2}$ 高性能。

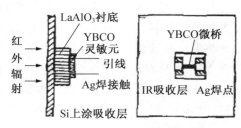

图 8 - 4　一种组合结构探测器简图

表 8 - 1　高 T_C 超导探测器性能比较

超导材料	T_C/K	衬底及厚度	调制频率 /Hz	响应率 /(V · W^{-1})	P_{NE} /(W · $Hz^{1/2}$)	D^*/ (cm · $Hz^{1/2}$ · W^{-1})	研究机构
YBCO	90	ZrO_2 150nm	10	240	21×10^{11}	2.8×10^8	纽约大学超导所 $\tau = 15\mu s$
YBCO	—90	SrT_iO_3 20μm	10	—	1×10^{12} 20×10^{12}	—	加州大学材料进展中心
YBCO	—90	$LaAlO_3$	10	478	4.5×10^{12}	—	加州大学物理系
YBCO	87	蓝宝石 20μm	10	22	5×10^{11}	—	Conductus Inc 加州大学材料和化学科学分部
YBCO	85	SrT_iO_3	10	104	2.5×10^{11}	5.2×10^8	上海技术物理所
YBCO			3.8		1.6×10^9	4.15×10^7	昆明物理所
YBCO	10^{-6}	灵敏元响应 2μm × 2μm	—	10^9	10^{-13}	—	加州大学

应用微结构加工工艺很容易制成高 T_C 多元探测器。有资料报道,用掩膜制备的 32×2 像元和 64×1 像元的超导微型测辐射热计阵列,其灵敏元分别为 125μm^2 和 75μm^2,整个器件长 2mm。从器件上看,比单元器件工艺难得多,比如信号线的焊接与引出,特别是上万只器件的面阵引线需要专门设计。当然,超导膜大面积均匀性好应是选用的前提。我们提出了 8×8 像元面阵(甚至可 16×16 像元)引线布线的设计方案,而更多元数面阵则需采用编瓣或多层布线工艺,这对超导体与半导体混成器件来说是可行的。图 8 - 5 所示为一个 3×4 像元面阵探测器,其中每一探测器由灵敏元和加热器组成,除信号线外又与两个选址线连接(行与列),灵敏元处在超导转变温度下工作是通过加热器加偏压实现的。这个面阵可记录二维辐射强度分布,有希望用于远红外谱区的成像探测。

2．光子型超导探测器

传统的光子超导探测器结构基本上是约瑟夫逊隧道结形式,即超导体—绝缘体—超导体(S—I—S)结构,图 8 - 6 所示为四种主要成结方式:a.“三明治”结;b. 微桥;c. 点接触;d. 焊滴结。对于高温超导探测器的结形式主要有超导体—正常金属—超导体(S—N—S)和晶粒边界结两类,分述如下:

（1）S—N—S 结。图 8-7 所示为几种常见的 YBCO S—N—S 器件结构简图，超导膜为铜酸盐材料，正常层多为贵金属，如 Ag 或 Au，其厚度约为几十至几百纳米。在工艺上是将铜酸盐淀积在非连续的横向台阶的边缘，而不是用贵金属填充其内，或者器件仅包含 YBCO 材料的一个电极。但制出的器件性能很不理想，特别是其 I_cR 乘积非常小，这可能是由于正常金属与超导体界面处的边界电阻效应与边界处材料失配的邻近效应的综合影响。尽管如此，很多研究小组仍认为可以制成实用的探测器。

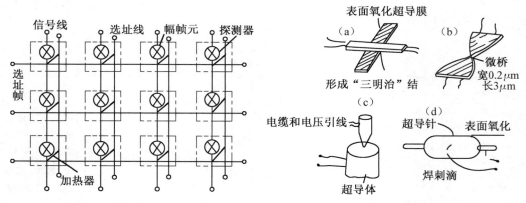

图 8-5　3×4 像元面阵简图　　　　图 8-6　传统的约瑟夫逊结构造形式

解决这个问题的办法是：使用低载流子密度的正常层，如像 $PrBa_2Cu_2O_3$ 和掺 Nb 的 $SrTiO_3$ 形成 S—N—S 结，这不仅消除了界面的失配问题，而且也允许制成多层三明治型的结。此外，这些材料制成的结包括 a—轴方向，这就允许在三明治结有利的 a—b 平面内进行电流输运。PrBCO 结的初步数据表明，两个 YBCO 膜之间呈现出极强耦合（PrBCO 厚为 100nm），这种现象的一个解释是材料之间出现"反常邻近效应"。如果情况的确如此，可望制成有很大实用价值的超导探测器。图 8-7(d)所示为标准型的台阶S—N—S 边界结，它有利于制造小面积的器件。

（2）晶粒边界结。由于铜酸盐膜呈现天然粒子边界而起到约瑟夫逊结的作用，这就使人考虑在膜中造成人工的粒子边界以探测红外辐射。图 8-8 所示为用 YBCO 晶粒膜研制的几种粒子边界结的基本结构。

通常高质量的 YBCO 膜具有高 J_c 和低表面电阻，自然缺乏高角度的粒子边界，而工艺过程是在衬底上腐蚀成尖锐的台阶，使成膜过程中晶粒改变方向，使之发展成 90°的粒子边界并形成 c—a—c 结。在实际工艺中，可把衬底台阶制成各种复杂形状，以满足器件要求，其中搞清台阶高度、角度、膜厚以及淀积角度等极为重要。

利用不同衬底的晶向来生长高角度粒子边界，图 8-8(c)所示为双晶结，大粒子的边界角可达 45°。类似双晶结的是一种叫双外延粒子边界结，如图 8-8(d)所示。它是在蓝宝石衬底的一半再淀积 MgO，厚度约 10nm，这等于在不同衬底上生长 YBCO 膜，其晶向可按设计改变。这种结是一种多层结构器件，使用现成的半导体集成工艺，成品率可达100%。重要的是这种结的性质可以按设计要求控制，极有希望制成高性能的超导探测器。

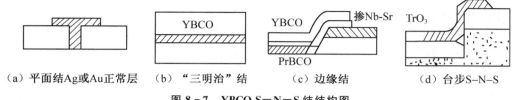

（a）平面结Ag或Au正常层　　（b）"三明治"结　　（c）边缘结　　（d）台步S-N-S

图 8 - 7　YBCO S－N－S 结结构图

此外,有人提出用离子注入方法成结的方案。Ito 等人研制的粒子边界探测器,$D^* = 0.3 \times 10^{11}$ cm • Hz$^{-1/2}$ • W^{-1},响应时间为 10^{-10} s,其响应率 $R = 10^4$ V/W,结面积(灵敏元)为 $10\mu m \times 10\mu m$,调制频率可达 1.3GHz,入射波长 $1 \sim 8\mu m$。1990 年 Eesley 等用 $Tl_2 Ba_2 Ca_2 Cu_3 O_{10}$($T_C = 116$K)制成约瑟夫逊结,获得优于纳秒的快速响应。Kruse 预言高温光子型探测器,其光谱响应在 $25 \sim 85\mu m$ 范围,τ 约为亚纳秒量级。

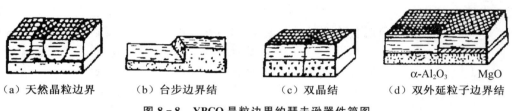

（a）天然晶粒边界　　（b）台步边界结　　（c）双晶结　　（d）双外延粒子边界结

图 8 - 8　YBCO 晶粒边界约瑟夫逊器件简图

8.2.1.2　超导薄膜的制备

超导薄膜的好坏直接影响探测器性能,因此制膜工艺成为首要任务,其主要方法如下:

1. 电子束共同蒸发制膜

这是一种常用的制膜技术,以 YBCO 为例,将按一定比例的 Y、Ba、Cu 在环境温度下同时蒸发,在衬底上成膜。它有三个蒸发源,需要控制淀积过程,真空度为 5×10^{-5} mbar。成膜后,在 $850 \sim 890$℃的氧气和水蒸气气氛中退火 35h,炉子冷却到 550℃时,样品再保持 0.5h。注意,不同衬底材料,其退火温度和时间不同,如 $SrTiO_3$ 衬底温度为 400℃。还有一种多层制膜方法,是将 BaF_2、Y_2O_3 和 Cu 依次蒸发到衬底上(衬底温度 250℃),然后将膜放置在 700℃下的炉内烧结,同时通以氧气和水蒸气,最后在 900℃下退火 30min。

2. 原位磁控溅射制膜

将 Y、Ba 和 Cu 三种氧化物粉末按一定比例配制并高压成型,在 Ar 和 O_2 为 2：1(其分压分别约为 2.6Pa、1.3Pa)气氛中溅射 $1 \sim 1.5$h,温度为 860℃左右。衬底加热到 $600 \sim 750$℃,然后原位在 700℃下退火 0.5h,降温到 500℃时再退 0.5h,淀积速率为 6×10^4 nm。为防止超导膜淀积过程组分漂移,采用图 8-9 所示的脱轴溅射方法。它实际上是在靶上方约 0.3cm 距离处设置离子屏蔽,避免了近轴心区域的直射成膜。这种方法已为多个研究小组成功运用生产出高质量的原位膜。

3. 激光烧蚀或激光淀积制膜

激光烧蚀时压力为 20Pa，衬底温度约为 750℃，所淀积的原位膜在氧气中 500℃ 温度下退火 1h。此方法可获得直径为 7.62cm 的均匀优良膜。

此外，还有 MOCVD、液相外延和超声热分解等制膜方法，但以溅射和激光烧蚀为最好。膜厚通常为 $0.2\sim0.4\mu m$，T_C 在 $85\sim90K$ 内，J_C 为 $10^5\sim10^6 A/cm^2$，最好的是 $3\times10^6 A/cm^2$，有良好的形貌和超导相，经 X 射线检测 C 轴晶格常数约为 1.2nm。

8.2.1.3　衬底

衬底材料的选择不可忽视，它完全依据超导膜和探测器性能要求来确定，应考虑的因素有与超导膜有良好的晶格匹配、相近的热膨胀系数、高热导率、低介电损耗、化学稳定性好以及机械性能优良等。实验表明，具有钙钛矿结构或与之相关的衬底材料淀积 YBCO 超导膜最适用。目前，常用的有 $SrTiO_3$、ZrO_2（YSZ）、MgO、Al_2O_3、$\alpha-Al_2O_3$、$LaAlO_3$、$LaGaO_3$、$KTaO_3$、Si 和金刚石等材料。图 8-10 所示为 YBCO 膜与各种衬底材料之间的晶格失配情况。它是用 X 衍射方法检测的，从图中看出 $LaAlO_3$ 和 $SrTiO_3$ 最接近。实用表明，这两种衬底的 YBCO 膜性能最好，J_C 和 R_s 值最理想。另一个优点是钙钛矿结构衬底与 YBCO 膜的热膨胀系数也极相近，在实用中不会出现膜剥离现象。缺点是 YBCO 的淀积温度（600℃ 以上）与工作温度（-193℃）之间温差大，会使衬底出现结构变化，如 $LaGaO_3$ 衬底，经过冷热循环之后，晶格变形，表面呈现一定的粗糙度，有时 YBCO 膜断裂。在 450℃ 下测量过 $LaAlO_3$ 衬底，从立方结构变为菱形（90.1°），其表面出现约 50nm 的粗糙度，且有周期性，但膜无断裂。比 $LaAlO_3$ 更好的材料是 $NdGaO_3$，表面根本无粗糙现象，这种材料变形温度为 1 350℃。

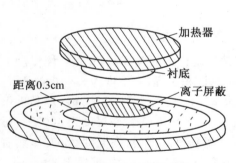

图 8-9　脱轴磁控溅射成膜

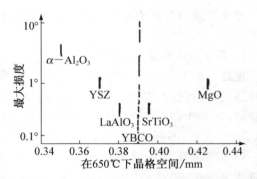

图 8-10　YBCO 膜与不同衬底之间的晶格匹配关系

选用金刚石做衬底，具有高德拜温度、高强度和高热导率的优点，但尺寸小。Si 材料衬底不仅能生长大面积薄膜，而且可集成加工，有利于制造混成器件，其透红外辐射的特性可制成前接收、背引线的多元探测器。

此外，在衬底上搞过渡层工艺研究的很多，如在蓝宝石上生长 $LaAlO_3$ 或 $SrTiO_3$，或在 Si 衬底上生长 Si_3N_4 + YSZ 多个过渡层。表 8-2 列出铜酸盐膜衬底材料所要求的光学热学特性。

表 8 - 2 　铜酸盐膜衬底所要求的光学、热学特性

衬底材料	热导率/ $[W/(cm \cdot K)]$	比热/ $[J/(cm^3 \cdot K)]$	介电常数 ε	$\tan\delta$	频率 f_C/Hz	膜质量
YBCO	3×10^{-3}	0.9	—	—	紫外到微波	—
ZrO$_2$(YSZ)	1.5×10^2	0.7	12.5	4×10^{-3}	33G	优
SrTiO$_3$	1.5×10^5	—	230	3×10^2	9.5 G	优
LaAlO$_3$	1.5×10^{-5}	—	16	5.8×10^4	10 G	优
MgO	3.4	0.53	9.6	2×10^{-3}	1k	需过渡层
Al$_2$O$_3$	6.4	0.39	9	0.1	0.1 G	需过渡层
LaGaO$_3$	—	—	25	1.8×10^3	1M	良
融熔石英	6.2×10^3	0.59	4	—	1k	需过渡层

8.2.2 　器件制作工艺

1．成型

采用光刻技术进行器件制作,为尽量减少超导薄膜与水的接触,我们选用日本进口耐酸性强、分辨率高的 OMR 负性光刻胶及其配套系列有机显影、定影液进行光刻,光刻的图形在暗室经高倍显微镜观测,图形清晰,边缘整齐,无钻蚀和针孔。定影坚膜后,经磷酸、盐酸、混合溶液进行快速腐蚀完成器件制作。

2．初测

将制好的器件用标准四端引线法进行 $R-T$ 特性抽测,一般器件的 $T_C > 89K$, $\Delta T < 1.5K$。初测后,用日本 AZ1350 正性光刻胶进行保护。

3．后抛光衬底减薄

将带有正性光刻胶保护层的器件用手工进行仔细的抛光减薄,大约将衬底减薄到 $50\mu m$ 左右,小心地将所抛光的片子全都取下待测。抛光后的器件特性和抛光前的器件特性基本一样,有的 T_C 略有下降,但变化小于 1%。

4．电极引线和安装

用银胶将金丝粘接在器件电板上,接触电阻小于 1Ω,再把芯片用银胶粘附在杜瓦冷指上,经排气封管后即可进行探测器检测。

5．研制器件工艺的重复性和成品率

经过光刻、腐蚀制成器件的成品率为 100%,总计制备了 10 个芯片 20 个器件,初测结果:一致性很好。表 8 - 3 给出 10 个器件的参数。

表8-3　10个器件参数

性能 \ 序号	1	2	3	4	5	6	7	8	9	10
T_C/K	90.2	90.5	89.8	90.5	90.8	91	92.2	91.8	90.4	90.2
$\Delta T/K$	1.2	1	1.4	1.2	1	0.8	1	1	1.2	1
$R_N/k\Omega$	10.8	8.5	12.8	10.8	9.8	6.6	12	8.2	8.8	5

最初,在后抛光衬底减薄过程中,几乎50%以上的器件破损。有的在抛光过程中出现裂缝,此种情况大多是衬底原有的缺陷所致。抛薄后的芯片,在清洁、安装的过程中也很容易造成破损。经过一段时间的摸索,抛光后的成品率已提高到70%以上。减薄过程要非常小心地保护薄膜,才能避免器件性能的退化。

8.2.3　性能分析

红外探测器测试框图如图8-11所示。

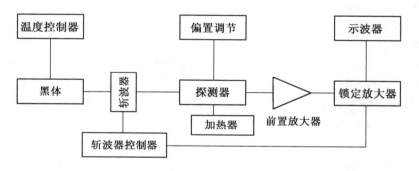

图8-11　红外探测器测试框图

先后对10个器件进行了数十次的实测,测试的内容包括两方面:一是对不同的器件在相同条件下进行测试,比较各器件特性的优劣,检验薄膜性能的重复性和器件工艺研制的重复性;二是对同一器件多次冷热循环贮存、反复实验,考查器件的寿命及冷热循环性能。表8-4给出了4个不同器件在相同条件下进行测试的最好结果。

表8-4　不同器件在相同条件下的测试结果

样品序号	芯片结构	噪声等效功率 $P_{NE}/$ $(10^{-12}\,W \cdot Hz^{-1/2})$	探测度 $D^*/(10^9\,cm \cdot Hz^{1/2} \cdot W^{-1})$	响应度 $R_V/(V \cdot W^{-1})$
9401	电阻条	4.4	1.2	2791
9402	电阻条	4.2	1.4	2865
9403	电阻条	3.9	1.6	2724
9404	电阻条	3.8	1.7	3312

表8-5给出了同一器件在一年多时间里反复多次测试的结果。

表 8 - 5　同一器件在一年多时间里反复测试的结果

芯片序号	噪声等效功率 P_{NE}/(W・Hz$^{-1/2}$)	探测度 D^*/(cm・Hz$^{1/2}$・W^{-1})	响应度 R_V/(V・W^{-1})
9305	2.2×10^{-11}	1.3×10^9	1626
9305	1.9×10^{-11}	1.7×10^9	1715
9305	1.4×10^{-11}	3.6×10^9	1693
9305	1.4×10^{-11}	3.6×10^9	1711
9305	4.1×10^{-12}	1.6×10^{10}	2488

上述器件的响应时间在 1～5ms 量级。

总之,薄膜的质量和稳定性是器件性能优劣的基础;合理的器件结构和精细的研制工艺是器件性能重复性、稳定性好的保证条件;采用恒流的直流电源作加热器,再加自动及手动控制,有效地解决了器件工作点的稳定问题。为了获得最大的器件信噪比,整个测试系统必须高度稳定且噪声极低。

8.2.4　应用与发展

8.2.4.1　应用
高温器件和其他红外探测器一样也有许多应用,它可分为以下两类:

1. 20μm 以上的远红外谱区的探测

天体探测中常选用本征 Si 掺杂的红外探测器,其探测波长可到 40μm,但工作温度必须在 20K 以下,因此 $T_c >$ 77K 的超导红外探测器则要方便得多。如今美国宇航局(NASA)和欧洲空间局(ESA)在制定行星飞行探测计划中,已考虑选用高温探测器。在外层行星的飞行任务中,特别需要 65～90K 灵敏的红外探测器(如探测木星的 Gassini 卫星),原样器件是 1989 年制造的,NASA－哥达德飞行中心在加紧研制。

2. 焦平面阵列成像

实时热像系统类似于电视,通常使用 77K 下工作的 HgCdTe 面阵(如 60×60 像元)凝视场景,但其微秒级响应时间的调整工作潜力并未充分利用。这种探测器工艺复杂,成品率低,造价高。如果选用高温超导焦平面阵列成像,是完全可以胜任的,制成万元以上的面阵工艺是容易实现的。此外,HgCdTe 器件的工作波长上限约为 16μm,高温器件则可拉长到微波。

设计的组合测辐射热计阵列进行矩阵选址,在远红外成像研究中已向实用迈进,而改进的分层设计结构必然会提供更优良的器件。

8.2.4.2　发展重点
(1)开展测辐射型多元阵列的研制。从研制 8×1 像元线阵工艺看,研制 128×1 像元线阵或 8×8 像元面阵近期可实现。目前已能制出 ϕ7.62cm 的 YBCO 均匀膜,研制上万只灵敏元的焦平面阵列凝视器件,在我国现有条件下,在设计上、工艺上是可行的。

(2)开展约瑟夫逊结光子探测器研究。主要选择目标是晶粒边界结的探索,估计形成弱结不难,但获得优良的实用弱结需做艰苦的努力。此外,还可利用现有条件探索离子注入成结工艺。

（3）开展半导体/超导体混成器件的研究。这是一条非走不可的路子。鉴于半导体集成工艺已成熟，在物理机制上也极为有利，首先，大于 77K 的高温超导器件工作温度更有利于半导体施主能级中电子的热激发；其次，300K 以下半导体的载流子迁移率随温度下降而增加，在 77K 附近呈现极大值；第三，在 20～50K 范围，半导体的热导率趋于最大，在 77K 附近工作对器件稳定性有利。

8.3　高温超导测辐射热型红外探测器

8.3.1　红外探测器的原理和特征参数设计

当今热探测在红外检测和开拓红外应用方面起着重要作用，测辐射热型探测器一般由敏感探头（包括热敏元件、吸收元件、热库和热导桥）、低噪声前置放大器和控制单元组成。吸收元件具有低热容 C，在所工作的频带内有较大的光吸收率，把入射电磁辐射转化为热能，并通过热导率为 G 的热导桥与工作温度为 T 的热库相连。吸收元件的基底应具有低热容和高热导率。

当一个辐射探测器吸收入射辐射功率 $P = P_0 + P_1 e^{i\omega_B t}$，探测器的温度将按 $T_B = T_0 + T_1 e^{i\omega_B t}$ 规律变化，探测器通过热导桥传给热库的热量为 $G_{av}(T_B - T_0)$，其中

$$G_{av} = \frac{A/L}{T_B - T_0} \int_{T_0}^{T_1} k(T) dT \qquad (8-14)$$

式中，G_{av} ——热导桥平均热导率；

　　$k(T)$ ——热导率；

　　L ——热导桥的长；

　　A ——热导桥的截面积。

根据动态平衡原理，可得探测器电压响应率为

$$R_V = \frac{I(dR/dT)}{[G - I^2(dR/dT) + i\omega_B C]} \qquad (8-15)$$

其中，动态热导率 $G = [dR/dT] T_B$，定义有效热导率 $G_e = G - I^2(dR/dT) = G - I^2 R\alpha$，$\alpha = R^{-1}(dR/dT)$ 为探测器电阻温度系数。

响应率可表示为

$$R_V = \frac{IR\alpha}{G_e(1 + i\omega_B \tau_c)} \qquad (8-16)$$

式中，$\tau_e = C/G_e$，为实验热时间常数。

红外探测器的另一个主要性能指标是噪声等效功率（P_{NE}），它被定义为使每单位频带内所测的信号等于噪声所需要的入射功率。P_{NE} 不仅仅是噪声的量度，实际上也是对信噪比的测量，它是在相同条件下对同类型探测器进行比较的一个实用参量。

红外探测器的噪声来源是多方面的，使得总的 P_{NE} 的平方为各互不相关噪声源对应

的 P_{NE} 的平方和。

$$P_{NE} = \Big[\frac{4K_B^5 T_B^5 A\Omega}{c^2 h^3}\int_0^{K_\tau}\frac{t^4 e^t dt}{(e^t-1)^2} + 4K_B T_C^2 G + \frac{4K_B T_C R}{|R_V|^2} + \frac{AV^2}{f|R_V|^2} + \frac{4K_B T_N R}{|R_V|^2}\Big]^{1/2}$$

$$(8-17)$$

第一项为入射辐射中的光子噪声,这里 $\chi_c = h\nu_c/K_B T_B$ 为归一化截止频率,K_B 为玻尔兹曼常数,ν_c 为截止频率,A 为探测器接收面积,Ω 为辐射束流的立体角,c 为真空中的光速。第二项为探测器与热库之间交换声子所产生的热噪声,称为能量涨落噪声,前两项对探测器灵敏度的限制起了根本作用。第三项是来自于温度计的 Johnson 噪声。第四项为薄膜的 $1/f$ 噪声,来自于薄膜的电阻涨落,其中 A 为实验常数。最后一项为前置放大器的噪声,T_N 为前置放大器的噪声温度。

一般而言,探测器的 P_{NE} 与辐射接收面积的关系近似为 $P_{NE} \propto A^{-1/2}$,而红外探测器的另一个重要性能参量归一化探测率就与接收面积近似无关了。

$$D^* = (\Delta f A)^{1/2}/P_{NE} \qquad (8-18)$$

式中,Δf——噪声等效带宽。

测辐射热型红外探测器的响应时间一般较长,大多在毫秒量级。超导红外探测器的响应时间除了与包含衬底在内的整个器件的热容和热导有关外,还很大程度上依赖于薄膜和衬底的界面电阻和热阻。

8.3.2　制备技术

在面积为 10mm×10mm、厚为 0.5mm 的 $Zr(Y)O_2$ 衬底上用直流磁控溅射法制备的高温超导 $GdBa_2Cu_3O_{7-x}$ 薄膜性能稳定、转变宽度窄。薄膜的厚度约为 200nm,转变温度 $T_C > 90K$,临界电流密度 $J_C \geqslant 10^6 A/cm^2$,转变宽度 $\Delta T \leqslant 1.5K$。

设计了两种红外探测器,一种为单元式探测器,另一种为 2×2 像元阵列式探测器,在前面理论分析的基础上,适当缩小辐照面积,控制噪声,使其尽可能地接近理论计算值。采用常规光刻技术制成器件,并减薄衬底到 50~100μm,减薄后抛光并贴银箔以形成反射面,提高探测器的灵敏度。图 8-12 所示为单元及阵列器件的显微放大结构图,其图形尺寸为单元辐照面 ϕ 0.8mm、线宽 20μm、线间距 10μm,制备好的红外探测器件用导电银胶及金丝作引线,再加上适当的保护措施,放入杜瓦内的冷指上,杜瓦排气后即可进行检测。

8.3.3　主要特点与性能分析

8.3.3.1　主要特点

(1)响应范围宽。目前在 8~14μm 波段,性能最好的半导体红外探测器有 HgCdTe,但它在 20μm 以后灵敏度大大降低,以致不能使用。由于高温超导红外探测器有广谱响应(1~100μm),因此高温超导红外探测器被认为是红外与毫米波段的最佳器件。

(2)功率消耗低。高温超导红外探测器功耗较半导体器件要低 1~2 个数量级,这对

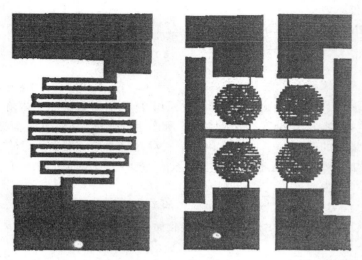

图 8 - 12　高温超导 $GdBa_2Cu_3O_{7-x}$ 薄膜单元及 2×2 像元阵列红外探测器的显微放大结构图

航空航天中的热成像系统极为重要。

（3）系统噪声小。采用 SQUID 作噪声放大器，其噪声比半导体放大器要低 2 个数量级。

（4）易于集成化。高温超导红外探测器尺寸仅为几到几十微米，其阵列器件适合于红外热成像系统。

高温超导红外探测器基于热效应，它是由于入射辐射的热效应使探测器的温度改变，温度变化引起超导材料的电阻在超导和正常态中点附近转变。

8.3.3.2　测试与性能分析

红外探测器的测试系统中，探测器与冷指之间保持着良好的接触，使红外探测器的工作点基本保持在电阻随温度急剧变化的最陡峭的转变区中点附近，红外辐射产生的热量引起一定的温度变化而伴随着产生电阻陡变，从而达到热辐射探测的目的。

对于阵列器件需要进行扫描测试，因此对薄膜的均匀度提出了更高的要求，要求同一芯片上的 4 个器件必须具有相近的超导特性。

1. 单元器件的特性及响应

用标准的四引线法对所制备的 $GdBa_2Cu_3O_{7-x}$ 薄膜红外探测器的 $R-T$ 曲线进行测试，图 8 - 13 所示为单元器件的 $R-T$ 曲线，器件减薄后的 $R-T$ 特性变化小于 1%。将器件工作点稳定在超导转变区的中点，工作点的温度漂移小于 $0.01K$。用 $500K$ 标准黑体及 $He-Ne$ 激光（$0.632\,8\mu m$）作为辐照源，采用美国 SR552 低噪声前置放大器、SR540 斩波器及 SR530 锁相放大器作为基本测试仪器，对器件进行红外响应测试。

2. 2 像元 $\times$ 2 像元阵列器件的特性及响应

在相同的测试条件下，对同一芯片上的 4 个单元器件进行 $R-T$ 曲线的测试，器件的基本特性差异 $\leqslant3\%$。可见，器件的一致性很好。图 8 - 14 所示为上述芯片的 2×2 像元阵列 4 个器件的 $R-T$ 曲线。

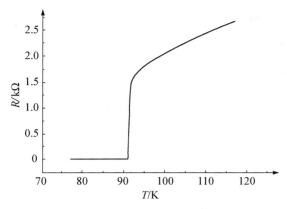

图 8 - 13　高温超导 GdBa$_2$Cu$_3$O$_{7-x}$ 薄膜单元红外探测器的 $R-T$ 曲线

　　将上述阵列中 4 个单元器件并联起来，对该阵列器件进行扫描测试（偏置电流为 $200\mu A$），测试结果见表 8 - 6。

　　两种器件的响应时间均在 $200\sim300ms$。

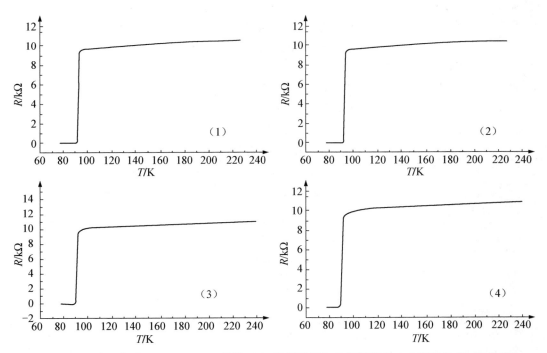

图 8 - 14　高温超导 GdBa$_2$Cu$_3$O$_{7-x}$ 薄膜 2×2 像元阵列红外探测器的 4 个器件的 $R-T$ 曲线

表 8 - 6　高温超导 $GdBa_2Cu_3O_{7-x}$ 薄膜单元红外探测器的红外

及 He－Ne 激光测试结果(测试频率均为 10Hz,测试带宽为 1Hz)

偏置电流 $I/\mu A$	辐照源(黑体或激光)	噪声等效功率 $P_{NE}/$ ($\times10^{11}$W·Hz$^{1/2}$)	探测度 $D^*/$ ($\times10^{10}$cm·Hz$^{1/2}$·W^{-1})	响应度 $R_V/$ ($\times10^4$V·W^{-1})
200	500K 黑体	4.9	1.2	5.7
300	500K 黑体	3.6	1.6	8.2
400	500K 黑体	5.5	1.0	7.5
200	He－Ne 激光	5.8	1.0	4.8
300	He－Ne 激光	4.5	1.3	6.5
400	He－Ne 激光	5.2	1.1	8.0

3. 红外探测器的响应分析

从数据来看,He－Ne 激光的响应指标均低于相应的红外辐射响应指标,这可能是由于 $GdBa_2Cu_3O_{7-x}$ 薄膜对 He－Ne 激光的吸收比 500K 黑体的红外辐射吸收要少,因此响应指标有一定的差异。

对 2×2 像元阵列红外探测器来说,同一芯片上的 4 个器件的响应指标也有差别,主要原因与引线接触电阻大小有关,由表 8 - 6 可见此差别并不很大,结果也较令人满意。

由表 8 - 5 中可看到,偏置电流为 $300\mu A$ 时响应指标最高,这说明该种器件存在一个最佳偏置电流。由于噪声与偏置电流有很大的依赖性,如果偏置电流太小,虽然引起的噪声也小,但响应信号也较小;偏置电流太大,虽然引起的信号也较大,但噪声也随之增大,所以要通过实验来选择最佳偏置电流。

由表 8 - 7 可以看到,4 个器件的响应指标相差不大,说明我们研制的器件一致性较好。

表 8 - 7　高温超导 $GdBa_2Cu_3O_{7-x}$ 薄膜单元及 2×2 像元阵列红外探测器的红外

及 He－Ne 激光测试结果(偏置电流均为 $200\mu A$,测试频率均为 10Hz,测试带宽为 1Hz)

辐照源 (黑体或激光)	2×2 阵列器件序号	噪声等效功率 $P_{NE}/$ ($\times10^{12}$W·Hz$^{-1/2}$)	探测度 $D^*/$ ($\times10^{10}$cm·Hz$^{1/2}$·W^{-1})	响应度 $R_V/$ ($\times10^4$V·W^{-1})
500K 黑体	1	4.3	1.2	6.9
500K 黑体	2	4.1	1.2	7.2
500K 黑体	3	4.7	1.0	6.3
500K 黑体	4	4.4	1.1	6.7
He－Ne 激光	1	9.2	5.4	3.3
He－Ne 激光	2	8.6	5.8	3.5
He－Ne 激光	3	9.2	5.4	3.2
He－Ne 激光	4	7.6	6.6	3.9

经过对 2×2 像元阵列红外探测器的研制,认为随着大面积、高质量的超导薄膜的研制成功,研制更多的超导红外探测器阵列器件在工艺上是可行的。

第 9 章
非制冷探测材料与红外探测技术

9.1 基础知识

9.1.1 制冷型与非制冷型红外探测器特点对比

9.1.1.1 传统制冷型红外焦平面阵列(FPA)的特点

为避免大气吸收,红外热成像通常选择 $3\sim5\mu m$ 或 $8\sim14\mu m$ 大气窗口。由于 25℃时物体在 $8\sim14\mu m$ 波段发射的辐射量约是 $3\sim5\mu m$ 波段的 50 倍,故 $8\sim14\mu m$ 波段更适合夜视应用。

目前所有工作于 $3\sim5\mu m$ 和 $8\sim14\mu m$ 波段制冷型焦平面阵列都基于光子探测原理,即依赖入射红外光子在探测器中激发的光生载流子,定向生成的光生电荷产生正比于入射红外辐射通量的信号。采用 HgCdTe、InSb、PtSi 等材料制作的 FPA 阵列在趋于较高的工作温度下,探测器材料固有的热激发迅速增强,而暗电流和噪声的增大会严重降低探测器的性能,故这一类光子探测器通常工作在 200K 温度以下。

在低温制冷下工作的光子探测器的高探测性能指标领先于其他各类阵列,由于配置低温制冷器、杜瓦瓶的缘故,使得制冷型 FPA 成像系统制造成本高,难以下降。同时,整机的使用寿命有限,且体积、重量、功耗都较大。这些特点决定了制冷型 FPA 主要用于军事领域,尤其应用于要求中、长远距离目标探测和高灵敏度的中、高级武器系统中,如坦克瞄准具、导引头、吊舱等。

9.1.1.2 非制冷型红外焦平面阵列(UFPA)的特点

1995 年以来,最引人注目的是非制冷焦平面阵列的实用化,其低成本的优势,将"使传感器领域发生变革",而且整机工作寿命、可靠性、体积、重量、可操作性等都优于制冷型 FPA,不需要制冷时间就能

提供 $8 \sim 14 \mu m$ 窗口的快速热图像。它们正向中短程探测距离的民用和军用市场进军。

　　一方面,目前的非制冷型 UFPA 阵列从传感器的材料上看,分为热释电和微测辐射热计两种类型。它们不需要制冷器和杜瓦瓶,这是整机成本明显低于制冷型 FPA。另一方面,从机理上看,目前的 UFPA 属于热探测器,制冷型 FPA 属于光子探测器。目前 UFPA 的灵敏度比制冷型的光子探测器阵列,如 InSb、HgCdTe 低 $2 \sim 3$ 个数量级,这对许多应用,特别是监视与夜视而言已足够了。在相同的阵列单元数和观察条件下,UFPA 摄像机的目视像质实际上与使用制冷型 FPA 的摄像机所得像质没有大的区别。目前 UFPA 的单元间距还稍微偏大,但随着热绝缘技术的提高可望进一步降低。制冷型和非制冷型焦平面阵列的一些参数比较见表 9 - 1。

表 9 - 1　FPA 和 UFPA 的一些典型参数比较

内容	制冷型 FPA(HgCdTe,参考值)	非制冷型 UFPA(bolometer,参考值)
相应波段/μm	$8 \sim 14$	$8 \sim 14$
像元尺寸/$(\mu m \times \mu m)$	28×25	50×50
探测率 D/$(cm \cdot Hz^{1/2} \cdot W^{-1})$	1×10^{11}	6×10^{11}
T_{NETD}/K	0.005	< 0.1
工作温度/K	77	环境温度
启动时间	$3 \sim 10 min$	30s

9.1.2　非制冷型红外探测器及其材料

　　目前,非制冷型红外探测器已经发展成为非制冷型红外焦平面阵列。UFPA 主要分为两大类:微测辐射热计 UFPA 和热释电 UFPA。在 20 世纪 70 年代采用陶瓷制备了热释电 UFPA。随着材料科学和微电子技术的迅猛发展,这种非制冷、低成本红外器件的探测灵敏度不断得到提高。

　　9.1.2.1　热释电红外探测器工作原理、参数及其材料

1. 热释电探测器工作原理

　　热释电探测器通常由单或双响应元以及简单的晶体管组合封装而成,并采用特定波长范围内透明的窗口。其结构一般是将非常薄的热释电元件接入高输入阻抗放大器(通常是场效应管)。热释电元件吸收外界辐射后,其温度变化产生的热释电电流 i_p 经过放大电路转变为信号电压,通过测量信号电压就可以得到外界辐射的信息。热释电探测器元件的结构示意图如图 9 - 1 所示。

　　热释电探测器的核心部件之一是具有热释电效应的热释电材料。热释电效应是极化随温度改变的现象。在 32 种对称点群的晶体材料中,有 10 种具有单轴,在温度发生改变时,这些晶体的极化发生变化,在垂直于极化方向的两个晶面出现感应电荷,若将其与外电路连接,就能在电路中检测到电流信号。图 9 - 2 所示为热释电电流产生过程示意图。

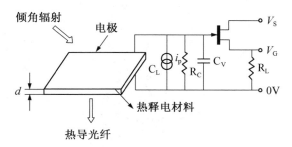

图 9 - 1　热释电探测器元件的结构示意图

评价热释电探测器的响应时,热释电材料优值因子往往作为评价性能的重要指标,如电压响应优值因子 F_v、电流响应优值因子 F_i、探测率优值因子 F_d 等,其中 F_d 是评价材料综合性能的重要技术指标。国际上定义 F_d 为

$$F_d = \frac{p}{c\ \sqrt{\varepsilon \tan\delta}} \qquad (9-1)$$

式中,p——热释电系数;

　　c——比热容;

　　ε——材料的绝对介电常数;

　　$\tan\delta$——介电损耗。

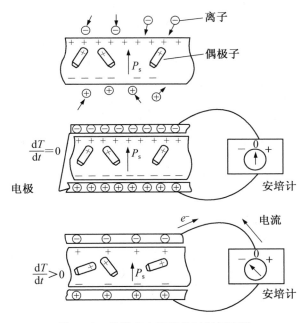

图 9 - 2　热释电电流产生过程示意图

2.热释电工作参数

(1)热释电效应。热释电探测器是以热电材料为介质,在其两面分别蒸发电极,其结

构好像一只低损耗薄片电容器。当它受到交变的红外辐射时,会引起介质的温度变化,导致材料自发极化,若外电路短路,就会形成热电电流 i ,这一现象称为热释电效应。

图 9-3、图 9-4 所示为该类探测器的基本结构及等效电路原理图。

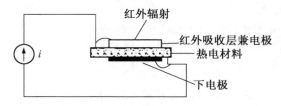

图 9-3　热释电探测器基本结构

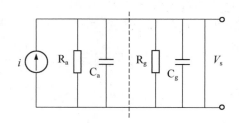

图 9-4　探测器及前置放大器输入端的
**　　　等效电路原理图**

热释电电流的大小可表示为

$$i = A_0 \lambda \frac{\mathrm{d}T}{\mathrm{d}t} \qquad (9-2)$$

式中, λ ——材料的热释电系数;

$\dfrac{\mathrm{d}T}{\mathrm{d}t}$ ——辐射引起的温度变化率;

A_0 ——探测器灵敏元面积。

（2）响应率 R 。响应率 R 是探测器的主要质量参数,它表示输出信号与入射辐射功率之比。若入射信号经过角频率为 ω 的正弦调制, R 值可表达为

$$R = \frac{\alpha p A_0}{CK'} \cdot \frac{\omega \tau_{\mathrm{T}} \tau_{\mathrm{e}}}{\sqrt{1 + \omega^2 \tau_{\mathrm{T}}^2} \cdot \sqrt{1 + \omega^2 \tau_{\mathrm{e}}^2}} \qquad (9-3)$$

式中, α ——探测器红外吸收率;

p ——热释电系数$[C/(cm^2 \cdot K)]$;

A_0 ——探测器灵敏面(cm^2);

C ——等效输入回路总电容(F);

K' ——探测器热容量(J/K);

τ_{T} ——热时间常数(s);

τ_{e} ——电时间常数(s)。

τ_{T} 一般在毫秒到几秒之间,它由灵敏元的热容和灵敏元与周围环境的热导决定。 τ_{e} 一般在毫微秒到几十秒之间,它由电路的电阻、电容值决定。为了提高探测器的灵敏度,

器件的结构往往采用"悬空"组装方法,以减小热容量。对于悬空结构的探测器来说,热容量可近似看作仅与灵敏元有关,即

$$K' = C_p A_0 d \tag{9-4}$$

式中,C_p——介质材料比热$[J/(cm^3 \cdot K)]$;

　　　d——灵敏元介质厚度(cm)。

这时式(9-3)可简化为

$$R = \frac{\alpha p}{C C_p d} \frac{\omega \tau_T \tau_e}{\sqrt{1 + \omega^2 \tau_T^2} \cdot \sqrt{1 + \omega^2 \tau_e^2}} \tag{9-5}$$

从式(9-5)可见:

①当 $\omega = 0$ 时,$R = 0$,即对于恒定辐射没有信号输出。

②当 $\omega \tau_e \ll 1$、$\omega \tau_T \ll 1$ 时,有

$$R = \frac{\alpha p}{C C_p d} \cdot \omega \tau_T \tau_e \tag{9-6}$$

R 正比于 ω。

③当 $\omega \tau_e \gg 1$、$\omega \tau_T \gg 1$ 时,有

$$R = \frac{\alpha p}{C_p d} \cdot \frac{1}{\omega C} \tag{9-7}$$

R 反比于 ω。

这是实际应用中最普遍的情况,称为一般使用区,此时 $\tau_T \tau_e$ 一般为 $0.1 \sim 10s$。R 值随 ω 上升而下降,其调制频率在几周以上。

④当 $\omega \tau_T \gg 1$、$\omega \tau_e \ll 1$ 时,有

$$R = \frac{\alpha p}{C_p d} \cdot \frac{T_e}{C} = \frac{\alpha p}{C_p d} \cdot R \tag{9-8}$$

式中,R 是 R_a 与 R_g 的并联值。

可见,这时 R 的大小与频率无关。

(3)噪声等效功率。常用 P_{NE} 表示,也称"最小可测功率",它表示噪声输出 V_N 和信号输出相等时的入射功率。但实际中使用的是指单位带宽的等效噪声功率,即

$$P_{NE} = \frac{V_N}{R \sqrt{\Delta f}} \tag{9-9}$$

当使用在低频情况下时,对钽酸锂红外探测器,FET 栅漏电流噪声及介质损耗噪声是噪声的主要来源,如何选择低损耗的 $\tan\delta$ 晶体材料及低 I_{GSS} 的结型场效应管,对降低器件的 P_{NE} 极为重要。

(4)探测率 D^*。D^* 表示在放大器的带宽为 Δf 时,测量的响应率 R 和噪声输出 V_N 的比值,它为 P_{NE} 的倒数,即

$$D^* = \sqrt{A_0 \Delta f} \frac{R}{V_N} = \frac{\sqrt{A_0}}{P_{NE}} \tag{9-10}$$

乘上 $\sqrt{A_0}$ 是为了消除探测器面积影响的归一化因子。对于量子探测器来说,P_{NE} 正比于 $\sqrt{A_0}$,因此 D^* 的意义就表示辐射到单位灵敏元面积上的单位辐射功率时,在单位

等效噪声带宽条件下产生的信噪比。对于热释电探测器来说，P_{NE} 与 $\sqrt{A_0}$ 在不同条件下有着不同时关系，因而这里的 D^* 就失去了原有的意义，但人们还是习惯使用 D^* 来比较热释电探测器性能，只是在使用时应注意。当调制频率较低时，D^* 正比于 $\sqrt{A_0}$；当中等频率时，D^* 与 $\sqrt{A_0}$ 无关；当较高频率时，D^* 反比于 $\sqrt{A_0}$。这一情况，读者可直接从上式得到验证。

由于 P_{NE} 和 D^* 值都与测量条件有关，所以生产厂商给出的 P_{NE} 和 D^* 值应注明辐射源温度和调制频率等条件，如 $D^*(500, 20, 6)$ 表示辐射源为 500K，正弦调制频率为 20Hz，测试放大器带宽 Δf 为 6Hz；有的也可注明等效噪声带宽为 1Hz，即 $D^*(500, 20, 1)$，二者意义是一样的。

3. 热释电材料

热释电材料的种类非常多。从工作模式上可以分为两大类：工作于居里温度（T_c）以下的本征热释电材料和工作在居里温度附近的介电热辐射测量计材料。这里的本征热释电材料专指本征热释电块体材料。

一些典型热释电材料的主要性能参数见表 9 - 2。

表 9 - 2　典型热释电材料的性能参数

材　　料		$p/$ (nC·cm^{-2}·K^{-1})	ε_r	$\tan\delta$	$C_p/$ (J·cm^{-3}·K^{-1})	$F_d/10^{-5}$Pa$^{-1/2}$
本征热释电块状材料	TGS 单晶	35	30	0.01	2.3	9.34
	LiTaO$_3$ 单晶	20	60	0.003	3.3	4.80
	PVDF 聚合物	2.7	12	0.015	2.43	0.88
	PLZT 陶瓷	13	1900	0.015	2.6	32
	PT 陶瓷	38	220	0.011	2.5	3.3
介电热辐射测量计材料	BST67/33 陶瓷	350	5000	0.01	2.55	6.52
	PST 陶瓷	380	2900	0.0027	2.7	17
	PT 陶瓷	95	200	0.02	2.9	56
铁电薄膜	PLT90/10 薄膜	65	200	0.006	3.2	62
	PZT30/70 薄膜	30	380	0.008	—	2.1

从优值因子公式来看，为了提高探测率优值，在选择热释电材料时，要求具有较大热释电系数、较低介电常数和介电损耗，但这种选择往往只适用于敏感元面积较大的单元或小阵列探测器。在红外焦平面阵列器件中，由于读出芯片的面积很小，为了增加探测元的数目，需要尽量减小像元的面积，这就要求热释电材料具有较大介电常数，以使器件的电容和外接电路能更好地匹配，所以具有高介电常数的热释电材料更适合非制冷焦平面器件的需要。

（1）本征热释电块体材料。这类热释电材料主要有三类：单晶、陶瓷和聚合物。常见的单晶材料有 TGS、LiTaO$_3$、PZT 等。TGS、LiTaO$_3$ 等由于介电损耗小，可以获得较大的探测率优值，大量应用在高性能的单元热释电探测器上。1989 年检测木星及其卫星热辐射的"伽利略"任务以及 2003 年探测火星矿石的"火星探测漫步者"任务等都利用这两类材料。因这两类材料介电常数较小,在小面积探测元器件中难于获得应用。PVDF 等聚合物能够通过甩胶工艺直接形成铁电相,引起了人们用聚合物制备热释电器件的兴趣。但这类材料的热释电系数较低,探测优值因子很小。近年来,研究者将铁电陶瓷(如PZT)与铁电聚合物(如 PVDF)复合在一起,得到热释电复合材料 PZT－PVDF,兼具陶瓷与聚合物的优点,具有较好的热释电性能,在某些领域有较好的应用前景。

　　与单晶相比,在居里温度以下工作的多晶陶瓷材料具有很多优点,如成本低廉、加工容易、性能稳定等。此外,在陶瓷中可以进行多种掺杂、取代,因此其性能(如热释电系数、介电常数和介电损耗等)可在很大的范围内进行调节并优化。典型的材料为锆钛酸铅(PZT)系列。国内外有不少研究机构对锆钛酸铅的掺杂改性进行了研究,制备了掺 La 的 PZT 陶瓷,它是用 La 取代其中部分的 Pb 形成固溶体。相比于其他材料,其热释电系数较高,但介电常数和介电损耗都很大,这就影响了探测器的灵敏度。近年来,随着陶瓷制备工艺,如超细微粉体合成、热压烧结等技术的发展,可制成更致密的陶瓷材料;随着添加剂研究的发展,能够成功地获得热释电性能较高的铁电陶瓷。中国科学院上海硅酸盐研究所从 20 世纪 80 年代就开始研究 PZT 系陶瓷材料的热释电效应,最近,课题组通过掺杂 Fe、Nb 等调节材料的电性能,并采用热压烧结制备了 PZNFT 陶瓷,其介电常数和介电损耗都较低,因此其探测优值很高,是一种性能非常优良的热释电陶瓷材料。中国科学院昆明物理研究所采用其研制的 PZT 陶瓷材料在单元 1×128 像元线列、128×128 像元、160×120 像元、320×240 像元非制冷焦平面阵列器件中进行了初步应用,电性能已可基本满足器件设计与制作的要求。

　　(2) 介电热辐射测量计材料。铁电材料如果工作在居里温度附近,并施加一定的偏置电场,同时利用其本征热释电效应和场致热释电效应(介电常数随温度的变化率),能获得增强的热释电响应,其热释电性能将会得到很大的提高。这种工作模式称为介电热辐射测量计模式,在此模式下工作的材料称为介电热辐射测量计材料。在探测器阵列和热成像系统中,为使小面积的探测元具有适当大的电容,要求其电容率较高,因此居里温度处于室温附近的介电热辐射测量计材料非常符合这一要求。迄今为止,国内外已研究过很多种材料,其中最典型的为:BST($Ba_xSr_{1-x}TiO_3$)和 PST($PbSe_{0.5}Ta_{0.5}O_3$)。英国的GEC－Maconi 公司以 PST 为探测元材料成功推出了 256×128 像元和 384×288 像元的热释电探测器阵列,并已投产进入市场。许多国际著名科研机构也较早开展了 PST 陶瓷材料的研究,如美国宾州大学 L. E. Cross 等人的研究结果显示 PST 陶瓷材料具有非常高的热释电系数;英国 Cranfield 大学的 R. Whatrnore 等人深入研究了 PST 陶瓷材料在偏场下的热释电行为,并系统评价了 PST 陶瓷作为红外探测材料的各方面的性能。在国内,一些研究机构和大学也积极开展了 PST 热释电陶瓷材料的研究工作。四川大学肖定全等人通过加入适量的 $PbTiO_3$ 来调节 PST 陶瓷的居里温度。但是从实际应用的角度看,国内的研究仍然较少涉及如何提高 PST 材料的热释电性能。

　　利用 BST 作为热释电材料来制造非制冷红外焦平面阵列的开拓者是美国 Texas 仪器公司。该公司在 1979 年采用 BST 陶瓷薄片研制成 100×100 像元热释电混合式阵列,

20 世纪 90 年代初又推出了 245×348 像元和 245×454 像元热释电焦平面,并以此为基础生产了多种非制冷热像仪,相关产品已经投入批量生产。1996 年每年可以生产出直径为 150mm 的 BST 陶瓷材料 4.8 万片,每片能制成 42 个焦平面阵列,用这些阵列每年可生产出的 UFPA 就达 5 万多台。Bemard 等人在 1992 年报道了 BST67/33 陶瓷在室温下具有非常高的热释电探测率优值因子。该公司采用其研制的 BST 陶瓷制备的 UFPA 的 T_{NETD} 低于 0.08℃。随后,他们又利用施主和受主复合掺杂技术控制 BST 陶瓷的晶粒尺寸,研制出更加实用的 BST 热释电陶瓷材料。美国的 Raytheon 公司利用 BST 材料研制出 320×240 像元的 UFPA,T_{NETD} 可达到 0.07℃,其产品已应用在武器瞄准器以及视觉增强器上。

美国的 Texas 仪器公司(其国防业务部后来并入 Raytheon 公司)和英国的 GEC-Maconi 公司(现已和英国航空航天公司一起并为 BAE 系统公司)是最主要的两家生产介电热辐射测量计材料(分别为 BST 和 PST)的公司。20 世纪 90 年代,Texas 仪器公司不断将 BST 材料的热释电性能提高并优化。他们通过液相法制粉及掺杂等工艺制备的 BST 材料,热释电系数从 700nC/(cm^2·K)提高到 2500nC/(cm^2·K),优值因子也从 12×10^{-5}Pa$^{-1/2}$提高到 20×10^{-5}～35×10^{-5}Pa$^{-1/2}$。GEC-Maconi 公司在 BST 材料研制上虽然不如前者那么迅猛,但其通过热压制备的 PST 材料性能也不断得到优化,优值因子从 5×10^{-5}Pa$^{-1/2}$提高到 24×10^{-5}Pa$^{-1/2}$。可以说,这两家公司分别主导了这两类材料的发展方向。

我国与国外的差距主要表现在超细高纯的原材料、大面积陶瓷材料制备工艺的稳定性和重复性等方面。上海硅酸盐研究所一直在进行 BST 热释电效应的研究,并在 BST 超细粉体的制备上做了有意义的探索。他们采用热压烧结工艺,制得了致密度在 99% 以上的 BST 陶瓷(ϕ>100mm)。同时,通过掺杂改性降低了 BST 材料的介电损耗,其热释电系数达到 500nC/(cm^2·K)以上。

(3)铁电薄膜使用体材料制作热释电红外探测器件时,必须先将陶瓷进行切片、研磨、抛光等,减薄到几十微米,然后用激光蚀刻或者高真空离子研磨、蚀刻技术网格化阵列,再通过铟柱倒焊技术与硅读出电路进行连接构成混合阵列,工序比较复杂,且陶瓷的减薄是一个难点。

若采用铁电薄膜来替代单晶或陶瓷,直接在读出电路(RIOC)上沉积,形成具有热绝缘结构的薄膜元件阵列,可以省去许多制作工序。当然,由于 ROIC 的耐受温度受到限制,所以目前的研究大部分集中在能够于较低温度下沉积的薄膜制备方面。具有此类特点的薄膜主要为改性的 PT 及 PZT 薄膜。美国的 Honeywell 公司是利用铁电薄膜制备非制冷红外焦平面的主要机构。他们采用离子束溅射制备的 PbTiO$_3$ 薄膜,其探测优值可以达到 5×10^{-5}Pa$^{-1/2}$。国外从事薄膜型 UFPA 研究的部门主要还有美国的 Infrared Solution 公司、英国的 GEC 公司、德国 DIAS 应用传感技术公司等。国内从事薄膜型 UFPA 研究的单位主要有上海技术物理研究所、电子科技大学、四川大学、华中科技大学、西安交通大学、同济大学等。性能较好的 PZT30/70 铁电薄膜,其沉积温度在 510℃左右,探测优值为 1×10^{-5}～2×10^{-5}Pa$^{-1/2}$。最近,在 560℃下制备的 PZT 薄膜,其探测

优值可达到 $3.85 \times 10^{-5} \mathrm{Pa}^{-1/2}$。但是,目前的一个关键问题是薄膜材料至今无法表现出与块体材料相当的性能,因此研制能低温生长、热释电性能较好的铁电薄膜仍然是一个技术难点和热点。

4. 存在的问题及展望

从发现热释电效应至今,非制冷型红外探测器用热释电材料已经得到了较为广泛的研究,研发人员通过各种途径来制备性能优良的热释电材料,并取得了重要的进展。从应用的角度看,目前存在的主要问题如下:

(1) 材料的综合电性能。尽管不同探测元器件对于热释电材料的要求不尽相同,如与一般单元型红外探测器相比,UFPA 探测器不仅要求所用的材料具有较高的热释电系数,同时要求介电常数足够大,但从探测器优值因子公式可以看出,为了获得较高的探测率,要求材料的介电损耗低。目前国内外对于材料介电损耗机理的研究还不够成熟,这在某种程度上阻碍了热释电材料的进一步发展与应用。另外,材料的电阻率以及压电效应也是必须考虑的因素。前者与探测器的电时间常数以及电压响应息息相关,而后者带来的微音器效应噪声对探测器性能的影响是不容忽视的。因此,在制备非制冷型红外探测器用热释电材料时,需要综合考虑材料的电性能(热释电、介电、电导、压电等),这样才能满足实际使用的要求。

(2) 陶瓷的可加工性。热释电陶瓷样品的厚薄与红外焦平面探测器的灵敏度有密切关系。因为薄的样品吸收同样红外热量时温度变化更大,从而可以提高器件的灵敏度。在一定的范围($>1\mu\mathrm{m}$)内,器件敏感元越薄,灵敏度越高。因此,在制作红外焦平面探测器件时,必须将热释电陶瓷材料减薄到几十微米以下。目前,国外的热释电陶瓷已可减薄到 $30\mu\mathrm{m}$ 以下,而我国要达到此水平还有一定难度。这主要是由于当样品减薄到一定厚度时,材料的机械性能下降,一些微缺陷将暴露出来。因此,如何制备大尺寸、可加工的性能优良的致密陶瓷是目前必须解决的工艺难点。

(3) 薄膜材料制备工艺。由于薄膜材料的特殊优势,未来红外探测器用热释电材料将会由块体材料向薄膜材料、非硅基材料向硅基材料发展。目前热释电薄膜都需要在较高的温度下生长,才能得到较好的热释电性能,而 ROIC 电路无法经受较高的温度。尽管国际上尝试低温制备铁电薄膜的方法越来越多,并取得了一定的效果,但真正具有良好热释电性能、可用在探测器上的铁电薄膜还是非常有限。因此,低温薄膜生长技术将是今后研究的一个热点与难点。

根据非制冷型红外焦平面探测器未来的发展趋势,铁电薄膜以及介电模式工作的陶瓷材料将成为成像应用的主要热释电材料。在薄膜材料方面,首先要研制高性能的热释电薄膜,并要求制备工艺中的温度不超过 $550℃$,以便与硅工艺相兼容。介电模式下工作的热释电材料,以 BST 和 PST 陶瓷为主流,可以探索采用其他工艺(如 Lape - cast 技术或制备梯度功能材料)来提高此类材料的热释电性能。

9.1.2.2　微测辐射热计红外探测器及其敏感材料

1. 工作原理

微测辐射热计红外探测器的基本原理是利用其具有热敏感特性的探测材料在温度变化时其阻值会产生相应改变的热敏电阻效应。电阻变化的大小取决于电阻温度系数（TCR）。探测器工作时,热敏电阻两端加上固定的偏压,接收到的红外辐射使得热敏电阻单元阻值发生改变,继而产生电流的相应变化由 ROIC 读出。

2. 敏感材料

探测元选用热敏电阻材料时主要考虑 TCR 和热阻两个关键参数。TCR 越大,热阻越高,灵敏度就越大。目前研究的主要材料有半导体、Ti 金属薄膜及高温超导材料。其中选用的半导体型材料,如多晶硅、VO_x 等。尤其是 VO_x,由于其具有高的 TCR 值、低的热导率,制备工艺与硅工艺兼容以及其制得的器件具有较低的 $1/f$ 噪声与较高的帧数（60Hz）等特点,成为近年来备受瞩目的微测辐射热计材料之一。VO_x 薄膜 TCR 的提高、合适的热阻及均匀性的控制是其制作 FPA 的难点,也是目前的主要研究方向。2003 年日本 NEC 公司报道用射频溅射法制得 320×240 像元 VO_x 非制冷型 FPA,VO_x 薄膜,其器件噪声等效温差小于 0.1K。我国也积极开展了对 VO_x 薄膜工艺的研究,华中科技大学利用离子束溅射法制得的 VO_x 薄膜,中科院上海技术物理研究所报道了 $VO(acac)_2$ 先驱体采用溶胶—凝胶法制备 W 掺杂 VO_2 薄膜,但热阻较大。天津大学用真空蒸发法、射频溅射及对靶磁控溅射法制得了 VO_x 薄膜。日本的 NEC 以及美国的伺服系统公司对 Ti 金属型薄膜也开展了研究。Ti 薄膜具有与标准 Si 集成电路兼容、较低的热导率（22W·K^{-1}·cm^{-1},远低于大多数金属）等优点,虽然其 TCR 只相当于 VO_x 的 1/7,但其电阻率低,$1/f$ 比 VO_x 低 1 个数量级。NEC 公司已制成 >128 像元 Ti 薄膜 FPA。高温超导材料 $YBa_2Cu_3O_{6+x}$ 也是近年来研究的课题之一。室温下 $YBa_2Cu_3O_{6+x}$ 薄膜的 $TCR \geqslant 3\%$ K^{-1},如果在硅片上预淀积一层 MgO 缓冲层,而后再生长的无定形 $YBa_2Cu_3O_{6+x}$ 薄膜的 T_{CR} 则可高达 $4\%K^{-1}$。H. Wada 等人开发了 320×240 像元 $YBa_2Cu_3O_{6+x}$ 微测辐射热计 FPA,T_{NETD} 约为 0.08K。

3. 微测辐射热计 FPA

微测辐射热计 FPA 普遍采用 Honeywell 公司 20 世纪 90 年代初期研制的具有自支撑微桥结构的单片式 FPA,它用微机械加工技术将微测辐射热敏元以两条细臂支撑的方式悬置于预先制成的硅 ROIC 上,从而保证了敏感元与 RIOC 的良好热隔离。以 NEC 公司最近推出的 320×240 像元微桥式 VO_x 非制冷型 FPA 为例来说明其具体结构。图 9-5 和图 9-6 所示分别为其剖面结构图和阵列中微桥结构单元的 SEM 照片,这种双层微桥结构可使每个单元 ROIC 正好位于对应的探测单元下方,从而提高了像元填充系数。在衬底上 ROIC 的上方还镀有一层金属反射层,可将透射的红外辐射反射,一般形成约 $10\mu m$ 波长红外辐射的 1/4 谐振腔以提高热辐射的吸收率。悬臂还具有导电通道作用,其导电通道采用热阻较大的 Ti 合金薄膜。

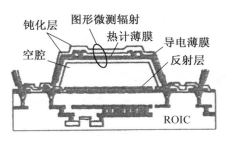

图 9-5　微测辐射热计 FPA 单元剖面结构

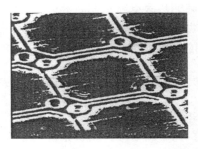

图 9-6　探测器阵列微桥结构的 SEM 照片

目前,单片式微测辐射热计阵列正朝着更大规模的阵列以及更小的单元面积的方向发展,这就对探测器的制作工艺以及单元设计提出了更高的要求。同时,由于 T_{NETD} 与单元面积成反比,即如果在其他条件不变的情况下,每个单元面积从 $50\mu m \times 50\mu m$ 单元减小至 $25\mu m \times 25\mu m$ 单元,T_{NETD} 将增大为原来的 4 倍,这就对读出电路的补偿作用提出了更高的要求。继美国之后,澳大利亚国家光电研究院及日本 NEC 都致力于单片阵列的研制开发,相继推出了自己的产品。德国洛克马丁公司报道了规模为 640×480 像元、单元面积为 $28\mu m \times 28\mu m$ 的 FPA,其 T_{NETD} 小于 55mK。华中科技大学报道制成了 128 像元自持式 VO_x 线列。

9.1.2.3　两种非制冷型红外探测器间的比较

热释电和微测辐射热计焦平面阵列红外探测器间存在着一些差异。首先,热电型的微测辐射热计较好地满足了以下几方面:①低制造成本(这主要是由于采用了标准硅 IC 制造工艺和无需斩波器的缘故);②较高的响应动态范围和较好的线性响应;③较低的串音和图像模糊;④较低的 $1/f$ 噪声;⑤较高的帧速(60Hz)。其次,从这两种焦平面阵列红外探测器的信号和噪声特性来看:①微测辐射热计探测单元对所施加的偏置脉冲电压精度要求较高,功耗也比较大,而且随着阵列元数增多,这一问题就显得更为突出;②微测辐射热计阵列有较大的噪声带宽,最终抵消了部分响应增益。对热释电焦平面阵列红外探测器来说,其偏置可以认为几乎无功率耗散,只有几百赫的噪声带宽。因此,热释电焦平面阵列红外探测器具有潜在的高性能,并满足大阵列(如 $1\,000 \times 1\,000$ 像元)的要求。当然,要发展这种大阵列,需要解决两个关键问题:首先是建立一套和标准硅 IC 制造工艺兼容的热电陶瓷材料淀积技术;其次是解决沉积膜与硅基底之间有高的热绝缘。对于微测辐射热计焦平面阵列红外探测器,随阵列单元数的增加,需提高相应的响应电平和热电阻系数,以抵消噪声带宽的增加。微测辐射热计焦平面阵列红外探测器将向着超多元像素阵列化、窄间距化、红外镜头的小型、轻量、廉价及信号处理的集成化等方面发展,成为当前非制冷型红外焦平面阵列红外探测器的研制重点。为在实用水平方面使其成为性能良好的高灵敏度非制冷型探测器,今后需继续努力改善膜片结构的导热率,减少温度不稳定噪声,提高占空因子,使噪声等效温差达到 0.1K 以下。

很明显,从现在已有的两种实用非制冷型焦平面成像系统来看,两者都具有大致相同的总体性能指标,相信随着技术和批量的提高,价格可望进一步降低。在国内,利用已有基础的热释电材料制备和硅工艺集成技术,再结合微细机械加工技术来研制热释电和热电焦平面阵列红外探测器,是一条很好的途径。同时,也应迅速投入到具有其他探测机理的薄膜材料的研究中。

9.1.3　非制冷型红外探测器材料与探测器的应用与发展前景

9.1.3.1　在国民经济和国防建设中的应用

探测材料是红外整机系统的核心,它对于红外信息的探测、识别、分析和控制起着决定性作用,利用它制成的热像仪是军事、气象、农业、医学、科学研究、地球环境资源调查等方面迫切需要的高新技术手段。它涉及物理、化学、材料等多学科和光、机、电与计算机等多技术、多领域。利用红外材料制成的探测器,作为红外热像仪的核心部件,长期以来主要用在军事装备上,进行夜视、遥感、侦察、寻的和制导等军用红外探测系统。它通常工作在 $3\sim5\mu m$ 和 $8\sim14\mu m$ 两个红外大气窗口,能透过烟、尘、雾、阴影区、树丛等探测重要军事目标,能实现昼夜被动远距离探测。近二十年来,世界各地发生过几次区域性战争,这些战争的事实表明,拥有红外预警、制导和夜视技术的一方总能取得完全胜利。这一事实,使得世界上的许多人,特别是政府决策人士十分关注与重视 21 世纪红外探测器的新品研制与产业发展。作为世界红外探测器最发达的美国,1993 年克林顿政府提出了红外探测军民两用技术的方针。在随后的 4 年里,美国在非制冷红外成像技术方面取得了重大突破,开发出可在室温下工作的红外固体摄像机。通过上述情况的介绍与分析可以看出:非制冷型红外探测材料与器件技术的研究,不仅能产生巨大的社会经济效益,还能极大地增强我国国防实力。

红外探测器进入商业市场的最大障碍是制冷,它不仅使系统成本提高,而且操作不便。非制冷型红外探测器工作于室温,体积小,重量轻,功耗低,可制作成便携式,工作可靠,操作和维护简便,有高的性价比,故在军民两用上具有广阔的应用市场。

9.1.3.2　主要应用

(1)工业应用:生产工艺自动控制和安全监视;工业设备、管道、建筑物的热损检查,高压供电元部件过热检查;集成电路热故障分析。

(2)商业及家庭应用:商业和家庭的自动探测和入侵报警,非接触测温,家电自动化控制。

(3)安全应用:夜间交通监视,车辆、船舶和飞机的夜间辅助驾驶,夜间安全保卫和边境反偷渡监视、毒品检查。

(4)环保及农业应用:环境监测,森林、草原火灾报警,农作物估产、病虫害探测和预报。

(5)医学应用:医学上癌症和各种病变的早期诊断,静脉堵塞早期诊断,中医穴位诊断,手术监测,截肢位置的监测,伤口监视。

(6)军事应用:军事部门的单兵携带手提式热像仪、夜间监视、侦察搜索、夜间瞄准、夜间导航和驾驶、精确导弹制导等。

(7)其他:卫星导航/地球资源探测、太阳能检测、激光功率与能量探测。

9.1.3.3　非制冷型红外探测器的应用前景

由于室温红外探测器具有优异的性价比,因此应用领域广阔。美国的室温硅微测辐热传感器红外平面阵列(UMBIRFPA)芯片采用硅单片集成电路工艺,大规模生产以后,其成本与微处理器芯片相当。用高性能的 UMBIRFPA 组装的红外摄像机作为家庭安全监控和家用医疗仪器使用,具有强大的市场潜力。

除了军用空间系统需要少量优质器件外,上述传统民用领域会持续增长。由于室温焦平面器件和图像处理技术的发展,热像仪将在目前每年几万台销量的基础上大幅增长。分析表明,最大的潜在市场是交通运输领域,在飞机、轮船、火车和汽车上安装热像仪是合理和可行的。目前实施的智能车辆高速公路系统(IVHS)有两个分系统,行人信息和自动车辆控制,采用红外技术方案具有明显的优势。

目前,红外探测器的军事应用占整个红外市场的 75%。由于处在和平发展年代,人们在工作与生活中对红外探测器的需求与日俱增,因此致使其民用市场急剧扩大。随着探测器材料和电子技术的不断进步,探测器的民用范围已拓展到国民经济的各部门、各领域,如防灾、防盗、医疗检测、气象探测、安全行车辅助设备等,还可拓宽到红外测温、摄像、夜视和报警等。用红外探测器制备的测温仪,可在铁路上用于火车热轴测温。利用其夜视功能,在反走私、缉毒、公安和消防等方面均有重要用途。红外探测器在民用方面的发展趋势是:大力研发工作于室温的非制冷型红外探测器。由于非制冷型探测器省去了昂贵的低温制冷系统,结构简便,可靠性提高,工作寿命延长,成本低廉,因此发展非常迅速。

总之,红外探测器在民用方面有广阔的应用前景,故加强其产业化技术及工艺研究开发很有必要。由于器件和整机系统性能和可靠性的提高,又实现了便携式、小型化、低成本、低价格,以前被认为是军用所独占的红外热成像技术开始进入民用市场,而民用市场的开拓则是红外热成像技术发展的具有战略性意义的转折,因该市场的潜力很大、影响深远。目前,研制非制冷焦平面阵列 UFPA 的两大代表是以得克萨斯仪器公司(TI)为首的热释电焦平面阵列和霍尼韦尔公司为首的热电型——微测辐射热计焦平面阵列,同时亚洲、欧洲的一些国家也投入了大量资金进行该项目的研究。

9.2　铁电型红外探测陶瓷材料

9.2.1　简介

9.2.1.1　基础知识

一、铁电材料的基本概念与范畴

铁电体是一类具有自发极化的电介质,其自发极化矢量可以在外电场的作用下转向。许多铁电体同时具有热释电、压电、电光、声光、非线性光学效应和很大的介电系数。由于在铁电体中声、光、电、热等效应出现交叉耦合,因而这类物质中具有丰富的物理现象和广泛的应用前景。近年来随着集成电路技术的飞速发展,人们实现了铁电薄膜材料与微电子器件的集成,集成铁电学由此诞生,材料科学研究因此掀开了崭新的一页。

红外探测材料所用的铁电陶瓷主要是指具有热释电和压电性能的陶瓷。

二、热释电效应

热释电效应,简单说,就是具有单轴对称点群的物质,当温度发生变化时,体内的自发极化强度 P 发生变化,导致材料表面有电荷释放,即

$$P_s = p \cdot T \qquad\qquad (9-11)$$

式中,p——热释电系数。

其定义为:

$$p = (\partial D/\partial T)_E \qquad\qquad (9-12)$$

自发极化强度 P 的单位为 $C \cdot m^{-2} \cdot K^{-1}$,一般 P 沿极化方向数值最大。

在热释电红外探测器中,红外辐射被热释电探头材料吸收,使它的温度发生变化,从而产生电信号。若经过适当的信号处理,就能得到景物的红外图像。但另一方面,热释电效应只能用来探测温度变化着的物体,因而实际应用中,热释电红外探测器通过调制器(如机械调制器,又称斩波器)对外界景物的红外辐射进行快速调制,来实现在探头材料上产生温度的变化,由此产生热释电电信号。

由热释电红外探测器的电路分析,可以得出以下用以比较各种热释电材料特性的参数(又称优值因子)的表达式:

$$F_V = p/(C_V \varepsilon \varepsilon_0) \qquad\qquad (9-13)$$
$$F_i = p/C_V \qquad\qquad (9-14)$$
$$F_D = p/[C_V (\varepsilon_0 \tan\delta)^{1/2}] \qquad\qquad (9-15)$$

这两个优值因子的适用条件各异,F_V 的适用条件是探头的电容 C_E 远大于信号放大电路的输入电容 C_V;F_i 则是 C_E 远小于 C_V。因此,探测材料的选择将依赖于探测元件的尺寸和后续的信号放大电路。一般来说,较大尺寸的探测元件宜选择 $p/\varepsilon\varepsilon_0$ 大的材料,小尺寸的探测元件选择热释电系数 p 大的材料即可。

三、压电效应

当在某些各向异性的多晶陶瓷材料上施加应力时,则陶瓷的某些(取决于极化方向)表面上会出现电荷,内部产生电场,这种效应称为正压电效应;反之,在陶瓷材料上施加电压时,它会产生几何变形,这一效应称为逆压电效应。压电陶瓷材料同时具有正、逆压电效应。

四、铁电陶瓷主要参数

1. 介电常数

陶瓷是电介质,故它具备作为电介质的电学性能,其电学量——电感应强度 D 和电场强度 E 之间成正比,其比例系数 ε 称为介电常数,即

$$D = \varepsilon E$$

有时使用相对介电常数 ε_r,其与 ε_r 的关系为 $\varepsilon_r = \varepsilon/\varepsilon_0$。式中,$\varepsilon_0$ 为空气介电常数。

陶瓷在极化处理前是各向同性的多晶体,这时沿方向 1、2、3(即三维的 X、Y、Z)的介电常数是相同的,即只有一个介电常数。极化处理后,由于沿极化方向产生的剩余极化

成为各向异性的多晶体,此时沿极化方向的介电性就与其他两个方向的介电性不同。设陶瓷的极化方向为 3,则有 $\varepsilon_{11} = \varepsilon_{22} \neq \varepsilon_{33}$,即有两个介电常数。

2. 弹性常数

陶瓷又是弹性体,它具备作为弹性体的力学性能,其力学量——应力 T 与应变 S 在弹性限度范围内成正比,比例系数 s 称为弹性顺度常数,即

$$T = sS$$

但是任何材料都是三维的,当施加应力于长度方向时,不仅长度方向产生应变,宽度与厚度方向也产生应变,即施加应力的方向不同,材料不同方向的弹性常数 s 也不同。

陶瓷作为电介质和弹性体所应遵从的规律是纯电学和力学式,然而陶瓷材料具有正、逆压电效应,所以其电学量 (D,E) 和力学量 (T,S) 之间是有联系的,这种联系称做压电关系式(推导略)。有关的比例系数就是压电系数 (d,g),这是描述压电材料性能的压电参量。

3. 介质损耗

介质损耗是包括压电陶瓷在内的任何电介质材料的重要品质指标之一,用 $\tan\delta$ 表示。

4. 机械品质系数

机械品质系数 Q_{m} 表示在振动转换时材料内部能量的消耗程度。Q_{m} 越大,能量的损耗越小。机械品质因数可根据机械量模拟电量的等效电路计算而得,即

$$Q_{\mathrm{m}} = 1/(C_1 \omega_3 R_1) \tag{9-16}$$

式中,C_1——振子谐振时的等效电容;

　　　ω_3——串联谐振频率;

　　　R_1——等效电阻。

不同的压电器件对压电陶瓷材料的 Q_{m} 值有不同的要求。

5. 机电耦合系数

机电耦合系数 K 是综合反映材料性能的参数,它表示压电材料的机→电或电→机能的耦合效应,定义为

$$\begin{aligned} K^2 &= 机械能转变为电能/输入机械能 \\ &= 电能转变为机械能/输入电能 \end{aligned} \tag{9-17}$$

由于压电元件的机械能与它的形状和振动方式有关,因此不同形状和不同振动方式所对应的机电耦合系数也不同。它的计算公式可从压电方程导出。

6. 红外热探测器的介电式工作模式

热释电系数 p 是在没有偏置电场的情况下定义的。实际上,在有偏置电场 E 的情况下同样可以定义热释电系数 p,即

$$p(E) = (\partial D/\partial T)_E - (\partial P_s/\partial T)_E + \varepsilon_0 E (\partial s/\partial T)_E \tag{9-18}$$

这样定义的热释电系数 $p(E)$ 实际上是基于材料的非线性介电特性。因而对于那些居里点在室温附近的材料,一定的偏置电场使它们能产生稳定的响应,具有较大的热释电系数。这种工作模式称为介电式测辐射热计方式,简称介电式工作模式。为强调起

见,称这类热电材料为红外介电材料。

9.2.1.2 铁电陶瓷与薄膜的制备技术

一、铁电陶瓷粉体制备技术

现仅以锆钛酸铅(PZT)陶瓷粉体的制备为例加以介绍。目前,PZT 粉体的合成方法主要可分为两大类:固相反应法和湿化学合成法。

1. 固相反应法

(1)传统的固相反应法。传统的固相反应法是将 ZrO_2、TiO_2 和 PbO 等氧化物粉料通过粉磨混合均匀,在高温下煅烧合成,然后再经机械粉磨获得钙钛矿相 PZT 粉体。由于该方法具有成本低、产量高以及制备工艺相对简单等优点,仍然是目前国内外合成 PZT 粉体应用最普遍的方法。但利用固相反应法合成 PZT 粉体时,一般要经历生成 $PbTiO_3$(PT)或 $PbZrO_3$(ZT)的中间反应,导致所合成的 PZT 相组成波动和不均匀,使得准结晶学相界(MPB)产生弥散,严重影响材料的铁电、压电和介电性能。另外,固相反应法合成 PZT 的煅烧温度较高,一般不低于 1 100℃,易于产生硬团聚,粉体颗粒较粗,烧结活性低,需要较高的烧结温度(1 200℃)和较长的烧结时间,才能获得烧结致密的 PZT 陶瓷,这使得在煅烧合成和烧结过程中铅挥发损失严重,难以保证准确的化学计量比,在 PZT 结构中产生铅或氧空位缺陷,影响制品性能。

针对以上所述的缺点,众多的材料研究工作者对合成 PZT 粉体的固相反应法进行了改进。

(2)部分草酸盐固相反应法。首先利用喷雾热解法于 900℃合成 $ZrTiO_4$(ZT)粉体,然后将其与等摩尔的 PbO 混合,煅烧合成 PZT 粉体。该方法强化了居于钙钛矿结构同一节点的金属离子 Zr 和 Ti 的结合,防止了煅烧过程中中间反应的发生,避免了中间相的生成,经 650～800℃煅烧,直接合成出单一相的钙钛矿 PZT 粉体。在此基础上,对固相反应法进行了进一步的改进,发明了合成 PZT 粉体的部分草酸盐固相反应法。在该方法中,以草酸作沉淀剂,将铅离子以草酸铅的形式沉积黏附于 ZT 粉体颗粒上,进一步提高了反应物的反应活性,降低了 PZT 的合成温度,经 650℃煅烧,便可直接合成出单相 PZT 粉体。但是,当利用部分草酸盐法将草酸铅沉积到氧化锆和氧化钛的混合粉体颗粒上时,仍然会发生中间反应,使得到的 PZT 相的化学组成发生偏离。所以,利用 Zr^{4+}、Ti^{4+} 离子结合紧密的 ZT 粉体作为引入锆、钛的原料,是实现制备纯相 PZT 粉体的关键。

利用 ZT 粉体和 PbO 反应,是固相反应法合成钙钛矿 PZT 相的一个巨大改进,不仅防止了中间相的出现,而且使得合成温度有较大降低。但是,由于需要预先合成 ZT 相,增加了制备工艺的复杂性,且煅烧温度仍然相对较高,有必要结合湿化学制备方法的优点,进行进一步的改进。

(3)机械化学固相反应法。机械活化作用是获得高分散体系的有效方法之一。机械化学固相反应法利用机械能代替热能来激活并实现固相反应的进行,所合成的粉体往往具有较高的比表面和良好的分散性。机械化学处理工艺首先被应用于合金或金属间化合物纳米晶粉体的制备。最近,作为一种新的机械化学技术被应用于陶瓷粉体的固相合成,并在室温下利用机械球磨成功实现了钙钛矿结构氧化物的合成。由于利用机械化学固相反应法合成的粉体颗粒细小,分散性好,具有良好的烧结活性,利用这种粉体烧结得到的功能陶瓷具有相当优良的电学性能,可与其他方法制备的陶瓷材料相比拟。

通常机械球磨仅仅是为了增强氧化物或氢氧化物的反应性能,若要获得具有良好结晶的钙钛矿结构化合物,仍然需要进行进一步的热处理。机械固相反应法合成钙钛矿相 PZT 粉体一般先将 PbO、TiO_2、ZrO_2 原料粉体湿法球磨混合,烘干后得到具有较高反应活性的超细粉体,然后置于高速摇摆磨或星星磨机中干法高速球磨,反应合成钙钛矿相 PZT 粉体。在干法球磨过程中,反应物经历了无定型化、钙钛矿相 PZT 成核和长大等过程,最终实现 PZT 超细粉体的合成。但是如果球磨活化的时间过长,将会导致 PZT 相颗粒尺寸的过分减小,使得合成的钙钛矿相 PZT 粉体重新无定型化。

以活性更高的低温(400℃)热处理的无定型共沉淀前驱体粉体为初始原料,可以进一步提高所合成的 PZT 粉体的性能。Xue 等利用摇摆磨球磨 20h,制备出单一相的 PZT 粉体,颗粒尺寸在 30～50nm 内,且具有良好的分散性。

机械化学固相反应法合成的 PZT 粉体不仅具有超细、分散性好等特点,而且由于在一个密闭的系统中没有铅的挥发损耗,很好地保持了化学组成,并且在机械化学反应的过程中,没有 PT 或 ZT 等中间相出现,所合成的 PZT 粉体相组成更加均匀,克服了传统的固相反应法固有的缺陷。但是如何避免在球磨过程中带入其他的杂质和缩短合成周期,是需要考虑的问题。

2 . 湿化学合成法

湿化学合成法又称液相法,主要是指溶胶—凝胶法(Sol‑Gel)、共沉淀法、水热或溶剂热合成法。湿化学合成法所使用的原料一般均可溶解为溶液状态,实现在分子或原子水平上的混合,不仅各组分的含量可以精确控制,而且合成温度相对较低。湿化学合成法特别适用于多组分、超细粉体的合成。通过对工艺条件的准确控制,不仅可以实现纳米粉体的合成,而且所合成的粉体具有较窄的粒度分布和良好的烧结活性。

(1) 溶胶—凝胶法。从狭义上说,溶胶是一种可流动的液相,足够小的胶质状固体颗粒(一般不大于 100nm)依靠布朗运动分散在该液相中;凝胶是一种至少包含有两相的固体,其中固相形成网络并将液相包裹和固定。溶胶—凝胶法是湿化学方法中合成粉体的新兴方法,一般是利用金属醇盐或可溶性无机盐溶于溶剂中,在液相中均匀混合并反应,形成稳定且无沉淀的液相(溶液)体系,通过放置一定时间或升高温度实现胶体化,形成凝胶,再经过干燥和煅烧合成所需要的晶相粉体。

金属醇盐基溶胶—凝胶法是低温制备陶瓷粉体,尤其是制备陶瓷薄膜的一个有效方法。溶胶—凝胶法合成 PZT 通常采用醋酸铅、四丙醇锆和四异丙醇钛为初始原料,四甲基乙醇为溶剂和稳定剂制备 PZT 前驱体。尽管四甲基乙醇具有优异的螯合性和低黏度等特点,是锆、钛等金属醇盐的良好有机溶剂,但由于是一种毒性试剂,现已很少使用,正被丙二醇、冰醋酸、丙酮和乙醇胺等低危害有机溶剂所取代。

溶胶—凝胶法合成 PZT 粉体所用的初始原料和溶剂的选择影响着金属醇盐的水解、缩聚,并进一步影响着材料的最终相组成、形貌和微观结构。目前,在溶胶—凝胶法合成 PZT 粉体的研究中,主要集中在如何选择适当的反应前驱物、溶剂及稳定剂,以缓和水解、缩聚的反应速率，形成均匀的溶胶，降低合成钙钛矿 PZT 相的煅烧温度，实现低温下制备相组成和化学组成均一的 PZT 粉体。利用硝酸铅代替醋酸铅作为铅的引入原料，用硝酸和乙二醇分别作为锆醇盐和硝酸铅的稳定剂，尽管不能避免少量焦绿石相的过渡，直接从前驱体中合成出纯相 PZT，但实现了纯钙钛矿相 PZT 在低于 600℃ 的煅烧合成。采用溶胶—凝胶法合成 PZT 时，一般遵循连续反应机理，前驱体首先形成焦绿石相，然后再转化为钙钛矿相 PZT。只是由于焦绿石相向钙钛矿相转化的速率较快，所以在合成的 PZT 粉体中很少出现焦绿石相。研究发现，焦绿石相向钙钛矿相的转化过程是由成核速率所控制的。为此，为了降低焦绿石相向钙钛矿相转化的势垒，加快其转化速率，防止在合成的 PZT 粉体中残留焦绿石相，在溶胶—凝胶法合成 PZT 时引入晶种（颗粒大小不大于 200nm 的 PZT 粉体），所得到的前驱体在 450℃ 煅烧便可观察到钙钛矿 PZT 相的形成，经 500℃ 热处理得到了纯相 PZT 粉体。

采用溶胶—凝胶法合成的 PZT 粉体组分均匀、化学计量比准确、超纯、超细，且易于实现均匀掺杂，能实现 PZT 压电陶瓷的低温烧结，可以制备出性能优良的 PZT 压电陶瓷。但它存在原料昂贵、配料时需考虑烧结过程中铅的挥发及溶胶的制备须在干燥气氛中进行等不足。

（2）共沉淀法。共沉淀法通常是将可溶性原料溶于水中制备成前驱体溶液，然后在搅拌状态下引入沉淀剂溶液中，或将沉淀剂溶液引入到前驱体溶液中，使得前驱体溶液中的阳离子生成不溶性羟基氧化物或金属盐沉淀，再经过滤、洗涤、干燥、煅烧等工艺来合成相应化学组成和相组成的粉体。该方法具有反应过程简单、成本低等优点，能制取数十纳米的超细粉体。共沉淀合成钙钛矿（PZT）粉体，依据共沉淀物的不同可分为羟基氧化物和草酸盐两种共沉淀法。

① 羟基氧化物共沉淀法合成 PZT 粉体的一般工艺流程是：首先以无机盐 $Pb(NO_3)_2$、$ZrOCl_2 \cdot 8H_2O$ 或 $ZrO(NO_3)_2$、$TiO(NO_3)_2$ 或 $TiCl_4$ 为原料，去离子水为溶剂，按一定化学计量比配制成透明前驱体溶液，然后引入氨水溶液进行共沉淀，并控制 pH 值在 8.7～10 内，以保证金属离子的完全沉淀。得到的 $Pb(OH)_2$、$ZrO(OH)_2$ 和 $TiO(OH)_2$ 共沉淀物，经过过滤、去离子水清洗、无水乙醇脱水，烘干后，煅烧合成钙钛矿相（PZT）粉体。通常在煅烧过程中有少量焦绿石或 PbO 相出现，高于 650℃ 煅烧合成出纯相钙钛矿（PZT）粉体。如果以锆、钛的醇盐为原料，以硝酸或有机溶剂为溶剂，预先配制出透明的锆钛溶液，再与硝酸铅溶液混合，也可形成透明的前驱体溶液，实现 PZT 的共沉淀合成。

② 草酸盐共沉淀法以草酸为沉淀剂，实现锆、钛、铅三种离子的共沉淀，合成 PZT 粉体。由于锆、钛、铅的草酸盐形成沉淀的 pH 范围较宽，草酸盐法相对氢氧化物共沉淀法更易于操作，但是如果单纯形成草酸盐沉淀，易于得到 $PbZr_{0.52}Ti_{0.48}O(C_2H_4)_2 \cdot 4H_2O$ 和 $PbZrO(C_2H_4)_2 \cdot 6H_2O$ 的混合沉淀物。低于 600℃ 煅烧热处理时，得到的是 PZT 和 PT 的混合物，只有经过 900℃ 以上煅烧才能合成出纯钙钛矿相（PZT）粉体。为此，可以 $Zr(C_4H_9O)_4$ 和 $Ti(C_4H_9O)_4$、PbAc 为原料，草酸和氨水为沉淀剂，调节沉淀液的 pH 值达 9.6，得到草酸铅和锆、钛羟基氧化物的共沉淀物，在 700℃ 温度下煅烧合成出纯相的

钙钛矿(PZT)粉体,防止了 PT 等中间相的生成。

共沉淀法合成的陶瓷粉体往往团聚严重,分散性较差。为此,人们在共沉淀工艺过程中采取了许多措施,以防粉体的团聚,改善其分散性。首先,在固液混合状态下,用去离子水将液相中残余的各种盐类杂质离子 NH_4^+、OH^-、Cl^- 等尽可能地彻底清洗干净,以减小因盐桥形成的团聚,然后再用表面张力较低的非极性无水乙醇或丙酮等有机溶剂洗涤,以脱出剩留在颗粒间的水,减小氢键的液桥作用,以获得团聚程度较轻的前驱体粉体。除了以上措施外,在沉淀过程中或在沉淀物洗净脱水后,加入有机大分子表面活性剂,如聚丙烯酸铵、聚乙二醇等,也可降低前驱体粉体的团聚程度。借助微乳液法共沉淀合成了准结晶学相界附近的 PZT 粉体。在配制共沉淀前驱体溶液时引入环己胺和混合表面活性剂,形成油水乳液。在沉淀过程中,由于表面活性剂的位阻效应,将沉淀微粒限制在微小的乳滴中,防止了微粒的团聚,经 450℃煅烧得到了粒径在 100~200nm 的四方相 PZT 粉体。

(3) 水热法。尽管大部分粉体合成方法都能很好地保证所制备粉体的相纯度和化学计量,然而却很难实现对颗粒尺寸、形貌以及团聚程度的控制。水热法合成氧化物粉体时,可以通过对核化、生长和反应时间的良好控制,很方便地实现对粉体颗料尺寸、形貌、团聚程度的控制。而且水热法所用的物料相对较便宜,工艺简单,成本较低,在较低的温度下便可以实现粉体的合成,因而被广泛地用于陶瓷粉体的商业制备。

水热法的基本原理是高温高压下一些氢氧化物在水中的溶解度大于对应氧化物的溶解度,于是氢氧化物溶于水中,同时析出氧化物,从而实现氧化物的水热合成。用于水热合成粉体的物料一般是溶液、悬浮液或凝胶。作为反应物的氢氧化物可以是预先制备好的,也可以是通过化学反应在高温高压下即时生成的。

水热合成组成在准结晶学相界(MPB)附近的 PZT 粉体的一般步骤是:首先以硝酸铅、氧氯化锆和四氯化钛为原料,KOH 为矿化剂,去离子水为溶剂,按一定比例配制成溶液;然后注入聚四氟乙烯高压釜中,密闭并置于高温炉中,在 140~350℃保温一定时间完成 PZT 相的水热合成。待反应釜冷却后,产物过滤,依次用去离子水、60~100mL 的质量分数为 10%醋酸溶液、去离子水、无水乙醇清洗,产物于空气中烘干,即得到所合成的 PZT 粉体。用醋酸溶液清洗是为了除去过量的 Pb,无水乙醇清洗是为了防止颗粒团聚脱出颗粒间的水分。物料 Zr、Ti 引入时,也可以首先用氨水为沉淀剂,共沉淀制备出锆、钛的氢氧化物共沉淀物,以锆、钛氢氧化物的形式引入。相应的水热合成 PZT 存在两种反应机制,即原位合成机制和溶解沉淀机制。

水热法合成 PZT 时,人们不仅研究钙钛矿相的合成,而且也详细观察了所合成粉体的颗粒形貌。当矿化剂 KOH 的浓度较高时,粉体的颗粒为立方体形,并且随着反应温度提高或矿化剂浓度的增加颗粒尺寸减小。当碱性较低,则矿化剂浓度较低或无碱性矿化剂时,水热合成的 PZT 粉体颗粒不是立方体形而是呈现其他的形貌。当反应物锆和钛以共沉淀物的形式引入,而且矿化剂 KOH 浓度较低时,所得到的 PZT 粉体将保持反应物的球状颗粒形貌,此时生成 PZT 相的反应机制主要是原位合成机制;相反,较高浓度的KOH 将促进前驱体反应物的溶解,借助溶解沉淀机制形成具有规则刻面的四方或立方体形颗粒粉体。

3. 评价

合成高纯、超细、相组成均匀、化学计量准确的 PZT 粉体是制备性能优异的 PZT 陶瓷的前提。尽管固相反应法合成 PZT 粉体已实现工业化生产,但合成得到的粉体相组成波动较大,烧结活性低,不利于制备高性能的 PZT 陶瓷,限制了其应用。湿化学方法合成的 PZT 粉体,合成温度低,组分均匀,烧结活性高,可以满足制备高性能 PZT 陶瓷的要求。但是,溶胶—凝胶法和水热法相对来讲成本较高,工艺复杂,不易于实现工业化生产。有望实现工业化生产的共沉淀法合成的粉体中含有少量 PbO 相,导致低温铅挥发损耗,降低了粉体的热稳定性。结合部分草酸盐固相反应法的特点,强化反应物料中居于钙钛矿结构同一节点的锆、钛离子的结合,对共沉淀法进行改进,有望避免 PbO 相的形成,低温合成出纯相、具有良好热稳定性的 PZT 粉体,实现 PZT 粉体共沉淀合成的工业化生产,促进 PZT 陶瓷的应用。

水热法可以合成出具有规则颗粒形状的 PZT 粉体,说明钙钛矿相 PZT 具有一定的定向生长趋向。因此,在水热系统中引入表面修饰剂或化学模板,强化 PZT 晶体的趋向生长习性,可制备出相对块体材料性能更加优异的一维纳米结构,为纳米级微电子器件的制备提供材料基础。

二、铁电陶瓷薄膜的制备技术

1. 射频磁控溅射法

溅射是一种物理气相沉积(PVD)方法,在铁电薄膜制备中应用广泛。它是通过高能粒子轰击靶材,使原子脱离靶沉积到衬底上。早期研究工作主要集中在 $BaTiO_3$、$BiTiO_3$ 和 $LiNbO_3$ 等物质上,后来重心转移到 PbO 类钙钛矿物质,如 $PbTiO_3$、$Pb(Zr,Ti)O_3$、$(Pb,La)(Zr,Ti)O_3$ 等。由于制备大面积高质量(微结构和组分均匀)膜有一定困难,因而未能达到商品化。后来此项技术得到改进,如 RF 磁控溅射、多靶反应溅射、离子束溅射等,膜的质量也得到了改善,在此基础上,部分器件如热电传感器、超声波传感器、声表面波器件、小规模 FERAM 以及一些光电器件的雏形已经出现。

图 9-7 所示为离子束溅射的简单示意图,衬底为 Si、GaAs、MgO 等,事先用 Ar^+ 清洗。衬底通常与靶向成 30°～60°,且可旋转,以获得较好的均匀性。衬底加热温度(T_s)视沉积材料而定,一般说来,在结晶温度(T_{cry})以下为非晶相,$T_s > T_{cry}$ 时为多晶相,T_s 大于外延温度(T_{spl})时为外延膜。另外,在大于 T_{cry} 的温度后退火,非晶相也可变成多

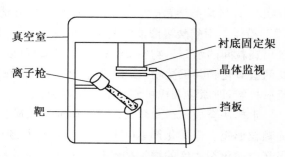

真空室
离子枪
靶
衬底固定架
晶体监视
挡板

图 9-7　离子束溅射装置靶室示意图

晶相。钙钛矿氧化物的 T_{cry} 一般为 450～600℃,反应真空度约 10^{-4} Torr(1Torr = 133Pa),充反应气体或其他惰性气体的混合气体。沉积速率与靶—衬距离及溅射速率有关,靶—衬距离为 20cm、电流 45mA、电压 1 100V 时 PZT 沉积速率为 2～3nm/min。

　　由于离子束对靶的择优溅射及 PZT 等化合物中 Pb 的挥发,使沉积膜组分比的控制成为一个难题。组分比的控制通常有以下几种方式:①适当改变靶中 Pb/Ti 的比值;②调节反应气体中 O_2/Ar 比例,激活 O_2 以减少 Pb 挥发;③退火时用 SiO_2 作保护膜,以防 Pb 挥发;④采用多靶溅射沉积。

　　图 9-8 和图 9-9 所示为采用计算机控制的多靶溅射装置。

　　溅射法的优点是:①沉积温度较低;②可望获得外延膜;③退火温度较低;④工艺较成熟。

　　主要缺点是:①组分比较难控制;②沉积速率较慢;③高能离子对膜的反溅射;④设备成本高。

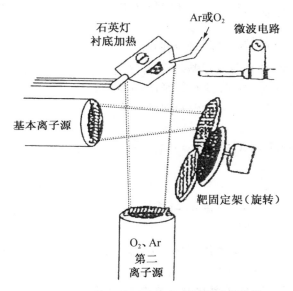

图 9-8　计算机控制的离子束多靶溅射装置

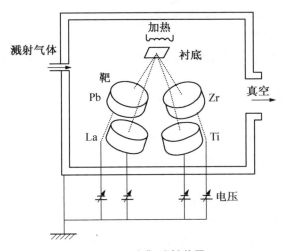

图 9-9　多靶溅射装置

2. 溶胶—凝胶法

溶胶—凝胶法是采用金属醇盐[$M(OR)_3$]为原料,在温和条件下,将金属醇盐等原料经水解、缩聚合等反应,先由溶胶转变成凝胶,然后在比较低的温度下烧成无机材料。其关键是获得高质量的溶胶和凝胶。一般凝胶的形成可分为:

(1)金属醇盐或其他有机盐、无机盐共溶于有机溶剂中,充分搅拌混合,形成清澈的溶胶。

(2)金属醇盐通过水解、缩聚合反应逐渐转变成凝胶。

①水解。溶于有机溶剂中的醇盐,吸收水分形成含羟基的金属醇化物单体,其化学反应式为

$$(OR)_{n-1}—M—OR+HOH \rightarrow (RO)_{n-1}—M—OH+ROH \tag{9-19}$$

或

$$M(OR)_n+xHOH \rightarrow (RO)_{nx}—M—(OH)_k+xROH \tag{9-20}$$

式中,M代表金属元素;R代表烷烃基。

②缩聚。水解得到的单体经脱水或脱醇等缩聚合反应,生成 M—O—M 桥氧键,形成二维和三维网络结构的聚合物。随着网络结构的发展,将溶剂机械地包裹并固定在网络中降低流动性,形成凝胶,其化学反应式为

$$(OR)_{n-1}—M—OH+HO—M—(OR)_{n-1} \rightarrow (OR)_{n-1}—M—O—M—(OR)_{n-1}+H_2O \tag{9-21}$$

或

$$(OR)_{n-1}—M—OH+M—(OR)_n \rightarrow (RO)_{n-1}—M—O—M—(OR)_{n-1}+ROH \tag{9-22}$$

选用分析纯的 $Ti(OC_4H_9)_4$、$Pb(CH_3COO)_2$ 和 $La(NO_3)_3$ 为原料,冰醋酸为催化剂。先将 $Ti(OC_4H_9)_4$、$Pb(CH_3COO)_2$ 和 $La(NO_3)_3$ 溶于有机溶剂中(加入少量冰醋酸),经充分搅拌混合形成清澈的溶胶,再将其放在空气中储存一定时间,让其缓慢吸收空气中的水分,发生水解、缩聚合等反应,待形成部分凝胶后,将该溶液滴到单晶硅基片上。用甩胶法在基片上制备了连续、完整、无裂纹的非晶薄膜,再经 600~850℃温度下,2~8h 热处理,即变成具有钙钛矿结构的 PLT 薄膜。

溶胶—凝胶法的优点:①组分比均匀易控;②可大面积成膜;③退火温度低;④设备简单便宜。

缺点是:①膜在处理过程中收缩性大,易龟裂;②重复性差;③制作 1μm 以上的优质膜难度大;④衬底对结晶的影响。

溶胶—凝胶法主要集中在 PbO 类钙钛矿铁电材料,如 $PbTiO_3$、$Pb(Zr,Ti)O_3$、$(Pb,La)TiO_3$、$(Pb,La)(Zr,Ti)O_3$ 和 $Pb(Mg,Nb)O_3$。其他也有关于 $BaTiO_3$、$LiNbO_3$、$Bi_4Ti_3O_{12}$ 和 $(Sr,Ba)Nb_2O_6$ 等。

衬底对结晶有影响,如在晶格匹配的衬底 $SrTiO_3$、MgO、Pt 等上外延 $Pb(Zr,Ti)O_3$ 和 $Pb(Mg,Nb)O_3$,比在不匹配衬底和非晶(如 SiO_2)上的结晶化容易得多且需较低的退火温度。因此,在溶胶—凝胶法中选择合适衬底材料或使用缓冲层是必要的。

3. 金属有机化学气相沉积法(MOCVD)

以 $PbTiO_3$ 铁电薄膜制备为例加以说明。

用 MOCVD 方法制备 $PbTiO_3$ 铁电薄膜始于 1988 年,并在近年内得到了很大发展,成功地在熔石英、氧化铬、蓝宝石等衬底上得到了钙铁矿结构的 $PbTiO_3$ 薄膜,并在氧化镁、钽酸钾、钛酸锶等单晶衬底上得到了存在多畴结构的外延薄膜。铁电薄膜要实现真正的器件应用,需解决两个主要问题:一是制备高质量的具有 c 轴择优取向的薄膜;二是电极的制备。利用低压 MOCVD 方法在重掺杂 N 型 Si、$LaAlO_3$ 和 $SrTiO_3$ 单晶衬底制备的铁电薄膜具有不同的微结构,其中在 $SrTiO_3$ 衬底上得到了单晶、单 c 轴取向的 $PbTiO_3$ 薄膜,并且应用同步辐射的摇摆曲线精确测定了薄膜 X 射线衍射半峰宽,在 Si 衬底上得到了 c 轴取向度最高的 $PbTiO_3$ 薄膜,同时直接以重掺杂硅衬底为底电极测量得到的 $PbTiO_3$ 薄膜的电滞回线,具有很好对称性及铁电性能。

使用水平式 MOCVD 装置,用纯度为 99.99% 的四乙基铅和异丙氧基钛作为 MO 源,氮气和氧气分别用作载气和氧化剂,用低压生长方式,有利于增加分子的平均自由程,并能避免气相中反应组元的有效碰撞,从而减少气相中均匀成核的概率,利于提高薄膜品质。

在整个 MOCVD 过程中,决定生长的有热力学、化学反应动力学、流体力学和质量输运等多方面的因素,其中热力学主要决定整个生长过程的反应驱动力;化学反应动力学主要决定化学反应的速率、程度;流体力学和质量输运决定了气体的扩散。这几方面的综合作用使得整个 MOCVD 过程变得很复杂。总而言之,影响薄膜微结构的因素主要有衬底的晶体结构、反应温度、反应总气压和各气体分压、有机金属源的温度、有机金属气体相对流量和绝对流量、载气流量等,这些参数在实验中均可单独控制。

在实验中选用了重掺杂的(001)N 型 St、(001)$LaAlO_3$ 和(001)$SrTiO_3$ 单晶衬底。在表 9-3 所列的生长条件下,得到了满足化学计量比的具有钙钛矿结构的 $PbTiO_3$ 薄膜。

表 9-3　$PbTiO_3$ 薄膜生长条件

衬底	(001)$SrTiO_3$,$LaAlO_3$,Si	四乙基铅载气流量	80 mL/s
反应温度	650℃	异丙氧基钛载气流量	50 mL/s
反应气压	2×10^3 Pa	氮气流量	1 000 mL/s
四乙基铅源温度	65℃	氧气流量	100mL/s
异丙氧基钛源温度	35℃		

金属有机化学气相沉积已广泛用于金属、氧化物、氮化物等薄膜材料的制备和应用中。表 9-4 列出了部分采用此法制备的氧化物薄膜的铁电性能。

表 9-4　采用金属有机化学气相沉积制备的氧化物薄膜的铁电性能

材料	基片	结构	$P_r/(\mu C \cdot cm^{-2})$	$E_c/(kV \cdot cm^{-1})$
$BaTiO_3$	Si(100)	多晶,(001)择优取向	2	4
$SrBi_2Ta_2O_9$	Ir(111)/TiO_2/SiO_2/Si	局部外延生长,(103)择优取向	8	83

续表

材料	基片	结构	$P_r/(\mu C \cdot cm^{-2})$	$E_c/(kV \cdot cm^{-1})$
$Bi_4Ti_3O_{12}$	$SrRuO_3(111)/SrTiO_3(111)$	外延,(104)取向	约5	约100
$Bi_{3.87}Sm_{0.13}Ti_3O_{12}$	$SrRuO_3(111)/SrTiO_3(111)$	外延,(104)取向	20	135
$Bi_{3.54}Nd_{0.46}Ti_3O_{12}$	$SrRuO_3(111)/SrTiO_3(111)$	外延,(104)取向	25	135
$PbZr_{0.35}Ti_{0.65}O_3$	$Pt(111)/Ti/SiO_2/Si(100)$	多晶,(100)和(001)择优取向	41.4	78.5
$PbZr_{0.58}Ti_{0.42}O_3$	$Pt/ZrO_2/Si$	多晶	40	约32
$PbZr_xTi_{1-x}O_3$ ($0.2 \leqslant x \leqslant 0.8$)	$SrRuO_3(011)/SrTiO_3(001)$	外延,c轴取向	32~55	20~75

4. 脉冲激光沉积法

PLD即脉冲激光沉积法,自1987年T. Venkatesan首次用于沉积高温超导氧化膜YBCO以来,已在铁电体、生物陶瓷、铁氧体、半导体、耐磨材料等材料的薄膜制备中得到广泛应用。与射频磁控溅射法相比,PLD的最大优点是在较低的沉积温度下仍能得到完美组分比的材料,因而具有较强的竞争力。国际上从事PLD的研究队伍发展相当迅速,有关PLD的机理和薄膜沉积的论文越来越多。PLD的沉积机理及其在PZT膜沉积中的应用下面将另作讨论。这里主要简单描述一下PLD过程。

图9-10所示为PLD靶室示意图,准分子脉冲激光(脉宽20~30ns)通过透镜聚焦为能量1~10J/cm²的光斑,入射到一定组分比的靶上,使靶表面约数十纳米厚的物质以核或原子或离子或分子的形式带着电子伏特能量从靶中蒸发出来,沉积到衬底上。蒸发出来的物质称为"焰"。脉冲频率为1~100Hz,沉积速率约0.1nm/脉冲。沉积过程中反应气体(如O_2等)的压力较高,约0.1Torr。

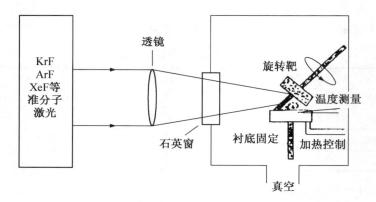

图9-10 脉冲激光沉积(PLD)靶室示意图

PLD的实验参数总结起来有以下几条:激光波长、能量密度、脉冲数、靶—衬距离、反应气体压力、衬底偏离角度和衬底温度。PLD的沉积机理及其工艺研究有待深入,其应用也正在发展之中。目前已经沉积了$PbTiO_3$、$Pb(Zr,Ti)O_3$、$Bi_4Ti_3O_{12}$、$K(Ta,Nb)O_3$等铁电薄膜。

PLD的优点:①组分比易控;②真空度低;③可望直接获得外延膜,减少衬底热处理负担;④高生长速率。

主要缺点是:成膜面积小和设备成本高。

5. MOCVD 技术

MOCVD 技术就是将含有成膜反应成分的金属有机物气源流过加热的衬底并发生反应,沉积形成固体薄膜的膜制备技术,如图 9-11 所示。它是制备铁电薄膜的一种湿法工艺。气源通常为链烃基化合物、醇盐和芳基化合物,沉积时衬底温度较低($<600℃$)。

MOCVD 的优点:①生长速率快;②适合大规模生产;③组分比易控(压力和流量控制);④易做大面积均匀。

缺点:①多组分铁电薄膜难以找到合适的金属有机源;②源具有毒性及易水解;③设备成本高。

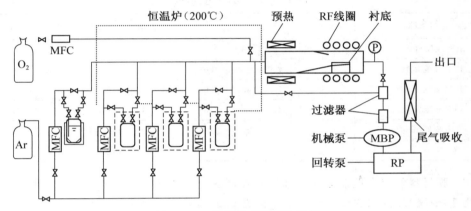

图 9-11　PZT 的 MOCVD 装置

6. 流延法

(1) 流延坯膜的制备。流延坯膜的制备工序如下:

称料→混合→合成→球磨→烘干→加有机浆料→混合→脱泡→流延成膜→烘干→切片。

使用上述工序制备了厚度分别为 0.1mm 和 0.2mm 的流延坯膜,0.1mm 厚的坯膜质量优于 0.2mm 厚的坯膜。

(2) 流延膜的烧结工序。为了保证膜的烧结平整度,设计的流延坯膜的烧结工序如下:

夹板烧结的方法如图 9-12 所示,将膜片夹在两块单面细磨的 Al_2O_3 板之间烧结。预烧结的目的是使膜片具有一定的强度,使样品能承受一定的振动及压块的压力,将坯膜切割成 15mm×15mm 的片状进行排塑及烧结。

(3) 烧结温度的选择。样品烧结纵向收缩率和体积密度与烧结条件的关系见表 9-5,坯膜厚度

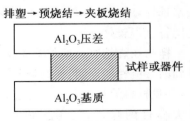

图 9-12　夹板烧结装置示意图

为 $100\mu m$。

表 9 - 5　样品厚度收缩和体积密度与烧结条件的关系

烧结温度/℃	1 120	1 140	1 160	1 160	1 160	1 160	1 180
保持时间/min	30	30	15	20	25	30	30
厚度/μm	62	56	54	54	56	56	60
密度/(g·cm^{-3})	7.16	7.27	7.23	7.43	7.53	7.37	6.97

选择 1 160℃/20min、1 160℃/25min、1 160℃/30min 三种烧结条件,对样品的介电及压电性能进行测试,结果见表 9 - 6。

表 9 - 6　烧结膜的介电、压电性能

烧结条件		1 160℃/30min				1 160℃/25min				1 160℃/20min			
试样或器件编号		1	2	3	4	1	2	3	4	1	2	3	4
还原前	相对介电常数	396	382	404	399	396	406	408	401	362	360	384	414
	介电损耗 tanδ/%	3.4	2.5	5.8	4.3	1.6	1.1	1.1	1.2	6.1	1.4	5.1	2.2
还原后	相对介电常数	295	277	277	282	313	317	321	318	317	294	314	320
	介电损耗 tanδ/%	1.2	2.9	1.8	1.7	0.9	0.9	1.1	0.9	2.8	1.4	2.3	1.3
	d_{33}/(10^{-12}C·N^{-1})	58~60											

(4) 膜材料的热电性能。样品极化后放置一天,进行热释电系数的测试,测量的温度区间为 10~74℃,得到的线性热释电系数为 5.0×10^{-4}C·m^{-2}·K^{-1}。

表 9 - 7 给出了同种组分材料经流延成型、干压成型后热压烧结和常压烧结样品的综合性能平均数值的比较。

表 9 - 7　流延成型和干压成型样品性能比较

项　　目	相对介电常数	tanδ/%	热释电系数 p/(10^{-4}C·m^{-2}·K^{-1})	密度/(g·cm^{-3})
流延法	315	≈1	5.0	7.5
干压(常压烧结)	310	1	5.1	7.6
干压(热压烧结)	320	0.5	5.1	7.8

(5) 效果。烧结后样品较薄,平面尺寸较难准确测量,故首先通过厚度方向的收缩比较来选样烧结温度,再配合样品体积密度的测量进一步确定,从表 9 - 5 中可知两项测试之间符合得较好。

样品在烧结时直接与基底及盖板接触,为了防止产生非化学剂量,必须使用垫料,所得到的材料性能表明,使用流延工艺制备红外探测器用的敏感膜材料是可行的。理由如下:厚膜材料的热电及介电性能达到干压成型的水平,虽然介电损耗稍微大一点,有可能增大器件的噪声,但干压成型材料通过研磨,在批量生产中厚度的减薄很难低于0.08mm;流延烧结厚膜的厚度可达到 0.05~0.06mm,甚至还可进一步降低,敏感元厚度的降低可提高响应信号电压,可使信噪比仍然保持较高的数值;另外,本试验中引入的"夹板"烧结法成功地解决了样品烧结时的起翘变形问题,为大批量生产敏感膜创造了条件。

9.2.1.3　铁电或热释电陶瓷

早期的热释电材料都是单晶材料,如 TGS(硫酸三甘肽)、$LiTaO_3$(钽酸锂)、SBN(铌酸锶钡),现在开发的多为陶瓷材料或聚合物材料,如 PVDF(聚偏二氟乙烯)。这些单晶材料中 TGS 等热释电性较好,但在空气中易潮,现已不多用了。PVDF 是高分子材料,使用方便,但热释电系数太小。其他的 $LiTaO_3$、SBN 等,制备工艺复杂,价格昂贵。表 9-8 具体给出了几种热释电材料的性能参数。

表 9-8　几种材料的热释电特性

材　料	$T/℃$	$p/(10^{-4}C \cdot cm^{-2} \cdot K^{-1})$	ε_r	$\tan\delta$	$F_D/10^{-5}Pa^{-1/2}$
TGS	49	5.5	55	0.025	6.1
PVDF	80	0.27	12	0.015	0.88
$LiTaO_3$	665	2.3	47	0.005	4.9
改性 PZ	230	4.1	310	0.004	4.7
改性 PT	255	3.0	220	0.011	3.3

与这些单晶材料相比较,陶瓷热释电材料具有许多优点:①陶瓷材料制备工艺简单,价格便宜,可以用来制作较大面积尺寸的探测元件;②陶瓷材料易加工成型,且强度较大;③通过选择性掺杂,可以对材料进行改性,如改变材料的介电常效 ε 或介电损耗 $\tan\delta$,从而直接影响材料的优值因子;④通过形成固溶体,可以调节材料的居里点。下面就常见的陶瓷热释电材料作一介绍。

一、改性钛酸铅(改性 PT)

钛酸铅的居里温度较高($490℃$),自发极化强度亦较大($75\mu C \cdot cm^{-2}$),但由于钛酸铅形成过程中存在极大的自发极化张力,因而难以得到大块的纯钛酸铅陶瓷。人们通过掺杂稀土元素或 Ca^{2+}、$Pb(Co_{1/2}、W_{1/2})O_3$ 等对其进行掺杂改性,从而制备出较大热释电系数的改性钛酸铅陶瓷。其中 $(Pb_{1-x}Ca_x)(Co_{1/2}W_{1/2})Ti_{1-y}O_2$($x=0.24$,$y=0.04$),即 PCWT-4/24,它的热释电系数与 PZFNTU 差不多,但介电常数 ε 更低,因而 F_V 就要高些。日本北陆电气工业株式会社将其开发成商品,主要用来制作高灵敏度的小型热释电红外探测器,但是改性钛酸铅的介电损耗较大,因此 F_D 不大,不宜用作大面积红外热成像材料。

二、改性锆酸铅(改性 PZT)

改性锆酸铅其实是高锆含量的锆钛酸铅(PZT),为反铁电体。当它掺了 10%(摩尔)左右的钛酸铅后,形成 PZT 菱方铁电相,这种改性锆酸铅在 $F_R(LT)$ 与 $F_R(HT)$ 之间发生相变,且热释电系数较大。Clark 认为这是一级铁电相变,因此有较大的热滞现象。这种改性锆酸铅可以用来制作报警器。为了改进材料的性能,人们试着在其中掺杂 La^{3+} 或 $Pb(X_{1/2}Nb_{1/2})O_3$($X=Fe$、Ni、Cr),或掺杂 Bi^{5+} 或 $Pb(Fe_{1/2}Nb_{1/2})O_3$、$Pb(Fe_{1/2}Ta_{1/2})O_2$,

都能使热释电系数有所提高。1981 年 Whatmarc and Bctt 在 PZ，PT，$Pb(Fe_{1/2}Nb_{1/2})O_3$ 系统中掺杂 UO_3 来控制材料的电阻率。

　　另外，还可降低材料的介电损耗，从而提高探测器的 F_D。这种性能更好的改性锆酸铅已经商品化，其商品名为 PZFNTU，现已广泛用于制作点探测用报警器，还可用来制作小面积热成像阵列式探测器。

三、红外介电材料

　　红外介电材料是用于红外探测的介电式工作模式。1961 年，Hanel 首次提出这一思想；1971 年，Stafsudd 研制成功 KTN，$K(Ta_xNb_{1-x})O_2(0.5 \leqslant x \leqslant 0.70)$，这是最早的红外介电材料；1980 年，Nomura 研制出 PZN，$Pb(Zn_{1/2}Nb_{2/3})O_3$；1983 年，研制出 PST，$Pb(Sc_{1/2}Ta_{1/2})O_2$，PST 的热释电系数最大可达 $70 \times 10^{-4}C \cdot cm^{-2} \cdot K^{-1}$，$F_D$ 最高可达 $17 \times 10^{-5}Pa^{-1/2}$

　　这类材料的非线性介电特性的机理不尽相同，一般有两类。PMN、PZN 和 PST 都是张弛振荡型，即由于材料中介电微区内相关离子的随机分布，导致了材料较强的非线性介电特性。因此，此类材料的制备与工艺密切相关，如 PST 就要求很严格的淬火工艺，这就增加了它们的制备难度，而 KTN 等是二级铁电相变型，易于制备，最大优点是没有热滞效应，是用于大面积红外热成像的较理想的材料。

　　1986 年，Osband 等发现 $BST_{65/35}$，即$(Ba_{0.65}Sr_{0.35})TiO_3$，是一种很好的红外介电材料，它的 F_D 可达 $10.5 \times 10^{-5}Pa^{-1/2}$，为改性锆酸铅或钛酸铅的 2 倍多。这种 $BST_{65/63}$ 的驱动电压（偏置电场）较低，仅为 $4V/\mu m$，而别的材料，如掺 1％（摩尔）La^{3+} 的 PMN（嵌铌酸铅），则需要 $9V/\mu m$ 的驱动电压。由此可见，BST 是一种很有发展前途的红外介电材料。

四、用途

　　红外热探测器能够非接触地探测远处的暖目标（尤其是人），因此它可广泛用于防盗报警、预防犯罪、危险警告、控制照明、自动开关门窗等诸多方面，也可以进一步制成小型红外成像装置，其潜在的应用领域就更加广泛了。

　　在这些民用领域，红外陶瓷材料具有较好的性价比。特别是 BST、PST 之类红外介电材料，既可制作高灵敏度的红外探测器，也可制作高分辨率的小型红外热成像探测器。可以预见，随着对红外探测陶瓷材料的深入研究，将制备出性能更好的红外探测器，其应用也将遍及方方面面。

9.2.2　钛酸铅系列铁电陶瓷与薄膜

9.2.2.1　钛酸铅（$PbTiO_3$）的性质

　　钛酸铅属于钙钛矿型结构，室温下为四方晶系，单元晶胞有一个化学式单位。晶格常数 $a = 0.390\ 4nm$，$c = 0.415\ 0nm$，$c/a = 1.063$。钛酸铅的居里温度为 490℃，当温度降至居里温度以下时，$PbTiO_3$ 由立方晶系转变为四方晶系，相变时伴随着几何尺寸的突变和自发极化的跳跃，并伴随有相变潜热。图 9 - 13 所示为 $PbTiO_3$ 的晶格常数随温度变化的曲线，随着温度的升高，c 轴缩短，a 轴伸长。图 9 - 14 所示为 $PbTiO_3$ 晶体的 c/a 轴比率随温度升高而下降的情况。在居里点时 c/a 的变化为一跳跃,此值约为 2%。

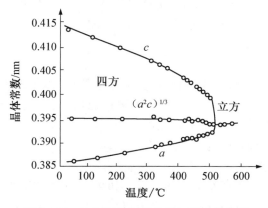

图 9-13　$PbTiO_3$ 的晶格常数与温度的关系

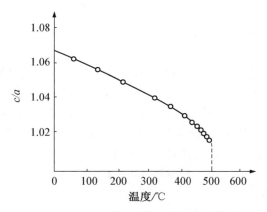

图 9-14　$PbTiO_3$ 的 c/a 轴比率与温度的关系

$PbTiO_3$ 由立方相转变为四方相时伴随着体积增加(0.44%),相变潜热为 $4.81J/mol$。介电常数在 $490℃$ 峰值时达 $10\ 000F \cdot m^{-1}$,在居里点以上遵守居里—韦斯定律。常温下 $PbTiO_3$ 的介电常数较低,$PbTiO_3$ 单晶的 $\varepsilon_{33}^T/\varepsilon_0$ 约为 30。$PbTiO_3$ 陶瓷的 $\varepsilon/\varepsilon_0$ 为 200 左右。由于 $PbTiO_3$ 有低的介电常数,较高的 K_t 值(>0.40)和高的时间稳定性,所以可以用于制作高频滤波器。由于 $PbTiO_3$ 具有很强的各向异性,矫顽场强很高,因此很难测得纯 $PbTiO_3$ 的电滞回线。

用通常的陶瓷工艺得到致密的纯钛酸铅陶瓷很艰难,主要困难是当试样冷却通过居里点时相变伴随着很大的应变,因而在晶界造成很大应力,这些应力的存在便导致试样的碎裂。为了克服这些困难,人们通过掺入其他杂质来改善材料的性能,取得了很好的效果。综合这方面的工作,为了控制试样的碎裂现象,可以有以下途径:

1. 保证材料具有微晶结构

通过大量的实验工作认识到,陶瓷的颗粒尺寸对于消除碎裂现象、获得高致密度是一个非常重要的因素。这是因为晶粒变小,颗粒边界面积增大,会使颗粒间的结合力增大,因而提高了抵抗应力的能力。实验证明,碎裂样品的颗粒尺寸总是大于$10\mu m$,而致密陶瓷的颗粒尺寸仅为$0.2\sim 1.8\mu m$。用热压法可以得到致密的微晶结构。然而颗粒太小会使压电性能下降,所以一般控制在$1\sim 2\mu m$。加入MnO_2、Cr_2O_3等杂质可以得到微晶结构。

2. 降低c/a比

如果c/a比降低,就能够减小各向异性造成的应力,可以减轻试样碎裂的趋势。引入少量Nb^{5+}、Bi^{3+}、La^{3+}等都可以使$PbTiO_3$陶瓷稳定,就是这个道理。譬如,加入4%(摩尔)的Nb^{5+},可以使$PbTiO_3$的c/a比由1.063降至1.046,在200℃温度的60kV/cm电场下极化后,这种材料的d_{33}为40×10^{-12}C/N。

3. 提高晶界的强度

通过引入少量杂质可以调整晶界的性质。如果添加物部分进入晶格,其余部分在晶界上析出,这样既可以抑制晶粒的生长,又可以增加晶界强度。在晶界强度提高以后,可以放大颗粒尺寸,从而提高压电性能。添加MnO_2,便能起到这个作用。

9.2.2.2 钛酸铅及掺杂铁电薄膜

一、溶胶—凝胶法制备的$PbTiO_3$薄膜

1. 制备方法

(1)溶胶前驱体的制备。以乙酸铅$[Pb(OAc)_2 \cdot 3H_2O]$和钛酸丁酯$[Ti(OC_4H_9)_4]$为原料,选用乙二醇甲醚$[CH_3OC_2H_4OH]$为溶剂,制备Pb-Ti系统的溶胶,将乙酸铅溶于乙二醇甲醚,并在135℃回流除水,冷却至80℃后,加入经适量的乙酰丙酮进行改性的钛酸丁酯,最后经回流后即可得到所需要的溶胶前驱体(简称PTAA)。

(2)$PbTiO_3$薄膜的制备。用提拉法,以Si(100)、Pt/Si(100)及载玻片等为基片制备$PbTiO_3$薄膜,提拉速度为3cm/s。湿膜在350℃热处理5min后可重复提拉,最终薄膜在600℃温度下热处理1h。

2. 性能与效果

(1)HAcAc对Pb-Ti系统有较强的配位作用,经HAcAc改性的溶胶前驱体非常稳定,适合于涂敷$PbTiO_3$薄膜材料。

(2)用乙酰丙酮改性Pb-Ti系统的溶胶制备$PbTiO_3$薄膜,在高于600℃进行热处理1h后,即形成单一的$PbTiO_3$四方铁电相。

(3)用来改性的AcAc基团经600℃热处理后完全分解消失,与其他配位基团(如醋酸根-OAc)相比,AcAc基团作配位体有利于降低薄膜的烧结温度。

二、射频磁控溅射法(粉末靶)制备的$PbTiO_3$薄膜

1. 简介

以国产多功能射频磁控溅射仪为手段,用含过量PbO和掺杂Ca(La)的$PbTiO_3$粉末靶制备$PbTiO_3$及改性$Pb_{1-y}Ca(La)_yTiO_3$薄膜,并介绍粉末靶的合成,薄膜的溅射工艺条件,薄膜的结构分析,给出了薄膜的取向率、介电特性和热释电系数,并提供了薄膜的红外透射光谱与有关光学参数。

2．制备方法

采用国产 JG－A 型双极式多功能射频磁控溅射仪制备 $PbTiO_3$ 及改性 $Pb_{1-y}Ca(La)_yTiO_3$ 薄膜，阴极靶位于溅射室中的下方，阳极（搁衬底）位于阴极靶的上方，形成由下向上溅射。这样有利于减少薄膜针孔，也方便于靶的制作，能用粉末靶代替烧结靶，薄膜的厚度由石英振荡膜厚监控仪监视。

典型的溅射条件是：靶—衬底距离为 45mm，工作气体为 $Ar：O_2＝9：1$，溅射压强为 $0.5～1Pa$，射频功率为 $250～300W$，平均功率密度为 $2.6～3.2W/cm^2$，溅射速率为 $5～6$ nm/min，衬底温度为 $550～580℃$。

在上述条件下，经过约 10h 的连续溅射，可获得厚度为 $2～3\mu m$ 的 $PbTiO_3$ 薄膜。

制备薄膜的 $PbTiO_3$ 粉末靶合成分子式为

$$(1-x)PbTiO_3 + xPbO \qquad x = 0.07$$

掺杂改性的粉末靶合成分子式为

$$(1-x)Pb_{(1-y)}Ca(La)_yTiO_3 + xPbO \qquad x = 0.10, y = 0.28$$

式中，x、y 均为物质的量的百分比。

配好的粉末先在 $800℃$ 左右的温度下合成，再盛于 $\phi110mm$ 的铜盘中，以 98MPa 的压力压制成所要求的粉末靶。

在制备 $PbTiO_3$ 薄膜时，衬底的选择十分重要，先后采用过 Si 片、Pt 片、MgO 晶片等作为沉积 $PbTiO_3$ 薄膜的衬底，它们对薄膜的结构影响很大。试验结果证明，用 MgO 单晶为衬底，对于促进 $PbTiO_3$ 薄膜的单晶化是适宜的。

3．性能

（1）电阻率。保持相同的溅射条件，$PbTiO_3$ 薄膜的电阻率随衬底的不同而异。比较了 Si、Pt 和 MgO 衬底上的 $PbTiO_3$ 薄膜，它们的直流电阻率为 $10^8～10^9\Omega\cdot cm$，以 MgO 为衬底的薄膜电阻率较高，原因是此时薄膜具有明显的择优取向。

（2）介电性。分别测量了上述三种薄膜/衬底组合时薄膜的相对介电常数，其值 $\varepsilon_r＝92～159$，其中 $PbTiO_3$ 薄膜/MgO 衬底组合时的 $\varepsilon_r＝98.5$，介电损耗角正切 $tan\delta＝10^{-1}～10^{-2}$，比体材料约大 1 个数量级，估计是溅射损伤和薄膜内应力的存在所致。

（3）热释电系数。用电荷积分法着重测量了 MgO 衬底上的掺杂 $PbTiO_3$ 薄膜的热释电系数，在未经任何极化处理的情况下，其值为 $1.27\times10^{-8}～2.33\times10^{-8}C\cdot cm^{-2}\cdot K^{-1}$，热释电系数随着掺 Ca(La)的浓度增加而升高，掺杂改性的目的就在于此。

三、溶胶—凝胶法制备 PLT 薄膜

1．PLT 薄膜的制备

溶胶—凝胶法制备 PLT 薄膜的工艺流程如图 9-15 所示，选用分析纯的 $Ti(OC_4H_9)_4$、$Pb(CH_3COO)_4$ 和 La_2O_3 作为原料，以 CH_3COOH 为催化剂。首先将 La_2O_3 和 CH_3COOH

混合制出 $La(CH_3COO)_3$,然后将符合化学计量比的 $Pb(CH_3COO)_2$、$La(CH_3COO)_3$ 溶入有机溶剂甲醇中,经充分搅拌,待 $Pb(CH_3COO)_2$、$La(CH_3COO)_3$ 完全溶解后,再加入所要求的 $Ti(OC_4H_9)_4$、一定量的 CH_3COOH 和交联剂,充分搅拌混合,形成清澈透明的溶胶,再将溶胶在空气中放置一定的时间,使其缓慢吸收空气中的水分,发生水解、缩聚反应,待其生成具有一定黏度或酸度且具有部分凝胶时,用 $KW-4$ 型台式匀胶机在清洗好的衬底上匀胶制膜,最后在一定温度下进行热处理并制得 PLT 晶态薄膜。一次覆膜厚度为 $100\sim200$ nm,若要增加薄膜的厚度,可重复上述过程,直到所需厚度为止。

2. 性能

多次覆膜工艺与薄膜性能见表 9-9。

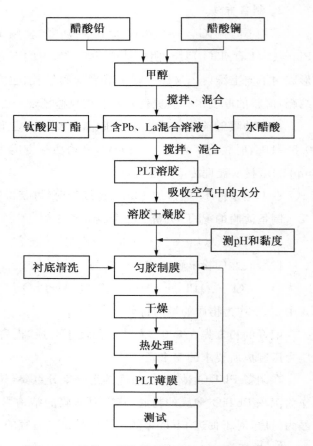

图 9-15　溶胶—凝胶法制备 PLT 薄膜的工艺流程

表 9-9　多次覆膜工艺与薄膜性能

编号	覆膜次数	第一次覆膜		第二次覆膜	
		第一次热处理工艺	薄膜质量	第二次热处理工艺	薄膜质量
1		120℃,2h	完整无裂	120℃,2h	完整,有少量裂纹
				120℃,2h 450℃,2h	龟裂
2		120℃,2h 450℃,2h 700℃,2h	完整无裂	120℃,2h	完整无裂
				120℃,2h 450℃,2h	完整无裂
				120℃,2h 450℃,2h 700℃,2h	完整无裂

四、射频磁控溅射法(陶瓷靶)制备(Pb、La)TiO₃薄膜

1. 简介

钛酸铅体系铁电薄膜材料是钙钛矿型钛酸盐系铁电薄膜材料中的代表性材料,同时也是研究较为广泛的铁电材料之一。$Pb_{1-x}La_xTi_{1-x/4}O_3$(以下简称 PLT)属 ABO_3 型钙钛矿结构,它具有热释电系数大、介电常数小、介电损耗小等特点,是制备非制冷红外探测器和阵列热成像器件的理想材料之一。

2. 薄膜制备

(1) PLT10 陶瓷靶的制备。按照组分 $Pb_{1-x}La_xTi_{1-x/4}O_3+0.1PbO$($x=10\%$,简称 PLT10)进行配料。过量的 $10\%PbO$ 是为了补充在混料和烧结过程中铅的损失。将分析纯的原料 PbO、La_2O_3、TiO_2,按 $Pb:La:Ti=1.00:0.1:0.975$ 摩尔比称量配制,配好的粉料球磨 72h,然后烘干,在 850℃温度下预烧 2h,最后将粉料在 10MPa 压力下压制成直径 70mm 的圆板状,在 1 150℃的条件下烧结 2h,即可得到坚实、致密、平整的 PLT 陶瓷靶。图 9-16 所示为在 1 150℃条件下烧结的 PLT10 陶瓷靶的 XRD 图谱。从图中可以看出,PLT 陶瓷靶为完全的钙钛矿结构。

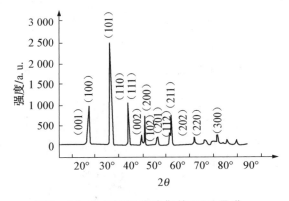

图 9-16　　PLT10 陶瓷靶的 XRD 图谱

(2) 在不同工艺条件下采用射频磁控溅射法制备 PLT 薄膜。采用中国科学院沈阳科学仪器研制中心制的 JGP560C10 型高真空多功能磁控溅射设备,设备的极限真空度为 $6\times10^{-6}Pa$,溅射室尺寸为 $560mm\times350mm$。溅射系统采用多靶磁控溅射系统,它具有 5 个溅射靶位、6 个基片位置,安装在同一个真空室内。有 3 个靶可以进行直流溅射,2 个靶可以进行射频磁控溅射,并且可以对基片进行加热、旋转。还有一个反溅室,可以对样品进行反溅清洗。全部溅射工作均可由计算机控制完成。

在溅射以前,先用丙酮、酒精依次超声清洗基片,然后在反溅室低功率条件下反溅清洗基片(相当于用氩离子进一步清洗)。溅射靶和待溅基片的距离在 $10\sim130mm$ 可调,溅射室首先抽至 $4\times10^{-5}Pa$ 以下,加热基片至预想的温度,按照不同的气压比调整气流,达到预想的气压比,最后调整实验功率对样品进行溅射。详细的制备 PLT 薄膜的溅射条件见表 9-10。

表 9 - 10　制备 PLT 薄膜的射频磁控溅射条件

靶　材	PLT 陶瓷靶（直径为 7cm）	靶　材	PLT 陶瓷靶（直径为 7cm）
气压/Pa	2～4	衬底温度/℃	0～400
靶间距/cm	5～7	自转速率/(r·min⁻¹)	10～20
输入功率/W	50～70	沉积速率/(nm·min⁻¹)	4～8

3．性能

不同工艺条件下的 PLT 薄膜的 XRD 图谱如图 9 - 17 所示。

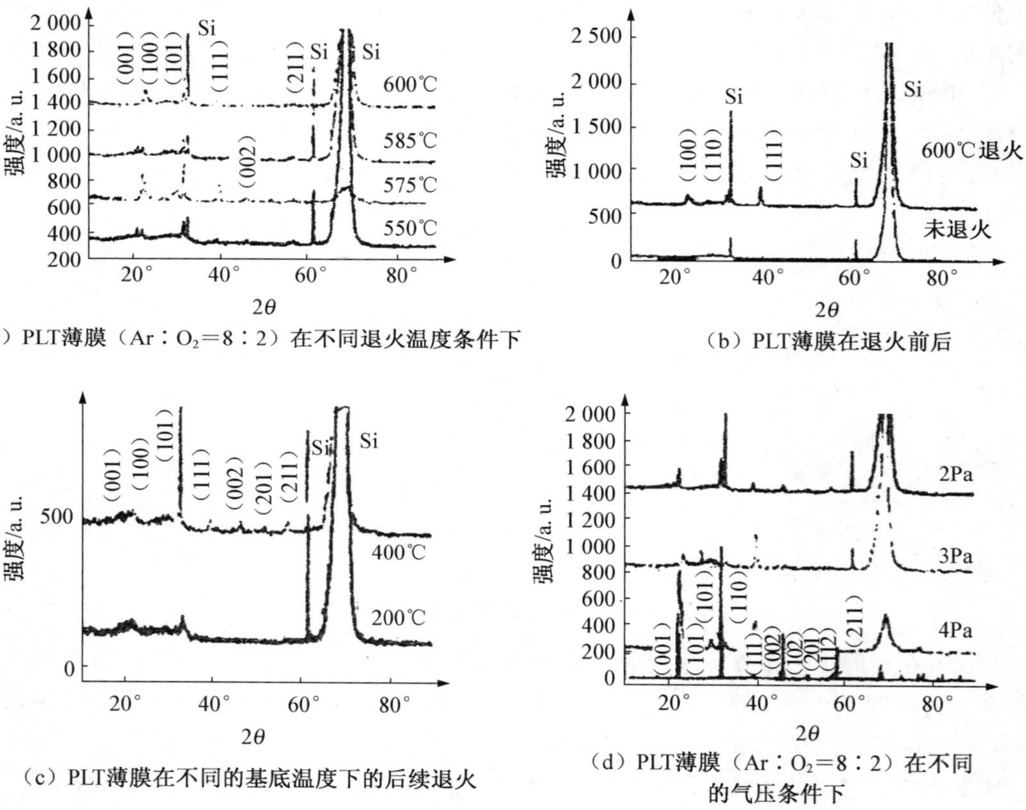

（a）PLT薄膜（Ar∶O₂＝8∶2）在不同退火温度条件下　　（b）PLT薄膜在退火前后

（c）PLT薄膜在不同的基底温度下的后续退火　　（d）PLT薄膜（Ar∶O₂＝8∶2）在不同的气压条件下

图 9 - 17　不同工艺条件下的 PLT 薄膜的 XRD 图谱

4．效果

以 PLT 陶瓷为靶材，采用射频磁控溅射法在 Pt/TiO$_2$/SiO$_2$/Si(100)基底上制备了 PLT 薄膜。结果表明，在 2～4Pa 的工作气压、550～600℃退火温度的条件下能得到纯钙钛矿相的 PLT10 薄膜。根据在不同气氛条件下制备的 PLT 薄膜，优化的 PLT 薄膜的制备条件为：在 Ar∶O$_2$＝8∶2，总气压为 2Pa，基底温度为 400℃，退火温度为 600℃，可以得到结晶性能优良的 PLT 薄膜；在 Ar∶O$_2$＝8∶2，工作气压为 2Pa，基底温度为 400℃，经 600℃退火 1h 的电畴具有 180°结构。

五、紫外脉冲激光淀积法制备 $Pb(Ta_{0.05}Zr_{0.48}Ti_{0.47})O_3$ 薄膜

1. 制备方法

$La_{1-x}Sr_xCoO_3$ 靶材是用柠檬酸方法制备的,将 $La(NO_3)_3 \cdot Sr(NO_3)_3 \cdot Co(NO_3)_3$ 按化学配比配成水溶液,与适量的柠檬酸溶液混合在一起,将混合物加热并保持在 80℃,并不停搅拌,最后得到了干燥、蓬松、多孔的灰渣。把灰渣研成粉,放在马弗炉中加热到 800℃,以使其中有机物充分分解。将得到的粉末在 18MPa 的压力下压成圆片,在 1 200℃煅烧 4h 获得所需靶材。PTZT 靶材使用传统的固相反应方法制备。$ZrO_2 \cdot TiO_3 \cdot Ta_2O_5$ 和适当过量的 PbO 按化学配比混合在一起,球磨 24h,在 800℃预烧 4h,将在 18MPa 压力下制成的圆片在 1 100℃煅烧 2h,得到需要的靶材。

首先用磁控溅射法在表面已氧化的 Si[001] 衬底上制备 Pt/TO_2 双层膜,双层膜的总厚度约为 250nm。然后用 KrF 紫外脉冲激光器(LPX20Si,LambdaPhysik)在上述制备的双层膜上制备 $La_{1-x}Sr_xCoO_3$(LSCO)导电氧化物底电极,淀积温度为 700℃。该脉冲激光波长为 248nm,脉宽为 30ns,频率为 5Hz,激光能量为 140mJ,LSCO 层的厚度为 30nm。随后淀积 PTZT 铁电薄膜,淀积温度为 700℃,激光能量为 190mJ。PTZT 薄膜在氧压为 0.5atm(1atm≈101.325 kPa)的镀膜腔中原位退火 40min。LSCO 上电极在 600℃制备,掩膜板预留孔的直径为 0.2mm。

2. 性能

使用 $La_{0.25}Sr_{0.75}CoO_3$ 为诱导层和底电极,PZTZ 电容器具有极强的抗疲劳性能。一方面,可能是由于(001)择优取向的 PTZT 薄膜中增加了 180°畴的数量,180°畴在电场下容易反转。另外,与 PTZT/Pt 界面相比较,在 $PTZT/La_{0.25}Sr_{0.75}CoO_3$ 界面上减少了空间电荷的积累。另一方面,与导电阻挡层 Pt/Ti 相比较,Pt/TiO_2 相对来说具有稳定的结构,能够有效阻止 Ti 通过界面向 Pt 和 PTZT 层扩散,以免形成新的铁电畴壁钉扎中心。

3. 效果

这种 PTZT 薄膜具有完全的钙钛矿结构,并且具有优异的铁电性能。扫描电镜截面形貌及卢瑟福背散射结果表明,该电容器界面上未发生严重的扩散。由于这种电容器具有大的自发极化、优异的抗疲劳及保持性能,有望应用于高速不挥发性铁电存储器。

9.2.3　锆钛酸铅陶瓷与薄膜

9.2.3.1　锆钛酸铅陶瓷

1. 锆钛酸铅的特性

锆钛酸铅系统 $PbZrO_3-PbTiO_3$ 的陶瓷(简称 PZT)是目前应用最广泛的压电铁电陶瓷材料,对它的研究工作也进行得比较多。

$PbZrO_3$ 和 $PbTiO_3$ 都是钙钛矿型结构,可形成连续固溶体。它实际是 $PbO-TiO_2-ZrO_2$ 三元相图的一个剖面。由图 9-18 所示可以看出,在所有 $PbZrO_3-PbTiO_3$ 比例范围内,冷却时都形成 $Pb(TiZr)O_3$ 固溶体,但 $Pb(TiZr)O_3$ 固溶体的成分有所不同。这种 $Pb(TiZr)O_3$ 固溶体在高温时是立方晶系钙钛矿结构,当冷却至居里温度 T_c 时发生相变,

在含 $PbTiO_3$ 高的一端转变为四方铁电相 F_T，它具有和 $PbTiO_3$ 相似的晶体结构，不过氧八面体内的 Ti^{4+} 一部分被 Zr^{4+} 所置换。在 $PbZrO_3$ 的含量大于 53%（摩尔）时，居里点以下的铁电相已经不是四方铁电相，而出现了菱面体高温铁电相 $F_R(H)$。菱面体高温铁电相的晶胞为一菱面体，属于三方晶系，可以把它看作立方体沿一对角线伸长变形得到，其自发极化的方向就是体对角线的方向。在这一区域内当继续冷却时，菱面体铁电相 $F_R(H)$ 又经历一次相变，变成另一种结构的菱面体低温铁电相 $F_R(L)$。$F_R(H)$ 和 $F_R(L)$ 都属于三方晶系，晶胞都为菱面体形，自发极化方向都沿三次轴的方向，区别在于前者是简单菱面体晶胞，后者是复合菱面体晶胞。

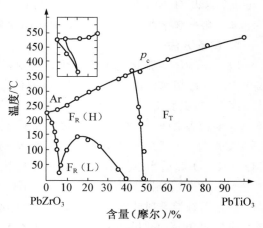

图 9-18　锆钛酸铅固溶体低温相平衡图

四方铁电相 F_T 和菱面体铁电相 $F_R(H)$ 之分界线简称相界线。在室温下位置约在 Zr/Ti 为 53/47 处。随着温度的提高，相界线往富锆的一端倾斜。高温菱面体相 $F_R(H)$ 在室温下的稳定范围，Zr/Ti 为 $(63/37) \sim (53/47)$；低温菱面体铁电相 $F_R(L)$ 在室温下的稳定范围；Zr/Ti 为 $(94/6) \sim (63/37)$。相图上最靠近 $PbZrO_3$ 的地方为反铁电区。在室温下，$Zr/Ti > 94/6$ 的区域为斜方反铁电相 A。一些研究指出，在四方铁电相与菱面体铁电相之间实际上存在着一个两相区，在这个范围内既有四方铁电相存在，也有菱面体铁电相存在。相界线位置可以认为是对应于四方铁电相的数量与菱面体铁电相的数量相等的组成。

图 9-19 所示为 $PbTiO_3 - PbZrO_3$ 二元系中晶格常数随组成的变化。可以看出，在四方铁电相区域，随着 $PbZrO_3$ 含量的增加，$a(b)$ 轴显著增长，而 c 轴稍有缩短，晶胞体积增大。在菱面体铁电相区，随着 $PbZrO_3$ 含量的增加，晶胞体积显著增大。晶格的畸变（偏离立方结构的程度，对菱面体相可用 $90° - \alpha$ 表示，对四方相可用 c/a 比表示）随 Zr/Ti 比的变化而变化（图 9-20）。对四方相，Zr/Ti 比的增加使 c/a 比下降显著；对菱面体相，Zr/Ti 之比的增加畸变略有降低。

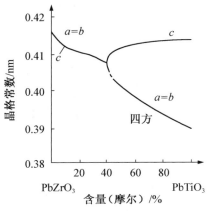

图 9-19　晶格常数与组成

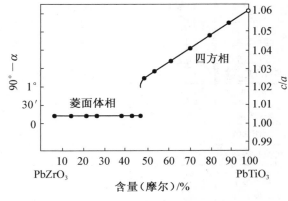

图 9-20　晶格畸变与组成

PZT 陶瓷材料的基本功能如图 9-21 所示。

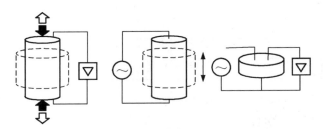

（a）压力变形→电　　（b）电→变形振动　　（c）电→振动→电

图 9-21　陶瓷材料的基本功能

运用上述不同的功能制成的器件,对陶瓷材料的特性要求不同。现在使用的陶瓷其基本成分几乎都是 PZT 系的,仅通过改变各成分的配比,加入微量的添加物来改变机电耦合系数(K)和机械品质系数(Q_m)等材料参数的大小。

表 9-11 是日本富士电气株式会社 PZT 材料的特性。材料的机械品质系数 Q_m 有大的(1 000 以上)和小的(100 以下)两类,介电常数 ε 大的材料具有机电耦合系数(K_r、K_sl)和压电常数 d 大而居里温度低的倾向。Q_m 大的材料用于超声波振子,即用于超声清洗机和超声波马达的振子;Q_m 小的材料用于能量系和信号系的换能器。例如,压电常数 g 大的 P-10 材料用于气体点火元件;机电耦合系数 K 和压电常数 d 大的 P-17 材料用于传动装置;各系数、常数的大小适当且比较平衡的 P-11 材料大多用于压电蜂鸣器和压电传感器。

表 9-11　PZT 材料的特性(日本富士电气株式会社)

项目	单位	记号	P-10	P-11	P-12	P-17	P-24	P-31	P-34	P-37
机电耦合系数	—	K_r	0.61	0.64	0.66	0.67	0.44	0.62	0.47	0.33
		K_sl	0.35	0.37	0.38	0.39	0.26	0.37	0.27	0.20

续表

项目	单位	记号		P—10	P—11	P—12	P—17	P—24	P—31	P—34	P—37
频率常数	Hz·m	N_r		2 040	2 000	2 020	2 035	2 440	2 130	2 420	2 615
		N_{sl}		1 440	1 430	1 450	1 525	1 910	1 570	1 710	1 875
相对介电常数	—	$\varepsilon_{33}^T/\varepsilon_0$		1 800	2 200	3 400	4 400	1 280	1 800	1 200	670
压电常数 d	$\times 10^{-12}$ m/V	d_{sl}		−170	−210	−270	−300	−86	−170	−82	−44
压电常数 g	$\times 10^{-5}$ V·m/N	g_{sl}		−10.9	−10.7	−8.7	−7.8	−7.8	−10.7	−8.1	−7.5
弹性常数	$\times 10^{10}$ N/m²	Y_{11}^E		6.4	6.3	6.3	6.9	9.6	7.5	9.5	11.5
机械品质系数	—	Q_m		90	85	57	53	1 200	1 200	1 100	2 500
共振频率温度系数	10^{-6}/℃	$f_0·T_K$	−10~20℃	−80	−65	−33	−760	30	90	150	30
			20~60℃	20	10	150	150	−30	−140	90	−25
相对介电常数温度系数	10^{-6}/℃	$\varepsilon_{33}^T·T_K$	−10~20℃	3 050	2 800	4 200	6 800	2 300	2 500	1 500	1 600
			20~60℃	4 100	3 600	6 400	12 000	3 300	4 100	2 400	2 400
泊松比	—	σ^E		0.34	0.33	0.33	0.62	0.33	0.285	0.33	0.31
居里温度	℃	T_e		300	280	200	160	270	265	300	340
密度	$\times 10^3$ kg/m³	ρ		7.7	7.7	7.5	7.4	7.8	7.6	7.8	7.9

　　PZT 陶瓷材料除有压电性外,还具有热电性。另外,在 PZT 中加入镧组成的 PLZT 透光性陶瓷,具有电气光学特性。

　　PZT 陶瓷材料作为振子使用时,不仅有一般特性的要求,还必须有优异的振动稳定性和耐久性。

2. PZT 研究的重点

　　(1) 锆/钛为(0.52~0.55)/(0.48~0.45)PZT 陶瓷。从 Pb(ZrTi)O₃ 的相图可知:Pb(Zr$_x$Ti$_{1-x}$)O₃ 体系中,当 x 处在 0.52~0.55 之间时,具有最大的介电常数和显著的压电效应。尤其是在 $x=0.52$ 处,PZTO₃ 材料具有特别强的压电效应,且各方面的性能比钛酸钡陶瓷好得多。这是因为在钙钛矿结构的 Pb(Zr$_x$Ti$_{1-x}$)O₃ 二元系统中,当 $x=0.52$ 时有一条四方铁电相和三方铁电相的准同型相界线,相界富锆一侧为三方铁电相,而富钛一侧为四方铁电相。在相界附近,随着钛离子浓度的增加,自发极化方向的取向将从 [111]向[001]变化,在这一过程中晶体结构是不稳定的,因此介电性和压电性显著提高。为此,PZT 材料中锆/钛的比例处于(0.52~0.55)/(0.48~0.45)范围之内,成为国内外研究的重点。

　　(2)高锆(PZT95/5)陶瓷。在 Pb(Zr$_x$Ti$_{1-x}$)O₃ 的相图中,当 $0.94 \leqslant x \leqslant 100$ 的区域是高锆区,在这个区域($x=0.94$)存在一条铁电(F)—反铁电(AF)相界,在测量其介电系数随频率和温度变化的过程中发现介电性反常和显著的厚度振动。这类陶瓷具有较高的厚度机电耦合系数($K_t=0.40$)和一定的机电耦合各向异性($K_t/K_p=4.0$),这使材料研究者产生了极大兴趣。研究表明,在铁电—反铁电相界附近存在的两相共存区域,与准同型相界面处的三方—四方铁电相两相共存区不同,在铁电—反铁电相界处,铁电相和反铁电相界在电场或外力作用下不能相互转变,只能发生电场诱导 AF→F 相变或应力强迫 F→AF 相变,而且反铁电相也不像铁电四方相,它在宏观上不呈现铁电活性。另外,这类材料除了存在铁电—反铁电相外,还存在低温菱方相(RL)和高温铁电菱方相(RH)。基于 PZT 陶瓷在此区域有着特殊的物理性能,在许多领域都可以得到广泛的应用,所以对这类材料的研究主要集中在 PZT95/5 方面。

(3) 多孔 PZT 陶瓷。在合成 PZT 粉体的过程中,加入适量的造孔剂(一般为聚乙烯球等有机物),可使烧结后的 PZT 陶瓷中形成闭孔结构,这种结构避免了在爆炸冲击波作用过程中产生低温下的高压击穿。Bruce 等先用固相法合成 PZT95/5 微粉,然后加入适量的有机造孔剂,制备出了含一定空隙率的 PZT95/5 陶瓷。控制造孔剂的加入量从 0~0.4% 变化时,PZT 陶瓷的致密度为 82.3%~97.3%,与空隙率成近似的线形关系。目前,国内对多孔 PZT 压电陶瓷的报道尚不多,但由于其特殊的性质,将会引起材料研究学者的重视。

(4) PZT 陶瓷的中低温烧结技术。由于含铅的 PZT 基压电陶瓷通常的烧结温度为 1 200℃ 以上,处于这个温度的 PbO 容易挥发。由于铅的挥发导致:①PZT 陶瓷的化学计量比发生偏差,性能难以稳定控制;②对环境造成污染,危害人类健康;③压电陶瓷器件的多层化,在高温烧结时,内电极常使用铂等贵金属,大大提高了器件的成本。

为了防止铅的挥发、减少铅的损失,可以通过密闭容器烧结、加入过量铅成分等方法,同时也可通过降低烧结温度来防止,降低烧结温度不但可以减少铅的损失,还可以节约能源。

通过研究,降低烧结温度的主要方法有:

①改善粉体形貌,使粉体的粒子纳米化。因为细小均匀的粉体具有高的表面能和烧结活性,有利于烧结过程的进行。研究表明:水热合成的 PZT 粉体的 PbO 挥发温度为 924.71℃,颗粒之间的反应温度为 811.26℃;固相合成的 PZT 粉末颗粒之间的反应温度为 1 243.47℃,PbO 的挥发温度为 1 213.29℃。因此,采取有效的合成方法,制备超细的 PZT 粉体,可以控制烧结温度在 PbO 挥发温度以下,铅的挥发问题可彻底解决。

②添加低温烧结助剂。研究表明,在利用水热法合成 PZT 陶瓷粉体时掺加微量的 Fe^{2+}、Bi^{3+}、Cu^{2+} 等离子,在合成的粉体中再外加微量 BCW[$Ba(CuW)O_3$],可以实现在空气中 850℃ 下完成烧结,比不加烧结助剂的粉体的烧结温度降低 250℃ 左右,比一般固相法制备的 PZT 粉体的烧结温度 1 250℃ 降低 400℃ 左右。

③热压烧结。在 PZT 基压电陶瓷原料中加入由 $xBO_{1.5}$—$yBiO_{1.5}$—$yCdO$ 组成的玻璃料,可使其烧结温度得到较大程度的降低,其压电性和介电性都得到改善。

但在实际的操作过程中,中低温烧结的温度降低是有限的,低温工艺会提高 PZT 粉体制备的成本;添加剂的加入容易引入第二相,易降低其电学性能。研究表明,研究者常采用加入过量的氧化铅成分来弥补铅的损失。加入过量的氧化铅在烧结时呈现液相,有助于粉体的致密化行为,但却降低了烧结体的致密度。又由于在 PbO 液相中 TiO_2 溶解度大于 ZrO_2 的溶解度,过量的氧化铅有可能使烧结的 PZT 陶瓷中钛含量偏高。

（5）PZT 陶瓷的掺杂改性。由于 PZT 基压电陶瓷含有大量的铅，而氧化铅在烧结过程中易挥发，难以获得致密烧结体，同时又由于相界面附近体系的压电、热电性能依赖钛和锆的组成比，故较难保证性能的重复性，这给实际的制备与应用带来了一定的困难。为了适应各种不同的用途和要求，国内外对 PZT 陶瓷进行了广泛的掺杂改性研究。PZT 压电陶瓷的掺杂改性主要有以下几个方面：

① 软性掺杂。这种掺杂是指 La^{3+}、Bi^{3+}、Nb^{5+}、W^{6+} 等高价离子分别置换 Pb^{2+} 或 $(Zr,Ti)^{4+}$ 等离子，在晶格中形成一定量的正离子缺位（主要是 A 位），由此导致晶粒内畴壁容易移动、矫顽场降低，使陶瓷的极化变得容易，因而相应地提高了压电性能。但空位的存在增加了陶瓷内部的弹性波的衰减，引起机械品质因数 Q_m 和电气品质因数 Q_e 的降低，使其介电损耗增大，因而这类掺杂的 PZT 压电陶瓷通常称为"软性"PZT 压电陶瓷，适于制备高灵敏度的传感器元件。这类掺杂报道最多的是 La^{3+} 和 Nb^{5+}。

② 硬性掺杂。这类掺杂与高价离子软性掺杂的作用相反：离子置换后在晶格中形成一定量的负离子（氧位）缺位，因而导致晶胞收缩，抑制畴壁运动，降低离子扩散速度，矫顽电场增加，从而使极化变得很困难，压电性能降低，Q_m 和 Q_e 变大，介电损耗减少。具有这类掺杂物的 PZT 压电陶瓷称为"硬性"PZT 压电陶瓷，适于制备高能转换器元件。

③ 变价离子掺杂。这类添加物是以含 Cr 和 U 等离子为代表的氧化物，它们在 $Pb(TiZr)O_3$ 固溶体晶格中出现一种以上的化合价态，因此能部分地起到产生 A 缺位的施主杂质作用，部分地起到产生氧缺位的受主杂质作用，它们本身似乎能在两者之间自动补偿。通过变价离子的掺杂使 PZT 陶瓷材料的性能介于"软性"陶瓷和"硬性"陶瓷材料之间，使其老化降低，体积电阻率稍有降低，机械品质因数稍有增加，机电耦合系数稍有降低，介质损耗稍有增大，但其温度的稳定性得到改善。

④ 多元系压电陶瓷。在对 PZT 进行掺杂改性的研究中发现，若在 ABO_3 钙钛矿结构化合物的 B 晶位上有 2 种异价离子复合占位作为第三组元，这些新的三元系压电陶瓷不仅各有特色，而且陶瓷的烧结温度低，工艺重复性好。通过对三元铁电陶瓷进行研究，三元系列材料的性能比二元系列材料的性能更为优异。20 世纪 80 年代以后，以 PMN－PZ－PT 为代表的三元压电陶瓷、以 PMN－PNN－PZ－PT 为代表的四元压电陶瓷逐渐发展起来，并开始进入商品化生产阶段。

⑤ 掺杂的均匀性。掺杂对改变 PZT 压电陶瓷的性能有重大影响，而掺杂的均匀性尤其重要。现在多数采用可溶性盐的离子代替固相的氧化物进行液相掺杂，以提高其均匀性。例如，用可溶于浓盐酸、硫酸以及无水乙醇和乙醚等有机溶剂中的 $NbCl_5$ 代替 Nb_2O_5 进行掺杂，能有效地提高掺杂的均匀性。

3. 制备方法

（1）采用溶胶—凝胶法制备的 PZT。

① 制备方法。对 Zr/Ti＝51/49（摩尔比）的准同型相界组分进行研究，首先按化学配比称出所需原料，用甲醇和乙二醇甲醚作溶剂，配成不同浓度的透明溶液，然后将配好的溶液放置于空气中，让其自行吸取空气中的水分（也可以加入水、溶剂或催化剂等）发生水解—聚合反应，1 周后溶液生成，即使倾斜 90°也不会流动，且呈不开裂的透明凝胶。

凝胶经 120℃ 真空干燥 5h,即可形成所需的白色 PZT 干凝胶粉末。其主要步骤如图 9 - 22 所示。

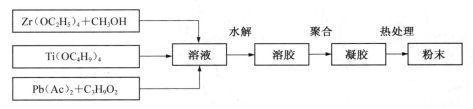

图 9 - 22　采用溶胶—凝胶法制备 PZT 框图

将干凝胶粉末在不同的温度下焙烧 2h,开始以 2℃/min 升温速度从室温升至 250℃,让有机物或基团慢慢挥发与分解。升温速度太快容易发生炭化,从而影响粉料的化学活性。然后升温速度提高到 8～10℃/min,升至所需温度保温 2h,预烧后的粉末呈淡黄色。将该粉末经碾磨过筛,并在室温下用 2 000kg/cm² 压力压成直径为 10mm、厚度为 1mm 的样品,再经过高温烧结即可得到 PZT 陶瓷。

② 性能。在 450℃ 的条件下,PZT 晶相尚未形成,样品处于无定形状态;在 550℃ 保温 2h,可以发现 $PbZr_{0.51}Ti_{0.49}O_3$ 四方相完全形成;继续升温至 650℃,衍射峰加强变锐,说明随着温度的升高,晶粒长大,晶体结构完整,晶格的对称更加明显。这些均表明了 PZT 凝胶粉末在 550℃ 可以生成 PZT 晶相。溶胶—凝胶法制备 PZT 陶瓷的介电曲线如图 9 - 23 所示。PZT 陶瓷的电性能比较见表 9 - 12。

(2) 掺镧锆钛酸铅(PLZT)陶瓷。

① 制备方法。按式 $(Pb_{1-0.5x}La_x\square_{0.5x})(Zr_{0.05}Ti_{0.35})O_3$ ($x=0.08$、0.09、0.12、0.167,$\square$ 代表铅空位 V_{pb})配比,采用常规工艺合成试样,即先将试剂 Pb_3O_4、La_2O_3、TiO_2、ZrO_2 按化学计量比配量的粉末,经球磨、烘干、过筛后,在 950℃ 预烧 3h,预烧后的粉末再经球磨、烘干、过筛后压成 ϕ10mm 的圆片。为减少烧结时试片中铅的挥发,将成形后的试片装入以 $PbZrO_3$ 作气氛片的密封刚玉坩埚中,终烧温度为 1 280℃,1h。

表 9 - 12　PZT 陶瓷的电性能比较

方　法	配方	主要性能			
	Pb/Zr/Ti	$\rho/(g\cdot cm^{-3})$	$\varepsilon/(F\cdot m^{-1})$	$\tan\delta/\%$	$d_{33}/(\times10^{-12}C\cdot N^{-1})$
传统方法	1/50/50	7.55	<750	0.27	173
溶胶—凝胶方法	1/51/49	7.63	889	0.10	197
传统方法	1/52/48	7.55	<780	0.28	223
传统方法	1/54/46	7.62	<750	0.33	152

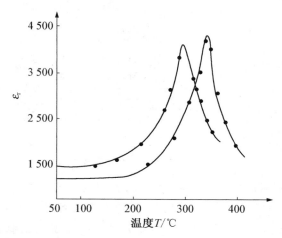

图9-23　采用溶胶—凝胶法制备的 PZT 陶瓷的介电曲线

　　烧结后的试片在 MX18A－HFX 射线衍射仪上进行结构测定。试片在 HP4282 精密电桥上进行介电性能测试,升温速率为 1℃/min。

　　② 性能。PLZT8/65/35、PLZT9/65/35、PLZT12/65/35、PLZT16.7/65/35 陶瓷的弥散相变度和频率色散度参数见表 9-13。

表 9-13　PLZT8/65/35、PLZT9/65/35、PLZT12/65/35、PLZT16.7/65/35
陶瓷的弥散相变度和频率色散度参数

试样	PLZT8/65/35	PLZT9/65/35	PLZT12/65/35	PLZT16.7/65/35
δ/℃	58.24	72.52	111.28	124.56
ΔT_0/℃	4.00	9.87	20.74	12.44

　　(3) 镧、锰掺杂锆钛酸铅陶。

　　① 掺杂量的确定。掺 La^{3+} 采用固相掺杂,掺杂量(摩尔分数)为 1%、2%、3%、4%。掺 Mn^{2+} 时采用液相掺杂,掺杂量(质量分数)分别为 0.075%、0.150%、0.225%、0.300%、0.375%。

　　② 制备方法。Zr/Ti 摩尔比选在准同型相界附近的 55/45,铅过量 0.05(摩尔分数)。样品采用传统的固相烧结工艺制备,预烧温度为 850℃,烧结温度为 1 200℃ 左右,加工成薄片,被银电极。

　　③ 性能。介电常数随频率的变化如图 9-24 所示。

　　④ 效果。铅过量 0.05(摩尔分数),Zr/Ti 摩尔比为 55/45,掺

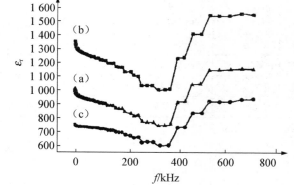

图9-24　介电常数随频率的变化
(a)未掺杂;(b)掺 La^{3+} 2%;(c)掺 La^{3+} 2%、掺 Mn^{2+} 0.150%

La^{3+}量（摩尔分数）为 2％，掺 Mn^{2+}量（质量分数）为 0.150％的 PZT 组分，在 1 200℃烧结，并保温 1.5h 得到的陶瓷材料具有良好的铁电和介电性能、矩形度良好的电滞回线、剩余极化值（$2P_r$）为 80×10^{-6} C/cm^2、矫顽场（$2E_c$）为 0.852×10^3 V/cm、相对介电常数为 908，损耗（tanδ）仅为 0.6×10^{-2}。该材料有望成为陶瓷靶材在脉冲激光沉积（PLD）和射频磁控溅射制备铁电存储器用铁电薄膜的工艺中得到应用。

（4）掺钕锆钛酸铅（PNZT）陶瓷纳米粉体。

① 纳米粉体制备工艺。按 Pb+Nd∶Zr∶Ti＝1.1∶0.52∶0.48 的摩尔比，取不同的钕与铅的摩尔比来控制钕的掺杂量。在硝酸锆水溶液和钛酸丁酯的乙二醇溶液 60℃反应 0.5h 后滴加硝酸钕和乙酸铅乙二醇溶液，继续 60℃反应 2h 制备溶胶。本溶胶工艺无需稳定剂，简单易行。溶胶经 100℃干燥获得干凝胶，700℃热处理得到淡黄色 PNZT 纳米粉体。

② 性能。PNZT 系多晶粉体晶格参数计算数据见表 9 - 14。

表 9 - 14　PNZT 系多晶粉体晶格参数计算数据

Nd/％（摩尔分数）	a	c	c/a	d_{211}	d_{022}	V
0	4.083 50	4.084 20	1.000 17	1.667 1	1.443 8	68.104 0
2	4.045 29	4.128 43	1.020 55	1.657 0	1.444 7	67.559 3
3	4.073 88	4.114 72	1.010 02	1.665 9	1.447 5	68.290 0
6	4.057 19	4.099 76	1.010 49	1.659 2	1.441 9	67.485 3
8	4.065 65	4.081 96	1.004 01	1.660 9	1.440 3	67.472 9
9	4.059 74	4.062 94	1.000 79	1.657 6	1.435 9	66.963 3

9.2.3.2　锆钛酸铅铁电薄膜

1．简介

采用溶胶—凝胶法制备 PZT 薄膜，溶胶—凝胶法是一种制备薄膜的优良化学方法。它是将 PZT 组分原材料在溶胶中经充分搅拌混合均匀，在低温下进行热处理而得到 PZT 薄膜。所以，它能有效地防止 Pb 的挥发，保证得到成分准确、分布均匀的大面积 PZT 薄膜。溶胶—凝胶法能通过调整回火温度和时间来控制晶粒尺寸，可制备出晶粒尺寸小、分布均匀的致密 PZT 薄膜。

2．PZT 薄膜的制备

（1）原料与配方的确定。溶胶—凝胶法制备 PZT 薄膜普遍采用的基本原料是醋酸铅、锆的醇盐（乙醇锆、异丙醇锆）和钛酸四丁酯。由于目前国内锆的醇盐还没有商品化，来源困难，价格昂贵，因此本文采用硝酸锆取代锆的醇盐，因为硝酸锆易溶于水和醇，分解温度低（200℃左右）。实验证明，Zr(NO$_3$)$_4$ 是制备 PZT 薄膜的较好的原料。

众所周知，在 PbTiO$_3$ 和 PbZrO$_3$ 二元系低温相图中，T_c 以下，当锆钛比在 52/48 附近存在一条准同型相界，在此区域内，四方铁电相与三方铁电相共存，材料的结构比较松弛，活性大，具有优良的压电性和铁电性。因此，采用锆钛比 Zr/Ti 为 50/50，即 Pb(Zr$_{0.5}$Ti$_{0.5}$)O$_3$，接近准同型相界。

（2）PZT 薄膜的制备。用溶胶—凝胶法制备 PZT 薄膜的工艺流程如图 9-25 所示。

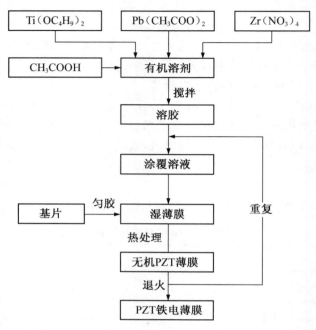

图 9-25　用溶胶—凝胶法制备 PZT 薄膜工艺流程图

首先将符合化学剂量比的 $Pb(CH_3COO)_2$、$Ti(OC_4H_9)_4$ 和 $Zr(NO_3)_4$ 溶于有机溶剂中，加入少量冰乙酸作催化剂和 pH 调节，经充分搅拌混合形成清澈的溶胶，其 pH 值一定，黏度一定，即为所需的涂敷"溶液"。然后，将该溶液滴到单晶硅基片上，用匀胶机以 3 000～5 000r/min 的转速匀胶，形成均匀湿膜。再在 500～800℃温度下进行热处理，形成 PZT 无机薄膜。如果要增加膜的厚度，可重复以上过程，即匀胶—热处理过程。最后，将该无机薄膜在 700～900℃温度下进行退火 2～6h，就得到了最终的 PZT 铁电薄膜。为了测试薄膜的电性能，在陶瓷薄膜表面真空蒸发 Au（或 Al）电极。

3. 性能

不同频率下 PZT 薄膜的 P_r 和 E_c 见表 9-15。经 600℃/h 退火处理，PZT 薄膜的 $P-E$ 电滞回线如图 9-26 所示。

能够对 PZT 铁电薄膜形成腐蚀的腐蚀剂主要有 HCl、HF 和 BOE 等，其中 BOE 由质量分数为 40% 的 NH_4F 和 49% 的 HF 按 6：1 的体积比构成。用 HCl 腐蚀 PZT 的过程缓慢，且形貌粗糙，即使把腐蚀液加热到 60℃，腐蚀仍不完全、不均匀，这是因为 HCl 易腐蚀 Pb/Ti，但不易腐蚀 Zr。用 HF 作腐蚀剂腐蚀均匀，但由于腐蚀速率太快，腐蚀过程不易控制。为提高腐蚀质量，实验发现将 BOE 和 HCl 组成的复合腐蚀剂腐蚀效果较好，HCl 的加入有助于除去 BOE 腐蚀后留下的 Pb 膜，最佳配比为：$V_{BOE}：V_{HCl}：V_{H_2O} = 1：2：10$。

表 9 - 15　不同频率下 PZT 薄膜的 P_r 和 E_c

频率	500Hz	1 000Hz	5 000Hz
$P_r/(\mu C \cdot cm^{-2})$	28.0	20.4	12.5
$E_c/(kV \vdots cm^{-1})$	40	28	20

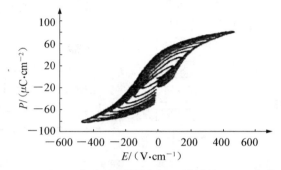

图 9 - 26　经 600℃/h 退火处理 PZT 薄膜的 $P-E$ 电滞回线

9.2.3.3　锆钛酸铅铁电薄膜敏感元的制备

1. 上、下电极的制备及剥离

非制冷红外热释电探测器敏感元的制作工艺过程如图 9 - 27 所示。对于铁电薄膜常用的电极材料来说（如 Pt、Au 等），由于没有合适的溶液在对它们进行有效腐蚀的同时而不破坏保护层（即光刻胶），所以采用剥离技术来解决电极的图形化问题，其工艺过程主要包括表面处理、涂胶、前烘、曝光、显影、后烘、溅射电极、剥离等几个步骤，如图 9 - 28 所示。制作中使用的光刻胶是型号为 RZJ-306 的正性胶，显影液型号为 RZJ-3038，光刻机的型号为 JKG-3A。在清洗干净的 SiO_2/Si 基片上完成光刻工序后，采用研制的小型直流溅射仪（DC-Sputter Ⅱ）溅射 Ti 和 Pt 金属薄膜，然后在 600℃下退火 1h，这样一方面 Pt/Ti 下电极与基片结合牢固，另一方面可以使光刻胶完全炭化，在丙酮中超声处理 1min 即可实现下电极的图形化。上电极金属图形的剥离工艺与下电极图形化基本相同，只是在溅射完 Au 上电极后，还要通过真空蒸发设备蒸镀一层金黑，作为热释电探测器的吸收层。

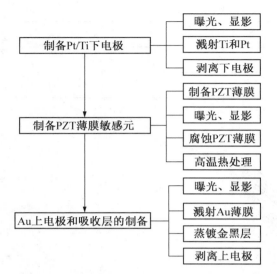

图9-27　热释电探测器敏感元的制作工艺过程

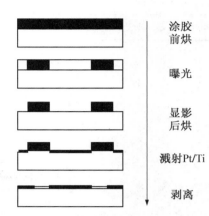

图9-28　下电极图形化的光刻工艺流程图
■■■—光刻胶；━━━—Pt/Ti电极

2. 铁电薄膜的制备及图形化

以乙酸铅、钛酸四丁酯以及四正丁氧基锆为原料、乙酰丙酮为螯合剂、乙二醇甲醚为溶剂，按照化学式 $Pb(Zr_{0.52}Ti_{0.48})O_3$ 进行称量、配料。首先将钛酸四丁酯和乙酰丙酮按摩尔比1：1混合，在常温下搅拌2h，加入乙酸铅在124℃下反应10min，冷却到80℃后加入四正丁氧基锆，然后在132℃下回流2h，冷却至80℃进行减压蒸馏4h，得到PZT的干凝胶。这样一方面便于保存，另一方面用制备好的干凝胶配置溶胶，有利于溶胶的结构和组分均匀一致。将干凝胶溶解至乙二醇甲醚中，质量分数为15%，经孔径为0.2μm的过滤器进行过滤，即可供匀胶使用。

在下电极已经图形化的基片 $Pt/Ti/SiO_2/Si$ 上进行匀胶，匀胶机转速为3 000r/min，匀胶时间为30s；然后在快速热处理炉中进行预处理，即在130℃保温200s，在3 800℃保温240s，在460℃保温240s。匀胶和预处理重复8次得到PZT的非晶态膜。非晶态薄膜制备好后，再通过光刻进行图形化，工艺过程包括涂胶、前烘、曝光、显影、后烘、腐蚀、去胶等几个步骤，如图9-29所示。为了得到所要求的晶型，最后在马弗炉中进行热处理，即以3℃/min升至一定温度，保温1h，自然降温即可。

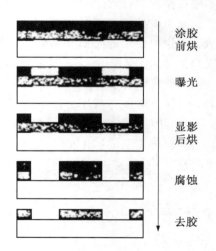

图9-29　热释电探测器敏感元的制作工艺过程
■■■—光刻胶；■■■—铁电薄膜

9.2.4　钛酸钡陶瓷与薄膜

9.2.4.1　钛酸钡陶瓷

一、BaTiO₃ 晶体的性质

图 9-30 所示为 $BaTiO_3$ 单畴晶体的介电常数随温度的变化,从中可以发现其具有如下特点:

(1) $BaTiO_3$ 晶体的介电常数很高,在 a 轴方向测得的数值远高于在 c 轴方向测得的数值。高介电常数与铁电晶体的自发极化和电畴结构有关。a 轴方向与 c 轴方向介电常数的巨大差异表明,在电场作用下,$BaTiO_3$ 中的离子沿 a 轴方向具有更大的可动性。

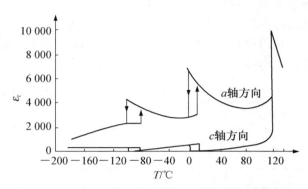

图 9-30　BaTiO₃ 单畴晶体的介电常数随温度的变化

(2) 相变温度附近,介电常数均具有峰值,在居里温度 T_c 下的峰值介电常数最高。这与相变温度附近离子具有较大可动性,在电场作用下易于使晶体中的电畴沿电场方向取向有关。

(3) 与相变(即晶型转化)的热滞现象相应,介电常数随温度变化时也存在热滞现象,在四方⇌斜方相变温度及斜方⇌三方相变温度附近表现得很明显。

(4) 介电常数随温度的变化不呈直线关系,而呈现出非常明显的非线性。所以,一般不能用"介电常数的温度系数 α_ε 的概念来衡量钛酸钡晶体的(以及 $BaTiO_3$ 陶瓷)介电常数—温度关系。

$BaTiO_3$ 或 $BaTiO_3$ 基固溶体是 $BaTiO_3$ 基铁电介质瓷的主晶相。$BaTiO_3$ 陶瓷的性质,很大程度上是由 $BaTiO_3$ 晶体性质决定的,即 $BaTiO_3$ 晶体的性质对其有着直接的、重要的影响。

二、BaTiO₃ 基铁电介质瓷的配方与性能

为了制得具有预期性能指标的陶瓷材料,配方是基础,生产工艺则是配套的重要条件。对于铁电电容器陶瓷的生产,也是如此。

配方是根据使用要求拟定和研制出来的。通常希望铁电介质瓷具备下列性能:

(1) 在使用温度下或使用温度范围内,具有尽可能高的介电常数。

(2) 在适当的温度范围内(如 $-55 \sim 85 \text{℃}$),具有尽可能低的介电常数的变化率或容量变化率。

(3) 具有尽可能高的耐电强度,这对用作高压铁电电容器的瓷料特别重要。

(4) 具有尽可能低的介质损耗。预期用于中高频范围内的陶瓷介质,对这一指标有较高的要求。

(5) 陶瓷的介电常数或电容量随交、直流电场的变化尽可能小。

（6）铁电陶瓷介质具有尽可能小的老化率。

这些指标是总的要求，完全实现是不可能的，某些性能之间是相互制约的，只能从具体应用要求出发，突出一二项或几项指标，满足使用的要求。

下面以比较突出的某一种性能指标来分类介绍几种铁电介质瓷料的配方。

1. 高介铁电瓷料

瓷介电容器的微小型化要求瓷料具有尽可能高的介电常数。这一要求作为主要出发点考虑，一般在 $BaTiO_3$ 中引入适当的移峰加入物，把居里峰移至15℃或15～20℃，且加入物不应呈现压峰效应，应使居里峰值有所提高。

国内最初研制的高介铁电瓷料为 $BaTiO_3-CaSnO_3$ 系瓷料，可用来制备小型大容量瓷介电容器。表9－16列出了该系统瓷料的两个代表性配方。

表9－16　（Ba、Ca）（Ti,Sn）O_3 高介铁电瓷料配方

瓷料编号	$BaTiO_3$	$CaSnO_3$	$MnCO_3$	ZnO	烧成温度/℃
NT（摩尔）/%	89.67	10.45	—	—	1 360
T－11500/%	91.04	8.96	0.10	0.20	1 360±20

注：$CaSnO_3$ 中加入1.04%ZnO。

NT料和T－11500瓷料的组成和性能均很相近，引入 $MnCO_3$、ZnO有助于改善瓷料烧结，抑制晶粒生长，阻碍钛离子还原。

T－11500瓷料的介电常数—温度特性曲线如图9－31所示。可以看出，这种瓷料的居里峰在20℃左右，其介电损耗在正温范围内随温度的升高而降低，在负温范围内则升高。这种瓷料的电容器在常温下虽然容量很大，但是容量变化率也很大，当温度为－40℃或85℃时，电容器的容量只有常温时的10%～20%。

用这种瓷料生产10 000pF的小型瓷介电容器，瓷料的介电常数仍显太低。

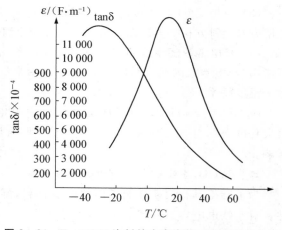

图9－31　T－11500瓷料的介电常数—温度特性曲线

为了进一步提高 $BaTiO_3-CaSnO_3$ 系瓷料的介电常数，在 $BaTiO_3$ 团块中引入少量 $SrTiO_3$（$BaCO_3$ 为四川五通桥所产），采用适当的工艺，介电常数达到20 000F·m^{-1}以上。改进后的代表性配方为：$BaTiO_3$ 团块91.18%，$CaSnO_3$ 团块8.82%，外加 WO_3 0.5%、$MnCO_3$ 0.1%。

其中，$BaTiO_3$ 团块按 $BaCO_3$ 69.52%、TiO_2 28.57%、$SrCO_3$ 1.91%配料合成，$CaSnO_3$ 团块按 $CaCO_3$ 39.51%、SnO_2 59.45%、ZnO1.04%配料合成。瓷料经加工成形后于13$^\#$～14$^\#$锥烧成，它的介电常数 $\varepsilon \geqslant 20\ 000$F·m^{-1}。

$BaTiO_3$—$CaSnO_3$系高介铁电瓷料的烧成温度偏高,其老化率一般比较大,可进一步改进。某厂的 $BaTiO_3$—$BaZnO_3$系高介瓷料已定型生产的瓷料配方为 T—15 及 T—20。T—15 配方的配料比如下:$BaTiO_3$ 75.3%,$BaZrO_3$ 20%,$CaTiO_3$ 3%,$CaZrO_3$ 0.2%,Al_2O_3 0.4%,H_2WO_4 0.4%,ZnO 0.7%。瓷料经 13$^\#$ 锥烧成,介电常数 $\varepsilon \geqslant 15\ 000F \cdot m^{-1}$。T—20 配方的配料比如下:$BaTiO_3$ 85%,$BaZrO_3$ 16%,H_2WO_4 0.5%,ZnO 0.4%;CeO 0.1%。瓷料经 12$^\#$ ~14$^\#$ 锥烧成,$\varepsilon \geqslant 20\ 000F \cdot m^{-1}$,$T_c \approx 15℃$,−10~70℃ 之间的剩余容量 $\geqslant 20\%$。

随着瓷介电容器的微小型化,要求铁电介质陶瓷的介电常数达 $30\ 000F \cdot m^{-1}$ 以上。国内有些企业已研制出这类瓷料并用以制备出高介电容器。

2. 低变化率铁电瓷料

如上节所述,$Bi_2(SnO_3)_3$ 对 $BaTiO_3$ 有非常强烈的压峰效果,所以 $BaTiO_3$—$Bi_2(SnO_3)_3$ 系瓷料可以用作低容量变化率的铁电瓷料系统。如果附加少量 Nb_2O_5、ZnO、Sb_2O_3 等掺杂改性,可以获得性能更好的低变化率瓷料配方。

表 9-17 列出 $BaTiO_3$—$Bi_2(SnO_3)_3$ 系低变化率瓷料的两个实验方,表 9-18 列出了这两个瓷料的介电性能。

表 9-17　$BaTiO_3$—$Bi_2(SnO_3)_3$系低变化率瓷料配方

瓷料编号	$BaTiO_3$/%	Bi_2O_3/%	SnO_2/%	Nb_2O_5/%	ZnO/%	瓷料烧成温度/℃
1	94.8	1.83	2.11	1.01	0.31	1 370
2	94.8	1.83	2.11	1.01	0.62	1 370

表 9-18　瓷料的介电性能

编号	介电性能(20℃,1kHz)			介电常数变化率/%		耐电强度/($kV \cdot mm^{-1}$)	85℃下的体积电阻率 ρ_V/($\Omega \cdot cm$)
	介电常数 ε/($F \cdot m^{-1}$)	介电损耗角正切 $\tan\delta / \times 10^{-4}$	体积电阻率 ρ/($\Omega \cdot cm$)	$\dfrac{\varepsilon_{55}-\varepsilon_{25}}{\varepsilon_{25}}$	$\dfrac{\varepsilon_{85}-\varepsilon_{25}}{\varepsilon_{25}}$		
1	2 400	130	2×10^{12}	+4.5	−1.25	8~10.5	1.4×10^{12}
2	2 100	150	1.5×10^{12}	−6.9	+0.4	8~15.7	1×10^{12}

在生产 $BaTiO_3$—$Bi_2(SnO_3)_3$ 系低变化率瓷料时,应该注意以下几点:

(1) $BaTiO_3$ 烧块的合成温度不宜过高,合成温度过高时,120℃ 附近仍可出现介电常数的峰值。

(2) 瓷料的烧成温度过高时,保温时间不宜过长,否则容量变化率有可能增大,因为过高的烧成温度或过长的保温时间有利于下列反应:

$$6BaTiO_3 + 2Bi_2(SnO_3)_3 \longrightarrow 6Ba(Ti,Sn)O_3 + 2Bi_2(TiO_3)_3$$

其中,$Bi_2(TiO_3)_3$ 的压峰效果远不如 $Bi_2(SnO_3)_3$ 强烈,结果是瓷料的介电常数增大,容量变化率提高。

(3) 生产上可适当调整 $Bi_2(SnO_3)_3$(即 Bi_2O_3 和 SnO_2)的含量,适当提高有利于容量变化率降低,但介电常数也会相应降低。在 $BaTiO_3$ 中引入少量 Fe_2O_3 可以产生明显的移峰和压峰效果。研究表明。在 $BaTiO_3$ 中同时引入少量 Fe_2O_3 和 ZnO,可以把瓷料的介电常数温度曲线直至100℃之前压得非常平坦,可推荐用于生产低容量变化率的铁电电容器。有关文献发表的两个典型配方如下:配方1,$BaTiO_3$ 95.75%、Fe_2O_3 1.92%、ZnO 2.3%;配方2,$BaTiO_3$ 97.85%、Fe_2O_3 1.47%、ZnO 0.68%。

两种配方具有相似的特点,即 $\varepsilon \geqslant 1\,500F \cdot m^{-1}$,且从室温至100℃之前几乎不随温度变化,室温至100℃之前的介电损耗角正切($\tan\delta$)在 100×10^{-4} 以下,瓷体具有微细晶粒结构,而且不显示一般铁电陶瓷的电滞回线特征。

掺杂 Fe_2O_3 和 ZnO 所带来的显著压峰效果,可能是由于异价掺杂和粒度效应的双重作用所致。Fe^{4+}、Co^{3+} 和 Ni^{2+} 等加入物易于促进六方 $BaTiO_3$ 的形成,所以在制备含有 Fe_2O_3 等加入物的 $BaTiO_3$ 陶瓷时,最好能在较低的烧成温度下烧成,或者配方中同时引入能较有效地阻碍六方 $BaTiO_3$ 形成的其他离子,如 Ca^{2+} 或 Sr^{2+} 等。

3. 高压铁电瓷料

铁电陶瓷的耐电强度是高压铁电陶瓷的一个重要指标。讨论 $BaTiO_3$ 陶瓷的击穿时,改善铁电陶瓷耐电强度方面应注意的各点,在制备高压铁电陶瓷电容器时也应重视。

钛酸钡陶瓷在居里点以上和居里点以下具有不同的击穿特征:在居里点以下,由于自发极化的存在以及在强电场作用下电畴沿电场方向的取向,使陶瓷晶粒的晶界层上产生很强的空间电荷极化,最后导致晶界层首先击穿。在居里点以上,由于晶粒内部不存在电畴,晶粒本身将存在空间电荷极化,往往导致晶粒本身首先击穿。但是,在居里点以上时,要注意强电场对居里温度造成的影响。有资料报道,1kV/cm 的电场强度约可使 $BaTiO_3$ 陶瓷的居里温度升高 0.8℃,按此估计,厚度 1mm 的陶瓷介质上若施加 10kV 电压时,可使居里温度约提高 80℃。所以,即使铁电陶瓷的居里温度低于试验温度(通常为室温),随着电场强度的升高,也有可能使本来处于顺电态的晶粒内部诱导出沿电场方向的定向电畴,从而导致晶界层上产生强烈的空间电荷极化,因而可能使晶界层首先击穿。此外,对于高压铁电陶瓷电容器介质也需要注意:虽然施加的电场强度并未达到陶瓷介质的击穿强度,但是如果反复施加电场或电场方向经常反转,由于晶粒中电畴方向随电场方向的交互变化,必然伴随着应变和应力的交互产生,易于造成介质开裂,最后以击穿的形式表现出来。这种"击穿"是反复充放电引起的,通常称为"反复击穿"。这种"击穿"一般表现为介质首先开裂。

大量实验和结构分析表明,提高 $BaTiO_3$ 陶瓷介质耐电强度,改善铁电电容器击穿特性和反复击穿特性的基本途径有选择适宜的组成、保证瓷体的结晶结构和足够高的致密度等。

从组成方面考虑,Ba/Ti 比是影响钛酸钡陶瓷耐电强度的重要因素,Ba 过量的瓷料有利于陶瓷的细晶结构,有利于耐电强度的提高。置换改性的 $(Ba_{1-x}Sr_x)TiO_3$ 陶瓷通常要比 $BaTiO_3$ 陶瓷的耐电强度好得多。在加入物方面,Mg^{2+} 是值得重视的加入物。Mg^{2+} 有强烈抑制 Ti^{3+} 出现的能力,也有利于陶瓷的细晶结构,因而 Mg^{2+} 通常对提高 $BaTiO_3$ 基陶瓷介质的耐电强度有比较显著的效果。此外,MnO_2(或 $MnCO_3$)和 ZnO 等对改善 $BaTiO_3$ 基瓷料的烧结和组织结构,提高瓷料的耐电强度也显示良好的效果。

应该注意的是:对于铁电陶瓷来说,强烈的电致应变伴生的应力往往导致陶瓷材料开裂、破坏,是击穿的内在原因。用于高压充放电和高压交流电场中使用的铁电陶瓷电容器来说,这种应力带来的问题比较突出。为了使铁电陶瓷介质能适用于这类使用条件,往往首先从瓷料的配方上考虑,把瓷料的居里温度移至很低的负温(如$-30℃$以下),避免在高压交变电场作用下,产生明显的居里温度变化、电致应变和应力,并消除或显著削弱这种应变和应力带来的破坏作用。

在讨论 $BaTiO_3$ 陶瓷的击穿时已强调了瓷体的细晶结构和足够的高致密度对于高压陶瓷介质的重要性。为保证瓷体的细晶结构和足够高的致密度,适当采用加入物,特别是某些受主掺杂往往可以有效地改善烧结,提高致密度,使瓷体具有细小、均匀的晶体结构,从而提高了瓷体的耐电强度。下面介绍几种高压铁电瓷料的配方:

(1) $BaTiO_3-CaZrO_3-Bi_3NbZrO_9$ 系瓷料。目前我国定型生产的该系统铁电瓷料为 K — 6000 瓷料。K — 6000 瓷料的典型配方为:$BaTiO_3$ 90%;$CaZrO_3$ 4%;Bi_3NbZrO_9 3%;ZnO 1.2%;$MnCO_3$ 0.1%~0.2%;CeO_2 0.2%~0.4% 。配料中 $BaTiO_3$ 烧块的合成温度为 1 250℃,$CaZrO_3$ 烧块的合成温度为 1 270℃,而 Bi_3NbZrO_9 烧块的合成温度为 900~960℃。瓷料的烧结范围较宽,一般在 SK10 至 SK13$\frac{1}{13}$ 的火锥范围内均可烧得细晶、致密、性能良好的陶瓷材料。

K—6000 瓷料的介电常数为 6 000F・m^{-1} 左右,$\tan\delta \leqslant 100 \times 10^{-4}$,$\rho_v \geqslant 1 \times 10^{11}$ Ω・cm,耐电强度$\geqslant$8kV/mm,$-55\sim85℃$ 的容量变化率 $\Delta C/C \leqslant \pm 50\%$(一般可控制在 $\pm 45\%$以下)。瓷料的居里温度通常在 $-20\sim-10℃$。介电常数高达 6 000F・m^{-1} 左右的铁电瓷料,其容量变化率是比较低的,而且瓷料的耐电强度良好,得到广泛的应用。实验表明,用这种瓷料生产的铁电陶瓷介质具有明显的"反复击穿"特征,即当对陶瓷介质进行反复高压测试时,就往往会导致介质的开裂和"击穿"。虽然以该瓷料为基础开展过不少工作,但对"反复击穿"问题的解决并未收到显著成效。初步分析,瓷料在强电场下产生的电致应变和应力是导致介质"反复击穿"的内因,以"Bi_3NbZrO_9"作为结合相的这种铁电瓷料的弹性性质(或缓冲应力的能力)差,则是出现"反复击穿"的重要条件。

(2) $BaTiO_3-BaSnO_3$ 系瓷料。保证陶瓷材料具有细晶结构,是制备高压铁电瓷料及解决高压铁电瓷料"反复击穿"问题应充分注意的基本原则。在电场的作用下,陶瓷材料内部产生的应力大小与晶粒大小成正比关系,晶粒越小,强电场作用下产生的电致应变和应力也越小,而细晶结构对提高陶瓷材料的强度(或抵抗应力作用的能力)也是有利的。以 ZnO 作为加入物的 $Ba(Ti_{1-x},Sn_x)O_3$ 系瓷料是一种晶粒细小而均匀的铁电瓷料,瓷料具有较高的耐电强度,可考虑用作制备高压铁电瓷介电容器。

表 9-19 列出 $BaTiO_3-BaSnO_3$ 系资料的代表性配方,表 9-20 则列举了相应配方瓷料的介电性能。

表 9 - 19　BaTiO₃－BaSnO₃ 系瓷料配方

(单位:g)

编号	BaTiO₃ : BaSnO₃(摩尔)	BaCO₃	TiO₂	SnO₂	白粘土	ZnO	BaO
1	91 : 9	48.91	18.42	2.73	0.5	0.84	0.45
2	90 : 10	48.79	18.22	3.05	0.5	0.84	0.45
3	86 : 14	48.37	17.41	4.28	0.5	0.84	0.45
4	85 : 15	48.27	17.21	4.59	0.5	0.84	0.45

表 9 - 20　列举相应配方瓷料的介电性能

编号	25℃,1kHz 条件下的性能			试样 85℃下的绝缘电阻/Ω	$\frac{\Delta C}{C}$ /%		E(击穿)/(kV·mm⁻¹)	烧成温度(保温 1h)/℃
	ε/(F·m⁻¹)	tanδ/×10⁻⁴	R(绝缘)/Ω		$\frac{\varepsilon_{55}-\varepsilon_{25}}{\varepsilon_{25}}$	$\frac{\varepsilon_{85}-\varepsilon_{25}}{\varepsilon_{25}}$		
1	6 000	<50	3×10¹¹	7×10¹⁰	−45.2	+1.64	14	1 360~1 400
2	6 500	<50	3×10¹¹	5×10¹⁰	−73	−10.7	12.4	1 360~1 400
3	7 000	<50	4×10¹¹	5×10¹⁰	−58.1	−58.8	11.7	1 360~1 400
4	5 500	<50	4×10¹¹	8×10¹⁰	−31.4	−55.7	12.0	1 360~1 400

在组成中,BaSnO₃ 是主要的移峰加入物。在所列的配方中,BaSnO₃ 的含量在 10%(摩尔)以下时,居里温度还高于室温。瓷料中的白黏土(苏州土)在烧成温度下与游离 BaO 等形成易熔物,促进烧结并提高瓷体致密度。游离 BaO 的加入量在 0.5%~3%(摩尔)时具有提高介质耐电强度的作用,黏土的用量一般为 0.5%~10%(摩尔),超过 1%则压峰作用过于强烈,不利于保证瓷料有足够高的介电常数;游离 BaO 的含量如果超过 3%,也使瓷料的介电常数大幅度下降。瓷料中 ZnO 的引入能使瓷体具有均匀而细小的晶粒组织结构。对 Ba(Ti₁₋ₓ,Snₓ)O₃ 系瓷料进一步的改性工作表明,若加入 ZnO 的同时引入少量 MnCO₃,可以收到比仅引入 ZnO 更好的效果。如果瓷料中引入 1%~2% Mg₂TiO₄ 可明显改善瓷料的电阻率和耐电强度,但介电常数会降低。初步的试验结果表明,与 BaTiO₃－CaZrO₃－"Bi₃NbZrO₉"系 K－6000 瓷料比较,Ba(Ti₁₋ₓ,Snₓ)O₃ 系瓷料的耐"反复击穿"特性有一定程度的改善,但瓷料的容量变化率高了一些。根据分析,BaTiO₃－CaZrO₃－Bi₃NbZrO₉ 系和 BaTiO₃－BaSnO₃ 系高压铁电瓷料,在强电场的作用下将产生较大的电致伸缩应力,如果在强交流电场的作用下,电致伸缩力所带来的危害相当严重。为了适应高压交流电场使用条件,可以考虑采用与高频电容器陶瓷中提到的 T－900 瓷料相类似的 (Sr₁₋ₓMgₓ)TiO₃－Bi₂O₃·nTiO₂ 系或 (Sr₁₋ₓBaₓ)TiO₃－Bi₂O₃·nTiO₂ 系高压铁电瓷料制备高压交流铁电电容器。

(3)(Sr₁₋ₓMgₓ)TiO₃－Bi₂O₃·nTiO₂ 系和 (Sr₁₋ₓBaₓ)TiO₃－Bi₂O₃·nTiO₂ 系瓷料。这类瓷料的特点是居里温度很低,一般降低到 −30℃以下。这样,瓷料在室温下以及在很宽的使用温度范围内都处于顺电态,因而不具有一般铁电陶瓷的比较强烈的电致应变和应力,其介电常数通常随场强的变化很小。

表 9-21 列出了 (Sr₁₋ₓMgₓ)TiO₃－Bi₂O₃·nTiO₂ 系和 (Sr₁₋ₓBaₓ)TiO₃－Bi₂O₃·

$n\text{TiO}_2$ 系瓷料的基本性能指标及大致与 T－900 瓷料相当的 $\text{SrTiO}_3 － \text{Bi}_2\text{O}_3 · n\text{TiO}_2$ 系瓷料的基本性能。

表 9 - 21　$(\text{Sr}_{1-x}\text{Mg}_x)\text{TiO}_3 － \text{Bi}_2\text{O}_3 · n\text{TiO}_2$ 系瓷料的基本性能

编号	组　成	$\varepsilon_r/(\text{F} · \text{m}^{-1})$ (25℃,1kHz)	$\tan\delta$(25℃,1kHz)	居里点 $T_c/$℃	交流耐电强度 /(kV · mm^{-1})
1	$\text{SrTiO}_3 － \text{Bi}_2\text{O}_3 · n\text{TiO}_2$	800～1 000	0.02～1.0	－50 以下	6～6.5
2	$(\text{Sr}_{1-x}\text{Mg}_x)\text{TiO}_3 － \text{Bi}_2\text{O}_3 · n\text{TiO}_2$	1 000～1 250	0.02～0.05	－30 以下	6～7.0
3	$(\text{Sr}_{1-x}\text{Ba}_x)\text{TiO}_3 － \text{Bi}_2\text{O}_3 · n\text{TiO}_2$	1 400～3 000	0.05～0.08	－60 以下	6～6.5

日本用这类高压铁电瓷料制备 735pF 电容器,$\tan\delta$＜0.06,电晕开始电压≥60kV,交流破坏电压为 66～80kV,冲击破坏电压高达 130～150kV。所列 $(\text{Sr}_{1-x}\text{M}_x)\text{TiO}_3 － \text{Bi}_2\text{O}_3 · n\text{TiO}_2$ 系瓷料,由于居里点很低(－30℃以下),通常瓷料处于顺电态,所以介电损耗角正切很低,$\tan\delta$＜$(10\pm1)\times10^{-4}$,是这类瓷料的一大特点。

(4) 低损耗铁电瓷料。钛锶铋瓷(T－900)瓷料属于低损耗铁电瓷料。由于该瓷料的介电常数较低(900F · m^{-1}),不能适应电容器小型化的要求,因而在此基础上经探索和研究的一些新型瓷料不断出现,如 ε 达到 1 500F · m^{-1} 左右或更高,$\tan\delta$＜25×10^{-4},容量变化率＜＋35%(－55～85℃)。为了适应高压电容器的需要,也要求新瓷料具有较高的耐电强度,如击穿场强为 8kV/mm 以上。$(\text{Sr}_{1-x}\text{Mg}_x)\text{TiO}_3 － \text{Bi}_2\text{O}_3 · n\text{TiO}_2$ 系瓷料也是低损耗的高压电容器瓷料。进一步提高瓷料的性能是目前研究的重点。如果对 BaTiO_3 进行较大的移峰,把铁电瓷料的居里温度移至－30℃以下或更低,则瓷料在非常宽的温度范围内处于顺电态,同时保证烧结瓷体具有细密的组织结构,都可能使瓷体的介质损耗显著降低,这可以作为研制低损耗铁电瓷料遵循的一条基本原则。例如,低损耗铁电瓷料研制中的某一配方如下:BaTiO_3 78.3%,BaZrO_3 18.5%,CaZrO_3 8.7%,CaZrSiO_3 0.5%,CeO 0.8%,ZnO 1%,$\text{Bi}_2\text{O}_3 · \text{TiO}_2$ 1%。

该瓷料经 SK15 $\frac{1}{2}$ 火锥烧成后的介电性能见表 9－22。

表 9 - 22　瓷料经 SK15 $\frac{1}{2}$ 火锥烧成后的介电性能

性能	$\varepsilon/(\text{F} · \text{m}^{-1})$	$\tan\delta/\times10^{-4}$	绝缘电阻/Ω	E(击穿)/(kV · mm^{-1})	$\frac{\Delta C}{C}$ /%	$T_c/$℃
指标	1 640～1 780	10.2～11.6	1×10^{11}	≥8	≤＋3.5	－55

三、制备方法与工艺

1. 粉体的制备方法

钛酸钡粉体制备方法有很多,如固相合成法、化学沉淀法、溶胶－凝胶法、水热合成法、溶剂蒸发法等。

(1) 固相合成法。固相合成法是钛酸钡粉体的传统制备方法,典型的工艺是将等量碳酸钡和二氧化钛混合,在 1 500℃温度下反应 24h,反应式为 $\text{BaCO}_3 ＋ \text{TiO}_2 \rightarrow \text{BaTiO}_3 ＋ \text{CO}_2 \uparrow$。该法工艺简单,设备可靠,但由于是在高温下完成固相间的扩散传质,故所得

$BaTiO_3$ 粉体粒径比较大(微米),必须再次进行球磨。其高温煅烧能耗较大,化学成分不均匀,影响烧结陶瓷的性能;团聚现象严重,较难得到纯 $BaTiO_3$ 晶相;粉体纯度低;原料成本较高,一般只用于制作技术性能要求较低的产品。

(2)化学沉淀法。

① 直接沉淀法。在金属盐溶液中加入适当的沉淀剂,控制适当的条件使沉淀剂与金属离子反应生成陶瓷粉体沉淀物,如将 $Ba(OC_3H_7)_2$ 和 $Ti(OC_5H_{11})_4$ 溶于异丙醇中,加水分解产物可得沉淀的 $BaTiO_3$ 粉体。该法工艺简单,在常压下进行,不需高温,反应条件温和,易控制,原料成本低,但容易引入 $BaCO_3$、TiO_2 等杂质,且粒度分布宽,需进行后处理。

② 草酸盐共沉淀法。将精制的 $TiCl_4$ 和 $BaCl_2$ 的水溶液混合,在一定条件下以一定速度滴加到草酸溶液中,同时加入表面活性剂,不断搅拌即得到 $BaTiO_3$ 的前驱体草酸氧钛钡沉淀 $BaTiO(C_2O_4)_2 \cdot 4H_2O$(BTO)。该沉淀物经陈化、过滤、洗涤、干燥和煅烧,可得到化学计量的烧结良好的 $BaTiO_3$ 微粒。

$$TiCl_4 + BaCl_2 + 2H_2C_2O_4 + 5H_2O \longrightarrow BaTiO(C_2O_4)_2 \cdot 4H_2O \downarrow + 6HCl$$
$$BaTiO(C_2O_4)_2 \cdot 4H_2O \longrightarrow BaTiO_3 + 4H_2O + 2CO_2 \uparrow + 2CO \uparrow$$

该法工艺简单,但容易带入杂质,产品纯度偏低,粒度目前只能达到100nm左右。前驱体 BTO 煅烧温度较低,产物易掺杂,难控制前驱体 BTO 中 Ba/Ti 物质的量比,微粒团聚较严重,反应过程中需要不断调节体系 pH。尽管有不同的改进方法,但仍难于实现工业化生产。

③ 柠檬酸盐法。柠檬酸盐法是制备优质 $BaTiO_3$ 微粉的方法之一。由于柠檬酸的络合作用,可以形成稳定的柠檬酸钡钛溶液,从而使得 Ba/Ti 物质的量比等于1,化学均匀性高。同时,由于取消了球磨工艺,$BaTiO_3$ 粉体的纯度得到提高。实验中采用喷雾干燥法对柠檬酸钡钛溶液进行脱水处理,制得 $BaTiO_3$ 的前驱体,再在一定温度下处理即可获得 $BaTiO_3$ 粉体。但煅烧得到的 $BaTiO_3$ 粉体易团聚,成本高,难于实现工业化。

④ 复合过氧化物法。在 $NH_3 \cdot H_2O$ 和 H_2O_2 混合溶液中加入等物质的量的 TiO^{2-} 盐和 Ba^{2+} 的混合水溶液,用氨水调节溶液 pH 得到复合过氧化物沉淀,用水洗涤至无氯离子后,脱水并干燥,在 400~600℃ 温度下煅烧得到 50~100nm 的晶体。该方法原料易得,产品纯度和粒度都能达到要求,但制得的 $BaTiO_3$ 粉体粒子结块严重,并使用过量的 H_2O_2。

⑤ 碳酸盐沉淀法。此法可分为液相悬浮碳酸盐沉淀法和碳酸盐共沉淀法。碳酸盐共沉淀法是在控制一定 pH 条件下,把沉淀剂 $(NH_4)_2CO_3$ 溶液缓慢加入等物质的量的 $BaCl_2$ 和 $TiCl_4$ 混合水溶液中,得到高分散 $BaCO_3$ 和 $TiO(OH)_2$ 沉淀,对沉淀物过滤、洗涤、干燥、煅烧(1300℃),得到 $BaTiO_3$ 粉体。该法原料易得,操作简单,适于大规模生产。但易掺杂,煅烧温度高,操作条件的微小变化对产物理化性能有较大影响。

⑥ 超重力反应沉淀法。超重力反应沉淀法(HGRP)是新兴的一种粉体制备技术,可制备出颗粒尺寸在 30~100nm 范围内的纳米钛酸钡粉体,而且所得粉体具有良好的烧结和介电性能。

（3）水热合成法。水热合成法是指在密封高压釜中,以水为溶剂在一定的温度和蒸汽压力下,使原始混合物进行反应的合成方法。近年来用水热合成法制备高质量亚微细 $BaTiO_3$ 微粒受到了广泛关注,如通过高活性水合氧化钛与氢氧化钡水溶液反应,反应温度和压力大大降低,合成的钛酸钡粉体粒径为 $60 \sim 100nm$。清华大学研究出了一种从溶液中直接合成钛酸钡纳米粉体的方法,并申请了专利。Maclaren 研究了水热合成法合成 $BaTiO_3$ 的反应机理,得到了形成 $BaTiO_3$ 的基本条件。水热合成法可在较低温度下直接从溶液中获得晶粒发育完好的粉体,且粒度小,化学成分均匀,纯度高,团聚较少。该法原料价格低,Ba/Ti 物质的量比可准确地等于化学计量比,粉体具有高的烧结活性。但该法存在需要较高压力,氯盐易引起腐蚀,采用活性钛源时要控制活性钛源前驱体的水解速率,避免 Ti—OH 基团快速自身凝聚和 Ba 缺位等问题。

（4）溶胶—凝胶法。溶胶—凝胶法是指将金属醇盐或无机盐水解成溶胶,然后使溶胶凝胶化,再将凝胶干燥焙烧后制得纳米粉体。其基本原理是:Ba 和 Ti 的醇盐或无机盐按化学计量比溶解在醇中,然后在一定条件下水解直接形成溶胶或经解凝形成溶胶,再将凝胶脱水干燥、焙烧去除有机成分,得到 $BaTiO_3$ 粉体。根据使用的原料不同,溶胶—凝胶法可分为以下几种:

① 醇盐水解法。一般以 Ba 和 Ti 的醇盐为原料,将两种醇盐按化学计量溶解在醇中,或用钡钛双金属醇盐溶解在醇中。然后在一定条件下水解,将水解产物经过热处理制得 $BaTiO_3$ 粉体。该法制得的粉体纯度高、分散性好、烧结活性好、粒度小,并且在制成溶液中进一步加入掺杂剂,如镧、钕、钪、铌等元素,从而获得原子尺寸混合掺杂。该方法可以制备多组分钛酸钡基陶瓷粉体,但醇盐价格高,容易吸潮水解,不适合大规模生产。

② 羧基醇盐法。羧基醇盐法是指加热丙酸钡与 Ti 醇盐的乙醇溶液而形成单一 Ba—Ti 凝胶的方法。因为 Ti 醇盐在水溶液中水解,容易形成水合氢氧化钛沉淀,所以在应用 Ti 醇盐作为原料时,用醋酸进行改性,可形成更为稳定的酰基前驱体。钛酯和醋酸钡在水溶液中混合后形成 Ba—Ti 凝胶。不定型的 Ba—Ti 凝胶通常是由类似 TiO_2 玻璃的网络组成,Ba 离子杂乱地分布在 TiO_2 骨架中,Ba 和 Ti 离子间的扩散距离仅 $10 \sim 20nm$。不定型 Ba—Ti 凝胶的煅烧温度低于 $700℃$。不定型 Ba—Ti 凝胶到晶态钛酸钡的形成机理还不清楚,在煅烧过程中发现有 $BaCO_3$ 产生,说明钛酸钡的形成有一部分是由 $BaCO_3$ 和 TiO_2 经固相反应生成。此法合成的钛酸钡晶粒形貌不利于成形烧结。

③ 氢氧化物醇盐法。用氢氧化钡和异丙烷酸氧钛为原料合成陶瓷粉体,反应只能在 pH 为 $11 \sim 14$ 的范围内进行,生成的阴离子团 $Ti(OH)_{2\sim6}$ 与 Ba^{2+} 经缩合反应形成 $Ti(OH)_6Ba$ 络合物。若往溶液中快速添加 Ba 醇盐,则有利于 $Ti(OH)_6Ba$ 络合物的形成。但该过程中控制 Ti—OH 官能团的自缩合反应是非常困难的,容易得到富 Ba 相和 Ti 的混合物,控制反应过程的条件非常重要。

④ 溶胶—凝胶自燃合成法。溶胶—凝胶自燃合成(SAS)法和自蔓延低温燃烧合成(SLS)法是指有机盐与金属硝酸盐在加热过程中发生氧化还原反应,燃烧产生大量气体,可自我维持并合成所需产物的一种材料合成工艺。其主要特点是:燃烧体系的点火温度

低(150~200℃);燃烧火焰温度低(1 000~1 400℃),可获得具有高比表面积的陶瓷粉体;各组分达到分子或原子水平的复合;反应迅速,一般在几分钟或几十分钟内完成;耗能低;所用设备和工艺简单、投资少;产品自净化,纯度易于提高;合成的粉体疏松多孔,分散性好,并获得多组元复合氧化物。

⑤ 双金属醇盐法。用金属钡棒和乙二醇甲醚为原料,在 0℃水浴和氮气保护下充分反应形成混浊状溶液,然后将溶液在 130℃温度下回流至溶液呈褐色透明,冷却到室温合成钡前驱体和化学纯钛酸丁酯。二者按钡钛物质的量比为 1:1 配料混合后,在 130℃下回流 1h,获得钡钛复合醇盐,然后加入一定量的去离子水,溶液迅速成胶。将湿凝胶陈化7 天后,干燥成干凝胶,再进行热处理,得到钛酸钡陶瓷粉体。此反应可在 150℃下合成$BaTiO_3$ 纳米粉体,晶粒尺寸在 14~16nm 范围内。

⑥ 钛酸丁酯钡盐法。钛酸丁酯和钡盐经水解形成溶胶,溶胶经干燥、煅烧制得纳米钛酸钡。采用硬脂酸钡与钛酸丁酯反应(SAG 法)制备出粒径约 20nm 的 $BaTiO_3$ 粉体。以化学纯钛酸丁酯和分析纯醋酸钡、正丁醇和冰醋酸为原料制得平均粒径约 35nm、外貌近似球形的 PTCR 钛酸钡粉体。

(5) 气相反应法。此法采用金属氯化物或金属醇盐为原料,通过电弧、燃烧、激光诱导等方式加热,气相反应后得 $BaTiO_3$ 粉体。金属醇盐燃烧制取 $BaTiO_3$ 粉体,是把钡、钛醇盐以等物质的量混合并溶于有机溶剂,再与助燃气体一起涌入雾化器中,经燃烧、分解,使游离的钡、钛离子直接反应,生成高纯、微细、均匀的钛酸钡粉体。该产品粒径小、组分均匀,但设备复杂、成本高,目前尚无工业应用价值。

(6) 微乳液法。微乳液通常是由表面活性剂、油相和水相组成的热力学稳定体系。将钡盐和钛盐的混合水溶液分散在一种有机相中形成微乳液,将此微乳液与共沉淀剂或与用共沉淀剂的水溶液制成的微乳液进行混合,形成钛酸钡的前驱体沉淀,经分离、洗涤、干燥、煅烧得纳米钛酸钡粉体。其优点是利用微乳液的微观环境,较好地控制了前驱体的粒子形状及分散性。但操作过程较复杂,成本较高,目前尚处探索阶段。

(7) 低温直接合成法。S. Wada 等提出了一种制备纳米钛酸钡晶体的低温直接合成法。将四氯化钛缓慢地滴入到温度低于 10℃的硝酸中,以此溶液作 Ti 源,将 $Ba(OH)_2$ · $8H_2O$ 溶解在无 CO_2 的离子交换水中,并用 KOH 调节使其 pH 大于 13,此溶液作为 Ba源。将 pH 小于 1 的冰钛液缓慢滴入此溶液中,很快生成白色沉淀,将沉淀过滤、洗涤,在70℃下干燥 16h,可以制得粒径约为 10nm 的钛酸钡晶体。

(8) 机械活化法。机械活化法是用来改善原始物料的反应性,使所要求的陶瓷相在较低的煅烧温度下合成。以 BaO 和 TiO_2 为原料,在氮气氛中,不附加热处理条件下,合成钙钛矿相的 $BaTiO_3$ 粉体。X 射线衍射表明,该粉体具有很好的纳米晶体结构,粒子直径为 2~30nm。

(9) 溶剂热法。有人提出了一种溶剂热合成钛酸钡粉体的新方法。将 $BaTiO_3$ 前驱体凝胶粉末在醇溶液中热处理,得到的钛酸钡粉体具有低程度的团聚和规则的形状。与水热过程相比,该法合成 $BaTiO_3$ 粉体要困难得多,粒子直径在 20~60nm 范围内,成本较高,安全性低。

（10）溶剂蒸发法。

① 冰冻干燥法。冰冻干燥法是先按化学计量配制一定浓度的金属盐溶液,在低温下（−40℃以下）使其以离子态迅速凝结成冻珠,在 13.3Pa 压力下减压升华除去水分,然后将金属盐分解即得到所需粉体。

将邻二苯酚、四氯化钛和碳酸钡反应生成的 $Ba[Ti(C_6H_4O_2)_3] \cdot 4H_2O$ 冰冻干燥分离后,在高温下分解获得 $BaTiO_3$ 粉体。因为含水物料在结冰时可以使固相颗粒保持其在水中的均匀状态,冰升华后固相颗粒之间不会过分靠近,故该方法较好地消除粉料干燥过程中的团聚现象,得到松散、粒径小且分布窄的粉体。但选择适宜的化学溶剂和控制溶液的稳定性比较困难,工业生产时投资也较高。

② 喷雾水解法。喷雾水解法的实质是在一个液滴"微反应器"环境中,利用均相沉淀反应原理,实现草酸盐共沉淀。用超声雾化器将含有四氯化钛、氯化钡和草酸二甲酯的前驱体雾化为细小的液滴,在特定设备中,液滴与水蒸气反应生成草酸氧钛钡。由于液滴内部为无数草酸氧钛钡构成的网状结构,所以得到的是单个粉体内钡钛物质的量比完全均匀的粉末,然后在 700~1 200℃温度下煅烧得到粉体。

（11）微波水热法。微波水热法是美国宾州大学 R. Roy 于 1992 年提出的,引起了国内外的广泛重视。其特点是所得粉体粒径分布比较窄、分散性好、晶粒完整、结晶性好、平均粒径在 50nm 左右。同时,微波水热法可将反应时间缩短到 30min,与传统水热法相比大大提高了反应效率,可明显降低能耗。

（12）掺杂。$BaTiO_3$ 经过掺杂改性可成为无机非金属功能材料的基体和主晶相,不仅居里点可改变,而且介电常数及电导率等性能亦发生显著变化。目前,纳米掺杂 $BaTiO_3$ 的制备主要采用固相烧结法、溶胶—凝胶法、水热法及化学沉淀法等,其中溶胶—凝胶法是目前最好的方法。

2．制备过程与注意事项（以干压成型为例）

（1）干压成型。干压成型是广泛应用的一种成型方法。该方法成型效率高,易于自动化,制品烧成收缩率小,不易变形。但该法只适用于形成简单的瓷件,如圆片形等,且对模具质量要求很高。控制干压成型的坯料含水量很重要,一般为 4%~8%。为了提高坯料成型时的流动性、增加颗粒间的结合力、提高坯体机械强度,通常加入黏合剂,并进行造粒。选用聚乙烯醇水溶液,这种黏合剂工艺简单,瓷料气孔率小,加入量为 3%~5%。

（2）加压方式。加压方式有单面加压和双面加压两种。单面加压时,直接受压一端的压力大,密度大;远离加压一端的压力小,坯体密度也小。双面加压时,坯体两端直接受压,因此两端密度大,中间密度小。如果坯料经过造粒、加润滑剂,再进行双面加压,则坯体密度非常均匀。干压成型时,压模下降的速度缓慢一些为好。加压速度过快会导致坯体分层,表面致密中间松散,甚至在坯体中存在许多气泡。因此,加压速度宜缓,而且要有一定的保压时间。

（3）排胶。在煅烧时,有机黏合剂从固态转变为液态或气态从坯体中排出。有机黏合剂在坯体中大量熔化、分解、挥发,会导致坯体变形、开裂,因此需要先将坯体中的黏合剂排除干净,然后再进行产品的烧成,以保证产品的形状、尺寸和质量要求。排除黏合剂的工艺称排胶。其作用有:①排除坯体中的黏合剂,为下一步烧成创造条件;②使坯体获得一定的机械强度;③避免黏合剂在烧成时发生还原作用。

(4)烧成。烧成是使成型的坯体在高温作用下致密化,完成预期的物理化学反应,达到所要求的物理化学性能的全过程。该过程通常分三个阶段:从室温至最高烧成温度时的升温阶段;在高温下的保温阶段;从最高温度降至室温的冷却阶段。在有些情况下,还要包括烧成后的处理阶段。

①升温阶段。这一阶段主要是水分和有机黏合剂的挥发,结晶水和结构水的排除,碳酸盐的分解,有时还有晶相转变等过程。除晶相转变过程外,其他过程都伴有大量的气体排出。这时升温不能太快,否则会造成结构疏松、变形和开裂。在晶相转变时往往有潜热和体积变化,如在发生相变的温度下适当保温,可使相变均匀、和缓,减免应变、应力造成的开裂。

②保温阶段。保温阶段是成瓷的主要阶段,在这一阶段各组分进行充分的物理、化学变化,以获得致密的瓷体。因此,必须严格控制最高烧成温度和保温时间。任何瓷料都有一最佳烧成温度范围,终烧温度应保证在此范围内。在这个范围内烧成,体致密性好,不吸水,晶粒细密,机械和电性能好;低于或高于这个范围,瓷体气孔率都增大,机械和电性能都降低。

③冷却阶段。由烧成温度冷却至常温的过程称冷却阶段。在冷却过程中,液相凝固、析晶、相变都伴随发生,因此冷却方式、冷却快慢对瓷体最终的相组成结构和性能均有影响。

(5)陶瓷表面的金属化。金属化就是使不导电的陶瓷成为能导电的电极,方法之一就是被银。被银是指在陶瓷表面渗一层金属银,作为电容器、滤波器或集成电路基片的导电膜。由于银的导电能力强、抗氧化性能好,在银面上可直接焊接金属。

四、性能

1. 结构特点

$BaTiO_3$ 属于 ABO_3 型钙钛矿结构(图 9-32)。随着温度的变化,$BaTiO_3$ 经历以下的相变过程:立方顺电相 ←120℃→ 四方相 ←5℃→ 正交相 ←−80℃→ 三方相。在室温时,它有很强的压电铁电性,表现出较强的沿 c 轴自发极化的铁电性,自发极化值为 $26 \times 10^{-12} C/cm^2$。当温度高于 120℃ 时,$BaTiO_3$ 晶体属于立方晶系,压电铁电性能消失。$BaTiO_3$ 陶瓷具有高的介电常数,较大的机电耦合系数和压电常数,中等的机械品质因数和较小的介电损耗。

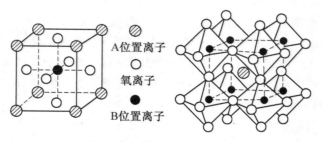

A位置离子

氧离子

B位置离子

图 9-32　钙钛矿晶体结构图

2. 基本性能

室温下 $(1-x)BT-xBNT$ 和 $(1-x)BT-xBKT$ 陶瓷的 XRD 图谱如图 9-33、图 9-34 所示,相关性能见表 9-23～表 9-26。

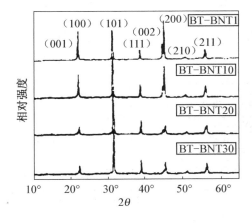

图 9-33　室温下 $(1-x)$ BT-xBNT 陶瓷的 XRD 图谱

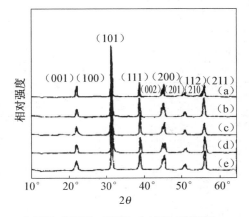

(a)BT；(b)BT—BKT9；(c)BT—BKT15；
(d)BT—BKT20；(e)BT—BKT30

图 9-34　室温下 $(1-x)$ BT-xBKT 陶瓷的 XRD 图谱

表 9-23　不同 BNT 含量的 BT-BNT 陶瓷的介电、压电及铁电性能

性能参数	BBNT1	BBNT2	BBNT5	BBNT10	BBNT20	BBNT30
$T_c/℃$	118	116	126	114	148	116
$\tan\delta$(室温,1kHz)	0.059	0.125	0.15	0.68	0.036	0.17
ε_r(室温,1kHz)	2 950	1 750	2 250	1 500	1 200	900
$P_r/(\mu C \cdot cm^{-2})$	4.5	6.5	5.1	4.8	4.0	4.3
$E_c/(kV \cdot cm^{-1})$	4.0	9.0	6.0	8.0	10.0	11.2

表 9-24　不同 BNT 含量的 BT-BNT 陶瓷的介电、压电性能

BNT 含量/%(摩尔)	1	5	10	14	20	24	30
ε_r(室温,1kHz)	2 936	2 211	1 468	2 650	1 086	1 405	960
$\tan\delta$	0.059	0.175	0.067	0.522	0.037	0.143	0.152
$T_c/℃$	118	126	114	166	146	146	112
$d_{33}/(pC \cdot N^{-1})$	32	78	58	17	56	55	26

表 9 - 25　部分 BT—BKT 陶瓷的性能

性能参数	BT—BKT9	BT—BKT11	BT—BKT15	BT—BKT18	BT—BKT20	BT—BKT25	BT—BKT30
T_c/℃	136	160	168	174	182	172	168
$\tan\delta$(1kHz)	0.029	0.034	0.036	0.048	0.050	0.104	0.12
d_{33}/(pC·N^{-1})	20	36	45	52	63	56	54
P_r/(μC·cm^{-2})	2.0	3.4	3.2	3.0	3.0	2.0	1.5
E_c/(kV·cm^{-1})	7	10	13	14	15	11	11

表 9 - 26　部分 BNT 基无铅压电陶瓷铁电压电性能

体系代码	组成	T_c/℃	P_r/(μC·cm^{-2})	E_c/(kV·cm^{-1})	K_{33}/%	K_t/%	K_p/%	d_{33}/(pC·N^{-1})	Q_m
1	$x=0.16$	—	—	—	17.8	42.3	31.4	—	195
2	A=Ba,$x=0.06$	288			55			125	
3	A=Na,$x=0.03$	—	32.6	50	43			71	—
4	A^{II}=Bi,B^{II}=Sc,$x=0.02$	358	—		41.8		14.4	74.7	—

3. 提高介电常数和温度稳定性的方法

BaTiO$_3$基铁电陶瓷材料具备了制造小体积、大容量电容器的良好条件,但是必须要对其进行掺杂改性,即引入压峰剂和移峰剂,才能获得高介电性能。如 Sr^{4+} 和 Zr^{4+} 等能使居里点移向低温,随着 Sn^{4+}、Zr^{4+} 加入量的增加,会使居里点和转变点重叠。在靠近室温时,在瓷体中可能同时存在四方和斜方晶体,这种结构相的重叠将导致介电常数的峰值重叠,既使居里点移向常温,又使居里峰展宽,获得较高的常温介电常数和较为平坦的温度特性。在提高 BaTiO$_3$ 基陶瓷介电常数的过程中,由于要兼顾其烧成条件和介电性能,通常要向 BaTiO$_3$ 中同时引入移峰剂、压峰剂和助烧剂等添加成分,这样材料的居里点会向低温方向移动,同时介电常数峰值会下降。一般需通过优化工艺和添加改性成分来改善材料的介电性能,如采取合适的 BaTiO$_3$ 粉体预烧温度,增加四方晶系 BaTiO$_3$ 的含量。根据经验,一般温度稳定性要求高的瓷料,宜采取稍高的预烧温度;介电常数要求高的瓷料,宜采取稍低的预烧温度和适当延长保温时间。使介电常数随温度变化变得平坦的常用压峰剂有 CaTiO$_3$、MgTiO$_3$ 和 Bi$_2$(TiO$_3$)$_3$ 等。由于不同规格型号的电容器对温度稳定性有不同的要求,对压峰剂的选择也会存在差别。如果选择适当的压峰剂和改性成分,两者共同作用,既可以提高材料的介电常数,又可使材料具有良好的温度稳定性。此外,也可以通过控制材料的微观结构来改善材料的温度稳定性。BaTiO$_3$基陶瓷经掺杂后会形成一种"壳—芯"结构,这种结构中包括未反应的 BaTiO$_3$铁电"芯",连续变化的杂质浓度梯度区及掺杂异价或等价阳离子的 BaTiO$_3$顺电"壳",对改善电容量温度特性有重要的作用。在这种"壳—芯"结构中,以玻璃相和其他添加成分为主的晶界层为低介电常数相,包裹在主晶相晶粒周围,由于晶界层的膨胀系数大于主晶相的膨胀系数,可以在一定程度上抑制主晶相的相变,从而改善材料的温度稳定性。晶粒"芯"决定高温 $\Delta C/C$,晶粒"壳"决定低温 $\Delta C/C$,因而晶粒的"壳—芯"体积比就决定了 $\Delta C/C-t$ 特性。"壳—芯"

结构的实现是通过优化工艺条件,包括烧成温度、烧成时间和烧成气氛等,另外还要引入促进烧结的添加剂,如 Bi_2O_3、SiO_2、Al_2O_3 和 B_2O_3 等。对 $BaTiO_3$ 基铁电陶瓷进行掺杂改性以及制定合理工艺参数必须遵循"壳—芯"结构决定介电性能的基本原理。

在关注 $BaTiO_3$ 基铁电陶瓷材料高介高稳定性能的同时,铁电材料还应具有高的绝缘电阻、较小的介质损耗和良好的抗老化性能。然而这些性能之间本身就是一个矛盾的统一体,人们现在还无法将这些优异的性能集合于一种介电材料上,因而更多的精力集中在对相关材料体系的研究上。表 9 - 27 为常用的高介高稳定性铁电陶瓷材料的配方系统及其性能。从表 9 - 27 中可看出,这些配方系统往往只能满足材料的高介电常数或者温度稳定性的性能要求。因此,必须开发新的 $BaTiO_3$ 基陶瓷配方系统,兼顾两种性能的提高。

表 9 - 27　高介高稳定性铁电陶瓷材料的配方系统及其性能

材料体系	主要添加成分	ε_r	$\Delta C \cdot C^{-1}/\%$	$\tan\delta/10^{-4}$
$BaTiO_3$	Fe_2O_3,ZnO	1 500	小于±5($-25\sim+100℃$)	100
$BaTiO_3-CaSnO_3$	$MnCO_3$,ZnO	20 000	很大($-20\sim+60℃$)	11 000
$BaTiO_3-Bi_2(SnO_3)_3$	Nb_2O_5,ZnO	2 400	小于±10($-55\sim+85℃$)	130
$BaTiO_3-CaZrO_3-Bi_3NbZrO_9$	$MnCO_3$,ZnO,CeO_2	6 000	小于±55($-55\sim+85℃$)	100
$BaTiO_3-ZrO_2-La_2O_3$	Bi_2O_3,SnO_2	约 3 000	小于±10($-55\sim+85℃$)	200
$BaTiO_3-Nb_2O_5-Co_2O_3$	TiO_2,CeO_2	约 3 000	小于±10($-25\sim+85℃$)	180

9.2.4.2　钛酸钡薄膜铁电材料

一、简介

$BaTiO_3$ 薄膜的制备对于新型元器件,如铁电存储器等具有重要意义。人们先后提出并发展很多新技术来制备 $BaTiO_3$ 铁电薄膜。这些技术主要为两大类。

(1)干法。如真空蒸发、射频磁控溅射、化学气相沉积等。干法可实现较为理想的成分控制,但在设备方面的要求较高,生产成本较高。

(2)湿化学法。如溶胶—凝胶法、水热合成法、电化学法、电泳沉积法等。湿化学法对设备的要求较简单,而各种湿化学法又有各自的特点。电泳沉积法利用电泳动现象,在外加电场作用下,胶体粒子在分散介质中做定向移动,达到电极基材后发生聚沉而形成较密集的微团结构。由于该方法具有设备简单,成本低,成膜快,适宜大规模制膜,被镀件的形状不受限制,薄膜厚度均匀,电泳沉积时料液可循环利用及无污染物排出等优点,因而被广泛用于传统陶瓷、高技术陶瓷、生物陶瓷、超导材料及薄膜的制备技术中。

二、溶胶—凝胶法制备钛酸钡薄膜

1. 基本特点

尽管薄膜的制备方法有许多种,如蒸发、溅射、离子束沉积、金属有机化合物气相沉积等,但这些方法都需要复杂的仪器设备及控制参数,而溶胶—凝胶法则属于一种化学制备薄膜的方法。由于它具有化学成分容易控制、薄膜均匀性好、处理温度低,而且能够制备出大面积的薄膜、成本较低、制备方便等优点,因此越来越受到诸多科学家和材料研

究工作者的青睐。

2. 溶胶—凝胶工艺过程

一般来说,溶胶—凝胶工艺主要包括下列步骤:首先将金属醇盐溶于有机溶剂中,然后加入其他组分(可以无机盐的形式)制成均质溶液,在一定温度下把溶液变成溶胶,再把溶胶变成凝胶,最后凝胶经过干燥、热处理和烧结,使之转变成为无机材料。在这些制备步骤中,主要包括溶胶→凝胶转变和凝胶→特定材料的两个转变过程。

(1) 溶胶→凝胶转变。关于溶胶→凝胶转变过程,一般认为包括两个反应过程:①水解反应;②聚合反应。其反应式如下:

水解:$\equiv Ti-OR+H_2O \rightarrow \equiv Ti-OH+ROH$

聚合:$\equiv Ti-OH+RO-Ti\equiv \rightarrow \equiv Ti-O-Ti\equiv +ROH$

或 $\equiv Ti-OH+HO-Ti\equiv \rightarrow \equiv Ti-O-Ti\equiv +H_2O$

其中 $R=C_4H_9$。

(2) 凝胶→特定材料转变。凝胶经过干燥、热处理和烧结转变成固体材料的过程是溶胶—凝胶法中的一个重要转变过程,它包括水和溶剂的蒸发、有机物的热分解等,最后才转变为所需要的无机材料。

(3) 钛酸钡铁电薄膜的制备工艺。制备薄膜首先需要一定的衬底或基片,制备钛酸钡薄膜常用的基片有导电玻璃、熔融石英玻璃、钛金属板、不锈钢板、硅片以及钛酸铝和氧化镁单晶片。为了提高薄膜在基片上的附着力,在覆膜之前对基片进行预处理,如酸洗除污、超声波清洗等措施。当基片的晶格常数与钛酸钡的晶格常数相差较大时,得到的是多晶薄膜;当两者的晶格常数相近时,可获得高取向度(＞90％)的单晶薄膜,如(110)钛酸锶基片及(100)氧化镁基片。

因为薄膜主要应用在微电子技术、光电子技术和集成光学中制作其中的相关器件,薄膜质量的好坏将直接影响到其使用寿命,因此首要的问题是获得致密、完整、厚度均匀的薄膜。研究结果表明:当形成的溶胶、凝胶透明时,热处理后获得钛酸钡薄膜的晶粒均匀细小($0.4 \sim 1.5 \mu m$);当得到的凝胶是半透明时,热处理后得到的钛酸钡薄膜的晶粒尺寸相差较大($0.03 \sim 4.0 \mu m$)。所以,为了保持薄膜的厚度的均匀性,应采用清澈透明的溶胶及凝胶。

根据器件的要求不同,所需薄膜的厚度差别较大。当一次沉积薄膜厚度较大时,薄膜与基片之间的结合力较差,容易造成薄膜的脱落,所以应采用多次重复甩膜,而每次甩膜的厚度都较薄,以保持和基片之间的牢固结合。另外,每次甩膜之前必须将前一次的薄膜进行充分的干燥,否则容易使薄膜产生孔洞等缺陷。

薄膜的制备所用周期较长,而且往往需要多次甩膜,所以为了保证在重复制作过程中薄膜厚度的均匀性,必须采用稳定程度较高的溶胶,即溶胶的结胶速度应比较缓慢。控制溶胶速度的一个主要指标是溶液的黏度,因为在结胶过程中溶液的黏度逐渐提高,通过测定溶液黏度的变化,即可掌握溶液的稳定程度,从而优选出稳定性高的溶液用于制备薄膜。

影响溶液黏度变化的主要因素有溶液的浓度、pH 和加水量。因为一次甩膜的厚度较薄,所以采用的溶液多为稀溶液。当溶液中加水量较多时,醇盐的水解速度加快,促进溶胶结胶,不利于薄膜的制备,因此在制备薄膜时往往只加入少量水或不加水,使其吸收空气中的水分,以维持溶胶有一比较长的稳定期。除了以上因素外,影响溶胶稳定性的最主要因素是醋酸的加入量或溶液的 pH。试验发现:当溶胶中醋酸加入量提高时,溶胶的成胶时间延长,如图 9－35 所示。

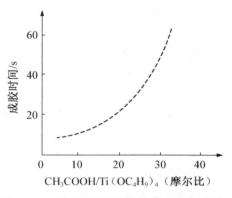

图 9－35　醋酸/钛酸丁酯的摩尔比与成胶时间的关系曲线

说明醋酸起到延缓水解与聚合的作用,并促使醋酸钡与钛酸丁酯的相互作用。这是因为醋酸根的负离子有强的负电性,而钛酸丁酯中的钛有较强的正电性,醋酸根取代钛酸丁酯中的丁氧基形成二配位基团,并促使钡与钛形成桥键二配位基团,因此在溶胶中只有钛酸丁酯进行水解与聚合,醋酸钡只是通过醋酸与钛相互作用。研究结果表明:当溶液的 pH 为 3～4 而黏度为 3～5cP$(1cP＝10^{-4}kg \cdot s/m^2)$时可获得高质量的薄膜,否则在甩膜过程中易产生气泡等缺陷。

在得到稳定性较高的溶胶之后,即可制作薄膜。常用的方法是将液体滴在基片上,利用甩胶机在一定的速度下甩胶得到均匀的薄膜。甩胶速度的控制一般随溶液浓度而定,当溶液浓度较高时,一般在 3 000r/min 的速度下甩胶可获得均匀致密的钛酸钡薄膜;当溶液浓度较低时,则以 200r/min 的速度甩胶也可获得高质量的薄膜。有时也采用提拉基片法(控制基片的上升速度)得到薄膜。将制备的湿膜在室温存放一定时间(一般为1h)促进其结胶,然后在一定温度下(通常为 500℃)干燥处理,促使薄膜中水分及有机物的挥发和分解。当需要的薄膜较厚时,在干燥处理后进行多次甩膜,将干燥后的薄膜在一定温度下进行热处理即可得到钛酸钡薄膜。当采用醋酸钡为原料时,要得到晶化膜所需的热处理温度较高,一般在 900℃ 以上,而且时间也很长;当采用二乙基己酸钡为原料时,要得到晶化膜只需经 600℃ 热处理即可得到正方结构的钛酸钡薄膜,其工艺流程如图 9－36 所示。

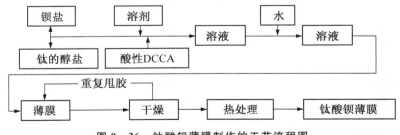

图 9－36　钛酸钡薄膜制作的工艺流程图

值得注意的是,在薄膜热处理的过程中,应采用缓慢的加热和冷却速度(10℃/min),否则由于内应力过大导致薄膜开裂,甚至从基片上脱落下来。

三、电泳沉积法制备钛酸钡铁电陶瓷薄膜

1. 简介

电泳沉积法利用电泳动现象,在外加电场的作用下,胶体粒子在分散介质中做定向移动,达到电极基材后发生聚沉而形成较密集的微团结构。电泳沉积法用于制备薄膜材料源于 20 世纪 50 年代。由于该方法存在以下优点:①设备简单,成本低;②成膜快,适宜大规模制膜;③被镀件的形状不受限制,薄膜厚度均匀;④电泳沉积时料液可循环利用,无污染物排出,因此已广泛用于传统陶瓷、高技术陶瓷、生物陶瓷、超导材料及薄膜的制备技术中。

2. 制备方法

电泳沉积过程如图 9-37 所示。选取两种不同的 $BaTiO_3$ 悬浮溶液体系,电极材料为铂片,其厚度约为 0.3mm,纯度为 99.99%,铂片经金刚砂磨光并在丙酮溶液中采用超声洗净,铂阴极和阳极间的距离为 2cm,电极间电压可在 0~1 000V 之间进行有效调节。将所选取的悬浮液体系和一定含量 $BaTiO_3$ 粉末经适当时间的超声振荡分散均匀后,在冰水冷浴中进行电泳操作。电泳完毕后制备的 $BaTiO_3$ 薄膜经自然干燥后在 1 050℃环境温度下烧结 2h,制备得到致密、具有较好介电性能的 $BaTiO_3$ 铁电薄膜材料。

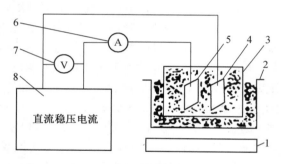

图 9-37　电泳沉积装置的示意图

1-电磁搅拌器;2-冰水冷浴;3-电泳槽;4-Pt 片阴极;5-Pt 片
阳极;6-毫安表;7-伏特表;8-直流稳压电源

3. 性能

以 Pt 为电极基片时,重复沉积—烧结 2~3 次即可达到基本不漏气,且扫描电镜下观察无大的裂纹缺陷,薄膜材料的厚度在 15~40μm 范围内变化。XRD 物相分析表明,电泳沉积 $BaTiO_3$ 薄膜在热处理前仍为立方相结构,与 $BaTiO_3$ 纳米粉末的相组成一致,而 1 050℃、2h 烧结后的薄膜材料则为单一的四方相结构。通过溅射 1cm 直径的金电极来测定介电常数,其中 Pt 基片作为另一电极,测量频率在 1kHz 时,室温(23℃)下的介电常数 $\varepsilon = 2\ 300 F \cdot m^{-1}$,介电损耗 $\tan\delta = 0.2$。

四、脉冲激光沉积法制备的 $BaTiO_3$ 薄膜

1. 制备方法

PLD 淀积设备使用 308nm 的 XeCl 准分子激光器,能量密度为 $2J/cm^2$,脉冲重复频率为 6Hz,激光脉冲宽度为 28ns,靶材分别为 YBCO 陶瓷靶和 BT 单晶靶,基片为单晶

STO(100)基片,由 Si 加热器加热,淀积条件分别为:YBCO 层的基片温度为 780℃,氧压为 16.8Pa、1atm(1atm＝101.325kPa)纯氧下退火,退火温度为 410℃;BT 层的基片温度为 650℃,氧压为 0.7Pa、1atm 纯氧下退火,退火温度为 400℃。在 YBCO 层沉积完成后,它的一部分被掩膜板挡住作为底电极引线使用,YBCO 和 BT 的厚度分别为 $200\sim300$nm 和 $400\sim600$nm。

2．性能

测量结果:介电常数 $\varepsilon\approx480$F·m^{-1},损耗因子$\leqslant0.03$。低的损耗因子表明了薄膜的结构致密,漏电很小,大的介电常数和小的漏电电流对薄膜在存储器方面的应用有重要意义。

BT 薄膜的剩余极化 $P_r\geqslant0.2\mu$C/cm^2,自发极化 $P_s\geqslant0.6\mu$C/cm^2,矫顽场强 $E_c\approx20$kV/cm。回线在不同电场方向上出现了不对称,其原因可能是该 MFS 结构在 M－F 界面和 F－S 界面的应力不同,以及在不同界面上可能出现了电荷积累差异所产生的不对称内电场对薄膜的影响。

3．效果

对 PLD 制备的 BT/YBCO 双层膜系的介电、铁电性质进行了多方面的测量和分析,结果验证了薄膜的高质量取向生长,显示出较好的铁电介电性能。采用 PLD 方法并以 YBCO 外延薄膜为下电极,可以制备出在 FRAM 等重要领域有应用前景的 BT 铁电薄膜。

五、射频磁控溅射法制备$(Ba_{0.7}Sr_{0.3})TiO_3$(BST)铁电薄膜

1．简介

BST 铁电材料具有独特的介电、热释电和声光性能,在微电子学、集成光学和光电子学等高技术领域中有广泛的应用前景,已引起人们的极大关注。BST 介质测辐热模式铁电焦平面主要是利用了 BST 铁电薄膜的介电温度依赖特性,采用射频磁控溅射法制备了居里温度在室温附近(30℃)的$(Ba_{0.7}Sr_{0.3})TiO_3$铁电薄膜。

2．薄膜的制备

(1)衬底的选用和样品电极的制备。选用 Si(100)为衬底,底电极为 Pt/Ti/SiO$_2$结构。SiO$_2$由普通半导体工艺——干氧/湿氧/干氧在 Si(100)基片上氧化而成,厚约 350nm。SiO$_2$既作为扩散阻挡层,又作为热绝缘层。Ti、Pt 膜均由直流溅射方法制备,Ti 膜起着缓冲并增强 Pt 膜附着力的作用。上电极是用直流溅射方法制备的 Pt 膜。

(2)溅射工艺的确定和薄膜的制备。采用射频磁控溅射法制备薄膜是一个复杂的物理化学过程,溅射的薄膜在溅射过程中将受到包括从溅射靶材上反射的中性粒子、入射电子、Ar^{2+}电离等多种高能粒子的轰击,及其他诸如溅射气压、靶—基距、溅射功率多种因素的影响,从而使薄膜的特性参数与电性能在不同的工艺条件下呈现出不同的特点。根据溅射气压、靶—基距、溅射功率等工艺因素对 BST 的成膜速率和薄膜均匀的影响,最终决定制备 BST 薄膜的溅射工艺。

(3)工艺条件。溅射的工艺条件见表 9-28。

表 9 - 28　溅射工艺条件

靶　材	$(Ba_{0.7}Sr_{0.3})TiO_3$陶瓷靶	靶　材	$(Ba_{0.7}Sr_{0.3})TiO_3$陶瓷靶
基片—靶间距/mm	50	射频功率/W	200
基片温度/℃	650	溅射气压/Pa	2.67
Ar气流/$(cm^3 \cdot min^{-1})$	8	本底真空/Pa	$<6.67 \times 10^{-4}$
O_2气流/$(cm^3 \cdot min^{-1})$	4	溅射时间/h	3

制备出的 BST 薄膜膜厚约为 $0.5\mu m$。

3. 性能

用 HP4192 低频阻抗测试仪测试了上电极为$\phi 1mm$ 样品的相对介电常数随温度变化的实验曲线(图 9 - 38),测量频率为 100kHz 的固定频率。

铁电体物理学认为在铁电相变温度(居里温度)附近,低频相对介电常数 ε_r 呈现极大值。图中从 26℃ 开始,BST 铁电薄膜的相对介电常数随温度上升急剧增大,在 30℃ 附近 BST 铁电薄膜的相对介电常数出现极大值,表明 BST 铁电薄膜的居里温度约为 30℃。

图 9 - 38 所示的 BST 铁电薄膜的相对介电常数 ε_r 的最大变化率达 78/K,相对变化率为 0.21/K,这表明

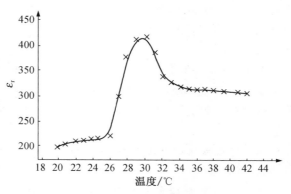

图 9 - 38　样品的相对介电常数 ε_r —温度特性

所制备的 BST 铁电薄膜更有利于制备薄膜型非制冷型红外焦平面阵列。

4. 效果

确定了较好的射频磁控溅射工艺条件,成功地制备了居里温度在室温附近(30℃)的 BST 铁电薄膜。制备的 BST 铁电薄膜的相对介电常数 ε_r 的最大变化率达 78/K,相对变化率为 0.21/K,为研制薄膜型非制冷型红外焦平面阵列打下了良好的基础。

六、(100)择优取向 $Ba_{0.7}Sr_{0.3}TiO_3$ 薄膜

1. 简介

溅射法是制备薄膜的一种优良的物理气相沉积方法,设备简单,所得薄膜性能优良。在制备多元成分薄膜时,溅射靶材一般按化学式计量比制备。溅射时复杂的物理过程,如溅射产额不同、长时间的溅射成分动态平衡、溅射原子发散角等,造成薄膜成分同靶材成分有相当大的偏离,从而偏离所需要的化学计量比使无法控制薄膜成相或由于严重的空位缺陷等产生很高的损耗。

在其他条件不变的情况下,通过调整靶材成分,制备了符合化学计量比的 $Ba_{0.7}Sr_{0.3}TiO_3$(BST)薄膜。

2．制备方法

基片采用 Pt/Ti/SiO$_2$/Si,SiO$_2$ 为标准热氧化工艺制备,Ti(30nm)和 Pt(90nm)用溅射法制备。最后采用快速热处理工艺在空气中退火,促进 Pt(111)方向的择优生长,消除电极制备过程中产生的应力,保证在大面积上形成无显微裂纹的薄膜,也有利于 BST 薄膜的择优取向。

薄膜材料选用有优良介电性能的(Ba、Sr)TiO$_3$ 材料,其居里温度与 Ba、Sr 原子比有线性关系,通过改变 Ba、Sr 原子比例,可对其居里温度在大范围内进行调节:$T_{cBST} = xT_{cBT} + (1-x)T_{cST}$。

一般 Ba/Sr 为 0.7/0.3 时居里温度在室温范围、介电常数达到峰值,适用于红外探测等应用,因此选择 Ba/Sr 比为 0.7/0.3。靶材通过传统陶瓷方法制备,经配粉、球磨、烘干、造粒、压制成型等工艺,于 1 550℃ 下长时间烧结成瓷。若要调节靶材成分,可在粉料中增加的 Ba 和 Sr 以醋酸盐形式加入。BST 薄膜用射频磁控溅射法制备,具体工艺参数见表 9 - 29。

表 9 - 29　溅射制备 BST 工艺参数

背底真空度/Pa	$(5\sim8)\times10^{-3}$	基体温度/℃	550
工作真空度/Pa	1	溅射功率/W	100
溅射方式	射频磁控	靶基距/mm	70
溅射气体气压比	$p_{Ar}:p_{O_2}=1:1$	时间/h	4

3．性能

Ba$_{0.7}$Sr$_{0.3}$TiO$_3$ 和 Ba$_{1.00}$Sr$_{0.48}$TiO$_{3.18}$ 靶材溅射制备的 BST 薄膜 EDAX 成分分析见表 9 - 30 和表 9 - 31。

表 9 - 30　Ba$_{0.7}$Sr$_{0.3}$TiO$_3$ 靶材溅射制备的 BST 薄膜 EDAX 成分分析

元　素	质量分数/%	原子分数/%
Ti	37.933 2	60.189 7
Sr	17.394 9	15.088 8
Ba	44.671 9	24.721 5

表 9 - 31　Ba$_{1.00}$Sr$_{0.48}$TiO$_{3.18}$ 靶材溅射制备的 BST 薄膜 EDAX 成分分析

元　素	质量分数/%	原子分数/%
Sr	15.15	14.62
Ba	55.98	34.45
Ti	28.87	50.94

由于采用基体快速热处理工艺,基体表面无热处理产生的突起等缺陷。膜厚在 500nm 左右,表面平整,起伏在 50nm 内。

4．效果

利用射频磁控溅射法制备了 BST 薄膜,对比了溅射靶材成分调整前后薄膜的成分及

XRD 谱图,结果表明:经调整靶材成分制备的 $Ba_{0.7}Sr_{0.3}TiO_3$ 薄膜符合化学计量比,结晶良好,无杂相存在,有优良的(100)方向择优取向,同成分调整前的薄膜有明显区别,认为是成分调整所致。薄膜表面平整,无显微裂纹、孔洞和突起等其他缺陷,有利于以后器件的刻蚀制备。

七、流延法制备钛酸锶钡厚膜

1. 简介

钛酸锶钡(BST)是一种优异的铁电材料,它具有高介电常数、低损耗和居里点可调等优点,被广泛应用于电容器、传感器等领域。随着近年来器件小型化的需求,BST 薄膜成为研究的热点。但从目前的研究结果来看,BST 薄膜的铁电性远低于其体材料,不能满足微型传感器等方面的应用要求,于是厚膜材料成为解决这个问题的折中方法。BST厚膜的铁电性虽然仍低于体材料,但相对于薄膜已有很大的提高。BST 厚膜的制备工艺主要有印刷和流延两种,目前存在的主要问题如下:

(1) 烧结温度高,一般为 1 300℃左右。

(2) 厚膜致密度不够。

(3) 厚膜难以刻蚀,所以图形化较难。

传统厚膜 BST 原料采用球磨分散,颗粒一般为 $0.5\sim1.0\mu m$,粒度较粗且活性低,所以烧结温度高。另外,气孔率也较高。当颗粒的尺寸降低到纳米级时,颗粒的反应活性会升高,从而降低烧结温度。通过溶胶沉淀法制备 BST 纳米粉末,并在有凹槽的硅片上用流延法制备图形化的 BST 厚膜。

2. 制备方法

(1) BST 料浆制备工艺。实验中所用的主要原料:乙酸钡[$Ba(CH_3COO)_2$,分析纯]、乙酸锶[$Sr(CH_3COO)_2$、分析纯]、钛酸丁酯[$Ti(OC_4H_9)_4$、化学纯]、聚乙二醇、磷酸酯。工艺流程:首先将钛酸丁酯溶于适量的醋酸中,然后加入适量的去离子水直至溶液清澈;然后加入一定计量比($Ba_{0.71}Sr_{0.29}TiO_3$)的乙酸钡和乙酸锶得到透明溶胶,溶胶缓慢滴加到热的氢氧化钠溶液(5mol/L,85~95℃)中,并剧烈搅拌得到沉淀溶液(包含沉淀);沉淀溶液继续经水热处理(200℃,5h,Teflon 反应釜,填充率 80%)后,再经过离心过滤、去离子水、乙醇冲洗及加入适量的聚乙二醇和磷酸酯超声混合制备成 BST 料浆。

(2) BST 厚膜制备工艺。硅片上经过湿化学法刻蚀出凹槽,然后氧化,凹槽为 $10mm\times10mm$、深 $30\mu m$,最后用直流溅射法制备 Pt/Ti 下电极。BST 料浆通过流延法制备到凹槽中成为厚膜,用刮刀与硅片衬底接触,这样没有凹槽的地方就只有非常少量的料浆,比较容易去除。厚膜在 50℃下烘干后重复以上过程直至凹槽填满,如图 9 - 39 所示。

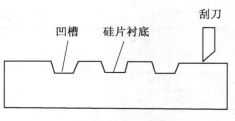

图 9 - 39　流延工艺示意图

3．性能与效果

用流延法在有凹槽的硅片衬底上制备 BST 厚膜，主要性能与效果如下：

（1）用溶胶沉淀法制备纳米 BST 粉末。XRD 谱图结果表明，水热处理可以提高 BST 粉末的结晶性，而 TG－DTA 分析表明，水热处理后颗粒中有机物的吸附量相应减少，最终得到圆形、颗粒尺寸约为 200nm 的 BST 粉末。

（2）通过流延法在硅片凹槽里制备 BST 厚膜，经过 1 000℃ 热处理后，得到的厚膜厚约为 30μm，颗粒尺寸约为 0.5μm，膜表面平整，且比较致密。经过 1 200℃ 烧结后，颗粒尺寸增大到 38μm。

（3）所得 BST 厚膜介电损耗约为 0.02，相变峰在 30℃ 附近，其介温变化率比薄膜材料有了较大的提高。

9.2.5　锆钛酸钡铁电陶瓷

1．基本特性

与钛酸钡一样，锆钛酸钡也存在三方、斜方、四方、立方四种晶型和相应的立方—四方（t_C）、四方—斜方（t_2）、斜方—三方（t_3）三个相变温度。BaZr$_x$Ti$_{1-x}$O$_3$ 的一个显著特征是：随着锆含量（x）的增加，居里温度（t_C）逐渐降低，而其他两个相变温度（t_2 和 t_3）逐渐增大，最后在 $x=0.2$ 附近这三个相变温度合而为一。常见的几种 BaZr$_x$Ti$_{1-x}$O$_3$ 材料的相变温度见表 9-32。

晶体结构常采用 XRD 谱图来表征，几种 BaZr$_x$Ti$_{1-x}$O$_3$ 材料的 XRD 谱图及由此计算得到的晶格常数如图 9-40 所示。显然，随着锆含量（x）的增加，XRD 衍射峰向低角度方向移动，晶格常数逐渐增大，其原因在于 Zr^{4+} 半径比 Ti^{4+} 大。由图 9-40（b）所示还可发现：与 BST 材料一样，薄膜的晶格常数比块材大，这主要是由于薄膜中的应力所致。

表 9－32　BaZr$_x$Ti$_{1-x}$O$_3$单晶和陶瓷的相变温度（1kHz）

BZT	$x=0.05$			$x=0.08$			$x=0.15$	$x=0.2$
	t_C/℃	t_2/℃	t_3/℃	t_C/℃	t_2/℃	t_3/℃	t_m/℃	t_m/℃
单晶	110	51	0	102	71	30	65	32
陶瓷	110	51	0	99	71	33	67	32

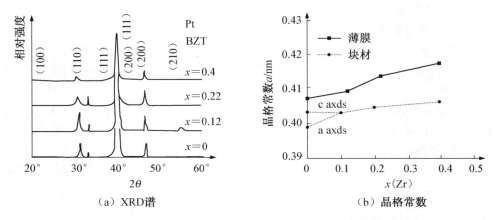

（a）XRD谱　　　　　　　（b）晶格常数

图 9 - 40　BaZr$_x$Ti$_{1-x}$O$_3$ 材料的 XRD 谱和晶格常数

2. BZT 铁电陶瓷的制备方法

锆钛酸钡铁电陶瓷的制备方法大致分为以下几种：固相法、溶胶—凝胶法、微波烧结、机械合金化、低温烧结、水热合成法、共沉淀法等。下面介绍几种常用方法。

（1）固相法。氧化物固相反应法是一种传统、应用广泛的陶瓷制备方法，它主要利用固相扩散传递方式进行反应，以 BaCO$_3$、ZrO$_2$ 和 TiO$_2$ 为主要原料，经球磨、烘干、预烧、成型、烧结等工艺过程得到 BZT 铁电陶瓷。合成 BZT 的主要化学反应有：

$$BaCO_3 + TiO_2 \rightarrow BaTiO_3 + CO_2 \uparrow \tag{9-23}$$

$$BaCO_3 + ZrO_2 \rightarrow BaZrO_3 + CO_2 \uparrow \tag{9-24}$$

总反应方程：

$$BaCO_3 + (1-x)TiO_2 + xZrO_2 \rightarrow Ba(Zr_xTi_{1-x}O_3) + CO_2 \uparrow \tag{9-25}$$

采用固相法制备的 BaZr$_{0.35}$Ti$_{0.65}$O$_3$ 陶瓷结构致密，晶粒尺寸约为 4μm。

采用固相法在 1 500℃ 下烧结 5h 制备了不同组成的 Ba(Zr$_x$Ti$_{1-x}$)O$_3$（x = 0.20、0.25、0.30，简写为 BZT20、BZT25、BZT30）铁电陶瓷（图 9 - 41），经 XRD 谱图分析发现所有试样均为钙钛矿单相结构，随锆含量增加，衍射峰向低角区移动，晶格常数逐渐增大，表明 Zr^{4+}（半径为 0.087nm）取代了 Ti^{4+}（0.068nm）离子，形成完全固溶体。

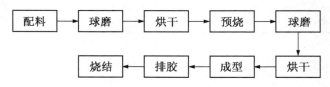

图 9 - 41　固相法制备 BZT 陶瓷的工艺步骤

（2）溶胶—凝胶法。溶胶—凝胶法是由金属有机化合物或金属无机盐经水解和缩聚过程，再经过凝胶化及相应的热处理而获得氧化物或者其他固体化合物的一种方法。溶胶—凝胶法制备 BZT 粉体的 Ti 源通常为钛酸四丁酯或异丙醇钛，Ba 源通常为醋酸钡，Zr 源较多，可选择硝酸锆、四正丁氧基锆、柠檬酸锆、异丙醇锆之一。溶胶—凝胶法制备

BZT 陶瓷的工艺流程如图 9-42 所示。

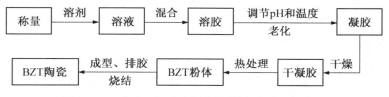

图 9-42　溶胶—凝胶法制备 BZT 陶瓷的工艺步骤

以醋酸钡、异丙醇钛、异丙醇锆为前驱体,醋酸、乙二醇甲醚为溶剂,通过控制水解过程获得 BZT 凝胶,经热处理获得 BZT 粉体。此粉体成型后在 1 300~1 550℃烧结 5h 获得不同晶粒尺寸的 BZT 陶瓷。

以钛酸丁酯、醋酸钡、硝酸锆为原料,乙醇、冰醋酸为溶剂,制备 $Ba(Zr_xTi_{1-x})O_3$(其中 $x = 0.04$、0.07、0.10、0.13,分别称为 BZT04、BZT07、BZT10、BZT13)陶瓷。对 BZT04、BZT10 进行扫描电镜(SEM)分析,发现 BZT04 样品的结构致密,晶粒尺寸为 5~10μm,而 BZT10 样品的晶粒尺寸为 200~800nm。由此可以看出,Zr 对晶粒生长有抑制作用,随 Zr 量增加,BZT 陶瓷晶粒尺寸降低。

(3) 微波烧结。微波烧结是利用微波电磁场中陶瓷材料的介质损耗使材料整体加热至烧结温度而实现烧结和致密化。介质材料在微波电磁场的作用下会产生介质极化,如电子极化、原子极化、偶极子转向极化和界面极化等。材料与微波的交互作用导致材料吸收微波能量而被加热。

以 $BaCO_3$、TiO_2、ZrO_2 为原料,采用微波烧结炉(1.1kW,2.45GHz)在 1 400℃保温 2h 制备了 $BaZr_{0.10}Ti_{0.09}O_3$ 陶瓷(总微波烧结过程时间为 4h)。与固相法制备的陶瓷(总烧结时间为 22h)相比,微波烧结的 BZT 陶瓷的晶粒尺寸更小、更均匀,在室温下具有高的电阻率、高介电常数、低介电损耗,这有利于 BZT 陶瓷在室温下的应用。

(4) 机械合金化。机械合金化也称为高能球磨法,该方法充分利用高能球磨过程中的机械力化学效应,使物料在迅速细化的同时发生一系列物理化学变化,引发物料组分的晶体结构产生各种缺陷,化学位能显著提高,进而导致组分间的常温固相反应,从而实现材料的机械力化学合成。

以 $BaTiO_3$、ZrO_2 为原料,采用行星式球磨机在氩气气氛下球磨 8h 制得 BZT 粉体,经 1 300℃烧结 1h 制备 BZT 陶瓷。与传统固相法相比,机械合金化制得的 BZT 陶瓷晶粒尺寸更小,介电损耗更低,电阻率更大。

(5) 低温烧结。所谓低温烧结,是指通过添加助熔剂,使烧结温度比一般的固相烧结低 400~500℃,以得到较为理想的晶粒尺寸、晶体结构以及优良介电性能陶瓷的一种制备方法。低温烧结一般可以通过添加助熔剂的方法来实现,如通过添加 B_2O_3、Li_2O 或者 SiO_2。$Ba_{1-x}Sr_xTiO_3$ 陶瓷的烧结温度可以降到 900℃左右。

研究了助熔剂 B_2O_3 和 Li_2O 对 $BaZr_{0.35}Ti_{0.65}O_3$ 陶瓷烧结温度、介电性能的影响,结果表明,B_2O_3 和 Li_2O 可以有效地降低陶瓷的烧结温度,当加入质量分数为 4.00% Li_2O 和 0.75% B_2O_4 时,烧结温度可以降到 1 000℃,比一般的固相烧结温度低 500℃。

3. 性能

（1）介电性能。无论是单晶还是陶瓷、薄膜，随着锆含量的增加，电滞回线的矩形度都变差，即剩余极化强度（P_r）逐渐减小，矫顽场强（E_c）逐渐增大。例如，x 为 0.1、0.2 的 $BaZr_xTi_{1-x}O_3$ 薄膜的剩余极化强度分别为 $21×10^{-5}C/cm^2$、$10×10^{-5}C/cm^2$；x 为 0.05、0.08、0.15、0.2 的 $BaZr_xTi_{1-x}O_3$ 陶瓷的剩余极化强度分别为 $1.2×10^{-5}C/cm^2$、$1.08×10^{-5}C/cm^2$、$3.0×10^{-6}C/cm^2$、$2.0×10^{-5}C/cm^2$。图 9-43 所示的 x 为 0.05、0.08、0.15、0.2 的 BZT 单晶的剩余极化强度分别为 $1.71×10^{-5}C/cm^2$、$1.83×10^{-5}C/cm^2$、$7.5×10^{-5}C/cm^2$、$4.0×10^{-5}C/cm^2$，而矫顽场强分别为 $2.2×10^3V/cm$、$1.2×10^3V/cm$、$2.5×10^3V/cm$、$6.5×10^3V/cm$。值得一提的是，对于单晶来说，电滞回线的形状还与晶向密切相关。例如，$BaZr_{0.05}Ti_{0.95}O_3$ 单晶沿 [110]、[111] 和 [001] 方向的剩余极化强度存在较大差异，沿 [110] 方向的值最大，而沿 [001] 方向的值最小，仅为前者的 $1/\sqrt{2}$，这也正是图 9-43(b) 所示的 $x=0.08$ BZT 单晶的电滞回线以及 P_r、E_c 数据略有异常的原因。

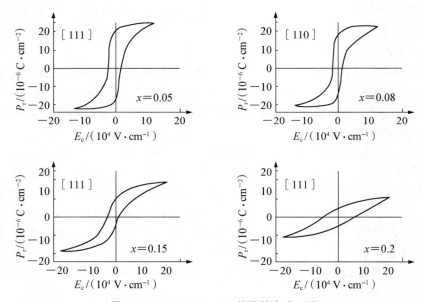

图 9-43　$BaZr_xTi_{1-x}O_3$ 单晶的电滞回线

在相同工艺条件下溅射的 $BaZr_xTi_{1-x}O_3$（x 为 0.1、0.2、0.3）薄膜，其介电常数随着锆含量的增加而增大。但是，有的报道却与此完全相反，这可能是测试条件（如温度范围）不同所致。

介电（电压）非线性是铁电材料的一种重要特性。它是指材料的极化强度随外加电场强度呈非线性变化，非线性的强弱常用介电常数的电场变化率（或称为可调性、调谐率）来表征。研究结果表明，随着锆含量的增加，$BaZr_xTi_{1-x}O_3$ 陶瓷的介电非线性和损耗都逐渐减小，如图 9-44 所示。根据图中得到：在室温、10kHz 和 $2.0×10^4$ V/cm 外加直流偏压下，x 为 0.2、0.25、0.3 和 0.35 的 $BaZr_xTi_{1-x}O_3$ 陶瓷的介电非线性分别为 86%、58%、26%、19%。因此，在确定介质移相器等器件用非线性材料组成时，必须综合考虑介电非线性、损耗这两个物理量。

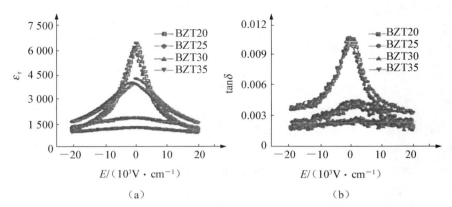

图 9 - 44　$BaZr_xTi_{1-x}O_3$ 陶瓷的介电常数、介质损耗随外加电场强度的变化

（2）弛豫现象。弛豫铁电体是一类重要的功能材料，它是指顺电—铁电转变，属弥散相变的铁电材料，一般为复合化合物或固溶体。其显著特征有：①介电常数—温度曲线宽化；②介电谱的实部和虚部沿横坐标（温度）存在较大的分离；③在 t_m 附近偏离居里—外斯定律；④在相变区域介电常数和损耗发生频率弥散，即 t_m 随着频率的增加而增大。

众多的研究证明，锆钛酸钡属于弛豫铁电体，随着锆含量的增加，$BaZr_xTi_{1-x}O_3$ 材料的弥散相变现象越来越显著，在 $x=0.27$ 左右呈现典型的弥散相变特征。BZT 产生弛豫现象的原因较多，主要有微观组成起伏、微观极化区域合并为宏观极化区域、空间电荷、应力等。

Uchino 等人提出了一个半经验公式来描述弛豫铁电体相变弥散的程度：

$$1/\varepsilon - 1/\varepsilon_m = (T - T_m)^{\gamma}/C_1 \qquad (9 - 26)$$

式中，C_1 为常数，γ 为表征相变弥散程度的参数，其取值范围为 $1 \sim 2$。当 $\gamma=1$ 时，则为正常的相变，满足居里—外斯定律；当 $\gamma=2$ 时，则为完全的弥散相变。Tang 等人利用这

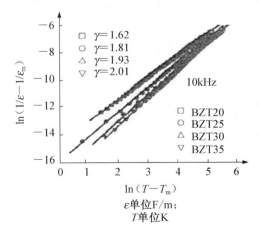

图 9 - 45　$BaZr_xTi_{1-x}O_3$ 陶瓷的 $\ln(1/\varepsilon - 1/\varepsilon_m)$ 与 $\ln(T - T_m)$ 的关系

一公式计算得到 x 为 0.2、0.25、0.3 和 0.35 的 $BaZr_xTi_{1-x}O_3$ 陶瓷的 γ 值分别为 1.62、1.81、1.93、2.01 的关系，如图 9-45 所示。这说明随着锆含量的增加，$BaZr_xTi_{1-x}O_3$ 陶瓷的弥散相变现象越来越显著，在 $x=0.35$ 时已为完全的弥散相变。

（3）尺寸效应。关于晶粒尺寸为 $2\mu m$、$15\mu m$ 和 $60\mu m$ 的 $BaZr_{0.2}Ti_{0.8}O_3$ 陶瓷的介电性能的研究结果（图 9-46）表明：随着晶粒尺寸的增大，BZT 陶瓷的介电常数、可调性都逐渐增大，而介质损耗逐渐降低。同时，居里温度升高，$\varepsilon-T$ 曲线的峰变窄，如图 9-47 所示。

对于最细（晶粒尺寸为 $2\mu m$）的 $BaZr_{0.2}Ti_{0.8}O_3$ 陶瓷样品，随着测试频率的升高，T 逐渐增大，而 ε 逐渐减小，如图 9-48 所示。但是，对于晶粒尺寸较大的样品，则未观察到频率弥散现象。进一步研究了不同晶粒尺寸 $BaZr_{0.2}Ti_{0.8}O_3$ 陶瓷的弛豫现象，利用式（9-26）计算得到晶粒尺寸为 $2\mu m$、$15\mu m$ 和 $60\mu m$ 的 $BaZr_{0.2}Ti_{0.8}O_3$ 陶瓷的 γ 值分别为 1.82、1.87 和 1.64。这些都说明随着晶粒尺寸的增大，BZT 陶瓷中的铁电弛豫现象减弱。

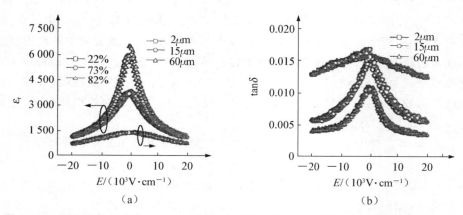

图 9-46　不同晶粒尺寸的 $BaZr_{0.2}Ti_{0.8}O_3$ 陶瓷的介电常数、介质损耗与电场的关系

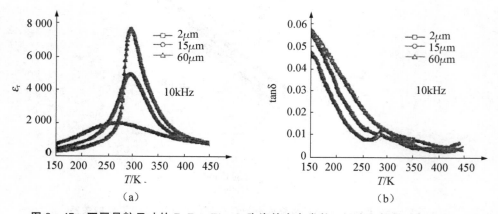

图 9-47　不同晶粒尺寸的 $BaZr_{0.2}Ti_{0.8}O_3$ 陶瓷的介电常数—温度和损耗—温度曲线

4. 掺杂

为了进一步改善 BZT 的介电性能，人们对其进行了掺杂研究。结果表明，掺入 0.5%（粒子数分数）的 Ce 后，不仅表面粗糙度（RMS）降低，而且 BaZr$_{0.2}$Ti$_{0.8}$O$_3$ 薄膜的介电常数、可调性、介质损耗和漏电流密度都不同程度地减小。显然，这并不如人意。因为在制作非线性器件时，一般总是希望非线性材料的可调性尽可能大，而介质损耗和漏电流密度又尽可能小。

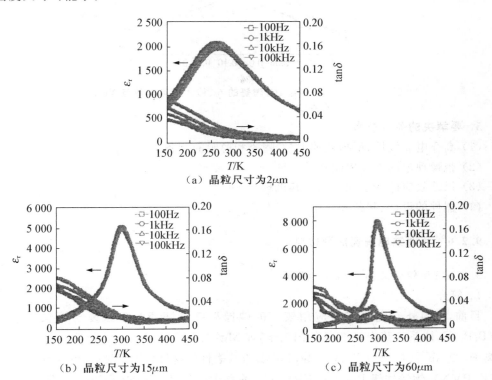

（a）晶粒尺寸为2μm

（b）晶粒尺寸为15μm　　　　（c）晶粒尺寸为60μm

图 9 - 48　在不同频率下的 BaZr$_{0.2}$Ti$_{0.8}$O$_3$ 陶瓷的介电常数—温度和损耗—温度曲线

Yb 掺杂对 BZT 陶瓷介电性能的实验结果表明，随着 Yb 含量的增加，BZT 陶瓷的居里温度逐渐降低，且变化过程可以分为三个阶段，如图 9 - 49 所示。Yb 含量低于 0.05%（粒子数分数，下同）时为第一阶段，居里温度降低的速率为 640℃/1% Yb；Yb 含量为 0.05%～0.1%时为第二阶段，居里温度几乎不随 Yb 含量变化；Yb 含量高于 0.1%时为第三阶段，居里温度降低的速率为 117℃/1% Yb。居里温度变化存在三个阶段的原因在于 Yb 优先取代位置的差异。在第一阶段，Yb^{3+} 作为受体占据钙钛矿结构的 B 位。由于 Yb^{3+} 半径较大，因而它占据 B 位并将抑制 Zr^{4+} 或 Ti^{4+} 的取向位移，从而导致居里温度大幅度降低。随着 Yb 含量的增加，Yb^{3+} 倾向于占据钙铁矿结构的 A 位。这种转变将补偿上一阶段产生的晶格应变和电荷不平衡，从而两种共存的取代模式导致居里温度为一常数。在第三阶段，Yb^{3+} 主要占据钙钛矿结构的 A 位，导致钛空位的产生，因此居里温度又降低。

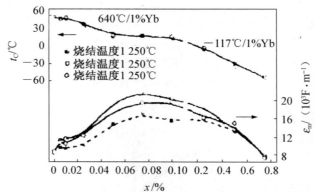

图 9 - 49　$BaZr_{0.15}Ti_{0.85}O_3$ 陶瓷的 t_C、最大介电常数与 Yb 含量的关系

5．要解决的关键技术

（1）高介电非线性、低损耗的 BZT 陶瓷和薄膜的制备。

（2）弛豫现象的有效控制及其机理。

（3）尺寸效应的一般性规律及其机理。

（4）器件的设计、制备和应用。

9.2.6　其他铁电陶瓷探测材料

9.2.6.1　钽钪酸铅—钛酸铅陶瓷

1．简介

目前，国内外研究较多和应用较广的弛豫型铁电陶瓷是铅系复合钙钛矿结构的 $Pb(B_1B_2)O_3$ 体系。其中 B_1 为低价阳离子，如 Mg^{2+}、Zn^{2+}、Fe^{3+}、Ni^{2+} 和 Sc^{3+} 等；B_2 为高价阳离子，如 Nb^{5+}、Ta^{5+}、Ti^{4+}、W^{6+} 等，其中具有代表性的材料为铌镁酸铅 $Pb(Mg_{1/3}Nb_{2/3})O_3$（简称 PMN）、铌锌酸铅 $Pb(Zn_{1/3}Nb_{2/3})O_3$（简称 PZN）和钽钪酸铅 $Pb(Sc_{1/2}Ta_{1/2})O_3$（简称 PST）等。

PST 的热释电系数高达 $230 \times 10^{-8}C/(cm^2 \cdot K)$，可望成为制备高性能非制冷红外焦平面阵列的新材料。但是 PST 的居里点较低（根据钽钪离子的有序度的不同，其居里点大致为 $-5 \sim +25℃$），且需要在相当高的温度下（约 1 500℃）才能合成制备致密、具有钙钛矿结构、性能良好的陶瓷材料。因此，这个条件极大地制约了 PST 材料的应用。若在 PST 中加入钛酸铅（简称 PT，其居里点约为 490℃），形成具有复合钙钛矿结构的 $(1-x)$ PST_xPT［简称 $PSTT(100x)$］固溶体，可提高 PST 材料体系的居里点，降低其烧结温度，从而扩大 PST 材料体系的应用范围。采用国产原料在不同烧结温度下用"一步法"合成了 PSTT(25)、PSTT(30)、PSTT(35)、PSTT(40) 和 PSTT(45) 等几个组分的铁电陶瓷，并用 XRD 和 SEM 等分析技术研究了制备工艺对 PSTT 结晶性能的影响，总结了烧成温度和组分对 PSTT 体系铁电陶瓷晶体结构形成的影响规律。研究结果表明，烧成温度与组分是决定 PSTT 陶瓷中钙钛矿相含量的两个关键因素，用一步法合成的 $x = 0.45$ 的

PSTT$(100x)$样品中的钙钛矿相含量高,可达 100%。

2. 制备方法

(1) 配方。基本结构组分是:$(1-x)Pb(Sc_{1/2}Ta_{1/2})O_3 - xPbTiO_3$,其中 x 分别为 0.25、0.30、0.35、0.40、0.45。其配比组成见表 9-33。

表 9-33　配比组成

类　　别	组　　成	$r(Ta_2O_5)$	$r(Sc_2O_3)$	$r(TiO_2)$	$r(PbO)$
PSTT(25)	$0.75Pb(Sc_{1/2}Ta_{1/2})O_3 - 0.25PbTiO_3 - 0.1PbO$	18.75	18.75	25	110
PSTT(30)	$0.70Pb(Sc_{1/2}Ta_{1/2})O_3 - 0.30PbTiO_3 - 0.1PbO$	17.5	17.5	30	110
PSTT(35)	$0.65Pb(Sc_{1/2}Ta_{1/2})O_3 - 0.35PbTiO_3 - 0.1PbO$	16.25	16.25	35	110
PSTT(40)	$0.60Pb(Sc_{1/2}Ta_{1/2})O_3 - 0.40PbTiO_3 - 0.1PbO$	15	15	40	110
PSTT(45)	$0.55Pb(Sc_{1/2}Ta_{1/2})O_3 - 0.45PbTiO_3 - 0.1PbO$	13.75	13.75	45	110

注:r 为摩尔比。

(2) 制备。表 9-34 给出了本项研究选用的原料及其纯度、生产地。为了便于应用和推广,采用传统的电子陶瓷制备工艺制备样品,其制备工艺流程如图 9-50 所示。

表 9-34　PSTT 系铁电陶瓷的原料及其纯度、生产地

原料	纯度	产地
Ta_2O_5	99.99%	北京有色金属研究总院矿冶所
Sc_2O_3	99.99%	北京有色金属研究总院矿冶所
TiO_2	98%	上海石粉厂
PbO	≥99%	温州市试剂化工厂

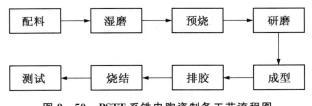

图 9-50　PSTT 系铁电陶瓷制备工艺流程图

由于 $Pb(B_1B_2)O_3$ 型弛豫铁电陶瓷较难烧结,往往采用先合成中间相,然后再加入 PbO 合成 $Pb(B_1B_2)O_3$ 相的"两步法"合成技术。如 PMN,先合成 $MgNb_2O_6$,然后再加 PbO 合成 $Pb(Mg_{1/3}N_{2/3})O_3$。用"两步法"也合成了 PSTT 陶瓷。虽然"两步法"可以合成钙钛矿相较高的 $Pb(B_1B_2)O_3$ 型弛豫铁电陶瓷,但对实际应用而言,采用传统电子陶瓷合成技术的"一步法"更易推广并形成规模化生产。采用"一步法"合成 PSTT 陶瓷,将原料 Ta_2O_5(99.99%)、Sc_2O_3(99.99%)、TiO_2(98%)和 PbO(≥99%)按设计组分称量,以高纯水为介质进行湿磨。湿磨后的原料经干燥后,在混合均匀的粉料中按质量比 3% 加入浓度为 5% 的聚乙烯醇溶液,压成 $\phi=25mm$、厚 $d=(3\sim4)mm$ 的片子进行预合成,在

450℃进行 2h 的排胶,在 850℃保温 2h。把预合成的熟料磨细,按质量比 3％加入浓度为 5％的聚乙烯醇溶液进行造粒,用 769YP－24B 粉末压片机(天津科器新技术公司)以单面加压的干压成型方式(压强为 12MPa 左右),将原料压成 $\phi＝10mm$、厚 $d＝1mm$ 左右的坯体试片。将补偿片 $Pb(Zr_{0.52}Ti_{0.48})O_3$ 与 PSTT 坯体试片一同放入密封的坩埚内在 450℃下进行 2h 的排胶,然后将炉温升到设计的烧结温度,在空气中烧结成瓷,保温时间均为 9h。

3. 性能与效果

(1) 以 PbO、Sc_2O_3、Ta_2O_5、TiO_2 为原料,烧结温度为 1 100～1 300℃,用"一步法"直接合成了 $PSTT(100x)$ 铁电陶瓷。

(2) 一步法合成的 $PSTT(100x)$ 陶瓷的钙钛矿相含量高,均在 93％以上。当 x 为 0.30、0.35、0.45 时,钙钛矿相的含量可达 100％。

(3) 在 Ti^{4+} 存在的前提下,长时间的保温可以使 Sc^{3+} 和 Ta^{5+} 进入 B 位,从而有利于钙钛矿相的形成。

(4) SEM 观察发现 $PSTT(100x)$ 的晶粒较均匀,晶粒大小为 0.5～0.25μm。

9.2.6.2　钽铁酸铅铁电陶瓷

1. 简介

利用普通电子陶瓷工艺制备了纯钙钛矿相 $Pb(Fe_{1/2}Ta_{1/2})O_3$(PFT)铁电陶瓷,利用 DTA、XRD 等陶瓷烧结过程中钙钛矿相的结构及其稳定性进行了研究。同时,XRD 分析及介电性质测试的结果表明,1 150℃烧结的 PFT 陶瓷经 900℃退火热处理,能提高介电绝缘性能,降低介电损耗,其钙钛矿相存在 $2a_0×2a_0×2a_0$ 的超晶格结构。

2. 制备方法

PFT 陶瓷的制备使用 99％Pb_3O_4、99％Fe_2O_3 及 99.99％Ta_2O_5 化学试剂粉末为原料,采用普通的氧化物一次合成法工艺,即原料氧化物按分子式 $Pb(Fe_{1/2}Ta_{1/2})O_3$ 化学计量称量,用无水乙醇湿法球磨混合 8h,烘干后过筛,800℃预烧 1h 再细磨,经压片成 $\phi10mm×(1～2)mm$ 状样品,然后将片状样品放在以 $PbZrO_3$ 作气氛的密闭金刚玉坩埚中,在 800～1 200℃温度下烧成 3h,再随炉冷却。介电性质测试样品经涂银浆,600℃烧渗电极。

3. 性能与效果

(1) 利用普通陶瓷氧化物一次合成法,在 1 150℃下保温 3h,随炉冷却,可以获得纯钙铁矿相的较致密的 $Pb(Fe_{1/2}Ta_{1/2})O_3$ 陶瓷。

(2) 在 $PbZrO_3$ 气氛中烧结时,$Pb(Fe_{1/2}Ta_{1/2})O_3$ 钙铁矿相在 1 050～1 150℃温度范围是稳定的。在 1 050℃温度以下,焦绿石相与氧化铅、氧化铁反应生成钙钛矿相,钙钛矿相含量随温度升高而增大,而在 1 150℃以上温度,钙钛矿相又分解出焦绿石相,分解出的 PbO 高温挥发而使试样失重。

(3) 未经热处理试样中的 PFT 为简单钙钛矿型结构,B 位复合离子 Fe^{3+}、Ta^{5+} 无序分布。热处理过的陶瓷,可以观察到 X 射线超晶格衍射,表明其 B 位离子 Fe^{3+}、Ta^{5+} 出现有序排列现象,PFT 为有序的复合钙钛矿型结构。

9.2.6.3　溶胶—凝胶法制备 $SrBi_2Ta_2O_9$ 铁电陶瓷薄膜

1. 简介

以可溶性无机盐为原料,通过溶胶—凝胶法在 Al_2O_3 基片上制备了 $SrBi_2Ta_2O_9$ (SBT)铁电陶瓷薄膜。结果表明,在前驱体溶胶制备中,络合剂的种类对溶胶的稳定性和 SBT 相薄膜的形成有重要影响。在以乙二胺四乙酸和乙二醇为络合剂时,易形成均匀稳定的溶胶和单一相的 SBT 薄膜。在薄膜制备工艺中,Bi_2O_3 的高温挥发性和薄膜的退火温度是控制制备过程的关键因素。当 Bi 过量 40%,且在 700℃的温度下退火热处理,可以制备出符合化学计量比、结晶性较好、具有均匀晶粒尺度的 $SrBi_2Ta_2O_9$ 铁电陶瓷薄膜。

2. 制备方法

将 $Sr(NO_3)_2$、$Bi(NO_3)_3$ 及自制 $HTaF_6$ 按化学计量物质的量比配制成均匀混合溶液,引入三羟基丙三羧酸(柠檬酸)、乙二胺四乙酸(EDTA)及乙二醇等有机络合剂,形成稳定溶胶,并在旋转的涂膜机上以 2 000～3 000 r/min 转速在 Al_2O_3 基片上形成溶胶膜,经 120℃干燥及 600℃热处理后,重复以上过程涂膜 5 次,最后在 600～750℃的流动 O_2 气条件下烧结处理,形成 $SrBi_2Ta_2O_9$ 晶态膜。

3. 性能与效果

从 XRD 谱图中可见,3 个烧结温度下均出现 SBT 晶相,且随着烧结温度的提高,衍射强度增大,表明 SBT 相晶粒发育更为完整。650℃下烧结样品可看出,晶粒发育不好,形状不规整,表面缺陷多;700℃下烧结时,尺寸约 200nm 的球形晶粒轮廓鲜明;750℃下烧结与 700℃下烧结的薄膜表面形貌差别不大,只是晶粒尺寸略有增大,700℃下烧结薄膜断面形貌图中可见薄膜与基片接触比较牢固,膜厚为 1μm 左右。

9.2.6.4　钽酸锂薄膜

1. 简介

钽酸锂($LiTaO_3$)材料是一种具有良好的热释电、铁电、压电、电光和非线性光学等特性的多功能材料,常用来制作功能器件,如电光调制器、光谐振滤波器、表面声波器件、光波导器件、微型电容器、非易失性存储器、高性能热释电探测器等。在非制冷的高性能热释电红外探测器应用方面,用 $LiTaO_3$ 材料制备的器件具有巨大市场潜力,表现出优越的性能,是数年来各国专家强烈关注的热点研究目标。$LiTaO_3$ 是一种氧八面体结构的铁电材料,由于居里点高(620℃),热释电系数大($2.3×10^{-8}C \cdot cm^{-2} \cdot K^{-1}$),而相对介电常数小,非常适合做热释电红外探测器的敏感材料。由于 $LiTaO_3$ 红外探测器的电压响应和比探测率等性能指标与敏感单元厚度成反比,所以体材料的 $LiTaO_3$ 应用受到几何参数的严格限制。为提高红外探测器的探测性能,$LiTaO_3$ 薄膜的研究受到广泛重视,目前已有多种薄膜技术用于制备 $LiTaO_3$ 薄膜,如 RF 磁控溅射、反应离子刻蚀、金属有机物化学沉积和溶胶—凝胶法等。由于磁控溅射法、反应离子刻蚀法、MOCVD 法制备 $LiTaO_3$ 薄膜的成本太高,故而选择低成本的溶胶—凝胶法制备 $LiTaO_3$ 薄膜,重点研究了各种工艺条件对 $LiTaO_3$ 薄膜制备及其性能的影响。

2．制备方法

（1）溶胶配制。准确称取一定量 99.998% 的金属锂，用乙二醇单甲醚（EGME）作为溶剂，在温度约 50℃ 条件下，将金属锂全部溶解，得到乙醇锂。在上述溶液中准确加入适量乙醇钽[$Ta(OC_2H_5)_5$，99.996%]，用旋转蒸发仪加热回流约 1h，再蒸发除去反应副产物（乙醇），在超声设备中 60℃ 加热、超声搅拌 30min，过滤除去颗粒物，最后加入适量乙二醇单甲醚调整溶胶浓度，得到 0.4mol/L 的淡黄色 $LiTaO_3$ 溶胶。另外，用相同配制工艺，其他条件不变，用醋酸锂取代乙醇锂配制了另一种 $LiTaO_3$ 溶胶。

（2）薄膜制备。根据实验需要，将上述方法配制的 $LiTaO_3$ 溶胶用乙二醇单甲醚稀释成浓度为 0.1mol/L，在台式匀胶机上旋转涂敷于 $Pt/Ti/SiO_2/Si$ 衬底形成湿膜。匀胶的条件为：300～500r/min，8～20s；甩胶的条件为：3 000～5 000r/min，45～60s。将得到的湿膜置于快速热处理炉（RTP-300）中，在氧气气氛中（O_2 流量为：1.5～2.5L/min）使薄膜干燥、有机物热解和结晶。退火条件分别是：180℃，4min；420℃，4min；700℃，3min。采用多次重复涂膜的方法，直到制备的薄膜达到所需厚度，得到 $LiTaO_3$ 薄膜样品 A。按照上述相同工艺条件和材料制备 $LiTaO_3$ 湿膜，热退火气氛由氧气改变为氮气，用同样的热处理设备制备对比用的 $LiTaO_3$ 薄膜样品 B。为了和样品 A 比较，用相同的溶胶—凝胶工艺和材料制备 $LiTaO_3$ 湿膜，同样在热退火气氛为氧气气氛条件下，将样品 A 的每一层薄膜直接结晶退火改变为对奇数层膜进行焦化退火（420℃，4min），对偶数层膜进行结晶退火（700℃，3min），交替完成多层薄膜制备，得到 $LiTO_3$ 薄膜样品 C。

（3）$LiTaO_3$ 薄膜溶胶—凝胶法制备工艺的优化。根据以上对比实验，$LiTaO_3$ 薄膜溶胶—凝胶法制备工艺的优化条件为：以高纯度的乙醇锂和乙醇钽为起始原料，以乙二醇单甲醚为溶剂配制 $LiTaO_3$ 溶胶是可行的；在 $LiTaO_3$ 溶胶中加入的环氧树脂有助于增加溶胶与衬底之间的黏附性，但要控制环氧树脂加入量小于 5%。实验表明，$LiTaO_3$ 薄膜结晶退火的最佳温度为 650～700℃，退火气氛氧气优于氮气，并且保证氧气流量不小于 1.5L/min，并且最好是制备一层 $LiTaO_3$ 湿膜就立即进行高温结晶退火，有助于薄膜成核结晶。只有匹配的甩胶速度和溶胶浓度才有利于薄膜的均匀性。另外，根据实验需要，选择衬底必须考虑能否耐受超过 650℃ 及以上高温氧化。制备 $LiTaO_3$ 薄膜之前，需要先对衬底做抗高温实验，通过实验的衬底才能使用。

退火气氛不同，对薄膜结晶有影响。在 Pt 衬底生长 $LiTaO_3$ 薄膜可以在 N_2 气氛下退火，也可以在 O_2 气氛下退火。在同样的结晶温度下，通入不同气体获得的 $LiTaO_3$ 薄膜的介质损耗有明显差别，如图 9-51 所示。N_2 气氛下结晶的薄膜，其介质损耗要远远大于 O_2 气氛中结晶的薄膜，说明结晶氛围中氧的含量对薄膜的结晶性能影响很大。氧的缺乏会在薄膜中产生氧空位，形成多余的电子，从而降低了薄膜的电阻率，使薄膜的介质损耗变大。除此之外，氧气氛中的退火较空气中退火具有更小的空间电荷极化，减小了电荷弛豫。在退火过程中通入氧气，减小了薄膜系统中以氧空位形式出现的点缺陷，进而降低了薄膜表面的不均匀性。

3．效果

用溶胶—凝胶法在多种衬底上制备新的 $LiTaO_3$ 薄膜，比较了 N 型硅、P 型硅、SiO_2

和 Pt 四种衬底对制备 $LiTaO_3$ 薄膜的影响,发现溶胶—凝胶法在以上衬底上只能制备多晶薄膜,在 Pt 衬底上生长的 $LiTaO_3$ 薄膜在[110]和[116]晶向上有强烈的择优取向性。在 $LiTaO_3$ 溶胶中加入环氧树脂有助于增加溶胶与衬底之间的黏附性,但环氧树脂加入量不能大于 5%(质量分数)。甩胶速度与溶胶浓度有关,只有两者匹配才能使薄膜的均匀性得到有效控制。退火温度、退火方式和退火气氛对薄膜制备的质量有很大影响,实验表明:$LiTaO_3$ 薄膜结晶退火的最佳温度为 650～700℃,退火气氛氧气优于氮气,氧气流量不小

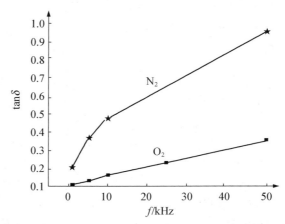

图 9 - 51　在 O_2 和 N_2 气氛下结晶退火的 $LiTaO_3$ 薄膜的 tanδ

于 1.5L/min,最好在每制备一层 $LiTaO_3$ 湿膜后立即进行高温结晶退火,有助于制备高性能 $LiTaO_3$ 薄膜。

9.2.6.5　$SrBi_4Ti_4O_{15}$ 铁电陶瓷

1. 简介

Aurivillius 在 50 多年前发现了属于钙钛矿家族的铋层结构材料(BLSF)。这些材料的通式为 $(Bi_2O_2)^{2+}(A_{m-1}B_mO_{3m+1})^{2-}$,其中 A 为一价、二价的阳离子或它们的混合物,如 K^+、Na^+、Ca^{2+}、Sr^{2+}、Pb^{2+}、Ba^{2+}、Ln^{3+} Bi^{3+} 等;B 为四价、五价、六价离子或它们的混合物,如 Fe^{3+}、Cr^{3+}、Ga^{3+}、Ti^{4+}、Zr^{4+}、Nb^{5+}、Ta^{5+} 等;m 可以是 1～5 间的任意整数,如 $SrBi_2Ta_2O_9$(m 为 2)、$Bi_2Ti_3O_{12}$(BIT,m 为 3)、$SrBi_4Ti_4O_{15}$(m 为 4)等。A、B 位离子的不同组合可以使铋层状压电材料的组成发生很大变化,如 $PbBi_2Nb_2O_9$(PBN,m 为 2)、Bi_3TiNbO_9(BTN,m 为 2)、$Na_{0.5}Bi_{4.5}Ti_4O_{15}$(NBT,m 为 4)等。已知的铋层状结构材料中除了 BIT 属于单斜晶系外,多数 Aurivillius 相的结构在居里温度以下为斜方晶系,极化主要发生在 ab 面,ab 面的压电效应也最高。陶瓷材料是由片状晶粒组成,对于这些微晶,指向 c 轴的晶粒最少,发生在这一晶面的极化也少。

由于这些材料具有很多优越的性能,如低介电常数、高居里温度(T_c)、机电耦合系数各向异性明显、低老化率、高电阻率、大的介电击穿强度、低烧结温度等,引起了人们广泛的关注,且作为铁电反转材料,铋层状材料疲劳特性好,漏电流小,因而特别适合于高温、高频场合使用。从压电性能的角度看 $SrBi_4Ti_4O_{15}$,因为其具有较高的居里温度(约 530℃)及对驱动场振幅和频率的超常的稳定性而特别引人关注。

2. 制备方法

以分析纯的 Bi_2O_3、$SrCO_3$ 和 TiO_2 为原料,按化学计量比混合,KCl 和反应物按摩尔比 1:1 加入,以乙醇为介质球磨 24h,混合均匀后烘干,然后在 800～11 000℃温度范围内合成。

将预烧好的粉料置于玛瑙研钵中研磨,过 200 目筛后加入适量黏结剂、无水乙醇、去离子水将其混磨均匀,以 150MPa 压力压成圆片备用。将试片加热到 650℃ 保温 2h 排胶,在 1 000~1 200℃ 下烧结 2~4h。

$SrBi_4Ti_4O_{15}$ 的合成反应温度为 800~950℃。$SrCO_3$、Bi_2O_3 和 TiO_2 的固相反应分三个阶段进行:第一阶段在 640℃ 以下,Bi_2O_3 和 $SrCO_3$ 反应生成固溶体,部分 TiO_2 与 Bi_2O_3 反应生成 $Bi_{12}TiO_{20}$,另一部分 TiO_2 没有反应;第二阶段(小于或等于 800℃)$SrO-Bi_2O_3$ 固溶体及 $Bi_{12}TiO_{20}$ 的量减少,$SrTiO_3$、$Bi_4Ti_3O_{12}$ 开始出现;第三阶段(大于或等于 950℃)$SrTiO_3$ 和残留的 $SrO-Bi_2O_3$ 固溶体与 $Bi_4Ti_3O_{12}$ 反应生成 $SrBi_4Ti_4O_{15}$。

3. 性能与效果

当预烧温度较高时(1 000℃),除了合成 $SrBi_4Ti_4O_{15}$ 外,粉体已经开始烧结,不利于 $SrBi_4Ti_4O_{15}$ 陶瓷的烧结。相对于 850℃ 和 1 000℃ 合成粉来说,900℃ 是较佳的合成温度,在这一温度合成的粉料经烧结后衍射峰相对强度较高,峰宽较窄,杂峰较少。

$SrBi_4Ti_4O_{15}$ 粉末的反应合成温度在 800~900℃ 范围,反应历程较复杂,有一些中间产物。预烧温度为 900℃ 时,得到的烧结试样相对密度较大,物相较纯。氧化铝埋烧的试样可以避免 Bi_2O_3 的挥发,而且受热比较均匀,相对密度较大。冷等静压成型对试样相对密度并没有很大的影响,见表 9-35。

表 9-35　不同烧结工艺对试样相对密度的影响

工艺条件	相对密度/%	工艺条件	相对密度/%	工艺条件	相对密度/%
850℃ 2h,1 000℃ 2h,LD①	84.6	850℃ 2h,1 100℃ 2h,AE②	86.0	900℃ 2h,1 100℃ 1h,AE	93.3
850℃ 2h,1 000℃ 2h,LD	83.2	850℃ 2h,1 100℃ 2h,AE	85.4	900℃ 2h,1 100℃ 2h,AE	94.0
850℃ 2h,1 150℃ 2h,LD	84.2	850℃ 2h,1 100℃ 2h,AE	85.3	900℃ 2h,1 100℃ 2h,AE	91.7
850℃ 2h,1 150℃ 2h,LD	87.0	900℃ 2h,1 100℃ 2h,AE	91.7	900℃ 2h,1 100℃ 2h,AE	91.2
850℃ 2h,1 150℃ 2h,LD	84.3	900℃ 2h,1 100℃ 2h,AE	96.1	850℃ 2h,1 100℃ 2h,AE	88.4
850℃ 2h,1 150℃ 2h	83.9	900℃ 2h,1 100℃ 2h,AE	93.8	850℃ 2h,1 100℃ 2h,AE	89.6
850℃ 2h,1 200℃ 2h	82.9	900℃ 2h,1 100℃ 2h,AE	94.2	850℃ 2h,1 100℃ 2h,AE	88.1
850℃ 2h,1 200℃ 2h	83.0	1 000℃ 2h,1 100℃ 2h,AE	89.3	900℃ 2h,1 100℃ 3h,AE	99.3
850℃ 2h,1 000℃ 2h	85.4	900℃ 2h,1 100℃ 2h,AE	91.2	900℃ 2h,1 100℃ 1h,AE	94.5

注:①850℃、2h 预烧,1 000℃、2h 烧结,LD:冷等静压成型。
　　②850℃、2h 预烧,1 100℃、2h 烧结,AE:Al_2O_3 粉埋烧。

9.2.6.6　脉冲激光沉积法制备 In 掺杂 $SrTiO_3$ 薄膜

1. 简介

铁电材料钛酸锶(STO)在动态随机存储器、高密度电容器以及电致发光器件等方面有着广阔的应用前景,近年来已引起多方面的关注。STO 在室温下是一种绝缘体,低温时可以变成超导体,并且在 105K 时发生从立方相向四方相的相变。虽然本征 STO 为绝缘体材料,但适当掺杂之后可变为良好的半导体和导体,应用于宽禁带透明半导体和透明导电领域,如电致发光器件、太阳能电池、电阻开关存储器等。

采用脉冲激光沉积法在 MgO/TiN/Si(100) 衬底上，生长不同 In 掺杂量的 $SrIn_xTi_{1-x}O_3$(x 为 0、0.1、0.2)薄膜，研究 In 掺杂及本征 $SrTiO_3$(STO)缓冲层对薄膜结晶性能、表面形貌、生长模式及紫外拉曼光谱特性的影响。结果表明，In 掺杂导致薄膜结晶度降低，通过引入本征 STO 缓冲层可有效提高 In 掺杂 STO 薄膜的结晶度，增强薄膜的(200)择优取向性，然而随 In 掺杂量的增加，薄膜表面平均粗糙度增大；生长模式由层状生长转变为岛状—层状复合模式；拉曼—次声子振动模式峰强逐渐增强，说明薄膜的晶体对称性降低。

2．制备方法

靶材选用高纯的 TiN、MgO 靶及自行烧结制备的 $SrIn_xTi_{1-x}O_3$($x=0$、0.1、0.2)陶瓷靶，采用 $SrCO_3$、TiO_2 和 In_2O_3 高纯粉体，按一定比例混合、压制成型并在 1 623K 下烧结 12h，分别制备出 $SrIn_xTi_{1-x}O_3$($x=0$、0.1、0.2)陶瓷靶材。

衬底为 P 型单晶 Si(100)，选用体积比为 1∶1∶10 的氢氟酸、蒸馏水、乙醇混合溶液浸泡 3min，再用去离子水清洗吹干后，放入成膜室中进行薄膜生长，衬底温度为 800℃，靶材到衬底的距离为 5cm。

采用德国 Lamda Physik LPX KrF 准分子激光器(波长为 248nm)，通过脉冲激光沉积法制备不同掺杂量的 STO 薄膜，激光脉冲频率控制在 1～3Hz，能量密度选用 $7J/cm^2$，背底真空抽至 $10^{-5}Pa$。首先在真空环境下，在 Si 衬底上生长 TiN 缓冲层 1nm；调节氧分压至 $10^{-2}Pa$，生长 MgO 缓冲层 5nm；能量密度调至 $4J/cm^2$，再生长本征及不同 In 掺杂量的 STO 薄膜，多层膜厚稳定控制在 60nm 左右。

直接在 MgO/TiN/Si(100) 衬底上生长的 In 掺杂 STO 薄膜结晶度较低，无明显择优取向。为了提高掺杂 STO 薄膜结晶性能，先在 MgO 过渡层上生长约 8nm 的本征 STO 薄膜缓冲层，再沉积 In 掺杂的 STO 薄膜。

3．性能与效果

采用脉冲激光沉积法在 MgO/TiN/Si(100) 衬底上制备了本征及 In 掺杂的 STO 薄膜，所得薄膜均为(200)择优取向，呈现出垂直于衬底生长的柱状晶结构，微观结构均匀致密。本征 STO 缓冲层可明显改善掺杂薄膜的结晶性能的择优取向程度，In 掺杂使薄膜生长模式从层状生长变为岛状—层状复合生长模式，表面平均粗糙度增大，拉曼—次声子振动模式峰强增强，晶体对称性降低。

9.2.6.7　钛酸铋铁电薄膜

1．简介

钛酸铋($Bi_4Ti_3O_{12}$)作为典型层状结构的铁电材料，具有优良的压电、铁电、热释电和电光等性能。其居里温度高达 675℃，同时还具有较高的耐击穿强度和相对低的介电常数，可广泛应用于动态随机存取存储器(DRAM)、熔丝式随机存取存储器(FRAM)、铁电场效应晶体管(FEFET)、光存储器和光显示器等光电子器件。$Bi_4Ti_3O_{12}$ 晶体的自发极化在 $d-c$ 平面，在 a 轴的极化分量占主要部分。压电和铁电存储器主要利用 a 轴的自发极化分量，然而 $Bi_4Ti_3O_{12}$ 晶粒在 a 轴和 b 轴生长比 c 轴快，实际制备薄膜的过程中容易获得晶粒 c 轴垂直于衬底平面的薄膜材料，因而制备 a 轴择优取向的 $Bi_4Ti_3O_{12}$ 铁电薄膜具有特别的意义。

通用脉冲激光沉积系统引入飞秒脉冲激光束制备的硅基 $Bi_4Ti_3O_{12}$ 薄膜,获得了高 a 轴取向的 $Bi_4Ti_3O_{12}$ 薄膜。采用 X 射线衍射和场发射扫描电镜研究了薄膜的结构特性和表面形貌,通过测量薄膜的 $P-E$ 特性证实了 $Bi_4Ti_3O_{12}$ 薄膜的铁电性。

2. 薄膜的制备

采用通用型的脉冲激光沉积镀膜机(图 9-52),用一台钛宝石飞秒激光器作为激光源。激光的输出波长为 800nm,脉宽为 50fs,重复频率为 1 000Hz,最大输出单脉冲能量为 2mJ。沉积过程中激光的单脉冲能量为 0.5mJ,靶面上光斑大小不超过 0.5mm × 0.7mm,相应的能量密度为 1.4J/cm^2,激光束与靶面成 45°。为了避免靶材被激光烧蚀过快,以及由此而造成的激光束离焦,薄膜生长过程中靶材以每分钟 10 圈的速度自转。由于飞秒脉冲激光束在 1s 内在靶材同一位置引起

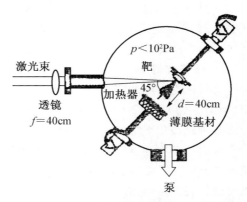

图 9-52　脉冲激光沉积镀膜机的剖面图

的刻蚀<10μm,在薄膜沉积时间(10min)内同时引入靶材的公转就不会造成较大的离焦量,从而保证沉积层的均匀性和工艺的重复性。

采用 P 型 Si(111)(8~13Ω·cm)作为基片,衬底固定在可以旋转的衬托上,转动的基台使得等离子体在衬底上均匀扫描;真空室气压小于 3.0×10^{-4} Pa,沉积时间为 20min,薄膜的厚度约 300nm。

靶材采用分析纯 Bi_2O_3、TiO_2 为原料,按物质的量比 $n_{Bi} : n_{Ti} = 1.40 : 1$,Bi 过量 7% 配制,按标准陶瓷工艺制备 $Bi_4Ti_3O_{12}$ 陶瓷圆片,并于马弗炉中在 1 100℃下烧结 2h,然后自然冷却到室温,表面抛光后备用。

一个 $Bi_4Ti_3O_{12}$ 薄膜样品在室温(20℃)下沉积在 Si(111)衬底上,另一薄膜样品则是在 500±0.5℃下沉积在 Si(111)衬底上,并保温 30min 后自然冷却至室温。

3. 性能与效果

采用飞秒脉冲激光沉积法成功地在 Si(111)基片上制备了 a 轴择优取向和 c 轴择优取向的 $Bi_4Ti_3O_{12}$ 薄膜。飞秒脉冲激光沉积法沉积的 $Bi_4Ti_3O_{12}$ 薄膜均匀连续,没有看到纳秒脉冲激光沉积技术中常见的微米级的大颗粒。室温下沉积的 $Bi_4Ti_3O_{12}$/Si(111)薄膜为 c 轴择优取向,晶粒的平均大小为 20 nm,能隙约为 1.0eV。在 500℃下沉积的 $Bi_4Ti_3O_{12}$/Si(111)薄膜是 a 轴择优取向的 $Bi_4Ti_3O_{12}$ 铁电薄膜,薄膜的剩余极化 P_r 为 15μC/cm^2,矫顽力 $E_c = 48$kV/cm。

9.2.6.8　Nd 掺杂 $BiTiO_3$ 陶瓷

1. 简介

层状钙钛矿铁电体材料 $Bi_{4-x}Nd_xTi_3O_{12}$(x 为 0~0.9)陶瓷样品适量掺杂 Nd 可提高 $Bi_4Ti_3O_{12}$(BIT)的铁电性能。当掺杂量为 0.6 时,样品的剩余极化达到最大值,样品的相

变温度(t_C)随掺杂量的增加而降低；当掺杂量大于 0.6 时，t_C 下降速率增大，随着 Nd 含量的增加（$x>0.6$），样品的弛豫程度明显提高。Nd 掺杂降低了样品的氧空位浓度，提高了 BIT 样品的铁电性能。

2. 制备方法

按化学计量比称取 TiO_2（光谱纯，99.9%）、Bi_2O_3（分析纯，99%，ω_{Bi} 过量 5%）和 Nd_2O_3（光谱纯，99.9%）粉末，用行星式球磨机（Z2—11 型）球磨 24h，使粉末充分混合、粉碎，预合成温度、时间分别为 800℃、8h，再经粉碎压制成圆片（ϕ 12mm，厚度 2mm，），在 1 140℃温度下烧结 4h，样品密度大于理论值的 94%。对样品进行减薄和抛光处理，制成厚度分别为 0.2mm（用于铁电性能测量）和 0.7mm（用于介电测量）的样品，用高温氧化银浆还原生成测量所需电极。

3. 性能

图 9-53 为掺杂量(x)对 BNdT—x（x 为 0~0.9）样品的铁电性能测量结果。BIT 和 BNdT—0.6 样品的剩余极化（$2P_r$）分别为 1.58×10^{-4} C·m^{-2}、2.26×10^{-4} C·m^{-2}，BNdT—0.6 样品的 $2P_r$ 比 BIT 提高了 43%。可以看出，随着 Nd 掺杂量的增大，样品的 $2P_r$ 呈现先增大再减小的变化过程，在 $x=0.6$ 时，样品的 $2P_r$ 达到最大值；样品的 $2E_c$ 随着掺杂量的增加而增大，从 9.50×10^6 V·m^{-1} 增大到 1.51×10^7 V·m^{-1}。图 9-54 所示给出不同 Nd 掺杂量的 BNdT—x 样品的变温介电谱（室温至 750℃，$f=42.7$kHz）。

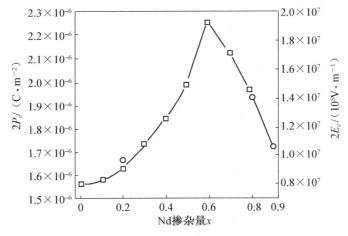

图 9-53　掺杂量(x)对 BNdT—x 样品铁电性能的影响

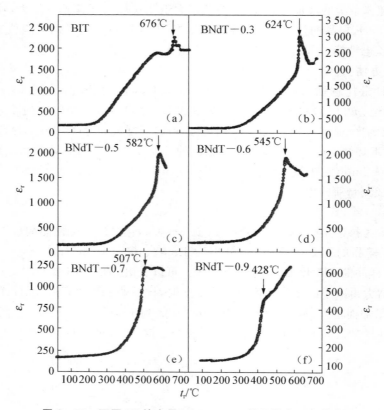

图 9 - 54 不同 **Nd** 掺杂量(x)**BNdT—x** 样品的变温介电谱

9.3 热释电晶体红外探测材料与薄膜

9.3.1 热释电晶体探测材料简介

9.3.1.1 热释电晶体的生长方法与技术

用作非制冷红外探测器的晶体材料主要有铌酸锂、钽酸锂、硫酸三甘钛等晶体,这些晶体具有优异的压电、热电、光电等性能,是十分重要的多功能晶体材料,特别是作为压电晶片材料,广泛用于制造声表面波和体表面波器件。LN、LT 晶体具有较大的压电系数,可以制作低插入损耗的 SAW 滤波器,但是光透过和高热释电等性能也给 SAW 器件的制作带来很多不便。LN、LT 晶体的热释电系数分别为 4×10^{-5} C/(m² · K)和 2.3×10^{-4} C/(m² · K)。在 SAW 或 BAW 器件生产过程中,高热释电系数使得晶片表面很容易形成大量静电荷,这些电荷会在叉指电极间、晶片间、晶片与工装间自发释放。当静电场足够高时,静电荷释放容易损伤晶片(如开裂、微畴反转等),烧毁叉指电极(制作高频器件时尤甚),因此大大增加了器件的次品率。在传统压电晶片上进行光刻工艺时,材料的透光性导致晶片背面形成漫散射,从而降低了光刻电路的衬度,导致失真的线宽。针对这种情况,国内外对晶体生长技术进行了大量研究,已形成比较完善的晶体生长技术。热释电晶体的生长也是遵循人工晶体的生长规律,按人工晶体的生长技术(即溶液生长法、熔体生长法、气相生长法等)制备而成。更为适合热释电晶体生长的技术,也就是说热释电晶体生长的最有效技术,乃是近化学计量比的晶体生长技术,现仅以铌酸锂为例,简要介绍如下。

1. 气相交换平衡法

利用气相交换平衡技术(VTE)把传统提拉法生长的 CLN 晶体切成薄片,放入铂金坩埚,覆盖上 Li_3NbO_4 和 $LiNbO_3$ 混合物,加热到 1 050~1 100℃,恒温 100h,使锂扩散到晶体中,进而提高 CLN 晶体的 Li/Nb 比,晶体中 Li_2O 含量可达到 49.9%(摩尔分数)。VTE 技术处理晶片的时间取决于晶片的厚度和覆盖的粉末成分。由于离子扩散速度很慢,制备 0.5mm 厚的 SLN 晶体,需要在 1 100℃下于富锂的气氛下进行 60h 的气相交换平衡处理,而在缺锂的气氛下则需要 400h。因此,VTE 技术只适用于制备片状样品(一般不超过 3mm),很难获得大块单晶。

2. 双坩埚提拉法

1968 年,Bergman 等曾试图从富锂〔60%(摩尔)Li_2O〕熔体中,用传统提拉法生长化学计量比 SLN 晶体。由于分凝效应的作用,难以生长出组成一致和光学均匀性良好的 SLN 晶体。为此,Kan 等发展了连续加料提拉法(CCCZ),生长装置如图 9-55 所示。

生长过程中通过添加与生长出的晶体有相同成分和重量的生长原料,以保证晶体组成的均匀一致。采用 $T_1 - T_2 = 60K$、1mm/h 的拉速、10r/min 的转速,生长方向为(001),从富锂 55.0%(摩尔分数)和 60.0%(摩尔分数)Li_2O 的熔体中生长出 ϕ 20mm×40mm LN 晶体,晶体中分别含 49.8%(摩尔分数)和 50.1%(摩尔分数)Li_2O。沿生长方向上,n_c 的变化小于 $\pm 2 \times 10^{-4}$,说明晶体组分的变化小于 ± 0.02%(摩尔分数)。

日本国立无机材料研究所对 CCCZ 法进行了改进,发展了双坩埚提拉法(DCCZ)生长 SLN 晶体的新技术,双坩埚生长装置如图 9-56 所

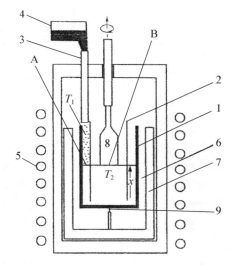

图 9-55　CCCZ 装置示意图

1 -ϕ 60mm×60mmPt 坩埚;2 -ϕ 40mm×65mmPt 圆筒;3 -陶瓷加料管(ϕ 6mm);4 -进料器(由称重和喂料两部分组成);5 - 60kW 射频感应加热;6 - ZrO_2;7 - Al_2O_3 坩埚;8 - LN 晶体;9 - Pt13% (Rh)Pt 热电偶;A -加料区域;B -生长区域;T_1、T_2 -加料区域和生长区域的表面温度

示。该装置主要由三部分组成。①双铂金坩埚:ϕ 100mm×50mm 外坩埚中盛化学计量比的铌酸锂粉料,ϕ 60mm×55mm 内坩埚中盛富 Li〔58%~60%(摩尔分数)Li_2O〕铌酸锂粉料,内外坩埚同心并通过 ϕ 2mm×20mm 的连接管连接,连接管上有一 Pt 片。加热时,内坩埚中的粉料首先熔化,当外坩埚中粉料完全熔化后,连接管上的 Pt 片被移去,外坩

埚中的熔体通过连接管流进内坩埚。②自动粉末加料系统：烧结好的化学计量比铌酸锂粉末装入上部容器，由一个螺旋状的机械装置传递到容器的底部，通过铂管送入外坩埚，随着晶体不断从内坩埚中长出，粉末加料系统根据生长出的晶体重量连续不断地自动添加化学计量比的粉末至外坩埚中，粉末加入速率可在 1~40g/h 范围内变化。③自动直径控制系统、SiC 陶瓷加热器：采用该装置系统以 5~10r/min 的旋转速率、1mm/h 的提拉速度、6g/h 的粉末加料速率生长出 ϕ40mm×(50~100)mm 的 SLN 晶体，晶体中 Li_2O 质量摩尔分数可达到 49.6%~49.9%。

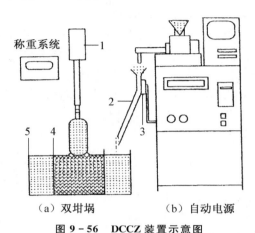

（a）双坩埚　　　　　　　　（b）自动电源

图 9-56　DCCZ 装置示意图

1-进料器；2-Pt 片；3-压电振流器；4-内坩埚；5-外坩埚

双坩埚法的优点是：①由于配备了平滑、连续的自动加料系统，生长过程中液面可以保持不变，减小了传统提拉法液面下降产生的影响，使晶体能在稳定的热条件下生长；②晶体的均匀性及化学计量比的控制容易实现；③可以在浅坩埚中生长大尺寸晶体。

由于内坩埚中粉料的熔点比外坩埚中粉料熔点低 70~80℃，生长前须防止内坩埚中富 Li 熔体流向外坩埚导致内坩埚中的 Li 含量降低，这在技术上有一定的难度。因此，需进一步优化生长条件，尤其是连接管的长度和直径，以便精确控制生长前熔体的流动混合。

将上述装置中的 SiC 加热改为射频感应加热，在基本相同的条件下，从富锂 58.0%（摩尔分数）Li_2O 熔体中生长了 SLN 晶体，晶体中 Li_2O 含量为 49.8%（摩尔分数）。与 SiC 加热不同的是，射频感应加热时，直接受热的是外坩埚，所以首先熔化的是外坩埚中的化学计量比粉料，当外坩埚中的粉料完全熔化后，内坩埚中富锂粉料开始熔化，有效地避免内坩埚中的熔体流出到外坩埚。不足之处是，由于射频加热的作用，自动加料系统的 Pt 管容易粘结粉末。Park 等在内外坩埚中分别采用含 58.0%（质量分数）Li_2O 和含 50.0%（质量分数）Li_2O 并掺有 6%K_2O（质量分数）的熔体，使用双坩埚技术，尝试生长了 SLN 晶体。

3．助熔剂提拉法

Malovichko 等用 K_2O 作助熔剂，从同成分熔体中生长的 LN 晶体表现出异常性能，预言这种晶体成分是化学计量比。继这一发现后，人们相继开展了以 K_2O 为助熔剂，结合提拉法生长不掺杂化学计量比 SLN 晶体和掺 MgO 的近化学计量比 Mg：SLN 晶体的研究。表 9-36 总结了 K_2O 助熔剂提拉法生长近化学计量比铌酸锂晶体的概况。

表 9-36　助熔剂提拉法生长近化学计量比铌酸锂晶体概况

生长方法	C_2	TSSG	TSSG	C_2	C_2	TSSG	C_2	C_2	TSSG
—	自动直径控制	自动直径控制	—	自动直径控制	自动直径控制	—	自动称重系统	自动称重系统	—
加热组件	—	电阻炉	三层电阻炉	两层电阻炉	SiC	—	中频感应加热	感应加热	—
Pt 坩埚尺寸/mm	—	—	$\phi 80 \times 80$	$\phi 125 \times 125$	—	—	$\phi 72 \times 36$	$\phi 60 \times 35$	$\phi 60 \times 70$
熔体成分	Li/Nb=0.9466%（质量分数）K_2O	Li/Nb=1 K/Nb=0.2~0.38	Li/Nb=110.6%（摩尔分数）K_2O	Li/Nb=1.38	Li_2O:48.55%（质量分数）K_2O:2%~10.5%（摩尔分数）	Li_2O:58%（摩尔分数）K_2O	Li/Nb=0.946 11%（摩尔分数）K_2O	①Li/Nb=0.946 6%（摩尔分数）K_2O ②Li/Nb=1.19%（摩尔分数）K_2O	① Li/Nb=1.16%（摩尔分数）K_2O ②Li/Nb=1.19%（摩尔分数）K_2O
Mg 含量/%（摩尔分数）	—	—	0,0.6,1.8,3.6,5.4	0,0.6,0.7,0.85,1.0	—	1.0	—	—	—
晶体中 Li_2O 含量%（摩尔）或 Li/Nb 比	49.95	0.988~1.000	0.958~0.990	0.988~0.993	48.98~50.23	0.986	49.6	①49.6 ②49.9	—
液面上温度梯度	—	200~700℃/mm	0.5℃/mm	4℃/mm	—	—	—	—	5℃/cm
生长温度/℃	—	1 050~1 170	1 165~1 170	—	—	—	—	—	①1 050~1 072; ②1 017~1 050
提拉速率/(mm/h)	0.5	0.2	0.1~0.2	0.3	0.3	0.3	0.5	①0.4; ②0.2	0.1~0.2
旋转速率/(r/min)	30	6	4~10	6	30	—	40	①40;②6	8~20

续表

生长方法	C$_2$	TSSG	TSSG	C$_2$	C$_2$	TSSG	C$_2$	C$_2$	TSSG
晶体尺寸/mm	14×45	18×40	30×(25～30)	(50～75)×(35～66)	(8～15)×60	—	16×45	①40×45;②25×25	15×12

此外,Calambos 等采用了 TSSG 法从富锂[59%(摩尔分数)Li$_2$O]熔体中生长了双掺 Mn、Ce 的近化学计量比 SLN 晶体,并研究了它们作为全息存储材料的相关性质。Han 通过 TSSG 方法生长了化学计量比 LiNbO$_3$：Cr[0.2%(摩尔分数)]：Mg[2%(摩尔分数)]晶体,研究了 Cr^{3+} 的光谱特性。

以上研究获得了一些重要结论:

(1) K$_2$O 的掺入降低了熔体的熔点,改变了 Li$^+$ 离子的占位机制,有效地降低了晶体的本征缺陷浓度。晶体中 K$_2$O 的质量分数小于 0.022%±0.004%(质量分数),可以忽略不计。

(2) 随着 K$_2$O 量的逐渐增大,六方晶胞参数 a 和 c 减小、吸收边紫移、OH$^-$ 的红外吸收峰红移。这些变化与晶体中 Li/Nb 增大所引起的上述性质的改变是一致的,说明 K$_2$O 起到了调节晶体中 Li/Nb 比的作用。

(3) 当 Li$_2$O/Nb$_2$O$_5$=1、K$_2$O/LiNbO$_3$=0.16～0.195 时,能够生长出光学均匀性好的晶体,当 K$_2$O/LiNbO$_3$ 低于 0.16 时,沿生长方向产生浓度梯度。适宜的生长温度范围是 1 050～1 170℃,平均比 CLN 晶体的生长温度低 150～200℃,位于 SLN 晶体的铁电相转变温度(1 193℃)以下,晶体中 Li/Nb 非常接近 1。

(4) 无论使用 K$_2$O 还是过量 Li$_2$O 为助熔剂,晶体与熔体分离后,在晶体的底部易产生机械孪晶,孪晶面为|012|面。晶体生长结束后,仔细的后处理是避免机械孪晶形成的有效途径,否则在孪晶形成处,晶体易开裂并向上延伸。在较小的轴向温度梯度下,沿垂直于(012)面的方向生长,有利于获得无孪晶、不开裂的晶体。

4. 其他生长方法

Hibiya 等以 Li$_2$O－V$_2$O$_5$ 作助熔剂,用 CLN 晶体作衬底,通过液相外延生长方法,获得了 20μm 厚的 SLN 薄层。由于 V^{5+} 容易进入晶格[0.2%(质量分数)],晶体呈淡绿色。Shut 等在 Li/Nb=1 的熔体中添加 Er$_2$O$_3$,使用 Micro－Pulling Down Method 生长了化学计量比的 Er：SLN 单晶纤维,生长过程中通过控制主加热器和后加热器的温度来实现晶体的等径生长。该方法具有高的拉速(0.3mm/min)、较低的热应力,晶体不开裂且有一致外形,沿 c 轴生长方向 Er$_2$O$_3$ 均匀分布。Chaos 等通过脉冲激光沉积技术,使用 ArF 激光器(λ=193nm,τ=20ns),以 CLN 单晶作靶源,在(100)Si 衬底上生长出 Li/Nb 接近 1、厚度为 400nm 的 SLN 薄膜。

9.3.1.2　性能表征方法与技术

1. 晶体的组分测定

在光波导的应用中,LN 晶体的组成须精确控制到±0.02%(摩尔)Li$_2$O,即组成测试

精确度须达到 10^{-4} 以上。用酸溶法、层析法、原子吸收分析、等离子发射光谱分析测定 Li,重量法测定 Nb,要求的晶体样品量大,费时、费力,系统误差大,对样品具有破坏性。而且,由于 Li 和 Nb 在原子量上的差别较大,加上铌酸锂又难以溶解供定量分离,因此常规的化学定量分析难以达到如此高的精确度,不足以满足实际应用的需要。目前主要是根据铌酸锂晶体的某些性质(如紫外吸收边、拉曼光谱、OH^- 红外光谱、居里温度、相位匹配温度、折射率等)对晶体组成的依赖关系,通过测定这些性质反过来确定晶体的组成。

Földvári 等发现当 Li_2O 含量由 48.6%(摩尔分数)变化到近化学计量比时,吸收边由 320nm 紫移至 311nm。Wöhleke 等给出了 $\alpha=20cm^{-1}$ 和 $\alpha=15cm^{-1}$ 时,纯 LN 晶体的吸收边与晶体中 Li_2O 含量 x(摩尔分数)的关系:$\lambda_{20}=320.4-1.829x-5.485x^2$,$\lambda_{15}=321.9-1.597x-5.745x^2$。尽管这一变化关系是非线性的,但作为一种方便的方法,通常用吸收边的测量来表征晶体中 Li_2O 含量。

Schlarb 给出了 LN 晶体的拉曼光谱 E 模($153cm^{-1}$)和 Al 模($876cm^{-1}$)的半高宽 $\Gamma(cm^{-1})$ 与 Li_2O 含量[%(摩尔分数)]的关系:$C_{Li}=53.03-0.4739\Gamma$(E 模,$153cm^{-1}$),$C_L=53.29-0.1837\Gamma$(Al 模,$876cm^{-1}$),借助拉曼光谱可以检测到 Li_2O 偏离化学计量比不到 0.05%(摩尔分数)的变化。

LN 晶体的 OH^- 吸收带的中心位于 $3485cm^{-1}$、半宽度约为 $30cm^{-1}$。随晶体中 Li/Nb 的增大,OH^- 吸收带将变窄,接近化学计量比 1 时,OH^- 谱将成为一线宽仅有 $3cm^{-1}$、峰值位于 $3466cm^{-1}$ 的单一吸收峰。对 TSSG 和提拉法生长的 Mg:SLN 晶体,OH^- 吸收峰位置的变化分别发生在 MgO 的掺入量达到 2.0%(摩尔分数)和 0.8%(摩尔分数)处。实验证明,这些浓度值正好对应提高 Mg:LN 和 Mg:SLN 晶体抗光损伤能力的掺镁浓度阈值。可见,OH^- 红外吸收谱能够提供 LN 晶体缺陷结构的信息,根据吸收带的位置,可以判断 MgO 掺入浓度是否达到阈值,抗光损伤能力是否得到提高。

LN 晶体的居里温度也与其组成有密切的关系。Iyi 通过 DTA 测量,给出 Li_2O 含量 C_{Li} 在 47% ~ 49.8%(摩尔分数)范围内,LN 晶体居里温度 T_c 与 C_{Li} 的关系:$T_c=39.26C_{Li}-760.67$。Bordui 对 VTE 法生长的晶体进行了研究,也获得了类似的线性关系:$T_c=39.064C_{Li}-746.73$[Li_2O:47% ~ 49.6%(摩尔分数)]。O'Bryan 总结出 T_c 与 C_{Li} 间偏离线性的关系:$T_c=4.228\times C_{Li}^2-369.05\times C_{Li}+9095.2$。因此,通过居里温度的测量可以直接确定样品的实际组成,该方法实验精确度高,居里温度 ±0.1℃ 的变化能反映晶体组成 ±0.02%(摩尔分数)的变化。但不足之处在于晶体必须加热到相当高的温度,导致 Li_2O 的挥发,造成表层组分大幅度变化。

测定晶体 Δn 可以间接表征晶体中 Li 含量,Δn 与 Li 含量的关系为:$C_{Li}=a(\lambda)+b(\lambda)\Delta n$[$a(\lambda)$、$b(\lambda)$]是与测量波长有关的参数。测定不同部位的异常光折射率 n_e,可以评定晶体的组成均匀性,异常光折射率 n_e 在 ±0.0002 范围内波动可以反映出晶体组分 ±0.02%(摩尔分数)范围的波动。

由于 LN 晶体为负单轴晶体,在二次谐波产生过程中可实现 $o+o\rightarrow e$ 的第一类位相匹配。随着 LN 晶体中 Li/Nb 的增大,晶体双折射将变大,进而使得相匹配温度也随之升高,晶体中 Li_2O 含量达到 49.9%(摩尔分数)时,相匹配温度(基频光波长 1064nm)将升高到238℃。Bordui 等对 VTE 法生长的 LN 晶体进行了研究,获得了 Li_2O 含量与 T_{pm}(℃)间的线性关系:$T_{pm} = -5\,927.8 + 122.61C_{Li}(1.064\,\mu m)$,$T_{pm} = -3\,285.9 + 75.409C_{Li}(1.32\,\mu m)$。但当晶体中 Li/Nb 比非常接近 1 时,$T_{pm}$ 与 C_{Li} 将偏离线性关系,上述公式不再适用。

Grabmaier 等的研究表明,未掺杂 LN 晶体,当晶体中 Li_2O 的含量增大时,Li 位上较大的 Nb 离子数减小,晶胞参数随之减小。Iyi 等总结了 Li_2O 含量在 47%~49.8%(摩尔分数)范围内变化时,六方晶胞体积与 Li 含量的关系:$C_{Li} = 992.8 - 2.965V(V = 3^{1/2}a^2c/2)$。Maloviehko 等给出了晶胞参数与 Li 和 Mg 浓度的近似线性关系,与 Mg 浓度的关系为:$a = 5.15 + 0.000\,26(MgO)$,$c = 13.865 + 0.001\,14(MgO)$[MgO 范围:1%~12%(摩尔分数)]。与 Li 浓度的关系为:$a = 5.227\,6 - 0.001\,6x_c$,$c = 14.156 - 0.006x_c$($x_c = $[Li]/[Li]+[Nb])。可见,掺镁浓度对晶胞参数的影响比 Li 含量的影响要小。

2. 抗光损伤能力

CLN 晶体抗光损伤能力较低,掺入 4.6%(摩尔分数)MgO 后,抗光损伤能力大幅度提高。1988 年 Wen 等发现保持熔体中 MgO 含量不变,Li/Nb 从同成分的 0.946 提高到 1.02,生长出的 Mg:CLN 晶体的抗光损伤性能又有明显提高。研究表明,SLN 晶体的抗光损伤能力比 CLN 晶体的低,而掺镁量达到阈值浓度的近化学计量比 Mg:SLN 晶体的抗光损伤能力比 CLN 晶体提高了 4 个数量级,也比 Mg:CLN 提高了 2 个数量级。在 CWNd:YAG—SHG 532nm 的激光照射下,SLN 的损伤阈值为 $64W/cm^2$,MgO:SLN[MgO:1.8%(摩尔分数)]的损伤阈值为 $8MW/cm^2$,CLN 的损伤阈值仅约为 $1.3kW/cm^2$。因此,LN 晶体的光折变性能可通过调节掺入的杂质离子的种类和浓度得到改善和优化。

3. 畴结构

用提拉法生长的 CLN 晶体表现为多畴结构,它在 c 轴 180° 及 -180° 方面有 2 种取向,用助熔剂法生长 SLN、Mg:SLN 晶体时,生长温度处于居里温度以下,晶体的畴结构不受籽晶畴结构的影响。如果使用多畴籽晶,在生长过程中产生自发极化;如果使用正向朝向熔体的单畴籽晶,生长过程中会发生畴反转,致使生长出的晶体均呈现单畴结构,畴的正端总是朝向籽晶。DCCZ 法生长的 SLN 晶体也表现为单畴结构。因此,化学计量比铌酸锂晶体无需在高温下进行极化处理,避免了极化过程中可能造成的 Mg^{2+} 的不均匀分布、晶体开裂和散射中心的产生。

近化学计量比 SLN 和 Mg:SLN 晶体的 180° 畴的反转电场均比 CLN 晶体的低,CLN 为 21kV/mm,厚度为 0.5mm、Li/Nb 为 0.986 的 MgO:SLN 晶体反转电场为 3.5kV/mm,厚度达 3mm 的含 49.99%(摩尔分数)Li_2O 的 SLN 晶体的反转电场仅为 200V/mm,这将有利于制作准位相匹配光学器件。

9.3.2　铌酸锂热释电晶体

9.3.2.1　铌酸锂的晶体结构

铌酸锂($LiNbO_3$)在集成光学和光波导应用中是一个重要的材料。它是人工合成的,不能天然形成。1949 年首次发现铌酸锂具有铁电性。因拥有一个三角晶体结构,有大的热电、压电、电光和光电常数等特性,使它成为应用最广泛的电光材料之一,诸如应用于声波转换器、声波迟缓器、声波过滤器、光放大调制器、二次谐波器、Q－开关、光束转向器、相连接器、介电波导、存储元件、全息(光)数据处理装置等。

1. 一般性质

如图 9 - 57 所示,低于其铁电居里温度(约 1 210℃)时(铁电相),铌酸锂的结构是一个含有氧原子平面片的变形六方紧密堆积,在此形成的八面体空隙结构中,1/3 由锂原子占据,1/3 为铌,余下的 1/3 是空穴。在 $+c$ 方向,原子以如下顺序占据空隙:Nb、空穴、Li、Nb、空穴、Li……

在温度高于居里温度的仲电相(图 9 - 58),Li 位于高 Nb 原子 $1/4c$ 的氧层,Nb 原子则位于两个氧原子层正中间,这种排列使仲电相没有极性。随着温度从居里点的降低,晶体的弹力变为主导,迫使 Li、Nb 进入新的位置,这种由于相对于氧层的离子移动而产生的电荷分离使得 $LiNbO_3$ 在低于 1 210℃时显示出自发极化性,这样 $LiNbO_3$ 属于宽类置换铁电体。钛酸钡($BaTiO_3$)和钽酸锂($LiTaO_3$)则是典型的其他类型置换铁电体。因为铌酸锂的居里温度很高,以介绍铁电相为主。

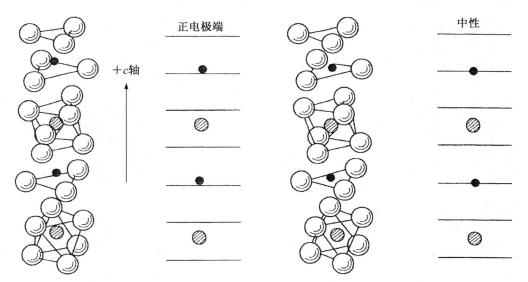

图 9 - 57　在 $LiNbO_3$ 的铁电相($T < T_c$)中,Li(小球)、Nb(大球)相对于氧八面体的位置(水平线代表氧层)

图 9 - 58　在 $LiNbO_3$ 的仲电相($T \geqslant T_c$)中,Li、Nb 相对于氧八面体的位置[Li 原子所在位置距上下氧层均为 $0.37Å (1Å = 0.1 nm)$]

2. 晶体结构

(1) 分类。铁电相的 $LiNbO_3$ 晶体含有一个对称三重 c 轴,属三角晶系。此外,它还有一个对称面(图 9 - 59),三个成 60°角平面相交形成一个三重旋转轴。这两个对称操作使 $LiNbO_3$ 晶体归类为 3m 点群(C6v),它也属于 R3c 空间群。在三角晶系中,可选择两种完全不同的晶胞：六方晶胞和三角晶胞。按惯例，在 LiNbO$_3$ 的六方晶胞中含 6 个式量的 LiNbO$_3$，而三角晶胞含 2 个式量的 LiNbO$_3$。

（2）六方晶胞。图 9-60 所示为惯例的 LiNbO$_3$ 的六方晶胞。此晶胞中，c 轴被定义为晶体的三重旋转轴。确定 c 轴方向的标准方法是：在 c 轴方向压缩晶体，$+c$ 轴被定义为指向 c 面，当压缩时为负；当冷却晶体时，$+c$ 轴指向 c 面。两种方法可定性地理解为考虑 Li、Nb 离子与氧八面体的相对运动。图中表示了室温下未受干扰的 Li、Nb 离子相对氧八面体的位置。当受挤压时，离子相对于氧层更靠近中心（仲电相），减少了静极化，在 $+c$ 面留下多余的负电荷而使 $+c$ 变为负值；相反，当晶体冷却时，弹力把 Li、Nb 离子拉得更远（相对于氧层），增加了 c 轴方向的静极化，在 $+c$ 面造成了负电荷缺陷，使 $+c$ 面带正电；图中惯例的六方晶胞的三等轴 a 轴（a_1，a_2，a_3）相互成 120° 且正交于 c 轴，这些轴与对称面垂直。

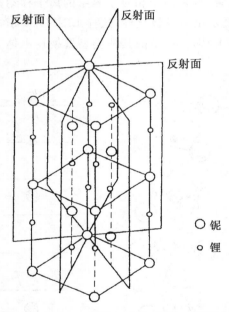

图 9-59　LiNbO$_3$ 的三个对称面（3m 晶类）

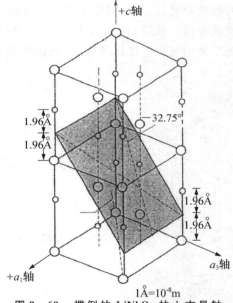

1Å=10^{-8}m

图 9-60　惯例的 LiNbO$_3$ 的六方晶轴（a_1，a_2，a_3，c）切面（01$\bar{1}$2），切面与 c 轴夹角的测量值和计算值均为 32.75°，只在断面上标注空穴位置

图 9-61 所示为六方晶胞中的铌锂配位情况，相应的晶胞中的各原子间距如图 9-62 所示，原子间距值 3.765Å，3.054Å，3.010Å，3.381Å，3.922Å，5.148Å 和 13.863Å 是由 X 射线衍射技术测定的，其他原子间距值是由上述数据几何运算得到。沿 c 轴各原子间距离总和（2×3.922Å+2×3.010Å）与 X 射线衍射技术测定的 c 轴值 13.863Å 一致。需要指出的是，3.054Å 的 Nb—Li 间距与 c 轴并不垂直。根据质量密度，六方晶胞的体积是 $(MW)n/(QN_0)$，其中 MW 为分子量（147.842），n 为单位晶胞中分子个数（惯例的六方

晶胞的 $n=6$），Q 为质量密度（$4.628\times10^3\,\mathrm{kg/m^3}$），$N_0$ 为阿伏伽德罗常数。根据晶格参数，六方晶胞的体积是：$3^{4/2}a_H^2c/2$。用 $c=13.863\text{Å}$ 计算得 $a_H=5.150\text{Å}$，与 $a_H=5.148\text{Å}$ 非常吻合。

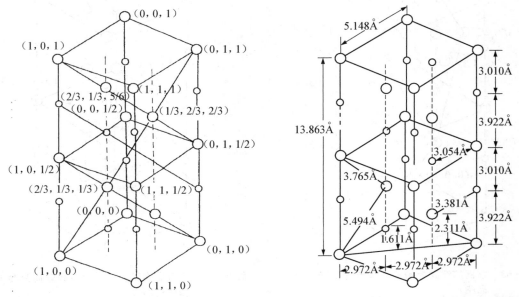

图 9-61 铌酸锂的六方晶胞中锂、铌配位情况　　图 9-62 铌酸锂的六方晶胞中的原子间距和轴长

（3）断面。铌酸锂沿 $\{01\bar{1}2\}$ 面自然断裂，因为它的三重旋转对称有三个断面 $(01\bar{1}2)$ $(\bar{1}012)(1\bar{1}02)$。$(01\bar{1}2)$ 面如图 9-60 所示的阴影部分。自然断裂能够通过观察坐落在该断面中的空穴八面体场来理解，空穴八面体场位于锂原子面和铌原子面的中间。假设断裂发生在空穴面上是有理由的，因为垂直于此面的两阳离子间化学键弱小。

（4）三角晶胞。如上所述，属于三角晶系的晶体的结构可用六方晶胞或三角晶胞表征。对铌酸锂而言，这两种晶胞如图 9-63、图 9-64 所示。三角晶胞参数可借助于六方晶胞尺寸来确定。

$$a_R = (3a_H^2 + c^2)^{1/2}/3$$
$$\alpha = 2\arcsin\{3/2[3 + (c/a_H)^2]^{1/2}\}$$

$$(9-27)$$

对于铌酸锂，预期方程式中的 $a_R=5.494\text{Å}$，$\alpha=55.867°$，这些参数如图 9-64 所示。

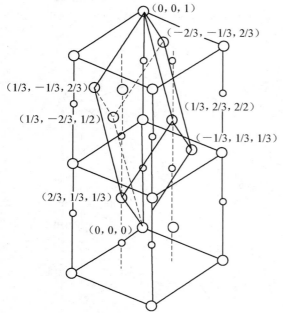

图 9 - 63　惯例的铌酸锂的三角晶胞(相对于六方晶胞)

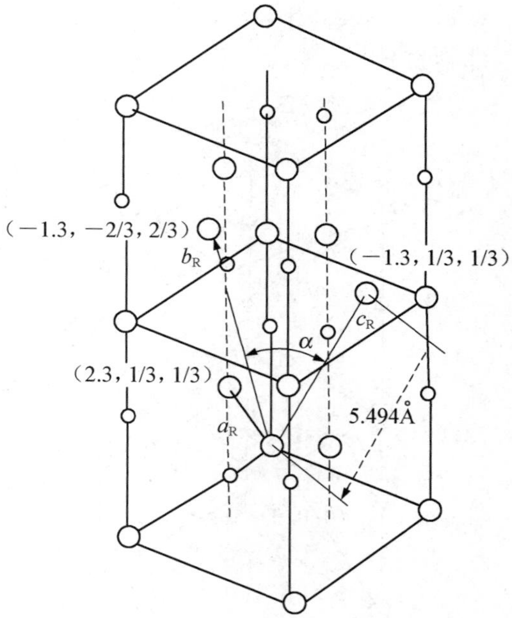

图 9 - 64　三角晶胞轴(a_R, b_R, c_R)和轴间夹角 α $(\alpha = 55.867°)$

（5）化学计量。在 1966 年精确确定晶体结构之前，人们不知道铌酸锂化学计量中可能存在的偏差。铌酸锂的晶格参数与精确化学组成的依赖关系是于 1968 年建立起来的，说明某晶体化学计量比的很可靠、很精确的参数之一是居里温度。通过比较已知化学计量样品的居里温度与待测铌酸锂样品的居里温度，能够很好地确定样品的化学组成。

（6）热膨胀。根据晶体结构可解释铌酸锂的晶格常数——热膨胀特征。现已发现，温度升高，铌氧八面体的倾斜度增大，其原因是六方晶格参数 a 的热膨胀几乎是线性的。在 600~1 000℃ 温度范围内，六方晶格参数 c 的收缩是由于随着 Nb 离子朝着仲电相位置的移动，八面体的边长缩短。

9.3.2.2　铌酸锂晶体结构与性能的关系

1. 键价理论基础

键价模型由 Brown 完善并在固体材料中广泛使用。在化学键概念的基础上，键价模型为我们提供了一种有效的理解固体材料物理化学性质的研究方法。在键价模型中，所有的原子根据其氧化态划分为阳离子和阴离子，所有相邻的阴阳离子的距离用键长（R_{ij}）来表示，且任何晶体结构均可用键图来表示。键长—键价（S_{ij}）的关系由下列的指数关系式来描述：

$$S_{ij} = e^{\frac{R_0 - R_{ij}}{B}}$$
(9 - 28)

式中，R_0 和 B 是与原子种类、价态有关的经验常数，B 通常取定值 0.37。每个原子所连

化学键的键价之和等于该原子的氧化价态(V_i),即

$$V_i = \sum_j S_{ij} \tag{9-29}$$

键价模型的意义在于把晶体的几何结构与离子的电荷有机地联系起来,从而将固体材料的晶体学结构和电子结构紧密地联系起来。

从晶体组成化学键的观点出发,发现晶体材料的宏观化学物理性质可以归结为其组成原子或化学键的微观贡献。因此,晶体的非线性光学倍频张量系数(即晶体材料宏观非线性光学倍频性能的定量标度)可以由其晶体结构中包含的所有组成化学键的非线性光学倍频张量系数的几何叠加来计算,即

$$d_{ijk} = \sum_\mu d_{ijk}^\mu = \sum_\mu F^\mu \left[d_{ijk}^\mu(C) + d_{ijk}^\mu(E_h) \right] \tag{9-30}$$

式中,d_{ijk}^μ 是 μ 类化学键的非线性光学倍频性能(从微观角度上讲),即这一类组成化学键对晶体总的 d_{ijk} 张量的贡献。其中

$$F^\mu d_{ijk}^\mu(C) = \frac{C_{ijk}^\mu N_b^\mu (0.5) \{ [(Z_A^\mu)^\circ + n(Z_B^\mu)^\circ][(Z_A^\mu)^\circ - n(Z_B^\mu)^\circ] \} f_i^\mu (x_b^\mu)^2}{d^\mu q^\mu} \tag{9-31}$$

$$F^\mu d_{ijk}^\mu(E_h) = \frac{C_{ijk}^\mu N_b^\mu s(2s-1) \left[\dfrac{r_0^\mu}{r_b^\mu - r_c^\mu} \right]^2 f_i^\mu (x_b^\mu)^2 \rho^\mu}{d^\mu q^\mu} \tag{9-32}$$

以上两个公式中所包含的物理参量均可从晶体的化学键结构中定量推导出来。同时,上式也构建出了晶体材料中所存在的晶体组成化学键与其非线性光学倍频效应之间的定量关系。

2. 与物理性质的关系

通过应用键价模型,计算 LiO_6 和 NbO_6 八面体中所有组成化学键的强度 S,发现对于长的 Li—O 键(0.226 0nm),键强计算得 $S_{LiO} = 0.117$,小于 1/6v. u. ,然而对于短的 Li—O 键(0.205 2nm),键强计算得 $S_{LiO} = 0.205$,大于 1/6v. u. ,1/6v. u. 是完美 LiO_6 八面体(没有任何结构扭曲)的理想 Li—O 键强。对于长的 Nb—O 键(0.212 6nm),键强计算得 $S_{NbO} = 0.560$,小于5/6v. u. ,然而对于短的 Nb—O 键(0.187 8nm),键强计算得 $S_{NbO} = 1.094$,大于 5/6v. u. ,5/6v. u. 是完美 NbO_6 八面体(没有任何结构扭曲)的理想 Nb—O 键强。因为与 Nb—O 键相比,Li—O 键相对较弱,因此在铌酸锂结晶学结构中 Li^+ 离子可能比 Nb^{5+} 离子移动得更快(远离八面体的几何中心)。

在铌酸锂结晶学结构中有两种晶格位置可用于掺杂离子的阳离子取代,即 Li^+ 位和 Nb^{5+} 位。为了说明阳离子取代对铌酸锂晶体物理性质的影响作用,两种晶格位置取代的晶体——Li 缺失的 $[Li_{1-5x} Nb_x \square_{4x}] NbO_3$ 晶体(可以被看作 Li^+ 位取代的晶体)和 $Li[Nb_{1-y} Ta_y] O_3$ 晶体(可以被看作 Nb^{5+} 位取代的晶体)都被研究。

(1)晶体的线性与非线性光学性质。实验工作已经显示铌酸锂的晶体组成对于其相应的介电响应有非常重要的影响。基于晶体的化学键方法,掺杂或非掺杂铌酸锂晶体的介电性质(这里指折射率 n_0 和二阶非线性光学张量系数 d_{ij})可以定量地从组成化学键的角度进行详细研究。从图 9-65 和图 9-66 所示中可以发现,$[Li_{1-5x} Nb_x \square_{4x}] NbO_3$ 和

$Li[Nb_{1-y}Ta_y]O_3$(x 和 y 分别代表晶体的本征和非本征取代)晶体的 n_0 和 d_{ij} 数值(在 1 064nm)与晶体组成有很强的依赖关系,不同的格位取代将导致曲线斜率的不同,斜率越大,作用越强。与 Nb^{5+} 位的取代相比较,Li^+ 位的取代对晶体的介电性质影响更强。与此相似,这些取代晶体的二阶非线性光学张量系数 d_{22}、d_{31} 和 d_{33} 也发生相同的变化。表 9-37 详细总结了铌酸锂晶体阳离子取代 n_0 和 d_{ij} 的定量表达式。所用的数据都是由化学键方法计算得到的。可以发现,在 Li^+ 位的阳离子取代比在 Nb^{5+} 位的阳离子取代更能影响铌酸锂晶体的介电性质,铌酸锂晶体的二阶非线性光学性质是 Nb^{5+} 位依赖 Li^+ 位敏感的介电响应。为了进一步深入了解 Li^+ 位的阳离子取代作用,分别研究了掺杂 ZnO、MgO 和 In_2O_3 的铌酸锂晶体的介电性质。结果表明,掺杂铌酸锂晶体的二阶非线性光学张量系数 d_{22}、d_{31} 和 d_{33} 强烈地依赖于掺杂剂的浓度,也与掺杂剂的化合价密切相关。因此可以得出结论,Li^+ 位的阳离子取代对于晶体介电性质的影响非常敏感。

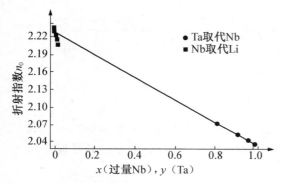

图 9-65　铌酸锂晶体折射指数 n_0 与组成之间的关系

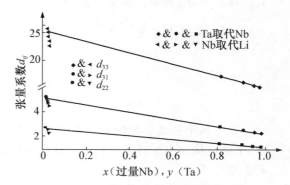

图 9-66　铌酸锂晶体二次非线性光学系数 d_{ij} 与组成之间的关系(过量的 Nb 含量 x 在 0~0.02 范围内,Ta 含量 y 在 0~1.00 范围内)

表 9-37　阳离子取代的铌酸锂晶体($[Li_{1-5x}Nb_x\square_{4x}]NbO_3$ 和 $Li[Nb_{1-y}Ta_y]O_3$ 类晶体)的折射指数 n_0 和二阶非线性光学张量系数 d_{ij} 在 1 064nm 的定量表达

光学性质	阳离子取代的铌酸锂晶体	
	$[Li_{1-5x}Nb_x\square_{4x}]NbO_3$	$Li[Nb_{1-y}Ta_yO_3]$
n_0	$2.23-1.08x$	$2.23-0.19y$
d_{22}	$2.72-14.14x$	$2.72-1.08y$
d_{31}	$-4.94+26.40x$	$-4.94+2.21y$
d_{33}	$-25.31+134.30x$	$-25.31+9.27y$

注:张量 d_{ij} 的单位是 pm/V。

　　(2) 晶体的自发极化率和居里温度。在低温相(低于居里温度 T_c),铌酸锂晶体为铁电体,并沿着氧八面体的 3 次转轴产生自发极化率 P_s。在 T_c 以上,铌酸锂晶体的自发极化消失。自发极化的出现是与晶格的扭曲相关的。所有的 Li^+ 和 Nb^{5+} 阳离子仅仅沿着

c 轴方向移动,在此方向上形成净电荷位移,进而形成瞬时偶极矩或自发极化。铌酸锂晶体中自发极化的产生是晶格弛豫的定向结果(铌酸锂晶格中阴阳离子的相对位移)。

单晶中自发极化的数量直接相关于铁电反转中原子位移 Δz,它也可以由单胞内的原子坐标所计算得出。Δz 定义为单极阳离子的位移,也就是相转变过程中与驱动机制相关的离子位移。T_c、P_s 和 Δz 的经验关系表达式已经被 Abrahams 等人给出,该公式已被广泛应用于多种铁电材料的 T_c 和 P_s 的定量计算和理论预测。通常 T_c 和 P_s 可以被 Δz 描述为以下两个方程

$$T_c = (2.00 \pm 0.09) \times 10^4 \, (\Delta z)^2 \tag{9-33}$$

$$P_s = (258 \pm 9)\Delta z \times 10^{-2} \tag{9-34}$$

晶体中 Li^+ 位和 Nb^{5+} 位的取代与 T_c 和 P_s 的关系可以由式(9-33)和式(9-34)明确给出。对于 Li^+ 位取代的 $[Li_{1-5x}Nb_x\square_{4x}]NbO_3$ 晶体,式(9-35)和式(9-36)表达它们相应的关系;对于 Nb^{5+} 位取代的 $Li[Nb_{1-y}Ta_y]O_3$ 晶体,式(9-37)和式(9-38)表达它们相应的关系,即

$$T_c = (1\,475.94 - 6\,136.97x) \tag{9-35}$$

$$P_s = (70.54 - 177.36x) \times 10^{-2} \tag{9-36}$$

$$T_c = (1\,425.28 - 1\,062.21y + 539.15y^2) \tag{9-37}$$

$$P_s = (70.51 - 34.18y + 18.57y^2) \times 10^{-2} \tag{9-38}$$

图 9-67 所示为铌酸锂晶体组成与 T_c 的关系。发现铌酸锂晶体的 T_c 是晶体组成的函数,无论阳离子取代反应发生在 Li^+ 位还是 Nb^{5+} 位,T_c 都是稳定减小的。在目前的工作中发现在 Li^+ 位的阳离子取代对铌酸锂晶体的 T_c 有更强的影响。图 9-68 所示为铌酸锂晶体组成与 P_s 的关系,从中可以发现铌酸锂晶体的 P_s 也是晶体组成的函数,并且 Li^+ 位的占据强烈地影响晶体的 P_s,这是因为 Li^+ 位的

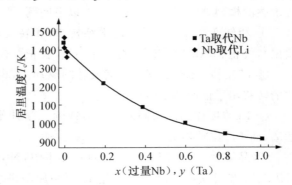

图 9-67　铌酸锂晶体居里温度 T_c 与组成之间的关系

取代直接导致铌酸锂晶体组成与 P_s 之间更大的斜率。基于以上的结果,比较得出以下结论:随着 Nb^{5+} 阳离子在 Li^+ 位取代数目的增加,铌酸锂晶体的 T_c 和 P_s 相应减少;与此相似,随着 Ta^{5+} 阳离子在 Nb^{5+} 位取代数目的增加,铌酸锂晶体的 T_c 和 P_s 也相应减少。然而与 Nb^{5+} 位取代相比,Li^+ 位取代将导致铌酸锂晶体的 T_c 和 P_s 减少得更快。因此,在铌酸锂结晶学结构中 Li^+ 位才是对晶体 T_c 和 P_s 影响更加有效的敏感格位。

目前的研究结果说明,在铌酸锂结晶学结构中,空位(它是由 c 轴方向的空位八面体和 ab 面内的空位四面体所组成的)作为一个缓冲位置来平衡 Li^+ 和 Nb^{5+} 阳离子相互间的强排斥作用。因为 Nb^{5+} 阳离子的强键作用使得 Nb^{5+} 位对于铌酸锂晶体的机械性质具有很强的影响,而 Li^+ 位与晶体的介电性质密切相关,同时 Li^+ 位也是对 +1 价～+5

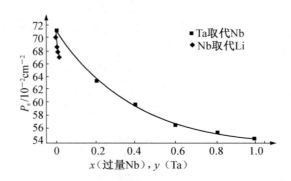

图 9-68　铌酸锂晶体自发极化率 P_s 与组成之间的关系

价不同掺杂剂敏感的晶格位置。应该注意的是,发生在 Li^+ 位和 Nb^{5+} 位的取代反应对晶体的强度、畴结构和光学性质等都产生或多或少的宏观或微观的影响,这对材料工作者来说非常有吸引力。

在高温下对铌酸锂晶体结构性质的研究,也进一步证明目前的结论。此外,铌酸锂晶体的结晶学数据显示 Li^+ 位对温度非常敏感,在高温下 Li^+ 更快地偏离八面体的几何中心并导致晶体 n_0 和 d_{ij} 的增加。为了进一步证实提出的结构模型——Nb^{5+} 位依赖 Li^+ 位敏感的模型,随后用此模型研究了以下问题:

① 相转变。在铌酸锂结晶学结构中,相转变起始于 Li^+ 位传播(对应于 Li^+ 位敏感模型),终止于 Nb^{5+} 位转移(对应于 Nb^{5+} 位依赖模型)。

② 畴反转。Li^+ 的移动是畴反转的驱动力,也就是 Li^+ 穿过所谓的"瓶颈",而 Nb^{5+} 位的转移用于证明畴反转已经完成。

③ Li 浓度作用。从同成分铌酸锂到化学计量比铌酸锂,Nb^{5+} 位和 Li^+ 位彼此相对远离,而 Li^+ 位转移更大。

④ 晶体生长。在 $Li_2O-Nb_2O_5$ 熔体中,Nb(占据 Nb^{5+} 位)原子最初形成基本的 $(NbO_6)_n$ 基团($n \geqslant 1$),而 Li(占据 Li^+ 位)原子进攻这些基团以加固八面体连接,促进铌酸锂晶体的生长。

⑤ 阳离子掺杂作用。在铌酸锂结晶学结构中,从 +1 价~+5 价不同掺杂剂优先占据 Li^+ 位,并且对于铌酸锂晶体的宏观性质影响明显。

将实验测定的结晶学数据、键价模型和化学键方法都应用于调节铌酸锂晶体物理性质的研究,以及 Li^+ 和 Nb^{5+} 位晶体化学特征被定量研究,它们明显地影响铌酸锂晶体的物理性质。

研究表明 n_0、d_{ij}、T_c 和 P_s 都强烈地依赖于阳离子的晶格位置,Li^+ 位与 Nb^{5+} 位相比对铌酸锂晶体的物理性质影响更大,因此保护 Li^+ 格位是改善晶体性质和光学质量的关键。从中可以看出,晶体的组成化学键从微观角度上反映了晶体材料中各组成原子或离子之间的具体相互作用,这种相互作用在一定程度上反映了晶体结构的综合特征。晶体中的化学键结合行为和相关的化学物理标定参数正是这种相互作用的重要表征参量,因此晶体的组成化学键是人们理解晶体材料结构与性能关系的一个有效手段,它也将对晶体材料性能的预测和新型功能材料的设计工作具有很好的参考价值。

9.3.2.3　生长技术的研究与发展

目前,LN 晶体的生长大多采用提拉法。它是最常用的熔体生长方法之一,理论和实践都比较成熟,实际工作中应用十分广泛。晶体提拉法的主要优点在于它是一种直观的技术,能够在晶体生长的时候对其大小和直径进行适时控制,便于以较快的速率生长高质量无位错的晶体。

商业上使用的 LN 晶体都是利用提拉法从同成分比 LN 熔体中生长得到的。虽然此方法生长出的晶体有很好的光学质量和一致性,但其总体表现为 Li 缺少,即 Li/Nb 比小于化学计量比 1。晶体中 Li 的缺乏导致了反位 Nb_{Li} 缺陷和阳离子的空位,对 LN 晶体的应用产生了不利影响,而化学计量比 LN 晶体因为本征缺陷浓度较低并且晶格完整,消除了缺陷的不利影响,晶体的许多性能得到了改善,如矫顽场显著减小、电光系数和非线性光学系数都有一定程度的提高。此外,其响应时间可以达到几十到几百毫秒,抗光致损伤能力比同成分 LN 晶体提高一个数量级。这些改善有利于 LN 晶体现有的应用,因此生长高质量、大体积化学计量比 LN 晶体是当前研究的一个热点。

1. 同成分 LN 晶体的制备

在原料配比中,Li_2O(通常是采用 Li_2CO_3)和 Nb_2O_5 按同成分配比(Li_2O 的组成配比为 48.5%)称取,经过充分混合研磨并压成块状,然后将原料装入铂坩埚,在 700℃时恒温 2h、1 500℃时烧结 2h 可以使 Nb_2O_5 和 Li_2O 与少量的 Li_2CO_3 进行固相反应,得到用于生长单晶的 LN 粉末。把装有预烧过的 LN 粉晶的铂坩埚放入单晶炉中,开始升温加热(目前国际上广泛采用的是中频加热单晶炉)。LN 单晶的最佳生长工艺为:温度梯度为 30~70℃/cm,晶体生长速度为 2~5mm/h。若生长掺杂的 LN 晶体,则需要降低生长速度,晶体旋转速度为 10~25r/min,旋转速度随晶体直径和坩埚直径之比的增大而降低。

2. 近化学计量比 LN 晶体的制备

日本国立材料科学研究所的 Kitamura 等人采用了双坩埚连续加料技术生长近化学计量比 LN 晶体,生长装置如图 9 - 69 所示。将已烧制好的原料放入同心双坩埚中,外坩埚的熔体可通过一铂金管流入小坩埚。晶体生长过程中由粉末自动供给系统根据单位时间内生长出的晶体质量向外坩埚加入与晶体组分相同的等质量 LN 粉料,避免生长过程中由于分凝造成的熔体组分改变,从而可以生长出具有光学均匀性的大晶体。利用这种方法他们生长了直径 45~76mm、长 50~80mm 的高质量近化学计量比 LN 单晶,其中 Li 的含量为 49.99%±0.01%。但是,这种方法对生长设备的要求较高。

Malovihko 等人发展了另外一种获得近化学计量比 LN 晶体的方法(助熔剂法),他们发现在同成分配比的 LN 熔体中加入不同浓度的 K_2O 可以改变晶体的铌锂比。当 K_2O 的浓度达到 6% 质量分数时,熔体温度大约降低了 100℃,晶体的 Li 含量达到了 49.9%,而其中 K 的含量却小于 0.02%(摩尔)。由于熔体中 Li 的含量与晶体中的不同,造成了晶体上下部组分不均一。为了降低提拉出晶体而使熔体中的 K_2O 的含量逐渐增大这一影响,通常采用较大的坩埚和较多的原料生长相对较小的晶体。这一晶体生长方

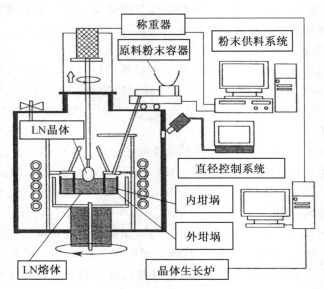

图 9 - 69　　生长近化学计量比 LN 晶体的双坩埚装置示意图

法得到了较为广泛的应用。

　　采用双坩埚技术和助熔剂法可以得到近化学计量比 LN 晶体,但是其中的 Li 含量只能通过化学或物理方法对已生长出的晶体进行大致的测定,很难实现生长过程中 Li 含量的严格控制。另外一种被称为气相交换平衡(VTE)的技术,可以根据需要获得任意已知 Li 含量(在 LN 晶体的固熔区内)的 LN 单晶样品,它是一种对晶体进行后处理的方法。采用 VTE 技术处理样品时,人们可以根据需要配置不同 Li 含量的 LN 粉末[Li 的浓度可以控制到 ±0.01%(摩尔分数)的精度],从而制备出具有相应 Li 含量的 LN 晶体。这一技术通常被人们用来获得具有严格 Li 含量的 LN 标准样品。但是 VTE 技术只适用于制备片状样品,很难通过这种方法获得大块的化学计量比单晶。

　　美国的斯坦福大学非线性光学材料中心的学者们立足于改善传统同成分配比 LN 晶体,提出了两种行之有效的方法。方法之一是将传统的 LN 晶片在常压富氧气氛中,加热到 600℃进行氧化退火处理,经过处理的晶片绿光吸收从 $0.01cm^{-1}$ 降到 $0.008cm^{-1}$;方法之二是采用 VTE 将 LN 晶片放入铂金坩埚,覆盖上 Li_3NbO_4 和 $LiNbO_3$ 的混合物,加热到 $1\,050\sim1\,100℃$,恒温 100h。经过这种方法处理的 LN 晶片绿光吸收从 $0.01cm^{-1}$ 降到 $0.006cm^{-1}$,同时其紫外吸收边沿从 316.2nm 降到 301.4nm,并且经 VTE 处理的 LN 晶片光折变性能得到明显的改善,矫顽场从 21.5kV/mm 降到 7.2kV/mm,意味着在周期性极化时可以对较厚的晶片进行极化。

　　3. 掺杂 LN 晶体

　　增强 LN 晶体抗损伤能力,扩大其在倍频、Q 开关、电光调制、光波导等领域应用方面的突破性进展是对 LN 晶体进行高掺 MgO〔>4.6%(摩尔)〕的实验,结果发现 LN 晶体的抗损伤能力提高了两个数量级,4.6%(摩尔)也被称为阈值浓度。人们在 MgO∶LN 的研究基础上,正努力探索制作性能更优良的倍频器件和光波导基片材料。

以 LN 晶体作为固体激光基质材料,通过掺入激活剂,获得激光晶体。这方面的工作集中在选择稀土离子作掺杂剂上,并对其吸收、激发、发射、荧光寿命等各种光谱性能进行研究,利用抗损伤能力较强的 MgO∶LN 或 ZnO∶LN 代替纯 LN 作激光基质材料,效果更好。因此,许多人尝试性地研究了 Er∶MgO∶LN 等晶体。

在提高 LN 晶体的光折变性能方面,掺杂离子大多选用过渡金属离子,如 Fe、Cu、Mn、Cr、Co、Ni、Rh、U 以及稀土离子 Ce 等。它们可以给出和再捕获 d 电子或 f 电子,在能隙中形成杂质缺陷能级,从而影响光折变过程。光折变性能的提高,使掺杂 LN 晶体载体在全息存储方面的应用变得前景广阔。研究结果表明,掺杂 LN 晶体是解决全息存储数据挥发性的一条有效途径。

LN 晶体的掺杂改性工作不仅对 LN 晶体光折变性能的研究和应用有重要的意义,对研究其光折变微观物理过程和有目的地开发利用 LN 晶体也具有指导意义,而且预期对复杂氧化物色心的研究、非化学计量比的本质等问题的探索研究会有重要的帮助。

9.3.2.4　应用

LN 作为一种非线性光学晶体材料,在光通信领域应用广泛,代表着其主要应用方向。除了不能做光源探测器以外,适合制作光的各种控制耦合和传输器件,如光隔离、放大、波导、调制等器件。LiNbO$_3$ 的光波导可采用 Ti 内扩散、外扩散、质子交换、质子注入工艺制备,通常采用 Ti 的内扩散工艺制备波导器件,损耗低(0.2~0.5dB/cm),模式和尺寸能与单模光纤很好匹配。耦合损耗一般是 1dB 左右,最低达 0.15dB;调制器和开关的驱动电压为 10V 左右,最低达 0.35V;一般调制器带宽为 10GHz,采用行波电极的 LN 光波导 Modulator 达到 40GHz;Alcatel、Codeon、JDS Uniphase、Coming 等公司都已成功将基于 LN 晶体的 40GHz 的调制器商品化。Ti 扩散的 LN 光波导采用集成光学技术可制造出更大的无源开关系统。

在激光领域主要作为低功率中红外激光器的倍频晶体,特别是掺镁的 LN 晶体其激光损伤阈值、透光效率都较纯 LN 晶体性能突出。另外,由于近来晶体微观工程领域的突破,周期性极化的 LN(PPLN)晶体同样在激光倍频、通信、环境探测领域具有出色的表现。

全息存储这方面已研究多年,一些双掺杂 LN 晶体具有良好表现,但商品化还不成熟。意大利米兰 Corecom 研究所的研究小组展示了一种基于掺铁铌酸锂全息存储技术的通信系统,有希望成为对全光网络通信信号处理的新装置,可以实现波分复用和解复用。

9.3.2.5　铌酸锂薄膜

一、溶胶—凝胶法制备铌酸锂薄膜

1. 简介

溶胶—凝胶法制备铌酸锂薄膜的先驱体溶液 LiNb(OR)$_6$ 一般由锂、铌的有机醇盐做原料来合成,但它们对水和二氧化碳均十分敏感,若外加酸作稳定剂,则能使先驱体溶液在酸性条件下比较稳定地存放较长时间。下面分别以甲酸、乙二酸作稳定剂,用溶胶—凝胶法制备铌酸锂薄膜,并对薄膜进行表征。

2．制备方法

在一定条件下，取等摩尔的 $LiOC(CH_3)_3$（97％，AR，Aldrich）和 $Nb(OR)_5$（99.99％，AR，Strem）制得 $LiNb(OR)_6$ 先驱体溶液，在等量的两份先驱体溶液中各加入 1.0mol/L 甲酸和乙二酸的乙醇溶液，充分混合均匀后，分别在洁净的玻璃和硅（110）基板上用提拉法制膜，分别制得两个薄膜试样。膜样 1：分别在玻璃和硅（110）基板上先拉第一层薄膜，约 100℃ 干燥 10min，再拉第二层，用与第一层相同的方法处理，直至拉完 10 层薄膜后再进行 600℃ 下的热处理；膜样 2：在玻璃基板上先拉第一层薄膜，约 100℃ 干燥 10min 后进行 600℃ 下的热处理 10min，冷却下再拉第二层，如此共拉 10 层。

3．性能

以甲酸和乙二酸作稳定剂制备的铌酸锂薄膜表面都不很平滑，晶体颗粒较大，相比之下前者比后者的形貌更好。这可能是因为甲酸和乙二酸与 Nb、Li 的配位能力均较强（但 $C_2O_4^{2-}$ 与 Nb、Li 桥联结合，比 $COOH^-$ 结合得更牢固），稳定性较好，导致其热分解较难，形貌较差。

4．效果

以甲酸作稳定剂用溶胶—凝胶法在玻璃基板上生成的铌酸锂薄膜晶体为多晶；铌酸锂薄膜的分层热处理和一次性热处理对铌酸锂晶体影响不大；由甲酸作稳定剂制备的铌酸锂薄膜比用乙二酸作稳定剂制得的铌酸锂薄膜的形貌更好。

二、脉冲激光沉积法制备铌酸锶钡铁电薄膜

1．简介

复合钨青铜型结构的铌酸锶钡（$Sr_xBa_{1-x}Nb_2O_6$，简写为 SBN：100x）晶体具有优良的线性电光效应，其有效线性电光系数 $\gamma_c = [(n_4/n_0)^2\gamma_{33} - \gamma_{13}]$ 为铌酸锂晶体的 10～100 倍，但其半波电压 $V_{\lambda:2}$ 仅为铌酸锂晶体的半波电压的 1/10～1/100。因此，利用其优良的线性电光性能，可以制备各类电光调制器。

SBN 晶体的热释电系数比一般材料大得多，适当调节 Sr/Ba 的摩尔比，可以得到热释电系数大、热导率低、介电损耗小、机械强度高、性能稳定的 SBN 晶体，是制备低频、小面积热释电红外探测的优良材料。

在 SBN 晶体的生长过程中，常有开裂、产生条纹和折射率不均匀等问题。由于生长大尺寸、透明无条纹的 SBN 晶体技术难度大，且价格甚高，因此采用各种不同的薄膜制备技术生长异质外延的 SBN 薄膜成为拓展晶态 SBN 材料应用的有效途径。

2．制备方法

采用电子陶瓷工艺制备了 SBN：60 的可供 PLD 实验使用的陶瓷靶材。利用建立在 University of Warwlck UK 的 PLD 装置，在 MgO、LSCO/MgO 衬底上沉积了 SBN 薄膜，典型的 PLD 溅射参数见表 9-38。

表 9-38　典型 SBN 薄膜的 PLD 溅射参数

项　目	参　数	项　目	参　数
衬　底	MgO(100)	工作气压/Pa	30（O_2 气氛）

项　目	参　数	项　目	参　数
靶与衬底距离/cm	4	激光脉冲频率/Hz	10
激光脉冲宽度/ns	30	脉冲数	20 000
激光脉冲能量/mJ	90	衬底温度/℃	730
激光波长/nm	308	冷却速度/(℃·min^{-1})	5
本底气压/Pa	2×10^{-3}		

3．性能

SBN 薄膜的表面平滑,结晶晶粒均匀、细小,几乎没有什么大的颗粒,晶粒大小为 $20 \sim 60nm$。

SBN 薄膜的表面是相当平滑的,其表面粗糙度的均方根值约为 20nm,铁电微畴尺寸约为 200nm。SBN(001)/LSCO(100)/MgO(100)多层薄膜的剩余极化强度 $P_r = 18.6\mu C/cm^2$,矫顽场 $E_c = 22.3kV/cm$。

4．效果

利用 PLD 在 MgO(100)衬底上在位制备了 c 轴高度择优取向的 SRN：60 薄膜。SEM 和 AFM 分析表明 SBN 薄膜致密,表面平滑,晶粒细小且均匀。在 LSCO(100)/MgO(100)衬底上在位制备了 c 轴高度择优取向的 SBN：60 薄膜,利用改进的 Sawyer-Tower 电路测试了 SBN(001)/LSCO(100)/MgO(100)多层膜的铁电性能,其 $P_r = 18.6\mu C/cm^2$,$E_c = 22.3kV/cm$。SBN：60 薄膜的 P_t 要比 SBN：60 体材的 P_r 小,而 SNB：60 薄膜的 E_c 要比 SBN：60 体材的 E_r 大。

9.3.3　钽酸锂晶体与薄膜

9.3.3.1　简介

钽酸锂(LiTaO$_3$,LT)晶体是一种优良的光电材料,广泛应用于制作各种功能器件。目前商业上使用的主要是 Li 和 Ta 的比为 48.6：51.4 的钽酸锂(简称 CLT)晶体,由于 CLT 存在锂空位和钽反位等本征缺陷,严重影响了 CLT 的性能,诸如存在较高的矫顽场、相对低的抗光损伤阈值等。随着钽酸锂晶体的 Li/Ta 比的不断提高,并逐渐靠近化学计量比,其物理性能都有不同程度的提高,有利于提高各种功能器件的性能,使其在激光雷达、激光测距、大气污染监测、医疗、特殊环境远距离监控、红外军事对抗、激光电视等诸多重要领域得到应用,而且很有可能开拓新的应用领域。因此,化学计量比钽酸锂(SLT)晶体成为功能晶体材料研究的热点。现阶段生长 SLT 晶体的方法主要为双坩埚连续添料法和气相传输(VTE)法等,前者对设备要求较高,工艺复杂,生产成本高,后者只能处理厚度小于 1 mm 的样品。

一、结构特征

1．理论模型

键价模型是在固体材料中应用较为成功的经验模型之一,它将材料的化学键参数与组成原子的价态定量地联系起来,固体中每一个组成化学键的键价的定义见(9-28)式。

固体中各组成离子的价态 V_i 可以通过(9-29)式获得。

2. 晶体结构

室温下,铌酸锂和钽酸锂晶体的结晶学特征类似(属同一构型晶体),空间群为 R3c。虽然这两个晶体会由于生长方面存在的一些差异而导致其晶体组成的变化,并因此而开展了大量的研究工作,但人们关心和研究最多的还是同成分固溶体铌酸锂、钽酸锂晶体(CLN、CLT)和化学计量比铌酸锂、钽酸锂晶体(SLN、SLT)。CLN 和 SLN(CLT 和 SLT)之间只存在组成上的差异而出现晶胞参数的变化,但空间群和主要的结晶学对称性均未发生改变。大家通常讲的铌酸锂和钽酸锂晶体在概念上包括各种晶体组成的铌酸锂和钽酸锂。图 9-70 所示为这两个晶体的三维结构示意图,可以看出在沿 c 轴方向上,这两个晶体都可视为氧八面体的堆积,基本的重复单元为…□O_6—LiO_6—Nb(Ta)O_6…,图 9-71 所示为 LiO_6 和 Nb(Ta)O_6 八面体中各组成原子间的化学键结合情况,键长和键价的数值显示 Nb^{5+}(Ta^{5+})和 Li$^+$ 倾向于相互远离,它们与共同氧平面上的氧离子结合得较松弛,而和该结构片段的上下两端氧平面中的氧离子结合得较紧密。

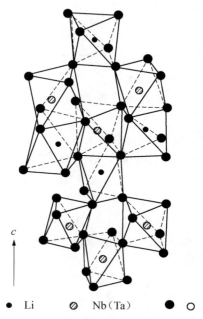

c

● Li　　◐ Nb(Ta)　　● ○

图 9-70 铌酸锂和钽酸锂晶体的三维结构示意图

图 9-71 所示为一个 Nb(Ta)O_6—LiO_6 八面体周期性片段。八面体中,组成原子间的化学键特性由其键长和键价来标识,键长的单位是 nm,键价的单位是 v.u.,图中数据是针对室温状态下的铌酸锂晶体计算而来的。

3. 晶体格位的占有情况

在同成分固溶体铌酸锂、钽酸锂(CLN、CLT)晶体中,过量的 Nb^{5+}(Ta^{5+})占据 Li$^+$ 的格位,为保持整个晶体的电中性,在 Li$^+$ 格位上自发地出现了相应数量的空缺(也称点缺陷)。由图 9-71 所示的键价数值上的差别可以理解为什么是 Nb^{5+}(Ta^{5+})去争夺 Li$^+$ 格位,而不是 Li$^+$ 去抢占 Nb^{5+}(Ta^{5+})格位。同为六配位的 Li$^+$ 和 Nb^{5+}(Ta^{5+}),但 Nb(Ta)—O 键结合得较紧密,而 Li—O 键则较弱。正是由于弱的 Li—O 键的存在,一般来说除了 W^{5+} 外,其他的离子在进入铌酸锂、钽酸锂晶体格位时,一律选择易于占领的 Li$^+$ 格位。通常来说,Nb^{5+}(Ta^{5+})格位是很稳固的。晶体中空的氧八面体不能被任何离子占用,称为结构上的空位,这也正是这一类型晶体在结构上的独特之处。

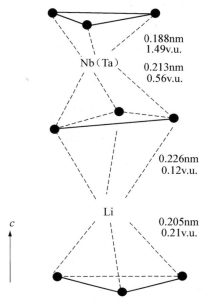

图 9 - 71　铌酸锂和钽酸锂晶体三维结构片段图

4. 离子的位移

当外界条件变化时(如改变晶体的组成等),铌酸锂、钽酸锂晶体中的阳离子只在 c 轴方向上移动,这也是一个很有趣的现象。根据以前的工作经验和计算结果,当晶体中 Li^+ 的浓度增加时(从 CLN、CLT 到 SLN、SLT),Li^+ 应向 $-c$ 轴方向移动。图 9-72 所示为 Li^+ 和 Nb^{5+}(Ta^{5+}) 的位移趋势。化学计量比钽酸锂和同成分固溶体钽酸锂晶体中离子间距比较见表 9-39。

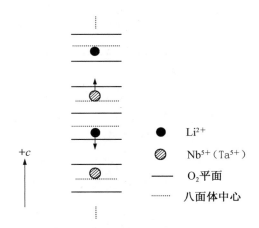

图 9 - 72　铌酸锂和钽酸锂晶体中组成离子的相对位置示意图

表 9 - 39　化学计量比钽酸锂和同成分固溶体钽酸锂晶体中离子间比较

单位:nm

类型	CLT	SLT	类型	CLT	SLT
Li—O	0.225 8	0.230 6	Li—Ta	0.288 1	0.304 1
	0.206 5	0.020 45		0.303 2	0.306 8
Ta—O	0.202 2	0.205 6		0.343 3	0.335 5
	0.194 8	0.192 0			

二、使用性能

1. 热释电性能

图 9 - 73 所示为晶体热电测试装置示意图。LN 和 LT 晶片的实验结果见表 9 - 40。

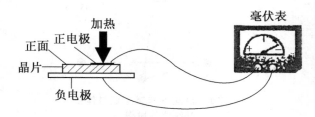

图 9 - 73　晶体热电测试装置示意图

表 9 - 40　LN 和 LT 晶片的实验结果

材　料	还原温度/℃	样品数	外　观	热电位差/mV	样品名	冷加工性能
Y127.86°—XLN	500	3	浅 棕	30、31、35	BLN500	OK
	600	3	深 棕	15、13、17	BLN600	OK
	800	3	焦 黑	5、0、3	BLN800	NO
Y36°—XLT	400	2	浅 灰	40、38	BLT400	OK
	450	2	深 灰	16、16	BLT450	OK
	500	2	焦 黑	5、3	BLT500	NO

2. 光透过率

由表 9 - 41 可以看出,对同一波长的光波来讲,还原温度越高,光透过率越低;对于同一个还原晶片来讲,波长越短,透过率越小,即还原工艺对短波的透过率影响较大。总体上,经还原工艺处理,晶片的透过率都有明显下降,这将有利于消除光刻时反射光造成的衍射,从而有助于提高光刻精度。

表 9 - 41　还原晶片在不同波长下的透过率

波长/nm ＼ 晶片	BLN500	BLN600	BLN800	BLT400	BLT500
592	45	15	1.2	20	0.5

续表

晶片 波长/nm	BLN500	BLN600	BLN800	BLT400	BLT500
632.8	50	20	1.2	23	0.6
1 064	75	74	75	80	79

3. 居里温度 T_c

图 9-74 和图 9-75 所示的 LN 与 LT 晶片所对应的居里温度分别为 1 141℃和 603.5℃。SAW 器件用 LN、LT 晶体的 T_c 分别为 1 142±3℃、605 +3℃。可以认为,还原处理对晶体的 T_c 没有影响。

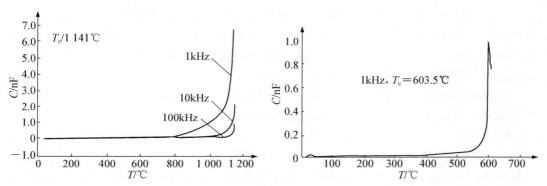

图 9-74 在不同频率下 LN 晶片电容量与温度的关系　　图 9-75 在不同频率下 LT 晶片电容量与温度的关系

9.3.3.2 近化学计量比的钽酸锂晶体

1. 简介

用高纯 H_2TaF_7 溶液经过过氧化反应、沉淀等一系列反应制得的钽酸盐化合物晶体作为初始原料,掺入一定剂量的 K_2O 助熔剂,用提拉法生长近化学剂量比的钽酸锂晶体,结果得到尺寸为 $\phi 45mm \times 45mm$ 的 SLT 晶体,并对该晶体的性能进行了表征。结果表明,尺寸为 $\phi 45mm \times 45mm$ 的 SLT 晶体畴结构为完全六边形,本征缺陷比 CLT 晶体均明显减少;吸收边相对于 CLT 晶体发生了蓝移,蓝移为 5.8nm;经外吸收变弱,透过率为 78%;抗光损伤能力提高,达到 $10^8 W/cm^2$。该晶体是性能优良的光学材料,使介电体超晶格高频超声原件和全固态白光激光器的研制成为现实。

2. 晶体生长

(1) 晶体生长原料的制备。以高纯 H_2TaF_7 和 Li_2CO_3 为原料,按图 9-76 所示的工艺流程制取钽酸锂多晶粉。具体步骤:①以高纯 H_2TaF_7、H_2O_2、NH_3 为原料,经过过氧化、沉淀、过滤得到 $(NH_4)_3TaO_8$;②再将 $(NH_4)_3TaO_8$ 与 Li_2CO_3(或氢氧化锂)进行均相混料,经低温烘干、烧结、酸洗、水洗、过滤、烘干后得到钽酸锂多晶粉。用 DSC 测居里温度 T_c 为 693℃。

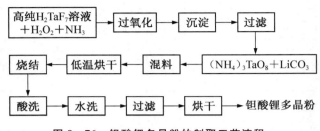

图9-76　钽酸锂多晶粉的制取工艺流程

用该方法制备的钽酸锂多晶粉生长钽酸锂晶体,克服了用传统方法制得的固体粉末生长钽酸锂晶体时混料不均、杂质含量高从而导致生长的晶体存在缺陷的问题。

(2)近化学计量比钽酸锂晶体生长。采用独立研发的控温精度为0.1℃的计算机控制系统进行钽酸锂晶体生长。铂金坩埚尺寸为$\phi100mm\times80mm\times2mm$。将适量的上述过程制取的钽酸锂作为原料装入坩埚中,利用感应加热逐渐升温至原料熔化,保温4h后进行晶体生长,生长周期为1周。生长出的晶体尺寸为$\phi45mm\times45mm$。

将退火后的晶体端头切平,接电极后置于刚玉管中,在极化炉中升温至900℃,保温8h后在晶体两端加0.4mA/cm²直流电场,以100℃/h的速度降至室温。

3. 性能

(1)晶体的畴结构。CLT的畴结构形状不规则,有三角形、线状等,而近化学计量比钽酸锂(SLT)晶体的畴形状变为完全的六边形,这是由于本征缺陷减少的原因。同时本征缺陷减少,也很大程度地减小了晶体的矫顽场。

(2)晶体的吸收光谱。图9-77所示为CLT晶体和SLT晶体的紫外吸收光谱图。SLT吸收边位置为261.2nm,CLT的吸收边位置为267nm,SLT与同成分CLT相比吸收蓝移了5.8nm。CLT晶体吸收边的移动与晶体中的缺陷有关,CLT晶体属氧八面体,它的基本吸收边可以认为是电子由氧的2P轨道向Ta_{Li}^{4+}的d轨道的电荷转移跃迁能量决定。由于CLT在Li空位和Ta反位等存在本征缺陷,随着n_{Li}/n_{Ta}的增大,Li^+替代Ta_{Li}^{4+}并将其驱赶回Ta位。当Ta_{Li}^{4+}全部被驱赶回Ta位后,Li^+接着排挤Ta_{Li}^{4+}进入Ta位。由于Li^+的极化能力小于Ta_{Li}^{4+}的极化能力,因此随着n_{Li}/n_{Ta}的增大,本征吸收边逐渐蓝移。

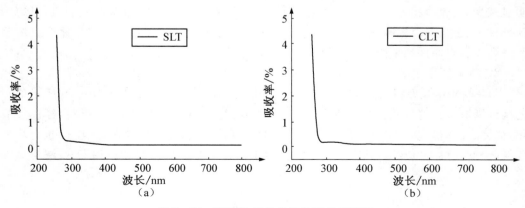

图9-77　SLT和CLT的紫外吸收光谱图

（3）晶体的红外光谱。在晶体生长过程中,因原料和空气中都有水分,使得氢离子进入晶体并与晶体中的氧形成氢键 O—H—O,O—H 键的振动在 3 500cm^{-1} 附近形成了红外吸收带。CLT 和 SLT 的红外吸收光谱图如图 9-78 所示。

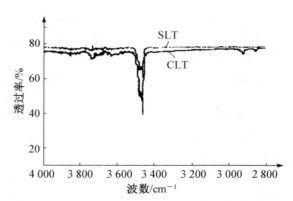

图 9-78　SLT 和 CLT 的红外吸收光谱图

CLT 的 OH$^-$ 红外吸收带的强弱与其含量有密切的关系,CLT 的吸收较强,说明同成分晶体中的 OH 含量较 SLT 高。此外,SLT 的红外透过率也稍高于 CLT,为 78%,这说明 SLT 的杂质含量较 CLT 少,SLT 质量要比 CLT 好。

（4）抗光折变性能。用观察光斑畸变的方法测试样品的抗光折变性能。采用 Ar$^+$ 激光器发出的 514.5nm 的激光作为光源,经过光阑和凸透镜,聚焦于透镜焦点处的晶体上,透镜的光斑在观察屏上接收。调节激光器的输出功率,当激光功率密度较小时,晶体中不产生光损伤,此时的透射光斑为圆形光斑。当激光功率密度逐渐增大到某一个值时,晶体内部产生光损伤,透射光斑沿晶体 c 轴拉长,中心光强减弱,发生畸变。把透射光斑开始变形时的激光功率密度定义为晶体的抗光致散射能力。测试结果表明 SLT 晶体的抗光损伤能力为 10^8 W/cm^2。

4．效果

（1）采用助熔剂提拉法生长出尺寸为 ϕ 45mm×45mm 近化学计量比的钽酸锂晶体。

（2）SLT 晶体畴结构为完全六边形,本征缺陷比 CLT 晶体明显减少。

（3）SLT 晶体吸收边相对 CLT 晶体发生了蓝移,蓝移为 5.8nm;红外吸收变弱,红外透过率为 78%;抗光损伤能力提高,达到 10^8 W/cm^2,是性能优良的光学材料,使介电体超晶格高频超声原体和全固态白光激光器的研制成为现实。

9.3.3.3　钽酸锂晶体及其集成应用

1．简介

钽酸锂（LiTaO$_3$）单晶与铌酸锂（LiNbO$_3$）同构,属三方晶系,3m 点群,具有优良的压电、电光和热电性能,在激光、电子和集成光学领域有着广阔的应用前景。它的突出优点是延迟时间温度系数低,在－20～80℃范围内仅为 $1.8×10^{-11}$ pm,器件的热稳定性好,是制作 SAW 彩色电视机中频滤波器的优良材料。

2．晶体生长

（1）原料的制备。生长 LiTaO$_3$ 晶体所用原料为 Li$_2$CO$_3$ 和 Ta$_2$O$_5$,其纯度均达到 99.99%。由相图（图

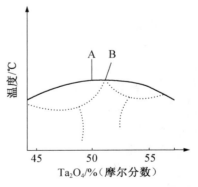

图 9-79　Li$_2$CO$_3$—Ta$_2$O$_5$ 相图
A-化学计量成分;
B-共熔点的成分

9-79)可知,LiTaO₃ 的固液同成分配比为 Li/Ta＝48.75/51.25 ＝0.951(摩尔比),比化学计量比(Li/Ta＝1)略有偏差。晶体生长原料采用固液同成分配比,此时 LiTaO₃ 的合成反应为

$$0.95Li_2CO_3 + Ta_2O_5 \xrightarrow{\Delta} Li_{0.951}TaO_{2.976} + 0.951CO_2 \uparrow \qquad (9-39)$$

(2)晶体生长工艺参数的选择。采用硅钼棒作加热体,从熔体中生长 LiTaO₃ 单晶,其中主要包括以下工艺参数:

① 温度梯度。合适的温度梯度是保证晶体成功生长的首要条件。选择温度梯度要满足以下条件:a. 在熔体表面中心区域形成合适的过冷度;b. 晶体生长过程中温度稳定,晶形容易控制;c. 晶体的热应力小,不产生裂纹;d. 不产生组分过冷。

选用的轴向温度梯度为:液面上 40℃/cm,液面下 18℃/cm,径向温场均匀对称,热轴心与机械轴心重合。

② 晶体的生长速度。晶体的生长面沿其法线方同(轴向)在单位时间内增长的厚度,称为轴向生长速度,它包括机械的引上速度和液面下降速度两部分。晶体的生长速度受温度梯度的制约。为了得到宏观完整的晶体,生长速度有一定的临界值,超过这个值,就会产生组分过冷,出现网络、云丝等缺陷,晶体内应力增大,导致晶体开裂。在本实验中,生长 φ 20mm 的晶体,其提拉速度为 3mm/h;生长 φ 40mm 的晶体,提拉速度为 2mm/h。

③ 晶体的旋转速度。晶体的旋转起到搅拌的作用,进一步使原料混合均匀,并同时影响熔体中的传质和传热。转速的快慢直接影响固液界面的形状,平坦的固液界面是生长优质钽酸锂晶体的重要条件,旋转速度快,则固液界面变凹;旋转速度慢,则固液界面变凸。为了保证晶体在平坦的固液界面下生长,生长 φ 40mm 晶体的合适旋转速度为12～20r/min;生长 φ 20mm 晶体的合适旋转速度为 20～30r/min。

以上温度梯度、提拉速度和旋转速度等各参数相互合理配合,生长出的 LiTaO₃ 晶体无宏观缺陷。

④ 晶体的极化处理。LiTaO₃ 为铁电体,其居里点为 650℃,刚生长出的晶体是多畴的。为使 LiTaO₃ 晶体有良好的光学性能,在使用晶体之前必须进行极化处理,使多畴晶体变为单畴晶体。极化工艺如下:

a. 将晶体 c 面清洗干净,涂上金浆,置于马弗炉中加热到 350℃,保温 1～2h,让金还原后升温到 750℃,将金膜烧结,得到导电性良好的电极。

b. 将晶体连同铂片置于马弗炉中加热到 750℃,并施加极化电场,极化电压为10～15V/cm,10min 后以 50～60℃/h 的速度使带电场降至室温。

c. 将极化后的晶体切片,放入 HF：HNO₃＝1：2 的腐蚀液中,于沸点(110℃)下腐蚀数分钟清洗干燥后,在金相显微镜下观察畴结构,发现晶体的负端有三角形腐蚀丘,而正端腐蚀较轻,证明晶体极化完全。

3. 性能

(1)晶体的透过率。用可见光度计与红外分光光度计测量 LiTaO₃,晶体通光长度为10mm,在 0.45～1.0μm 波长范围内,晶体的透过率基本不变,可达 77%左右(未扣除反射损失),若考虑晶体前后两表面的反射,LiTaO₃ 晶体的实际透过率可达 98%。

（2）晶体的双折射梯度。LiTaO$_3$晶体的双折射梯度均在 $10^{-5}\,cm^{-1}$ 数量级，光学均匀性很高，完全能够满足集成光学和非线性光学器件的要求，见表 9 - 42。

表 9 - 42　LiTaO$_3$晶体双折射梯度

性能	最佳值/cm^{-1}	最差值/cm^{-1}
$\Delta(n_e-n_0)/\Delta z$ 在面扫描 x	2.5×10^{-6}	9.2×10^{-5}
$\Delta(n_e-n_0)/\Delta z$ 在面扫描 y	1.3×10^{-5}	6.8×10^{-4}

4．LiTaO$_3$在集成光学中的应用

在 LiTaO$_3$晶片上液相外延生长 LiNbO$_3$单晶薄膜，是优良的低损耗光波导基片材料，并且可以进行调制。液相外延光波导基片的要求是：①波导基片材料与膜的材料同构；②膜的折射率大于基片的折射率。LiTaO$_3$单晶和 LiNbO$_3$单晶属三方晶系，3m 点群，具有相同的结构类型。在 632.8nm 光波长下 LiTaO$_3$ 和 LiNbO$_3$单晶的光折射率分别为 n_0(LiNbO$_3$)=2.286，n_e(LiNbO$_3$)=2.200，n_0(LiTaO$_3$)=2.176，n_e(LiTaO$_3$)=2.186，符合 $n_{膜}>n_{基片}$ 的条件。因此，在 LiTaO$_3$晶体基片上外延 LiNbO$_3$单晶薄膜，可以制作光波导基片。

将 LiTaO$_3$晶体按 c 面切割，基片尺寸为 $3.5mm\times10mm\times2mm$($x\times y\times z$)，表面抛光。以 Li$_2$O－V$_2$O$_5$ 作为助熔剂液相外延 LiNbO$_3$单晶薄膜，膜材料的成分配比为：LiTaO$_3$50%（摩尔分数），V$_2$O$_5$40%（摩尔分数），Nb$_2$O$_5$10%（摩尔分数）。将上述助熔剂、熔剂于 900℃混合均匀进行热炼，然后将温度升至 1 180℃恒温 10h，再以 50℃/h 的速率降温至 900℃，再恒温 2h。此时将 LiTaO$_3$基片下降到溶液中沾片，膜的厚度由沾片时间来控制。本实验沾片时间为 10min，得到的外延 LiNbO$_3$单晶膜呈无色透明。

对 LiTaO$_3$基片外延的 LiNbO$_3$薄膜进行 X 射线衍射分析，由 Bragg 公式 $2d\sin\theta=n\lambda$（$n=1,2,3\cdots$）（式中，d 为晶面间距；λ 为 X 射线波长；θ 为衍射角）。由于膜与基片的材料不同，d 值不相等，因此二者的 θ 角也不完全相等。当外延膜很薄时，衍射峰表现为膜与基片衍射峰的叠加；当外延膜达到一定厚度时，衍射峰位置完全由膜来决定。

图 9 - 80 所示为 LiTaO$_3$基片和 LiNbO$_3$外延膜的 X 射线衍射图，图 9 - 80（a）所示的

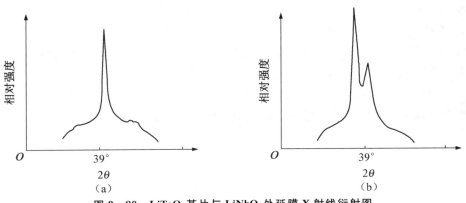

图 9 - 80　LiTaO$_3$基片与 LiNbO$_3$外延膜 X 射线衍射图

$LiTaO_3$ 基片衍射峰位于 $39°40'$ 附近,而图 $9-80(b)$ 所示的外延膜的衍射峰位于 $39°20'$ 附近,与晶体 c 面的 2θ 角数值符合,说明外延膜是单晶膜。

用对称耦合棱镜观察 m 线,是鉴别光波导是否形成的有效方法。对 $LiTaO_3$ 基片外延 $LiNbO_3$ 单晶膜分别进行了激光激励和膜式观察实验,在 $He—Ne$ 激光照射下,观察到不同的 m 线。

5. 效果

采用硅钼棒作加热体,从熔体中用提拉法生长 $LiTaO_3$ 单晶。由于采用最佳生长工艺,生长出质量优良的 $LiTaO_3$ 晶体。经光学性能、声表面波和压电性能测试,说明 $LiTaO_3$ 晶体性能优良。在 $LiTaO_3$ 基片上外延 $LiNbO_3$ 单晶膜,制成了优良的光波导基片。

9.3.3.4   掺铁钽酸锂晶体

1. 简介

在 $LiTaO_3$ 晶体中掺进铁离子生长的 $Fe:LiTaO_3$ 晶体,大幅度提高了晶体的光折变性能。在高密度大容量全息信息存储的应用中,光折变性能是一项至关重要的技术指标。在光折变敏感杂质离子中,Fe^{2+}/Fe^{3+} 是研究最多、应用最广、效果最好的掺杂离子,所以选择 Fe^{2+}/Fe^{3+} 作为增强 $LiTaO_3$ 晶体光折变效应的杂质离子。

2. 晶体生长

(1) 原料配比及晶体生长。采用纯度皆为 99.99% 的 Li_2CO_3、Ta_2O_5 和 Fe_2O_3 作原料,原料配比见表 $9-43$。用提拉法技术分别生长 0.02%(摩尔分数)$Fe:LT$;0.05%(摩尔分数)$Fe:LT$;0.08%(摩尔分数)$Fe:LT$ 和 LT 晶体,生长炉的轴向温度梯度液面上为 35℃/cm,液面下为 15℃/cm,温场均匀对称,晶体生长速度为 1.5mm/h,晶体旋转速度为 $10\sim15r/min$,生长晶体的尺寸为 $\phi 40mm$。

(2) 晶体的后处理。$LiTaO_3$ 为铁电体,存在自发极化,由于自发极化的方向不同,在晶体中形成一个个的"畴区",刚生长出的 $LiTaO_3$ 晶体就是这样多畴的晶体。当光通过多畴晶体时,在畴壁处发生散射,影响晶体的光学性能,所以生长出的晶体必须进行人工极化,使多畴晶体变为单畴晶体。钽酸锂晶体的极化温度为 $600\sim700℃$,极化后的晶体切块成 $10mm\times3mm\times10mm$。

3. 性能

(1) $Fe:LiTaO_3$ 晶体的晶格常数。采用 $D/max-rB$ 型旋转阳极 X 射线衍射仪对晶体粉末进行物相分析,并测算晶体的晶格常数。测试条件:铜靶,波长为 1.540 5Å($1Å=10^{-10}m$);管电压和管电流分别为 40kV 和 50mA。根据 X 射线粉末衍射测出的数据,在计算机上用最小二乘法计算晶体的晶格常数,所得结果列于表 $9-44$ 中。

<table>
表 9 - 43　Fe：LT 晶体的成分

晶　体	n_{Li}/n_{Ta}	Fe_2O_3/%（摩尔）
LT(0)	0.951	0
Fe：LT(Ⅰ)	0.951	0.02
Fe：LT(Ⅱ)	0.951	0.05
Fe：LT(Ⅲ)	0.951	0.08
</table>

<table>
表 9 - 44　晶体的晶格常数

晶　体	a/Å	c/Å
$LT_3(0)$	5.155 0	13.784 0
Fe：LT(Ⅰ)	5.157 6	13.787 2
Fe：LT(Ⅱ)	5.159 3	13.790 8
Fe：LT(Ⅲ)	5.160 5	13.791 7
</table>

从表 9 - 44 列出的掺铁钽酸锂晶体晶格常数可以看出，随着掺铁量的增加，钽酸锂的 a 和 c 都会有所增加。那是因为掺杂的 Fe 离子取代 Ta_{Li}^{4+}，占据 Li 位，形成 Fe_{Li}^{2+} 缺陷，原位于 Li 位的 Ta^{5+} 被掺杂离子取代后，将进入 V_{Ta}^{5-} 空位，即

$$Fe^{3+} + Ta_{Li}^{4+} + V_{Ta}^{5-} \rightarrow Fe_{Li}^{2+} + Ta_{Ta} \tag{9-40}$$

此时晶体内空位缺陷 V_{Ta}^5 浓度减小，因此晶格常数 a、c 增大。

（2）晶体的红外光谱。采用 Spectrum Ⅰ 型红外光谱仪在室温下测量晶体的红外光谱，结果如图 9 - 81 所示。

（3）晶体的紫外吸收光谱。利用 CARY UV－Visble Spectrophotometer 紫外—可见光分光度计在室温下测量晶体的吸收光谱，测试范围为 190～1 100nm，步长为 1nm，扫描速率为 600nm/min，平均时间为 0.1s，结果如图 9 - 82 所示。

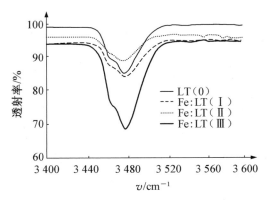

图 9 - 81　Fe：$LiTaO_3$ 晶体红外光谱

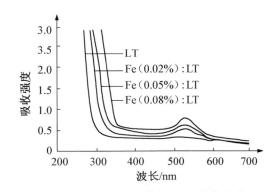

图 9 - 82　Fe 掺杂晶体 $LiTaO_3$ 吸收光谱

从图 9 - 82 所示可以看出，钽酸锂晶体的吸收边位置为 275nm（$d=20cm^{-1}$）。随着 Fe_2O_3 质量分数的增加吸收边向长波方向移动，即红移。吸收光谱中的吸收边位置与晶体中的本征缺陷浓度有直接的联系。当在 $LiTaO_3$ 晶体中掺入铁，在禁带产生了杂质能级，这个杂质能级更靠近导带底，并与 $LiTaO_3$ 晶体的本征缺陷能级接近。由于 $LiTaO_3$ 晶体的本征缺陷吸收与晶体的本征吸收边相距很近，掺入的铁离子取代正常格位上的 Li，又因 Fe^{2+}/Fe^{3+} 的极化能力均大于 Li^+，从而使得 O^{2-} 的极化程度增加，电子从 O^{2-} 的 $p\pi$ 轨道到 Ta^{5+} 的 $d\epsilon$ 轨道跃迁所需的能量会降低，杂质能级的引入使由价带顶到导带底的跃迁所需要能量减小，晶体的吸收边向长波方向产生移动，导致掺铁 $LiTaO_3$ 的吸收边相对纯 $LiTaO_3$ 发生红移。图 9 - 82 所示在 520nm 处的吸收峰是对应于 Fe^{2+} 的吸收。

（4）用二波耦合光路测试晶体的指数增益系数。采用 Ar^+ 激光作光源，波长 $\lambda = 488nm$，偏振方向在入射平面内，入射光束 I_{10} 与 I_{20} 的夹角为 2θ，晶片厚度为 1mm，泵浦光束直径为 3mm，信号光束直径为 1mm，晶片 y 面通光，泵浦光强为 $I_{10} = 1.84W/cm^2$，$I_{20} = 1.82W/cm^2$，信号光与泵浦光之比为 $\beta = I_{10}/I_{20}$。测试的光路图如图 9-83 所示。

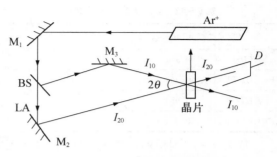

图 9-83　二波耦合光路图

利用图 9-83 的二波耦合光路测试 Fe：$LiTaO_3$ 晶体的指数增益系数 Γ，测试数值列于表 9-45 中。

表 9-45　晶体的二波耦合实验结果

晶　体	λ/nm	d/mm	Γ/cm^{-1}	$2\theta/(°)$	N_{eff}/cm^{-3}
Fe：LT（Ⅰ）	488	1.41	28.8	28.6	1.9×10^{15}
Fe：LT（Ⅱ）	488	1.38	36.4	31.0	2.2×10^{15}
Fe：LT（Ⅲ）	488	1.41	39.1	34.0	2.6×10^{15}

（5）晶体的有效载流子浓度 N_{eff}。有效载流子浓度 N_{eff} 说明掺杂离子对晶体光折变性能的影响，代表 N_D 施主浓度和 N_A 陷阱浓度的综合作用结果。N_{eff} 数值大，表明晶体的光折变性能好。

从表 9-45 可以看出，$LiTaO_3$ 晶体随着铁掺杂量的增大，其指数增益系数增大，有效载流子浓度也增大，光折变性能越好。

4. 效果

采用提拉法生长出不同掺铁量的钽酸锂晶体，测算了晶体的晶格常数、红外吸收光谱和紫外吸收光谱。研究发现，$LiTaO_3$ 晶体吸收峰的位置在 $3\,477cm^{-1}$，掺铁后红外吸收光谱的位置基本没有变，Fe：$LiTaO_3$ 晶体的吸收边位置随着晶体原料中掺铁的增大而向长波的方向移动，并在 520nm 处有一吸收峰，那是对 Fe^{2+} 的吸收。采用二波耦合光路测试晶体的指数增益系数和有效载流子浓度，Fe：$LiTaO_3$ 晶体的增益系数随着掺铁量的增大而增大，其有效载流子浓度也增大，所以掺铁后的 $LiTaO_3$ 晶体的光折变性能优于未掺杂的 $LiTaO_3$ 晶体。

9.3.3.5　溶胶—凝胶法制备钽酸锂薄膜

1. 简介

用溶胶—凝胶法在不同衬底上制备新的钽酸锂薄膜，研究环氧树脂掺杂、甩胶转速、衬底效应、热处理温度和气氛等薄膜制备工艺条件对薄膜晶向、表面形貌和介电特性的影响。结果表明：当溶胶浓度为 0.1mol/L，转速为 3 000r/min 时，能制备出均匀、平整、无裂纹的薄膜；控制掺杂环氧树脂在 5%（质量分数）左右，能提高薄膜与衬底的黏附性；薄膜在氧气氛下结晶退火，比在氮气氛下具有更小的介质损耗；N 型 Si、P 型 Si 和 SiO_2 衬底上钽酸锂薄膜在[012]晶向上具有择优取向性,而 Pt 衬底上钽酸锂薄膜在[110]、[116]晶向上具有择优取向性。

2. 制备工艺

(1) 溶胶配制。准确称取一定量 99.998% 的金属锂,用乙二醇单甲醚(EGME)作为溶剂,在温度约为 50℃条件下将金属锂全部溶解,得到乙醇锂。在上述溶液中准确加入适量乙醇钽[Ta(OC₂H₅)₅,99.996%],用旋转蒸发仪加热回流约 1h,再蒸发除去反应副产物(乙醇),在超声设备中 60℃加热、超声搅拌 30min,过滤除去颗粒物,最后加入适量乙二醇单甲醚调整溶胶浓度,得到 0.4mol/L 的淡黄色 LiTaO₃ 溶胶。另外,用相同配制工艺,其他条件不变,用醋酸锂取代乙醇锂配制了另一种 LiTaO₃ 溶胶。

(2) 薄膜制备。根据实验需要,将上述方法配制的 LiTaO₃ 溶胶用乙二醇单甲醚稀释成浓度为 0.1mol/L,在台式匀胶机 KW—4A 上旋转涂敷于 Pt/Ti/SiO₂/Si 衬底形成湿膜。匀胶条件为:300～500r/min,8～20s;甩胶条件为:3 000～5 000r/min,45～60s。将得到的湿膜置于快速热处理炉(RTP—300)中,在氧气氛中(O₂ 流量:1.5～2.5L/min)使薄膜干燥、有机物热解和结晶。退火条件分别是:180℃,4min;420℃,4min 和 700℃,3min。采用多次重复涂膜的方法,直到制备的薄膜达到所需厚度,得到 LiTaO₃ 薄膜样品 A。按照上述相同工艺条件和材料制备 LiTaO₃ 湿膜,热退火气氛由氧气改变为氮气,用同样的热处理设备制得对比用的 LiTaO₃ 薄膜样品 B。为了和样品 A 比较,用相同的溶胶—凝胶工艺和材料制备 LiTaO₃ 湿膜,热退火气氛与氧气气氛相同,将样品 A 的每一层薄膜直接结晶退火改变为对奇数层膜进行焦化退火(420℃,4min),对偶数层膜进行结晶退火(700℃,3min),交替完成多层薄膜制备,得到 LiTaO₃ 薄膜样品 C。

(3) LiTaO₃ 薄膜溶胶—凝胶法制备工艺的优化。根据以上对比实验,LiTaO₃ 薄膜溶胶—凝胶法制备工艺的优化条件为:以高纯度的乙醇锂和乙醇钽为起始原料,以乙二醇单甲醚(EGME)为溶剂配制 LiTaO₃ 溶胶是可行的;在 LiTaO₃ 溶胶中加入的环氧树脂有助于增加溶胶与衬底之间的黏附性,但要控制环氧树脂加入量小于 5%。实验表明,LiTaO₃ 薄膜结晶退火的最佳温度为 650～700℃,退火气氛氧气优于氮气,并且保证氧气流量不小于 1.5L/min;最好制备一层 LiTaO₃ 湿膜就立即进行高温结晶退火,有助于薄膜成核结晶。只有匹配的甩胶速度和溶胶浓度才有利于薄膜的均匀性。另外根据实验需要,选择衬底必须考虑能否耐受超过 650℃及以上高温氧化,制备 LiTaO₃ 薄膜之前需要先对衬底做抗高温实验,通过实验的衬底才能使用。

3. 性能与效果

用溶胶—凝胶法在多种衬底上制备新的 LiTaO₃ 薄膜,比较了 N 型硅、P 型硅、SiO₂ 和 Pt 四种衬底对制备 LiTaO₃ 薄膜的影响,发现溶胶—凝胶法在以上衬底上只能制备多晶薄膜,在 Pt 衬底上生长的 LiTaO₃ 薄膜在[110]和[116]晶向上有强烈的择优取向性。在 LiTaO₃ 溶胶中加入环氧树脂有助于增加溶胶与衬底之间的黏附性,但环氧树脂加入量不能大于 5%(质量分数)。甩胶速度与溶胶浓度有关,只有两者匹配才能使薄膜的均匀性得到有效控制。退火温度、退火方式和退火气氛对薄膜制备的质量有很大影响。实验表明,LiTaO₃ 薄膜结晶退火的最佳温度为 650～700℃,退火气氛氧气优于氮气,氧气流量不小于 1.5L/min，最好在每制备一层 $LiTaO_3$ 湿膜后立即进行高温结晶退火，有助于制备高性能 $LiTaO_3$ 薄膜。

9.3.4　硫酸三甘肽晶体与薄膜

9.3.4.1　简介

硫酸三甘肽（Tri Glycine Sulfate，TGS）是性能优良的热释电单晶材料，它具有热释电系数高、介电常数小以及易于从水溶液中生长出高光学质量的大晶体、能在室温下使用等特点。用 TGS 单晶体制成的红外热释电探测器已在空间探测、通信卫星以及各种现代分析仪器上使用。

TGS 晶体的铁电现象是由 Mattias 等人在 1956 年发现的，Hoshino 等人测定了它的晶体结构。作为热释电材料，TGS 晶体存在着两个缺点：①居里温度低；②易于退极化。向 TGS 中掺入某些化合物，可以使这些不足得到改善，也可以提高其热释电系数。到目前为止，已研究了 ATGS、DTGS、TGSe 等一系列对 TGS 掺杂或取代后生长出来的新热释电材料。

9.3.4.2　碲酸取代的硫酸三甘肽单晶

1.简介

采用碲酸部分取代 TGS 晶体中的硫酸，首次生长出 TGSTE 晶体，并测定了它们的热释电和铁电性能。

2.晶体生长

将甘氨酸、硫酸和碲酸按化学计量摩尔比 $3：1-x：x(x=0.2\sim0.6)$ 在无离子水溶液中配制育晶液，反应方程式如下

$$3NH_2CH_2COOH+(1-x)H_2SO_4+xH_6TeO_6$$
$$=\!=\!=(NH_2CH_2COOH)_3 \cdot (1-x)H_2SO_4 \cdot xH_6TeO_6(x=0.2\sim0.6) \qquad (9-41)$$

采用降温法生长晶体，生长装置如图 9-84 所示。溶液的 pH 控制在 2.0~2.9 之间，生长温区为 45~35℃，每天降温速度控制在 0.05~0.5℃，生长 20 天，可以得到 25mm×30mm×10mm 大尺寸单晶体。

TGSTE 晶体的形貌与纯 TGS 晶体相比有较大变化，TGSTE 晶体的各方向生长速度 $b>a>c$，(010)面消失，呈现出(100)面，如图 9-85 所示。

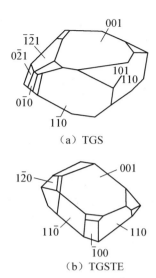

（a）TGS

（b）TGSTE

图 9-85　TGS 和 TGSTE 单晶体形貌图

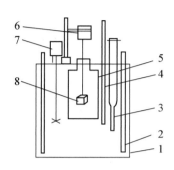

图 9-84　单晶生长装置图

1-生长槽；2-加热器；3-控温器；4-温度计；5-育晶瓶；6、7-电机；8-单晶

3．性能

（1）元素分析。TGSTE 晶体中碲元素的含量用等离子体发射光谱仪（ICAP）进行了测定，结果列入表 9-46。

在四圆衍射仪上收集测定了 TGSTE 晶体的晶胞参数，结果见表 9-47。同纯 TGS 晶体相比，TGSTE 晶体的晶胞参数有些变化，这一事实与宏观晶体形貌上变化相吻合。

表 9-46　TGSTE 晶体中碲元素分析

晶体	溶液中 H_6TeO_6/%（摩尔）	晶体中的磷/%（质量）	晶体中 H_6TeO_4/%（摩尔）
TGSTE	40	1.33×10^{-8}	1.04×10^{-4}

表 9-47　TGSTE 和 TGS 晶体的晶胞参数

晶体	a/Å	b/Å	c/Å	β/(°)
TGS	9.190 6	12.662 3	5.751 7	105.697
TGSTE	9.196 5	12.639 3	5.728 1	105.537 4

（2）电学性能。测试 TGSTE 晶体的铁电和热释电性能，其电滞回线在 TRC-1 型准静态电滞回线仪上测试，测试条件为：频率 $50s^{-1}$，电压 300V。TGSTE 晶体的矫顽场（E_a）低于 TGS 晶体，为 171.9V/cm，内偏置场（E_b）为 57.9V/cm；TGS 晶体的矫顽场（E_a）在相同条件下为 192.26V/cm，内偏置场（E_b）为零，如图 9-86 所示和表 9-48 所列。

表 9 - 48　TGSTE 晶体的铁电、热释电性能（25℃）

晶体	$E_a/(V/cm)$	$E_b/(V/cm)$	$T_c/℃$	ε_r	$\tan\delta$	$p/\times10^{-5}$ $(C \cdot K^{-1} \cdot cm^{-2})$	$(p/\varepsilon_r)/\times10^{-7}$ $(C \cdot K^{-1} \cdot cm^{-2})$
TGS	192.26	0	50.4	23.92	$1.45\times10^{-2}\sim$ 2.36×10^{-2}	3.42	1.43
TGSTE	171.90	57.9	50.4	27.97	2.84×10^{-2}	4.53	1.62

在室温下，采用智能化热释电仪和常州 CO－2 型电桥分别测定该晶体的热释电系数（p）、相对介电常数（ε_r）、居里温度（T_c）、介电损耗（$\tan\delta$）和优值比（p/ε_r）。测试样品垂直 b 方向切片，垂直于极化方向的面积为 6mm×6mm，样品厚度为 1mm，样品表面上镀 99.99% 的高纯金膜作电极。

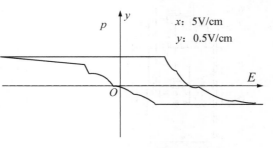

图 9 - 86　TGSTE 晶体的电滞迴线图

从表 9 - 48 可以看出，TGSTE 和 TGS 晶体的居里温度相同，而 TGSTE 的介电损耗和热释电系数均比 TGS 晶体高，其中介电常数提高约 16%，热释电系数提高约 32%，导致优值比（p/ε_r）提高约 14%。

在 25～40℃ 范围内，测定了 TGSTE 晶体的热释电系数随温度的变化关系，结果如图 9 - 87 所示。TGSTE 晶体的热释电系数曲线总是在 TGS 晶体曲线的上方，但是其曲线的斜率变化明显要快于 TGS 晶体。

另外，TGSTE 晶体的介电损耗比 TGS 高，这表明介电损耗的变化同外界杂质的引入、引入的杂质含量以及晶体本身的生长质量都有很大关系。

4. 效果

在纯 TGS 晶体中掺入定量的碲酸，使 TGSTE 晶体的微观结构与宏观晶体形貌相应有所变化。TGSTE 晶体的热释电系数比 TGS 提高 32%，而介电常数仅提高约 16%，以致 TGSTE 的优值比比纯 TGS 提高 14%。在 25～40℃ 范围内，TGSTE 晶体热释电系数和优值比（p/ε_r）随温度 T 变化的曲线均在 TGS 晶体的上方，如图 9 - 88 所示。

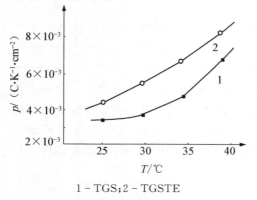

1 - TGS；2 - TGSTE

图 9 - 87　TGSTE 和 TGS 晶体的 p－T 曲线图

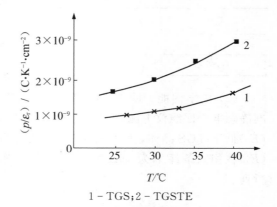

1 - TGS；2 - TGSTE

图 9 - 88　TGSTE 和 TGS 晶体的 p/ε_r－T 的曲线图

另外,TGSTE 晶体的矫顽场值小于 TGS,说明 TGSTE 晶体比 TGS 易极化;内偏置场值大于 TGS,说明 TGSTE 晶体比 TGS 更不易退极化。

9.3.4.3　稀土掺杂硫酸三甘肽

1.简介

硫酸三甘肽$(NH_2CH_2COOH)_3 \cdot H_2SO_4$(TGS)晶体具有优良的热释电性能和高的热释电灵敏度,在军事装备、航天望远镜、地球观测摄像、环境监控、入侵和火灾报警等领域中广泛用于热释电探测器及热释电摄像管。

但 TGS 晶体存在脆性大、易退极化、生长周期长等缺点。因此,自 1956 年发现该晶体以来,人们较集中地进行了晶体生长工艺、掺杂等研究。TGS 晶体一般采用降温法生长,晶体生长的降温区间由 49℃降至 35℃。

2.晶体生长

晶体生长采用硫酸溶解稀土氧化物,稀释成一定浓度与化学计量比的甘氨酸、硫酸混匀,调整 pH 在适宜的范围内,在 19±0.5℃恒温,自发成核生长透明、晶形完整的 TGS：Re(Re：La→Lu,Y)晶体。

3.性能与效果

晶体均略呈稀土离子特征颜色,掺 La^{3+}、Tb^{3+}、Gd^{3+}、Eu^{3+}、Yb^{3+}、Dy^{3+}、Y^{3+} 等离子的晶体为无色透明,而掺 Pr^{3+}(草绿色)、Sm^{3+}(淡黄)、Nd^{3+}(玫瑰色)、Er^{3+}(淡粉)、Ho^{3+}(淡黄)等,宏观外貌与 TGS 晶体相似,掺轻稀土离子 La→Gd 较容易得到晶体,但掺重稀土离子 Tb^{3+}→Ln^{3+}、Y^{3+} 难析晶,晶体线度均较小。

晶体主要缺陷是螺旋位错和包裹体。包裹体是源于母液中杂质。散包裹体的数目常常取决于晶体生长过程中饱和溶液的稳定性。晶体生长面出现的螺旋位错起源于包裹体的生长条纹,位错消光表面垂直于$\{110\}$面,位错开始阶段的生长一般是在垂直生长面。

掺杂稀土离子 TGS 晶体结构分析表明与纯 TGS 晶体相同,属单斜晶系,极化方向为二次轴的方向。但掺稀土的 TGS 晶体最强衍射峰 d 值有不同程度的位移,说明稀土离子进入晶格后,使结构产生畸化。晶体的红外光谱印证了上述分析,均可以观察到 —NH_3^+、—OH^-(—OOOH 中)、—CH_2 和 C＝O 基的对称和反对称的伸缩振动,以及 —NH_2、—NH_3^+ 对称和反称的弯曲振动和 SO_4^{2-} 基团的振动。

室温下测定 TGS：Re 晶体的荧光发射,在 TGS 晶体中观察到 Eu^{3+} 的 $^5D_0 \rightarrow {}^7F_2$ 跃迁 617nm 荧光发射最强,Tb^{3+} 的 $^5D_4 \rightarrow {}^7F_5$ 跃迁 545nm 荧光最强。这些晶体有可能成为好的红色、绿色发光材料。

9.4　有机铁电材料——聚偏二氟乙烯红外探测材料

9.4.1　简介

9.4.1.1　PVDF 的结构

聚偏二氟乙烯(PVDF)是一种半结晶性的聚合物,由重复单元为 $\in$(CH7－CF2)的长链分子构成,同一条分子链可穿过几个结晶和非晶区,相应于 2 000 个重复单元或 $0.5\mu m$ 伸直长度。PVDF 的相对分子质量约为 10^5,结晶度在 50% 左右,非结晶相具有过冷液体的特性,其玻璃化温度 T_g 为 $-35℃$。

已知 PVDF 至少有 5 种晶型。晶型的生成取决于加工制膜的条件,在一定条件(如拉伸等处理方法)下,这些晶型之间可相互转化。最常见的晶型有三种:β 型(Ⅰ)、α 型(Ⅱ)及 γ 型(Ⅲ)。β 型晶体结构如图 9－89(a)所示,晶体的每个晶胞中有两条分子链,分子链取 TT 构像(平面锯齿状),CF:偶极子朝同一方向,分子链 b6 轴方向相互平行排列,因而具有大的自发极化。每个单体偶极矩为 7.0×10^{-30}C·m 或 2.1D,自发极化强度 P_U 为 $130mC/m^2$。α 型晶体结构如图 9－89(b)所示,每个晶胞也含有两条分子链,链构像为略微扭曲的 $TGTG'$。这种构像中 F 原子间没有立体应变,且 H、F 原子接触的应变最小,是已知各晶型中势能最低的。α 型晶体每个单体的平均偶极矩为 3.5×10^{-30}C·m,由于晶胞中两条分子链偶极方向相反,因而自发极化强度为 0,无压电性。γ 型晶体为斜方晶胞,每个晶胞中含有 4 条分子链,链构像为 T_3GT_3G'。

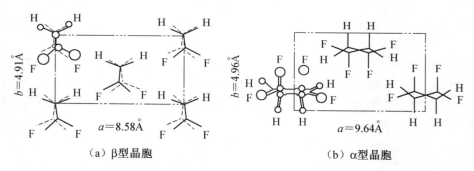

（a）β型晶胞　　　　　　　　　　　　　（b）α型晶胞

图 9－89　PVDF 的 β 型及 α 型晶体结构

9.4.1.2　PVDF 的性能

压电性是电介质的力学性质与电学性质的耦合,它严格建立在热力学基础之上,根据变量的不同,可表达为下面的 Maxwell 关系:

压电应变常数为

$$d = \left(\frac{\partial D}{\partial T}\right)_E = \left(\frac{\partial S}{\partial E}\right)_T \qquad (9-42)$$

压电应力常数为

$$e = \left(\frac{\partial D}{\partial S}\right)_E = \left(\frac{\partial T}{\partial E}\right)_S \tag{9-43}$$

压电电压常数为

$$g = \left(\frac{\partial E}{\partial T}\right)_D = \left(\frac{\partial S}{\partial D}\right)_T \tag{9-44}$$

压电劲度常数为

$$h = \left(\frac{\partial E}{\partial S}\right)_D = \left(\frac{\partial T}{\partial D}\right)_S \tag{9-45}$$

式中, D——电位移;

E——电场强度;

T——应力;

S——应变。

压电常数是二阶张量,因为坐标系反转可以改变符号,所以有对称中心的物质无压电性,非极性分子一般也不呈现压电性。各压电常数之间存在以下转换关系:

$$d = S^E e \qquad g = S^E h \qquad d = \varepsilon^T g \qquad e = \varepsilon^E h \tag{9-46}$$

式中, S^E——恒电顺系数;

ε^T——自由介电常数;

ε^E——受夹介电常数。

四种压电常数中 d 常数为常用。PVDF 的压电特性可用压电矩阵表示,对于非拉伸极化薄膜,其 d 常数矩阵为

$$d_{ij} = \begin{bmatrix} 0 & 0 & 0 & 0 & d_{15} & 0 \\ 0 & 0 & 0 & d_{24} & 0 & 0 \\ d_{31} & d_{31} & d_{33} & 0 & 0 & 0 \end{bmatrix} \tag{9-47}$$

若材料在单轴拉伸后极化,则压电矩阵为

$$d_{ij} = \begin{bmatrix} 0 & 0 & 0 & 0 & d_{15} & 0 \\ 0 & 0 & 0 & d_{24} & 0 & 0 \\ d_{31} & d_{32} & d_{33} & 0 & 0 & 0 \end{bmatrix} \tag{9-48}$$

在短路条件下, d 可表达为

$$d = \left(\frac{\partial D}{\partial T}\right)_\varepsilon = \left(\frac{\partial P}{\partial T}\right)_\varepsilon = \left(\frac{\partial (Q/A)}{\partial T}\right)_\varepsilon \tag{9-49}$$

式中, P——极化度;

Q——释放的电荷;

A——电极面积。

这一方程一般用于压电常数的实验测定。

机电耦合系数 K 是衡量压电材料电能与机械能之间相互耦合及转换能力的一个重要参数,它与 d 之间的关系为

$$K^2 = d^2 / \varepsilon^T S^E \tag{9-50}$$

PVDF 压电性的起源自它被发现起就是一个争论的话题。PVDF 属半结晶性聚合

物,片晶镶嵌在非晶相中,且两者具有不同的介电性和弹性。PVDF 的极化通常是在高温下施加高直流电场,并保持电场直至冷却。极化过程会引起电荷的注入(同号电荷)以及空间电荷离子的分离与偶极子取向(异号电荷)。若片晶由于偶极子而产生自发极化,则离子可在非晶相运动并被陷阱俘获在片晶表面上,因而陷阱的离子及残余偶极极化对压电性都有贡献。

一般认为,PVDF 的压电性可归因于以下两个机理:

(1) 尺寸效应。尺寸效应是假定偶极子为刚性,不随外加应力变化时,由膜厚变化所引起的压电性。膜厚度的减小会使膜表面的诱导电荷增加。

(2) 结晶相的本征压电性。结晶相的压电性由电致伸缩效应及剩余极化所决定。晶区和非晶相的介电常数具有不同的应变依赖性,材料处于极化状态时,由电致伸缩效应产生压电性。晶区的极化强度对应变具有依赖性,使晶区产生内部压电性。

9.4.1.3　PVDF 压电体

1. 极化

PVDF 是较高的结晶聚合物(结晶度可达 68%),它具有三种晶型:α 相(晶型Ⅱ)、β 相(晶型Ⅰ)和 γ 相,这三种晶型在一定条件下可相互转化。α 相具有螺线形分子结构,分子链呈 TGTG 形态,虽然在分子链中保持偶极,但单位晶格中两条分子链相互平行且方向相反,使偶极矩互相抵消,一般情况下不显示出压电性,如图 9 - 90(a)所示;β 相存在于取向的 PVDF 中,如把 α 相结构的薄膜在高温下拉伸就会形成平面锯齿状结构(晶型Ⅰ),属斜方晶系。在 β 相中,CF2 的偶极矩在分子链中成直角且朝向同一方向,单位晶格中分子链相互平行且方向相同,所以 β 相结晶会产生自发极化,如图 9 - 90(b)所示。

极化过程:经过取向的薄膜在高温下外加直流高电压就发生极化,再冷却到室温就可以得到薄膜两面具有相反电荷的驻极体,如图 9 - 91 所示。

引起压电效应可用偶极子模型来说明。由于发生极化,PVDF 驻极体中偶极子朝向 x 方向,如图 9 - 92(a)所示;当把该膜向 z 方向拉伸,就会出现如图 9 - 92(b)所示那样,由此偶极子进一步朝 x 方向取向,结果驻极体薄膜的表面电荷发生变化而表现出压电效应。

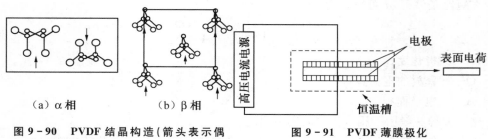

图 9 - 90　PVDF 结晶构造(箭头表示偶　　　　　图 9 - 91　PVDF 薄膜极化
　　　　　　极子 O：FO、H)

热电效应也可以用偶极子模型来解释。当驻极体膜温度发生变化时,随着其温度变化,热振荡的振幅也改变,如图 9 - 93 所示。偶极子模型的 x 成分随热振荡而减少,与此相应驻极体表面的电荷也跟着变化而呈现出热电效应。

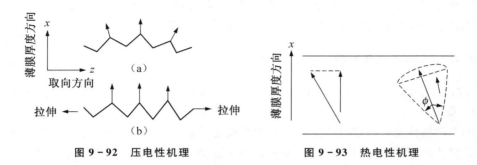

图 9 - 92　压电性机理　　　　图 9 - 93　热电性机理

2. PVDF 压电体的制备工艺

PVDF 压电体的制备大致分如下几个步骤：

（1）PVDF 树脂的合成。可用常规的聚合工艺合成 PVDF 树脂，合成的树脂规整性越高，压电效应越佳。聚合中引发剂种类对规整性的影响较少，降低聚合温度有利于获得规整性高的树脂。用 K2S708、IPP 合成头—头结构约为 3％ 的 PVDF 树脂。

（2）PVDF 薄膜的制作。薄膜可用热压法或流延法制成。流延法过程如下：用二甲基甲酰胺作溶剂溶解 PVDF 树脂成溶液，然后经过除气、过滤去掉溶液中的气泡和杂质，在室温下将溶液流延在抛光的玻璃板上，用刮刀刮平，然后放进 150℃ 烘箱中干燥 10min，再放入 180℃ 的烘箱中烘烤 5min，取出放入水中（室温）骤冷，从板上可拉下无气泡的透明薄膜。

（3）定向拉伸。拉伸的一般工艺参数为：温度为 120℃ 左右，速度为 20mm/min，单轴拉伸 4～5 倍，可得到主要是 β 相的薄膜。从压电机理看，PVDF 的 β 相越多，其压电性越高，所以定向拉伸是制得高压电膜的关键。

（4）上电极极化。将定向后的薄膜在高的直流电场下极化，温度为 80～100℃，极化强度为 500kV/cm，极化时间为 30～60min，即可得到压电性薄膜。

3. PVDF 压电材料的性能

几种材料的性能比较见表 9 - 49。

表 9 - 49　压电材料的性能

材料	相对介电常数	压电常数		电机耦合系数 K_{33}	密度/$(g \cdot cm^{-3})$	声阻抗/$[10^6 kg/(m^2 \cdot S)]$
		$d_{31}/(10^{-12}C \cdot N^{-1})$	$g_{31}/(10^{-3}V \cdot m \cdot M^{-1})$			
PVDF	13	20	174	0.1	1.78	2.7
PVF	5	1	20	—	1.38	—
PZT 陶瓷	1 200	110	11	0.31	7.5	25
BaTiO$_3$	1 700	78	5	0.21	5.7	25
水晶	4.5	2	50	0.09	2.65	15.1

从表 9 - 49 中可见，PVDF 可和 PZT 陶瓷相匹敌，PVDF 的压电常数小于 PZT 一个

数量级,介电常数却小于 PZT 两个数量级,因而压电电场输出反而大于 PZT 一个数量级。另外,PVDF 声阻抗小,机械共振敏锐度大,可得到短脉冲振荡,加上 PVDF 可挠性大,可制成薄而面积大的压电体,显示出比其他材料更优异的特性。

9.4.2　PVDF 铁电薄膜

9.4.2.1　溶液法制备 PVDF 薄膜

1. 简介

PVDF 是目前唯一获得广泛应用的柔性铁电材料。它与无机氧化物铁电薄膜相比,具有柔韧性好、化学性能稳定、热导率及介电常数低、易于低温制备等优点。同时,PVDF 作为一种极佳的功能材料,又具有良好的介电、压电、铁电、热释电特性,成为较早获得应用的有机功能材料,被成功应用于水声探测、压电传感和红外成像等军事、生物医学传感器领域。

作为一种链状半晶态多晶形的铁电聚合物,PVDF 的晶型结构十分复杂,至少可以包括五种结晶状态,其中压电性能最好的是具有净电偶极矩的 β 相,对应 C－F 键的 TT(平面锯齿形)有序排列,而对应 C－F 键的 TTG/TTG 构型的 γ 相也具有一定的压电性。但是,一般情况下 PVDF 常以非极性的 d 相形式存在,β 相和 γ 相 PVDF 均不能自然形成。因而,如何提高 PVDF 中压电相的含量,是 PVDF 材料制备的关键问题。目前,在多种 PVDF 压电薄膜制备方法中,单轴拉伸法是最常用的方法。然而在单轴拉伸过程中,在晶区中引入了大量的缺陷,破坏偶极子的规则排列,从而限制了薄膜性能提高。

溶液结晶法可直接在从溶液中结晶得到高 β 相含量的 PVDF。其工艺简单易行,具有很高的实用性,受到研究者们的重视。但是,有关溶液结晶法制备 PVDF 的研究中,还存在许多争议,甚至在一些基本的问题认识上,如有关结晶热处理温度条件、溶液结晶形态及极性溶剂对结晶行为影响等尚未明确。因此,进一步开展 PVDF 铁电聚合物薄膜溶液法制备的研究是很有必要的。基于此,采用溶液流延法制备 β 相 PVDF 铁电聚合物薄膜,着重研究了热处理温度和不同溶剂对薄膜结晶行为的影响,探讨了溶液法制备高 β 相含量的 PVDF 薄膜的工艺条件。

2. 制备方法

(1)原料。PVDF 树脂粉末:PR904,上海三爱富新材料有限公司生产;N,N－二甲基甲酰胺(DMF),分析纯,国药集团化学试剂有限公司生产;N,N－二甲基乙酰胺(DMAc),分析纯,国药集团化学试剂有限公司生产;二甲基亚砜(DMSo),分析纯,国药集团化学试剂有限公司生产。

(2)溶液配制。将 PVDF 粉末溶于溶剂中,制成 10%(按质量百分比)的溶液,在60℃温度下超声处理得到 PVDF 溶液,然后溶液在真空下脱气 15min,以提高成膜的致密度。

(3)薄膜制备。将制得的 PVDF 溶液滴在干净干燥的单晶硅片上,静置于水平台上30min,使溶液在张力作用下流延至硅片边缘,得到均匀的初始膜样。将初始薄膜置于烘箱中加热 1h,加热条件见表 9-50。其目的是为了使薄膜中的溶剂挥发和薄膜等温结晶。

然后,为了确保溶剂被完全挥发,提高薄膜的结晶度,将热处理后的薄膜经 120℃退火36h,得到最后的样品。为比较不同晶型的 PVDF,可将初始薄膜在 200℃熔融 10min 后随炉缓慢冷却至室温,得到晶型为 α 相的 1♯PVDF 样品。

表 9 - 50　制备工艺条件

编号	溶液	结晶温度/℃	热处理条件
1	DMF	—	120℃/36h
2	DMF	25	不进行热处理
3	DMF	60～120	120℃/36h
4	DMF	150	120℃/36h
5	DMAc	60～120	120℃/36h
6	MDSo	60～120	120℃/36h

3. 性能

溶剂对结晶度和 β 相相对含量的影响见表 9 - 51。比较 DMF、DMSo 和 DMAc 三种溶剂的溶度参数和极性分数,DMSo 的溶度参数与 PVDF 的最为接近,而且极性最大,因此 PVDF 在 DMSo 中的溶解能力最强,高分子线团尺寸大,穿透和缠结程度也较大,结果使得结晶度下降,晶片尺寸减小,晶区中有较多的 β 晶相形成。PVDF 在 DMAc 中溶解能力小,线团尺寸最小,穿透和缠结程度必然要小一些,链单元的有序堆砌程度较高,因而所制备的薄膜结晶度和 α 相的含量最高。DMF 对 PVDF 的溶解能力介于二者之间,所以制备的薄膜既具有较高的结晶度,又有较高的 β 晶相的含量。

表 9 - 51　溶剂对结晶度和 β 相相对含量的影响

编　号	结晶度/%	β 相含量
♯3:DMF	43.13	81
♯5:DMAc	44.81	53.5
♯6:DMSo	31.42	＞90

4. 效果

采用溶液流延法制备 β 相 PVDF 铁电聚合物薄膜,通过对不同热处理温度条件和不同溶剂得到的薄膜样品的晶型结构分析,得到如下结论:

(1) β 型 PVDF 薄膜可在低温(60～120℃)下经过基片的热诱导得到,在室温下聚合物几乎不结晶,而在较高结晶温度下,则主要形成以 γ 相为主的晶型结构。

(2) 溶剂性能对 PVDF 薄膜的结晶能力和晶相结构的形成有很大的影响,采用对 PVDF 溶解能力最强的 DMSo 作为溶剂时,受到缠结效应的影响,虽然所制样品 β 晶相含量最高,但结晶能力很差;采用溶解能力最弱的 DMAc 作为溶剂时,结晶度虽然有所提高,但 β 晶相含量却明显降低;只有采用溶解能力介于二者之间的 DMF,才能得到既有较高的结晶度又有较高 β 晶相含量的铁电聚合物薄膜。

9.4.2.2　PVDF 压电薄膜

1. PVDF 压电薄膜的制备方法

PVDF 压电薄膜的制备工艺包括以下几个步骤:成膜→拉伸→上电极→极化。

将 PVDF 粉料用熔体铸塑法、溶剂法或热压法制成厚度为 $40\sim130\mu m$ 的初始膜,在 $65\sim120℃$ 温度下进行单轴拉伸,拉伸比为 $3\sim5$,使材料晶区由 α 相转变为 β 相,再在 $130\sim150℃$ 下退火 0.5h,使拉伸时受到的损伤得到恢复,并消除内应力,防止薄膜收缩。将薄膜两面真空蒸镀铝电极,置于 $80\sim110℃$ 恒温场中,以 $500\sim800kV/cm$ 的极化电压极化 $0.5\sim1h$,缓冷至室温后撤去电场,即得到压电薄膜。PVDF 的极化还可采用电晕法,将薄膜单面蒸镀电极后进行电晕极化。

PVDF 薄膜的压电性受拉伸、极化和热处理等制备工艺的影响。大量的实验表明,主要的影响因素包括结晶度、β 相含量、分子取向度、偶极沿电场方向取向分布、极化电场强度、极化温度以及极化时间等。

PVDF 的压电性随 β 相含量的增加而增强,而拉伸是使 PVDF 由 α 相转变为 β 晶型的主要方法:拉伸一般在 $65\sim120℃$ 进行,随温度升高,β 相含量降低,高于 $130℃$ 时,只能得到 α 相取向而无 β 相产生。拉伸过程中,α—β 相转变是从薄膜的屈服点开始,且转变只发生在颈缩处。转变量在细颈延伸过程中逐渐增加。颈缩越明显,应力越大,则转变越完全,而拉伸温度和拉伸比等因素主要对拉伸应力产生影响。

极化是制备 PVDF 压电薄膜的关键工序之一,未经极化的 PVDF 膜几乎没有压电性。PVDF 的压电性随极化电场强度和极化温度的增加而增强,随极化时间的延长开始增强很快,但一定时间后达到饱和。目前所用极化方法主要有静电场热极化、电晕极化、等离子体极化及电子束极化等。极化过程中,膜结构主要发生三方面的变化,即偶极取向、晶型转变和电荷注入。对含有 β 相的 PVDF 膜施加电场时,膜中的偶极将沿电场方向取向。研究表明,偶极取向是以 60° 转向来实现的。极化电场去除后,一部分偶极取向瞬时消失,另一部分作为永久取向剩余下来,这后一部分对 PVDF 膜的压电性有着直接而非常重要的贡献。较高的极化电场还可导致 α→δ→β 相的转变,转变量随温度和电场的增加而增加。在不同的温度下有不同的临界转变电场,随温度的升高,临界电场有较大的降低。极化过程中,电荷注入会影响极化的效果。极化电场较低时,在阳极附近膜的压电性最大,这是因为 PVDF 电子亲和力强,电子从阴极侵入后向阳极运动,在阳极附近形成很大的电场,使该区域内的偶极子显著旋转而造成的。

2. PVDF 压电薄膜的性能

典型的 PVDF 压电薄膜的主要性能见表 9-52。与普通 PZT 压电陶瓷相比,PVDF 的压电应变常数(d 常数)较低,机电耦合系数也较小,但压电电压常数(g 常数)却是所有压电体中最高的,其"gd"积比 PZT 陶瓷高 3 倍,作为接收传感器时灵敏度很高。

表 9 - 52　PVDF 压电薄膜的主要性能

压电常数				相对介电常数	自发电极/(mC·m^{-2})	居里点/℃	耦合系数	声速(km·s^{-1})	密度(g·cm^{-3})
d_{31}/(pC·$^{-1}$N)	d_{33}/(pC·N^{-1})	g_{33}/(V·m·N^{-1})	c_{33}/(C·m^2)						
25	39	0.32	0.16	13	55	170	0.2	0.26	1.78

矫顽电场/(MV·m^{-1})	结晶度/%	弹性刚度常数/(10^{31}C·N·m^{-2})	声阻抗/(10^{6}kg·m^{-2}·S^{-1})	弹性柔顺系数/(10^{-12}s·m^2·N^{-1})	熔点/℃
45	50	0.025	2.7	330	158~197

PVDF 压电薄膜可以做得很薄,从几百微米到几十微米,任一种厚度都可以做到,而且薄厚程度也非常均匀。现以株洲塑胶有限公司生产的 PVDF 压电薄膜为例加以说明。

该公司生产的 PVDF 压电薄膜有下列几种厚度,即 50μm、85μm、105μm、170μm、240μm 等。两表面均可真空镀银、镀铬、镀铜或镀锌等。在 60mm×60mm 的面积内,厚度不均匀度不超过 4μm,镀层附着力较强。

(1) 绝缘电阻。对厚度为 50~240μm 的几种 PVDF 压电薄膜,用 B&-K2423 型兆欧表,在直流电压加到 100V、环境温度为 20℃、相对湿度 67% 的情况下,测其绝缘电阻均高于 20 000MΩ,绝缘性能相当好。

(2) 压电系数 d_{33}。压电系数 d_{33} 是人们对压电材料施加单位拉力或压力时,在垂直于施力方向的两个表面产生正、负电荷的多少,单位用 pC/N 来表示。这是压电材料的主要性能之一,它直接影响传感器电荷灵敏度的大小。一般来说,人们既希望传感器的电荷灵敏度高,又希望传感器的体积小。对于传感器的设计者来说,当然希望选择压电系数 d_{33} 尽可能高的压电材料,同时也希望压电材料受温度影响小。

① 常温下的压电系数 d_{33}。测量压电材料的压电系数 d_{33},目前采用中国科学研究院声学研究所生产的准静态 d_{33} 测量仪测量。该仪器对测量硬性材料的 d_{33} 很方便,但用来测量 PVDF 压电薄膜的 d_{33} 就比较困难。因为 PVDE 压电薄膜很柔软,像纸一样,而仪器的测量头几乎是点接触,测量头的压力大小对 d_{33} 的测量数值有很大影响,而且不同型号的测量仪器及不同的操作人员所测得的结果也有所差异。

表 9 - 53、表 9 - 54、表 9 - 55 为中国科学研究院声学研究所对三种不同厚度的 PVDF 压电薄膜 d_{33} 的测量结果。由以上对三种不同厚度的压电薄膜 d_{33} 测量结果可以看出,压电系数 d_{33} 值大于 23pC/N,且与压电膜厚度无关。

表 9 - 53　膜厚 100μm 的测量结果

d_{33}/(pC·N^{-1}) ＼ 测量次序　　试样厚度/μm	1	2	3	4	5	平均
1	24.12	23.8	24.4	23.0	23.9	23.8
2	23.2	23.1	24.1	23.8	24.4	23.7
3	25.5	24.0	24.1	23.8	24.4	24.4
4	24.2	24.3	23.8	23.9	23.8	24.0

续表

$d_{33}/(\text{pC} \cdot \text{N}^{-1})$ 测量次序 ╲ 试样厚度/μm	1	2	3	4	5	平均
5	25.3	25.2	25.9	23.7	25.6	25.5
总平均	24.3					

表 9 - 54　膜厚 170μm 的测量结果

$d_{33}/(\text{pC} \cdot \text{N}^{-1})$ 测量次序 ╲ 试样厚度/μm	1	2	3	4	5	平均
1	24.3	24.2	23.9	24.2	23.5	24.0
2	24.7	24.2	23.5	24.1	23.6	24.0
3	24.4	23.3	24.1	23.8	23.9	23.9
4	23.2	22.9	23.6	22.9	23.0	23.1
5	23.7	23.1	23.3	23.0	24.0	23.4
总平均	23.7					

表 9 - 55　膜厚 24μm 的测量结果

$d_{33}/(\text{pC} \cdot \text{N}^{-1})$ 测量次序 ╲ 试样厚度/μm	1	2	3	4	5	平均
1	23.9	24.1	23.4	24.7	23.5	23.9
2	24.0	23.6	23.5	23.9	23.8	23.8
3	24.0	24.1	23.7	24.4	24.4	24.1
4	24.0	23.9	24.2	24.1	24.0	24.0
5	24.5	23.6	23.9	24.1	24.0	24.0
总平均	24.0					

中国工程物理研究院总体工程研究所用 ZJ－2 型准静态 d_{33} 测量仪对以上三种厚度的 PVDF 压电膜 d_{33} 测量结果在 20～23pC/N 之间,略低于中国科学研究院声学研究所测得的结果,估计原因是操作人员及仪器型号差异所致。

② 经过高低温处理后的压电系数 d_{33} 值。将厚度为 100mm、170mm、240mm 的 PVDF 压电薄膜各取一张(约 150mm×200mm),先放入 −15℃ 的冷冻室内冷冻 2h,取出 1h 后再放入电热烘箱中,升温至 70℃ 保温 2h,随烘箱自然冷却至室温(20℃),然后将三种规格任意切取 10mm×10mm 小方块各 5 片,用 ZJ－2 型准静态 d_{33} 测量仪分别测出其 d_{33} 值,其测量结果见表 9 - 56。

表 9-56 测量结果

$d_{33}/(pC \cdot N^{-1})$ 测量次序 试样编号	1	2	3	4	5	平均
100	22.0	22.0	21.5	22.0	22.0	21.9
170	21.0	20.5	21.0	21.0	21.0	20.9
240	20.5	20.5	20.5	20.5	20.5	20.5

由表 9-56 可以看出,经高低温处理后的压电系数 d_{33} 仍大于 20pC/N。

典型的 PVDF 压电薄膜的主要性能见表 9-57,与普通 PZT 压电陶瓷相比,PVDF 的压电应变常数(d 常数)较低,机电耦合系数也较小,但压电电压常数(g 常数)却是所有压电体中最高的,其"gd"积比 PZT 陶瓷高 3 倍,用作接收传感器时灵敏度很高。

表 9-57 PVDF 压电薄膜与其他压电材料的物性比较

材 料	切型	密度 $\rho/$ $(g \cdot cm^{-3})$	相对介电常数	压电应变常数 $d/(pC \cdot N^{-1})$	电压输出常数 $g/(10^{-3} V \cdot m/N)$	耦合因数/%
石 英	X	2.65	4.5	20	50	10
罗息尔盐	45°-X	1.77	350	275	90	73
BaTiO$_3$	Z	5.7	1 700	78	5.2	21
PZT	Z	7.5	1 200	110	10	30
PVDF	Z	1.76	12	20	190	10
PVDF+PZT	Z-	—	—	20	45	—
尼龙 11	—	1.03～1.05	3 200～3 700	15	14	—

表 9-58 为压电薄膜和压电晶体的性能比较。

表 9-58 压电薄膜和压电晶体的性能比较

性能	PVDF	P(VDF—TrFE)	石英	ZnO
密度 $\rho/(g \cdot cm^{-3})$	1.78	1.88	2.65	5.7
相对介电常数 ε_r	6.2	6.0	4.6	8.84
压电常数 $d_{33}/(pC \cdot N^{-1})$	25.0	12.5	2	3.5
压电常数 $g_{33}/(V \cdot m \cdot N^{-1})$	0.32	0.38	0.05	0.06
机电耦合系数 K_t	0.20	0.30	0.10	0.28
热电系数/$[10^3 C \cdot cm^{-2} \cdot ℃^{-1})]$	0.4	0.6	—	—
声速/$(km \cdot s^{-1})$	2.26	2.40	5.7	6.4
声阻抗率/$[10^8 kg \cdot m^{-2} \cdot S^{-1})]$	4.02	4.51	15.1	36.4

由表 9-58 可以看出,压电薄膜的压电常数(d_{33})是石英晶体的 10 倍,而压电电压常数(g_{33})是所有压电体中最高的。从机电耦合系数 K_t 看,PVDF 比石英大,而 VDF—TrFE 比 ZnO 大,它们的声阻抗率都小于无机压电晶体。这说明高分子压电塑料有优良

的力学性能和很宽的频率响应范围,是一种理想的换能材料。

为了改善 PVDF 材料的性能,可将偏氟乙烯与二氟乙烯组成共聚物(PVDF/TrFE),或在 PVDF 中添加 PZT 颗粒,PVDF/TrFE 比 PVDF 机电耦合系数大,力学及介电损失小,且耐热性好,在部分应用中已取代 PVDF。PVDF 与 PZT 复合后,d_{33} 常数增大,但 g_{33} 常数下降,选择适当的 PZT 材料并改变其组成,可得到适应各种不同用途的压电复合材料。

9.4.2.3　传感器与红外探测器用 PVDF 薄膜

1. 制备过程

(1)热压。把 PVDF 颗粒热压成型为 α 相薄膜。

(2)定晶向。在 80℃ 及伸长率为 4~5 的条件下,单轴向或双轴向生成 β 相薄膜。

(3)形成电极。根据工艺条件,用不同的方法(沉积或喷镀等)在薄膜上形成电极。

(4)接引线。在 100℃、600kV/cm 的条件下进行热压焊约 30min。

2. 性能

PVDF 压电薄膜的典型特性见表 9-59。

表 9-59　压电薄膜典型特性

性　能	测试数据	性　能	测试数据
厚度 $t/\mu m$	9,28,52,110,220,800	密度 $\rho_m/(kg \cdot m^{-3})$	1.78×10^3
压电应变常数 $d_{31}/\left(\frac{m/m}{V/m}或\frac{C/m}{N/m}\right)$	23×10^{-12}	体积电阻率 $\rho_m/(\Omega \cdot m^{-3})$	10^{13}
压电应变常数 $d_{33}/\left(\frac{m/m}{V/m}或\frac{C/m}{N/m}\right)$	-33×10^{-12}	表面金属化电阻率/$(\Omega \cdot m^{-2})$	Al:1
压电应力常数 $g_{31}/\left(\frac{V/m}{N/m^2}或\frac{m/m}{C/m^2}\right)$	216×10^{-3}		Ni:10
压电应力常数 $g_{33}/\left(\frac{V/m}{N/m^2}或\frac{m/m}{C/m^2}\right)$	-339×10^{-3}		Ag:0.1
电机耦合系数 K_{33}	12%(在 1kHz)	损耗角正切值	0.015~0.02 ($10 \sim 10^4$ Hz)
电机耦合系数 K_{33}	19%(在 1kHz)	抗压强度/$(N \cdot m^{-2})$	60×10^6
电容量 $C/(pF \cdot cm^{-2})$	380(对 28μm 薄膜 $\varepsilon/\varepsilon_0=12$)	抗拉强度/$(N \cdot m^{-2})$	MD$160 \times 10^6 \sim 300 \times 10^6$
弹性模量 $Y/(N \cdot m^{-2})$	2×10^9		TD($5.5 \times 10^7 \sim 13 \times 10^7$)
声波传速 $c_1/(m \cdot S^{-1})$	$1.5 \times 10^3 \sim 2.2 \times 10^3$	温度范围/℃	$-40 \sim 80$
热电系数 $P/(C \cdot m^{-2} \cdot K^{-1})$	-25×10^{-6}	吸湿性/%	0.02(水)
介电常数 $\varepsilon/(F \cdot m^{-1})$	$106 \times 10^{-12} \sim 113 \times 10^{-12}$	最大工作电压/$(V \cdot \mu m^{-1})$	30
相对介电常数 $\varepsilon/\varepsilon_0$	12~13	击穿电压/$(V \cdot \mu m^{-1})$	100

特别值得一提的是,压电薄膜是一种动态敏感材料,它能显现出正比于机械应力变化的电荷,而不是在静态条件下工作。这是因为它具有极快速的响应(或衰变),它的时间常数主要取决于薄膜的介电常数、内阻以及外电路的接线阻抗。

压电薄膜还可呈现出热电效应,常用来检测热辐射。当薄膜吸收到其自身温度升高时的热能,由于它本身的电荷密度发生变化,从而可获得电压输出。同样,当薄膜的温度下降时,热电效应的电压极性亦相反。

压电材料都是各向异性的,沿不同的晶向,它们的电气、机械以及电/机特性均完全不同。这一优异的特性,在传感器信号隔离、共模抑制的设计中得到很好的发挥。

在频率特性方面,压电薄膜完全不同于陶瓷材料,它具有宽的频率特性(从 DC 到 MHz)和很低的 Q 值。这种宽范围内的平坦频响是由于这种聚合物比坚硬易脆的陶瓷材料疏松。压电薄膜和大多数压电陶瓷的另一区别在于薄膜的低介电常数,因此其应力常数要比陶瓷大得多。此外,还有一个重要特征是具有较低的声阻抗,与水、人体细胞和其他有机物大体接近。这种声阻匹配,使声音信号通过薄膜而不会产生失真,由此获得了许多具有特殊意义的应用,如医用超声波信号的记忆等。表 9 - 60 列出了压电薄膜与两种压电陶瓷 PZT 和 $BaTi_2O_3$ 主要特性的比较。

表 9 - 60　压电薄膜与两种压电陶瓷 PZT 和 $BaTi_2O_3$ 主要特性比较

参　数	压电薄膜	PZT	$BaTi_2O_3$	参　数	压电薄膜	PZT	$BaTi_2O_3$
密度/$(kg \cdot m^{-3})$	1.78	7.5	5.7	G 常数/$(10^{-3}V \cdot m \cdot N^{-1})$	230	10	5.2
相对介电常数	12	1 200	1 700	k 常数	12	30	21
D 常数/$(10^{-12}C \cdot N^{-1})$	23	110	78	Z 声阻抗/$(10^6 kg \cdot m^{-2} \cdot S^{-1})$	2.5	30	30

3. 压电薄膜的优缺点

压电薄膜是可塑、质轻、具有韧性的塑料薄膜,可以制成不同厚度和面积的型材,因此它与我们熟悉的压电晶体或压电陶瓷有着完全不同的物理性质。压电薄膜的优缺点分别如下:

(1) 优点。

① 相当宽的频率范围。频率范围从触摸开关上人体手指按动的频率到超声成像的 $1 \sim 10MHz$ 的工作频率。事实上,这类薄膜的工作频率可达兆赫量级。

② 宽的动态范围。力—电转换的灵敏度已被用来测量空间微子颗粒间的碰撞和监控穿甲弹的爆破力($> 286dB$ 范围)。

③ 低的声阻抗。良好的阻抗匹配保证了声波的无损传播,这就大大开拓了许多新的应用领域,尤其在生理、医疗传感器方面。

④ 与压电陶瓷材料相比有较高的介电强度,因而可施加较高的电场强度。

⑤ 具有较高的电阻抗,可以与流行的高阻抗电路(如 CMOS)直接匹配应用。

⑥ 压电薄膜薄且是易弯曲的塑料薄膜,因而其弹性、屈从性是压电陶瓷的许多倍。

⑦ 压电薄膜属于高分子重含氟聚合物,具有很好的力学强度,能够经受急剧变化的环境条件,包括大多数溶剂、强酸、氧化剂和强烈的紫外线辐射,也不受温度条件的影响。

⑧ 易于切割成型为复杂形状或制成大面积传感器。薄膜的断面易于用黏结剂相互黏结或与其他表面黏结。

⑨ 材料成本和加工费用要比普通的压电材料低得多。

（2）缺点。

① 由于压电薄膜为柔性薄膜，而不是一种完美的电/力换能材料，因此不可能用作低频、大面积的场合。

② 压电薄膜性能在高温下会降低，故只适用于 100℃ 以下的场合。

③ 在较宽的频率范围，对电磁信号较为灵敏，应用中必须对信号线采取屏蔽措施。

9.4.2.4　PVDF 薄膜与单片热释电红外图像传感器

1. 组成与传感器结构

（1）组成。图 9-94 所示为一个传感器像元的剖面结构，具有 75μm 见方探测部位和 MOSFET 探测电路的传感器元件被集成在 Si 基极上。

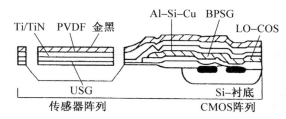

PVDF-聚偏二氟乙烯；USG-非掺杂氧化膜；BPSG-掺硼磷酸硅酸盐玻璃；LO-COS-局部硅氧化物

图 9-94　一个传感器像元的剖面结构

（2）传感器结构。在图像传感器中，单体传感器的小型化和高灵敏度化非常有必要。为了满足这种互易条件，最有效的办法就是降低光接收部位的热传导性，即形成热难以逃逸的结构，所以从传感器结构、材料的观点对传感器进行重新设计。

传感器结构方面，要求在所限定的面积内大的光接收部和高的热绝缘性兼备，因此新传感器结构采用如图 9-95 所示的利用微机械加工制成的称作横梁支撑薄膜结构的形状，这种结构在 59μm 见方的光接收部位由四条宽 4μm、长 59μm 的横梁撑着。

传感器的材料方面，支撑薄膜材料采用硅工艺中广泛使用的非掺杂硅酸盐玻璃（USG：利用等离子 CVD 法制作的非掺杂硅氧化膜），下部电极材料采用 Ti。硅氧化膜的热传导率（1.2×10^{-2} W·cm^{-1}·K^{-1}）比以前传感器中作为薄膜使用的硅氮化膜的热传导率（1.8×10^{-1} W·cm^{-1}·K^{-1}）大约小一个数量级。Ti 的热传导率（2.2×10^{-1} W·cm^{-1}·K^{-1}）也比以前传感器中作为下部电极使用的 Al 的热传导率（2.37×10^{-1} W·cm^{-1}·K^{-1}）大约小一个数量级，再加上与 Al 有所不同，能对光接收部与基板分离的碱系 Si 各向异性腐蚀液有抗性。

（3）探测电路。图 9-96 所示为图像传感器一个像元内的等效电路图，利用源输出电路对由 PVDF 热释电膜所产生的电荷进行阻抗变换，以电压形式取出。这种探测电路具有以下特征：

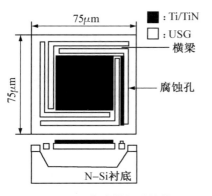

图 9 - 95　传感器剖面结构
（四条横梁支撑的薄膜结构）

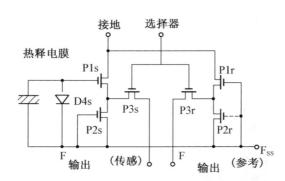

图 9 - 96　图像传感器一个像元内的等效电路图

P1s、P1r - 探测 MOS（埋沟 MOSFET）；P2s、P2r - 负载 MOS
（埋沟 MOSFET）；P3s、P3r - 选择 MOS；D4s - 保护二极管

① 构成埋沟 MOSFET 电路。图像传感器的输出大约具有 4.0V 的偏移电压，是与调制频率同步的微伏级的交流信号。因为输出很小，所以传感器 S/N 与高灵敏度化一样，必须实现低噪声化。该探测电路是以降低构成探测电路的 MOS 器件的 $1/f$ 噪声为目标，由埋沟 MOSFET 构成。

② 连接保护二极管。如前所述，ESP 成膜是在 $8\sim15kV$ 的强电场中喷射带有正电荷的 PVDF 液滴，液滴所带的正电荷由于充电，探测 MOSFET 的栅极氧化膜会受到绝缘破坏。该探测电路中，栅极和 GND 之间用二极管连接，成膜中使 GND 接地，以防止因 ESP 成膜而造成电荷积蓄。

③ 去除差动输出而引起的偏置电压。如前所述，芯片的输出带有偏置电压。对热图像显示用的信号进行处理时，应快速去除掉这种偏置电压。该探测电路在同一像元内制作与传感器相同的基准电路，利用差动输出将偏置电压去除。

各像元的信号通过位于阵列周边的数字读出电路顺次读出。

2．制备方法

（1）热释电膜成膜。可单片化的热释电膜，采用电子溅射法制成，图 9 - 97 所示为 ESP 成膜装置的示意图。二甲基甲酰胺（DMF）等有机溶液中 0.2％的 PVDF 溶液，通过在探针和基板间施加 $8\sim15kV$ 的强电场进行充电，充好电的 PVDF 溶液的液滴借助电场从探针移动到基板上。在输送到基板的过程中，大部分溶媒随氮蒸发掉，剩余的溶媒和 PVDF 聚合物在基板的电极上成膜。因为成膜的同时，PVDF 中的偶极子通过电场在基板上垂直取向，所以无需极性调整就能在带有导电性的任意基板的任意电极上形成热释电性、均匀性都好的 PVDF 薄膜。利用带有两轴移动机构的成膜装置，在 $2cm^2$ 的区域可以使热释电系数为 $4nC/(cm^2 \cdot K)$ 的 PVDF 薄膜以 $\pm5\%$ 以内的均匀性一步直接在基板上成膜。

（2）工艺方法。利用 CMOS 工艺制作探测电路以后，再利用后加工 CMOS 工艺制作传感器部分。图 9 - 98 所示为图像传感器的工艺流程。

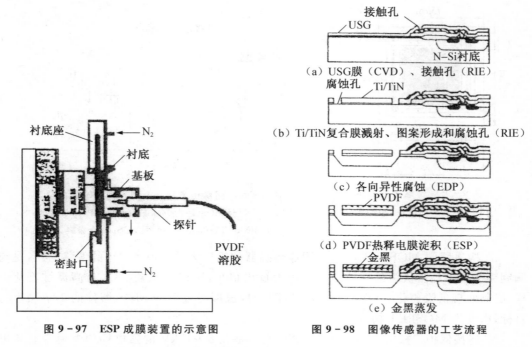

图 9－97　ESP 成膜装置的示意图　　　　图 9－98　图像传感器的工艺流程

① 利用等离子 CVD 法制作作为传感器支撑膜用的厚度 700nm 的 USG 膜,利用光刻法和 RIE 加工通到铝的接触孔。

② 利用溅射法制作作为下部电极用的厚度 100nm 的 Ti/TiN 复合膜,利用光致刻蚀法和 RIE 制作布线图,再用同样的方法加工分离基板和光接收部位的 Si 各向异性腐蚀用腐蚀孔。

③ 热绝缘结构可利用采用乙二胺邻苯二酚(EDP)水溶液的 Si 各向异性腐蚀法形成。

④ 利用 ESP 法在 Ti 下部电极上制作 PVDF 热释电膜。

⑤ 即使是红外线吸收膜,也可利用蒸发法在阵列上制作金黑上部电极膜,金黑吸收 $2\sim20\mu m$ 波长 90％以上的红外线。

PVDF 金黑在成膜过程中,为了保护黏结区,采用了金属掩模。

由于下部电极材料采用对碱系 Si 各向异性腐蚀液有抗性的 Ti,所以在下部电极图案形成以后方可进行 Si 各向异性腐蚀,可以实现热传导性低的四条横梁支撑的薄膜结构。

Ti 下部电极成膜时,制作在同一基板上的探测电路的 Al 黏结区表面也用 Ti 覆层,用以保护 Al。因为 Ti 和 Al 一样都具有很好的黏结性,故不应该去除。

由于 USG、Ti 内部应力容易变形和破坏,所以横梁支撑薄膜接触的结构强度和刚性低,为了提高制作横梁支撑薄膜结构的成品率,对 USG、Ti 的应力和形状参数实行了最佳化。

3. 特性

（1）单体传感器特性（表 9 - 61）。利用热源黑体炉、截止可见光的光学滤波器、机械斩波器、FFT 分析器测定了热释电输出。因为传感器探测部位的热传导性降低,故采取约 1Torr 的真空密封,避免了腔内空气的影响,电压灵敏度约增加了 5 倍。

表 9 - 61　单体传感器的性能指数

传感器尺寸	$75\mu m \times 75\mu m$	热时间常数	5.3ms
PVDF 厚度	70nm	电压灵敏度	10 000V/W
热释电系数	$4nC \cdot cm^{-2} \cdot K^{-1}$	探测率	$2.4 \times 10^7 cm \cdot Hz^{1/2} \cdot W^{-1}$

（2）PVDF 热释电红外传感器特性见表 9 - 62。

表 9 - 62　PVDF 热释电红外传感器的特性（传感器温度为 300K）

传感器尺寸	$75\mu m \times 75\mu m$	$D(100,40,1)$	$1.6 \times 10^7 cm \cdot Hz^{1/2} \cdot W^{-1}$
像元数	$256(16 \times 16)$	T_{NETD}	0.15K
R_v（55Hz 时）	6 600V/W	热时间常数	5.3ms

9.4.3　PVDF 复合铁电薄膜

9.4.3.1　$BaTiO_3$/PVDF 热释电复合膜

1. 简介

采用在成膜过程中加直流电场和不加电场两种方法制备 $BaTiO_3$/PVDF 热释电复合膜,在 10kV/cm 电场下制备的复合膜热探测优值 p/ε_r 达到了 $1.5 \times 10^{-7} C/(m^2 \cdot K)$,而不加电场制备的复合膜只有 $1.2 \times 10^{-8} C/(m^2 \cdot K)$。结果表明,在成膜过程中施加强直流电场,可以使铁电颗粒的 c 轴转向平行于电场的方向。$BaTiO_3$ 颗粒的择优取向使复合膜易于极化,从而提高了复合膜的热释电性,并改善了老化性能。

2. 制备方法

用溶胶—凝胶法制备颗粒度分别为 $0.3\mu m$、$1\mu m$、$4\mu m$ 的三种 $BaTiO_3$ 微粉,把 $BaTiO_3$ 微粉放进以 N,N—二甲基甲酰胺为溶剂的 PVDF 溶液中,通过超声混溶得到均匀的悬浊液,并制备两种悬浊液,$BaTiO_3$ 与 PVDF 的质量比为 1∶2,在后面的实验中使用此悬浊液。

把悬浊液流延在平板上,通过加热使 N,N—二甲基甲酰胺挥发,就得到 $BaTiO_3$/PVDF 的复合膜。

3. 性能

表 9 - 63 列出了复合膜和常规 $BaTiO_3$ 室温时的热释电系数 p、相对介电常数 ε_r 及热探测优值 p/ε_r,并且为了对比,把由公式得出的计算值也列在表中。

表 9 - 63　　p、ε_r、p/ε_r 的理论计算值(20℃温度下)

材料类型	$p/(C \cdot m^{-2} \cdot K^{-1})$	ε_r	$(p/\varepsilon_r \cdot)/(C \cdot m^{-2} \cdot K^{-1})$
常规 BaTiO$_3$	7.8×10^{-5}	2 100	3.7×10^{-8}
BaTiO$_3$－PVDF 复合膜理论值	1.9×10^{-7}	16	1.2×10^{-8}
不定向 BaTiO$_3$－PVDF 复合膜	2×10^{-7}	17	1.2×10^{-8}
定向 BaTiO$_3$－PVDF 复合膜	2.8×10^{-6}	18	1.5×10^{-7}

理论计算值 p、ε_r、p/ε_r 与不加电场制备的复合膜的实验值相符合,但加电场制备的复合膜的 p 和 p/ε_r 值高出一个数量级。这些参数的大幅度提高,部分原因是因为在成膜过程中 BaTiO$_3$ 颗粒的转动造成的。

由于在成膜过程中陶瓷颗粒受外界的夹持较弱,外加的直流电场可使它们转动,使 c 轴平行于电场方向,所以成膜过程中施加直流电场能有效地提高 p 和 p/ε_r。在实验中发现,施加直流电场可以提高复合膜的老化特性。

9.4.3.2　LATGS－PVDF 热释电复合薄膜

1. 简介

为了改进热释电材料和器件性能,人们对由铁电材料与高分子聚合物复合成的热释电薄膜材料作了不少研究工作。这种复合材料兼有复合成分的优点,既具有较好的介电和热释电性能,又易制成机械性能良好的大面积均匀的薄膜,其中 TGS(三甘氨酸硫酸盐)与 PVDF(聚偏二氟乙烯)复合薄膜的辐射探测性能最优,器件的比探测率高达 1×10^8 cm·Hz$^{1/2}$·W^{-1} 以上,但 TGS 材料易退极化,影响长期使用的稳定性。为了阻止 TGS－PVDF 复合材料的去极化,研制了 LATGS 与 PVDF 复合的热释电薄膜材料,并研制了这种复合膜热释电探测器。LATGS 晶体是在 TGS 晶体的生长过程中掺入 L－α 丙氨酸生成的,LATGS 中丙氨酸引起的内偏场效应等于往 TGS 中施加一个同样大小的外电场,阻止了去极化。掺 L－α 丙氨酸同时还降低了介电常数,改进了材料性能。

2. 复合膜的制备

将 LATGS 晶体粉碎经多次研磨分选为不同粒度的粉末,用 N,N－二甲基甲酰胺为 PVDF 的溶剂,二者按质量 10∶1(PVDF 为 1)配制溶液,将与 PVDF 等质量的 LATGS 粉末均匀地加入溶液中,采用流延法制备复合膜。在复合膜制备中,经研磨得到的 LATGS 粉末各晶粒的内偏场方向是随意的,膜固化后晶粒内偏场很难再随外加电场转向。因此,采用在成膜过程中加电场,使晶粒在液态环境中其内偏场转向外电场方向,直到膜被烘干,温度降至室温后去电场,保证了成膜后存在内偏场。

3. 测试方法与性能

在复合膜上两面蒸镀电极制成测试样品,用多功能复合频率测量仪测试复合膜的介电性能,测量频率为 1kHz,加在样品上的电压为 1V;采用电荷积分法测量复合膜的热释电系数。由于样品除产生热释电电荷以外,还产生热刺激电荷,随温度升高,热刺激电荷增多。为了提高测量精度,可用反复升降温的方法减小热刺激电流影响,这是因为热释电电流具有重复性,而热刺激电流不具有重复性。

用 LATGS—PVDF 复合膜制备热释电探测器,其中性能优良者的比探测率 D (500K、10Hz)已高达 $1.12 \times 10^8 cm \cdot Hz^{1/2} \cdot W^{-1}$。

4. 效果

(1) LATGS—PVDF 复合膜制备中,加电场可以在膜固化前使 LATGS 晶粒在液态环境中内偏场沿外加电场取向,随成膜电场加大,极轴方向 XRD 衍射峰光强比明显增大,热释电系数和优值因子明显增大。为达到足够取向度,要加 10kV/cm 的外加电场。

(2) 与 TGS—PVDF 复合膜相比,LATGS—PVDF 复合膜由于内偏场的存在,在温度高于 LATGS 居里点后再降到居里点以下无需再极化,并基本上克服了退极化的缺点。

(3) 表面层对材料性能影响明显,粗糙的表面使介电常数和热电系数增大,优值因子降低。

9.4.3.3　定向 $BaTiO_3$ 晶须/PVDF 压电复合材料

1. 选材

$BaTiO_3$ 晶须由日本 Otsuks 化学有限公司生产,其平均直径和长度分别为 $0.3\mu m$ 和 $3\mu m$,平均长径比为 10 左右,密度为 $5.6g/cm^3$,并采用美国产 Hypermer(KD—1)为分散剂,以分散 $BaTiO_3$ 晶须。$BaTiO_3$ 粉末采用水热合成方法由实验室自行合成,平均粒径为 $0.3\mu m$。PVDF 为工业用化学产品,由上海三爱富公司生产。选择 N,N—二甲基乙酰胺(DMA,化学试剂)作为 PVDF 的溶剂。

2. 制备工艺

首先,将 PVDF 溶入 DMA 中配置一定浓度的有机物溶液。其次,使用 Hypermer(KD—1)作为分散剂,将 $BaTiO_3$ 晶须分散在 DMA 中,形成悬浮液,用磁性搅拌器搅拌 5h 后超声振动 30min;然后将含 30% PVDF 的 DMA 溶液与 $BaTiO_3$ 晶须悬浮溶液混合,机械搅拌 5h 后超声振动 30min;再将含 30% PVDF 的 DMA 溶液与 $BaTiO_3$ 晶须悬浮溶液混合,机械搅拌 5h 后得到纺丝稠液。$BaTiO_3$ 晶须的体积分数固定为 30%,纺丝稠液活性相质量分数为 13.5%,PVDF 为 10%,DMA 为 76.5%,其中外加分散剂的量为活性相量的 1%。纺丝稠液经真空脱泡后,在小型实验湿法纺丝机上挤出形成纤维。实验温度为 80℃,喷丝头孔径为 $250\mu m$。用 30%DMA 水溶液作为沉淀 PVDF 的凝固溶液,凝固后用沸水连续洗涤,最后纤维以 15m/min 的缠绕速度收集在卷筒上。

制备的纤维原丝干燥后切成一定的长度,单向地放入矩形钢模,在 0.3MPa 的压力下加热到 200℃,保持 30min 使复合材料致密。待复合材料冷却后将其切成与晶须定向方向垂直和平行的试样,分别称为正交试样(normal specimen,晶须横截面)和平行试样(parallel specimen,晶须纵截面),试样厚度大约为 0.5mm。

同时,使用相同成分的 $BaTiO_3$ 粉末在相同的工艺条件下制备粉末活性相压电复合材料,测试其电学性能并与定向晶须压电复合材料进行比较。

3. 性能

(1) 压电复合材料的介电性能。表 9-64 为 $BaTiO_{3(w)}$/PVDF 和 $BaTiO_{3(P)}$/PVDF 复合材料的相对介电常数和损耗因子,其中 $BaTiO_3$ 活性相质量分数为 30%。从表中可以看出,$BaTiO_{3(w)}$/PVDF 复合材料的介电常数比 $BaTiO_{3(P)}$/PVDF 复合材料介电常数高得多,而其损耗因子则相反;定向晶须复合材料中,正交试样的介电常数是平行试样的两倍多。已有的实验结果表明,在 0—3 型复合材料中,其介电常数 ε 可表示为

$$\varepsilon = \varepsilon_1 \frac{2\varepsilon_1 + \varepsilon_2 - 2\varphi(\varepsilon_1 - \varepsilon_2)}{2\varepsilon_1 + \varepsilon_2 + \varphi(\varepsilon_1 - \varepsilon_2)} \tag{9-51}$$

式中,ε_1——基体介电常数;

$\quad\varepsilon_2$——活性相的介电常数;

$\quad\varphi$——活性相的体积分数。

压电复合材料可看作是 0—3 型的改进,其中 ε_1、ε_2 和 φ 分别为 12F/m、1 700F/m 和 0.3,根据上式可得 $\varepsilon = 27.1$F/m。这个值与 $BaTiO_{3(P)}$ 复合材料的实测值十分接近。然而,在定向晶须复合材料中,正交试样和平行试样的介电常数比粉末复合材料的介电常数高出数倍。可以推测,$BaTiO_3$ 活性相的不同形态是造成其性能不高的直接原因。

在导电高分子复合材料中,导电相(如导电 Al、Cu 粉末或纤维等)存在一个临界体积分数,在临界体积分数以下导电复合材料的导电性急剧下降,这个临界体积称为渗透阈值(P,T)。大量的研究表明,颗粒或纤维的体积分数高于渗透阈值时彼此接触形成连续通道。渗透阈值强烈依赖导电相的长径比,长径比越大,渗透阈值越小。导电高分子基复合材料与压电复合材料类似,其原理和结论对分析压电复合材料有很好的借鉴。同种导电纤维与粉末相比,渗透阈值的体积分数低得多;同样,对给定的体积分数,晶须复合材料连接通道的密度应该比粉末复合材料高得多。在 $BaTiO_{3(w)}$/PVDF 压电复合材料中,$BaTiO_3$ 定向晶须组成的连续通道类似 1—3 型复合材料中的陶瓷棒,而 PVDF 形成薄膜将连接通道隔离开,而与 1—3 型不同的是,定向 $BaTiO_3$ 晶须组成的连续通道不一定是直的。在 1—3 型复合材料中,介电常数主要由陶瓷相控制,因此 $BaTiO_{3(w)}$/PVDF 压电复合材料中 $BaTiO_3$ 晶须形成的连接通道对其性能将产生显著影响。将上述方程改写为

$$\varepsilon = \varepsilon_1 \left[\frac{3(2\varepsilon_1 + \varepsilon_2)}{3\varepsilon_1 + \varepsilon_2 + \varphi(\varepsilon_1 - \varepsilon_2)} - 2 \right] \tag{9-52}$$

这样,ε 与 φ 成反比,其中 $\varepsilon_1 < \varepsilon_2$。如果将上式应用于连接通道的概念,则 φ 可以表示为压电相连接通道的体积分数。显然,连接通道的密度按正交试样、平行试样、粉末试样的次序递减。连接通道的 φ 值越高,则 ε 也越高,这与表 9-64 的结果一致。SEM 观察也证实了这一点,说明连接通道的概念对本实验的复合材料是适用的。

(2)压电复合材料的压电和铁电性能。表 9-65 给出了 $BaTiO_{3(w)}$/PVDF 和 $BaTiO_{3(P)}$/PVDF 复合材料的压电性能。表中结果表明,d_{33} 值强烈依赖晶须方向。正交试样的 d_{33} 值比平行试样高出 30%,在相同的极化电场下,正交试样和平行试样的 d_{33} 值比粉末作为活性相复合材料高很多,即使在 10kV/mm 的极化电场下,其后者的 d_{33} 仅为 7.8pC/N。

表 9 - 64　BaTiO$_{3(w)}$/PVDF 和 BaTiO$_{3(P)}$/PVDF 复合材料相对介电常数和损耗因子

材　料	ε/(F·m^{-1})	tanδ
BaTiO$_{3(w)}$/PVDF(正交试样)	90.72	0.074 6
BaTiO$_{3(w)}$/PVDF(平行试样)	44.40	0.032 5
BaTiO$_{3(P)}$/PVDF	23.89	0.260 6

表 9 - 65　BaTiO$_{3(w)}$/PVDF 和 BaTiO$_{3(w)}$/PVDF 复合材料的压电性能

材　料	极化电场/(kV·mm^{-1})	d_{33}/(pC·N^{-1})
BaTiO$_{3(w)}$/PVDF(正交试样)	3	13.7
BaTiO$_{3(w)}$/PVDF(平行试样)	3	10.6
BaTiO$_{3(P)}$/PVDF	3	4.4
BaTiO$_{3(P)}$/PVDF	10	7.8

　　图 9 - 99 所示为定向 BaTiO$_{3(w)}$/PVDF 复合材料铁电回滞曲线,测试条件为:频率 50Hz,温度 80℃。当极化电场逐渐增大到 5kV/mm,上述试样被击穿,正交试样和平行 试样的剩余极化(P_r)分别是 3.0μC/cm^2 和 2.1μC/cm^2。但是,在相同条件下, BaTiO$_{3(P)}$/PVDF 复合材料的 P_r 仅为 1.8μC/cm^2。

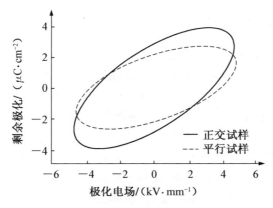

图 9 - 99　晶须复合材料铁电回滞曲线

　　分别使用不同尺寸的 BaTiO$_3$ 颗粒(d_{50} 为 50nm、0.3μm 和 7μm)制备质量分数为 30％的 BaTiO$_{3(P)}$/PVDF 复合材料,测试结果表明,其压电性能各不相同。由此可见,初 始尺寸对电学性能也有一定影响。当粉末尺寸为 0.35μm 时,其复合材料具有最高的 d_{33} 和 P_r 值。显然,除活性相的尺寸外,还有其他因素影响其电学性能。与 ε 相似,d_{33} 和 P_r 的差别也归咎于不同试样的连接通道不同。在连接通道中,高分子比例比其他部分低, 结果其遮挡效果低,较大部分的电场施加在活性相上,导致这些区域有较好的极化效果。

　　压电和铁电性能与偶极极化度直接相关,因此 BaTiO$_3$ 晶须和粉末之间不同的极化 能力也影响到这些性能。BaTiO$_3$ 晶须是高质量的单晶体,在小于 1kV/mm 的电场下就 能容易地极化。对(100)晶面可得到 25μC/cm^2 的剩余极化,而 TEM 研究表明本实验中

所用 $BaTiO_3$ 粉末不是单个分散体,一个颗粒通常含有一簇晶粒即硬团聚,且可观察到晶粒之间大量黏结形成的缩颈。硬团聚可以粗略认为是已烧结的陶瓷,因此 $BaTiO_3$ 块体陶瓷需要大于 $2kV/mm$ 电场才能极化,得到的剩余极化 P_r 也很低,仅约为 $7.5\mu C/cm^2$。

由此可见,在压电复合材料中,连接通道密度和活性相分散度是影响复合材料介电和电学性能的主要因素。

4.效果

(1)以高度定向 $BaTiO_3$ 晶须作为活性相,PVDF 作为基体制备了 $BaTiO_{3(w)}/PVDF$ 压电复合材料。

(2)$BaTiO_{3(w)}/PVDF$ 压电复合材料的介电常数(ε)、压电常数(d_{33})和剩余极化率(P_r)大大高于 $BaTiO_{3(P)}/PVDF$ 复合材料,而损耗因子遵循相反的趋势;晶须复合材料沿 $BaTiO_3$ 晶须定向方向(正交试样)的 ε、d_{33} 和 P_r 比晶须平行方向(平行试样)的值高得多。

(3)在 $BaTiO_3$ 晶须定向方向,晶须有可能彼此从接触桥接形成连接通道,导致高的极化度;$BaTiO_3$ 晶须是单个单晶体,而粉末是许多 $BaTiO_3$ 晶体的团聚体,单个晶须和多晶粉末团聚体之间的不同的极化能力导致其复合材料的介电和电学性能明显不同。

9.5　热敏电阻型红外探测材料

9.5.1　氧化钒薄膜材料

9.5.1.1　氧化钒薄膜的基本特性

目前,对非制冷焦平面红外探测器的研究在国内外已成热点。其中,氧化钒微测辐射热计因其不需要制冷器和调制器、低功耗、低噪声、高可靠性和高清晰度,使它备受青睐,从而对氧化钒热敏感膜的性能和制备方法研究也在广泛展开。随着对氧化钒性质研究的逐渐深入,发现氧化钒具有 V_2O_5、VO_2 等 13 种不同的相,其晶格结构和空间排列各不相同,各种晶体结构的电学性能也差异很大。至少有 8 种氧化钒具有从高温金属相到低温半导体相的转换特性,VO_2 的电阻率变化可达 5 个数量级,而 VO_2 多晶薄膜的电阻率变化一般在 $2\sim4$ 个数量级,这种性能被成功地用于制备开关器件。对非制冷焦平面红外成像,利用的是氧化钒薄膜的热敏特性,即要求薄膜在室温附近具有高的热电阻温度系数(TCR)。因此,如何制备性能好、成本低、TCR 大且电阻率低的氧化钒薄膜是研究的关键。

1.结构特征

金属钒与氧作用生成一系列氧化物,同时还形成固溶体。在钒—氧固溶体和 V_2O_5 之间存在 13 种氧化物相,其中研究较多的氧化钒晶体有 V_2O_5、V_2O_3、VO_2、VO。

(1)二氧化钒(VO_2)。在 VO_2 的结构中,钒原子明显地与一个氧原子较为接近,而与其他氧原子的距离较远,因此具有一个接近于 $V=O$ 的键。VO_2 晶体具有两种不同的构型,当温度高于 $68℃$ 时,它属于四方晶的金红石型;当温度低于 $68℃$ 时,则转变为单斜晶的类似 MoO_2 的构型——畸变金红石型。VO_2 的金红石型结构与畸变金红石型结构之间的差别是金属原子所处的位置有所不同。在金红石型结构中,最近邻的钒原子间的距离为 287pm,钒原子中 d—电子为所有的金属原子所共有。因此,它是一种 N 型半导体。在畸变的金红石型结构中,最近邻的钒原子间的距离由 287pm 变为 265pm,在沿着氧八面体和相邻两个八面体共边连接成长链的方向上形成 3V—V 时,钒原子间距离按 265pm 和 312pm 的长度交替变化,每个钒原子的 d—电子都定域于这些 V—V 键上,结果造成了在沿 c 轴方向上 VO_2 不再具有金属的导电性。

同样,VO_2 多晶薄膜在晶相转换过程中也伴随着电学、光学性质的巨大变化。

电阻率变化在 4 个数量级的 VO_2 多晶薄膜并不少见,红外透射系数的变化在 60% 左右,但在可见光波长处的透射系数一般变化很小。当处于半导体相时,在禁带宽度 0.6～0.7eV 区间,红外波长处有较高的透射系数。

(2) 五氧化二钒(V_2O_5)。五氧化二钒晶体具有层状结构,这种结构中钒所处的环境最好,被视为是一个畸变四方棱锥体,钒原子与五个氧原子形成五个钒—氧键,使 VO_4 四面体单元通过氧桥结合为链状,两条这样的链彼此以第五个氧原子通过另一氧桥连接成一条复链,从而构成起皱的层状排列。若从另一层中引入第六个氧原子,使各层连接起来,这样最终便构成了一个 V_2O_5 晶体。这种由六个氧原子所包围的钒原子是一个高度畸变了的八面体,当由这个八面体移去第六个氧原子时,就得到畸变的四方棱锥体的构型。对 V_2O_5 单晶的研究表明,它是一个缺氧半导体,是一种含有以 V^{4+} 形式出现的点缺陷晶体。

五氧化二钒的均匀范围很窄,为 $VO_{2.45}$～$VO_{2.50}$。V_2O_5 在 685℃ 时熔融,在熔融的 V_2O_5 表面上的气相由 V_4O_m、V_6O_{12} 和 V_4O_8 等组成。

V_2O_5 晶体的转换温度为 257℃。当 V_2O_5 晶体处于半导体相时,禁带宽度为 2.24eV,且具有负的电阻温度系数。V_2O_5 多晶薄膜在室温附近电阻率一般大于 100Ω·cm,甚至达到 1 000Ω·cm,这取决于薄膜的制备条件。V_2O_5 多晶薄膜在可见光与近红外波长(波长小于 2μm)处的透射系数比 VO_2 多晶薄膜高得多。

2. 氧化钒薄膜的相变特征

1958 年,科学家 Morin 在贝尔实验室发现了钒和钛的氧化物具有半导体—金属相变特性,其中氧化钒材料的相变性能较好。实验表明,氧化钒的相变通常与结构相变相联系,发生相变时,氧化钒的结构畸变到较低的对称形式,而促使氧化钒薄膜发生相变的条件是温度。VO_2 薄膜相变温度 $T=68℃$,在常温下 VO_2 薄膜呈现半导体状态,具有单斜结构,对光波有较高的透射能力。当薄膜在外界条件下温度升高到 T 时,薄膜原始状态迅速发生变化,此时 VO_2 薄膜显示金属性质,变为四方晶格晶体结构,它对光波具有较高的反射。

图 9-100 所示为二氧化钒薄膜的高低温透射光谱曲线。从二氧化钒晶体结构上看出,VO_2 薄膜在 68℃ 发生相变,伴随着这个相变,它从四角金红石变化到单斜对称的畸变的金红石结构。图 9-101 所示为二氧化钒的高温相和低温相晶体结构。在四角结构中,V^{4+} 占据体心位置,沿着 c 轴 V—V 原子距离相等,较大的 O^{2-} 绕着 V^{4+} 排在八面体形成一个密排的六方。在单斜结构中,处在体角的 V^{4+} 沿金红石的 c 轴位移,以更近的间隙形

成 V^{4+} 对,V—V 距离交替为大值和小值。

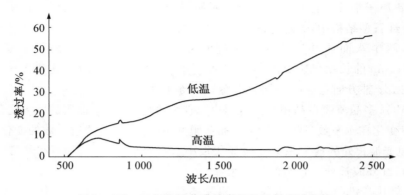

图 9 - 100　二氧化钒薄膜的高低温透射光谱曲线

　　V—V 对稍微偏斜于单斜的 a_n 轴,这使单斜的尺寸变为最小值的 2 倍,导致各向异性的 1‰ 体积变化。

　　二氧化钒的相变特性从能带结构也可得到解释,图 9 - 102 所示为四方结构 VO_2 的能带结构(E_M 为静电马德伦能。离子有效电荷稳定在 O^{2-} 的 2P 轨道上所需的能量;$E_M - E_1$ 为考虑 V^{4+} 的电离能及 O^{2-} 的电子亲和势能后的稳定性。E_F 为费米能级)。四方结构二氧化钒的能带特征是 d//带与 π * 带部分重叠,部分被电子填充,能带非简并。尽管晶体势场的正交量作用使能带产生分裂,但由于 d//带与 π * 带很宽,因而仍有部分重叠,费米能级落在 d//带与 π * 带之间。

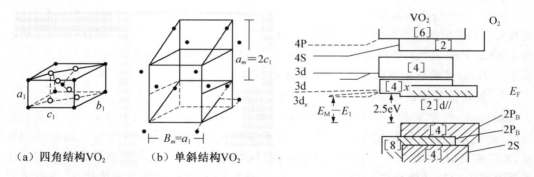

（a）四角结构VO₂　　（b）单斜结构VO₂

图 9 - 101　VO_2 高温相和低温相晶体结构　　　　图 9 - 102　VO_2 的四方结构能带

　　当 VO_2 由金属相相变到半导体相时,其能带结构发生明显变化:①π * 上升超过费米能级,d//带呈半充满;②d//带一分为二(图 9 - 103)。能带结构的这种变化是由于 VO_2 晶体中的钒离子都向八面体的边缘移动,使 π * 带相对 d//带上升。又由于 π * 带电子的迁移率比 d//带电子的迁移率大,电子会全部进入 d//带,其次由于钒离子沿 c 轴方向非平行配对成键。由顺电态变为反铁电态时,晶胞的 c 轴加长一倍,使对称性发生改变,d//带一分为二,费米能级下降,这是由反铁电形变引起的。

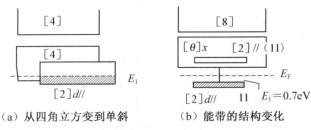

（a）从四角立方变到单斜　　　（b）能带的结构变化

图 9 - 103　VO₂ 的相变和能带结构变化

从 VO_2 的相变特性可以看出，VO_2 材料在变逆过程中显示晶体转变的一般倾向，转变温度取向由高到低，但原子分类并不广泛，原子的原子群仅有轻微失真。薄膜材料在发生相变后，从单斜晶变为立方晶系，由金属键变为 V—V 共价键，由顺电态变为反铁电态，同时薄膜的电导率、光吸收、磁化率、折射率及比热容等物理性质均有较大改变。

9.5.1.2　氧化钒薄膜的制备技术

1. 制备方法

（1）溶胶—凝胶法。溶胶—凝胶法分为有机溶胶—凝胶法和无机溶胶—凝胶法两类，该方法方便、廉价，适于大面积成膜。

采用无机溶胶—凝胶法在 SiO_2/Si 衬底上沉积高取向的 V_2O_4 薄膜，经适当的真空退火，可得到电阻率变化 3 个数量级的 VO_2 薄膜。实验发现，V_2O_5 转变为 VO_2，经历了 $V_nO_{2n-1}(n=2,3,4,6)$ 到 VO_2 的过程。提高初始膜的厚度后，在真空度大于 2Pa、600℃ 下烘烤，有利于加大 V_2O_5 薄膜的晶粒，提高转换后 VO_2 薄膜的晶粒尺寸和薄膜转换的特性。研究表明，采用无机溶胶—凝胶法在玻璃基片上成功制备出相变达 4～5 个数量级的 VO_2 薄膜，而前期在非晶体基片上成膜的 VO_2 薄膜，其相变仅达 2～3 个数量级。研究还表明，在 1 500℃ 的水蒸气中预处理能降低后期的热处理温度。有机溶胶—凝胶法用的溶质原材料是直接采用钒的醇盐[如 $VO(OC_2H_5)_3$ 和 $VO(OC_3H_7)_3$ 等]和偏钒酸铵。有机溶胶—凝胶法实验中，采用价格便宜的偏钒酸铵为溶质原材料成功制得主成分为 V_2O_5 的氧化钒薄膜，且其杂质少、致密、晶粒均匀，电阻温度系数（TCR）可达 $-3.75\%K^{-1}$，当波长从 400nm 变到 1 100nm 时，透光率从 0.31% 增加到 70%。实验表明，其最佳的热处理温度为 470℃，当温度高于 530℃ 时，薄膜出现过烧。与其他方法相比，其最高热处理温度较低。

（2）真空蒸发和电子束蒸发。真空蒸发和电子束蒸发是氧化钒薄膜制备的有效方法。采用真空蒸发结合真空脱氧，然后在室温下用 1.7MeV 的粒子流轰击，最后退火处理得到 VO_2，其相变前后电阻率变化达 10^4 量级，同时不同的退火处理显著影响相变温度和相变弛滞环的宽度。

（3）气相沉积法。气相沉积法通常有等离子气相沉积（PCVD）和低压金属有机物化学气相沉积（LPMOCVD）两种。PCVD 以 V_2O_5 粉末为蒸发源，在 $1×10^{-3}Pa$ 真空下完成，简单易行，但易造成腐蚀；LPMOCVD 以 $VO(O-i-Bu)$ 为蒸发源，在 N_2、钒酸盐蒸气和 O_2 的混合气体中进行，避免了传统化学气相沉积卤化过程中腐蚀性气体的存在，但设备昂贵。气相沉积法得到的 V_2O_3 薄膜在还原性气氛下热处理,使 +5 价 V 转变为 +4 价 V,得到 VO_2 薄膜。这种方法得到的 VO_2 薄膜是外延生长制得,故晶格畸变小,晶粒微细均匀,纯度高,相变时电阻变化可达 $4\sim5$ 个数量级。若在空气中处理还可调整 V_2O_5 薄膜的结晶状态,但这种方法的设备和实验费用昂贵,成本高。

(4) 溅射法。离子束溅射法是一种沉积多层薄膜的有效方法,它能在较高真空下进行,溅射的原子能量较高,使制备所得的薄膜均匀,沾污少,与衬底的附着力强,且能在低温下沉积薄膜。采用离子束溅射 V_2O_5,在氮氢混合气体下还原退火,得到电阻率低、TCR 高的氧化钒薄膜。

采用离子束加强沉积法直接得到 VO_2 的多晶膜,在气氛和热处理温度($550\sim600$℃)合适时,多晶膜的电阻率可达到 $2\sim4\Omega\cdot cm$,TCR 高于 $-4\%K^{-1}$。采用离子束溅射法沉积氧化钒薄膜,得到致密、超微($\leqslant50nm$)的氧化钒薄膜,其在 $30mm\times30mm$ 范围内均匀性达 98%,方块阻值为 $50k\Omega$,在 28℃时的 TCR 为 $-2.1\%K^{-1}$。同时,实验表明在氩气中退火后,其电阻率下降。对纯度为 99.7% 的 V_2O_5 粉,采用增强的离子束溅射沉积法(IBED)制备出 VO_2 多晶膜,其 TCR 大于 $-4\%K^{-1}$,其原因是 IBED 带来的氧缺位和晶界的减小。该法制备的 VO_2 具有单晶相,结构致密,与其他方法制备的 VO_2 比,在半导体相的导电激活能更接近于 VO_2 单晶激活能。另一种溅射法采用直接先溅射金属钒,然后氧化扩散,最后在氩气中退火的方法制备氧化钒薄膜。该方法制备的薄膜的电阻变化率达 3 个数量级,红外透过率达 60%,而 TCR 较离子束溅射法制备薄膜的低(室温时为 $-3\%K^{-1}$)。

采用金属钒磁控溅射法镀膜,分析结果表明,氧分压和薄膜厚度是影响其薄膜化学当量的两个最重要的因素。H. T. Yuan 等发现 Pc - Ni/VO_2 薄膜在中红外($1.5\sim5.5\mu m$)的红外透过率较 VO_2 有所提高。

2. 相变温度的调整

降低相变温度使其接近于室温,是氧化钒薄膜研究的一个重要发展方向。常采用的方法有掺杂方法和新的成膜工艺两种。

(1) 掺杂方法。掺杂能有效降低氧化钒相变温度,其过程实际上是掺杂离子对氧化钒中离子的取代,逐步破坏其晶格结构的过程。它在降低相变温度的同时,也造成相变前后电学、光学等相变特性的变坏。掺杂的元素主要有铌、钼、钨等,每 1% 的原子掺杂能分别降低相变温度 11℃、11℃ 和 28℃。

对 VO_2 分别进行 1%、4%、7% 的钼掺杂,其相变温度分别变为 47.5℃、34℃ 和 24℃。1988 年,F. C. Case 用电子束蒸发和 500℃ 退火,在蓝宝石基底上镀制了相变温度为 38℃ 的 VO_2 薄膜,只掺杂 0.9% 的钨,其相变性能变化很小。这表明掺杂并结合适当的工艺是降低相变温度的适宜途径。将 99.9% 的 VO_2 前驱体加入甲醇中,用溶胶—凝胶法在硅基片上沉积出高定向(110)的 VO_2 薄膜,同时进行铬或钼掺杂。研究表明,铬或钼的掺杂能明显改变薄膜的 TCR,其中铬的掺杂起降低 TCR 的作用,而钨的掺杂能将薄膜的 TCR 从 $-1.8\%K^{-1}$ 增加到 $-5.2\%K^{-1}$,其最大值出现在 20%(原子数分数)的钨掺杂处,适合于非制冷红外焦平面阵列的制作。采用适当的工艺和热处理方法,对 VO_2 进行

Sn 掺杂，可得较好的热色现象，但其相变温度比未掺杂的高。

（2）新的成膜工艺。降低相变温度的另一个途径是，在不掺杂的情况下探索不同的薄膜制备工艺。该研究表明，外延型的 VO_2 薄膜有较低的相变温度（45℃），很小的热迟滞现象，但其电阻变化率为 10^2 量级。

在 TiO_2(001)基片上成膜的 VO_2 外延膜的单晶，其相变温度从 341K 降到 300K，是由于外延压力的影响带来的 c 轴长度的压缩；相反，在 TiO_2(110)基片上成膜的 VO_2 的外延膜的单晶，其相变温度从 341K 升至 369K，是由于外延压力的影响带来的 c 轴长度的增长。外延型 VO_2 相变温度为 45℃，但其电阻率的变化幅度仅为 10^2 量级。研究发现，在 R(012)型蓝宝石基片上采用激光脉冲沉积法外延生长的 VO_2 薄膜，其相变温度比在 C(001)型蓝宝石基片上沉积的 VO_2 薄膜更低，相变更明显，这都表明基片对成膜的影响有待进一步的研究。

3. 研究方向

目前对 VO_2 的研究主要集中于如何获得高品质薄膜以及如何降低相变温度等方面。

（1）高品质 VO_2 薄膜制备技术的探索。由于金属钒的氧化物种类很多，使制备高纯度 VO_2 较为困难。目前的制备方法有很多种，如普通反应蒸发、粒子束反应蒸发、磁控溅射、溶胶—凝胶、无机溶胶—凝胶、激光剥离以及液相沉积法等。由于在不同的制备方式下，最佳的制备条件不尽相同，而这些参数对于所制备薄膜的热开关性质的影响又很大，现在大部分工作都集中在探索不同制备方式下的最佳制备条件上。

采用无机溶胶—凝胶法制备的 VO_2 薄膜的相变温度大约是 60℃，所制备膜的电阻率的变化幅度在 4～5 个量级，较低的相变温度以及良好的热开关性能为 VO_2 薄膜的商业应用创造了良好的条件。另外，这种方法可以在非晶基底上镀膜，具有制备膜与基底的附着力强、膜层表面光滑等突出优点，并且薄膜制作过程非常简单，费用低廉。用水成溶胶（aqueous sol）方法和醇盐溶胶（alkoxide sol）方法以及直流磁控溅射方法制备 VO_2 薄膜，得到的相变前后电阻率数量级的变化分别为 3.0、2.0 至 2.5、2.0，低于以前所得到的电阻变化率，热迟滞环宽度分别为 7℃、10℃、15℃。光学性质方面，由于第一种方法得到的薄膜较厚，在半导体态时的反射率较高，相变前后透过率变化较小；另两种方法得到的薄膜性质相差不多。水成溶胶方法要好于醇盐溶胶方法。另外一种可以制备非晶薄膜的方法是液相沉积法，这种方法是通过向 V_2O_5 溶液中加入铝来实现的。这种方法制备的薄膜同样具有与基底的附着能力强的优点。以上这两种制膜方法的共同缺点是制备参数不易控制。

采用反应蒸发方式制备 VO_2 薄膜时，关键是要严格控制基底温度、通入氧气的含量等，这些都直接影响到所制备的是四价钒还是其他价钒。比如，在激光剥离法（laser ablation）制备 VO_2 薄膜的实验中，当基底温度为 500℃时，随着氧气压从 1.333Pa 上升至 3.999Pa，VO_2 薄膜性质趋于更好，恰好与温度较低（300℃）时的情况相反；当镀膜温度在 400℃时，最佳氧气压为 2.666Pa。可见，氧气的通入量和基底温度对制备膜性质有很大影响，这些参数的选取在制备二氧化钒膜时都应该充分考虑。另外，由于不同的制备方法金属钒的蒸发速率、与氧气发生反应的时间等都不同，所以薄膜最佳制备条件也有很大差异。

在各种采用反应蒸发方式制备 VO_2 的方法中,磁控溅射法由于具有工艺参数易于控制、所镀制薄膜与基底附着力强等优点,目前仍是 VO_2 薄膜制备的主要研究方法。

(2)降低 VO_2 相变温度的研究进展。VO_2 的相变温度在 $68℃$ 左右时,高的相变温度大大阻碍了 VO_2 的应用,但到目前为止,人们还没有找到一种切实可行的办法生产出高光透对比度、低相变温度的 VO_2 薄膜来满足商业应用的需要。对于降低相变温度的努力主要集中在两个方面,一个是在不掺杂的情况下探索不同的薄膜制备工艺,另一个就是采取掺杂的办法。

研究表明,外延型的 VO_2 相变温度为 $45℃$,远远小于通常所看到的 VO_2 的相变温度($68℃$),而且热迟滞现象也不明显,这使它成为一种在非掺杂情况下能够比较有效地降低相变温度的方法。这种方法的缺点是,由此制备的外延型 VO_2 的电阻率变化幅度仅为 10^2 量级,远远低于采用无机溶胶—凝胶等其他方法制备良好的 VO_2 薄膜相变跃迁后的电阻率变化幅度。

掺杂法是一种比较有前途、能有效降低 VO_2 相变温度的方法。掺杂的过程实际上就是一个逐步破坏 VO_2 半导体态稳定性的过程。其原理是通过掺杂离子对 VO_2 中氧离子或钒离子的取代来破坏 $V^{4+}—V^{4+}$ 的同极结合。随着 $V^{4+}—V^{4+}$ 同极结合的减少,VO_2 的半导体相变得不稳定,从而也就使 VO_2 金属态—半导体态的转变温度得到降低。显然,掺杂离子对二氧化钒中离子的取代同时会造成二氧化钒晶格结构的变化,这种变化的直接后果是导致掺杂后的薄膜在相变前后光学、电学特性变化幅度减小。因此,在掺杂的过程中针对具体需要还必须选择适当的杂质,以保证既可以有效降低相变温度,又不使 VO_2 的相变跃迁幅度太小。

目前掺杂的主要办法有两个,一个是在制备 VO_2 薄膜的同时进行掺杂,另一个是采用高能杂质离子轰击已制备好的 VO_2 薄膜。这两种方法都可以有效地降低 VO_2 的相变温度。实验研究表明,在离子轰击法的掺杂实验中,对于某些掺杂物质,每百分比的杂质浓度可以导致 VO_2 薄膜的相变温度降低十几度,达到接近室温的程度。这种方法的优点是工艺过程比较容易控制。但是,离子轰击法也有它不足之处,即掺杂均匀性不容易控制,制备掺杂膜的过程较为复杂。

9.5.2 非晶硅(α—硅)薄膜

9.5.2.1 简介与制备技术

1. 简介

20 世纪 70 年代以前,人们普遍采用真空蒸发法和溅射法来制备非晶硅薄膜,但当时制备的非晶硅薄膜的性质不佳,因而并不特别受人注意。从 20 世纪 70 年代中期开始,发展了辉光放电分解沉积的非晶硅制备技术,由这一技术所制备的非晶硅薄膜具有十分引人注目的光学和电学性质。它与传统的非晶硅的差别在于材料中含有一定量的氢,氢的引入大大降低了材料中的缺陷态密度。α—Si:H 这一新材料的特点可归纳为:

(1)在可见光波段上光电灵敏性好,有很强的光电导和较大的光吸收系数。

（2）光电性质连续可控性，不仅可通过掺杂改变导电类型，而且可通过控制沉积条件连续地调整材料的光电性质。

（3）能源消耗和材料消耗较少，便于大面积和大规模沉积。

2. 常压 CVD 法

CVD 法 $\alpha-$Si 薄膜质量与以下工艺参数有关：①衬底温度；②反应室内温度梯度；③沉积时间；④气相在衬底位置上的停留时间（由衬底位置、气体流量决定）；⑤反应室尺寸与形状。退火对膜质量影响同样值得讨论，虽然这工艺并非薄膜沉积的一个参数，但它对材料的稳定性起着一定的作用。

以甲硅烷 SiH_4 为源，沉积非晶硅的工艺参数列于表 9-66 中。

表 9-66　以甲硅烷为源的常压 CVD 法工艺参数

源组分	衬底温度/℃	源流量/(ml·min⁻¹)	沉积速率/(Å·s⁻¹)	厚度/μm
$SiH_4$10%＋H_2	450～520	0.02～0.08	0.4～6	0.8

多硅烷源 CVD 法沉积系统如图 9-104 所示，硅化镁装于料斗中，由加料阀控制开闭，氩气流量及加料螺旋转速控制加料速度。硅化镁在反应容器中由机械搅拌搅匀与用水稀释的盐酸进行反应产生多硅烷。基本反应方程是：

$$Mg_2Si＋4HCl \rightarrow 2MgCl_2＋SiH_4 \uparrow$$
$$2Mg_2Si＋8HCl \rightarrow 4MgCl_2＋Si_2H_4 \uparrow ＋2H_2 \uparrow$$

实际的化学反应过程是十分复杂的。产生的气体中，除 SiH_4、Si_2H_4 和 H_4 等主要成分外，还含有少量的 Si_2H_4、Si_4H_{10} 等气体。混合气体中含有水汽、盐酸和其他杂质，必须经净化后才能进入反应室。其沉积工艺参数列于表 9-67 中。

表 9-67　多硅烷常压 CVD 法工艺参数

源组分	衬底温度/℃	源流量/(ml·min⁻¹)	沉积速率/(Å·s⁻¹)	厚度/μm
$SiH_4＋Si_2H_4＋H_2＋Ar$	400～500	0.05～0.2	1～10	0.8

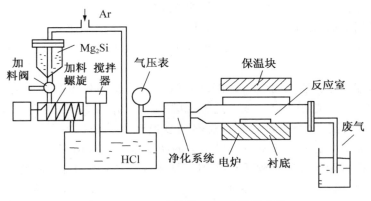

图 9-104　多硅烷源 CVD 法沉积系统

按表 9－66 和表 9－67 工艺参数沉积的薄膜光电导与暗电导的比值与衬底温度的关系如图 9－105 所示。可见,光、暗电导率(σ_p/σ_d)的比值一定时,两种源所需的淀积温度相差约 60℃,多硅烷常压 CVD 制备 α－Si 薄膜的衬底温度低一些。

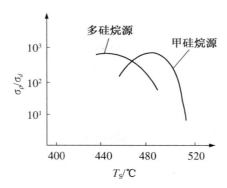

图 9－105　光、暗电导率的比值与衬底温度的关系

常压下 CVD 法制出的非晶硅薄膜具有独特的性质:

(1) 840～850cm^{-1} 的红外吸收带较狭窄,波峰很小,意味着膜中有较多的悬挂 H 键,基本没有 SiH$_n$($n>2$),结构简单。

(2) 在 CVD 法过程中的衬底温度比在 GD 法过程中的高,因此 CVD 法 α－Si：H 热稳定性好。

(3) CVD 法 α－Si：H 的带隙比含同样 H 含量的 GD 法 α－Si：H 低 0.1eV。

因此,CVD 法 α－Si：H 与太阳光谱更匹配。

3. 氢化非晶硅薄膜的制备方法

人们在制备优质稳定的 α－Si：H 的技术方面取得一定进展。Shirai 等采用"化学退火"的方法,形成比较刚性的硅网络结构,从而明显地提高了材料的稳定性。Dalal 等则使用电子回旋共振(LCR)激发氢等离子体技术,并渗入微量的杂质硼,也明显减小材料的不稳定性。此外,Williams 等使用分区(Remote)PECVD 技术,制备出具有较高光敏性($\sigma_p/\sigma_d \approx 10^3$)的掺硼补偿的 Uc－Si：H 薄膜,在强光长时间照射下,没有观察到光致退化效应。采用类似"化学退火"的层层淀积法,也取得了明显改善 α－Si：H 薄膜稳定性的效果。然而这些方法中存在工艺复杂、生长速率太低或光敏性、稳定性还不够高等问题。

采用"不间断生长/退火"技术,并配之以微量硼补偿制备出高性能的氢化非晶硅薄膜(α－Si：H),其光敏性(σ_p/σ_d)达到 10^6 量级,并且稳定性得以显著提高,在 100mW/cm^2 的白光长时间照射后没有观察到衰退现象。分析表明,高的光敏性及稳定性可归因于带隙缺陷态的显著减少和微结构的明显改善。在诸多因素中,大量原子态氢的退火处理和微量硼的补偿起到重要作用。具体制备条件如下:采用的 α－Si：H 样品是在高真空三室 PECVD 技术系统中生长的,沉积系统在生长前抽到≤1×10^{-4} N/cm^2 的高真空,并用氢等离子体进行辉光放电,以减少杂质浓度;衬底温度为 200～350℃;射频(13.56MHz)功率密度为 100～300mW/cm^2;反应气压为 40～110N/cm^2。生长时用大

流量的 H_2 稀释 SiH_4（100%），稀释度为 4%～8%。对有的样品通入极少量的 B_2H_6，B_2H_6 的 H_2 稀释度约为 10^{-4}；对不掺杂和硼补偿掺杂的样品，等离子体沉积条件相同。在上述沉积条件下，生长速率为 0.04～0.30nm/s，薄膜样品的厚度均为 0.7～0.9μm，光学带隙为 1.55～1.75eV。

9.5.2.2　红外探测晶体管用多晶硅薄膜与器件

1. 简介

非晶硅薄膜晶体管的源漏接触层采用离子注入法进行掺杂，与接触层气相掺杂型非晶硅薄膜晶体管相比，克服了工艺制作的困难，减少了对有源区沟道非晶硅薄膜的损伤，而且能够与铝电极形成良好的欧姆接触。背栅结构的薄膜晶体管要首先溅射金属铝栅电极。由于铝硅合金的熔点为 400℃，所以氮化硅栅介质层和非晶硅有源层的沉积温度应低于 400℃。研制的薄膜晶体管的栅介质层和有源层采用等离子体增强型化学气相沉积 PECVD 进行沉积，制作温度不超过 300℃，而且制备工艺简单，并能与常规 IC 工艺兼容。

2. 非晶硅离子注入工艺的仿真分析

非晶硅薄膜不同于单晶硅薄膜，由于悬挂键的存在，非晶硅薄膜中隐态密度较高。掺杂可以改变 $\alpha-Si：H$ 的电导率，但并不一定是每一个杂质原子都能对改变电导率做出贡献。由于 $\alpha-Si：H$ 中原子排列的无序性，替位杂质比较容易得到一个在晶体硅中得不到的能使其价键饱和的成键环境，而对改变本体材料的电导率有贡献的只是那些价键未饱和的杂质。

为了确定合适的注入剂量和注入能量，利用 SLVA 仿真软件中的非晶硅模型进行了非晶硅中离子注入的模拟。仿真条件：衬底浓度为 $1\times10^{14}/cm^3$，注入杂质为 Causs 分布，注入后在 300℃下氮气氛中退火 1h 以激活杂质。因为制作非晶硅薄膜时等离子体增强型化学气相沉积的衬底温度是 300℃，所以选择退火温度为 300℃，更高的温度可能会影响或甚至破坏非晶硅薄膜的结构或器件性能。为了分析注入剂量和注入能量对接触层掺杂效应的影响，首先设定注入能量为 20keV，变化注入剂量，得到仿真结果如图 9-106 所示。由图中可以看到，当注入剂量达到 $5\times10^{15}/cm^2$ 时，对应的表面杂质浓度为 $3.28\times10^{19}/cm^3$，峰值浓度为 $6.22\times10^{20}/cm^3$，已基本满足接触层的要求。能否得到良好的电极接触还与注入能量有关，制作的非晶薄膜晶体管有源层的厚度为 150nm，设定注入剂量为 $5\times10^{15}/cm^2$，变化不同能量得到的仿真结果如图 9-107 所示。由仿真结果可以看到，当注入能量为 20keV 时，峰值在 80nm 附近，这样源漏区的非晶硅薄膜就被注入的杂质恰好完全掺杂，而且表面掺杂浓度为 $3.28\times10^{19}/cm^3$，能够与金属铝形成良好的欧姆接触，有利于源漏电流的输运。因此，选择的注入能量为 20keV。

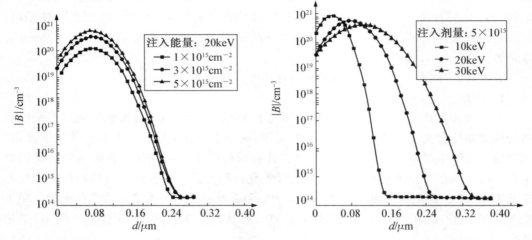

图 9-106　不同注入剂量下 α-Si 中硼的分布　　图 9-107　不同注入能量下 α-Si 中硼的分布

3．非晶硅薄膜晶体管的制作

根据前面确定的硼离子注入条件,结合已有的非晶硅薄膜晶体管非致冷红外探测器的制备工艺,进行离子注入型背栅非晶硅薄膜晶体管的制作。制作工艺流程如图9-108所示,简述如下:

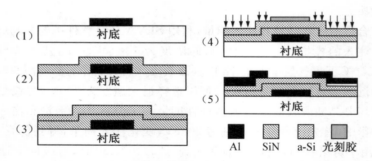

图 9-108　非晶硅薄膜晶体管的制作工艺流程

(1) 溅射铝并光刻,制作背栅电极。

(2) PECVD 沉积 SiN,栅介质层 180nm,沉积条件:$SiH_4/NH_3=50sccm/12sccm$,温度 300℃,射频功率 300W。

(3) PECVD 沉积有源层非晶硅并光刻形成有源区,有源层厚度为 150nm,沉积条件:SiH_4 为 40sccm,温度 300℃,射频功率 300W。

(4) 源漏硼离子注入,注入剂量为 $5\times10^{15}/cm^2$,注入能量为 20keV,并在 300℃下氮气氛中退火 1h。

(5) 溅射源漏铝电极并光刻,形成源漏电极。

4．性能与效果

由薄膜晶体管的输出特性曲线(图9-109)可知,制作出的非晶硅薄膜晶体管具有类似普通 MOS 晶体管的输出特性。由实验结果可知,用离子注入方法制备源漏电极接触层,从而改变接触区 $\alpha-Si:H$ 的电导率是可行的。与单晶晶体管相比,由于 $\alpha-Si:H$ 中悬挂键引起的隙态密度较高,非晶硅沟道中载流子的迁移率远远低于单晶硅,因此导致非晶硅薄膜晶体管的沟道电流小得多。因为 $\alpha-Si:H$ 薄膜不能耐高温,从而限制了硼离子注入后的退火温度,使杂质不能充分激活,这也是导致沟道电流较小的原因之一。但是,可以通过增大注入剂量以调节源漏接触层的电导率,降低源漏接触电阻,通过加大非晶硅薄膜晶体管的沟道宽长比以增大非晶硅薄膜晶体管的沟道电流。

由图 9-110 所示可知,随着环境温度的变化,非晶硅薄膜晶体管的沟道电流有较大的变化。室温下,沟道电流温度系数达到 4.83%/℃。用此种方法制作的非晶硅薄膜晶体管适于制作高性能的室温红外探测器。

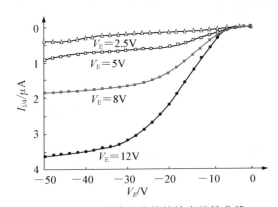

图 9-109　薄膜晶体管的输出特性曲线　　图 9-110　TFT 沟道电流随环境温度的变化

9.5.2.3　掺硼非晶硅薄膜

1. 简介

研究了 PECVD 制作的掺硼非晶硅薄膜电阻的电阻率随各种制备条件的变化特性和它的热电特性,制作出高灵敏度的适用于室温红外探测器敏感元件的掺硼 $\alpha-Si$ 薄膜电阻。制作的非晶硅电阻室温 300K 下的 TCR 高达 2.56%/℃,且制作工艺简单,与常规工艺兼容性好。

2. 制备方法

采用 PECVD 方法来制备,其主要工艺参数见表 9-68。

表 9-68　PECVD 沉积 $\alpha-Si:H$ 薄膜的主要工艺参数

沉积参数	典型值	沉积参数	典型值
SiH_4 浓度/%	10(用 Ar 稀释)	沉积温度/℃	200~500
B_2H_6	1(用 Ar 稀释)	射频功率/W	10~500
气体总流量/sccm	30~100	总气压/Pa	5~100

3. 性能

(1) 掺硼非晶硅薄膜电阻的电特性。通常测辐射热计被用作热成像焦平面阵列的单元,为了避免引入较大的热噪声,测辐射热计的电阻一般都控制在几兆欧以内,但是本征 $\alpha-Si$ 的电阻率 ρ 高于 $10^{10}\Omega\cdot cm$,因此必须通过掺杂来降低薄膜的电阻率,以获得合适的电阻,同时保证较高的电阻温度系数。图 9 - 111 所示为制备的掺硼 $\alpha-Si:H$ 样品的电阻率随 B_2H_6/SiG_4 掺杂比的变化规律。固定 SiH_4 的流量为 40sccm,改变 B_2H_6 的流量,由图 9 - 111 所示可以看出,当非晶硅薄膜由本征过渡到 B_2H_6/SiH_4,掺杂比为 0.005 时,室温下 $\alpha-Si$ 的电阻率由本征态时的 $2.7\times10^9\Omega\cdot cm$ 迅速减至 $3.2\times10^3\Omega\cdot cm$,变化了约 6 个数量级;当 B_2H_6/SiH_4 掺杂比由 0.005 增至 0.025 的过程中,非晶硅薄膜的电阻率缓慢减至 $37.7\Omega\cdot cm$。所以,PECVD 沉积 $\alpha-Si:H$ 的气相掺杂具有明显的掺杂效应。当掺杂比 $r>0.015$ 时,掺杂效率出现饱和趋势,并且重复性较好。制备的掺硼 $\alpha-Si$ 薄膜厚度为 280nm。

(2)掺硼非晶硅薄膜电阻的热电特性。TCR 与优值 M 随电阻率的变化如图 9 - 112 和图 9 - 113 所示。

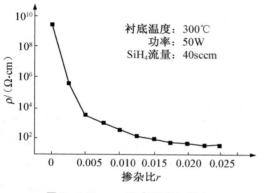

图 9 - 111　$\alpha-Si$ 电阻率与掺杂
比 B_2H_6/SiH_4 的关系

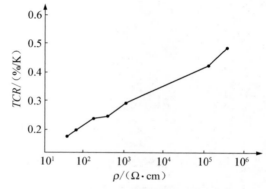

图 9 - 112　TCR 随电阻率的变化

由于掺杂非晶硅薄膜的激活能随着温度的增加而减小,因此不同环境温度下的电阻温度系数也不相同。测试了电阻率为 $37.7\Omega\cdot cm$ 时,TCR 与环境温度的关系,实验结果如图 9 - 114 所示。可以看出,电阻温度系数随着温度的升高而降低。

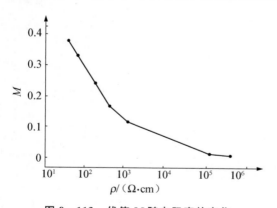

图 9 - 113　优值 M 随电阻率的变化

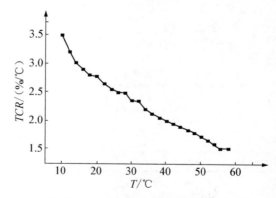

图 9 - 114　TCR 随环境温度的变化

4. 效果

室温下非晶硅电阻的 TCR 可以达到 $2.56\%/℃$，制得的非晶硅薄膜电阻与其红外探测敏感元件的比较见表 9-69。由此表可以看出，IC 工艺常规材料，工艺温度 300℃，$\alpha-$Si电阻的灵敏度要高于 VO_2 电阻、掺硼 poly$-$SiGe 电阻、掺硼 poly$-$Si 电阻和 Pt 金属薄膜的灵敏度。把这种高电阻温度系数的非晶硅电阻元件与较好的热绝缘结构相结合，有望制成高性能的室温红外探测器。

表 9-69　几种敏感元件的比较

元件名称	敏感度	灵敏度	与 IC 工艺兼容性
掺硼 $\alpha-$Si 电阻	电阻率	$-2.56\%/℃$	IC 工艺常规材料，工艺温度 300℃
掺硼 poly$-$SiGe 电阻	电阻率	$-1.9\%/℃$	IC 工艺常规材料，工艺温度 300℃，热处理温度 650℃
VO_2 电阻	电阻率	$-2\%/℃$	IC 工艺常规材料，工艺温度 750℃
掺硼 poly$-$Si 电阻	电阻率	$-1\%/℃$	IC 工艺常规材料，工艺温度 950℃
Pt 金属薄膜	电阻率	$0.1\%/℃$	IC 工艺常规材料，常温制备
$BaSiTiO_3$ 薄膜电容	介电常数	$-2.8\%/℃$	非 IC 工艺常规材料，最高工艺温度 800℃

9.5.3　其他热敏电阻型红外探测材料

9.5.3.1　铂/钛金属薄膜

1. 简介

铂/钛具有良好的导电性、电阻小、耐腐蚀、耐高温等特点，用铂/钛制备的薄膜尽管与铁电薄膜有较大的晶格失配度，但抗化学腐蚀及抗氧化性良好，电导率也高，因此在非制冷红外探测器的研制中常用作下电极材料。

2. 制备方法

（1）Pt/Ti 下电极生长方法选择。

① 可进行实时退火。

② 时间短（一天大概可做四五次实验）。

③ 厚度易于控制。

④ 易于保证薄膜成分与靶材基本一致。

⑤ 机械附着力好。

⑥ 工艺技术较成熟。

⑦ 容易实现（有现成可用的磁控溅射设备）。

选择直流磁控溅射作为 Pt/Ti 下电极的制备方法。

（2）薄膜生长对 Pt/Ti 下电极的要求。

① 机械附着力好，能经受后续芯片工艺。

② 厚度可控。

③ 微观表面形貌好，无沾污及缺陷等。

④ 晶粒呈(111)方向生长。

(3) 生长工艺参数设计。对薄膜质量、厚度、生长时间产生重大影响的主要是以下几个参数：

① 真空度：查资料得知使用氩气作为工作气体时，溅射时真空度一般在 $10^{-1} \sim 10$Pa 范围内，现暂取 7Pa。

② 靶材和基片的距离：40mm。

③ 溅射功率：70W。

④ 溅射时间：随厚度而定。

⑤ 基片温度：$100 \sim 300$℃。

(4) 设备。沈阳天成高真空多靶磁控溅射镀膜机（单室、四靶、四工位），靶尺寸为 ϕ 462mm，有反溅清洗功能，电源功率为 1 200W。

(5) 制备过程与膜厚控制。

① 硅片清洗：把基片浸泡在甲苯中用超声波清洗机清洗 5min，然后放入丙酮中再用超声波清洗 5min，最后放入酒精中用超声波清洗 5min，用氮气枪吹干后放入样品托中备用。

② 预抽真空：把装有基片的样品托放入镀膜机中干后，先进行预抽真空，尽量减少真空室中的气体污染。

③ 反溅清洗：用反溅离子源对基片进行反溅清洗以去除基片表面杂质。

④ 预溅射：用挡板挡住基片进行溅射去除靶材表面的杂质。

⑤ 加温：在整个溅射过程中加温 100℃增强薄膜的附着力。

⑥ 正式溅射：按照已设计好的工艺参数溅射生长薄膜。

3. 性能

膜厚实测情况如下：

Ti(5min)厚度：172.735nm。

Ti(10min)厚度：320.9nm。

Pt(2min)厚度：95nm。

Pt(5min)厚度：236.2nm。

从以上数据来看，薄膜的厚度与生长时间基本呈线性关系，只要对溅射时间进行控制，即可达到控制膜厚的目的。

从 Pt/Ti 金属下电极的 X 射线衍射图谱中可以看出，在 $2\theta \approx 40°$ 时出现了很强的 Pt(111)晶向的衍射峰($2\theta \approx 40°$ 的衍射峰是 Pt/Ti 合金的衍射峰)，从晶体结构的角度来讲已基本满足铁电薄膜生长的要求。

4. 效果

经过大量的工艺实验，采用直流磁控溅射的生长方法研制出具备如下性能参数的 Pt/Ti 金属 F 电极薄膜材料：

(1) 薄膜厚得到有效控制。

(2) 机械附着力完全达到要求。

（3）薄膜表面形貌达到预期目标。

（4）薄膜呈（111）择优取向生长。

9.5.3.2　TiO_2 薄膜

1．基本特性

TiO_2 是一种性能优越的宽带隙 N 型半导体，具有独特的量子尺寸效应、表面和界面效应、宏观量子隧道效应等性质，具有独特的力学、电学、磁学、光学等性能，纳米结构二氧化钛的特殊物理和化学特性受到广泛重视，在光催化、光电转换器、传感器、红外探测器等方面具有广阔的应用。自然界中 TiO_2 主要有两种晶型结构：锐钛矿相和金红石相。它们都属于四方晶系，其中锐钛矿相的晶格参数 $c/a>1$，具有显著的光催化及光电活性；金红石相的晶格参数 $c/a<1$，具有良好的光学活性。对它的制备、性能和应用展开了深入的研究。常规二氧化钛单晶的发光对温度极为灵敏。界面原子排列和较大的键组态的无规则性，使纳米结构材料的光学性质不同于常规晶态和非晶态材料。对纳米二氧化钛粉末研究得比较多，与粒子相比，TiO_2 薄膜具有透明性好、可重复利用等优点。近年来 TiO_2 纳米晶薄膜引起了人们广泛的关注。由于纳米半导体微粒的特殊层次和相态，若想使其特殊性能以材料形式付诸于应用，则必须实现它以某种形式与体相材料复合与组装，由此引起的量子尺寸效应、表面效应、宏观量子隧道效应、电磁效应等，制备多层膜及复合膜将是研究的一个方向。

2．制备方法

TiO_2 薄膜的制备方法可大致分为物理法、化学法，或者物理化学的结合，尤其是技术的发展，使得制备工艺更趋向于多样性。目前常用的制备方法有溶胶—凝胶法、溅射法、化学气相沉积法。

（1）溶胶—凝胶法。溶胶—凝胶法是目前制备无机材料薄膜使用较广的一种方法，由于其生产成本低，镀膜时所需的温度也较低，因此受到重视。其原理是以适宜的无机盐或有机盐为原料制得溶胶涂敷在基体表面，经水解和缩聚反应等在基材表面胶凝成膜，再经干燥、煅烧与烧结获得表面膜。溶胶—凝胶法一般由以下步骤组成：金属醇盐溶液配制；基材表面清洗；基材上形成液态膜；液态膜的凝胶化；干凝胶转化为氧化物薄膜。

TiO_2 薄膜的制备中，一般采用的金属盐溶液有 $Ti(OClH_9)$、$TiCl_4$、$Ti(SO_4)_2$ 等，溶剂常用乙醇等，常用催化剂有 HNO_3、HCl、CH_3COOH、NH_4OH 等。先用超声波清洗器对基材进行清洗，然后可以用离心旋转法、浸渍提拉法或喷镀法镀在基材的表面，目前采用较多的是浸渍提拉法。溶胶膜在基材上形成后，在湿度为 40% 的水蒸气气氛中发生水解、缩聚等化学反应，转变为凝胶膜，然后在 120～150℃烘干，一般于 500～800℃烧结为氧化物薄膜。

（2）溅射法。在真空室中，利用荷能粒子（如正离子）轰击靶材，使靶材表面原子或原子团逸出，逸出的原子在工件的表面形成与靶材成分相同的薄膜，这种制备薄膜的方法称为溅射成膜。由于该方法镀的二氧化钛薄膜与基体附着能力强，且可以实现在大面积的基体上均匀镀膜，因此被人们广泛采用。目前，人们主要采用的溅射法有直流溅射、射频溅射、磁控溅射、反应溅射，且靶材的选择对镀膜工艺存在着一定的影响。

以 Ti 为靶材,采用直流反应溅射,操作时对气氛、基体温度、总压力有严格要求,否则会影响薄膜的光学性质和致密度,同时存在溅射速率低的问题。以 TiO_2 为靶材,采用射频溅射,以纯氩气为溅射气体,因 TiO_2 的制作简单,且在操作过程中可以通过改变射频溅射参数控制薄膜的结构和光学参数技术,发展较为成熟,目前已被广泛采用,但仍存在溅射速率低的问题。以 TiO_{x-2} 为靶材,因其沉积速率高、对基体损害小、操作方便等优点,受到了人们的重视。

(3) 化学气相沉积法。化学气相沉积法是利用蒸镀材料或溅射材料来制备薄膜,所得薄膜除了从原材料获得组成元素外,还与基片发生化学反应,获得与原成分不同的薄膜材料。用该方法可以制备不同材料的薄膜,如硅化物、氮化物、氧化物等。根据材料的不同,选择相应的温度、压力、气体浓度等重要的参数。

研究了在减压情况下,对薄膜沉积率、表面形貌、晶形的影响。实验结果表明,在 600Pa 下沉积率最大,在底物温度为 260℃ 的时候可使 TiO_2 转化为锐钛型,表观活化能 $\Delta E = 57.086kJ/mol$。

化学气相沉积过程中,可以利用物理激励使气体活化,其主要的方式有等离子体激励和光激励。等离子体的激励作用,在于使气体等离子化,从而降低反应所需的温度。由于等离子体过程中高能粒子对基片轰击,会对器件质量造成不利影响等因素,故可以采用光激励方法,其机理为:选择气体吸收的波段,用光辐射来激励气体。

3. TiO_2 薄膜常用的载体

TiO_2 薄膜的不同载体,对 TiO_2 薄膜的光催化性能有一定的影响。常用的载体有玻璃、铝片、钛片、陶瓷、不锈钢、铜片等。研究者对不同载体对 TiO_2 薄膜光催化活性的影响进行了试验研究,结果表明,TiO_2 薄膜的钛片的光催化活性最高,优于陶瓷、不锈钢、铝片、铜片。此外,不同的加热工艺条件下,所用载体对光催化活性的影响也不一样,玻璃在 580℃ 时的催化性能最好,而钛片在 520℃ 时性能达到最佳值。

在 TiO_2 薄膜的性能方面,为了提高其光催化性能和亲水性,研究者将 TiO_2 薄膜与其他氧化物薄膜复合,以及掺杂 Pb^{2+} 等金属离子,这也将是 TiO_2 薄膜近期研究的重点和发展趋势。在制备工艺方面,除了基于传统方法的优化组合,还有各种新的方法的尝试和运用。随着 TiO_2 薄膜制备的传统工艺的日渐成熟、新工艺的不断完善,其应用前景将更加广泛。

9.5.3.3 钇钡铜氧化物薄膜

1. 简介

中远红外和亚毫米波段含有丰富的频谱资源,由于缺乏相应的相干光源和光探测器,至今未得到充分利用和开发。自由电子激光的出现,为推动该波段的技术发展创造了条件,但光探测器的缺乏仍是一个制约因素。目前在该波段也发展了多种光探测器,高温超导钇钡铜氧化物(YBCO)薄膜探测器是最具潜力的一种。利用北京自由电子激光(BFEL)所具有的中红外、相干光、波长可调和脉冲时间结构等特点,对一种 YBCO 中远红外探测器的性能进行测定。实验表明,高温超导 YBCO 薄膜光探测器不仅具有快速响应、较高灵敏度的特点,而且具有良好的带宽特性和较好的稳定性,是一种极具发展潜力的中远红外光探测器材料。

2．YBCO 高温超导薄膜光探测器的制备

YBCO 高温超导薄膜由直流磁控溅射法生成，膜厚为 300nm，c 取向，在 77K 温度下典型的临界电流密度大于 $1 \times 10^6 A/cm^2$，采用 $(100)Zr(Y)O_2$ 衬底，尺寸为 10mm×5mm×1mm。利用 1% 的 H_3PO_4 溶液通过湿法刻蚀将 YBCO 薄膜制成中间为 $210\mu m \times 70\mu m$ 的桥形器件，四个电极处通过掩膜蒸金，经过 1h、480℃ 的处理，以改善金属和超导膜之间的欧姆接触，然后在电极上压铟做成四端子引线。

3．性能

在自由电子激光进入光探测器之前，先利用变温系统测量微桥电阻随温度变化情形，结果如图 9 - 115 所示。超导桥的尺寸为 $210\mu m \times 70\mu m \times 0.3\mu m$，起始转变温度为 80K，偏置电流分别为 1mA 和 10mA。由两条超导膜电阻随温度变化曲线的对比发现，偏置电流增大，超导转变电流降低，转变温区拓宽，曲线斜率降低意味着光照灵敏度降低。

图 9 - 116 所示为当偏置电流为 10mA 时，微桥直流输出电压随温度的变化。这一变化十分有用，可以通过器件电压的变化来推断微桥平均温度的改变。图中显示在 82K 温度附近，87mV 的电压增量相应于 $\Delta T = 0.62K$ 的温升，利用这种关系，若知道激光的辐射功率 ΔP 与响应电压 ΔV，可计算超导薄膜和衬底之间的热导 G，进一步求出探测器的时间响应常数 τ。

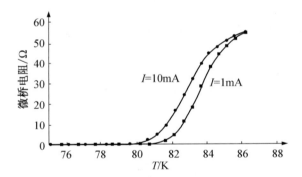

图 9 - 115　高温超导光探测器薄膜电阻随温度的变化

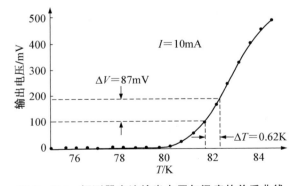

图 9 - 116　探测器直流输出电压与温度的关系曲线

图 9-117(a)所示为由快速 HgGdTe 探测器测量的 FEL 的脉冲波形,工作温度为 80K,上升和下降时间约 1μs,自由电子激光波长 λ＝10.7μm。为了比较,图 9-117(b)所示为 YBCO 探测器测量的 FEL 的脉冲波形响应,它的时间响应 Δt_FWHM＝1.4μs,工作温度为 77.7K,所加电流为 10mA。可以看出,YBCO 探测器具有比 HgGdTe 探测器更快速的时间响应。

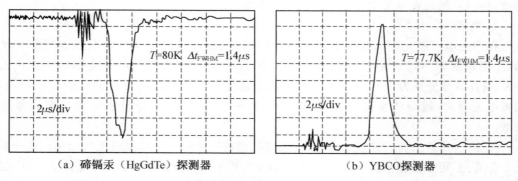

(a) 碲镉汞(HgGdTe)探测器   (b) YBCO 探测器

图 9-117 两种探测器对 FEL 光信号的时间响应(波长为 10.7μm)

图 9-118 所示为 YBCO 探测器电压响应率 R_V 以及电阻随温度的变化率 dR/dT 与温度 T 的关系曲线。超导 R-T 热探测器的最大特点,就是利用超导温度转变区电阻随温度急剧变化的特性达到对电磁辐射探测的目的。对于本次实验中的情况,测得器件固有电压响应率 $R_V＝1.75V/W$,探测器能达到的最小噪声功率为 $P_{NE}＝1.9×10^{10}$ $W/Hz^{1/2}$。

图 9-119 所示为 YBCO 探测器红外光谱响应曲线,显示了探测器具有平直的光谱响应特性。

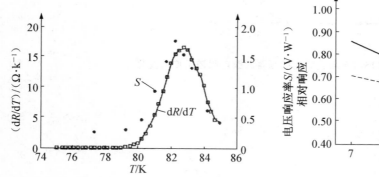

图 9-118 电压响应率 R_V 及电阻随温度变化率 dR/dT 与温度 T 的关系曲线

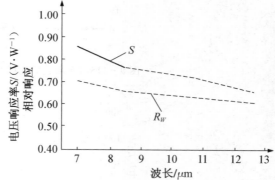

图 9-119 YBCO 探测器红外光谱响应曲线

4. 效果

利用自由电子激光在中红外区域波长可调、强相干光、短脉冲时间结构的输出特点,测得高温超导 YBCO 薄膜探测器在中红外区具有小于微秒量级的时间响应、平坦的光谱响应和足够的灵敏度,以及比较好的稳定性。因此,YBCO 薄膜探测器是一种比较经济的具有发展前途的宽带光探测器。

实验已经证明,用 YBCO 薄膜能制成相当好的红外探测器,在测辐射热模式中响应低,但其灵敏性要比非测辐射热模式大 3～4 个数量级。在 90K 下测量灵敏度和 D^* 高达 $2.1 \times 10^8 \, \mathrm{cm \cdot Hz^{1/2} \cdot W^{-1}}$,相应的噪声等效功率($P_{NE}$)约比 Hu 和 Richards 等人估计的实际值大 4 倍。因此,通过优选膜厚度、探测器几何结构、膜质量,如像颗粒结构、工作条件以及具有小的热导率和比热的衬底等,进一步改进是可能的。还发现在非测辐射热模式中,速度要比仪器 10ns 的分辨率快,并且噪声小于可探测极限 $1.8 \times 10^{-9} \, \mathrm{V/Hz^{1/2}}$。

9.5.3.4　镧钙锰氧化物薄膜

1. 简介

随着薄膜制备技术的发展,人们开始尝试利用一些具有一定功能的新型材料去制备各种功能器件,其中一种新材料的选择就是巨磁阻薄膜材料。由于对材料性能和结构的深入了解是开发和研制器件的关键,尤其薄膜材料的微结构对薄膜性能而言往往是决定性的,因此对材料微结构的分析就显得尤为重要。

用溶胶—凝胶法制备 $La_{0.8}Ca_{0.2}MnO_3$(LCMO)巨磁阻薄膜样品,用 XRD、偏光显微镜以及 AFM 对样品结构特性进行分析,并根据分形理论进行形貌的模拟。

2. 制备方法

(1) 前驱体溶液的制备。以乙二醇甲醚为溶剂,按 La : Ca : Mn＝0.8 : 0.2 : 1 的化学计量比依次加入硝酸镧[$L(NO_3)_3 \cdot 6H_2O$]、乙酸锰[$Mn(C_2H_3O_2)_2 \cdot 4H_2O$]和乙酸钙[$Ca(C_2H_3O)_2 \cdot H_2O$],并用磁力加热搅拌器搅拌使之反应充分、均匀,60℃下回流 12h,最后得到稳定透明的棕褐色溶液,即镧钙锰氧的前驱体溶液。为了使溶质溶解充分,回流时加入过量的乙二醇甲醚溶剂,因最终得到的溶液过稀,不能直接作为旋涂在基片上的凝胶,而需经烘烤浓缩后才能使用。

(2) LCMO 薄膜的制备。硅片上的 LCMO 薄膜制备采用旋涂法,将硅基片放在匀胶机的转盘中央,开动真空泵,使基片被牢牢地固定,然后在基片上滴加合适浓度的 LCMO 前驱体溶液,并以 6 000r/min 匀胶 50s,最后将旋涂好的湿膜放入烘箱中烘烤 10min。重复上述步骤 10 次使薄膜达到一定厚度,最后在 800℃下热处理 48h。

(3) 工艺制备过程。Si 基 LCMO 薄膜的溶胶—凝胶工艺制备过程如图 9-120 所示。

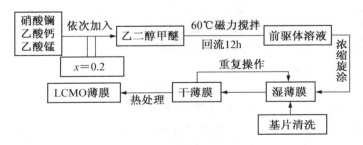

图 9-120　Si 基 LCMO 薄膜的溶胶—凝胶工艺制备过程

3．性能

从图 9-121 所示可以看出，样品的衍射主峰主要以（002）为衍射主峰，在 32.5°附近出现。衍射主峰强且尖锐，说明薄膜样品的成相情况良好。

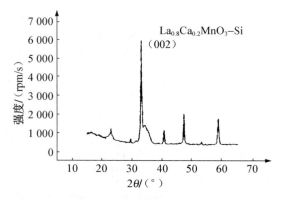

图 9-121　LCMO/Si 薄膜的 XRD 图谱

经计算，样品的晶格常数为 $a=0.548\,1nm$，$b=0.772\,72nm$，$c=0.549\,32nm$，薄膜样品晶体结构属正交晶系。LCMO 薄膜的错配度为 -91%，错配度的计算数值接近于零，说明硅基片上溶胶—凝胶法生长的 LCMO 薄膜和硅基片匹配好。由于 LCMO 与硅片之间的失配度小，因此 LCMO 薄膜和基片界面间的应力应该很小，因而 LCMO 与硅基片界面处的界面态密度应该较低，位错少，从而可以保持器件的可靠性和寿命。

从掺杂浓度为 $x=0.2$ 的 LCMO 薄膜样品的偏光显微镜形貌图中可以看出，Si 基片上 LCMO 薄膜样品表现出明显的网格结构，网格的排列方式犹如"花"状分布。分析"花"的形状后可以发现，每一个"花"的结构都是以一个大颗粒为中心向外辐射 8～12 个"瓣"状的大颗粒，而这种规律的排列方式与硅片表面原子的 7×7 结构形貌十分相似。如果进一步用 AFM 研究大颗粒"瓣"的微结构，发现"瓣"的内部结构也呈现网格状特征，因此 LCMO 晶粒的生长可以看成是一种"自相似"网状结构的不断扩展。用溶胶—凝胶和旋涂法制备的 LCMO 薄膜晶粒排布均匀、平整致密、无明显缺陷、晶粒清晰可辨，说明 LCMO 薄膜结晶状况良好。

4．效果

用溶胶—凝胶法成功制备了成膜质量好的 $La_{0.2}Ca_{0.8}MnO_3$ 巨磁阻薄膜样品，XRD 测试结果表明硅片上的 LCMO 是以（002）取向为主的定向生长的薄膜，LCMO 薄膜与硅基片之间的失配度很小。用偏光显微镜以及 AFM 观测的结果表明，LCMO 薄膜的平面生长方式是网格状的自相似结构。在特定 Ca 掺杂浓度下，网格形状可以是"花"形的。

9.5.3.5　多晶锗硅薄膜

1．简介

为了实现热敏感元件和信号处理电路的单片集成，以进一步提高性能和降低成本，考虑到工艺兼容性问题，直接采用合适的常规半导体薄膜来制作热敏感元件将是很好的选择。

多晶锗硅近几年来日益受到关注，在很多应用中有替代多晶硅的趋势，如用作薄膜晶体管的有源层、MOS 管的栅电极和电互联材料等。由于 SiGe 合金的熔点要比单晶 Si 低得多,因此其晶粒生长、离子激活、掺杂扩散等物理过程所需要的热损耗都较小,在相对低的工艺温度就可以沉积 poly—SiGe 并对它进行热处理。

采用 poly—SiGe 作为测辐射热计的热敏电阻,除了考虑到它的生长和热处理温度较低以及电阻温度系数较高之外,还有一个重要原因是它的热导率比 poly—Si 和 α—Si 都要小。表 9 - 70 比较了 poly—Si$_{0.7}$Ge$_{0.3}$ 和 poly—Si 的一些特性,可以看出,当 Ge 的组分为 30％左右时,其热导率仅为 poly—Si 的 20％～25％。采用 poly—SiGe 材料制作热敏感元件可以降低测辐射热计的总热导,这对于提高它的灵敏度有重要意义。通常测辐射热计被用作热成像焦平面阵列的单元,为了避免引入过大的热噪声,测辐射热计的电阻一般都控制在几兆欧以内。本征 poly—SiC 的电导率很低,必须通过掺杂来降低薄膜的电阻率,以获得合适的电阻,同时保证有较高的 TCR。值得注意的是,电阻的热噪声电压与电阻率平方根成正比,为了将电阻的热噪声考虑进去,定义优值 $M=[TCR]/p^{1/2}$。

利用 UHVCVD 方法制备出 poly—Si$_{0.7}$Ge$_{0.3}$ 薄膜,研究了掺杂浓度、退火条件与电导率和电阻温度特性的相关性,并利用它制备出高性能的测辐射热计。

表 9 - 70　poly—SiGe 与 poly—Si 的特性比较

材料	电阻率/$\Omega \cdot$ cm	热导率/(W·m^{-1}·K^{-1})	掺杂浓度/10^{20} cm^{-5}
N—poly—SiGe	0.101	4.45	1～3
N—poly—SiGe	0.132	4.8	2～4
N—poly—Si	0.085	24	3.4
N—poly—Si	0.58	17	1.6

2．制备方法

采用超高真空化学气相沉积制备 poly—Si$_{0.7}$Ge$_{0.3}$ 薄膜。设备生长室本底真空度为 1.0μPa,硅片平置于载片台,气源为 SiH$_4$(浓度为 100％)和 GeH$_4$(浓度为 15％,H$_2$ 稀释),气源流向与硅片平行。

poly—SiGe 沉积在长有 SiO$_2$ 的硅衬底上,生长温度为 550℃,由于 poly—SiGe 在 SiO$_2$ 上的成核时间较长,需先通 7min SiH$_4$ 形成一层很薄的微晶硅种子层,其流量为 15sccm,之后一起通入 SiH$_4$ 和 GeH$_4$,SiH$_4$/GeH$_4$ 的流量比为 1.5sccm/2.5sccm,薄膜的厚度为 300nm。

为了改变 poly—SiGe 薄膜的电阻率,采用离子注入工艺对 poly—SiGe 薄膜掺杂并作退火处理,研究电阻率变化与热处理条件的关系。poly—SiGe 薄膜样品的厚度为 300nm,注入离子类型为硼离子 B$^+$,剂量分别为 5×10^{12} cm^{-2}、5×10^{13} cm^{-2}、5×10^{14} cm^{-2} 和 5×10^{15} cm^{-2},注入能量均为 60keV。

在 N$_2$ 氛围中进行快速热退火处理 3min,退火温度为 570～950℃。

3．性能

(1) 结构特征。从 poly—SiGe 薄膜的表面和截面的扫描电子显微镜(SEM)照片可以看出,晶粒尺寸约为几十纳米,薄膜厚度均匀,结构致密。

（2）poly—SiGe 薄膜的电阻温度特性。图 9－122 所示为典型的掺杂 poly—SiGe 薄膜电阻率与环境温度的关系,该样品的掺杂浓度为 $5\times10^{13}\,cm^{-2}$,23℃时电阻率为 $6.92\Omega\cdot cm$ 。可以看出,电阻率随着温度的升高而逐渐下降,由 $TCR=\Delta\rho/(\rho\Delta T)$ 可以算出 23℃时的 TCR 约为 $-1.89\%/℃$,如图 9－123 所示。

表 9－71 给出了 23℃时不同电阻率的 poly—SiGe 薄膜电阻的 TCR、优值比 M 以及电导激活能 ΔE。可以看出,TCR 随着电阻率的增大而减小;掺杂浓度为 $5\times10^{15}\,cm^{-2}$ 的样品 TCR 仅为 $-0.022\%/℃$,基本可以忽略。相比之下,中等掺杂剂量（$10^{13}\,cm^{-2}\sim10^{14}\,cm^{-2}$）的 poly—SiGe 样品具有较高的 M 值,适合用作测辐射热计的热敏感电阻。

表 9－71　23℃时不同电阻率的 poly—SiGe 薄膜的 TCR、M 和 ΔE

注入剂量/cm^{-2}	5×10^{12}	5×10^{13}	5×10^{14}	5×10^{15}
电阻率/（$\Omega\cdot cm$）	57.2	6.92	0.72	0.013
TCR/（%/℃）	-2.64	-1.89	-0.54	0.022
优值比 M	0.349	0.718	0.636	0.193
ΔE/eV	0.200	0.143	0.041	0.001 6

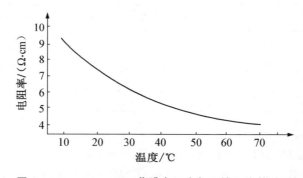

图 9－122　poly—SiGe 薄膜电阻率与环境温度的关系

poly—SiGe 薄膜的 TCR 与环境温度的关系如图 9－123 所示。掺杂剂量为 $5\times10^{13}\,cm^{-2}$ 的 poly—SiGe 薄膜随着温度的升高,TCR 逐渐减小,从 10℃时的 $-2.57\%/℃$ 降至 70℃时的 $-0.62\%/℃$。

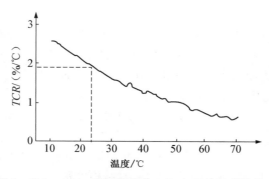

图 9－123　poly—SiGe 薄膜的 TCR 与环境温度的关系

热敏电阻悬置在单晶硅衬底形成的空腔上,其探测率高达 3.75×10^8 cm·Hz$^{1/2}$·W^{-1}[1],表明制备出的多晶锗硅薄膜质量较好,达到测辐射热计对它的要求。

4. 效果

采用 UHCVCD 制备 poly—Si$_{0.7}$Ge$_{0.3}$ 薄膜,并对薄膜质量进行微观表征。研究 B 离子注入剂量、退火工艺对薄膜电阻率和电阻温度系数的影响,得到了制备热敏材料的最佳工艺条件。B 离子注入剂量 5×10^{13},注入能量 60keV;采用快速热退火的温度为650℃,时间为 3min。在此条件下制备的薄膜优值最高,23℃时样品电阻率为 6.92Ω·cm,*TCR* 约为$-1.89\%/℃$。采用上述研究成果,成功地研制出探测率高达 3.75×10^8 cm·Hz$^{1/2}$·W^{-1} 的多晶锗硅测辐射热计。

9.6　非制冷红外探测器

9.6.1　简介

由于牵引的应用,红外焦平面阵列(IRFPA)探测器技术已发展到第三代水平,其中非制冷 IRFPA 探测器发展迅速。虽然目前的性能尚不及制冷型光子探测器那样好,但其能够工作在室温状态下,并具有质量小、体积小、寿命长、成本低、功耗小、启动快及稳定性好等优点,满足了民用红外系统和部分军事红外系统对长波红外探测器的迫切需要。事实表明,采用非制冷 IRFPA 探测器的轻型红外热像仪系统逐渐增多,其中采用的规格主要有 160×120 像元、256×128 像元和 320×240 像元等。一些较大规格的如 640×480 像元氧化钒(VO$_x$)非制冷红外探测器也得到少量装备和应用。如美国 DRS 公司已在其小型常平架的传感器中采用型号为 U6000 的 640×480 像元 VO$_x$ 非制冷 IRFPA 探测器。

非制冷焦平面探测器按工作模式可分为三种类型:微测辐射热计、热释电型和热电堆。按结构可分为单片式和混成式,单片式非制冷焦平面探测器是在读出电路上用热隔离臂支撑悬空(即微桥结构)的红外探测敏感元阵列;混成式非制冷焦平面探测器则是分别制作焦平面敏感元阵列和 CMOS 信号读出电路,最后采用铟柱倒装焊技术将二者组装在一起的红外焦平面阵列。与混成技术相比,单片式结构可消除伪边缘、晕圈和频闪等效应,其阵列邻近像元之间的完全隔离几乎消除了串音、图像拖影和模糊现象,因此单片式的非制冷焦平面探测器较之混成式焦平面探测器具有潜在的性能优势。

目前广泛使用的单片式非制冷焦平面探测器是微测辐射热计,所使用的热敏电阻材料主要是氧化钒、非晶硅和多元复合氧化物薄膜,并且以氧化钒(VO$_x$)薄膜和非晶硅薄膜为热敏材料的焦平面探测器在国外已投入大批量的生产,而国内目前仍处于实验室阶段,产品更是空白。为此,展开了对单片式红外焦平面探测器芯片工艺研究。近年出现的一些新型非制冷 IRFPA 探测器技术,如硅—绝缘体二极管非制冷型 IRFPA 探测器、双材料微悬臂梁非制冷型 IRFPA 探测器、利用热光效应的非制冷型 IRFPA 探测器等。

9.6.2　微测辐射热计

微测辐射热计的工作原理是温度变化引起材料电阻变化，其种类较多，应用也最广泛，包括 VO_x、$\alpha-Si$ 以及 YBaCuO，其中 VO_x 和 $\alpha-Si$ 属主流产品。

9.6.2.1　VO_x 探测器

一、研制情况

VO_x 的电阻温度系数（TCR）较高，是目前首选的非制冷 IRFPA 探测器。美国 BAE 公司、Raytheon 公司、DRS 公司、Indigo 系统公司、日本的 NEC 以及以色列的 SCD 公司等单位都能生产（160×120）～（640×480）像元 VO_x 非制冷型 IRFPA 探测器，噪声等效温差（NETD）为 20～100mK。目前，美国 BAE 和 DRS 已经在进行大规格 $1\,024\times1\,024$ 像元非制冷型 IRFPA 探测器的研究。

为提高分辨率，在同等面积上增加像元数目应使像元尺寸减小，这样会导致灵敏度降低，因此要最大限度地提高光学吸收和隔热性能，为此美国 Raytheon 公司采用了独特的双层结构提高隔热和增加光学填充因子。采用这种结构得到的填充因子大于 70%，光吸收效率大于 80%。这种新技术已经用于 $25\mu m$ 的 320×240 像元和 640×512 像元 IRFPA 的生产。目前 Raytheon 公司正在研制 $20\mu m$ 的 640×512 像元 IRFPA（SB-300），其性能与 $25\mu m$ 阵列相当。

在中波红外微测辐射热计研究方面，Raytheon 公司正在开发像元间距 $50\mu m$ 的 320×240 像元 VO_2 非制冷红外探测器。

日本 NEC 公司于 2003 年就研制出 320×240 像元 VO_x 微测辐射热计，填充因子达到 72%，光吸收率为 80%。2004 年，在原有像元结构的基础上，增加了新结构——双弯曲臂和屋檐结构，如图 9-124 所示。双弯曲臂加长使热导减少 1/2，隔热性能提高，但却减小了填充因子，所以在像元上方加屋檐结构（可用 SiN 材料），重新吸收部分反射光，填充因子很容易达到 90% 以上。NEC 公司的这种新的像元结构也可应用于高分辨率 640×512 像元非制冷 IRFPA 的研制。

VO_x 虽然目前依然是微测辐射热计中使用最多的材料，但其最大的缺点就是不能与标准硅集成电路工艺兼容。

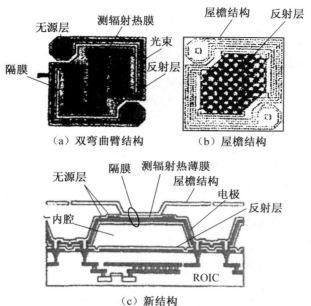

（a）双弯曲臂结构　（b）屋檐结构

（c）新结构

图 9 - 124　NEC 公司改进的像元结构示意图

二、制备技术

1．制备方案

320×240 像元 VO_x 非制冷焦平面探测器组件由读出电路、微桥结构阵列、VO_x 薄膜材料封装组成。其中，VO_x 薄膜的作用是将红外辐射转变成电信号；微桥结构将在其上的 VO_x 薄膜悬空起来，其极小的热容量和热导保证探测元有足够高的热灵敏度；读出电路将每个探测元的信号读出，变空间分布的电信号为时序信号，以便于实现凝视热成像，同时作为微桥结构的支撑衬底。为此，采用如图 9-125 所示的工艺流程对氧化钒非制冷焦平面探测器芯片展开研究。

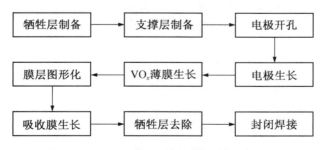

图 9 - 125　VO_x 焦平面探测器芯片制备流程

2．牺牲层制备

（1）牺牲层材料选择。常用的牺牲层材料主要有磷硅玻璃、疏松 SiO_2、聚酰亚胺等。选择牺牲层材料时应考虑的因素包括后续工艺温度、去除方法对整个微桥结构的影响、与其他结构材料间的兼容性等。

聚酰亚胺制备牺牲层图形较磷硅玻璃、疏松 SiO₂ 等材料方便,去除方法较多,且去除时不损伤微桥结构。此外,聚酰亚胺还具有良好的绝缘性、弹性系数大、线膨胀系数大、能承受较大的应变、在较宽的温度范围内具有良好的力学性能等特点。因此,聚酰亚胺是牺牲层的首选材料。聚酰亚胺分为光敏型和非光敏型聚酰亚胺。光敏型聚酰亚胺具有一次成型、不需二次光刻和刻蚀、分辨率高和工艺简单等优点。基于此,在工艺中选择光敏型聚酰亚胺作为牺牲层材料。

(2)牺牲层厚度控制。牺牲层的厚度,也就是微桥悬空的高度,根据探测器吸收结构的设计公式,$d = \lambda_0/4n$,空气的折射率为 $n = 1$,长波红外的波段 λ_0 为 $8 \sim 12 \mu m$,因此牺牲层厚度设计为 $2 \sim 2.5 \mu m$ 就能满足谐振腔高度的要求。通过控制涂胶的工艺参数可获得牺牲层的厚度。

(3)制备过程。为了制备出满足要求的牺牲层,采用光敏型聚酰亚胺,匀胶速度控制在 $4\,500 \sim 5\,000 r/min$,通过曝光显影的方式使其图形化,并在 $350 ℃$ 的真空烘箱中进行亚胺化,制备出牺牲层厚度为 $2.1 \sim 2.4 \mu m$ 的图形。

3. 支撑层生长

(1)支撑层材料的选择。作为微机械支撑和热绝缘结构的薄膜材料,一般有晶态 Si、SiO₂、氮化硅(Si_3N_4)、Al 等。然而对这些材料的剩余本征应力需要在 $1\,000 \sim 1\,100 ℃$ 下对其进行退火减小,但氮化硅薄膜具有自身张力小、低热导、低比热、力学性能良好、工艺兼容性好等特点,同时具有光电性能、化学稳定性、热稳定性及力学性能,因此被广泛用于非制冷焦平面探测器微桥结构的支撑层材料。所以,采用 Si_3N_4 作为支撑层材料。

(2)支撑层材料的制备方法。氮化硅薄膜的制备方法很多,如何制备高质量的氮化硅薄膜已成为研究的热点。目前,IBED、LPCVD 和 PECVD 三种方法用得较多,薄膜质量也比较好,可以广泛用于光电和材料表面改性领域。例如,IBED 法可以增强薄膜对衬底的黏附力,提高薄膜的稳定性,膜厚不受离子能量的限制,但此法制备的膜有较多的表面缺陷;LPCVD 法可以制备较高质量的薄膜,因为此法具有良好的台阶覆盖性能、很高的产率和好的均匀性,但它在高温下生产会损伤衬底;而 PECVD 法虽然沉积温度低,但有重复性好的优点,满足氧化钒非制冷焦平面工艺兼容性的要求,故采用 PECVD 制备法制备氮化硅薄膜。

4. VO$_x$ 薄膜生长

氧化钒薄膜非制冷焦平面的电压响应率为

$$R_V = \frac{I_b \alpha TCR \eta}{G\,(1 + \omega^2 \tau^2)^{1/2}} \tag{9-53}$$

式中,I_b——偏置电流;

　　　α——热敏电阻的电阻温度系数;

　　　TCR——热敏电阻;

　　　η——红外吸收率;

　　　G——热通道的热导;

ω——调制频率；

τ——器件的时间常数。

从中可以看出，这对于氧化钒材料，一方面其 TCR 要尽可能大，以得到最佳的红外探测性能；另一方面，氧化钒薄膜的电阻需要一定的数值，以得到比较理想的响应率。同时，由于有功耗和电源电压的限制，其阻值不能过火，需要保持在一定的范围内，所以氧化钒薄膜的 TCR、电阻 R 值是氧化钒薄膜制备技术研究的关键参数。

为此，采用 IBED 制备出均匀性较好的薄膜，并通过适当的热处理消除薄膜在沉积过程中产生的内应力，实现晶体结构的重构，改善薄膜力学性能、晶体结构和电学性能，其 TCR 优于 $-2\%/℃$，阻值为 $20\sim 60k\Omega$，适用于非制冷红外探测器。薄膜的 TCR 曲线如图9-126所示。

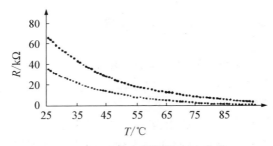

图 9 - 126　VO$_x$ 薄膜的 TCR 曲线

5. 膜层图形化及牺牲层去除

（1）膜层图形化及牺牲层去除方法。选择支撑层氧化钒的刻蚀与牺牲层的去除方法，一般采用湿法腐蚀和干法刻蚀。湿法腐蚀显然简单，但对 $3\mu m$ 以下的精细线宽及孔洞，它的能力已经达到极限，且湿法腐蚀为各向同性刻蚀，有侧向腐蚀现象，即钻蚀现象。

干法刻蚀包括等离子体刻蚀、离子束刻蚀和电感耦合等离子体刻蚀等。等离子体刻蚀是一种纯化学的刻蚀方法，它主要由等离子体中的活性物质和片子之间的化学反应引起，可以很容易地得到材料的选择性，刻蚀均匀性好，但仍有一定程度的各向同性刻蚀，不利于进一步提高刻蚀分辨率；离子束刻蚀是一种纯物理刻蚀方法，它具有很强的方向性，刻蚀分辨率高，无钻蚀现象，线条深度及线宽精度可控到 $0.01\sim 0.05\mu m$，其缺点是刻蚀速率低和刻蚀选择性差；电感耦合等离子体刻蚀是一种物理作用和化学作用共存的刻蚀工艺，主要依赖于活性刻蚀剂，以及气体的离子和游离基与基片表面之间的化学反应，这些活性粒子具有的能量主要损耗于化学反应，而物理轰击能量较小，所以不仅刻蚀分辨率高，而且刻蚀速率也快，对薄膜的轰击损伤较小。因此，将电感耦合等离子体刻蚀作为刻蚀的首选。

（2）结果。ICP 刻蚀主要与系统的真空度、刻蚀气体、上下电极功率有着密切的关系，通过大量的实验找出它们的各种关系曲线规律，以及适合的工艺参数，其刻蚀参数见表 9 - 72。

表 9 − 72   刻蚀参数

	真空度/Pa	气体	流量/sccm	上电极/W	下电极/W
支撑层	7	SFs	60	200	100
VO₄薄膜	3	Ar	50	300	150
牺牲层	15	O₂	30	250	0

6. 效果

（1）通过对牺牲层材料的选择、制备、去除，获得了能满足微桥结构性能的牺牲层制备的优化工艺参数。

（2）通过对支撑层的选择、制备、图形化，获得了能满足微桥结构性能的支撑层制备的优化工艺参数。

（3）采用 IBED 制备出的氧化钒薄膜，其 TCR 达到了−2.1%，阻值为 $20\sim60\text{k}\Omega$，适用于非制冷红外探测器。

（4）通过上面的研究，突破了氧化钒非制冷焦平面探测器芯片的关键工艺，为非制冷焦平面探测器技术工程研究奠定了坚实的基础。

9.6.2.2   α−Si 探测器

α−Si 的 TCR（4%/K）与 VO_x 的相当，也是一种具有前途的微测辐射热计材料。其优点是可与标准硅工艺完全兼容，可制作较大规格的阵列探测器，大幅降低系统尺寸和成本。但是由于非晶硅属无定形结构，呈现的 $1/f$ 噪声比 VO_x 要高。

法国非制冷红外探测器研究机构主要是法国原子能委员会与信息技术实验室/红外实验室（CEA−LETI/LIR），从 1992 年就开始研究 α−Si 探测器，现已研制成熟，由 Sofradir 公司下属的 UTIS 公司负责将技术转化为大规模的生产。CEA−LETI/LTR 非晶硅制作技术与 VO_x 方法基本相同。ULIS 公司现在能够生产两种二代 320×240 像元 α−Si IRFPA 探测器。

美国 Raytheon 商用红外公司主要从事 α−Si 非制冷型 IRFPA 探测器的生产，其在 160×120 像元非晶硅探测器结构中加入 Al 反射层，这样衬底/读出电路和 Al 反射层之间形成 1/4 波长共振腔，能最大限度地吸收 8~12μm 波段的红外光，具体产品及指标见表 9 − 73。

表 9-73　国外微测辐射热计 SOI 二极管 IRFPA 的性能

公司名称	材料	规格	像元间距/μm	主要参数
Raytheon 视觉系统公司	VOx	640×480/512	25	$T_{NETD}=20mK(F/1,300Hz)$
	VOx	640×480/512	20	$T_{NETD}≤20mK(F/1,300Hz)$
	VOx	320×240 (8~14μm)	25	$T_{NETD}<100mK(F/1,300Hz)$
	VOx	320×240 (3~5μm)	50	$T_{NETD}<30mK(F/1,300Hz)$
	VOx	320×240	28	—
BAE 系统公司	VOx	320×240	28	$T_{NETD}<50mK(F/1)$
	VOx	160×120	46	$T_{NETD}<50mK(F/1)$
	VOx	640×480	28	
	VOx	640×480/512	25	$T_{NETD}=55mK(F/1,30Hz)$
	VOx	1 024×1 024	15	$T_{NETD}=50mK$
DRS 技术公司	VOx	320×240 (8~14μm)	51	$T_{NETD}=23\sim100mK$ (F/1,60Hz)
	VOx	320×240	—	$T_{NETD}=23mK(F/1,60Hz)$
	VOx	320×240	25.4	—
以色列公司	VOx	640×480	25.4	$T_{NETD}=50mK$
	VOx	1 024×1 024	15	
	VOx	384×288 / 320×240	25	Temporal $T_{NETD}=20mK$ (F/1,60Hz)
NEC	VOx	160×120	—	
	VOx	320×240	37	$T_{NETD}<100mK(F/1,60Hz)$
NEC	VOx	640×480	23.5	$T_{NETD}=50mK(F/1,30Hz)$
Indogp 系统（现属于 FLIR 系统公司）	VOx	160×120	51	$T_{NETD}=58mK(F/1,30Hz)$
	VOx	320×120	38	$T_{NETD}=23mK(F/1,30Hz)$
	VOx	320×240	38	—
	VOx	640×512	25	—
加拿大 INO	YBaCuO	160×120	—	$T_{NETD}<50mK$
L-3ITN	VOx	640×480	25	$T_{NETD}<80mK$ (F/1,25Hz)
Sofradir/ULIS	α-Si	320×240	45	$T_{NETD}=35mK$ (F/1,12ms,50Hz)
	α-Si	320×240	35	$T_{NETD}=63mK(7ms)$
	α-Si	320×240	25	$T_{NETD}=63mK$ (F/1,30Hz)
Raytheon 商用红外公司	α-Si	160×120 (7~14μm)	46.8	$T_{NETD}=63mK$ 或 60Hz
日本 Mitsubishi 电子公司	SOI 二极管	320×240	40	$T_{NETD}=120mK(F/1,30Hz)$
	SOI 二极管	640×480	25	$T_{NETD}=40mK(F/1)$
以色列公司	YBaCuO	320×240	40	$T_{NETD}=80mK(F/1)$
韩国高级科学技术研究所	SOI 二极管	—	—	$D^* = 1.2\times10^{10}\ cm\cdot Hz^{1/2}\cdot W^{-1}$

9.6.2.3　YBaCuO 非制冷型 IRFPA 探测器

YBaCuO 光谱响应范围很宽（0.3～100μm），具有比 VO₄ 高的电阻温度系数（约 3.5%/K）以及较低的 1/f 噪声，是一种比较引人注意的微测辐射热计探测器材料。日本 Mitsubishi 电子公司有首个像元间距为 40μm 的 320×240 像元样品出现，加拿大 INO 以及美国的 Southen Methodist 大学也在进行研究。由于 YBaCuO 具有宽光谱响应范围，是将来多光谱应用的潜在材料。

9.6.3　热释电非制冷红外探测器

9.6.3.1　简介

一、研究近况

热释电红外探测器属于非制冷热型探测器，它是利用材料的热释电效应探测红外辐射能量的器件。与其他热探测器（如微测辐射热计）相比，热释电薄膜红外探测器的灵敏元就其结构而言本身可作为一个滤波器，可以将一定量的噪声旁路分离掉，故其噪声小于其他类型红外探测器的噪声，热时间常数也相对较小。与热释电体材料（单晶和陶瓷）混合式红外探测器相比，热释电薄膜继承了热释电陶瓷容易制备、易于掺杂改性等优点，又具有灵敏元薄、体积比热小、灵敏度高、响应速度快、易与半导体 IC 平面工艺兼容等特点。

近年，随着红外探测技术的发展，特别是对热释电薄膜材料的性能、制备以及探测器结构、工艺研究的深入，热释电红外探测器性价比高以及它能在室温工作等特点，使热释电红外探测器成为目前颇受重视的红外探测器。

二、工作原理及主要性能参数

热释电红外探测器的信号采集原理如图 9-127 所示。由于热释电电流极其微弱（pA 级），输出阻抗高，故一般采用高输入阻抗、低输出阻抗、低噪声的结型场效应晶体管（JEET）作为源极跟随器与其匹配，以达到阻抗变换的目的。实际应用中，也有采用反相串联或并联的双元补偿结构敏感元或电桥结构的四元敏感元来提高灵敏度。通常，对热释电红外探测器性能的评价是采用以下几个主要参数来进行的：电压响应率 $R_V = V_S/P$；噪声等效功率 $P_{NE} = N/P$；比探测度 $D^* = R\sqrt{A\Delta f}$，式中 V_S 为探测器的输出信号电压；P 为入射到探测器光敏元的辐射功率；N 为探测器噪声均方根电压；T 为器件温度；f 为

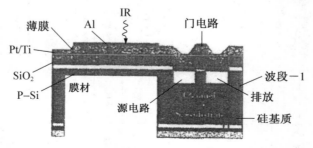

图 9-127　热释电红外探测器的信号采集原理及结构图

调制入射频率；Δf 为放大器带宽。一般来说，P_{NE} 越小，相同测量条件下的 D^*、R_V 越大，表明探测器的性能越好。

三、热释电非制冷焦平面阵列(UFPA)对探测材料的要求

通常利用热释电系数和几个优值(FOM)对热释电探测材料的性能进行评价，其表达式分别如下：

热释电系数：$\qquad\qquad p = \mathrm{d}P_s/\mathrm{d}T$ $\qquad\qquad\qquad$ (9-54)

电流响应率优值：$\qquad F_I = p/C_V$ $\qquad\qquad\qquad\qquad$ (9-55)

电压响应率优值：$\qquad F_V = p/(C_V/\varepsilon_r)$ $\qquad\qquad\qquad$ (9-56)

探测率优值：$\qquad\quad F_b = p/(C_V \sqrt{\varepsilon \tan\delta})$ $\qquad\qquad$ (9-57)

式中，C_V——热释电探测材料体积比热；

$\qquad \varepsilon(\varepsilon_r)$——绝对（相对）介电常数；

$\qquad \tan\theta$——介电损耗。

由上式可以看出，在选择热释电探测材料时，要求有较大的热释电系数、较低的介电常数、介电损耗和体积比热。但这种选材要求往往是针对敏感元面积相对较大的单元或小阵列探测器。对于热成像系统，尤其是高密度的凝视型 UFPA，每个敏感元的面积小于 $80\mu m \times 80\mu m$，像元间距小于 $50\mu m$，则敏感元的电容应接近或稍大于前置放大器的输入电容（一般为皮法级），才能与读出电路(ROIC)匹配良好，并可降低像元间横向耦合电容，减少串音。这意味着敏感元必须薄膜化或材料本身具有较大的介电常数，即 UFPA 使用的材料不仅要求热释电系数大，介电常数也要比较高。一般而言，体材料比相应薄膜材料的相对介电常数大；无机薄膜材料比有机薄膜材料的热释电系数高出约 1 个数量级，相对介电常数高出 1~3 个数量级。虽然有机薄膜热释电系数小，但由于致密、制备工艺简单、热应力小、热导率低和具有一定的电压响应率等优点，也是制备单元或小阵列探测器的理想材料。有机材料与 $PbTiO_3$ 等热释电系数较大的无机材料按一定比例混合成为有机/无机复合热释电薄膜材料，兼用两者的优点，是一种前景良好的制备大阵列 UFPA 的材料。

四、混合式热释电 UFPA

研制热释电非制冷红外焦平面阵列投资最大、发展最快的为美国，日本和欧洲各国也进行了这方面的研究。体材料方面，美国 Loral 公司用单晶 $LiTaO_3$ 材料制备出 192×128 像元的热像仪，使用透镜和 30Hz 显示频率时 T_{NETD} 可低于 $0.1^\circ\!C$；美国得州仪器(TI)公司在 1979 年采用$(Ba,Sr)TiO_3$(BST)陶瓷切片研制成 100×100 像元热释电混合式阵列；1993 年通过实施 LOCUSP 项目制备出 245×328 像元和 245×454 像元 BST 混合型 UFPA，并以此为基础生产几种非制冷热像仪，目前该产品已投入批量生产；1996 年每年生产 ϕ 150mm 的 BST 陶瓷材料达到 4.8 万片，每片能制成 245×328 像元非制冷红外焦平面阵列 42 个，即阵列年产量达 200 万片，用该陶瓷片每年能生产热释电混合式非制冷红外热像仪 57 600 台以上，其样机的性能参数见表 9-74。BST 陶瓷混合型 UFPA 的制作方法是：采用热压陶瓷工艺制备掺杂的、理想配比的 BST 陶瓷圆片，经研磨、抛光把 BST 陶瓷的厚度减小到 $25\mu m$，然后用 Nd:YAC 激光蚀刻或等离子体技术网格化阵列，

蚀刻残余物用酸液腐蚀除去,并在氧气环境中退火以保持原来的化学计量比,再通过铟柱倒焊技术将阵列与硅电路互联,其混合式结构及读出电路如图 9-128 所示。事实证明,选择 BST 陶瓷制作 UFPA 是比较成功的。BST 陶瓷材料制备容易,价格较低,材料的均匀性良好,其电阻可与硅 CCD 电路相匹配,不易老化,易于掺杂改性。该阵列的缺点如下:

(1)陶瓷材料难以减薄,像元厚度不均匀,灵敏度不高,系统性能不可靠。

(2)铟柱几乎没有热绝缘作用,这对于制作高性能、高密度、大面积的集成热释电 FPA 是不合适的。

英国 GEC－Maconi 材料技术部也采用 BST 陶瓷制成 100×100 像元、256×128 像元和 384×248 像元 FPA 热像仪,并已经投放市场,此外还研究过改性 $PbZrO_3$、$Pb(ScTa)O_3$(PST)、$BaTiO_3$ 等热释电材料。中国科学院上海硅酸盐研究所采用常规工艺制备的 PZNFTS 热释电陶瓷是性能优良的热释电材料,性能接近于单晶材料。由于热释电材料的性能随掺杂组分的变化可在很宽的范围内调节,进一步开发材料参数符合理论的系统值是完全有可能的,这为进一步研究实用化的 FPS 做了材料准备。目前,我国虽有少数公司和厂家生产陶瓷与单晶热释电红外探测器,但技术水平和生产能力均未达到市场要求,且其产品性能也比热释电薄膜红外探测器差。

表 9-74　混合式 UFPA 样机的性能参数

项　目	数　值	项　目	数　值
总阵列像元	245×328	相对介电常数	10000
		电容	$3\mu F$
像元高度	$48.5\mu m$	热时间常数	15ms
像元厚度/不良像元	$25\mu m / <100$	偏压	15V
吸收系数/工作温度	95%/22℃	有效温度因数/T_{NETD}	12%/0.047℃
光学填充圈数/读出 ICs	100%/1μmCMOS	响应性	85 000V · W^{-1}
热绝缘性能	$2 \times 10^5 kW^{-1}$	探测灵敏度 D^*	$2.5 \times 10^8 cm · Hz^{1/2} · W^{-1}$
		热释电系数	$630mC · cm^{-2} · K^{-1}$

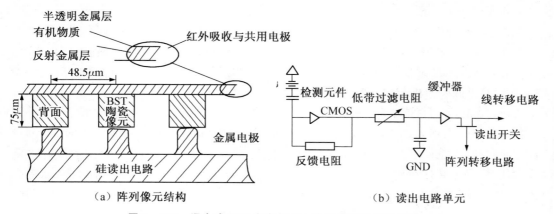

(a)阵列像元结构　　　　　　　　(b)读出电路单元

图 9-128　混合式 BST 陶瓷 UFPA 像元结构及读出电路

五、热释电薄膜单片式 UFPA

热释电薄膜单片式 UFPA 代表了凝视阵列摄像发展的新途径,是非制冷红外热成像仪的关键部件。它包含两个功能部分:灵敏元阵列与信号处理电路,两者都可在普通规模的集成电路工艺线上完成,不必依靠极其昂贵的超大规模集成电路(VL－SI)制造设备。

与光量子型阵列相比,虽然热释电薄膜单片式 UFPA 的灵敏度较低,但可通过加大阵列规模和改善信号处理的方法等得到改进。目前灵敏度已优于 0.04K,这已超过了现役的某些扫描系统性能。热释电薄膜 UFPA 的灵敏度主要取决于材料热释电系数和像元/衬底热阻,热阻越大,灵敏度就越高,这是所有单片式 UFPA 的共性。目前国内外普遍采用的热绝缘措施如下:

(1)像元/衬底间镂空结构,四点或两点支撑臂。该措施无疑是效果最佳的,但工艺复杂,且像元能承受的加速度有限。

(2)Si_3N_4 和 SiC 等热导率低的无机材料作为热阻,将来可以考虑以兼容性很强的有机/无机复合材料来作为热阻。

(3)孔隙率达 95% 以上的 SiO_2 气溶胶作为绝热和支撑材料。

与其他热电型 UFPA(如热敏电阻式)相比,热释电薄膜 UFPA 的灵敏元本身可作为一个滤波器。就其结构而言,可以将一定量的噪声旁路分离掉,故其噪声小于其他类型 UFPA 的噪声,热时间常数 τ 也相对较小。与热释电体材料(单晶和陶瓷)混合式 UFPA 相比,热释电薄膜继承了热释电陶瓷易于制备和掺杂改性等优点。单片式 UFPA 还具有以下优点:①灵敏元薄,体积比热小,灵敏度高;②响应速度快;③易与半导体 IC 平面工艺兼容,能显著提高传感器集成度;④性价比更高。

20 世纪 90 年代初期热释电薄膜 UFPA 进入实用化阶段,近年来获得快速发展。1988 年日本用射频磁控溅射法研制出 128 像元线列热释电薄膜红外探测器。1995 年日本松下公司已将 La 掺杂 $PbTiO_3$(PLT)薄膜 8 元线列非制冷红外探测器作为变频空调控制器的主要部件,取得了商业应用。该公司还推出了一种测试人体移动的热释电薄膜非制冷红外探测器,它通过将薄膜探测器装置与平面多光束衍射透镜结合,能够很方便地应用于变频空调等家电设备。1999 年瑞士已用 PZT 热释电薄膜 150 像元线列非制冷红外探测器做成光谱仪,用来分析丁烷和一氧化氮气体。1994 年美国报道 TI 公司用溶胶—凝胶技术制备的 PT 热释电薄膜,采用 $3\mu m$ NMOS 集成电路工艺研制出单片式 64×64 像元 UFPA 原型。该器件敏感元尺寸为 $30\mu m\times30\mu m$,电压响应率为 1.2×10^4 V · W^{-1},噪声电压为 $0.3\pm0.1\mu V$ · $Hz^{-1/2}$,归一化探测率 D^* 为 2×10^8 cm · $Hz^{1/2}$ · W^{-1}。该公司现在正在研制 245×328 像元 BST 热释电薄膜单片式 UFPA。国外从事热释电薄膜 UFPA 研制的部门还有美国 Infrared Solution 公司、英国 GEC 公司、德国 DIAS 应用传感技术公司与 Ultrakust 红外传感器公司。

国内目前对于热释电薄膜 UFPA 的研究主要集中在提高热释电薄膜的性能和结构设计上,器件制备关键工艺也有所突破。1980 年后,国内采用溶胶—凝胶、多离子束反应溅射、射频磁控溅射、MOCVD 和 PLD 等方法制备出 $Ba(Si,TiO)O_3$、$PbTiO_3$、PLT、PZT

和 PST 等钙钛矿型热释电薄膜。

六、存在的问题及发展的重点

由于起步晚,投资少,工艺制备技术落后,我国热释电非制冷红外探测器阵列的研究与国外先进水平差距很大,主要表现如下:

(1)着重于薄膜制备技术,器件研究规模不大。对于热释电非制冷红外焦平面技术,仍停留在薄膜制备和小阵列器件制作。热释电非制冷红外焦平面技术是项系统工程,涉及半导体材料制备、微结构加工工艺、大规模读出电路等多项技术,薄膜制备只是其中最基础的一项。

(2)阵列规模较小。我国的非制冷红外焦平面仍然停留在小阵列规模上,如 32×32 像元和 128×128 像元等,而国外的 640×480 像元已经研制成功并装备成型。因此,不能再停留在小规模面阵阶段,应学习法国,由国家投入大量人力和物力,直接研制具有市场前景的 320×240 像元和 640×480 像元大规模面阵阵列。

(3)工艺有待于进一步标准化。热释电非制冷焦平面阵列由于涉及大量的半导体工艺,因此工艺比较特殊,如薄膜的图形化、牺牲层结构去除等,需要把制作工艺标准化,尽量采用与 CMOS 读出电路相兼容的工艺。

(4)读出电路研究有待于进一步加强。热释电非制冷红外焦平面技术由于涉及国防领域,高性能的器件不能从国外直接购买或委托设计和加工,我国对于非制冷红外焦平面读出电路的理论研究和实际设计经验都明显不足,读出电路功能单一,应走模块化和功能化的设计路线。

根据非制冷红外热像仪的市场需求,未来非制冷红外热成像技术的主要发展方向为:①发展高性能的非制冷红外焦平面阵列,主要用于满足军事装备的需要;②发展低成本的非制冷红外焦平面阵列,适用于对分辨率要求不太高的场合,主要市场在民用领域。"十一五"期间国家加大对非制冷热释电焦平面的基础研究和产品开发的投入,力争完成 160×120 像元、320×240 像元非制冷热释电红外焦平面探测器的设计,并研制出芯片,形成国产 160×120 像元、320×240 像元非制冷型红外焦平面阵列芯片的小批量生产能力;开展高性能、大尺寸、易加工热释电陶瓷材料及薄/厚膜材料制备技术的工程化研究,确定大面积阵列的稳定制备工艺,在此基础上结合微电子工艺开展小尺寸像元制备技术的研究,得到高性能大阵列像元的制备技术。

9.6.3.2　材料的选择及器件的制备

热释电红外探测器的性能与材料特性、器件结构和制备工艺以及前置放大器性能优劣有密切关系。

一、热释电材料的选择

用于制备热释电红外探测器的热释电材料按其形态可分为体材料和薄膜材料两大类。使用体材料如单晶(TCS、$LiTaO_3$)和陶瓷(PT 陶瓷、PZT 陶瓷)制备热释电红外探测器,存在灵敏元减薄困难、制作成本高等问题,而采用各种物理或化学方法将材料薄膜化,可使其体积热容降低,有助于提高探测器的灵敏度,降低成本,适用于集成化。因此,薄膜材料的性能、制备及应用是近年来热释电材料研究的主要方向。

目前,常用的薄膜制备方法有溶胶—凝胶法、金属有机化合物热分解(MOD)、金属有机化合物气相沉积(MOCVD)、分子束外延、溅射及脉冲激光沉积(PLD)法等。其中溶胶—凝胶法的优点是能精确控制薄膜组分,能制备大面积高质量薄膜,设备简单,成本低,能与半导体工艺兼容等,是目前使用较广泛的薄膜制备方法。大体上说,薄膜材料可分为无机薄膜和有机薄膜两大类。

1．无机薄膜

$PbTiO_3$(PT)系热释电薄膜是使用和研究最多的无机薄膜材料,它主要包括 PT 及其掺杂改性材料 PLT、PZT、PLZT、PYZT、PMZT 和 PCT 等。这类材料的特点是化学计量比简单,易于制备且具有优良的热释电性能。长期以来,热释电材料研究除了注重新材料体系的开发之外,现有材料的掺杂改性是一条非常重要的途径,适当的掺杂可以使材料的热释电性能得到提高。以 PCT 为例,PCT_{15} 的热释电系数比 PCT_5 提高 57％,介电常数和介电损耗大大下降,优值因子提高。近年还有将钕(Nd)或铌(Nb)掺杂的 PZT 材料用于热释电器件的报道。采用溶胶—凝胶法制备的多晶和外延生长 PT、PLT、PZT 和 PYZT 热释电薄膜,它们是制备热释电红外探测器的优选材料。除 PT 系薄膜之外,$Pb(Mg_{1-x}Nb_x)O_3$、$(Sr_xBa_{1-x})Nb_2O_6$ 和 $YBa_2Cu_3O_x$ 等也是性能优良的无机热释电薄膜材料。以 SBN 为例,适当调节 SrBa 的摩尔比,采用 PLD 法可以得到热释电系数大、热导率低、介电损耗小、性能稳定的 SBN 薄膜,是制备低频、小面积热释电红外探测器的优良材料。而以 $YBa_2Cu_3O_x$ 薄膜为敏感元的探测器,据报道其响应率和探测度已分别达到 1.7×10^5 V/W 和 7.2×10^8 cm · $Hz^{1/2}$ · W^{-1}。

2．有机薄膜

有机薄膜材料是近年来大力研究开发的一种新材料,它主要分为氟系有机薄膜材料 PVDF、PVDF 共聚物及 P(VDF/TrFE)等和氰系有机薄膜材料 P(VDCN/VAC)两类。有机薄膜材料的主要优点是容易制备成任意大小和形状的薄膜、薄膜致密轻柔、热应力小、无脆性,且工艺简单、成本低。虽然热释电系数比无机薄膜材料低一个数量级,但由于介电常数小,热导率低,因此器件的电压响应优值并不低,比较适合于制备薄膜热释电器件。目前,P(VDF—TrFE)薄膜 8×1 像元和 3×3 像元阵列热释电红外探测器已经制备出原型器件。但由于有机薄膜介电常数很小,介电损耗较大,使其 F_m 值严重下降。

3．有机/无机复合薄膜

将有机材料和无机材料复合制成有机—无机复合热释电材料,如 PVDF—PT 复合材料和 PVDF—PZT 复合材料,是解决上述问题的方法。这类材料通过调整配比,可使制成的薄膜既具有较高的热释电系数,又具有很低的介电常数和介电损耗。

将用溶胶—凝胶法制备的 PT 纳米粉粒掺入聚偏二氯乙烯—聚三氟乙烯共聚物中形成 PT/P(VDF—TrFF)复合敏感膜。当 PT 粉粒掺入体积比为 0.12 时,与成膜条件相同的 P(VDF—TrFE)膜相比,电压响应优值提高 200％,探测度优值提高 35％。

此外,在两次热处理之间旋涂 50～1 000nm 厚的高分子有机聚合物、共聚物以及类似的有机涂层材料作为保护层,将使无机热释电薄膜的界面性能得到改善。

二、器件结构和制备工艺

1. 工艺简介

采用 PT 薄膜制备热释电红外探测器的主要工艺步骤如下:

①在 Si 基片上沉积 Si_3N_4 层。

②溅射沉积 SiO_2 层。

③溅射沉积底电极(Pt/Ti)。

④等离子刻蚀底电极。

⑤热释电 PT 薄膜沉积。

⑥光刻法刻蚀薄膜。

⑦溅射沉积上电极和红外吸收层。

⑧化学或电化学腐蚀 Si 以形成微桥。

采用上述方法制备的敏感元,热氧化 SiO_2 层厚约 650nm,LPCVD Si_3N_4 层厚约 200nm,Si 的背面刻蚀采用热的 KOH 或 TMAH 混合液。在这里,将热释电薄膜的 Si 衬底制成微桥结构是很重要的,它可以有效地降低传导热损耗,提高器件的灵敏度。热释电薄膜红外探测器的灵敏度取决于材料热释电系数和像元/衬底热阻,热阻越大,灵敏度就越高。目前国内外普遍采用的热绝缘措施如下:

(1)像元/衬底间镂空结构。该措施无疑是效果最佳的,但工艺复杂,且像元能承受的加速度有限。

(2)以 Si_3N_4 和 SiC 等热导率低的无机材料作为热阻,将来可以考虑以兼容性很强的有机/无机复合材料来作为热阻。

(3)以孔隙率达 95％以上的 SiO_2 气溶胶作为绝热和支撑材料。

除了上面提到的方法外,还可采用硼掺杂自动终止腐蚀技术以及在 MgO 衬底上制备灵敏元,经悬空装配后再将 MgO 衬底去除等方法制备微桥结构。

实际器件的热损耗过程包括辐射、对流和传导。在室温下,器件的辐射热导一定,而当器件被悬空装配并采用尽可能细的电极引线和尽可能小的焊点后,来自传导的热损耗也可大大降低。这时对于由对流引起的热损耗,必须采用封装的办法使其降低,否则将影响探测器的灵敏度。用分析(ANSYS)有限元软件对真空封装和大气压条件下器件的温度分布进行计算机模拟表明,只有 1/3 的热散失与基片有关,也就是说有 2/3 的热量是通过空气散失的。

近年来,制备焦平面热成像器件是热释电红外探测器研究的主要方向。为了小型化,每个敏感元的面积必须小到 $80\mu m \times 80\mu m$ 左右。同时,敏感元的电容应该接近或稍大于放大器的输入电容,这意味着敏感元必须做得很薄或具有较大的介电常数。也就是说,热成像器件使用的材料不但要求热释电系数大,介电常数也要比较高,这与单元探测器的要求有所不同。华中科技大学采用表面微加工工艺,制备出具有垂直集成信号处理电路的 PT 热释电薄膜红外图像探测阵列原型器件,其 PT 薄膜的热释电系数达到 $1.2 \times 17^{-7} C \cdot cm^{-2} \cdot K^{-1}$,相对介电常数达到 450。经国家红外产品质量监督检测中心测试,该器件电压响应率达 $6.8 \times 10^4 V/W$,探测度达到 $10^8 cm \cdot Hz^{1/2} \cdot W^{-1}$ 级别。

目前该单位正在研制灵敏元尺寸为 $100\mu m \times 100\mu m$ 和 $60\mu m \times 60\mu m$ 的 32×32 像元阵列热释电薄膜单片式 UFPA。

2. 探测器元件的热设计和混成工艺

阵列中的探测器元件的信号/噪声比可以用下式来表示：

$$S/N = \phi \, \Delta T/V_m \qquad (9-58)$$

式中，ΔT——因入射引起的探测器元件的温度变化，$\Delta T = I/Y$；

ϕ——探测器材料的响应率，表示为每摄氏度元件温度变化的信号电压；

V_m——在阵列有效噪声带宽内累积的总噪声带宽。

探测器元件的温度 ΔT 取决于热结果。ΔT 由场景 I 除以 Y 得出，Y 是从该元件到其周围环境的复合热导纳，它包含元件结构的有效热导率。I 和 Y 均被归一化为单位焦平面面积，即其单位分别为 W/cm^2 和 $W/(cm^2 \cdot K)$。研究的一个重要目的是减少 Y，换言之，就是增加探测器元件的热隔离，使 ΔT 可达到最大值。此外，还需要高的铁电响应率，即热释电和介电特性的最佳组合。

然而，铁电材料的选择还会涉及其他一些方面，如与总的器件制备工艺的可兼容性，包括大型阵列对大面积材料的要求以及满足环境技术条件的需要等。由于这些原因，加上它们的优良性能品质，铁电陶瓷已被用来制备探测器晶片。其最成功的是基于铅的钙钛矿材料，如经过改性的锆酸铅和钽钪铅。这些陶瓷必须制备成具备大面积均匀特性，单个器件可能会使用 $1cm^2$ 或 $1cm^2$ 以上的面积，而热压制陶瓷可以制备成直径 $30 \sim 50mm$ 并具有非常好的均匀性，即在一片材料上生产 $6 \sim 20$ 个器件，必须将晶片切割开，并将厚度研磨到小于 $10\mu m$。然而，从更长远的观点来看，材料研究的目的就是用一种淀积的铁电薄膜代替陶瓷晶片。后面将讨论几种实验性薄膜的特性。

在混成工艺中，制备成的铁电晶片与硅集成电路连接，其目的是为了缓和元件与读出电路连接的不相容性，同时保持探测器元件的高度热隔离性。图 9-129 所示为一种用小面积金属键焊实现热隔离的界面结构。制作互连键焊有两种焊接技术：第一种是基于一种软焊料金属，如铟，采用冷焊；第二种技术基于一种采用铅/锡焊料的实际液相焊接方法。在英国，Plessey 研究有限公司已经发展了一种铅/锡焊接方法。这种方法的优点是，由于熔区表面具有张力，混成件的两部分可以准确校直。图 9-129 所示的第二个特点是各个元件按网状结构隔开，也就是说，探测器晶片上刻有凹槽或槽沟。网状结构必须以 $100\mu m$ 或 $100\mu m$ 以下元件间隔，这是为了减少相邻元件之间的旁向热扩散。研究网状结构的技术有离子束铣削和激光刻蚀。在制作网状结构时也遇到两个主要问题：第一个问题是，陶瓷的铣削或刻蚀速率必须比刻蚀阻挡层的速率快，这是保护凹槽区内支承片所要求的，否则就会损坏铁电晶片较薄区域内的支承片；第二个问题是，当去除凹槽上的材料时，被重新沉积在元件壁上的任何材料必须是高电阻性的，否则电极之间将会发生漏电，或者元件将产生高的约翰逊噪声。铁电氧化物陶瓷的离子束铣削已在小型研究用阵列中进行演示，通过将铁电氧化物陶瓷放入浸没束中，并使用抗蚀剂、金属掩模以及金属刻蚀挡片进行。

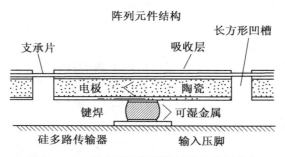

图 9 - 129　混成阵列探测器元件的典型结构

另一种可供选用的划网线技术是激光辅助化学刻蚀。在皇家信号与雷达研究中心的研究程序表中已经发现,将一束激光束聚焦在浸没于氢氧化钾溶剂中的铁电陶瓷的表面,可以提高刻蚀速率,从而可以非常快地去除材料。这在所有基于铅的锆酸盐材料中都可以看到这种效果,可以将激光束聚焦成一个几微米直径的光斑,然后将蚀刻盒同陶瓷样品一起固定在 X—Y 台上划出凹槽。这种技术能使两种主要的划网线问题均得到克服。如图 9 - 131 所示,在划网线之前,晶片上配备有金属刻蚀阻挡片。由于这种金属刻蚀阻挡片的反射特性,它们给刻蚀确定一个界限,从而保护了支承片。而且,采用这种工艺,不会产生再沉积物,可设置凹槽结构。凹槽结构制备在一种改进的锆酸铅陶瓷上,采用氩离子激光器和重量克分子浓度为 2 的 KOH 溶剂的激光辅助化学刻蚀方法。以 0.14W 激光功率、$600\mu m/s$ 的速率刻蚀的凹槽间距为 $100\mu m$、宽为 $20\mu m$,其间使用了三条激光偏置通路。划好网线之后,用化学方法去除金属蚀刻阻挡片,支承片和吸收层结构上没有呈现损坏现象,从凹槽壁的结构中可以清楚地看出去除陶瓷无损粒子后的刻蚀结果。在有些钙钛酸铅陶瓷中,氩离子对可见光激光谱线是不吸收的,因此可以使用 $330\sim360nm$ 的紫外谱线。为了较好地从凹槽底部清除陶瓷,需要对激光光斑的功率和速度以及各阻挡片的热特性进行仔细定标,而且这项工艺已被推广到间距更小的阵列,并有可能解决元件结构的这个基本问题。

在均匀照射下且元件以频率 f_c 受到调制,元件热导纳 Y 有一个简单的表达式

$$Y = g \cdot \coth[g/4f_ccd] \qquad (9-59)$$

Y 为热传导率 g 和元件热容量乘以调制频率 f_ccd 的组合,这里 c 为体积比热,d 为探测器厚度。只有当热传导率被减到一个足够低的数值时,使用很薄的探测器晶片或薄膜才会变得有利。

图 9 - 130 所示为在刻划网线之前带支承片、吸收膜层和金属刻蚀阻挡片的陶瓷晶片,图 9 - 131 所示为探测器温度调制 ΔT 与调制频率的关系曲线,这里的辐射与 1K 场景温差相对应,上面一条曲线表示均匀辐射通量时的元件调制,在低频时,ΔT 接近一个恒定值,大致为 $100\mu℃$,这是由通过元件和焊接键的热传导率决定的;在高频时,当热容量占优势时,正如所料,ΔT 下降了。在这个区域内,由入射辐射引起的起伏不再透过热释电晶片,这里该晶片的厚度为 $17\mu m$。图 9 - 131 所示的两条曲线是相对一个 51P/mm 的 1K 条形图形,该图形即为 $100\mu m$ 宽的条形,与阵列中的元件间距相等。该条形图形是对

元件所有记录求出的平均值。虚线指在一个没有划网线的阵列上获得，而实线则表示划有网线的阵列情况。后面这条实线清楚地表明，当对条形图形成像时，温度调制得到了改善。

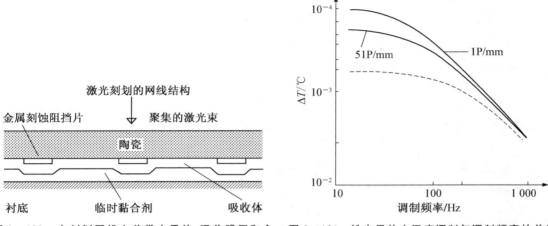

图 9 - 130　在刻划网线之前带支承片、吸收膜层和金属刻蚀阻挡片的陶瓷晶片

图 9 - 131　铁电晶片中温度调制与调制频率的关系曲线

测试条件：元件间距为 $100\mu m$ 的阵列，场景温差为 1K，所用透镜为 F11 透镜。

三、热释电与材料，热释电与介电工作模式

这种混成件中所显示的铁电陶瓷的操作有两种操作模式，图 9 - 132 所示对此作了描述。图中依据温度绘出铁电体的典型特性，即在转变温度时自发极化强度 P_s 降到零，而在该转变区内，相对电容率上升到峰值。图的左边是用于红外探测的普通热释电模式，它利用下降的自发极化，无需给材料施加电场。另一种模式则与转变区中电容率随温度的变化有关，在这种模式下，探测器晶片根据施加的偏压工作可以给元件充电，由入射辐射给元件加热，导致电容率增加，从而使电信号电压增加。为了能在环境温度下工作，对于普通热释电材料，T_c 必须刚好超过环境，但是对于介电操作，T_c 则必须接近或低于环境，因此两种模式将需要不同的材料。

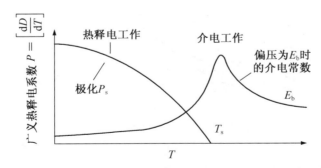

图 9 - 132　用作红外探测器的铁电材料的操作模式

用广义的热释电系数 P，即位移的温差（$P=\mathrm{d}D/\mathrm{d}T$）描述探测器信号是十分方便的。

这样,电压响应率是表面电荷变化除以电容 C,即 $\phi = PA/C$,而电压信号是 $PA\Delta T/C$。在所有的温度下介电性质都是非线性的,即电容率 $\varepsilon\varepsilon_0 = (D/E)T$,是随所施加的电场变化的。对位移求微分,该系数为

$$P = \mathrm{d}P_s/\mathrm{d}T + \varepsilon_0 \int_0^E (\partial\varepsilon/\partial T)_E \cdot \mathrm{d}E \qquad (9-60)$$

P_s 为自发极化强度,$P = \mathrm{d}P_s/\mathrm{d}T$ 是低于转变温度时零施加电场中的常规热释电系数;高于转变温度时,如果不施加电场,P_s 便为零,而由此导致的系数便降到零。

均方根噪声 V_n 将包括来自若干源的贡献,但是在大多数探测器阵列设计中,主要噪声是因铁电材料本身的介电损失而产生的。由于这个原因引起的噪声与材料参数成正比 $(\tan\partial/\varepsilon)^{1/2}$,因此,当取其与信号的比率时,材料的品质因数为:

$$M_\mathrm{D} = P/C \sqrt{\varepsilon\varepsilon_0 \tan\partial} \qquad (9-61)$$

热释电操作最成功的材料是改进的锆酸铅材料。用于介电操作的材料包括合适的钛矿物材料,如掺镧铌酸镁铅 $[\mathrm{Pb_{0.985}\,La_{0.01}\,(Mg_{1.3}\,BNb_{2.3})O_3}]$(PMN)和钽酸钪铅 $[\mathrm{Pb(Sc_{1/2}/Ta_{1/2})O_3}]$(PST)。PMN 在 $-20^\circ\mathrm{C}$ 区内具有宽的扩散转变,这是张弛振荡铁电体的典型特性。PST 的转变取决于 Sc 和 TaB 态离子的成序度。在级序很好的陶瓷中,$25^\circ\mathrm{C}$ 区内的转变非常急剧,具有一级特性。第三种有价值的钙钛矿物材料是钛酸锶钡 $(\mathrm{Ba_{1-x}Sr_xTiO_3}$,BST),这是一种性能良好的二级材料。

图 9-133 所示为三种介电模式陶瓷材料中绘出的材料品质因数与工作温度的关系曲线,可将这些材料互相进行比较,以及将它们同普通的热释电材料进行比较。PMN 的曲线是平坦的,这与宽的张弛振荡器转变相对应;BST 的曲线反映了二级转变,即其峰值在温度 20℃ 左右,高于在 17℃ 时发生的转变;PST 的曲线则沿尖锐的一级转变而行,它在高于 25℃ 的转变类似间隔处有一个明显的峰。BST 曲线是在 $4\mathrm{V}/\mu\mathrm{m}$ 电场时得到的,峰值为 $10\times10^{-5}\mathrm{Pa}^{1/2}$,是经过改进的以热释电模式工作的锆酸铅品质因数的 2 倍以上。掺镧 PMN 陶瓷也获得类似的数值,它与工作温度的关系较小,但它是在 $6\mathrm{V}/\mu\mathrm{m}$ 的高电场下获得的。尽管 PST 在 $4\mathrm{V}/\mu\mathrm{m}$ 时获得了峰值特性,但是它在 30℃ 温度范围内却获得了大于 $11\times10^{-2}\mathrm{Pa}^{1/2}$ 的品质因素。

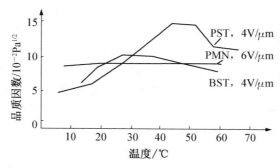

图 9-133　三种介电模式陶瓷材料的材料品质因数
与工作温度的关系曲线

　　铁电材料的薄膜淀积方法可以用来直接制备所需的探测器膜层,现在正在对一些可供选用的方法进行调查。这些方法包括化学气相沉积、使用从可熔原始物中得到的自旋和焙烧技术的沉积以及溅射。用射频磁控管溅射制备成钽酸钪铅薄膜,该方法包括两次沉积。首先,将钽酸钪溅射在一个被加热的采用金属 Sc/Ta 靶极的蓝宝石衬底上,将该薄膜退火,然后重新放入溅射腔内,在该薄膜上溅射一层氧化铅薄膜,再将该复合薄膜退火,待扩散之后便形成一层淡黄色的钽酸钪铅 Pb(Sc$_{1/2}$Ta$_{1/2}$)O$_3$薄膜。

　　现已根据电场及温度变化测得电容率、介电损失以及场致热释电现象。经鉴定,薄膜退火条件可以呈现急剧一级转变的薄膜。图 9 - 134 所示为 0～4V/μm 电场时 1.5μm 厚的 PST 薄膜的电容率与温度的关系,当电场增加时,介电峰值移向更高的温度,与陶瓷体材料的电容率 12 000 相比,其最高峰值达到接近 8 000 的水平,且急剧转变与一级转变相一致。该薄膜的热释电系数与温度的关系如图 9 - 135 所示,其一级性能反映出了介电常数在 6×10^{-2}C/(m^2 · K)区中,其峰值很高,比普通的热释电陶瓷如 PZ 族材料大一个数量级以上。这些特性被一起收集起来用以计算品质因数 M_D,图 9 - 136 所示绘出了该值的曲线。在 4V/μm 时,薄膜 PST 的品质因数的峰值为陶瓷值的 60%,而且还会随所施加的电场增加。在由溶剂旋压和焙烧的薄膜中,也发现了高品质因数,这对于器件制备是很有吸引力的。为了能使薄膜沉积与制备甚大型阵列的工艺联系起来,现在正在开展研究。

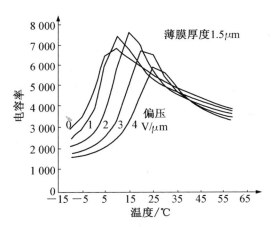

图 9 - 134　1.5μm 厚的 PST 薄膜在各种电场强度下的电容率与温度的关系

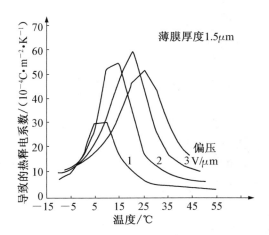

图 9 - 135　1.5μm 厚的 PST 薄膜在各种电场强度下导致的热释电系数与温度的关系

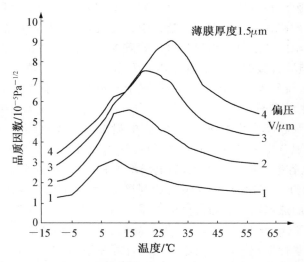

图 9 - 136　6μm 厚的 PST 薄膜在各种电场条件下的品质因数与温度的关系

9.6.3.3　阵列的极限性能

混成探测器阵列的极限性能取决于因统计温度起伏引起的基本噪声,而统计温度起伏则是由热导纳 Y 决定的。在极限噪声情况下,场景内的噪声等效温差 T_{NETD} 由下式给出:

$$极限 \ T_{NETD} = [2kT^2/cdA]^{12} \cdot [g/I_o] \cdot [1 + e^{-\tau fg/(cd)}]/[1 - e^{-\tau fg/(cd)}]^{1/2} \qquad (9-62)$$

对于探测器元件,出现的参数仅为热导率 g、面积 A、厚度 d 以及体积比热 c。

下面分析硅读出电路设计与器件噪声:

只有当所有噪声源都被降到基本温度起伏噪声的水平,才能够接近阵列的极限性能。图 9 - 137 所示为当元件与缓冲放大器的噪声电压及其与频率的关系。这里的主要噪声源有极限温度起伏噪声、来自探测器材料的介电噪声或 tanδ 噪声、输入处的电流或漏电噪声,以及由前置放大器产生的电压噪声(包括 $1/f$ 噪声和跨导或 g_m 噪声)。一个重要特点是,除了一种噪声源外,所有源产生的噪声都随频率下降。顾名思义,$1/f$ 前置

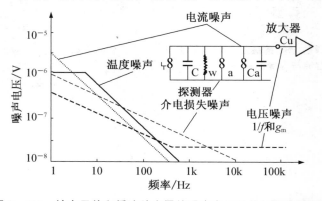

图 9 - 137　铁电元件和缓冲放大器的噪声电压及其与频率的关系

放大器噪声是会下降的,但是漏电噪声和热起伏噪声的下降是因它们会被探测器电容分流。电容铁电探测器的主要优点是,探测器元件本身充当了自己的滤波器,可以获得低的等效噪声带宽。

由于平坦的电压噪声占优势,为了避免这一点并使信号/噪声比达到最佳化,使用了 LAMPAR 读出软件电路设计用于热释电阵列读出电路的低噪声 MOS 场效应管阵列。该设计如图 9 – 138 所示,图中铁电探测器元件未显示出来,显示了一行阵列。每个像元均包含探测器元件、一个 MOS 场效应管前置放大器和一个与敏感行耦联的 MOS 场效应管开关。像元中还包括一个允许探测器与缓冲放大器界面处电压复原的 MOS 场效应管。敏感行输出处的电阻可以起各前置放大器的源跟随器负载的作用,因为它们是依次连接敏感行的。前置放大器使探测器电容(1pF)同该行上的大杂散电容(C_1 为 $10\sim 50\mathrm{pF}$)去耦。

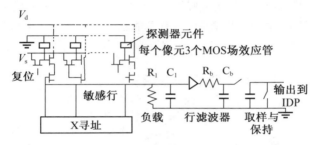

图 9 – 138　LAMPAR 读出软件设计图中所示的一排元件的像元电路和行滤波器

由于探测器元件是同敏感行隔离的,所以每个元件被读出之后,无需复位到敏感行,因而没有包括行复位(如果没有缓冲器,为了准备下一个元件读出,就需要敏感行复位)。这是一个十分重要的特点,因为应用行复位会导致噪声增加,使噪声压倒其他噪声源。但是,为了消除因施加电场引起的漏电或者如热漂移引起的寄生漂移效应,必须给元件与缓冲器之间的界面施加复位,这就是图中探测器元件复位开关的用途。假如调制器每次开和关循环内复位一次,则由此而引起的复位噪声将可以在图像差别处理器中得到消除。

图 9 – 137 所示平坦的前置放大器电压噪声会受到图 9 – 138 所示行输出的滤波器的限制,取样与保持电路之前安置了滤波器 R_b、C_1,因而高频噪声分量在被混淆之前就可以被消除掉。然而,行滤波器必须让来自元件的各个脉冲通过,而且该滤波器只能以刚好高于行速或帧速的频率工作。尽管如此,该行滤波器还是能降低噪声的,因而可以保持高性能的阵列。

总之,LAMPAR 设计引入了下面一些特点:

(1) 像元电路包括 MOS 场效应管、前置放大器、敏感开关以及探测器元件复位开关。

(2) 像元前置放大器是一个源跟随器,但每行元件只需一个负载。

(3) 由于元件间都是隔离的,每次元件读出不需要敏感行复位,这就避免了行复位噪声。每帧期间可以使偏置的元件复位,这样通过图像差别处理便可以消除元件复位噪声。

　　（4）高频噪声,特别是前置放大器电压噪声,受到了每行输出处的滤波器的限制。

　　（5）通过使用图像差别处理器,限制了低频噪声,同时还消除了偏置噪声和热时间常数效应。

　　如果使用前面介绍的 LAMPAR 设计和陶瓷材料,铁电的介电损失噪声会压倒其他噪声贡献。为了说明这一点,图 9-139 所示根据探测器元件厚度绘出了作为均方根值的噪声源累积噪声的相对值。这项计算假定 20ms 场时间,一个 $50\mu m^2$ 元件和一种能给元件提供 $5\mu W/K$ 热传导率[等于 $g=0.2W/(cm^2 \cdot K)$]的阵列设计。在该图中,缓冲 MOS 场效应管噪声被分成两项:电压噪声和 $1/f$ 噪声。唯一与行内元件数 N 有很大关系的噪声源便是 MOS 场效应管电压噪声,图中所示为 $N=300$ 的噪声级。

　　这些数值表明材料研究对减少铁电陶瓷的介电损失的重要性。LAMPAR 设计将来自其他源的噪声限制到低于介电损失噪声。当该设计同以上所述的典型铁电陶瓷和优良的热设计一起使用时,由图可以看到,它有可能在 0.1℃ 区内产生低的 NETD。

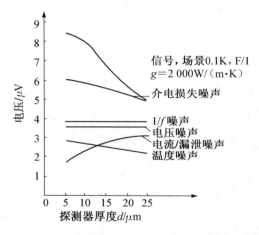

图 9-139　0.1K 的信号,来自各种噪声源的相对噪声级与 50μm 间距阵列的探测器晶片厚度的关系

9.6.3.4　非制冷热释电探测器实例

一、主要型号与生产厂家

　　非制冷热成像技术的核心是非制冷焦平面探测器。目前,进入系统应用和批量生产阶段的非制冷焦平面探测器有铁电型和热敏电阻型非制冷焦平面探测器(UFPA)。

　　铁电型非制冷探测器有代表性的主要有以下两家公司产品:①得克萨斯州仪器公司研制的铁电型焦平面探测器已商业化,其规模为 320×240 像元,像元尺寸 $48.5\mu m \times 48.5\mu m$,工作温度为 22℃,工作波段为 $7 \sim 14\mu m$,噪声等效温差小于 70mK;②英国宇航系统公司红外有限责任公司采用钽铌酸铅(PST)研制的铁电型非制冷焦平面探测器和手持热像仪,像元数达到 256×128,像元中心距 $56\mu m$,探测率 D^* 约 $7 \times 10^8 cm \cdot Hz^{12} \cdot W^{-1}$,$T_{NETD} < 120mK$。

我国开展铁电非制冷焦平面探测器的研制比发达国家起步晚,但在 2004 年取得突破性进展。昆明物理研究所采用锆钛酸铅(PZT)体材料研制成功 128×128 像元、探测元中心尺寸 $100\mu m×100\mu m$ 的非制冷焦平面探测器,其探测率 D^* 约 $1×10^8 cm·Hz^{12}·W^{-1}$。该器件的研制成功实现了国内红外非制冷探测器技术零的突破。

二、混合式铁电焦平面探测器

1. 混合式铁电焦平面器件结构

混合式铁电焦平面器件由铁电敏感元和 CMOS 读出电路芯片倒装焊构成。铁电材料的作用是将红外辐射转变成电信号,读出电路将每个探测元的信号读出,变空间分布的电信号为时序信号,以便于实现凝视热成像。该器件的研制主要涉及铁电材料的物理特性和制备技术、绝热结构制作技术、读出电路三个方面,器件结构如图 9-140 所示。

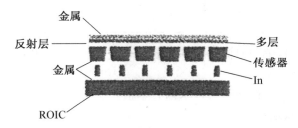

图 9-140　混成阵列探测器结构

2. 铁电材料

探测器材料性能优劣直接影响铁电探测器性能。制作性能良好的探测器,需要热释电系数高、电阻率大、介电常数小和正切损耗低的探测器材料。在研制的 128×128 像元混合式非制冷焦平面探测器中使用的改性 PZT(锆钛酸铅)材料参数为:18mm×18mm×0.5mm 材料尺寸,相对介电常数 ε_r 约 280(测试频率 1kHz),正切损耗 $\tan\delta<1.3\%$,电阻率$>5×10^{12}\Omega·cm$(测试电压 50V),热释电系数 $8×10^{-8}C/C·cm^2$,居里温度 85°,d_{33} 压电系数 65,极化方向为 z 向(极化强度 2 000V/mm)。材料经过工艺加工减薄到$<30\mu m$,通过表面处理尽量降低表面损伤,使正切损耗达到 $\tan\delta<0.6\%$。用在探测器上已极化的 PZT 铁电材料在工作时不需另外加极化电场。

3. 热隔离结构

在铁电红外焦平面探测器中热串音的影响较大,串音的引入降低了焦平面探测器的空间分辨率。同时,为提高铁电探测器的性能必须降低热导、提高热容。热释电探测器是电容性的,其性质显示出电容 C_e 和损失电阻 R。对于面积为 A 的探测器,周期变化的红外辐射功率 Φ 相应的温度变化量 ΔT_d 可以表示为:

$$\varepsilon\Phi\delta^{-1}\left[1+\omega^2\left(\frac{\xi}{\delta}\right)^2\right]^{-1/2}=\Delta T_d \tag{9-63}$$

$$V_s=\frac{\Phi AR}{(1+\omega^2R^2C_e^2)^{1/2}}\cdot\frac{d(\Delta T_d)}{d\tau} \tag{9-64}$$

式中,ε——发射率;

ω——ϕ的角频率;

ξ——热容；

δ——热导。

从(9-64)式可以看出，其他条件不变的情况下，热导越小、热容越大，热释电信号电压 V_s 越高，T_{NETD} 值也就越小。通常情况下，在读出电路和热释电材料之间采用铟柱连接，但铟的热传导系数比较大，同时氮气和 PZT 的热传导系数比较小，它们的热导与铟柱的热导相比是相当小的，可以忽略不计。在满足热时间常数要求的前提下，减小铟柱热导是提高器件性能的重要途径。目前铟柱参数见表 9-75。

表 9-75　铟柱物理参数

像元规模	$H/\mu m$	$R/\mu m$	$C/(J \cdot K^{-1})$	$G/(W/K)$
128×128	14	30	5.0×10^{-7}	4.19×10^{-4}
128×128	30	10	5.0×10^{-7}	2.6×10^{-8}

上述数据是在像素响应时间为 $\tau = 33ms$ 的情况下测算的，其中 H 为铟柱高度，R 为铟柱半径。

制约空间分辨率的横向热源可以采取技术措施引入网格化热隔离技术，降低像元的横向热扩散，从而有效地提高探测器的空间分辨率。目前，国外普遍采用激光化学辅助刻蚀和离子束刻蚀两种技术方案。

有的器件采用双面离子束刻蚀技术进行减薄、刻蚀成形。将铁电材料减薄至 $50\mu m$，然后进行光刻、离子束刻蚀，后从材料的另一面进行减薄，已经获得接近 $30\mu m$ 的刻蚀深度。由于采用的光刻胶掩膜厚度最多只能承受离子束刻蚀 $20\mu m$ 厚，所以不能使材料完全网格化。

4. 读出电路

铁电红外焦平面阵列的工作性能除了与探测器性能，如光谱响应、噪声谱、均匀性有关外，还与探测器输出信号的电路性能有关，如读出电路的电荷处理能力动态范围、串扰、噪声抑制等。所以，制约我国非制冷铁电红外焦平面器件技术发展的不仅仅是探测器本身，读出电路也同样制约着它的发展。

铁电型探测器件本身是容性元件，阻抗极高，电荷信号较小，比较适合使用高阻抗CMOS 电路。就目前集成电路的发展趋势来看，CMOS 电路是未来几年内的主流技术，并且工艺较为成熟，加工成本相对较低，是读出电路设计的首选。CMOS 电路的主要噪声是由读出电路像元内 MOS 管阈值电压的不均匀性引起的固定模式噪声，且面阵越大，视频输出总线电容越大，这种噪声影响越严重。

5. 效果

我国铁电混合式焦平面器件在 2004 年研制成功，采用锆钛酸铅（PZT）体材料、$100\mu m \times 100\mu m$ 探测元尺寸的非制冷焦平面探测器，其探测率约 $1 \times 10^8 \, cm \cdot Hz^{1/2} \cdot W^{-1}$。

目前的器件在材料平整性、倒装焊的连通率、读出电路的噪声抑制等几方面仍存在问题，改进的余地较大，同时器件敏感元的热隔离方面工艺技术还有较大的潜力可以挖掘。在上述问题进一步改进后,混合式非制冷焦平面器件的性能、水平还能提高,探测器有望在近期提供工程化应用。

三、小面积高性能 PZNFTSI 陶瓷热释电红外探测器

1. 简介

红外热释电探测器的进一步发展方向是高性能红外焦平面阵列热像仪。在这种应用中,敏感元面积比较小,且工作频率较低,因而对热释电材料的性能从理论上讲在下面两方面有别于用于大面积单元探测器的热释电材料。

(1) 对于小灵敏面积,如 ϕ 0.3mm 及其以下的探测器,材料要有较高的介电常数,对器件的综合探测性能无明显有害影响,而且介电常数高,器件的电容不至于太小,更容易与前置放大线路良好匹配。

(2) 在相同热释电电压优值的条件下,采用高介电常数及高热释电系数材料所制作的器件应具有较高的探测灵敏度。

目前热电性能优值最好的一些晶体热释电材料,如 TGS、LiTaO₇ 等,由于其介电常数和热释电系数的绝对值偏小,在小面积探测器应用时性能不理想,而且其性能参数很难在较大范围内调节,故较难进一步在小面积探测器及红外焦平面阵列热像仪中获得应用。

根据这种情况,研制了一种以 PZNFT 三元系为基掺杂改性的、具有高热释电系数、适当介电常数及低损耗的热释电陶瓷材料 PZNFTSI,并用该材料制备一系列的小面积红外探测器,获得了较高的探测率,探测率的理论计算值与实际测量值符合得很好,为进一步研制小面积探测器及红外焦平面阵列热像仪使用的陶瓷热释电材料提供了依据。

2. 材料制备

以 PZNFT 三元系为基掺杂改性的陶瓷热释电材料 PZNFTSI 由常规的陶瓷工艺制备,为了获得高致密度、低损耗及加工性能好的样品,采用单轴热压烧结,烧结好的样品经过切割磨片后涂烧上银电极,在 120℃ 的硅油中极化 10min,电压为 4kV/mm。样品的热释电系数用电荷积分法测量,介电常数及介电损耗用 CCS 型电容自动测量仪测量,测试频率 1kHz。用于制备小面积探测器的样品已经过极化处理,尺寸为 15mm×15mm×0.3mm。

3. 小面积探测器的制备

将已极化过的 PZNFTSI 片材减薄至 30μm 以下,用热蒸发法制作上、下电极,外连接引线封装后制成小面积探测器。

4. 性能

从表 9 - 76 中可看出,PZNFTSI 型材料具有较高的热释电系数及介电常数,但其电压优值与 TGS 及 LiTaO₇ 晶体相比仍有较大差距。

PZNFTSI 型材料制备的小面积探测器性能见表 9 - 77。

表 9 − 76　　PZNFTSI 型材料性能及其比较

材料	T_c/ ℃	P/($\times10^{-4}$C · m^2 · $℃^{-1}$)	ε_r/(F · m^{-1})（1kHz）	tanδ/%（1kHz）	C'/（$\times10^6$J · m^{-3} · K^{-1}）	F_V/（m^2 · C^{-1}）
PZNFTSI 陶瓷	220	5.1	320	0.5	2.5	0.07
PZNFT 陶瓷	220	3.8	290	0.3	2.5	0.06
TGS 晶体	50	3.5	35	0.3	2.6	0.43
LiTaO$_3$ 晶体	660	2.3	47	0.3	3.20	0.17
SNB 晶体	121	5.6	390	0.3	2.34	0.06

表 9 − 77　　PZNFTSI 型材料制备的小面积探测器性能

材料	检测器编号	电极直径ϕ/mm	厚度/μm	吸收涂层	测量值		理论值	
					R_V(500,10)/(V · W^{-1})	D^*(500,10,1)/(10^3cm · $Hz^{1/2}$ · W^{-1})	R_V(500,10)/(V · W^{-1})	D^*(500,10,1)/(10^8cm · $Hz^{1/2}$ · W^{-1})
PZNFTSI	2	0.3	28	NiCr	30 533	2.0	37 038	2.5
	6	0.3	11	Black Au	99 927	4.6	122 972	6.9
	7	0.3	11	Black Au	102 703	5.9	122 972	6.9
LiTaO$_3$	—	0.3	28	NiCr	—	—	9 838	0.77
	—	0.3	11	Black Au	—	—	32 664	2.5

注：如果用 Au 作为检测器吸收层，D^* 的理论值为 12×10^8/cm · $Hz^{1/2}$ · W^{-1}，实测值为 2.6×10^8cm · $Hz^{1/2}$ · W^{-1}。

片材机械减薄过程会对材料的极化状态产生一定的影响。由于灵敏元面积极小，热释电及铁电信号极其微弱，因此用通常方法很难对灵敏元的热释电系数及电滞回线进行测量，对影响的程度难以准确测定，只能通过按片材参数计算的 D^* 理论值与灵敏元实际测量的 D^* 值比较来间接地估计。从得到的数据可知，机械减薄过程对材料的极化状态影响不是很明显，预先对片材极化，可以使制作焦平面阵列工序简化，质量得到保证。

5.效果

（1）在小面积、低频下使用的探测器，PZNFTSI 陶瓷热释电材料可得到高达 5.9×10^8cm · $Hz^{1/2}$ · W^{-1} 的探测率，远远超过同样尺寸的 LiTaO$_3$ 晶体材料。

（2）在同等优值的条件下，高热释电系数、高介电常数组合的热释电材料更适合于小面积探测器及红外焦平面阵列热像仪的应用。

四、320×240 像元混合式非制冷红外焦平面探测器

1.简介

非制冷焦平面探测器是非制冷热像仪的核心，它有两种结构形式：混合式和单片式，如图 9 − 141 所示。混合式非制冷焦平面探测器目前的主流产品是热释电非制冷焦平面探测器，它是一种在室温下工作，利用热释电效应将长波红外辐射转变成电信号，实现扫描热成像的红外探测器。该器件主要由热释电非制冷焦平面探测器芯片和 CMOS 读出电路倒装互连组成。

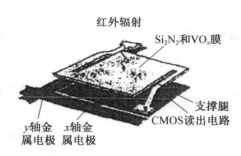

（a）混合式　　　　　　　　　　　　　　　（b）单片式

图 9 - 141　非制冷红外焦平面阵列结构

为尽早实现 320×240 像元非制冷焦平面热像仪的国产化,借鉴国外热释电非制冷焦平面探测器技术,同时充分发挥已有的在热释电非制冷探测器研制方面的基础和经验,拟定的工艺流程如图 9 - 142 所示。

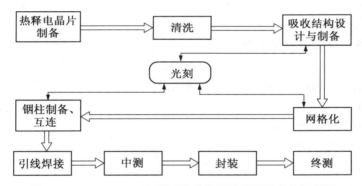

图 9 - 142　320×240 像元热释电焦平面探测器工艺流程图

2. 热释电晶片制备

由于热释电晶片的厚度与探测器的电容 C_e 成正比,而 C_e 与热释电探测器的响应率成反比,所以制备尽可能薄的热释电晶片、减小晶片表面损伤程度等都是提高器件探测率的主要途径。为保证晶片的厚度、边缘完整性、厚度均匀性及表面损伤程度,对热释电晶片的黏结、研磨和抛光等关键技术进行攻关,制备的 $16mm \times 16mm$ 热释电晶片厚度为 $20 \sim 30 \mu m$,不平整度 $\leqslant 1 \mu m$。

3. 高吸收率吸收结构设计与制作

由于探测器的红外吸收率 η 与热释电探测器的响应率成正比,所以吸收率的高低直接影响着探测器的性能。对于不同的探测器材料,在 $8 \sim 14 \mu m$ 波段的吸收率差别较大,为使不同材料的探测器均能获得良好的热效应,可制备一层吸收率较高的吸收膜,再由该膜将热量传给探测器材料。当然,器件的吸收膜还必须满足起支撑作用和公共电极的要求。为此,开展了高吸收率的吸收结构建模、实验验证及制作工艺的研究。

（1）光谐振腔模型及吸收率表达式。为提高器件的吸收率,通常采用谐振腔结构。

图 9 - 143 所示为光谐振腔模型的入射、反射及透射示意图,图中(1)和(5)为自由空间,(2)、(3)、(4)为金属—介质—金属三层结构。利用麦克斯韦方程及多层薄膜透射和反射的边界条件,则可得到该谐振腔结构吸收率的表达式

$$\alpha(\lambda) = 4\{[f_s(f_r + 1)/n^2 + f_r]\sin^2\theta + (f_r + f_s)\cos^2\theta\}/(Dn^2) \qquad (9-65)$$

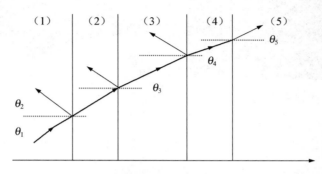

图 9 - 143　光谐振腔模型入射、反射及透射示意图

式中,$D = [(f_n + 1)(f_r + 1)/n^2 + 1]^2 \sin^2\theta + [(f_r + f_s + 2)^2/n^2]\cos^2\theta$;

$f_r = 120\pi/R_r$;

R_r——背面金属膜方块电阻;

$f_s = 120\pi/R_s$;

R_s——正面金属膜(辐射入射面)方块电阻;

$\theta = 2\pi nd/\lambda$;

d——中间介质层厚度;

η——介质的折射率。

当背面金属膜为全反射层时

$$R_r \to 0, f_r \to \infty$$
$$\alpha(\lambda) = 4f_s/[(1 + f_s)^2 + n^2\cot^2\theta] \qquad (9-66)$$

对 f_s 求导,得其最大值 $\alpha(x)_{max} = 1$。

其中,$d = (2m + 1)\lambda/4n, m = 0,1,2,3,\cdots; f_s = 1; R_s = 377\Omega$。

(2)实验验证。如图 9 - 144 所示的吸收膜吸收曲线,已成功制备的吸收峰值波长为 $10\mu m$、$8\sim14\mu m$ 波段平均吸收率超过 90% 的谐振腔结构。

4. 网格化

探测元间的横向热扩散是影响混合式热释电非制冷热像仪热图像空间分辨率的主要原因之一,而网格化热隔离技术是消除这一影响的重要手段。

目前,国内外已研究的网格化技术包括离子束刻蚀和激光刻蚀。利用激光化学辅助刻蚀和离子束刻蚀开展了网格化工艺研究,目前刻蚀槽深接近 $20\mu m$,槽宽在 $12\mu m$ 左右。

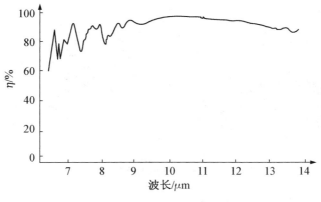

图 9-144　吸收膜吸收曲线

5. 铟柱制备及互连技术

混合式非制冷焦平面的特点是分别制备探测器芯片和读出电路芯片,使各自性能最优化,再互连起来。探测器芯片和读出电路芯片的互连必须实现机械和电学连接,并使两者间应力最小。为此,通常选用铟柱进行互连,其主要作用是:①向全部探测元和读出输入端提供完全的机械和电器连接;②缓冲芯片和读出电路的热膨胀失配。这项技术包含两个主要方面:铟柱生长工艺和互连技术。

(1) 铟柱生长工艺。为实现倒装焊接,对起连接作用的铟柱有三个要求:①一般直径为 $30\mu m$,高度大于 $10\mu m$;②高度一致、形状规则整齐、表面光滑;③尽量减少表面氧化层的厚度。目前生长铟柱的方法有电镀法、蒸发剥离法、蒸发腐蚀法。为了解决铟柱的附着力、形状和高度、表面氧化、盲元和高度一致的问题,一般都采用蒸发剥离。目前已做到直径为 $10\mu m$、高度为 $10\mu m$ 的铟柱(图 9-145),并且通过铟柱回流成球技术,使得铟柱的高度进一步提高(图 9-146),同时降低了探测器的热导,有效地提高了探测器的焊接可靠性和响应率。

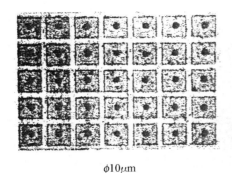

$\phi 10\mu m$

图 9-145　铟柱显微照片

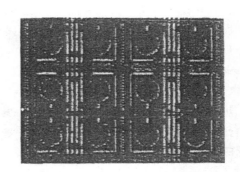

图 9-146　铟柱回流示意图

(2) 互连技术。热释电非制冷焦平面的互连采用铟柱冷压焊工艺,通过设备来满足对准、牢固和电气连通三项要求,为此通常采用图 9-147 所示的工艺流程。

图 9 - 147　　倒装互连工艺流程示意图

根据其焊接要求,项目组通过大量的实验,选择合适的互连压力和回流温度,保证了铟柱互连的牢固性和连通率。同时,为了验证互连的牢固性和连通率,项目组对其进行了 X 射线分析和芯片解剖。

可见,铟柱的断裂面为探测器芯片的 In、Au 结合面,同时铟柱的形状未发生大的变化。该结果表明,倒装互连的温度、压力及压力保持时间是切实可行的。

6. 成像演示

将读出电路与热释电红外探测器芯片互连后进行红外成像演示,红外成像演示装置示意图如图 9 - 148 所示。

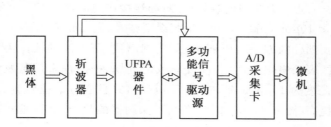

图 9 - 148　　红外成像演示装置示意图

由红外镜头将来自目标的红外辐射聚焦,经由斩波器调制后,入射到互连好的红外焦平面阵列上,红外焦平面阵列封装的前面有一锗窗口,只让 8~12 μm 的红外光通过,使红外焦平面阵列输出视频信号。

五、混成式热释电焦平面探测器

1. 热释电材料的选择和制备

热释电材料是热释电探测器的基础。根据评价热释电材料性能的有关物理因素,以及热释电 UFPA 的应用要求,需要选择热释电系数高、电阻率大、介电常数适中和正切损耗低的材料。选择的材料是利用热压法制备的改性锆钛酸铅(PZT)陶瓷,其主要性能参数:热释电系数为 8×10^{-8} C·cm^{-2}·K^{-1},电阻率 $>5 \times 10^{12}$ Ω·cm,相对介电常数约为 280,正切损耗 $<1.3\%$。

2. 热释电材料减薄技术

因为材料越薄,探测元的热容也越小,所以制备尽可能薄的热释电材料是提高热释电探测器热响应特性的重要途径。同时,在材料减薄的过程中,还要尽量去除其表面损伤。材料减薄采用先磨抛再进行离子束刻蚀减薄的工艺。对于相同材料,材料的厚度与器件性能成反比,材料性能直接决定探测器的灵敏度和均匀性,所以将材料的减薄技术作为器件的关键技术进行攻关,得到厚度约 $20\mu m$、不平整度 $\leq 0.5\mu m$ 的较好结果。

3. 网格化热隔离技术

对于混成式焦平面探测器,探测元间的横向热扩散是热串扰噪声的直接原因,视觉效果体现在降低了热图像的空间分辨率,而网格化热隔离技术则是消除这一影响的主要技术手段。目前,国内外采用的网格化技术主要有离子束刻蚀、激光化学辅助刻蚀和反应离子束刻蚀。采用的网格化方案是将材料进行表面抛光处理后再进行光刻和离子刻蚀,最后从材料的另一面进行减薄。

4. 铟柱制备和倒装互连

铟柱往往在混成式焦平面中起电学连接作用,同时也构成探测元吸收的辐射热量向读出电路方向扩散损耗的通道,减小铟柱的热导是提高器件性能的重要途径。可通过减小铟柱直径、增加铟柱高度来实现。

在制作 320×240 像元混成式热释电 UFPA 技术中,器件面阵规模增大,探测器像元缩小,要求铟柱直径同比例缩小,这对倒装焊的压力和焊接的可靠性提出了挑战。在原 128×128 像元和 160×120 像元探测器工艺基础上,通过优化 320×240 像元混成式热释电 UFPA 工艺,采用倒装回流焊缩小铟柱直径,并重新调整焊接时的压力和温度,突破了这一关键技术。

5. 读出电路(ROIC)技术

ROIC 技术是焦平面器件的关键技术之一。焦平面探测器要求读出电路具有较高的均匀性、低噪声和较大的动态范围。热释电探测器本身是电容元件,阻抗极高,电荷信号较小。根据混成式热释电焦平面探测器的特点,读出电路研制方案选取前级为源跟随器的 CTIA 结构方案。其特点是结构简单,由积分电容复位引起的噪声和由加工工艺造成 MOS 管开启电压的不均匀性导致 FPN 相对敏感。实验中采用相关双采样技术(CDS)来消除上述两种噪声。

混成式非制冷热释电探测器的 ROIC 技术难点主要在于微弱信号的匹配传输和放大。相对于原 128×128 像元和 160×120 像元的读出电路,320×240 像元器件的读出电路选择了更为稳定的工艺路线,使 ROIC 性能得到进一步提升。

6. 热释电 UFPA 性能参数的测试评价

参考光子型探测器和单元热释电探测器的测试方法及相关的测试仪器,自主研制一套集成式测试评价系统,主要用于测量探测率和电压响应率。

在辐射功率 $P=4.2nW$,电子系统增益 $K=100$,带宽为 20MHz,读出电路内置为 20dB 放大器,在帧频 20Hz 的条件下,由采集程序统计测试得到焦平面的平均电压响应率为 $R_V=1.1\times10^5\,V/W$,平均探测率 $D^*=5.6\times10^7\,cm\cdot Hz^{1/2}\cdot W^{-1}$。表 9-78 列出抽样点的响应率和探测率。

表 9 - 78　部分抽样点的响应率和探测率

抽样点	抽样时间	电压感应/V		ΔV_s/V	V_N/V	$K(i,j)$/ $(10^5 \text{ V} \cdot \text{W}^{-1})$	$D^*(i,j)$/ $(10^7 \text{cm} \cdot \text{Hz}^{1/2} \cdot \text{W}^{-1})$
		$T=600\text{K}$	$T_0=650\text{K}$				
(20,20)	100	−0.025 1	0.029 1	0.054 2	0.021	1.3	7.1
(30,30)	100	0.195 31	0.268 89	0.073 58	0.03	1.8	9.7
(10,10)	100	−0.353 7	−0.303 3	0.050 4	0.017	1.2	6.6
(40,40)	100	−0.515 5	−0.484 9	0.030 6	0.012	7.3	4.0
(40,30)	100	0.206 05	0.270 6	0.064	0.025	1.5	8.4

　　采用 $F/\sharp=1.0$,视频为 50 帧等条件进行成像演示,得到人的原始热像。图像均未进行均匀性校正等后续处理,但仍然清晰可辨。

7. 效果

　　研制基于 PZT 陶瓷元混成式热释电 UFPA,其平均响应率为 $1.1\times10^5\text{ V/W}$,平均探测率为 $5.6\times10^7\text{cm} \cdot \text{Hz}^{1/2} \cdot \text{W}^{-1}$,并初步实现成像演示。通过优化以下技术,该焦平面探测器的性能有望得到较大幅度的提高:①采用离子束减薄结合化学抛光以优化材料的减薄技术;②采用激光化学辅助刻蚀技术以优化网格化,提高热隔离效果;③开展铟柱和有机复合材料相结合的制备技术研究以进一步降低器件的热导。

六、基于 Pspice 的热释电红外探测器设计

1. 热释电效应

　　在热释电红外探测器中有两个关键性的元件:一个是热释电红外传感器(PTR),能将红外信号变化转变为电信号,并对自然界中的白光信号具有抑制作用;另一个是菲涅尔透镜,用来配合热释电红外线传感器,以提高接收灵敏度。

　　热释电传感器具有自极化效应,晶体处于低于 Curie 温度的恒温环境时,其自极化强度保持不变,即极化电荷面密度保持不变,这些极化电荷被空气中的带电粒子中和。如图 9 - 149 所示,当红外辐射入射晶体,被晶体吸收后,晶体温度升高,自极化强度变小,即电荷面密度变小,这样晶体表面存在多余的中和电荷,这些电荷以电压或电流的形式输出,该输出信号可用来探测辐射;相反,当截断该辐射时,晶体温度降低,自极化强度增大,由相反方向的电流或电压输出。

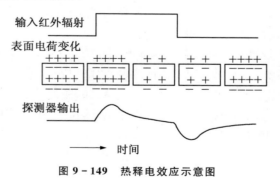

图 9 - 149　热释电效应示意图

若在 dt 时间内,热释电晶体温度变化 $d\Delta T$ 所引起的极化强度变化为 dP,则与极轴垂直的晶体表面产生的电流面密度可表达为

$$J = \frac{dP}{dt} = \frac{dP}{d\Delta T} \cdot \frac{d\Delta T}{dt} \qquad (9-67)$$

式中,$dP/d\Delta T$ 称为热释电系数,用 p 表示。这样,J 可表示为

$$J = p \cdot \frac{d\Delta T}{dt} \qquad (9-68)$$

假设入射辐射是角频率为 ω 的正弦调制光,功率幅度为 W_0,该辐射可表示为 $W(t) = W_0 \cdot e^{j\omega t}$,传感器吸收率为 a,此时传感器温度上升量 ΔT 为

$$\alpha W_0(t) \cdot e^{j\omega t} = H_T \cdot \frac{dAT}{dt} + G_T \cdot \Delta T \qquad (9-69)$$

式中,H_T 为晶体热容量;G_T 为晶体与周围环境的热导率,用拉普拉斯变换方法解方程并利用初始条件 $t=0,\Delta T=0$ 得

$$\Delta T(t) = \frac{\alpha W_0}{G_T + j\omega H_T} e^{j\omega t} \qquad (9-70)$$

因此热释电晶体产生的电流可表示为

$$I = p \cdot A \cdot \frac{d\Delta T}{dt} = \frac{pA\alpha W_0}{G_T + j\omega H_T} \cdot j\omega e^{j\omega t} \qquad (9-71)$$

式中,A 为电极面积。

红外辐射源用电流源,$I = I_0 e^{j\omega t}$ 替代,器件的温升 ΔT 用 ΔV 替代:

$$\Delta V = \frac{\alpha I_0}{R_T + j\omega C_\tau} \cdot e^{j\omega t} \qquad (9-72)$$

探测器的电流响应为

$$I = p \cdot A \cdot \frac{d\Delta V}{dt} \qquad (9-73)$$

设热释电探测器的电阻和电容分别为 R_E 和 C_τ,当探测器与外围电路相连接时,探测器的电压响应可相应地表示为

$$V = I \cdot Z = p \cdot A \cdot \frac{d\Delta V}{dt} \cdot \frac{R_E}{(1 + \omega^2 \tau_E^2)^{1/2}} e^{j\omega t} \qquad (9-74)$$

式中,R_E 和 τ 分别为系统的等效电阻和探测器的电时间常数。

2. Pspice 仿真模型

热释电探测器热学特性和电学特性可以使用 Pspice 中的模拟行为模块(ABM)功能中的微分器和压控电流源等电路元件来建立等效模型。热释电探测器 Pspice 等效电路模型如图 9-150 所示。探测器的温度变化在节点 T 处反映为电压变化;ABM_1 是 Pspice 中 ABM 元件库里提供的压控电压源,在等效电路中它将节点 T 处的电压变化以单位增益传送到下一级电路中,同时确保没有任何电流信号通过;由压控电压源输出的电压信号直接被送入 ABM 库中微分器进行微分运算,微分器的输出信号进入压控电流源 ABM_2,其输出信号就是探测器的电流响应,R_O 为偏置电阻,最后由源极跟随器输出得到电压信号。

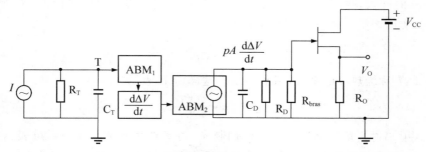

图 9 - 150　热释电探测器 Pspice 等效电路模型

3. 热释电红外探测器电路设计

由电压响应度表达式可知,传感器的电压响应度与入射光辐射变化的频率成反比,因此物体移动速度越快,同样的入射功率下,输出电压就会越小,只有达到报警阈值电平时,探测器电路才会有电压信号输出。利用热释电探测器 Pspice 等效电路模型设计的实用探测器电路原理框图如图 9 - 151 所示。

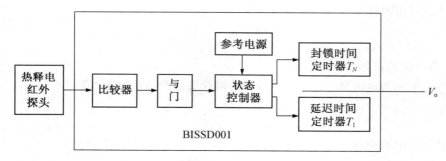

图 9 - 151　热释电红外线探测器原理框图

当人体进入警戒区,人体温度会引起环境温度辐射场的变化,通过菲涅尔透镜热释电红外探头感应到的是人体温度与背景温度的差异信号,则在负载电阻上产生一个电信号,采集的电信号触发外围电路,最终实现报警。

热释电红外探测器外电路采用的器件包括红外探测器专用芯片——红外传感信号处理器 BISSD001、热释电红外探头 RF200B(传感器)及一些外围元件(电阻、电容)。检测元件 BISSD001 是 CMOS 数模混合专用集成电路,具有独立的高输入阻抗运算放大器,可与多种传感器匹配进行信号预处理。另外,它还具有双向鉴幅器,可有效抑制干扰。其内部设有延迟时间定时器和封锁时间定时器。可重复触发工作方式下管脚各点波形如图 9 - 152 所示。

如图 9 - 153 所示的红外探测器电路,当 A 端等于"0"时,为不可重复触发工作方式,即在 T_x 时间内,任何 IC7 的变化都被忽略,直至延迟时间 T_x 结束。当 T_x 时间结束时,V_0 下跳回低电平,同时启动封锁时间定时器进入封锁周期 T_i。在 T_i 周期内,任何 IC7 的变化都不能使 V_2 为有效状态。本电路中由于 BISSD001 的 1 脚接的是低电平,即此时芯片设置为不可重复触发状态,所以在延时周期内,电路不会被重复触发,直到延时周期

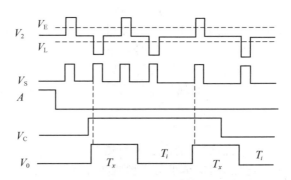

图 9 - 152 可重复触发工作方式下各点波形

结束。

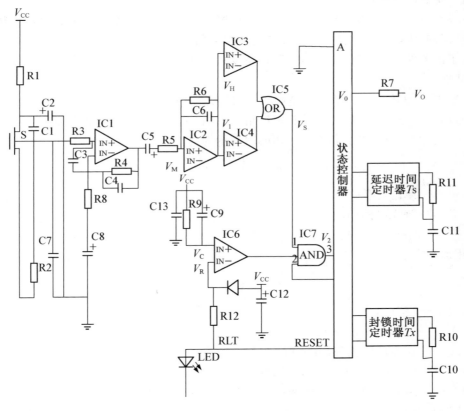

图 9 - 153 红外探测器电路图

　　这一功能的设置,可有效抑制负载切换过程中产生的各种干扰。图中当热释电红外探头接收到人体发出的红外线后,输出一个微弱的低频中信号到 RISSD001 芯片对信号进行放大预处理,同时将直流电位抬高 V_M,再经内部双向鉴幅器检出有效触发信号 V_S 去启动延迟时间定时器(只要有触发信号 V_S 的上跳沿则可启动延迟时间定时器)。由于

$V_H \approx 3.15V, V_L \approx 1.35V$，所以当 V_{CC} 为 $+4.5V$ 电压时，可有效地抑制 $\pm 0.9V(V_H - V_L)$ 的噪声干扰，提高系统的可靠性。IC6 为一条件比较器，当输入电压 $V_C < V_R$ 时，IC6 输出为低电平，封锁了与门 IC7，禁止触发信号向下级传递；当 $V_C > V_R$ 时，IC6 输出为高电平，则打开与门 IC7。此时，如果有触发信号 V_S 的上跳变沿到来，将启动延迟时间定时器，同时 V_O 输出高电平信号，可实现信号的检测或报警。此时探测器进入延时周期，延迟与封锁时间可调。

4．效果

利用 Pspice 中的 ABM 功能建立的多层薄膜热释电探测器的等效模型，设计了一种实用的热释电红外探测器电路，模拟结果与实验数据基本一致。根据模型选取适当的参数，可以设计不同的红外探测器实用电路，为红外探测器电路设计提供新的思路。

七、铁电型非制冷红外焦平面探测器的调制器设计

1．调制器设计要求

调制器位于光学系统和铁电型非制冷探测器之间，通过交替遮挡和通过红外辐射实现强度调制，为红外探测器提供强度变化的辐射信号。根据铁电型非制冷探测器工作要求，除了由器件和结构保证的转速、稳定精度和抖动幅度等因素外，调制器设计还要注意以下几点：

（1）曝光效率。曝光效率就是调制器扫过光路时通光时间与调制周期之比，在探测器光敏面尺寸与调制器叶片尺寸相近的情况下，也可以理解为调制器总曝光面积与调制器叶片旋转所形成的圆面积之比。用时间表示为：

$$\eta_A = \frac{T_0}{T} \times 100\% \tag{9-75}$$

式中，η_A——曝光效率；

T_0——曝光时间(s)；

T——调制周期(s)。

用面积表示为：

$$\eta_A = \frac{A_1}{A_2} \times 100\% \tag{9-76}$$

式中，η_A——曝光效率；

A_1——总曝光面积(mm^2)；

A_2——调制器圆面积(mm^2)。

不同热时间常数的探测器所要求的曝光效率不同，一般为 50%。

（2）调制频率。调制频率即调制器对光信号进行调制的频率，它等于调制器转速与调制器调制周期之积。用公式表示为：

$$f = n \times R \tag{9-77}$$

式中，f——调制频率(Hz)；

n——调制周期；

R——调制器转速(r/s)。

例如，对于调制周期为 6、转速为 1 500r/min 的调制器，调制频率为 150Hz。为了保

证探测器有足够的积分时间,调制频率要小于或等于探测器的最高工作频率。

（3）推扫性能。单元探测器或探测元总数不多的多元探测器不存在推扫要求的问题,哪边先曝光都可以,因而它的调制器结构比较简单,主要有直边式和圆孔式两种形式,直边式调制器结构如图 9－154 所示,圆孔式调制器结构如图 9－155 所示。调制器叶片在电机驱动下旋转起来后,红外辐射被周期性地遮挡和通过来实现调制。单元探测器用直边式调制器就可以了,多元探测器尤其是二维的小面阵探测器最好采用圆孔式调制器。对于阵列规模比较大的凝视型探测器,还要考虑调制器的推扫性能,即调制器扫过时同一行内探测元的同步曝光性能,上述两种形式的调制器显然都不合适。在调制器工作条件下,铁电型非制冷红外焦平面探测器的信号读出只能采用逐行读出方式,整帧读出方式已不适用。逐行读出即按照探测器各行的曝光顺序从前至后依次读出,这就要求调制器在扫过铁电型非制冷红外焦平面探测器表面时,同一行内所有探测元的开始曝光和结束曝光尽量同步,即曝光相位尽量一致,这就是所谓的"推扫"。调制器的推扫性能越好,探测器输出信号的均匀性就越好,信号处理电路的非均匀性校正就越容易。根据经验,当输出信号的非均匀性≤20%时是可以校正的。

图 9－154　直边式调制器结构示意图

图 9－155　圆孔式调制器结构示意图

（4）同步信号的产生。同步信号是协调铁电型非制冷红外焦平面探测器积分与读出动作和信号处理电路进行信号处理的控制信号,二者协调一致才能完成成像。同步信号主要分为帧同步信号、行同步信号、帧标识信号三种。帧同步信号的作用是启动帧读出,将探测器上的信号从第一行到最后一行逐行读出。行同步信号一般由探测器的驱动电路给出。帧标识信号是告诉信号处理电路当前帧的编号或位置,这个信号一般在多帧图像合成过程中使用,如微扫描技术中的图像合成。

2．调制器的设计方法

如果采用直边式调制器,在调制器尺寸与探测器尺寸相近的情况下,无论采用何种位置关系,调制器都不能"推扫"探测器上的所有行,最多只能有一行;对于行列直线排列的凝视型探测器,圆孔式调制器不能形成"推扫",为此调制器的线形发展成阿基米德螺旋线形式。在螺旋线参数选取合适时,这种形式的调制器可以近似"推扫"红外焦平面探测器上的所有行。

阿基米德螺旋线的定义为:一动点沿着一条射线做匀速直线运动,同时该射线绕着自己的端点做匀速圆周运动,该动点的运动轨迹就是阿基米德螺旋线,用公式表示为:

$$X = v/\omega \qquad\qquad (9-78)$$

式中,X——比例系数(mm/rad);

　　　v——动点沿直线匀速运动的速度(mm/s);

ω——直线绕端点匀速旋转的角速度(rad/s)。

设极坐标系下动点坐标为(r,θ)，根据定义可得

$$\begin{cases} r = v \times t & (9-79) \\ \theta = \omega \times t & (9-80) \end{cases}$$

从(9-79)、(9-80)式中求出 v 和 ω 的表达式后代入(9-78)式，得

$$X = r/\theta \qquad\qquad (9-81)$$

式中，X 为表征阿基米德螺旋线形状的参数，即极径 r 与极角 θ 的比例系数。常见的表现形式为

$$r = X\theta \qquad\qquad (9-82)$$

由阿基米德螺旋线定义推出的极坐标系下的表达式(9-82)可以看出，阿基米德螺旋线的形状只与这个比例系数 X 有关，与极径 r 和极角 θ 无关。阿基米德螺旋线的曲率与它们三者都有关系，即它不仅与比例系数 X 的大小有关，还与极角 θ 与极径 r 的取值有关。对于已确定几何尺寸的探测器，并不是随意一条阿基米德螺旋线都可以，有一个最佳值，因此求解最适合的阿基米德螺旋线参数是调制器设计的核心问题。

(1) 红外焦平面探测器与调制器的位置关系。由(9-82)式得阿基米德螺旋线的直角坐标系中的表示形式

$$\begin{cases} y = x\theta\sin\theta & (9-83) \\ x = x\theta\cos\theta & (9-84) \end{cases}$$

式(9-83)、(9-84)中，x、y 为坐标，θ 为参数，阿基米德螺旋线的一阶导数为：

$$\frac{\mathrm{d}y}{\mathrm{d}x} = \frac{\sin\theta + \theta\cos\theta}{\cos\theta - \theta\sin\theta} \qquad\qquad (9-85)$$

再一次求导得到阿基米德螺旋线的二阶导数

$$\frac{\mathrm{d}^2 y}{\mathrm{d}x^2} = \frac{2 + \theta^2}{x\,(\cos\theta - \theta\sin\theta)^2} \qquad\qquad (9-86)$$

最后由(9-85)、(9-86)式得到阿基米德螺旋线的曲率

$$K = \frac{2 + \theta^2}{X\,(1 - \theta^2)^{1/2}} \qquad\qquad (9-87)$$

这是一个只与极角 θ 和比例系数 X 有关的量，继续求导得到螺旋线曲率 K 相对于极角 θ 变化率

$$\frac{\mathrm{d}K}{\mathrm{d}\theta} = \frac{1}{X} \cdot \frac{4\theta + \theta^2}{(1 + \theta^2)^{5/2}} \qquad\qquad (9-88)$$

通过在$(0,180°)$内分析曲率与旋转角度的关系，可以知道螺旋线的曲率 K 随极角 θ 的增大而减小，如图 9-156 所示[横坐标为极角 θ，纵坐标为螺旋线曲率 $K(1/\text{mm})$]。为了获得好的推扫效果，红外焦平面探测器应安装在极角较大的区间段，考虑到调制器尺寸不能太大，故极角一般不大于 $180°$。进一步对阿基米德螺旋线的切线斜率分析可知，它在$(0,90°)$内曲率变化很大，所以探测器放在$(90°,180°)$的范围内即直角坐标系中的第二象限内比较合适。

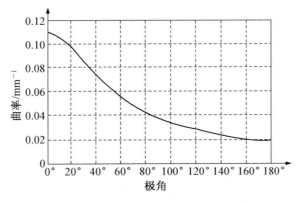

图 9 - 156　极角与阿基米德螺旋线曲率的关系

（2）阿基米德螺旋线的比例系数求解。阿基米德螺旋线的作用是将调制器叶片的旋转运动转化为类似于直线运动的"推扫"。以螺旋线为考察对象时，其表达式为式（9-75）式，以红外焦平面探测器为考察对象时，其表达式就转化为

$$X \geqslant \Delta r / \Delta \theta \tag{9-89}$$

式中，Δr——极径方向扫过的长度；

$\Delta \theta$——扫过的角度。

只有符合这个条件的阿基米德螺旋线才能完成对红外焦平面探测器的推扫任务。

如图 9 - 157 所示，设铁电型非制冷红外焦平面探测器的光敏面长度为 a，宽度为 b，且探测器左上角顶点 A 与调制器边缘重合，调制器逆时针方向旋转。调制器在扫过探测器光敏面时极径的变化量 Δr 为探测器左上角顶点 A 到右下角顶点 B 的距离，即探测器光敏面对角线长度。又设调制器的调制周期数为 n，则每份所占角度为 π/n。

由题设可知

$$\begin{cases} \Delta \theta = \pi/n & (9-90) \\ \Delta r = \sqrt{a^2 + b^2} & (9-91) \end{cases}$$

由此求得阿基米德螺旋线的参数（取正值）为

$$X = \frac{\Delta r}{\Delta \theta} = \frac{n \sqrt{a^2 + b^2}}{\pi} \tag{9-92}$$

例如，对于一中心距为 $50 \mu m$ 的 320×240 像元铁电型非制冷红外焦平面探测器，光敏面尺寸为 $16mm \times 12mm$，在调制周期数为 3 时，阿基米德螺旋形状参数 $X \approx 19mm/rad$。

即便如此，求得的阿基米德螺旋线也不是真正意义上的平行"推扫"，实际上中间的探测元先曝光，两边的探测元后曝光，但滞后时间相对于整个曝光时间来说很小，经过计算不到 4%。

（3）推扫效果分析。如图 9 - 157 所示，假设调制器对探测器的推扫沿 y 轴方向，将（9-83）式两边同时对时间 t 求导，得

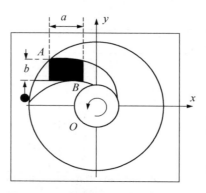

图 9 - 157　　探测器与调制器位置关系

$$\frac{\mathrm{d}y}{\mathrm{d}t} = x(\sin\theta + \theta\cos\theta)\frac{\mathrm{d}\theta}{\mathrm{d}t} \qquad\qquad (9-93)$$

式中，$\mathrm{d}y/\mathrm{d}t$——y 轴方向上的推扫的线速度（mm/s）；

　　　　$\mathrm{d}\theta/\mathrm{d}t$——调制器的角速度（rad/s）。

（4）同步信号、曝光效率和斩波频率。同步信号是协调铁电型非制冷探测器信号读出和信号处理电路动作的控制信号，实现方法比较简单。在探测器曝光结束位置设置一对光耦合器，当调制器周期性地运动到这个位置时，光耦合器就给出一个脉冲信号，通知信号处理电路，信号处理电路按程序工作。

曝光效率和调制频率根据探测器的工作帧频而定，其中调制频率通过调整调制器转速实现，曝光效率通过设计调制器结构实现。

最后按照电机的选择方法选好驱动电机，配上连接部件，整个调制器的设计工作就完成了。

3. 效果

从铁电型非制冷探测器的推扫要求和阿基米德螺旋线的定义出发，通过分析阿基米德螺旋线的物理意义推导出多调制周期调制器叶片形状的设计公式，解决了调制器设计的核心问题，对非制冷红外成像技术尤其是微扫描技术的发展具有重要意义。

9.6.4　其他非制冷 FPA 红外探测器

9.6.4.1　SOI 二极管非制冷 IRFPA 探测器

这种探测器技术利用半导体 PN 结具有良好的温度特性（偏压固定时二极管电流随结温度的升高呈幂指数增加）制成温度传感器，在绝缘体基上外延硅，这样在硅—绝缘体（SOI）层中形成 PN 结二极管。此材料与上述探测器材料不同，PN 结为单晶体，可以完全用硅大规模集成电路工艺，非常适合大批量生产。目前研究此项技术的有日本 Mitsubishi 电子公司和韩国高级科学技术研究所。

日本 Mitsubishi 电子公司于 1999 年就制作出 20×240 像元阵列，敏感元为若干二极管的串联结构，像元尺寸为 $40\mu m \times 40\mu m$，填充因子可提高到 90%，红外吸收率为

80%。由于采用 SOI 技术,探测器的热导很低,使探测器的性能大为提高。2005 年他们研究的 640×480 像元 SOI 二极管探测器,如图 9－158 所示。它在吸收结构和臂之间安装了独立的红外反射层,使红外吸收超过 80%,响应率不均匀性<0.9%。由于 SOI 制作工艺尚不成熟,制作成本较高,利用此技术达到生产还没有实现。

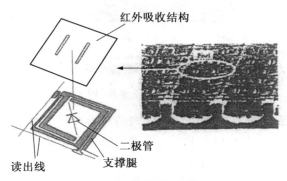

红外吸收结构

二极管

读出线　　　　支撑腿

图 9－158　SOI 二极管非制冷 IRFPA

9.6.4.2　新型热机械非制冷红外焦平面阵列

在热机械非制冷红外探测器中,有一种新型双材料微悬臂梁探测器,它利用的是机械力学性质原理探测红外辐射,在 20 世纪 90 年代末开始出现。其工作原理是:两种膨胀系数相差较大的材料,当温度升高时两种材料之间产生大的应力差,使微悬臂梁发生形变,可用电容、光学、压阻或电子隧穿等极高灵敏度方法读出,并且常规电路与 CMOS 和 CCD100%兼容。

双材料微悬臂梁非制冷红外探测器的噪声等效温差(T_{NETD})非常小,理论值可以达到 1mK 以下。据报道,R. Amantea 等人在电容读出方式下实现了 T_{NETD} 为 5mK 的结果,比一般的非制冷探测器低 1 个数量级。这与制冷光子型红外探测器的 T_{NETD} 相当,将满足高灵敏度、轻质和低成本的装备要求。国外主要研究单位有美国 Oak Ridge(橡树岭)国家实验室、加利福尼亚大学、美国 Sarcon 微系统公司等。

2003 年,美国 Sarcon 微系统公司应用标准集成电路工艺制作 320×240 像元双材料微悬臂梁 IRFPA,像元间距为 50μm。其中低热膨胀系数材料为 $\alpha-$SiC∶H,高膨胀系数材料为 Au,电容温度系数达到 20%以上,T_{NETD}<5mK,热时间常数为 5～10ms。

美国 Oak Ridge 国家实验室和田纳西州大学合作一直在研究双材料微悬臂梁探测器,2006 年制作出的 256×256 像元 IRFPA 结构如图 9－159 所示,选择的材料为 SiN$_x$ 和 Au。其 T_{NETD} 较高,这是因为没有采用低噪声的读出元件。现在已经得到用这种阵列制作的红外热像仪。

目前,光学读出已经开始成为新型非制冷 IRFPA 的探测器的关键技术之一,原因在于光学读出是非接触式的,无需电学连接,因此降低了电噪声,也使噪声等效温差降低。其工作原理是:用一束激光照射在 IRFPA 探测器上,当 IRFPA 的探测器吸收红外辐射时,其温度发生变化,从而引起形变,则激光束在 IRFPA 探测器上的位置发生移动,反射的激光再落到 CCD 或 CMOS 相机上被读出,从而探测到红外信号。光学读出可使器件

图 9-159　256×256 像元 IPPA 结构

体积更小、携带更方便,因此具有光学读出方式的微悬臂梁非制冷探测器是非制冷探测器的一个重要发展方向。美国 Oak Ridge 国家实验室和田纳西州大学设计的双材料微悬臂梁探测器 FPA 为 256×256 像元 SiN/Al,采用两种非接触光学方式读取信号。

　　新型热机械非制冷红外探测器正处于研制之中,其前景应该看好,但技术上还存在一些问题,如探测器中存在固有的机械噪声。

　　9.6.4.3　基于光学读出的热电光非制冷红外探测器

　　这种非制冷探测器的敏感元件是一种以顺电相工作的电光晶体,其工作原理是:当晶体处于临界相变温度 T_c 以上时,晶体是各向同性的,其折射率在各个方向相同。但是加电场时,晶体会出现双折射效应,而且双折射大小与温度变化有关,因此可探测红外辐射。

　　以色列 Normal 技术公司和 Jerusalemn 的 Hebrew 大学正在研制这种非制冷红外探测器,并将光学读出技术应用其中,预计可达到理论极限值。

　　作为传感元的晶体应具有高的电光效应,以色列 Normal 技术公司选择钽铌酸钾锂(KLTN),采用 MOCVD 生长 KLTN 薄膜。KLTN 薄膜不仅与体单晶有相同的物理特性,而且组分均匀。目前,以色列 Normal 技术公司还在不断从事组分优化研究,以期这种材料得到应用。

　　实验用蓝色激光作为读出光源,吸收层为 SiN 材料。预计这种探测器的填充因子很高,能在 90% 以上。虽然目前还未得到实用的探测器,但通过理论计算,其 T_{NETD} 可达到以下目标:$T_{NETD50\mu m}=4mK$,$T_{NETD25\mu m}=12mK$。

　　9.6.4.4　新型热光非制冷红外探测器

　　美国 Aegis 半导体公司利用半导体的热光效应对红外光进行探测,采用该技术推动其低成本非制冷红外探测器的应用。红外焦平面探测器由热可调谐薄膜滤光片像元组成,每个热像元相当于一个波长转换器,可将远红外辐射信号转换为近红外信号后,用现有 CCD 和 CMOS 相机进行探测。这种探测器的研制成功将大大影响红外探测器的市场价格。就目前来看,规格 160×120 像元探测器的像元合格率 >99.9%,填充因子 >92%,温度系数为 6%/K 的 T_{NETD} 较大,不能满足军用要求,但可在民用市场,如视频安全及汽车夜间辅助驾驶等方面得到使用。

9.6.5　发展趋势

非制冷 IRFPA 探测器已经成为国际上研究的热点之一，美国 Raytheon 公司、法国 Sofradir 公司等已经可以生产各种规格的非制冷 IRFPA 探测器，并用于各种军用或民用的红外系统中，且有逐年增加的趋势。

目前非制冷红外探测器采用的原理、结构和工艺与制冷光子型 IRFPA 探测器不同，是将吸收的红外辐射（热能）转化成对热敏感的电阻、电势、几何结构（形变）等物理量进行读出，实现红外探测。通过技术上的不断改进和提高，可能会有更好的提高 IRFPA 探测器性能的方法。就目前来看，还处于研究阶段的热机械双材料微悬臂梁红外探测器和热电光红外探测器，由于它们的噪声等效温差非常接近制冷光子型探测器的 T_{NETD}，因此将有可能成为新一代 IRFPA 探测器发展方向之一。

非制冷红外探测器的探测率目前还不及光子型 IRFPA 探测器高，已装备的非制冷红外热像仪的 T_{NETD} 通常为 $20\sim100\mathrm{mK}$，所以采用低成本、高性价比的非制冷红外探测器用于中、低端的军用和民用系统应该是目前最好的选择。

非制冷红外探测器最终达到的目标如下：

（1）与标准集成电路兼容，实现大规模的生产。

（2）在同等面积上，像元尺寸减小，但性能提高，以达到缩小尺寸、降低成本的目的。

（3）优化材料和结构，提高 IRFPA 探测器的吸收率和填充因子。

（4）发展低成本一次性非制冷红外探测器，扩大军民两用范围。

（5）采用噪声小的激光进行光学读出。

（6）接近 T_{NETD} 理论极限的双材料微悬臂梁非制冷红外探测器和热电光红外探测器技术研究向高端军用方向发展。

（7）缩短响应时间，发展快速响应的非制冷红外探测器。

（8）同时发展中波非制冷红外探测器，部分替代成本较高的 InSb 和 HgCdTe IRFPA 探测器。

参 考 文 献

[1] 宋炳文. 红外探测器材料和 HgCdTe 材料的发展现状[J]. 红外技术,1999,21(5):1—5.

[2] 王忆锋,唐利斌. 碲镉汞探测器制备湿法和干法工艺的研究进展[J]. 光电技术应用,2009,24(3):1—8.

[3] 王忆锋,唐利斌. 碲镉汞 pn 结制备技术的研究进展[J]. 红外技术,2009,31(9):497—503.

[4] 李言谨,杨建荣,何力,等. 长波红外 2048 元线列碲镉汞焦平面器件[J]. 毫米红外与毫米波学报,2009,28(2):90—92.

[5] 叶振华,黄健,尹文婷,等. 纯化界面植氢优化的碲镉汞中波红外探测芯片[J]. 红外与毫米波学报,2011,30(3):260—262.

[6] 王小坤,曾智江,朱三根,等. 中波 2048 长线列碲镉汞焦面杜瓦组件[J]. 红外与激光工程,2011,40(4):611—614.

[7] 叶振华,尹文婷,黄健,等. 128×128 短波/中波双色红外焦平面探测器[J]. 红外与毫米波学报,2010,29(6):415—418.

[8] 徐向晏,叶振华,李志锋,等. 中波双色光伏型 HgCdTe 红外探测器模拟研究[J]. 红外与毫米波学报,2007,26(3):164—169.

[9] 王成刚,孙浩,李敬国,等. 双色碲镉汞红外焦平面探测器发展现状[J]. 激光与红外,2009,39(4):367—371.

[10] 丁瑞军,叶振华,周文洪,等. 双色红外焦平面研究进展[J]. 红外与激光工程,2008,37(1):14—17.

[11] 叶振华,周文洪,胡伟达,等. 碲镉汞红外双色探测器响应光谱研究[J]. 红外与毫米波学报,2009,28(1):4—7.

[12] 高国龙. 法国的碲镉汞红外探测器[J]. 红外,2011,32(8):39—46.

[13] 齐卫笑,林杏潮,沈杰,等. 一种新型的红外探测器材料——碲镉汞[J]. 红外,2004,(11):1—6.

［14］王忆锋,田蕊. 碲镉汞器件空间辐射损伤研究的进展［J］. 红外,2011,32(4)：1－6.

［15］王思雯,郭应红,赵师素. 高功率 CO_2 激光对远场 HgCdTe 探测器的干扰实验［J］. 光学精密工程,2010,18(4)：798－804.

［16］苏培超,余旭彬,马军,等. 双色红外探测器研究［J］. 红外技术,1991,13(2)：3－8.

［17］劝少生,纪枞. 功能材料概论［M］. 北京:化学工业出版社,2012.

［18］陈文桥. 碲镉汞光伏探测器的电流机构及器件建模［J］. 红外,2003,(3)：16－21.

［19］庄继胜. 大面积光伏碲镉汞四象限探测器的设计考虑［J］. 红外技术,1997,19(6)：1－4.

［20］陈良惠. Ⅳ－Ⅴ族半导体全(多)光谱焦平面探测器新进展［J］. 红外与激光工程,2008,37(1)：1－8.

［21］李宁,李娜,陆卫,等. 64×64 元 GaAs/AlGaAs 多量子阱长波红外焦平面研制［J］. 红外与毫米波学报,1999,18(6)：427－430.

［22］郭方敏,李宁,熊大元,等. 256×1 甚长波多量子阱红外焦平面线列研制［J］. 中国科学 G 辑:物理学力学天文学,2008,38(8)：1075－1082.

［23］苏艳梅,种明,张艳冰,等. 128×160 元 GaAs/AlGaAs 多量子阱长波红外焦平面阵列［J］. 半导体学报,2005,26(10)：2044－2047.

［24］史衍丽,曹婉茹,周艳,等. $2\mu m$ 像元间距 GaAs/AlGaAs 量子阱红外焦平面探测器［J］. 红外与激光工程,2008,37(6)：968－971.

［25］连洁,王青圃,程兴奎,等. 量子阱红外探测器光耦合模式的发展状况［J］. Semiconductor Optoelectronics,2002,23(3)：150－153.

［26］史衍丽. 320×256 GaAs/AlGaAs 量子阱红外探测器［J］. 红外与激光工程,2008,37(1)：42－44.

［27］马楠,邓军,史衍丽,等. 多量子阱红外探测器衬底减薄工艺研究［J］. Semiconductor Optoelectronics, 2008, 29(4)：528－531.

［28］陆卫,李宁,甄红楼,等. 红外光电子学中的新族——量子阱红外探测器［J］. 中国科学 G 辑:物理学力学天文学,2009,39(3)：336－343.

［29］陈世达. $8\sim12\mu m$ 量子阱超晶格红外探测器材料与器件［J］,红外技术,1991,13(5)：10－16.

［30］余晓中,郭献东. 一种 128×1 的 AlGaAs/GaAs 多量子阱红外探测器线阵及其信号的读出［J］. 红外技术,1999,21(2)：35－38.

［31］余晓中. GaAs/AlGaAs 多量子阱器件均匀性研究［J］. 红外技术,1999,21(3)：14－18.

［32］江俊,李宁,陆卫,等. GaAs/AlGaAs 量子阱红外探测器件表征系统研制［J］. 红外技术,2001,23(2)：8－10.

[33] 王忆锋,余连杰,钱明. Ⅱ类超晶格甚长波红外探测器的发展[J]. 光电技术应用,2011,26(2):45—52.

[34] 刘超,曾一平. 锑化物半导体材料与器件应用研究进展[J]. 半导体技术,2009,34(6):525—530.

[35] 陈建新,林春,何力. InAs/GaSb Ⅱ类超晶格红外探测技术[J]. 红外与激光工程,2011,40(5):786—790.

[36] 史衍丽,余连杰,田亚芳. InAs/(In)GaSb Ⅱ类超晶格红外探测器现状[J]. 红外技术,2007,29(11):621—626.

[37] 郭杰,彭震宇,鲁正雄,等. GaAs 基短周期 InAs/GaSb 超晶格红外探测器研究[J].红外与毫米波学报,2009,28(3):165—167.

[38] 李彦波,刘超,张扬,等. 锑化物超晶格红外探测器的研究进展[J]. 周体电子学研究与进展,2010,30(1):11—17.

[39] 殷景志,高福斌,汤艳娜,等. InAs/GaSb Ⅱ型超晶格红外探测器的发展[J]. 激光与红外,2007,37(8):69—70.

[40] 徐应强,汤宝,王国伟,等. 2～5μm InAs/GaSb 超晶格红外探测器[J]. 红外与激光工程,2011,40(8):1403—1406.

[41] 郝瑞亭,徐应强,周志强,等. 2～3μm GaAs 基 InAs/GaSb 超晶格材料[J]. 红外与激光工程,2007,36(增刊):35—39.

[42] 徐庆庆,陈建新,周易,等. InAs/GaSb 超晶格中波焦平面材料的分子束外延技术[J]. 红外与毫米波学报,2011,30(5):406—408.

[43] 郝瑞亭,徐应强,周志强,等. GaSb 基、GaSb 体材料及 InAs/GaSb 超晶格材料的 MBE 生长[J]. 半导体学报,2007,28(7):1088—1090.

[44] 李永富,唐恒敬,张可峰,等. 平面型 2～6μm InGaAs 红外探测器变温特性研究[J]. 激光与红外,2009,39(6):612—617.

[45] 李淘,乔辉,李永富,等. 延伸波长 InGaAs 红外探测器的实时 γ 辐照研究[J]. 激光与红外,2010,40(5):511—514.

[46] 程开富. Ge_xSi_{1-x}/Si 超晶格量子阱红外探测器和焦平面阵列现状[J]. 半导体光电,1993,14(1):13—16.

[47] 雷亚贵,于进,张平雷,等. 量子点探测器研究进展[J]. 激光与红外,2010,40(1):3—8.

[48] 张冠杰,舒永春,姚江宏,等. 量子点红外探测器的特性与研究进展[J]. 物理,2005,34(9):666—671.

[49] 吴殿中,王文新,杨成良,等. 带有 InGaAs 覆盖层的 InAs 量子点红外探测材料的发光与光电响应[J]. 发光学报,2009,30(2):209—213.

[50] 邓功荣,史衍丽,余连杰,等. 量子点红外探测器及焦平面阵列的研究进展[J]. 红外技术,2011,33(2):70—74.

[51] 唐利斌,段瑜,姬荣斌,等. PbS量子点化学溶液法制备技术[J]. 红外技术,

2008,30(2):103—107.

[52] 殷雪松,杜磊,陈文豪,等. PbS 红外探测器的低频噪声特性研究[J]. 红外技术,2010,32(12):704—707.

[53] 司俊杰,万海林,陈湘伟,等. 大面积 PbS 光导薄膜制备工艺优化[J]. 红外技术,2007,29(3):143—146.

[54] 孙伟,江宏,张灿英,等. 功能化 PbS 量子点的水相合成及结构表征[J]. 化学研究,2006,17(2):47—49.

[55] 付安英,马睿. 硫化铅红外探测器可靠性研究[J]. 现代电子技术,2007,(4):4—5.

[56] 陈仁厚,冯刚,马晓东. 硫化铅红外探测器光电性能自动化测试系统设计[J]. 激光与红外,2010,40(9):1001—1005.

[57] 赵希磊,王科范,张伟凤,等. Sn 量子点的研究进展[J]. 材料导报,2010,24(专辑 15):74—76.

[58] 刘心田,石保安. 高 T_c 超导红外探测器现状与前景[T]. 红外与激光技术,1992,(6):1—10.

[59] 万发宝,何冠生,平一梅,等. 高温超导薄膜红外探测器研究[J]. 低温与超导,1994,22(3):42—47.

[60] 何军锋. 高温超导薄膜红外探测器研究[J]. 陕西工学院学报,1999,15(4):54—55,59.

[61] 樊江水,于明湘,邓小涛. 高 T_c 超导红外探测器研究[J]. 光子学报,1997,26(1):94—96.

[62] 姚久胜,王瑞兰,宣毅,等. 高温超导 $GaBa_2Cu_3O_{7-\delta}$ 薄膜测辐射热型红外探测器研究[J]. 红外技术,1998,20(3):1—5.

[63] 程光,刘全生,王晓春. 热释电红外探测材料的研究进展[J]. 材料综述,2006,(2):38—40.

[64] 朱涛,韩商荣,丁子上. 红外热探测器陶瓷的进展[J]. 材料科学与工程,1995,13(3):55—57.

[65] 郭瑞萍,李静,孙葆森. 国外红外探测器材料技术新进展[J]. 兵器材料科学与工程,2009,32(3):96—98.

[66] 董显林,毛朝果,姚春华,等. 非制冷红外探测器用热释电陶瓷材料研究进展[J]. 红外与激光工程,2008,37(1):37—41.

[67] 罗豪甦. 新型热释电材料及其在高性能红外探测器中的应用[J]. 红外与激光工程,2008,37(1):31—33.

[68] 田长牛. 红外探测器陶材料研究的最新进展[J]. 材料工程,1992(5):47—49.

[69] 刘少波,李艳秋. 非制冷型热释电薄膜红外探测器的制备与应用[J]. 激光与红外,2004,34(1):14—17.

[70] 杨宇,王光利. 探测材料在非制冷红外探测器方面的应用[J]. 功能材料,2005,

2(3):15—21.

[71] 吕宇强,胡明,吴淼,等. 热红外探测器的最新进展[J]. 压电与声光,2006,28(4):407—410.

[72] 邱志强. 溶胶—凝胶法制备锆钛酸钡薄膜的研究[J]. 黑龙江科技信息,2008,(1):4.

[73] 张秀梅,宋史绪. 薄膜型热释电探测器及其薄膜的制备[J]. 大学物理实验,2009,22(2):27—29.

[74] 胡丹,翟继卫,张良莹,等. Sol—gel 法制备锆钛酸钡薄膜的研究[J]. 电子元件与材料,2004,23(12):10—12.

[75] 张熙,张德银,彭卫东,等. 钽酸锂薄膜溶胶凝胶制备工艺研究[J]. 电子元件与材料,2007,26(10):29—32.

[76] 彭会芬. 钛酸钡铁电陶瓷和薄膜的溶胶—凝胶法制备用表征[J]. 材料科学与工程,1998,16(1):64—68.

[77] 裴志斌,田长生,赵新伟. 溶胶—凝胶法制备(Pb,La)TiO_3铁电陶瓷薄膜的研究[J]. 材料工程,1997(2):15—17.

[78] 张红芳,张良莹,姚熹. 新型的 Sol—gel 法制备 $Ba_{0.6}Sr_{1.4}TiO_3$ 铁电陶瓷[J]. 材料导报,2005,19(专辑):326—327.

[79] 蔡政,卢文庆,冯悦真. 溶胶—凝胶法制备 $BaTiO_3$ 陶瓷的铁电和介电性质研究[J]. 南京师范大学学报,2002,25(1):67—69.

[80] 张雪峰,蓝德均,欧俊,等. $(1-x)Pb(Ta_{0.5}Se_{0.5})O_{1-x}Pb(Zr_{0.52}Ti_{0.48})O_3(0.1 \leqslant x \leqslant 0.5)$弛豫铁电陶瓷的制备工艺及其性能[J]. 桂林工学院学报,2008,28(1):74—77.

[81] 胡勇,曾亦可,张洋洋,等. 红外探测器用 PLCT 热释电陶瓷的研究[J]. 计算机与数字工程,2007,35(1):122—124.

[82] 周岐发,邝安祥. 溶胶—凝胶工艺制备铁电 PIT 和 PT 陶瓷的红外吸收光谱研究[J]. 湖北大学学报,1992,14(2):140—143.

[83] 唐玲,方必军. B 位氧化物预合成法制备$(1-x)Pb(Fe_{1/4}Se_{1/4}Nb_{1/2})O_3-xPbTiO_3$铁电陶瓷及其性能研究[J]. 硅酸盐通报,2007,26(6):1078—1083.

[84] 刘瑞斌,林威卫,翟翠凤,等. 高性能 PZNFTSI 陶瓷热释电材料与小面积红外探测器的研制[J]. 无机材料学报,1993,8(4):461—465.

[85] 王茂祥,孙彤,孙平. $(Pb_{1-x}Sr_x)TiO_3$ 系红外敏感铁电陶瓷的研究[J]. 科学学报,2000,18(4):365—367.

[86] 王茂祥,孙平. 电脉冲读出模式下 PST 铁电陶瓷的红外探测特性[J]. 光电技术应用,2007,22(1):30—33.

[87] 马桂红. 锆钛酸铅(PZT)粉体合成的研究进展[J]. 现代技术陶瓷,2005(3):23—2726.

[88] 方菲,张孝文,李龙上,等. 锆钛酸铅镧陶瓷微结构和介电性能研究[J]. 功能材料,1997,28(3):294—296.

[89] 李涛,彭同江. 锆钛酸铅(PZT)纳米陶瓷粉体的液相制备技术[J]. 科学技术与工程,2003,3(5):503—506.

[90] 周静,彭蔚蔚,郭吉丰,等. 锰锑酸铅—锌铌酸铅—锆钛酸铅陶瓷的铁电性能[J]. 硅酸盐学报,2007,35(2):174—176.

[91] 谢湘华,董亚明,姚春华,等. 锆钛酸铅 95/5 纳米粉体 Sol—gel 法制备与改进[J]. 无机材料学报,2004,19(1):81—85.

[92] 李涛,彭同江. 锆钛酸铅压电陶瓷的研究进展与发展动态[J]. 湘南学院学报,2004,25(2):54—56.

[93] 李涛. 水热法制备锆钛酸铅纳米粉体的研究进展[J]. 电子元件与材料,2004,23(10):52—56.

[94] 林盛卫,孙大志,刘瑞斌,等. 铁酸铅和锆钛酸铅铁电薄膜的热释电效应的研究[J]. 无机材料学报,1996,11(3):505—509.

[95] 周岐发,周黎明,罗亚氏. 锆钛酸铅的 Sol—gel 工艺合成及电性能研究[J]. 西安工业学院学报,1993,13(3):183—189.

[96] 周岐发,邝安祥. 溶胶—凝胶法合成锆钛酸铅陶瓷材料及其特性研究[J]. 功能材料,1991,22(4):193—198.

[97] 李涛,彭同江. 锆钛酸铅纳米粉体的水热合成技术[J]. 中国粉体技术,2004,(2):32—35.

[98] 李建康,姚熹. 锆钛酸铅铁电薄膜的制备及其在红外探测器中的应用[J]. 太原理工大学学报,2004,35(4):288—291.

[99] 饶韫华,刘梅冬,卢春如,等. 锆钛酸铅铁电薄膜的制备及其性能研究[J]. 科学与技术,1995,15(4):55—59.

[100] 康秀英. 掺 La 锆钛酸铅压电陶瓷(PLZT)在光电效应教学实验中的应用[J]. 大学物理,2004,23(4):33—34.

[101] 张水琴,杨成韬,刘敬松,等. 掺杂 PZT 铁电陶瓷介电铁电性能的影响[J]. 子元件与材料,2004,23(7):10—12.

[102] 陈程,张树人,杨成韬,等. 溶胶凝胶反提拉法制备 PZT 铁薄膜及 La$^+$,Ca$^+$ 离子混合掺杂时薄膜结构和性能的影响[J]. 硅酸盐学报,2005,33(6):708—711.

[103] 张德庆,刘海涛,曹茂盛. 钕掺杂锆钛酸铅纳米粉体的溶胶—凝胶法合成研究[J]. 功能材料,200,37(8):1213—1215.

[104] 孙思伟. 浅议钛酸钡电子陶瓷的铁电性能及生产工艺[J]. 科技博览,2008(2):11.

[105] 蒲正平,杨公安,王瑾菲,等. 高介高稳定性 BaTiO$_3$ 基铁电陶瓷研究进展[J]. 电子元件与材料,2008,27(11):1—3.

[106] 张晓丽,王花丽. 钛酸钡粉体的制备及其研究进展[J]. 湿法冶金,2007,26(1):17—20.

[107] 李琦,张德,周飞. 钛酸钡系无铅压电陶瓷的研究进展[J]. 中国陶瓷,2007,43

(12):17—20.

[108] 续京,张杰. 电子陶瓷材料纳米钛酸钡制备工艺的研究进展[J]. 石油化工应用,2009,28(1):1—4.

[109] 符春林,蔡苇,潘复生. 锆钛酸钡(BZT)铁电研究进展[J]. 电子元件与材料,2007,26(4):1—4.

[110] 陈晓勇,蔡苇,符春林. 锆钛酸钡(BZT)陶瓷制备及其介电性能的研究进展[J]. 陶瓷学报,2009,30(2):257—261.

[111] 张红芳,张良莹,姚熹. 新型的 Sol—gel 法制备 $Ba_{0.6}Sr_{0.4}TiO_3$ 铁电陶瓷[J]. 材料导报,2005,19(专辑 V):326—328.

[112] 去斯宁,王晓莉. $(Ba_{1-x}Sr_xCa_{0.9})TiO_3$ 陶瓷的介电弛豫特征和铁电性能[J]. 硅酸盐学报,2006,34(2):142—146.

[113] 李青莲,陈维,陈寿田,等. 纳米钛酸钡及其烧结物的制备[J]. 应用化学,2000,17(1):84—86.

[114] 郑敏贵,何新华,黎卓华,等. $Sr_{0.3}Ba_{0.7}Bi_{3.7}La_{0.3}Ti_4O_{15}$ 铁电陶瓷的烧结及介电性能[J]. 电子元件与材料,2008,27(4):48—51.

[115] 孙平,王茂祥,孙彤,等. $(Ba_{1-x}Sr_x)TiO_3$ 系铁电陶瓷的制备及其介电性能的研究[J]. 电子器件,2000,23(2):85—89.

[116] 郝华,刘韩星,马麟,等. $SrBi_4TiO_3$ 铁电陶瓷的制备工艺研究[J]. 现代技术陶瓷,2007,(4):3—5.

[117] 孟林丽,肖定全,朱建国. $(Bi_{1/2}Na_{1/2})_{1-x}Ba_4TiO_3$ 系铁电陶瓷制备工艺研究[J]. 压电与声光,2001,23(6):483—486.

[118] 王桂芹,陈晓东,段玉平,等. 钛酸钡陶瓷材料的制备及电磁性能研究[J]. 无机材料学报,2007,22(2):293—297.

[119] 丁士文,王静,秦江雷,等. 纳米钛酸钡基介电材料的水热合成结构与性能[J]. 中国科学,2001,31(6):525—529.

[120] 孟玲,姚国光,张丹,等. 锆钛酸钡陶瓷的制备与介电性能研究[J]. 陕西师范大学学报,2008,36(4):28—31.

[121] 武淑艳,吴明忠,李洪波,等. 化学共沉淀法制备钛酸钡陶瓷粉体的工艺研究[J]. 新技术新工艺,2007,(12):95—96.

[122] 张静,何玉定. 钛酸钡 PTC 电热陶瓷材料的制备与应用[J]. 材料研究与应用,2008,2(1):300—302.

[123] 刘伟华,翟学良,宋双居. 溶胶—凝胶法制备钛酸钡陶瓷纤维[J]. 功能材料,2007,38(增刊):681—683.

[124] 李霞,李振文. 钛酸钡纳米粉体的共沉淀法合成与研究[J]. 压电与声光,2009,31(4):528—530.

[125] 丰红军,曲远方,卓丹,等. 锆钛酸钡二元陶瓷的制备及其介电性能[J]. 化学工业与工程,2009,26(1):5—9.

［126］蔡苇,高家诚,符春林,等. 锆钛酸钡掺杂改性研究进展[J]. 电子元件与材料,2008,27(6):30－33.

［127］陆文峰,毛翔宇,陈小兵. Nb 掺杂 Bi_4TiO_{12} 陶瓷样品的铁电、介电性能[J]. 扬州大学学报,2005,8(4):24－27.

［128］马丁,杨丽,曹万强. 铌掺杂 $Ba(Zr_xTi_{1-x})O_3$ 弛豫铁电陶瓷介电性能的研究[J]. 功能材料,2007,38(增刊):788－790.

［129］吴雪侮,陶珍东,黄志文,等. 高性能球磨法制备钛酸钡陶瓷及其掺杂改性[J]. 西南科技大学学报,2008,23(1):66－70.

［130］程花景,崔斌,田靓,等. 掺硅钛酸钡纳米粉体及其陶瓷的制备与表征[J]. 西北大学学报,2008,38(1):63－66.

［131］田靓,史智峰,崔斌. 掺镍钛酸钡纳米粉体及其陶瓷的溶胶—凝胶制备[J]. 西北大学学报,2006,36(1):68－71.

［132］沈志刚,张维维,陈建峰. 掺杂离子及掺杂工艺对钛酸钡性能的影响[J]. 无机盐业,2005,37(9):17－19.

［133］李波,周峰华,张树人. 稀土掺杂对还原烧结钛酸钡陶瓷微结构和电性能的影响[J]. 硅酸盐学报,2008,36(3):277－282.

［134］王春风,代军,刘康强. 稀土掺杂的纳米钛酸钡的制备及其性能研究[J]. 矿冶工程,2006,26(2):74－77.

［135］陈慧英,李怡敏,杨渗玮,等. 稀土钇掺杂纳米钛酸钡基介电陶瓷的合成及其性能研究[J]. 稀土,2005,26(3):27－29.

［136］柴艮凤,施哲,陈琳,等. 沉淀法制备 Na^+ 掺杂改性的钛酸钡[J]. 云南化工,2006,33(6):24－28.

［137］尧彬,张树人,周晴华,等. CBS 掺杂对钛酸钡陶瓷介电性能的影响[J]. 电子元件与材料,2006,25(4):20－23.

［138］刘家正,王宇,张哲. 电泳法制备钛酸钡薄膜[J]. 压电与声光,2007,29(5):556－558.

［139］刘爱青,元光,顾长志. 钛酸钡薄膜的制备及其场发射特性研究[J]. 真空电子技术,2006(1):41－43.

［140］马亚鲁,孙小兵,王彦起,等. 应用电泳沉积技术制备钛酸钡铁电陶瓷薄膜[J]. 硅酸盐通报,2002(6):13－16.

［141］苏滔珑,庄志强. 钛酸钡基厚薄膜 PTCR 的研究[J]. 陶瓷研究与职工教育,2005,3(2):43－46.

［142］龚健,符小荣,宋世庚,等. Y 掺杂钛酸钡薄膜的 Sol－gel 法制备及 PTC 效应[J]. 半导体学报,1999,20(3):246－249.

［143］王新荣,桂治轮,李龙土,等. 钽铁酸铅铁电陶瓷中钙钛矿相的结构及其稳定性[J]. 现代技术陶瓷,1994(3):3－6.

［144］曹健,唐宾华,张文,等. 钽钪酸铅—钛酸铅制备工艺研究[J]. 电子元件与材

料,2003,22(3):4—6.

[145] 张国春,潘世烈,徐子颉. 近化学计量比铌酸锂晶体的研究进展[J]. 材料导报,2004,18(2):5—8.

[146] 王忠敏. 铌酸锂晶体的发展简况[J]. 人工晶体学报,2002,31(2):173—175.

[147] 孔勇发,许京军,李冠告,等. 优良全息光折复存储材料——双掺铌酸锂晶体[J]. 人工晶体学报,2002,31(2):310—313.

[148] 夏宗仁,崔坤,徐家跃. 弱热释电效应黑色铌酸锂、钽酸锂晶体研究[J]. 压电与声光,2004,26(2):126—128.

[149] 张一兵. 铌酸锂的晶体结构[J]. 上饶师范学院学报,2001,21(6):52—56.

[150] 万龙宝,徐军,邓佩珍,等. 非线性晶体铌酸锂钾的性质和生长[J]. 人工晶体学报,1998,27(1):36—38.

[151] 孔着发,刘士国,刘房德,等. 四价掺杂铌酸锂晶体[J]. 红外与毫米波学报,2009,28(2):181—183.

[152] 徐斌,夏宗仁,李春忠,等. 大尺寸光学级铌酸锂晶体生长及检测方法[J]. 人工晶体学报,2002,31(5):516—519.

[153] 张旭,薛冬峰. 铌酸锂晶体结构与性能关系研究[J]. 功能材料,2005,2(4):51—54.

[154] 闫传娜,董良威. 光折变铌酸锂晶体电光、压电效应研究[J]. 上海大学学报,2005,11(5):282—286.

[155] 张嗣春,夏海平,王金浩,等. Ni^{2+} 掺杂近化学计量比铌酸锂晶体的生长及光谱特性[J]. 光学学报,2008,28(1):138—142.

[156] 姚兰芳,刘建利,刘景和. 掺镁铌酸锂晶体生长的研究[J]. 长春光学精密机械学院学报,1994,17(4):65—68.

[157] 王大林. 关于掺钠的铌酸锂晶体的生长[J]. 山西师范大学学报,2005,19(3):71—73.

[158] 汪进,杨昆,金婵. 掺镁铌酸锂晶体结构的研究[J]. 物理学报,1999,48(6):1103—1105.

[159] 刘淑杰,石连升,孙金超,等. 铜铁双掺近化学计量比铌酸锂晶体生长及其光折变性能研究[J]. 化学工程师,2009(5):63—66.

[160] 薛冬峰. 铌酸锂、钽酸锂晶体的结构特征[J]. 化学研究,2002,13(4).

[161] 张学锋,乔伟,刘军,等. 近化学计量比钽酸锂晶体的生长与表征[J]. 稀有金属快报,2009,36(9):29—31.

[162] 宋磊,李铭华,徐玉恒,等. 钽酸锂晶体的生长及其物理性能的研究[J]. 人工晶体学报,1994,23(2):146—150.

[163] 石连升,高岩. 掺铁钽酸锂晶体的生长及其光学性能的研究[J]. 哈尔滨理工大学学报,2009,14(1):121—123.

[164] 薛冬峰. 铌酸锂、钽酸锂晶体的结构特征[J]. 化学研究,2002,13(4):1—4.

[165] 范京富,郑颉,车云霞,等. 碲酸取代的硫酸三甘钛单晶体[J]. 半导体学报,1992,13(7):400−404.

[166] 毛翔宇,王伟,王玮,等. 不同晶粒取向钛酸铋陶瓷的铁电和压电性能[J]. 硅酸盐学报,2007,35(3):312−315.

[167] 王旭升,张良莹,姚熹. 铁电钛酸铋超微粉及陶瓷的研究[J]. 压电与声光,1997,19(6):415−419.

[168] 朱骏,卢网平,刘秋朝,等. $SrBi_{4-x}La_xTi_4O_{15}$ 陶瓷材料铁电、介电性能的研究[J]. 哈尔滨理工大学学报,2002,17(6):82−84.

[169] 管素华,张丰庆,胡户达,等. $Cu_xSr_{1-x}Bi_4Ti_4O_{15}$ 陶瓷的制备及性能的研究[J]. 稀有金属材料与工程,2007,36(1):403−405.

[170] 管素华,张丰庆,住艳霞,等. 铋层状化合物 $SrBi_{4-x}Ge_xTi_4O_{15}$ 陶瓷的铁电性能研究[J]. 压电与声光,2007,29(3):316−317.

[171] 李月明,陈文,徐庆,等. $Na_{0.5}Bi_{0.5}TiO_3$ 基无铅陶瓷的铁电相变和弛豫特性研究进展[J]. 硅酸盐学报,2005,33(12):1504−1508.

[172] 王序章,李兴叔. 掺钕钛酸铋铁电陶瓷靶的研制[J]. 电子元件与材料,2005,24(10):27−29.

[173] 陆志娟,崔彩娥,黄平. 铌掺杂 $Bi_{3.15}Na_{0.85}Ti_3O_{12}$ 陶瓷材料铁电性能[J]. 重庆工学院学报,2009,23(6):107−110.

[174] 黄小丹,冯湘,王华,等. Nb 掺杂对 $Bi_4Ti_3O_{12}$ 陶瓷铁电性能的影响[J]. 电子元件与材料,2009,28(4):11−13.

[175] 宁青菊,李艳杰,赵文雅,等. 掺杂 $Bi_4Ti_3O_{12}$ 铁电陶瓷的制备及其铁电性能研究[J]. 陕西科技大学学报,2008,26(4):49−51.

[176] 黄平,崔彩娥,徐臣献. Bi 含量对 $SrBi_4Ti_4O_{15}$ 铁电陶瓷烧结特性的影响[J]. 稀有金属材料与工程,2008,37(1):206−209.

[177] 许春来,周和平. 掺杂 Bi_2O_3 对钛酸锶钡铁电陶瓷显微结构和介电性能的影响[J]. 稀有金属材料与工程,2007,36(3):178−181.

[178] 郑夏莲,马元好. 钨掺杂 $CuBi_4Ti_4O_{15}$ 基陶瓷的介电和铁电性能研究[J]. 电子元件与材料,2009,27(7):14−16.

[179] 金灿,朱骏,毛翔宇,等. Mo 掺杂 $SrBi_4Ti_4O_{15}$ 陶瓷的铁电介电性能[J]. 物理学报,2006,55(7):3716−3719.

[180] 周洋,万建国,陶宝旗. PVDF 压电薄膜的结构、机理与应用[J]. 材料导报,1996(5):43−47.

[181] 赵海云. PVDF 压电薄膜的性能及其应用[J]. 传感器世界,2000(3):24−26.

[182] 高春梅,孟彦窖,奚旦立. PVDF/PVC 膜化学稳定性研究[J]. 纺织学报,2008,29(1):17−21.

[183] 赵东升. PVDF 压电薄膜传感器的研制[J]. 传感器与微学院,2007,26(3):51−52.

[184] 孙志能,付江平,洪若能. 纳米二氧化硅填充 PVDF 聚合物微孔膜的研究[J]. 精细化工,2008,25(2):109—117.

[185] 朱涛,韩高荣,赵高凌,等. 溶胶—凝胶法制备 $PbTiO_3$ 薄膜的研究[J]. 硅酸盐通报,1998,(1):29—31.

[186] 张一兵,翁文剑. 玻璃基板上溶胶—凝胶法铌酸锂薄膜的制备及其表征[J]. 科技通报,2005,21(6):732—734.

[187] 潭红,何锦林,汪大成. 用溶胶—凝胶法制备 PZT 铁电体薄膜[J]. 无机材料学报,1995,10(1):113—116.

[188] 季惠明,张颖,徐臣献. 溶胶—凝胶法制备 $SrBi_2TiO_3$ 铁电陶瓷薄膜[J]. 应用化学,2002,19(6):531—533.

[189] 孙力,陈延峰,于涛,等. 金属有机化学气相沉淀法制备钛酸铅铁电薄膜[J]. 物理学报,1996,45(10):1729—1736.

[190] 刘治国,殷江. 用紫外脉冲激光制备新型铁电薄膜成膜新技术[J]. 中国科学基金,1999(1):34—35.

[191] 刘彦巍,张道范,李春苓,等. 脉冲激光淀积 $BaTiO_3$ 薄膜的介电与铁电特性[J]. 物理学报,1997,46(3):550—555.

[192] 张亦文,李效民,赵俊亮,等. 脉冲激光沉积法生长 In 掺杂 $SrTiO_3$ 薄膜及微观结构研究[J]. 无机材料学报,2008,23(3):531—535.

[193] 周幼华,郑启光,杨光,等. 飞秒脉冲激光沉积 Si 基 a 轴择优取向的钛酸铋铁电薄膜[J]. 中国激光,2003,3(6):832—836.

[194] 杨光,陈正豪. 脉冲激光沉积 $Ag:BaTiO_3$ 纳米复合薄膜及其光学特性[J]. 物理学报,2006,55(8):4342—4345.

[195] 刘世建,徐重阳,曾祥斌,等. 射频磁控溅射法制备 $(Ba_{0.75}Sr_{0.3})TiO_3$ 铁电薄膜[J]. 压电与声光,2001,23(4):293—295.

[196] 吴家刚,朱基亮,肖定全,等. $(Pb_{0.90}Lu_{0.10})Ti_{0.975}O_3/LaNiO_3$ 薄膜的射频磁控溅射制备和性能研究[J]. 功能材料,2007,38(3):351—353.

[197] 吴汝佳,曲翠云,杨全妹. 射频磁控溅射 $PbTiO_3$ 薄膜的研制[J]. 薄膜科学与技术,1992,5(2):59—64.

[198] 刘瑞斌,翟翠风,林盛卫,等. 流延热释电陶瓷单层薄膜烧结法工艺与膜片性能[J]. 无机材料学报,1994,9(3):375—378.

[199] 张五星,薛丽江,邹雪城,等. 流延法制备钛酸锶钡厚膜[J]. 压电与声光,2006,28(3):314—316.

[200] 李金华,袁宁一. 离子束增强沉积二氧化钒薄膜和器件的研究进展[J]. 科学技术与工程,2004,4(1):46—48.

[201] 李金城,鲁建业,田雪松,等. 二氧化钒薄膜研究的最近进展[J]. 哈尔滨工业大学学报,2002,34(4):570—572.

[202] 刘凤岸,徐志明,陈爽,等. 反应磁控溅射法制备氧化钒薄膜[J]. 稀有金属材

料与工程,2008,37(12):2221—2224.

[203] 唐振方,赵健,王红,等. 射频磁控溅射工艺制备二氧化钒薄膜[J]. 人工晶体学报,2008,37(1):88—92.

[204] 韩宾,赵青南,杨晓东,等. 磁控溅射法制备二氧化钒薄膜及其性能表征[J]. 稀有金属材料与工程,2009,38(4):717—721.

[205] 李志柱,李静,吴孙桃,等. 射频磁控溅射法制备氧化钒薄膜的研究[J]. 厦门大学学报,2005,44(1):37—40.

[206] 王玫,李喜梅,崔敬忠,等. 磁控溅射制备的氧化钒薄膜的结构研究[J]. 兰州大学学报,1999,35(1):62—65.

[207] 晏伯武. 氧化钒薄膜的性能和制备[J]. 压电与声光,2006,28(2):179—181.

[208] 刘变美,熊仁金,蒋冬梅,等. 无机溶胶—凝胶法制备掺钨二氧化钒薄膜研究[J]. 钢铁钒钛,2007,28(3):33—36.

[209] 魏雄邦,吴志明,王涛,等. 氧化钒薄膜的制备技术及特性研究[J]. 材料导报,2007,21(专辑Ⅳ):328—330.

[210] 梁继然,胡明,王晓东,等. 纳米二氧化钒薄膜的制备及红外光学性能[J]. 物理学报,2009,25(8):1523—1529.

[211] 许静,龙永福,谢凯,等. 纳米氧化钒薄膜的制备[J]. 国防科技大学学报,2003,25(6):35—38.

[212] 梁耀适,崔敬忠,达道安,等. 氧化钒薄膜制备与特性研究[J]. 真空与低温,2004,10(2):71—74.

[213] 袁宁一,李金华,林成鲁. 氧化钒薄膜的制备方法及结构性能[J]. 江苏石油化工学院学报,2000,12(4):1—4.

[214] 袁俊,太云见,李龙,等. 适用于非制冷焦平面探测器的氧化钒薄膜制备研究[J]. 红外技术,2009,31(6):334—336.

[215] 王利霞,李建平,何秀丽,等. 二氧化钒薄膜的低温制备及其性能研究[J]. 物理学报,2006,55(6):2846—2850.

[216] 单凡,黄祥成. 二氧化钒薄膜的光学特性及应用前景[J]. 应用光学,1996,17(2):39—41.

[217] 刘向,崔敬忠,梁跃迁,等. 掺钨二氧化钒薄膜的制备与分析[J]. 真空与低温,2004,10(2):85—88.

[218] 韩琳,刘兴明,刘理天. 用于红外探测的掺硼非晶硅薄膜电阻的热电特性研究[J]. 半导体光电,2006,27(2):177—180.

[219] 韩琳,刘兴明,刘理天. 用于红外探测的非晶硅薄膜晶体管[J]. 半导体光电,2006,27(4):393—395.

[220] 刘兴旺,方华军,刘理天. 非晶硅薄膜晶体管室温红外探测器的优化设计[J]. 微纳电子技术,2007(7—8):219—221.

[221] 王红娟,张帅. 多晶硅薄膜材料与器件研究进展[J]. 南阳师范学院学报,

2009,8(3):42－45.

[222] 袁珂,郝会颖,黄强,等. 射频磁控溅射硅薄膜的制备与结构研究[J]. 化工新型材料,2009,37(3):69－71.

[223] 刘兴明,韩琳,刘理天. 用于室温红外探测的新型非晶硅薄膜晶体管[J]. 激光与红外,2005,35(10):609－711.

[224] 岳瑞峰,董良,刘理天. 用于测辐射热计热敏材料的多晶锗硅薄膜的研究[J]. 电子器件,2006,29(4):1000－1003.

[225] 王红娟,吕晓东,黄又定,等. 快速热退火制备多晶硅薄膜的研究[J]. 电子元件与材料,2009,28(4):55－57.

[226] 刘兴明,韩琳,刘理天. 新型非制冷红外探测器[J]. 半导体与光电,2005,26(10):374－377.

[227] 刘西钉,江美玲,冯晓梅,等. 非制冷红外微测辐射热计的研制[J]. 红外与毫米波学报,1997,16(6):459－462.

[228] 褚君浩. 铁电薄膜非制冷红外探测器的技术发展[J]. 红外与激光工程,2008,37(1):9－13.

[229] 陈实,张海波,姜胜林,等. 热释电制冷红外焦平面现状及发展趋势[J]. 红外与激光工程,1990,32(1):419－423.

[230] 杨鸣,汤亮,石美荣,等. 集成铁电器件及研究进程[J]. 学院学报,2006,21(6):75－79.

[231] 胡旭,黄承彩,太云见,等. 非制冷铁电混合式焦平面探测器新研究[J]. 光子学报,2005,34(11):1685－1687.

[232] 张燕,王妮丽,孙璟兰,等. 新型的 AlGaN/PZT 材料紫外/红外波段探测器[J]. 红外与激光工程,2009,38(2):210－212.

[233] 林铁,孙璟兰,孟祥建,等. 用 SiO_2 气凝胶做隔热层的铁电薄膜红外探测器性能与铁电薄膜层厚度的关系[J]. 红外与毫米波学报,2007,26(5):329－331.

[234] 王立平,严琳,谢静箐,等. PZT 叠层厚膜陶瓷材料性能的研究[J]. 压电与声光,2009,31(2):263－265.

[235] 史永基. 铁电液晶红外探测研究[J]. 半导体光电,1992,13(3):269－272.

[236] 杨瑞宇,杨培志,刘黎明,等. 混成式热释电制冷红外焦平面探测器研究[J]. 红外与激光工程,2008,37(4):591－593.

[237] 王茂祥,孙平. 电脉冲续出模式下 PST 铁电陶瓷的红外探测特性[J]. 光电技术应用,2007,22(1):30－33.

[238] 吴新社,范乃华,李龙,等. 铁电型非制冷红外焦平面探测器的调制器设计[J]. 红外技术,2007,29(6):333－336.

[239] 胡旭,太云见,袁俊,等. 非制冷铁电混合式红外焦平面探测器[J]. 红外与毫米波学报,2006,25(1):22－24.

[240] 杨宇,王芫. 硅基低维红外探测薄膜的研究概况[J].材料导报,2009,23(4):5－8.

Infrared Material